图1.6(b)

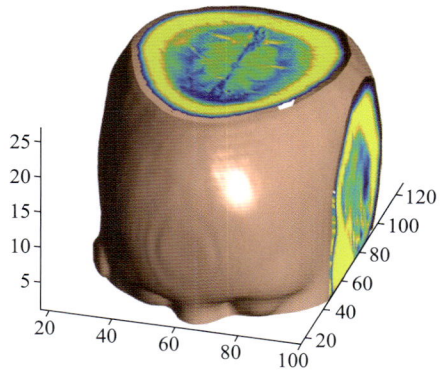

图5.11

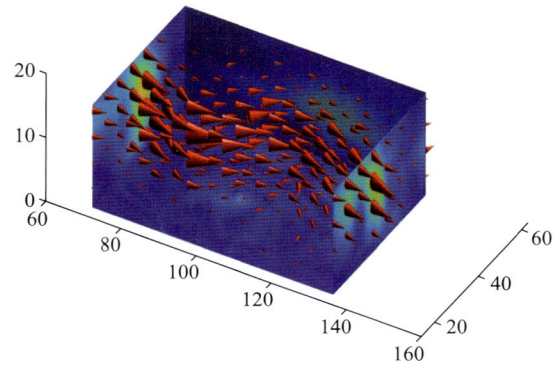

图5.12

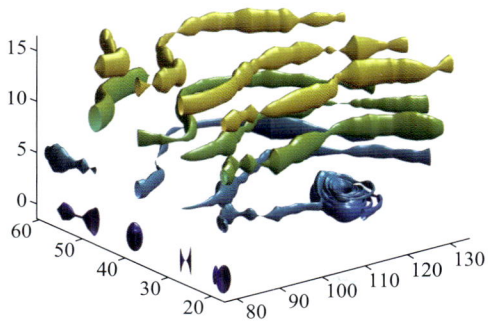

图5.13

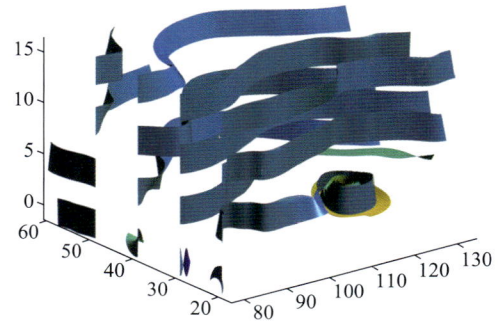

图5.14

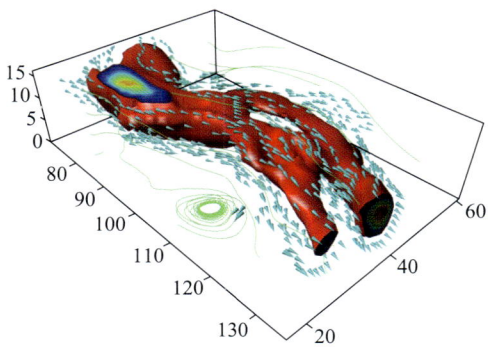

图5.16

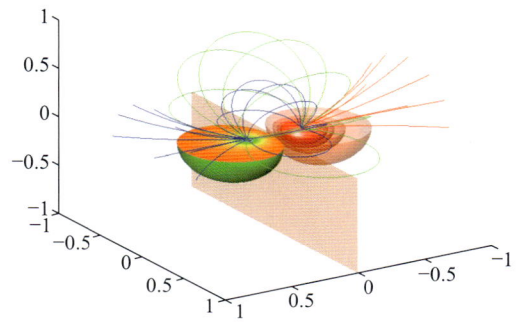

图7.28(c)

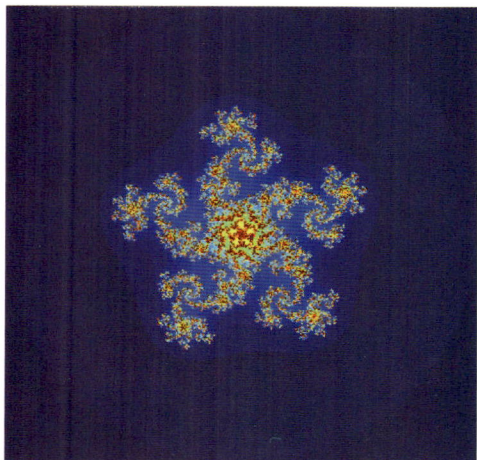

图7.28(d)

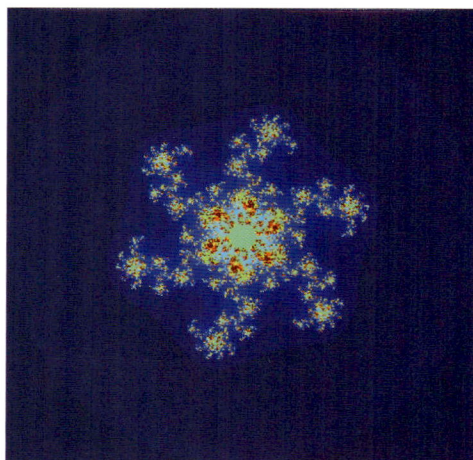

图7.28(e)

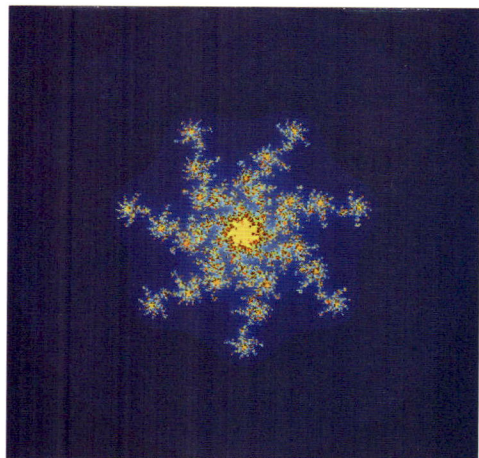

图8.6

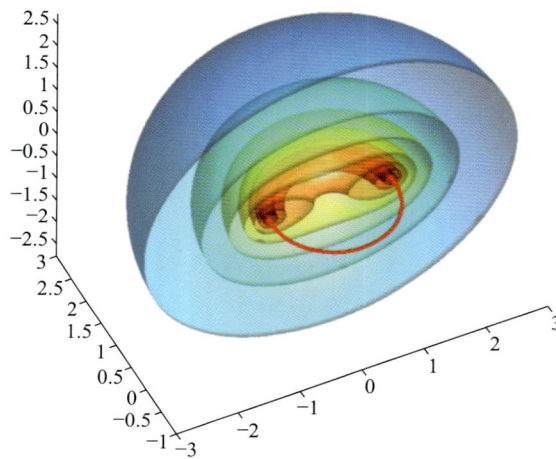

图19.12(d)

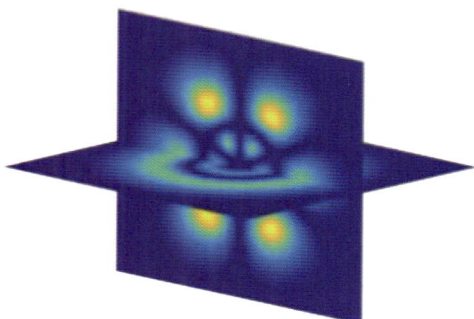

图19.12(e)

图13.11(a)

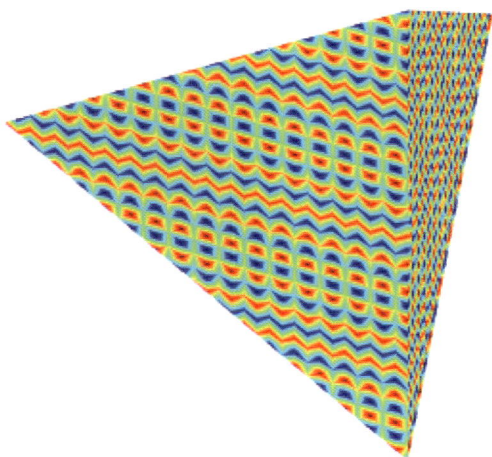

图13.11(b)

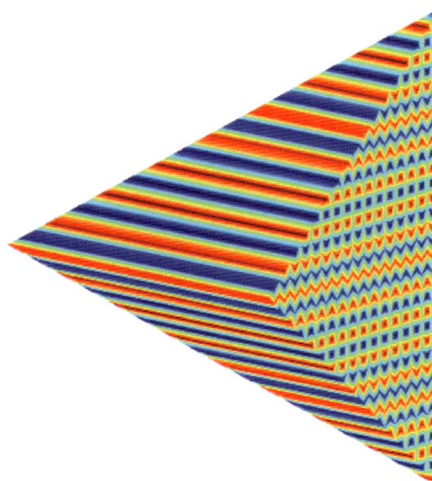

图13.12(a)

图13.13(a)

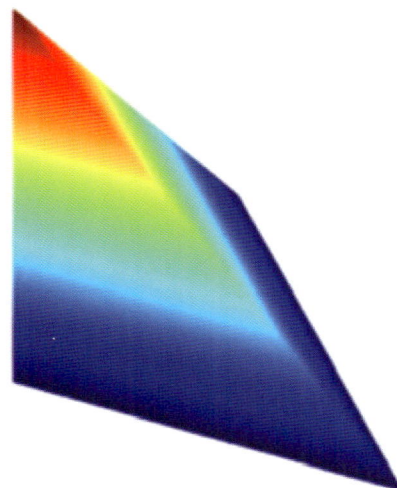

图4.21

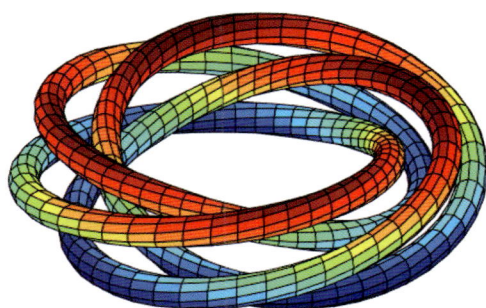

图6.12

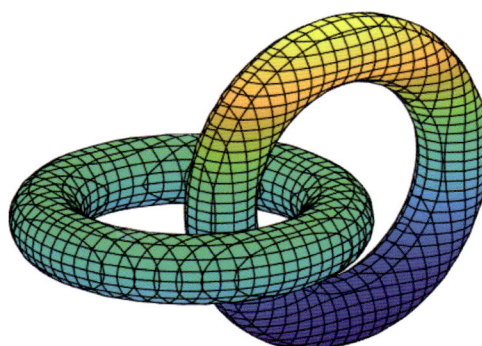

图15.32(a)

图15.32(b)

图15.32(c)

图15.33(a)

图15.33(b)

图15.33(c)

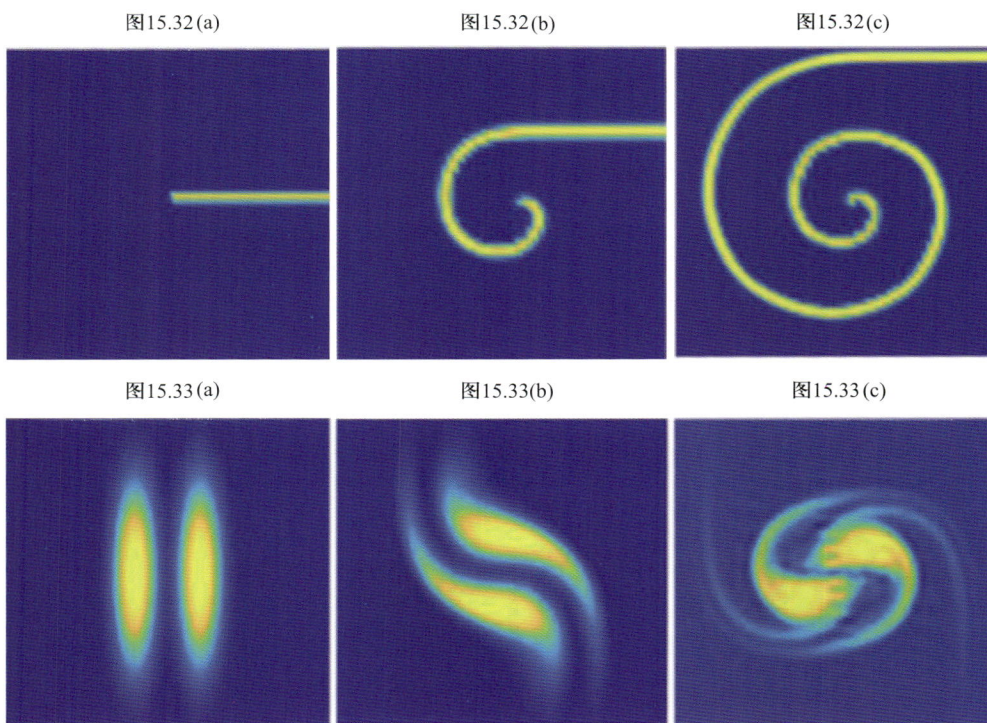

图22.10(b)　由格点生成六边形条纹的过程中的3张截图

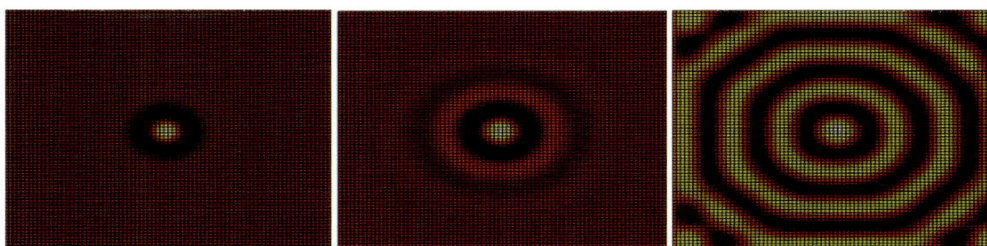

图22.11(b)　碰撞生成双螺旋波过程中的三个截图

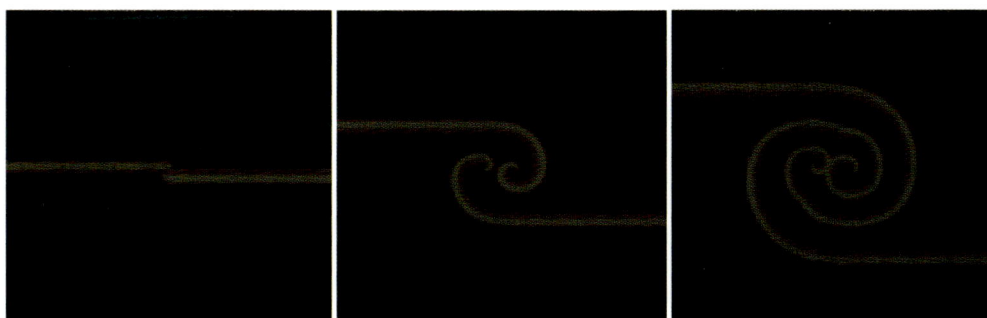

AN INTRODUCTION TO COMPUTATIONAL PHYSICS

计算物理基础

（第二版）

彭芳麟

中国教育出版传媒集团

高等教育出版社·北京

内容提要

零基础学习 MATLAB 起步，全面学习计算物理基础知识，不仅学习数值计算，还有符号计算与科学计算可视化，实现对计算物理从入门到应用自如。

用物理实例来体现建模、算法、编程三位一体的数值研究过程，揭示计算物理的核心要素。

以解方程为主线，组织全书教学内容。如方程求零点包括：单个实变量的方程，多项式方程，复变量非线性方程组，符号方程和矩阵方程等；常微分方程包括：初值问题，刚性与非刚性问题，事件（events）问题，边值问题与本征值问题，微分代数方程（DAE），具有时变项的常微分方程及时滞方程（DDE）；偏微分方程包括：差分法，有限元法，快速傅里叶变换法，切比雪夫谱方法，用快速傅里叶变换实现切比雪夫谱方法，蒙特卡洛方法等。积分方程包括：Fredholm 积分方程和 Volterra 积分方程的解法。书中展示了物理研究中最常见而实用的各种方程类型。

与物理教学相结合，为物理科研打基础。250 个精选的完整程序实例来自教学与科研，程序短而精，适合教学。教师在课堂上讲得完，学生听得懂，学得会。用得上。边学边练，即学即用，反对光说不练，纸上谈兵，让读者沉浸在用计算物理研究物理的乐趣与魅力之中。

图书在版编目（CIP）数据

计算物理基础 / 彭芳麟编著 . -- 2 版 . -- 北京：高等教育出版社，2024. 8（2025.4 重印）

ISBN 978-7-04-062220-1

Ⅰ. ①计…　Ⅱ. ①彭…　Ⅲ. ①计算物理学 - 高等学校 - 教材　Ⅳ. ① O411.1

中国国家版本馆 CIP 数据核字（2024）第 095538 号

JISUAN WULI JICHU

策划编辑	忻 蓓	责任编辑	忻 蓓	封面设计	贺雅馨	版式设计 杨 树
责任绘图	邓 超	责任校对	高 歌	责任印制	张益豪	

出版发行	高等教育出版社	网　址　http://www.hep.edu.cn
社　址	北京市西城区德外大街4号	http://www.hep.com.cn
邮政编码	100120	网上订购　http://www.hepmall.com.cn
印　刷	北京中科印刷有限公司	http://www.hepmall.com
开　本	850mm×1168mm 1/16	http://www.hepmall.cn
印　张	38	
字　数	1150千字	版　次　2010 年 1 月第 1 版
插　页	2	2024 年 8 月第 2 版
购书热线	010-58581118	印　次　2025 年 4 月第 2 次印刷
咨询电话	400-810-0598	定　价　103.00 元

前　　言

本书介绍了计算物理中一些常用的、最基本的计算技能，如数值计算、符号计算、可视化、各类方程的求解、蒙特卡洛方法等。这些技能对学习和研究物理都极为实用。作为教科书，要使学生在非常有限的学时内，学完这些内容，必须选择高效简便的编程工具，这就是本书选择 MATLAB 软件（以下简称 MATLAB）的原因。为了使零基础的学生能学完本书，本书也介绍了 MATLAB 的基本知识。本书可供本科生使用，也可供没有学过计算物理的研究生使用。

本书第一版自 2010 年发行以来，已经重印 23 次，为数十所高校采用，教学效果显著。本次修订不仅保留了第一版的基本内容，还根据教材使用的效果充实和增补了很多重要的知识。教学内容和教学安排都有了新的提高。为使全书结构更清晰，脉络更分明，我们将内容明确划分为 3 篇：工具篇、算法篇和应用篇。

第一篇工具篇介绍了 MATLAB 的基本知识，如数据结构、数值与矩阵运算、编程训练、可视化、符号计算等，熟悉 MATLAB 的读者可以略过，直接学习后面的内容。有些学校开设了对应的软件课程，那么这一部分也可以不讲，学生自行阅读即可。需要讲授这一章的老师可以参考中国大学慕课上的本课程的慕课教学视频，可有效提高教学效率和效果。

第二篇算法篇是本书的核心，也是本课程的教学目标，要努力学完其中的主要内容。在内容选择上本书力求做到，老师讲得完，学生听得懂、学得会、用得上。相对于第一版，第二版的教学内容更完善，教学安排更合理，教学目标也更明确。

第二篇中将每种算法的学习都分为三步来讲解，即算法原理、算法的指令实现和算法的应用实例。其中算法原理部分只介绍了一些基本原理，更着重介绍的是用指令解决问题，因为本书的宗旨是，重基础，重实用，重技能。本书不过分强调理论的严密性，而认为实际解决问题的能力更为重要。

本书将各种算法教学顺序设计如下：

数值微积分——**方程求根**——**解常微分方程（ODE）**——插值与拟合，快速傅里叶变换（FFT）——**解偏微分方程（PDE）**——**积分方程**——蒙特卡洛方法（MC）。

其中的主线就是解方程，即将方程求根（非微积分方程求解）与解微积分方程作为关键点来编排教学的知识点。在方程求根和解 ODE 时必须用到数值微积分，所以数值微积分要先讲；插值与拟合以及 FFT 可以用来解 PDE，所以安排在 PDE 之前讲；再后是积分方程部分内容。而蒙特卡洛方法相对独立，所以在最后讲。在教学中，只要始终抓住这条主线，并且反复向学生强调这条主线，则学生在学习本课程后，一般都能理解本课程的学习目标并争取去完成它，而不会觉得学习内容杂乱无章。

选择以解方程为主线的原因是，在本科生的物理学习中，许多物理规律是用方程来表述的，许多物理问题的解决是以解方程来实现的。而本科生解方程的主要手段是在高等数学中学习的解常微分方程和在数学物理方法中学习的解偏微分方程。这些解方程的方法都是解析方法，所能解决的方程十分有限，而在计算物理中学习的数值解法则能大大扩充学生解方程的能力。所以尽可能地多介绍一些方程的数值解法，能显著提高学生用数值方法研究物理问题的能力。

在本书中介绍的方程解法包括：

1. 方程求根：介绍的算法有对分法、切线法、弦割法与迭代法，但这些算法只能解决实变量单调函数的求根问题，所以又介绍了 MATLAB 指令解法，指令能解的问题有：求多项式的全部零点；求多变量非线性方程组的复数根；求符号方程的解；左除法解矩阵方程。

2. 解常微分方程：根据求解条件划分为 6 种：首先是初值问题，其中有非刚性问题与刚性问题、事件（events）问题与微分代数方程（DAE）；其次是边值问题与本征值问题；最后是具有时变项的常微分方程与时滞方程（DDE）。

3. 解偏微分方程：包括最基本的 4 种类型，即椭圆型、抛物型、双曲型与本征值问题。对各类型方程都介绍了从一维到三维问题的求解所用的指令与程序。求解方法分为以下 6 种：差分法、有限元法、快速傅里叶变换法、切比雪夫谱法、用快速傅里叶变换实现切比雪夫谱法以及蒙特卡洛解法。

4. 解积分方程：包括第 1、2 类弗雷德霍姆（Fredholm）积分方程的解法及弗雷德霍姆积分方程组解法；第 1、2 类沃尔泰拉（Volterra）积分方程的解法及沃尔泰拉积分方程组解法。

列举这些解方程的方法，目的是抛砖引玉。非常期待同行们提供更多的解法，以满足物理工作者的需求。

书中每种方程解法都有物理问题的实际应用，每个例题都按建模、列方程、编程和可视化分析详细地列出了解题过程，既方便学习，也有实用价值，亦可供参考解决其他问题。

第三篇应用篇为学有余力的学生提供了一些难度更大、内容更深的例题，它们可以作为习题课的选材，也可以供研究生学习（如原子结构、三维分形、混沌等）。这些放在第二篇中会使篇幅太大，另外这些内容也不需要都讲。

计算物理课的教学困难之一是例题习题少，老师不容易找到适合教学又有一定难度的例题，为此需要耗费大量的精力。许多学生学习了编程语言，也理解物理模型里的公式和方程，却不会编程解题，说到底是没有熟练掌握编程技巧，所以本书特别根据教学实践需要增加了许多习题。这些习题即使是能力很强的学生也不一定能做出来，里面有许多独到的编程技巧。

本书的特色是提供了丰富的例题。在教材中增加例题与程序，是作者一贯坚持的主张。例题不仅体现了计算物理的实用性，也具有示范作用，便于模仿与练习，使读者能更快地掌握实用技能。优秀的例题并非唾手可得，优秀的程序也非来自突发的灵感。这些都是作者近 20 年教学的经验积累，也是师生合作的结晶，能有效地帮助学生理解与巩固所学的知识。题目的来源具有多样性，教师可以根据学生水平自主选择，既包含力学、电磁学、统计力学、量子力学的题目，也涵盖非线性物理中的分形、混沌、孤子波等，还有几个流体力学问题。也有不少例题是学生在期末论文中自己独立完成的。所以这些题目对本科生是完全适用的，无论是二、三、四年级本科生还是研究生，都可以从中找到适合其水平的习题。

例题也是拓宽学生知识面的手段，例如非线性物理（分形、混沌与孤子等）是 20 世纪快速发展的一个物理分支，也是计算物理大显身手的用武之地。一直有一种共识，在物理教学中应该适当增加非线性物理的内容，曾经尝试多种做法，均有一定困难，因为绕不开的困难就是数值计算。在计算物理中加入非线性物理，可以说是适得其所，因为非线性物理的发展本身就与计算物理密不可分，而计算物理的教学又需要大量的习题，两者结合，真是珠联璧合。而非线性物理应用到物理模型中，多数是以学生已经学过的知识为基础的。所以教学上不会产生额外的负担。

计算物理用数值方法研究物理，若没有结合物理应用则不能称之为真正的计算物理，而只是对数值计算方法或者编程语言的学习。但是所有的物理应用都涉及相应的知识背景，不同读者的需求也不同。把它们在教材中第三篇单独列出，有两个好处：一方面是教学上教师可以根据学生程度与课时安排，灵活掌握教学内容的多少与进度，另一方面可用这些内容作为上机实验的资料。对于只想了解计算物理应用的读者，在这一篇中可以更快地找到自己所关注的内容。

在目录编排上，尽量反映教材内容的细节，而避免抽象的标题，使其能像工具书一样起到查阅与检索的作用，以方便不需要阅读全书的读者使用。

全部课程约需要 64 学时。在课时分配上，我们建议，第一篇的学习课时控制在 12 学时以内。占用过多学时会影响后面的学习进度。这些内容只是软件的操作技能，没有难以理解的知识，结合慕课视频，甚至可以通过自学完成，教师再加以适当的辅导即可。但是学生必须学会，这样才能保证后续内容的学习。其余课时主要用来学习第二篇，在学习时可以从第三篇选取某些例题进行教学。在算法学习中，教师可以有较大的灵活性。除了参考网上的慕课视频，各个学校也可以根据课程设置和课时安排进行取舍。建议必讲的内容是：方程求根全部、常微分方程解法全部、偏微分方程中的差分解法和有限元解法。而其他内容可以适当取舍。

　　计算物理的知识应该普及，这项工作从本科生就应该开始。计算技能应该成为物理工作者的基本技能。这是编写本书的目的。本人一直工作在教学第一线，在北京师范大学、清华大学、西安交通大学、北京邮电大学都曾承担教学工作，退休以后有了更充裕的时间思考和检验自己的教学实践，也有了新的认知，所以试图在第二版的修改中总结与介绍本人对教学实践的心得体会。本书内容繁杂，错漏在所难免，敬请各位专家与同行不吝赐教。本书第一版得到许多高校老师的支持与帮助，作者在此表示感谢。最后感谢高等教育出版社高建、缪可可、忻蓓、马天魁、汤雪杰等编辑长期的支持与帮助，感谢多年来北京师范大学物理系的各届领导与学生对我的教学的支持。

彭芳麟

2023 年 8 月

目　　录

第一部分　工具篇——学习 MATLAB

第二部分　算法篇——常用的数值算法

第三部分　应用篇——习题课资料

第一部分

工具篇——学习 MATLAB

本课程学习 MATLAB 的目的是:

- 掌握一个方便实用的、服务于教学科研的计算工具.
- 用 MATLAB 来训练学生实际的编程能力.
- 在计算物理课程中开发新的教学内容,如符号计算、科学计算可视化等.

计算物理课程中使用计算机替代人工进行推理、计算与作图. 而计算机是按照程序进行运算的. 所以学习计算物理课程必须先选择一种编程工具. 我们有两种选择,计算机语言或计算软件. 本书选择软件 MATLAB 的原因是, MATLAB(Matrix Laboratory 的缩写) 是使用者最多的数学软件之一, 它具有数值运算、符号运算和画图等多种功能, 因此也被称为科学技术计算语言 (The Language of Technical Computing). MATLAB 易学好用, 程序短小精悍. 由于程序短, 教师在课堂上讲得完, 学生看得懂、学得会、用得上, 很适宜课堂教学. MATLAB 不仅能让初学者迅速入门, 也能胜任复杂问题的研究, 使不具有专业编程水平的物理工作者能用较少的时间编出高质量的程序, 从而节省出更多时间、精力去研究物理问题.

本部分介绍 MATLAB 最基本的使用技巧, 包括操作界面的用法、数据的组织方式、作图、编程、符号运算. 这些组成了第一章到第六章的内容, 它是全书学习的基础.

MATLAB 是本书唯一用到的计算语言. 学习 MATLAB 不需要以其他任何编程语言作为基础, 物理专业或相关专业的本科生在学完本章内容后, 都可以借助 MATLAB 学完本书. 书中精选了许多从长期教学实践中总结归纳出来的例题, 利用与模仿这些例题和程序, 可以解决许多教学与科研中的实际问题. 对于会用 MATLAB 的读者而言, 本篇的内容也有助于总结与检索物理计算中常用的 MATLAB 知识, 达到温故而知新的目的.

现在 MATLAB 于每年 3 月与 9 月发布一次新版本. 过去 MATLAB 的版本序号是从 1 开始用数字顺序排列, 其中第一个数字表示新版本是否有大的改动, 而圆点后面的数字表示新版本只有小的修改. 从 2006 年以后改成按年份编号并加上 a、b 以区别同一年的两个版本, 同时用括号保留原来的数字序号. 如本书所用的版本是 MATLAB R2022b(9.13.0.2049777), 即 2022 年的版本 b. 从 R2014a 开始有了中文版, 本书采用的也是中文版. 不过本书中的大部分程序使用 MATLAB7.0 以上的版本都能运行.

每章所使用的程序见每章末的程序包二维码.

第一章　MATLAB 界面的基本功能

安装 MATLAB 软件 (以下简称 MATLAB) 以后, 在 Windows 窗口会出现 MATLAB 图标, 用鼠标双击该图标启动 MATLAB, 会出现主页界面. 在主页界面菜单栏中点击: 布局/三列, 得到的操作界面如图 1.1 所示.

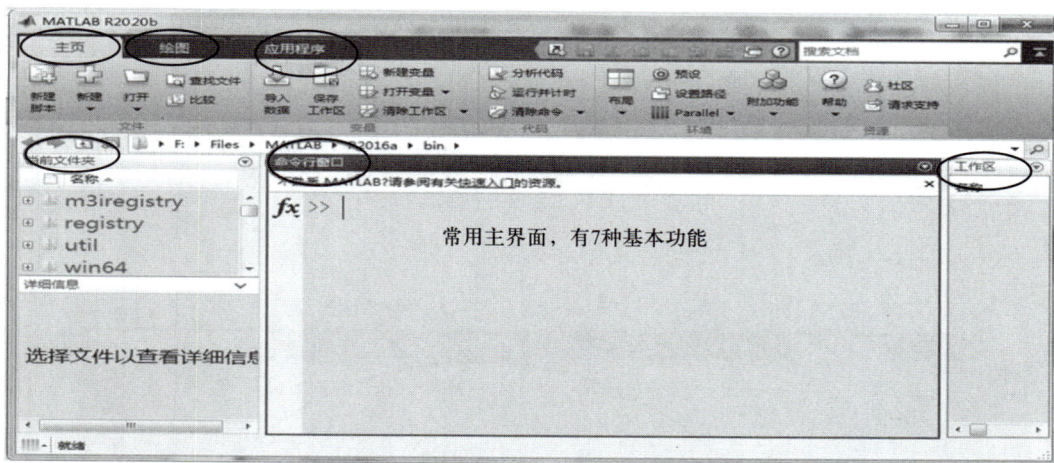

图 1.1　MATLAB 主页界面

在主页界面上默认有三个窗口:

① 命令行窗口 (也叫指令窗口), 在其中可以进行计算, 运行指令或程序.

② 当前文件夹, 即文件管理器.

③ 工作区, 存储计算中的变量, 关机后才会自动清空.

为了避免工作区中存储的变量影响后面的计算, 切记做到每次运行新程序时都用 clear all 命令清空内存中所有的变量. 因为内存中已有的变量一旦与现在所用程序中的变量同名, 则原来的变量赋值就会影响新程序的运行, 导致程序计算结果不正确甚至程序不能运行. 这时, 没有经验的用户往往只在程序中查找原因, 而不知道是由于没有清除内存, 以至于浪费了很多时间还不能解决问题, 这是新手常见的错误.

常用的清除指令还有 clc(清空指令窗口)、clf(清空图形窗口)、close all(关闭所有图形窗口).

在菜单栏中点击: 布局/命令历史记录, 可以打开 "命令历史窗口", 其中记录有所有用过的指令. 选项 "停靠" 表示该窗口将停留在界面上, 选项 "弹出" 表示在输入指令时会弹出历史命令窗口.

菜单栏有三个页面, 分别是主页、绘图页、应用程序页. 绘图界面窗口如图 1.2 所示.

点击图中右边的三角形按键, 可以显示全部绘图类型, 如图 1.3 所示.

应用程序是指各种工具箱等, 其界面如图 1.4 所示.

主页中的菜单分为 6 类: 文件、变量、代码、模拟、环境、资源. 为了增强显示效果, 应该首先设置显示的字体, 在菜单中选: 预设/字体, 再选用 "微软雅黑" 即可. 早期的版本中是在 Preference/Fonts 中, 选 Sans Serif、plain、14, 这是 "等线" 字体, 而且能显示中文.

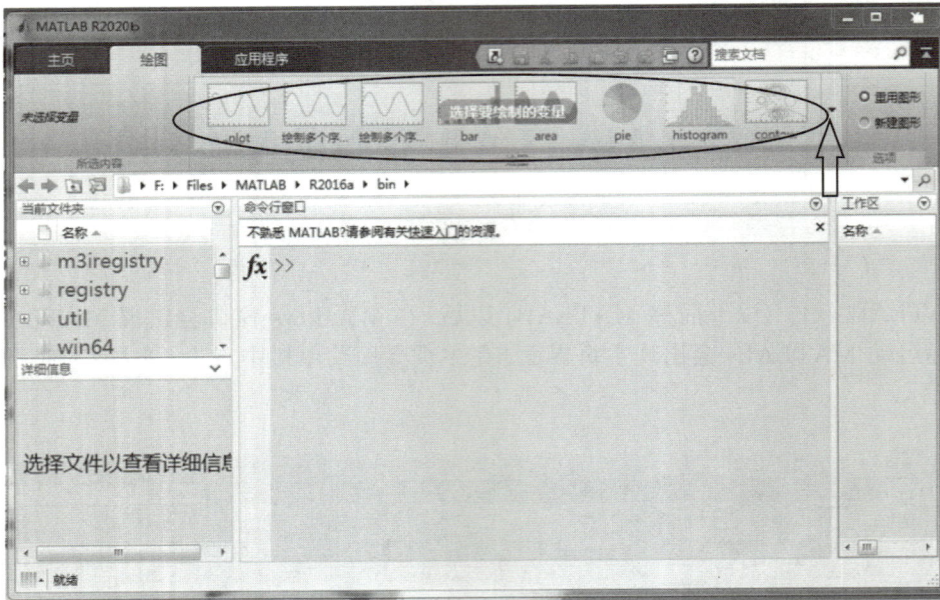

图 1.2　绘图界面窗口

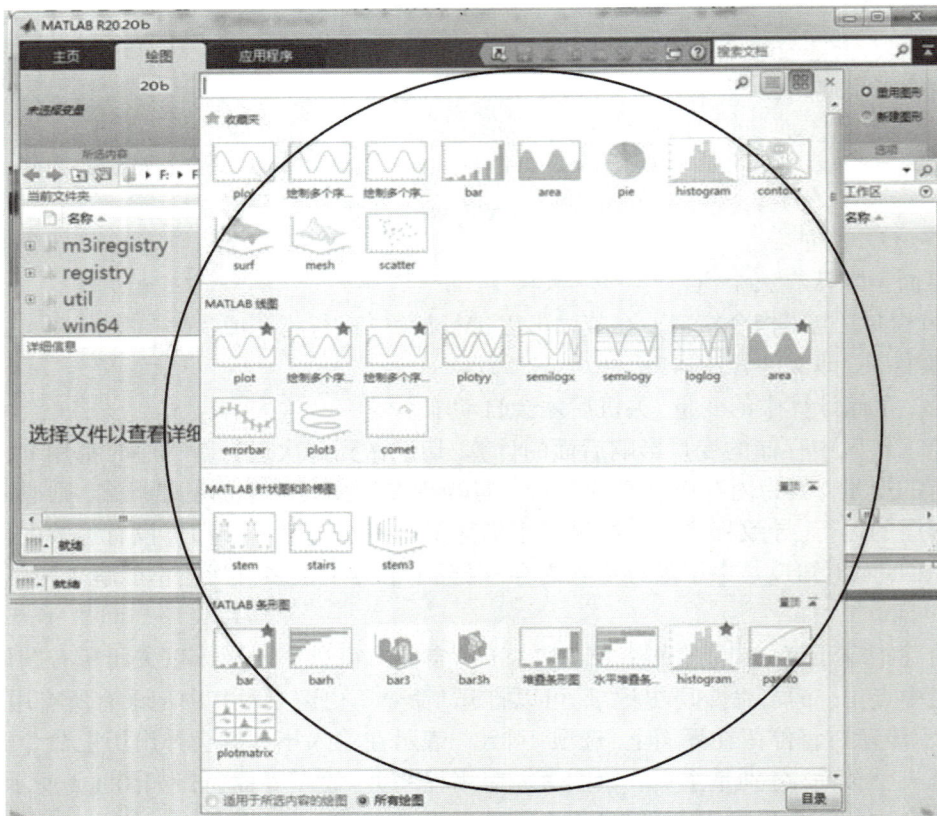

图 1.3　绘图界面窗口中各种绘图指令

用鼠标点击操作界面窗口的右上角的 × 号可以退出 MATLAB, 或者直接在指令窗口中键入 exit 后回车.

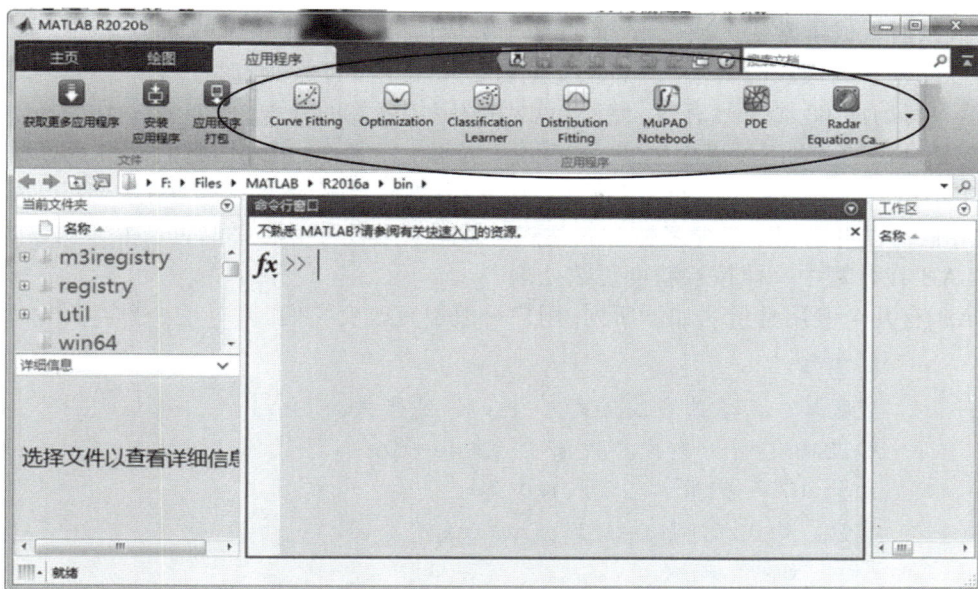

图 1.4 应用程序窗口

指令窗口的符号 >> 是运算提示符, 只有出现 >> 符号以后才能从键盘输入, 输入完成后要按回车键才会执行. 计算过程中与显示结果时不会出现 >> 符号.

符号 >> 前面的 fx 字符是指令查询器 (Browse for functions). 指令是完成特定计算任务的小程序, 有固定的输入、输出格式.

程序中的注解文字前面要加%号, 其后的内容与计算无关. 计算时使用的符号如逗号、引号等只能是半角符号, 只有在纯文字的字符串或注解中可以使用全角符号.

指令窗口相当于一个高级计算器, 例如可以使用指令计算微积分, 或者绘图. 它主要有七大功能: 数值计算、符号计算、逻辑运算、文本处理、绘图、运行程序和查询帮助.

§1.1 指令窗口的基本功能

下面对指令窗口的七种功能各举一些简单的例子, 以后还会作详细介绍.

1.1.1 数值计算

```
>> A=52.738, a=3.2477e2                          %对A，a赋值，用逗号分隔
A = 52.7380
a = 324.7700                                      %回车后显示结果，字母大小写有区别
>> B=A+a                                          %计算A+a
B = 377.5080
>> a=3.2477e-2; B=A+a                             %重新赋值与计算，用分号取消a的显示
B = 52.7705
```

赋值符号是 =, 重复赋值只会保留最后一次的值. 回车以后会在屏幕上显示结果, 在算式后加上分号 ";", 表示取消显示. 程序中的语句加上分号可省去显示的时间, 会大大提高计算速度.

数值默认用十进制数表示, 如上例中 A 的赋值; 也可以用科学计数法表示, 如 $1e2 = 10^2, 1e-2 = 10^{-2} = 0.01$, 即 10 的幂次用 e 或 E 再加正负数表示.

字母赋值以后就成了常量名或变量名, 可用于数值运算. 同一个字母的大小写可以代表不同的量, 键入该字母可以查看其代表的量. 常量名或变量名必须用字母打头, 后面可以跟字母、数字、下划线, 数目不限, 但只有前面 63 个符号有效. 绝不可以用数字作名称的开头, 比如名称 1a、2a 是无效的, 但名称 a1、a2 是合法的. 也不可以用中文 (如速度、位移) 作名称, 最好用它们的拼音字母作名称以便记忆. 名称中不可以有空格、运算符号和标点, 比如用 "3 − 2" 作名称是错误的. MATLAB 的文件命名规则与此相同. 也可以用字母命名数学表达式. 赋值或命名时不需要说明是否为复数, 以及维度与精度, MATLAB 在计算中一律按双精度复数处理.

MATLAB 有几个专用常量名如下所列, 用户一般不宜改变它们.

pi	圆周率
i 或 j	虚数单位, 虚数写成形式为 1i*7, 或形式为 3+7i
eps	MATLAB 能分辨的最小数值 2.2204e-016
Inf	大于 10^{308} 的数如 2^{1024},1/0 等
NaN	非数, 如 0/0, Inf−Inf, Inf/Inf
0	小于 10^{-322} 的数
realmin	最小浮点数,$2.225073858507201 \times 10^{-308}$
realmax	最大浮点数,$1.797693134862316 \times 10^{308}$

MATLAB 内置有全部初等函数与特殊函数, 可直接调用, 它们的调用指令与数学上的符号不尽相同. 例如正弦函数 (sin)、正切函数 (tan)、指数函数 (exp)、自然对数 (log)、以 10 为底的对数 (log10)、勒让德函数 (legendre) 等.

计算表达式中的运算符号、运算次序与数学上惯用的形式相似, 如例 1.1 所示.

例 1.1: 计算

$$\frac{\sin^2(3i)}{\sqrt[3]{5+2i}\ln 7} - \log_{10}20 + \sqrt{\arctan 6}$$

```
>> sin(3i)^2/(log(7)*(5+2i)^(1/3))-log10(20)+sqrt(atan(6))
ans = -29.3026 + 3.7220i
```

这里对数字使用的算术运算符如表 1.1 所示.

表 1.1

运算符	+	−	*	/	sqrt	^	( )	[ ]
含义	加	减	乘	除	开方根	幂	括号	中括号

还有一些指令能完成小数取整的运算, 如表 1.2 所示.

表 1.2

取整指令	ceil	fix	floor	round	frac	mod
含义	向正无穷取整	向零取整数	向负无穷取整	四舍五入取整	分数除掉整数部分	求余

例如

```
>> x=sym(-5/2)
>> [fix(x) floor(x) round(x) ceil(x) frac(x)]
ans = [-2, -3, -3, -2, -1/2]
```

上例表达式输入以后按回车键就会开始计算, 屏幕显示的结果默认用 ans 表示. 在 MATLAB7.6 以前的版本中, 计算式只能使用圆括号, 不能使用中括号与花括号. 在 7.6 以后版本中可以使用中括号, 如输入 [2*(3+1)] 得到 8.

1.1.2 符号运算

在 MATLAB 中, 符号运算与数值运算是两套运算体系. 两种运算的对象、公式和结果都不能直接互相调用, 要经过转换以后才能互相调用. 作符号运算之前, 要用指令 syms 定义符号对象, 如

```
>> syms a b c x                                              %定义符号变量a, b, c, x
```

符号对象可以代表数值或表达式, 通常用于推导公式或求方程的解析解. 例如用指令 solve 解一元二次方程:

```
>> f=a*x^2+b*x+c                                             %定义方程
f = a*x^2 + b*x + c
>> solve(f)                                                  %解方程
ans = -(b + (b^2 - 4*a*c)^(1/2))/(2*a)
      -(b - (b^2 - 4*a*c)^(1/2))/(2*a)
```

又如解常微分方程:

```
>> dsolve('Dx=-a*x')
ans = C1*exp(-a*t)
```

这里, dsolve 是解常微分方程的指令, 符号 D 代表一阶导数.

1.1.3 逻辑运算与关系运算

指令窗口中可进行关系运算与逻辑运算, 运算结果为真时输出 1, 结果为假则输出 0. 使用的关系算符和逻辑算符定义如表 1.3、表 1.4 所示, 这些算符在符号运算中也可以用字母表示.

表 1.3

关系运算符	<	<=	>	>=	==	~=
含义	小于	小于等于	大于	大于等于	等于	不等于
字母算符	lt	le	gt	ge	eq	ne

表 1.4

逻辑运算符	&	|	~	xor
含义	与	或	非	异或
字母算符	and	or	not	xor

在逻辑运算中, "~ a" 表示 a 为假; "a&b" 表示只有 a, b 同为真时才为真; "a|b" 表示只有 a, b 同为假时才为假. "a xor b" 表示 a, b 相同为假, 不同为真, 其结果如表 1.5 所示.

表 1.5

a 与 b 作逻辑运算	a	b	a&b	a|b	a xor b
结	0	0	0	0	0
	1	0	0	1	1
果	0	1	0	1	1
	1	1	1	1	0

下面是几个例子:

```
>> a=3, b=5                                              %给变量a,b赋值
a = 3
b = 5
>> a>b                                                   %比较是否a>b
ans = 0                                       %输出值为0,即表达式a>b为假
>> a<b                                                   %比较是否a<b
ans = 1                                      %输出值为1,即表达式a<b 为真
>> A=[1,3,-1,0,7,2]                                         %输入向量A
>> B=~(A>2)                                     %找出A中不大于2的元素的位置
B = 1 0 1 1 0 1
>> D=A.*B                                          %找出A中不大于2的元素
D = 1 0 -1 0 0 2
>> C=(A>0)&(A<3)                              %找出A中大于0小于3的元素的位置
C = 1 0 0 0 0 1
>> E=A.*C                                       %找出A中大于0小于3的元素
E = 1 0 0 0 0 2
>> DD=A(find(A<=2))                             %只显示A中不大于2的元素
DD = 1 -1 0 2
>> EE=A(find((A>0)&(A<3)))                    %只显示A中大于0小于3的元素
EE = 1 2
```

1.1.4　文字处理

加有引号的字母或表达式叫字符串 (character string). 在引号内的空格也是字符串的组成部分, 例如

```
>> a='函数'                                    %输入字符串，引号必须是半角符号
a = 函数
>> b=['my ',a,'  sin(x)']                   %用方括号合并字符串，注意保留空格
b = my 函数  sin(x)
```

MATLAB 将字符串作为数字来保存, 这个数字就是字符在计算机内的编码, 也叫 ASCII 码表. 可以用如下指令找出字符串的编码:

```
>> s=double('my')
s = 109 121
```

也可以从编码中找回其对应的字符:

```
>> char(s)
ans = my
```

1.1.5　绘图

MATLAB 绘图时会单独开启一个图形窗口, 在图形窗口可编辑图形, 如加注文字符号、改变线条粗细、填充色彩等. 最简单绘图指令是 plot(x, y), 它是以 x 为变量、y 为函数值绘图. 例如画三角形 ABC, 其顶点在 A(1, 1), B(2.3, 1.5), C(3, 1), 将顶点的坐标分成 x、y 两个向量, 操作如下:

```
>> x=[1, 2.3, 3, 1]; y=[1, 1.5, 1, 1]; plot(x,y)
```

绘图时 plot 在每两个点之间画一条线, 因此得到一个三角形. 将 plot 语句替换成指令 fill(x,y,'g')
则是将三角形填色, g 表示填充绿色, 如图 1.5(a) 所示.

如果用函数作图, 要先计算出函数值再作图. 图 1.5(b) 所示是一条正弦曲线, 注意变量 x 是在 0
到 2π 间每隔 0.01 就取一个点, 操作如下:

```
>> x=0:0.01:2*pi; y=sin(x); plot(x,y)
```

将 plot 换成指令 comet(x,y), 则绘出的是一段动画. 表示一个光点沿正弦曲线移动. 而 plot(x,y,
'r:+') 表示将上面的曲线改画成一条红色的点状曲线, 并用 + 号标志数据点, 如图 1.5(c) 所示.

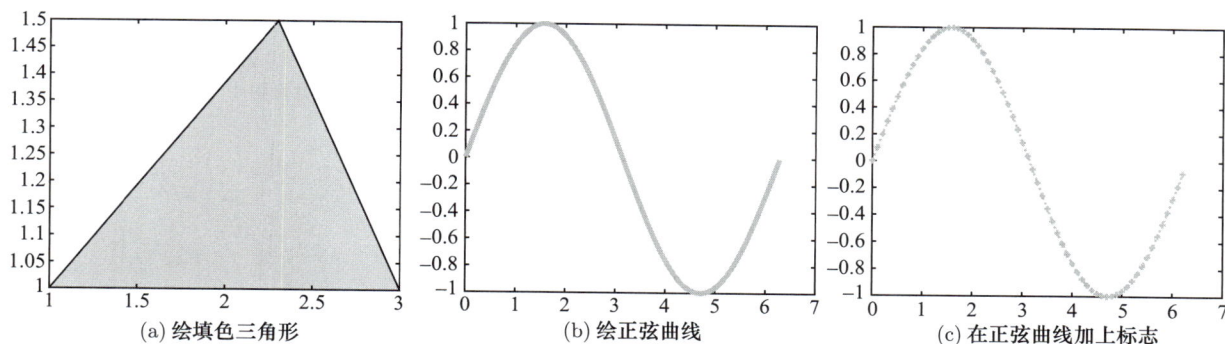

(a) 绘填色三角形　　　　(b) 绘正弦曲线　　　　(c) 在正弦曲线加上标志

图 1.5　用指令绘图

画图指令 plot 用法十分丰富, 下面是它的基本用法:

```
plot(x1,y1,x2,y2,...)          画多条曲线
plot(y)                         以元素序号作自变量x、以y作为函数值画图
plot(x,y,'color~style~marker')  指定颜色,线型,标志
```

其中颜色、线型、标志有以下用法:

颜色: 青 c, 洋红 m, 黄 y, 红 r, 绿 g, 蓝 b, 白 w, 黑 k.

线型: 实线 - , 短划线 –, 点线:, 点划线 -.

标志: 点 ·, 加号 +, 圆圈 o, 星号 *, 叉号 ×, 四方形 s, 钻石形 d,
　　　五角形 p, 六角形 h, 三角形 (向下 ∨, 向上 ∧, 向左 <, 向右 >).

1.1.6　运行程序

运行编好的程序是在命令窗口输入程序名后按回车, 下面是 4 个例子:

```
>> ballode        %演示小球落地弹跳的程序
>> mrirt          %演示核磁共振图片
>> funtool        %函数计算器,可对函数作计算
>> taylortool     %函数的泰勒展开计算器
```

上述第一个程序是描述在有空气阻力的条件下落地小球的弹跳, 是 MATLAB 自带
的程序, 运行结果显示在图 1.6(a) 中.

第二个程序是自编的, 运行本书程序包 jccx/ch1/Ch1N1mrirt.m 即可. 程序运行过
程已经录像, 扫描二维码就可观看动画. 图 1.6(b) 所示为其中的一幅图.

第三个程序是打开函数计算器, 第四个程序是打开函数的泰勒展开计算器. 读者可
以自行尝试用它们作一些函数计算.

核磁共振
图像

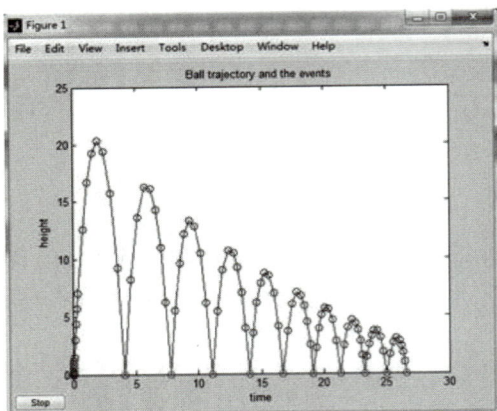

(a) 演示小球落地弹跳

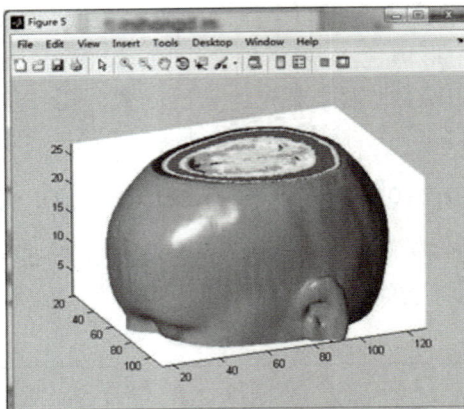

(b) 演示核磁共振图片

图 1.6

1.1.7　帮助系统

本书学习 MATLAB 的方法是先用先学, 不用不学, 边学边用, 先易后难, 由浅入深. 千万不要以为要等学完了学好了才能用才会用. 初学者主要通过大量的上机实践来达到熟能生巧的目的, 从而掌握 MATLAB 各种指令的用法, 而不是去死记硬背, 光看书而不上机实践往往是初学者学习效果欠佳的主要原因.

如果遇到不熟悉的指令, 最简单的解决方法就是查阅软件自带的帮助系统. 例如查询 format(数值显示格式) 的用法, 以及查阅其他一些指令的用法:

```
>> help format        %查阅显示格式format 的简单含义
>> doc format         %查阅显示格式format在说明书中的详细解释
>> help ops           %查看所有的运算符号
>> help elfun         %查看所有的初等函数运行
>> help specfun       %查看所有的特殊函数
>> help               %显示所有的帮助文件
```

由于本书只介绍课程中要用到的 MATLAB 的基本知识, 有兴趣深入研究 MATLAB 的读者可以参考其他专门介绍 MATLAB 的书籍, 也可以上网查询. 现今, 在互联网上存在几个著名的 MATLAB 论坛, 应用 MATLAB 中遇到的技术问题基本都能找到答案.

有一些在窗口中常用的指令如下所列, 其中 clear, clc , clf , close, edit, disp 应该牢记, 使用 help 帮助系统可以详细地了解它们的用法.

who	列出内存中变量名	type	显示指定文件的内容
whos	列出内存中变量名及其性质	which	列出文件所在的目录
clear	清除内存	dbtype	显示文件中带行号的内容
clc	清除工作窗中的显示内容	disp	显示文字或变量内容
clf	清除图形窗中的显示内容	edit	编辑指定的文件
what	查看指定目录下的文件名	close all	关闭所有窗口
exist	查找变量或文件	dir	列出指定目录下的文件

§1.2 实时脚本文件的建立与保存

将 MATLAB 的操作指令保存在程序文件中, 就可以反复调用. 程序文件的扩展名有 "m" 和 "mlx" 两种. 前者包含脚本文件和函数文件两种类型, 后者则包括实时脚本文件和实时函数文件两种. 这里先学习实时脚本文件.

在实时脚本文件中不仅可以完成指令窗口的全部操作, 而且它具有文本的编辑功能. 所以, 在课堂教学中老师可以使用它讲解例题, 学生可以使用它作课堂笔记和课后练习.

实时脚本文件编辑方法如下:

在主页界面菜单栏选择: 新建实时脚本文件, 就打开了实时编辑器 (live editor), 界面如图 1.7 所示, 其中有一个已经录好的程序及其运行结果, 下面会逐一讲解.

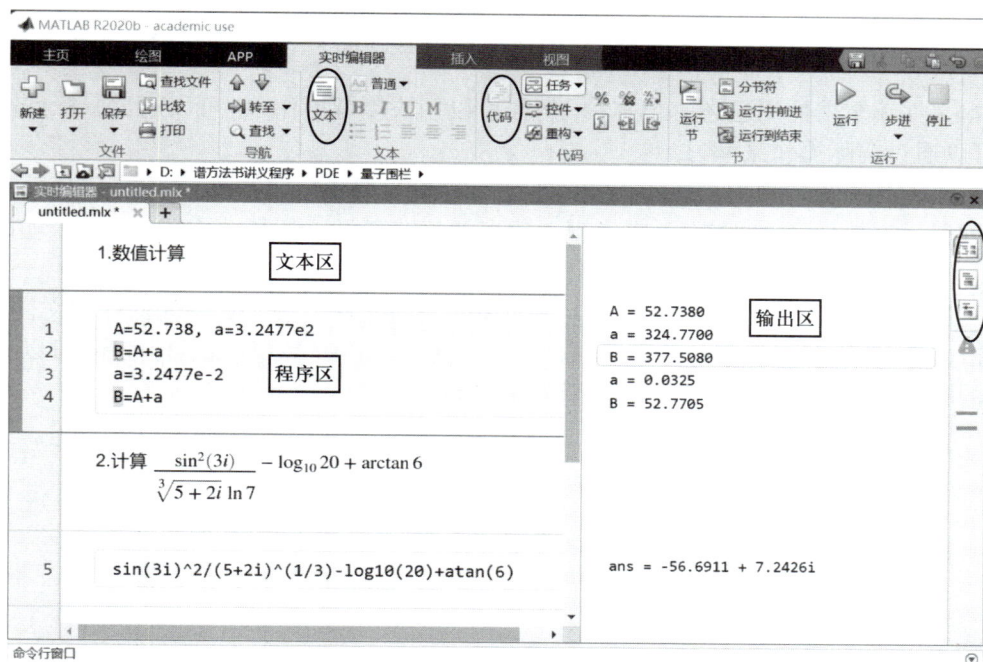

图 1.7　实时编辑器的操作界面

实时脚本文件有以下特点:

- 编辑器的操作界面分为编码区、文本区和输出区.
- 编码区可编辑程序, 文本区编辑文字解说, 以及公式、图片和超链接, 解说文字可以分成正文、题目和标题.
- 在编辑器内用鼠标点击左边的边框, 可以运行程序, 程序可以分段运行也可以全部运行.
- 程序运行结果可以选择显示在编码区右边, 也可以内嵌在编码区域中间. 输出的图形可以改变大小.

现在将前面演示的在指令窗口的操作编成实时脚本文件 jccx/Ch1/Ch1N2, 实际操作见视频 1.2.

实时脚本
文件实例

- 打开实时脚本文件编辑器, 在工具栏中点击图标 "文本", 进入文本区, 输入说明文字 "1. 数值计算".

- 点击工具栏中图标 "分节符" 另起一段, 再点击图标 "代码", 进入编程区开始编程, 将前面数值计算的例子中有关 A、a 计算的语句都输入. 输完以后再用工具栏中图标 "分节符" 分段.

- 在新段落中通过点击 "文本" 将其设为文本区, 再输入 "2." 及相应的算式. 注意输入算式要点击图标 "方程式", 生成一个公式框, 并且用 LaTex 格式输入公式, 输完可以预览后再确认. 这个步骤可以使用公式编辑软件 MathType, 在软件中先录好公式后选择复制成 LaTex 的输出格式并粘贴到公式框中. 最后显示的才是图中看到的公式.

  此后再用 "分节符" 分段, 并设成编程区, 输入相应公式的编码语句.

- 用鼠标选择第一段程序, 点击工具栏中图标 "分节运行", 将在右面出现 A、a 的计算结果. 再运行第二段程序, 将显示算式的计算结果 (图 1.7).

- 现在显示的结果都在编码区的右边, 改变图 1.7 中方框所示的图标选择, 可以将显示嵌入到编码区中间.

- 程序编完后保存时, 编辑器会将程序自动保存在当前目录下, 并加上相应的扩展名 "mlx".

实时脚本文件编辑器的用法还有很多种, 例如可以用快捷键操作, 也可以通过鼠标点击对话框来操作, 读者可以通过实际操作来学习.

实时函数除了具有实时脚本文件的功能之外还可以输入变量值, 输出函数值. 而这种输入、输出又可以通过配置运行按钮 (也叫控件) 来实现. 感兴趣的读者可以从帮助文档中探索 "实时函数" 来学习.

以后调用这个实时脚本文件, 先要通过主页界面的当前文件夹进入到原先保存的文件目录中, 然后用鼠标双击文件名, 就可以在实时编辑器中打开这个文件. 在编辑器界面运行程序, 可以直接点击编辑器页面上的图标按钮 "全部运行" 或 "运行节" 来执行.

第一章程序包

第二章　数据组织与运算

为了进行数值计算, 首先要把数据以计算机能识别的方式输入到计算机中去, 而这种识别方式与能力又与计算机使用的语言和软件有关. 所以, 本章先介绍在 MATLAB 中各种数据的组织形式, 如矢量、矩阵、列阵、数据网格、结构数组、基元数组及其用法, 再介绍数据的精度、存储与显示, 最后介绍数据文件的输入与输出.

§2.1　数据的组织方式

在数值计算表达式中, MATLAB 不仅可以对单个数值作计算, 也可以把矩阵和列阵作为计算对象. 它不仅能将数值构成矩阵再进行处理, 也能把命令、函数和文本等组成类似矩阵的形式统一处理, 这样做不仅是为了书写形式统一且简单, 更重要的是提高了各种指令和编程的计算效率, 这也是 MATLAB 自称为矩阵工作室的根本原因.

MATLAB 常用到的数据组织方式有以下几种:

标量(scalar)	单个数据
矢量(向量，数组)(vector)	一行或一列数据
矩阵(matrix)	m行n列的二维数据
列阵(array)	三维以上的数据
数据网格(meshgrid)	供画图用的数据格式
基元(胞元)列阵(cell array)	不同类型数据混合组成的列阵
结构列阵(structure array)	有域名的不同数据组成的列阵

从这个分类中可以看出, 它们的关系是, 标量序列 (数列) 就是矢量, 将行向量排列起来就形成矩阵, 矩阵的序列形成列阵, 等等. 在标识其中的元素时, 单个标量不必使用足标, 向量用一个足标如 A(n), 矩阵用两个足标如 A(m,n), 列阵用三个或三个以上的足标如 A(m,n,l,⋯), 等等.

§2.2　向量

先看几个向量输入的例子:

```
>> a=[3,5,7,8]            %行向量a的输入方法之一
>> a=[3 5 7 8]            %行向量a的输入方法之二
>> b=a'                   % 列向量b由行向量a转置而得
>> c=1:2:13              %1到13 之间间隔（步长）为2的数列
>> d=linspace(0,2*p)      %0到2 之间等间隔的20 个数
>> e=logspace(1,3,50)     %10^1 到10^3之间产生50个对数值
```

归纳起来, 向量 (矢量) 的输入方法有:

- 数据逐个输入. 输入时数据用逗号或空格分隔, 全部数据用方括号括起来. 这样得到的是行向量. 列向量可以由行向量转置而得. 如例中的 a, b.
- 固定增量的数据. 输入方法是 "起始值: 增量: 终止值". 增量可正可负. 当增量为 1 时可以不写. 如例中的向量 c.
- 用指令输入. 如 linspace 在两个数据之间生成线性等间隔的若干个数, 如向量 d, 而 logspace 是以 10 为底的对数等间隔的数据, 如向量 e.

§2.3 矩阵

2.3.1 矩阵的生成

矩阵的输入方式与向量类似, 可以逐个数据输入也可以用指令生成. 直接输入数据时, 同一行的数据用逗号或空格分隔, 不同行数据用分号隔开, 全部数据用方括号括起来, 操作如下:

```
>> A=[2,4,5; 9,7,1]
A = 2 4 5
    9 7 1
```

MATLAB 允许使用 "空" 矩阵, 即有名称而没有数据的矩阵, 然后再向其中加入元素. 生成的方法是:

```
>> C=[ ]
   C = [ ]
```

MATLAB 还可以使用 NaN、Inf 作为矩阵中的元素, 它们和空矩阵一样, 有些特殊的用处, 比如 NaN 可以在矩阵中占有一个元素的位置, 使得矩阵运算可以进行, 但是任何元素与其运算的结果仍然是 NaN. 在以后介绍的程序中将会用到这些知识.

一些特殊的矩阵用指令生成既简单又方便, 如:

zeros	零矩阵
ones	全部元素为1的矩阵
eye	单位矩阵
rand	等几率分布的随机数矩阵
magic	建立幻方阵
randn	n 维正态分布的随机数矩阵
cell	建立空的基元列阵
diag	建立对角矩阵或提取矩阵对角元
logspace	生成对数等分的行向量
linspace(a,b,n)	在a, b之间生成等间距的n个数

这些指令可以生成向量、矩阵、三维列阵、四维列阵 …… 使用的格式雷同, 只要按格式输入相应的参数就可以, 例如:

```
>>zeros(5)        %生成5×5的零矩阵
>>zeros(1,4)      %生成1×4的零矩阵
>>zeros(2,4)      %生成2×4的零矩阵
>>zeros(2,4,6)    %2×4×6 的零元素组成的三维列阵
```

```
>>ones(3,5)                                          %3×5的全部元素为1的矩阵
>>rand(3,50)                                       % 3×50的等几率分布的随机数矩阵
```

2.3.2 矩阵的标识

矩阵中元素用足标标识, 并通过足标查找和使用. 足标编号的方式是: 矩阵名 (行序号, 列序号), 如 A(i,j). 还有一些特殊的表示方式, 如冒号可以表示一行元素、一列元素或者几个相连续的元素, end 表示最后一个元素.

如果按照第 1 列, 第 2 列, 第 3 列 …… 的顺序将矩阵所有的元素排列成一列, 那么就可以用向量的方式来表示矩阵如 A(k), 有时在编程计算中需要这种表示方式. 这些标识方式举例如下:

```
A(i,j)                                                           第i行j列元素
A(:,j)                                                         第j列所有元素
A(i,:)                                                         第i行所有元素
A(2:4,j)                                                   第2到4行的第j列元素
A(i,2:4)                                                   第2到4列的第i行元素
A(end,j)                                                   第j列的最后一个元素
A(end-1,j)                                               第j列的倒数第二个元素
A(i,end)                                                   第i行的最后一个元素
A(i,end-1)                                               第i行的倒数第二个元素
A(k)                                           将各列依次排成一列后其中的第k个元素
```

2.3.3 矩阵的修改

矩阵的修改包括增加或删除元素、合并矩阵、将元素重新排列等.

给矩阵增加元素只要指明该元素所在的位置就行, MATLAB 会自动将矩阵扩充到需要的大小, 并以零来填充没有输入的元素, 如:

```
>> M=[2,3; 7,9]
M = 2 3
    7 9
>> M(3,3)=1                                        %给2x2的矩阵M增加一个元素M(3,3)
M = 2 3 0                                          %矩阵M自动扩充成3x3的矩阵
    7 9 0
    0 0 1
```

删除矩阵某一行或列是直接令被删除的行或列等于空 [ ], 就删除了这一行或列. 但不允许只删除一个元素, 如:

```
>> M(3,:)=[ ]                                              %将矩阵M的第3行删除
M = 2 3 0
    7 9 0
```

合并矩阵就是用方括号 [ ] 将矩阵括在一起, 例如:

```
>> P=[M, M]                                                 %将矩阵M按行组合
P = 2 3 0 2 3 0
    7 9 0 7 9 0
```

```
>> Q=[M; M]                                          %将矩阵M按列组合
Q = 2 3 0
    7 9 0
    2 3 0
    7 9 0
```

专门用以修改矩阵的指令有:

repmat   用矩阵组合成新矩阵
reshape   将矩阵元素重新排列
flipud   将矩阵上下翻转
fliplr   将矩阵左右翻转
rot90   将矩阵逆时针转90度

例如将向量 $[1:6]$ 排列成 2×3 的矩阵, 操作如下:

```
>> reshape([1:6],2,3)
ans = 1 3 5
      2 4 6
```

2.3.4 矩阵的运算

矩阵代数中各种矩阵运算, 基本上都可以用 MATLAB 指令快捷地完成, 而无须自己编程, 所以本书不需要讲解有关矩阵的算法与编程, 而是直接调用相应的指令.

MATLAB 不仅能按照矩阵代数对矩阵进行运算, 还建立了一套对矩阵实行数组运算的指令, 下面逐一介绍这两种运算的指令. 要特别注意两者之间的区别, 即要弄明白每个指令的运算是对一个矩阵内各种元素的运算还是在两个矩阵之间进行的运算.

1. 对单个矩阵内的元素作运算的指令

先看一个例子:

```
>> A=[0.8147,0.1270; 0.9058,0.6134];
>> sin(A)                                      %求A的各个元素的正弦值
ans = 0.7275 0.1267
      0.7869 0.5757
>> sum(A)                                           %求各列元素之和
ans = 1.7205 0.7404
>> inv(A)                                             %求A的逆矩阵
ans = 1.5945 -0.3301
     -2.3546 2.1178
```

从这个例子可以看出, 对单个矩阵内的元素进行运算有下列三种方式:

- 对矩阵内每个元素作单独运算: 如指令 sin(A) 是求矩阵内各个元素的正弦值, 类似的, 所有求函数值的指令对矩阵的作用都与此相同, 如开方、取对数和取幂等.

- 对矩阵的一列或一行元素作运算: 如指令 sum(A) 是对 A 的各列求和, 类似的有 min、max 等.

- 对矩阵整体作运算: 如指令 inv(A) 是求整个矩阵的逆, 类似的有 eig、rank 等.

2. 在两个矩阵之间作运算的指令

两个矩阵之间的运算分为两种, 即数值 (或数组) 运算与矩阵运算. 数值运算是对位置相同的元素进行点对点的运算, 所以参与运算的两个矩阵的行数与列数都必须相同, 而矩阵运算是按矩阵代数作运算, 所以有时候两个矩阵的行数与列数不一定相同. 两种运算符号的差别在于, 数值运算符号多了一个圆点. 运算符号见表 2.1.

- 数值运算——两个矩阵的对应元素之间的数学运算.
- 矩阵运算——两个矩阵按矩阵代数法则进行的运算.

表 2.1

	转　置	加	减	乘	右 除	左 除	幂
矩阵运算算符	A′(取共轭)	+	−	*	/	\	∧
数值运算算符	A.′(不取共轭)	+	−	.*	./	.\	.∧

例如对矩阵 A 分别进行两种运算, 可以看出两者之间的区别, 操作如下:

```
>> A=[1 1 1; 2 2 2; 3 3 3]
A = 1 1 1
    2 2 2
    3 3 3
```

数值乘法 　　　　　　　　　　　　　　矩阵乘法

```
>> A.*A            >> A*A
ans = 1 1 1        ans = 6  6  6
      4 4 4              12 12 12
      9 9 9              18 18 18
```

矩阵运算符号右除 "/" 的规则与矩阵运算法则中的规定相同, 其含义是用矩阵的逆作右乘. 而矩阵运算符号左除 "\" 是矩阵运算法则中没有的运算, 其含义是用矩阵的逆作左乘. 所以符号左除 "\" 和右除 "/" 是用两个很简洁的符号代表两个不同程序. 从下面的例子中可以看得更清楚. 若有

$$A * B = C$$

求 B 时用左除, 即

$$B = A \backslash C$$

求 A 时用右除, 即

$$A = C / B$$

例如:

```
>> A=[2,8,10; 11,3,7; 6,9,4];
>> B=[12,9,4; 5,2,21; 8,4,6];
>> C=A*B
C = 144  74  236
    203 133  149
    149  88  237
```

>> A\C %用左除求矩阵B   >> C/B %用右除求矩阵A

ans = 12 9 4   ans = 2 8 10

        5 2 21   11 3 7

        8 4 6   6 9 4

左除法常用于解形式为 $AX = b$ 的线性代数方程组, 例如解

$$\begin{pmatrix} 3 & 5 & -7 \\ 2 & -12 & 3 \\ -1 & 9 & 8 \end{pmatrix} \begin{pmatrix} x_1 \\ x_2 \\ x_3 \end{pmatrix} = \begin{pmatrix} 34 \\ -56 \\ 27 \end{pmatrix}$$

的操作如下:

>> A=[3 5 -7; 2 -12 3; -1 9 8]; b=[34; -56; 27];

>> X=A\b

ans = 0.5474

       4.3854

      -1.4901

3. 常用的矩阵运算指令

下面是几个常用的矩阵运算指令, 其中一些指令对符号变量的矩阵也适用:

sum(A)	求各列元素之和	det(A)	矩阵行列式的值
prod(A)	各列元素之积	eig(A)	本征矢与本征值
inv(A)	矩阵的逆	rank(A)	矩阵的秩
max(A)	各列的最大的元素	min(A)	各列的最小的元素
median(A)	各列的中位元素	sort(A	使各列元素按递增排序
mean(A)	各列的平均值	std(A)	各列的标准差
trace(A)	矩阵的迹	norm(A)	向量模
cumsum(A)	各列元素累计和	cumprod(A)	各列元素累计积
kron	张量积	cross	叉乘

例 2.1:

>> A=[44,92,40; 61,73,93; 79,17,91];

>> max(A)

ans = 79 92 93

>> trace(A)   %求矩阵的迹

ans = 208

>> [V,D]=eig(A)   % 求矩阵的本征矢与本征值

V = -0.5404 + 0.0000i -0.7042 + 0.0000i -0.7042 + 0.0000i

    -0.6634 + 0.0000i 0.0506 - 0.3583i 0.0506 + 0.3583i

    -0.5176 + 0.0000i 0.5461 + 0.2737i 0.5461 - 0.2737i

D = 1.0e+02 *

    1.9526 + 0.0000i 0.0000 + 0.0000i 0.0000 + 0.0000i

    0.0000 + 0.0000i 0.0637 + 0.3126i 0.0000 + 0.0000i

    0.0000 + 0.0000i 0.0000 + 0.0000i 0.0637 - 0.3126i

所有计算函数值的指令都可以应用于矩阵, 计算的结果是将矩阵的每一个元素作为自变量所得到的函数值, 最后产生一个大小与原来矩阵相同的由函数值组成的矩阵.

正确地运用指令, 可以提高运算效率, 例如下面两种算法结果相同, 而第二种算法更简洁:

```
>> max(max(A))                    >> max(A(:))
ans = 93                          ans = 93
```

又如要求出行向量的最大元素, 做法是:

```
>> max(A,[],2)
ans = 92
      93
      91
```

矩阵运算指令还有不少, 由于本书不会用到这些指令, 所以不作介绍, 需要的读者可查阅 help 文档.

§2.4　列阵

列阵是一种多维数组, 相当于矩阵概念的一种推广. 为了理解多维列阵, 可以用书架上的书来作比喻. 把一页书比作一个矩阵, 字母相当于矩阵里的元素, 一本书就相当于 3 维列阵, 在书架上一排书就相当于 4 维列阵, 整个书架相当于 5 维列阵, 查找时, 先确定找第几个书架 (第 5 维), 再确定在书架第几排 (第 4 维), 再找是哪一本书 (第 3 维), 最后看在哪一页 (矩阵). 如果再有多个书架 (第 6 维), 多个房间 (第 7 维), 多层楼 (第 8 维), 依次类比, 就可以形成更高维的列阵.

在以书本作比喻的例子中可以把行、列、本、层 ⋯⋯ 都统称为维指标 (dim), 则它们的次序是: dim=1(行), 2(列), 3(页), 4(本), ⋯

列阵总的元素数目为 $m \times n \times l \times k \times \cdots$

对列阵元素的标识是指明它对应的行、列、维度 3、维度 4 ⋯⋯ 指标, 就好比我们是在找书架上第几层的第几本书中的第几页的第几行的第几个字母.

由于屏幕上只能显示矩阵, 所以在建立一个列阵之后, 在屏幕上是逐个显示其中所包含的矩阵的, 输入时可以按各个矩阵一一输入, 也可以用指令输入. 例如:

```
>> ones(4,3,2)                    %生成4×3×2 的全部元素为1的三维列阵
ans(:,:,1) = 1 1 1                %第一层是4×3的矩阵,全部元素为1
            1 1 1
            1 1 1
            1 1 1
ans(:,:,2) = 1 1 1                %第二层也是4×3的矩阵,全部元素为1
            1 1 1
            1 1 1
            1 1 1
```

从这里可以看到常用的将列阵降维的方法, 就是给定列阵中的一个指标值, 所得的列阵就降了一维, 如这里的三维列阵在给定层指标 1 或者 2 以后, 所得到的两个结果都是矩阵, 也就是将三维列阵降为二维矩阵了.

下面以交换矩阵指标次序的指令 flipdim 举例说明维指标的应用:

```
>> A=[1,2; 3,4; 5,6]              %建立矩阵A
```

```
A = 1 2                                    % 按 A 的行指标作上下翻转
    3 4                                        %第三行变为第一行
    5 6                                        %第二行保持不动
>> B=flipdim(A,1)                              %第一行变为第三行
B = 5 6                                    % 按 A 的列指标作左右翻转
    3 4                                        %第一列变为第二列
    1 2                                        %第二列变为第一列
>> c=flipdim(A,2)
c = 2 1
    4 3
    6 5
```

指令 shiftdim 可以改变列阵中各维度的排列次序, 举例如下:

```
>> a=rand(1,1,3,1,2);              %生成1×1×3×1×2的随机数列阵
>> [b,n]=shiftdim(a);      %移走左边只有一个元素的维度, 得到b是3×1×2而n是2
>> c=shiftdim(b,-n);          %上一个步骤的逆操作, 所以有 c == a
>> d=shiftdim(a,3);        % 将左边三个维度移到最后. d是1×2×1×1×3
```

如果不明白指令的作用, 可以将语句末尾的分号删除, 运算结果就会全部显示出来, 再对比一下就明白了.

§2.5 数据网格

多元函数的值是与每个变量的取值都相关的. 当我们使用多元函数作计算和绘图时, 需要找到多元函数的矩阵表现形式. 数据网格就是多元函数的矩阵描述形式. 以二元函数 $z = xy$ 为例, 如果取 $x = 1, 2; y = 3, 4, 5$, 那么会得到 6 个函数值. 因为每个函数值必须对应一组 (x, y) 值, 即 x 和 y 也要分别取 6 个值. 如何计算变量值及对应的函数值? 建立数据网格就可以解决这个问题. 操作如下:

```
>> x=1:2; y=3:5;
>> [X,Y]=ndgrid(x,y)
>> Z=X.*Y
```

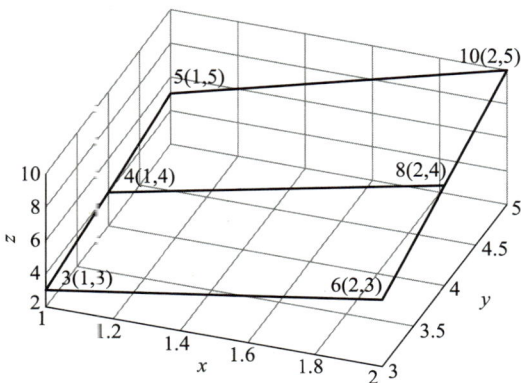

图 2.1 数据网格画的图形

得到的结果是:

```
X = 1 1 1      Y = 3 4 5      Z = 3 4  5
    2 2 2          3 4 5          6 8 10
```

这里, X,Y 就是一对二维的数据网格, 它也是二元函数的自变量的矩阵形式. Z=X.*Y 就是用数据网格表示的二元函数表达式. 画出空间曲面 Z 的图形 (图 2.1) 并用 $z(x, y)$ 形式标出各点坐标, 可以更清楚地看出它们之间的关系, 即矩阵 X,Y 重叠起来表示了 XY 平面上点的坐标. Z 代表函数在空间的值. 换句话说, 二元函数的变量取值要用二维数据网格来表示. 注意数据网格 X, Y 中元素值与变量 x, y 的对应关系, 它们的顺序在编程中很容易弄混.

在二元函数表达式中, 所有的运算符必须是数组运算而不能用矩阵运算.

以此类推, 三元函数的变量必须用三个三维的数据网格表示, 而三元函数的值也是一个三维数据网格. 四元函数的变量就是四个四维的数据网格. 四元函数的值也是四维的数据网格.

建立数据网格用指令 ndgrid. 在以前版本的 MATLAB 中是用指令 meshgrid 建立二维与三维的数据网格, 但是 ndgrid 建立的二维数据网格与 meshgrid 建立的二维数据网格的元素的顺序是不同的. 以后我们不再使用 meshgrid.

在 $[X,Y,Z]=$ ndgrid(x,y,z) 生成的三维数据网格中. 三维数据网格的大小为 length$(x)\times$ length(y) $\times$ length(z) 例如下面这个例子是用三个矢量 x,y,z 生成的三维数据网格, 大小是 $4\times3\times2$.

```
>> x=1:4; y=5:7; z=8:9;
>> [X,Y,Z]=ndgrid(x,y,z)
X(:,:,1) = 1 1 1          X(:,:,2) = 1 1 1
           2 2 2                     2 2 2
           3 3 3                     3 3 3
           4 4 4                     4 4 4
Y(:,:,1) = 5 6 7          Y(:,:,2) = 5 6 7
           5 6 7                     5 6 7
           5 6 7                     5 6 7
           5 6 7                     5 6 7
Z(:,:,1) = 8 8 8          Z(:,:,2) = 9 9 9
           8 8 8                     9 9 9
           8 8 8                     9 9 9
           8 8 8                     9 9 9
```

将三维网格 X,Y,Z 重叠起来, 每一组数据都对应三元函数的自变量 (x,y,z) 在三维空间中的一个点的坐标.

§2.6 基元列阵

本节讨论一种新的数据格式. 它也是实践中常用到的.

如果要统计分析学生成绩, 处理的内容就会包括学生的姓名、科目、分数、等级, 其中分数是数值, 而姓名、科目则是文本类的名称. 要处理此类数据, 就要将不同类型的数据按照与矩阵相似的结构组织起来, 才能用统一的方式来引用和处理. 基元列阵 (cell array) 就是为适应这种需求建立的数据格式, 基元列阵也叫胞元列阵, 下面就来建立一个基元列阵:

```
>> G={3, [1,2;3,5]; 'good', 'sin(x)'}
G = [ 3]      [2x2 double]
    'good'    'sin(x)'
```

对于复杂的基元列阵, 也可以逐个元素输入. 注意这里是以基元为单位作显示, 其中有一个元素是矩阵, 所以只给出了它们的维数和数据精度. 如要查看它的内容, 可以将它们调出来, 方法与调用矩阵元素的方法相似, 不过它的元素是用花括号来标识的. 请注意显示基元与显示内容之间的区别.

```
>> G{1,2}                          %查第一行第二个元素
ans = 1 2
```

```
      3 5
>> G{3}(1,2)                          %按列向量形式查第三个元素
ans = 2                              %即矩阵中第一行第二列的元素
```

§2.7　结构列阵

在作图时, 需要对曲线的线型、数据点的标志、颜色等作出限制; 解方程时需要对精度、方法作出说明. 这些都是通过指令语句中的结构列阵来完成的, 例如前面学过的 plot.

结构数组是比基元列阵更复杂、更灵活的数据结构, 它将整个数组分成不同的 "域 (field)", 每个域都有名称, 不同的域可以存放不同类型的数据, 包括函数、文本和基元列阵. 所以结构数组是一种有域名的数据结构. 建立结构数组的语句是:

$$s = struct('field1', values1, 'field2', values2, \cdots)$$

其中 "field1""field2" 是域名, "values1""values2" 是相应的数据. 数据元素要与域名相对应.

例如, 下面的指令产生一个结构列阵 s, 域名是 type, color, x, 同时输入了两组数据. 第一组数据在三个域的值是 big, red, 3; 第二组数据在三个域的值是 little, red, 4. 可用 s(1), s(2) 查看每组数据的内容. 域名是字符串, 用引号括起来; 数据是基元列阵, 用花括号括起来, 其中的字符串要用引号, 而数据则不用引号.

```
>> s=struct('type',{'big','little'},'color',{'red'},'x',{3,4})
s = 1x2 struct array with fields:              %一行域名两组数据
    type
    color
    x
>> s(1), s(2)
ans = type: 'big'              ans = type: 'little'
     color: 'red'                  color: 'red'
        x: 3                          x: 4
```

如果想查看其中一个域 type 的内容, 操作如下:

```
>> s.type
ans = big
ans = little
```

它表示在域 type 中有两组数据, 其值为 big 和 little.

对结构列阵操作的指令还有 fieldnames, getfield, rmfield, setfield.

§2.8　数据存储与显示

在 MATLAB 中, 数据运算与存储的默认格式都是 16 位数字的十进制数 (二进制双精度数), 双精度数范围在 $10^{-322} \sim 10^{308}$. 这 16 位数字或称之为有效数字, 或称之为尾数. 数据显示有 10 种方式, 下面列出书中会用的几种:

MATLAB指令	用 法 说 明
short(默认)	4位小数的定点数。
long	定点数，双精度数用15位小数，单精度数用7位小数。
shortE	具有4位小数的科学记数法。
longE	科学记数法，双精度数用15位小数，单精度数用7 位小数。
shortG	自动选择short与shortE之中最紧凑的形式。
longG}	自动选择long与longE之中最紧凑的形式。

改变显示方式的指令为 format long(long 可换成上述其他格式), 也可以通过菜单栏来实现.

行间距默认格式为 loose, 即行间有空行, 用 format compact 可压缩行间的空行以显示更多的行.

下面表 2.2 对比了数字 234.789 6 和 45.698 567 894 512 8 在不同显示格式下在屏幕上出现的数据, 显然, 短的显示方式进行了四舍五入, 与长数据的显示有差别. 但它并不改变实际存储的数值精度, 读者不能因为这种显示上的差别而形成对计算结果和数据精度的错误理解.

表 2.2

format	234.789 6	45.698 567 894 512 8
short	234.789 6	45.698 6
long	2.347 896 000 000 000 e+02	45.698 567 894 512 799
shortE	2.347 9e+02	4.569 9e+01
longE	2.347 896 000 000 000 e+02	4.569 856 789 451 280 e+01
shortG	234.79	45.699
longG	234.789 6	45.698 567 894 512 8

通过下面对矩阵 A 计算, 可以清楚地看到数据显示与计算结果之间的差异.

(1) 矩阵 A 的逆矩阵 B;

(2) A 与 B 相乘所得的单位矩阵 C;

(3) 矩阵 C 的平方根矩阵 D;

(4) 矩阵 D 的绝对值矩阵 E.

再用 short(左边) 和 short G(右边) 两种方式显示计算结果, 注意对比它们的区别, 尤其注意矩阵 C 中为零的值在两种显示方式中出现的差别, 程序如下:

```
>> format short
>> A
A = 0.4447    0.9218    0.4057
    0.6154    0.7382    0.9355
    0.7919    0.1763    0.9169
>> B=inv(A)
B = 2.5956    -3.9226    2.8535
    0.8950    0.4383    -0.8432
    -2.4139    3.3037    -1.2119
>> C=B*A
C = 1.0000    -0.0000    0
    0    1.0000    0
    0.0000    0.0000    1.0000
```

```
>>format shortG
>>A
A = 0.4447    0.92181    0.40571
    0.61543    0.73821    0.93547
    0.79194    0.17627    0.9169
>> B=inv(A)
B = 2.5956    -3.9226    2.8535
    0.89504    0.43833    -0.84323
    -2.4139    3.3037    -1.2119
>> C=B*A
C = 1            -4.4409e-016    0
    0            1              0
    1.1102e-016  3.0531e-016    1
```

```
>> D=sqrt(C)
D =  1.0000  0 + 0.0000i  0
        0       1.0000    0
     0.0000   0.0000   1.0000
>> E=abs(D)
E = 1.0000   0.0000   0
      0      1.0000   0
   0.0000   0.0000  1.0000
```

```
>> D=sqrt(C)
D = 1          0 +2.1073e-008i  0
    0          1               0
   1.0537e-008 1.7473e-008     1
>> E=abs(D)
E = 1          2.1073e-008   0
    0          1             0
   1.0537e-008 1.7473e-008   1
```

在 MATLAB 中, 数值计算的默认设置是保留 16 位十进制的数值, 所以在本题中, 矩阵 A 与其逆矩阵 B 相乘的结果矩阵 C 本应当是单位矩阵, 但这个结果是在上述精度的意义上而言的, 在 short 显示方式下, 矩阵 C 的非对角都是零, 而在 shortG 显示方式下, 有的非对角元素的第 16 位小数并不是零. 如果对矩阵 C 不停地进行开方计算, 这种误差就会累积起来达到很大, 以致计算结果完全不可靠. 矩阵 D 仅是一次开方的结果, 已经可以看到这种趋势了. 这些误差积累起来可能导致计算结果发生很大的偏差. 所以计算中要随时注意误差的变化并及时加以修正, 才能得到更可靠的结果. 下节我们将更仔细地讨论误差问题.

§2.9　浮点数运算与数值计算精度

凭心算可知, 10 个 0.1 相加的值为 1. 但用 MATLAB 来计算, 并将结果用 16 位数字的浮点数 (longE 格式) 显示为

$$0.1 + 0.1 + 0.1 + 0.1 + 0.1 + 0.1 + 0.1 + 0.1 + 0.1 + 0.1 = 9.999999999999999e - 001$$

对于下面的多步计算, 心算的结果是 0:

$$a=4/3, \ b=a-1, \ c=3*b, \ d=1-c$$

MATLAB 的各个计算步骤得到的结果分别是

```
a = 1.333333333333333e+000
b = 3.333333333333333e-001
c = 9.99999999999998e-001
d = 2.220446049250313e-016
```

MATLAB 显示的结果却不是零. 为什么会这样? 因为 MATLAB 使用浮点数作计算, 而浮点数中没有 0.1, 只能用二进制中最接近 0.1 的数来近似表示. 结果就产生了误差! 但是, 只要这种误差在允许范围之内, 这个结果就是有用的.

比如将 2 开平方根, 然后将其平方, 将结果与 2 相比较并用逻辑运算作判断, 得到的结论是计算结果并不等于它的平方根再平方, 即

```
>> 2==sqrt(2)*sqrt(2)
ars = 0
```

不过从下面的计算可以看到, 虽然结果不是精确值, 但是它们之间的误差已经小于 MATLAB 可分辨的最小数 eps, 所以对有限精度的数值计算, 这就是令人满意的结果, 即

```
>> 2-sqrt(2)*sqrt(2)<eps
ars = 1
```

因此, 了解什么是浮点数就很重要. 只有理解了浮点数, 才能知道用计算机作数值计算可能达到的精度及如何去应用它.

在 MATLAB 和大多数科学计算中使用的浮点算术体系, 是一个有限精度的有限数的集合, 所以它没有实数定义中包含的连续、极限与无限等与微积分有关的数学概念. 计算一旦超出了此集合范围就会产生溢出, 其中又分舍入 (roundoff)、下溢出 (underflow)、上溢出 (overflow)、机器最小精度 (eps)、非数 (NaN) 等概念.

由于计算机使用二进制, 1985 年 IEEE 标准协会和美国国家标准与技术研究院共同为二进制浮点数体系制定了 ANSI/IEEE 754−1985 号标准. MATLAB 也是使用 IEEE 这个标准规定下的双精度格式.

这个标准是将非零的规范化的浮点数表示成

$$x = \pm(1+f) \cdot 2^m$$

一个双精度浮点数存储于一个 64 位的字 (word) 中, 其中 1 位表示数的正负号, 52 位存 f, 11 位存 m. 浮点数的整个小数部分不是 f, 而是 $1+f$, 它占 53 位. 然而首位的 1 并不需要存储, 这样 IEEE 格式便将 65 位信息打包成 64 位的一个字. 这种表示可以在某个固定长度的存储空间内表示定点数无法表示的更大范围的数.

在浮点数表示中, "整数部分" 由 2^m (二进制) 表示, m 的取值限制在整数的范围. 其中 $2^{10} = 1\,024$, 用去 10 位 (bit), 再用 1 位 (bit) 表示指数, 共用 11 位. m 的实际取值为 $-(2^{10}-2) <= m <= (2^{10}-1)$; 即 $-1\,022 \leqslant m \leqslant 1\,023$, 得到最小数为 $2^{-1\,022}$, 最大数为 $2^{1\,023}$. m 的正负值取值范围不同, 正值为 1 到 $+1\,023$, 所以不必存储 m 正负号. 当 $m=1\,024$, $f=0$ 时表示无穷大 (Inf), 当 $m=1\,024$, $f \neq 0$ 时表示非数 (NaN). 当 $m = -1\,024$ 时表示最小的规范数, 当 $m = -1\,023$ 时表示最小的非规范数.

$0 \leqslant f < 1$ 称之为尾数, f 的具体取值为

$$f = n \cdot 2^{-52}, \qquad n = (0, 1, 2, 3, \cdots, 2^{52}-1)$$

它表示利用 f 在两个二进制整数 $[2^m, 2^{m+1}]$ 之间插入的 2^{52} 个二进制小数, 相邻小数的间隔为 2^{m-52}. 注意这是不等间隔的, f 的最小取值就是数的精度. 在整数 2^m 至 2^{m+1} 之间的全部小数的取值都满足 $2^m \leqslant 2^m + f \cdot 2^m < 2^{m+1}$, 下面看一个实例.

例 2.2: 当整数值如表 2.3 中所示

表 2.3

二进制 2^e	$2^{-1\,022}$	$\cdots$	2^{-2}	2^{-1}	2^0	2^1	2^2	2^3	$\cdots$	$2^{1\,023}$
十进制数	最小实数	$\cdots$	1/4	1/2	1	2	4	8	$\cdots$	最大实数

小数值 (以 1 与 2 之间插入的小数为例) 则如表 2.4 所示

表 2.4

$2^0(1+f)$	$2^0 = (1+0)$	$2^0(1+2^{-52})$	$2^0(1+2 \cdot 2^{-52})$	$\cdots$	$2^0(1+2^{51}, 2^{-52})$	$2^1(1+0) = 2$
十进制数	1	$1+2^{-52} = 1\dfrac{1}{4\,503\,599\,627\,370\,496}$	$1+2 \cdot 2^{-52}$	$\cdots$	$1+(2^{52}-1)*2^{-52}$	2

显然, f 的有限取值造成了对浮点数精度的限制, 而 m 的有限取值造成了对浮点数取值范围的限制. 也就是说, 在浮点数运算体系里, 实际使用的是有限个离散的数, 而且这些数之间的间距并不相等. 任何一个数如果不能正好用这个表达式表示, 那么只好用一个能表示成这个表达式的近似的数来表示.

上面这个例子的数值太大, 为了得到直观的印象, 我们取一些较小的数值构成一个简单的例子. 按照浮点数的表示, 设存储 f 的位数用 t 表示, 并取 $t=3$, 再假定指数 m 取 $-4 \leqslant m \leqslant 3$, 则生成的全部浮点数是位于 $2^{(-4)}=1/16$ 到 $2^3=8$ 之间. 每两个二进制数之间都插入有 2^3 个小数, 如图 2.2 所示.

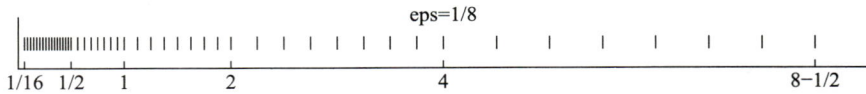

图 2.2   简化的浮点数的示意图

在每个二进制区间 $2^m \leqslant x \leqslant 2^{m+1}$ 中, 数字按间隔 2^{m-t} 等距离排列. 例如, 当 $m=0$ 且 $t=3$ 时, 1 和 2 之间的数的间隔为 1/8, 注意到 f 的取值为 0,1,2,3,4,5,6,7, 则其中的数为 9/8, 10/8, 11/8, 12/8, 13/8, 14/8, 15/8. 当 m 变大时, 这个间隔也会变大. 在对数刻度显示下则可以看到每个二进制间隔中数的分布是一样的. 图 2.3 就是 $t=5, -4 \leqslant m \leqslant 3$ 生成的浮点数的分布图.

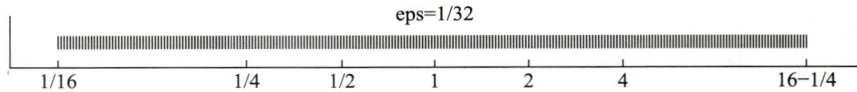

图 2.3   对数标度下的浮点数的示意图

在 MATLAB 中有一个量叫 eps, 它是 machine epsilon 的缩写. 它表示的是从 1 到下一个浮点数的距离. 对于 IEEE 双精度系统有

$$\text{eps} = 2^{-52}$$

换成十进制的近似数为 $2.220\ 4 \cdot 10^{-16}$. eps/2 或 eps 通常被称为舍入误差级别. 当一个计算结果用最接近的浮点数来近似时, 可能造成的最大相对误差为 eps/2, 而两个浮点数的最大相对间距为 eps. 不论何种情况, 舍入误差级别大约是 16 位十进制数.

现在可以解释本节开头的例子. 在 MATLAB 中要表示

$$t = 0.1$$

就必须进行舍入, 因为用二进制表示十进制的分数 1/10 需要一个无穷级数, 所以存储于 t 的数值并不精确地等于 0.1. 事实上,

$$\frac{1}{10} = \frac{1}{2^4} + \frac{1}{2^5} + \frac{0}{2^6} + \frac{0}{2^7} + \frac{1}{2^8} + \frac{1}{2^9} + \frac{0}{2^{10}} + \frac{0}{2^{11}} + \frac{1}{2^{12}} + \cdots$$

在第一项之后, 后续项的系数按 1, 0, 0, 1 重复出现, 根据这个规律以 4 项为一组进行合并后, 可得到一个基为 16, 或十六进制的序列, 即

$$\frac{1}{10} = 2^{-4} \left(1 + \frac{9}{16} + \frac{9}{16^2} + \frac{9}{16^3} + \frac{9}{16^4} + \cdots \right)$$

需要在二进制表达式的第 52 项或十六进制表达式的第 13 项截断这个无穷级数的小数部分, 然后进行向上或向下舍入, 才能得到 1/10 的浮点数近似值. 因此

$$t_1 < \frac{1}{10} < t_2$$

其中

$$t_1 = 2^{-4}\left(1 + \frac{9}{16} + \frac{9}{16^2} + \frac{9}{16^3} + \cdots + \frac{9}{16^{12}} + \frac{9}{16^{13}}\right)$$

$$t_2 = 2^{-4}\left(1 + \frac{9}{16} + \frac{9}{16^2} + \frac{9}{16^3} + \cdots + \frac{9}{16^{12}} + \frac{10}{16^{13}}\right)$$

利用符号计算可以证明 $1/10$ 更接近于 t_2, 程序如下:

```
>> syms k, a=symsum(1/16^k,1,13)
a = 300239975158033/4503599627370496
>> t1=2^(-4)*(1+a*9)
t1 = 7205759403792793/72057594037927936
>> t2=t1+2^(-4)*1/16^(13)
t2 = 3602879701896397/36028797018963968
>> eval((1/10-t1)>(t2-1/10))
ans = 1
```

因此 $t = t_2$, 即

$$t = (1 + f)2^m$$

其中

$$m = -4$$

$$f = 1 + \frac{9}{16} + \frac{9}{16^2} + \frac{9}{16^3} + \cdots + \frac{9}{16^{12}} + \frac{10}{16^{13}}$$

可见, 存于 t 中的数非常接近于 0.1, 但是不精确地等于 0.1. 这种差别有时很重要, 例如 0.3/0.1 并不精确等于 3, 因为实际的分子比 0.3 小一点, 而实际的分母比 0.1 大一点. 本节开头的计算表明, 长度为 t 的 10 步并不精确的等于长度为 1 的一步. 在 MATLAB 中是进行仔细处理以后才使得矢量 $0:0.1:1$ 最后一个元素精确的等于 1. 同样, 在本节开头计算 a、b、c、d 时, 也是由于计算中产生了舍入, 所以最后结果 d 不等于零.

舍入误差级别 eps 有时被称为 "浮点零", 但这是用词不当, 因为有许多远小于 eps 的浮点数. 最小的规范化的浮点数为 $f = 0$ 且 $m = -1\,024$, 最大的浮点数是当 f 比 1 略小且 $m = 1\,023$. 在 MATLAB 中这些数被称为 realmin、realmax. 它们和 eps 一起组成了这个标准体系 (表 2.5).

表 2.5

	二进制	十进制
eps	2^{-52}	2.220 4e−16
realmin	$2^{-1\,022}$	2.225 1e−308
realmax	$(2 - \text{eps})2^{1\,023}$	1.797 7e+308

如果出现计算结果大于 realmax 的情况, 称为上溢出. 这个计算结果为一个特殊浮点数, 称为无穷大 (infinity), 或 Inf, 表示为 $f = 0, m = 1\,024$, 并满足关系

$$1/\text{Inf}=0, \qquad \text{Inf}+\text{Inf}=\text{Inf}$$

还可能计算出一个在实数系统中从未定义的值, 这个特殊值叫 "非数", 或叫 NaN. 出现这种情况的例子有 0/0 和 Inf-Inf, 在浮点数体系中表示为 $m = 1\,024$ 和 f 非零.

如果出现计算结果小于 realmin 的情况, 称为 "下溢出". 这涉及 IEEE 标准中一个可选的但是有争议的方面. 有很多计算机允许在 realmin 和 eps*realmin 之间有例外的非规范或次规范的浮点数. 最小的正非规范数大约为 0.494e−323, 任何小于它的数都设为 0. 在没有定义非规范数的机器里, 任何小于 realmin 的数都设为 0. 非规范数填充了 0 和最小正数之间的空隙. 这样提供了处理下溢出的简洁办法, 但对于 MATLAB 的计算, 其重要性不大. 采用 $m = -1\,023$ 来表示非规范数, 这样实际存储的指数 e−1 203 为零.

对于整数, MATLAB 也是用浮点数系统来处理的. 数 3 和数 3.0 在数学上是完全一样的, 不过许多计算机编程语言采用不同的方式来表示它们, 而 MATLAB 并不区分它们. 有时人们会用浮点整数 (flint) 来描述值为整数的浮点数. 只要计算结果不太长, 浮点整数的计算不会有舍入误差. 若结果不超过 2^{53}, 浮点整数的加、减、乘、除是精确的, 且结果仍为浮点整数. 若涉及浮点整数的除法和平方根的计算结果为整数, 则也用浮点整数来表示. 例如 sqrt(363/3) 的结果为 11, 计算中不会出现舍入.

在数值计算中, 除了上面介绍的机器运算所带来的舍入误差之外, 还会有其他一些误差来源, 主要有:

(1) 模型误差

当我们用一个数学模型去描述一个实际的物理系统时, 总会忽略一些我们认为是次要的因素, 这样的模型必然与实际系统有偏差.

(2) 观测误差

模型中使用的参数往往来自观测值, 测量的误差也会影响计算结果.

(3) 计算方法带来的误差

数值计算的方法很多都是近似方法, 例如计算无穷级数的和, 可能只取前面若干项之和作为近似结果, 这样也会产生误差.

(4) 计算过程中的舍入误差

例如, 我们前面介绍的浮点数计算中所产生的误差.

计算过程中这些误差可能积累与传播, 并影响最终结果的准确性. 所以在得到计算结果后, 应该检查结果的可靠性并设法修正误差.

§2.10　数据文件的存储与读入

如果与外部交换数据, 使用的指令是 save 和 load. save 是保存计算所得的数据, load 是将文件中的数据下载到内存中供计算使用. 下面介绍其简单的用法.

用指令 save 将内存中的变量存入文件的语句格式有

`save fname`　　　　　将工作内存中的变量存入二进制文件 `fname.mat` 中
`fname X Y Z`　　　　　存储变量X, Y, Z。可以用通配符*
`save fname X Y Z -append`　　在文件中加入新的变量

用指令 load 将文件数据读入内存的语句格式是

`load filename`　　　　从文件filename.mat中读入数据。必须指明有关的路径
`load filename x, y, z`　　只读入指定的变量x, y, z, 变量名也可以用通配符

指令 load 也可读入包含数值数据的文本文件. 文本文件应该列成数据的表, 同行中的各列用空格分开, 每行中有相等的元素. 例如, 用任何编辑器编制如下数据表

16.0	3.0	2.0	13.0
5.0	10.0	11.0	8.0
9.0	6.0	7.0	12.0

并将它存入 d 盘的 mag.dat 文件中. 要将它读入工作空间, 可键入命令:

```
>> load d:\mag.dat
```

就会将数据文件读入内存并建立变量 mag, 它代表文件中的矩阵.

第二章程序包

第三章 编 程

程序是数值计算能力的具体体现, 是教学效果的真实检验, 会不会算、算得对不对、算得快不快是最直观的检验标准. 纸上谈兵学不会编程, 只有通过大量的编程实践和广泛地阅读优秀程序并加以模仿, 才能提高编程能力.

§3.1 编辑程序

复杂的计算涉及多个语句的操作, 直接在指令窗口输入既不方便也容易出错. 通常是将所要进行的计算指令编辑成一个文件后, 就可以反复调用, 这种文件就叫程序文件.

程序文件有 4 种格式, 脚本文件 (script files)、实时脚本文件 (live script files)、函数文件 (function files)、实时函数 (live functions). 实时脚本文件和实时函数的扩展名是 "mlx", 另外两种文件的扩展名是 "m".

第一章中已经介绍过实时脚本文件, 实时脚本文件是脚本文件的提高版, 出现于 MATLAB2016 版本之后. 它不仅具备了脚本文件的全部功能而且增加了许多功能. 脚本文件只能编辑程序, 编辑方法和实时脚本文件完全相同, 只是必须使用程序编辑器进行编辑而不能使用实时脚本编辑器编辑. 另外显示方式不同, 脚本文件将数值结果显示在指令窗口而图形则显示在图形窗口. 利用编辑器的工具栏中的图标, 可以将脚本文件转换为实时脚本文件. 实时函数则比实时脚本文件增加了输入与输出变量的功能, 还可以通过设置控件来实时地输入与输出变量.

在主页界面点击图标 "新建脚本", 就会打开程序编辑器窗口如图 3.1 所示.

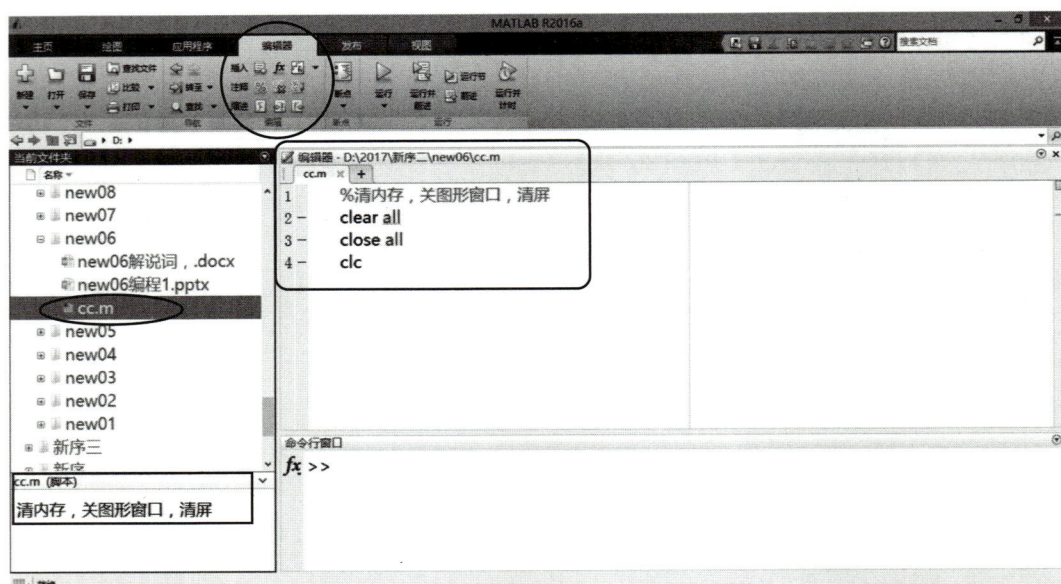

图 3.1 脚本文件编辑器

下面建立一个简单又有用的脚本文件. 如图 3.1 所示, 在编辑器窗口中输入以下的内容, 然后保存为 "cc.m", 以后只要在指令窗口输入 "cc", 就会清光内存变量, 清屏和关闭图形窗口在本书后面的程序, 经常会用到这个程序 cc.m, 建议把它放到常用的搜索路径之下. 随机可以调用.

```
clear all                                              %清除内存中所有变量
close all                                              %关闭所有图形窗口
clc                                                    %指令窗口清屏
```

这个例子包含了编程的基本步骤, 具体如下

1. 打开编辑器

打开编辑器有三种方法:

- 新建的程序文件可以用主页界面上的图标 (新建) 打开;
- 已有的程序文件可以用图标 "打开" 打开对应的文件名, 也可以点击目录窗口中对应的文件名;
- 在指令窗口输入 "edit+ 文件名".

2. 输入程序

程序编辑器是一个文本编辑器, 编辑程序应该注意:

- 保持正确的排版格式, 以保持程序的可读性, 如 for 循环结构语句, if 分支结构语句, 尤其是以后常用的函数文件, 它们都有固定的格式, 且必须用 end 结束;
- 加上必要的注解, 注解文字要用%开头. 再熟悉的程序也要加上注解, 这样既便于别人理解, 也能防止自己以后遗忘. 程序没有注解是新手的通病, 必须改正;
- 一行写不完的语句用 "..." 分行, 这样形式上分成两行的语句在结构上仍属于一行, 执行时不会出现错误;
- 每个完整的语句后面都统一加上分号, 除非你需要显示该语句的执行结果, 但是显示结果会占用一定的时间, 造成程序运行速度下降;
- 文件的命名规则与第一节介绍的变量名命名规则相同.

3. 保存程序与设置搜索路径

MATLAB 默认只会执行软件自身原有的文件. 用户的程序文件一般会保存在用户设置的目录下, 如果把这个目录作为当前的工作目录, 其中的程序也能执行. 为了能在任意工作目录下都可以执行用户目录下的程序, 可以通过设置搜索路径来实现.

搜索路径指的是 MATLAB 能够自动查找的目录范围. 所谓设置搜索路径就是将用户自己建立的目录放入这个范围中去. 做法是: 在主界面的菜单栏中找到图标 "设置路径"(图 3.2), 再打开路径设置窗口, 按提示要求将新目录加入即可, 如果该文件夹下面还有子文件夹, 那就要点击 "添加并包含子文件夹". MATLAB 自身原有的目录都是默认的搜索路径.

如果用户自己的目录是当前目录但不在搜索路径之下, 更简单的方法是在当前目录窗口点击打开程序, 这时会出现对话框, 询问是否将新文件加入到搜索路径, 点击 "是" 以后, 这个目录将自动加入搜索路径.

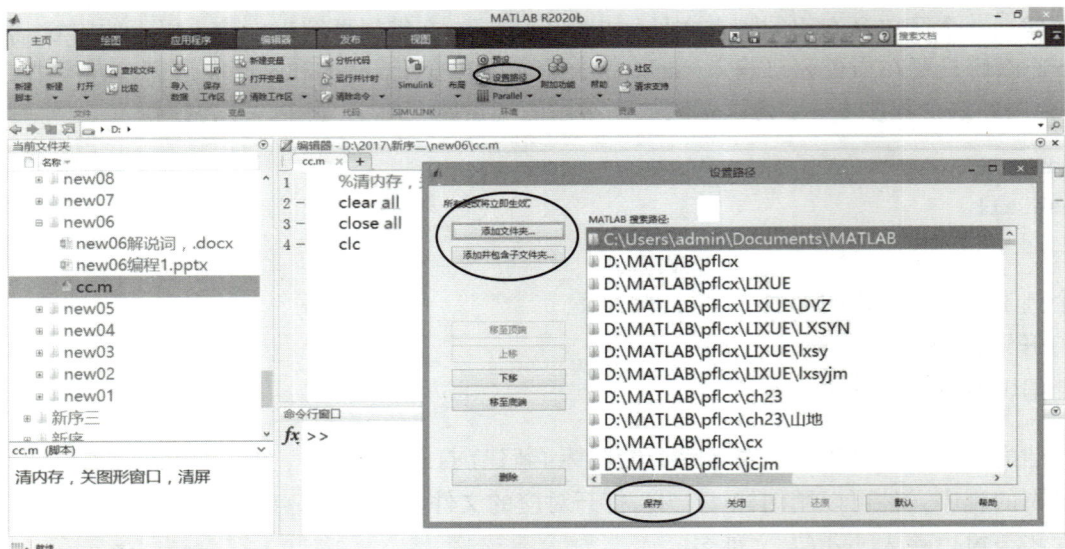

图 3.2　路径设置窗口

§3.2　调试程序

调试程序的目的是纠错也是提高程序的质量,它包括三步:

1. 程序编辑器自动查错

输入时由于不够细心可能产生一些低级错误,如指令输错、语法错误、文件格式错误等,存在这些错误的程序都不能存盘,程序编辑器的自动检查功能会发现这种错误并给出提示,如循环语句忘记输入 "end",或者多个嵌套的循环少一个 "end",在脚本文件内输入的子函数文件位置不正确,在程序中输入中文字符而没有加上注解符号或字符串符号,或者指令输错,如将 "function" 输入成了 "funtion" 等,这对程序中的错误之处会变成不同颜色以提示用户,或者在文件存盘时会出现提示,用户应该根据提示及时修正这些错误.

2. 通过运行程序查错

在运行程序时,软件遇到不能执行的语句就会中止运行,并在该语句的左端出现一个绿色的箭头. 这时应该重点检查这个语句. 纠错以后,再重新运行程序,直到整个程序都能顺利通过.

以动画程序 test 为例 (这个程序在动画一节会详细讲,程序已经放在搜索路径下),操作如下 (图 3.3)(实际操作视频见二维码):

- 设置间断点. 指令窗口键入 "edit test" 打开程序,将光标移至行号 2 处,按下 F12 键,或者点击鼠标右键,在行号 2 处出现一个红圆点即间断点.

- 回到指令窗口输入 "test" 运行程序,在第 2 句的红点旁出现一个绿色箭头. 表明程序已经运行这里. 以后的运行可有几种选择:

第一种是按 F10 键,每按一次运行一行语句;

第二种是按 F5 键连续运行,程序将运行到下一个间断点: 如果下面没有设置间断点,程序就运行到结束;

第三种是按 F11 键,也是逐行运行,但是遇到程序中调用的函数文件会进入其中并逐句运行而不是一步跳过,如果要停止这项操作,可按 Shift+F11.

程序运行时, 如果语句有错误, 就会停止在有错误的语句, 并在指令窗口用红色字体给出对错误的说明, 用户应该根据提示修改程序后再调试.

- 调试结束后, 按下 F12 键清除所有间断点, 或者用鼠标右键点击红点.
- 生成程序评价报告. 在编辑器窗口的菜单栏, 选用 "运行和计时" 会生成一个评价报告 (图 3.4), 分析程序各部分的运行时间, 用户可以据此改进程序, 提高计算速度.

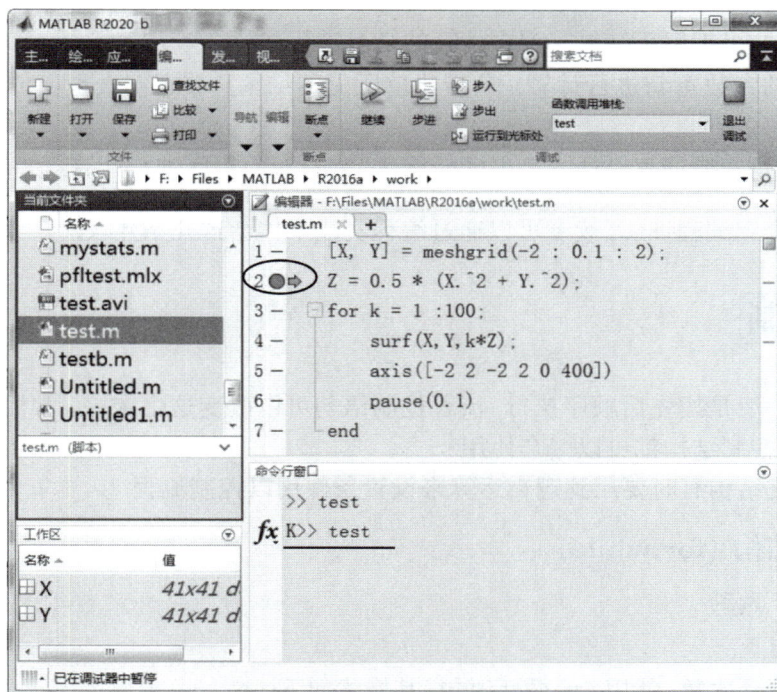

图 3.3　调试程序的操作

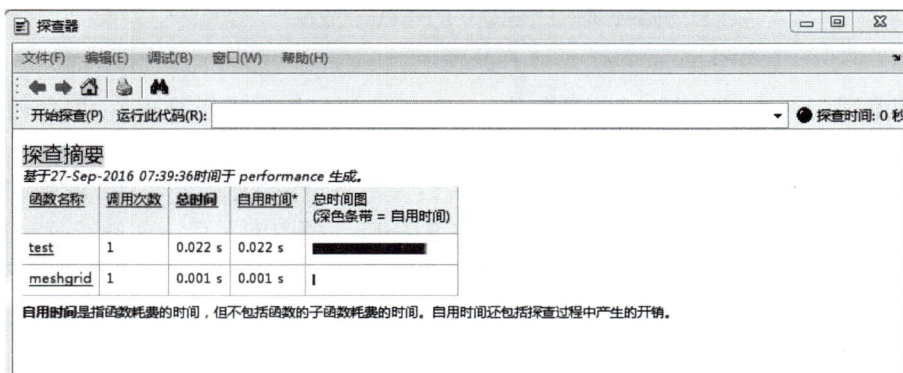

图 3.4　程序评价报告的生成

这些操作都是直接用键盘上的功能键来完成的, 也可以用菜单或工具栏中图标 "断点""运行""继续" "步进" "步入""退出调试" 来完成这些操作, 用户只要看看菜单上与功能键对应的名称就可以知道如何使用. 将光标移到图标上, 会显示图标的说明, 由此也可以知道图标的用法.

3. 提高程序的质量

程序通过运行以后,原则上可以使用了.但这并不意味着这个程序一定是正确的,也就是编程工作到此还不能算结束.因为目前只能说明这个程序符合编程语法的要求,而一个程序的正确性不仅与算法有关,更重要的是还与构造算法的物理模型、物理思想和物理概念有关.为了检验程序正确与否,往往要选用以下方法:

- 根据物理模型,对可能得到的结果进行一些定性分析,用以预测计算结果.在可用解析方法求出一些简单解时,可把解析结果与程序计算的结果进行对比.
- 改变程序中的参数重新进行计算,分析比较所得的结果,看它们表现出的规律性是否能互相印证.
- 如有可能,对物理模型再设计一个不同的算法,编辑新的程序进行计算,以检验旧程序.

第 7 章将重点介绍编程训练,读者可以通过编程实践来体会这几条建议.

§3.3   流程控制

程序中的语句一般是按先后顺序执行,流程控制语句可以改变这个次序.常用流程控制有循环结构和分支结构,这些控制结构都可以嵌套使用.

循环结构和分支结构有时要用到逻辑运算来设置条件用以控制流程.

3.3.1   循环结构 (for,while)

循环结构有如下两种:

1. for 循环语句

如果能够确定循环次数,就用 for 循环语句,其格式如下:

> **for**   循环变量 = 起始值:步长:终止值
>   循环体
> **end**

步长的默认值为 1,步长可以取正值或负值.取正值必须起始值小于终止值,取负值则要求起始值大于终止值.

例 3.1:康托尔集 (Cantor set),长度为 1 的线段三等分后,去掉中间一段,再将剩下的两段再各分成三等,都去掉中间一段,剩下更短的四段继续三等分后去掉中间一段……继续这种操作直至无穷.在极限的情况下,各条线段的长度趋于 0,线段数目趋于无穷,相当于得到一个离散的点集,称为康托尔集.图形如图 3.5 所示.

仔细观察不难发现,画图过程总是将上一次图形压缩至 1/3,再对称地摆放在两边.我们再用不同的高度来区分不同的线段,由此得到程序如下:

```
u=[0+3i, 1+3i];                          %点（0,3）与（1,3）连成的直线
plot(u)
axis([0 1 0 3.1]), hold on
fcr k=2:6
    u=[u/3, NaN, u/3+2/3] + i*2/k;
    plot(u)                              %上段直线三等分，去掉中间，画在纵坐标2/k处
erd
```

图形中间是空白, 故以 NaN 表示.

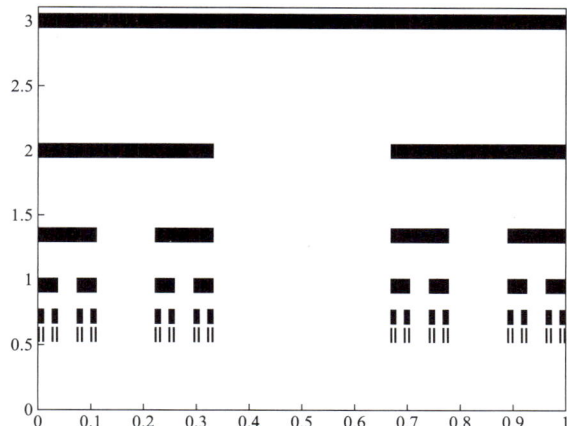

图 3.5 康托尔集的图形

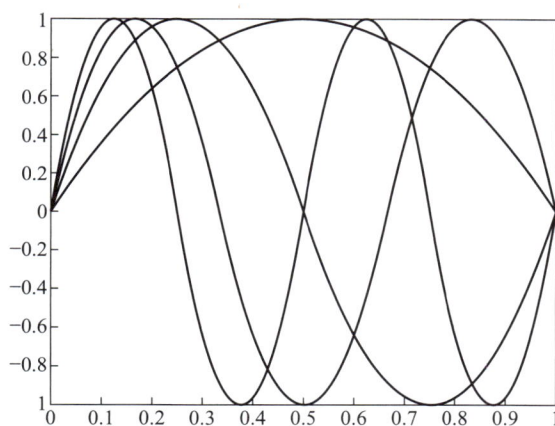

图 3.6 四条正弦曲线

在很多情况下, for 循环可以用矢量或矩阵来进行操作, 这是 MATLAB 提高运算速度的关键, 称之为矢量化编程. 在下例中, 计算本来需要对 x, n 分别作 for 循环计算, 即是二重循环, 实际是用了矩阵运算来替代这二重循环. 图 3.6 为所画图形.

例 3.2: 画图形 $\sin n\pi x (n = 1, 2, 3, 4; \ x = 0 : 0.001 : 1)$.

```
x=[0:0.001:1];                    %变量x是矢量
y=sin(pi*[1:4]'*x);               %函数值y是矩阵
plot(x,y)                         %用y的每行对x作图(新用法)
```

在必须使用 for 循环且计算量巨大的时候, 使用并行计算工具箱的指令 "parfor" 可以极大地提高计算效率.

2. while 循环语句

如果无法事先确定循环的次数, 只能设定中止循环的条件, 则只能用 while 循环. 其格式如下:

while 表达式

循环体

end

例如, 要找出小于 10^{10} 的最大阶乘, 用的程序是:

```
n=1;
while prod(1:n)<1e10
    n
    n=n+1;
end
```

这里 prod(1:n) 是 n 的阶乘. 屏幕上显示出结果是 13, 即 13! 是小于 10^{10} 的最大阶乘. 这个程序显示了 while 循环的基本要素:

- 计数器 n;
- 循环中止条件 prod(1:n)<1e10, 每次循环都使 prod(1:n) 更接近中止值;
- 循环启动值 n=1, 必须在循环体之前设置启动值.

3.3.2 分支结构 (if,switch,try)

分支结构是根据条件来选择要执行的语句, 共有 3 种: if 语句、switch 语句和 try 语句.

1. if 语句

if 语句有三种结构, 就是单分支结构、双分支结构和多分支结构.

<table>
<tr><td>单分支结构</td><td>双分支结构</td><td>多分支结构</td></tr>
<tr><td>

if　条件表达式
　　执行语句
end

条件满足就执行
否则跳过

</td><td>

if　　条件表达式
　　执行语句
else
　　执行语句
end

</td><td>

if　条件表达式 1
　　执行语句
elseif　　条件表达式 2
　　执行语句
elseif　　条件表达式 3
　　⋮
else
　　执行语句
end

</td></tr>
</table>

例如, 可以用 if 语句来建立 sinc 函数:

$$\text{sinc} = \begin{cases} 1, (x = 0) \\ \dfrac{\sin x}{x}, (x \neq 0) \end{cases}$$

程序如下:

```
x=input(' 请输入自变量 x 的值,x= ' )
if x==0
    y=1
else
    y=sin(x)/x
end
```

这里的 input 是要求键盘输入的指令, 详细用法见下一节 (§3.4 节) 的介绍.

2. switch 语句

语句 switch 结构都是多分支的, 根据判断表达式的不同值来执行不同的语句. 其功能与多分支的 if 语句相当. 但是在 if 语句中, 如果分支过多, 会使程序冗长难懂且运行慢. 而 switch 语句则显得快捷、简单.

```
switch　　判断表达式（标量或字符串）
case　　值 1
    执行语句 1
case　　值 2
    执行语句 2
    ……

otherwise
```

执行语句

end

下面的程序利用 switch 语句对学生成绩分级 (学生成绩见表 3.1).

表 3.1

学生	赵大	钱二	张三	李四
成绩	95	55	68	83

成绩分级方法是: $A > 85, 70 \leqslant B \leqslant 85, 60 \leqslant C \leqslant 69, D < 60$. 程序如下, 指令 num2cell 将数组转化成基元列阵:

```
W={'赵大', '钱二', '张三', '李四'; 95, 55, 68, 83};
for k=1:4
    switch W{2,k};
        case num2cell(86:100)
            r='A';
        case num2cell(70:85)
            r='B';
        case num2cell(60:69)
            r='C';
        otherwise
            r='D';
    end
    W(3,k)={r};
end
W
```

3. try 语句

语句 try 的结构是试探性执行语句, 首先执行语句组 1, 如果出现错误, 则执行语句组 2, 如下所示:

try

执行语句组 1

catch

执行语句组 2

end

矩阵的乘法要求两个矩阵的维数相容, 否则会出错. 下面的程序先计算两个矩阵的乘法, 如果出错, 则改为计算两个矩阵的点乘, 即:

```
A=[1,3,5; 2,4,6]; B=[1,4,7; 2,5,8];
try
    C1=A*B
catch
    C2=A.*B
end
```

计算结果是进行了点乘, 得到:

```
C2 = 1    12    35
     4    20    48
```

§3.4 其他编程指令

还有一些指令也可以控制程序中语句的执行状态. 下面将指令简单列举如下, 有关用法可以参看 help 菁助系统.

input(′…′)	显示引号中提示文字, 并将键盘输入的数值、字符串或表达式赋予指定的变量。
input(′…′ , ′s′)	将键盘输入的内容一概作为字符串赋予指定的变量。
disp(′…′)	在屏幕上显示引号中的内容。
pause	使程序运行暂停, 按任意键恢复运行。
pause(n)	使程序运行暂停n秒。
break	用于for, while, if和try语句的终止,如果循环是嵌套的,则只从最内的一层退出。
continue	在for 和while循环中跳过其后的指令, 执行下一个循环。
error	终止程序, 显示出错信息。
keyboard	暂时终止程序的运行, 等待键盘输入的指令, 在执行完输入的指令以后, 只要键入return, 又可以恢复 程序的运行。
return	停止执行return所在的程序, 回到指令窗口或调用它的主程序。
warning	显示警告信息, 继续运行程序。

第三章程序包

第四章　科学计算可视化的基本技巧

科学计算可视化其实就是将计算结果用可视的图形来表现, 其内容属于计算机图形学研究的对象.

信息时代的海量数据使得对数据的分析和处理越来越难. 可视化将数据转换为图像信息来显示和处理, 成为发现、理解以及研究各种物理新现象的有力工具.

1987 年 2 月, 美国国家科学基金会 (NSF) 提出 "将图形和图像技术应用于科学计算是一个全新的领域". 科学家们不仅需要分析计算机得出的计算数据, 而且需要了解数据在计算中的变化. 会议命名这一技术为 "科学计算可视化 (Visualization in Scientific Computing)". 科学计算可视化将图形生成技术与图像理解技术结合在一起, 既可理解送入计算机的图像数据, 也可以从复杂的多维数据中产生图形. 按其实现的功能可分为:

- 结果数据的后处理;
- 结果数据的实时跟踪处理及显示;
- 结果数据的实时显示及交互处理.

科学计算可视化的研究导致了计算机图形学 (Computer Graphics) 的诞生. 计算机图形学是研究利用计算机来显示、生成和处理图形与图像的原理、方法和技术的学科.

计算机图形学起源于 1962 年美国麻省理工学院林肯实验室的萨瑟兰 (Ivan. E. Sutherland) 的开创性工作. 当时萨瑟兰在美国亚特兰大市召开的美国计算机会议上宣读了他的博士论文 "Sketchpad"(画板: 一个人机交互的图形系统), 文中首次使用了 "Computer Graphics" 这一术语, 证明交互式计算机图形学是一个可行且有用的研究领域, 从而确定了计算机图形学作为一个崭新的科学分支的地位, 奠定了计算机图形学的基础. 1965 年萨瑟兰又发表著名论文 "Ultimate Display"(终极显示), 提出了计算机图形学发展的方向. 萨瑟兰被公认为是交互图形生成技术的奠定人, 也因此荣获 1988 年图灵奖.

目前计算机图形学已经成为一个应用广泛、技术成熟的学科. 对计算物理来说, 图形学的作用如下:

- 计算物理的图示手段——静态图形用于静态数据 (如计算的最终结果) 的展示, 包括二维、三维、四维和六维数据的图形和图像;
- 计算物理的模拟手段——用于抽象理论的实验模拟、运动系统的动画模拟等;
- 计算物理的研究手段——海量数据无法直接解读, 图像提供了理解与比较数据的新方法; 图像能从整体上显示数据之间的关系, 揭示新的规律; 动画所演示的数据间的动态关系, 是静态数据无法表现的; 动态数据还可以用虚拟实验来模拟真实过程, 以压缩成本、时间与空间, 并人为地控制系统参数.

从科研或教学的实践中, 也很容易体会到学习计算机图形学的重要性. 例如, 在非线性物理的分形物理中, 许多成果来自于对图像的研究, 典型的例子有分形图形 Mandlebrot 集和 Julia 集. 显然, 科学计算可视化应该是计算物理课程的基本训练内容之一, 过去在计算物理教材中缺少了这部分内容, 是因为没有相对易学好用的工具. 今天有了作图功能全面的 MATLAB, 作图成为举手之劳, 所以我们将它列入了计算物理的学习内容.

§4.1 MATLAB 作图功能概述

MATLAB 的作图功能已经不亚于专门的作图软件, 不仅能将计算结果直接作为图形输出, 还能做成动画和电影输出. MATLAB 输出的图形文件有 fig、eps、bmp、jpg、tif 等十几种格式, 完全满足了科研工作者的需求.

选用作图指令注意两点: 首先要明确数据间的函数关系, 然后判断数据是几维的. 大致分以下几种:

- 二维数据: 用平面图形表现, 对应一元函数 $y = f(x)$.
- 三维数据: 用空间图形表现, 对应二元函数 $z = f(x, y)$.
- 四维数据: 用空间的假彩色图形表现, 包括:

  – 三元函数 $g = f(x, y, z)$,
  – 复变函数 $w = f(x + \mathrm{i}y)$,
  – 平面矢量函数 $\boldsymbol{P} = f(x\boldsymbol{i} + y\boldsymbol{j})$.

- 六维数据: 用矢量场图表现, 对应空间矢量函数 $\boldsymbol{Q} = f(x\boldsymbol{i} + y\boldsymbol{j} + z\boldsymbol{k})$.

二维、三维数据可以用本章的指令加以处理, 四维以上的数据需要用到下一章对于物理场可视化的专用指令.

以四维数据为例, 有三种情形:

- 对于三维空间的标量场 $u = f(x, y, z)$, 一般用标量场的等值线或等值面来表示;
- 对于平面矢量场 $\boldsymbol{V} = f(x, y)$, 一般用二维矢量场的流线表示;
- 对于复变函数 $w = f(x + \mathrm{i}y)$, 有专用的画复变函数的指令来作图.

MATLAB 是在图形窗口中画图, 任何作图指令都会自动打开一个图形窗口. 如果已经有打开的图形窗口, 则图形将画在这个窗口中, 并默认用新图形替代旧图形.

打开图形窗口的指令是 figure, 用法如下:

```
figure                                          打开新作图窗口
figure(n)                                      打开第n个作图窗口
close figure(n)                                关闭第n个作图窗口
subplot(m,n,p)                        将窗口分成m*n个区,在第p区作图
hold on                            在窗口中保留原图形,画上新图
hold off                             关闭窗口保留原图形的功能
```

例如, 分区画 4 个李萨如图形 (图 4.1), 程序如下:

```
t=0:0.001:4*pi;
subplot(2,2,1)
x=sin(t);y=cos(t);
comet(x,y)
subplot(2,2,2)
x=sin(t);y=cos(3*t);
comet(x,y)
subplot(2,2,3)
```

```
x=sin(2*t);y=cos(7*t);
comet(x,y)
subplot(2,2,4)
x=sin(3*sqrt(2)*t);
y=cos(3*sqrt(3)*t);
comet(x,y)
```

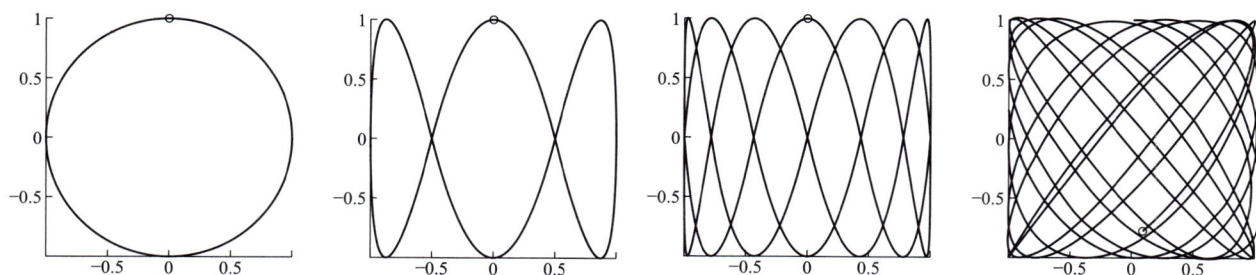

图 4.1   李萨如图形

§4.2   用二维数据 $y = f(x)$ 画平面图

画 $y = f(x)$ 的图形用的都是二维数据. 前面介绍过的 plot 是最常用的二维作图指令, 画二维图形指令还有:

line	画直线	rectangle	画矩形或椭圆
plot	画一条或多条曲线	comet(3)	画2(3)维彗星曲线
bar	直方图	loglog	双对数坐标曲线
compass	原点出发的复数矢量图	pcolor	假彩色图
contour	在x y 面上的等高线图	polarplot	极坐标图
errorbar	误差棒图	quiver	矢量场图
ezplot	符号函数二维曲线	rose	统计频数扇块图
feather	沿 x 轴分布的复数矢量图	semilogx	x 轴对数坐标曲线
fplot	数值函数二维曲线	semilogy	y 轴对数坐标曲线
fill	平面多边形填色	stem	火柴杆图
hist	统计频数直方图	stairs	阶梯图
area	填充面积	patch	填充多边形

这些指令用法基本相似, 只要在指令后面输入相应的参数就可作出图形. 所需要填写的参数可以用 help 系统查找. 例如, 图 4.2 用 polarplot 画心形线 $r = 1 + \cos\theta$, 即:

```
>> t=0:0.1:2*pi;  r=(1+cos(t));  polarplot(t,r)
```

又如 fplot 是利用函数画二维图形, 它绘图的数据点是用自适应法产生的, 即在函数变化小的地方取较少的点, 而在函数变化剧烈的地方取较多的点. 这样图像就可以更好地反映函数的变化. 指令的用法如下:

```
fplot(FUN,LIMS)
```

其中 FUN 是作图函数, LIMS 是变量及函数取值范围, 如:

```
>> fplot(@(x)sin(1./x),[0 0.1])
```

画出了函数 $\sin(1/x)$ 在 $[\ 0.1]$ 内的图像. 实际图像如图 4.3 所示, 可以看出在变量值较小的地方, 函数值变化较大, 由于取点较多, 所以图像仍可较好地反映函数的变化, 放大以后就可以看出来. 读者可以试用对变量 x 取等间距变化的值再用指令 plot 重画此图, 就可看出两者的差别. 这里使用的函数是匿名函数形式, 在积分微分一章中将对匿名函数作详细介绍.

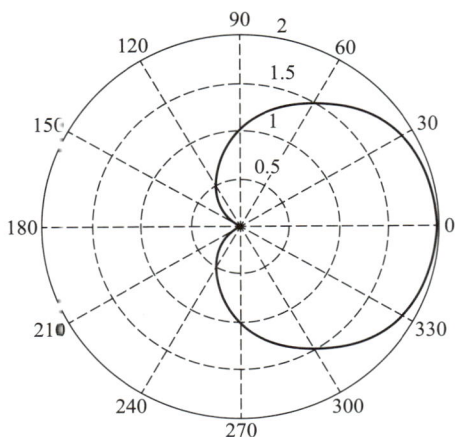

图 4.2 心形线

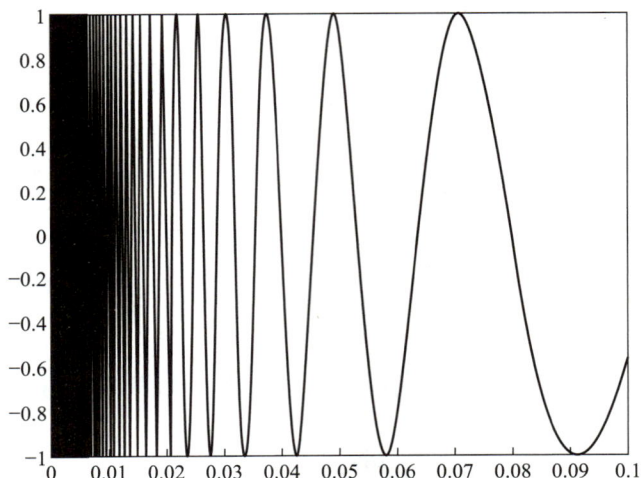

图 4.3 自适应法绘制的函数图像

§4.3 plot 用复数画平面图形

当 plot 使用复数作图时规定如下:

- 如果变量与函数都是复数, 则作图时舍弃虚部, 只利用实部的数据作图:

```
>>plot(Z1,Z2)                              %表示plot(real(Z1),real(Z2))
```

- 如果是用一个复数作图, 则是用实部对虚部作图:

```
>>plot(Z)                                  %表示plot(real(Z), imag(Z))
```

注意这时画出的都不是复函数图形, 指令 plot 用复数画图有诸多优点, 例如:

```
t=0:pi/5:2*pi;
plot(exp(i*t),'-o')
axis equal
```

画出了一个 10 条边的多边形, 每个顶点有一个小圆圈 (图 4.4).

又如, 要画一个在任意位置的椭圆 (图 4.5), 利用复数的性质作图就很方便. 先在原点画一个椭圆 C, 然后旋转到需要的方向得到 C1, 对复数而言就是乘一个指数因子; 然后将原点平移到新位置得到 C2, 对复数而言就是加上一个复数. 实际的程序如下. 这里要注意的是, 每次只能画一个椭圆, 如果将语句写成plot(C1,C2), 画出来的将是一条直线, 程序如下:

```
the=linspace(0,2*pi,100);
A=2*cos(the);  B=sin(the);
C=A+i*B;       C1=C*exp(i*pi/3);    C2=C1+(3.5+2i);
axis equal,    hold on,
plot(C),       plot(C1),            plot(C2)
```

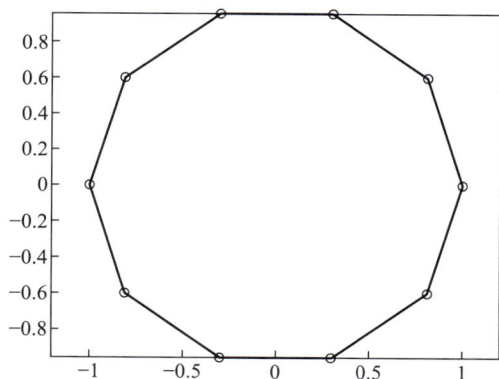

图 4.4　用复数画的多边形

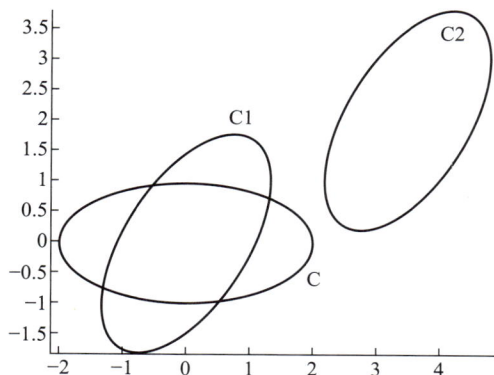

图 4.5　画椭圆

§4.4　用三维数据 $z = f(x, y)$ 画空间图

1. 空间曲线, 空间表面, 旋转体表面

三维图形包括了空间曲线、空间曲面和空间立体图形如球体、柱体等, 如图 4.6 所示. 它们的画法指令各有不同, 实际程序如下:

```
subplot(1,3,1),                              %画三维曲线
t=0:0.01:15; x=sin(t); y=cos(t); z=t;
plot3(x,y,z,'-.')
view(-60,18)                                 %选择视角

subplot(1,3,2)                               %画旋转体图形
phere(40);

subplot(1,3,3)                               %画三维曲面
[X,Y]=meshgrid(-8:0.5:8);                    %构造数据网格
R=sqrt(X.^2+Y.^2)+eps;
Z=sin(R)./R;                                 %构造函数
surf(X,Y,Z)
```

从例子看出, 空间曲线的自变量就是空间点的 3 个坐标, 而画空间曲面的自变量要利用数据网格来构造, 在介绍数据网格时所画的图形就是使用这种方法; 画旋转体则使用专用指令. 上述程序中的指令介绍如下.

(1) 画空间曲线

画空间曲线的指令为 plot3, 用法如下:

plot3(x,y,z,s)}　　　　　　　　　　　　　　　x,y,z 是矢量，表示点的空间坐标，s是线型。

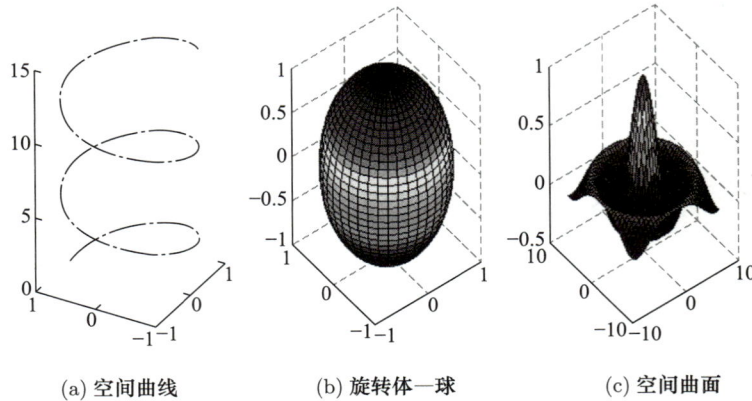

　　　(a) 空间曲线　　　　　　　　(b) 旋转体—球　　　　　　　(c) 空间曲面

图 4.6

　　如果在上述程序中将指令 plot3 语句替换成 comet3(x,y,z)，就会看光点沿空间曲线移动，产生动画效果.

(2) 画旋转体表面

常用指令有：

sphere(N)　　　　　　　　　　　　　　　　　　　　　画半径为1，有N条经线的球。

cylinder(R,N)　　　　　　　　　　　　　　　画母线R旋转而成柱体，柱体上有N条母线。

ellipsoid(XC,YC,ZC,XR,YR,ZR,N)　　　　　　　　　　　画椭球，使其满足隐函数方程。

$$\frac{(X-XC)^2}{XR^2}+\frac{(Y-YC)^2}{YR^2}+\frac{(Z-ZC)^2}{ZR^2}=1$$

椭球的球心在 XC、YC、ZC，椭球的三个半长轴分别为 XR、YR、ZR.

(3) 画空间曲面

　　画空间曲面有三个步骤：构造数据网格，建立作图函数，用指令画图. 上面画空间曲面用的指令是 surf，也可以换成其他指令得到下面的图 4.7.

　　在绘制图 1.23 时用到的画空间曲面的指令汇集如下：

mesh　　　　　　　　　　　　　　　　　　　　　　　　　　　　网线图

meshz　　　　　　　　　　　　　　　　　　　　　　　　网线图再加基准平面

surfc　　　　　　　　　　　　　　　　　　　　　　　　　表面图再加光照

meshc　　　　　　　　　　　　　　　　　　　　　　　　网线图再加等高线

surf　　　　　　　　　　　　　　　　　　　　　　　　　　　　表面图

2. 三维图形的视角

　　三维图形的观察效果与视角有关，在 MATLAB 中视角规定如图 4.8 所示，它由指令 **view(az, el)** 来实现. 其中：

az(Azimuth)　　　　　　　　表示方位角，单位是度，取值为-180~180，计算起点是负y 轴。

el(Elevation)　　　　　　　表示俯视角，单位是度，取值为-90~90，计算起点是xy平面。

　　三维视图的默认值是 az=-37.5，el=30，二维视图的默认值是 az=0，el=90. 在图形窗口中，用鼠标在工具栏中选择旋转图形的图标，再将鼠标指向图形，就会显示当前的视角.

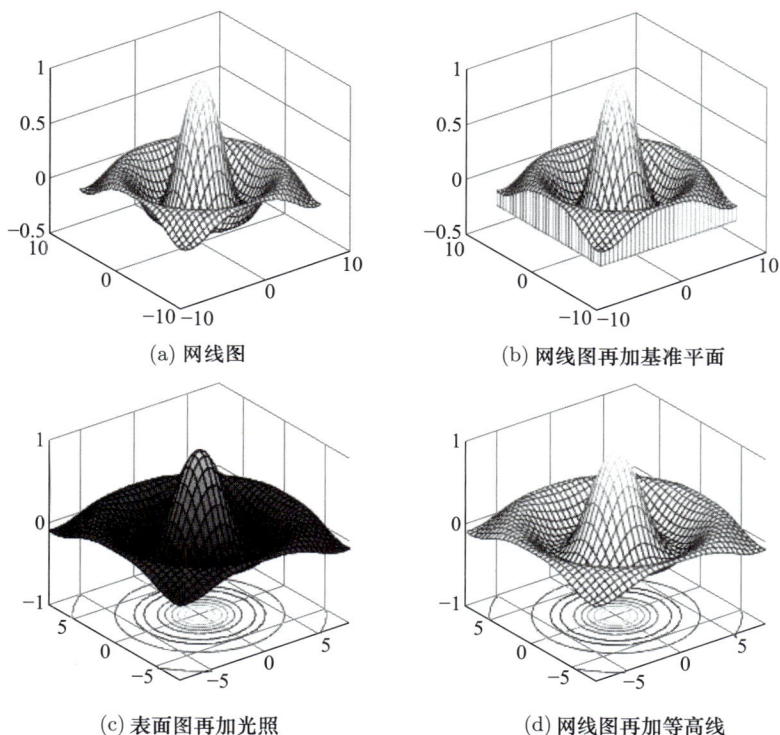

(a) 网线图　　　　　　　　　(b) 网线图再加基准平面

(c) 表面图再加光照　　　　　　(d) 网线图再加等高线

图 4.7

3. 画空间四面体

一般来说, 可以用空间曲面或空间平面去组成一个立体图形. 例如, 利用 plot3 画一个四面体, 顶点为 $A(0,0,0)$; $B(1,0,0)$; $C(0.5, 0.5, 0.5)$; $D(0.5, 0.5, 0)$. 下面的程序是用三个空间三角形 $\triangle ABC$、$\triangle BCD$ 和 $\triangle ACD$ 组成一个封闭的空间四面体 (图 4.9). 程序中三个矩阵 X、Y、Z 的第一列对应 $\triangle ABC$ 的顶点坐标 (x, y, z), 同样第二列和第三列则对应 $\triangle BCD$ 和 $\triangle ACD$ 的顶点坐标:

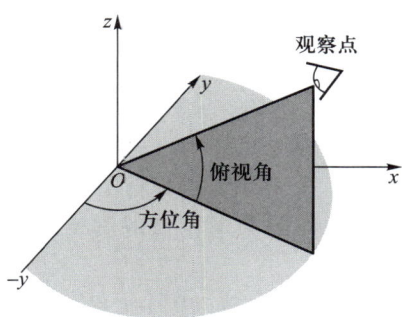

图 4.8　视角的示意图

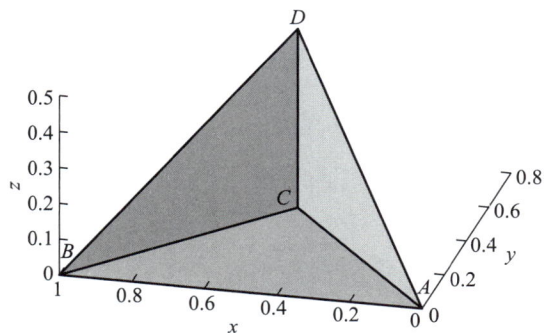

图 4.9　空间四边形的图形

```
A=[0,0,0];                      %四个顶点坐标
B=[1,0,0];
C=[0.5, 0.5, 0.5];
D=[0.5, 0.5, 0];
X=[A(1),B(1),A(1);              % 第一列是△ABC的X坐标
   B(1),C(1),C(1);
   C(1),D(1),D(1);
```

```
   A(1),B(1),A(1) ];
Y=[A(2),B(2),A(2);                                    % 第一列是△ABC的Y坐标
   B(2),C(2),C(2);
   C(2),D(2),D(2);
   A(2),B(2),A(2) ];
Z=[A(3),B(3),A(3);                                    % 第一列是△ABC的Z坐标
   B(3),C(3),C(3);
   C(3),D(3),D(3);
   A(3),B(3),A(3)];
plot3(X,Y,Z)
view(-44,-22)
```

将 plot3 的语句换成下面的语句, 则会将四面体的三个面分别涂上绿、红和黄色:

```
hold on
fill3(X(:,1),Y(:,1),Z(:,1),'g')
fill3(X(:,2),Y(:,2),Z(:,2),'r')
fill3(X(:,3),Y(:,3),Z(:,3),'y')
view(-179,-42)
```

更直接的方法是使用指令 patch, patch 是用来画多边形的, 使用时需要说明多边形的顶点及表面的颜色. 例如, 下面的操作也是画同样的四面体:

```
xyz=[0, 0, 0; 1, 0, 0; 0.5, 0.5, 0.5; 0.5, 0.5, 0];    %空间顶点的坐标
fac1=[1, 2, 3; 2, 3, 4; 1, 3, 4];                       %指定组成三角形的顶点顺序
patch('vertices',xyz,'faces',fac1,'facecolor','g');    %画图并涂色
view(-163,50)
```

这里, 是指定了顶点坐标及由顶点组成的面以后, 用 patch 为它们涂上绿色. 当然也可以涂不同的颜色. 在平面上则可以用这个指令画多边形.

如果画正四面体, 则有更简单的方法, 比如下面的图形画法:

```
cylinder([1,0],3)
```

这个语句的含义可以理解成以点 (0, 1) 和点 (1, 0) 连成的直线为母线, 画了一个只有三条母线的旋转圆柱. 不过画出的图形表面都是蓝色, 可以使用图形窗口的编辑功能将它改变成不同的颜色.

下面再提供一个画黑白球面 (图 4.10) 的程序:

```
k=5; n=2^k-1;
theta=pi*(-n:2:n)/n;
phi=(pi/2)*(-n:2:n)'/n;
X=cos(phi)*cos(theta);
Y=cos(phi)*sin(theta);
Z=sin(phi)*ones(size(theta));
colormap([0 0 0 ; 1 1 1])
```

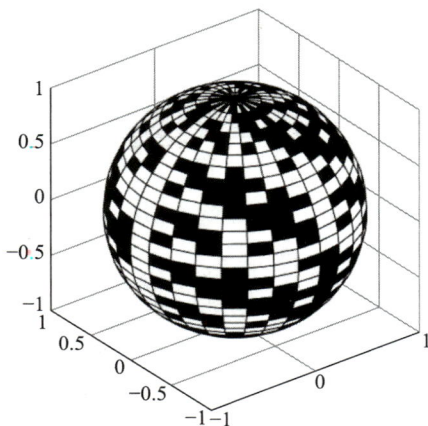

图 4.10　黑白球面的画法

```
C=hadamard(2^k);
surf(X,Y,Z,C)
axis square
```

§4.5　以 f 和 ez 开头的作图指令

以 f 打头的作图指令可以直接用函数表达式作图, 而不必先计算函数值. 这类指令其实是符号工具箱的作图指令, 有如下几个:

fcontour	画等值线
fimplicit	用隐式符号方程或函数作图
fimplicit3	用三维隐式方程或函数作图
fmesh	绘制三维网格图
fsurf	绘制三维曲面图
fplot	用表达式或函数作图
fplot3	绘制三维参数曲线
ezpolar	用极坐标作图

其用法将在符号工具箱一章中介绍. 以前的版本中有一些以 ez 开头的指令, 在新版本中已经取消, 这里就不再介绍了.

§4.6　复变函数 $w(z) = f(x + iy)$ 的图形

复变函数的变量与函数值都是复数, 所以是一种四维数据. MATLAB 有专门指令画复函数图形, 方法是以 x、y 作为复变量所在的复数平面, 采用极坐标画图, 再以 z 轴表示复变函数的实部, 以颜色表示复变函数的虚部, 画成三维空间的假彩色图, 以表现四维数据. 这很像平面地图用色彩表现空间高度, 常用的指令有以下几个:

cplxgrid(m)	画复平面上单位圆内(m+1)*(2m+1)的极坐标数据网格
cplxmap(u,f(u))	绘制复变函数图形
cplxroot(n)	绘制复数n次根的图形

下面是两个例子:

画复数的平方 u^2(图 4.11)　　　　　　　　　画复数的方根 $u^{1/2}$(图 4.12)

```
>> u=cplxgrid(20);
>> cplxmap(u,u.^2)
>> colorbar('vert')
```

```
>> u=cplxgrid(20);
>> cplxroot(2)
>> colorbar('vert')
```

原图为彩色, 图中的色标显示了颜色与数据的对应. 下面分析一下这个图的含义, x, y 平面上的单位圆实际就是 $u = e^{i\theta}$ 的图形, z 轴是 u^2 的实部, 颜色是 u^2 的虚部, 其值可以根据色标来判断.

为了分析函数实部与虚部的变化, 令

$$(e^{i\theta})^2 = \cos 2\theta + i \sin 2\theta$$

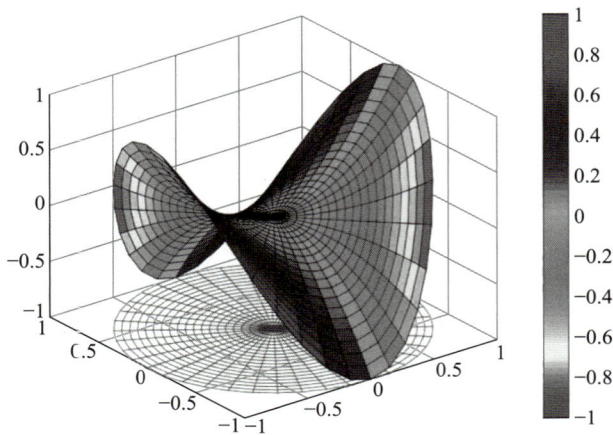

图 4.11   复变函数 u^2 图形

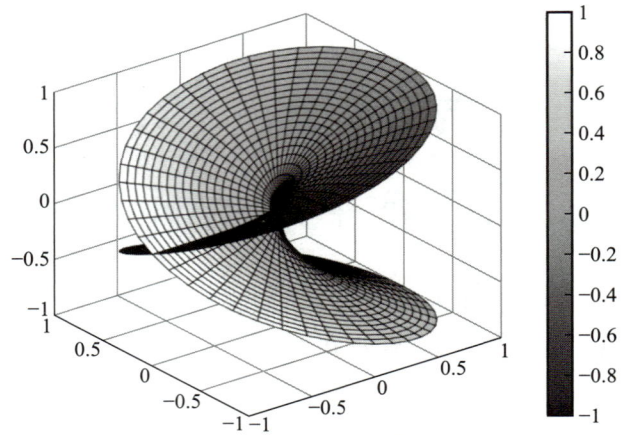

图 4.12   复变函数 $u^{1/2}$ 图形

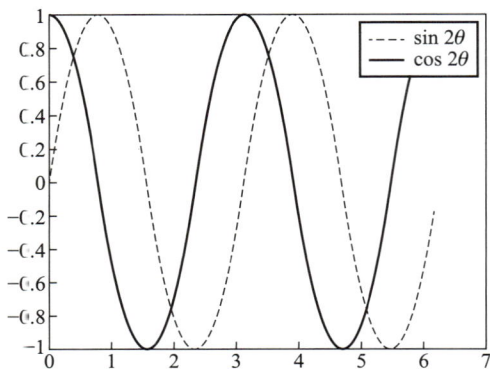

图 4.13   复变函数 u^2 的实部和虚部

取 $0 \leqslant \theta \leqslant 2\pi$,将 $\cos 2\theta$ 和 $\sin 2\theta$ 画在同一个图中,如图 4.13 所示. 从图中可以看出,实部 $\cos 2\theta$ 有两个极大和两个极小,两个极大在 $\theta = 0$ 和 $\theta = \pi$ 处,而 u^2 的图形也显示了两个极大和两个极小,两者是一致的. 同理,对复变函数 $u^{1/2}$ 的图形可以作类似的分析,一个明显的结论是,在 $0 \leqslant \theta \leqslant 2\pi$ 的范围,函数的实部有两个值与其对应,显示出一种两叶的结构.

§4.7   动画

将图画系列连续展示,只要间隔的时间足够短,就会产生动画效果. 例如,下面程序表示了一个曲面的变化过程:

```
[X,Y]=meshgrid(-2:0.1:2);
Z=0.5*(X.^2+Y.^2);
for k=1:100;
    surf(X,Y,k*Z);
    axis([-2 2 -2 2 0 400])
    pause(0.1)
end
```

摆波实验

图 4.14 中,从中到右是动画变化中的三幅画面.

程序中随着 k 的增加,曲面出现了不同的形状. 用 surf 连续作图,如果图形画得足够快,就会看到动画效果. 实际上由于图形画得太快,为了放慢演示速度,在 end 之前加上了 pause(0.1),表示每次画图之后暂停 0.1 s.

这种动画不需要学习新的技巧,所以以后会经常用. 例如摆波实验,是将不同摆长的单摆按摆长次序排列,由于它们的摆动周期不同,所以同时摆动时,摆球在水平方向就会形成波的形状. 下面的程序就验证了这个猜想:

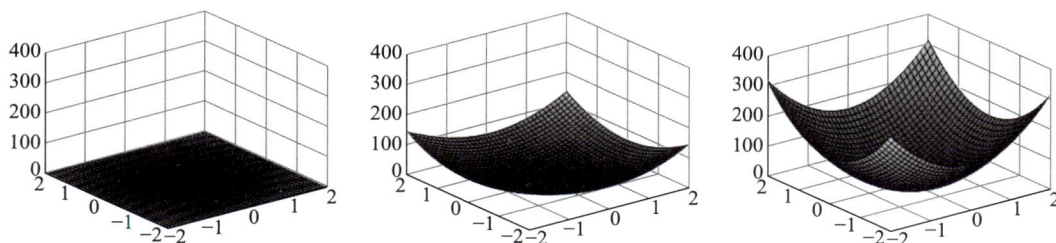

图 4.14　动画中的三幅截图

```
for t=1:1000
    the=sin(pi/3-0.3*[1:0.02:1.24]'*t);
    polarplot(-pi/2+the,(20:-1:8)','*');
    pause(0.01)
end
```

程序中使用极坐标画图, 单摆的摆长用矢径表示, 摆球的位置用简谐函数 $\sin(\omega t)$ 表示. 为了作图, 增加了一个初相位. 不同的摆长具有不同的频率 ω, 连续画图就形成动画效果. 模拟效果与视频对应很好. 可以显示小球从分成 4 列, 3 列, 2 列最后回到 1 列的状态. 当然这个实验也可以通过求解常微分方程来实现.

　　这两个程序都是将整个图形重画. 实际上有许多动画只是其中的一部分发生了改变, 如果保留没有改变的背景, 只更新运动部分的图案, 就可以节约内存, 提高运行速度. 要想这样做, 就不能只会对整幅图像进行处理, 而必须将整幅图分解成不同的组件, 对每个组件给以数字标识 (句柄), 才能识别图形中各个组件并能单独处理. 正如可以用变量名调用变量一样, MATLAB 是用图形句柄来调用与改变图形中各个组件的. 图像句柄是指定给图像组件的唯一的数字标识, 它是在创建图形时由软件自动建立的.

　　下面画出一条正弦曲线 [图 4.15 (a)], 查看一下它的图形句柄所包含的图形属性, 并通过改变其中的函数值及线型来改变图形 [图 4.15 (b)].

```
h =  Line (具有属性):
          Color: [0 0.4470 0.7410]
      LineStyle: '-'
      LineWidth: 0.5000
         Marker: 'none'
     MarkerSize: 6
MarkerFaceColor: 'none'
          XData: [1x32 double]
          YData: [1x32 double]
          ZData: [1x0 double]
显示所有属性
```

　　屏幕上最后一行出现的文字是 "显示所有属性", 点击它将显示被隐藏的全部属性. 图形句柄用结构列阵表示, 可以用指令 get 显示图形句柄中图形的属性. 然后用 set 改变图形的属性得到新的图形, 例如下面的操作:

```
>> set(h,'YData',sin(2*x),'Marker','*')        %改变图形的函数值及线型
>> drawnow                                       %画出新图
```

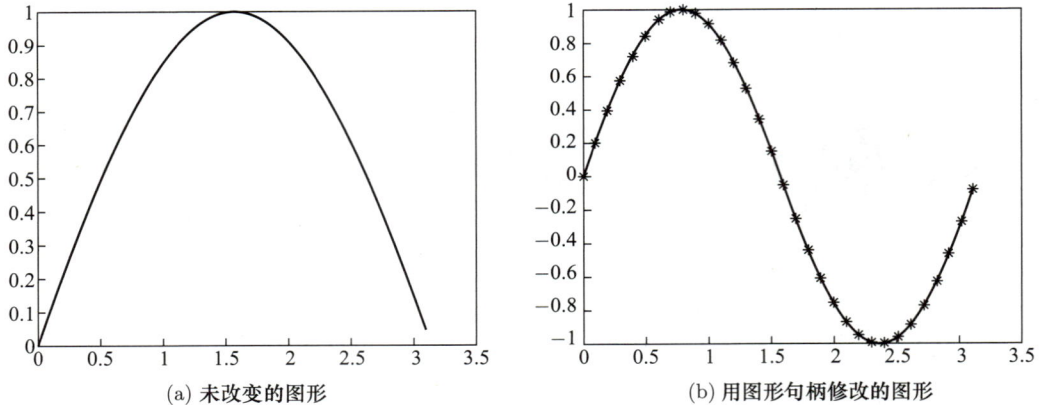

(a) 未改变的图形   (b) 用图形句柄修改的图形

图 4.15

关于句柄图形系统还需要了解以下内容:

1. 句柄图形的结构层次

句柄图形系统包含以下含义: 一幅图的各个组件都是一个对象, 每一个对象有一个句柄来标识它, 每一个对象都有可以设置和改变的属性.

图形组件按父对象和子对象组成层次结构. 计算机屏幕是根对象, 并且是所有其他对象的父对象. 图形窗口是根对象的子对象, 坐标轴的用户界面等对象是图形窗口的子对象. 线条、文本、表面和图像等对象是坐标轴对象的子对象. 这种层次关系如图 4.16 所示. 一个父对象可以包含一个或多个子对象, 如根屏幕可包含一个或多个图形窗口.

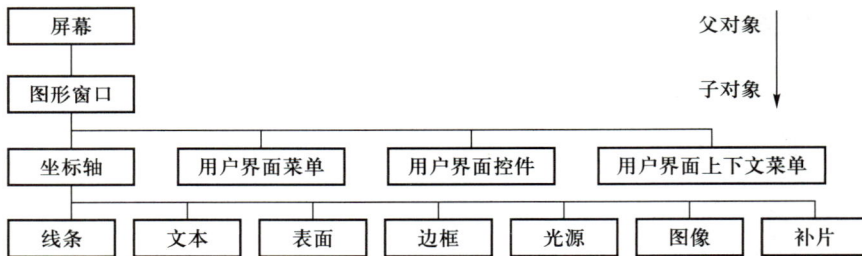

图 4.16   句柄图形系统的层次关系

2. 访问图形对象句柄

句柄实际上就是分配给每个对象的唯一的数字标识, 它是在创建图形对象时自动建立的. 访问图形对象句柄的指令有

gcf	获取当前图形窗口的句柄
gca	获取当前坐标轴的句柄
gco	获取当前对象的句柄
gcbo	获取当前正在调用的对象的句柄
gcbf	获取当前正在调用的图形窗口的句柄
findobj	查找图形对象的句柄
copyobj	复制图形对象的句柄
delete	删除图形对象及其子对象
clf	清除当前图形窗口

```
cla                                          清除当前的坐标轴
```

3. 设置图形对象属性

线条有粗细, 字符的字体有大小, 这些都叫做图形对象的属性. 图形对象的属性包括属性名 (字符串) 和相应的数值, 改变图形对象的某个属性的值就能改变图形对象.

(1) get　　获取图形对象的属性值

语句格式为:

```
PropertyValue = get(h)
PropertyValue = get(H, '属性名')}
```

第一种格式的含义为获取图形句柄为 h 的图像属性, 操作的结果是返回一个结构列阵, 结构列阵的各个域名和赋值对应图形对象的各个属性和属性值. 第二种格式的含义为获取图形句柄为 H 的图像属性名为 PropertyName 的属性值.

(2) set　　设置图形对象的属性值

语句格式为:

```
set(H, '属性名', 属性值)
set(H, '属性名1', 属性值1, '属性名2', 属性值2, … )
```

第一种格式是对句柄为 H 的图形对象中指定属性名的属性值加以设置. 第二种格式则可以同时设置多个属性值.

现在用图形句柄来重编上面图 4.17 中的动画程序. 操作如下:

```
[X,Y]=meshgrid(-2:0.1:2);
Z=0.5*(X.^2+Y.^2);
h=surf(X,Y,Z);                               %定义句柄
axis([-2 2 -2 2 0 400])
for k=1:100
    set(h,'zdata',k*Z)                       %改变图形
    drawnow
end
```

可以把这个动画存储成 avi 文件, 用媒体播放器如 Windows Media Player 播放. 程序如下, 这样生成的文件在当前工作目录下, 文件名是 vtest.avi.

视频vtest

```
vidObj=VideoWriter('vtest.avi');             %建立vtest.avi文件
open(vidObj);                                 %打开这个文件
[X,Y]=meshgrid(-2:0.1:2);
Z=0.5*(X.^2+Y.^2);
h=surf(X,Y,Z);
axis([-2 2 -2 2 0 400])
for k=1:100
    set(h,'zdata',k*Z )                       %改变图形
    currFrame=getframe;                        %捕捉一帧画面
    writeVideo(vidObj,currFrame);              %写入vtest.avi文件
end
```

```
    close(vidObj);                                        %关闭vtest.avi文件
```

其他一些方法也可以产生动画效果, 例如, 通过改变视角或旋转图形等方法也能实现动画效果. 将上面程序中 for 循环段落换成以下语句也达到动画效果. 读者可以自行尝试一下.

```
for az=-37.5:30                                          % 改变视角中的方位角
    view(az,30)
    drawnow
end
axis([-3 3 -3 3 0 400])
for k=1:20
rotate(h,[0 0 1],10)                                     %旋转图形
pause(0.2)
end
```

再看一个例子, 在圆内画一个转动的内接三角形. 程序如下:

```
theta=linspace(-pi,pi);
xc=cos(theta);
yc=-sin(theta);
plot(xc,yc);                                             %画圆
axis equal
xt=[-1 0 1 -1];                                          %初始三角形的顶点的x坐标
yt=[0 0 0 0];                                            %初始三角形的顶点的y坐标
hold on
t=area(xt,yt);                                           %画初始三角形
hold off
for j=1:length(theta)-10
    xt(2)=xc(j);                                         %设置第2个顶点的坐标值
    yt(2)=yc(j);
    t.XData=xt;                                          %替换图形句柄中第2个顶点坐标值
    t.YData=yt;
    drawnow
end
```

图 4.17 从左到右是动画过程中的几个截图.

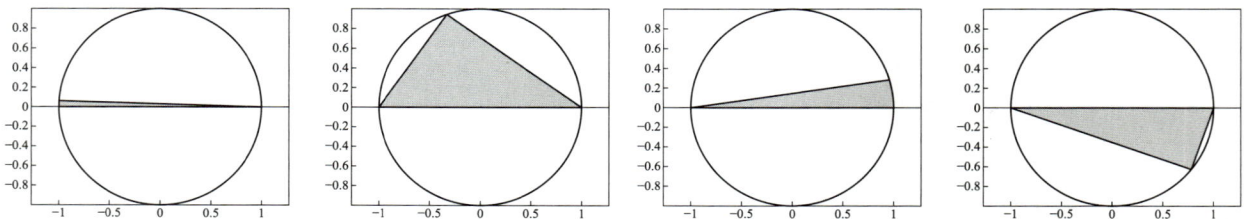

图 4.17   在圆内旋转的内接三角形

§4.8 用指令画动画线

指令 comet 与 come3 是画动画点的, 在 MATLAB2016a 以后的版本中, 还可以用指令 animatedline 二维或三维的动画线, 它要与以下几个指令配合使用:

```
animatedline                              建立空的2维或3维动画线，相当于建立句柄。
addpoints                                 在动画线句柄不断添加点的数据就产生动画。
getpoints                                           获取动画线上点的数据。
clearpoints                                         清除动画线上点的数据。
```

下面通过几个例子来学习它的用法. 指令 animatedline 像 plot 一样, 可以直接画曲线, 例如:

```
axis([0,4*pi,-1,1])
x = linspace(0,4*pi,1000);
y = sin(x);
animatedline(x,y,'Color','r','LineWidth',3);
```

但是 animatedline 有一些更灵活的功能, 例如, 当用它画不断延长的正弦曲线就产生动画:

```
h = animatedline;                                 %建立动画线的句柄
axis([0,4*pi,-1,1])
x = linspace(0,4*pi,1000);
y = sin(x);
for k = 1:length(x)
    addpoints(h,x(k),y(k));                       %把点的数据加到动画线上
    drawnow                                        %更新画面，画出动画线
end
[xdata,ydata] = getpoints(h);                      %获取动画线上点的数据
clearpoints(h)                                     %清除动画线上点的数据
drawnow                                            %更新画面后得到空白画面
```

用它画沿正弦曲线运动的点, 其效果类似于 comet 所画的动点, 程序如下:

```
x = linspace(0,10,1000);
y = sin(x);
plot(x,y)
hold on
h = plot(x(1),y(1),'o','MarkerFaceColor','red');
hold off
axis manual
for k = 2:length(x)
    h.XData = x(k);
    h.YData = y(k);
    drawnow
end
```

当点的数目很大时, 可以用 drawnow limitrate 代替 drawnow 以提高画图的速度. 例如, 下面同时画两条动画线:

```
a1 = animatedline('Color',[0 .7 .7]);                %设置线的颜色
a2 = animatedline('Color',[0 .5 .5]);
axis([0 20 -1 1])
x = linspace(0,20,10000);
for k = 1:length(x);
    xk = x(k);                                       %第一条线
    ysin = sin(xk);
    addpoints(a1,xk,ysin);
    ycos = cos(xk);                                  %第二条线
    addpoints(a2,xk,ycos);
    drawnow limitrate                                %加速更新画面
end
```

运行程序, 就可以看到动画线的效果.

§4.9　应用

4.9.1　画磁聚焦的电子轨迹

下面用空间曲线表示均匀静磁场对带电粒子的聚集作用.

设想从磁场中某点 A 处发射出一束很窄的带电粒子流的速率 v 差不多相等, 且与磁感应强度 B 的夹角 θ 都很小, 则

$$v_{\parallel} = v\cos\,\theta \approx v$$

$$v_{\perp} = v\sin\,\theta \approx v\theta$$

由于速度的垂直分量 $v_{\perp}$ 不同, 在磁场的作用下, 各粒子将沿不同半径的螺旋线前进. 但由于它们的 $v_{\parallel}$ 近似相等, 经过距离

$$h = \frac{2\pi m v_{\parallel}}{qB} \approx \frac{2\pi m v}{qB}$$

后它们又重新汇聚在同一点 A'. 这与光束经透镜后聚焦的现象有些类似, 所以叫做磁聚焦现象.

具体计算如下, 在均匀磁场中, 粒子速度 v 与磁感应强度 B 成任意夹角 θ, 我们可以把 v 分解为 $v_{\parallel} = v\cos\,\theta$ 和 $v_{\perp} = v\sin\,\theta$ 两个分量, 带电粒子既以速度的平行分量 $v_{\parallel}$ 作匀速直线运动, 又在垂直于 B 的平面内作匀速圆周运动. 其半径 r 由下式求得:

$$F = q v_{\perp} B = m\frac{v_{\perp}{}^{2}}{r}$$

$$r = \frac{m v_{\perp}}{qB}$$

$$F_{\mathrm{T}} = \frac{2\pi r}{v_{\perp}} = \frac{2\pi m}{qB}$$

$$\omega = \frac{qB}{m}$$

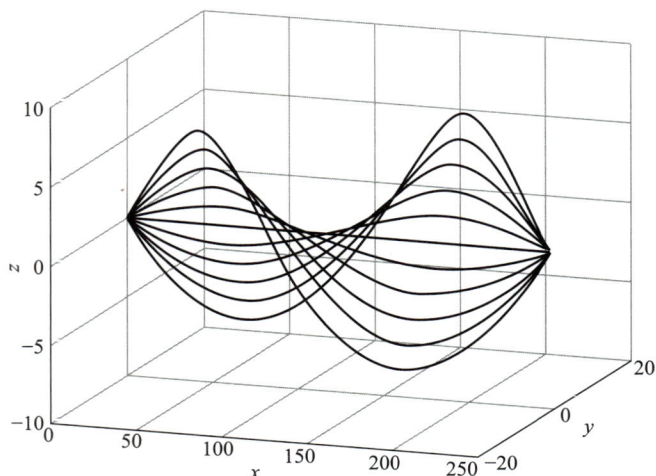

图 4.18　磁聚焦现象

它与 $\boldsymbol{v}_\parallel$ 分量无关.

粒子的轨迹将成为一条螺旋线 (图 4.18), 其螺距 h(即粒子每回转一周时前进的距离) 为

$$h = v_\parallel T = \frac{2\pi m v_\parallel}{qB}$$

它与 $\boldsymbol{v}_\perp$ 分量无关.

程序如下:

```
the1=(-10:2:10)*pi/180;          %不同的入射角,用角度才能均匀分割
T=2*pi;                          % 周期2pim/eB，略去常数
t=0:0.1:T;                       %粒子运动计算时间为一个周期
alpha=t;                         %粒子旋转所在角度omiga*t=1*t
v=40;                            %入射速度
for the=the1
    R=v.*sin(the);               %圆轨半径
    x=v.*cos(the).*t;            %水平行进距离x
    y=R.*cos(alpha)-R;           %为了使所有粒子从同一点出发
    z=R.*sin(alpha);
    plot3(x,y,z); hold on; grid on; view(20,18);
    xlabel x, ylabel y, zlabel z
end
```

4.9.2 画两曲面的交线

下面程序画出了两个曲面的交线 (图 4.19):

```
[x,y]=meshgrid(-2:0.01:2);
z1=x.^2-2*y.^2;                  %曲面1
z2=2*x-3*y;                      %曲面2
mesh(x,y,z1);    hold on,
mesh(x,y,z2);
r0=abs(z1-z2)<=0.01;             %交线
xx=x(r0~=0);                     %除掉交线外元素
yy=y(r0~=0);
zz=z1(r0~=0);
plot3(xx,yy,zz,'*k')            %画交线
```

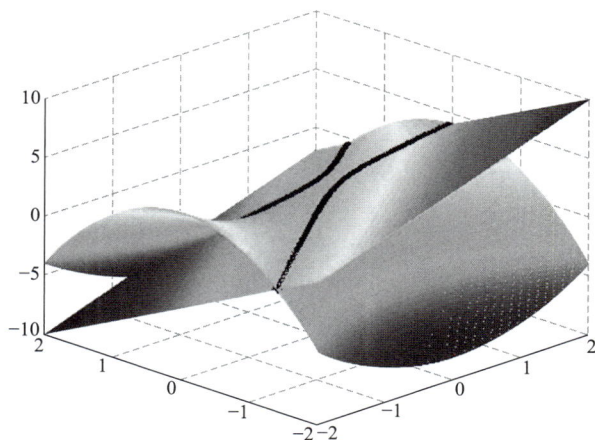

图 4.19 两个曲面的交线

4.9.3 画莫比乌斯带

在主页的菜单: 帮助/示例下面, 有多个画图的演示程序, 可以使用户快速地了解 MATLAB 的作图功能. 例如其中画莫比乌斯带的程序 (图 4.20):

```
k=50; u=0:pi/k:2*pi; v=[-1 -0.5 0 0.5 1];
for j=1:length(v)
    for i=1:length(u)
        x(i,j)=(1+v(j)*cos(u(i)/2)/2)*cos(u(i));
```

```
        y(i,j)=(1+v(j)*cos(u(i)/2)/2)*sin(u(i));
        z(i,j)=v(j)*sin(u(i)/2)/2;
      end
   end
surf(x,y,z)
```

4.9.4　画空心管道

画立体的不交叉空心管道 (图 4.21) 的程序如下, 其中 tube 是内置的函数文件, 可以用编辑器查看或者改编成自己的程序.

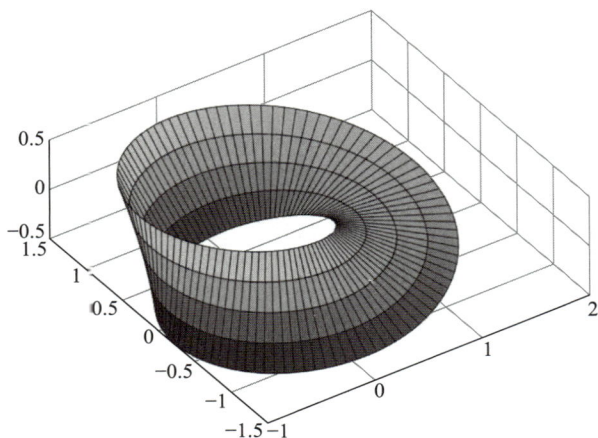

图 4.20　莫比乌斯带的图形

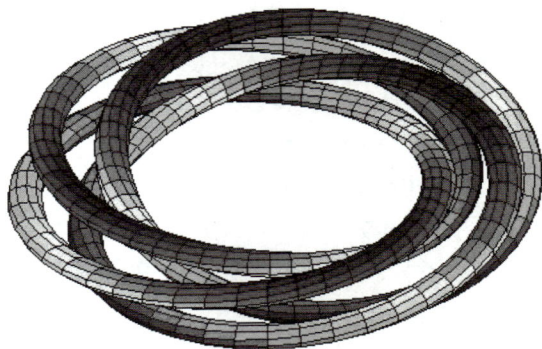

图 4.21　立体空心管道的图形

```
ab = [0 2*pi];                            %设置函数tube的参数
rtr = [6 1 1];
pq = [10 50];
box = [-6.6 6.6 -6.6 6.6 -3 3];
vue = [200 70];
clf
tube('xylink1a',ab,rtr,pq,box,vue)        %画第1根管
colormap(jet);
hold on
tube('xylink1b',ab,rtr,pq,box,vue)        %画第2根管
tube('xylink1c',ab,rtr,pq,box,vue)        %画第3根管
tube('xylink1d',ab,rtr,pq,box,vue)        %画第4根管
hold off;
```

4.9.5　画旋轮线

在转动的车轮上设置一个固定点, 当车轮向前滚动时, 固定点走过的轨迹叫旋轮线. 用动画表示这个过程.

计算时取开始时车轮与地面的接触点作为车轮上的固定点, 同时用一条半径来指示这个位置. 车轮向前滚动之后, 水平行进的距离正好等于车轮转动的弧长. 所以动画中包含三个运动图像, 一是向前水平运动的圆, 用以代表车轮; 二是随圆转动的半径, 用以指示车轮上的固定点; 三是固定点的运动轨迹, 即是要画出的旋轮线. 由此编出程序如下, 图 4.22(a)、(b) 是动画中的两幅画面. 动画程序如下:

(a) 初始位置　　　　　　(b) 经过一段时间转动后的位置

图 4.22

```
v0=0.6;                                                    %运动速度
R=1;                                                       %圆半径
t=0:0.2:6*R*pi/v0;                                    % 行走时间为圆环转三周
x0=0; y0=0;                                                %起点
sita=0:pi/20:2*pi;
cx=R*sin(sita); cy=R*cos(sita)+R;                         %画旋转圆
x=v0*t-R*sin(v0/R*t); y=R-R*cos(v0/R*t);              % 运动点轨迹
line([0,6*R*pi],[0,0],'color','b','LineWidth',3);        %画地平线
title('MatLab动画:摆线运动');
axis([-R,20,0,10]); axis('off','equal');
h=animatedline;                               准备用动画线的指令画旋轮线
circle0=line(cx,cy,'color','r','linestyle','-','LineWidth',3);
                                                    %  圆圈的初始位置
line0=line([0,0],[R,0],'color','r','linestyle','-','LineWidth',3);
                                                    %  旋转半径的初始位置
n=length(t); i=1;
while i<=n
    set(circle0,'xdata',cx+v0*t(i));                     %圆的新位置
    set(line0,'xdata',[v0*t(i),x(i)],'ydata',[R,y(i)]);  %旋转半径新位置
    addpoints(h,x(i),y(i));                              %画旋轮线
    drawnow;
    i=i+1;                                               %走新的一步
end
```

4.9.6　画双缝干涉图样

双缝干涉实验的装置如图 4.23 所示. 波长为 λ、振幅为 A_0 的单色光通过间距为 d 的两个狭缝, 在屏幕上形成了干涉条纹. 两束光在屏幕上的光程差为

$$\Delta L = L_1 - L_2 = \sqrt{\left(y-\frac{d}{2}\right)^2 + z^2} - \sqrt{\left(y+\frac{d}{2}\right)^2 + z^2}$$

形成的相位差为 $\theta = \Delta L \dfrac{2\pi}{\lambda}$, 在屏幕上干涉光强度为 $4A_0^2 \cos^2 \dfrac{\theta}{2}$.

计算程序如下, 结果以动画显示, 当缝间距逐渐增大时, 条纹变得尖锐. 其中一幅图形如图 4.24 所示.

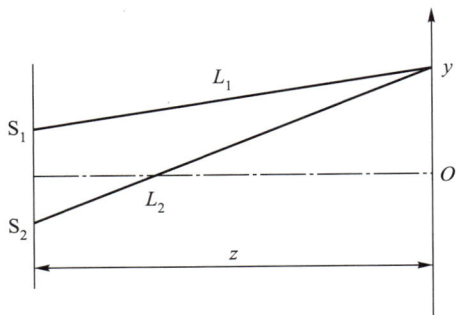

图 4.23　双缝干涉实验示意图

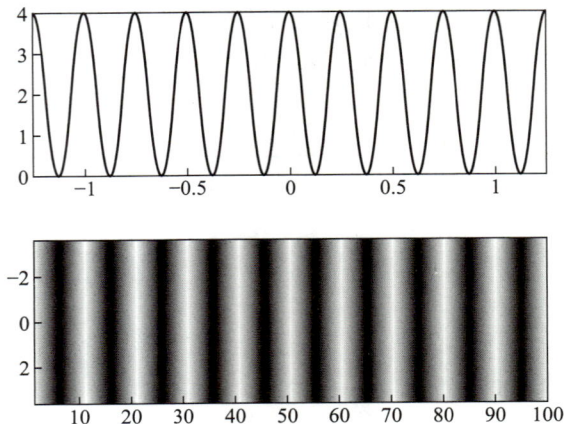

图 4.24　双缝干涉图像

指令 colormap 表示颜色与图像的数值之间的对应关系, 参数可取 gray、hot、cool、bone、copper、pink、flag、prism、jet 等项, 在 Demo 程序中目录 MATLAB/Graphics/ Images and Matrices 下的演示可以看到这些指令的颜色显示效果. 指令 image 是用颜色显示矩阵元素而形成图像, 程序如下:

```
yn=1.25;                             %屏上观测点离中心的最大距离
y=linspace(-ym,ym,101);             %屏上取n个观测点
z=1000;                             %屏到缝的距离
lambda=5e-4;                        %设置光的波长
for d=0.2:0.2:3;                    %两个光源距离
    L1=sqrt((y-d/2).^2+z^2);        %屏上一点到两个光源的距离
    L2=sqrt((y+d/2).^2+z^2);
    phi=2*pi*(L2-L1)/lambda; %计算相位差
    I=4*(cos(phi/2)).^2;            % 利用相位差计算光强
    subplot(2,1,1)
    plot(y,I)                       % 用曲线表示干涉条纹
    axis([-1.25 1.25 0 4])
    subplot(2,1,2)
    B=I*255/5;                      %定标取255个级别,使I/5对应最亮
    image(B);                       % 以图案表示干涉条纹
    colormap(gray(255));            % 用灰度级别显示图案
    pause（0.5)
end
```

第四章程序包

第五章　物理场可视化的专用技巧

常见的物理场包括标量场与矢量场. 平面标量场是三维数据, 空间标量场是四维数据, 平面矢量场是四维数据, 空间矢量场是六维数据. 所以前面的作图方法有一些可以用于表现物理场, 但是为了能更好地表现它们的物理内涵, MATLAB 提供了一些专门的物理场可视化的方法:

- 二维标量场用立体等值线和填色等值线表示;
- 三维标量场用等值线、切片图、等值面和实体图表示;
- 二维矢量场用箭头图和流线图表示;
- 三维矢量场的例子很复杂, 表现方法更丰富:
  - 三维曲线的切线
  - 二维曲面的法线
  - 三维矢量场的剖面流线图
  - 三维矢量场的锥体图
  - 三维矢量场的流线图
  - 三维矢量场的流管图
  - 三维矢量场的流带图
  - 三维矢量场的综合图

下面分节对上述方法进行介绍, 这些指令的用法基本相同, 使用时只要将例题中的程序的数据换成自己的数据就能画图, 读者可以根据需要选择其中部分内容进行学习.

§5.1　用等值线表示二维标量场

二维标量场的函数形式为 $z = f(x, y)$, 在前面一节都是用曲面来画图. 作为二维标量场可用等值线来表现, 比如, 使用指令 contour3 画立体等值线 [图 5.1(a)], 指令 contourf 画的等值线内填充了颜色 [图 5.1(b)], 如果用指令 contour 画平面等值线则没有填色. 下面是两个例子, 其中 peaks 是 MATLAB 为演示程序所建立的函数, 可以用 edit peaks 查看其内容, 程序如下:

```
>> subplot(1,2,1)
>> z=peaks;
>> contour3(peaks)                    %画立体等值线
>> subplot(1,2,2)
>> [c,h]=contourf(z);                 %画填色等值线
>> clabel(c,h)                        %标记等值线
>> colorbar                           %画色标
```

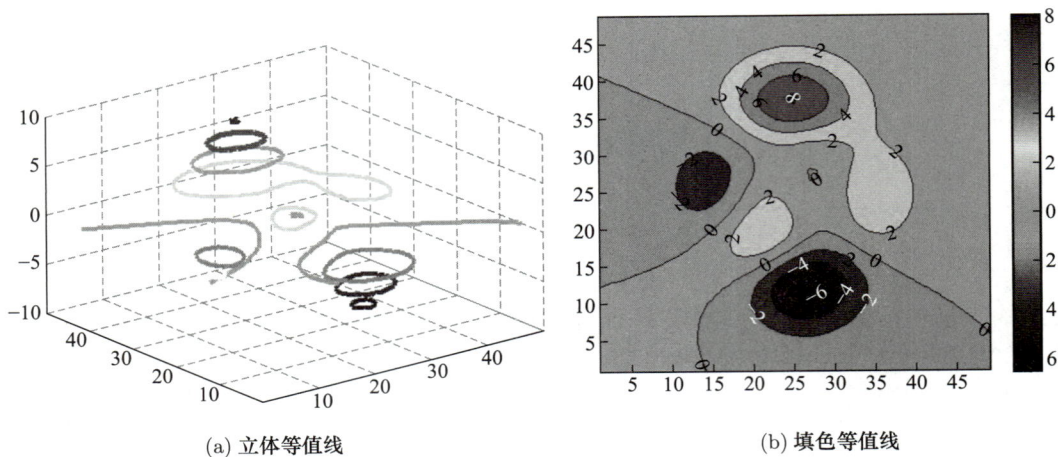

(a) 立体等值线　　　　　　　　　　　　(b) 填色等值线

图 5.1

§5.2　三维标量场的表示

5.2.1　剖面等值线图

三维标量场的函数形式为 $u = f(x, y, z)$, 如空间温度分布、流体中的速率分布等都可以是三维标量场. 指令 contourslice 用剖面等值线图表现三维标量场. 下面画出三维流体速率场的剖面等值线图 (图 5.2), 其中 flow 是 MATLAB 自带的用于演示三维速率场的数据, 程序如下:

```
[X,Y,Z,V]=flow;                        %提取数据
Sx=1:9; Sy=[ ]; Sz=0;                  %剖面位置
cvals=linspace(-8,2,10);               %等值线值
figure
contourslice(X,Y,Z,V,Sx,Sy,Sz,cvals)
axis([0,10,-3,3,-3,3])
daspect([1,1,1])                       %坐标轴纵横比
campos([0,-20,7])                      %相机的位置
box on                                 %显示坐标盒子
```

图形如图 5.2 所示.

5.2.2　剖面填色图

用剖面填色图 (也叫切片图) 表现三维标量场的办法是用直角坐标表示三维空间坐标, 而第四维数据即场的值用颜色表示, 然后观察它的空间剖面上的颜色分布图. 使用的指令是切片函数 slice. 例如, 图 5.3 为了表现函数

$$v = x\mathrm{e}^{-x^2 - y^2 - z^2}$$

利用指令 slice 作了四个截面, 分别是 $x = 5, x = 15, y = 15, z = 10$. 指令 colorbar 用以显示水平方向和竖直方向的颜色与数值的对应关系:

```
[x,y,z] = meshgrid(-2:.2:2);
v = x.*exp(-x^2-y.^2-z.^2);
slice(v,[5 15],15,10)
```

```
axis([0 21 0 21 0 21]);  hold on
colorbar('horiz'), colorbar('vert'), view([-25 65])
```

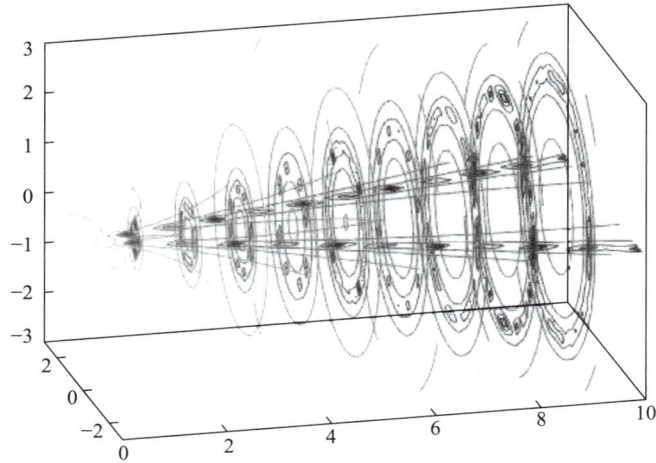

图 5.2   三维流体速率场的剖面等值线图

图形以元素序号来标识轴上的坐标. 所以切片所在的 4 个平面分别是: $x=5$, $x=15$, $y=15$, $z=10$.

5.2.3   等值面

图 5.4 画的是一股水流喷到水箱中所形成的速率场的等值面. 通过选择视角和加上光照来提高观察效果. 为了能看到内部的等值面, 可用指令 alpha 将外部的等势面画成半透明状. 程序如下:

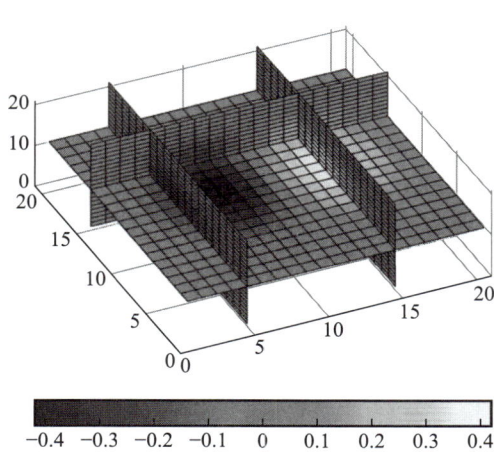

图 5.3   标量场的切片填色图

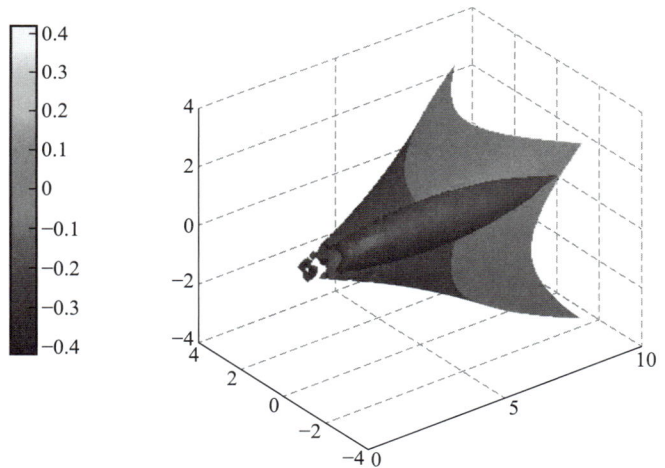

图 5.4   水流的速率场的等值面

```
[x y z v] = flow;                              %获得三维速度场的数据
p = patch(isosurface(x, y, z, v, -3));         %为等值面准备光照
isonormals(x,y,z,v, p)                         %数据重新规一化
set(p,'FaceColor','red','EdgeColor','none');   %设置表面与边界颜色
daspect([1 1 1])                               %坐标轴的比例
view(3)                                        %视角
```

```
axis tight; grid on                                        %加上格线
camlight; lighting phong                                   %加上光照
alpha(.5)                                              %设置表面的透明度值
```

5.2.4　等值面实体图

用等值面图来表现三维标量场有两种形式, 一种是只画等值面, 如上所示, 这种图形通常是空间薄壳状的图形. 另一种不仅画出了等值面, 还画出了等值面的端面, 表现为一个封闭的实体空间, 取不同的端面, 就可以看到等值面上不同的结构.

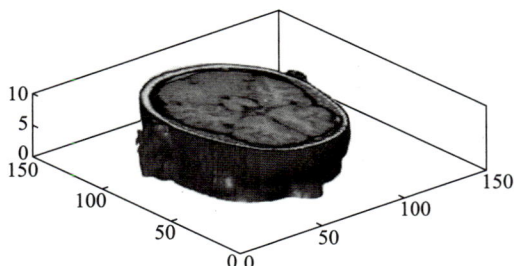

图 5.5　标量场的等值面实体图

指令 isosurface 画出标量场的等值面, 指令 isocaps 则画出等值面所对应的端面. 同时使用这两个指令就能画出标量场的实体图 (图 5.5). 举例如下:

```
load mri D                                           %下载头部照片的立体数据
D=squeeze(D);                                          % 把只有一维的数据移走
limits=[NaN NaN NaN NaN NaN 10];
[x,y,z,D]=subvolume(D,limits);                        %提取立体数据中的数据子集
[fo,vo]=isosurface(x,y,z,D,5);                         % 提取等值面表面的数据
[fe,ve,ce]=isocaps(x,y,z,D,5);                         % 提取等值面端面的数据
figure
p1=patch('Faces',fo,'Vertices',vo);                       %画出等值面表面
p1.FaceColor='red';
p1.EdgeColor='none';
p2=patch('Faces',fe,'Vertices',ve,'FaceVertexCData',ce);      %画等值面端面
p2.FaceColor='interp';
p2.EdgeColor='none';
view(-40,24)
daspect([1 1 0.3])                                       %设置坐标轴的比例
colormap(gray(100))
box on
camlight(40,40)                                         %设置两种照明灯光
camlight(-20,-10)
lighting gouraud
```

§5.3　用箭头、流线表示二维矢量场

二维矢量场的函数形式是 $v=f(x,y)$. 指令 Streamlines 用流线表示二维或三维矢量场, 流线的切线表示该点场的方向, 流线的密度反映场的大小. 指令 streamline 中三组参数的含义依次是空间坐标、矢量场的分量、流线起点. 图 5.6 所示为一个二维矢量场图形. 画图程序如下:

```
[x,y] = meshgrid(0:0.1:1,0:0.1:1);
u = x; v = -y;                      %矢量场函数
figure
quiver(x,y,u,v)                     %箭头图
startx = 0.1:0.1:1;                 %流线起点
starty = ones(size(startx));
streamline(x,y,u,v,startx,starty)
```

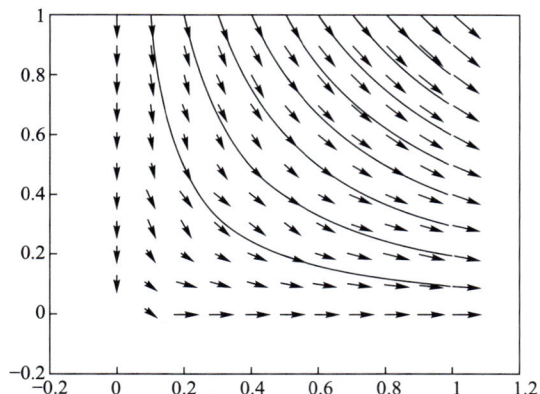

图 5.6　二维矢量场图形

§5.4　三维矢量场

5.4.1　用箭头表示三维曲线的切线

三维矢量场的函数形式为 $v = f(x,y,z)$. 三维矢量场可以在多种物理现象中产生, 如空间电磁场, 空间流速场等.

指令 quiver3 用箭头来表示三维矢量场的三个分量的大小与方向. quiver3 (x,y,z, u,v,w, s) 中 x,y,z 表示自变量, u,v,w 表示矢量场在 (x,y,z) 点的三个分量, s 表示调整箭头长短的参数, 如果取零表示不调整箭头的长短. 如下面的例子. 是画三维曲线的三个切线分量 (图 5.7):

```
t=0:0.5:8;
x=sin(t); y=cos(t); z=t;
plot3(x,y,z), hold on
u=gradient(x);          %x方向梯度
v=gradient(y);          %y方向梯度
w=gradient(z);          %z方向梯度
quiver3(x,y,z,u,v,w,0)
view(-36,66)
```

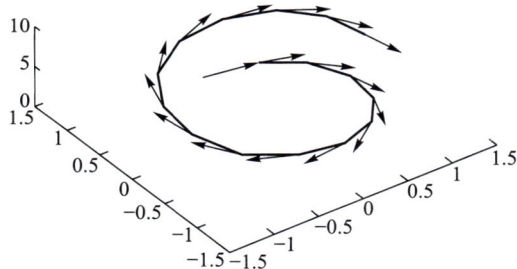

图 5.7　三维曲线的切线

5.4.2　用箭头表示二维曲面的法线

画二维曲面的三个法线分量 (图 5.8), 程序如下:

```
[x,y] = meshgrid(-2:0.4:2,-1:0.3:1);
z = x.*exp(-x.^2-y.^2);
[u,v,w] = surfnorm(x,y,z);          %计算曲面的法线分量
quiver3(x,y,z,u,v,w); hold on,
surf(x,y,z), hold off
```

5.4.3　用剖面流线图表示三维矢量场

指令 streamslice 画三维矢量场的二维剖面流线图 (图 5.9). 下面是风速场 wind 的剖面流线图的程序与图像:

```
load wind
zmax = max(z(:)); zmin = min(z(:));
streamslice(x, y, z, u, v, w, [], [], (zmax-zmin)/2)
```

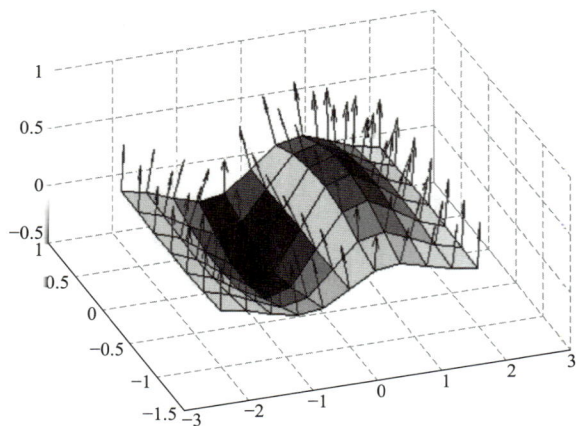

图 5.8   二维曲面的法线

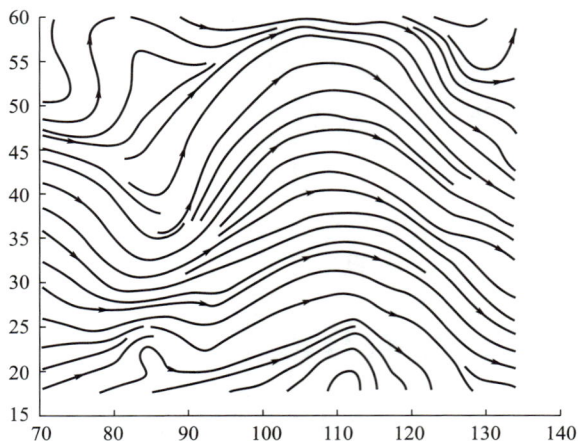

图 5.9   三维矢量场的剖面流线图

5.4.4   用流线表示三维矢量场

程序中 wind 是大气中某处风速的数据, 也是 MATLAB 内部的数据. 我们可利用它来画三维矢量场的流线图 (图 5.10), 程序如下:

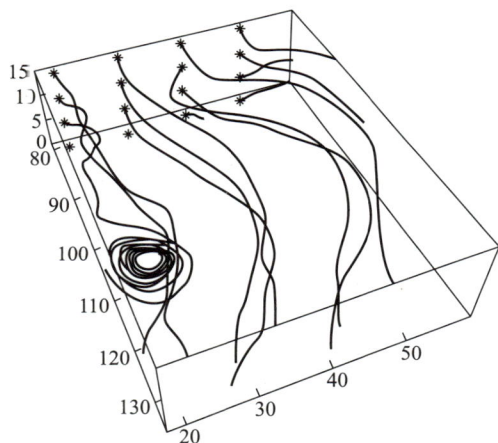

图 5.10   三维矢量场的流线图

```
load wind
[sx sy sz]=meshgrid(80,20:10:50,0:5:15);
plot3(sx(:),sy(:),sz(:),'*r');%流线起点
h=streamline(x,y,z,u,v,w,sx,sy,sz);
set(h,'Color','cyan');
daspect([1 1 1]), box on;
camproj perspective;
camva(32);
axis tight
campos([175 10 85]);
camtarget([105 40 0])
camlight left;
lighting gouraud
```

5.4.5   照相机观察法

除了前面介绍的三维矢量场的表示方法之外, MATLAB 还提供了其他一些很有特色的方法, 如:

1. 用锥体 (Coneplot) 表示各点的场的大小与方向, 其效果相当于二维矢量场中的箭头. 锥体的方向表示场的方向, 锥体的高度表示场的大小;

2. 用流管 (Streamtubes) 表示, 流管的粗细反映矢量场的散度变化;

3. 用流带 (Sreamribbons) 表示, 流带的偏转反映矢量场的旋度变化.

查看 Demos 中的演示程序就能看到它们的应用.

三维矢量场的表现手段相当丰富, 但是要想取得好的表现效果, 还要配合一定的观察方法. 不难想象, 观察三维图形时, 随着观察点与视角的不同, 会产生不同的观察效果. 采用不同的光照, 也会影响观察效果. MATLAB 用相机的位置、运动及方位表示观察点与视角变化, 同时加上光照来提高观察效果. 下面的程序就用到这种指令. 所以先介绍一些有关相机观察法的指令:

camdolly	移动相机位置以及观察目标
camlookat	用相机观察指定的对象
camorbit	使相机绕观察目标沿设定的轨道运动
campan	绕相机位置转动观察目标
campos	设置或获取相机位置
camproj	设置或获取投影方式（正交投影或透视投影）
camroll	绕观察轴转动相机
camtarget	设置或获取观察目标的位置
camup	设置或获取相机向上移动的数值
camva	设置或获取相机的观察角度
camzoom	放大或缩小相机所观察的场景
camlight	以相机为参照建立或移动光源

这些指令在图形窗口都有对应的图标和菜单. 读者可任意画一个三维图形, 在图形窗口用这些图标去操作图形以观察它们的作用.

5.4.6　用锥体表示三维矢量场 *

以下几节中, 画出了三维矢量场的锥体图、流线图、流管图及流带图, 并将几种技术结合起来表示同一个矢量场. 这些程序非常相似, 我们只对其中一个程序作了注解. 在 help 文档中, 有更多的例子, 需要使用这些指令的读者可以自行查看. 先画风速场的锥体图 (图 5.11), 程序如下:

```
load wind
xmin=min(x(:)); xmax=max(x(:));                    %数据范围
ymin=min(y(:)); ymax=max(y(:));
zmin=min(z(:));
xrange=linspace(xmin,xmax,8);                       %圆锥体的位置
yrange=linspace(ymin,ymax,8);
zrange=3:4:15;
[cx,cy,cz]=meshgrid(xrange,yrange,zrange);
figure
hcone=coneplot(x,y,z,u,v,w,cx,cy,cz,5);            %画圆锥体, 缩放因子为5
hcone.FaceColor='red';
hcone.EdgeColor='none';                             %圆锥图颜色
hold on
wind_speed=sqrt(u.^2+v.^2+w.^2);                    %求向量场的模（风速）, 是slice命令的数据
hsurfaces=slice(x,y,z,wind_speed,[xmin,xmax],ymax,zmin);   %创建切片平面
set(hsurfaces,'FaceColor','interp','EdgeColor','none')
hold off; view(30,40)
daspect([2,2,1])                                    %数据纵横比
camlight right
```

```
lighting gouraud
set(hsurfaces,'AmbientStrength',0.6)
hcone.DiffuseStrength=0.8;                                    %添加一个光源
```

5.4.7   用流管表示三维矢量场 *

图 5.12 画出了风速场的流管图, 程序如下:

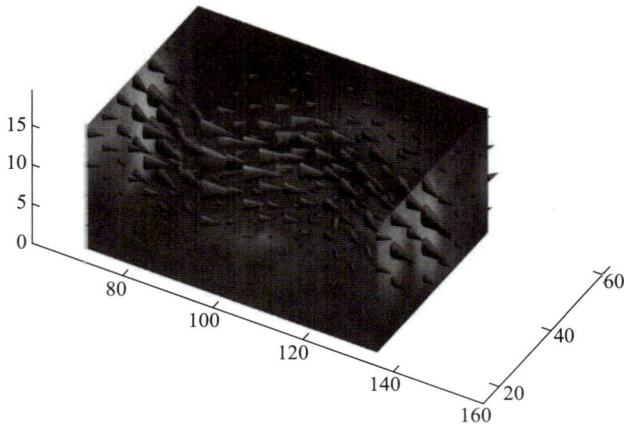

图 5.11   风速场的锥体图

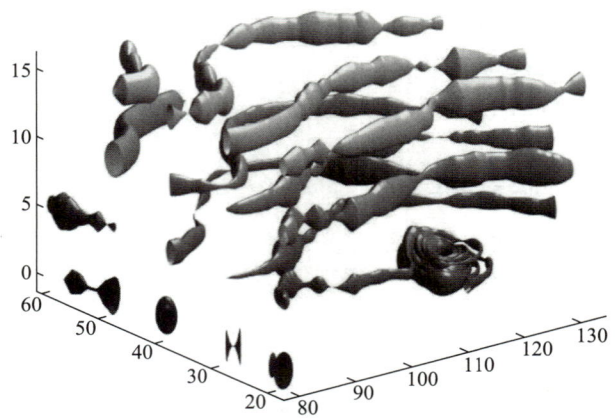

图 5.12   风速场的流管图

```
colordef(gcf,'black')
cla
load wind
[sx sy sz] = meshgrid(80, [20 30 40], [5 10]);
daspect([1,1,1]);
h=streamtube(x,y,z,u,v,w,sx,sy,sz);
set(h,'facecolor','cyan','edgecolor','none');
box on;
camproj perspective;
axis([70 138 17 60 2.5 16]);
axis tight
camva(28);
campos([175 10 95]);
camtarget([105 40 0])
camlight left;
lighting gouraud
```

5.4.8   用流带表示三维矢量场 *

图 5.13 画出了风速场的流带图, 程序如下:

```
load wind
[sx,sy,sz] = meshgrid(80,20:10:50,0:5:15);
streamribbon(x,y,z,u,v,w,sx,sy,sz);
```

```
axis tight
shading interp
view(3);
camlight
lighting gouraud
```

5.4.9 三维矢量场的综合表示 *

图 5.14 画出了风速场的锥体, 流管与流带的综合图形, 程序如下:

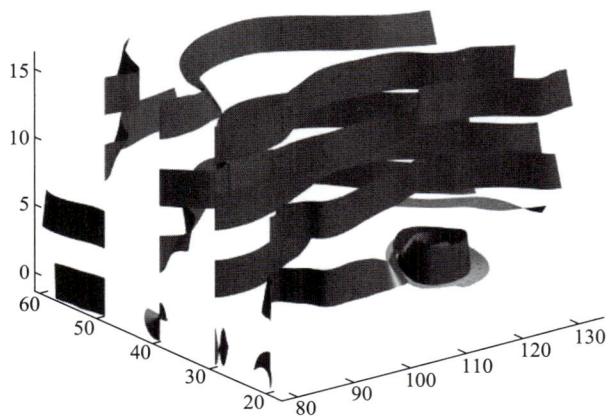

图 5.13 风速场的流带图

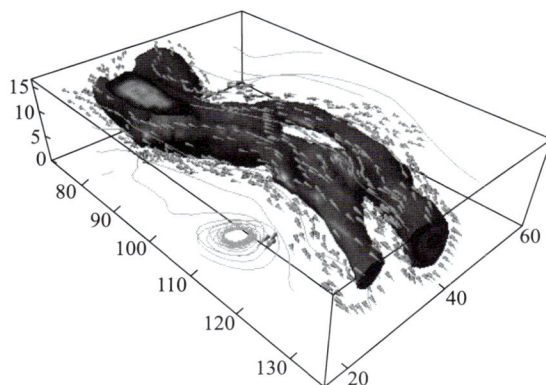

图 5.14 风速场的综合图形

```
figure
colordef(gcf,'black')
cla
load wind
spd = sqrt(u.*u + v.*v + w.*w);
p = patch(isosurface(x,y,z,spd, 40));
isonormals(x,y,z,spd, p)
set(p, 'FaceColor', 'red', 'EdgeColor', 'none');
p2 = patch(isocaps(x,y,z,spd, 40));
set(p2, 'FaceColor', 'interp', 'EdgeColor', 'none')
daspect([1 1 1]);
[f verts] = reducepatch(isosurface(x,y,z,spd, 30), .2);
h=coneplot(x,y,z,u,v,w,verts(:,1),verts(:,2),verts(:,3),2);
set(h, 'FaceColor', 'cyan', 'EdgeColor', 'none');
[sx sy sz] = meshgrid(80, 20:10:50, 0:5:15);
h2=streamline(x,y,z,u,v,w,sx,sy,sz);
set(h2, 'Color', [.4 1 .4]);
colormap(jet)
box on
axis tight
camproj perspective;
```

```
camva(34);
campos([165 -20 65]);
camtarget([100 40 -5])
camlight left;
lighting gouraud
```

§5.5 应用

5.5.1 动画切片图

可视化应用

静态的切片图只能表示一个平面上的函数分布, 下面用移动切片表示整个空间的函数分布 [图 5.15(a)], 程序为 jccx/Ch5/dhslice.m.

```
[x,y,z]=meshgrid(-2:0.2:2,-2:0.25:2,-2:0.16:2);
v=x.*exp(-x.^2-y.^2-z.^2);
slice(x,y,z,v,[-2,2],2,-2)                              %画立体边界线
hold on,
axis tight, view (-5,10)
xlabel('x'), ylabel('y'), zlabel('z');
for i=-2:0.5:2                                          %画平面运动
    hsp=surf(linspace(-2,2,20),linspace(-2,2,20),zeros(20)+i);
    rotate(hsp,[1,-1,1],30);
    xd=get(hsp,'xData'); yd=get(hsp,'yData'); zd=get(hsp,'zData');
    delete(hsp)
    h=slice(x,y,z,v,xd,yd,zd),
    pause(0.15), delete(h),
end
```

再用移动的球面表示 [图 5.15(b)、(c)]:

```
[x,y,z] = meshgrid(-2:0.2:2, -2:0.25:2, -2:0.16:2);
v=x.*exp(-x.^2-y.^2-z.^2);
[xsp,ysp,zsp] = sphere;                                 %画球的边界
slice(x, y, z, v, [-2, 2], 2, -2)
hold on; axis tight, xlim([-3,3]), view(-10,35)
for i = -3:0.2:3
    hsp = surface(xsp+i,ysp,zsp);
    rotate(hsp,[1 0 0],90)
    xd = get(hsp,'XData'); yd = get(hsp,'YData'); zd = get(hsp,'ZData');
    delete(hsp)
    hslicer = slice(x,y,z,v,xd,yd,zd);
    pause(0.05), delete(hslicer),
end
```

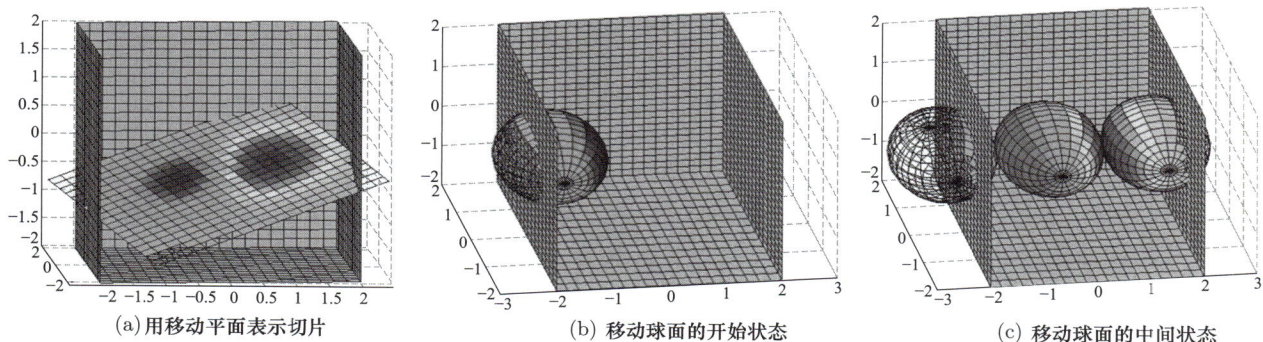

(a) 用移动平面表示切片　　　　(b) 移动球面的开始状态　　　　(c) 移动球面的中间状态

图 5.15

5.5.2　三维电偶极子的电势与电场

在 x 轴上 $\pm d$ 的位置分别放置等量的正负电荷, 画出三维电偶极子的等势面和电场线. 为了练习各种指令的用法, 在图 5.16 中使用了多种方法画图:

- 图形下部右边画了多个等值面图;
- 图形下部左边画了等值面实体图;
- 图形上部画了电场线;
- 用动画表示等势面与电场线.

```
h=0.021; [X Y Z]=meshgrid(-1:h:1);
H=1./sqrt((X-0.2).^2+Y.^2+Z.^2)-1./sqrt((X+0.2).^2+Y.^2+Z.^2);
[PX PY PZ]=gradient(-H,h);
X1=X(:,:,1:48); Y1=Y(:,:,1:48); Z1=Z(:,:,1:48); H1=H(:,:,1:48);
xlim([-1,1]); ylim([-1,1]); zlim([-1,1]); view(162,36)
for k=0:4;
    isosurface(X1,Y1,Z1,H1,k)
    isosurface(X1,Y1,Z1,H1,-k)
    alpha(0.3); pause(0.8); hold on
end
[fo,vo]=isosurface(X1,Y1,Z1,H1,1);
[fe,ve,ce]=isocaps(X1,Y1,Z1,H1,1);
p1=patch('Faces',fo,'Vertices',vo);
p1.FaceColor='green'; p1.EdgeColor='none';
p2=patch('Faces',fe,'Vertices',ve,'FaceVertexCData', ce);
p2.FaceColor='interp'; p2.EdgeColor='none';
colormap(hsv)
camlight(40,40); camlight(-20,-10)
lighting gouraud
hold on
x0=repmat(1,1,1);
for a2=0:pi/6:pi; y0=0.5*cos(a2); z0=0.5*sin(a2);
    set(streamline(X,Y,Z,PX,PY,PZ,[x0*0,0],[y0,0],[z0,0]),'Color','blue');
```

```
set(streamline(X,Y,Z,-PX,-PY,-PZ,[x0*0,0],[y0,0],[z0,0]),'Color','blue');
set(streamline(X,Y,Z,PX,PY,PZ,[x0*0,0],[1.9*y0,0],...
    [1.9*z0,0]),'Color','green');
set(streamline(X,Y,Z,-PX,-PY,-PZ,[x0*0,0],[1.9*y0,0],...
    [1.9*z0,0]),'Color','green');
set(streamline(X,Y,Z,PX,PY,PZ,[-x0*1,-1],[y0,0],[z0,0]),'Color','red');
set(streamline(X,Y,Z,-PX,-PY,-PZ,[x0*.9,.9],[y0,0],[z0,0]),'Color','red');
hold on; pause(0.8)
end
```

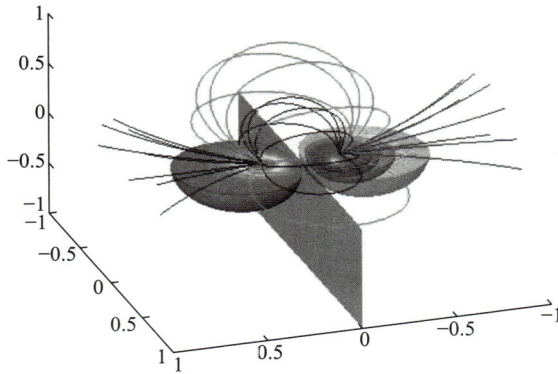

图 5.16　电偶极子的等势面与电场线

第五章程序包

第六章　符　号　运　算

符号运算和科学计算可视化一样, 是数学计算软件的强项, 是计算机语言无法做到的. 利用软件学习计算物理, 必须学习这两个内容才能充分发挥软件的优势.

符号运算的用途体现在两个方面, 一是可以作精确计算, 这是用浮点数作近似计算所无法替代的; 二是可以作公式推导, 例如极限运算、级数运算和微积分等. 对能求出解析表达式的计算采用数学软件来作符号运算, 既快又好, 在保证正确性的同时又极大地节约了时间与精力, 其形式内容又与数学分析等课程学习过的形式内容十分接近, 初学者很容易接受.

符号计算的内容在本书应用不多, 但是在某些内容中, 也可能在一个程序中同时结合符号计算与数值计算, 从而提高计算效率.

MATLAB 的符号运算系统是符号运算工具箱 (Symbolic Math Toolbox). 符号运算工具箱能解析地计算微分、积分、简化、变换和解方程, 还可以使用 SI 和 US 单位制进行计算和转换. 这些解析计算也可以转换为可变精度的数值计算, 并将结果以数学排版显示.

符号计算与数值计算有很多根本的差别, 例如:

- 运算对象不同 (符号对象与数值对象);
- 计算精度不同 (符号计算可以作精确计算);
- 使用概念不同 (符号计算可以使用无限、极限等概念);
- 使用指令不同.

本章介绍符号工具箱中的部分内容. 其内容主要是: 极限与级数, 微积分运算; 解代数方程与微分方程; 等等. 而其余的内容如: 表达式的化简与整理、矢量分析、积分变换等放在本书第三篇, 以供需要的读者参考.

§6.1　符号对象的建立、赋值及替换 (syms,subs,vpa)

6.1.1　建立符号变量、符号函数与符号表达式

首先通过对比符号数与浮点数、符号计算与数值计算来理解两者的差别, 首先看以下程序:

```
>> a=sym(1/3)
a = 1/3                              %符号数a等于1/3是精确的数值
>> b=1/3
b = 0.3333                          %浮点数b等于0.3333是近似值
>> 1/(sym(2))+1/sym(3)             %符号计算是精确计算
ans = 5/6
>> 1/2+1/3
ans = 0.8333                        % 浮点数运算是近似计算
>> sin(sym(pi))
```

```
ans = 0                                                  % 符号数sin(sym(pi))等于零是精确的数值
>> sin(pi)
ans = 1.2246e-16                                         % 浮点数sin(pi) 等于1.2246e-16是近似值
```

这些例子表明, 符号计算是精确计算, 而数值计算是近似计算. MATLAB 的符号计算系统加强了数值计算的能力, 符号计算用有理分数或无理数表示数值, 能得到精确的结果, 不会造成舍入误差, 同时符号计算的结果也可转换为数值形式加以应用. 例如, 可以将符号数 a 与浮点数 b 直接相加:

```
>> a+b
ans = 2/3
```

符号对象包括符号量 (常量或变量)、符号表达式、符号函数与符号方程等. 建立符号量有以下两种方法, 它们是等价的:

```
>> y=sym('y')                                            %建立单个符号量
y = y
>> syms a b c x y                                        %建立一个或多个符号量
>> e=sym(1/3), f=sym(sqrt(20))                           %给符号量赋值
e = 1/3, f = 2*5^(1/2)
>> phi=((1+sqrt(sym(5)))/2)                              %建立符号常量
phi = 5^(1/2)/2 + 1/2
>> p=a*x^2                                               %建立符号表达式
p = a*x^2
>> subs(p,{a,x},[2,3])                                   %令a=2,x=3注意p不变
ans = 18
>> eqn=p==0                                              %建立方程
eqn = a*x^2 == 0
>> f(x)=x^2                                              %建立一元符号函数
f(x) = x^2
>> f(x, y)=x^3*y^3                                       %建立多元符号函数
f(x, y) = x^3*y^3
>> f(2,3)                                                % 求函数值,注意f(x, y)不变
ans = 216
```

特别要注意, 表达式、函数与方程的形式是不一样的, 如果混淆了就无法正确使用. 因为表达式要用 subs 来进行赋值, 而函数则可以直接将变量值代入进行计算. 如果只是替换变量, 则无论表达式或函数式都可以使用指令 subs. 一般而言, 函数指定了其中的自变量, 而表达式则不会指定自变量.

用指令 assume 可以设置符号量的性质, 如下所示, 这种做法在解方程时常常用到.

```
>> syms x y
>> syms k real                                           %k是实数
>> syms n positive                                       %n是正数
>> assume(x>1&y>=0)                                      %x>1,y>=0
>> assume(k~=-1)                                         %k -1
>> assume(x,'clear')                                     %删除条件
>> assumeAlso(n,'integer')                               %增加条件n也是整数
```

```
>> isAlways(sqrt(x^2)>1)                                              %检验条件成立否
```

特别说明一下, 本章均讨论符号计算, 在以后的例题中, 为了节省篇幅有时可能会略去设置符号对象的语句, 用户演算这些例题时必须要自己增补设置符号变量的语句.

6.1.2 构造复合函数

前面介绍了设置符号函数的方法, 也可以将已经建立的符号函数组合成复合函数, 以应对更复杂的需要, 程序如下:

```
>> syms x y z t u
>> f=1/(1+x^2); g=sin(y);                                         %f,g为单变量函数
>> h=x^t; p=exp(-y/u);                                              %h,p为双变量
>> a=compose(f,g)                                             % 以函数g替代函数f中的变量
a = 1/(sin(y)^2+1)
>> b=compose(f,g,t)                                           %指定复合函数中变量为t
b = 1/(sin(t)^2+1)
>> c=compose(h,g,x,z)                                   %用g替换h中的x,并将g的变量换成z
c = sin(z)^t
>> d=compose(h,g,t,z)                                   %用g替换h中的t,并将g的变量换成z
d = x^sin(z)
>> e=compose(h,p,x,y,z)                                 %用p 替换h中的x,用z替换p中的y
e = exp(-z/u)^t
>> f=compose(h,p,t,u,z)                                 %用p 替换h中的t,用z替换p中的u
f = x^exp(-y/z)
```

6.1.3 浮点数与符号数的转换

用符号工具箱作数值计算时, 有三种选择:

- 符号计算 (Symbolic) 使用指令 sym. 符号计算使用完全精确的数如有理分数 $1/3$, 无理数 sqrt(2), 计算中不会产生舍入误差. 但是计算速度慢, 占用内存大.
- 可变精度计算 (Variable Precision) 使用指令 vpa, 可变精度计算最多可以计算到小数点后面 40 位, 可以根据内存和速度来选择使用的小数位数.
- 双精度计算 (Double Precision) 使用指令 double. 双精度计算是固定取小数后面 16 位, MATLAB 的数值计算默认选择这个精度.

三种用法如表 6.1 所示.

指令 sym 将数值量转换为符号量, 通常是将小数化成有理数, 转换中会修正浮点数舍入误差, 找出精确的符号表达, 例如输入数值如下:

```
>> N1=1/7, N2=pi, N3=1/sqrt(2)
N1 = 0.1429, N2 = 3.1416, N3 = 0.7071
```

再转换为符号量, 这里已经修正了舍入误差:

```
>> S1=sym(N1), S2=sym(N2), S3=sym(N3)
S1 = 1/7, S2 = pi, S3 =2^(1/2)/2
```

表 6.1

	符号计算	可变精度计算	双精度计算
例子	a = sym(pi)	b = vpa(pi)	c = double(pi)
	sin(a)	sin(b)	sin(c)
	a =	b =	c =
	pi	3.1415926535897932384626433832795	3.1416
	ans =	ans =	ans =
	0	−3.210108301310039606954714588356e−40	1.2246e−16
指令	sym	vpa	double
		digits	
舍入误差	无, 得到精确结果	是, 取决于所选用的精度	是
计算速度	最慢	较快, 取决于所选用的精度	较快
占用内存	最多	可调整, 取决于所选用的精度	最少

指令 vpa(variable-precision arithmetic) 将符号变量值转换为浮点数, 默认的有效数字是 32 位, 注意最后一位有效数字会进行四舍五入, 例如:

```
>> phi=((1+sqrt(sym(5)))/2)          %建立符号数
>> vpa(phi)
ans = 1.6180339887498948482045868343656
>> digits(5)                          %设置有效数字为5位
>> vpa(phi)
ans = 1.618
>> vpa(phi,7)                         %转化为7位有效数字的浮点数
ans = 1.618034
```

6.1.4   替换和缩写

1. 替换 (subs,subexpru)

用指令 subs 将表达式中一部分用符号量进行替代可使结果更简洁明了. 例如, 在下面计算矩阵本征值与本征矢量的过程中就使用了替代:

```
>> syms a b c
>> A=[a, b, c; b, c, a; c, a, b];
>> [v,E]=eig(A)
v = [-(a^2 - a*b - a*c + b^2 - b*c + c^2)^(1/2)/(a-c) - (a-b)/(a-c),...
(a^2 - a*b - a*c + b^2 - b*c + c^2)^(1/2)/(a-c) - (a-b)/(a-c),        1]

[(a^2 - a*b - a*c + b^2 - b*c + c^2)^(1/2)/(a-c) - (b-c)/(a-c), ...
 -(a^2 - a*b - a*c + b^2 - b*c + c^2)^(1/2)/(a-c) - (b-c)/(a-c),       1]

[                                        1,              1,            1]

E = [(a^2-a*b-a*c+b^2-b*c+c^2)^(1/2),              0,                 0]
   [              0,       -(a^2-a*b-a*c+b^2-b*c+c^2)^(1/2),          0]
   [              0,              0,                          a+b+c]
```

```
>> E=subs(E,(a^2-a*b-a*c+b^2-b*c+c^2)^(1/2),'S')
E = [S,  0,      0]
    [0, -S,      0]
    [0,  0, a+b+c]
>> v=subs(v,(a^2-a*b-a*c+b^2-b*c+c^2)^(1/2),'S')
v = [-S/(a-c)-(a-b)/(a-c), S/(a-c)-(a-b)/(a-c), 1]
    [ S/(a-c)-(b-c)/(a-c),-S/(a-c)-(b-c)/(a-c), 1]
    [                   1,                   1, 1]
```

2. 缩写表达式中共同项

可以用缩写来替代表达式中共同的部分, 使复杂的结果更容易看明白, 例如:

```
>> syms x
>> s=solve(sqrt(x)+1/x==1,x)
s = (1/(18*(25/54 - (23^(1/2)*108^(1/2))/108)^(1/3)) -...
    (3^(1/2)*(1/(9*(25/54 - (23^(1/2)*108^(1/2))/108)^(1/3)) -...
    (25/54 - (23^(1/2)*108^(1/2))/108)^(1/3))*1i)/2 +...
    (25/54 - (23^(1/2)*108^(1/2))/108)^(1/3)/2 + 1/3)^2

    ((3^(1/2)*(1/(9*(25/54 - (23^(1/2)*108^(1/2))/108)^(1/3)) -...
    (25/54 - (23^(1/2)*108^(1/2))/108)^(1/3))*1i)/2 + 1/(18*(25/54 -...
    (23^(1/2)*108^(1/2))/108)^(1/3)) +...
    (25/54 - (23^(1/2)*108^(1/2))/108)^(1/3)/2 + 1/3)^2
```

解的表达式很长, 用指令 pretty 可以将它写成更熟悉的形式, 它会自动采用缩写来简化表达式:

```
>> pretty(s)
 /   1             #2   1 \2 \
| | ----- - #1 + -- + - |  |
| \ 18 #2          2   3 /  |
|                           |
| /        1      #2   1 \2 |
| | #1 + ----- + -- + - |  |
\ \      18 #2    2   3 /  /
其中
            /   1      \
    sqrt(3) | ---- - #2 | 1i
            \ 9 #2     /
  #1 == -----------------------
                 2
        / 25   sqrt(23) sqrt(108) \1/3
  #2 == | -- - ----------------- |
        \ 54        108          /
```

指令 pretty 自动选择替代的部分, 包括使用嵌套结构, 用户不能自己选择替代的内容和方式.

subexpr 是另一个可以缩写表达式的指令, 与指令 pretty 不同, 它只能缩写一个共同项, 而且不能用嵌套结构. 同样用户也不能自行选择被替代的子表达式. 可以在指令 subexpr 中指定第二个输入量作为缩写名, 例如:

```
>> [s1,t] = subexpr(s,'t')
s1 = (1/(18*t^(1/3)) - (3^(1/2)*(1/(9*t^(1/3)) -
      t^(1/3))*1i)/2 + t^(1/3)/2 + 1/3)^2 ...
      ((3^(1/2)*(1/(9*t^(1/3)) - t^(1/3))*1i)/2 +...
      1/(18*t^(1/3)) + t^(1/3)/2 + 1/3)^2


t = 25/54 - (23^(1/2)*108^(1/2))/108
```

如果指令 pretty 只有一个输入量, 也可以不指定缩写变量名, 默认的缩写名为 sigma:

```
>> [s2,sigma]=subexpr(s)
s2 = (1/(18*sigma^(1/3)) - (3^(1/2)*(1/(9*sigma^(1/3)) -...
      sigma^(1/3))*1i)/2 + sigma^(1/3)/2 + 1/3)^2 ...
      ((3^(1/2)*(1/(9*sigma^(1/3)) - sigma^(1/3))*1i)/2 +...
      1/(18*sigma^(1/3)) + sigma^(1/3)/2 + 1/3)^2
sigma = 25/54 - (23^(1/2)*108^(1/2))/108
```

§6.2　求导与积分

6.2.1　求导函数

求导指令 diff 可以求一元或多元函数的一阶或高阶导数. 如果不指定变量, 默认以离 x 的远近顺序选取变量, 使用结果如表 6.2 所示.

表 6.2

求导	结果	含义
diff(sin(x^2))	2*x*cos(x^2)	
diff(sin(x*t^2))	t^2*cos(t^2*x)	变量为 x
diff(t^6,4)	360*t^2	4 阶导数
diff(x*cos(x*y),y,2)	-x^3*cos(x*y)	对 y 求二阶偏导数
diff(x*y,2)	0	默认对 x 求二阶偏导数
diff(diff(x*y))	1	对 x,y 求偏导数

更复杂的对多变量函数求偏导的程序如下:

```
>> diff(x*sin(x*y),x,y)                    %求x,y的一阶偏导数
ans = 2*x*cos(x*y) - x^2*y*sin(x*y)
>> diff(x*sin(x*y),x,x,x,y)                %求x的三阶偏导数和y的一阶偏导数
ans = x^2*y^3*sin(x*y) - 6*x*y^2*cos(x*y) - 6*y*sin(x*y)
```

6.2.2　计算不定积分与定积分

用指令 int 计算一元函数的积分, 有不定积分、定积分、广义积分等多种形式. 表 6.3 所示为一些简单的例子:

表 6.3

积分	结果	含义
int(-2*x/(1+x^2)	1/(x^2 + 1)	不定积分
int(x/(1-z^2),	-x^2/(2*(z^2 - 1))	变量为 x
int(x/(1-z^2),z	x*atanh(z)	指定变量 z
int(x*log(1+x),0,1)	1/4	指定积分区间
int(2*x,[sin(t),1])	cos(t)^2	区间上限是函数

指令 int 也可以完成一些更复杂的积分计算:

```
>> int(acos(sin(x)),x)                              %结果不会自动简化
ans = x*acos(sin(x)) + (x^2*sign(cos(x)))/2
>> int(acos(sin(x)),x,'IgnoreAnalyticConstraints',true)   %用选项简化结果
ans = (x*(pi - x))/2
>> int(x^t,x)
ans = piecewise([t==-1,log(x)], [t~=-1,x^(t+1)/(t+1)])
>> int(x^t,x,'IgnoreSpecialCases',true)
ans = x^(t+1)/(t+1)
>> int(1/sqrt(1-a^2*sin(x)^2))
ans = ellipticF(x,a^2)                              %第一类椭圆积分
>> int(sqrt(1-sin(x)^2))
ans = ellipticE(x,1)                                %第二类椭圆积分
>> int(1/(x-1),x,0,2)                               %积分区间有奇点
ans = NaN
>> int(1/(x-1),x,0,2,'PrincipalValue',true)         %求柯西主值
ans = 0
>> F=sin(sinh(x)); int(F,x)
ans = int(sin(sinh(x)), x)                          %不定积分没有解析表达式
>> F=int(taylor(F,x,'ExpansionPoint',0,'Order',10),x)
F = x^10/56700 - x^8/720 - x^6/90 + x^2/2           %泰勒级数表示的不定积分近似
>> F=int(cos(x)/sqrt(1+x^2),x,0,10)                 %没有求出定积分的解析表达式
F = int(cos(x)/(x^2 + 1)^(1/2),x,0,10)
>> vpa(F,5)                                         %计算定积分的数值
ans = 0.37571
>> int(besselj(1,z))                                %特殊函数积分
ans = -besselj(0,z)
>> syms a
>> assume(a>0)
>> f=exp(-a*x^2);                                   %含实参数的积分
>> int(f,x,-inf,inf)
```

```
>> syms a x clear
```

§6.3　极限与级数

6.3.1　极限

当极限存在时, 用指令 limit 可以计算函数的极限, 包括左极限和右极限, 具体结果如表 6.4 所示, 程序如下:

表 6.4

求极限	结果	含义
limit(cos(x))	1	求 x 趋于 0 的极限
limit((1+x/n)^n,n,Inf)	exp(x)	求 n 趋于无穷的极限
limit(x/abs(x),0)	NaN	极限不存在
limit(x/abs(x),x,0,'right')	1	求右极限
limit(x/abs(x),x,0,'left')	-1	求左极限

```
>> limit((cos(x+h)-cos(x))/h,h,0)                    %求h趋于0的极限
ans = -sin(x)
```

6.3.2　级数 (symsum,symprod,taylor)

1. 多项连加 (symsum) 与累计连加 (cumsum)

累计连加是分别求前 2 项, 3 项, ······ 直到前 n 项之和, 程序如下:

```
>> v=1./factorial(sym(1:5))                          %阶乘factorial
v = [1, 1/2, 1/6, 1/24, 1/120]
>> sum_v=cumsum(v)                                   %累计连加, 得多个结果值
sum_v = [1, 3/2, 5/3, 41/24, 103/60]
```

多项连加是级数求前 n 项和, 如表 6.5 所示.

表 6.5

求级数和	结果	含义
symsum(1/k^2)	-psi(1, k)	只写通项
symsum(k^2,0,10)	385	指定初项与末项
symsum(1/k^2,1,Inf)	pi^2/6	指定初项与末项
symsum(x^k/sym('k!'),k,0,Inf)	exp(x)	指定变量、初项与末项

2. 多项连乘 (symprod) 与累计连乘 (cumprod)

累计连乘是分别求前 2 项, 3 项, ······ 直到前 n 项之积, 程序如下:

```
>> v=1./factorial(sym(1:5))
v = [1, 1/2, 1/6, 1/24, 1/120]
>> prod_v=cumprod(v)                                 % 累计连乘,多个结果值
prod_v = [1, 1/2, 1/12, 1/288, 1/34560]
```

多项连乘是求 n 项的积, 在指令内如果只写通项, 表示从 1 乘到第 k 项, 也可以既给出通项, 也指定首项和末项, 结果如表 6.6 所示.

表 6.6

求连乘	结果
symprod(k)	factorial(k)
symprod((2*k-1)/k^2)	1/2^(2*k)*2^(k + 1)*factorial(2*k))/...
	(2*factorial(k)^3)
symprod(1-1/k^2,k,2,Inf)	1/2
symprod(k^2/(k^2-1),k,2,Inf)	2
symprod(exp(k*x)/x,k,1,10000)	exp(50005000*x)/x^10000

3. 泰勒级数展开 (taylor)

对一元或多元函数作定点的泰勒级数展开用指令 taylor, 展开的项数可任选, 程序如下:

```
>> taylor(exp(x))                        % 默认对0点展开到第6级
ans = x^5/120 + x^4/24 + x^3/6 + x^2/2 + x + 1
>> taylor(log(x),x,1)                    %对x=1点展开
ans = x - (x-1)^2/2 + (x-1)^3/3 - (x-1)^4/4 + (x-1)^5/5 - 1
>> f=sin(x)/x;
>> taylor(f,'Order',10)                  %展开到第10级
ans = x^8/362880 - x^6/5040 + x^4/120 - x^2/6 + 1
>> f=sin(x)+cos(y)+exp(z); taylor(f,[x,y,z])   %对多变量函数展开
ans = x^5/120 - x^3/6 + x + y^4/24 - y^2/2 + ...
      z^5/120 + z^4/24 + z^3/6 + z^2/2 + z + 2
>> f=y*exp(x-1)-x*log(y);
>> taylor(f,[x,y],[1,1],'order',3)       %指明x,y的展开点与阶数
ans = x + (x-1)^2/2 + (y-1)^2/2
```

§6.4 解代数方程 (solve)

符号算法能解代数方程与方程组, 获得符号解或精确解.

一般使用指令 solve 来求代数方程的解析解, 用指令 vpasolve 求数值解, 用指令 linsolve 求线性方程组的数值解. 这里我们主要学习指令 solve 的用法. 灵活运用这些指令可以解决一些复杂的方程. 此外还有一些与解方程有关的指令如下, 读者可以通过 help 文档了解它们的用法.

equationsToMatrix	将方程转化为矩阵形式
finverse	求反函数
linsolve	求解矩阵形式的线性方程组
poles	表达式或函数的极点
solve	解方程或方程组
vpasolve	求数值解

6.4.1 指令 solve 简单用法

```
>> syms a b c x
>> eqn=a*x^2+b*x+c==0;
>> solx=solve(eqn,x)                                              %对x求解方程
solx = -(b + (b^2 - 4*a*c)^(1/2))/(2*a)
       -(b - (b^2 - 4*a*c)^(1/2))/(2*a)
>> solb=solve(eqn,b)                                              %对b解方程
solb = -(a*x^2 + c)/x
```

上面的指令 eqn 是一个方程, 如果 eqn 是一个表达式, 那么用指令 solve 求解的方程应写成 eqn==0. 如果不指定变量, 则 solve 将根据字母表上离 x 的远近次序来自动选择变量.

6.4.2 求方程的全部解

solve 一般得到的解不是全部解, 对于多解的方程也是如此, 例如下面的例子:

```
>> syms x
>> solx = solve(cos(x) == -sin(x), x)
solx = -pi/4
```

为了得到有多个解的方程的全部解, 使用选项 ReturnConditions 重新解这个方程, 得到三个输出量, 分别是解、使用的参数和条件.

```
>> [solx param cond]=solve(cos(x)==-sin(x),x,'ReturnConditions',true)
solx = pi*k - pi/4                                                %方程的解
param = k                                                         %解使用的参数
cond = in(k,'integer')                                            %参数所满足的条件
```

参数 k 不会显示在内存空间中, 必须通过 param 读取. 下面根据条件 $0 < x < 2\pi$ 求出相应的 k, 再用 subs 代入解求出对应的 x, 从中求出区间 $-2\pi < x < 2\pi$ 中的解:

```
>> assume(cond)                                      %设定条件con, 即k为整数
>> solk=solve(-2*pi<solx,solx<2*pi,param)            % 解不等式, 变量为param
solk = -1, 0, 1, 2                                   %求出的4个k值
>> xvalues=subs(solx,solk)            %用subs将k代入solx, 找出与k值对应的x值
xvalues = -(5*pi)/4, -pi/4, (3*pi)/4, (7*pi)/4       %求出的特解
>> xvalues=vpa(xvalues)                              % 再将符号量转换为数值
xvalues = -3.9269908169872415480783042290994
          -0.78539816339744830961566084581988
          2.3561944901923449288469825374596
          5.4977871437821381673096259207391
```

用指令 solve 从参数和条件中提取特定解:

```
>> [solx,param,cond]=solve(sin(x)==0,x,'ReturnConditions',true)
solx = pi*k
param = k
cond = in(k,'integer')
```

根据条件 $0 < x < 2\pi$ 求出相应的 k, 再用指令 subs 代入解求出对应的 x:

```
>> assume(cond)
>> solk=solve([solx>0,solx<2*pi],param)
>> valx=subs(solx,param,solk)
solk =1
valx =pi
```

如果先选择 k 值再求对应的解 x, 则用指令 isAlways 先检查选择的 k 是否为整数, 例如, 验证 $k = 4$ 是否满足关于 k 的条件:

```
>> isAlways(subs(cond,param,4))
ans = 1
```

结果满足条件, 再将 k 代入得到数值解:

```
>> valx=subs(solx,param,4)
>> vpa(valx)
>> valx=4*pi
ans = 12.566370614359172953850573533118
```

6.4.3　求主值解

解方程时, 指令 solve 不是给出无限个周期解, 而是只给几个最实用的解:

```
>> syms x
>> solve(sin(x)+cos(2*x)==1,x)
ans = 0
     pi/6
     (5*pi)/6
```

选项 ('PrincipalValue',true) 只选取一个主值:

```
>> solve(sin(x)+cos(2*x)==1,x,'PrincipalValue',
          true)
ans = 0
```

6.4.4　求数值解

下列方程用符号解法没有得出解析解, 自动改成求数值解, 在之前会显示警示文字. 由于这个方程不是多项式, 求出全部解要很长时间, 所以不会去求方程的全部解而只是给出求得的第一个解:

```
>> solve(sin(x) == x^2 - 1, x)
ans = -0.63673265080528201088799090383828
```

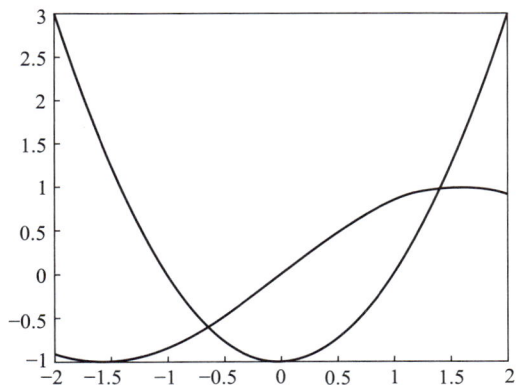

图 6.1　方程等式两边的函数图形

画出方程两边的图形 (图 6.1), 可见方程有两个解分别在零的两边:

```
>> fplot(sin(x),[-2 2])
>> hold on
>> fplot(x^2-1,[-2 2])
>> hold off
```

指定求解区间再用数值解法 vpasolve 求出另外一个数值解:

```
>>vpasolve(sin(x) == x^2 - 1, x, [0 2])
ans = 1.4096240040025962492355939705895
```

6.4.5 解不等式

求解不等式, 要设置选项 ('ReturnConditions',true) 以返回全部参数及条件:

```
>> syms x y
>> S=solve(x^2+y^2+x*y<1,x>0,y>0,[x,y],'ReturnConditions',true);
>> solx=S.x
>> soly=S.y
>> params=S.parameters
>> conditions=S.conditions
solx = (-3*v^2+u)^(1/2)/2 - v/2
soly = v
params = [u,v]
conditions = 4*v^2<u&u<4&0<v
```

参数 u,v 不会显示在内存空间中, 必须用指令 S.parameters. 查询. 用指令 subs 和 isAlways 验证 $u = 7/2$ 和 $v = 1/2$ 是否满足不等式:

```
>> isAlways(subs(S.conditions,S.parameters,[7/2,1/2]))
ans = 1
>> solx=subs(S.x,S.parameters,[7/2,1/2])
solx = 11^(1/2)/4 - 1/4
>> soly=subs(S.y,S.parameters,[7/2,1/2])
soly = 1/2
```

用指令 vpa 将结果转换为数字:

```
>> vpa(solx)
ans = 0.57915619758884996227873318416767
>> vpa(soly)
ans = 0.5
```

§6.5   难解的代数方程求简单解

如果得到的解看起来比较复杂或者遇到指令 solve 不能处理的方程, 还有一些方法可以尝试, 就是对一些难解的问题用这些方法去求一些简单解.

6.5.1　求正数解

求正数解程序如下:

```
>> syms x positive
>> solve(x^2+5*x-6==0,x)
ans = 1
```

设置选项 ('IgnoreProperties',true) 可以得到设定以外的解:

```
>> solve(x^2+5*x-6==0,x,'IgnoreProperties',true)
ans = -6
>> syms x clear                              %清除对变量的假定
```

6.5.2　求实数解

求实数解程序如下:

```
>> syms x, solve(x^5-1==0,x)
ans =                         1
        -(2^(1/2)*(5-5^(1/2))^(1/2)*1i)/4 - 5^(1/2)/4 - 1/4
         (2^(1/2)*(5-5^(1/2))^(1/2)*1i)/4 - 5^(1/2)/4 - 1/4
         5^(1/2)/4 - (2^(1/2)*(5^(1/2)+5)^(1/2)*1i)/4 - 1/4
         5^(1/2)/4 + (2^(1/2)*(5^(1/2)+5)^(1/2)*1i)/4 - 1/4
>> solve(x^5-1,x,'Real',true)                %只求实数解
ans = 1
```

选项 IgnoreAnalyticConstraints 简化求解条件, 得到一些有用的解, 但在数学上可能存在不完整性, 即:

```
>> syms x
>> solve(x^(5/2)+1/x^(5/2)==1,x)
ans = 1/(1/2 - (3^(1/2)*1i)/2)^(2/5),
      1/((3^(1/2)*1i)/2 + 1/2)^(2/5),
      -(5^(1/2)/4 - (2^(1/2)*(5-5^(1/2))^(1/2)*1i)/4...
              + 1/4)/(1/2 - (3^(1/2)*1i)/2)^(2/5),
      -((2^(1/2)*(5-5^(1/2))^(1/2)*1i)/4 + 5^(1/2)/4 ...
              + 1/4)/(1/2 - (3^(1/2)*1i)/2)^(2/5),
      -(5^(1/2)/4 - (2^(1/2)*(5-5^(1/2))^(1/2)*1i)/4 ...
              + 1/4)/(1/2 + (3^(1/2)*1i)/2)^(2/5),
      -((2^(1/2)*(5 - 5^(1/2))^(1/2)*1i)/4 + 5^(1/2)/4 ...
              + 1/4)/(1/2 + (3^(1/2)*1i)/2)^(2/5)
>> solve(x^(5/2)+1/x^(5/2)==1,x,'IgnoreAnalyticConstraints',true)
ans = 1/(1/2 - (3^(1/2)*1i)/2)^(2/5)
      1/((3^(1/2)*1i)/2 + 1/2)^(2/5)
```

再看一个例子. 指令 solve 默认不会化简方程, 因为这在数学上可能不正确, 结果是 solve 没有求出符号解:

```
>> syms x
>> solve(exp(log(x)*log(3*x))==4, x)
Warning: Cannot solve symbolically.
Returning a numeric approximation instead.
ans=-14.009379055223370038369334703094-2.9255310052111119036668717988769i
```

设置选项 ('IgnoreAnalyticConstraints',true) 可能在方程化简以后求出结果:

```
>> S=solve(exp(log(x)*log(3*x))==4,x,'IgnoreAnalyticConstraints',true)
S = (3^(1/2)*exp(-(log(256) + log(3)^2)^(1/2)/2)))/3
    (3^(1/2)*exp((log(256) + log(3)^2)^(1/2)/2)))/3
```

这样, solve 求出了结果, 但是这种解法不一定正确, 需要对结果加以验证.

6.5.3 设置条件来缩小求解范围

```
>> syms x
>> eqn=x^7+2*x^6-59*x^5-106*x^4+478*x^3+284*x^2-1400*x+800==0;
>> solve(eqn,x)
ans = 1                                                    %得7个解
    -5^(1/2) - 1
    -17^(1/2)/2 - 1/2
     17^(1/2)/2 - 1/2
    -5*2^(1/2)
     5*2^(1/2)
     5^(1/2) - 1
>> assume(x>0)
>> solve(eqn)                                              %x>0得4个解
ans = 1
     17^(1/2)/2 - 1/2
     5*2^(1/2)
     5^(1/2) - 1
>> assumeAlso(in(x,'integer'))
>> solve(eqn,x)                                            % 再设x为整数得一个解
ans = 1
```

然后要清除这些假定:

```
syms x clear
```

6.5.4 用 & 同时设置几个条件

用 & 同时设置几个条件的程序如下:

```
>> syms a b c f g h y
>> assume(f==c&a==h&a~=0)
>> S=solve([a*x+b*y==c,h*x-g*y==f],[x,y],'ReturnConditions',true);
```

```
>> S.x
ans = f/h
>> S.y
ans = 0
>> S.conditions
ans = b + g ~= 0
```

6.5.5 化简输出的解

化简输出的解的程序如下:

```
>> syms x
>> S=solve((sin(x)-2*cos(x))/(sin(x)+2*cos(x))==1/2,x)
S = -log(-(- 40/37 + 48i/37)^(1/2)/2)*1i
    -log((-140/37 + 48i/37)^(1/2)/2)*1i
>> simplify(S)                                             %化简上述结果
ans = -log(37^(1/2)*(-1/37 - 6i/37))*1i
      log(2)*1i -(log(-140/37 + 48i/37)*1i)/2
>> simplify(S,'Steps',50)                                 %多步化简会求得更简结果
ans = atan(6) - pi
      atan(6)
```

§6.6 解高阶多项式

6.6.1 求出包含在 RootOf 之中的近似数值解

解多项式时, solve 可以用 RootOf 表示解, 使用 vpa 可以得到数值近似解, 例如:

```
>> syms x
>> s = solve(x^4+x^3+1==0,x)
s = root(z^4 + z^3 + 1, z, 1)
    root(z^4 + z^3 + 1, z, 2)
    root(z^4 + z^3 + 1, z, 3)
    root(z^4 + z^3 + 1, z, 4)
```

方程的解中没有参数, 直接用指令 vpa 求数值结果:

```
>> vpa(s)
ans =
-1.0189127943851558447865795886366 + 0.60256541999859902604398442197193i
-1.0189127943851558447865795886366 - 0.60256541999859902604398442197193i
0.5189127943851558447865795886366 + 0.66660984493201857915375788007331i
0.5189127943851558447865795886366 - 0.66660984493201857915375788007331i
```

6.6.2　解高阶多项式

解高阶多项式方程得到的结果可以用 RootOf 表示, 例如, 解 4 阶方程:

```
>> syms x a
>> solve(x^4 + x^3 + a == 0, x)
ans = root(z^4 + z^3 + a, z, 1)
      root(z^4 + z^3 + a, z, 2)
      root(z^4 + z^3 + a, z, 3)
      root(z^4 + z^3 + a, z, 4)
```

可用指令 MaxDegree 去尝试求其解析解, 这个选项能使 solve 最大限度地返回解析解. 默认值是 2. 增加这个值, 可以得到更高阶方程的解析解.

设置 ('MaxDegree', 3) 来解一个 3 阶的多项式方程, 希望用解析解来替代 RootOf. 指令 pretty 将解写成符号表达式:

```
>> S=solve(x^3+x+a==0,x,'MaxDegree',3);
>> pretty(S)
  /                    1                  \
  |             #1 - ----                 |
  |                  3 #1                  |
  |                                        |
  |                /   1        \          |
  |       sqrt(3) | ---- + #1 | 1i         |
  |   1           \ 3 #1       /      #1 |
  | ---- - -------------------------- - -- |
  | 6 #1                2                2 |
  |                                        |
  |                /   1        \          |
  | sqrt(3) | ---- + #1 | 1i               |
  |         \ 3 #1       /        1    #1 |
  | ------------------------ + ---- - -- |
  \            2             6 #1   2 /
    where
            /   / 2     \     \./3
            |   | a    1|   a |
    #1 == | sqrt| -- + -- | - - |
            \   \ 4   27 /   2 /
```

读者可以用这个方法解上面 4 阶的多项式, 结果要复杂得多.

§6.7　解线性方程组

6.7.1　用结构数组表示解

线性方程组也是用指令 solve 求解, 解的输出格式常用结构数组:

```
>> clear u v x y
>> syms u v x y
>> eqns=[x+2*y==u,4*x+5*y==v];
>> S=solve(eqns);                              %S是结构数组
>> sol=[S.x;S.y]                               %查看解的具体内容
sol = (2*v)/3 - (5*u)/3
      (4*u)/3 - v/3
```

由于没有指定方程的变量, 指令 solve 自动选择变量为 x, y, 否则将把全部字母当作未知变量, 参考以下程序:

```
>> syms u v a
>> S=solve(u^2-v^2==a^2,u+v==1,a^2-2*a==3)
S = a: [2x1 sym]
    u: [2x1 sym]
    v: [2x1 sym]
>> S.a                                         %查看a的内容
ans = -1, 3
>> M=[S.a, S.u, S.v]                           %查看a,u和v
M = [ -1, 1, 0]
    [ 3, 5, -4]
>> s2=[S.a(2), S.u(2), S.v(2)]                 %查看第2个解
s2 = [3, 5, -4]
>> clear s a u v                               %最后要从内存清除有关变量
```

有的方程也可以简单地用左除来解线性方程组:

```
>> [A,b]=equationsToMatrix(eqns,x,y);          %求方程的矩阵形式
>> z = A\b
z = (2*v)/3 - (5*u)/3
    (4*u)/3 - v/3
```

6.7.2 求方程组的复数解或全部解

方程组的解法也可设置条件, 方法与解单个方程相似. 设置选项 ('ReturnConditions', true) 可得到方程组的复数解.

例 6.1: 求复数解.

```
>> syms x y
>> S=solve([sin(x)^2==cos(y),2*x == y],[x, y],'ReturnConditions',true);
>> S.x
ans = pi*k - asin(3^(1/2)/3)                   % 这是解x(1),k是参数
      asin(3^(1/2)/3) + pi*k                   % 这是解x(2),k是参数
>> S.y
ans = 2*pi*k - 2*asin(3^(1/2)/3)               % 这是解y(1),k是参数
      2*asin(3^(1/2)/3) + 2*pi*k               % 这是解y(2),k是参数
```

```
>> S.conditions
ans = in(k,'integer')                                    %k是整数
       in(k,'integer')
>> S.parameters                                          %两级解中只有一个参数
ans = k
```

得到两组解. 在 x, y, conditions 相同位置的元素构成同一组解, 而 k 对于任何一组都有效. 为了从第一组解寻找符合条件 $0 < x < \pi$ 的 k 值, 可以设定条件 S.conditions(1) 然后用指令 solve 解这个关于 k 的条件:

```
>> assume(S.conditions(1))
>> solk=solve([S.x(1)>0,S.x(1)<pi],S.parameters)
>> solx=subs(S.x(1),S.parameters,solk)
solk = 1
solx = pi - asin(3^(1/2)/3)
```

得到 k 值为 1, x 值为 $\pi - \arcsin(\sqrt{3}/3)$.

　　反过来, 也可以用 k 值确定 x 值. 先用指令 isAlways 确定 k 值是否满足条件. 例如, 检查 $k = 4$ 是否合乎要求:

```
>> isAlways(subs(S.conditions(1), S.parameters, 4))
ans = 1
```

结果是符合, 再用指令 vpa 将 k 代入解 $x(1)$ 中, 得出结果:

```
>> valx=subs(S.x(1),S.parameters,4)
>> vpa(valx)
valx = 4*pi - asin(3^(1/2)/3)
ans = 11.950890905688785612783108943994
```

例 6.2: 求全部解.

指令 Solve 不会自动返回方程的全部解, 需要设置选项 ReturnConditions 为 true. 考虑方程组:

$$\sin x + \cos y = \frac{4}{5}, \qquad \sin x \cos y = \frac{1}{10}$$

　　先用图像分析解存在的大致范围. 画出两个方程在 $[-2\pi, 2\pi]$ 之间的图像如图 6.2 所示, 两组曲线的交点即是方程组的解, 可看到方程组有重复的周期性的解. 程序如下:

```
syms x y
eqn1=sin(x)+cos(y)==4/5;
eqn2=sin(x)*cos(y)==1/10;
a=axes;
fimplicit(eqn1,[-2*pi 2*pi],'b');                        %画方程1图形
grid on
fimplicit(eqn2,[-2*pi 2*pi],'m');                        %画方程2图形
L=sym(-2*pi:pi/2:2*pi);
```

```
a.XTick=double(L);                                           %在坐标轴上画线
a.YTick=double(L);
M arrayfun(@char,L,'UniformOutput',false);
a.XTickLabel=M;                                              %刻度线数值
a.YTickLabel=M;
title('Plot of System of Equations')
legend('sin(x)+cos(y) == 4/5','sin(x)*cos(y) == 1/10',...
    'Location','best','AutoUpdate','off')
```

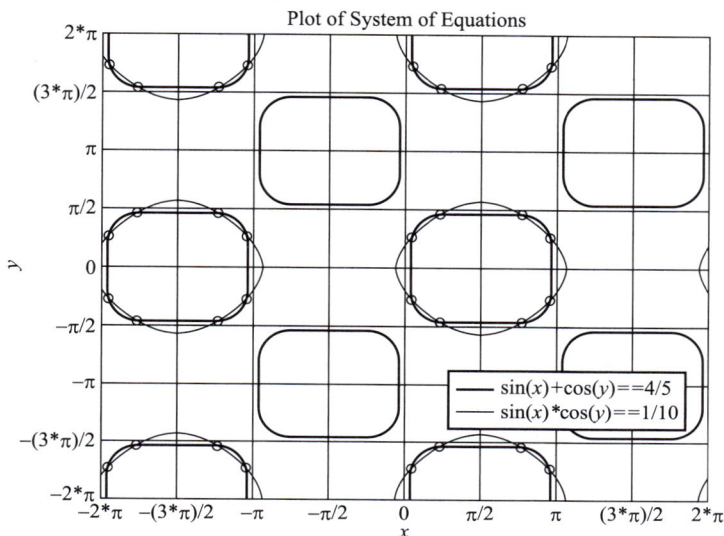

图 6.2   方程组中两个方程的图像

使用选项 ReturnConditions 来解方程组, 程序如下:

```
>> syms x y
>> eqn1=sin(x)+cos(y)==4/5;
>> eqn2=sin(x)*cos(y)==1/10;
>> S=solve(eqn1,eqn2,'ReturnConditions',true)
S =              x: [2x1 sym]                              %解S中的各个域
                 y: [2x1 sym]
        parameters: [1x2 sym]
        conditions: [2x1 sym]
>> S.x                                                     %x有两组解
ans = z1
      z1
>> S.y                                                     %y有两组解
ans = z
      z
>> S.parameters
ans = [z, z1]
```

```
>> S.conditions
ans = (in((z - acos(6^(1/2)/10 + 2/5))/(2*pi),'integer')|...
        in((z + acos(6^(1/2)/10 + 2/5))/(2*pi),'integer'))&...
        (in(-(pi - z1 + asin(6^(1/2)/10 - 2/5))/(2*pi),'integer')|...
        in((z1 + asin(6^(1/2)/10 - 2/5))/(2*pi),'integer'))      %以上为z的条件


        (in((z1 - asin(6^(1/2)/10 + 2/5))/(2*pi),'integer')|...
        in((z1 - pi + asin(6^(1/2)/10 + 2/5))/(2*pi),'integer'))&...
        (in((z - acos(2/5 - 6^(1/2)/10))/(2*pi),'integer')|...
        in((z + acos(2/5 - 6^(1/2)/10))/(2*pi),'integer'))      %以上为z1的条件
```

可以先设定求解的条件. 例如设定求解区间为 x 和 y 在 -2π 到 2π 之间:

```
>> Srange=solve(eqn1,eqn2,-2*pi<x,x<2*pi,-2*pi<y,y<2*pi,...
   'ReturnConditions',true)
Srange =          x: [32x1 sym]
                  y: [32x1 sym]
         parameters: [1x0 sym]
         conditions: [32x1 sym]
>> scatter(Srange.x, Srange.y)                    % 直接用点表示解的位置
```

§6.8 用 dsolve 解微分方程

解微分方程用指令 dsolve, 用法是:

```
S = dsolve(eqn)
S = dsolve(eqn,cond)
S = dsolve(___,Name,Value)
[y1,...,yN] = dsolve(___)
```

程序中, eqn 是要解的方程, cond 是条件, Name、Value 是附加的属性值 y1, $\cdots$, yN 是指定的输出变量名.

6.8.1 解微分方程初值与定值问题

在微分方程中用微分算符 diff(y) 表示微分运算, 下面举例说明指令 dsolve 的基本用法:

```
>> syms y(t) a b
>> eqn=diff(y,t)==a*y;                             %求一阶方程通解
>> S=dsolve(eqn)
S = C1*exp(a*t)
>> cond=y(0)==5;                                   %求一阶方程定解
>> ySol(t)=dsolve(eqn,cond)
ySol(t) = 5*exp(a*t)


>> syms x(t), dsolve((diff(x)+x)^2==1,x(0)==0)     %一阶非线性方程
```

```
ans = exp(-t) - 1

     1 - exp(-t)


>> syms y(t) a
>> eqn=diff(y,t,2)==a*y;                          %求二阶方程通解
>> ySol(t)=dsolve(eqn)
ySol(t) = C1*exp(-a^(1/2)*t) + C2*exp(a^(1/2)*t)


>> syms y(t) a b, Dy=diff(y);                     %求二阶方程定解
>> eqn=diff(y,t,2)==a^2*y;
>> cond=[y(0)==b,Dy(0)==1];
>> ySol(t)=dsolve(eqn,cond)
ySol(t) = (exp(a*t)*(a*b+1))/(2*a) + (exp(-a*t)*(a*b-1))/(2*a)


>> syms y(x)
>> y(x)=dsolve(diff(y,2)==cos(2*x)-y,y(0)==1,Dy(0)==0);
>> y(x)=simplify(y)                               %化简结果
y(x) = 1 - (8*sin(x/2)^4)/3


>> syms u(x), Du=diff(u); D2u=diff(u,2);          %定义符号Du D2u
>> u(x)=dsolve(diff(u,3)==u,u(0)==1,Du(0)==-1,D2u(0)==pi)   %解三阶方程
u(x) = (pi*exp(x))/3 - exp(-x/2)*cos((3^(1/2)*x)/2)*(pi/3-1) - ...
       (3^(1/2)*exp(-x/2)*sin((3^(1/2)*x)/2)*(pi+1))/3


>> syms y(t), dsolve(diff(y)+4*y==exp(-t),y(0)==1)
ans = exp(-t)/3 + (2*exp(-4*t))/3


>> syms y(x)
>> dsolve(diff(y,2)==x*y,y(0)==0,y(3)==besselk(1/3,2*sqrt(3))/pi)
ans =(1899766576269255*3^(1/2)*airy(0,x))/(288230376151711744...
     *(3^(1/2)*airy(0,3)-airy(2,3)))-(1899766576269255*airy(2,x))...
     /(288230376151711744*(3^(1/2)*airy(0,3)-airy(2, 3)))


>> syms y(x)
>> dsolve(2*x^2*diff(y,2)+3*x*diff(y)-y==0)
ans = C7/(3*x) + C8*x^(1/2)


>> syms y(x)                                      %airy方程
>> ode=diff(y,x,2)==x*y;
>> ySol(x)=dsolve(ode)
ySol(x) = C1*airy(0,-(x*(1+3^(1/2)*1i))/2)+...
          C2*airy(2, -(x*(1+3^(1/2)*1i))/2)
```

6.8.2　用 dsolve 解微分方程组

1. 基本用法

举例如下:

```
>> syms y(t) z(t)
>> eqns=[diff(y,t)==z, diff(z,t)==-y];
>> S=dsolve(eqns)
S = struct with fields:
    z: [1x1 sym]
    y: [1x1 sym]
>> ySol(t)=S.y
ySol(t) = C1*cos(t) + C2*sin(t)
>> zSol(t)=S.z
zSol(t) = C2*cos(t) - C1*sin(t)
```

也可以直接指定输出变量:

```
>> syms y(t) z(t)
>> eqns=[diff(y,t)==z, diff(z,t)==-y];
>> [ySol(t),zSol(t)]=dsolve(eqns)
ySol(t) = C1*cos(t) + C2*sin(t)
zSol(t) = C2*cos(t) - C1*sin(t)
-----------------------------------------------------------
>> syms f(t) g(t)
>> s=dsolve(diff(f)==3*f+4*g,diff(g)==-4*f+3*g)     %以结构数组返回解
s = g: [1x1 sym]
    f: [1x1 sym]
>> f(t)=s.f                                          %显示解的表达式
f(t) = C2*cos(4*t)*exp(3*t) + C1*sin(4*t)*exp(3*t)
>> g(t)=s.g
g(t) = C1*cos(4*t)*exp(3*t) - C2*sin(4*t)*exp(3*t)
>> [f(t),g(t)]=dsolve(diff(f)==3*f+4*g,diff(g)==-4*f+3*g,f(0)==0,g(0)==1)
f(t) = sin(4*t)*exp(3*t)                             %直接求定解
g(t) = cos(4*t)*exp(3*t)
```

2. 找出微分方程的显式和隐式解

找出方程的显式和隐式解的程序如下:

```
>> syms y(t)
>> eqn=diff(y)==y+exp(-y)
eqn(t) = diff(y(t),t) == exp(-y(t)) + y(t)
>> sol=dsolve(eqn)
sol = lambertw(0,-1)                                 %Lambert W function
>> sol=dsolve(eqn,'Implicit',true)                   %求出显式解
```

得到解如下:

$$sol = \begin{pmatrix} \left(\int \frac{e^y}{y\,e^y + 1}\,dy \Big|_{y=y(t)} \right) = C_1 + t \\ e^{-y(t)} \left(e^{y(t)}\,y(t) + 1 \right) = 0 \end{pmatrix}$$

3. 当没有显式解时找隐式解

当没有显式解时找隐式解的程序如下:

```
>> syms y(x)
>> eqn=diff(y)==(x-exp(-x))/(y(x)+exp(y(x)));
>> S=dsolve(eqn)
Warning: Unable to find symbolic solution.
S = [ empty sym ]                               %没有解析解
>> S=dsolve(eqn,'Implicit',true)
```

得到解如下:

$$S = e^{y(x)} + \frac{y(x)^2}{2} = C_1 + e^{-x} + \frac{x^2}{2}$$

4. 通过关闭内部简化来包含特殊情况

在下列方程中设定条件 $y(a) = 1$. 在默认情况下, 指令 dsolve 应用通常不能正确的简化, 但会产生更简单的解决方案:

```
>> syms a y(t)
>> eqn=diff(y)==a/sqrt(y)+y;
>> cond=y(a)==1;
>> ySimplified=dsolve(eqn,cond)
ySimplified = (exp((3*t)/2 - (3*a)/2 + log(a+1)) - a)^(2/3)
```

要返回包含参数 a 所有可能值的解决方案, 请通过将指令 'IgnoreAnalyticConstraints' 设置为 false 来关闭简化, 即

```
>> yNotSimplified = dsolve(eqn,cond,'IgnoreAnalyticConstraints',false)
```

得到结果如下:

yNotSimplified =

$$\begin{cases} \begin{cases} \{\sigma_1\} & \text{if } -\frac{\pi}{2} < \sigma_2 \\ \left\{ \sigma_1, -(-a + e^{\frac{3t}{2} - \frac{3a}{2} + \log(a+1) + 2\pi C_2 i})^{2/3} \left(\frac{1}{2} + \sigma_3 \right) \right\} & \text{if } \sigma_2 \leqslant -\frac{\pi}{2} \end{cases} & \text{if } C_2 \in \mathbb{Z} \\ \varnothing & \text{if } C_2 \notin \mathbb{Z} \end{cases}$$

where

$$\sigma_1 = \left(-a + e^{\frac{3t}{2} - \frac{3a}{2} + \log(a+1) + 2\pi C_2 i} \right)^{2/3}$$

$$\sigma_2 = \text{angle}\left(e^{\frac{3C_1}{2} + \frac{3t}{2}} - a \right)$$

$$\sigma_3 = \frac{\sqrt{3}i}{2}$$

5. 求级数解

解方程

$$(x^2-1)^2\frac{\partial^2}{\partial x^2}y(x)+(x+1)\frac{\partial}{\partial x}y(x)-y(x)=0$$

得到的解中包含有积分项, 程序如下:

```
>> syms y(x)
>> eqn = (x^2-1)^2*diff(y,2) + (x+1)*diff(y) - y == 0;
>> S = dsolve(eqn)
```

得到解为

$$S=C_2\,(x+1)+C_1\,(x+1)\int\frac{\mathrm{e}^{\frac{1}{2\,(x-1)}}\,(1-x)^{1/4}}{(x+1)^{9/4}}\mathrm{d}x$$

尝试求级数解. 要得到微分方程在 $x=-1$ 附近的级数解, 请将 'ExpansionPoint' 设置为 -1. 指令 dsolve 以一个 Puiseux 级数展开形式返回两个线性无关的解, 即

```
>> S = dsolve(eqn,'ExpansionPoint',-1)
```

则得到解为

$$S=\left(\begin{array}{c} x+1 \\[2mm] \dfrac{1}{(x+1)^{1/4}}-\dfrac{5\,(x+1)^{3/4}}{4}+\dfrac{5\,(x+1)^{7/4}}{48}+\dfrac{5\,(x+1)^{11/4}}{336}+\dfrac{115\,(x+1)^{15/4}}{33\,792}+\dfrac{169\,(x+1)^{19/4}}{184\,320} \end{array}\right)$$

将 "ExpansionPoint" 设置为 Inf, 可以找到扩展点 ∞ 周围的另一个级数解, 即

```
>> S = dsolve(eqn,'ExpansionPoint',Inf)
```

得到解为

$$S=\left(\begin{array}{c} x-\dfrac{1}{6\,x^2}-\dfrac{1}{8\,x^4} \\[3mm] \dfrac{1}{6\,x^2}+\dfrac{1}{8\,x^4}+\dfrac{1}{90\,x^5}+1 \end{array}\right)$$

默认级数在第 6 项截断, 要得到更多的项, 可设置选项 Order 到 8, 即

```
>> S = dsolve(eqn,'ExpansionPoint',Inf,'Order',8)
```

得到解为

$$S=\left(\begin{array}{c} x-\dfrac{1}{6\,x^2}-\dfrac{1}{8\,x^4}-\dfrac{1}{90\,x^5}-\dfrac{37}{336\,x^6} \\[3mm] \dfrac{1}{6\,x^2}+\dfrac{1}{8\,x^4}+\dfrac{1}{90\,x^5}+\dfrac{37}{336\,x^6}+\dfrac{37}{1\,680\,x^7}+1 \end{array}\right)$$

6. 指定一端边界为无限远的方程的初始条件

求解没有初始条件的微分方程 $\dfrac{\mathrm{d}y}{\mathrm{d}x}=\dfrac{1}{x^2}\mathrm{e}^{-\frac{1}{x}}$, 程序如下:

```
>> syms y(x)
>> eqn = diff(y) == exp(-1/x)/x^2;
>> ySol(x) = dsolve(eqn)
```

得到解为

$$ySol(x) = C_1 + \mathrm{e}^{-\frac{1}{x}}$$

加上边界条件 $y(0) = 1$, 可确定常数 C_1, 即

```
>> cond = y(0) == 1;
>> S = dsolve(eqn,cond)
```

得到解为

$$S = \mathrm{e}^{-\frac{1}{x}} + 1$$

解 $ySol(x)$ 中的 $\mathrm{e}^{-\frac{1}{x}}$ 在 $x = 0$ 的两边有不同的极限. 右极限为 $\lim\limits_{x\to 0^+} \mathrm{e}^{-\frac{1}{x}} = 0$, 而左极限为 $\lim\limits_{x\to 0^-} \mathrm{e}^{-\frac{1}{x}} = \infty$.

当对于一个在 x_0 处两边有不同极限的函数时, 指定条件 $y(x_0)$ 时, 指令 dsolve 将该条件作为右极限 $\lim x \to x_0^+$ 来使用.

§6.9 绘图

6.9.1 作图指令

符号工具箱中的作图指令有以下几种, 大都是以 f 开头. 由于是用函数画图, 只需要给出变量的取值范围, 作图则相对简单, 指令意义如下:

fcontour	画等值线
fimplicit	用隐式符号方程或函数作图
fimplicit3	用三维隐式方程或函数作图
fmesh	绘制三维网格图
fsurf	绘制三维曲面图
fplot	用表达式或函数作图
fplot3	绘制三维参数曲线
ezpolar	用极坐标作图

(1) 用表达式 (函数) 画等值线 (图 6.3), 两种画法所得图形相同, 程序如下:

```
syms x y
fcontour(sin(x) + cos(y))
figure
f(x,y) = sin(x) + cos(y);
fcontour(f)
```

(2) 画隐函数图形 (图 6.4), 程序如下:

```
syms x y
fimplicit(x^2 - y^2 == 1)
```

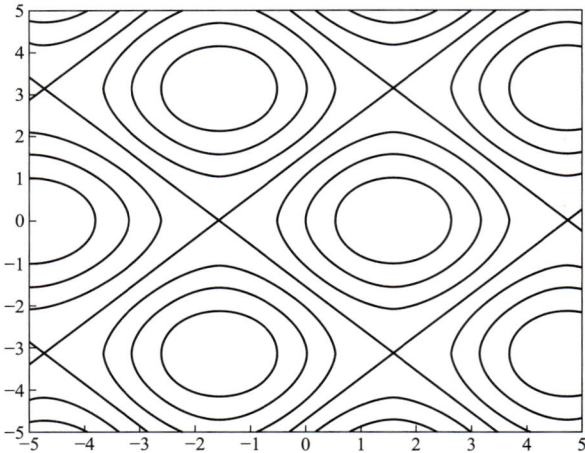

图 6.3   等值线图形

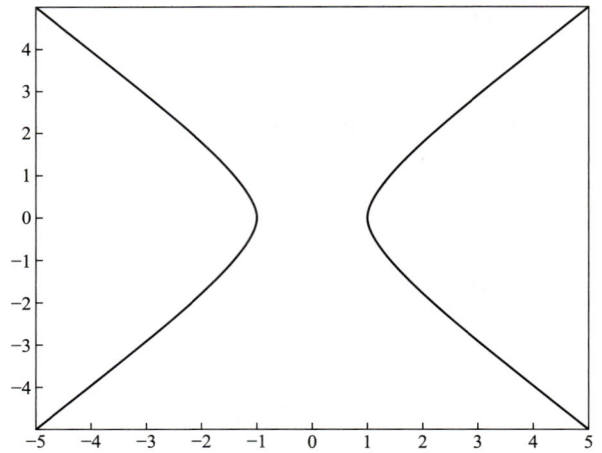

图 6.4   画隐函数图形

(3) 可以在指定的变量范围内画图 (图 6.5), 程序如下:

```
syms f(x,y)
f(x,y) = x^2 - y^2 - 1;
fimplicit(f,[0,5,-5,5])
```

这些指令与指令 plot 一样可分区画图, 也可在一个窗口画多个图形.

(4) 画各种三维图形

绘制图 6.6 的程序如下:

```
syms s t
r = 8 + sin(7*s + 5*t);
x = r*cos(s)*sin(t);
y = r*sin(s)*sin(t);
z = r*cos(t);
fmesh(x, y, z, [0 2*pi 0 pi])
axis equal
```

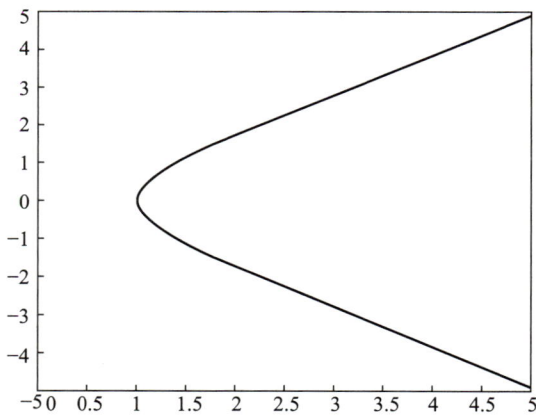

图 6.5   指定变量范围再画图

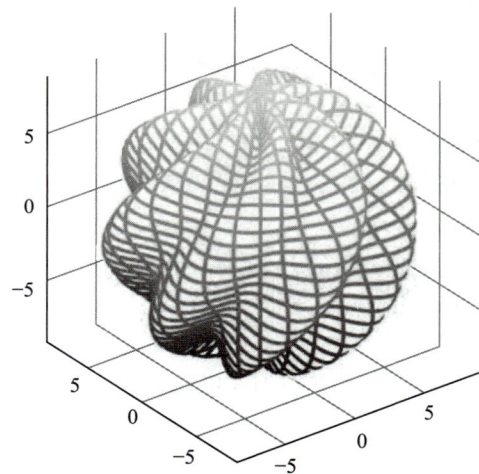

图 6.6

绘制图 6.7 的程序如下:

```
syms s t
r = 2 + sin(7*s + 5*t);
x = r*cos(s)*sin(t);
y = r*sin(s)*sin(t);
z = r*cos(t);
fsurf(x, y, z, [0 2*pi 0 pi])
camlight
view(46,52)
```

用 fplot3 画三维曲线 (图 6.8), 不妨对比一下画二维曲线的指令 fplot:

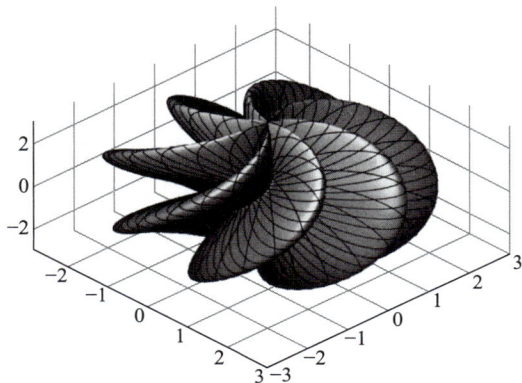

图 6.7

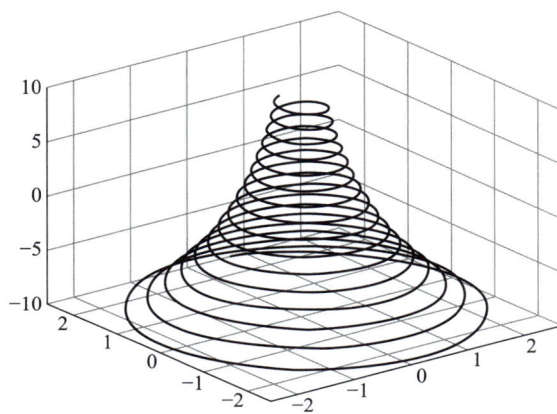

图 6.8

```
syms t
xt = exp(-t/10).*sin(5*t);
yt = exp(-t/10).*cos(5*t);
zt = t;
fplot3(xt,yt,zt,[-10 10])
```

绘制图 6.9 的程序如下:

```
syms t
xt = exp(-abs(t)/10).*sin(5*abs(t));
yt = exp(-abs(t)/10).*cos(5*abs(t));
zt = t;
fp = fplot3(xt,yt,zt)
```

绘制图 6.10 的程序如下:

```
syms t
fp=fplot3(t+sin(40*t),-t+cos(40*t),sin(t));
for i=0:pi/10:4*pi
    fp.ZFunction = sin(t+i);
```

```
    drawnow
    end
```

这些画图程序在文件 huatufun.mlx 中.

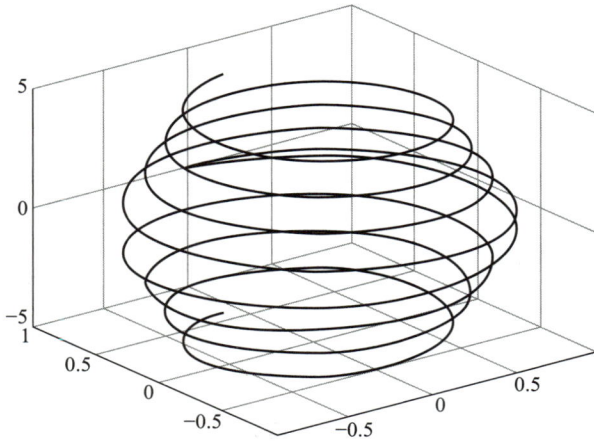

图 6.9

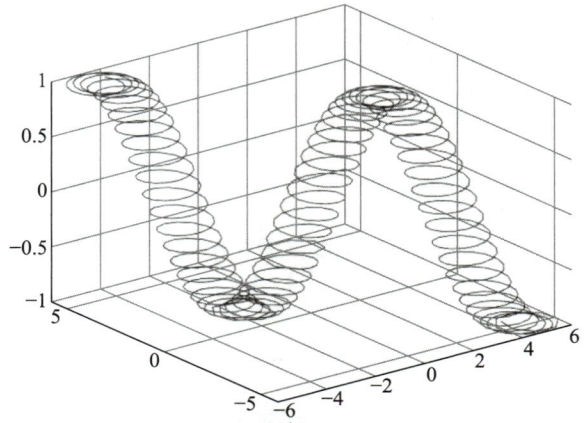

图 6.10

(5) 绘制三维隐函数图形 (图 6.11), 程序如下:

```
syms x y z
figure
fimplicit3(x^2 + y^2 - z^2)
```

(6) 应用旋转与平移来画环面隐式方程的曲面图 (图 6.12), 环面的隐式方程是

$$f(x,y,z) = (x^2 + y^2 + z^2 + R^2 - a^2)^2 - 4R^2(x^2 + y^2)$$

其中, 取 $a = 1$ 为管子半径, 取 $R = 4$ 为管子的中心到环中心的距离, 程序如下:

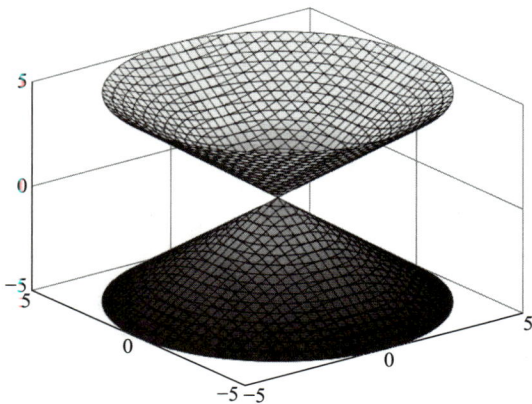

图 6.11   三维隐函数图形

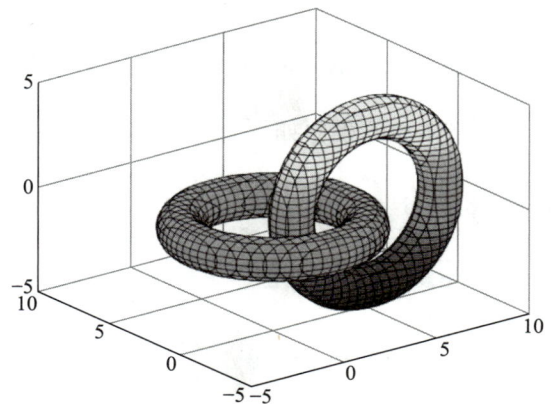

图 6.12   用旋转与平移来画环面隐式方程的曲面图

```
syms x y z
a=1; R=4;
f(x,y,z)=(x^2+y^2+z^2+R^2-a^2)^2-4*R^2*(x^2+y^2);
```

```
fimplicit3(f)
hold on
alpha=pi/2;
Rx=[1 0 0;
    0 cos(alpha) sin(alpha);
    0 -sin(alpha) cos(alpha)];                    %旋转矩阵
r=[x; y; z];
r_90=Rx*r;                                        %环面绕x轴旋转90度
g=subs(f,[x,y,z],[r_90(1)-5,r_90(2),r_90(3)]);    %环心沿x移动5
fimplicit3(g)                                     %画第二个环
axis([-5 10 -5 10 -5 5])
hold off
```

6.9.2 动画指令

制作动画的指令有:

```
fanimator                                         创建动画对象
playAnimation                                     播放动画对象
rewindAnimation                                   倒带播放之前播放的动画对象
writeAnimation                                    将动画保存为视频文件
animationToFrame                                  从动画对象中返回帧的结构
```

上述指令中前两个是最基本的命令, 即创建动画与播放动画, 通过下面的例子可以了解其用法. 注意以下几点:

- 必须使用符号变量;
- 用作图指令生成句柄供指令 fanimator 调用;
- playAnimation 不用参数, 时间 t 默认为 [1,10].

这些动画指令编写的程序相当简单, 但是运行时间较长. 以下的程序都是动画, 运行页边二维码中的程序就可以看到动画.

例 6.3: 沿着直线运动的点与圆.

```
f=@(t)plot(t,1,'r*');                    %画在(t,1)处点. 生成句柄,t为时间
fanimator(f)                             %建立一个逐格放映的对象f
syms t x
hold on                    %下面用fplot画单位圆来创建函数句柄,-pi<x<pi,圆心为(t,1)
fanimator(@fplot,cos(x)+t,sin(x)+1,[-pi pi])
axis equal                               %设置x 轴和y轴的长度相等
hold off
playAnimation            %逐格播放两个动画, 默认t从0到10的范围内每单位时间生成10帧
```

例 6.4: 一根线段在垂直方向生长然后变粗的动画.

```
syms y t
fanimator(@fplot,1,y,[0 t])                       %线段的长度y随t而变
```

```
playAnimation                                              %放映动画生长的线
fanimator(@fplot,1,y,[0 2],'LineWidth',t+1)               %线段长度为2 宽度随t而变
playAnimation                                              %放映动画变粗的线
```

例 6.5: 带有计时器的动画圆.

```
fanimator(@circ,'AnimationRange',[2 4.5],'FrameRate',4)            %时间t范围[2 4.5]
axis equal, hold on
fanimator(@(t)text(4.5,2.5,"Timer:"+num2str(t,2)),'AnimationRange',[0 4.5])
hold off
playAnimation
function C = circ(t)                                    %圆方程,带有时间参量t,圆心在（t,1）
    x=sym('x');
    C=fplot(cos(x)+t,sin(x)+1,[0 2*pi],'Color','red');
end
```

先画一个带有计时器的动画圆, 每单位时间放映 4 帧. 接下来, 添加一个计时器动画对象. 通过使用 text 函数创建一段文本来计算运行时间. 使用指令 num2str 将时间参数转换为字符串. 设置定时器的动画范围为 [0, 4.5]. 输入命令 playAnimation 播放动画. 计时器将计算经过的时间运动的圆圈开始于 2 s, 停止于 4.5 s.

例 6.6: 在分开的两个轴上画两个摆线.

```
syms x t
ax1=subplot(2,1,1);
fanimator(ax1,@fplot,cos(x)+t,sin(x)+1,[-pi pi])
axis equal, hold on
fanimator(ax1,@(t)plot(t-sin(t),1-cos(t),'r*'))
fanimator(ax1,@fplot,x-sin(x),1-cos(x),[0 t],'k')
hold off
ax2=subplot(2,1,2);
fanimator(ax2,@fplot,cos(x)+t,sin(x)+1,[-pi pi])
axis equal, hold on
fanimator(ax2,@(t)plot(t-sin(t)/2,1-cos(t)/2,'r*'))
fanimator(ax2,@fplot,x-sin(x)/2,1-cos(x)/2,[0 t],'k')
hold off
playAnimation
```

摆线是圆沿直线运动而不滑动时, 一个固定点所画的曲线. 首先, 创建两个符号变量 x 和 t. 创建一个带有两个子图的图形, 并返回第一个轴对象 ax1. 在 ax1 中创建一个移动的圆的动画对象, 并在圆的边缘添加一个固定点. 设置 x 轴和 y 轴的长度相等. 要跟踪摆线, 在绘图区间内使用一个时间变量. fplot 函数在区间 $[0, t]$ 内绘制曲线. 创建摆线动画对象. 默认情况下, 指令 fanimator 在 0 到 10 s 的范围内创建定格帧. 指令 fananimator 绘制 $t = 0$ 时的第一帧. 接下来, 在第二个轴对象 ax2 上创建另一个摆线. 在距圆心 1/2 的距离上画一个定点所画的曲线, 设置 x 轴和 y 轴的长度相等.

§6.10　应用——电偶极矩与辐射功率

下面的例子计算在椭圆轨道上运动的电偶极子的平均辐射功率.

根据题意, 椭圆轨道是指电偶极子的质心的运动轨迹. 这个运动可以等效为一个电荷绕另一个电荷的运动, 运动电荷的质量等于约化质量. 电偶极子间有吸引力, 这样就相当于运动电荷在向心力的作用下在椭圆轨道上运动, 这是有加速度的曲线运动, 所以会产生辐射.

符号计算
阅读材料

1. 质心

电偶极子由一对相反的电荷 e_1、e_2 组成. 两个带电粒子的质量分别为 m_1 和 m_2. 质心满足条件 $m_1 r_1 + m_2 r_2 = 0$, 其中 r_1、r_2 是带电粒子的位置矢量. 带电粒子之间的距离是 $r = r_1 - r_2$. 先计算 r_1、r_2, 程序如下:

```
>> syms m1 m2 e1 e2 r1 r2 r
>> [r1,r2] = solve(m1*r1 + m2*r2 == 0, r == r1 - r2, r1, r2)
r1 = (m2*r)/(m1 + m2)
r2 = -(m1*r)/(m1 + m2)
```

2. 电偶极矩

再计算系统的电偶极矩, 并以两个粒子间的距离来表示:

```
>> d = e1*r1 + e2*r2;
>> simplify(d)
ans = (r*(e1*m2 - e2*m1))/(m1 + m2)
```

3. 单位时间内的辐射功率

根据拉莫公式, 单位时间内的辐射总功率为 $J = \dfrac{2}{3c^3}\left(\ddot{d}\right)^2$, 其中, 利用上面计算的结果, $\ddot{d}$ 可用加速度来表示 $\ddot{d} = \ddot{r}\dfrac{(e_1 m_2 - e_2 m_1)}{m_1 + m_2}$. 利用库仑定律 $m\ddot{r} = -\dfrac{\alpha}{r^2}$, 可以求得加速度的值, 其中 $m = \dfrac{m_1 + m_2}{m_1 m_2}$ 是约化质量, $\alpha = |e_1 e_2|$ 是粒子电荷的乘积. 所以电偶极子在单位时间的辐射功率计算如下:

```
>> syms alpha m c
>> m = m1*m2/(m1 + m2);
>> rd2 = -alpha/(m*r^2);
>> J = simplify(subs(2/(3*c^3)*d^2, r, rd2))
J = (2*alpha^2*(e1*m2 - e2*m1)^2)/(3*c^3*m1^2*m2^2*r^4)
```

4. 椭圆轨道的参数

椭圆轨道的各个参数是根据理论力学中向心力作用下的粒子运动的规律计算的. 当在向心力作用下的粒子在椭圆轨道上运动时, 椭圆轨道的长半轴 a 和偏心率 ε 由轨道的总能量 E 和角动量 $L = mr^2\dot{\phi}$ 决定.

```
>> syms E L phi
>> a = alpha/(2*E)
>> eccentricity = sqrt(1-2*E*L^2/(m*alpha^2))
```

```
a = alpha/(2*E)
eccentricity = (1 - (2*E*L^2*(m1 + m2))/(alpha^2*m1*m2))^(1/2)
```

利用轨道方程 $1 + \varepsilon \cos\ \phi = a(1 - \varepsilon^2)/r$ 将 r 表示为 ϕ 的函数:

```
>> r = a*(1 - eccentricity^2)/(1 + eccentricity*cos(phi));
```

5. 平均辐射功率

在椭圆轨道上运动的两个带电粒子的平均辐射功率, 是用整个运动周期的辐射功率的积分再除以运动周期 T, $J_{\mathrm{avg}} = \dfrac{1}{T}\displaystyle\int_0^T J\mathrm{d}t$. 而运动周期 T 可以根据开普勒第三定律求出:

```
>> T = 2*pi*sqrt(m*a^3/alpha);
Javg = simplify(1/T*int(subs(J)*m*r^2/L, phi, 0, 2*pi))
```

把积分变量由 t 换成 ϕ, $\mathrm{d}t = \dfrac{mr^2}{L}\mathrm{d}\phi$ 由角动量表达式得到, 再进行积分结果如下. 用指令 simplify 化简积分表达式, 这里用指令 subs 将 J 的值代入, 程序如下:

```
>> J=subs(J);
>> Javg=simplify(1/T*int(J*m*r^2/L,phi,0,2*pi))
Javg = -(2*2^(1/2)*alpha^2*(e1*m2 - e2*m1)^2*(2*E*L^2*m1 + 2*E*L^2*m2
    - 3*alpha^2*m1*m2))/(3*L^5*c^3*(m1 + m2)^3*((alpha^2*m1*m2)...
    /(E^3*(m1 + m2)))^(1/2))
```

6. 如果有一个粒子比另一个重得多时

下面计算当一个粒子比另一个粒子重得多时 $(m1 >> m2)$ 的平均辐射功率. 此时, 可以计算辐射功率表达式的极限, 也即假定 m_1 趋于无穷, 程序如下:

```
>> limJ=limit(Javg,m1,Inf);
>> simplify(limJ)
ans = -(2*2^(1/2)*alpha^2*e2^2*(2*E*L^2 -...
    3*m2*alpha^2))/(3*L^5*c^3*((alpha^2*m2)/E^3)^(1/2))
```

后面两个结果用立式写出来就是

$$J_{\mathrm{avg}} = -\frac{2\sqrt{2}\,\alpha^2\left(e_1 m_2 - e_2 m_1\right)^2\left(2EL^2 m_1 + 2EL^2 m_2 - 3\alpha^2 m_1 m_2\right)}{3L^5 c^3 \left(m_1 + m_2\right)^3 \sqrt{\dfrac{\alpha^2 m_1 m_2}{E^3\left(m_1 + m_2\right)}}}$$

$$\mathrm{ans} = -\frac{2\sqrt{2}\,\alpha^2 e_2^2\left(2EL^2 - 3a^2 m_2\right)}{3L^5 c^3 \sqrt{\dfrac{a^2 m_2}{E^3}}}$$

第六章程序包

第七章　编程训练——学习画分形图

本章通过画分形图来训练编程能力, 编程训练也是本书的特色内容.

计算机通过运行程序来完成计算, 所以编程能力的高低和程序的优劣决定了计算的能力和效率. 编程能力是数值计算的基本功, 要从模仿开始, 通过大量编程实践, 逐渐做到独立编程, 这是不能省略也不能替代的学习过程.

优秀的程序起码应该具备以下几个特点:

- 正确性. 包括模型正确, 计算方法正确, 计算结果正确即与物理规律相符. 为此可以采用以下方法来帮助判断: 先定性分析预测一下粗略的结果; 尝试用解析方法对某个简单的特例计算出定量的结果与数值计算进行对比; 改变参数以便对不同的结果进行对比, 或者修改算法以验证计算的结果. 在程序调试阶段如何节省时间也是很重要的, 一般来说, 可以先减小计算量来运行程序, 比如, 减少循环的次数, 减少连续取值的数目等, 这样可以很快看到程序运行的结果. 等程序基本能运行了, 再按实际需要恢复各个参数的正常值.

- 效率高. 程序运算速度快, 计算时间短, 程序中应该避免不必要的或重复的计算, 采用节省时间的算法. 例如, 在语句结束处加上分号以节约显示的时间, 循环用的变量不要改变名称等, 有时候也可以用符号计算来代替数值计算 (如本书中分子振动能级的计算). 对于完成同一个计算工作, 好的程序与差的程序在运算时间上可能相差好几倍甚至数百倍, 书中有多个实例对比可以说明这一点. 要知道, 如果计算量太大而程序计算效率低也会导致工作不能按期完成.

- 示范性. 即格式正确, 语法正确, 语句简洁, 排版规范, 可读性强, 便于学习、交流和移植. 程序中的关键语句要加上注解, 尤其对变量所代表的物理量要加以说明, 不能让使用者去猜, 也可避免自己日后遗忘. 应该注意使用模块化编程, 即一段语句解决一个计算小问题. 另外, 解决一个大问题可能要用好几个程序, 可以用子函数将它们编入同一个主程序文件中. 以减少程序文件的数目. 程序文件过多会使文件之间的关系混乱, 可读性差.

通俗地说, 优秀程序应该是算得对, 算得快, 读得懂, 学得会, 记得住.

编程一定要仔细和耐心, 随时检查, 避免因为一些低级的输入错误而浪费时间, 如混淆字母的大小写, 混淆分号与冒号, 忽略汉字全角符号与英文半角符号的差异, 在输入指令时漏掉字母等. 要多阅读优秀的程序, 善于从中学习吸收别人的编程经验, 从模仿起步, 通过勤学多练达到熟能生巧的目的.

§7.1　什么是分形?

分形物理是非线性物理的重要分支. 非线性物理包括分形、混沌、孤子和斑图动力学等多个分支, 它们也是计算物理的重要成果和应用领域. 从线性到非线性, 是物理研究的重要发展阶段, 所以适当地了解和学习一些非线性物理知识是必要的. 本书通过例题来介绍这几个领域的知识.

分形 (Fractal) 一词由曼德勃罗 (Mandelbrot) 所创, 其是不规则的、破碎的、分数的意思, 用以描述复杂无规的几何对象. 分形的特点是, 整体上看极不规则或极不光滑, 但是整体与局部又存在某种相似性.

　　分形理论产生以后, 在科学和艺术上都得到了大量的应用, 分形理论几乎介入了所有的科学领域. 最有说服力的例子之一是手机中的天线 (如图 7.1 所示), 由于使用了分形天线 (图中红色部分见二维码中的彩图) 设计, 不仅体积小, 而且能接收不同频段的信号.

图 7.1　早期的手机中的分形天线

图 7.2　谷歌网站曾经用过的分形图案的标志

著名网站谷歌曾经使用分形图案设计网站的徽标 (图 7.2).

分形也被应用于邮票设计 [图 7.3(a)]、电话卡 [图 7.3(b)] 和时装设计 [图 7.3(c)],

(a) 分形图案的邮票

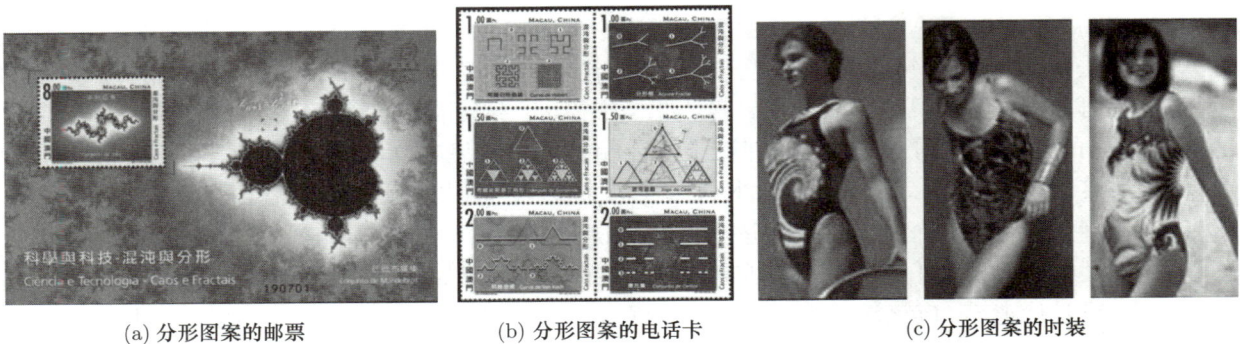

(b) 分形图案的电话卡

(c) 分形图案的时装

图 7.3

　　分形艺术画 (图 7.4) 更是创造了一片新的奇幻艺术天地.

(a)

(b)

图 7.4　两幅分形艺术画

有趣的是, 用分形理论解释了美国画家波洛克 (Jackson Pollock, 1912—1956) 的抽象画为什么与众不同.

波洛克是美国抽象表现主义绘画大师, 是使美国现代绘画摆脱欧洲标准、在国际艺坛建立领导地位的第一功臣. 不作事先规划, 作画没有固定位置, 喜欢在画布四周随意走动 (图 7.5), 以反复的、无意识的动作画就复杂难辨、线条错乱的网, 人称 "行动绘画". 此画法构图设计没有中心、结构无法辨识, 具有鲜明的抽象表现主义特征 (图 7.6).

分形抽象画
与时装

数学家泰勒将画扫描进计算机进行分析, 发现可以用分形的盒维数来研究画的分维数, 当方格尺寸从 2.5 m 缩小到 1 cm, 其盒维数保持不变. 波洛克早期作品的分维数为 1.3, 晚年的作品上升到 1.8, 表明其画作日趋成熟.

当波洛克宣称, "我就是自然" 时, 只引来大众的讪笑. 泰勒证明, 波洛克仅凭直觉便实现了天才才能完成的事, 他在数学家和物理学家发现分形之前 25 年, 就画出了分形.

图 7.5　波洛克作画

(a) 抽象画作品——大教堂　　　　　　　　(b) 抽象画作品——熏衣草之雾

图 7.6

分形图形具有自相似性, 很适合用计算机来迭代生成. 所以通过画分形图形来培养编程能力是一举两得, 既学习了分形图形的画法, 也学习了编程.

计算机进行数值计算常常要用迭代运算, 就是要重复成千上万次的搜索或计算. 迭代计算是编程的最基本的技巧之一, 在数值计算中可以说无处不在, 在计算物理中也有广泛的应用. 迭代常用循环语句有 for, while 等, 递归调用也是一种迭代技巧. 但是利用 MATLAB 作计算, 还有一些新技巧, 例如用矢量化编程来替代 for 循环以加快运算速度. 而利用分形图形的自相似, 对数据进行复制和按比例伸缩, 便可以完成迭代计算, 这更是我们通过实践发现的一种新的编程技巧. 所以编程不仅仅是语法和技巧的运用, 它与物理思想、模型设计、算法选择都是密切相关的.

§7.2　L 系统——Lindenmayer System

L 系统是描述分形图形画法的符号法则系统, 最早是由 Lindenmayer 在 1968 年为描述植物的形态与生长而设计的, 后来 Smith 于 1984 年、Prusinkiewicz 于 1986 年, 分别将它应用于计算机图形学, 成为模拟大自然景物的有效方法. L 系统主要有两方面用途: 生成有明确规律的、经典的分形图形和模拟具有分形结构特征的植物形态.

这一章只介绍了用 L 系统画二维分形图, 在本书第三部分介绍了用 L 系统画三维分形图.

一般而言, 图形可视为长短不一、走向不同的线段的组合, 所以可用字符系统来表示各种线段的画法及其组合规则, 于是画图也就等于按照字符系统画线段.

分形图形具有自相似性, 因此可以把它们看成是由某个基本图形 (生成元) 在一个初始图形 (初始元) 上反复迭代而生成的, 所以用 L 系统来描述分形图形的画法就特别方便, 尤其是在描述复杂的分形图形 (如 3 维图形的画法) 时就更是如此.

L 系统包括: 描述画法的符号系统, 其中包括初始元、生成元、转角、每次重复迭代时步长的压缩因子、流程的控制等. 下面介绍 L 系统的几个比较通用的基本符号, 然后用它来描述我们要画的分形图形. 本节所有用 L 法画分形图的程序在 Ch7NI.mlx 中.

F	按给定长度向前画一条线段, 可以被迭代(变量符号)
X	向前画线段, 所画的线段不可以迭代(常量符号)
+	逆时针方向转一个给定的角度(左转)
-	顺时针方向转一个给定的角度(右转)
|	转180度变成反向
[	存储当前的位置及角度信息
]	返回到左方括号"["储存的画图状态

7.2.1　分形雪花

分形雪花的画法如下:

初始元	F++F++F
生成元	F-F++F-F
转角	$\pi/3$
压缩因子	1/3

初始元 [图 7.7(a)] 是等边三角形, 画法是从起点 A 出发, 向右走一步到 B, 左转 $2\pi/3$, 再向前一步到 C, 再左转 $2\pi/3$, 向前一步到回到起点 A. 得到三角形 ABC.

生成元 [图 7.7(b)] 的步长要压缩到原步长的 1/3. 从 A 点出发, 向前一步到 p1, 右转 $\pi/3$, 再向

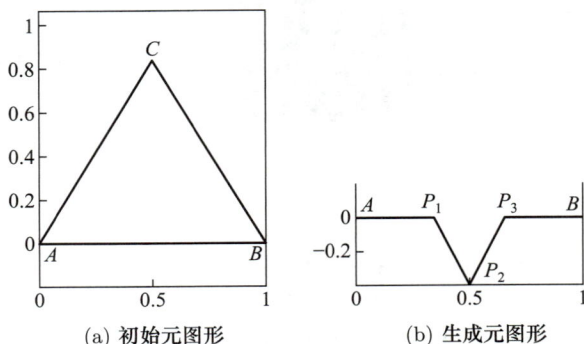

(a) 初始元图形　　　(b) 生成元图形

图 7.7

前一步到 p2, 再左转 2π/3, 再向前一步到 p3, 再右转 π/3, 再向前一步到达 B 点.

对 BC 边和 CA 边也执行与生成元相同的步骤, 就完成了第一次作图循环.

往下画图时, 将新生成的图形作为初始元, 用生成元对其中每条线段作替换. 所得图形如图 7.8 所示.

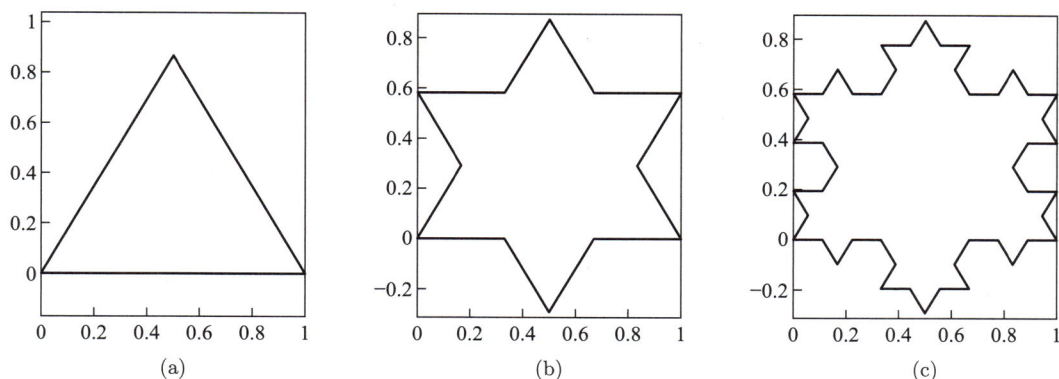

(a)　(b)　(c)

图 7.8　分形雪花

实际程序如下, 指令 strrep(S,'F',p) 表示字符串替代, 即用 p 替代 S 中的 F:

```matlab
S='F++F++F';                    %初始元
p='F-F++F-F';                   %生成元
a=pi/3;                         %转角
z=0; A=eps;                     %起点与方向角
for k=2:6                       %迭代次数
    S=strrep(S,'F',p);         %用生成元替代初始元
    n=(1/3)^(k-1);             %压缩比
end
figure;
axis equal;
hold on
for k=1:length(S);             %画图
    switch S(k);
        case 'F'                %向前走
            plot([z,z+n*exp(i*A),'linewidth',2);
            z=z+n*exp(i*A) ;
        case '+'                %左转
            A=A+a ;
        case '-'                %右转
            A=A-a ;
        otherwise               %退出
    end
end
```

7.2.2　分形三角形 (Sierpinski 三角形)

分形三角形画法如下:

初始元　　F++F++F

生成元　　F+F+F+FF

转角　　　　π/3

压缩因子　1/2

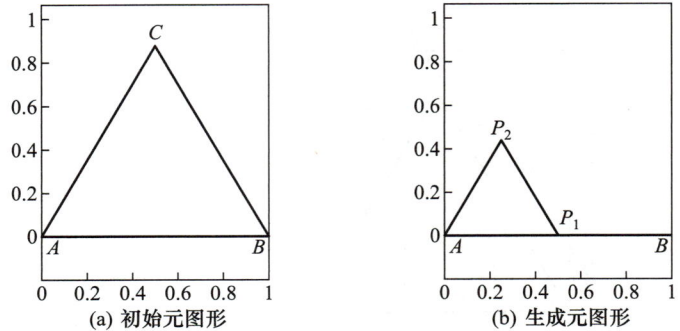

图 7.9

初始元 [图 7.9(a)] 是等边三角形 ABC, 这与分形雪花相同.

生成元 [图 7.9(b)] 的步长要压缩到原步长的 1/2. 从 A 点出发, 向前一步到 p1, 左转 $2\pi/3$, 再向前一步到 p2, 再左转 $2\pi/3$, 再向前一步到 A, 再左转 $2\pi/3$, 再向前两步到达 B 点. 对边 BC 和边 CA 执行相同的步骤, 就完成了第一次作图循环.

往下画图时, 将新生成的图形作为初始元, 用生成元对其中每条线段作替换. 所得图形如图 7.10 所示.

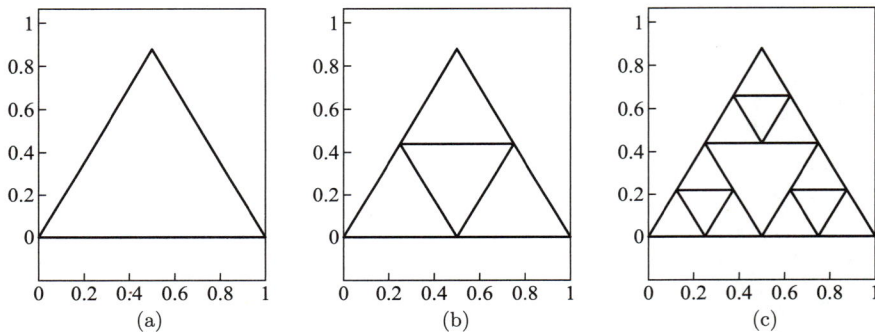

图 7.10　分形三角形

实际程序如下:

```
S='F+F+F'; p='F+F+F+FF';          %初始元与生成元
a=2*pi/3; z=0; A=eps;             %转角,起点与方向
for k=2:4;                        %迭代次数
    S=strrep(S,'F',p);            %用生成元p替代初始元S中的F
    n=(1/3)^(k-1);                %每次的压缩比
end
figure; axis equal; hold on
for k=1:length(S);
    switch S(k);
        case 'F'
            plot([z,z+n*exp(i*A)],'linewidth',2);
            z=z+n*exp(i*A);
        case '+'
```

```
            A=A+a;
        otherwise
    end
end
```

7.2.3　分形树

分形树的画法如下:

初 始 元	F
生 成 元	F[+F]F[-F]F
转 角	$\pi/6$
压 缩 因 子	1/3

初始元 [图 7.11(a)] 是一条直线 OC.

生成元 [图 7.11(b)] 的步长压缩到 1/3. 从 O 点出发, 向前一步到 A, 进入左方括号, 左转 $\pi/6$, 向前一步到 D, 走出右方括号, 表示回到左方括号前的位置 A. 再向前一步到 B. 进入左方括号, 右转 $\pi/6$, 向前一步到 E, 走出右方括号, 表示回到左方括号前的位置 B. 再向前一步到 C. 然后对生成的新图形中每一条线段都替换成生成元, 则形成分形树 [图 7.11(a)].

所画图形如图 7.12 所示, 程序如下:

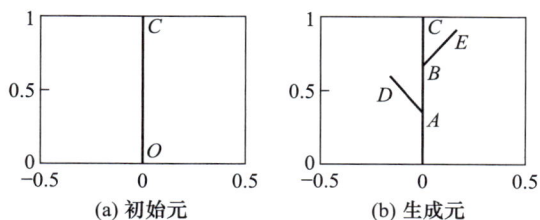

图 7.11

```
S='F'; p='F[+F]F[-F]F';
a=pi/6; z=0; A=pi/2;
zA=[0,pi/2];
subplot(2,3,1), plot([0,0],[0,1])
for j=2:6
    S=strrep(S,'F',p);
    n=(1/2)^(j-1);
    subplot(2,3,j), axis equal, hold on
    for k=1:length(S);
        switch S(k);
            case 'F'
                plot([z,z+n*exp(i*A)] ); z=z+n*exp(i*A);
            case '+'
                A=A+a;                          %转角加方向角
            case '-'
                A=A-a;
            case '['
                zA=[zA;[z,A]];
            case ']'
                z=zA(end,1); A=zA(end,2); zA(end,:)=[ ];
        otherwise
        end
    end
```

```
end
```

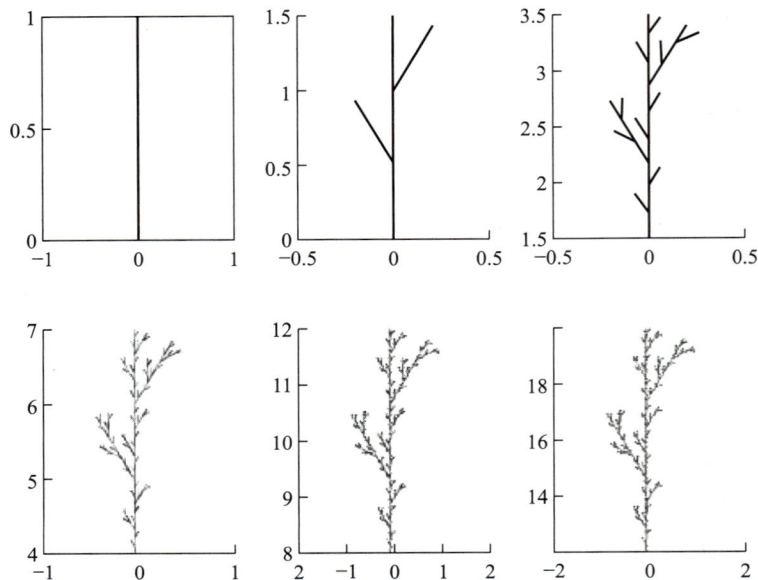

图 7.12   分形树

7.2.4   含随机因子的分形树

在上述的分形树模型中, 如果设计两种生成元 (图 7.13), 使其按照一定机率 r 随机生长, 就会得到类似风吹的效果. 假定两种生成元及其概率分配程序如下:

```
p1='F[+F]F[-F]F'; r < 0.6
p2='F[+F]F[-F]'; r ⩾ 0.6
```

下面是两种生成元的图形 (图 7.13) 和最后画出的图形 (图 7.14).

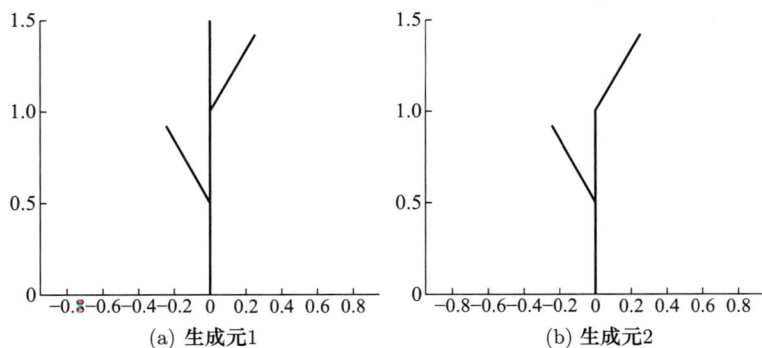

(a) 生成元1

(b) 生成元2

图 7.13

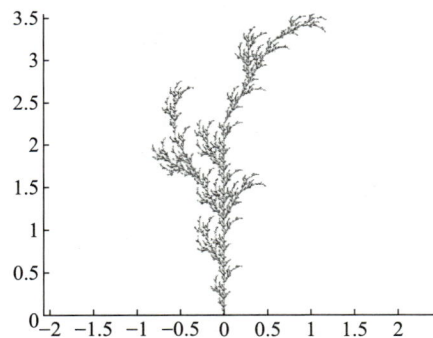

图 7.14   含随机因子的分形树

程序如下:

```
S='F'; a=pi/6; A=pi/2; z=0;
zA=[0,pi/2];
p1='F[+F]F[-F]F'; p2='F[+F]F[-F]';
```

```
for j=2:7
    r=rand(1);
    if r<0.6
        S=strrep(S,'F',p1); n=(1/2)^(j-1);
    else
        S=strrep(S,'F',p2); n=(1/2)^(j-1);
    end
end
figure; axis equal, hold on
for k=1:length(S);
    switch S(k);
        case 'F'
            plot([z,z+n*exp(i*A)] ); z=z+n*exp(i*A);
        case '+'
            A=A+a;
        case '-'
            A=A-a;
        case '['
            zA=[zA;[z,A]];
        case ']'
            z=zA(end,1); A=zA(end,2); zA(end,:)=[ ];
        otherwise
    end
end
```

7.2.5 表现生长效应的分形树

植物在生长时, 往往是主干基本不生长而树枝生长. 下述生成元有两种行走方式, 一种是向前走一步, 以后不作替代, 用 X 表示, 代表不生长, 另一种是向前走一步, 以后要作替代, 也即有生长, 用 F 表示 [见图 7.15(a)]. 根据程序需要, 引入了一种新的符号 "()" 来记录不同的压缩比.

初 始 元	F
生 成 元	X[F][-F]XF
转 角	0.155
压 缩 因 子	1/2

程序如下:

```
S='F';                                          %初始元
p='(X[+F][-F]XF)';              %生成元,()分别用来记录和返回压缩比例
z=0; A=pi/2;
a=0.155*pi;                                     %分支的转角
n=1;                                            %记录压缩次数
m=1/2;                                          %压缩比
z0=[z,A];                                       %起点
```

```
for k=1:5                                            %迭代次数
    S=strrep(S,'F',p);
end
figure, axis equal; hold on
for k=1:length(S);
    switch S(k);
        case 'X'
            plot([z,z+m*exp(i*A)],'b'), z=z+m*exp(i*A);
        case 'F'
            plot([z,z+m*exp(i*A)],'b'), z=z+m*exp(i*A);
        case '+'
            A=A+a;
        case '-'
            A=A-a;
        case '['
            z0=[z0;[z,A]];
        case ']'
            z=z0(end,1); A=z0(end,2); z0(end,:)=[];
        case '('
            n=n+1; m=(1/2)^n;
        case ')'
            n=n-1; m=(1/2)^n; pause(0.3)
        otherwise
    end
end
```

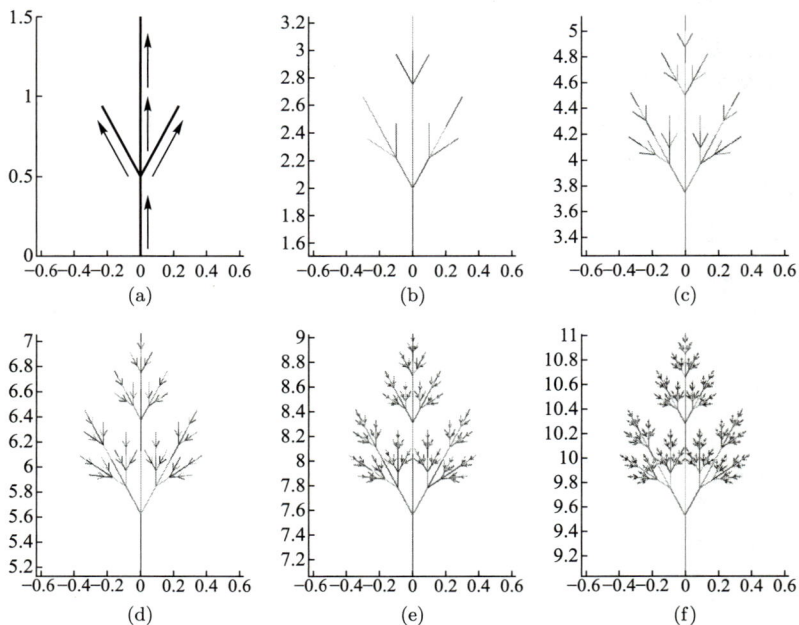

图 7.15　生长效应的分形树

在程序中初始元用 S 表示, 它是一条线段, 生成元用 P 表示, 在生成元中, X 表示不可迭代线段, F 表示可以迭代线段. 从图形的生成过程中可以看到, 在不同的迭代层次中, F 会有不同的压缩比. 为了识别这一点, 给生成元加了一个圆括号, 其作用与方括号相似, 用于记录起点与终点, 而在圆括号内的线段具有相同的压缩比. 同时用 n 表示迭代次数, 也即压缩的次数, 用 m 表示压缩比. 在程序中, 遇到左圆括号, 则 $n = n+1$, 遇到右圆括号, 则 $n = n-1$, 压缩比则是 $m = (1/2)^n$. 这些就是这个程序特殊之处. 程序的其他部分与之前的程序相似. 最后的图形为图 7.15.

§7.3 插点连线法

在分形雪花的画法中, 如果对下图 (图 7.16) 中生成元换一种思路进行分析, 即把新图的生成看成是在原图中插入一些新的点和线, 那么又可以找到一种新的作图方法, 我们称之为插点连线法.

7.3.1 分形雪花

图 7.16 中生成元是在初始元的曲线上保留了原有的 A(0, 0),B(1, 0) 两点, 又在中间插入了 p1、p2、p3 三个新的点, 其坐标计算如下:

```
p1= (B-A)/3;
p2= p1+ (B-A)/3×exp(-i/3*pi)
p3= 2(B-A)/3;
```

假定原有顶点数为 $n+1$, 形成线段数为 n, 每条线段中插入 3 个新点, 加上起点共 4 个点, 所以全部新点的数目为 $4n$. 为了画出封闭曲线, 终点必须回到起点. 所以新的行向量的总点数为 $4n+1$. 线段数则由 n 变成 $4n$. 在程序的计算中, 起点坐标保持不变, 插入 3 个新点的坐标

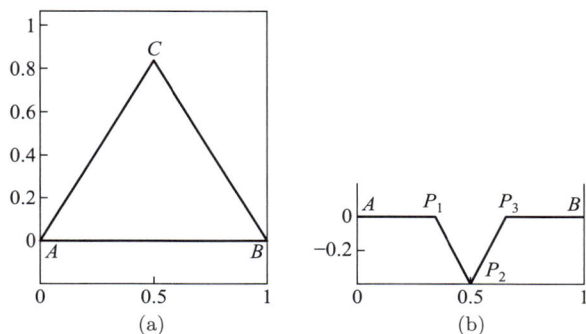

图 7.16 初始元图形与生成元图形

按照上面的分析去计算, 最后补充上终点坐标. 每次画新图时, 要将已经生成的图形作为初始元, 用生成元对其中每条线段作上述替换, 画出的全部图形 (图 7.17) 就是下面的程序:

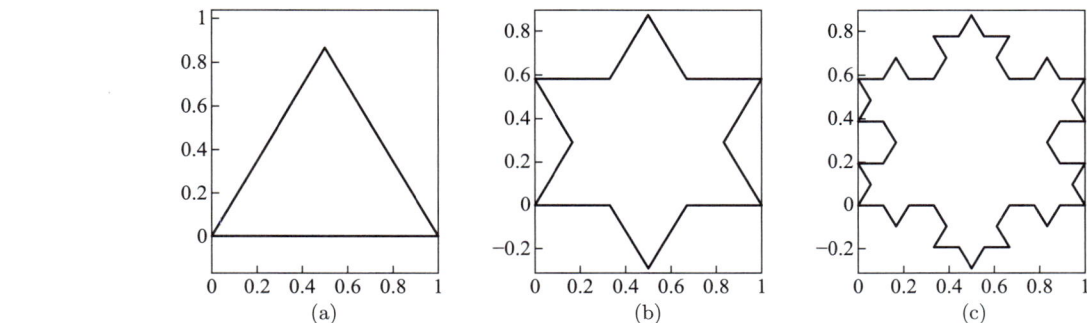

图 7.17 分形雪花图形

```
new=[0,1,1/2+i*sqrt(3)/2,0];        %三角形3个顶点的行向量
subplot(2,3,1);
plot(new),
axis equal;
for k=1:5;
```

```
old=new;
n=length(old)-1;                              %线段总数比节点数少1
diff=(old(2:n+1)-old(1:n))/3;                 %将每条线段三等分
new(1:4:4*n-3)=old(1:n);                       %线段起点坐标值
new(2:4:4*n-2)=old(1:n)+diff;                  %插入点p1坐标
new(3:4:4*n-1)=new(2:4:4*n-2)+diff*exp(-i/3*pi); %p2点坐标
new(4:4:4*n)=old(1:n)+diff+diff;               %p3点坐标
new(4*n+1)=old(n+1);                           %曲线最后的终点坐标值
subplot(2,3,k+1);
plot(new),
axis equal;
end
```

7.3.2 分形雪花的变形

在这个程序中如果将生成元的转角 (即程序中 p2 的角度) 由-iπ/3 分别改成 π/3 和 2π/3, 则生成图形为图 7.18(a) 和 (b).

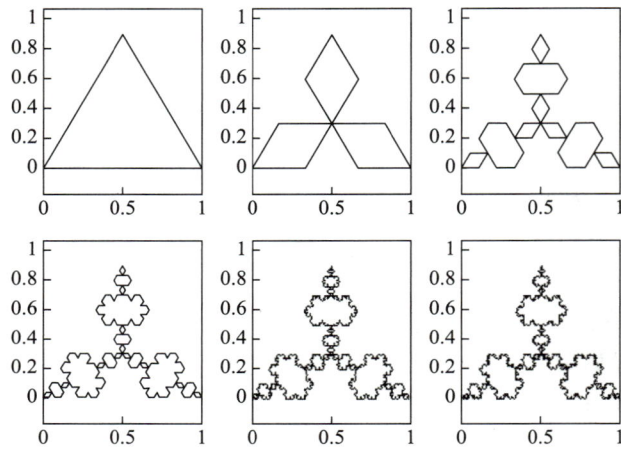

(a) 生成元转角为π/3的图形

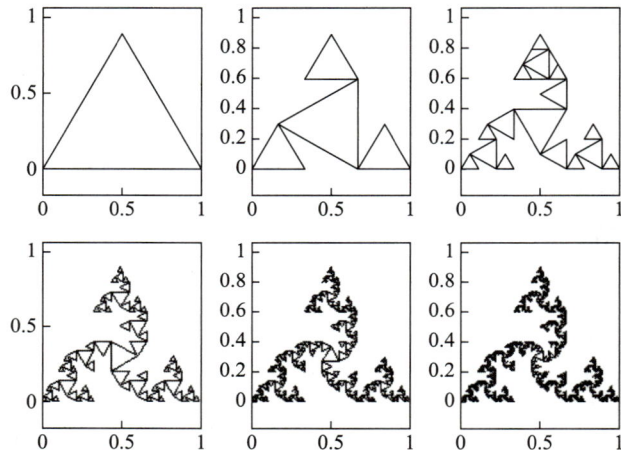

(b) 生成元转角为2π/3的图形

图 7.18

从图形中很容易找到它们的生成元曲线.

如果将程序中的初始元由三角形改成正方形, 即将语句

```
new=[0, 1, 1/2+i*sqrt(3)/2, 0];
```

改为

```
new=[0; 5-5i; 10; 5+5i; 0];
```

再分别取生成元的转角为 $2\pi/3$ 和 $\pi/3$, 得到图 7.19 所示的两个图形.

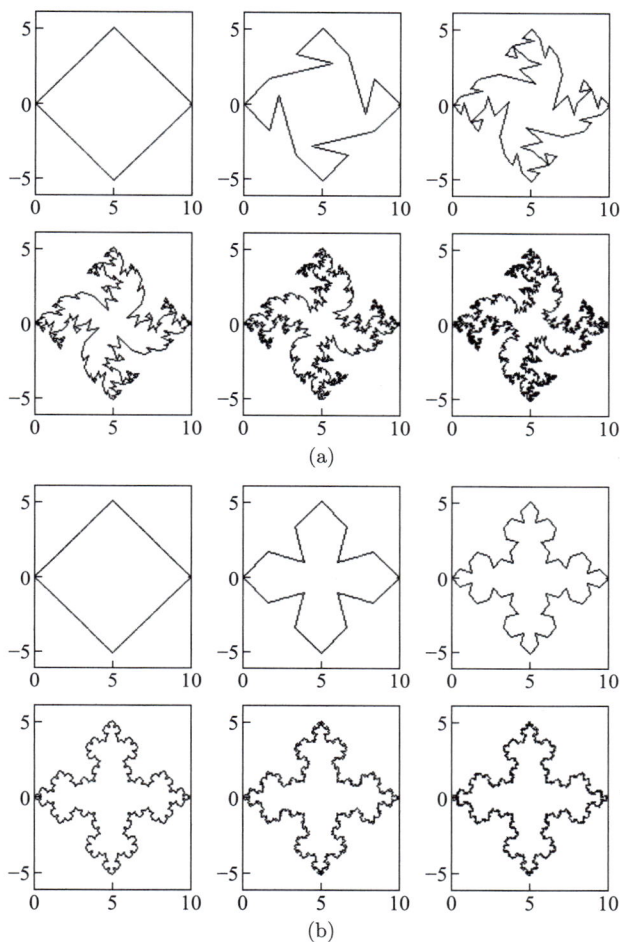

图 7.19　正方形生成元的转角为 $2\pi/3$ 和 $\pi/3$ 的两个图形

§7.4　相似移动法

现在我们对分形图形的自相似性作出另外一种解释: 即把后一级图形看成是前一级图形压缩后移动组合而成. 如果利用这一特性来编程, 又得到一种新的画法, 我们命名为相似移动法, 就是将相似的图形进行移动拼接, 形成新图形. 可以发现, 由于减少了重复的计算, 节省了大量的时间, 这样编程简单而且效率极高.

7.4.1 魔鬼楼梯

图 7.20 叫做 "魔鬼楼梯". 画法是, 画边长为 1 的线段作底边, 在底边中央放一个底边宽为 1/3、高为 1/2 的矩形, 即其底边坐标是 1/3、2/3; 然后在两边空白处的中央再分别放上底边宽为 1/9 的矩形, 但是左边矩形高为 1/4, 右边矩形高为 3/4, 即两个矩形的底边坐标分别是 1/9、2/9 和 7/9、8/9; 依次做下去, 在第 k 步, 将放上 2^{k-1} 个矩形, 高度分别是 $1/2^k, 3/2^k, \cdots, (2^k-1)/2^k$. 当 $k \to \infty$ 时, 得到的区域的边界就是 "魔鬼楼梯". 这个楼梯每一个台阶高度都不同, 任意两个相邻的台阶之间都有空隙. 画图程序如下:

```
X=1/3*[1,1,2,2] ;
Y=1/2*[0,1,1,0];                          %初始元矩形4个顶点坐标
X1=X; Y1=Y;
subplot(6,1,1),
fill(X,Y,'g'),
axis([0 1 0 1])
for k=1:5
    X=[X/3,X1,X/3+2/3];                    %新矩形的X坐标
    Y=[Y/2,Y1,(Y/2+1/2).*(Y>0)];          %新的Y坐标
    subplot(6,1,k+1)
    fill(X,Y,'g')
    axis([0 1 0 1])
end
```

下面的程序将矩阵的顶边连结起来形成无间隙的阶梯形状 (图 7.21), 程序更为简单, 其中的 area 是画区域图的指令:

```
X=[0,1]; Y=[0,1];
for k=1:10
    X=[X./3,X./3+2/3]; Y=[Y./2,Y./2+0.5]
end
area(X,Y)
```

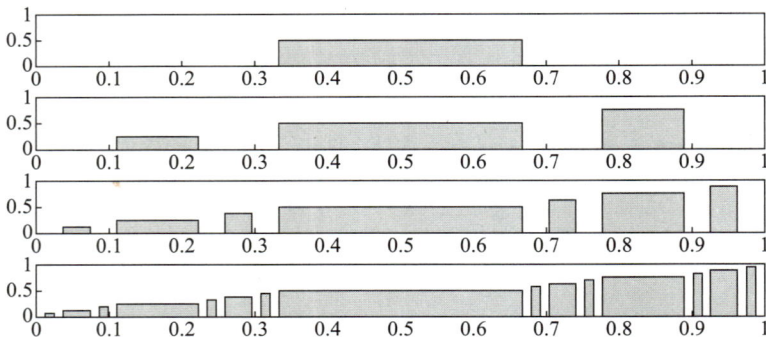

图 7.20　矩形形状的 "魔鬼楼梯"

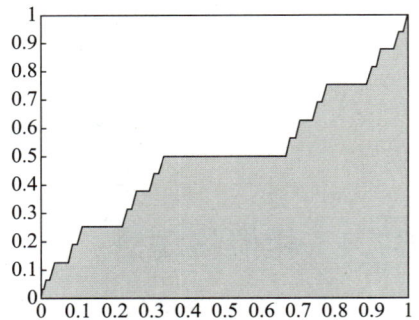

图 7.21　顶边相连的 "魔鬼楼梯"

7.4.2 分形树

分形图形是自相似的, 例如仔细观察分形树图形可知, 每个新图都是将前一个图形缩小到 1/3, 复制以后摆放到 5 个不同的位置就组合成了新图形 (图 7.22).

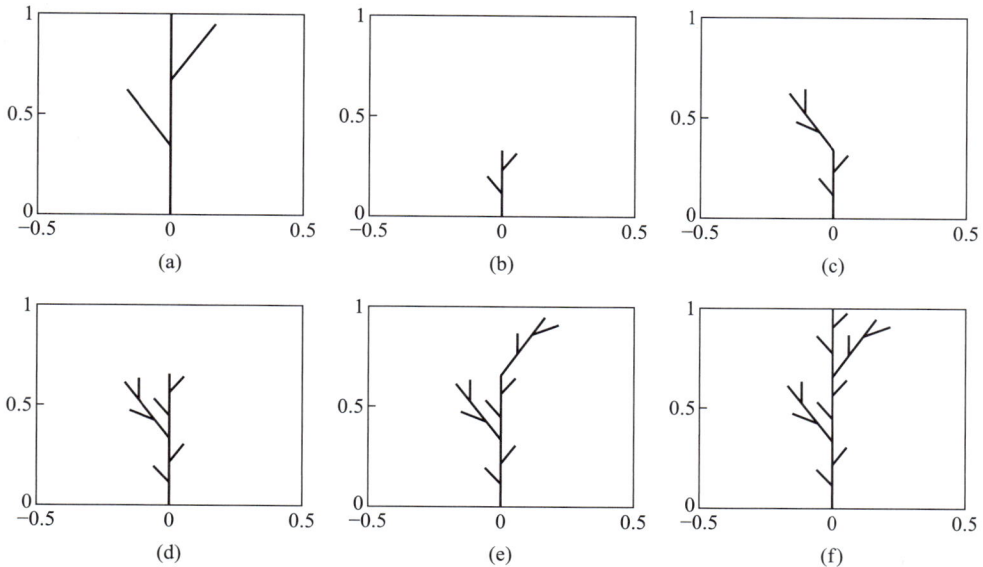

图 7.22 用相似移动法画分形树的 5 个步骤

由此得到分形树的相似移动法程序如下, 所得图形与前相同, 这里不再画出.

```
u=[0, i];
for k=1:4
    m=u/3;                          %将图形缩小到1/3
    uu=[m, ...                      %放置缩小后的图形m
        i/3+m*exp(i*pi/6),...       %将m向上移动1/3后向左旋转
        m+i/3, ...                  %将m向上移动1/3
        2i/3+m*exp(-i*pi/6),...     %将m在向上移动2/3后向右旋转
        m+2i/3];                    %将m向上移动2/3
    subplot(2,2,k)
    plot(uu), axis([-0.5 0.5 0 1]);
    u=uu;
end
```

7.4.3 蕨类植物树叶

考虑到植物的生长应该是主干下部基本不长, 生长主要在上部与枝叶部分. 图 7.23 画出有生长效果的蕨类植物树叶 (羊齿叶). 其中图 (a) 的主干长度为 1, 图 (b) 中在主干长度 0.56 的部分及主干顶部都有树枝生长. 两侧树枝与主干的夹角为 $\pi/3$, 下部两侧树枝生长的长度为主干长度的 0.33 倍, 上部两侧树枝生长的长度为主干长度的 0.26 倍, 顶部树枝生长的长度为主干的 0.666 7 倍. 图 (c) 中将图 (b) 的整个图形作为生长单元, 按图 (b) 中的比例将其压缩并在 5 个不同部位生长, 得到各级生长的图形.

由于是在一个窗口连续画图, 产生了一种类似动画的效果, 程序如下:

```
u=[0,i];
T1=exp(i*pi/3); T2=exp(-i*pi/3);        %两种转角设置
for k=1:6
    l1=0.33*u; l2=0.26*u;
```

```
uu=[0, l1*T1+0.56*i, l1*T2+0.56*i, 0.56*i, i,...
    l2*T1+i, l2*T2+i, 0.6667*u+i];
plot(uu),
axis([-0.5 0.5 0 3.5]); axis equal
u=uu; pause(1.3)
end
```

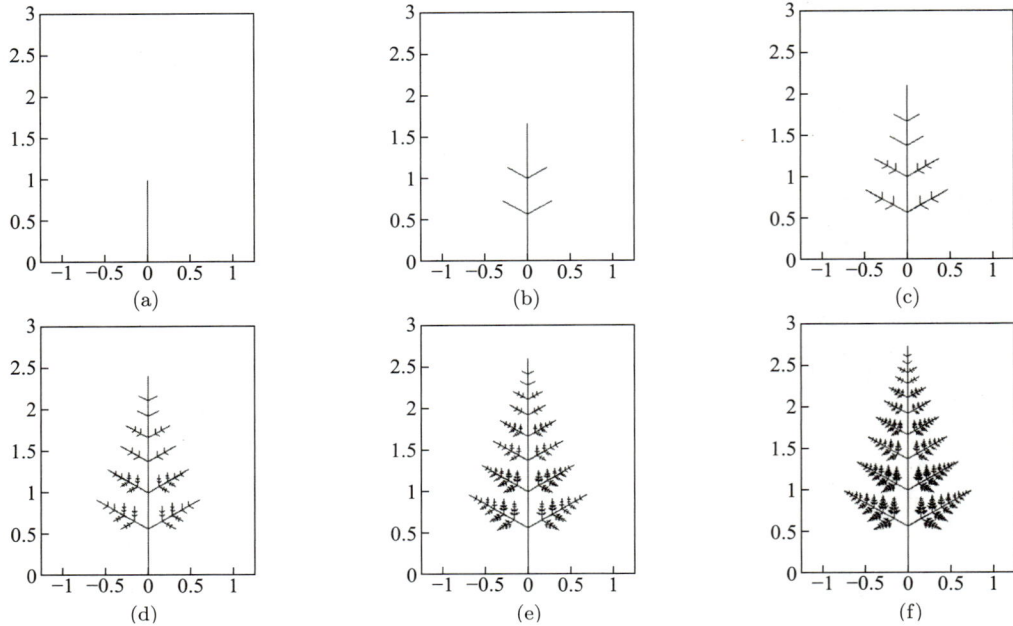

(a)　　　　　　　　　(b)　　　　　　　　　(c)

(d)　　　　　　　　　(e)　　　　　　　　　(f)

图 7.23　相似移动法画蕨类植物树叶

7.4.4 分形三角形

分形三角形也有如下特征, 将前一个图形压缩成原来大小的 1/2, 再摆放到两个新的位置, 就组成了新的图形 (图 7.24).

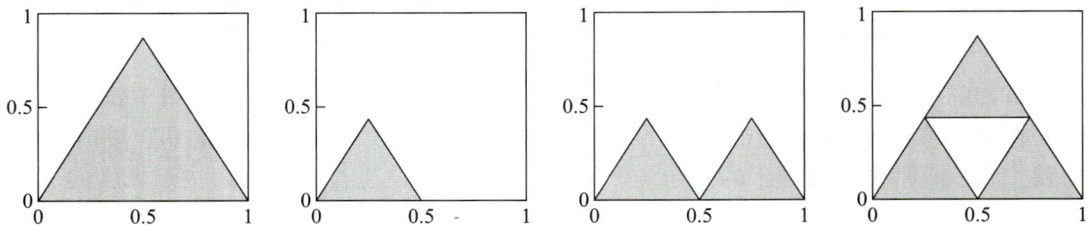

图 7.24　相似移动法画分形三角形

如果将程序中的指令 fill 换成 plot 就是没填色的三角形. 由此得到如下程序:

```
u=[0; 1; 0.5+0.5i*sqrt(3); 0];
for k=1:4
    m=0.5*u;
    u=[m, m+0.5, m+0.25+0.25i*sqrt(3)];
```

```
    subplot(2,2,k)
    fill(real(u), imag(u), 'g')
end
```

7.4.5 分形雪花

乍看起来, 用自相似性画分形雪花图似乎不太方便. 因为新图形并不是整个旧图形的缩小与移动. 但是仔细观察图 7.25, 不难发现, 每个图形都可以看成是其中一部分图形的复制与移动. 从这个思路来画图的方法是: 先画出一条边 (程序中的 a), a 边是前一个三角形图形底边压缩到 1/3 后又移动摆放到 3 个不同的新位置所产生的. 再将 a 移动摆放形成等边三角形的两条腰 (程序中的 b,c). 这样也是用相似移动法完成了图形. 画图过程如图 7.25 所示. 程序如下:

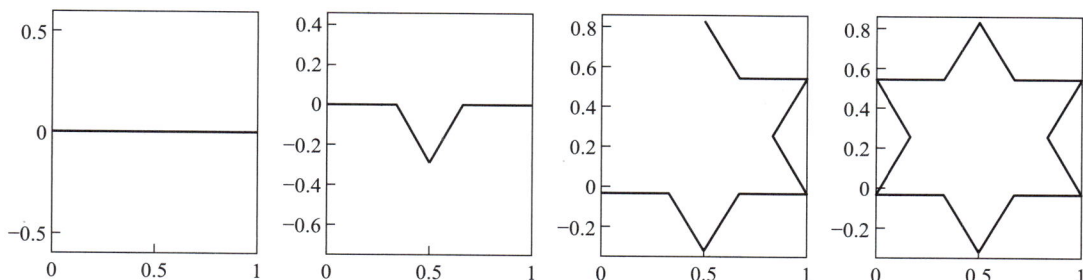

图 7.25   相似移动法画分形雪花

```
a=[0,1];
for k=1:4
    a=[a./3,...                          %原三角形底边压缩到1/3
        a./3*exp(-i*pi/3)+1/3,...        %第一次移动摆放
        (a-1)/3.*exp(i*pi/3)+2/3,...     %第二次移动摆放
        a./3+2/3];                       %第三次移动摆放
    b=a.*exp(i*pi*2/3)+1;
    c=(a-1).*exp(-i*2*pi/3);
    subplot(2,2,k),
    plot([a,b,c]), axis equal
end
```

相似移动法是我们从实际编程中摸索得到的方法. 从生成元的角度来看, 好比是把前一个图形当成后一个图形的生成元, 通过移动摆放来组合成新图形. 这种方法好懂易学, 计算效率高, 对于有自相似性的复杂图形, 更能表现其优点.

§7.5 复变函数迭代

前面介绍的分形图形都是实数迭代的例子, 虽然在计算技巧上借助了复数运算以提高计算速度, 但是它们并不是复数迭代的例子. 下面介绍用复数迭代生成分形图形的例子. 这些例子不仅是复函数运算的例子, 而且是矢量化编程的优秀案例.

考虑复数迭代公式

$$Z_{k+1} = Z_k^m + C \qquad (k = 0, 1, 2, \cdots)$$

在迭代式中, 有两个复数变量, 迭代时可以固定其中一个而改变另一个. 若取 $m = 2$, 可分为以下两种情况:

- 取 C 为常数, 让 Z_k 在复数平面上取不同值, 经过多次迭代当 $k \to \infty$ 时, 若 $|Z_k| < \infty$, 所得的 Z 集合称为 Julia 集.
- 每次迭代时保持 Z_k 不变, 让 C 在复数平面取不同值, 同样方法所得的 Z 集合为 Mandelbrot 集.

当 $m > 2$ 时, 迭代的结果分别称为广义 Julia 集和广义 Mandelbrot 集.

利用 Julia 集和 Mandelbrot 集可以画出许多极美丽的图形, 它们不仅成为分形物理研究的对象, 也是计算机图形学和计算机艺术的探讨对象.

7.5.1　Julia 集

在迭代式中取 $m = 2, C = 0$, 则有 $Z_{k+1} = Z_k^2$, 显然 $|Z_{k+1}| = |Z_k|^2$, 那么有三种情况:

(1) 当 $|Z_k| < 1$ 时, 经过多次迭代, Z 将趋于零且是稳定的;

(2) 当 $|Z_k| > 1$ 时, 经过多次迭代, Z 将趋于无穷且是稳定的;

(3) 当 $|Z_k| = 1$ 时, 经过多次迭代, Z 仍在单位圆上.

因此, 复平面可以分成两个区域, 一个是由轨迹趋于零的点和趋于无穷的点所组成的稳定集, 另一个是单位圆上的点组成的集合, 叫做 Julia 集.

当 $C \neq 0$ 时, 为了划分 Julia 集, 可以规定一个正的常数 M 和迭代次数 N, 如果 Z 进行 N 次迭代后, 仍然有 $|Z| \leqslant M$, 则认为该点属于 Julia 集, 对于趋于内部的点也是如此处理. 如果经过若干次迭代后, 出现 $|Z| > M$, 则认为该点已经逃离, 并根据达到逃离时所需要的迭代次数对起始点进行分类, 用不同的颜色来表示它们, 就会得到非常美丽的图案.

编程时, 先在复平面上某个范围内按照一定的间隔取好所有点, 得到由所有起始点组成的矩阵 Z, 再定义迭代式子中的常数 C(在程序中是取 $C = i$, 读者可以自取需要的值), 然后对矩阵 $\boldsymbol{Z}$ 中的全部点同时进行迭代, 这样就实现了矢量化编程, 同时用矩阵 $\boldsymbol{B}$ 来记录各初始点逃离时需要的迭代次数. 最后用指令 imagesc 将 $\boldsymbol{B}$ 表示成颜色图形. 指令 imagesc 的功能是用颜色表示标量矩阵. 指令 colormap 则规定了颜色与数值的对应关系. 增加取点的密度或改变 M 的值都可以得到更精细的图形, 程序如下:

```
C=i;                        %迭代式中的常数，读者可以改变
V=linspace(-2.0,2.0,400);   %决定复数的范围及取点的数目
[Re,Im]=meshgrid(V);
Z=Re+i*Im;                  %复平面上所有起始点
B=0;
for K=1:100                 %迭代100次
    Z=Z.*Z+C;
    B=B+(abs(Z)<=2);        %当Z的绝对值大于2时,认为已经逃离
end;
imagesc(B);                 %表示成颜色图形
colormap(jet);
axis equal
```

下面是 4 幅有代表性的图形.

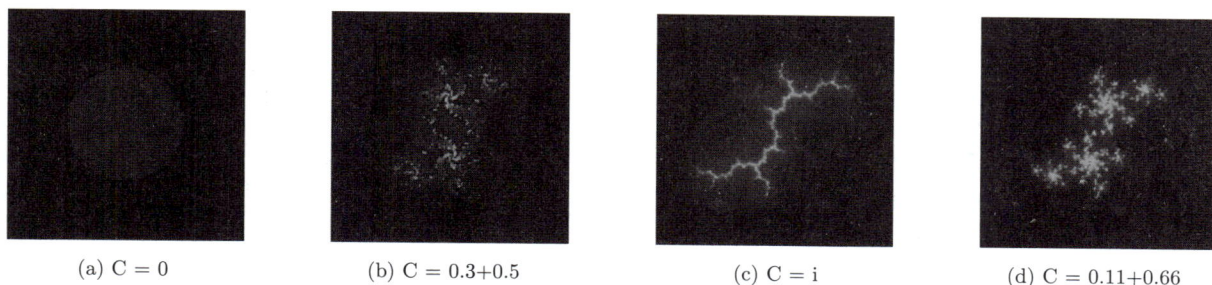

(a) C = 0   (b) C = 0.3+0.5   (c) C = i   (d) C = 0.11+0.66

图 7.26

(1) $C = 0$, 复平面分为两个区域, 边界是单位圆. 如图 7.26(a) 所示.

(2) $C = 0.3 + 0.5i$, 复平面分成许多大小不一的区域, 边界内就是 Julia 集, 这些区域的边界是很复杂的曲线, 但这些大小不同的区域却很相似, 将小区域放大一定倍数以后, 就会变得和大区域形状一样. 如图 7.26(b) 所示.

(3) $C = i$, 这时的 Julia 集是曲折的多技权的处处连通但处处不可微的曲线, 图中没有闭合的环. 如图 7.26(c) 所示.

(4) $C = 0.11 + 0.66i$, 这时图形像一些细小的树叶, 其实它是由一些点所组成的. 如图 7.26(d) 所示.

这些例子表明, 不同的 C 值可以得到不同的 Julia 集, C 可以取无穷多个值, 所以这种非线性的二次复函数的迭代可以得到无穷多个 Julia 集.

如果连续地改变 C 值, 就会生成连续变化的 Julia 集图像. 程序如下, 读者可以自行运行观看:

```
clear all
x=0:pi/20:2*pi;
for k=1:length(x)
    C=-sin(k).^3+cos(k)*1i;          %迭代式中的常数
    V=linspace(-2,2,400);            % 复数的范围及取点数
    [Re,Im]=meshgrid(V);             % 复平面上所有起始点
    Z=Re+i*Im;
    B=0;
    for K=1:100                      %迭代100次
        Z=Z.*Z+C;
        B=B+(abs(Z)<=2);             % 记录已经逃离的判据
    end
    imagesc(B);                      %表示成颜色图形
    colormap(jet);
    axis equal
    pause(0.01)
end
```

对每个 Julia 集的局部进行放大, 可以看到更多的细节, 如图 7.27 所示.

如果取 $m > 2$, 得到的是广义的 Julia 集. 我们画出了 $m = 3,4,5,6,7,8,9,10$ 的图形, 如图 7.28 所示, 其中的迭代式分别是

```
z=z^3+(0.2+1.05i)
z=z^4+(0.4015+0.99i)
z=z^5+(0.3244+0.723298i)
```

z=z^6+(0.1034+0.803298i)

z=z^7+(0.098+1.03i)

z=z^8+(0.00735050+0.85810822i)

z=z^9+(0.5400131913+0.675659i)

z=z^10+(0.0039401221+0.8272020611i)

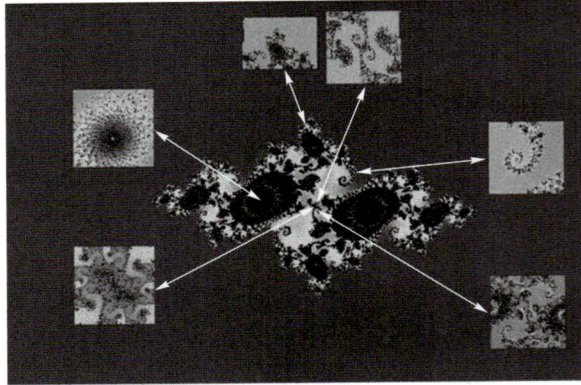

图 7.27　有局部放大的 Julia 集

这些图形都有自相似的多叶结构, 当 $m = 2, 3, 4, 5, 6, 7, 8, 9, 10$ 时, 它们分别呈现 $2, 3, 4, 5, \cdots,$ 10 叶的结构, 色彩十分美丽. 显然这与复变函数的 n 次幂函数的图形结构有关.

上面这些例子是一种有趣的计算机实验, 建议读者自己改变程序中的参数, 画出一些自己的独特的分形图形. 例如只要改变程序中 Z 的幂次就可以画出相应的广义 Julia 集. 但是要找到合适的参数, 画出一幅好图形, 却要花费大量的时间与精力, 有的参数要到小数后面五六位, 稍微大意就可能错过.

(a) $z=z^2+(0.2+1.05i)$

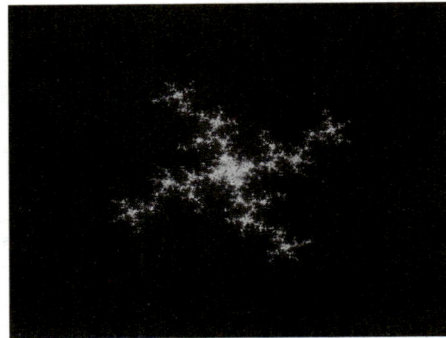

(b) $z=z^4+(0.401\ 5+0.99i)$

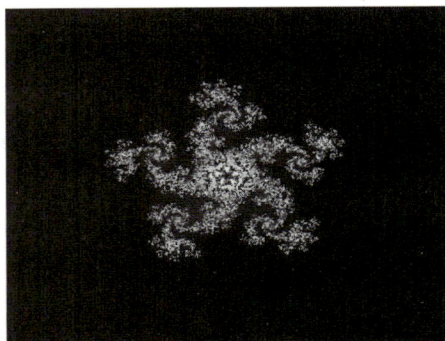

(c) $z=z^5+(0.324\ 4+0.723\ 298i)$

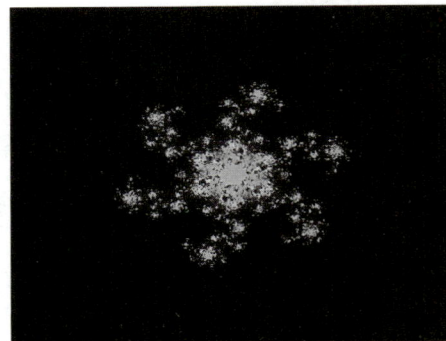

(d) $z=z^6+(0.103\ 4+0.803\ 298i)$

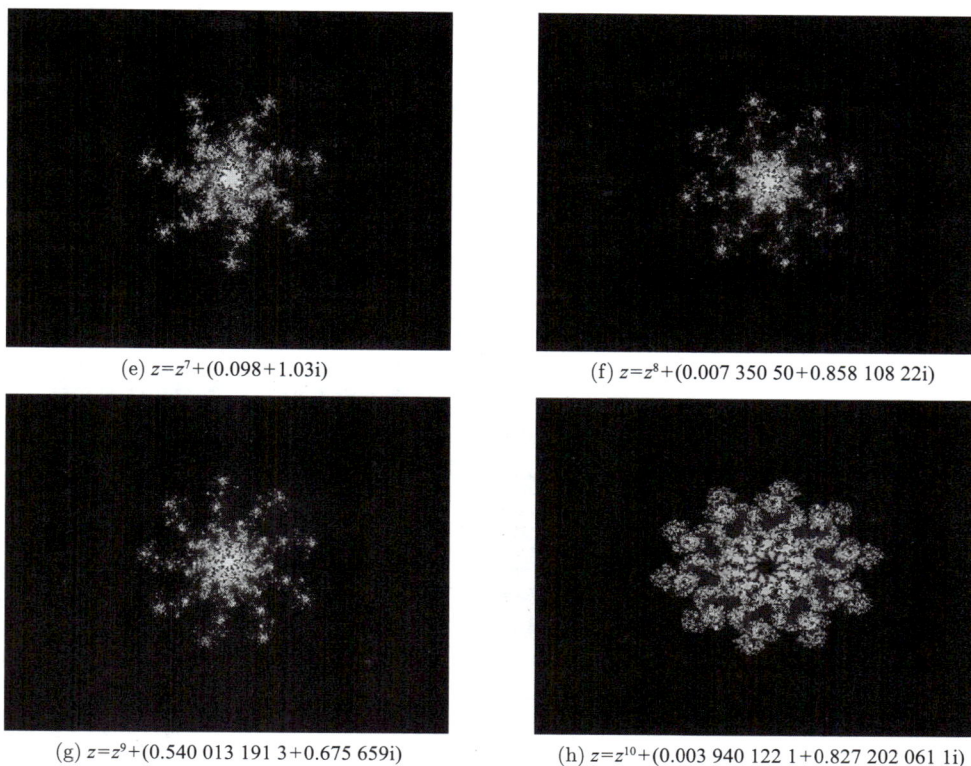

(e) $z=z^7+(0.098+1.03i)$

(f) $z=z^8+(0.007\ 350\ 50+0.858\ 108\ 22i)$

(g) $z=z^9+(0.540\ 013\ 191\ 3+0.675\ 659i)$

(h) $z=z^{10}+(0.003\ 940\ 122\ 1+0.827\ 202\ 061\ 1i)$

图 7.28

复杂的问题可能对计算精度的要求还要更高. 在实际问题中, 为了得到一个有用的数据, 可能要经过成百上千次计算甚至更多, 而绝对不会是将书本上的程序输入计算机, 在几秒钟以后就有了结果. 这就是 "计算机实验" 或 "计算机模拟" 的实际含义. 从这一点来说, 初学者体会一下这种过程, 对培养用计算机研究问题的耐心与细心是很必要的. 读者还可以 "分形艺术" 作为搜索词, 在互联网上搜索一些分形图形, 一定会发现大量的美妙奇特、前所未见的图形, 让你有不可思议的感觉, 这对了解分形图形也是很有价值的.

7.5.2 Mandelbrot 集

在迭代式中, 每次迭代都是保持 Z_k 不变而改变 C 的取值进行计算的, 得到的就是 Mandelbrot 集. 如图 7.29(a) 是一张整体的图形, 图 7.29(b) 是局部的放大图.

粗看起来, 图形很像乌龟的头与身子, 细看又会发现, 在乌龟的头与身子周边又长出了许多更小的像乌龟的图形, 在放大的图形中看得更清楚. 而且小的乌龟图形与大的乌龟图形非常相似. 如果计算的结果足够精细, 那么不断地放大小的图形可以发现, 它们也有更细微的结构. 事实上, 将 Mandelbrot 集放大百万倍又会找到一个新的与原来的 Mandelbrot 集相似的图形.

下面是画图的程序, 它与 Julia 集的程序非常相似, 不同之处是复平面不是代表 Z 而是代表 C, 其余部分基本相同.

```
x=linspace(-2.0,1.0,400);          %x的范围与取点数目
y=linspace(-1.5,1.5,400);          %y的范围与取点数目
[Re,Im]=meshgrid(x,y);             %定义常数矩阵C值
C=Re+i*Im;
B=0;                               %矩阵B记录达到逃离时的迭代次数
```

```
Z=0;                              %Z的初值固定为0
for l=1:50                        %迭代50次
    Z=Z.*Z+C;
    B=B+(abs(Z)<=2);              %当Z的绝对值大于2时,认为已经逃离
end;
imagesc(B);                       %绘图设置
colormap(jet);
axis equal
```

(a) 整体的Mantlofbrot集图形　　　　　　(b) 放大的局部图形

图 7.29

由于这个图形色彩层次不是很丰富, 灰度图形可能比彩色图显示效果更好, 可以将彩色图换成灰度图, 方法是将语句 colormap(jet) 换成 colormap(gray(256)) 即可.

Mandelbrot 集有明显的自相似特征, 增加 C 的取点密度就能放大图形显示这种特征, 比如将程序中取 400 个点换成取 1 000 个点, 或者缩小计算的范围, 例如, 程序中的作图范围是:

```
x = linspace(-2.0,1.0,500);
y = linspace(-1.5,1.5,500);
```

换成下列语句:

```
x = linspace(-0.4, 0.2, 500);
y = linspace(-1.2, -0.6, 500);
```

得到的就是上面的局部放大图 7.29(b). 不断地放大图形可以发现, 它们还有更细微的结构. 也可能找到一个新的与原来的 Mandelbrot 集相似的图形 (图 7.30).

左图是放大了数十倍的图形, 程序中相应的数据如下:

```
x=linspace(-0.132,-0.125,1200);
y=linspace(-0.99,-0.984,1200);
l = 1:200
```

右图是放大了成亿倍的图形, 程序中的数据如下:

```
x=linspace(0.0016437219655,0.0016437219803,1000);
y=linspace(0.8224676332938,0.822467633302,1000);
l = 1:3000
```

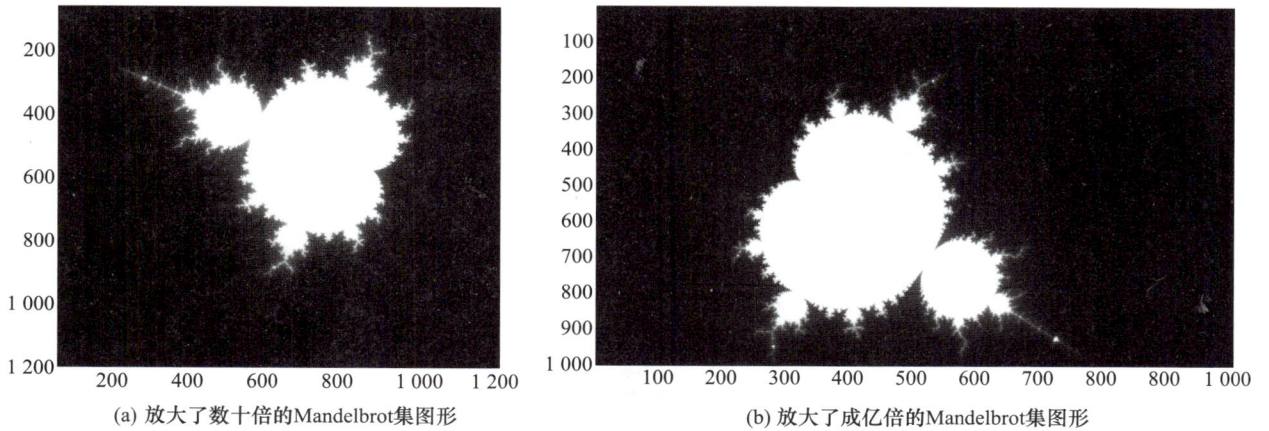

(a) 放大了数十倍的Mandelbrot集图形

(b) 放大了成亿倍的Mandelbrot集图形

图 7.30

不断地放大局部图形可以发现, 不同位置有不同的精细结构, 非常神奇, 图 7.31 中前一个小图中的方框部分, 放大后即成为后一个图形. 互联网有许多关于这个过程的视频录像, 如图 7.31 所示.

Mandelbrot
-set

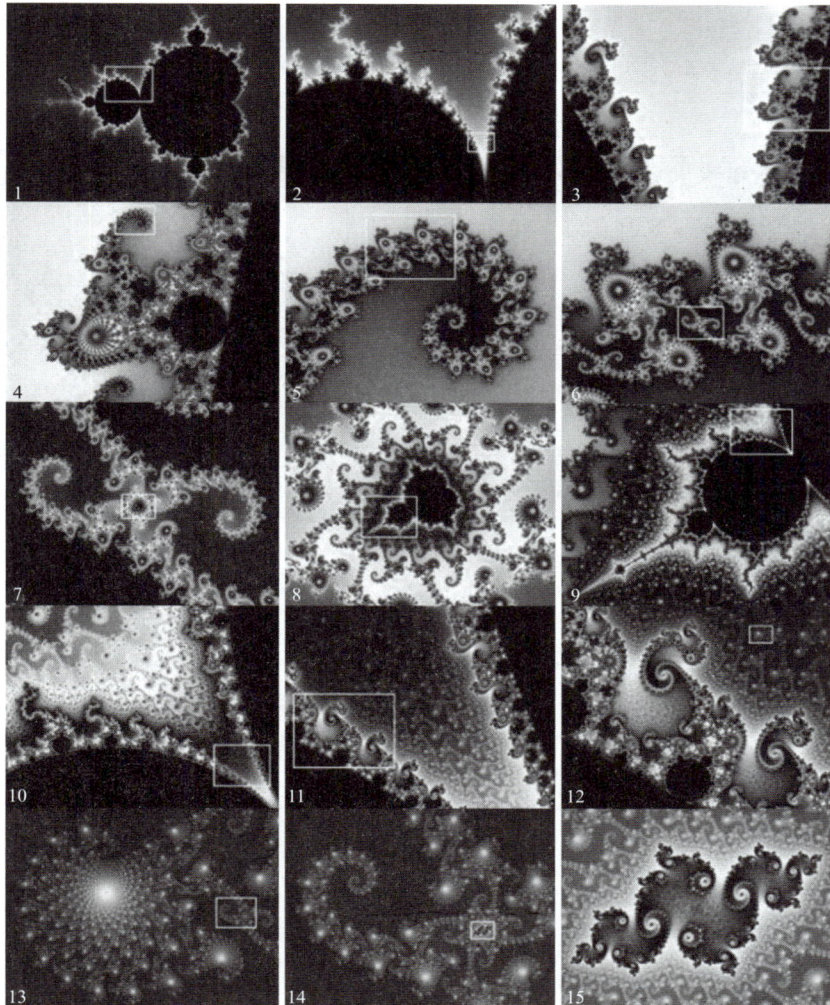

图 7.31 逐步放大的 Mandelbrot 集图形

如果在 Mandelbrot 集中任选一点 C, 把它周围的图形放大, 就会找到与这个 C 值对应的 julia 集. 也就是说, Mandelbrot 集包括了所有的 Julia 集, 它是无穷多个 Julia 集的直观的图像目录表, 或者说, Mandelbrot 集是 Julia 集的缩微字典 (图 7.32). 图 7.33 所示为两个实例.

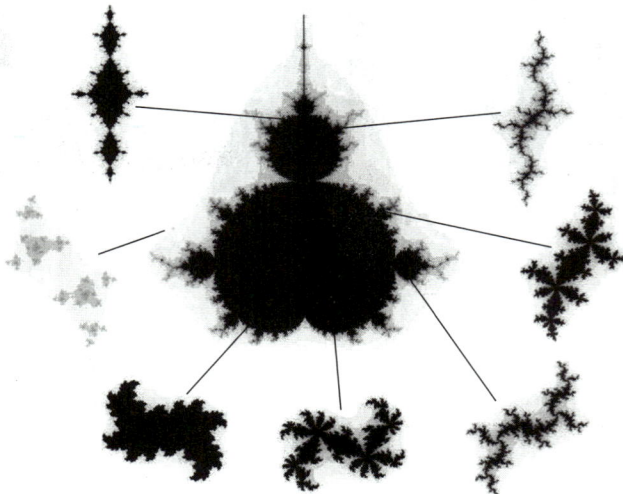

Mandelbrot Movie

图 7.32   Mandelbrot 集不同部位的放大图形

分形维介绍

(a) 三维的 Mandelbrot 集图形   (b) 三维的 Julia 集图形

图 7.33

Mandelbrot 集被称为" 上帝的指纹", 有人称它为最美丽的数学图形. 它反映了分形图形的自相似性, 也表现出由确定的简单规则能产生无法预测的复杂图形的混沌特征.

第七章程序包

第二部分

算法篇——常用的数值算法

本篇介绍计算物理学中常用的一些数值计算方法.

微积分、矩阵、非线性方程、积分变换、常微分方程与偏微分方程是"数学分析"与"数学物理方法"课程学习的基本内容,是学习理论物理所必备的数学基础,当然也应该是计算物理的计算对象. 不同之处在于,计算物理是用计算机代替纸和笔来作计算. 无论是数值计算或者符号运算,计算机都有更强的计算能力和更高的计算效率. 借助于计算机,计算物理还发展出一些新的研究手段,如蒙特卡洛方法是用随机数来作统计和模拟的,其中涉及的计算体量是人工无法企及的. 可以肯定,计算物理已成为物理工作者的必备工具之一.

许多物理规律是用方程来描述的,学会解方程对研究物理极为重要. 所以本书选择把解各类方程当作学习的主线. 求解的方程包括解非微积分方程 (线性与非线性方程求零点)、解常微分方程 (组)、解偏微分方程 (组)、解积分方程 (组),书中尽可能地介绍了各类方程常见的解法并附有例题,其他的知识则是围绕这条主线作展开. 这种安排有助于学生掌握和记忆本书的知识结构与内在联系. 抓住这条主线,也就抓住了本书的核心与精髓.

由于计算软件的飞速发展,学习计算物理有了事半功倍的理想工具. 计算物理中一些最基本的算法,如极限与级数、求微积分、矩阵运算、求方程零点 (解非线性方程)、积分变换、解常微分方程与偏微分方程等都成为了调用指令的操作. 这些指令都是一些成熟的程序,经过专业人员的优化设计和数十年的实践检验,证明了它们不仅使用方便,而且计算速度快,用户可以不必了解算法的细节就能使用. 有鉴于此,本书从实用角度出发,只对算法作示范性介绍讲解,点到为止,不去深入探究,而是着重培养用 MATLAB 指令进行计算的能力. 所以,在介绍各种解法时,都是采用如下三步曲:算法简介,指令介绍,应用示例.

第八章　数值微分与数值积分、用户函数

本章介绍数值微分与数值积分的计算公式与指令, 这些指令的作用对象可以是矩阵形式, 也可以是函数形式. 为此还要介绍用户函数的建立方式.

§8.1　数值微分与数值积分的公式

在数学分析中, 求导数是先求出函数的导函数, 再将变量值代入导函数中, 得到该处的导数值; 而求定积分则是先求出不定积分解析公式, 再将积分上下限代入就得到定积分的值. 这些计算都要通过公式推导即解析计算来完成.

数值微分与数值积分则不同, 是一种近似的数值计算, 它不一定要求出导函数或不定积分公式, 而是利用差分公式计算导数, 用梯形公式或其他数值积分公式如辛普生公式等计算定积分. 这种方法可以直接对数据进行计算, 而不必找出数据间的函数关系, 对一些不能求出不定积分公式的函数也能计算得到结果.

8.1.1　数值微分的差分公式

下面推导数值微分计算中常用的几个公式, 由泰勒展开公式

$$f(x+h) = f(x) + hf'(x) + O(h^2)$$

得出近似计算一阶导数的**前差公式**:

$$f'(x) = \frac{f(x+h) - f(x)}{h}$$

类似地有**后差公式**:

$$f'(x) = \frac{f(x) - f(x-h)}{h}$$

将两式平均, 得出**中心差分 (平均值) 公式**:

$$f'(x) = \frac{f(x+h) - f(x-h)}{2h}$$

利用前差公式和后差公式可以得到计算**二阶导数的差分公式**:

$$f''(x) = \frac{f'(x+h) - f'(x)}{h}$$
$$= \frac{f(x+h) - 2f(x) + f(x-h)}{h^2}$$

可以继续推导计算三阶导数以上的近似公式. 在泰勒展开式中保留不同的项数将得到精度不同的公式.

8.1.2　数值积分的公式

一维定积分 $I = \int_a^b f(x)\mathrm{d}x$ 的几何意义是曲线下面所包围的面积, 按照积分的定义, 它是许多小梯形面积之和的极限:

$$I = \int_a^b f(x)\mathrm{d}x = \lim_{n\to\infty}\sum_{k=1}^{n} f(\xi_k)\frac{b-a}{n}$$

令

$$h = \frac{b-a}{n}$$

得到下面两个计算定积分的近似公式, 它们都叫**矩形公式**, 都是用矩形来替代梯形. 但矩形的高不同, 前者是用梯形的左边作为矩形的高, 叫左矩形公式 L_n, 后者是用梯形右边的高作为矩形的高, 叫右矩形公式 R_n, 即

$$L_n = h\sum_{k=0}^{n-1} f_k, \qquad R_n = h\sum_{k=1}^{n} f_k$$

将两式平均得出近似计算定积分的**梯形公式**:

$$T_n = h\sum_{k=1}^{n-1} f_k + \frac{h}{2}(f_0 + f_n)$$

再推导精度更高的**辛普森公式**, 令

$$h = \frac{a-b}{2n}$$

以 $2k$ 标记偶数节点 $(k = 0, 1, 2, \cdots, n-1)$, 第 k 段区间包含三个节点 (x_{2k}, f_{2k}), (x_{2k+1}, f_{2k+1}), (x_{2k+2}, f_{2k+2}), 在这个区间内对中间的点 x_{2k+1} 作泰勒展开, 有

$$f(x) \approx f(x_{2k+1}) + f'(x_{2k+1})(x - x_{2k+1}) + \frac{1}{2!}f''(x_{2k+1})(x - x_{2k+1})^2$$

$$\approx f_{2k+1} + \frac{f_{2k+2} - f_{2k}}{2h}(x - x_{2k+1}) + \frac{f_{2k+2} - 2f_{2k+1} + f_{2k}}{2h^2}(x - x_{2k+1})^2$$

用泰勒展开式代替原来的积分函数, 在这个区间内积分得

$$\int_{x_{2k}}^{x_{2k+2}} f(x)\mathrm{d}x \approx \frac{h}{3}(f_{2k} + 4f_{2k+1} + f_{2k+2})$$

上式对 k 求和得近似计算定积分的辛普森公式:

$$S_n = \sum_{k=0}^{n-1} \frac{h}{3}(f_{2k} + 4f_{2k+1} + f_{2k+2})$$

整理得

$$S_n = \frac{h}{3}\left(f_0 + f_{2n} + 2\sum_{k=1}^{n-1} f_{2k} + 4\sum_{k=0}^{n-1} f_{2k+1}\right)$$

积分公式的精度

这些积分公式可以用一种更简单直观的方法来理解. 令 $h = b - a$ 表示一个区间的宽度, 可以引入计算积分的中点法则:

$$M = h \cdot f\left(\frac{a+b}{2}\right)$$

而梯形法则就是

$$T = h \cdot \frac{f(a) + f(b)}{2}$$

通过检验积分法则对多项式函数的效果, 可以估计它的准确性. 数值积分法则的阶数是指该法则不能准确计算的多项式的最低次数. 若用一个 p 阶的数值积分法则对一个光滑函数在长为 h 小区间上求积分, 那么泰勒级数分析表明, 误差正比于 h^p. 前面提到的中点法则和梯形法则对 x 是常数和线性函数是完全准确的, 但对于 x 的二次函数就不准确, 因此相应有 $p = 1$ 和 $p = 2$.

这两种数值积分法则的准确性可以通过计算一个简单的积分来检验:

$$\int_0^1 x^2 \mathrm{d}x = \frac{1}{3}$$

中点法则计算的结果是

$$M = 1\left(\frac{1}{2}\right)^2 = \frac{1}{4}$$

梯形法则计算的结果是

$$T = 1\left(\frac{0 + 1^2}{2}\right) = \frac{1}{2}$$

因此 M 的误差为 $1/12$, 而 T 的误差为 $-1/6$. 这两个误差的正负号相反, 并且可能让人惊讶的是, 中点法则的准确性竟然是梯形法则的两倍.

可以证明这种现象有普遍性. 在小区间对光滑函数进行积分, M 准确性基本上是 T 两倍, 同时正负号相反. 有了这样的误差估计, 就可以将这两者加以结合得到新的积分法则. 得到的新法则通常要比这两者任何一个都要准确. 如果 T 误差正好是 M 误差的 -2 倍, 那么求解下式:

$$S - T = -2(S - M)$$

所得的 S 将给出积分的准确值. 通常这个方程的解

$$S = \frac{2}{3}M + \frac{1}{3}T$$

是比 M 或 T 更准确的积分近似值. 这样得到的积分法则叫辛普森法则. 如果令 $c = (a+b)/2$, 则有

$$S = \frac{h}{6}[f(a) + 4f(c) + f(b)]$$

这就是前面推导的辛普森公式的结果. 用 S 可以准确地计算三次多项式的积分, 但对四次多项式则不行, 因此辛普森法则的 p 为 4.

如果对区间 [a, c], [c, b] 再运用辛普森法则. 并令 $d = (a+c)/2, e = (c+b)/2$ 就会得到对整个区间的一个新的数值积分公式:

$$S_2 = \frac{h}{12}[f(a) + 4f(d) + 2f(c) + 4f(e) + f(b)]$$

这就是**复合辛普森法则**. 这些积分法则的区别可以用图 8.1 来表示.

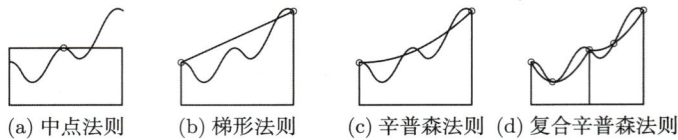

(a) 中点法则　　(b) 梯形法则　　(c) 辛普森法则　(d) 复合辛普森法则

图 8.1　四种积分计算法则

S 和 S_2 是同一个积分的近似值, 因此它们之间的差可以用于估计误差

$$E = S_2 - S$$

而且它们还可以结合起来, 得到一个更加准确的近似值 Q. 由于这两种积分法则是四阶的, 而 S_2 的步长是 S 的一半, 因此, S_2 的准确性大约是 S 的 2^4 倍. 所以应该求解方程:

$$Q - S = 16(Q - S_2)$$

得到 Q, 其结果是

$$Q = S_2 + (S_2 - S)/15$$

这个公式叫 Weddle 法则, 六阶牛顿–柯斯特法则, 同时它也是龙贝格积分方法的第一步. 也称为外推的辛普森法则, 因为它对两个不同的 h 值使用辛普森法则, 然后向 $h = 0$ 的极限情况进行外推.

§8.2　计算导数的指令

在 MATLAB 中已经将计算导数与积分的算法编写成指令, 下面逐一介绍.

8.2.1　用 diff 计算导数

在数值计算中, 由于没有极限和导数的概念, 所以采用差分作微分 $\mathrm{d}x$ 的近似式:

$$\mathrm{d}x \approx \Delta x = x_{n+1} - x_n$$

导数 $\dfrac{\mathrm{d}y}{\mathrm{d}x}$ 的近似式是差商, 即

$$\frac{\mathrm{d}y}{\mathrm{d}x} \approx \frac{\Delta y}{\Delta x}$$

计算差分的指令是 diff, 对矢量的计算方法是后项减前项, 而计算结果的总项数会减少一项. 对矩阵默认是列矢量的后项减前项, 但可以指定对特定的维度 dim 进行差分计算. 指标 n 表示求 n 次差分, 即

```
Y=diff(X)
Y=diff(X,n)
Y=diff(X,n,dim)
```

举例如下:

```
>> a=[1,4,5,-2];
>> diff(a)
ans = 3  1  -7                        %后项减前项,结果会少一个元素
```

```
>> b=[0.95013, 0.48598;
      0.23114, 0.8913;
      0.60684, 0.7621];
>> diff(b)                                          %对矩阵求差分默认对列矢量作差分
ans = -0.71899 0.40532
      0.3757 -0.1292
>> diff(b,2)                                        %计算b的二阶差分
ans = 1.0947 -0.5345
>> diff(b,1,2)                                       %计算b的行矢量的差分
ans = -0.4642
      0.6602
      0.1553
```

用差分可以对各阶导数作近似计算:

```
>> h=0.001; x=-pi:h:pi; f=sin(x);
>> Y=diff(f)/h;                                      %计算f的一阶导数
>> Z=diff(Y)/h;                                      %计算f的二阶导数
```

8.2.2 用 gradient 计算一阶导数

梯度指令 gradient 的用法如下:

```
FX=gradient(F)                                       %矢量的梯度也是它的一阶导数
[FX,FY]=gradient(F)                                  %矩阵的梯度是两个方向的偏导数
[FX,FY,FZ,...]=gradient(F)                           %列阵的梯度是各个方向的偏导数
[...]=gradient[F,h]                                  %各个方向的点的间距为h≠1
[...]=gradient[F,h1,h2,...]                          %各个方向的点的间距为h1,h2,...
```

梯度是相邻两个差商值的平均 (即用导数的中心差分式计算). 在端点则用前差公式或后差公式作计算. 用梯度指令计算一阶导数的优点是矢量的项数不会减少.

```
>> a=[1, 5, 4, 2, 7;
      2, 1, 8, 3, 4]
>> [px,py]=gradient(a)
px = 4 1.5 -1.5 1.5 5                                %行向量的偏导数,第一个元素4=5-1,第二个
    -1 3 1 -2 1                                      %元素1.5=[(5-1)+(4-5)]/2,其余类推
py = 1 -4 4 1 -3                                     %列向量方向的偏导数
    1 -4 4 1 -3
```

8.2.3 用 del2 计算二阶导数

把矩阵 U 看成是函数 $u(x,y)$ 在矩形网格上每个格点的值, del2(U) 的定义为

$$L = \frac{\Delta_2 u}{4} = \frac{1}{4}\left(\frac{\mathrm{d}^2 u}{\mathrm{d}x^2} + \frac{\mathrm{d}^2 u}{\mathrm{d}y^2}\right)$$

L 是一个与 U 大小相同的矩阵, Δ_2 是二维拉普拉斯算符. 矩阵内部的各个元素是

$$L_{i,j} = \frac{1}{4}(u_{i+1,j} + u_{i-1,j} + u_{i,j+1} + u_{i,j-1}) - u_{i,j}$$

在矩形网格的边缘则使用三次方的外推法来使用这个公式. 这里假定矩阵各个方向的步长为 1, 否则等号右边要除以步长的平方. 这个表达式的证明如下: 利用二阶导数的差分公式

$$f''(x) = \frac{f(x+h) - 2f(x) + f(x-h)}{h^2}$$

并假定间距 $h = 1$ 得到

$$\frac{\partial^2 u_{i,j}}{\partial x^2} = u_{i,j+1} - 2u_{i,j} + u_{i,j-1}$$

$$\frac{\partial^2 u_{i,j}}{\partial y^2} = u_{i+1,j} - 2u_{i,j} + u_{i-1,j}$$

将两式相加后稍加整理即得到上述公式. 这个指令在解偏微分方程时也很实用.

对有 N 个变量的多元函数 $u(x, y, z, \cdots)$, del2(U) 表示

$$L = \frac{\Delta U}{2N} = \frac{1}{2N} \left(\frac{\mathrm{d}^2 u}{\mathrm{d}x^2} + \frac{\mathrm{d}^2 u}{\mathrm{d}y^2} + \frac{\mathrm{d}^2 u}{\mathrm{d}z^2} + \cdots \right)$$

程序的语法规则如下:

```
del2(U)                                    %默认点的间距为1
del2(U,h)                                  %点的间距为h
del2(U,h1,h2,...hN)              %h1,h2,..表示对应于不同维度的点间距
```

注意, 可以用 del2 计算一维矢量的二阶导数, 但是前面的系数不是 1/2 而是 1/4. 例如由位置矢量 x 计算加速度 a:

```
>> x=[1,3,6,10,16,18,29];
>> p=4*del2(x)
p = 1 1 1 2 -4 9 22
```

又如已知 $\cos(x)'' = -\cos(x)$, 用 del2 对函数 $\cos(x)$ 求二阶导数再画图 (图 8.2), 所得图形与 $-\cos(x)$ 图形相符, 操作如下:

```
>> h=0.05;
>> x=[-pi:h:pi];
>> y=cos(x);
>> z=4*del2(y,h);
>> plot(x,y,x,z)
```

指令 del2 也可以用于多元函数, 首先看一个二元函数的例子. 对于函数 $U = (x^4 + y^4)/3$ 有 $\Delta U(x, y) = 4x^2 + 4y^2$. 用指令 del2 计算二阶导数并作图如下 (图 8.3), 所得图形与解析结果 $4x^2 + 4y^2$ 是一致的, 读者可以自己验证.

```
>> [x,y]=meshgrid(-5:5, -5:0.5:5);
>> h=0.25;
>> U=1/3.*(x.^4+y.^4);
>> L=4*del2(U,h);
>> surf(x,y,L)
>> grid on
```

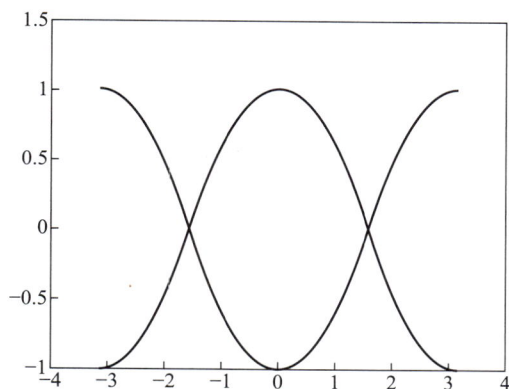

图 8.2　计算矢量的二阶导数

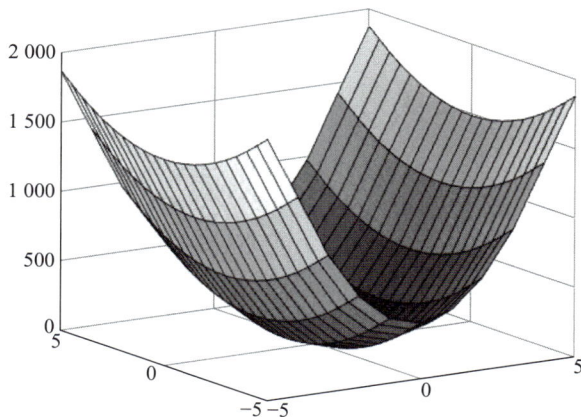

图 8.3　函数 $4*\text{del2}(1/3.*(x.^4+y.^4))$ 的图形

再看对数函数

$$U(x,y)=\frac{1}{2}\log(x^2y)$$

当自变量的值为负时, 将得到复数值. 经过拉普拉斯算符的作用得到

$$\Delta U(x,y)=-\left(\frac{1}{x^2}+\frac{1}{2y^2}\right)$$

用指令 del2 作数值计算如下, 图 8.4 中只画了函数的实部进行对比.

```
>> [x,y]=meshgrid(-5:5, -5:0.5:5);
>> U=0.5*log(x.^2.*y);
>> hx=1; hy=0.5;
>> L=4*del2(U,hx,hy);
>> surf(x,y,real(U))
>> hold on
>> surf(x,y,real(L))
```

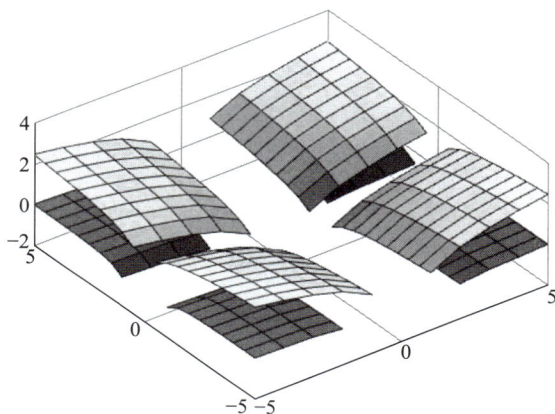

图 8.4　下面是 U 的图形, 上面是 ΔU 的图形

§8.3　矩阵积分

与微分计算相似, 积分的基本算法也有指令可用. 这些指令分为两类, 一类是对矢量、矩阵等数值进行积分, 如指令 trapz、cumtrapz, 另一类是对函数直接作数值积分, 如 integral、integral2、integral3. 可积分的函数包括 MATLAB 的内部函数和用户自建的函数.

8.3.1　用 diff 作矩阵积分

根据矩形积分的定义可知, diff 是相邻两个自变量值的差, 所以它乘以步长再求和即为用矩形公式作积分, 当然, 它的精度不如下面介绍的指令.

8.3.2　梯形积分 (trapz)

指令 trapz 是用梯形公式计算定积分, 其语法如下:

```
trapz(Y)
trapz(X,Y)
trapz(...,dim)
```

其中, Y 可以是向量、矩阵、列阵. X 是点间距, 指令 dim 是指定对列阵的哪一维进行积分. 矩阵的梯形积分默认对列矢量进行, 举例如下:

```
>> a=[1, 5, 7, 2, 3];
>> trapz(a)
ans = 16                          %向量积分((1+5)+(5+7)+(7+2)+(2+3))/2=16
>>b = 0.95013 0.48598             %矩阵积分默认为对列向量积分，得到行向量
      0.23114 0.8913
      0.60684 0.7621
>> trapz(b)
ans = 1.0096 1.5153
>> trapz(b,2)                     %指定对行向量积分，得到列向量
ans = 0.71806
      0.56122
      0.68447
```

已知变量 x 和函数值 y, 注意必须保证 x 与 y 的元素数目相等. 则积分如下:

```
>> X=0:pi/100:pi;
>> Y=sin(X);                                    %对正弦函数积分
>> Q=trapz(X,Y)
Q = 1.9998
>> X=[1 2.5 7 10]';                             %以X为变量
>> Y=[5.2 4.8 4.9 5.1;                          %对Y列向量积分
      7.7 7.0 6.5 6.8;
      9.6 10.5 10.5 9.0;
      13.2 14.5 13.8 15.2]
>> Q=trapz(X,Y)
Q = 82.8000 85.7250 83.2500 80.7750
>> dim=2;
>> Q1=trapz(X,Y,dim)                            %对Y行向量积分
Q1 = 82.8000
      85.7250
      83.2500
      80.7750
```

对于用列阵表示的数据也可以作梯形积分, 这种积分相当于多元函数的积分. 例如二重积分

$$I = \int\limits_{-5}^{5} \int\limits_{-3}^{3} (x^2 + y^2)\mathrm{d}x\mathrm{d}y$$

的计算如下:

```
>> x=-3:0.1:3; y=-5:0.1:5; [X,Y]=meshgrid(x,y);
>> F=X.^2+Y.^2;
>> I=trapz(y,trapz(x,F,2))
```

这种积分可对多维列阵进行. 在下面计算带电圆环的电势与电场的例题中就对一个 4 维列阵作了数值积分.

8.3.3 累计梯形积分 (cumtrapz)

不定积分

$$I = \int_{x_0}^{x} f(t)\mathrm{d}t \qquad (x = x_1, x_2, \cdots)$$

在上限 x 连续取值时会得到一系列的结果. 累计梯形积分相当于不定积分的数值计算, 所得的结果是矢量, 它的第 n 个元素是原矢量前 n 个元素的梯形积分. 矩阵的累计梯形积分对列矢量进行, 当然也可以指定对行向量作累计梯形积分.

例如:

```
>> cumtrapz(b)
ans = 0 0            %这里的最后一行就是trapz(b)的结果
      0.59063 0.68864
      1.0096 1.5153
```

§8.4 应用: 均匀带电圆环的电场

下面的例子, 不仅用到了数值积分与微分的知识, 也体现了科学计算可视化的重要性. 如果只作计算, 所得到的只是大量数据, 我们无法理解其代表的物理图像. 只有利用 MATLAB 表现物理场的指令, 把相应的物理图像画出来, 才能与相应的物理实验作比较.

半径为 ρ 的均匀细圆环 (图 8.5), 环上的电荷密度为 $\lambda = 4\pi\varepsilon_0$, 画出空间的电势与电场分布.

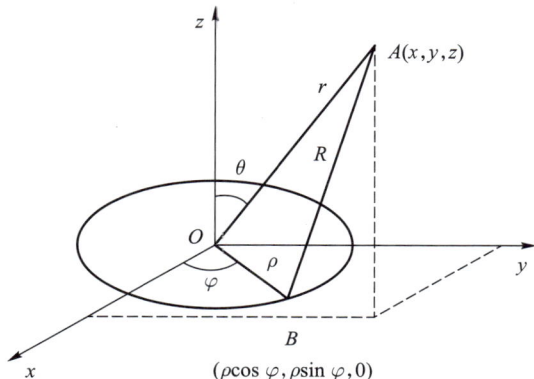

图 8.5   电荷环电场计算示意图

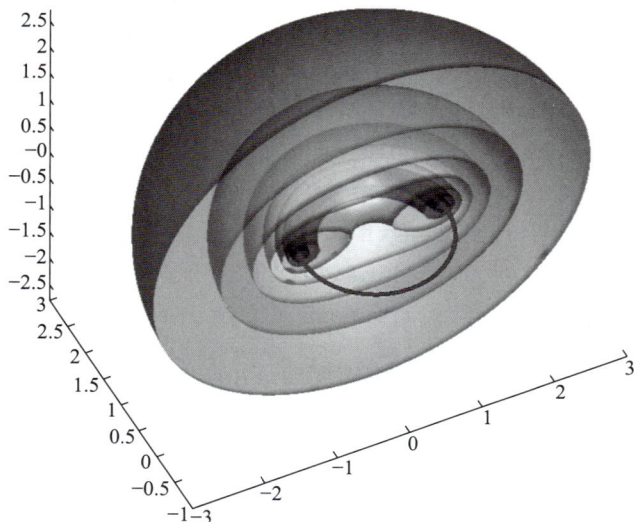

图 8.6   电荷环的等势面

- 推导电荷环的电势与电场的计算公式。
- 选取自变量的取值范围，建立相应的数据网格。
- 将数据网格的自变量代入计算公式，计算标量场电势与矢量电场。
- 用空间等势线表示电势，用电场线表示电场。

在 B 点的电荷元在 A 点处产生的电势 U 和电场 $\boldsymbol{E}$ 推导如下:

$$\boldsymbol{R} = (x - \rho \cos \varphi)\boldsymbol{i} + (y - \rho \sin \varphi)\boldsymbol{j} + z\boldsymbol{k}$$

$$R = \sqrt{(x - \rho \cos \varphi)^2 + (y - \rho \sin \varphi)^2 + z^2}$$

$$\mathrm{d}u = \frac{\mathrm{d}q}{4\pi\varepsilon_0 R} = \frac{\lambda \mathrm{d}l}{4\pi\varepsilon_0 R} = \frac{\rho \mathrm{d}\varphi}{R}$$

$$U = \oint \mathrm{d}u = \int_0^{2\pi} \frac{\rho \mathrm{d}\varphi}{R}, \qquad \boldsymbol{E} = -\boldsymbol{\nabla}U$$

为了看清电势的分布, 先画空间等电势面的形状, 程序如下:

```
R=1; theta=0:pi/22:2*pi;
b=-3.1:0.11:3.1;
[X,Y,Z,T]=ndgrid(b,b,b,theta);
r=sqrt((X-cos(T)).^2+Z.^2+(Y-sin(T)).^2);
dv=1./r;
v=trapz(dv,4)*pi/30;
[XX,YY,ZZ]=meshgrid(b);
v(YY<0)=nan;                                          %  作剖面
for k=0:pi/4:2.1*pi
    isosurface(XX,YY,ZZ,v,k)
end
camlight; lighting phong;
alpha(0.5); hold on;
x=cos(theta); y=sin(theta);
z=zeros(1,length(theta));
plot3(x,y,z,'linewidth',3,'color','r');
axis equal; view(-26,48);
```

画出的空间等电势面如图 8.6 所示. 可以看到, 紧贴圆环的等势面是圆管形状, 而在圆环外面的等势面则由椭球面形状逐渐变成球面形状.

再将等电势线及电场线画在一幅图内 (图 8.7), 粗线为等势线, 细线为电场线. 等势线画出了垂直剖面图与水平剖面图. 电场线只画出了垂直平面内的图像. 旋转图像可以看到两者之间的关系. 实际程序如下, 分别是从不同视角所看到的图形. 程序中指令 copyobj 是复制图像, 指令 rotate 是旋转图像.

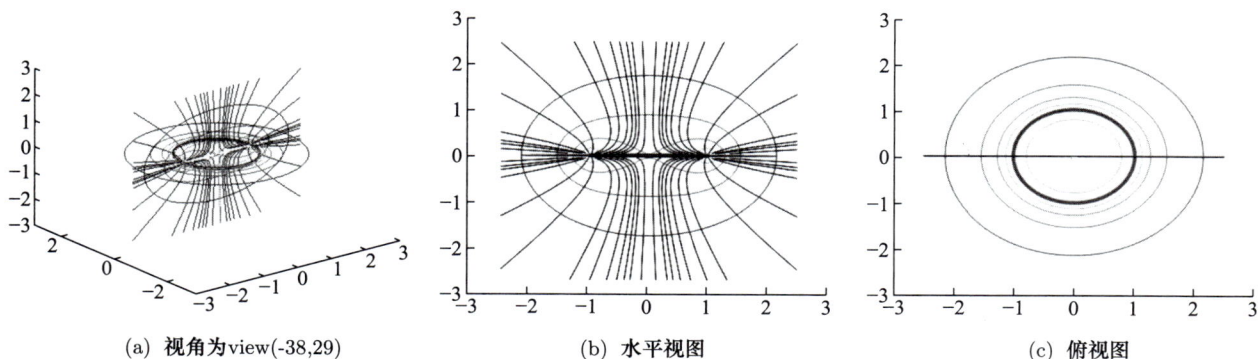

(a) 视角为view(-38,29)   (b) 水平视图   (c) 俯视图

图 8.7

```
theta=0:pi/40:2*pi; rho=1;                                    %环半径为1
x=cos(theta); y=sin(theta); z=zeros(1, length(theta));
plot3(x,y,z,'linewidth',3,'color','r');                       %画圆环
axis([-3 3 -3 3 -3 3]); hold on                               %设置坐标轴

x=-2.7:0.115:2.5; y=-2.7:0.115:2.5; z=-2.7:0.115:2.5;
[XX, YY, ZZ]=meshgrid(x, y, z);                               %三维数据网格用来作图
[X, Y, Z, T]=ndgrid(x, y, z, theta);                          %用四维数据网格计算电势
r=sqrt((X-cos(T)).^2 + Z.^2 + (Y-sin(T)).^2);                 %环上弧元到A点距离
dv=1./r;                                                      %电势微分表示
v=trapz(dv, 4);                                               %对theta积分, 求电势
contourslice(XX, YY, ZZ, v, [], 0, 0)                         %空间等势线

[ex, ey, ez]=gradient(-v, 0.5);                               %求电场分量ex, ey, ez
LPX=[0.2, 0.45, 0.55, 0.65, 0.75, 0.85, 0.9, ...
    0.95, 1, 1.05, 1.1, 1.15, 1.35, ];
LPY=[-0.05, 0.05];
LPZ=[-0.05, 0.05];
[SX, SY, SZ]=meshgrid(LPX, 0, LPZ);                           %y平面内流线的起点

h1=streamline(XX, YY, ZZ, ex, ey, ez, SX, SY, SZ);           %oyz平面第一卦限的电场线
h2=copyobj(h1, gca);                                          %复制电场线图形对象, 记为句柄h2
rotate(h2, [0, 0, 1], 180, [0, 0, 0]);                       %将图像绕z轴转180°
```

    程序中已经计算了空间任意点的电势与电场, 除了画出上面电势的等势面外, 还可以画出表示电势 U 与电场 $\boldsymbol{E}$ 在空间变化的图形, 例如电势在 x 轴、y 轴、z 轴上变化的图像如图 8.8 所示, (a)、(b)、(c)、(d) 分别为电势随 x、y、z 的变化, 以及在 Oxy 平面上的分布. 在 x 的取值中, 最接近 $x=0$ 元素的序号为 24, 程序中便以它的值表示 x 轴. 对 y 轴与 z 轴也作同样的处理.

    解释一下程序中语句 vx1=shiftdim(v(:,24,24)). 当选定 y, z 值后, 电势成为 x 的函数, 但是 v(:,24, 24) 仍是一个三维列阵, 只是第 2、第 3 维只有一个元素, 为了变成矢量供 plot 作图, 使用指令 shiftdim 就会将只有一个元素的维除去, 使其成为矢量.

    程序还画出了电场 e_x、e_z 分量在 x 轴、y 轴、z 轴上变化的图像 (图 8.9), 其中上面三个图 (a)、

(b)、(c) 分别是 e_x 随 x、y、z 变化的图像, 下面三个图 (d)、(e)、(f) 分别是 e_z 随 x,y,z 变化的图像.
两个图形的画图程序在下面.

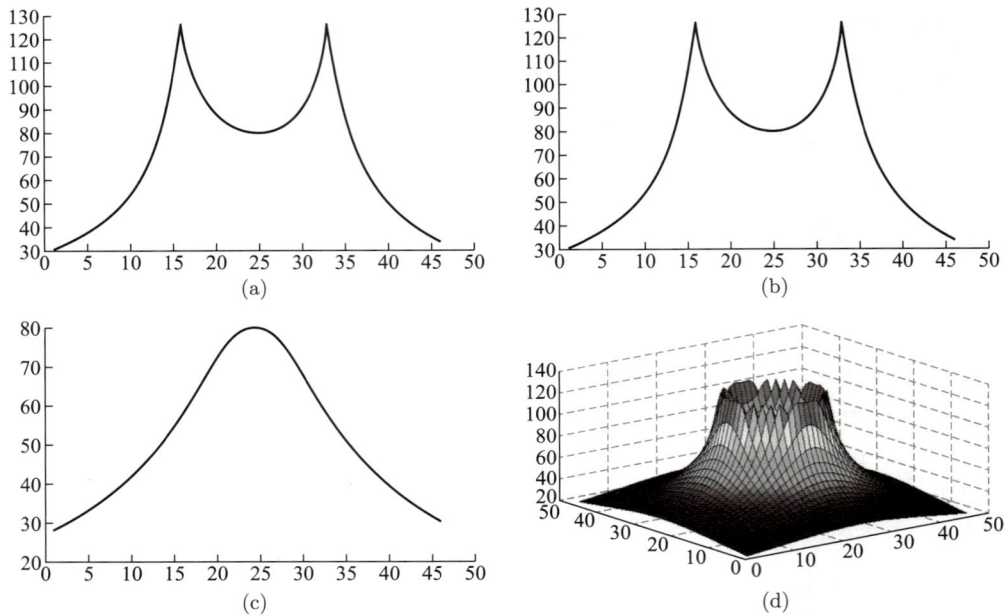

图 8.8　(a)、(b)、(c)、(d) 分别为电势随 x、y、z 的变化, 以及在 Oxy 平面上的电势分布

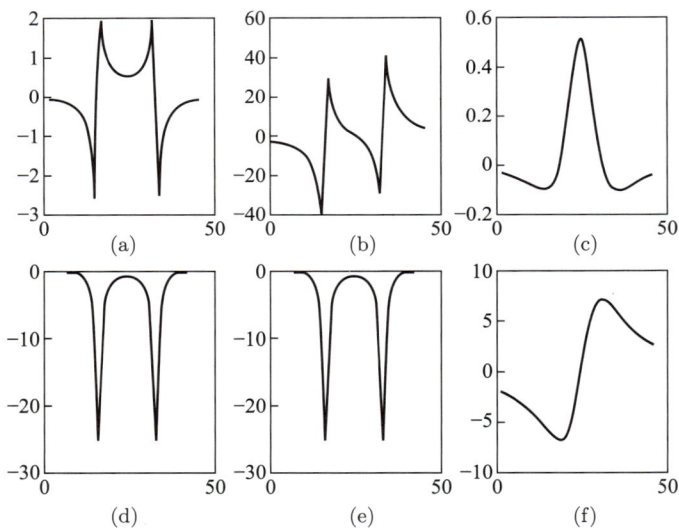

特殊函数表示
的环流圈磁场

图 8.9　(a)、(b)、(c) 分别是电场 e_x 随 x、y、z 变化的图像 (d)、(e)、(f) 分别是 e_z 随 x、y、z 变化的图像

显然, 这种方法可以画出任意位置的电势与电场的变化曲线, 这在某些研究工作中可能是需要的.

```
theta=0:pi/40:2*pi; rho=1;                              %环半径为1
 x=-2.7:0.115:2.5; y=-2.7:0.115:2.5; z=-2.7:0.115:2.5;
[XX,YY,ZZ]=meshgrid(x,y,z);                             %三维数据网格用来作图
[X,Y,Z,T]=ndgrid(x,y,z,theta);                          %用四维数据网格计算电势
r=sqrt((X-cos(T)).^2 + Z.^2 + (Y-sin(T)).^2);           %环上弧元到A点距离
dv=1./r;                                                %电势微分表示
```

```
v=trapz(dv,4);                                          %对theta积分,求电势
[ex,ey,ez]=gradient(-v,0.5);                            %求电场三个分量ex,ey,ez

figure
subplot(2,2,1)                                          %电势三个分量的图像
vx1=shiftdim(v(:,24,24));                               %选定y,z值
plot(vx1)
subplot(2,2,2)
vy1=shiftdim(v(24,:,24)); plot(vy1)
subplot(2,2,3)
vz1=shiftdim(v(24,24,:)); plot(vz1)
subplot(2,2,4)
vxy=shiftdim(v(:,:,24)); surf(vxy)

figure
subplot(2,3,1)                                          %电场ex的三个分量的图像
exx1=shiftdim(ex(:,24,24),1); plot(exx1)
subplot(2,3,2)
exy1=shiftdim(ex(24,:,24),2); plot(exy1)
subplot(2,3,3)
exz1=shiftdim(ex(24,24,:)); plot(exz1)
subplot(2,3,4)                                          %电场ez的三个分量的图像
ezx1=shiftdim(ez(:,24,24),1); plot(ezx1)
subplot(2,3,5)
ezy1=shiftdim(ez(24,:,24),2); plot(ezy1)
subplot(2,3,6)
ezz1=shiftdim(ez(24,24,:)); plot(ezz1)
```

§8.5 用户函数之一——匿名函数

8.5.1 用户函数

前面介绍了直接用数据作定积分, 本节介绍用指令对已知函数作数值积分. 这时用户不需要计算不定积分的解析式, 也不需要计算与积分变量对应的全部函数值. 只需要知道如何将被积分函数表示成 MATLAB 指令所需要的形式即可. 这种由用户定义的函数我们称为**用户函数**. 用户函数有三种定义方式, 下面逐一介绍.

MATLAB 内部有计算全部初等函数的指令, 如 sin, cos, tan, log, log10, exp 等, 取负数的平方根和对数会自动地得出相应的复数. MATLAB 也提供了许多特殊函数, 如勒让德函数 legendre, 贝塞尔函数 besselj、bessely, 等等. 这些函数大多数能接受复数. 要查看基本函数列表, 只需键入:

```
>> help elfun
```
要查看内部的特殊函数可以键入:

```
>> help specfun
```

某些函数, 比如方根、正弦函数, 是内建的, 是 MATLAB 内核的一部分, 所以非常有效, 但计算的细节则不容易得到. 另一些函数, 如双曲正弦函数、伽马函数, 是用 m 文件来建立的, 可以查看文件的内容或者修改它.

用户在计算中要用到的函数也可能是 MATLAB 中没有的, 用户就要用这些基本函数来建造自己专用的单变量或多变量函数, 这种由用户定义的函数称为**用户函数**. 用户函数也能像 MATLAB 的内部函数一样使用.

建立用户函数的方法有很多种. 例如, 在符号计算一章中介绍过用符号变量建立函数的方法, 这里简单复习一下.

```
>> syms x theta                          %建立符号变量
>> F(x,theta)=cos(x.^2).^2+theta         %用变量建立函数
F(x, theta) = theta + cos(x^2)^2
>> F(3,2.1)                              %求值
ans = cos(9)^2 + 21/10
>> vpa(ans)                             %化成数值
ans = 2.9301583541220400724080500223952
```

本章再介绍两种重要的新方法:

- 用 @ 建立函数句柄, 这种函数通常叫做匿名函数;
- 用函数文件建立函数, 文件名往往就是函数名, 如果是文件内的子函数, 需要同时为其建立一个函数名. 函数文件是一种新的程序文件类型.

8.5.2 匿名函数

下面的例子分别建立了单变量与双变量 2 种匿名函数并计算了相应的函数值. 符号 @ 后面第一个括号内是变量与参量, 接着写出函数表达式, 程序如下:

```
>> f=@(x)exp(x.^(-3))                    %建立x的函数f
f = @(x)exp(x.^(-3))
>> f(2:5)                               %计算x=2:5的函数值
ans = 1.1331 1.0377 1.0157 1.0080
>> g=@(x,y)sin(x)+y.^3                   %建立x,y的函数
g = @(x,y)sin(x) + y.^3
>> g(2:3,3:4)                           %计算x=2:3;y=3:4的函数值
ans = 27.9093 64.1411
```

对于用户自己建立的函数, 必须使用函数句柄调用, 例如:

```
>> f=@(x)cos(x)+2*sin(x);                %建立匿名函数f的句柄
>> ezplot(f)                            %调用函数句柄f画图
```

匿名函数只定义了函数句柄, 而没有定义函数名, 但是函数句柄起到了函数名的作用. 像普通函数一样, 通过输入变量值可以得到输出函数值; 通过函数句柄可以调用匿名函数, 但只能包含一条可执行语句.

函数句柄 (function handle) 是一种数据类型, 它包含了创建句柄时函数的各种信息, 比如路径、视野、函数名和可能的调用方法等. 在以后会反复用到函数句柄. 利用指令 whos 可以查看句柄的信息:

```
>> whos('f')
Name Size Bytes Class Attributes
f 1x1 32 function_handle
```

函数句柄定义以后会自动保存在当前工作的内存空间中, 使得 "调用函数" 像 "调用变量" 一样方便, 这提高了函数的调用速度, 尤其是比后面所讲的函数文件效率高, 而且在反复调用的情况下效率更高. 因为函数文件及其变量是保存在函数的内存中, 而不是在工作内存中.

建立匿名函数只需写一个简短的、可执行的表达式而不必写成一个文件, 所以使用更方便. 注意表达式中要使用数组运算符. 当函数表达式比较简单时, 应该优先采用这种形式. 匿名函数的计算效率高, 用法灵活, 必须掌握.

重复使用匿名函数就能构造多重匿名函数, 它相当于复合函数. 下面是二重匿名函数的构造与调用, 调用时也要分两次, 每次调用时只能按定义顺序输入相同的变量值. 如下例中, 第一次调用时已经输入了 x, 并且已经保存在函数 RY 之中, RY 已经是个一元函数, 所以第二次调用时只要输入 y 的值便可, 操作如下:

```
>> R=@(x)@(y)x^2+2*x*y+y^2              %建立二重匿名函数
R = @(x)@(y)x^2+2*x*y+y^2
>> RY=R(2)                             %赋值x=2, 得到y的一元函数
RY = @(y)x^2+2*x*y+y^2
>> RY(3)                                %赋值y=3,计算函数RY的值
ans = 25
```

其他多重函数的构造方法和使用方法与此相同. 注意多元函数与多重函数的区别, 它们有不同的含义与用法, 例如在上面例子中单独对 x 作运算以后, 得到的结果是 y 函数, 虽然并没有显示出来, 但是 x 的值是确定了. 二元函数则不能将两者分别运算. 所以说变量的数值与函数句柄相关联.

利用匿名函数也能构造符号函数并用于符号计算, 例如:

```
>> f=@(x)x^3                            %建立函数句柄f(x)
f = @(x)x^3
>> f(2)
ans = 8
>> syms y                                      %建立符号变量y
>> f(y)                          %将y代入函数句柄f(x),得到符号函数f(y)
ans = y^3
>> diff(f(y))                                  %对符号函数作微分
ans = 3*y^2
>> int(f(y))                                   %对符号函数作积分
ans = y^4/4
```

§8.6　用匿名函数作定积分

8.6.1　计算一重积分 (integral)

MATLAB 有多种计算函数积分的指令, 根据新版本的说明, 早期版本中的函数积分指令 quad 和 quadl 在目前版本中仍然可用, 但是性能相差甚多, 而且在以后的版本中这两个指令将被取消, 所以本

书不再学习这些旧指令, 只介绍新指令.

一元函数积分指令是 integral, 它采用自适应积分法和默认的误差精度, 用法是:

```
integral(fun,xmin,xmax)
integral(fun,xmin,xmax,Name,Value,)
```
说明:　　 fun　　　　　　积分函数

[xmin,xmax]　　积分区间

Name　　　　积分属性

Value　　　　积分属性值

所谓自适应积分就是可以根据积分精度的需要, 自动调节积分取点的数目. 如前所述, 积分是计算各个小区间的面积和. 区间越小, 积分值就越精确, 但是这样就要增加取点的数目, 也要增加计算量. 为了兼顾这两者, 自适应积分的做法是, 首先取较大区间 $[a, b]$ 计算区间内的积分, 然后在区间内取一点 c, 再分别计算两个小区间 $[a, c]$ 与 $[c, b]$ 内的积分, 如果在误差范围内有

$$\int_a^b f(x)\mathrm{d}x = \int_a^c f(x)\mathrm{d}x + \int_c^b f(x)\mathrm{d}x$$

那么这个区间的积分就完成了, 如果等式两边的差别超出误差范围, 那么就说明小区间的积分精度更高, 应该用等式右边的两个积分取代左边的积分, 然后再对两个小区间的积分继续重复上述过程, 检验积分的精度, 如此下去, 直到达到要求. 这样的算法可自动适应各种被积函数, 在被积函数变化剧烈的地方, 将区间划分为较密的子区间, 在被积函数变化缓慢的地方, 子区间就比较稀疏.

下例给出的积分语句有两种不同的形式, f 与 @(x)f(x) 是等价的, 但是后一种方式指明了指令所作用的变量与函数中的变量, 对多变量的匿名函数特别有用. 例如下面计算

$$I = \int_{0.5}^{0.6} \mathrm{e}^{x^{-3}}\mathrm{d}x$$

```
>> f=@(x)exp(x.^(-3))
f = @(x)exp(x.^(-3))
>> integral(f,0.5,0.6)                                    %积分方法一
ans = 71.5465
>> integral(@(x)f(x),0.5,0.6)                             %积分方法二
ans = 71.5465
```

指令 integral 可以作一些特殊积分, 例如:

1. 反常积分　　$I = \int_0^\infty \mathrm{e}^{-x^2}(\ln x)^2\mathrm{d}x$

操作如下:

```
>> fun=@(x)exp(-x.^2).*log(x).^2;
>> q=integral(fun,0,Inf)
q = 1.9475
```

2. 带参数的函数积分　　$I = \int_0^2 \dfrac{\mathrm{d}x}{x^3 - 2x - c}$　　$(c = 5)$

操作如下:

```
>> fun=@(x,c)1./(x.^3-2.*x-c);                          %c为参数
>> q=integral(@(x)fun(x,5),0,2)                         %积分区间[0,2],c=5
q = -0.4605
```

3. 改变积分精度　$I = \int_0^1 \ln x \, \mathrm{d}x$

操作如下:

```
>> format long;
>> fun=@(x)log(x);
>> q1=integral(fun,0,1)                                 %采用默认精度
q1 = -1.000000010959678
>> q2=integral(fun,0,1,'RelTol',0,'AbsTol',1e-12)       %指定精度
q2 = -1.000000000000010
```

4. 复函数的路径积分　$I = \oint_l \dfrac{\mathrm{d}z}{2z-1}$　用 waypoints 表示路径 l 经过的点. 上例的积分路径为从

$0 \to 1+\mathrm{i} \to 1-\mathrm{i} \to 0$ 的三角形, 对于复杂的曲线需要设置更多的点才能保证积分的精度, 操作如下:

```
>> fun=@(z)1./(2*z-1);
>> q=integral(fun,0,0,'waypoints',[1+1i,1-1i])
q = 0.0000 - 3.1416i
```

5. 积分函数的自变量是矢量　$I = \int_0^1 \sin[(1:5)x]\mathrm{d}x$

积分变量是矢量, 要用积分属性 ('Arrayvalued',true) 作积分, 操作如下:

```
>> fun=@(x)sin((1:5)*x);
>> q=integral(fun,0,1,'Arrayvalued',true)
q = 0.4597 0.7081 0.6633 0.4134 0.1433
```

6. 振荡函数的反常积分　$I = \int_0^\infty x^5 \mathrm{e}^{-5} \sin(x)\mathrm{d}x$

操作如下:

```
>> fun=@(x)x.^5.*exp(-x).*sin(x);
>> q=integral(fun,0,Inf,'RelTol',1e-8,'AbsTol',1e-13)
q = -14.999999999998364
```

8.6.2　计算二重积分 (integral2)

指令 integral2 的用法是:　　　　　　　　　integral2(fun,xmin,xmax,ymin,ymax,Name,Value).

例 8.1: 计算二重积分, 被积函数是

$$f(x,y) = \frac{1}{\sqrt{(x+y)}(1+x+y)^2} \quad (0 \leqslant x \leqslant 1, \quad 0 \leqslant y \leqslant 1-x)$$

操作如下:

```
>> fun=@(x,y)1./(sqrt(x+y).*(1+x+y).^2);
>> ymax=@(x)1-x;
>> q=integral2(fun,0,1,0,ymax)
q = 0.285398175390866
```

例 8.2: 用极坐标做积分, 被积函数是

$$f(\theta,r) = \frac{r}{\sqrt{r\cos\theta + r\sin\theta}(1 + r\cos\theta + r\sin\theta)^2}$$

将函数写成直角坐标形式, 用二重匿名函数将极坐标替换为直角坐标, 得到新的极坐标形式的函数:

```
>> fun=@(x,y)1./(sqrt(x+y).*(1+x+y).^2);
>> polarfun=@(theta,r)fun(r.*cos(theta),r.*sin(theta)).*r;
```

假定在这个极坐标积分中, 矢径 r 的上限取为

```
>> rmax=@(theta)1./(sin(theta)+cos(theta));
```

再用二元函数的积分指令得

```
>> q=integral2(polarfun,0,pi/2,0,rmax)
q = 0.285398163347462
```

例 8.3: 带参数的函数作二重积分, 并指定积分方法与积分精度, 操作如下:

```
>> a=3;b=5;fun=@(x,y)a*x.^2+b*y.^2;
>> q=integral2(fun,0,5,-5,0,'Method','iterated','AbsTol',0,'RelTol',1e-10)
q = 1.666666666666666e+03
```

8.6.3　计算三重积分 (integral3)

指令 integral3 的用法是: integral3(fun,xmin,xmax,ymin,ymax,zmin,zmax,Name,Value).

例 8.4: 作三重积分, 被积函数是

$$I = \int_0^\pi \mathrm{d}x \int_0^1 \mathrm{d}y \int_{-1}^1 \mathrm{d}z(y\sin x + z\cos x)$$

```
>> fun=@(x,y,z)y.*sin(x)+z.*cos(x);
>> q=integral3(fun,0,pi,0,1,-1,1)
q = 2.000000000000000
```

例 8.5: 在直角坐标下在单位球内积分:

$$I = \int_{-1}^1 \mathrm{d}x \int_{\sqrt{1-x^2}}^{\sqrt{1-x^2}} \mathrm{d}y \int_{\sqrt{1-x^2-y^2}}^{\sqrt{1-x^2-y^2}} \mathrm{d}z(x\cos y + x^2\cos z)$$

```
>> fun=@(x,y,z)x.*cos(y)+x.^2.*cos(z);
>> xmin=-1; xmax=1;
>> ymin=@(x)-sqrt(1-x.^2);
>> ymax=@(x)sqrt(1-x.^2);
```

```
>> zmin=@(x,y)-sqrt(1-x.^2-y.^2);
>> zmax=@(x,y)sqrt(1-x.^2-y.^2);
>> q=integral3(fun,xmin,xmax,ymin,ymax,zmin,zmax,'Method','tiled')
q = 0.779555454656150
```

例 8.6: 对带参数的函数作反常三重积分, 两次积分的精度不同:

$$I = \int_{-\infty}^{0} \mathrm{d}x \int_{-100}^{0} \mathrm{d}y \int_{-100}^{0} \mathrm{d}z \left(\frac{10}{x^2+y^2+z^2+a} \right)$$

```
>> a=2;
>> fun=@(x,y,z)10./(x.^2+y.^2+z.^2+a);
>> q1=integral3(fun,-Inf,0,-100,0,-100,0)
q1 = 2.734244598320928e+03
>> q1=integral3(fun,-Inf,0,-100,0,-100,0,'AbsTol',0,'RelTol',1e-9)
q2 = 2.734244599944285e+03
```

8.6.4 用高斯–克龙罗德法求积分 (quadgk)

指令 quadgk 用高斯–克龙罗德法求数值积分, 使用高阶全局自适应积分和默认容错. 用法为 q = quadgk(fun,a,b), 其中 fun 是被积函数句柄, 积分区间为 $[a,b]$.

例 8.7: 计算积分

$$q = \int_0^1 \mathrm{e}^x \, \ln(x) \, \mathrm{d}x$$

这个积分在 $x=0$ 处有奇点, 因为 $\ln(0)$ 发散到 $-\infty$, 操作如下:

```
>> f=@(x)exp(x).*log(x);
>> q=quadgk(f,0,1)
q = -1.3179
```

8.6.5 复杂的积分技巧

例 8.8: 特殊的多重积分

$$\int_{10}^{100} \left[\frac{1}{\int_x^{x^2} y\mathrm{d}y} \right] \mathrm{d}x$$

下面的积分不同于常规的二重积分, 但如下的计算能求得结果:

```
>> integral(@(x)1./arrayfun(@(xx)integral(@(y)y,xx,xx^2),x),10,100)
ans = 6.700287554816370e-04
```

例 8.9: 计算积分

$$\int_{0.2}^1 2y\mathrm{e}^{-y^2} \left(\int_{-1}^1 \frac{\mathrm{e}^{-x^2}}{x^2+y^2}\mathrm{d}x \right)^2 \mathrm{d}y$$

```
>> integral(@(y)2*y.*exp(-y.^2).*arrayfun(@(y)integral...
       (@(x)exp(-x.^2)./(y.^2+x.^2),-1,1),y).^2,0.2,1)
ans = 10.213463733952986
```

这里使用了向量化函数 arrayfun, MATLAB7 开始的版本提供了多种向量化函数, 使编程更加简洁, 有兴趣者可以参看北京航天航空大学出版社的《MATLAB 高效编程技巧与应用》一书.

例 8.10: 求复杂回路积分

$$q = \oint \frac{\mathrm{d}z}{2z-1}$$

被积函数在 $z=1/2$ 处有一个单极点, 所以用一个矩形的轮廓来包围这个点. 回路在实数线上从 $x=1$ 开始回到 $x=1$ 结束. 使用 "路点 'Waypoints'" 属性值来指定回路中的分段, 操作如下:

```
>> f=@(z)1./(2.*z-1);
>> contour_segments=[1+1i 0+1i 0-1i 1-1i];
>> q=quadgk(f,1,1,'Waypoints',contour_segments)
q = -0.0000 + 3.1416i
```

§8.7　用户函数之二——函数文件

除了符号函数与匿名函数, 函数文件也是建立用户函数的重要方法, 它是不同于我们以前用过的脚本文件和实时脚本文件的新的程序文件 (m 文件).

8.7.1　函数文件的建立

先用函数文件建立一个函数 $f(x,\theta) = \cos^2(x^2) + \theta$, 并求 $x=3$, $\theta = 2.1$ 时的函数值. 这个函数前面曾经用符号函数和匿名函数建立过, 这里重建一次以便对比三种方法的区别. 程序如下:

```
function [F,theta]= testb(x,theta)
F = cos(x.^2).^2 + theta;
end
```

输入完成后在编辑器页面点击图标 "保存", 文件将自动在当前目录下保存为函数文件 testb.m. 注意文件名默认使用 "testb". 在指令窗口可用如下两种方法调用:

```
>> test2(3,2.1)
ans = 2.9302
>> [F,theta]=testb(3,2.1)                              %指定全部输出变量名
F = 2.9302
theta = 2.1000
```

第一种调用方法的结果如图 8.10 所示, 中间上半部显示的是编辑器窗口内的函数文件, 中间下半部显示的是指令窗口的操作过程与结果. 左边显示的是当前目录下存在的文件名, 我们新编的文件 testb.m 就在其中. 右边是工作区, 即当前的内存区, 其中只有计算的函数值, 在没有命名时, 默认用 ans 表示并显示在指令窗口.

在结果显示中, 要特别注意能显示的量与不能显示的量. 在图片中可以看到, 在建立函数之后, 如果只是用函数文件计算函数值, 显示的结果也只有函数值 ans, 而函数文件中使用的变量 F、x、theta 在内存空间中不存在, 不会在指令窗口显示也不可以在指令窗口调用. 这是函数文件的一个重要特性, 它使用的内存空间是独立的, 与指令窗口的内存空间不同, 而脚本文件中的变量则与指令窗口的内存空间相同. 如果要与函数文件中的变量共享, 必须进行变量传递或者变量输出, 例如第二种调用方法输

出了两个变量 F、theta, 它们就会出现在内存空间也会显示在指令窗口, 读者应亲自操作验证一下. 传递变量有几种不同的方法, 最简单的方法是用指令 global 建立各个子空间都能共享的全局变量.

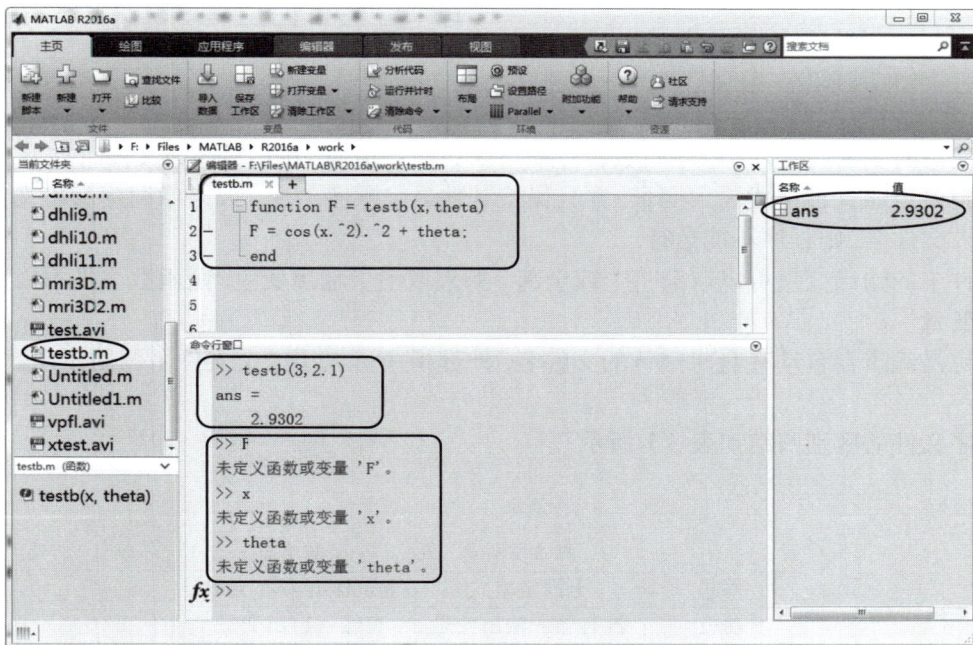

图 8.10   屏幕显示的结果

图 8.11 所示为脚本文件与函数文件对内存空间的使用及变量存储的位置, 脚本文件将变量存放在指令窗口的内存中, 而每个函数文件都会生成一个独自的内存空间用以存放自己的变量.

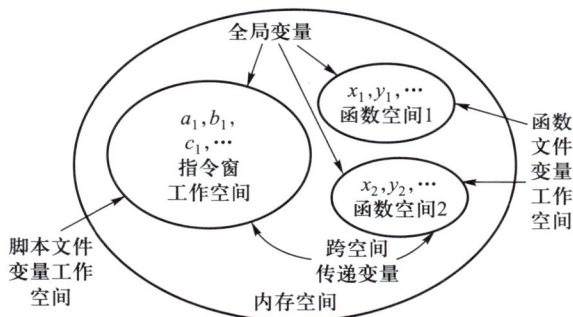

图 8.11   内存空间分配及变量存储位置示意图

8.7.2   函数文件的格式

脚本文件与函数文件的格式和用途都有明显的差别. 从用途来看, 函数文件可以完成脚本文件的功能, 而脚本文件却不具有函数文件的功能. 从格式来看, 脚本文件没有专用的格式, 而函数文件有专用的编写格式与调用格式. 函数文件必须以指令 Function 开头 (函数定义行), 以指令 end 结尾, 二者之间的语句组成函数体. 以前的版本可以不加 end, 在新的版本中, 要求都加上, 并且根据所加的位置不同, 会代表不同含义, 在 §8.9 节中有详细介绍. 在新版本中不加 end 的程序仍然可运行, 但是它只对应于新版本中一种特定的函数文件类型——即主函数与本地函数的关系.

函数文件的格式如下:

```
function [ 输出变量Q1,Q2,…]=函数名(输入变量P1,P2,…)
    ......(函数体)
end
```

调用格式如下:

[输出变量Q1, Q2, …]=函数文件名(输入变量P1, P2, …)

调用时使用的变量的名称、顺序与数目应该与函数文件相同. 在编写函数文件时如果有输入变量, 则调用时一定要遵照这种格式输入变量, 并且保持其数目、顺序不变. 如果像调用脚本文件一样只在指令窗口输入文件名, 则程序不能运行.

函数文件中的输出变量可以取消一个或全部. 如果取消了输出变量, 则函数文件不能以这种方式与外部共享变量.

函数名也是编辑器自动存盘时默认的文件名, 外部指令可以用这个文件名调用该函数, 建议不要改动.

两类程序文件的区别归纳如表 8.1 所示.

表 8.1

	脚本文件	函数文件
格式	无固定格式	function……end
功能	没有输入输出变量	有输入输出变量
内存	与指令窗口共用	独立函数空间
调用法	文件名不可加变量	文件名可加变量
内部子函数	必须在最后	有

§8.8　用函数文件作积分

与符号函数和匿名函数一样, 函数文件建立的用户函数同样能被 MATLAB 指令调用, 参与各种运算, 比如做积分运算, 但是调用格式与匿名函数不同. 为了对比, 我们重做一下匿名函数一节中的例题.

例 8.11: 简单的函数积分, 程序及操作如下:

```
function F=fun1(x)                                          %函数文件
F=exp(x.^(-3));
end
```

```
>> integral(@(x)fun1(x),0.5,0.6)                           %积分注明自变量
ans = 71.5465
>> integral(@fun1,0.5,0.6)                                 %积分不注明自变量
ans = 71.5465
```

例 8.12: 函数的反常积分, 程序及操作如下:

```
function F=fun2(x)                                          %作反常积分的函数文件
F=exp(-x.^2).*log(x).^2;
end
```

```
>> integral(@fun2,0,Inf)                                   %在指令窗口积分
```

```
ans = 1.9475
```

例 8.13: 带参数的函数作积分, 程序及操作如下:

```
function [F,c]=fun3(x,c)                                    %带参数的函数文件
F=1./(x.^3-2.*x-c);                                        %c为参数
end
```

```
>> integral(@(x)fun3(x,5),0,2)                             %积分运算
ans = -0.4605
>> c=5;                                                     %先给参数值, 再作积分
>> integral(@(x)fun3(x,c),0,2)
ans = -0.4605
```

例 8.14: 三元函数的函数, 程序及操作如下:

```
function F=fun4(x,y,z)                                     %三元函数的函数文件
F=y.*sin(x)+z.*cos(x);
end
```

```
>> integral3(@fun4,0,pi,0,1,-1,1)                          %积分运算
ans = 2.0000
```

可见函数文件建立的函数与匿名函数的功能完全相同, 都能参与各种运算.

§8.9 主函数文件结构 [主函数、本地函数 (即局部函数) 与嵌套函数]

一个函数文件内部还可以包含函数文件, 被包含的函数叫子函数, 而包含子函数的文件就叫主函数文件. 根据包含的函数文件的位置不同, 可以分为两类. 图 8.12 所示为两类主函数文件的结构图.

主函数 (main function) 可以直接被外部指令调用, 主函数文件内部的子函数文件一般只在主函数文件内部调用. 子函数又分为本地函数 (local functions) 和嵌套函数 (nested functions) 两大类. 每个函数都必须以 function 开始, 以 end 结尾. 注意在 MATLAB2017a 版本以后, 脚本文件也可以加入子函数文件, 但是脚本文件中的子函数文件必须放在最后.

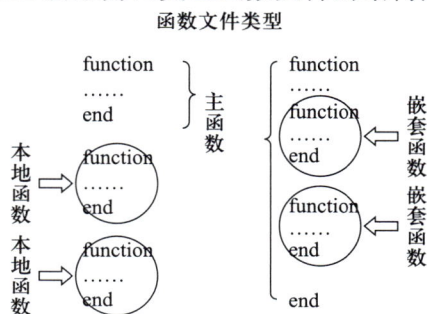

图 8.12 两类主函数文件的结构

8.9.1 本地函数

在主函数文件中, 本地函数 (也称为局域函数) 可以放在主函数的结束语句 end 之后的任何位置, 数目不限. 每个函数都有独立的内存空间, 不同的内存空间要通过变量输入或输出来传递变量, 也可以通过设置全局变量来传递变量值. 下面的例子在主函数文件内建立了两个本地函数, 使用了设置全局变量和输入变量两种方法来传递变量, 两种方法的使用效果相同, 程序如下:

```
function [avg,med]=mystats(x)                              %主函数
global n                                                   %设置全局变量n
```

```
n=length(x);                                          %计算输入数据的数目
avg=mymean(x);                                %调用本地函数1，输入x，输出a
med=mymedian(x);                              %调用本地函数2，输入x，输出m
end


    function a=mymean(v)                                        %本地函数1
    global n
    a=sum(v)/n;                                                    %求平均值
    end


    function m=mymedian(v)                                      %本地函数2
    global n
    w=sort(v);                                                        %排序
    if rem(n,2)==1                                            %以下求中位数
        m=w((n + 1)/2);
    else
        m=(w(n/2)+w(n/2+1))/2;
    end
    end
```

一次运行的结果是

```
>> [a,b]=mystats([1,8,7,4,3])
a = 4.6000
b = 4
```

以前的 MATLAB 版本函数文件不要求以 end 结束, 在每个函数末尾也不用加 end, 实际上它所使用的都是主函数与本地函数, 而嵌套函数必须使用 end 结束. 为了明确地区分本地函数与嵌套函数, 建议读者还是统一用 end 结束函数.

在 MATLAB2017a 版本中, 一个重要的改变是在脚本文件中可以加入函数文件. 换言之, 上面的程序可以改成:

```
x=[1,8,7,4,3];
n=length(x);
avg=mymean(x,n)
med=mymedian(x,n);


function a=mymean(v,n)
a=sum(v)/n;
end


function m=mymedian(v,n)                                      %本地函数2
w=sort(v);                                                        %排序
if rem(n,2)==1                                            %以下求中位数
    m=w((n+1)/2)
```

```
else
    m=(w(n/2)+w(n/2+1))/2
end
end
```

这些改进无疑为程序编写和使用带来了很大的方便.

8.9.2　嵌套函数

嵌套函数是指一个函数 (子函数) 包含在另一个函数 (主函数常称为父函数 parent function) 之内, 即子函数是包含在其父函数的结束句 end 之前的. 函数文件中的任何函数都可以含有嵌套函数. 注意本地函数不是嵌套函数, 因为它是放在主函数文件的 end 之后的.

定义嵌套函数必须注意:

- 在流程控制语句中如 if、switch、for、while 等语句不能定义嵌套函数;
- 调用嵌套函数必须用函数名或者 @ 建立的函数句柄, 而不能用其他指令如 feval、str2func 等;
- 嵌套函数及包含它们的函数中的变量必须具有显性的定义. 也即不能通过调用函数或脚本文件来给变量赋值, 除非这些变量已经存在于内存空间之中.

嵌套函数的优点是解决了本地函数不能与主函数共享变量的困难, 也就是:

- 通常一个函数的内存空间不能被别的函数所利用, 然而嵌套函数可以共享变量, 即嵌套函数与其父函数之间可以修改相同的变量而不必经过显性的传递.
- 在父函数中可以建立嵌套函数的句柄, 它包含有运行嵌套函数所要的数据.

例 8.15:

```
function mfun1                                          %父函数
x=5
nestfun1                                                %调用嵌套函数

    function nestfun1                                   %建立嵌套函数
    x=x+1                                               %在嵌套函数中计算x+1
    end
end
```

例 8.16:

```
function mfun2                                          %父函数
nestfun2;                                               %调用嵌套函数

    function nestfun2                                   %建立嵌套函数
    x=5
    end

x=x+1                                                   %在父函数中计算x+1
end
```

两个程序运行的结果是:

```
>> mfun1
x = 5
x = 6
>> mfun2
x = 5
x = 6
```

从结果看, 两个程序相同, 但是其中的运算过程正好相反, 例 8.15 是在父函数中赋值 $x = 5$, 在嵌套函数中直接利用这个值来计算 $x + 1$ 得到 $x = 6$. 例 8.16 是先调用嵌套函数的赋值 $x = 5$, 然后在父函数中利用这个值计算 $x + 1$, 也得到 $x = 6$. 这个例子表明嵌套函数可以共享其父函数的变量, 而父函数则是通过调用嵌套函数来获取其中的变量值.

如果父函数没有使用嵌套函数中某个给定的变量, 则这个变量仍然是嵌套函数的局部变量. 例如, 在下面的父函数中有两个嵌套函数, 它们都有自己的变量 x, 两者相互不影响.

例 8.17

```
function mfun3                                    %父函数
nestedfun1                                        %调用嵌套函数1
nestedfun2                                        %调用嵌套函数2

    function nestedfun1                           %建立嵌套函数1
    x=1
    end

    function nestedfun2                           %建立嵌套函数2
    x=2
    end
end
```

运行的结果是:

```
>> mfun3
x = 1                                             %嵌套函数1中x的值
x = 2                                             %嵌套函数2中x的值
```

它表明在不同的子函数空间中, x 具有不同的赋值. 注意在程序的各个语句后面没有分号, 这样才能将结果显示出来.

具有输出项的函数在其内存空间中有输出变量, 然而父函数只有明确调用过嵌套函数的输出变量后才能拥有. 例如, 这个父函数在其内存空间并不拥有变量 y:

```
function parentfun                               %主函数也是父函数
x=5
nestedfun                                        %调用嵌套函数

    function nestedfun
    y=x+1;                                        %建立嵌套函数
```

```
    end
  end
```

只有将编码作如下改动后, 变量 z 才会出现在父函数的内存空间

```
function parentfun                              %主函数也是父函数
x=5
z=nestedfun                                     %调用嵌套函数并将结果赋值给Z

    function y=nestedfun                         %建立嵌套函数
    y=x+1;
    end
end
```

综上所述, 嵌套函数的变量有三个来源:

- 输入项;
- 嵌套函数内有定义的变量;
- 父函数中定义的变量, 也即所谓的外部视野的变量.

视野 (scope) 是指能被调用的函数或文件的范围. 每个函数都有一定的视野, 也即对其他函数的可视性. 嵌套函数的可视性是:

- 直接的上一级函数 (在下面的编码中, A 可以调用 B 和 D, 不能调用 C 和 E);
- 同一个父函数下的同一级嵌套函数互相可见 (B 可以调用 D, D 也可调用 B);
- 对于更低级别的嵌套函数是可视的 (C 可以调用 B 和 D, 但不能调用 E).

程序如下:

```
function A(x,y)                                 %主函数
B(x,y);
D(y);
    function B(x,y)                             %B嵌套在A中
    C(x)
    D(y)
        function C(x)                           %C嵌套在B中
        end
    end

    function D(x)                               %D嵌套在A中
    E(x);
        function E(x)                           %E嵌套在D中
        disp(x)
        end
    end
end
```

扩大嵌套函数视野的简单方法是建立函数句柄, 并把它作为函数输出量返回. 如下节所述, 只有调用嵌套函数的函数能够对它建立一个函数句柄. 所以, 在建立一个嵌套函数的函数句柄时, 这个句柄不仅包含函数名, 也包含了其外部视野的变量.

例如, 建立函数文件 makeparabola.m, 这个函数接受多项式的几个系数, 并为嵌套函数返回一个计算该多项式的值的句柄, 程序如下:

```
function p=makeParabola(a,b,c)
p=@parabola;

    function y=parabola(x)
    y=a*x.^2+b*x+c;
    end
end
```

makeParabola 函数返回函数句柄给 parabola 函数, 其中包括系数 a,b,c.

在命令窗口使用参数 1.3、0.2、30 调用函数 makeparabola. 再使用返回的函数句柄 p 来计算一个特殊点的多项式的值, 这即是所谓使用函数句柄存储函数参数, 操作如下:

```
>> p=makeParabola(1.3,  0.2,  30);
>> x=25;
>> y=p(x)
y = 847.5000
```

许多 MATLAB 指令都接受输入函数句柄以求一个区间的值. 例如, 在区间 [-25,+25] 之间画图:

```
fplot(p,[-25,25])
```

也可以对指令 parabola 建立多个函数句柄, 它们分别使用不同的系数计算, 程序如下:

```
P1=makeParabola(0.8, 1.6, 32)
P2=makeParabola(3, 4, 50)
range=[-25, 25]
figure, hold on
fplot(P1,range)
fplot(P2,range, 'r:')
hold off
```

8.9.3　应用: 心形线包围的面积

例 8.18: 用直角坐标和极坐标分别画心形线的图形并计算其面积.

用匿名函数编写程序, 画出图形如图 8.13 所示, 求得面积为 $jf_2 = 2.356\,2$, 程序如下:

```
t=0:pi/10000:pi;
r=@(t)1+cos(t);
rr=r(t);
figure,   polar(t,rr)
[x,y]=pol2cart(t,rr);
figure,
```

```
plot(x,y), axis equal
d=-diff(x);
jf1=sum(d.*y(1:end-1))
jf2=integral(@(t)r(t).^2/2,0,pi)
```

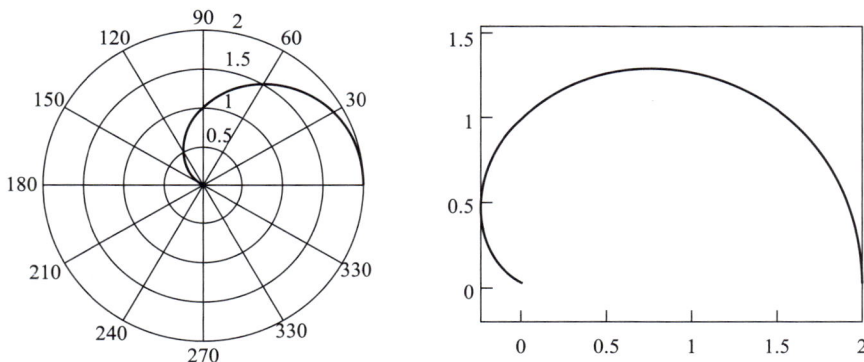

图 8.13   心形图的两种画法

再对比嵌套函数编写的程序:

```
function [jf1,jf2]=xinxing(t)                                %t=0:pi/10000:pi
figure, polar(t,rt(t))                                      %极坐标画图
jf1=integral(@(t)rt(t).^2/2,0,pi);                          %极坐标积分
jf2=xy;                                                     %调用嵌套函数xy

    function r=rt(t)
    r=1+cos(t);                                             %心形线函数
    end

    function jf2=xy
    rr=rt(t);                                               %调用嵌套函数rt
    [x,y]=pol2cart(t,rr);
    figure,
    plot(x,y),                                             %直角坐标画图
    axis equal
    d=-diff(x);
    jf2=sum(d.*y(1:end-1));                                %直角坐标积分
    end
end
```

父函数名是 xinxing, 它有两个嵌套函数 rt 和 xy, 两个嵌套函数是并列的, 互相没有嵌套关系. 在指令窗口中调用主函数时输入的变量 t 为极角变化的范围, 输出变量 jf_1、jf_2 分别为极坐标积分值与直角坐标积分值. 父函数中的变量 t 可以直接被两个子函数使用, 例如函数 xy 中使用的变量 t 就不需要输入.

嵌套函数 rt 是用来构造心形线函数的, 主函数中调用函数 rt 来画极坐标图形, 并用指令 integral 作极坐标积分 jf_1.

另一个嵌套函数 xy 调用函数 rt 来画直角坐标图形和计算直角坐标积分 jf_2. 结果是极坐标图形与直角坐标的图形相同, 积分 jf_1 与积分 jf_2 的值相同.

注意极坐标函数在极坐标下的积分表达式是 $\dfrac{1}{2}\displaystyle\int_{\theta1}^{\theta2} r^2(\theta)\mathrm{d}\theta.$

这个例子说明, 函数可以有不同的嵌套函数, 它们是不同变量的函数. 父函数可以调用嵌套函数, 嵌套函数互相之间也能调用. 父函数的变量可以直接在嵌套函数中使用, 而嵌套函数中的变量只有被父函数调用以后才能被父函数利用. 嵌套函数之间也要经过调用以后才可以使用其他嵌套函数的变量. 嵌套函数必须放置在父函数文件的 end 之前, 但是互相之间的次序可以任意安排.

有时候嵌套函数比匿名函数更方便, 例如下面画图的例子, 已知函数为

$$z(x,y)=1-\mathrm{e}^{-x-y}\sum_{n=1}^{+\infty}\left(\frac{y^n}{n!}\sum_{m=0}^{n-1}\frac{x^m}{m!}\right)$$

$$(0\leqslant x\leqslant 2; \qquad 0\leqslant y\leqslant 2)$$

画出其图像, 其中最外层有一个无穷级数, 但是实际上 n 的取值不必取到 ∞, 只要取到 30 就能达到较高精度的要求. 其中阶乘用伽玛函数 $\Gamma(n+1)=n!$ 表示, 程序如下: 画出图形如图 8.14 所示.

```matlab
function tuxing
x=linspace(0,2,40);                                    %将区域划分为40个节点
[X,Y]=meshgrid(x);
for i=1:40
    for j=1:40
        Z(i,j)=js(X(i,j),Y(i,j));                      %调用子函数
    end
end
mesh(X,Y,Z)

    function Zij=js(xij,yij)                            %计算每点的函数值
    for n=1:30                                         %无穷级数只取30项
        S(n)=yij^n/gamma(n+1)*sum(xij.^(0:n-1)./gamma(1:n));
    end
    Zij=1-exp(-xij-yij)*sum(S);
    end
end
```

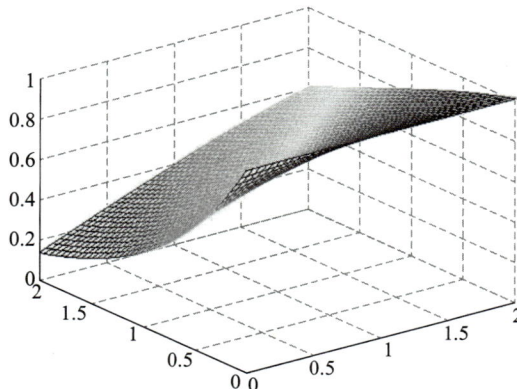

图 8.14 用级数画的图形

8.9.4 函数文件的用法小结

在以下几种情况常常用到函数文件:

- 建立用户专用函数, 用以计算或画图.
- 建立求解线性与非线性方程 (组) 用的方程.
- 建立求解常微分方程 (组) 用的方程.
- 为了合并文件. 在主程序下建立子程序, 即在主函数文件中建立子函数. 这样把多个文件组合成一个文件, 不仅减少了文件数目, 使用也更方便.

建立用户函数的方法共有 4 种:

- 用匿名函数
- 用函数文件
- 用符号变量
- 用指令 inline

其中用指令 inline 建立函数的方法如下, 注意函数与变量都要用引号括起来. 调用时也要注意变量的顺序. 这种方法建立的函数其运算效率明显不如匿名函数, 而且 MATLAB 已经申明, 将在以后版本中取消这个指令, 所以只要了解其用法即可, 操作如下:

```
>> f=inline('cos(x.^2).^2+t','x','t')
f = Inline function:
    f(x,t) = cos(x.^2).^2+t
>> f(3,2.1)
ans = 2.9302
```

第八章程序包

第九章　求方程的零点

前面已经介绍过矩阵方程与符号方程的解法, 本章介绍数值求解方程 $f(x) = 0$ 的方法. 为了突显求解线性、非线性方程 (它们的计算不涉及微积分) 与求解微积分方程之间的差别, 我们将解线性、非线性方程称为求方程的零点.

§9.1　求 $f(x) = 0$ 实根的算法

9.1.1　对分法

若函数 $f(x)$ 在区间 $[a, b]$ 单调连续, 且有 $f(a) < 0, f(b) > 0$, 则 a, b 间必有实根.

记中点 $x_0 = (a + b)/2$, 若 $f(x_0) = 0$, 则 x_0 为所求实根.

若 $f(x_0) < 0$, 则令 $a_1 = x_0, b_1 = b$, 若 $f(x_0) > 0$, 则令 $b_1 = x_0, a_1 = a$. 这时根必在 $[a_1, b_1]$ 中, 它的长度为原区间的一半.

令 $x_1 = (a_1 + b_1)/2$, 再重复上面的过程, 得到新的区间 $[a_2, b_2]$ 又缩小了一半. 一直进行下去, 可得到一区间系列

$$[a, b], \quad [a_1, b_1], \quad [a_2, b_2], \cdots, [a_n, b_n]$$

当 $n \to \infty$, 区间 $[a_n, b_n]$ 的长度 $b_n - a_n = (b - a)/2^n$ 将趋于零, 且

$$x^* = \lim_{n \to \infty} x_n = \lim_{n \to \infty} \frac{a_n + b_n}{2}$$

是方程根的近似值. 可根据需要的精度来决定计算次数, 此方法的缺点是收敛速度慢, 优点是可靠. 只要找到了一个函数值改变了符号的区间, 也就是有实根存在的区间, 这个方法就能按照设定的精度找到逼近这个实根的浮点数.

9.1.2　切线法

用对分法得到方程 $f(x) = 0$ 的一个根的近似值 x_n 以后, 可用切线法来提高速度.

将 $f(x)$ 在 x_n 处作泰勒级数展开, 即

$$f(x) = f(x_n) + f'(x_n)(x - x_n) + f''(x)(x - x_n)^2/2! + O(x^3)$$

取一级近似得

$$f(x_n) + f'(x_n)(x - x_n) = 0$$

设 $f'(x_n) \neq 0$, 以 x_{n+1} 代替 x 得到牛顿迭代序列为

$$x_{n+1} = x_n - \frac{f(x_n)}{f'(x_n)}$$

如图 9.1(a) 所示, x_{n+1} 是过点 $(x_n, f(x_n))$ 的切线

$$y - f(x_n) = f'(x_n)(x - x_n)$$

与 x 轴的交点, 所以叫切线法.

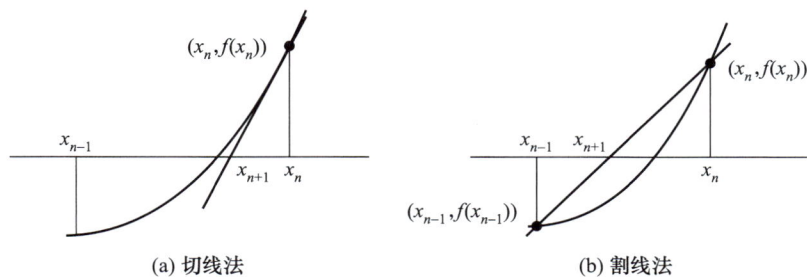

(a) 切线法   (b) 割线法

图 9.1

这个方法效率比对分法高, 但是要求函数必须是光滑的, 也即存在一阶导数, 另外还要求初始猜测解要十分靠近准确解, 否则可能会收敛得十分慢, 甚至会不收敛.

9.1.3 弦割法

用差分公式近似代替上式中的导数

$$f'(x_n) = \frac{f(x_n) - f(x_{n-1})}{x_n - x_{n-1}}$$

得到的递推公式是

$$x_{n+1} = x_n - f(x_n)\frac{(x_n - x_{n-1})}{f(x_n) - f(x_{n-1})}$$

这就是弦割法的公式, 它通过 x_n 和 x_{n-1} 求出 x_{n+1}. 如图 9.1(b) 所示, 它是用过点 $(x_{n-1}, f(x_{n-1}),$ $x_n, f(x_n))$ 的割线与 x 轴的交点来求根. 它的优点与缺点和切线法一样, 但是不需要直接计算 $f'(x)$.

9.1.4 迭代法

将求解的方程 $f(x) = 0$ 改写为

$$x = \phi(x)$$

假定 x_0 是在根的附近, 计算出迭代序列:

$$x_{k+1} = \phi(x_k), \qquad k = 0, 1, 2, \cdots$$

若下列极限存在

$$\lim_{k \to \infty} x_k = x^*$$

则有

$$\lim_{k \to \infty} x_{k+1} = \lim_{k \to \infty} \phi(x_k) = \phi(\lim_{k \to \infty} x_k)$$

即

$$x^* = \phi(x^*)$$

这表明 x^* 就是原方程的根. 在实际计算中, 只需取一定次数的迭代结果作为方程的近似根即可.

迭代函数 $\phi(x)$ 可以视为一种变换, 则上式表示 x^* 经过变换后仍然等于它自己, 所以 $x = \phi(x)$ 的根 x^* 也叫做变换 $\phi(x)$ 下的不动点.

例如, 在区间 [1,2] 求解方程

$$x^3 - x - 1 = 0$$

方程化成等价形式

$$x = \sqrt[3]{x+1}$$

则有迭代公式

$$x_{k+1} = \sqrt[3]{x_k + 1}, \quad k = 0, 1, 2, \cdots$$

在指令窗口输入:

```
x=1.5;
for k=1:7
    x=(x+1)^(1/3)
end
```

得到的迭代结果是 1.325 9, 1.324 9, 1.324 8, 1.324 7, 1.324 7, 即方程的近似解为 1.324 7.

前面介绍的切线法与弦割法, 也是迭代法. 如果利用切线法, 则操作为:

```
x=1.3;
for k=1:3
    x=(2*x^3+1 )/(3*x^2-1)
end
```

3 次迭代后得到结果 1.324 7, 显然计算效率更高.

使用迭代法时, 如果迭代公式取得不恰当, 则迭代序列可能不收敛. 在上例中, 如果令

$$x = x^3 - 1$$

使用同样的初值 $x_0 = 1.5$, 得到的结果是 2.375, 12.397 6, $\cdots$, 迭代序列不收敛, 即用迭代法求解方程失败

将迭代公式改写为

$$\begin{cases} y = x \\ y = \phi(x) \end{cases}$$

则原方程的解为方程组中两个方程的交点. 迭代过程的几何意义可用图 9.2 来表示.

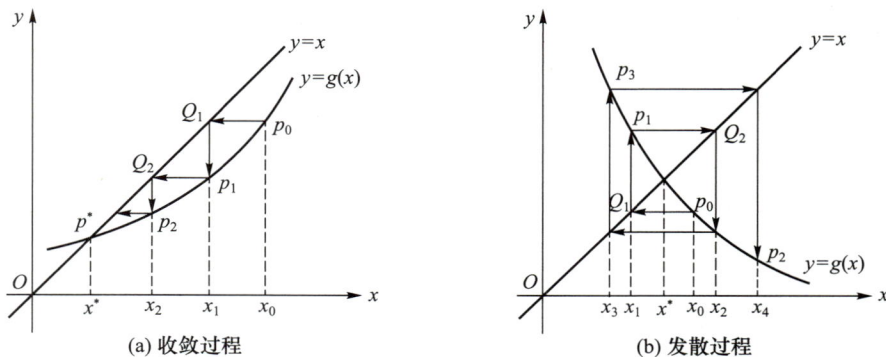

(a) 收敛过程　　　　　　　　(b) 发散过程

图 9.2　迭代注解方程的几何意义

如图 9.2(a) 从 x 轴上 x_0 点作 y 轴的平行线交曲线 $y = \phi(x)$ 于 p_0, 则 p_0 点的纵坐标为 $x_1 = \phi(x_0)$, 即有

$$p_0(x_0, x_1)$$

再从 x 轴上 x_1 点作 y 轴的平行线交曲线 $y = \phi(x)$ 于 p_1, 则 p_1 点的坐标为 $p_1(x_1, x_2)$, 这相当于从 p_0 点引平行于 x 轴的直线交 $y = x$ 于 $Q_1(x_1, x_2)$, 再过 Q_1 点引平行于 y 轴的直线交曲线 $y = \phi(x)$ 于 $p_1(x_1, x_2)$, 依次做下去, 可得到点列

$$p_0(x_0, x_1), p_1(x_1, x_2), p_2(x_2, x_3), \cdots$$

若有

$$\lim_{k \to \infty} p_k = p^*$$

即有

$$\lim_{k \to \infty} x_k = x^*$$

则迭代法收敛, 否则如图 9.2(b) 所示, 迭代法发散.

再讨论一下迭代公式的加速. 在迭代公式

$$x = \phi(x)$$

两边加上 λx 再改写成

$$x = \frac{1}{1 + \lambda}[\phi(x) + \lambda x]$$

如果 $\phi'(x)$ 在根 x^* 附近变化不大, 近似等于 k, 且 $|k| < 1$. 在上式中取 $\lambda = k$, 得到

$$x = \frac{1}{1 - k}[\phi(x) - kx]$$

由于函数 $\phi(x) - kx$ 的导数 $\phi'(x) - k$ 接近于零, 明显小于 $\phi'(x)$, 所以上面得到的新的迭代公式比原来的迭代公式收敛更快, 也即迭代加速了. 下面用一个例子来验证这个公式.

求解方程 $x = \mathrm{e}^{-x}$ 在 $x = 0.5$ 附近的根. 计算中用 $\varepsilon = |x_{k+1} - x_k|$ 估计计算精度, 因为无法确定 $|x^* - x_k|$. 经过 10 次迭代, 得到

    x = 0.566907212935471
    ε = 6.524213267710133e-04

再用加速迭代公式重新计算. 在 $x = 0.5$ 附近 $\phi'(x) = -\mathrm{e}^{-x}$ 近似等于 -0.6. 加速迭代公式则是

$$x_{k+1} = \frac{1}{1.6}(\mathrm{e}_k^{-x_k} + 0.6x_k)$$

迭代 3 次后的结果是:

    x = 0.567143054740294
    ε = 1.124169824906485e-05

显然加速的效果十分明显.

迭代法的思想也用于解线性方程组和椭圆型偏微分方程, 所以是一种很重要的解方程的方法.

9.1.5　求 $f(x) = \eta$ 零点的算法

有时候并不是求函数 $f(x)$ 的零点, 而是求函数值为某个值时 (比如 η) 所对应的自变量的值. 这时可以建立一个函数

$$F(x) = f(x) - \eta$$

然后再求 $F(x)$ 的零点. 例如 §9.3 节中的例题.

§9.2　MATLAB 解方程的指令

前一节中介绍的算法十分简单, 只能解一元函数. 而 MATLAB 解方程的指令所能处理的问题要复杂得多, 可用的求解方法有:

- 使用指令 fzero 解一元函数的实根
- 使用指令 roots 求多项式零点
- 使用指令 fsolve 解非线性方程组
- 使用指令 solve 解符号方程和数值方程 (组)
- 左除法解线性代数方程组

使用时要根据不同的问题选用不同的指令. 此外, 在矩阵运算一节还介绍过用左除法解线性代数方程组.

9.2.1　用 fzero 求一元函数的实根

指令 fzero 可用于求单变量函数 $f(x)$ 的零点. 它使用的算法叫做 zeroin 算法, 是结合了对分法、割线法以及其他方法 (如逆二次插值法等) 的一种综合方法. 这个算法简单而可靠, 能一直将方程限制在不断缩小的区间中. 在迭代过程中, 如果快速收敛的方法有效就用, 否则就用速度较慢但是非常安全的方法, 如对分法, 来求下一步的近似解.

指令的使用格式为:

```
x=fzero(fun, x0)
x=fzero(fun,x,options,p1,p2,…)
[x,fval]=fzero(…)
```

指令的意义如下:

x, fval	零点及对应的函数值, 没有零点则返回NaN
fun	求零点的单变量函数, 函数值须是实数
x0	猜测的初始值或搜寻零点的区间[x0(1), x0(2)]
options	控制算法的优化选项, [] 是默认值

函数 fzero 使用时要输入两个基本参数, 即要求解的函数以及初始的猜测解或者求解的区间. 由于它把函数当作参数用, 所以称之为函数的函数 (function functions). 被传递的函数既可以是 MATLAB 的固有函数, 也可以是用户自建的函数. 但都要通过函数句柄来传递.

例 9.1: 求 $\cos(ax) = 0$ 当 $a = 2$ 在 0.1 附近的零点. 操作如下:

```
>> f=@(x,a)cos(a*x);
>> x=fzero(@(x) f(x,2),0.1)
x = 0.7854
```

例 9.2: 求零阶贝塞尔函数在 $[0,\pi]$ 之间的零点. 贝塞尔函数 besselj 是带参数的内部函数, 操作如下:

```
>> fzero(@(x)besselj(0,x),[0,pi])
ans = 2.4048
```

例 9.3: 求多项式 $5x^5 + 3x^4 - 4x^3 + x^2 + 7x + 9 = 0$ 在 1 附近的根. 操作如下:

```
>> fzero(@(x)5*x^5+3*x^4-4*x.^3+x.^2+7*x+9,1)
ans = -1.3127
>> f=@(x)5*x^5+3*x^4-4*x.^3+x.^2+7*x+9          %另一种解法
f = @(x)5*x^5+3*x^4-4*x.^3+x.^2+7*x+9
>> X=fzero(f,1)
X = -1.3127
```

例 9.4: 解带参数 a 的方程 $\text{besselj}(n,x) - a = 0$. 操作如下:

```
>> B=@(x,n,a)besselj(n,x)-a          %用匿名函数建立方程式
B = @(x,n,a)besselj(n,x)-a
>> B(1,0,0.5)                        %试验自建函数B的值
ans = 0.2652
>> fzero(@(x)B(x,0,0.5),[0,2])        %再求a=0.5时方程在[0,2]间的零点
ans = 1.5211
```

指令 fzero 只能求实根, 而且一次只能求出一个根. 如果是给定求根区间, 则一定要求区间两端的函数值是反号, 也就是一定有根存在于这个区间内.

9.2.2 用 roots 求多项式的零点

与指令 fzero 不同的是, 指令 roots 可以同时求出多项式的全部零点. 这里的例子中使用的多项式与上面的相同, 目的是对比两个指令在功能上的差别.

指令 **roots(c)** 对多项式求零点, c 为各幂次项的系数. 例如, 多项式为

$$c_n x^n \; + \; c_{n-1} x^{n-1} \; + \; \cdots \; + \; c_1 x \; + \; c_0$$

则 c 的表达式为多项式系数按降幂排列

$$c = [c_n, \; c_{n-1}, \; \cdots, \; c_1, \; c_0]$$

例如, 求多项式 $5x^5 + 3x^4 - 4x^3 + x^2 + 7x + 9 = 0$ 的零点, 操作如下:

```
>> roots([5,3,-4,1,7,9])
ans = 0.95299 +    0.76221i
      0.95299 -    0.76221i
     -1.3127
     -0.59662 +    0.75154i
     -0.59662 -    0.75154i
```

9.2.3 用 fsolve 解非线性方程组

解代数方程组最方便的方法是用左除法, 这在前面已经介绍过, 请读者自行复习一下. 这里介绍的是解多变量的非线性方程组的指令 fsolve.

```
x=fsolve(fun, x0)
[x,fval]=fsolve(fun,x0,options)
```

指令意义如下:

x, fval	零点的位置与对应的函数值
fun	求解的非线性方程组
x0	猜测的初始解
options	优化选项

下面用它解方程组:

$$\begin{cases} 2\cos(x) + \sqrt{y} - \ln(z) = 7 \\ 2^x + 2y - 8z = -1 \\ x + y - \cosh(z) = 0 \end{cases}$$

首先要编写函数文件 qg.m, 将方程中的 x, y, z 看作矢量 $\boldsymbol{X}$ 的三个分量, 函数值 $\boldsymbol{Y}$ 的各个分量代表的含义是

$$\begin{cases} Y(1) = 2\cos x + \sqrt{y} - \ln z - 7 \\ Y(2) = 2^x + 2y - 8z + 1 \\ Y(3) = x + y - \cosh z \end{cases}$$

求解时, 要求输出函数值为零时变量的值, 也即零点的 $\boldsymbol{X}$ 值和函数值 $\boldsymbol{Y}$, 程序如下:

```
function Y = qg(X)
Y=[2*cos(X(1))+sqrt(X(2))-log(X(3))-7;
   2^X(1)+2*X(2)-8*X(3)+1;
   X(1)+X(2)-cosh(X(3))]
```

任意猜测一个初始解 x_0:

$$x_0 = [\ 0.5+0.5i,\ 0.5+0.5i,\ 0.5+0.5i\ ]$$

求解过程如下:

```
>> [X,Y] = fsolve ('qg', [0.5+0.5i, 0.5+0.5i, 0.5+0.5i])
X =   -0.0145 + 1.6010i
       1.0567 - 1.7481i
       0.4442 - 0.3262i
Y =   1.0e-10 *
      -0.1307 + 0.1220i
       0.0160 + 0.0053i
       0.0001 + 0.0014i
```

该指令默认的精度是 10^{-6}, 所以 $\boldsymbol{Y}$ 的三个分量与零的偏差的绝对值已经达到了精度要求.

§9.3　求方程零点的高级技巧

在解方程的这些指令中, 方程的表示方法有许多种. 指令 solve 求解的是符号方程; 指令 root 是求多项式的根, 多项式要用系数表示; 指令 fzero 求解的方程用函数文件和匿名函数表示, 两者功能相同, 但都必须用函数句柄调用, 用户可以任选一种. 巧妙使用方程的表示方法, 可以解出一些更特殊的方程.

1. 使用多重匿名函数

多重匿名函数在解决一些复杂问题时带来了许多方便, 例如, 已知

$$a = 20, \quad e = 0.6, \quad l = 6$$

求解下列积分方程中的 x_0:

$$l = \int_0^{x_0} \frac{a(1 - e^2)}{(1 - e^2\sin^2 x)^{3/2}} \mathrm{d}x$$

将它改写为

$$l - \int_0^{x_0} \frac{a(1 - e^2)}{(1 - e^2\sin^2 x)^{3/2}} \mathrm{d}x = 0$$

再求这个方程的零点. 这个问题可分两步求解, 首先建立等号右边的积分表达式 fun1, 被积函数是变量 x 和参量 a, e 的函数; 再建立积分方程 fun2, 它是变量 x_0 和参量 l 的方程, 最后利用指令 fzero 求解. 改变 a, e, l 的值可以得到不同的结果. 程序如下, 所得结果是 0.451 9.

```
a=20; e=0.6; l=6;
fun1=@(x,a,e)a*(1-e^2)./(1-e^2.*sin(x).^2).^(3/2);
fun2=@(x0,l)l-integral(@(x)fun1(x,a,e),0,x0);
fzero(@(x0)fun2(x0,l),1)
```

2. 使用嵌套函数

嵌套函数 (nested function) 的功能与多重匿名函数相似, 所以前面用匿名函数解的例题:

$$l = \int_0^{x_0} \frac{a(1 - e^2)}{(1 - e^2\sin^2 x)^{3/2}} \mathrm{d}x$$

也可以用嵌套函数来解. 方法如下, 先建立嵌套函数如下:

```
function sol=example(a,e,b)
sol=fzero(@fun2,3);                                     %解方程

    function f=fun1(x)
    f=a.*(1-e.^2)./(1-e.^2.*sin(x).^2).^(3/2);         %建立积分表达式
    end

    function g=fun2(x0)
    g=integral(@fun1,0,x0)-b;                           %建立方程
    end
end
```

在指令窗口调用:

```
>> sol=example(20,0.6,6)
sol = 0.4519
```

寻找极小值

§9.4   应用: 分子振动的半经典量子化能级

本节计算双原子分子的振动能级. 分子能级包括电子能级、转动能级和振动能级, 其结构如图 9.3 所示.

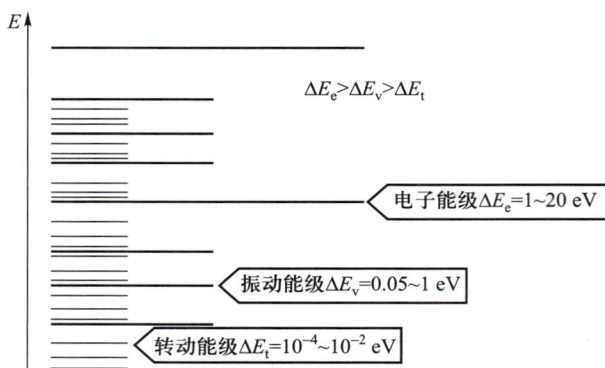

图 9.3   分子的能级结构

其中电子能级由电子绕核运动状态决定, 而转动能级与振动能级则由两个核的相对运动决定, 这种核的转动与振动可类比由弹簧连结的两个小球之间的振动与转动.

利用约化质量的概念, 这种运动等效于一个小球静止不动, 而另一个小球相对于它运动, 运动小球的质量等于约化质量.

在下面的讨论中, 就采用如下 3 条简化条件来建立上述模型:

1. 只考虑原子核的运动

认为两个原子核的运动只受与核间距离 r 有关的位势的影响, 这种势能是由核外所有电子共同形成的. 这个势能在远距离表现为吸引势 (范德瓦耳斯相互作用), 而在近距离表现为推斥势 (原子核的库仑相互作用和电子的泡利斥力). 描述这种势能的一个常用的形式是伦纳德–琼斯 (Lennard–Jones) 势或称 6–12 势:

$$V(r) = 4V_0 \left[\left(\frac{a}{r} \right)^{12} - \left(\frac{a}{r} \right)^6 \right]$$

其形状如图 9.4(a) 所示, 极小点在 $r_{\min} = 2^{1/6}a$ 处 (a 为玻尔半径), 深为 V_0.

2. 转动与振动分开讨论

由于原子核的巨大质量, 原子核的转动 (类似于一个刚性哑铃) 比振动 (核间距离的变化) 慢得多. 所以研究振动能级可以略去转动的影响.

3. 振动方程

核的振动可由一维定态薛定谔方程

$$\left[-\frac{\hbar^2}{2m} \frac{\mathrm{d}^2}{\mathrm{d}r^2} + V(r) \right] \Psi_n = E_n \Psi_n \tag{9.4.1}$$

描述, 其中 E_n 为振动能量, m 是两个原子核的约化质量, $\Psi_n(r)$ 是波函数.

用后面介绍的解微分本征值方程的方法可以求出这个方程的各个本征值和波函数. 这里, 我们是把问题看成是原子核在势场 V 中的经典运动, 然后再应用玻尔的 "量子化法则" 来求量子化的振动能量. 所以称为 "半经典量子化能级".

两个原子核构成的原子核系统的总能量是

$$E = \frac{p^2}{2m} + V(r) \tag{9.4.2}$$

这里, p 是原子核的相对运动的动量, 上式可化成

$$p(r) = \pm[2m(E - V(r))]^{1/2} \tag{9.4.3}$$

在能量 E 给定以后, 这是一条在相空间的闭合轨道, 如图 9.4(b) 所示.

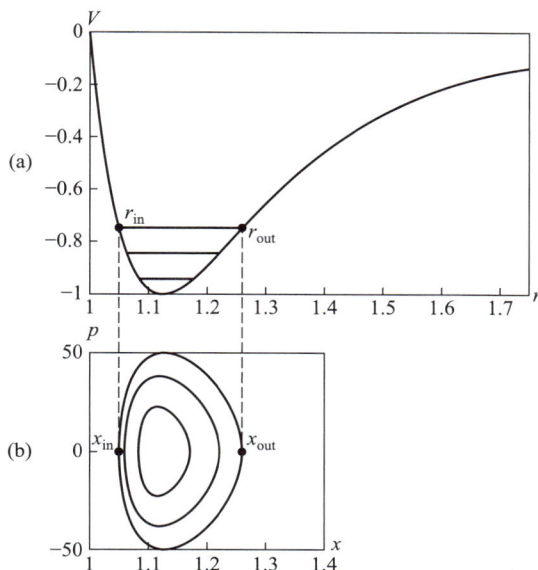

图 9.4 (a) 伦纳德–琼斯势和处于负能量的内外转折点; (b) 相空间中对应的轨道

在运动过程中系统的动能和势能会相互转化. 具体地说, 就是原子核间的距离周期性地变化于图中的内转折点 r_{in} 和外转折点 r_{out} 之间, 在核间距 r 减小到内转折点 r_{in} 时, 动能为零, 势能是推斥势, 即 $E = V(r_{\mathrm{in}})$, 此时 r 开始增大; 当 r 增大到外转折点 r_{out} 时, 动能也为零, 但势能是引力势, 即 $E = V(r_{\mathrm{out}})$, 所以, r 又会开始变小.

对于束缚在势阱 V 中的原子核系统的经典振动, 所有满足条件 $-V_0 < E < 0$ 的运动都会发生, 而玻尔量子化法则要求: 只有在相空间轨道所包围的面积 (以 $\hbar$ 为单位) 是 2π 的半奇数倍时, 那些运动才能稳定存在. 即

$$\frac{1}{\hbar} \oint p(r)\mathrm{d}r = \left(n + \frac{1}{2}\right) 2\pi \tag{9.4.4}$$

用 E_n 来表示第 n 条轨道对应的能量, 再将 (9.4.3) 式代入, 考虑到每个循环中振动都要经过每个 r 值两次 (一次的 p 值为正, 一次的 p 值为负), 得到

$$\frac{1}{\hbar} \int_{r_{\mathrm{in}}}^{r_{\mathrm{out}}} [2m(E - V(r))]^{1/2}\mathrm{d}r = \left(n + \frac{1}{2}\right)\pi \tag{9.4.5}$$

其中 n 是一个非负整数. 在积分限即转折点 r_{in} 和 r_{out} 上, 被积函数为零.

为了计算方便, 先定义几个纲量为 I 的量:

$$\varepsilon = \frac{E}{V_0}, \quad x = \frac{r}{a}, \quad \gamma = \left[\frac{2ma^2 V_0}{\hbar^2}\right]^{1/2}$$

于是 (9.4.5) 式变为

$$\gamma \int_{x_{\mathrm{in}}}^{x_{\mathrm{out}}} [\varepsilon_n - v(x)]^{1/2} \mathrm{d}x = \left(n + \frac{1}{2}\right)\pi \tag{9.4.6}$$

其中

$$v(x) = 4\left[\frac{1}{x^{12}} - \frac{1}{x^6}\right]$$

是用 V_0 重新标度后的势能. (9.4.6) 式可以看成是一个关于 ε_n 的方程, 求能级的过程实际上也就是找这个方程的零点.

γ 这个量是本问题的量子本性的一个量纲为 1 的测度. 在经典极限下 ($\hbar$ 很小或 m 很大), γ 很大. 若知道分子的转动惯量 (可从分子转动的能量得知) 和电离能 (把分子分解为组成它的两个原子所需的能量), 就能从实验观测测定参量 a 和 V_0, 从而定出 γ. 对于 H_2 分子, $\gamma = 21.7$; 而对于氘分子, $\gamma = 24.8$(一个质子换成氘核时, 只是 m 改变, V_0 不变); 对于由两个 ^{16}O 核构成的质量大得多的 O_2 分子, $\gamma = 150$. 这些值都相当大, 它们表明, 半经典近似适合于描述这种振动运动.

在 (9.4.6) 式中, 有 4 个未知量就是 $\varepsilon_n, n, x_{\mathrm{out}}, x_{\mathrm{in}}$, 其中 $x_{\mathrm{out}}, x_{\mathrm{in}}$ 是相轨迹上的转折点, 满足

$$\varepsilon_n - v(x) = 0 \tag{9.4.7}$$

所以一共有 3 个方程, 4 个变量, 是无法用解析方法求解的. 但是这却是数值计算求解的一个精彩的例子.

数值计算是如何求解这个问题呢? 简单地说, 就是依赖于计算机的强大计算能力进行搜索比对. 事实上, 除三个方程之外, 还有一个规律是已知的, 就是对应于 $n = 1, 2, 3, \cdots$ 的能级 $\varepsilon_1, \varepsilon_2, \varepsilon_3, \cdots$ 是从小到大排列的, 并且都在 $(-1, 0)$ 之间. 那么, 按照由小到大的顺序选定一个 n 值, 例如, 从小到大依次取 $n = 1, 2, 3, \cdots$, 这时三个方程解三个未知量就是可解的.

这个过程的计算量无疑是相当大的, 靠人工计算是难以完成的, 但有了计算机的帮助完成这种计算并不困难. 所以计算机的速度越快, 能完成的工作就越多. 这个例子很好地表现了数值计算与解析方法在解决问题时的区别.

实际的程序如下, 首先利用符号计算求出势能方程的两个正根 $x(1), x(2)$, 它们都是体系总能量 e 的函数. 在这两个位置体系的势能全部转化为动能后, 将体系的动量也表示成能量 e 的函数. 将 $x(1)$, $x(2)$, p 代入到量子化条件中, 得到一个关于 e 的方程, 方程中还含有参数 k. 按照从小到大的次序选定 k, 就可用指令 fzero 求出相应的能量值 e.

由于利用了二重匿名函数, 程序十分简单. 输出的计算结果有: 各个能级的能量值, 画出各个能级的势能曲线以及它们在相空间所对应的轨道 (如图 2.3 所示). 程序中 $\gamma = 100$.

作为练习, 可将势能改为抛物线势能或有限深方势阱, 计算相应的能级. 或者利用嵌套函数重做这个例题, 也可以不用指令 fzero 求根, 而用弦割法求解方程, 程序如下:

```
syms x e, assume(x>0), assume(e>-1&e<0)
S=solve(e-4*(x^(-12)-x^(-6)),x);            %解势能方程
x1=S(2); x1=matlabFunction(x1);             %积分上限, 要将解转为matlab函数
x2=S(1); x2=matlabFunction(x2);             %积分下限
p=@(e)@(x)abs(sqrt(e-4*(x.^(-12)-x.^(-6)))); %被积分函数
for k=1:20
    f=@(e)(k-0.5)*pi-100*integral(p(e),x1(e),x2(e)); %玻尔量子化条件随k,e变
    E(k)=fzero(f,[-0.95,-eps]);             %求解区间
    xio(k,1:2)=[x1(E(k)),x2(E(k))];         %画图用
```

```
end
E                                                        %显示能级值

figure
subplot(2,1,1);                                          %画图程序
X=1:0.001:xio(20,2); Y=4*(X.^(-12)-X.^(-6));
plot(X,Y)
hold on
for k=1:20
    plot([xio(k,1),xio(k,2)],[E(k),E(k)],'r')
end
subplot(2,1,2)                                           %画图程序
for k=1:20
    z=linspace(xio(k,2),xio(k,1),100);
    p=abs(100*sqrt(E(k)-4*(z.^(-12)-z.^(-6))));
    plot(z,p,z,-p)
    hold on
end
```

第九章程序包

第十章 解常微分方程

本章介绍用 MATLAB 指令解常微分方程 (ODE), 包括初值问题 (刚性与非刚性问题)、事件问题、边值问题与本征值问题、微分代数方程组 (DAE)、全隐式微分方程和时滞微分方程等.

§10.1 解一阶常微分方程的算法——龙格–库塔法

首先讨论最简单的一阶常微分方程的初值问题, 常用的基本算法是龙格–库塔法.

10.1.1 龙格–库塔法基本思想

1. 数值法解一阶常微分方程

一阶常微分方程的初值问题可以表示成

$$\begin{cases} \dot{y} = f(t, y) & (a \leqslant t \leqslant b) \\ y(t_0) = y_0 \end{cases}$$

这里 $\dot{y}$ 表示一阶导数.

取步长为 $h = (b - a)/n$, 将区间分成 n 个子区间:

$$a = t_0 < t_1 \cdots < t_i < \cdots < t_n = b$$

解方程的目的就是要求出在一系列离散点上 $y(t_i)$ 的近似值.

由中值定理, 得

$$\frac{y(t_{i+1}) - y(t_i)}{h} = \dot{y}(t_i + \theta h) \quad (0 < \theta < 1)$$

将它改写为

$$y(t_{i+1}) = y(t_i) + h k_{\text{ave}}$$

其中**平均斜率**为

$$k_{\text{ave}} = f(t_i + \theta h, y(t_i + \theta h))$$

这个递推公式表明, 如果能确定平均斜率, 就能从 $y(t_i)$ 求出后面的 $y(t_{i+1})$. 在后面的各种方法中, 实质就是用不同的方法确定不同精度的平均斜率.

2. 欧拉公式

欧拉法是最简单的一种方法, 也是其他方法的基础.

取 $k_{\text{ave}} = f(t_i, y_i)$, 即以 t_i 点的斜率作为平均斜率, 得到**欧拉公式**

$$y_{i+1} = y_i + h f(t_i, y_i)$$

如果取 t_i, t_{i+1} 两点斜率的平均值作为平均斜率, 则得**改进的欧拉公式**为

$$y_{i+1} = y_i + \frac{h}{2}(K_1 + K_2)$$

其中 K_1 和 K_2 分别为 t_i 和 t_{i+1} 两点的斜率值.

由于 t_{i+1} 的斜率 K_2 还是未知值, 所以采用一种叫**预报法**的方法来计算. 先用欧拉法求得 $y(t_{i+1})$ 的预报值

$$\overline{y}_{i+1} = y_i + hK_1 = y_i + hf(t_i, y_i)$$

再用预报值计算 t_{i+1} 处的斜率值

$$K_2 = f(t_{i+1}, \overline{y}_{i+1}) = f(t_{i+1}, y_i + hf(t_i, y_i))$$

可得

$$
\begin{aligned}
y_{i+1} &= y_i + \frac{h}{2}(K_1 + K_2) \\
&= y_i + \frac{h}{2}[f(t_i, y_i) + f(t_{i+1}, y_i + hf(t_i, y_i))]
\end{aligned}
$$

这就是改进的欧拉公式, 通常写成

$$
\begin{cases}
y_{i+1} = y_i + \dfrac{h}{2}(K_1 + K_2) \\
K_1 = f(t_i, y_i) \\
K_2 = f(t_i + h, y_i + hK_1)
\end{cases}
$$

由此可见, 为了提高精度, 可以多取几点的斜率值作加权平均当作平均斜率 k_{ave}, 这就是龙格–库塔法的基本思想.

一般的**显式龙格–库塔公式**可以写成

$$y_{i+1} = y_i + h\sum_{m=1}^{N} \lambda_m K_m$$

式中

$$K_1 = f(t_i, y_i)$$

$$K_m = f\left(t_i + \alpha_m\, h, y_i + h\sum_{j=1}^{m-1} \beta_{mj}K_j\right), \qquad m = 2, 3, \cdots, N$$

其中的 λ_m、α_m、β_{mj} 都是常数. 确定这些常数的原则是, 使局部截断误差关于 h 的阶数尽可能的高.

10.1.2　二阶龙格–库塔法

如果在改进的欧拉公式中将边界点 t_{i+1} 替换为区间中的某个点

$$t_{i+p} = t_i + ph \qquad (0 < p \leqslant 1)$$

仍然将它的斜率记为 K_2. 利用欧拉公式得 $y(t_{i+p})$ 的预报值

$$\overline{y}_{i+p} = y_i + phK_1$$

求得

$$K_2 = f(t_{i+p}, \overline{y}_{i+p})$$

平均斜率则取

$$k_{\text{ave}} \approx \lambda_1 K_1 + \lambda_2 K_2$$

其中 λ_1、λ_2 是待定的系数.

这样得到的公式为

$$\begin{cases} K_1 = f(t_i, y_i) \\ K_2 = f(t_i + ph, y_i + ph K_1) \\ y_{i+1} = y_i + h(\lambda_1 K_1 + \lambda_2 K_2) \end{cases}$$

现在的任务是如何选取参数 λ_1、λ_2、p, 能使公式的局部截断误差关于 h 的阶尽可能高. 对上式加以计算并以 $\widetilde{y}_{i+1}$ 表示计算结果, 得到

$$K_1 = f(t_i, y_i) = \dot{y}(t_i)$$

$$K_2 = f(t_i + ph, y_i + ph K_1)$$

$$= f(t_i, y_i) + ph\dot{f}(t_i, y_i) + O(h^2)$$

$$= \dot{y}(t_i) + ph\ddot{y}(t_i) + O(h^2)$$

$$\widetilde{y}_{i+1} = y(t_i) + h(\lambda_1 + \lambda_2)\dot{y}(t_i) + \lambda_2 p h^2 \ddot{y}(t_i) + O(h^3)$$

将它与 $y(t_{i+1})$ 在 t_i 处的泰勒展开式

$$y(t_{i+1}) = y(t_i) + h\dot{y}(t_i) + \frac{h^2}{2}\ddot{y}(t_i) + O(h^3)$$

对比可见, 若要局部截断误差达到 $O(h^3)$, 则要求有

$$\lambda_1 + \lambda_2 = 1, \quad \lambda_2 p = \frac{1}{2}$$

这里有三个参数的两个方程, 它可以有无穷组解, 都统称为**二阶龙格–库塔公式**. 当我们选取

$$\lambda_1 = \lambda_2 = 1/2, \quad p = 1$$

时就得到前面的欧拉公式. 如果取中点 $t_{i+1/2}$ 的斜率为 K_2, 即取

$$p = 1/2, \quad \lambda_1 = 0, \quad \lambda_2 = 1$$

就得到变形的欧拉公式 (中点公式) 为

$$\begin{cases} y_{i+1} = y_i + h K_2 \\ K_1 = f(t_i, y_i) \\ K_2 = f\left(t_i + \dfrac{h}{2}, y_i + \dfrac{h}{2} K_1\right) \end{cases}$$

10.1.3　三阶与四阶龙格–库塔法

三阶的龙格–库塔公式是以三个点 t_i、t_{i+p}、t_{i+q} 的斜率值 K_1、K_2、K_3 的加权平均作为 k_{ave}, 所得的公式形式为

$$y_{i+1} = y_i + h(\lambda_1 K_1 + \lambda_2 K_2 + \lambda_3 K_3)$$

假定 K_1、K_2 仍取上节的形式, 第三个点 t_{i+q} 的取法是

$$t_{i+q} = t_i + qh, \quad 0 < p \leqslant q \leqslant 1$$

然后利用 K_1、K_2 来预报 $y(t_{i+q})$ 得到

$$\overline{y}_{i+q} = y_i + qh(rK_1 + sK_2)$$

$$K_s = f(t_{i+q}, \overline{y}_{i+q})$$

$$= f(t_{i+q}, y_i + qh(rK_1 + sK_2))$$

所得的公式形式为

$$\begin{cases} y_{i+1} = y_i + h(\lambda_1 K_1 + \lambda_2 K_2 + \lambda_3 K_3) \\ K_1 = f(t_i, y_i) \\ K_2 = f(t_i + ph, y_i + phK_1) \\ K_3 = f(t_i + qh, y_i + qh(rK_1 + sK_2)) \end{cases}$$

适当地选择其中的参数, 可使局部截断误差为 $O(h^4)$. 为此, 只要利用泰勒展开并采用类似于上一节的推导方法, 可以得到七个参数所满足的五个条件:

$$\begin{cases} r + s = 1 \\ \lambda_1 + \lambda_2 + \lambda_3 = 1 \\ \lambda_2 p + \lambda_3 q = \dfrac{1}{2} \\ \lambda_2 p^2 + \lambda_3 q^2 = \dfrac{1}{3} \\ \lambda_3 pqs = \dfrac{1}{6} \end{cases}$$

它有无穷组解, 都称为三阶龙格–库塔公式. 下面就是其中的一种:

$$\begin{cases} y_{i+1} = y_i + \dfrac{h}{6}(K_1 + 4K_2 + K_3) \\ K_1 = f(t_i, y_i) \\ K_2 = f(t_i + \dfrac{h}{2}, y_i + \dfrac{h}{2}K_1) \\ K_3 = f(t_i + h, y_i - hK_1 + 2hK_2) \end{cases}$$

经典的龙格–库塔法是一个四阶的方法. 计算公式是

$$\begin{cases} y_{n+1} = y_i + \dfrac{h}{6}(k_1 + 2k_2 + 2k_3 + k_4) \\ k_1 = f(t_i, y_i) \\ k_2 = f\left(t_i + \dfrac{h}{2}, y_i + \dfrac{h}{2}k_1\right) \\ k_3 = f\left(t_i + \dfrac{h}{2}, y_i + \dfrac{h}{2}k_2\right) \\ k_4 = f(t_i + h, y_i + hk_3) \end{cases}$$

经典的龙格–库塔法的总体截断误差是 $O(h^4)$.

10.1.4　变步长的龙格–库塔法

以上介绍的龙格–库塔法都是定步长的, 单从每一步看, 步长越小, 截断误差就越小; 但随着步长的减小, 不但引起计算量的增大, 而且可能导致舍入误差的严重积累, 因此同积分的数值计算一样, 微分方程的数值解法也要注意合理选择步长.

下面以标准的四阶龙格–库塔公式为例加以讨论. 从节点 t_i 出发, 先以某个步长 h 求出一个近似值, 记为 $y_{i+1}^{(h)}$, 由于标准四阶公式的局部截断误差为 $O(h^5)$, 故有

$$y(t_{i+1}) - y_{i+1}^{(h)} \approx ch^5$$

这里系数 c 与 $y^{(5)}(t)$ 在 $[t_i, t_{i+1}]$ 内的值有关. 然后将步长折半, 即取 $h/2$ 为步长, 从 t_i 跨两步到 t_{i+1}, 再求得一个近似值 $y_{i+1}^{(\frac{h}{2})}$, 每跨一步的局部截断误差是 $c\left(\dfrac{h}{2}\right)^5$, 因此有

$$y(t_{i+1}) - y_{i+1}^{(\frac{h}{2})} \approx 2c\left(\frac{h}{2}\right)^5$$

可见, 步长折半以后, 误差大约减少为原来的 $\dfrac{1}{16}$, 即有

$$\frac{y(t_{i+1}) - y_{i+1}^{(\frac{h}{2})}}{y(t_{i+1}) - y_{i+1}^{(h)}} \approx \frac{1}{16}$$

由此可得下列事后估计式

$$y(t_{i+1}) - y_{i+1}^{(\frac{h}{2})} \approx \frac{1}{15}(y_{i+1}^{(\frac{h}{2})} - y_{i+1}^{(h)})$$

这样, 可以通过检查步长折半前后两次计算结果的偏差

$$\Delta = |y_{i+1}^{(\frac{h}{2})} - y_{i+1}^{(h)}|$$

来判断所选取的步长是否合适. 具体可分以下两种情况:

(1) 对于给定的精度 ε, 如果 $\Delta > \varepsilon$, 就反复将步长折半计算, 直至 $\Delta < \varepsilon$ 为止, 这时取步长折半后的 "新值"$y_{i+1}^{(\frac{h}{2})}$ 作为结果.

(2) 如果 $\Delta < \varepsilon$, 就反复将步长加倍, 直至 $\Delta > \varepsilon$ 为止, 这时取步长加倍前的 "旧值" 作为结果.

这种通过步长折半或加倍的计算的方法就叫**变步长方法**. 表面上看, 为了选择步长, 每一步的计算量似乎增加了, 但从总体上考虑往往是合算的.

§10.2　解常微分方程组的算法

高阶的常微分方程可以化成一阶常微分方程组然后求解. 例如, 简谐振动的二阶常微分方程

$$\frac{\mathrm{d}^2 x(t)}{\mathrm{d}t^2} = -x(t)$$

可以化为两个一阶常微分方程. 做法是: 令 $y_1 = x, y_2 = \mathrm{d}x/\mathrm{d}t$, 建立列矢量 y 如下:

$$y = \begin{pmatrix} y_1(t) \\ y_2(t) \end{pmatrix} = \begin{pmatrix} x(t) \\ \dfrac{\mathrm{d}x(t)}{\mathrm{d}t} \end{pmatrix}$$

将原方程代入 y 的导数中就能得到一阶常微分方程组:

$$\dot{y} = \left(\begin{array}{c} \dot{y}_1(t) \\ \dot{y}_2(t) \end{array}\right) = \left(\begin{array}{c} \dfrac{\mathrm{d}x(t)}{\mathrm{d}t} \\ \dfrac{\mathrm{d}^2x(t)}{\mathrm{d}t^2} \end{array}\right) = \left(\begin{array}{c} y_2(t) \\ -y_1(t) \end{array}\right)$$

所以, 解高阶常微分方程的问题就转化为解一阶常微分方程组的问题了. 现在研究如何求解一阶常微分方程组的初值问题. 下面用标准的四阶龙格–库塔公式为例加以说明.

一阶常微分方程组初值问题的向量形式为

$$\begin{cases} \dot{\boldsymbol{y}} = \boldsymbol{f}(t, \boldsymbol{y}) \\ \boldsymbol{y}(t_0) = \boldsymbol{y}_0 \end{cases}$$

其中

$$\boldsymbol{y} = (y_1, y_2, \cdots, y_n)^{\mathrm{T}}$$
$$\boldsymbol{f} = (f_1, f_2, \cdots, f_n)^{\mathrm{T}}$$

这里上角 T 表示转置, 再定义 $\boldsymbol{f}(t, \boldsymbol{y})$ 为右端函数, 写成分量的形式就是

$$\begin{cases} \dot{\boldsymbol{y}}_m = \boldsymbol{f}_m(t, y_1, y_2, \cdots, y_n) \\ y_m(t_0) = y_{m0} \quad (m = 1, 2, \cdots, n) \end{cases}$$

其相应的标准四阶龙格–库塔公式为

$$y_{m,i+1} = y_{m,i} + \frac{h}{6}(K_{m1} + 2K_{m2} + 2K_{m3} + K_{m4}) \tag{10.2.1}$$

式中

$$\begin{cases} K_{m1} = f_m(t_i, y_{1i}, \cdots, y_{ni}) \\ K_{m2} = f_m(t_i + \dfrac{h}{2}, y_{1i} + \dfrac{h}{2}K_{11}, \cdots, y_{ni} + \dfrac{h}{2}K_{n1}) \\ K_{m3} = f_m(t_i + \dfrac{h}{2}, y_{1i} + \dfrac{h}{2}K_{12}, \cdots, y_{ni} + \dfrac{h}{2}K_{n2}) \\ K_{m4} = f_m(t_i + h, y_{1i} + hK_{1s}, \cdots, y_{ni} + hK_{n3}) \end{cases} \tag{10.2.2}$$

$$(m = 1, 2, \cdots, n; \quad i = 0, 1, \cdots)$$

计算顺序规定为: 先利用第 i 步节点值 $y_{1i}, y_{2i}, \cdots, y_{ni}$ 按 (10.2.2) 式计算

$$K_{m1} \to K_{m2} \to K_{m3} \to K_{m4}$$

然后代入 (10.2.1) 式即可求得下一步的节点值

$$y_{1,i+1}, y_{2,i+1}, \cdots, y_{n,i+1}$$

例如, 当 $m = 2$ 时, 上述公式化为

$$\begin{cases} \dot{y} = f(t, y, z), \quad y(t_0) = y_0 \\ \dot{z} = g(t, y, z), \quad z(t_0) = z_0 \end{cases}$$

$$
\begin{cases}
y_{i+1} = y_i + \dfrac{h}{6}(K_1 + 2K_2 + 2K_3 + K_4) \\[2mm]
z_{i+1} = z_i + \dfrac{h}{6}(L_1 + 2L_2 + 2L_3 + L_4)
\end{cases}
$$

式中

$$
\begin{cases}
K_1 = f(t_i, y_i, z_i) \\[2mm]
L_1 = g(t_i, y_i, z_i) \\[2mm]
K_2 = f\left(t_i + \dfrac{h}{2}, y_i + \dfrac{h}{2}K_1, z_i + \dfrac{h}{2}L_1\right) \\[2mm]
L_2 = g\left(t_i + \dfrac{h}{2}, y_i + \dfrac{h}{2}K_1, z_i + \dfrac{h}{2}L_1\right) \\[2mm]
K_3 = f\left(t_i + \dfrac{h}{2}, y_i + \dfrac{h}{2}K_2, z_i + \dfrac{h}{2}L_2\right) \\[2mm]
L_3 = g\left(t_i + \dfrac{h}{2}, y_i + \dfrac{h}{2}K_2, z_i + \dfrac{h}{2}L_2\right) \\[2mm]
K_4 = f(t_i + h, y_i + hK_3, z_i + hL_3) \\[2mm]
L_4 = g(t_i + h, y_i + hK_3, z_i + hL_3)
\end{cases}
$$

§10.3　解常微分方程的指令

上面介绍的方法都有对应的 MATLAB 指令, 而且指令的功能远超上面介绍的方法. 不过由于编程的需要, MATLAB 对常微分方程有专门的分类并对每一类给出了可使用的求解指令或称求解器 (solver).

10.3.1　常微分方程的分类

MATLAB 中的求解器可求解的常微分方程类型有:

1. 一阶常微分方程方程组

(1) 显式: $y' = f(t, y)$.

(2) 线性隐式: $M(t, y)y' = f(t, y)$, 其中 $M(t, y)$ 为非奇异质量矩阵. 该质量矩阵可能为时间或状态相关的矩阵, 也可能为常量矩阵. 线性隐式常微分方程涉及在质量矩阵中编码的一阶 y 导数的线性组合.

(3) 线性显式: $y' = M^{-1}(t, y)f(t, y)$ 由线性隐式变换而得. 不过, 将质量矩阵直接指定给常微分方程求解器可避免这种既不方便还可能带来大量计算的变换操作.

(4) 微分代数方程 (DAE): 如果 y' 的某些分量缺失, 则这些方程称为微分代数方程或 DAE, 并且微分代数方程组会包含一些代数变量. 代数变量是导数未出现在方程中的因变量. 可通过对方程求导来将微分代数方程组重写为等效的一阶常微分方程组, 以消除代数变量. 将微分代数方程重写为常微分方程所需的求导次数称为微分指数. ode15s 和 ode23t 求解器可解算微分指数为 1 的微分代数方程.

(5) 完全隐式: $f(t, y, y') = 0$. 完全隐式常微分方程不能重写为显式形式, 还可能包含一些代数变量. ode15i 求解器专为完全隐式问题 (包括微分指数为 1 的微分代数方程) 而设计.

(6) 带有时变项的常微分方程: 方程中含有时变函数作为系数, 形式如

$$
y' + f(t)y(t) = g(t), \quad y(0) = 1
$$

其中时变项 $f(t), g(t)$ 定义如下

```
ft=linspace(0,5,25)                              时变函数f的时间变量区间
f=ft.^2-ft-3                                            时变函数f
gt=linspace(1,6,25)                              时变函数g的时间变量区间
g=3*sin(gt-0.25)                                        时变函数g
```

方程的解法将在 §10.10 节进行介绍.

可通过使用 odeset 函数创建 options 结构体, 来针对某些类型的问题为求解器提供附加信息.

MATLAB 可以求解任意数量的一阶常微分方程的耦合方程, 原则上, 方程的数量仅受计算机可用内存的限制. 解法可见后面例子.

2. 高阶常微分方程

MATLAB ODE 求解器仅可解算一阶方程. 高阶常微分方程可以通过代换重写为等效的一阶方程组.

3. 复数常微分方程

请阅读二维码中内容.

复数ODE

10.3.2　解常微分方程的指令

指令 ode45 适用于大多数常微分方程问题, 一般情况下应作为首选求解指令. 但对于精度要求更宽松或更严格的问题而言, ode23 和 ode113 可能比 ode45 更加高效.

一些常微分方程问题具有较高的计算刚度或难度. 术语 "刚度" 无法精确定义, 但一般而言, 常微分方程分 "刚性的" 和 "非刚性的", 刚性的是指其雅可比矩阵的特征值相差悬殊. 两者对解法中步长选择的要求不同. 或者说, 当问题的某个位置存在标度差异时, 就会出现刚度. 例如, 如果常微分方程包含的两个解分量在时间标度上差异极大, 则该方程可能是刚性方程. 如果非刚性求解器 (例如 ode45) 无法解算某个问题或解算速度极慢, 则可以将该问题视为刚性问题. 如果观察到非刚性求解器的速度很慢, 请尝试改用 ode15s 等刚性求解器. 在使用刚性求解器时, 可以通过提供雅可比矩阵或其稀疏模式来提高可靠性和效率.

下面说明了选择求解器的一般指导原则.

ode45　解非刚性问题, 中等精度, 使用龙格–库塔法的四阶、五阶算法. 大部分情况下适用, 是解决问题的首选.

ode23　解非刚性问题, 低精度, 使用龙格–库塔法的二阶、三阶算法. 适用于容差较大或适度刚性问题. 比ode45更高效.

ode113　解非刚性问题, 从低到高的精度, 使用PECE(Adams-Bashforth-Moulton)法. 适用于容差要求严格, 或者ode45计算时间较长的情况.

ode78　当解光滑时如要求更高的精度, ode78比ode45更有效.

ode89　在非常平滑的问题上, 在长时间进行积分时, 或者在公差特别严格时, ode89比ode78更有效.

ode15s　解刚性问题, 低到中等精度, 使用可变阶次的数值微分(NDFs)算法. 在ode45计算很慢或面临刚性问题时, 则尝试使用. 此外求解微分代数方程也可使用.

ode23s　解刚性问题, 低精度, 使用修正的罗森布罗克(Rosenbrock)公式. 比ode15s更高效, 适用于对误差要求不高的情况, 如果有质量矩阵, 必须是常量矩阵. 它在计算的每一步都会计算雅可比矩阵, 因此通过odeset提供雅可比矩阵可以最大限度提高效率与精度.

ode23t 解刚度适中的问题，低精度，用自由内插法的梯形法则．适用于要求结果无数值衰减的适度刚性问题．可求解微分代数方程．

ode23tb 解刚性问题，低精度，使用TR-BDF2方法．适用于对误差要求不高的刚性问题，或者含有质量矩阵的情况．比ode15s高效．

ode15s 解完全隐式问题，低精度．用于解完全隐式问题 $f(t,y,y')=0$ 和微分指数为1微分代数方程．

这些指令的用法基本相同，下面以 ode45 为例，介绍它的语句格式．

```
[T,Y]=ode45(odefun,tspan,y0)
[T,Y]=ode45(odefun,tspan,y0,options)
[T,Y,TE,YE,IE]=ode45(odefun,tspan,y0,options)
sol=ode45(odefun,[t0,tf],y0,...)}
```

其含义为

odefun 　　　　　　　　　　　　　　　　　　　求解的常微分方程的函数句柄

tspan 　　　　　　　　　　　　　　积分区间[t0,~~tfinal]或[t0, t1, ..., tfinal]

y0 　　　　　　　　　　　　初始条件矢量．矢量元素的顺序与函数中的顺序一致

options 　　　　　　　　　　　用odeset建立的选项，如用默认值则不必输入

T, Y 　　　　　　　　　T是输出的时间列矢量、矩阵Y的每个列矢量是解的一个分量

TE,YE,IE 　　　　　　　　　见odeset中'events' 的说明，是事件函数的输出值

sol 　　　　　　　　　结构列阵形式的解，用deval确定在[t0,tf]中任意点的解

10.3.3　用指令解题的步骤

下面通过实际解题过程，再从中归纳出解题的步骤．

例 10.1： 用指令 ode45 解一阶常微分方程 $y'=2t$．时间区间为 $[0,\ 5]$，初始条件为 $y_0=0$．
操作如下：

```
>>[t,y]=ode45(@(t,y)2*t,[0 5],0);
>> plot(t,y,'-o')
```

结果画成图 10.1 如下，它和解析解 $y=t^2$ 是一致的．

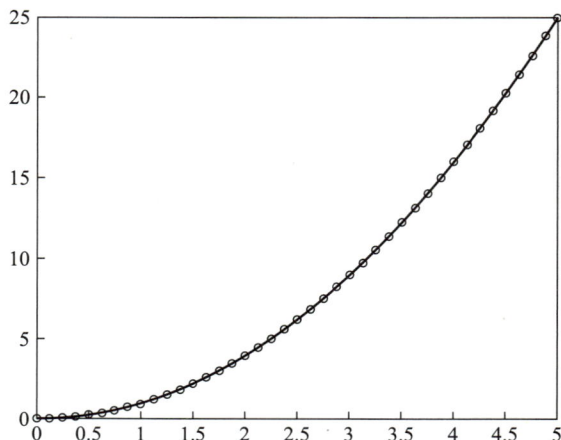

图 10.1　方程 $y'=2t$ 的解，横轴为 t，纵轴为 y

例 10.2: 求解捕食者–猎物方程（Lotka–Volterra 方程).

这是一对耦合的一阶常微分方程:

$$\begin{cases} \dfrac{\mathrm{d}x}{\mathrm{d}t} = x - \alpha xy \\[2mm] \dfrac{\mathrm{d}y}{\mathrm{d}t} = -y + \beta xy \end{cases}$$

使用变量 x 和 y 分别计算猎物和捕食者的数量. 二次交叉项表示物种之间的交叉影响. 当没有捕食者时, 猎物数量将增加, 当猎物匮乏时, 捕食者数量将减少.

程序如下:

```
t0=0; tfinal=15;                                          %起止时间
y0=[20;20];                                    %初始猎物与捕食者的数量
[t,y]=ode23(@lotka,[t0 tfinal],y0);                        %解方程
figure, plot(t,y)
title('Predator/Prey Populations Over Time')
xlabel('t'), ylabel('Population')
legend('Prey','Predators','Location','North')
figure, plot(y(:,1),y(:,2))
title('Phase Plane Plot')
xlabel('Prey Population'), ylabel('Predator Population')
lotka=@(t,y)[y(1)-0.01*y(1)*y(2); -y(2)+0.02*y(1)*y(2)];
```

画出的图形为图 10.2, 可以看到捕食者数量随猎物数量增减而变化.

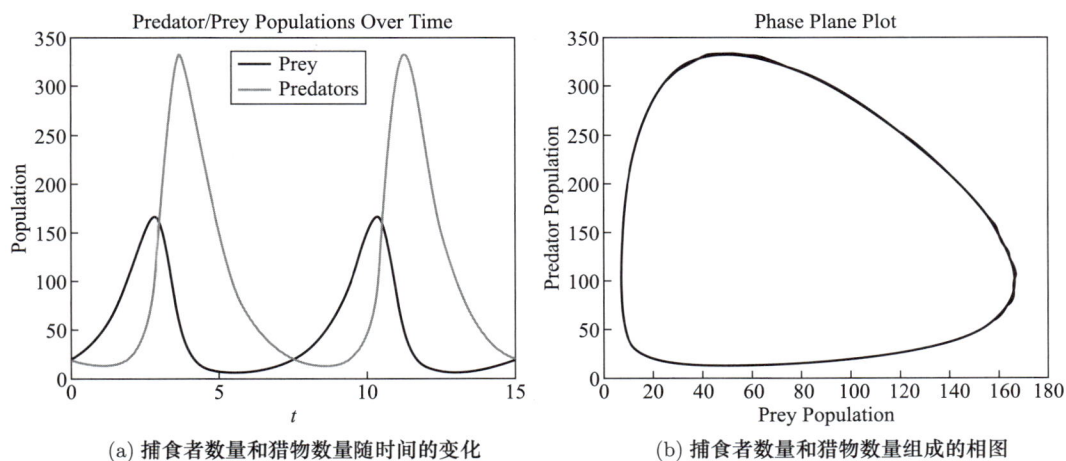

(a) 捕食者数量和猎物数量随时间的变化　　　　(b) 捕食者数量和猎物数量组成的相图

图 10.2

使用指令 ode45 而不是指令 ode23 再次求解该方程组. 结果表明, 使用不同的数值方法求解微分方程会产生略微不同的答案. 读者可以自行计算.

例 10.3: 用指令 ode45 解简谐振动的二阶常微分方程:

$$\begin{cases} \dfrac{\mathrm{d}^2 x}{\mathrm{d}t^2} = -x \\ x(0)=0, \dot{x}(0)=2 \end{cases}$$

下面建立二分量的列向量 y, 两个分量 $y_1 = x, y_2 = \dot{x}$, 有

$$y = \begin{pmatrix} y_1 \\ y_2 \end{pmatrix} = \begin{pmatrix} x \\ \dot{x} \end{pmatrix}$$

则原方程可写成矩阵形式如下:

$$\dot{y} = \begin{pmatrix} \dot{y}_1 \\ \dot{y}_2 \end{pmatrix} = \begin{pmatrix} y_2 \\ -y_1 \end{pmatrix} = \begin{pmatrix} 0 & 1 \\ -1 & 0 \end{pmatrix} \begin{pmatrix} y_1 \\ y_2 \end{pmatrix}$$

这两种形式都可以用来编写表示常微分方程的函数, 输入下面两种操作中的任何一种, 方程即被解出并输出图 10.3.

```
>> F=@(t,y)[y(2); -y(1)]                %形式一
>> ode45(F, [0, 10], [0, 2])
>> FF=@(t,y)[0, 1; -1, 0]*y             %形式二
>> ode45(FF, [0, 10], [0, 2])
```

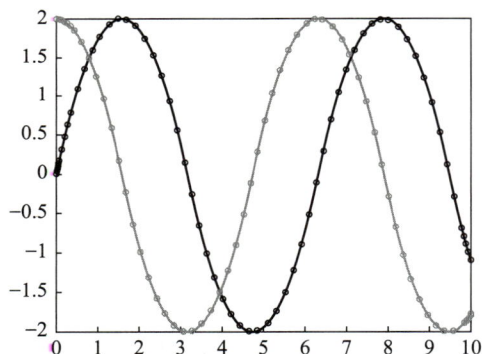

图 10.3　简谐振动的位移与速度关系　　　图 10.4　龙格–库塔法与指令 ode45 的对比

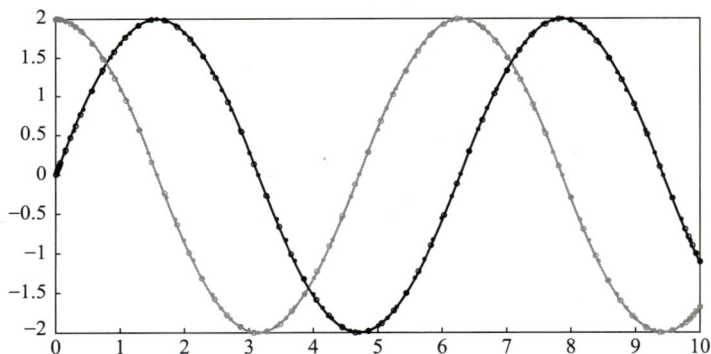

龙格–库塔法与指令 ode45 的对比

为了练习用龙格–库塔法 (R–K 法) 编程解常微分方程, 下面用龙格–库塔法编程解同一个谐振子方程并与指令 ode45 的解作对比. 程序与图形如下:

```
F=@(t,y)[y(2); -y(1)]                   %用指令解方程
ode45(F,[0,10],[0,2])                   %用R-K公式解方程
[t,y]=RKsol(F,0,10,[0;2],70);
hold on
plot(t,y(1,:),'k*',t,y(2,:),'k*')       %两种解法的结果对比
function [t,y]=RKsol(testfun,t0,tn,y0,n) %用R-K公式编的程序
t=linspace(t0,tn,n);t(1)=t0; h=(tn-t0)/n;
y(:,1)=y0;
```

```
for j=1:n
    t(j+1)=t(j)+h;
    k1=testfun(t(j),y(:,j));
    k2=testfun(t(j)+h/2,y(:,j)+h*k1/2);
    k3=testfun(t(j)+h/2,y(:,j)+h*k2/2);
    k4=testfun(t(j),y(:,j)+h*k3);
    y(:,j+1)=y(:,j)+h*(k1+2*k2+2*k3+k4)/6;
    end
end
```

在龙格–库塔法程序 (即函数 RKsol) 中, 输入变量的程序基本与指令 ode45 相似, 求解方程 testfun, 起始时间为 t_0, 结束时间为 t_n, 初始条件为 y_0, 时间步长为 n. 两种解法画在同一个图形中 (图 10.4), 龙格–库塔法的解用星号表示, 指令 ode45 的解用圆圈表示, 从图形中看到两种结果基本一致.

从以上例子可以看出, 求解过程可分为三个步骤:

- 将常微分方程编写为规定的函数形式;
- 设置求解条件, 例如初值条件、边值条件、选用的参数等;
- 根据方程性质选用合适的指令求解, 例如刚性和非刚性问题所用的指令不同.

各个步骤的具体操作详细介绍如下:

1. 微分方程的表示方式

表示常微分方程可以用匿名函数、函数文件和在线函数三种方法. 前面例子已经用了匿名函数, 再看如何用在线函数表示向量形式的方程和矩阵形式的方程. 不过 MATLAB 申明已经将移除指令 inline, 所以不建议使用这种方法:

```
>> F=inline('[y(2);-y(1)]','t','y')
>> F=inline('[0, 1;  -1, 0]*y ]','t','y')
```

用函数文件也有两种形式如下:

```
function ydot=F(t,y)                                          %列向量形式
ydot=[ y(2);
      -y(1)];
end
```

```
function ydot=F(t,y)                                          %矩阵形式
ydot=[0,1; -1,0]*y
end
```

从中可以看到用函数文件来编写常微分方程的格式如下:

```
function ydot=odefun(t,y)
    ydot=[微分方程的向量形式或矩阵形式]
end
```

在这里, odefun 是函数文件名, t 是标量, y 是列矢量, ydot 表示 dy/dt, 也是列矢量. 强调一下, 在表示微分方程时, 函数文件中等号左边都是代表函数的一次导数, 而表示非线性方程的函数文件中等号左边是代表原来的函数, 两者显然不同.

在文件中, 变量 t、y 的顺序不能改变, t 必须是第一个变量. 函数 y 是个矢量, 其中的各个分量的顺序也不能变, 例如作为初始条件输入 y_0 时, 各个分量的顺序也不变.

可以将求解指令与函数编在一个函数文件内, 用嵌套函数或者用本地函数来表示微分方程, 如下所示:

```
% 用嵌套函数
function xzz
ode45(@F,[0,10],[0,2]);
    function ydot=F(t,y)
    ydot=[ y(2);
            -y(1)];
    end
end
```

```
% 用本地函数
function xzz
ode45(@F,[0,10],[0,2]);
end
    function ydot=F(t,y)
    ydot=[y(2);
            -y(1)];
    end
```

如果用嵌套函数则主函数可以与其共享变量, 免去了传递变量的步骤. 注意在 2017 版本之前, 主程序文件必须是函数文件, 才能在其中使用子函数文件. 而且函数文件只能用编辑器来编辑而不能用实时脚本文件编辑器来编辑. 但是匿名函数和在线函数两种方法是可以编写在脚本文件中的, 这是两者之间很大的区别. 在 2017a 版本之后, 脚本文件与实时脚本文件也可以包含本地函数文件.

2. 给定解方程的条件与要求

在例子中我们使用了指令中默认的条件来解方程, 事实上, 这些条件是可以根据用户的要求来改变的. 指令 odeset 用来建立或改变解方程的条件和要求, 指令 odeget 则用来获取 "选项结构列阵 (options structure)" 中的信息, 也就是现在使用的解方程的条件与要求. 在 MATLAB 中, 指令默认的求解条件和要求可以用指令 odeset 显示, 下面是全部可设置的参数及其默认值 (括号{}中的值):

```
        AbsTol: [ positive scalar or vector {1e-6} ]
        RelTol: [ positive scalar {1e-3} ]
   NormControl: [ on | {off} ]
     OutputFcn: [ function ]
     OutputSel: [ vector of integers ]
        Refine: [ positive integer ]
         Stats: [ on | {off} ]
   InitialStep: [ positive scalar ]
       MaxStep: [ positive scalar ]
           BDF: [ on | {off} ]
      MaxOrder: [ 1 | 2 | 3 | 4 | {5} ]
      Jacobian: [ matrix | function ]
      JPattern: [ sparse matrix ]
    Vectorized: [ on | {off} ]
          Mass: [ matrix | function ]
MStateDependence: [ none | weak | strong ]
     MvPattern: [ sparse matrix ]
  MassSingular: [ yes | no | {maybe} ]
  InitialSlope: [ vector ]
        Events: [ function ]
```

键入 help odeset 可查看全部参数的说明, 这些选项可分为以下几类 (表 10.1):

表 10.1

分类目录	选项名称
误差控制	RelTol, AbsTol, NormControl
解的输出	OutputFcn, OutputSel, Refine, Stats
雅可比矩阵	Jacobian, JPattern, Vectorized
步长	InitialStep, MaxStep
质量矩阵和 DAEs	Mass, MStateDependence, MvPattern, MassSingular, InitialSlope
事件控制	Events
ode15s 专用指令	MaxOrder, BDF

下面只对其中的几个参数作简单说明.

RelTol: 相对误差, 默认值为 1e-3.

AbsTol: 绝对误差, 默认值为 1e-6.

OutputFcn: 输出方式, 默认值为 'odeplot', 可选项有

　　odeplot: 按时间顺序画出全部变量的解;

　　odephas2: 二维相空间中两个变量的图形;

　　odephas3: 三维相空间中三个变量的图形;

　　odeprint: 打印输出.

为了满足解微分方程的某些特殊要求, 可以用 odeset 修改它. 指令 odeset 用法语句格式如下:

options = odeset('name1', value1, 'name2', value2, ⋯)

options = odeset(oldopts, 'name1', value1, ⋯)

options = odeset(oldopts, newopts)

odeset

各项符号的含义为:

options	"选项结构列阵" 的名称
'name1',value1, 'name2',value2	选项中的参数 1, 2 及其取值
oldopts,newopts	旧的选项, 新的选项
optimfunction	使用默认的选项

第一种格式是指定各个参数的取值, 对不指定取值的参数, 取默认值. 在不引起混淆的情况下, 参数名可以只键入前面的几个字母, 也不必区分大小写, 如用 'abst' 表示 'AbsTol'. 但数值的输入必须格式正确, 否则仍然采用默认值.

第二种格式使用了原来的选项, 但对其中的参数 1 等指定了新值.

第三种格式合并了两个选项 oldopts 和 newopts, 重复部分取 newopts 的指定值.

3. 调用指令求解并输出结果

首先要根据方程的性质来选用前面所介绍的指令. 刚性方程的内容会在下面介绍, 本书的例子都可以用 ode45 来求解. 调用指令时要严格按照前面介绍的语句格式代入各种参数, 同时要注意选择解的输出方式. 例如在例 10.3 中, 可以改变输入的时间变量 t 的表达形式, 并以结构列阵形式 sol 输出方程的解, 这时就不会自动画出图 10.3 了, 操作如下:

```
>> sol=ode45(F,[0:0.1:10],[0,1])
sol = olver: 'ode45'
    extdata: [1x1 struct]
```

```
         x: [1x19 double]
         y: [2x19 double]
     stats: [1x1 struct]
     idata: [1x1 struct]
```

在输出的结构列阵 sol 中查找数据要使用指令 deval, 如

```
>> ss=deval(sol,5.15)
ss = -0.90562
      0.42439
```

如果这个数据是解中原来没有的, 就像这里的 $t = 5.15$, 那么 MATLAB 会自动用插值的方法计算它.

如果不采用默认的求解条件, 就要把自己设置的求解条件代入. 例如要输出相图, 就要改变原来的输出的设置, 操作如下:

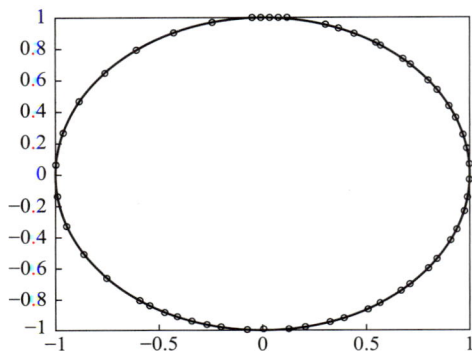

图 10.5   谐振子的相图

```
>> options=odeset('OutputFcn','odephas2');
>> ode45(F,[0,10],[0,1],options)
```

这时输出的图形如图 10.5 所示.

要查看结构列阵 sol 中某个域比如域 x 的内容, 可键入 sol.x.

上面的例子还表明, MATLAB 的指令不仅可以解单变量的常微分方程, 也可以解多变量的常微分方程组. 指令的用法基本相似, 就是将各个变量的各阶导数按顺序排列成一个列向量, 并且在程序中始终保持这个顺序.

§10.4   类型一——初值问题中的非刚性问题

指令计算的
误差与效率

10.4.1   阻尼抛体运动

所有的初值问题的解都与初始条件有关, 都要预先设定初始条件才能求解. 本节用指令求解一个常微分方程的初值问题. 它是受空气阻力的抛体运动, 虽然问题不复杂, 但它是有两个变量的方程组.

研究受空气阻力的抛体运动. 抛体质量为 m, 初速度为 $\boldsymbol{v}_0$, 所受空气阻力有三种情况: 阻力为 0, 阻力正比于速度的一次方 ($b\boldsymbol{v}$), 阻力正比于速度的二次方 ($bv\boldsymbol{v}$).

以地面为参考系, 以抛出点为原点 O 建立直角坐标系 Oxy, Ox 沿水平方向, Oy 竖直向上. 质点受重力和空气阻力作用, 而空气阻力包括三种情况.

质点的运动微分方程可统一表示为

$$m\frac{\mathrm{d}^2\boldsymbol{r}}{\mathrm{d}t^2} = -m\boldsymbol{g} - b|v|^p\boldsymbol{v}$$

空气阻力的三种情况分别对应方程中参数值为

$$b = [0,\ 0.1,\ 0.1],\quad p = [0,\ 0,\ 1]$$

令 $y(1) = x, y(2) = \mathrm{d}x/\mathrm{d}t, y(3) = y, y(4) = \mathrm{d}y/\mathrm{d}t$, 将方程写成一阶微分方程组

$$\begin{cases} \dfrac{\mathrm{d}y(1)}{\mathrm{d}t} = y(2) \\[2mm] \dfrac{\mathrm{d}y(2)}{\mathrm{d}t} = -\dfrac{by(2)}{m}(y^2(2) + y^2(4))^{p/2} \\[2mm] \dfrac{\mathrm{d}y(3)}{\mathrm{d}t} = y(4) \\[2mm] \dfrac{\mathrm{d}y(4)}{\mathrm{d}t} = -g - \dfrac{by(4)}{m}(y^2(2) + y^2(4))^{p/2} \end{cases}$$

再用指令 ode45 解常微分方程. 程序为:

```
function znxp
bp=[0,0.2,0.2; 0,0,1];                              %方程的参数
strdd={'无阻尼','阻力正比于v', '阻力正比于v^2',};      %图形说明
    for k=1:3                                        %计算三种不同条件下的运动
        b=bp(1,k); p=bp(2,k);                        %选定传递参数的值
        [t,y]=ode45(@znxpfun,[0:0.01:10],[0,3,0,5]);

        subplot(2,1,1)
        axis([0 6 -70 2]); hold on
        comet(y(:,1),y(:,3));                        %粒子的空间轨迹

        subplot(2,1,2)
        axis([0 10 0 4]), hold on
        text(4.5, 3.6-k, strdd{k});                  %加注解文字
        comet(t,y(:,2))                              %速度随时间变化图
    end
    function ydot=znxpfun(t,y)
    ydot=[ y(2);
        -b*y(2)*(y(2).^2+y(4).^2)^(p/2);
         y(4);
        -9.8-b*y(4)*(y(2).^2+y(4).^2)^(p/2)];
    end
end
```

画出的图形如图 10.6 所示. 程序使用了嵌套函数, 所以主函数文件中的 b、p 值可以在嵌套函数中直接使用. 第二张图显示了水平速度的变化, 当无阻尼时, 其水平速度不变; 当阻尼为速度的一次方时, 水平速度会逐渐变小; 当阻尼为速度的二次方时, 水平速度减小得更快, 甚至很快降为零. 这三种水平速度的差别造成了第一张轨迹图中有三条不同的轨迹.

10.4.2   洛伦茨方程

洛伦茨方程是混沌理论中一个著名的方程, 是有三个变量的耦合的一阶常微分方程.

$$\begin{cases} \dot{x} = -\sigma x + \sigma y \\ \dot{y} = rx - y - xz \\ \dot{z} = xy - bz \end{cases}$$

通常取 $\sigma = 10, b = 8/3$, 而改变 r 的值, 当 $r = 35$ 时, 就会出现混沌. 其解的图形类似蝴蝶 (图 10.7), 故称为 "蝴蝶效应". 程序与图形如下:

```
function lor
r=35;
[t,y]=ode23( @lorfun,[0,31],[-0.01,0.0,0.00]);
plot3(y(:,1),y(:,2),y(:,3))
xlabel('x'); ylabel('y'); zlabel('z')
view(11,-22)
    function ydot=lorfun(t,y)
    ydot=[-10*y(1)+10*y(2);
          r*y(1)-y(1)*y(3)-y(2);
          y(1)*y(2)-8/3*y(3)];
    end
```

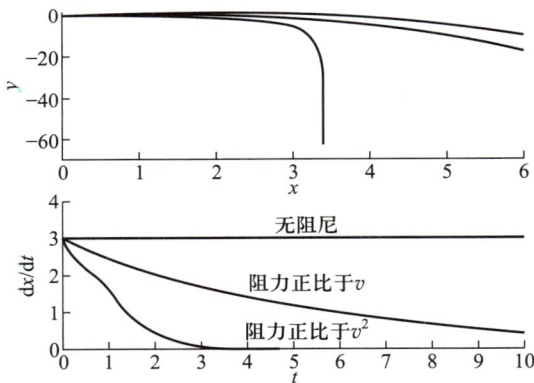

图 10.6   有阻尼的抛体运动

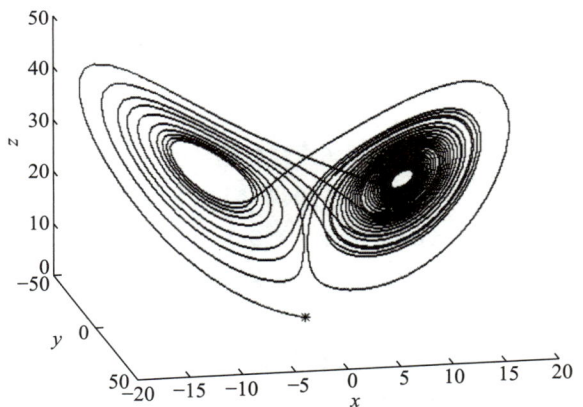

图 10.7   洛伦兹方程的解的图形

10.4.3   粒子散射

研究平方反比斥力场中粒子的运动. 以 α 粒子在重核场中的运动为例, 设重核位于力心且固定不动, α 粒子的质量为 m, 它到重核的距离为 r, 所受到库仑斥力为 $F = \dfrac{k}{r^2}$, k 为常量. 画出 α 粒子在不同初始条件下的轨迹,

根据牛顿运动定律, α 粒子矢量形式的运动微分方程为

$$\frac{\mathrm{d}^2 \boldsymbol{r}}{\mathrm{d}t^2} = \frac{k}{m} \frac{\boldsymbol{r}}{r^3} \tag{10.4.1}$$

为便于求解, 建立直角坐标系, 原点 O 位于力心重核处, 则 (10.4.1) 式在直角坐标系 Oxy 中的投影方程为

$$\begin{cases} \dfrac{\mathrm{d}^2 x}{\mathrm{d}t^2} = \dfrac{k}{m}\dfrac{x}{(x^2+y^2)^{3/2}} \\[2mm] \dfrac{\mathrm{d}^2 y}{\mathrm{d}t^2} = \dfrac{k}{m}\dfrac{y}{(x^2+y^2)^{3/2}} \end{cases} \tag{10.4.2}$$

令 $y_1 = x$, $y_2 = \dfrac{\mathrm{d}x}{\mathrm{d}t}$, $y_3 = y$, $y_4 = \dfrac{\mathrm{d}y}{\mathrm{d}t}$, 则 (10.4.2) 式可写成

$$\begin{cases} \dfrac{\mathrm{d}y_1}{\mathrm{d}t} = y_2 \\[2mm] \dfrac{\mathrm{d}y_2}{\mathrm{d}t} = \dfrac{k}{m}\dfrac{y_1}{(y_1^2+y_3^2)^{3/2}} \\[2mm] \dfrac{\mathrm{d}y_3}{\mathrm{d}t} = y_4 \\[2mm] \dfrac{\mathrm{d}y_4}{\mathrm{d}t} = \dfrac{k}{m}\dfrac{y_3}{(y_1^2+y_3^2)^{3/2}} \end{cases} \tag{10.4.3}$$

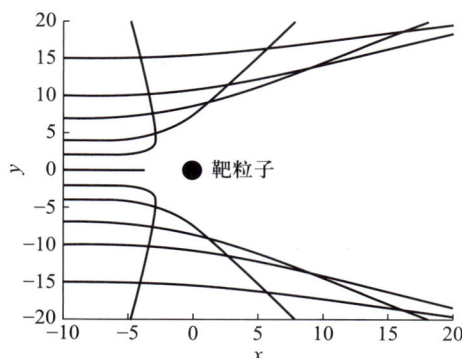

图 10.8 α 粒子的散射轨道

可令 α 粒子沿 x 轴方向入射, 入射速率为 v_0, 则初始条件为 $y_1 = x_0$, $y_2 = v_0$, $y_3 = y_0$, $y_4 = 0$. 实际程序十分简单, 为了能得到多条粒子的运动轨迹, 程序中给出了多个初始条件. 程序运行的结果如图 10.8 所示.

实际研究 α 粒子散射时, α 粒子都是从重核力场之外入射的, 即 $|x_0|$ 的值必须足够大, 使得初始时刻的轨道近乎于平行的直线, α 粒子离开力场后的轨道也为直线, 此直线与 x 轴的夹角即出射方向相对入射方向的偏转角, 也就是散射角. 改变 y_0、v_0、k、m, 可以定性观察它们对散射角的影响, 程序如下:

```
function alzss
y0=[15,10,7,4,2,0,-2,-4,-7,-10,-15];          %入射粒子的不同高度
line(0,0,'marker','.','markersize',50,'color','r');
text(2,0,'靶粒子','fontsize',14 );            %画靶粒子
xlabel('x'); ylabel('y');
axis([-10 20 -20 20]); hold on
    for i=1:11
        [t,y]=ode23(@alzssf,[0:.1:32],[-10,1,y0(i),0]);
        plot(y(:,1),y(:,3)), pause(0.7)
    end

function ydot=alzssf(t,y)
ydot=[y(2);                                    %p=3
    3*y(1)/sqrt(y(1).*y(1)+y(3).*y(3)).^3;
    y(4);
    3*y(3)/sqrt(y(1).*y(1)+y(3).*y(3)).^3];
    end
end
```

10.4.4　弹簧摆运动

计算机模拟可以直观表现物理系统的运动状态, 对于理解抽象的物理公式和研究系统的运动带来了很多方便, 所以在科研中有着广泛的应用. 例如, 发射神五、神六号登月舱的科研人员不仅计算了飞船的轨道, 而且将它们的运动做成了模拟动画. 当这些动画在中央电视台播放时, 全国人民都能了解飞船运行的状态.

这里我们借助于 MATLAB, 在研究物理系统运动的同时, 也用动画模拟它们的运动. 由于这些运动模拟是采用真实的从求解运动方程得到的数据, 而不是 flash 动画中想象的情景, 所以这种模拟就更有价值.

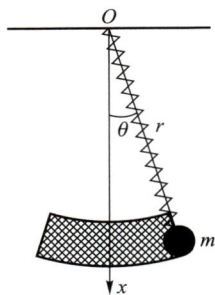

图 10.9　弹簧摆的运动

如图 10.9 所示, 设质量为 m 的摆锤挂在劲度系数为 k、原长为 l_0 的轻弹簧上, 弹簧的另一端悬挂于固定点 O, 系统静止自然下垂时弹簧长度为 $l = l_0 + \dfrac{mg}{k}$, 系统可在过 O 点的竖直平面内自由摆动, 试研究摆锤的运动. 要求作出弹簧摆的模拟运动图像并画出摆锤的运动轨迹, 并由此学习作模拟动画的技巧, 如在模拟摆锤运动的同时画出摆锤的运动轨迹, 用正弦曲线表示弹簧, 并且通过极坐标变换来表示运动中的弹簧.

对题目分析如下, 系统自由度为 2. 以 O 为极点、竖直向下的 x 轴为极轴, 在图中建立极坐标系. r 为质点 m 到 O 点距离, θ 为 x 轴与弹簧间的夹角. 则系统的拉格朗日量为

$$L = T - V = \frac{1}{2}m\left[\left(\frac{\mathrm{d}r}{\mathrm{d}t}\right)^2 + r^2\left(\frac{\mathrm{d}\theta}{\mathrm{d}t}\right)^2\right] - \left[-mgr\cos\theta + \frac{1}{2}k\left(r-l_0\right)^2\right]$$

由拉格朗日方程可求出系统的运动微分方程为

$$\begin{cases} \dfrac{\mathrm{d}^2 r}{\mathrm{d}t^2} = r\left(\dfrac{\mathrm{d}\theta}{\mathrm{d}t}\right)^2 + g\cos\theta - \dfrac{k}{m}\left(r - l + \dfrac{mg}{k}\right) \\ \dfrac{\mathrm{d}^2\theta}{\mathrm{d}t^2} = -\dfrac{2}{r}\dfrac{\mathrm{d}r}{\mathrm{d}t}\dfrac{\mathrm{d}\theta}{\mathrm{d}t} - \dfrac{g}{r}\sin\theta \end{cases}$$

上式未作小摆角近似, 因此可用以研究弹簧摆的大摆角运动, 但是难以求出解析解. 由数值计算结果所画出弹簧摆的大摆角运动轨迹, 可发现它的运动情况很复杂, 通过分析可以知道, 它的运动实际可以分解成沿 r 向与沿 θ 向的微振动, 两者都是简谐振动, 所以合成运动是李萨如图形.

令 $y_1 = r, y_2 = \dfrac{\mathrm{d}r}{\mathrm{d}t}, y_3 = \theta, y_4 = \dfrac{\mathrm{d}\theta}{\mathrm{d}t}$, 则微分方程为

$$\begin{cases} \dfrac{\mathrm{d}y_1}{\mathrm{d}t} = y_2 \\ \dfrac{\mathrm{d}y_2}{\mathrm{d}t} = y_1 y_4^2 + g\cos y_3 - \dfrac{k}{m}\left(y_1 - l + \dfrac{mg}{k}\right) \\ \dfrac{\mathrm{d}y_3}{\mathrm{d}t} = y_4 \\ \dfrac{\mathrm{d}y_4}{\mathrm{d}t} = -\dfrac{2}{r}y_2 y_4 - \dfrac{g}{y_1}\sin y_3 \end{cases}$$

程序中使用了嵌套函数, 所以不需要变量传递. 程序中解出微分方程以后, 还要将极坐标变量转换为直角坐标才能画图. 程序非常简单, 主要的技巧是在作模拟动画上. 有两点值得注意, 一是模拟弹

簧的运动, 另一点是在模拟弹簧运动的同时画出轨迹图. 如果不想作动画模拟, 可以将主函数中指令 figure 以下的语句删除, 直接用 comet(x1,y1) 画图, 程序如下:

```
function thb                                              %弹簧摆
global L m k g
theta0=pi/10 ;                                    %初始角度,可设不同的值
m=1; k=80; g=9.8;
L0=1;                                              %L0为弹簧原来长度
L=L0+m*g/k;                                         %L为弹簧静止时长度

[t,u1]=ode45(@thbfun,[0:0.005:15],[L0 0 theta0 0]);
[y1,x1]=pol2cart(u1(:,3),u1(:,1));                 %将极坐标换为直角坐标
y1=-y1;
figure
ymax=max(abs(y1));
axis([-1.2 1.2 -1.2*ymax 0.2]);                     %设置坐标范围
axis off
title('弹簧摆','fontsize',14)
hold on;

R=0.055 ;                                           %设置弹簧半径
yy=-L0:0.01:0;
xx=R*sin(yy./L0*30*pi);                      %用正弦曲线表示垂直位置的弹簧
[a,r]=cart2pol(xx,yy);                        %将弹簧直角坐标换成极坐标
a=a+theta0;                             %通过极角的转动将垂直位置的弹簧转到初始位置
[xx,yy]=pol2cart(a,r);                  %将初始位置弹簧的极坐标换回直角坐标
line([-1 1],[0 0],'color','r','linewidth',2)        %画横杆
ball=line(xx(1),yy(1),'color','r','marker','.','markersize',70);
ball2=animatedline;                                 %画摆球的运动轨迹
spring=line(xx,yy,'color','g','linewidth',2);       %画弹簧
pause(0.5)

function F=thbfun(t,u)
global L m k g
F =[u(2);
    u(1)*u(4)^2 + g*cos(u(3))-k/m*(u(1)-L+m*g/k);
    u(4);
    -2*u(2)*u(4)/u(1)-g*sin(u(3))/u(1)];
```

10.4.5 带电粒子在电磁场中的运动

研究带电粒子在均匀恒定电磁场中的运动, 画出粒子运动轨迹. 设带电粒子质量为 m, 所带电有量为 q. 电磁场的电场强度为 E, 磁感应强度为 B. 分三种情况考虑:

(1) 电场强度和磁感应强度都不为零;

(2) 电场强度为零, 磁感应强度不为零;

(3) 电场强度不为零, 磁感应强度为零.

在电磁场中带电粒子的运动微分方程为

$$m\frac{\mathrm{d}^2\boldsymbol{r}}{\mathrm{d}t^2} = q\boldsymbol{E} + qv \times B \tag{10.4.4}$$

以场中某点为原点, 以 $\boldsymbol{E}$ 为 y 轴方向, $\boldsymbol{B}$ 为 z 轴方向建立坐标系 $Oxyz$, 令 $\omega = qB/m$, 则 (10.4.4) 式的投影方程为

$$\begin{cases} \dfrac{\mathrm{d}^2 x}{\mathrm{d}t^2} = \omega\dfrac{\mathrm{d}y}{\mathrm{d}t} \\[2mm] \dfrac{\mathrm{d}^2 y}{\mathrm{d}t^2} = \dfrac{qE}{m} - \omega\dfrac{\mathrm{d}x}{\mathrm{d}t} \\[2mm] \dfrac{\mathrm{d}^2 z}{\mathrm{d}t^2} = 0 \end{cases} \tag{10.4.5}$$

令 $y_1 = x, y_2 = \mathrm{d}x/\mathrm{d}t, y_3 = y, y_4 = \mathrm{d}y/\mathrm{d}t, y_5 = z, y_6 = \mathrm{d}z/\mathrm{d}t$, 则 (10.4.5) 式成为

$$\begin{cases} \dfrac{\mathrm{d}y_1}{\mathrm{d}t} = y_2 \\[2mm] \dfrac{\mathrm{d}y_2}{\mathrm{d}t} = \omega y_4 \\[2mm] \dfrac{\mathrm{d}y_3}{\mathrm{d}t} = y_4 \\[2mm] \dfrac{\mathrm{d}y_4}{\mathrm{d}t} = \dfrac{qE}{m} - \omega y_2 \\[2mm] \dfrac{\mathrm{d}y_5}{\mathrm{d}t} = y_6 \\[2mm] \dfrac{\mathrm{d}y_6}{\mathrm{d}t} = 0 \end{cases}$$

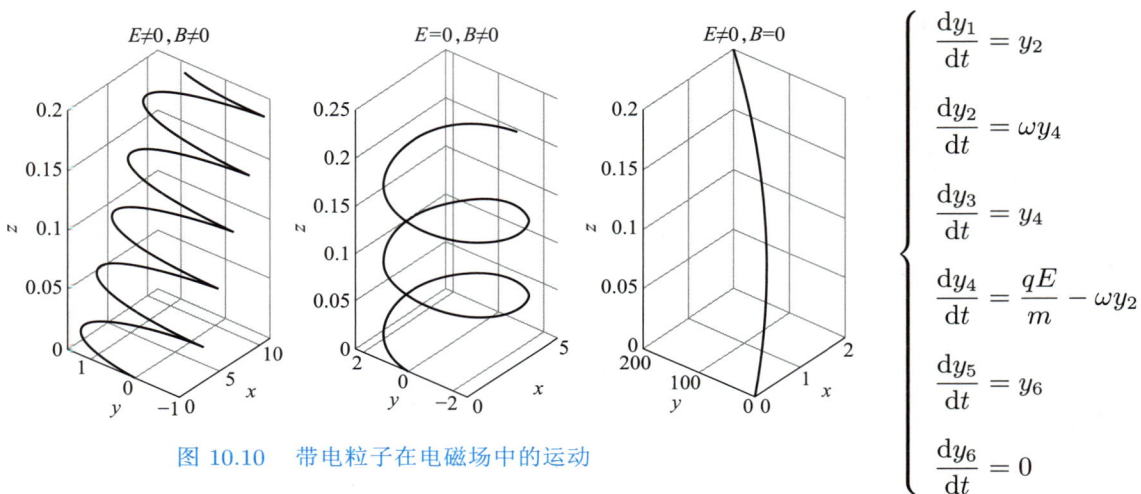

图 10.10　带电粒子在电磁场中的运动

程序中按题目要求分三种情况进行计算:

(1) $E \neq 0, B \neq 0$;

(2) $E = 0, B \neq 0$;

(3) $E \neq 0, B = 0$.

程序如下:

```
function dcc                                      %电磁场中粒子运动
q=1.6e-2; m=0.02;
B=[2;1;0]; E=[1;0;1];
figure
strd{1}='E\neq 0,B\neq 0';
strd{2}='E=0, B\neq 0';
strd{3}='E\neq 0, B=0';
    for i=1:3
```

```
        b=B(i); e=E(i);
        [t,y]=ode23(@dccfn,[0:0.1:20],[0,0.1,0,2,0,0.01]);
        axes('unit','normalized','position',...
            [0.045+(i-1)*0.35 0.062 0.2786 0.6583]);          %设置轴的范围
        plot3(y(:,1),y(:,3),y(:,5),'linewidth',2);
        grid on
        title(strd{i},'fontsize',12,'fontweight','demi');
        xlabel('x'); ylabel('y'); zlabel('z');
        view([-51,18]);
    end


    function ydot=dccfn(t,y)
    ydot=[y(2);
        q*b*y(4)/m;
        y(4);
        q*e/m-q*b*y(2)/m;
        y(6);
        0];
    end
end
```

从粒子的运动轨迹图 10.10 可以看出, 粒子的运动包含有三种: 沿 **B** 方向的匀速直线运动、绕磁感应线的匀速圆周运动和沿 **E** × **B** 方向的漂移运动.

磁场透镜——在上述程序除去电场, 让粒子的速度分量 v_x 取 8 个不同的值, 且 $v_y = 0$, $v_z = 0.1$. 就可计算磁场透镜效应. 只要将画出的图形 10.11 水平放置, 就可以看出, 结果与上一个例子是一样的程序如下:

```
function dccb
q=1.6e-2; m=0.02;
figure
vx=[0.1,0.2,0.3,0.4,-0.1,-0.2,-0.3,-0.4 ];
    for i=1:8
        B=1; E=0;                          %电磁场
        [~
,y]=ode23(@dccfn,(0:0.1:7.9),[0,vx(i),0,0,0,0.1]);
        plot3(y(:,1),y(:,3),y(:,5),'linewidth'
            ,2);
    hold on, grid on, view([-5,-9]);
        xlabel('x'); ylabel('y'); zlabel('z');
    end
```

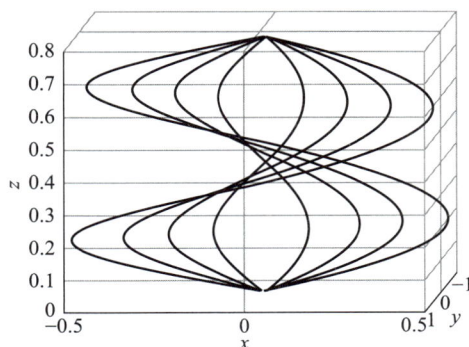

图 10.11　静磁场透镜

```
function ydot=dccfn(~,y)
    ydot=[y(2);
```

```
q*B*y(4)/m;
y(4);
q*E/m-q*B*y(2)/m;
y(6);
0];
end
end
 41.33955pt430.97621pt
```

10.4.6　限制性三体运动

两个质量有限的天体和一个质量可以看作无限小的天体仅在它们引力作用下发生的运动, 比一般的三体问题简单得多, 可以不考虑小天体对两个质量有限天体运动的影响, 后者可以用二体问题求解, 这种三体问题称为限制性三体问题 (restricted three-body problem). 当两个质量有限的天体相对于它们的质心系的运动轨迹为圆, 则又称为圆型限制性三体问题. 实际运用中例如月地之间火箭的发射, 就非常近似于圆型限制性三体问题.

下面求解一个简单的圆型限制性三体问题的运动方程. 设两个质量大的天体 p_2、p_1 的质量分别是 μ 和 $\mu^* = 1-\mu$, 两者之和为 1. 小天体的质量为 $m \ll 1$, 以两较大天体的质心为原点建立与它们一起转动的动坐标, x 轴通过两天体, y 轴在它们的运动平面与 x 轴垂直, 如图 10.12 所示.

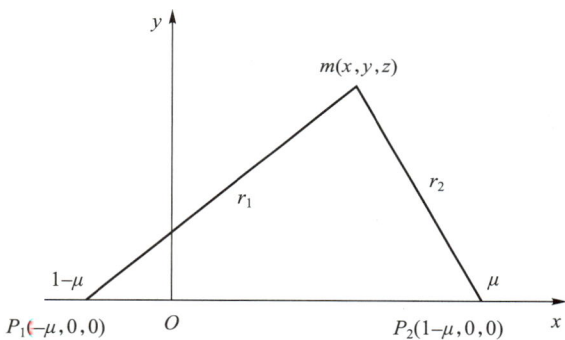

图 10.12　三个天体的位置坐标

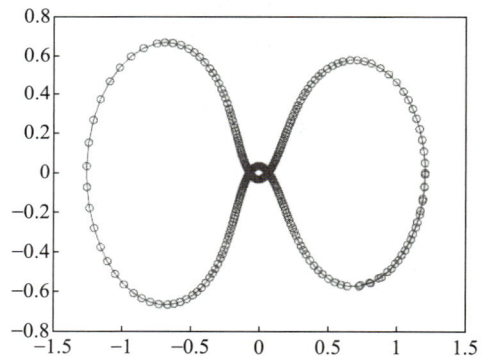

图 10.13　运动小天体的轨迹图

为简化问题, 选取两较大天体之间的距离为长度单位, 则两天体 p_1、p_2 的坐标分别是 $(-\mu, 0, 0)$ 和 $(\mu^* = 1-\mu, 0, 0)$. 再选取 $T/2$ 为时间单位 (T 为两天体绕质心运动的周期), 则动坐标转动角速度等于 1, 根据开普勒第三定律, 也可使引力常量 G 简化为 1.

设小天体的坐标为 (x, y, z), 与两天体的距离为 r_1、r_2. 以动坐标为参考系, 根据非惯性系动力学建立小天体的动力学方程

$$m\boldsymbol{a} = \boldsymbol{F} - m\boldsymbol{\omega} \times (\boldsymbol{\omega} \times \boldsymbol{r}) - 2m\boldsymbol{\omega} \times \boldsymbol{v}$$

注意到有 $\boldsymbol{\omega} = \boldsymbol{k}, \boldsymbol{r} = x\boldsymbol{i} + y\boldsymbol{j} + z\boldsymbol{k}, \boldsymbol{v} = v_x\boldsymbol{i} + v_y\boldsymbol{j} + v_z\boldsymbol{k}$, 将其代入运动方程, 按照上面所取的单位, 可得到下列一组量纲为 1 的投影方程:

$$
\begin{cases}
\ddot{x} = 2\dot{y} + x - \dfrac{\mu^*(x+\mu)}{r_1{}^3} - \dfrac{\mu(x-\mu^*)}{r_2{}^3} \\[3mm]
\ddot{y} = -2\dot{x} + y - \dfrac{\mu^* y}{r_1{}^3} - \dfrac{\mu y}{r_2{}^3} \\[3mm]
\ddot{z} = -\dfrac{\mu^* z}{r_1{}^3} - \dfrac{\mu z}{r_2{}^3}
\end{cases}
$$

其中 $r_1 = \sqrt{(x+\mu)^2 + y^2 + z^2}$; $r_2 = \sqrt{(x-\mu^*)^2 + y^2 + z^2}$.

如果运动仅限于平面内, 则可以将所有的 z 分量删除, 然后再编程. 解的前两个分量是一个质量无穷小的物体的坐标, 用来画出它绕另外两个物体的轨道. 初始条件的选择是为了使轨道具有周期性. 修改了精度要求以保证轨道质量更高. 合适的值是 RelTol 取 1e-5 和 AbsTol 取 1e-4. 所画图形为图 10.13, 程序如下:

```
function orbit
mu=1/82.45; mustar=1-mu;
y0=[1.2;0;0;-1.04935750983031990726];
tspan=[0 7];
options=odeset('RelTol',1e-5,'AbsTol',1e-4,'OutputFcn',@odephas2);
ode45(@f,tspan,y0,options);
    function dydt=f(t,y)
    r13=((y(1)+mu)^2+y(2)^2)^1.5;
    r23=((y(1)-mustar)^2+y(2)^2)^1.5;
    dydt=[y(3)
        y(4)
        2*y(4)+y(1)-mustar*((y(1)+mu)/r13)-mu*((y(1)-mustar)/r23)
        -2*y(3)+y(2)-mustar*(y(2)/r13)-mu*(y(2)/r23)];
    end
end
```

10.4.7　用质量矩阵解哑铃上抛运动

本节研究上抛的哑铃的运动. 哑铃模型简化为两个球由轻杆相连, 球 1 相对于地面的坐标为 x、y, 杆与地面夹角为 θ, 则球 2 的坐标为 $x + l\cos\theta$, $y + l\sin\theta$. 两个小球的动能为

$$
\begin{aligned}
T_{\mathrm{e}} &= \frac{m_1}{2}\left[\left(\frac{\mathrm{d}x}{\mathrm{d}t}\right)^2 + \left(\frac{\mathrm{d}y}{\mathrm{d}t}\right)^2\right] + \frac{m_2}{2}\left\{\left[\frac{\mathrm{d}\,(x+l\cos\theta)}{\mathrm{d}t}\right]^2 + \left[\frac{\mathrm{d}\,(y+l\sin\theta)}{\mathrm{d}t}\right]^2\right\} \\[2mm]
&= \frac{m_1}{2}\left(\dot{x}^2 + \dot{y}^2\right) + \frac{m_2}{2}\left\{\left[\frac{\mathrm{d}\,(x+l\cos\theta)}{\mathrm{d}t}\right]^2 + \left[\frac{\mathrm{d}\,(y+l\sin\theta)}{\mathrm{d}t}\right]^2\right\} \\[2mm]
&= \frac{m_1}{2}\left(\dot{x}^2 + \dot{y}^2\right) + \frac{m_2}{2}\left[\left(\dot{x}^2 - 2\dot{x}l\dot{\theta}\sin\theta + l^2\dot{\theta}^2\sin^2\theta\right) + \left(\dot{y}^2 + 2\dot{y}l\dot{\theta}\cos\theta + l^2\dot{\theta}^2\cos^2\theta\right)\right] \\[2mm]
&= \left(\frac{m_1}{2} + \frac{m_2}{2}\right)\left(\dot{x}^2 + \dot{y}^2\right) + \frac{m_2}{2}\left(-2\dot{x}l\dot{\theta}\sin\theta + l^2\dot{\theta}^2\sin^2\theta + 2\dot{y}l\dot{\theta}\cos\theta + l^2\dot{\theta}^2\cos^2\theta\right)
\end{aligned}
$$

球 2 对球 1 的转动动能为

$$
T_{\mathrm{r}} = \frac{m_2}{2}l^2\dot{\theta}^2
$$

以地面为势能零点, 系统的势能为

$$V = -m_1 g y - m_2 g (y + l \sin \theta)$$

系统的拉格朗日量为

$$L = T - V = T_e + T_r - V$$
$$= \left(\frac{m_1}{2} + \frac{m_2}{2} \right) \left(\dot{x}^2 + \dot{y}^2 \right) + \frac{m_2}{2} \left(-2 \dot{x} l \dot{\theta} \sin \theta + l^2 \dot{\theta}^2 \sin^2 \theta + 2 \dot{y} l \dot{\theta} \cos \theta + l^2 \dot{\theta}^2 \cos^2 \theta \right) +$$
$$\frac{m_2}{2} l^2 \dot{\theta}^2 - m_1 g y - m_2 g (y + l \sin \theta)$$

拉格朗日方程为

$$\frac{\mathrm{d}}{\mathrm{d}t} \left(\frac{\partial L}{\partial \dot{x}} \right) - \left(\frac{\partial L}{\partial x} \right) = (m_1 + m_2) \ddot{x} - m_2 l \ddot{\theta} \sin \theta - m_2 l \dot{\theta}^2 \cos \theta = 0$$

$$\frac{\mathrm{d}}{\mathrm{d}t} \left(\frac{\partial L}{\partial \dot{y}} \right) - \frac{\partial L}{\partial y} = (m_1 + m_2) \ddot{y} - m_2 l \ddot{\theta} \cos \theta - m_2 l \dot{\theta}^2 \sin \theta + (m_1 + m_2) g y = 0$$

$$\frac{\mathrm{d}}{\mathrm{d}t} \left(\frac{\partial L}{\partial \dot{\theta}} \right) - \frac{\partial L}{\partial \theta} = -m_2 l \sin \theta \ddot{x} + m_2 l \cos \theta \ddot{y} + m_2 l^2 \ddot{\theta} + m_2 g l \cos \theta = 0$$

将方程写成质量矩阵 $\boldsymbol{M} \dot{\boldsymbol{Y}} = \boldsymbol{F}$ 的形式, 其中

$$\boldsymbol{M} = \begin{pmatrix} 1 & 0 & 0 & 0 & 0 & 0 \\ 0 & m_1 + m_2 & 0 & 0 & 0 & -m_2 l \sin \theta \\ 0 & 0 & 1 & 0 & 0 & 0 \\ 0 & 0 & 0 & m_1 + m_2 & 0 & m_2 l \cos \theta \\ 0 & 0 & 0 & 0 & 1 & 0 \\ 0 & -l \sin \theta & 0 & l \cos \theta & 0 & l^2 \end{pmatrix}$$

$$\boldsymbol{Y} = \begin{pmatrix} x \\ \dot{x} \\ y \\ \dot{y} \\ \theta \\ \dot{\theta} \end{pmatrix}; \quad \boldsymbol{F} = \begin{pmatrix} \dot{x} \\ m_2 l \dot{\theta}^2 \cos \theta \\ \dot{y} \\ m_2 l \dot{\theta}^2 \sin \theta - (m_1 + m_2) g \\ \dot{\theta} \\ -g l \cos \theta \end{pmatrix}$$

将上述方程编成程序如下, 并用指令 ode45 求解, 得到结果画成图形如图 10.14 所示:

```
function batonode
m1=0.1; m2=0.1; L=1; g=9.81;
tspan=linspace(0,4,25);
y0=[0;4;2;20;-pi/2;2];
options=odeset('Mass',@mass);
[t,y]=ode45(@f,tspan,y0,options);
theta=y(1,5); X=y(1,1); Y=y(1,3);
xvals=[X X+L*cos(theta)]; yvals=[Y Y+L*sin(theta)];
```

```
figure;
plot(xvals,yvals,xvals(1),yvals(1),'ro',xvals(2),yvals(2),'g*')
title('用ODE45和质量矩阵M求解上抛哑铃问题');
axis([0 22 0 25]), hold on
    for j=2:length(t)
        theta=y(j,5); X=y(j,1); Y=y(j,3);
        xvals=[X X+L*cos(theta)]; yvals=[Y Y+L*sin(theta)];
        plot(xvals,yvals,xvals(1),yvals(1),'ro',xvals(2),yvals(2),'g*')
    end
hold off

    function dydt=f(t,y)
    dydt = [y(2)
            m2*L*y(6)^2*cos(y(5))
            y(4)
            m2*L*y(6)^2*sin(y(5))-(m1+m2)*g
            y(6)
            -g*L*cos(y(5))];
    end
    function M=mass(t,y)          %质量矩阵函数
        M = zeros(6,6);
        M(1,1) = 1;
        M(2,2) = m1 + m2;
        M(2,6) = -m2*L*sin(y(5));
        M(3,3) = 1;
        M(4,4) = m1 + m2;
        M(4,6) = m2*L*cos(y(5));
        M(5,5) = 1;
        M(6,2) = -L*sin(y(5));
        M(6,4) = L*cos(y(5));
        M(6,6) = L^2;
    end
end
```

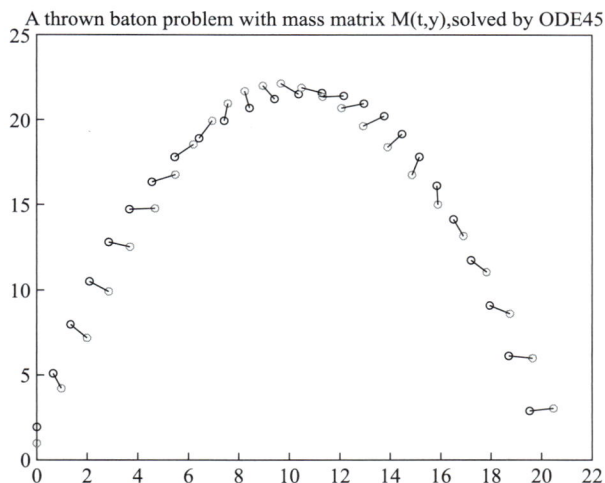

图 10.14　上抛哑铃的运动轨迹

§10.5　类型二——初值问题中的事件 (events) 问题

求小球从高处落地的时刻

事件问题是寻找计算中发生某一事件的时刻.

上一节的初值问题是已知初始条件, 求经过一段时间后 $(0 \leqslant t \leqslant t_{\text{final}})$ 的函数值. 但是有时候有另一种初值问题, 就是在开始计算时还不能确定终点的时间 t_{final}. 例如, 小球从高处落地后的弹跳问题, 如果没有空气阻力, 中学物理知识就可以解决. 如果有空气阻力, 就不能凭中学物理知识来确定小

球到达地面的时间. MATLAB 有一个指令叫事件 (events), 可以用来解决这类问题, 其含义为求某个事件发生时对应的时间, 即由已知的函数值求对应的自变量值.

这个指令很有用, 在后面的例题中将经常用到, 一定要掌握.

例 10.4: 求小球从高处落地的时刻.

在重力作用下, 小球下落的过程中存在空气阻力, 求它落到地面的时间. 简化以后的模型是

$$\ddot{y} = -1 + \dot{y}^2$$

初始条件为 $y(0) = 1$, $\dot{y}(0) = 0$. 求 $y(t) = 0$ 时, t 的大小. 方程可以写成如下函数文件:

```
function ydot = f(t, y)
    ydot = [y(2); -1 + y(2)^2];
end
```

还要建立一个函数 $g(t, y)$ 来检测 $y(t) = 0$ 发生的时间, 程序如下:

```
function [gstop, isterminal,direction] = g(t, y)
    gstop = y(1);
    isterminal = 1;
    direction = -1;
end
```

这个函数是按照 MATLAB 内部函数 events 的格式建立的. 调用 ode45 时用指令 opts 将 'events' 选项设为 'on', 表示启动事件开关, 用它来控制积分中断的时刻. 而 'events' 的值从子函数文件 $g(t,y)$ 中输出. 在子函数文件中, 判断事件发生的变量是高度为零, 所以取 gstop = y(1), 参数 direction 表示该变量变化的方向, 当 direction 取 1 表示判断事件的变量从负值增加到零, 取 −1 则表示从正值减小到零, 取 0 则表示不考虑方向. 参数 isterminal 取 1 表示一旦 gstop 为零, 就中断积分, 如取 0 则表示不中断积分. y 的两个分量分别是高度和速度, 程序中的设置是当高度减小到零时, 积分终止, 即 isterminal = 1, 而 direction 不取任何值表示不必考虑变化方向. 这些取值如表 10.2 所示.

表 10.2

参数 direction	参数 isterminal
-1 表示由函数值正减少到零	
0 表示不考虑函数值增减的方向	0 表示不中断积分
1 表示函数值由负增加到零	1 表示中断积分

这两个函数文件建立以后, 在指令窗口用下面的程序进行调用. 当然也可以将这三个文件合并成一个文件, 也就是将下面的程序作为主函数, 前面两个文件作为子函数文件, 程序如下:

```
opts=odeset('events',@g);                    %启动事件函数
y0=[1;0];                                     %初值
[t,y,tfinal]=ode45(@f,[0,Inf],y0,opts);
tfinal                                        %输出物体落地的时间
plot(t,y(:,1),'-',[0,tfinal],[1 0],'o')
axis([-0.1 tfinal+0.1 -0.1 1.1])             %坐标范围
xlabel('t')                                   %标示坐标变量
ylabel('y')
```

```
title('Falling body')
text(1.2,0,['tfinal='num2str(tfinal)])
```

%标注图名
%将数值变成字符用以标注落地时间

运行结果输出的落地时间为 1.6575, 图形如图 10.15 所示.

MATLAB 有一个程序演示小球落地弹跳逐渐衰减的过程, 运行指令是 ballode. 程序就用到了事件函数 events. 程序编写规范, 值得借鉴, 其中用到了逻辑函数 ishold, 还随时对图形句柄的属性加以改动, 对深入了解 MATLAB 的功能很有帮助, 有兴趣的读者可以在指令窗口输入指令edit ballode来查看.

事件问题的解法是很有用的一种方法, 在第二十章的 §20.4 节的 Magnus 效应——香蕉球, §20.4 节的沿电子束降线运动的小球, §20.5 节的刚体绕瞬心的转动方程解法中都用到这种方法.

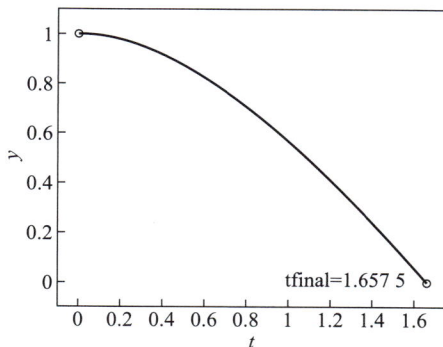

图 10.15 用 events 计算小球落地的时间

§10.6 类型三——初值问题中的刚性问题

刚性问题也是初值问题, 不同之处可以简单地理解为: 在求解时其解的产生变得越来越慢, 即变量变动很小时解的变化却很快, 以至于数值计算必须采用小步长才能获得满意的结果. 专用于刚性常微分方程的指令称为刚性方程指令, 它们通常在每一步中要完成更多的计算工作. 这样做的好处是, 它们能够采用大得多的步长, 并且与非刚性求解器相比提高了数值稳定性.

刚性问题实际上是个效率问题, 如果不在乎计算时间的多少, 可以不理会刚性的影响. 非刚性的方法也能求解刚性问题, 只是多花些时间.

10.6.1 火柴燃烧模型

火焰蔓延的模型是一个例子. 当点燃一根火柴时, 火焰迅速增大到一个临界体积, 然后维持这一体积不变. 此时, 火球内部燃烧耗费的氧气与其表面的氧气达到了某种平衡. 简化的模型是

$$\dot{y} = y^2 - y^3$$
$$y(0) = \delta$$
$$0 \leqslant t \leqslant 2/\delta$$

标量 $y(t)$ 代表了火球的半径, y^2 和 y^3 项源自面积和体积, 表示面积越大提供的氧气越多, 有助于火球变大, 体积越大消耗的氧气越多, 将迫使火球体积变小.

火焰问题是有精确解的, 它涉及兰伯特 (Lambert) W 函数 $W(z)$. 这个微分方程是可分离变量的, 积分一次得到 $y(t)$ 一个隐式方程:

$$\frac{1}{y} + \log\left(\frac{1}{y} - 1\right) = \frac{1}{\delta} + \log\left(\frac{1}{\delta} - 1\right) - t$$

这个方程可以解出 y. 可以证明这个火焰模型的精确解析解是

$$y(t) = \frac{1}{W\left(a\mathrm{e}^{a-t}\right) + 1}$$

其中 $a = \frac{1}{\delta} - 1$. 兰伯特 W 函数 $W(z)$ 是下面方程的解:

$$W(z)e^{W(z)} = z$$

例如, 用符号工具箱直接求解的结果如下, 图形如图 10.16 所示, 从图形可以看出这是个刚性问题.

```
>> y=dsolve('Dy=y^2 - y^3', 'y(0 ) =0.01');
>> y=simplify(y);
>> pretty(y)
```
$$\frac{1}{\text{lambertw}(99 \exp(99-t))+1}$$
```
>> ezplot(y,0,200)
```

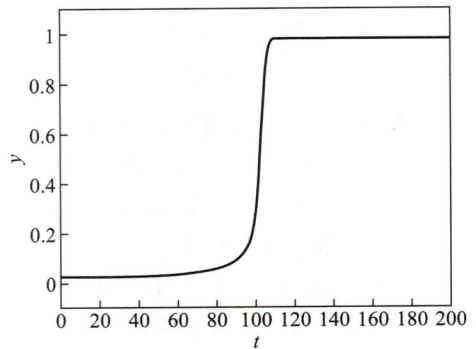

图 10.16   符号工具箱求出的解

其中关键的参数是比较 "小" 的初始半径 δ, 这里求解所用的计算时间和 δ 成正比. 在 δ 不是很小时, 这个问题还不算非常刚性. 例如, 取 $\delta = 0.01$, 相对误差为 10^{-4}, 求解程序如下:

```
delta = 0.01;
F=inline('y^2 - y^3','t','y');
opts=odeset('RelTol',1.e-4);
ode45(F,[0 2/delta],delta,opts);
```

输出的解的图 10.17(a) 从 $y = 0.01$ 开始, 以一个适度增大的速度增长, 直到时间 t 达到 100, 也就是 $1/\delta$, 然后增加很快, 达到一个很接近 1 的值, 并保持不变.

把 δ 减小两个数量级, 问题表现出刚性性质:

```
delta=0.0001;
ode45(F,[0 2/delta],delta,opts);
```

这时解的绘图过程变得很慢. 图 10.17(b) 是把图 10.7(a) 放大的结果, 可以看到解的误差范围在 10^{-4} 附近波动, 但是很难达到稳定.

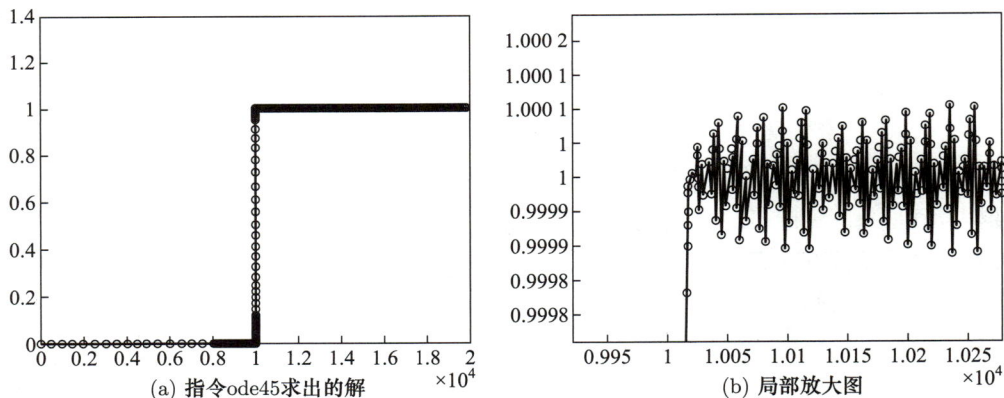

(a) 指令ode45求出的解

(b) 局部放大图

图 10.17

这个问题在开始时并不是刚性的, 它只是在解接近稳态时变为刚性. 这是由于稳态解过于严格, 任何接近 $y(t) = 1$ 的解, 都会很快地增大或缩小.

解决刚性问题的办法是改变数值计算方法, 所有刚性方法都是隐式的, 每步都要调用 MATLAB 的矩阵运算, 求解联立的线性方程组, 来预测解的变化, 所以要做更多的工作, 才能有把握取较大的步长.

现在改用指令 ode23s 来解火焰问题, "s" 是 stiff(刚性) 的意思.

```
delta=0.0001;
ode23s(F,[0 2/delta], delta, opts);
```

图中显示了计算的结果 [图 10.18(a)] 和放大的图形 [图 10.18(b)] 的细节. 可以看出, ode23s 使用的步数比 ode45 大大减少, ode23s 只用了 90 步和 412 个函数求值, 而 ode45 用了 3 040 步和 20 179 个函数求值. 刚性也会影响到作图, ode45 的绘图文件比 ode23s 的大得多.

想象一下, 从山上长途步行回来, 行走在一个两边都是陡峭斜坡的狭窄的峡谷中. 显式的方法简单地通过局部的斜率来寻找下降的方向. 但是跟随两边轨迹的斜率会使你反复往返于峡谷的谷底, 就像 ode45 那样. 虽然最终还是可以回到家, 但一定是天黑之后很久才到家. 而隐式的方法使你紧盯山路并预测每步该如何走, 于是少走了很多路, 总的来说, 这种额外的专心是非常值得的.

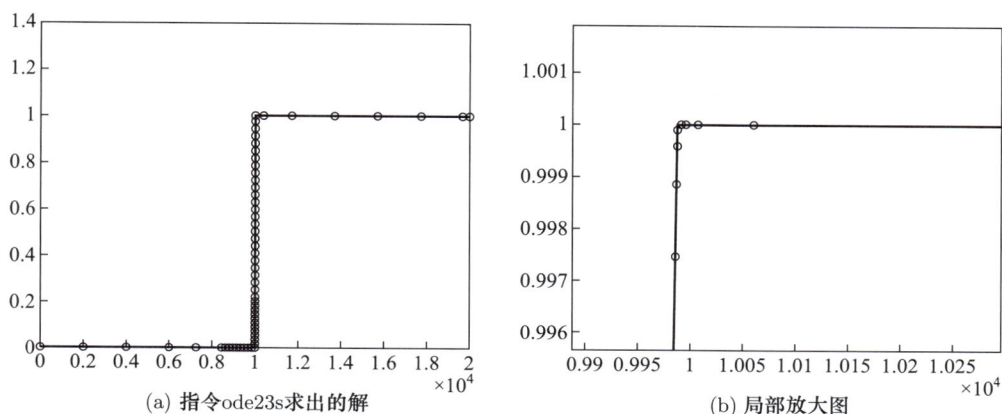

(a) 指令ode23s求出的解　　　　　　(b) 局部放大图

图 10.18

如果稍微减小初始值的 1/100, 并适当扩大时间段 t 的范围, 则画出的图形中过渡区域会变得更窄.

10.6.2　罗伯逊 (Robertson) 化学反应

方程是

$$y_1' = -0.04y_1 + 10^4 y_2 y_3$$
$$y_2' = 0.04y_1 - 10^4 4 y_2 y_3 - (3 \times 10^7) y_2^2$$
$$y_3' = (3 \times 10^7) y_2^2$$

MATLAB 的演示程序 hb1ode 演示了原始罗伯逊化学反应问题在一个很长的时间间隔内的解. 因为各个成分趋于一个常数极限, 它能测试雅可比矩阵的重复使用. 方程本身对于负解可能是不稳定的, 这是误差控制所允许的. 因此, 许多代码可能在很长一段时间间隔内变得不稳定, 因为解的分量趋近于零或者近似为负值是完全可能的. 默认的时间间隔是系统满足下列守恒定律而达到稳定的最长时间, 而这个状态是可监测的:

$$y(1) + y(2) + y(3) = 1$$

程序如下, 画出的图形为图 10.19:

```
tspan=[0; 0.04e9];
y0=[1; 0; 0];
```

```
[t,y]=ode15s(@f,[0 4*logspace(-6,6)],y0);
y(:,2)=1e4*y(:,2);
figure;
semilogx(t,y);
ylabel('1e4*y(:,2)');
title('用ODE15S解罗伯逊问题');
xlabel('它等价于在HB1DAE编码的DAEs');

function dydt = f(t,y)
dydt=[(-0.04*y(1)+1e4*y(2)*y(3))
    (0.04*y(1)-1e4*y(2)*y(3)-3e7*y(2)^2)
    3e7*y(2)^2];
```

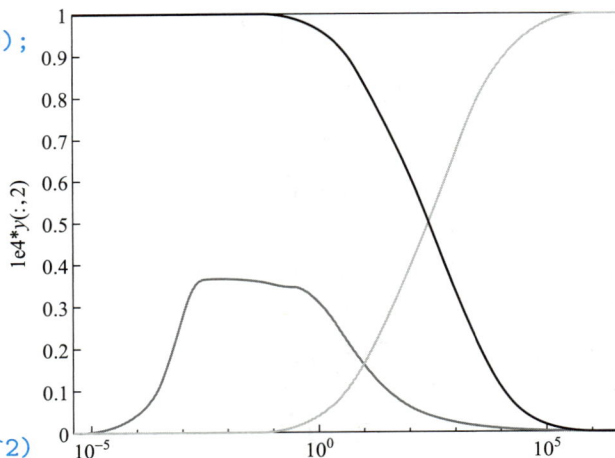

图 10.19　　罗伯逊化学反应的解

10.6.3　用雅可比矩阵解刚性范德波尔 (van der Pol) 方程

方程是

$$y_1 - \mu(1 - {y_1}^2){y_1}' + y_1 = 0$$

对于大的 μ 值, van der Pol 方程是刚性的. 使用默认值 $\mu = 1000$, 方程就处在缓慢的振荡之中, 问题也就是刚性的. 极限环就是出现在解的分量变化缓慢而问题变得刚性的时候. 接着就是变化非常剧烈而问题是准刚性的区域. 初始条件选在缓慢变化的区域以测试步长选择的方案.

嵌套函数 $J(T, Y)$ 返回雅可比矩阵 $d\boldsymbol{F}/d\boldsymbol{Y}$ 在 (T, Y) 的解析值. 而通常刚性求解器适合于用雅可比矩阵的数值. 因而要用指令 ODESET 为常微分方程求解器设置恰当的雅可比矩阵函数 @J, 然后再调用以得到 $d\boldsymbol{F}/d\boldsymbol{Y}$ 的值. 不需要为求解器提供一个雅可比矩阵的解析值, 但它可以提高解的可靠性和积分的效率.

将方程改写为

$$y_1' = y_2$$
$$y_2' = \mu(1 - {y_1}^2){y_1}' - y_1$$

等式右边即为 Y 的两个分量, 则雅可比矩阵 $d\boldsymbol{F}/d\boldsymbol{Y}$ 为

$$\begin{pmatrix} \dfrac{dY_1}{dy_1} & \dfrac{dY_1}{dy_2} \\ \dfrac{dY_2}{dy_1} & \dfrac{dY_2}{dy_2} \end{pmatrix} = \begin{pmatrix} 0 & 1 \\ -2\mu y_1 y_2 - 1 & \mu(1 - y_1)^2 \end{pmatrix}$$

编好的程序如下:

```
function vdpode(MU)
if nargin < 1
   MU=1000;                                           %默认值
end
tspan=[0; max(20,3*MU)];                              %时间范围取几个周期
y0=[2; 0];
options=odeset('Jacobian',@J);
[t,y]=ode15s(@f,tspan,y0,options);
```

```
figure;
plot(t,y(:,1),t,y(:,2));
title(['Solution of van der Pol Equation, \mu = ' num2str(MU)]);
xlabel('time t');
ylabel('solution y_1');
axis([tspan(1) tspan(end) -2.5 2.5]);
    function dydt=f(t,y)                                      %微分方程
        dydt=[ y(2)
               MU*(1-y(1)^2)*y(2)-y(1) ];
    end
    function dfdy=J(t,y)                                      %Jacobian函数
        dfdy=[ 0 1
               -2*MU*y(1)*y(2)-1 MU*(1-y(1)^2) ];
    end
end
```

调用程序时可以输入不同的 MU 值, 如果不输入, 则程序自动取 MU=1000. MU=1000 时, 方程是刚性的, 解的图形如图 10.20 所示. MU=1 时, 方程是非刚性的, 解的图形如图 10.21 所示, 这时把分量 y_2 也画出来了.

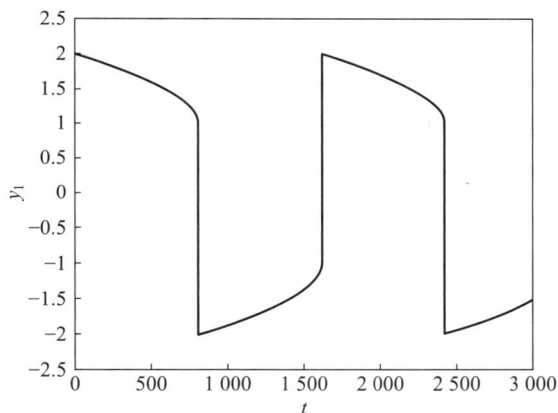

图 10.20　van der Pol 方程的刚性解

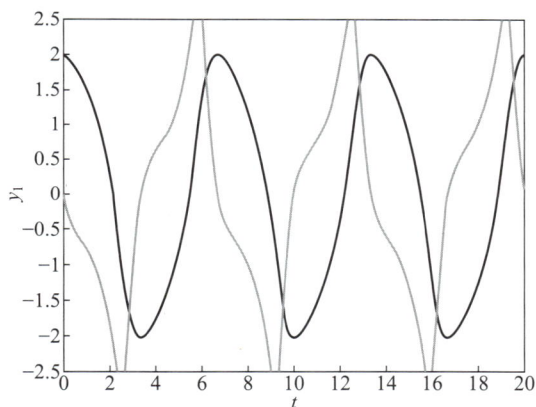

图 10.21　van der Pol 方程的非刚性解

§10.7　类型四——初值问题中的解微分代数方程

微分代数方程是指在方程中有一个或多个因变量的导数未出现在方程中. 这种在方程中未出现其导数的变量称为代数变量, 代数变量的存在意味着这些方程不能写成显式形式 $y' = f(t,y)$. 因此, 我们求解的方程将是以下形式的微分代数方程.

10.7.1　用 ode15s 和 ode23t 解线性隐式和半显式微分代数方程

ode15s 和 ode23t 求解器可以使用奇异质量矩阵 $\boldsymbol{M}(t,y)y' = f(t,y)$ 来解算微分指数为 -1 的线性隐式问题, 包括以下形式的求解器可以求解具有奇异质量矩阵 $\boldsymbol{M}(t,y)y' = f(t,y)$ 的指标为 -1 线性

隐式问题, 包括形式如下的

$$\begin{cases} y' = f(t, y, z) \\ 0 = g(t, y, z) \end{cases}$$

半显式微分代数方程. 在这种形式下, 代数变量的存在导致一个奇异质量矩阵, 因为主对角线上有一个或多个零,

默认情况下, 求解器自动测试质量矩阵的奇异性以检测微分代数方程组. 如果你提前知道奇异性, 则可将 odeset 的 MassSingular 选项设置为 "yes". 对于微分代数方程, 还可以使用 odeset 的 InitialSlope 属性为求解器提供 y_0' 的初始条件估计值. 除此之外, 还可在调用求解器时指定 y_0 的常用初始条件.

1. ode15i 解全隐式的微分代数方程

ode15i 求解器可解算更一般的 $f(t, y, y') = 0$ 方程.

在完全隐式形式下, 代数变量的存在会产生奇异雅可比矩阵. 这是因为, 至少有一个变量的导数没有出现在方程中, 因此矩阵中的对应列必定全部为零值, 即

$$\boldsymbol{J} = \frac{\partial f}{\partial y'} = \begin{pmatrix} \dfrac{\partial f}{\partial y_1'} & \cdots & \dfrac{\partial f}{\partial y_n'} \\ \vdots & \ddots & \vdots \\ \dfrac{\partial f}{\partial y_1'} & \cdots & \dfrac{\partial f}{\partial y_n'} \end{pmatrix}$$

ode15i 求解器要求您同时为 y_0' 和 y_0 指定初始条件, 因此需要有进一步检验初始条件的一致性. 此外, 与其他常微分方程求解器不同, ode15i 求解器要求为方程编码的函数能够接受额外编写的输入函数: odefun(t,y,yp).

微分代数方程会产生各种方程组, 因为物理守恒定律通常具有类似 $x + y + z = 0$ 的形式. 如果已在方程中显式定义 x、x'、y、y', 则此守恒方程无需 z' 表达式便足以求解 z.

2. 初始条件的一致性

在解微分代数方程时, 可以同时为 y_0' 和 y_0 指定初始条件. ode15i 求解器是将这两个初始条件指定为输入参数. 对于 ode15s 和 ode23t 求解器, y_0' 的初始条件是可选的 (但可使用 odeset 的 InitialSlope 选项指定). 在这两种情况下, 您所指定的初始条件可能与正在尝试解算的方程不相符. 彼此冲突的初始条件称为不一致. 初始条件的处理因求解器而异.

求解时要注意, 对于 ode15s 和 ode23t 求解器, 如果您没有为 y_0' 指定初始值, 则求解器会自动基于您为 y_0 提供的初始条件计算一致的初始条件. 如果您为 y_0' 指定了不一致的初始条件, 则求解器会将这些值作为估计值进行处理, 尝试计算接近估计值的一致值, 并继续解算该问题.

指令 ode15i 用变阶法求解全隐式方程 (fully implicit differential equations), 此时为求解器 ode15i 求解器提供的初始条件必须一致, 并且 ode15i 求解器不会检查所提供的值的一致性. 辅助函数 decic 可计算满足这一要求的一致初始条件.

3. 微分指数

微分指数用来衡量微分代数方程的奇异性. 通过对方程进行微分, 可以消除代数变量, 并且如果执行此操作的次数足够多, 这些方程将呈现为显式常微分方程组. 微分代数方程组的微分指数是为了将方程组表示为等效的显式常微分方程组必须执行的求导次数. 因此, 常微分方程的微分指数为 0.

例 10.5: 方程

$$y(t) = k(t)$$

的微分指数为 1, 对它执行一次求导便可将其变为显式常微分方程形式 $y' = k'(t)$.

例 10.6: 方程

$$\begin{cases} y_1{}' = y_2 \\ 0 = k(t) - y_1 \end{cases}$$

的微分指数为 2. 对它两次求导后便得到显式:

$$\begin{cases} y_1{}' = k'(t) \\ y_2{}' = k(t) \end{cases}$$

ode15s 和 ode23t 求解器仅可解算微分指数为 1 的微分代数方程. 如果您的方程微分指数为 2 或更高, 则需要将方程重写为微分指数为 1 的等效微分代数方程组. 您可随时对微分代数方程组求导并将其重写为微分指数为 1 的等效微分代数方程组. 请注意, 如果您将代数方程替换为其导数, 则可能已删除某些约束. 如果这些方程不再包含原始约束, 则数值解可能发生偏离.

4. 施加非负性

指令 odeset 的大多数选项与微分代数方程求解器 ode15s、ode23t 和 ode15i 一起使用时能按预期工作. 然而, 一个明显的例外是使用 NonNegative(非负性) 选项. NonNegative 选项不支持应用于具有质量矩阵问题的隐式求解器 (ode15s、ode23t、ode23tb). 因此, 不能对有奇异质量矩阵的微分代数方程问题施加非负性约束选项.

10.7.2　半显式罗伯逊方程组

方程为

$$y_1' = -0.04y_1 + 10^4 y_2 y_3$$
$$y_2' = 0.04y_1 - 10^4 4 y_2 y_3 - (3 \times 10^7) y_2^2$$
$$y_3' = (3 \times 10^7) y_2^2$$

先将常微分方程组改写成半显式微分方程形式.

MATLAB 的演示程序 hb1ode 用初始条件 $y_1 =?$, $y_2 = 0$, 和 $y_3 = 0$, 解决了这个 ode 系统到稳态的问题. 但方程也满足线性守恒定律:

$$y_1' + y_2' + y_3' = 0$$

根据解和初始条件, 也存在下列守恒律:

$$y_1 + y_2 + y_3 = 1$$

使用守恒定律以确定 y_3 状态可以将这个问题重写为一个半显式代数微分方程组:

$$\begin{cases} y_1' = -0.04y_1 + 10^4 y_2 y_3 \\ y_2' = 0.04y_1 - 10^4 y_2 y_3 - (3 \times 10^7) y_2^2 \\ 0 = y_1 + y_2 + y_3 - 1 \end{cases}$$

此方程组的微分指数为 1, 因为只需 y_3 的一个导数就能使其成为常微分方程组. 因此, 在解算该方程组之前, 不需要进行更多变换.

函数 robertsdae 为此微分代数方程组编码. hb1dae.m 中提供了用这种方法表示罗伯逊问题的完整示例代码. 使用 ode15s 求解器解算微分代数方程组. 根据守恒定律, 显然需要一致的 y_0 初始条件. 使用 odeset 设置选项, 求解器使用常量质量矩阵表示方程组的左侧:

$$
\begin{pmatrix} y_1' \\ y_2' \\ 0 \end{pmatrix} = \boldsymbol{M} y'
$$

其中

$$
\boldsymbol{M} = \begin{pmatrix} 1 & 0 & 0 \\ 0 & 1 & 0 \\ 0 & 0 & 0 \end{pmatrix}
$$

将相对误差容限设为 1e-4.

使用 1e-10 的绝对误差作为第二个解分量, 因为标度范围与其他分量相差很大.

将 'MassSingular' 选项保留其默认值 'maybe', 以测试微分代数方程的自动检测. 实际程序与图形 (图 10.22) 如下:

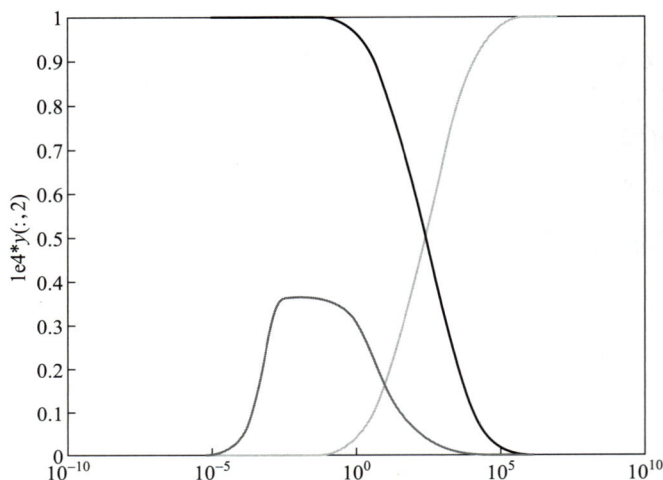

图 10.22 半显式罗伯逊方程组的解

```
function hb1daepfl
M=[1 0 0
   0 1 0
   0 0 0];
y0=[1; 0; 1e-3];
tspan=[0 4*logspace(-6,6)];
options=odeset('Mass',M,'RelTol',1e-4,'AbsTol',[1e-6 1e-10 1e-6], ...
        'Vectorized','on');
[t,y]=ode15s(@f,tspan,y0,options);
y(:,2)=1e4*y(:,2);
figure;
semilogx(t,y);
ylabel('1e4*y(:,2)');
title('Robertson DAE problem with a Conservation Law, solved by ODE15S');
xlabel('This is equivalent to the stiff ODEs coded in HB1ODE.');
    function out=f(t,y)
    out=[-0.04*y(1,:)+1e4*y(2,:).*y(3,:)
```

```
0.04*y(1,:)-1e4*y(2,:).*y(3,:)-3e7*y(2,:).^2
y(1,:)+y(2,:)+y(3,:)-1];
end
end
```

10.7.3 全隐式魏辛格 (Weissinger) 方程

魏辛格方程为

$$ty^2(y')^3 - y^3(y')^2 + t(t^2+1)y' - t^2y = 0$$

用 ode15i 求解器进行求解需要满足一致性的初始条件, 即提供给求解器的初始条件必须满足 $f(t_0, y, y') = 0$. 由于提供的初始条件可能会不满足这个条件, 而 ode15i 求解器不会检查一致性, 因此建议使用指令 decic 来计算这些条件. 指令 decic 保存了一些特定变量固定值, 并为非特定变量计算初始值的一致性.

在这里, 初值为 $y(t_0) = \sqrt{\dfrac{3}{2}}$, 用指令 decic 为导数计算一个满足一致性的初值 $y'(t_0)$, 这个值从最初的猜测 $y'(t_0) = 0$ 开始. 得到 $y_0 = 1.2247, yp_0 = 0.8165$.

程序与图形 (图 10.23) 是

```
t0=1; y0=sqrt(3/2); yp0=0;
[y0,yp0]=decic(@weissinger,t0,y0,1,yp0,0)          %验证一致性初始条件
[t,y] = ode15i(@weissinger,[1 10],y0,yp0);
ytrue=sqrt(t.^2+0.5);                               %用以对比的解析解
plot(t,y,'*',t,ytrue,'-o')
legend('ode15i','exact')
    function res=weissinger(t,y,yp)
    res=t*y^2*yp^3-y^3*yp^2+t*(t^2+1)*yp-t^2*y;
    end
```

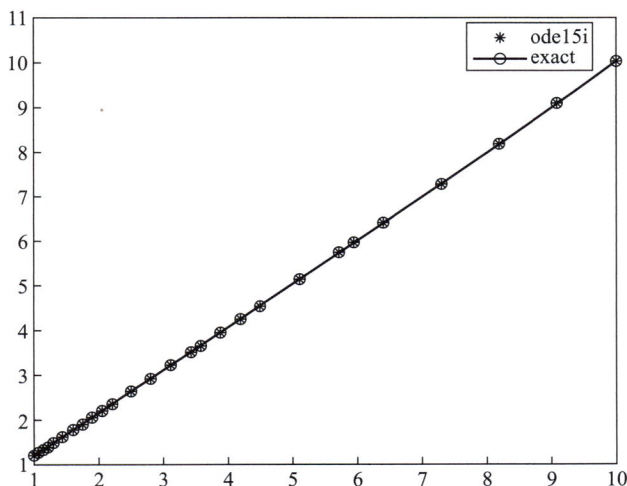

图 10.23 全隐式魏辛格方程

10.7.4 全隐式罗伯逊方程组

这里把刚性问题罗伯逊化学反应作为隐式微分代数方程求解, 方程为

$$y_1' = -0.04y_1 + 10^4 y_2 y_3$$

$$y_2' = 0.04y_1 - 10^4 4y_2 y_3 - (3 \times 10^7)y_2^2$$

$$y_3' = (3 \times 10^7)y_2^2$$

先将常微分方程组改写成隐性微分方程形式. 前面程序 hb1ode 用初始条件 $y_1 =$, $y_2 = 0$, 和 $y_3 = 0$ 解决了这个 ode 系统到稳态的问题. 但方程也满足线性守恒定律,

$$y_1' + y_2' + y_3' = 0$$

根据解和初始条件, 也存在下列守恒律:

$$y_1 + y_2 + y_3 = 1$$

使用守恒定律以确定 y_3 状态可以将这个问题重写为一个隐式代数微分方程组:

$$0 = y_1' + 0.04y_1 - 10^4 y_2 y_3$$

$$0 = y_2' - 0.04y_1 + 10^4 y_2 y_3 + (3 \times 10^7)y_2^2$$

$$0 = y_1 + y_2 + y_3 - 1$$

该问题在 LSODI[1] 的序言中作为例子. 虽然初始条件是显然满足一致性条件的, 但还是使用猜想值 y(3) = 1e-3 测试初始条件. 绘图使用对数标尺来解决长时间间隔. y(2) 的值较小且主要变化发生的时间相对较短. 因此, 程序 LSODI 对这个分量指定了一个更小的绝对容错范围. 同样, 当它与其他分量一起绘制时, 容差是乘以 1e4. 代码的自然输出不能清楚地表现这个分量的这种行为, 因此用了附加的输出来实现这个目的.

程序和图形 (图 10.24) 如下:

```
%使用不满足一致性的初始条件来验证一致化功能.
y0=[1; 0; 1e-3];
yp0=[0; 0; 0];
tspan=[0 4*logspace(-6,6)];                           %时间间隔
M = [1 0 0
     0 1 0
     0 0 0];

%使用LSODI例子中相对误差并设置df/dy'的值
options=odeset('RelTol',1e-4,'AbsTol',[1e-6 1e-10 1e-6],...
        'Jacobian',{[],M});

%对于这个问题，能修复的猜测的分量不得超过两个。修正的y0前两个分量与
%从 ODE15S在HB1DAE中发现的条件是相同的，都满足一致性的初始值。
[y0,yp0]=decic(@f,0,y0,[1 1 0],yp0,[],options);
[t,y]=ode15i(@f,tspan,y0,yp0,options);
```

```
y(:,2)=1e4*y(:,2);
figure;
semilogx(t,y);
ylabel('1e4*y(:,2)');
title('Robertson DAE problem with a Conservation Law, solved by ODE15I');
xlabel('This is equivalent to the stiff ODEs coded in HB1ODE.');
    function res=f(t,y,yp)
    res=[yp(1)+0.04*y(1)-1e4*y(2)*y(3)
        yp(2)-0.04*y(1)+1e4*y(2)*y(3)+3e7*y(2)^2
        y(1)+y(2)+y(3)-1 ];
```

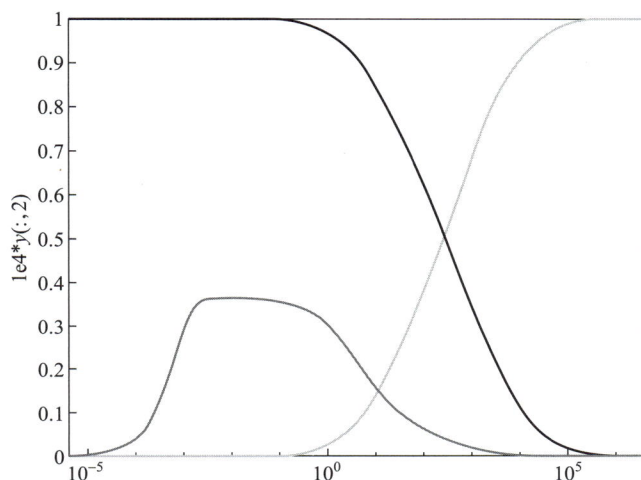

图 10.24   全隐式罗伯逊方程的解

§10.8   类型五——边值问题和本征值问题

常微分方程中只有一个自变量, 但它可以是时间变量, 也可以是空间变量.

在前面三种问题类型中, 自变量都是时间, 并且系统的初始状态 (初始条件) 是已知的, 所以是通过方程来研究系统随时间的演化过程. 当自变量是空间变量时, 方程表示的是系统在空间的分布状态, 它不随时间而变化. 已知的条件也不是系统的初始状态, 而是区间两端的状态, 这就构成了常微分方程的边界条件, 通常叫边值问题. 这种方程中如果包含有参数, 则可能会出现本征值问题.

本节讨论二阶常微分方程的边值问题和本征值问题. 二阶常微分方程

$$y'' = f(x, y, y'), \quad a \leqslant x \leqslant b \tag{10.8.1}$$

的边值问题有以下三类边界条件:

第一类边界条件: $y(a) = \alpha, y(b) = \beta$.

第二类边界条件: $y'(a) = \alpha, y'(b) = \beta$.

第三类边界条件: $y'(a) - \alpha_0 y(a) = \alpha_1, y'(b) + \beta_0 y(b) = \beta_1$.

微分方程 (10.8.1) 附加上第一、第二、第三类边界条件, 分别称为第一、第二、第三类边值问题.

10.8.1   用直接积分法求分布电荷的空间电势

对二阶常微分方程来说, 边值问题通常是在两个边界上各有一个边界条件, 而初值问题则是在起始时间点有两个初始条件. 假如在同一个边界上有两个边界条件, 就可以把问题当作初值问题来解. 采用的基本做法是, 在任一边界上补充一个猜测的边界条件, 按照初值问题来解方程, 这样所得的解通常难以满足另一端的边界条件, 但是通过反复尝试, 不断改变猜测的边界条件或者对所得的解加以某些修正, 重新解方程, 最终可以找到方程的解. 这里的关键点是如何去改变猜测的边界条件, 所用的方法有多种, 下面将介绍几种.

首先介绍直接积分的方法, 这种方法中使用了一个猜测的条件, 所以必然产生误差, 如果能找到修正误差的简单方法, 则这种方法有效.

下面的例题就是符号计算一章中的例题, 现在用数值计算重算一遍.

例   考虑电荷分布为

$$\rho(r) = \frac{1}{8\pi}e^{-r} \tag{10.8.2}$$

所产生的静电势为 Φ.

静电势 Φ 满足泊松方程:

$$\nabla^2\Phi = -4\pi\rho \tag{10.8.3}$$

对于球对称的 ρ 和 Φ, 这个方程简化为

$$\frac{1}{r^2}\frac{\mathrm{d}}{\mathrm{d}r}\left[r^2\frac{\mathrm{d}\Phi}{\mathrm{d}r}\right] = -4\pi\rho \tag{10.8.4}$$

作代换

$$\Phi(r) = r^{-1}\phi(r) \tag{10.8.5}$$

上述方程化为

$$\frac{\mathrm{d}^2\phi}{\mathrm{d}r^2} = -4\pi r\rho \tag{10.8.6}$$

这种电荷分布的总电荷是

$$Q = \int \rho(r)\mathrm{d}^3r = \int_0^\infty \rho(r)4\pi r^2\mathrm{d}r = 1 \tag{10.8.7}$$

这个问题的精确解是

$$\phi(r) = 1 - \frac{1}{2}(r+2)e^{-r} \tag{10.8.8}$$

由此可得静电势 $\Phi = r^{-1}\phi$. 可以看出这个解的行为特性是: 当 $r = 0$ 时它等于零, 当 r 足够大时, $\phi \to 1$, 它相当于 $\Phi \to r^{-1}$, 即单位电荷产生的库仑势. 解析解的图形见图 10.9(a).

现在把这个问题当作一个初值问题来解. 以原点作为起点, 向外对泊松方程积分. 要开始计算, 除了要知道 $\phi(0) = 0$ 还必须知道 ϕ_1 的值, (或者等价地, 知道 $\mathrm{d}\phi/\mathrm{d}r = \Phi$ 在 $r = 0$ 的值). 而 ϕ_1 正是要求的函数, 所以是未知的. 下面将会讨论在一般的情形下处理的办法, 这里先用解析解 (10.8.8) 式求 $\phi_1 = \phi(r = h)$ 的值. 这就是下面的程序中的第一段所计算的 ϕ_0. 程序中积分区间为 $0 \sim R$, 故要输入 R 的值, R 可取 $0 \sim 30$.

程序中的微分方程用匿名函数表示, 所以可以用脚本文件编写程序, 注意 ode45 调用的格式:

```
r=0:0.1:20;
s=-0.5*r.*exp(-r);                                    %电势的精确解
exact=1-0.5*(r+2).*exp(-r);
```

```
dexact=exact(2)/0.1;
bzfun=@(x,y)[y(2); - 0.5*x.*exp(-x)];                    %函数方程
[x,y0]=ode45(bzfun,r,[0,dexact]);
figure(1)
plot(x,y0(:,1), r,exact,':')
[x,y1]=ode45(bzfun,r,[0,dexact+0.01]);
m=(y1(end,1)-y1(end-10,1))/(x(end)-x(end-10));
phi=y1(:,1)-m*x;
figure(2)
plot(x,y1(:,1),x,phi,'-.')
```

从图 10.25(a) 上看, 解析解的曲线和数值解的曲线符合得相当好. 但是, 如果不知道 ϕ_1 的值的话, 问题就会复杂起来, 为了说明这一点, 假定程序中的 $\phi(2)$ 有一点误差, 所以将语句 $\phi(2) = $ exact(2) 改为 $\phi(2) = $ exact(2) $+ 0.001$, 这时会发现, 随着 r 的增加, 数值解 ϕ_1 的结果与解析解的差别变得很大 [图 10.25(b)].

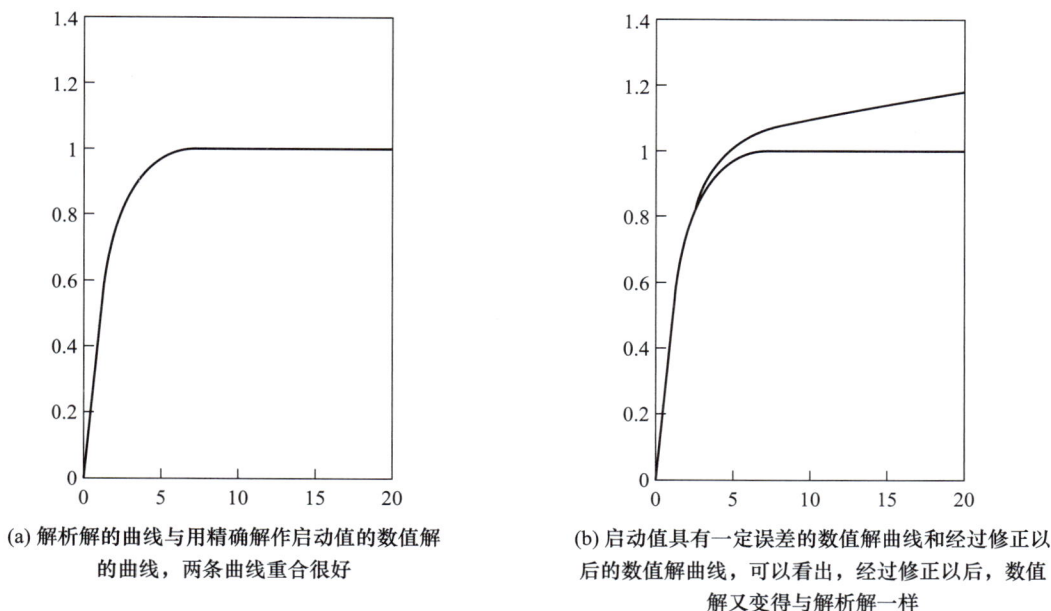

(a) 解析解的曲线与用精确解作启动值的数值解
的曲线, 两条曲线重合很好

(b) 启动值具有一定误差的数值解曲线和经过修正以
后的数值解曲线, 可以看出, 经过修正以后, 数值
解又变得与解析解一样

图 10.25

从物理上看, 在足够远处的电势应该为一个常量, 而错误的数值 ϕ_1 却是一条单调上升的直线, 由此可以推测, ϕ_1 与正确解相差一个线性函数. 从数学上看, 产生这个结果的原因是: 方程 (10.8.6) 对应的齐次方程

$$\frac{\mathrm{d}^2\phi}{\mathrm{d}r^2} = 0$$

的解可以加到方程 (10.8.6) 的任何一个特解上以得出另一个解. 齐次方程的两个线性独立的解为

$$\phi \sim r; \quad \Phi \sim \text{常数}$$

和

$$\phi \sim \text{常数}; \Phi \sim r^{-1}$$

方程 (10.8.6) 在渐近区域内 (此时 ρ 为零, 方程是齐次的) 的通解可以写成这两个函数的线性组合, 但

是后一个处于劣势的解才是物理上有意义的解. 因为 r 大时的电势由 $\Phi \to 1/r$ 给出, 规定原点 Φ 值时不够精确或积分过程中的任何数值舍入误差都能引入 $\phi \approx r$ 解的一个小成分, 它最终将在 r 大时占支配地位.

解决这个问题的方法就是从数值结果中减去齐次方程的 "坏的"、非物理解的一个倍数以保证渐近区域内的物理行为. 很容易看出, "坏的" 结果对大的 r 表现为一种线性关系, 所以可以将最后 10 个点拟合于直线

$$\phi = mr + b$$

然后从数值解中减去 mr 以保证解在大的 r 时有正确的行为. 具体的做法是将下列两行程序:

```
m=(phi(R/0.1)-phi(R/0.1-10))/(10*0.1);
phi=phi-m*r;
```

加入到原程序的 end 语句之后. 这时可以看到新的结果 ϕ_2 与精确结果的两条曲线实际上已完全重合. 图 10.25(b) 显示了这种结果.

在这个例子中, 由于能够在解中直接找出产生误差的 "成分", 所以只要在尝试解中简单地减去引起误差的成分就得到了正确的解而不必经过多次的尝试.

10.8.2 对边界值打靶: 边值问题 (由电荷分布求空间电势)

打靶法与前一节找修正函数的方法不同, 是在起始点猜测一个附加的边界条件后求方程的数值解, 然后比较终点边界条件与数值解在边界上的值来调整猜测的起始点的边界条件. 换言之, 以猜测的起点的边界条件为自变量建立一个方程, 再求出方程的零点, 就会得到要求的函数.

下面用打靶法重解上一节例题, 即已知电荷分布求电势, 直接利用上节建立的常微分方程, 编出程序如下, 读者可以验证所得结果完全相同.

```
yy=@(x,y)[y(2); -0.5*x.*exp(-x)];
k=0.1; dk=0.01; dy=0.1; ynew=0.1;                      %启动值
while (abs(dy)>1e-8)
    k=k+dk;
    [x,y]=ode45(yy,[0,20],[0,k]);
    yold=ynew; ynew=y(end,1)-1;
        %y与终点的边值比较建立打靶法方程, 等于零时, y即为微分方程的解
    dy=ynew-yold;
    dk=-ynew*dk/dy;                                    %弦割法求打靶方程的零点
end
plot(x,y(:,1))
```

10.8.3 对边界值打靶: 本征值问题 (两端固定的弦振动)

本征值问题最简单的形式就是 $X'' - \lambda X = 0$, 也就是方程中含有参数的边值问题, 只有当参数取某些特定值时, 这个方程才有解. 打靶法解本征值问题的做法是: 先尝试一个本征值, 然后按照上节的做法, 将微分方程作为初值问题求解. 如果所得的解不满足边界条件, 就改变尝试本征值, 再解方程, 重复这个过程, 直到能找到一个本征值, 在这个本征值下生成的解和边界条件的误差小于预定的容许误差.

下面用打靶法解弦振动方程. 考虑一根两端固定的密度均匀的绷紧的弦, 描述它的微小振动的方

程经过分离变量以后得到的本征值方程为

$$\frac{\mathrm{d}^2\varphi}{\mathrm{d}x^2} = -k^2\varphi; \quad \varphi(0) = \varphi(1) = 0$$

这里 $0 < x < 1$ 是弦的长度, φ 是弦的横向位移, k 是本征值. 由数学物理方法的知识可知, 它的解析解是

$$k_n = n\pi, \quad n = 1, 2, \cdots$$

$$\varphi_n \sim \sin n\pi x$$

具体的解法是: 从 $k = 1, 2, 3, \cdots$ 依次选取一个试验的 k 值, 从 $x = 0$ 出发向前积分, 初始条件为

$$\varphi(0) = 0, \quad \varphi'(0) = t$$

数 t 是任意选取的, 因为要解的问题是齐次的, 并且对解如何归一化并没有规定. 在积到 $x = 1$ 时, 一般将得到一个不为零的 φ 值, 因为试验本征值并不是一个真正的本征值, 于是需要重新调整 k 并且再度积分, 重复这个过程, 直到在规定的容许误差限内找到 $\varphi(1) = 0$ 为止. 这样就找到了一个和本征值对应的本征函数.

求使 $\varphi(1)$ 为零的 k 值问题就是以前讨论过的求零点的问题. 可以用对分法来做. 为了使用对分法, 需要找到相反的函数值, 方法是先逐步增加 k 值, 直到出现了相反的函数值以后, 再用对分法求根.

实际的程序如下, 程序中 m 为所求本征值的个数:

```
k=1; tol=1e-8;
fun=@(x,phi,k)[phi(2); -k^2*phi(1)];
for n=1:6
    dk=k/15; k=k+dk;
    [x,phi]=ode45(@(x,phi)fun(x,phi,k),[0,1],[0,1e-3]);
    oldphi=phi(end,1); dphi=oldphi;
    while abs(dphi)>tol
        k=k+dk;                                    %增加 k 值搜索函数在边界上相反值
        [x,phi]=ode45(@(x,phi)fun(x,phi,k),[0,1],[0,0.0001]);
        dphi=phi(end,1);                           %与边界条件比较
        if dphi*oldphi<0                           %出现了相反的值
            k=k-dk; dk=dk/2;                       %对分法求零点
        end
    end
subplot(2,3,n), plot(x,phi(:,1)), hold on
kk(n)=k;
end
kk
```

要求出 6 个本征值可用 $n = 6$ 调用这个程序, 得到的本征值是 3.133 3, 6.283 0, 9.421 2, 12.542 0, 15.670 9, 18.813 3. 它们对应于解析解 $\pi, 2\pi, 3\pi, 4\pi, 5\pi, 6\pi$, 相应的图形如图 10.26 所示.

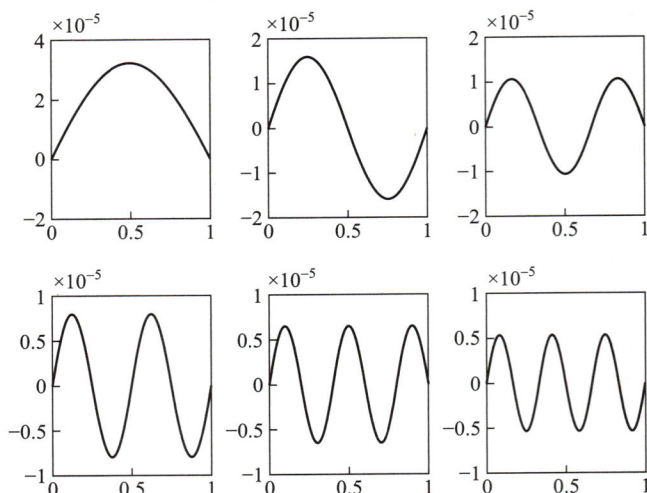

图 10.26　打靶法求得的本征函数图形

10.8.4　对拟合点打靶: 本征值问题 (谐振子能级)

解本征值问题的更有意义的例子是, 用打靶法求在一维势阱 $V(x)$ 中运动的质量为 m 的粒子的量子力学定态. $V(x)$ 的形状大致如图 10.27 所示: 在 $x = x_{\min}$ 和 $x = x_{\max}$ 两点位势变为无穷大 (或者说, 在这两点有 "刚性壁"), 在这两点之间则是一个势阱. 粒子的定态薛定谔方程和边界条件是

$$\frac{\mathrm{d}^2 \psi}{\mathrm{d}x^2} + k^2(x)\,\psi(x) = 0$$

$$\psi(x_{\min}) = \psi(x_{\max}) = 0$$

它是本征方程的形式, 其中

$$k^2(x) = \frac{2\,m}{\hbar^2}\left[E - V(x)\right]$$

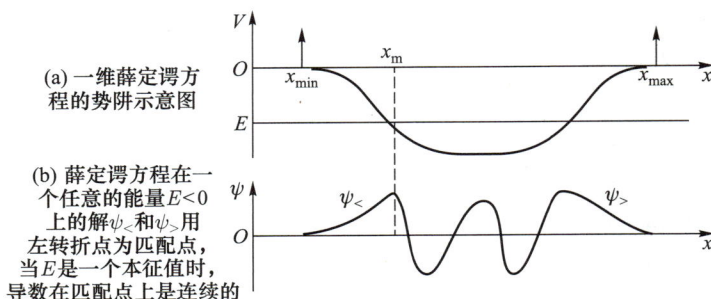

图 10.27

设要求的是粒子在势阱内的束缚态, 那么能量本征值 $E < 0$, 预期本征函数在经典物理学容许的区域 $[E > V(x)]$ 内, 波函数是振荡的, 在经典物理学禁戒的区域 $[E < V(x)]$ 内, 波函数呈指数行为.

求解时, 取一个负的试验能量值. 从 $x_{\min}$ 出发朝更大的 x 积分. 得到解 $\psi_<$, 它在经典禁戒区域内按指数方式增长, 然后越过左转折点在经典容许的区域内振荡 [见图 10.27 (b)]. 如果越过转折点后继续积下去, 那么积分将变成数值上不稳定的, 因为即使在一个精确的本征值上 [这时 $\psi_<(x_{\min}) = 0$], 也可能混入不想要的指数增长的解的成分. 作为一条普遍规则, 进入一个经典禁戒区的积分限可能是

不准确的. 因此比较明智的做法是, 在每一个能量上通过由 $x_{\max}$ 向较小的 x 积分产生另一个解 $\psi_>$, 为了判断这个能量是不是一个本征值, 可以在一个接合点 x_m 上比较 $\psi_<$ 和 $\psi_>$, x_m 要选在经典容许的区域内 (例如选在左转折点上). 在接合点上如果 $\psi_<$ 和 $\psi_>$ 及其一阶导数都相等, 就表明这个能量是本征值. 为了保证 $\psi_<(x_m) = \psi_>(x_m)$, 可以将 $\psi_<$ 和 $\psi_>$ 分别除以 $\psi_<(x_m)$ 和 $\psi_>(x_m)$, 使得两个函数在接合点的值都是 1. 注意如果不存在转折点 (例如, 如果对于一个像图 10.27(a) 所示那样的势阱而 $E > 0$), 那么 x_m 可以选在任何地方; 而如果有多于两个转折点, 那么就必须把三个或更多的齐次解 (每一个在不同区域中是准确的) 拼在一起.

下面程序求解了一个一维势阱的定态. 假定势阱的形式为 $V(x) = V_0 \nu(x)$. 其中量纲为 1 的函数 $\nu(x)$ 具有一个极小值 -1 (这只要对能量进行适当的线性标度总可以保证). 若坐标由一个物理长度 a 标度, 那么粒子的定态薛定谔方程可以写成

$$\left[-\frac{1}{\gamma^2} \frac{\mathrm{d}^2}{\mathrm{d}x^2} + \nu(x) - \varepsilon \right] \psi(x) = 0$$

其中 $\gamma = \left[\dfrac{2ma^2V_0}{\hbar^2} \right]^{1/2}$ 是系统的经典力学本性的一个量纲为 1 的测度, $\varepsilon = E/V_0$ 是量纲为 1 的能量. 因此所有的本征值都满足 $\varepsilon > -1$, 这个程序的势阱的函数形式是解析类型的抛物线势阱 [如取 $\nu(x) = x^2/2 - 1$]; 用一个初始的试验能量、能量步长和 γ 值去对若干个态进行搜寻. 对于每个试验本征值, 子程序向前和向后积分薛定谔方程; 两个解在最左边的转折点上进行接合, 在这一点上, 波函数的行为由振荡变为指数变化 (如果没有这样的转折点, 则在 $x_{\max}$ 附近进行接合). 求得结果以后, 试验波函数以图形方式显示, 找到一个本征值之后, 可输入下一个试验本征值, 有时还要适当调整能量步长.

下面是用 MATLAB 编写的程序. 在程序中, $\gamma = 50$, 并使波函数的一阶导数在转折点连续, 波函数的连续性则通过在转折点的调整来实现. 用指令 end 求出在转折点的 x 的坐标. 作图时安排成在每行画 3 幅图, 为了在同一个屏幕上把所有的图形都画出来, 用指令 fix 确定将图形排成几行. 程序如下:

```
n=9;                                               %所求能级数
eold=-1;                                           %启动能级值
olddpsi=0.5;                                       %用于割线法计算的周转值
tol=1e-6;                                          %能级计算精度
fun=@(x,psi,e)[psi(2);50^2*(-e-1+x^2/2)*psi(1)];   %微分方程
for k=1:n
    de=2*tol;
    e=eold+abs(eold)/70;                           %由小到大搜索能级
    while abs(de)>tol                              %中止计算的条件
        xturn=-sqrt(2*(e+1));                      %左转折点
        kk=0.001;                                  %启动计算的猜测的导数值
        [x1,u1]=ode45(@(x,psi)fun(x,psi,e),[-1 xturn],[0 kk]);
        [x2,u2]=ode45(@(x,psi)fun(x,psi,e),[1 xturn],[0 kk]);
        u1=u1/u1(end,1); u2=u2/u2(end,1);          %使函数值在拟合点相等
        dpsi=u1(end,2)-u2(end,2);                  %连接点导数连续
        de=-dpsi*de/(dpsi-olddpsi);                %割线法求能级增量
        olddpsi=dpsi;
```

```
        eold=e;
        e=e+de;
    end
    E(k)=e;                                                    %保存能级值
    subplot(3,3,k);
    plot(x1,u1(:,1),x2,u2(:,1))
end
E
diff(E)
```

　　程序求得的前 9 个能级为 -0.9859, -0.9576, -0.9293, -0.9010, -0.8727, -0.8445, -0.8162, -0.7879, -0.7596, 这些能级之间的间距相等, 这正是线性谐振子的基本性质. 相应的波函数如图 10.28 所示.

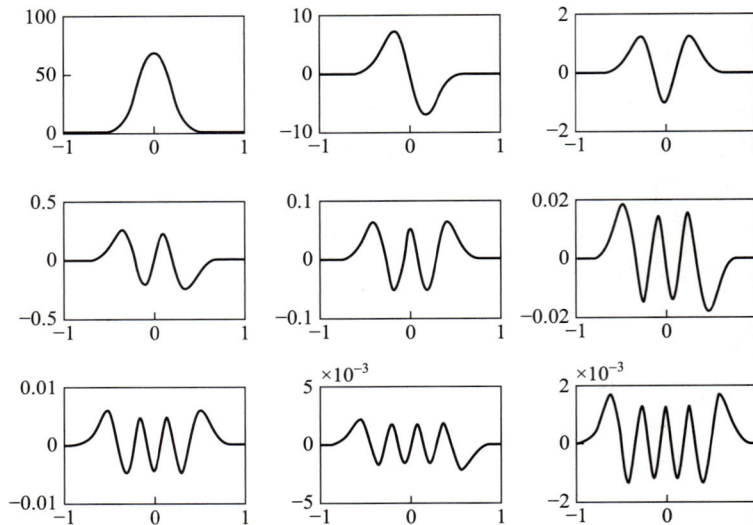

图 10.28　一维谐振子的前 9 个波函数

　　打靶法最后是归结为求一个方程的零点, 因此可以用求方程零点的指令来完成这个工作, 作为对比, 下面列出用指令 fsolve 编写的程序. 可以看出, 它所得出的结果与上面程序的结果是一致的:

```
global x1 x2 u1 u2 fun
fun=@(x,psi,e)[psi(2); 50^2*(-e-1+x^2/2)*psi(1)];
e1=-1;                                                       %搜索启动值
for k=1:12
    e1=e1+abs(e1)/90;                                        %每次改变搜索启动值
    [e1,dpsi]=fsolve(@dbf,e1);                               %求能量本征值
    E(k)=e1;
    subplot(4,3,k);
    plot(x1,u1(:,1),x2,u2(:,1))
end
E
diff(E)
```

```
function [dpsi,e]=dbf(e)
    global x1 x2 u1 u2 fun
    xturn=-sqrt(2*(e+1));                                  %函数拟合点
    [x1,u1]=ode45(@(x,psi)fun(x,psi,e),[-1 xturn],[0 0.1]);
    [x2,u2]=ode45(@(x,psi)fun(x,psi,e),[1 xturn],[0 0.1]);
    u1=u1/u1(end,1); u2=u2/u2(end,1);                      %使函数值在拟合点相等
    dpsi=u1(end,2)-u2(end,2);                              %使导数值在拟合点相等
```

10.8.5 用 bvp4c 再解谐振子能级

指令 bvp4c 可以解常微分方程的边值问题, 在第三篇中会详细介绍指令 bvp4c. 本节用指令 bvp4c 求谐振子振动的能级, 只是用于对比上一节的解法. 使用指令 bvp4c 时, 要根据规定编码方程、边界条件, 并猜测一个初始解作为启动条件.

在程序中初始的猜测解为

$$y = ax^3 + bx^2 + cx + d$$
$$y' = 3ax^2 + 2bx + c$$

因为任何形式的函数都可以作泰勒展开, 所以这种形式的函数可以视为解的泰勒展开式的近似形式. 而导函数的猜测可以灵活一些. 在某些情况下, 甚至可以设为常数.

不同的 a、b、c、d 给出不同的初始猜测解. L 是试探的本征值. 不同的 L、a、b、c、d 就有可能得到不同的本征值和本征函数.

一般而言, 需要同时改变猜测函数与猜测的本征值, 才可能求出可靠的结果. 本题可能是由于巧合, 在计算中, 只需要改变猜测的本征值 L, 而不需要改变 a、b、c、d 的值也能计算前 4 个本征值与本征函数.

边界条件设定为在边界 $x = -1$ 处 $y(-1) = 0$; $y'(-1) = -p$; 在边界 $x = 1$ 处 $y(1) = 0$.

实际程序如下, 所得本征值与本征函数与打靶法所得结果相同:

```
a=0.5; b=2; c=4; d=1;                                      %猜测解初始系数
for j=1:6
    L=-0.98+0.025*(j-1);                                   %猜测本征值
    solinit =bvpinit([-1:0.1:1],@mat4init, L,a,b,c,d);
    sol=bvp4c(@mat4ode, @mat4bc, solinit);
    E(j)=sol.parameters;                                   %输出本征值
    subplot(2,3,j)
    xint=linspace(-1,1,250);
    Sxint=deval(sol,xint);
    plot(xint,Sxint(1,:));
end
    E
    dE=diff(E)

function dydx=mat4ode(x,y,L)                               %微分方程
    dydx=[y(2);
         50^(2)*(-L-1+x^2/2)*y(1)];
```

```
end

function yinit=mat4init(x,a,b,c,d)                          %猜测解
yinit=[a*x^3+b*x^2+c*x+d;
       3*a*x^2+2*b*x+c];
end

function res=mat4bc(ya,yb,L)                                %边界条件
p=-10^(-8);
res=[ya(1);                                    %左边界a点 y(-1)=0
     yb(1);                                    %右边界b点 y(1)=0
     ya(2)+p];                                 %左边界a点 y'(-1)=-p
 end
```

计算的结果是

E = -0.9859 -0.9576 -0.9293 -0.9010 -0.8727 -0.8443
dE= 0.0283 0.0283 0.0283 0.0283 0.0284

画出的波函数图形如图 10.29 所示.

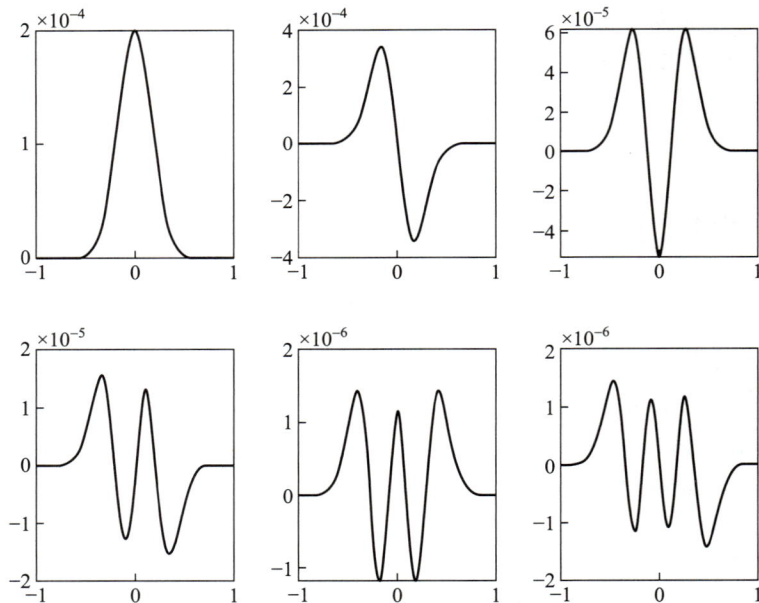

图 10.29　用指令 bvp4c 解出的谐振子波函数图形

§10.9　类型六——具有时变项的常微分方程和时滞微分方程

在时滞微分方程 (delay differential equation) 中有的项与以前时间的解相关, 这就是时滞的含义. 时滞有 3 种: 常数值时滞、与时间相关或与状态相关. 而求解指令 (dde23、ddesd 或 ddensd) 的选择取决于方程中的时滞类型. 常规时滞是将导数的当前值与某个先前时间的解的值联系起来, 但对于中

立型时滞方程, 导数的当前值依赖于先前时间的导数值. 由于方程依赖于先前时间的解, 因此需要提供一个历史记录函数, 该函数传递初始时间 t_0 之前的解的值.

虽然时滞微分方程看起来与前面介绍过的常微分方程差不多, 但它们的理论更加复杂, 并且与常微分方程有一些令人吃惊的不同之处.

时滞方程初值问题的求解指令有 3 个:

(1) 指令 dde23 求解具有固定时滞的时滞微分方程, 语法为

```
sol = dde23(ddefun,lags,history,tspan)
sol = dde23(ddefun,lags,history,tspan,options)
```

(2) 指令 ddesd 求解具有常规时滞的时滞微分方程, 语法为

```
sol = ddesd(ddefun,delays,history,tspan)
sol = ddesd(ddefun,delays,history,tspan,options)
```

(3) 指令 ddensd 求解中立型时滞微分方程, 语法为

```
sol = ddensd(ddefun,dely,delyp,history,tspan)
sol = ddensd(ddefun,dely,delyp,history,tspan,options)
```

10.9.1 带有时变项的常微分方程

具有时变项的方程是指方程的系数是时间的函数, 例如方程:

$$y' + f(t)y(t) = g(t), \quad y(0) = 1$$

方程中时变项定义如下:

ft=linspace(0,5,25), $f = ft^2 - ft - 3$

gt= linspace(1,6,25), $g = 3\sin(gt - 0.25)$

这种方程解法简单, 只要对所有的时变项取统一的时间 t 的变化区间, 就可以按一般的常微分方程求解. 例如, 这个方程中函数 f 的变化区间是 $[0, 5]$, 函数 g 的变化区间是 $[1, 6]$, 所以求解方程的区间选定为 $[1, 5]$. 实际的求解程序与图形 (图 10.30) 如下:

```
ft=linspace(0,5,25); f=ft.^2-ft-3;
gt=linspace(1,6,25); g=3*sin(gt-0.25);
tspan=[1 5]; ic=1;
opts=odeset('RelTol',1e-2,'AbsTol',1e-4);
[t,y]=ode45(@(t,y)myode(t,y,ft,f,gt,g),tspan,ic,opts);
plot(t,y)

    function dydt=myode(t,y,ft,f,gt,g)
    f=interp1(ft,f,t);                          %在t时刻对数列(ft,f)插值
    g=interp1(gt,g,t);                          %在t时刻对数列(gt,g)插值
    dydt=-f.*y+g;                               %求方程t时刻的值
    end
```

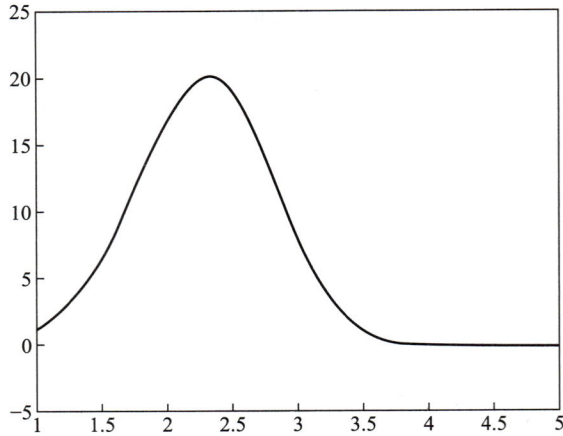

图 10.30　　具有时变项的常微分方程的求解

10.9.2　具有常数时滞项的时滞微分方程

例 10.8: 求解具有常数时滞项的微分方程

$$\begin{cases} \dot{y}_1(t) & = & y_1(t-1) \\ \dot{y}_2(t) & = & y_1(t-1) + y_2(t-0.2) \\ \dot{y}_3(t) & = & y_2(t) \end{cases}$$

程序的详细解释参考 DDE11.mlx, 程序与图形 [图 10.31(a)] 如下:

```matlab
lags=[1 0.2];                                        %延迟参数向量, 每个元素是一个分量的常数延迟
tspan=[0 5];                                         %求解的时间间隔
sol=dde23(@ddefun, lags, @history, tspan);
plot(sol.x,sol.y,'-o')
xlabel('Time t');
ylabel('Solution y');
legend('y_1','y_2','y_3','Location','NorthWest');
    function dydt=ddefun(t,y,Z)                      %求解的方程
    ylag1=Z(:,1);
    ylag2=Z(:,2);
    dydt=[ylag1(1);
        ylag1(1)+ylag2(2);
        y(2)];
    end
    function s=history(t)                            %当t<=0时的历史函数
      s = ones(3,1);
    end
```

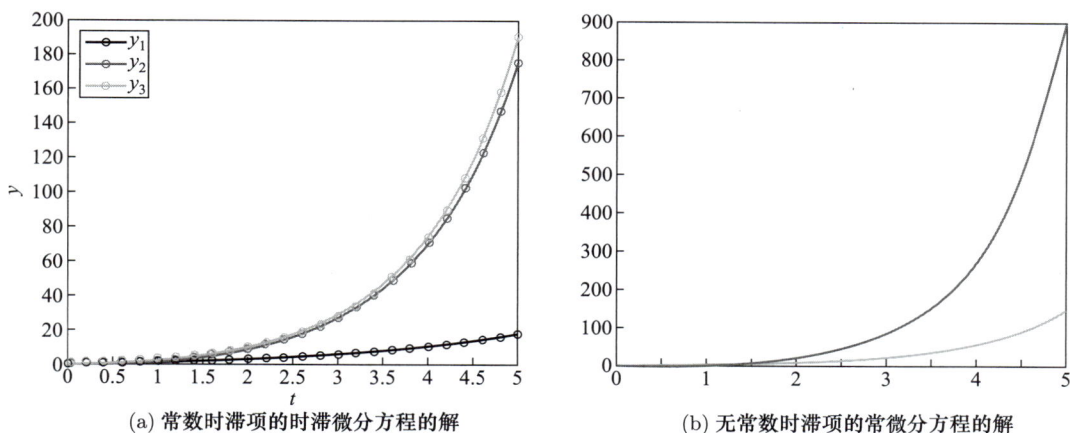

(a) 常数时滞项的时滞微分方程的解　　　　　(b) 无常数时滞项的常微分方程的解

图 10.31

为了对比时滞的效果, 再将除去时滞效应的方程求解一下, 结果画在图 10.31(b) 中, 很容易看出两个方程的解的不同之处, 程序如下:

```
[T,Y]= ode23(@odex1de,[0,5],[1,1,1]);
plot(T,Y(:,1),T,Y(:,2),T,Y(:,3))
    function dydt=odex1de(~,y)
    dydt=[y(1)
         y(1)+y(2)
         y(3)];
    end
```

10.9.3　具有不连续导数的时滞微分方程

例 10.8: 本例用指令 dde23 求解具有不连续导数的心血管模型方程组

$$\dot{P}_a(t) = -\frac{1}{c_a R}P_a(t) + \frac{1}{c_a R}P_v(t) + \frac{1}{c_a}V_{\text{str}}[P_a^\tau(t)]H(t)$$

$$\dot{P}_v(t) = \frac{1}{c_v R}P_a(t) - \left(\frac{1}{c_v R} + \frac{1}{c_v r}\right)P_v(t)$$

$$\dot{H}(t) = \frac{\alpha_H T_s}{1 + \gamma_H T_p} - \beta_H T_p$$

其中 T_s 和 T_p 的项分别是同一方程在具有时滞和没有时滞状态下的变体. P_a^τ 和 P_a 分别代表在有时滞和没有时滞状态下的平均动脉压, 有

$$T_s = \frac{1}{1 + \left(\frac{P_a^\tau}{\alpha_s}\right)^{\beta_s}}$$

$$T_p = \frac{1}{1 + \left(\frac{P_a}{\alpha_p}\right)^{-\beta_p}}$$

此问题有许多物理参数:

- 动脉顺应性 $c_a = 1.55$ ml/mmHg

- 静脉顺应性 $c_v = 519 \text{ ml/mmHg}$
- 外周阻力 $R = 1.05\,(0.84)\ \text{mmHg } s/\text{ml}$
- 静脉流出阻力 $r = 0.068\ \text{mmHg } s/\text{ml}$
- 心博量 $V_{\text{str}} = 67.9\,(77.9)\ \text{ml}$
- 典型平均动脉压 $P_0 = 93 \text{ mmHg}$
- $\alpha_0 = \alpha_s = \alpha_p = 93\,(121)\ \text{mmHg}$
- $\alpha_H = 0.84\,\text{s}^{-2}$
- $\beta_0 = \beta_s = \beta_p = 7$
- $\beta_H = 1.17$
- $\gamma_H = 0$

从 $t = 600$ 开始, 外部压力 R 呈指数下降, 会从 $R = 1.05$ 下降到 $R = 0.84$. 因此, 该方程组在 $t = 600$ 处的低阶导数具有不连续性.

常历史解由以下物理参数定义:

$$P_a = P_0, \quad P_v(t) = \frac{1}{1 + \dfrac{R}{r}} P_0, \quad H(t) = \frac{1}{R V_{\text{str}}} \frac{1}{1 + \dfrac{r}{R}} P_0$$

程序和图形 (图 10.32) 如下:

```
%--------------------%给定物理参数
p.ca = 1.55;
p.cv = 519;
p.R = 1.05;
p.r = 0.068;
p.Vstr = 67.9;
p.alpha0 = 93;
p.alphas = 93;
p.alphap = 93;
p.alphaH = 0.84;
p.beta0 = 7;
p.betas = 7;
p.betap = 7;
p.betaH = 1.17;
p.gammaH = 0;
%--------------------%常数时滞
tau = 4;
%--------------------%历史解
P0 = 93;
Paval = P0;
Pvval = (1/(1 + p.R/p.r)) * P0;
Hval = (1/(p.R * p.Vstr)) * (1/(1 + p.r/p.R))*P0;
history = [Paval; Pvval; Hval];
```

```
%----------------------%解方程
options = ddeset('Jumps',600);
tspan = [0 1000];
sol = dde23(@(t,y,Z) ddefun(t,y,Z,p), tau, history, tspan, options);
plot(sol.x,sol.y(3,:))
title('Heart Rate for Baroreflex-Feedback Mechanism.')
xlabel('Time t')
ylabel('H(t)')
%----------------------%被求解的方程
    function dydt = ddefun(t,y,Z,p)
    if t <= 600
        p.R = 1.05;
    else
        p.R = 0.21*exp(600-t) + 0.84;
    end
    ylag = Z(:,1);
    Patau = ylag(1);
    Paoft = y(1);
    Pvoft = y(2);
    Hoft = y(3);
    dPadt = - (1/(p.ca*p.R))*Paoft + (1/(p.ca*p.R))*Pvoft ...
            + (1/p.ca)*p.Vstr*Hoft;
    dPvdt = (1/(p.cv*p.R))*Paoft-(1/(p.cv*p.R)+1/(p.cv*p.r))*Pvoft;
    Ts = 1 / ( 1 + (Patau / p.alphas)^p.betas );
    Tp = 1 / ( 1 + (p.alphap / Paoft)^p.betap );
    dHdt = (p.alphaH*Ts)/(1 + p.gammaH*Tp)- p.betaH*Tp;
    dydt = [dPadt; dPvdt; dHdt];
    end
```

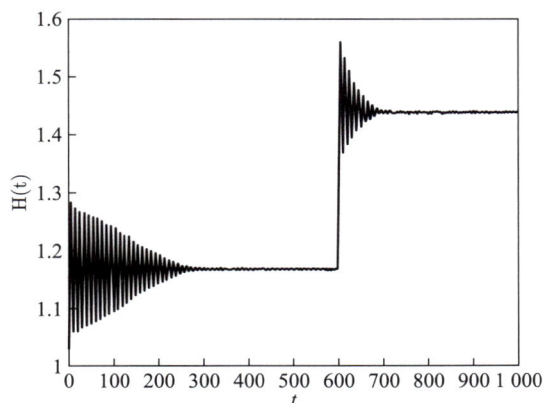

图 10.32   具有不连续导数的时滞微分方程的解   图 10.33   状态相关的时滞微分方程的解

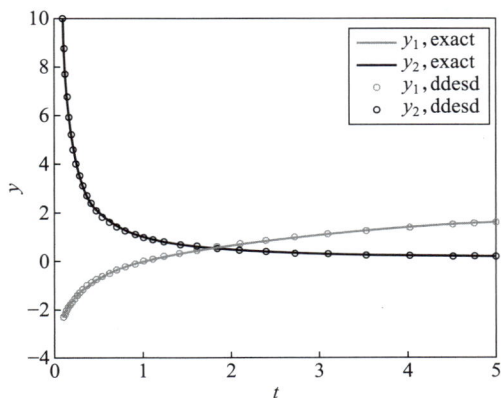

10.9.4 解状态相关的时滞微分方程

本例用指令 ddesd 求解具有状态相关时滞的时滞微分方程, 方程为

$$\begin{cases} \dot{y}_1(t) = y_2(t) \\ \dot{y}_2(t) = -y_2[\mathrm{e}^{1-y_2(t)}] * y_2^2(t) * \mathrm{e}^{1-y_2(t)} \end{cases}$$

这个问题的解析解是

$$\begin{cases} y_1(t) = \log t \\ y_2(t) = \dfrac{1}{t} \end{cases}$$

可以用它作为 $t < 0.1$ 时的历史值. 程序如下:

```
                                                              %指令DDESD求解的实例DDEX3
t0 = 0.1; tfinal = 5; tspan = [t0, tfinal];
sol = ddesd(@ddex3de,@ddex3delay,@ddex3hist,tspan);


texact = linspace(t0,tfinal);                                 %写出精确解
yexact = ddex3hist(texact);
figure, plot(texact,yexact,sol.x,sol.y,'o')
legend('y_1,exact','y_2,exact','y_1,ddesd','y_2,ddesd')
xlabel('time t'), ylabel('solution y')
title('D1 problem of Enright and Hayashi')

    function v = ddex3hist(t)                                 %历史解
    v = [ log(t); 1./t];
    end
    function d = ddex3delay(t,y)                              %状态相关延迟函数
    d = exp(1 - y(2));
    end
    function dydt = ddex3de(t,y,Z)                            %微分方程
    dydt = [ y(2); -Z(2)*y(2)^2*exp(1 - y(2))];
    end
```

所画的图形如图 10.33 所示.

10.9.5 有两种延迟的中立型的时滞微分方程

方程如下:

$$\dot{y}(t) = 1 + y(t) - 2y^2\left(\frac{t}{2}\right) - \dot{y}(t - \pi)$$

求解范围是 $[0,\pi]$, 当 $t \leqslant 0$ 时, $y(t) = \cos t$. 方程的解析解是 $y = \cos t$.
程序的详细解释参考 DDE44.mlx, 程序如下:

```
function ddex4                                                %实例ddex4
sol = ddensd(@ddex4de,@ddex4ydel,@ddex4ypdel,@ddex4hist,[0,pi]);
```

```matlab
th = linspace(-pi,0);                              %以下生成历史解与解析解的画图数据
yh = ddex4hist(th);
ta = linspace(0,pi,10);
ya = cos(ta);
tn = linspace(0,pi);
yn = deval(sol,tn);                                %用指令DEVAL获取指定点的数值
figure                                             %由 sol.x,sol.y画出的数值解图形
plot(th,yh,'k',tn,yn,'b',ta,ya,'ro')
legend('history','numerical','analytical','Location','NorthWest')
xlabel('time t'), ylabel('solution y')
title('Example of Paul with 1 equation and 2 delay functions')
axis([-3.5 3.5 -1.5 1.5])
end

    function v = ddex4hist(t)                           %历史函数
    v = cos(t);
    end
    function del = ddex4ydel(t,y)                   %解函数中使用的状态相关的延迟函数
    del = t/2;
    end
    function del = ddex4ypdel(t,y)                  %解的导函数用的状态相关的延迟函数
    del = t-pi;
    end
    function dydt = ddex4de(t,y,ydel,ypdel)             %求解的微分方程
    dydt = 1 + y - 2*ydel^2 - ypdel;
    end
```

程序画出的曲线如图 10.34 所示.

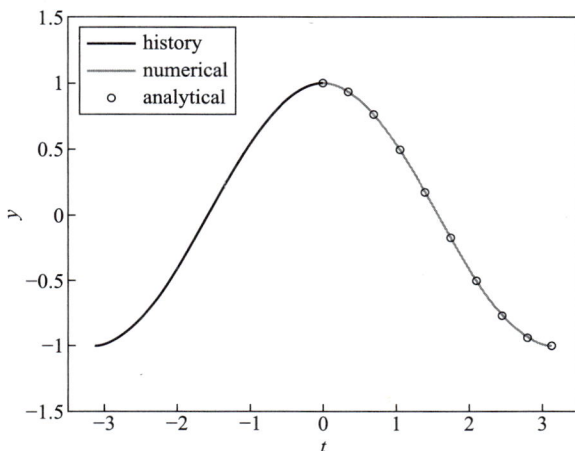

图 10.34　有两种延迟的中立型的时滞微分方程的解

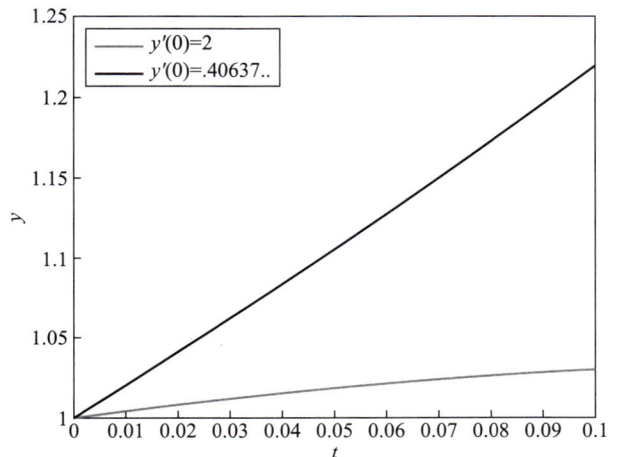

图 10.35　中立型时滞微分方程的初始问题的解

10.9.6 中立型 (时间相关时滞) 时滞微分方程的初始问题

本例用指令 ddensd 求解具有时间相关时滞的初始值的时滞微分方程组, 方程为

$$y'(t) = 2\cos(2t)\, y\left(\frac{t}{2}\right)^{2\cos t} + \log\left[y'\left(\frac{t}{2}\right)\right] - \log(2\,\cos t) - \sin t$$

此方程是有初始值的时滞微分方程, 因为在 t_0 处时滞为零. 因此, 不需要历史解来计算解, 只需要初始值:$y(0) = 1, y'(0) = s$

s 是方程 $2 + \log s - \log 2 = 0$ 的解. 满足此方程的 s 的值是 $s_1 = 2, s_2 = 0.406\,375\,739\,959\,959\,9$ 由于方程中的时滞存在于 y' 项中, 因此该方程称为中立型时滞微分方程.

程序如下:

```
delay = @(t,y)t/2;
tspan = [0 0.1];
y0 = 1;
s1 = 2;
sol1 = ddensd(@ddefun, delay, delay, {y0,s1}, tspan);
s2 = 0.4063757399599599;
sol2 = ddensd(@ddefun, delay, delay, {y0,s2}, tspan);
plot(sol1.x,sol1.y,sol2.x,sol2.y);
legend('y''(0)=2','y''(0)=.40637..','Location','NorthWest');
xlabel('Time t');
ylabel('Solution y');
title('Two Solutions of Jackiewicz''s Initial-Value NDDE');
    function yp = ddefun(t,y,ydel,ypdel)
    yp=2*cos(2*t)*ydel^(2*cos(t))+log(ypdel)-log(2*cos(t))-sin(t);
    end
```

方程的解的图形如图 10.35 所示.

第十章程序包

第十一章　插值、拟合与快速傅里叶变换(FFT)

本章介绍的内容, 即插值、拟合与快速傅里叶变换 (FFT), 不仅在处理实验数据方面很有用, 在求解偏微分方程方面也很有用.

§11.1　插值

实验值可以看成是未知函数 $f(x)$ 的一些离散值, 如果希望用已知函数 $g(x)$ 逼近未知函数 $f(x)$, 这种函数逼近问题叫插值问题, $g(x)$ 称为插值函数. 由于 $g(x)$ 的选择不同, 就产生不同的插值法. 比如 $g(x)$ 可以是代数多项式, 三角函数或有理函数等.

11.1.1　插值分类

插值分类可以按插值范围分类或按插值方法分类. 按插值范围分为:

- 内插——在已知数据点范围之内插入数据,
- 外插 (外推)——在已知数据点的范围之外插入数据.

按插值方法分为:

- 多项式插值　　两点可以连成一条直线, 三点可以确定一条抛物线, 一般来说, $n+1$ 个数据点可以唯一地确定一个不高于 n 次的代数多项式, 使其代表的曲线通过这 $n+1$ 个数据点. 插值多项式有: 拉格朗日插值多项式、牛顿插值多项式、埃尔米特插值多项式.
- 分段插值　　如果数据点数目多 (比如大于 5), 得到的高次的插值多项式可能会与被插值的函数有很大的偏离. 这时, 可以将插值区间分成若干小区间, 在每个小区间插入一个低次的多项式, 称为分段插值.
- 样条插值　　分段插值生成的曲线在小区间内是光滑的, 但在小区间的连接点则不一定光滑, 即其导数不一定连续. 样条插值法则要求生成的曲线在两个小区间的连接处也光滑.
- 曲线拟合　　如果考虑到测量数据总会有误差, 有时候并不要求插值函数通过数据点, 只要求插值函数所代表的曲线按照某个判别标准 (如最小二乘法, 要求 $\sum_{i=0}^{n} [f_i - g(x_i)]^2$ 为最小) 能最好地接近数据点, 则所用方法叫曲线拟合.

11.1.2　拉格朗日插值法

过两点 $(x_0, y_0), (x_1, y_1)$ 直线为

$$y = \frac{x - x_1}{x_0 - x_1} y_0 + \frac{x - x_0}{x_1 - x_0} y_1$$

将两点的坐标 $(x_0, y_0), (x_1, y_1)$ 代入上式即可验证. 上式改写成

$$L_1(x) = l_0(x) y_0 + l_1(x) y_1$$

其中

$$L_1(x) = y, \qquad l_0 = \frac{x - x_1}{x_0 - x_1}, \qquad l_1 = \frac{x - x_0}{x_1 - x_0}$$

$l_0(x),\ l_1(x)$ 显然是满足下列条件的一次函数

$$l_0(x_0) = 1, \qquad l_0(x_1) = 0$$

$$l_1(x_0) = 0, \qquad l_1(x_1) = 1$$

$l_0(x), l_1(x)$ 分别是对应节点 x_0、x_1 的线性插值基函数. 这表示插值函数可以视为两个插值基函数的线性组合, 其组合系数对应点上的函数值 y_0、y_1. 这种形式的插值称为拉格朗日插值.

类似的方法可以求出二次插值函数, 令

$$L_2(x) = l_0(x)y_0 + l_1(x)y_1 + l_2(x)y_2$$

$l_0(x), l_1(x), l_2(x)$ 分别是节点 y_0、y_1、y_2 的插值基函数, 它们应该是不超过二次的多项式, 且满足条件:

$$l_0(x_0) = 1, \quad l_0(x_1) = 0, \quad l_0(x_2) = 0$$

$$l_1(x_0) = 0, \quad l_1(x_1) = 1, \quad l_1(x_2) = 0$$

$$l_2(x_0) = 0, \quad l_2(x_1) = 0, \quad l_2(x_2) = 1$$

也就是

$$l_k(x_i) = \delta_{ik}, \qquad (i, k = 0, 1, 2)$$

其中

$$\delta_{ik} = \begin{cases} 1, & i = k \\ 0, & i \neq k \end{cases}$$

基函数可以这样构造, 对于 $l_0(x)$, 因为 x_1、x_2 是其零点, 所以 $l_0(x)$ 应该含有因子 $(x - x_1)(x - x_2)$, 又因为 $l_0(x)$ 是二次多项式, 故可写成

$$l_0(x) = A(x - x_1)(x - x_2)$$

式中 A 为待定的系数, 再由条件 $l_0(x_0) = 1$ 定出

$$A = \frac{1}{(x_0 - x_1)(x_0 - x_2)}$$

于是

$$l_0(x) = \frac{(x - x_1)(x - x_2)}{(x_0 - x_1)(x_0 - x_2)}$$

同样可求得

$$l_1(x) = \frac{(x - x_0)(x - x_2)}{(x_1 - x_0)(x_1 - x_2)}$$

$$l_2(x) = \frac{(x - x_0)(x - x_1)}{(x_2 - x_0)(x_2 - x_1)}$$

最后得到

$$L_2(x) = \frac{(x - x_1)(x - x_2)}{(x_0 - x_1)(x_0 - x_2)}y_0 + \frac{(x - x_0)(x - x_2)}{(x_1 - x_0)(x_1 - x_2)}y_1 + \frac{(x - x_0)(x - x_1)}{(x_2 - x_0)(x_2 - x_1)}y_2$$

显然, $L_2(x)$ 是一个不超过二次的多项式, 且满足插值条件:

$$L_2(x_0) = y_0, \ L_2(x_1) = y_1, \ L_2(x_2) = y_2$$

一般来说, 给定函数 $y = f(x)$ 在 $n+1$ 个节点的函数值, 可以求出一个次数不超过 n 次的插值多项式:

$$L_n(x) = \sum_{k=0}^{n} l_k(x) y_k$$

$$l_k(x) = \frac{(x-x_0)\cdots(x-x_{k-1})(x-x_{k+1})\cdots(x-x_n)}{(x_k-x_0)\cdots(x_k-x_{k-1})(x_k-x_{k+1})\cdots(x_k-x_n)}$$

且满足插值条件:

$$L_k(x_i) = \delta_{ik}, \quad (i, k = 0, 1, 2, \cdots, n)$$

按照这种方法编写的程序为

```
function v=polyinterp(x,y,u)
n=length(x);
v=zeros(size(u));
for k=1:n
    w=ones(size(u));
    for j=[1:k-1 k+1:n]
        w=(u-x(j))./(x(k)-x(j)).*w;
    end
    v=v+w*y(k);
end
end
```

程序中的 x、y 为已知的数据, u 是要插入的数据. 下面是一个应用这个程序的实例:

```
x=1:6;
y=[16,18,21,17,15,12];
u=0.75:0.05:6.25;
v=polyinterp(x,y,u)
plot(x,y,':',u,v,'-')
```

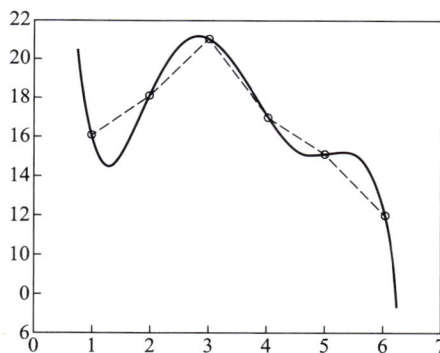

图 11.1　分段线性插值法与拉格朗日插值法的对比

画出的图形如图 11.1 所示, 圆圈是原有的数据点, 实线是插值以后的曲线, 也就是拉格朗日插值所得的曲线; 虚线是直接将数据连成的折线, 也叫分段线性插值法所得的结果.

显然, 这两种方法的结果差别很大. 实际上这是插值方法的两个极端, 拉格朗日插值法得到的曲线有无限多阶导数, 而分段线性插值法所得的折线是不光滑的, 折线在数据点处发生转折. 所以在实际使用中需要对它们进行改进. 改进的思路有两个, 一个是将数据分成小区域进行插值, 也就是常说的分段插值, 另一个是设法使分段插值后的曲线在连接处保持一定的光滑, 也就是使连接起来的曲线存在一阶甚至二阶导数, 这就是埃尔米特插值法. 根据对导数的限制条件不同, 又有不同做法. 在 MATLAB 中使用了 pchip 和 spline 两种方法.

11.1.3   分段三次埃尔米特插值

将插值区间分为 n 个小区间, 考虑第 k 个小区间, 令区间长度为

$$h_k = x_{k+1} - x_k, \quad x_k \leqslant x \leqslant x_{k+1}$$

如果在区间内插入一个三次多项式

$$P(x) = a_3 x^3 + a_2 x^2 + a_1 x + a_0$$

就需要 4 个条件来确定这 4 个系数. 除了已知的小区间两个端点的函数值 y_k、y_{k+1} 外, 还需要两个条件. 假定区间端点的一阶导数是 d_k、d_{k+1}, 那么就可以用 y_k、y_{k+1}、d_k、d_{k+1} 来表示这个多项式, 其形式为

$$P(x) = \frac{3hs^2 - 2s^3}{h^3} y_{k+1} + \frac{h^3 - 3hs^2 + 2s^3}{h^3} y_k$$
$$+ \frac{s^2(s-h)}{h^2} d_{k+1} + \frac{s(s-h)^2}{h^2} d_k$$

其中引入了区间内的局部变量 $s = x - x_k$, 并且令 $h = h_k$. 当 $x = x_k$ 时, 有 $s = 0$, 当 $x = x_{k+1}$ 时, 有 $s = h$. 所以它显然满足条件

$$P(x_k) = y_k, \quad P(x_{k+1}) = y_{k+1}$$
$$P'(x_k) = d_k, \quad P'(x_{k+1}) = d_{k+1}$$

这个表达式的推导在数值计算方法的教材中都有介绍, 它也是通过构造插值基函数来求埃尔米特插值多项式, 这里不再详述.

由于端点的导数值并不是已知的数据, 所以就可以对它进行选择. 如果要求相邻区间端点的一阶导数值相等, 就可以保证插值后的曲线的一阶导数连续, 这就是 MATLAB 中保形分段三次插值 (pchip) 的做法, pchip 是 "分段三次埃米特插值多项式 (piecewise cubic Hermite interpolating polynomial)" 的英文首字母缩写. 如果在选择时, 要求相邻区间的一阶和二阶导数都相等, 那就是 MATLAB 中三次样条 (cubic spline) 插值函数. 读者如果想了解具体的选择方法, 可参阅《MATLAB 数值计算》书.

这两种插值方法的区别可以用图 11.2 来表示.

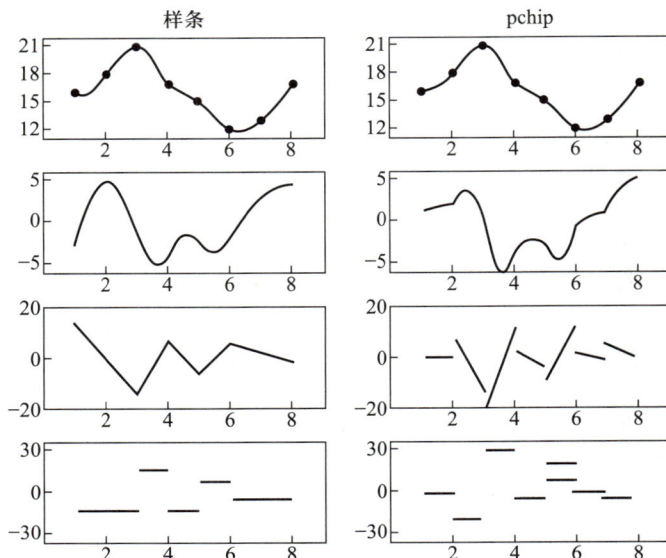

图 11.2   样条插值函数与 pchip 插值函数以及它们的一、二、三阶导数

11.1.4　插值指令 interp1

前面介绍的插值方法都可以用 MATLAB 的插值指令来实现, 插值指令根据输入的参数来决定所使用的插值方法. 其中的 nearest 方法是一种少见的方法, 它在区间中以最接近的数据点的值作为插值的选择, 所以图 11.3 中得到的插值曲线都是一些平行于横轴的线段. 更方便的是, 这些插值指令可以进行二维、三维甚至更高维的插值. 全部指令如下:

```
interp1(X,Y,XI,'method') 一维插值
interp1q(X,Y,XI) 快速一维插值
interp2(X,Y,Z,XI,YI) 二维插值
interp3(X,Y,Z,V,XI,YI,ZI) 三维插值指令
interpn(X1,X2,X3,...,V,Y1,Y2,Y3,...) N维插值指令
```

各项参数的含义为:

```
X,Y,Z,V 已知的数据点与函数值
XI,YI,ZI 插入的数据点
method 选用的插值计算方法, 含以下几种
nearest 最近邻插值
linear 线性插值
spline 分段三次样条插值
pchip 保形分段三次插值
cubic 与pchip相同
v5cubic 来自MATLAB5.0 版本的cubic插值法
```

例如, 以正弦函数的 10 个值作为原始数据 (小圆圈表示). 再用四种方法算出 41 个插值点并画曲线 (图 11.3), 全部语句是一个实时脚本文件.

```
x=0:10; y=sin(x);        %原始数据
xi=0:.15:10;             %插值点
yi1=interp1(x,y,xi,'nearest');
yi2=interp1(x,y,xi,'linear');
yi3=interp1(x,y,xi,'spline');
yi4=interp1(x,y,xi,'cubic');
subplot(2,2,1)
plot(xi,yi1,xi,yi1,'r.')
subplot(2,2,2)
plot(xi,yi2,xi,yi2,'r.')
subplot(2,2,3)
plot(xi,yi3,xi,yi3,'r.')
subplot(2,2,4)
plot(xi,yi4,xi,yi4,'r.')
```

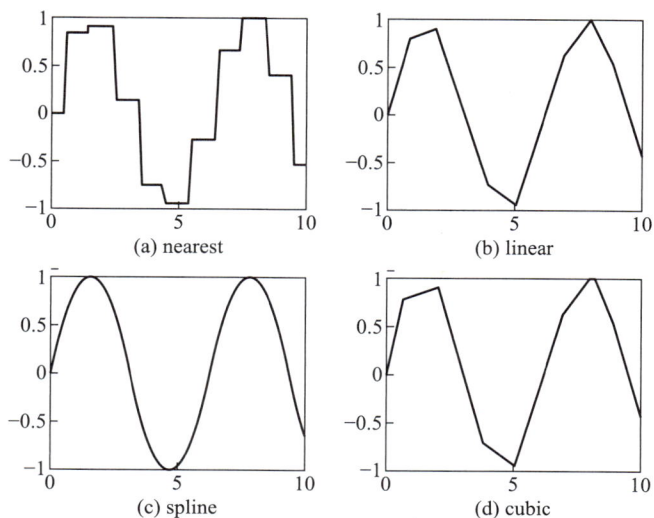

图 11.3　插值指令 interp1 画出的曲线

§11.2   曲线拟合

11.2.1   曲线拟合的最小二乘法

曲线拟合也叫函数逼近, 是另一类计算插值函数的方法. 它只要求插值函数能合理地反映数据的基本趋势, 并不要求函数能通过数据点. 所以在前面所介绍的插值方法中, 函数与数据点的偏差为零, 而在曲线似合中, 函数与数据点则可能存在偏差, 因此可以用这个偏差来反映函数的逼近程度.

设在曲线拟合中, 插值函数值 $\varphi(x_i)$ 与 n 个原始数据点 y_i 偏差为

$$\delta_i = \varphi(x_i) - y_i \qquad (i = 0, 1, 2, \cdots, n)$$

那么可以有以下几种判别准则:

(1) 使偏差的绝对值之和

$$\sum_{i=0}^{n} |\delta_i|$$

为最小;

(2) 使偏差的最大绝对值

$$\max_i |\delta_i|$$

为最小;

(3) 使偏差的平方和

$$\sum_{i=0}^{n} \delta_i^2$$

为最小. 如果考虑到数据在精度上的差异, 可以加上一定的权重因子, 即要求加权的偏差的平方和

$$\sum_{i=0}^{n} \lambda_i \delta_i^2$$

为最小.

准则 (1) 的提出很自然也很合理, 但使用不便. 准则 (2) 所用的方法称为函数的最佳一致逼近. 准则 (3) 所用的方法称最佳平方逼近, 也叫曲线拟合的最小二乘法, 是最常用的方法.

11.2.2   多项式拟合

设所求的插值函数 $\varphi(x)$ 是一个 m 次多项式 $P_m(x)(m < n)$, 即

$$P_m(x) = a_0 + a_1 x + \cdots + a_m x^m = \sum_{j=0}^{m} a_j x^j$$

通过选取多项式的系数 a_j, 使得在 x_i、y_i 点有

$$\sum_{i=1}^{n} \delta_i^2 = \sum_{i=1}^{n} [y_i - P_m(x_i)]^2 = F(a_0, a_1, \cdots, a_m)$$

最小. 由多元函数取极值的条件得方程组

$$\frac{\partial F}{\partial a_j} = -2 \sum_{i=1}^{n} \left[y_i - \sum_{k=0}^{m} a_k x_i^k \right] x_i^j = 0$$

移项得

$$\sum_{k=0}^{m} a_k \left(\sum_{i=1}^{n} x_i^{k+j} \right) = \sum_{i=1}^{n} y_i x_i^j$$

取 $j = 0, 1, 2, \cdots, m$ 作展开, 有

$$\begin{cases} na_0 + a_1 \sum_{i=1}^{n} x_i + a_2 \sum_{i=1}^{n} x_i^2 + \cdots + a_m \sum_{i=1}^{n} x_i^m = \sum_{i=1}^{n} y_i \\ a_0 \sum_{i=1}^{n} x_i + a_1 \sum_{i=1}^{n} x_i^2 + a_2 \sum_{i=1}^{n} x_i^3 + \cdots + a_m \sum_{i=1}^{n} x_i^{m+1} = \sum_{i=1}^{n} y_i x_i \\ \qquad \cdots\cdots\cdots\cdots \\ a_0 \sum_{i=1}^{n} x_i^m + a_1 \sum_{i=1}^{n} x_i^{m+1} + a_2 \sum_{i=1}^{n} x_i^{m+2} + \cdots + a_m \sum_{i=1}^{n} x_i^{2m} = \sum_{i=1}^{n} y_i x_i^m \end{cases}$$

这是最小二乘法拟合多项式的系数 a_k 应满足的方程组, 称为正则方程组.

当最高幂次为 1 时就是最小二乘法的拟合直线, 正则方程组简化为

$$\begin{cases} na_0 + a_1 \sum_{i=1}^{n} x_i = \sum_{i=1}^{n} y_i \\ a_0 \sum_{i=1}^{n} x_i + a_1 \sum_{i=1}^{n} x_i^2 = \sum_{i=1}^{n} y_i x_i \end{cases}$$

11.2.3 多项式拟合的指令 polyfit

MATLAB 已经将多项式拟合开发成专用的指令, 在指令的程序中使用了很先进的算法来求解正则方程. 指令的含义如下:

polyfit (X,Y,N) 对数据作最小二乘法的多项式拟合
polyval(P,X) 计算多项式的值
X, Y 数据点及其函数值
N 拟合多项式的最高幂次, 返回值为按降幂排列的多项式系数
P 被求值的多项式系数, 须按降幂排列

例 11.1: 下面的脚本文件中, 对二次曲线的数据 s 增加了一些随机数 s1 作为误差, 然后用多项式拟合指令对数据 ss 进行拟合 (图 11.4):

```
t=0:0.5:5;
s=1*t+0.2.*t.*t;          %给定二次曲线
s1=[0.5 -0.18 -0.01 0.13 0.1 ...
 0.31 -0.22 -0.31 0.2 0.4 -0.14];
ss=s+s1;                  %设定误差值
P=polyfit(t,ss,2);        %二次曲线拟合
y=polyval(P,t);           %计算拟合函数的值
plot(t,y,t,ss,'r*')
```

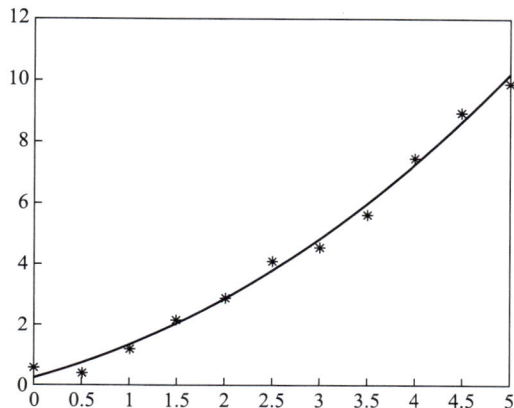

图 11.4 多项式拟合的曲线

例 11.2: 用最小二乘法对数据表 11.1 中的数据作二次拟合多项式, 并用 MATLAB 多项式拟合指令作检验.

表 11.1

i	1	2	3	4	5	6	7	8	9
x_i	-1	-0.75	-0.5	-0.25	0	0.25	0.5	0.75	1
y_i	$-0.220\,9$	0.329\,5	0.882\,6	1.439\,2	2.000\,3	2.564\,5	3.133\,4	3.760\,1	4.283\,6

设所求的最小二乘法二次拟合多项式是

$$P_2(x) = a_0 + a_1 x + a_2 x^2$$

此问题的正则方程组是

$$
\begin{cases}
9a_0 + 0 + 3.75a_2 = 18.173\,2 \\
0 + 3.75a_1 + 0 = 8.484\,2 \\
3.75a_0 + 0 + 2.765\,6a_2 = 7.617\,3
\end{cases}
$$

其解为 $a_0 = 2.003\,4$, $a_1 = 2.262\,5$, $a_3 = 0.037\,8$, 所求多项式为

$$P_2(x) = 0.037\,8x^2 + 2.262\,5x + 2.003\,4$$

用 MATLAB 验证可知, 所得二次多项式的系数是一致的, 程序如下:

```
x=[-1 -0.75 -0.5 -0.25 0 0.25 0.5 0.75 1] ;
y=[-0.2209 0.3295 0.8826 1.4392 2.0003 2.5645 3.1334 3.7601 4.2836];
yi=polyfit(x,y,2)
yi = 0.0379 2.2624 2.0034
```

11.2.4 线性最小二乘法的一般形式

已知 n 个数据点 (x_i, y_i), 取 $[a, b]$ 上线性无关的函数组 $\varphi_0(x), \varphi_1(x), \cdots \varphi_m(x)$ 构成拟合函数

$$\varphi(x) = a_0\varphi_0(x) + a_1\varphi_1(x) + \cdots + a_m\varphi_m(x)$$

记偏差为

$$\delta_i = y_i - \varphi(x_i)$$

要求通过系数 a_i 的选择, 使得加权以后的偏差的平方和

$$\sum_{i=1}^{n} \omega_i \delta_i^2$$

为最小. 与多项式拟合的讨论相类似, 上述问题的正则方程组为

$$\sum_{i=1}^{n} \omega_i [y_i - \varphi(x_i)]\varphi_j(x_i) = 0 \qquad (j = 0, 1, 2, \cdots, m)$$

即

$$\sum_{k=0}^{m} a_k \left[\sum_{i=1}^{n} \omega_i \varphi_k(x_i)\varphi_j(x_i) \right] = \sum_{i=1}^{n} \omega_i y_i \varphi_j(x_i)$$

如果记

$$(\varphi_k, \varphi_j) = \sum_{i=1}^{n} \omega_i \varphi_k(x_i) \varphi_j(x_i)$$

$$(y, \varphi_j) = \sum_{i=1}^{n} \omega_i y_i \varphi_j(x_i)$$

方程组可以写成矩阵形式

$$\begin{bmatrix} (\varphi_0, \varphi_0) & (\varphi_0, \varphi_1) & \cdots & (\varphi_0, \varphi_m) \\ (\varphi_1, \varphi_0) & (\varphi_1, \varphi_1) & \cdots & (\varphi_1, \varphi_m) \\ \vdots & \vdots & \vdots & \vdots \\ (\varphi_m, \varphi_0) & (\varphi_m, \varphi_1) & \cdots & (\varphi_m, \varphi_m) \end{bmatrix} \begin{bmatrix} a_0 \\ a_1 \\ \vdots \\ a_m \end{bmatrix} = \begin{bmatrix} (y, \varphi_0) \\ (y, \varphi_1) \\ \vdots \\ (y, \varphi_m) \end{bmatrix}$$

由 $\varphi_j(x)$ 的线性无关性可导出上述方程组的系数矩阵非奇异, 从而保证了方程组有唯一的解存在.
为了方便, 通常选取 $\varphi_j(x)$ 满足

$$(\varphi_j, \varphi_j) = \sum_{i=1}^{n} \omega_i \varphi_j^2(x_i) > 0$$

$$(\varphi_k, \varphi_j) = 0, \qquad (k \neq j)$$

这其实就是选取正交函数族. 则方程组的系数矩阵成对角型, 正则方程组很好解, 其解为

$$a_j = \frac{(y, \varphi_j)}{(\varphi_j, \varphi_j)} = \frac{\sum\limits_{i=1}^{n} \omega_i y(x_i) \varphi_j(x_i)}{\sum\limits_{i=1}^{n} \omega_i \varphi_j^2(x_i)}$$

而最小二乘法的拟合函数为

$$\varphi(x) = \sum_{j=0}^{m} a_j \varphi_j(x) = \sum_{j=0}^{m} \frac{(y, \varphi_j)}{(\varphi_j, \varphi_j)} \varphi_j(x_i)$$

§11.3   曲线拟合工具箱 cftool

拟合工具箱汇集了多种常用的拟合方法, 以图形界面进行操作, 方便而实用, 适合用于拟合实验数据.

它的功能是将数据与曲线或曲面拟合并画成图形. 在拟合时可以用不同的拟合方法并且进行比较, 比如使用线性或非线性回归、插值、平滑和自定义方程. 在拟合中, 可以查看拟合度统计数据, 显示置信区间和残差, 除去异常值, 并评估与有效数据的拟合程度. 拟合绘制曲线和曲面的过程是自动进行的, 还可将拟合结果导出到工作内存空间以供进一步分析.

拟合步骤如下:

(1) 在指令窗口输入二维或三维数据:

(2) 用命令 cftool 打开曲线拟合应用程序;

(3) 在工具箱界面左面的数据对话框中对二维选择 x, y; 对三维选择 x,y,z;

(4) 从中间的拟合类别弹出框列表中选择一个模型类型, 例如选择多项式; 根据数据模型, 尝试不同的拟合类型; 一般选择右面的自动拟合;

(5) 在菜单中选择文件生成代码 (Select File / Generate Code), 曲线拟合应用程序在编辑器中创建一个包含 MATLAB 代码的文件, 以在交互式会话中重新创建所有拟合和绘图.

下面提供三个例子供读者参考.

例 11.3: 设一发射源的发射强度公式具有指数形式 $I = I_0 e^{-\alpha t}$. 现有一组观测数据如表 11-2 所示:

表 11.2

x	0.2	0.3	0.4	0.5	0.6	0.7	0.8
y	3.16	2.38	1.75	1.34	1.00	0.74	0.56

试用最小二乘法确定 I_0 与 α.

做法如下, 在指令窗口输入数据时间 x 和强度 y, 再在指令窗口输入指令 cftool, 打开拟合工具箱.

在工具箱界面选择数据 x、y, 拟合函数选 exponential, 勾选自动拟合 (auto fit), 立即完成曲线拟合, 得到拟合公式和各项拟合结果的统计分析数据, 具体步骤如下:

- 在指令窗口输入下列数据:

t=[0.2, 0.3,0.4,0.5,0.6,0.7,0.8];

I=[3.16,2.38 ,1.75,1.34,1.00,0.74,0.56].

在指令窗输入指令 cftool 打开拟合工具箱, 将数据选入工具箱界面中的数据栏.

- 在工具箱界面选择拟合函数类型为 Exponential, 方程形式为 a*exp(b*x).

- 勾选自动拟合或人工拟合, 得到曲线和公式中的参数 a=5.636,b=−2.891, 结果如图 11.5 所示, 程序如下:

```
General model Exp1:
    f(x) = a*exp(b*x)
Coefficients (with 95% confidence bounds):
    a = 5.636 (5.536, 5.736)
    b = -2.891 (-2.942, -2.839)
```

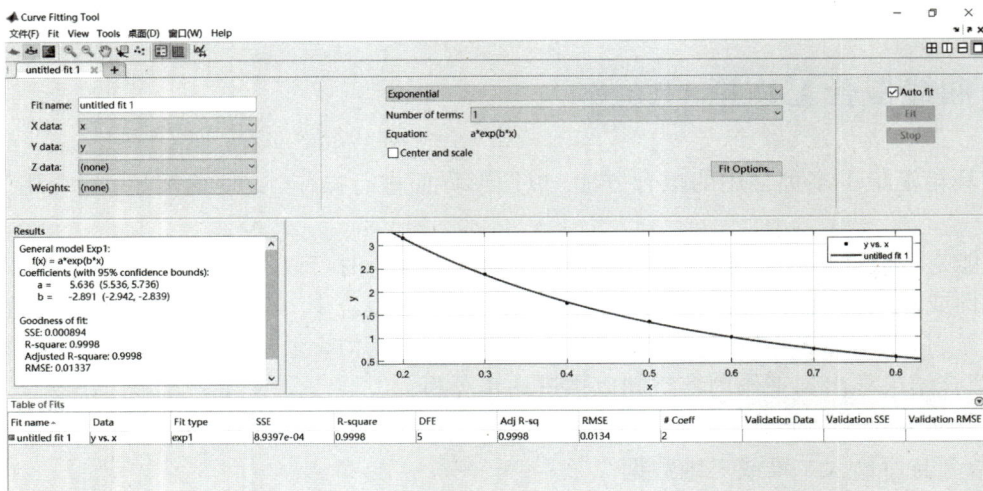

图 11.5　发射源的发射强度的拟合

例 11.4：马吕斯定律实验数据拟合

马吕斯定律指出, 光强为 I_0 的线偏振光透过检偏片后, 透射光的光强 (不考虑吸收) 为 $I = I_0(\cos\theta)^2$ (θ 是入射线偏振光的光振动方向和偏振片偏振化方向之间的夹角). 下面是实验测得数据

$\theta = [40{:}10{:}400]\ /180*\pi;$

I = [0.02, 0.04, 0.1, 0.21, 0.39 , 0.46, 0.63, 0.72, 0.81, ...

0.91, 0.96, 0.92, 0.84, 0.72, 0.5, 0.33, 0.18, 0.08, 0.03,...

0.03, 0.09, 0.22, 0.39, 0.57, 0.72, 0.88, 0.99, 1.06, 0.98, ...

0.83, 0.67, 0.53, 0.41, 0.28, 0.17, 0.06, 0.03];

拟合函数形式为 $a*\cos(b*x+c)^2$.

操作过程与上题相同:

- 在指令窗口输入数据, 并选入工具箱界面中的数据栏.
- 在工具箱界面选择拟合函数为 Custom equation, 方程形式为 $a\cos(b*x+c)^2$;
- 勾选自动拟合或人工拟合得到曲线和公式中的参数, 结果如图 11.6 所示, 程序如下:

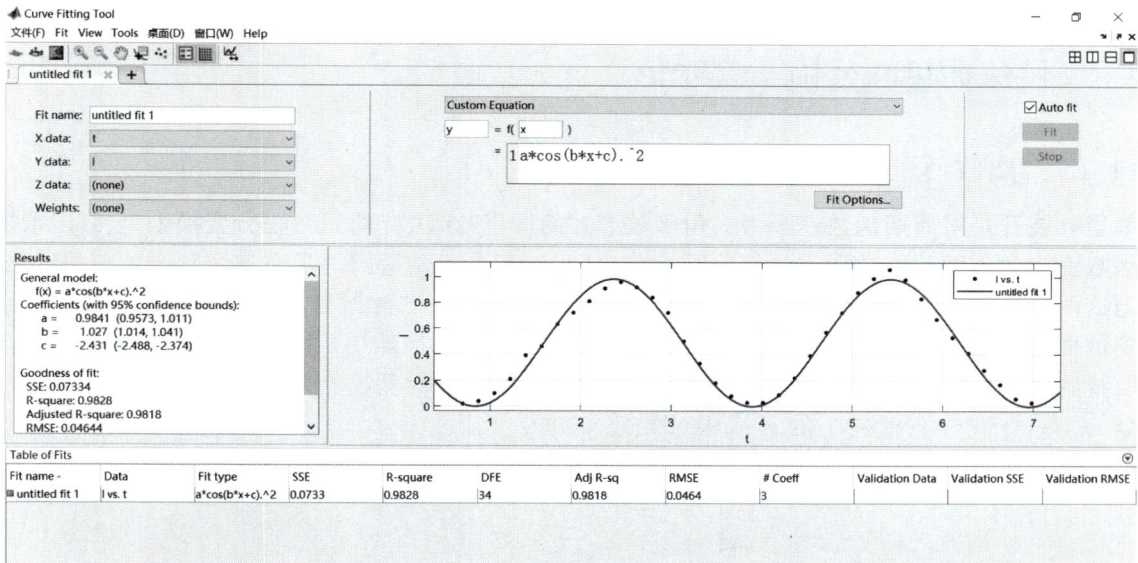

图 11.6   马吕斯定律实验数据拟合

```
General model:
    f(x) = a*cos(b*x+c).^2
Coefficients (with 95% confidence bounds):
      a = 0.9841 (0.9573, 1.011)
      b = 1.027 (1.014, 1.041)
      c = -2.431 (-2.488, -2.374)
```

例 11.5：曲面拟合. 选用软件自带的数据 franke, 用指令 load franke 读入. 在工具箱界面选择数据为 x, y, z. 拟合函数选 interpolant/Thin-plate spline, 再选自动拟合即可. 所得拟合图形如图 11.7 所示.

所有的拟合过程都可以用程序输出, 方法是在菜单中选择 Select File Generate Code.

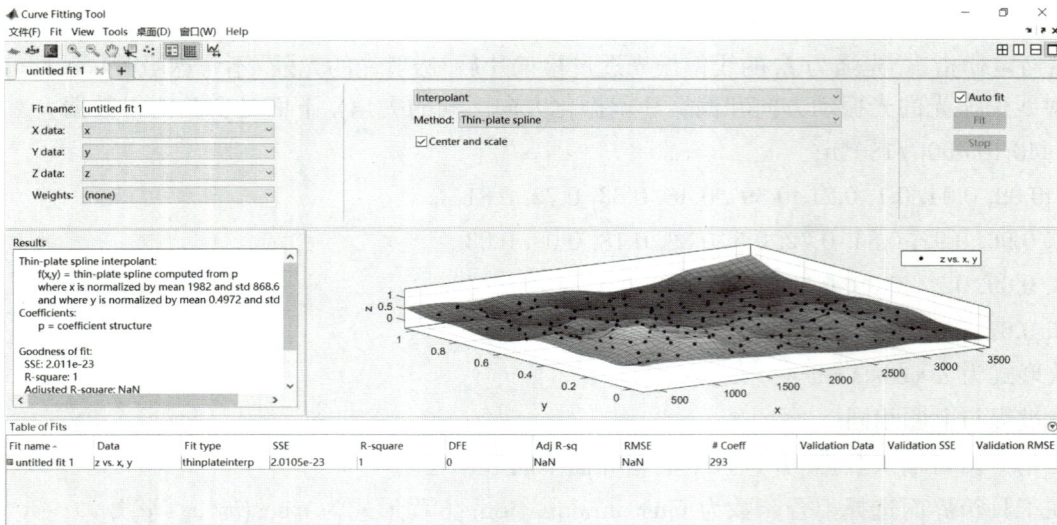

图 11.7　曲面拟合的图形

§11.4　快速傅里叶变换 (FFT)

11.4.1　离散傅里叶变换 (DFT)

傅里叶展开是将周期函数展开为三角函数形式的傅里叶级数. **傅里叶积分变换**则是将非周期性的连续函数变换为连续的复数形式的傅里叶积分, 傅里叶积分不妨理解为具有连续频谱的傅里叶级数.

与这两者不同的是, **离散傅里叶变换**实质上就是将一组离散数据变换成另一组离散数据, 例如一维的离散傅里叶变换就是将一个列向量变换成另一个列向量, 显然用矩阵变换就可以做到这一点. 关键是要找到使变换及逆变换都能成立的矩阵. 下面通过实例来寻找这个变换矩阵.

令 $\omega_n = \mathrm{e}^{-\mathrm{i}2\pi/n}$, 它就是 1 的 n 次根, 即 $\omega_n^n = 1$.

N 个数据点 $x_l, (l = 0, 1, \cdots, N-1)$ 的离散傅里叶变换是

$$y_m = \sum_{k=0}^{n-1} x_k \omega_n^{mk} \quad (m = 0, 1, 2, \cdots, n-1)$$

用矩阵表示为

$$\boldsymbol{y} = \boldsymbol{F}_n \boldsymbol{x}$$

在这里 $n \times n$ 的矩阵 F_n 的矩阵元 $\{\boldsymbol{F}_n\}_{mk}$ 记为

$$\{\boldsymbol{F}_n\}_{mk} = \omega_n^{mk}$$

当 $n = 4$ 时, 所得的矩阵为

$$\boldsymbol{F}_4 = \begin{bmatrix} 1 & 1 & 1 & 1 \\ 1 & \omega^1 & \omega^2 & \omega^3 \\ 1 & \omega^2 & \omega^4 & \omega^6 \\ 1 & \omega^3 & \omega^6 & \omega^9 \end{bmatrix} = \begin{bmatrix} 1 & 1 & 1 & 1 \\ 1 & -i & -1 & i \\ 1 & -1 & 1 & -1 \\ 1 & i & -1 & -i \end{bmatrix}$$

利用 $\omega_n^1 = -\mathrm{i}, \omega_n^2 = -1, \omega_n^3 = \mathrm{i}, \omega_n^4 = 1$, 得到

$$\frac{1}{n}\begin{bmatrix} 1 & 1 & 1 & 1 \\ 1 & \omega^{-1} & \omega^{-2} & \omega^{-3} \\ 1 & \omega^{-2} & \omega^{-4} & \omega^{-6} \\ 1 & \omega^{-3} & \omega^{-6} & \omega^{-9} \end{bmatrix}\begin{bmatrix} 1 & 1 & 1 & 1 \\ 1 & \omega^{1} & \omega^{2} & \omega^{3} \\ 1 & \omega^{2} & \omega^{4} & \omega^{6} \\ 1 & \omega^{3} & \omega^{6} & \omega^{9} \end{bmatrix} = \begin{bmatrix} 1 & 0 & 0 & 0 \\ 0 & 1 & 0 & 0 \\ 0 & 0 & 1 & 0 \\ 0 & 0 & 0 & 1 \end{bmatrix}$$

由此知, $\boldsymbol{F}_4$ 的逆 $\boldsymbol{F}_4^{-1}$ 为

$$\boldsymbol{F}_4^{-1} = \frac{1}{n}\begin{bmatrix} 1 & 1 & 1 & 1 \\ 1 & \omega^{-1} & \omega^{-2} & \omega^{-3} \\ 1 & \omega^{-2} & \omega^{-4} & \omega^{-6} \\ 1 & \omega^{-3} & \omega^{-6} & \omega^{-9} \end{bmatrix}$$

以此类推, 可得到相应的逆变换为

$$x = \boldsymbol{F}_n^{-1}\boldsymbol{F}_n x = \boldsymbol{F}_n^{-1}y$$

即有

$$x_k = \frac{1}{n}\sum_{m=0}^{n-1} y_m \omega_n^{-mk}, \qquad k = 0, 1, \cdots, n-1$$

离散傅里叶变换把输入的数据 $\boldsymbol{x}$ 分解为它的基本频率的组合, 也就是变换后所得的 $\boldsymbol{y}$ 的各个分量. 由表达式

$$\omega_n^{-mk} = \left(\mathrm{e}^{-\mathrm{i}\frac{2\pi}{n}}\right)^{-mk} = \mathrm{e}^{\mathrm{i}k\frac{2\pi}{n}m}$$

可知,k/n 相当于频率, $k2\pi/n$ 相当于圆频率, y_m/n 相当于各频率的振幅, 常把振幅的平方称为功率谱. 其中两个特殊的分量是 y_0, 即零频分量也是一个常数, 其值为 $\boldsymbol{x}$ 的各个分量之和, 还有一个是 $y_{n/2}$, 正好是采样频率的一半, 叫做尼奎斯特频率 (Nyquist frequency), 是由取样频率所表达的最高频率. 由于离散傅里叶变换在频率上有周期性, 所以除零频及尼奎斯特频率以外的频率两两共轭的.

可以证明, 对于 n 个元素的列向量或者矩阵、列阵, 这种变换的规律都是存在的.

按照离散傅里叶变换和逆离散傅里叶变换 (IDFT) 的公式可以编成如下两个的程序, 分别调用它们就可以实现离散傅里叶变换或逆离散傅里叶变换. 其中 xk 是输入的数据, ym 是变换的结果, N 是数据的个数:

```
function [ym]=dft(xk,N)          function [xk]=idft(ym,N)
m=0:N-1; k=m; mk=m'*k;          m=0:N-1; k=m; mk=m'*k;
wN=exp(-1i*2*pi/N);             wN=exp(-1i*2*pi/N);
wNmk=wN.^mk;                    wNmk=wN.^(-mk);
ym=xk*wNmk/N;                   xk=ym*wNmk;
end                            end
```

11.4.2 快速傅里叶变换的指令 fft,ifft

实际上对数据作离散傅里叶变换并不是用我们上节介绍的程序, 因为这种程序在处理海量数据时, 效率极低, 所以开发了一种离散傅里叶变换的快速算法, 叫做快速傅里叶变换 (FFT). 在本章最后一节会简单介绍它的算法原理.

N 个数据点的离散傅里叶变换公式在 MATLAB 中的形式如下:

$$X(k) = \sum_{n=1}^{N} x(n)\mathrm{e}^{\mathrm{j}2\pi(k-1)(\frac{n-1}{N})}$$

$$x(n) = \frac{1}{N}\sum_{k=1}^{N} X(k)\mathrm{e}^{-\mathrm{j}2\pi(k-1)(\frac{n-1}{N})}$$

由于在 MATLAB 中的指标 n、k 不能为 0, 所以公式形式略有变化. 这里频率是 $2\pi(k-1)/N$, 各频率的振幅是 $X(k)/N$.

1. 一维的快速傅里叶变换及其逆变换

指令及其语句格式如下:

fft(x)

fft(x, N)

在这里, x 是待变换的数据, 如果输入数据的长度是 2 的整次幂, 则快速傅里叶变换自动采用以 2 为基数的快速算法, 否则就采用较慢的算法. 如果 x 是矩阵, 快速傅里叶变换是对每一列进行. N 表示进行 N 个点的快速傅里叶变换, 如果 N 大于 x 的长度, 则用零补充; 如果 x 大于 N 的长度, 则把多余的部分去掉.

逆变换 ifft 的格式与 fft 的格式相同.

2. 二维的快速傅里叶变换及其逆变换

指令及其语句格式如下

fft2(x)

在这里, x 是要变换的二维矩阵, 如果它是一维的, 则按一维进行变换. 逆变换 ifft2 的格式与 fft2 的格式相同.

n 维的快速傅里叶变换及其逆变换指令 fftn, ifftn 的格式分别与 fft2, ifft2 的格式相同.

下面是一维傅里叶变换的例子:

```
>>X=[4, 0, 3, 6, 2, 9, 6, 5];                          %原始数据
>>Y=fft(X)
Y = 35                                              %对应零频分量
   5.0711 + 8.6569i
   -3 + 2i
   9.0711 + 2.6569i
   -5                                            %对应尼奎斯特频率
   9.0711 - 2.6569i                      %以下频率的振幅与上面的共轭
   -3 - 2i
   -5.0711 - 8.6569i
```

快速傅里叶变换常用于分析寻找隐藏在有噪声的信号系列中的频率分量. 下面是两个实例.

例 11.6: 考虑一个取样频率为 1 000 Hz 的数据. 即建立一个时间轴, 范围从 0 到 0.25s. 步长为 1ms. 然后构造一个包含频率为 50 Hz 与 100 Hz 的正弦波的信号. 程序如下:

```
t = 0:0.001:.25;
x = sin(2*pi*50*t) + sin(2*pi*100*t);
```

加上一些随机的偏差作为噪声以形成信号 y, 并画出它的图形如图 11.8 所示.

```
y = x + 2*randn(size(t));
plot(y(1:50))
title('Noisy time domain signal')
```

显然, 很难从这张图上识别出它的频率分量, 这就是为什么频谱分析如此流行的原因. 对噪声信号 y 作离散傅里叶变换是很容易的:

```
Y = fft(y,256);
```

利用复共轭 (CONJ) 计算功率谱密度以测定不同频率的能量. 以前面 127 个分量画出频率轴 (256 个点的其余的分量与它们对称), 如图 11.9 所示, 程序如下:

```
Pyy = Y.*conj(Y)/256;
f = 1000/256*(0:127);
plot(f,Pyy(1:128))
title('Power spectral density')
xlabel('Frequency (Hz)')
```

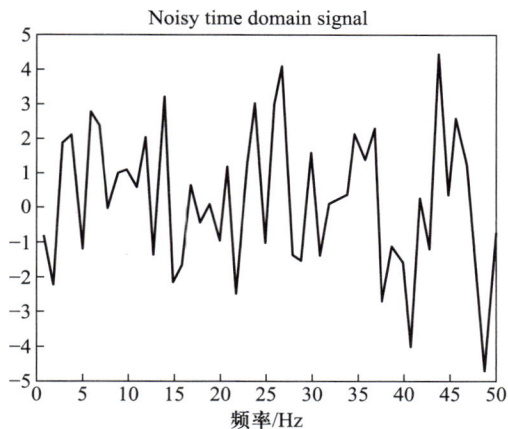

图 11.8　有随机噪声的信号

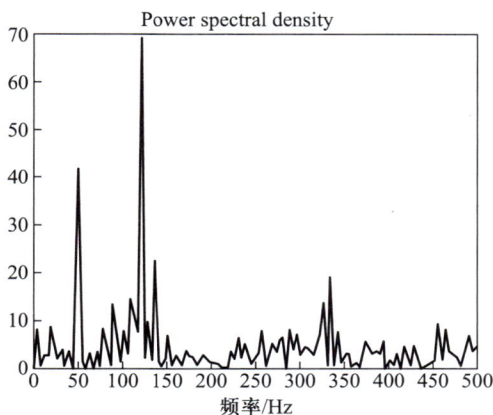

图 11.9　频率分布图

将图形放大只保留到 200 Hz, 注意在 50 Hz 与 120 Hz 处的峰值. 这就是原始信号的频率, 如图 11.10 所示, 程序如下:

```
plot(f(1:50),Pyy(1:50))
title('Power spectral density')
xlabel('Frequency (Hz)'
```

例 11.7: 对函数 $x = \sin(30\pi t) + \sin(80\pi t)$ 作快速傅里叶变换. 在下列程序中, 指令 numel 是计算列阵中的元素总数, 图 11.11 为画出的图形, 程序如下:

```
t = 0:1/100:10-1/100;
x = sin(2*pi*15*t) + sin(2*pi*40*t);
y = fft(x);
m = abs(y);
f =(0:numel(y)-1)'*100/numel(y);
plot(f,m)
grid on
```

```
ylabel('Abs. Magnitude')
xlabel('Frequency [Hertz]')
```

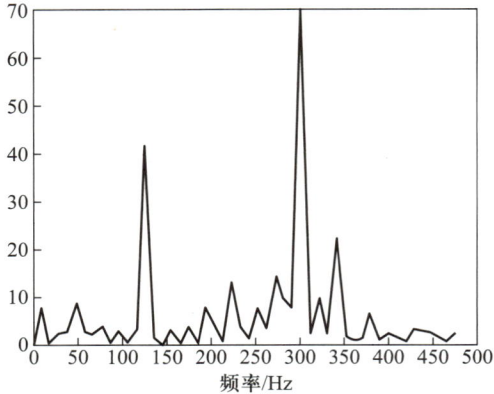

图 11.10　局部放大的频率分布图

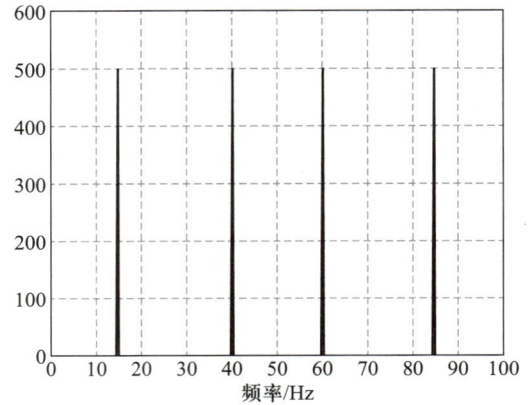

图 11.11　FFT 分析的频率分布图

例 11.8：矩形孔的二维傅里叶变换.
画出图形如图 11.12 所示, 程序如下:

```
f=zeros(30,30);
f(5:24,13:17)=1;    %矩形的位置
figure(1)
imshow(f)
F=fft2(f,256,256);
FF=fftshift(F);
F2=log(abs(FF));
figure(2)
imshow(F2,[-1,5])
colormap(jet)
colorbar
```

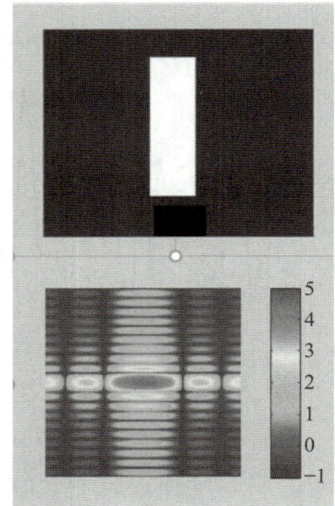

图 11.12　矩形的傅里叶变换

11.4.3　应用: 太阳黑子活动周期

通过分析 300 年左右的太阳黑子活动的记录资料可以发现每过 11 年就会达到一个极大值. 图 11.13 是 Wolfer 数图, 它记录的是太阳黑子的数目与面积, 天文学家已经积累了近 300 年的数据资料. 图 11.14 是放大的前 50 年的数据图形. 程序如下:

```
load sunspot.dat
year=sunspot(:,1);
wolfer=sunspot(:,2);
plot(year,wolfer)
title('Sunspot Data')
plot(year(1:50),wolfer(1:50),'b.-');
```

用快速傅里叶变换对太阳黑子的数据作变换处理. 其中第一个分量 Y(1), 是所有数据之和, 可以删除. 画出傅里叶系数 Y 在复平面上的分布图形 (图 11.15) 是很漂亮的, 但难以看出其含义. 我们需

要更有用的方式来考察这些数据, 程序如下:

```
Y=fft(wolfer); Y(1)=[]; plot(Y,'ro')
title('Fourier Coefficients in the Complex Plane');
xlabel('Real Axis'); ylabel('Imaginary Axis');
```

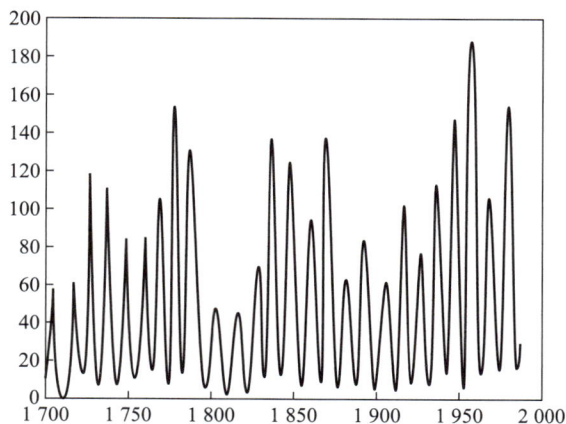

图 11.13　300 年的太阳黑子数据

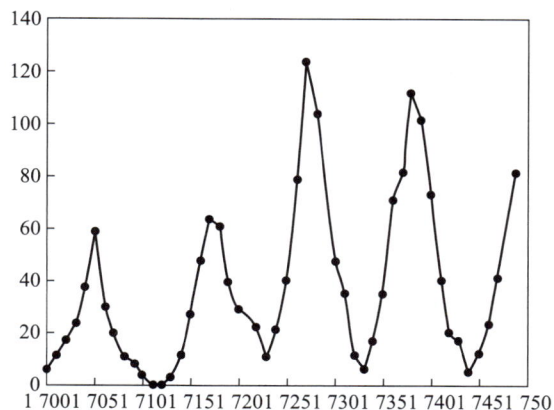

图 11.14　50 年的太阳黑子数据

Y 的复振幅的平方叫功率, 功率相对于频率的图形叫周期图 (图 11.16). 由于取样频率是每年一次, 按照信号处理理论, 尼圭斯特频率是取样频率的一半, 故为 $1/2$, 程序如下:

```
n=length(Y);
power = abs(Y(1:floor(n/2))).^2;
nyquist = 1/2;
freq = (1:n/2)/(n/2)*nyquist;
plot(freq,power)
xlabel('cycles/year')
title('Periodogram')
```

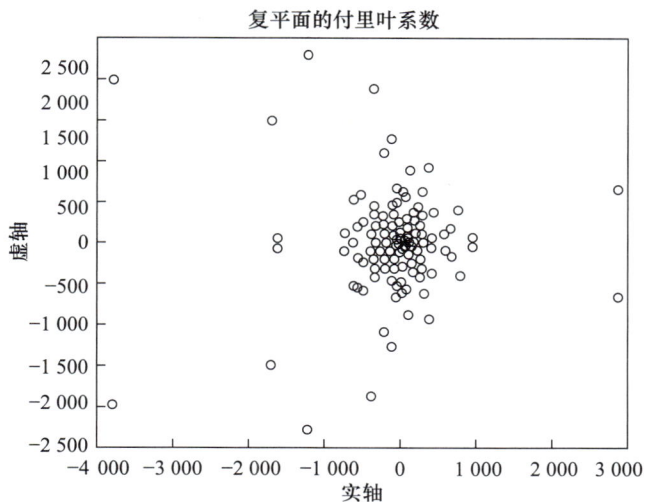

图 11.15　复平面上的 FFT 系数

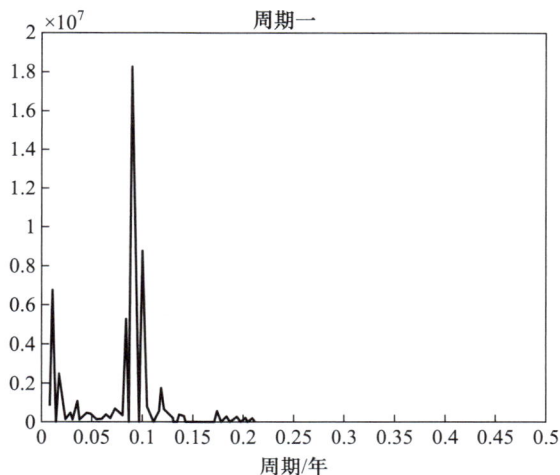

图 11.16　太阳黑子的周期图

图上用的标度 cycles/year 还是不方便, 改用 years/cycle 并用来估计一个周期的长度 (图 11.17), 程序如下:

```
plot(freq(1:40),power(1:40));~~~~~~xlabel('cycles/year')
```

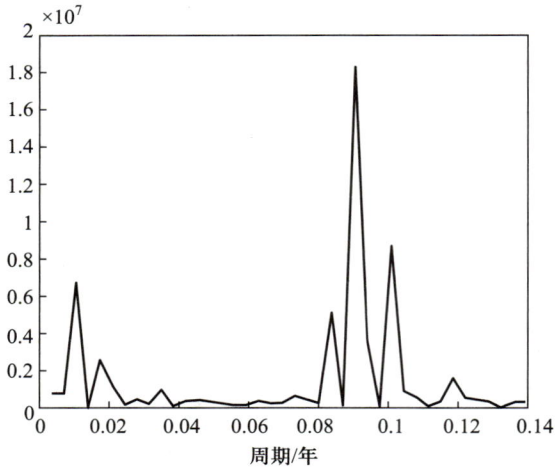

图 11.17   横轴单位为 ye ars/cycle 的太阳黑子的周期图

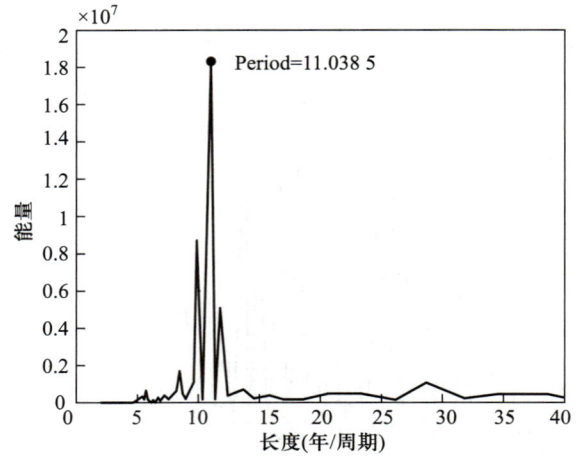

图 11.18   强度最大的频率对应的周期

为了方便, 我们画出功率相对周期的图形 (period=1./freq). 正如所预料的, 存在一个明显的长度为 11 年的周期. 最后, 我们通过挑选强度最大的频率来更精确地确定一下周期的长度. 有一个红点标志了这个点 (图 11.18). 程序如下:

```
period=1./freq;
plot(period,power);
axis([0 40 0 2e+7]);
ylabel('Power');
xlabel('Period (Years/Cycle)');
hold on;
index=find(power==max(power));
mainPeriodStr=num2str(period(index));
plot(period(index),power(index),'r.', 'MarkerSize',25);
text(period(index)+2,power(index),['Period = ',mainPeriodStr]);
hold off;
```

11.4.4   快速傅里叶变换的算法

本节介绍离散傅里叶变换的快速算法, 即快速傅里叶变换.

利用离散傅里叶变换的某种对称性和允余性, 可以发展一种很有效的计算离散傅里叶变换的算法. 下面以 $n = 4$ 为例加以说明.

$$y_m = \sum_{k=0}^{3} x_k \omega_n^{mk} \qquad (m = 0, 1, 2, 3)$$

写出来就是

$$y_0 = x_0\omega_n^0 + x_1\omega_n^0 + x_2\omega_n^0 + x_3\omega_n^0$$

$$y_1 = x_0\omega_n^0 + x_1\omega_n^1 + x_2\omega_n^2 + x_3\omega_n^3$$

$$y_2 = x_0\omega_n^0 + x_1\omega_n^2 + x_2\omega_n^4 + x_3\omega_n^6$$

$$y_3 = x_0\omega_n^0 + x_1\omega_n^3 + x_2\omega_n^6 + x_3\omega_n^9$$

注意到

$$\omega_n^0 = \omega_n^4 = 1, \quad \omega_n^2 = \omega_n^6 = -1, \quad \omega_n^9 = \omega_n^1$$

可以将上式重新组合为

$$y_0 = (x_0 + \omega_n^0 x_2) + \omega_n^0(x_1 + \omega_n^0 x_3)$$

$$y_1 = (x_0 - \omega_n^0 x_2) + \omega_n^1(x_1 - \omega_n^0 x_3)$$

$$y_2 = (x_0 + \omega_n^0 x_2) + \omega_n^2(x_1 + \omega_n^0 x_3)$$

$$y_3 = (x_0 - \omega_n^0 x_2) + \omega_n^3(x_1 - \omega_n^0 x_3)$$

可以看到, 现在只要 8 次加法和 6 次乘法, 而不是原来的 $(4-1)*4 = 12$ 次加法和 $4^2 = 16$ 次乘法. 其实考虑 $\omega_n^0 = 1$, 需要的乘法次数还会更少, 不过我们这里主要是为了说明一般的算法. 现在计算 4 点的离散傅里叶变换已经变成了 2 点的对奇数数列和偶数数列的变换. 这个性质一般都成立, 如果 n 是偶数, 则 n 点的离散傅里叶变换可能分解成两个长度为一半的离散傅里叶变换.

看一下前几个傅里叶矩阵, 这种特征更清楚,

$$F_1 = 1, \quad \boldsymbol{F}_2 = \begin{bmatrix} 1 & 1 \\ 1 & -1 \end{bmatrix}, \quad \boldsymbol{F}_4 = \begin{bmatrix} 1 & 1 & 1 & 1 \\ 1 & -i & -1 & i \\ 1 & -1 & 1 & -1 \\ 1 & i & -1 & -i \end{bmatrix}$$

引入置换矩阵 $\boldsymbol{P}_4$ 和对角矩阵 $\boldsymbol{D}_2$:

$$\boldsymbol{P}_4 = \begin{bmatrix} 1 & 0 & 0 & 0 \\ 0 & 0 & 1 & 0 \\ 0 & 1 & 0 & 0 \\ 0 & 0 & 0 & 1 \end{bmatrix}, \qquad \boldsymbol{D}_2 = \begin{bmatrix} 1 & 0 \\ 0 & -i \end{bmatrix}$$

可得

$$\boldsymbol{F}_4\boldsymbol{P}_4 = \begin{bmatrix} 1 & 1 & 1 & 1 \\ 1 & -1 & -i & i \\ 1 & 1 & -1 & -1 \\ 1 & -1 & i & -i \end{bmatrix} = \begin{bmatrix} \boldsymbol{F}_2 & \boldsymbol{D}_2\boldsymbol{F}_2 \\ \boldsymbol{F}_2 & -\boldsymbol{D}_2\boldsymbol{F}_2 \end{bmatrix}$$

对照一下, 可以看出, 前面交换以后的结果, 其实就是 $\boldsymbol{F}_4\boldsymbol{P}_4\boldsymbol{x}$. 可见, $\boldsymbol{F}_4$ 可以排列成用 $\boldsymbol{F}_2$ 组成的方块. 只要点数是偶数, 这种分层分解的步骤就可以逐层进行下去. 通常, $\boldsymbol{P}_4$ 是交换矩阵, 它将 $\boldsymbol{F}_n$ 的偶数列放到奇数列之前. 而

$$\boldsymbol{D}_{n/2} = \mathrm{diag}\left(1, \omega_n, \cdots, \omega_n^{(n/2)-1}\right)$$

因而, 把 $\boldsymbol{F}_n$ 应用于长度为 n 的数列, 只要将 $\boldsymbol{F}_{n/2}$ 分别作用于它的偶数列和奇数列, 然后再用 $\boldsymbol{D}_{n/2}$ 标度一下. 用这种递归分解与解决的方法来计算离散傅里叶变换就叫做快速傅里叶变换.

第十一章
程序包

第十二章 差分法——PDE解法一

一般而言, 物理量既是时间变量的函数, 也是空间变量的函数, 所以全面地描述它们的变化常常需要偏微分方程. 只有很少的一些偏微分方程可以用解析方法求解, 所以数值方法求解偏微分方程就是一种很重要的研究手段.

物理上重要的偏微分方程大多数是二阶的, 含有一个时间变量和三个空间变量, 最简单的有以下三种类型:

椭圆型
$$-\left(\frac{\partial^2}{\partial x^2} + \frac{\partial^2}{\partial y^2} + \frac{\partial^2}{\partial z^2}\right)\varphi(x,y,z) = S(x,y,z)$$

抛物型
$$\left[\frac{\partial}{\partial t} - a^2\left(\frac{\partial^2}{\partial x^2} + \frac{\partial^2}{\partial y^2} + \frac{\partial^2}{\partial z^2}\right)\right]\varphi(x,y,z,t) = S(x,y,z,t)$$

双曲型
$$\left[\frac{\partial^2}{\partial t^2} - a^2\left(\frac{\partial^2}{\partial x^2} + \frac{\partial^2}{\partial y^2} + \frac{\partial^2}{\partial z^2}\right)\right]\varphi(x,y,z,t) = S(x,y,z,t)$$

本征值方程
$$-\left(\frac{\partial^2}{\partial x^2} + \frac{\partial^2}{\partial y^2} + \frac{\partial^2}{\partial z^2}\right)\varphi(x,y,z) = \lambda\varphi(x,y,z)$$

椭圆方程的典型例子是描述静电场或温度场的拉普拉斯方程, 抛物型方程的典型例子是热传导方程或物质扩散方程, 双曲型方程的典型例子是波动方程.

求解这些方程还需要附加的边界条件与初给条件. 双曲型方程需要两个初始条件, 即初始位移与初始速度. 抛物型方程需要一个初始条件即初始温度分布. 椭圆型方程和本征值方程不需要初始条件.

对于一个、两个、三个空间变量的情况分别需要两个、四个、六个边界条件. 边界条件的类型有: 狄利克雷边界条件 (第一类边界条件), 它给出了区域边界上函数值; 诺伊曼边界条件 (第二类边界条件), 它给出了边界上的函数的法向导数; 混合边界条件 (第三类边界条件), 它给出了边界上的函数及其法向导数的线性组合.

§12.1 热传导方程差分解法

12.1.1 显式公式

先讨论简单的一维问题. 一维的热传导方程为

$$u_t = a^2 u_{xx}$$

根据导数的差分公式, 有

$$u_t \approx \frac{u(x, t+\Delta t) - u(x,t)}{\Delta t}$$

$$u_{xx} \approx \frac{u(x+\Delta x, t) - 2u(x,t) + u(x-\Delta x, t)}{(\Delta x)^2}$$

热传导方程可以写成差分形式 (右边取 t 时刻的值计算)

$$\frac{u(x, t + \Delta t) - u(x, t)}{\Delta t} \approx a^2 \frac{u(x + \Delta x, t) - 2u(x, t) + u(x - \Delta x, t)}{(\Delta x)^2}$$

即

$$u(x, t + \Delta t) \approx u(x, t) + \frac{\Delta t}{(\Delta x)^2} a^2 \left[u(x + \Delta x, t) - 2u(x, t) + u(x - \Delta x, t) \right]$$

令

$$x = i\Delta x, \ t = j\Delta t, \quad i, \ j = 0, 1, 2, \cdots, n - 1$$

$$r = \frac{\Delta t}{(\Delta x)^2} a^2$$

上式可写成足标形式

$$u_{i,j+1} = u_{i,j} + ru_{i-1,j} - 2ru_{i,j} + ru_{i+1,j}$$

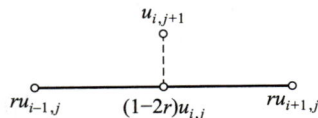

整理得显式差分公式

$$u_{i,j+1} = (1 - 2r)u_{i,j} + r(u_{i+1,j} + u_{i-1,j})$$

图 12.1 热传导方程显式差分公式中数据点的关系

公式表示 $j + 1$ 时刻 i 点的值由 j 时刻 $i - 1$, i, $i + 1$ 三点的值所确定, 如图 12.1 所示.

由此可见, 知道 t_0 时刻的初始值, 就可以利用这个公式依次求出 $t_1, t_2, \cdots$ 时刻的函数值, 但是求出的函数值只是中间各点的函数值而不包括边界值.

对于边界值的处理取决于定解问题中给定的边界条件, 如果是第一类边界条件, 给出的就是边界的函数值, 直接代入计算中即可; 如果是第二类边界条件, 那么给出的就是边界上法向导数的值, 需要用导数的差分公式计算出对应的边界值, 例如, 已知左边界 $u_{1,j}$ 点处的导数值为 φ_j, 则利用差分公式

$$\varphi_j = \frac{u_{2j} - u_{1j}}{\Delta x}$$

从而计算出左边界的函数值

$$u_{1j} = u_{2j} - \varphi_j \Delta x$$

对于 $\varphi_j = 0$, 即齐次的情况, 结果更简单, 直接令左边界函数值等于其同一行相邻的函数值就行. 对于右边界, 也可以用类似的方法进行计算.

可以证明, 稳定条件为 $0 \leqslant r \leqslant 1/2$, 截断误差为 $O((\Delta x)^2, \Delta t)$. 如果稳定条件不满足, 则前一时刻产生的计算误差会扩大下一时刻的计算误差, 造成数值解的失真.

12.1.2　隐式公式

如果热传导方程右边对空间的二阶导数取 $t + \Delta t$ 时刻的值进行计算, 则得到隐式差分公式

图 12.2 隐式公式数据点关系

$$\frac{u(x, t + \Delta t) - u(x, t)}{\Delta t}$$

$$\approx a^2 \frac{u(x + \Delta x, t + \Delta t) - 2u(x, t + \Delta t) + u(x - \Delta x, t + \Delta t)}{(\Delta x)^2}$$

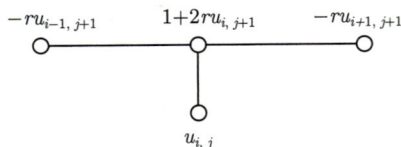

用足标表示得

$$\frac{u_{i,j+1} - u_{i,j}}{\Delta t} = a^2 \frac{u_{i+1,j+1} - 2u_{i,j+1} + u_{i-1,j+1}}{(\Delta x)^2}$$

数据点之间关系如图 12.2 所示.

写成矩阵形式为

$$\begin{pmatrix} u_{1,j+1} \\ u_{2,j+1} \\ u_{3,j+1} \\ u_{4,j+1} \\ \vdots \end{pmatrix} - \begin{pmatrix} u_{1,j} \\ u_{2,j} \\ u_{3,j} \\ u_{4,j} \\ \vdots \end{pmatrix} = \frac{a^2 \Delta t}{(\Delta x)^2} \begin{pmatrix} -2 & 1 & 0 & 0 & 0 & 0 & \cdots \\ 1 & -2 & 1 & 0 & 0 & 0 & \cdots \\ 0 & 1 & -2 & 1 & 0 & 0 & \cdots \\ 0 & 0 & 1 & -2 & 1 & 0 & \cdots \\ \vdots & \vdots & \vdots & \vdots & \vdots & \vdots & \vdots \end{pmatrix} \begin{pmatrix} u_{1,j+1} \\ u_{2,j+1} \\ u_{3,j+1} \\ u_{4,j+1} \\ \vdots \end{pmatrix}$$

也即

$$\begin{pmatrix} u_{1,j+1} \\ u_{2,j+1} \\ u_{3,j+1} \\ u_{4,j+1} \\ \vdots \end{pmatrix} - \frac{a^2 \Delta t}{(\Delta x)^2} \begin{pmatrix} -2 & 1 & 0 & 0 & 0 & 0 & \cdots \\ 1 & -2 & 1 & 0 & 0 & 0 & \cdots \\ 0 & 1 & -2 & 1 & 0 & 0 & \cdots \\ 0 & 0 & 1 & -2 & 1 & 0 & \cdots \\ \vdots & \vdots & \vdots & \vdots & \vdots & \vdots & \vdots \end{pmatrix} \begin{pmatrix} u_{1,j+1} \\ u_{2,j+1} \\ u_{3,j+1} \\ u_{4,j+1} \\ \vdots \end{pmatrix} = \begin{pmatrix} u_{1,j} \\ u_{2,j} \\ u_{3,j} \\ u_{4,j} \\ \vdots \end{pmatrix}$$

设 i 的最大值为 N, 用指令重写等号左边, 即令

$$\boldsymbol{I} = \text{eye}(N), \quad \boldsymbol{A} = \text{ones}(1, N), \quad r = \frac{\Delta t}{(\Delta x)^2} a^2$$

$$D = r * [-2 * \text{diag}(\boldsymbol{A}) + \text{diag}(\boldsymbol{A}, 1) + \text{diag}(\boldsymbol{A}, -1)]$$

则上式可写成

$$(\boldsymbol{I} - \boldsymbol{D}) * \begin{pmatrix} u_{1,j+1} \\ u_{2,j+1} \\ \vdots \\ u_{N,j+1} \end{pmatrix} = \begin{pmatrix} u_{1,j} \\ u_{2,j} \\ \vdots \\ u_{N,j} \end{pmatrix}$$

利用左除法即可求解方程, 也可以写成隐式公式为

$$\begin{pmatrix} u_{1,j+1} \\ u_{2,j+1} \\ \vdots \\ u_{N,j+1} \end{pmatrix} = (\boldsymbol{I} - \boldsymbol{D}) \backslash \begin{pmatrix} u_{1,j} \\ u_{2,j} \\ \vdots \\ u_{N,j} \end{pmatrix}$$

12.1.3 一维热传导问题——杆的导热的 5 种解法

下面求解有限长细杆的热传导问题, 可以看到, 运用上面的公式和以前学过的知识可以采用 5 种不同的方法, 定解问题是

$$\begin{cases} u_t = a^2 u_{xx} \\ u(0,t) = 0, \quad u(l,t) = 0 \\ u(x, t=0) = \varphi(x) \end{cases}$$

为了下面进行数值计算, 对其中的参数给出具体值 $l = 20, t = 25, a^2 = 10$ 且

$$\varphi(x) = \begin{cases} 1 & (10 \leqslant x \leqslant 11) \\ 0 & (x < 10, x > 11) \end{cases}$$

1. 运用显式公式

根据上面的显式公式, 编写如下程序. 由于是在一个图形窗口连续画图, 所以出现了二维动画的效果. 而语句 surf 是用三维的图形表示这个过程, 所得图形如图 12.3 所示, 程序如下:

```
clear all
x=0:20; r=0.1;
u=zeros(21,25);                                    %预设矩阵以存放求得的解
u(10:11,1)=1;                                      %初始条件
for j=1:24                                         %求解及作图
    u(2:20,j+1)=(1-2*r)*u(2:20,j)+r*( u(1:19,j)+ u(3:21,j));
    plot(x,u(:,j)); axis([0 21 0 1]); drawnow
meshz(u)
end
```

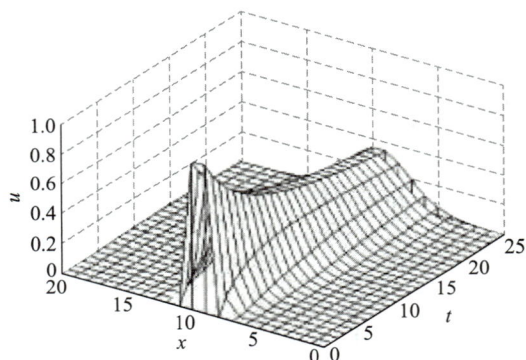

图 12.3   有限长细杆的热传导问题的解

2. 运用隐式公式

用隐式公式解杆的热传导问题的程序如下

```
x=0:20; r=0.1;
u=zeros(21,25);                                    %预设矩阵以存放求得的解
u(10:11,1)=1;                                      %初始条件
dj=eye(21)-r*(-2*diag(ones(21,1))+diag(ones(20,1),1)...
            +diag(ones(20,1),-1));
for j=1:25                                         %求解及作图
    u(:,j+1)=dj\u(:,j);
    plot(x,u(:,j),'linewidth',2);
    axis([0 21 0 1]); drawnow
end
```

3. 运用拉普拉斯算符 del2

前面介绍过计算拉普拉斯算符的指令 del2, 如果用指令 del2 计算方程等号右边对空间变量的二阶导数 u_{xx}, 也可以解出方程. 这种方法的优点是, 很容易推广到计算二维与三维问题, 程序如下:

```
dt=1; a=0.15;                               %设置满足稳定条件的参数
u=zeros(1,20);                                         %预设矩阵
u(10:11)=1;                                           %初始条件
for j=1:100                                          %求解及作图
    du=a^2*dt*4*del2(u);                              %方程右边
   u(2:20)=u(2:20)+du(2:20);
   plot(u,'linewidth',2), axis([0 21 0 1]);
    drawnow
end
```

4. 运用指令 ode45 求解

在推导显式公式的过程中, 如果方程左边的部分保持不变, 则得到公式

$$u_t \approx a^2 \frac{u(x+\Delta x,t) - 2u(x,t) + u(x-\Delta x,t)}{(\Delta x)^2}$$

这时热传导方程成为一个常微分方程, 所以可用指令 ode45 求解. 程序如下:

```
u=zeros(20,21);                                    %预设矩阵存放解
u(1,10:11)=1;                                         %初始条件
[t,u]=ode45(@fun,1:20,u(1,:));
for j=1:20                                           %求解及作图
    plot(u(j,:),'linewidth',4);                    %每行对应一个状态
    axis([0 21 0 1]); pause(0.1)
end
    function udot=fun(t, u)
    r=0.1;
    udot(2:20)=r*u(3:21)-r*2*u(2:20)+r*u(1:19);
    udot(1)=0; udot(21)=0;                          %边界条件
    udot=udot';                                     %输出列向量
    end
```

5. 运用指令 pdepe 解杆的导热问题

指令 pdepe 可以解一维偏微分方程, 其用法后面有详细介绍. 这里仅列出程序和结果以作对比. 定解问题相同, 取 $0 \leqslant x \leqslant 1$, $t \geqslant 0$ 和

$$\varphi(x) = \begin{cases} 1, & (0.45 \leqslant x \leqslant 0.55) \\ 0, & (x < 0.45, \ x > 0.55) \end{cases}$$

与指令 pdepe 求解的方程的标准格式

$$c\left(x,t,u,\frac{\partial u}{\partial x}\right)\frac{\partial u}{\partial t} = x^{-m}\frac{\partial}{\partial x}\left(x^m f\left(x,t,u,\frac{\partial u}{\partial x}\right)\right) + s\left(x,t,u,\frac{\partial u}{\partial x}\right)$$

对比可知 $m=0, c=1, f=\dfrac{\partial u}{\partial x}, s=0$

程序与图形 (图 12.4) 如下:

```
x=linspace(0,1,20); t=linspace(0,0.01,20); m=0;
sol=pdepe(m,@heatpde,@heatic,@heatbc,x,t);
surf(x,t,sol)
    function [c,f,s]=heatpde(x,t,u,dudx)
    c=1; f=dudx; s=0;
    end
    function u0=heatic(x)
    u0=(x>0.45).*(x<0.55);          %初始条件
    end
    function [pl,ql,pr,qr]=heatbc(xl,ul,xr,ur,t)
    pl=ul; ql=0;                    %左边条
    pr=ur; qr=0;                    %右边条
    end
```

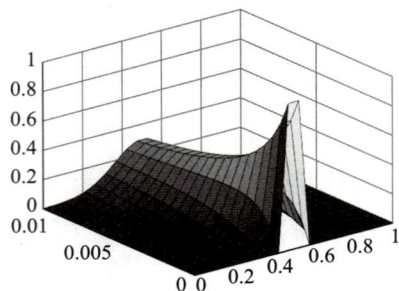

图 12.4　用指令 pdepe 解杆的导热问题

12.1.4　非齐次方程

齐次方程的差分解很容易推广到非齐次方程. 例如, 下列定解问题:

$$
\begin{cases}
u_t - a^2 u_{xx} = -b u_x & (0 \leqslant x \leqslant l, t \geqslant 0) \\
u(x=0) = 0, \quad u(x=l) = 0 \\
u(t=0) = (x - l/2)^2
\end{cases}
$$

这个问题可以用解析方法求解, 解析解是

$$
u(x,t) = \sum_{n=1}^{\infty} A_n \mathrm{e}^{-\left(\frac{n^2\pi^2 a^2}{l^2} + \frac{b^2}{4a^4}\right)t} \mathrm{e}^{\frac{bx}{2a^2}} \sin \frac{n\pi}{l} x
$$

其中

$$
A_n = \frac{2}{l} \int_0^l \left(x - \frac{l}{2}\right)^2 \mathrm{e}^{-\frac{bx}{2a^2}} \sin \frac{n\pi}{l} x \mathrm{d}x
$$

为了与差分方法对比, 先画出解析解的图形.

计算中取 $0 \leqslant t \leqslant 0.000\,5$, 这个时间很短, 因为这个过程的时间很短. 解析解的图形如图 12.5 所示, (a) 图是以 t、x 为变量所画的表面图, 从图中可以看出变化的全貌; (b) 图是初始状态; (c) 图是最后的状态. 解析解在初始状态所画出的图形与差分方程的解有一定的偏差.

在这里 $a^2 = 50, b = 5, l = 1$, 为了方便比较, 在差分计算中也采用了相同的数据, 所用的程序如下:

```
a2=50; b=5;
[x,t]=meshgrid(0:0.01:1,0:0.000001:0.0005);
Anfun=inline('2*(x-0.5).^2.*exp(5*x./2./50).*sin(n*pi*x)','x','n');
u=0
```

```
for n=1:30
    An=quad(Anfun,0,1,[ ],[ ],n);
    un=An*exp(-(n*n*pi*pi*50+25/4/2500).*t).*...
        exp(5/2/50.*x).*sin(n*pi*x);
    u=u+un;
    size(u)
end
mesh(x,t,u)
figure
subplot(2,1,1), plot(u(1,:))
subplot(2,1,2), plot(u(end,:))
```

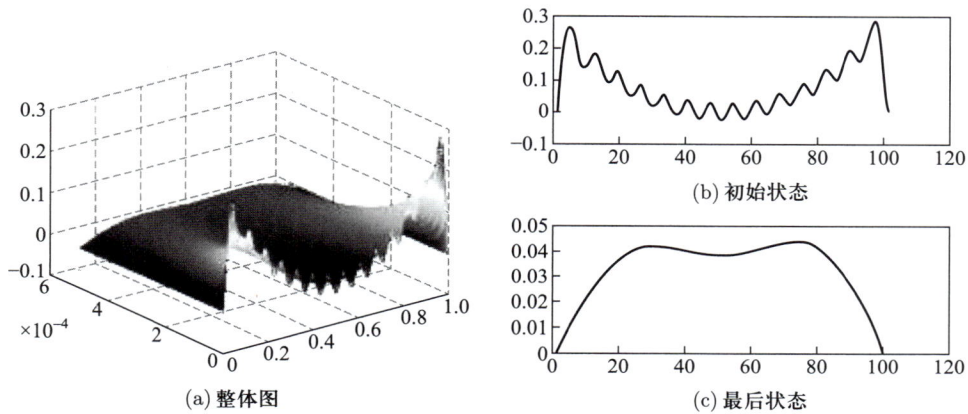

(a) 整体图

(b) 初始状态

(c) 最后状态

图 12.5　非齐次方程的输运问题的解析解

差分方程所得的数值解的图形如图 12.6 所示, 其中 (a) 图是开始的状态, (b) 图是最后状态.

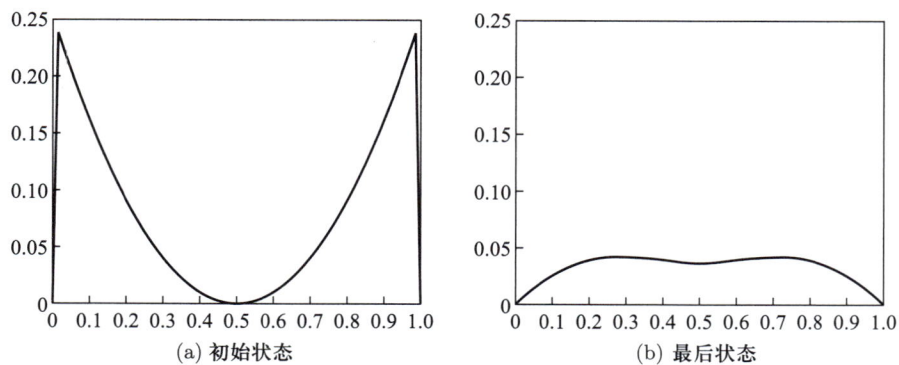

(a) 初始状态

(b) 最后状态

图 12.6　非齐次方程的输运问题的数值解

所用的程序为:

```
dx=0.01; dt=0.000001; c=50*dt/dx/dx;
N=500; A=500; b=5;
x=linspace(0,1,100)';                          %将变量设成列向量
```

```
uu(1:100,1)=(x-0.5).^2;                                          %初温度为零
figure
h=plot(x,uu(:,1),'linewidth',5);
axis([0,1,0,0.25]);
for k=2:200
    uu(2:99,2)=(1-2*c)*uu(2:99,1)+c*(uu(3:100,1)+uu(1:98,1))-...
               b*dt/dx*(uu(3:100,1)-uu(2:99,1));
    uu(1,2)=0; uu(100,2)=0;                                      %加上边界条件
    uu(:,1)=uu(:,2);
    set(h,'YData',uu(:,1)) ;
    drawnow; pause(0.01)
end
```

12.1.5　量子力学中的势垒贯穿

在量子力学中一维运动粒子贯穿势垒的薛定谔方程为

$$i\hbar \frac{\partial \varphi}{\partial t} = -\frac{\hbar^2}{2m}\nabla^2\varphi + V\varphi$$

令 $\hbar = 1, 2m = 1$, 一维方程可以化为如下形式,

$$\frac{\partial \varphi}{\partial t} = i\left(\frac{\partial^2}{\partial x^2} - v\right)\varphi$$

为了保证解的稳定性, 需要用隐式公式来解薛定谔方程. 为此先将方程写出矩阵形式, 再用左除法求解. 方程用足标表示为

$$\frac{u_{i,j+1} - \varphi_{i,j}}{\Delta t} = i\frac{\varphi_{i+1,j+1} - 2\varphi_{i,j+1} + \varphi_{i-1,j+1}}{(\Delta x)^2} - iv_i\varphi_{i,j+1}$$

即

$$u_{i,j+1} + i\Delta t v_i\varphi_{i,j+1} - \frac{i\Delta t}{(\Delta x)^2}(\varphi_{i+1,j+1} - 2\varphi_{i,j+1} + \varphi_{i-1,j+1}) = \varphi_{i,j}$$

设 i 的最大值为 N, 单位矩阵记为 $\boldsymbol{I}$=eye(N), 且令 $\boldsymbol{A}$=ones(1,$\boldsymbol{N}$), $r = \frac{\Delta t}{(\Delta x)^2}$, 则上式可写成

$$\{\boldsymbol{I} - ir[-2\text{diag}(\boldsymbol{A}) + \text{diag}(\boldsymbol{A},1) + \text{diag}(\boldsymbol{A},-1)] + i\Delta t\text{diag}(V)\} * \begin{pmatrix} \varphi_{1,j+1} \\ \varphi_{2,j+1} \\ \vdots \\ \varphi_{N,j+1} \end{pmatrix} = \begin{pmatrix} \varphi_{1,j} \\ \varphi_{2,j} \\ \vdots \\ \varphi_{N,j} \end{pmatrix}$$

用左除法求出方程的解为

$$\begin{pmatrix} \varphi_{1,j+1} \\ \varphi_{2,j+1} \\ \vdots \\ \varphi_{N,j+1} \end{pmatrix} = \{\boldsymbol{I} - ir[-2\text{diag}(\boldsymbol{A}) + \text{diag}(\boldsymbol{A},1) + \text{diag}(\boldsymbol{A},-1)] + i\Delta t\text{diag}(V)\} \backslash \begin{pmatrix} \varphi_{1,j} \\ \varphi_{2,j} \\ \vdots \\ \varphi_{N,j} \end{pmatrix}$$

这就是编程计算所用的公式, 计算中取 $\Delta x = 1, \Delta t = 1$.

程序在一个 220 点的格子上, 定义解析形式的位势 (方形势阱或势垒、高斯势阱或势垒、势能台阶或抛物线势阱), 建立一个初始的高斯波包或洛伦茨波包, 它具有规定的平均位置、动量和空间宽度, 并在保持格子的端点上 φ 为零的边界条件下演化. 用动画在每一时间步长上都显示概率密度 $|\varphi|^2$ 和位势, 以及波包在一指定点的左边和右边两部分每一部分的总概率和平均位置. 指令 diag 是生成对角矩阵, 其用法前面已有介绍.

程序使用的数据是, 选势能为一个方形势垒, 高度是 0.3, 位于格点编号为 105 和 110 的位置. 初始的波包是一高斯波包, 其平均波数和宽度为 $k_0 = 0.5$, $\sigma = 10$, 中心位置 x_0 在编号为 40 的格点上. 时间步长为 1, 演化时间为 170. 动画演示了波包向势垒行进, 在势垒上发生透射和反射, 最后分为透射波和反射波两部分向不同的方向运动. 图 12.7 给出了这个过程中的几个画面, 程序如下:

```
x=1:220; v(x)=0; v(115:120)=0.10;                          %势垒函数，负值代表势阱
k0=0.5; d=10; x0=40;                                %高斯波包的参数：平均动量，宽度和中心
bobao(:,1)=(exp(-k0*i*x).*exp(-(x-x0).^2*log10(2)./d^2))';          %初始波包
xiexian=diag(1+2*i+i*v)+diag(-i*ones(219,1),1)...
        +diag(-i*ones(                                      %对角矩阵
for t=1:170
    bobao(:,t+1)=xiexian\bobao(:,t);                          %左除法解方程
    plot(x,abs(bobao(:,t)).^2/norm(bobao(:,t)).^2,x,v,'linewidth',4);
                                                       画归一化后的几率波
    axis([0 230  -0.1  0.1]), pause(0.01)
end
```

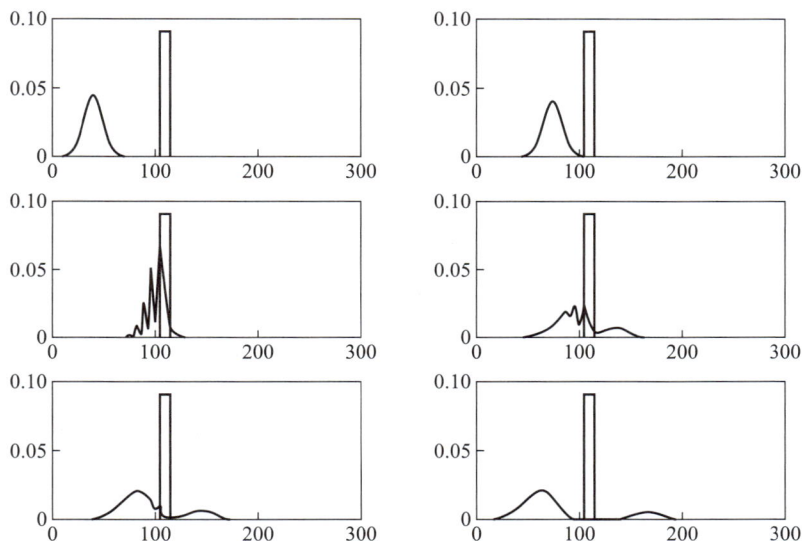

图 12.7 高斯波包贯穿势垒的过程

如果将程序中势垒的数值加上负号, 则代表势阱的作用, 可以看到不同的透射波与反射波. 另外改变势垒的高度与宽度, 在合适的数值下可以演示全反射与全透射的量子隧穿效应.

12.1.6　二维热传导问题——膜的导热

二维的热传导方程为

$$u_t = a^2(u_{xx} + u_{yy})$$

用指令 del2 计算拉普拉斯算符的值, 同时将时间导数用差分公式表示, 方程可以写成

$$u(x, t + \Delta t) \approx u(x, t) + \frac{\Delta t}{(\Delta x)^2} a^2 * 4 * \text{del2}(u, \Delta x)$$

足标形式为

$$u_{i,j+1} = u_{i,j} + \frac{\Delta t}{(\Delta x)^2} a^2 * 4 * \text{del2}(u, \Delta x)$$

假定在矩形区域 $-2 \leqslant x, y \leqslant 2$ 上求解二维热传导问题, 边界温度为 0, 初始温度为

$$u = \exp[-20 * (x^2 + y^2)]$$

膜的导热

```
h=0.05; x=-2:h:2; y=x; dt=0.2; a=0.002;          %参数符合稳定条件
[X,Y]=meshgrid(x,y);                              %初始条件
u=exp(-20*(X.^2+Y.^2));
u(1,:)=0; u(81,:)=0; u(:,1)=0; u(:,81)=0;
for j=1:100                                       %求解及作图
du=a^2*dt*4*del2(u,h)/h^2;
u(2:80,2:80)=u(2:80,2:80)+du(2:80,2:80);
surf(X,Y,u)
axis([-2 2 -2 2 0 1]), pause(0.1)
end
```

12.1.7　三维热传导问题——立方体的导热

三维的热传导方程为

$$u_t = a^2(u_{xx} + u_{yy} + u_{zz})$$

注意三维 del2 与二维的系数不同, 方程可以写成

$$u(x, t + \Delta t) \approx u(x, t) + \frac{\Delta t}{(\Delta x)^2} a^2 * 6 * \text{del2}(u, \Delta x)$$

足标形式为

$$u_{i,j+1} = u_{i,j} + \frac{\Delta t}{(\Delta x)^2} a^2 * 6 * \text{del2}(u, \Delta x)$$

假定是在长方体区域 $-2 \leqslant x, y, z \leqslant 2$ 上求解三维热传导问题, 边界温度为 0, 初始温度为

$$u = \exp[-20 * (x^2 + y^2 + z^2)]$$

立方体传热

实际程序如下:

```
h=0.05; x=-1:0.05:1; y=x; z=x; dt=0.01; a=0.01;          %参数
[X,Y,Z]=meshgrid(x,y,z);                                  %初始条件
u=exp(-40*(X.^2+Y.^2+Z.^2));
u(1,:,:)=0; u(41,:,:)=0; u(:,1,:)=0;
u(:,41,:)=0; u(:,:,1)=0; u(:,:,41)=0;
slice(u,19,[ ],17)
axis([0 41 0 41 0 41]); view(-44,48), pause(0.2)
for j=1:100                                               %求解及作图
    du=a^2*dt*6*del2(u,h)/h^2;
    u(2:40,2:40,2:40)=u(2:40,2:40,2:40)+du(2:40,2:40,2:40);
    slice(u,19,[ ],17)
    axis([0 41 0 41 0 41]); view(-44,48), drawnow,
end
```

§12.2 波动方程的差分解法

假定初速为零, 初位移为

$$u(x,0) = \begin{cases} -x & (0 \leqslant x \leqslant 3/5) \\ -1.5 + 1.5x & (3/5 < x \leqslant 1) \end{cases}$$

12.2.1 显式公式

一维波动方程为

$$u_{tt} = a^2 u_{xx}$$

仿照前面的做法, 波动方程的差分形式为

$$\frac{u(x, t + \Delta t) - 2u(x, t) + u(x, t - \Delta t)}{(\Delta t)^2}$$

$$= a^2 \frac{u(x + \Delta x, t) - 2u(x, t) + u(x - \Delta x, t)}{(\Delta x)^2}$$

令 $x = i\Delta x$, $t = j\Delta t$, 用足标表示为

$$\frac{u_{i,j+1} - 2u_{i,j} + u_{i,j-1}}{(\Delta t)^2} = a^2 \frac{u_{i+1,j} - 2u_{i,j} + u_{i-1,j}}{(\Delta x)^2}$$

整理得显式差分公式为

$$u_{i,j+1} = c(u_{i+1,j} + u_{i-1,j}) + 2(1-c)u_{i,j} - u_{i,j-1}$$

图 12.8 波动方程显式差分公式中数据间的关系

其中 $c = a^2 \dfrac{(\Delta t)^2}{(\Delta x)^2}$. 当 $c < 1$ 时, 解是稳定的, 当 $c = 1$ 时, 可得到正确的数值解. 当 $c > 1$ 时, 解是不稳定的. 其截断误差为 $O(\Delta x^2, \Delta t^2)$. 同样, 读者可以自行推导相应的隐式公式, 不过隐式公式使用不太方便.

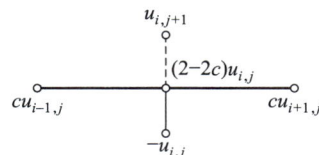

12.2.2 初始条件

显式公式需要两行已知的数据才能求出下一行的数值. 可用图 12.8 表示.

有两种方法利用初始条件来求出两行的数值作为公式计算的启动值.

设 $t = 0$ 时, 对应 $j = 1$, 初始位移 $\phi(x)$ 和初始速度为 $\psi(x)$ 离散化以后得 $\phi_i = \phi(x_i)$ 和 $\psi_i = \psi(x_i)$. 则初始位移表示为

$$u_{i1} = \phi_i$$

- 方法一: 根据速度定义直接求出下一时刻的位移

$$u_{i,2} = u_{i,1} + \psi_i \Delta t = \phi_i + \psi_i \Delta t$$

- 方法二: 先将初速度用中心差分可表示为

$$\frac{\partial u_{i,1}}{\partial t} = \frac{u_{i,2} - u_{i,0}}{2\Delta t} = \psi_i$$

得 $u_{i,0} = u_{i,2} - 2\psi_i \Delta t$, 把它代入显式差分公式的最后一项, 得

$$u_{i,2} = \frac{c}{2}(u_{i+1,1} + u_{i-1,1}) + (1-c)u_{i,1} + \psi_i \Delta t$$

为了减小误差, 取较小的时间步长是明智的.

12.2.3 一维波动问题——弦的振动

考虑两端固定的弦的运动, 方程为

$$u_{tt} = a^2 u_{xx}$$

假定初速为零, 初位移是

$$u(x,0) = \begin{cases} -x & (0 \leqslant x \leqslant 3/5) \\ -1.5 + 1.5x & (3/5 < x \leqslant 1) \end{cases}$$

按照公式编成程序如下, 其中取 $a = 2, 0 \leqslant x \leqslant 1$.

```
a=2; dt=0.005; dx=0.01; c=4*dt^2/dx^2;          %4改20则不稳定
x=0:dx:1;                                        %弦长
u1(1:101)=0; u2(1:101)=0; u3(1:101)=0;           %预设三个矢量
u1(2:60)=-x(2:60); u1(61:101)= -1.5+1.5*x(61:101);   %初始位置
plot(x,u1), axis([0,1,-1,1]); pause(0.1)
u2(2:100)=u1(2:100)+c/2*(u1(3:101)-2*u1(2:100)+u1(1:99));   %初始速度
plot(x,u2); axis([0,1,-1,1]); pause(0.1)
for k=2:300                                      %求解方程
    u3(2:100)=2*u2(2:100)-u1(2:100)+c*(u2(3:101)-2*u2(2:100)+u2(1:99));
    u1=u2; u2=u3;
    plot(x,u3), axis([0,1,-1,1]); pause(0.1)
end
```

程序运行速度太快, 所以加上了暂停语句 pause 才能看清画出的图形. 图 12.9 是用三维图表现这些图形.

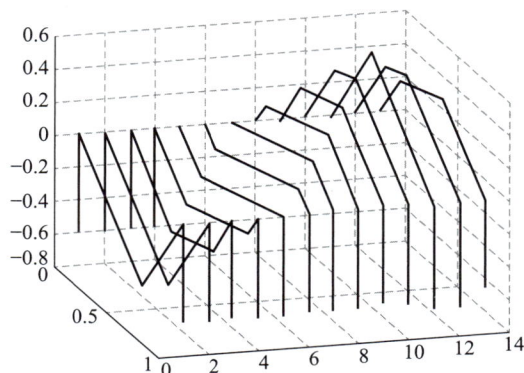

图 12.9　弦振动方程解的图像

程序也可以使用指令 del2, 只要将语句

```
u3(2:100)=2*u2(2:100)-u1(2:100)+c*(u2(3:101)-2*u2(2:100)+u2(1:99));
```

换成

```
du=a^2*dt^2*4*del2(u2,dx);
u3(2:100)=du(2:100)+2*u2(2:100)-u1(2:100);
```

即可.

再讨论一个例子, 也是两端固定的均匀弦的自由振动, 定解问题是

$$\begin{cases} u_{tt} = a^2 u_{xx} \\ u(x=0,t)=0, \qquad u(x=l,t)=0 \\ u(x,t=0)=\varphi(x), \quad u_t(x,t=0)=\psi(x) \end{cases}$$

设初位移为

$$\varphi(x) = \begin{cases} \sin\dfrac{7\pi}{l}x, & \dfrac{3l}{7} \leqslant x \leqslant \dfrac{4l}{7} \\ 0, & \text{其他情况} \end{cases}$$

作数值计算时取 $l=1$, $a=1$, 差分解法所用的程序是:

```
N=4010; dx=0.0024; dt=0.0005; c=dt*dt/dx/dx;                      %参数
x=linspace(0,1,420)'; u(1:420,1)=0;                              %预设矩阵及边界条件
u(181:240,1)=0.05*sin(pi*x(181:240)*7);                         %初始位置
u(2:419,2)=u(2:419,1)+c/2*(u(3:420,1)-2*u(2:419,1)+u(1:418,1)); %初速度
h=plot(x,u(:,1),'linewidth',3);                                 %画图句柄
axis([0,1,-0.05,0.05]);
set(h,'MarkerSize',18)
for k=2:N
    set(h,'XData',x,'YData',u(:,2)); drawnow;
    u(2:419,3)=2*u(2:419,2)-u(2:419,1)+c*(u(3:420,2)...          %显式公式
```

```
           -2*u(2:419,2)+u(1:418,2));
     u(2:419,1)=u(2:419,2);                          %依次轮换
     u(2:419,2)=u(2:419,3);
end
```

图 12.10 是其中的几个动画画面.

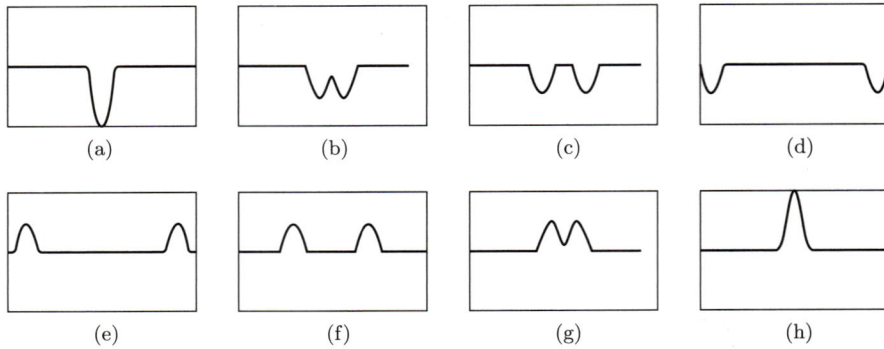

图 12.10　差分方程求得的数值解

下面将差分解法与解析解对比, 它的解析解是

$$u(x,t) = \sum_{n=1}^{\infty} \left(A_n \cos \frac{n\pi at}{l} + B_n \sin \frac{n\pi at}{l} \right) \sin \frac{n\pi x}{l}$$

其中的系数是

$$A_n = \frac{2}{l} \int_l^0 \varphi(\xi) \sin \frac{n\pi\xi}{l} \mathrm{d}\xi$$

$$B_n = \frac{2}{n\pi\alpha} \int_l^0 \psi(\xi) \sin \frac{n\pi\xi}{l} \mathrm{d}\xi$$

将初始条件代入得

$$A_n = \frac{1}{(7-n)\pi} \left[\sin(7-n)\pi \frac{4}{7} - \sin(7-n)\pi \frac{3}{7} \right]$$

$$- \frac{1}{(7+n)\pi} \left[\sin(7+n)\pi \frac{4}{7} - \sin(7+n)\pi \frac{3}{7} \right] \quad (n \neq 7)$$

$$A_7 = \frac{1}{7}$$

$$B_n = 0$$

将系数代入解的表达式中, 级数中的每一项都是一个驻波.

级数解有无穷项, 为了画出级数解的图形, 需要给定 n 值. 程序画出了 $n=50$ 的动画, 取 $n=10$, 则图形会有较大差别, 读者可以自己试验一下. 程序中使用了子程序 wfun.m 来计算级数中不同 k 的求和各项, 然后在主程序 jxj 中将它们加起来, 程序如下:

```
function jxj
N=50; t=0:0.005:2.0;
```

```
ww=wfun(N,0); ymax=max(abs(ww));
h=plot(x,ww,'linewidth',3);
axis([0, 1, -ymax, ymax])
for n=2:length(t)
    ww=wfun(N,t(n));
    plot(x,ww,'linewidth',3);
    axis([0, 1, -ymax, ymax]), pause(0.01)
end


function wtx=wfun(N,t)
a=1; wtx=0; x=0:0.001:1;
for I=1:N
    if I~=7
        wtx=wtx+0.05*( (sin(pi*(7-I)*4/7)-sin(pi*(7-I)*3/7))...
            /(7-I)/pi-(sin(pi*(7+I)*4/7)-sin(pi*...
            (7+I)*3/7))/(7+I)/pi )*cos(I*pi*a*t).*sin(I*pi*x);
    else
        wtx=wtx+0.05/7*cos(I*pi*a*t).*sin(I*pi*x);
    end
end
end
```

其中 N 是级数求和的项数, 图 12.11 是前 50 项时所得的动画图形. 可以看到数值解与解析解的图像 (图 12.10 和图 12.11) 是一致的.

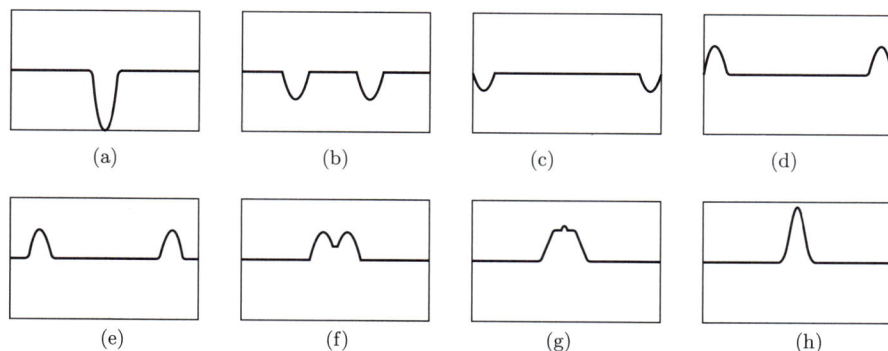

图 12.11 级数解前 50 项的图形

对有限长的弦, 如果在讨论的时间范围内, 边界的影响还没有到达, 则产生的现象与无限长的弦是一样的. 如果熟悉一维弦振动的达朗贝尔公式 (可以参看数学物理方法教材), 很容易将这里结果与公式进行对比. 从解析解的图形还会看到以下几个结论:

(1) 在运动开始时, 初始位移平均分为两半向正、负方向传播, 在到达边界之前, 相当于波在无限长弦上的传播. 这一段时间的运动与达朗贝尔公式描述的现象一致.

(2) 此后, 波形到达边界以后, 发生反射, 产生半波损失.

(3) 从边界反射回来的两个波, 相向运动. 相遇以后, 产生叠加, 然后继续传播.

(4) 级数解要取 50 项以后才能有较高的精度.

(5) 不同频率的驻波叠加成行波.

12.2.4　二维波动问题——薄膜振动

二维波动方程是

$$u_{tt} = a^2(u_{xx} + u_{yy})$$

与前面类似, 使用指令 del2 以后, 假定 x 和 y 方向步长相同, 则用足标表示的方程为

$$u_{i,j+1} = 2u_{i,j} - u_{i,j-1} + a^2 \frac{(\Delta t)^2}{(\Delta x)^2} 4 * \text{del2}(u, \Delta x)$$

假定是在边界固定的矩形区域 $-2 \leqslant x, y \leqslant 2$ 上求解二维波动问题, 初始位置和初始速度分别为

$$u = \exp[-20 * (x^2 + y^2)], \quad v = 0.1 * \sin(x + y)$$

实际程序 accx/ch12/ch12N7.mex 如下, 图形见电子插图:

膜的振动

```
h=0.05; x=-2:h:2; y=x; dt=0.1; a=0.005;        %参数
[X,Y]=meshgrid(x,y);
u1=-0.3*exp(-10*(X.^2+Y.^2));                   %初始条件
u1(1,:)=0; u1(81,:)=0; u1(:,1)=0; u1(:,81)=0;   %边界条件
u2(1:81,1:81)=0; u3(1:81,1:81)=0;               %预设三个矢量
u2=0.1*sin(X+Y)*0.1;                            %初始速度为零
surf(X,Y,u1)
for k=2:250                                      %解方程
   du=a^2*dt^2*4*del2(u2,h)/h^2;
   u3(2:80,2:80)=du(2:80,2:80)+2*u2(2:80,2:80)-u1(2:80,2:80);
   surf(X,Y,u3)
   u1=u2; u2=u3;
   axis([-2 2 -2 2 ), view(-40,12), pause(0.1)
end
```

为了对比, 用指令 pdetool 重解了这个问题, 结果是一致的. 程序见 jccx/ch12/Ch12N8wavetool.m.

12.2.5　三维波动问题——立方体的振动

三维波动方程是

$$u_{tt} = a^2(u_{xx} + u_{yy} + u_{zz})$$

与前面类似, 使用指令 del2 以后, 并假定 x, y, z 方向的步长相同, 则用足标表示的方程为

$$u_{i,j+1} = 2u_{i,j} - u_{i,j-1} + a^2 \frac{(\Delta t)^2}{(\Delta x)^2} 6 * \text{del2}(u, \Delta x)$$

假定是在边界固定的长方体区域 $-2 \leqslant x, y \leqslant 2$ 上求解三维波动问题, 初始位置为

立方体
的振动

$$u = \exp[-20 * (x^2 + y^2 + z^2)]$$

初始速度为 0, 实际程序如下 (图形见电子插图):

```
h=0.05; x=-2:h:2; y=x; z=x; dt=0.1; a=0.005;        %参数
[X,Y,Z]=meshgrid(x,y,z);
u1=exp(-20*(X.^2+Y.^2+Z.^2));                        %初始条件
u(1,:,:)=0; u(81,:,:)=0; u(:,1,:)=0; u(:,81,:)=0;
u(:, :, 1)=0; u(:, :, 81)=0;                         %6个边界条件
u2(1:81,1:81,1:81)=0; u3(1:81,1:81,1:81)=0;          %预设循环用的列阵
u2(2:80,2:80,2:80)=u1(2:80,2:80,2:80);               %初始速度为0
slice(u1,39,[ ],37),
axis([0 81 0 81 0 81]);
for k=2:100                                          %求解方程
    du=a^2*dt^2*6*del2(u2,h)/h^2;
    u3(2:80,2:80,2:80)=du(2:80,2:80,2:80)...
        +2*u2(2:80,2:80,2:80)-u1(2:80,2:80,2:80);
    slice(u1,39, [ ], 37)
    axis([0 81 0 81 0 81]); view(-27,27), drawnow
    u1=u2; u2=u3;
end
```

§12.3 拉普拉斯方程与泊松方程的差分解法

12.3.1 拉普拉斯方程的差分公式

一维的拉普拉斯方程实际上是常微分方程的边值问题, 已经在常微分方程一节中讲过了, 在这里只讲二维与三维问题.

二维拉普拉斯方程 $u_{xx} + u_{yy} = 0$ 的差分形式为

$$\frac{u(x+\Delta x,y) - 2u(x,y) + u(x-\Delta x,y)}{(\Delta x)^2}$$

$$+ \frac{u(x,y+\Delta y) - 2u(x,y) + u(x,y-\Delta y)}{(\Delta y)^2} = 0$$

记 $\Delta x = \Delta y = h$, $x = ih$, $y = jh$ $(i,j = 0,1,2,\cdots,n-1)$, 得显式公式

$$u(i,j) = \frac{1}{4}\left[u(i+1,j) + u(i-1,j) + u(i,j+1) + u(i,j-1)\right]$$

这个公式的数据点之间的关系如图 12.12 所示.

稳定条件是 $\dfrac{(\Delta y)^2}{(\Delta x)^2} \leqslant 1$. 类似地推导得出隐式格式的公式为

$$u(i,j+1) - 2u(i,j) + u(i,j-1)$$

$$= -\frac{(\Delta y)^2}{(\Delta x)^2} \times \left[u(i+1,j+1) - 2u(i,j+1) + u(i-1,j+1)\right]$$

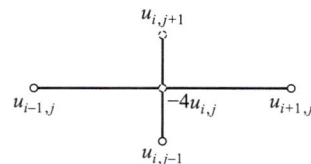

图 12.12 显式公式数据点的关系

它的截断误差是 $O[(\Delta x)^2, (\Delta y)^2]$，该式是恒稳定的.

　　从显式公式看到，每一个点的计算都与周围四个相邻的点有关. 也可以将它看成一个有 4 个边界点一个内点的方程的解. 显然，如果有 2 个内点 6 个边界点，就将产生有 2 个方程的方程组. 所以，显式公式在计算每个内点时都会产生一个代数方程，将边界条件加入进去，最终得到一个求解所有内点值的线性方程组. 例如，考虑一个 5×5 的方形区域如图 12.13 所示，图上的数字是网点的足标.

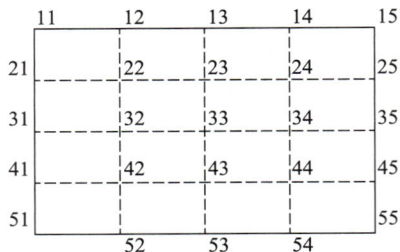

图 12.13　求解区域的网点的足标

　　这个区域有 16 个边界点，边界点的足标都标注在区域外，边界函数都以 ϕ 表示，则各边界点为 $\varphi_{11}, \varphi_{12} \cdots \cdots$ 其余的点是内部点，共有 9 个. 对这 9 个点应用差分公式得到 9 个方程，其中点 u_{33} 不与边界点相邻接，所以方程右边为零. 其余 8 个点均与边界点有不同的邻接方式，将已知的边界值移到方程右边就得到如下方程组：

$$
\begin{pmatrix}
-4 & 1 & 0 & 1 & 0 & 0 & 0 & 0 & 0 \\
1 & -4 & 1 & 0 & 1 & 0 & 0 & 0 & 0 \\
0 & 1 & -4 & 0 & 0 & 1 & 0 & 0 & 0 \\
1 & 0 & 0 & -4 & 1 & 0 & 1 & 0 & 0 \\
0 & 1 & 0 & 1 & -4 & 1 & 0 & 1 & 0 \\
0 & 0 & 1 & 0 & 1 & -4 & 0 & 0 & 1 \\
0 & 0 & 0 & 1 & 0 & 0 & -4 & 1 & 0 \\
0 & 0 & 0 & 0 & 1 & 0 & 1 & -4 & 1 \\
0 & 0 & 0 & 0 & 0 & 1 & 0 & 1 & -4
\end{pmatrix}
\begin{pmatrix}
u_{22} \\ u_{23} \\ u_{24} \\ u_{32} \\ u_{33} \\ u_{34} \\ u_{42} \\ u_{43} \\ u_{44}
\end{pmatrix}
=
\begin{pmatrix}
-\varphi_{12} - \varphi_{21} \\
-\varphi_{13} \\
-\varphi_{14} - \varphi_{25} \\
-\varphi_{31} \\
0 \\
-\varphi_{35} \\
-\varphi_{52} - \varphi_{41} \\
-\varphi_{53} \\
-\varphi_{54} - \varphi_{45}
\end{pmatrix}
$$

　　直接运用 MATLAB 的左除指令就能解这个方程组. 当然，这个方法的实际意义不大，因为计算这样的数目巨大的方程组，需要大量的内存，所以实际上是用其他的方法如迭代法或松弛法进行计算.

　　对于第二类边界条件，边界值没有直接给定，但可以仿照抛物型方程中处理初始速度的方法来求出相应的边界值. 例如，假设边界条件是边界的法向导数为零，区域内共有 $m \times n$ 个点. 对于右边界点上的某个点 u_{in}，如果要应用差分公式，则点 $u_{i,n+1}$ 的值是未知的，因为它在区域之外. 由边界条件知

$$
\frac{u_{i,n+1} - u_{i,n-1}}{2\Delta x} = 0
$$

代入差分公式得

$$
2u_{i,n-1} + u_{i-1,n} + u_{i+1,n} - 4u_{i,n} = 0
$$

这个方程就是计算边界点 $u_{i,n}$ 的公式. 与此类似，由图 11.12 可知对左边界 $u_{i,1}$、上边界 $u_{1,j}$ 和下边界 $u_{m,j}$ 分别有如下公式：

$$
2u_{i,2} + u_{i-1,1} + u_{i+1,1} - 4u_{i,1} = 0
$$

$$
2u_{2,j} + u_{1,j-1} + u_{1,j+1} - 4u_{1,j} = 0
$$

$$2u_{m-1,j} + u_{m,j-1} + u_{m,j+1} - 4u_{m,j} = 0$$

利用上述公式同样也可以用第二类边界条件对椭圆型方程建立线性方程组.

12.3.2 高斯–塞德尔迭代法与松弛法

求解椭圆型方程的问题可以转化为求解线性方程组的问题, 为此先介绍求解线性方程组的高斯–塞德尔迭代法和松弛法.

1. 雅可比迭代法和高斯–塞德尔迭代法

先看一个简单的例子, 解方程组

$$\begin{cases} 10x_1 - x_2 - 2x_3 = 7.2 \\ -x_1 + 10x_2 - 2x_3 = 8.3 \\ -x_1 - x_2 + 5x_3 = 4.2 \end{cases}$$

用矩阵左除法求解, 程序如下:

```
>> A=[10 -1 -2; -1 10 -2; -1 -1 5];
>> b=[7.2; 8.3; 4.2];
>> x=a\b
ans = 1.1000
      1.2000
      1.3000
```

将方程组改写为迭代形式

$$\begin{cases} x_1 = 0.1x_2 + 0.2x_3 + 0.72 \\ x_2 = 0.1x_1 + 0.2x_3 + 0.83 \\ x_3 = 0.2x_1 + 0.2x_2 + 0.84 \end{cases}$$

即取全部变量初值为零进行迭代, 6 次迭代以后得到相同结果, 可见迭代法求解方程组是有效的, 运行下列程序:

```
x1=0; x2=0; x3=0;
for k=1:6
    x1=0.1*x2+0.2*x3+0.72,
    x2=0.1*x1+0.2*x3+0.83,
    x3=0.2*x1+0.2*x2+0.84
end
```

一般而言, 对于方程组

$$\begin{cases} a_{11}x_1 + a_{12}x_2 + a_{13}x_3 + \cdots + a_{1n}x_n = b_1 \\ a_{21}x_1 + a_{22}x_2 + a_{23}x_3 + \cdots + a_{2n}x_n = b_2 \\ \cdots\cdots\cdots\cdots \\ a_{n1}x_1 + a_{n2}x_2 + a_{n3}x_3 + \cdots + a_{nn}x_n = b_n \end{cases}$$

若 $a_{ii} \neq 0, i = 1, 2, \cdots, n$, 可将它改写为下面迭代的形式, 其中 $k = 0, 1, 2, \cdots$, 即

$$
\begin{cases}
x_1^{(k+1)} = \dfrac{1}{a_{11}} \left(0 \quad\quad -a_{12}x_2^{(k)} \quad -a_{13}x_3^{(k)} \quad \cdots \quad\quad -a_{1n}x_n^{(k)} \quad +b_1 \right) \\
x_2^{(k+1)} = \dfrac{1}{a_{22}} \left(-a_{21}x_1^{(k)} \quad 0 \quad\quad -a_{23}x_3^{(k)} \quad \cdots \quad\quad -a_{2n}x_n^{(k)} \quad +b_2 \right) \\
\cdots\cdots\cdots\cdots \\
x_n^{(k+1)} = \dfrac{1}{a_{nn}} \left(-a_{n1}x_1^{(k)} \quad -a_{n2}x_2^{(k)} \quad \cdots \quad -a_{n,n-1}x_{n-1}^{(k)} \quad 0 \quad\quad +b_n \right)
\end{cases}
$$

若迭代序列收敛, 即

$$
\lim_{k \to \infty} x^{(k)} = x^*
$$

则 x^* 为方程组的解. 这种方法叫做雅可比迭代法.

观察上式发现, 在计算 x_i^{k+1} 时, 新分量 $x_1^{(k+1)}, x_2^{(k+1)}, \cdots, x_{i-1}^{(k+1)}$ 已经计算出来了, 如果利用它来代替旧分量进行计算, 效果应该更好. 这种迭代法就叫做高斯–塞德尔迭代法, 其形式为

$$
\begin{cases}
x_1^{(k+1)} = \dfrac{1}{a_{11}} \left(0 \quad\quad -a_{12}x_2^{(k)} \quad -a_{13}x_3^{(k)} \quad \cdots \quad\quad -a_{1n}x_n^{(k)} \quad +b_1 \right) \\
x_2^{(k+1)} = \dfrac{1}{a_{22}} \left(-a_{21}x_1^{(k+1)} \quad 0 \quad\quad -a_{23}x_3^{(k)} \quad \cdots \quad\quad -a_{2n}x_n^{(k)} \quad +b_2 \right) \\
\cdots\cdots\cdots\cdots \\
x_n^{(k+1)} = \dfrac{1}{a_{nn}} \left(-a_{n1}x_1^{(k+1)} \quad -a_{n2}x_2^{(k+1)} \quad \cdots \quad -a_{n,n-1}x_{n-1}^{(k+1)} \quad 0 \quad\quad +b_n \right)
\end{cases}
$$

2. 松弛法

将矩阵的上三角与下三角分开, 就可以将它写成两项之和的形式:

$$
\begin{aligned}
x_i^{(k+1)} &= \frac{1}{a_{ii}} \left(-\sum_{j=1}^{i-1} a_{ij}x_i^{(k+1)} - \sum_{j=i+1}^{n} a_{ij}x_j^{(k)} + b_i \right) \\
&= x_i^{(k)} + \frac{1}{a_{ii}} \left(-\sum_{j=1}^{i-1} a_{ij}x_i^{(k+1)} - \sum_{j=i}^{n} a_{ij}x_j^{(k)} + b_i \right)
\end{aligned}
$$

令

$$
\Delta x = \frac{1}{a_{ii}} \left(-\sum_{j=1}^{i-1} a_{ij}x_i^{(k+1)} - \sum_{j=i}^{n} a_{ij}x_j^{(k)} + b_i \right)
$$

则有

$$
x_i^{(k+1)} = x_i^{(k)} + \Delta x
$$

它表示新的分量等于旧分量加一个余量, 为了提高迭代效率, 将余量乘以松弛因子 ω 后再相加, 得到

$$
x_i^{(k+1)} = x_i^{(k)} + \omega \Delta x
$$

再将 Δx 的定义代入, 并利用高斯–塞德尔迭代公式加以整理得

$$
\begin{aligned}
x_i^{(k+1)} &= x_i^{(k)} + \frac{\omega}{a_{ii}} \left(-\sum_{j=1}^{i-1} a_{ij}x_i^{(k+1)} - \sum_{j=i}^{n} a_{ij}x_j^{(k)} + b_i \right) \\
&= (1-\omega)x_i^{(k)} + \frac{\omega}{a_{ii}} \left(-\sum_{j=1}^{i-1} a_{ij}x_i^{(k+1)} - \sum_{j=i+1}^{n} a_{ij}x_j^{(k)} + b_i \right)
\end{aligned}
$$

这种迭代方法叫松弛法, 当 $\omega < 1$ 时, 称为"低松弛", 当 $\omega > 1$ 时, 称为"超松弛".

3. 松弛法解椭圆型方程

在求解椭圆型方程时, 如果直接用显式差分公式进行计算, 就是使用雅可比迭代法. 如果在差分公式中, 随时将上一步算得的各点的新值替代旧值, 并且每次计算新值也替换成新值与旧值的"组合", 则得到下列松弛法的计算公式, 其中 $0 < \omega < 2$.

$$u(i,j) = (1-\omega)u(i,j)$$
$$+\frac{\omega}{4}\left[u(i+1,j) + u(i-1,j) + u(i,j+1) + u(i,j-1)\right]$$

对于泊松方程, 有

$$u_{xx} + u_{yy} = S(x,y)$$

相应的松弛法公式为

$$u(i,j) = (1-\omega)u(i,j) + \frac{\omega}{4}[u(i+1,j) + u(i-1,j)$$
$$+u(i,j+1) + u(i,j-1) - h^2 S_{i,j}]$$

这里 $S_{i,j} = S(ih, jh)$.

使用这两个公式都要先知道所有节点的值才能启动计算, 而实际知道的只是边界条件即边界各点的值, 内部各点的值并不知道. 为此对所有边界点的函数值取平均, 以它作为所有内部节点计算的启动值. 因为数学上可以证明, 区域的最大值与最小值一定在边界上. 这一点从物理上很容易理解, 假定研究的是一个温度场, 因为内部没有热源 (有源就是泊松方程), 在平衡时, 热量必然要从边界流入, 也要从边界流出, 那么温度最高与最低的点一定在边界上. 所以取边界的平均值启动计算是合理的.

12.3.3 二维无源平面温度场——拉普拉斯方程

下面用显式差分公式解内部无源的平面温度场, 即解拉普拉斯方程.

例 12.1: 设正方形的一边温度为 $10\,°C$, 其余各边的温度为 $0\,°C$, 求稳定的温度场. 定解问题是

$$\begin{cases} u_{xx} + u_{yy} = 0 \\ u(0,y) = 0, \quad u(100,y) = 10 \\ u(x,0) = 0, \quad u(x,100) = 0 \end{cases}$$

按照上面的差分公式, 任意设定内部各点的温度为零, 并假定当两次迭代计算的值误差小于 0.01 时, 就停止计算. 另外三条边界值为零, 一条为 10, 所以平均值粗略地取 $10/4 = 2.5$ 作为计算的启动值. 最后编出如下程序:

```
u=zeros(100,100); u(100,:)=10;
uold=u+2.5; unew=u;
for k=1:100
    if max(max(abs(u-uold)))>=0.01
        unew(2:99,2:99)=0.25*(u(3:100,2:99)+u(1:98,2:99)...
                        +u(2:99,3:100)+u(2:99,1:98));
        uold=u; u=unew;
    end
end
surf(u)
```

计算结果得到的图形为图 12.14.

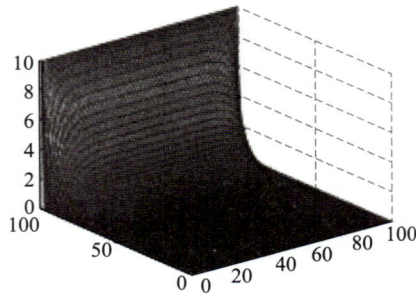

图 12.14　平面温度场的解的图形

例 12.2：用松弛法解如下定解问题:

$$
\begin{cases}
u_{xx} + u_{yy} = 0 \\
u(0,y) = 0, \ u(a,y) = \mu \sin \dfrac{3\pi y}{b} \\
u(x,0) = 0, \ u(x,b) = \mu \sin \dfrac{3\pi x}{a} \cos \dfrac{\pi x}{a}
\end{cases}
$$

为了进行数值计算, 取 $\mu = 1,\, a = 3,\, b = 2$.

编出的程序如下, 所得图形为图 12.15.

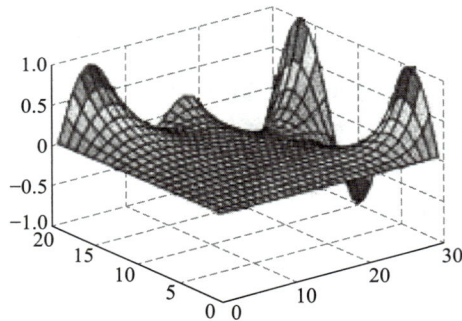

图 12.15　另一种平面温度场的解的图形

```
omega=1.5; x=linspace(0,3,30); y=linspace(0,2,20);
phi(:,30)=sin(3*pi/2*y)'; phi(20,:)=(sin(pi*x).*cos(pi/3*x));     %边界
for N=1:100
    for i=2:19
        for j=2:29
            ph=(phi(i+1,j)+phi(i-1,j)+phi(i,j+1)+phi(i,j-1));
            phi(i,j)=(1-omega)*phi(i,j)+0.25*omega*(ph);         %松弛法公式
        end
    end
end
surfc(phi), colormap([0.5,0.5,0.5]);
```

例 12.2 的方法容易推广到三维情形, 设正方体的一面温度为 10 度, 其余各面为零度, 求稳定的温度场。读者可自行写出定解方程, 求解方程的程序如下, 所得图形为图 12.16.

```
u=zeros(30,30,30); u(1,:,:)=15; uold=u+0.25; unew=u;
for k=1:100
    if max(abs(u(:)-uold(:)))>=0.01
    unew(2:29,2:29,2:29)= 1/6*(u(3:30,2:29,2:29)+u(1:28,2:29,2:29)...
                    +u(2:29,3:30,2:29)+u(2:29,1:28,2:29)...
                    +u(2:29,2:29,3:30)+u(2:29,2:29,1:28));
    uold=u; u=unew;
    end
end
figure, slice(u, 15, [], 15), axis([0 30 0 30 0 30]);
xlabel('x'), ylabel('y'), zlabel('z'),
view(-43,47), colorbar('vert')
```

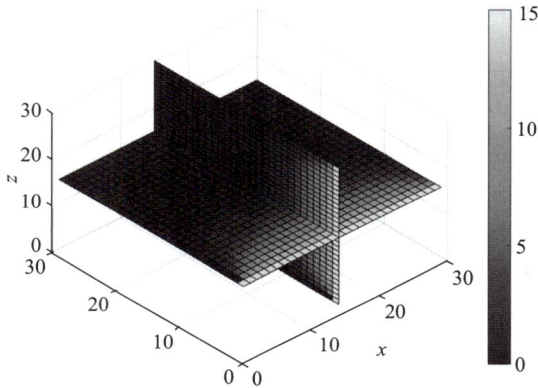

图 12.16　三维拉普拉斯方程的解

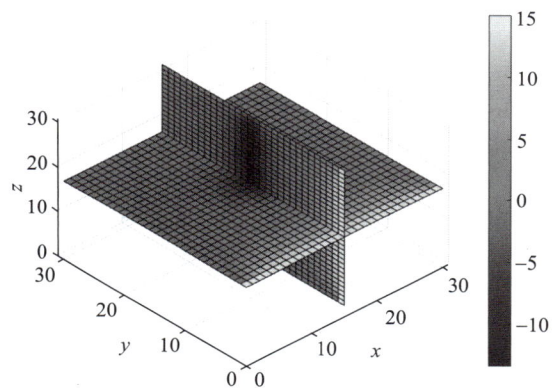

图 12.17　三维的泊松方程的解

12.3.4　三维有热源的温度场——泊松方程

现在考虑内部有热源的温度场.

例 12.3: 正方体边长为 30, 有一个面的温度为 15 ℃, 其余各面的温度为 0 ℃, 体内有热源 $s = 2\exp\{-[(x-15)^2+(y-15)^2]\}$ 求稳定的温度场. 方程是

$$u_{xx} + u_{yy} + u_{zz} = s$$

图形为图 12.17, 以动画演示, 程序如下:

```
[X,Y,Z]=ndgrid(0:30);
s=2*exp(-((X-15).^2+(Y-15).^2));          %非齐次项
u=zeros(31,31,31); u(1,:,:)=15;
uold=u+0.25; unew=u;
for k=1:100
    if max(abs(u(:)-uold(:)))>=0.01
    unew(2:30,2:30,2:30)= 1/6*(u(3:31,2:30,2:30)+u(1:29,2:30,2:30)...
                    +u(2:30,3:31,2:30)+u(2:30,1:29,2:30)...
```

```
        +u(2:30,2:30,3:31)+u(2:30,2:30,1:29)) -s(2:30,2:30,2:30);
    uold=u; u=unew;
    end
end
slice(u, 16, [], 16)
axis([0 31 0 31 0 31]); xlabel('x'), ylabel('y'), zlabel('z'),
colorbar('vert'), view(-43,47)
```

§12.4 方程组的差分解法——浅水波方程

浅水波方程是一个流体力学的问题, 它建立了水或其他不可压缩流体受扰动时传播的模型. 模型假设水的深度 (或者叫水的表面高度变化的范围) 与水波波长、扰动的范围相比是很小的. 此时水的表面高度变化与水波的传播速度的关系可由下列方程组描述. 方程组是由能量守恒定律和动量守恒定律导出的. 对于二维浅水波方程, 其形式为

$$
\begin{cases}
\dfrac{\partial h}{\partial t} + \dfrac{\partial hu}{\partial x} + \dfrac{\partial hv}{\partial y} = 0 \\[2mm]
\dfrac{\partial hu}{\partial t} + \dfrac{\partial (hu^2 + p)}{\partial x} + \dfrac{\partial huv}{\partial y} = 0 \\[2mm]
\dfrac{\partial hv}{\partial t} + \dfrac{\partial huv}{\partial x} + \dfrac{\partial (hv^2 + p)}{\partial y} = 0
\end{cases}
$$

这个方程表明, 压力 p 影响了水在 x、y 水平方向的速度 u、v, 而水平流速又影响了水面的高度 h, 水表面高度的变化就是浅水波的形状.

12.4.1 差分解法

差分法解方程是我们熟悉的, 现在用它来解方程组.

令 $x = i\Delta x$, $y = j\Delta y$, $t = n\Delta t$, 将方程组离散化, 将其三式表示为上下标的差分形式:

$$
h_{i,j}^{n+1} = h_{i,j}^n - \frac{\Delta t}{\Delta x}\left(h_{i+1,j}^n u_{i+1,j}^n - h_{i,j}^n u_{i,j}^n\right) - \frac{\Delta t}{\Delta y}\left(h_{i,j+1}^n v_{i,j+1}^n - h_{i,j}^n v_{i,j}^n\right)
$$

$$
u_{i,j}^{n+1} = u_{i,j}^n - \frac{\Delta t}{\Delta x}u_{i,j}^n\left(u_{i,j}^n - u_{i,j}^n\right) - \frac{g\Delta t}{\Delta x}\left(h_{i+1,j}^n - h_{i,j}^n\right) - \frac{\Delta t}{\Delta y}v_{i,j}^n\left(u_{i,j+1}^n - u_{i,j}^n\right)
$$

$$
v_{i,j}^{n+1} = v_{i,j}^n - \frac{\Delta t}{\Delta y}u_{i,j}^n\left(v_{i,j+1}^n - v_{i,j}^n\right) - \frac{g\Delta t}{\Delta y}\left(h_{i+1,j}^n - h_{i,j}^n\right) - \frac{\Delta t}{\Delta y}v_{i,j}^n\left(v_{i,j+1}^n - v_{i,j}^n\right)
$$

用以上公式编出程序如下, 画出动画中的几幅图形如图 12.18 所示.

```
n=150; g=9.8;                              %网格数目及重力加速度
dt=0.01; dx=1.0; dy=1.0;                   %设参数
H=ones(n+2); U=zeros(n+2); V=U;            %初始化矩阵
[x,y]=meshgrid(-1:0.1:1);
D=0.5*exp(-5*(x.^2+y.^2)); %液滴
w=size(D,1); i=20+(1:w); j=30+(1:w);
H(i,j)=H(i,j)+D;                           %在i,j点模拟液滴掉落
```

```
x=(0:n-1)/(n-1);                                              %归一化
surfplot=surf(x,x,ones(n));                                   %初始液面
shading flat, grid off
axis([0 1 0 1 0 1.2])
for t=1:10000
    H(:,1)=H(:,2); U(:,1)=U(:,2); V(:,1)=-V(:,2);
    H(:,n+2)=H(:,n+1); U(:,n+2)=U(:,n+1); V(:,n+2)=-V(:,n+1);
    H(1,:)=H(2,:); U(1,:)=-U(2,:); V(1,:)=V(2,:);
    H(n+2,:)=H(n+1,:); U(n+2,:)=-U(n+1,:); V(n+2,:)=V(n+1,:);
                                                    %以上是反射边界条件
    i=2:n+1; j=2:n+1;
    U(i,j)=U(i,j)-(dt/dx)*g*(H(i+1,j)-H(i,j))-(dt/dx)*U(i,j)...
        .*(U(i+1,j)-U(i,j))-(dt/dy)*V(i,j).*(U(i,j+1)-U(i,j));
    V(i,j)=V(i,j)-(dt/dy)*g*(H(i,j+1)-H(i,j))-(dt/dx)*U(i,j)...
        .*(V(i+1,j)-V(i,j))-(dt/dy)*V(i,j).*(V(i,j+1)-V(i,j));
    H(i,j)=H(i,j)-(dt/dx)*(H(i,j).*U(i,j)-U(i-1,j).*H(i-1,j))...
        -(dt/dy)*(V(i,j).*H(i,j)-H(i,j-1).*V(i,j-1));
    if mod(t,50)==0
        set(surfplot,'zdata',H(i,j)); drawnow       %每50次迭代画一次图
    end
end
```

12.4.2 半步差分法 (Lax-Wendroff 法)

在差分解法中, 如果想提高精度, 就要缩小空间与时间的步长, 比如将时间与二维空间的步长都缩小一半, 则计算量可能增加 8 倍. 而下面介绍的半步法在基本达到相同的精度要求时, 计算量大约增加了 2 倍.

首先将原方程组改写为更加紧凑的形式:

$$\frac{\partial \boldsymbol{W}}{\partial t} + \frac{\partial F(\boldsymbol{W})}{\partial x} + \frac{\partial \boldsymbol{G}(\boldsymbol{W})}{\partial y} = 0$$

其中

$$\boldsymbol{W} = \begin{pmatrix} h \\ uh \\ vh \end{pmatrix}; \quad \boldsymbol{F}(\boldsymbol{W}) = \begin{pmatrix} uh \\ u^2h + \frac{1}{2}gh^2 \\ uvh \end{pmatrix}; \quad \boldsymbol{G}(\boldsymbol{W}) = \begin{pmatrix} vh \\ uvh \\ v^2h + \frac{1}{2}gh^2 \end{pmatrix}$$

这是一个守恒的双曲型偏微分方程. 下面采用半步差分格式, 将每个时间步分成两个半时间步来求解.

初始时刻, 各个解的分量位于网格的中心, 如图 12.19 所示.

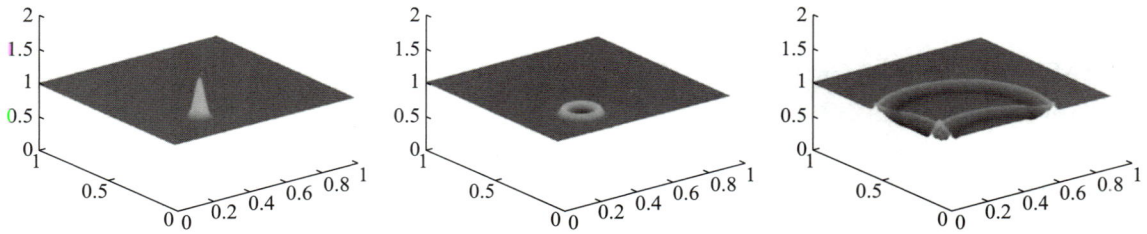

图 12.18　　浅水波的演变图形

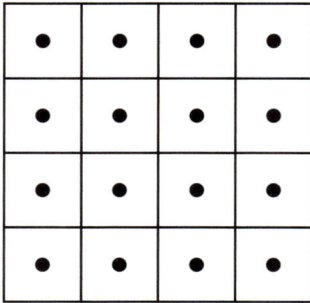

图 12.19　初始时解在网格的中心

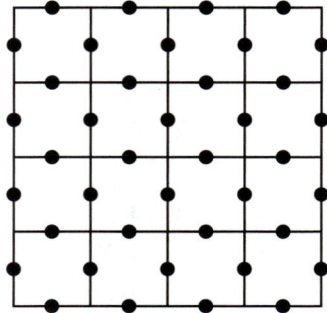

图 12.20　第一步计算解在网格边上中点的值

第一个半时间步计算解的各个分量在网格边上中点的值 (图 12.20):

$$W_{i+\frac{1}{2},j}^{n+\frac{1}{2}} = \frac{1}{2}(W_{i+1,j}^n + W_{i,j}^n) - \frac{\Delta t}{2\Delta x}(F_{i+1,j}^n - F_{i,j}^n)$$

$$W_{i,j+\frac{1}{2}}^{n+\frac{1}{2}} = \frac{1}{2}(W_{i,j+1}^n W_{i,j}^n) - \frac{\Delta t}{2\Delta y}(G_{i,j+1}^n - G_{i,j}^n)$$

上式表示, 网格边上中点的值等于相邻两格点的平均值加上方程产生的变化值.

第二个半时间步:

$$W_{i,j}^{n+1} = W_{i,j}^n - \frac{\Delta t}{\Delta x}\left(F_{i+\frac{1}{2},j}^{n+\frac{1}{2}} - F_{i-\frac{1}{2},j}^{n+\frac{1}{2}}\right) - \frac{\Delta t}{\Delta y}\left(G_{i,j+\frac{1}{2}}^{n+\frac{1}{2}} - G_{i,j-\frac{1}{2}}^{n+\frac{1}{2}}\right)$$

这一步的计算完全是解从网格边上中点到网格中心时由方程所产生的增加值.

下面再将这些矢量公式写成编程所用的分量形式, 写的时候注意两点:

- 足标不能用分数, 所以程序中的两步等于这里公式中的一步. 这样, 半步就可以使足标增加 1.
- 足标的范围由编程设定, 而各分量足标间的关系也与此有关.

一共有 9 个分量, 为了计算方便, 稍作变换, 令 $H = h, U = hu, V = hv$, 它们对应整数步长, $H_x, U_x, V_x, H_y, U_y, V_y$ 分别对应在 x、y 方向的半步长, 则分量公式的形式如下所述, 第一半时间步 (相当于时间变量 t 取 $n+1/2$), 在 x 方向要计算的是 H_x, U_x, V_x, 即

$$H_x = H_{i,j}^{n+\frac{1}{2}} = \frac{1}{2}(H_{i+1,j} + H_{i,j}) - \frac{\Delta t}{2\Delta x}(U_{i+1,j} - U_{i,j})$$

$$U_x = U_{i,j}^{n+\frac{1}{2}} = \frac{1}{2}(U_{i+1,j} + U_{i,j}) - \frac{\Delta t}{2\Delta x}\left(\frac{U^2_{i+1,j}}{H_{i+1,j}} + \frac{gH^2_{i+1,j}}{2} - \frac{U^2_{i,j}}{H_{i,j}} + \frac{gH^2_{i,j}}{2}\right)$$

$$V_x = V_{i,j}^{n+\frac{1}{2}} = \frac{1}{2}(V_{i+1,j} + V_{i,j}) - \frac{\Delta t}{2\Delta x}\left(\frac{U_{i+1,j}V_{i+1,j}}{H_{i+1,j}} - \frac{U_{i,j}V_{i,j}}{H_{i,j}}\right)$$

在 y 方向要计算的是 H_y, U_y, V_y, 即

$$H_y = H_{i,j}^{n+\frac{1}{2}} = \frac{1}{2}(H_{i,j+1} + H_{i,j}) - \frac{\Delta t}{2\Delta y}(U_{i,j+1} - U_{i,j})$$

$$U_y = U_{i,j}^{n+\frac{1}{2}} = \frac{1}{2}(U_{i+1,j} + U_{i,j}) - \frac{\Delta t}{2\Delta y}\left(\frac{U_{i+1,j}V_{i+1,j}}{H_{i+1,j}} - \frac{U_{i,j}V_{i,j}}{H_{i,j}}\right)$$

$$V_y = V_{i,j}^{n+\frac{1}{2}} = \frac{1}{2}(V_{i+1,j} + V_{i,j}) - \frac{\Delta t}{2\Delta y}\left(\frac{V^2_{i+1,j}}{H_{i+1,j}} + \frac{gH^2_{i+1,j}}{2} - \frac{V^2_{i,j}}{H_{i,j}} + \frac{gH^2_{i,j}}{2}\right)$$

第二半时间步 (t 取 $n+1$) 将计算 H, U, V 的值, 即

$$H^{n+1}_{i,j} = H_{i,j} - \frac{\Delta t}{\Delta x}\left[(U_x)_{i,j} - (U_x)_{i-1,j}\right] - \frac{\Delta t}{\Delta y}\left[(V_y)_{i,j} - (V_y)_{i,j-1}\right]$$

$$U_{i,j}^{n+1} = U_{i,j} + \frac{\Delta t}{\Delta x}\left[\frac{(U_x)^2_{i,j}}{(H_x)_{i,j}} + \frac{g(H_x)^2_{i,j}}{2} - \frac{(U_x)^2_{i-1,j}}{(H_x)_{i-1,j}} + \frac{g(H_x)^2_{i-1,j}}{2}\right]$$

$$+ \frac{\Delta t}{\Delta y}\left[\frac{(U_y)_{i,j}(V_y)_{i,j}}{(H_y)_{i,j}} - \frac{(U_y)_{i-1,j}(V_y)_{i-1,j}}{(H_y)_{i-1,j}}\right]$$

$$V_{i,j}^{n+1} = V_{i,j} + \frac{\Delta t}{\Delta x}\left[\frac{(U_x)_{i,j}(V_x)_{i,j}}{(H_x)_{i,j}} - \frac{(U_x)_{i-1,j}(V_x)_{i-1,j}}{(H_x)_{i-1,j}}\right]$$

$$+ \frac{\Delta t}{\Delta y}\left[\frac{(V_y)^2_{i,j}}{(H_y)_{i,j}} + \frac{gH^2_{i,j}}{2} - \frac{(V_y)^2_{i-1,j}}{(H_y)_{i-1,j}} - \frac{g(H_y)^2_{i-1,j}}{2}\right]$$

实际程序如下, 所画的图形与差分法画的图形图 12.18 一致, 读者可自行验证.

```
n=150; g=9.8;                                           %网格数目及重力加速度
dt=0.01; dx=1.0; dy=1.0;
H=ones(n+2); U=zeros(n+2); V=U;
Hx=zeros(n+1); Hy=Hx; Ux=Hx; Uy=Hx; Vx=Hx; Vy=Hx;      %初始化矩阵
[x,y]=meshgrid(-1:0.1:1);
D=0.5*exp(-5*(x.^2+y.^2));                              %液滴
w=size(D,1); i=20+(1:w); j=30+(1:w);
H(i,j)=H(i,j)+D;                                        %在i,j点模拟液滴掉落
x=(0:n-1)/(n-1);                                        %归一化
surfplot=surf(x,x,zeros(n));                            %初始液面
shading flat
grid off
axis([0 1 0 1 0 1.2])
for t=1:10000
    H(:,1)=H(:,2); U(:,1)=U(:,2); V(:,1)=-V(:,2);
    H(:,n+2)=H(:,n+1); U(:,n+2)=U(:,n+1); V(:,n+2)=-V(:,n+1);
    H(1,:)=H(2,:); U(1,:)=-U(2,:); V(1,:)=V(2,:);
    H(n+2,:)=H(n+1,:); U(n+2,:)=-U(n+1,:);V(n+2,:)=V(n+1,:);
```

```matlab
                                                  %以上是反射边界条件
i=1:n+1;  j=2:n+1;
Hx(i,j)=(H(i+1,j)+H(i,j))/2-dt/(2*dx)*(U(i+1,j)-U(i,j));
Ux(i,j)=(U(i+1,j)+U(i,j))/2-dt/(2*dx)*((U(i+1,j).^2./H(i+1,j)...
        +g/2*H(i+1,j).^2)-(U(i,j).^2./H(i,j)+g/2*H(i,j).^2));
Vx(i,j)=(V(i+1,j)+V(i,j))/2...
        -dt/(2*dx)*((U(i+1,j).*V(i+1,j)./H(i+1,j))...
        -(U(i,j).*V(i,j)./H(i,j)));

i=2:n+1;  j=1:n+1;
Hy(i,j)=(H(i,j+1)+H(i,j))/2-dt/(2*dy)*(V(i,j+1)-V(i,j));
Uy(i,j)=(U(i,j+1)+U(i,j))/2...
        -dt/(2*dy)*((V(i,j+1).*U(i,j+1)./H(i,j+1))...
        -(V(i,j).*U(i,j)./H(i,j)));
Vy(i,j)=(V(i,j+1)+V(i,j))/2...
        -dt/(2*dy)*((V(i,j+1).^2./H(i,j+1)+g/2*H(i,j+1).^2)...
        -(V(i,j).^2./H(i,j)+g/2*H(i,j).^2));

i=2:n+1;  j=2:n+1;                                 %以下半时间步差分法
H(i,j)=H(i,j)-(dt/dx)*(Ux(i,j)-Ux(i-1,j))...
        -(dt/dy)*(Vy(i,j)-Vy(i,j-1));
U(i,j)=U(i,j)-(dt/dx)*((Ux(i,j).^2./Hx(i,j)+g/2*Hx(i,j).^2...
        -(Ux(i-1,j).^2./Hx(i-1,j)+g/2*Hx(i-1,j).^2))...
        -(dt/dy)*((Vy(i,j).*Uy(i,j)./Hy(i,j))...
        -(Vy(i,j-1).*Uy(i,j-1)./Hy(i,j-1)));
V(i,j)=V(i,j)-(dt/dx)*((Ux(i,j).*Vx(i,j)./Hx(i,j))...
        -(Ux(i-1,j).*Vx(i-1,j)./Hx(i-1,j)))...
        -(dt/dy)*((Vy(i,j).^2./Hy(i,j)+g/2*Hy(i,j).^2...
        -(Vy(i,j-1).^2./Hy(i,j-1)+g/2*Hy(i,j-1).^2));
if mod(t,50)==0
    set(surfplot,'zdata',H(i,j)); drawnow          %每50次迭代画一次图
end
end
```

第十二章
程序包

第十三章　有限元法——PDE解法二

MATLAB 用有限元法编写了偏微分方程的工具箱 (PDETOOL), 有两种方法使用这个工具箱: PDETOOL 图形界面 APP 或者使用其指令系统. 关于有限元的算法, 参看阅读材料–有限元算法介绍.

有限元算法介绍

§13.1　工具箱 PDETOOL 的用法

13.1.1　可解的方程类型

偏微分方程工具箱可以解下列形式的方程 (包括椭圆型、抛物型、双曲型):

$$m\frac{\partial^2 u}{\partial t^2} + d\frac{\partial u}{\partial t} - \nabla \cdot (c\nabla u) + au = f$$

和如下形式的本征方程:

$$-\nabla \cdot (c\nabla u) + au = \lambda du$$

$$-\nabla \cdot (c\nabla u) + au = \lambda^2 mu$$

对于标量方程, 边界条件是

$$hu = r_1$$

$$\boldsymbol{n} \cdot (c\nabla u) + qu = g$$

工具箱也能解如下形式的方程组:

$$\boldsymbol{m}\frac{\partial^2 \boldsymbol{u}}{\partial t^2} + \boldsymbol{d}\frac{\partial \boldsymbol{u}}{\partial t} - \nabla \cdot (\boldsymbol{c} \otimes \nabla \boldsymbol{u}) + \boldsymbol{au} = \boldsymbol{f}$$

和本征方程组:

$$-\nabla \cdot (\boldsymbol{c} \otimes \nabla \boldsymbol{u}) + \boldsymbol{au} = \lambda \boldsymbol{du}$$

$$-\nabla \cdot (\boldsymbol{c} \otimes \nabla \boldsymbol{u}) + \boldsymbol{au} = \lambda^2 \boldsymbol{mu}$$

具有 N 个分量的耦合方程组会有 N 个耦合的边界条件. 方程组通常是指多维的偏微分方程组或者是有矢量解的偏微分方程. 方程组只有一个几何区域和网格, 但是 N 的数目可以变化.

系数 m、d、c、a 和 f 可以是位置的函数 (如 x、y、z), 而且, 除了特征值问题, 它们也可以是解 u 或它的梯度的函数. 对于特征值问题, 系数不能依赖于解 u 或它的梯度.

对于标量方程, 除了 $\boldsymbol{c}$, 所有系数都是标量. 系数 c 表示二维几何中的 2×2 矩阵, 或三维几何中的 3×3 矩阵. 对于 N 个方程组, 系数 $\boldsymbol{m}$、$\boldsymbol{d}$ 和 $\boldsymbol{a}$ 是 $N \times N$ 矩阵, $\boldsymbol{f}$ 是 $N \times 1$ 矢量, $\boldsymbol{c}$ 是一个 $2n \times 2n$ 张量 (2-D 几何) 或一个 $3n \times 3n$ 张量 (3-D 几何). $\boldsymbol{c} \otimes \boldsymbol{u}$ 则表示张量积.

当 m 和 d 都为 0 时, 偏微分方程是稳态的. 当 m 或 d 不为零时, 方程是与时间有关的. 当任何系数依赖于解 u 或它的梯度时, 这个问题称为非线性问题.

对于偏微分方程组, 有两种边界条件:

- 狄利克雷边界条件:

$$hu = r$$

表示矩阵 h 乘以解矢量 u, 等于矢量 r.

- 广义诺伊曼边界条件:

$$n \cdot (c \otimes \nabla u) + qu = g$$

对于二维系统, 符号 $n \cdot (c \otimes \nabla u)$ 意味着 $n \times 1$ 矩阵的 $(i, 1)$ 分量, 有

$$\sum_{j=1}^{N} \left[\cos(\alpha) c_{i,j,1,1} \frac{\partial}{\partial x} + \cos(\alpha) c_{i,j,1,2} \frac{\partial}{\partial y} + \sin(\alpha) c_{i,j,2,1} \frac{\partial}{\partial x} + \sin(\alpha) c_{i,j,2,2} \frac{\partial}{\partial y} \right] u_j$$

这里 $n = [\cos(\alpha), \sin(\alpha)]$ 表示外向的法向矢量.

对于 3 维系统, 符号 $n \cdot (c \otimes \nabla u)$ 表示 $n \times 1$ 的矢量 $(i, 1)$ 分量.

$$\sum_{j=1}^{N} \left[\sin(\varphi)\cos(\theta) c_{i,j,1,1} \frac{\partial}{\partial x} + \sin(\varphi)\cos(\theta) c_{i,j,1,2} \frac{\partial}{\partial y} + \sin(\varphi)\cos(\theta) c_{i,j}, 1, 3 \frac{\partial}{\partial z} \right] u_j$$

$$+ \sum_{j=1}^{N} \left[\sin(\varphi)\sin(\theta) c_{i,j,2,1} \frac{\partial}{\partial x} + \sin(\varphi)\sin(\theta) c_{i,j,2,2} \frac{\partial}{\partial y} + \sin(\varphi)\sin(\theta) c_{i,j,2,3} \frac{\partial}{\partial z} \right] u_j$$

$$+ \sum_{j=1}^{N} \left[\cos(\theta) c_{i,j,3,1} \frac{\partial}{\partial x} + \cos(\theta) c_{i,j,3,2} \frac{\partial}{\partial y} + \cos(\theta) c_{i,j,3,3} \frac{\partial}{\partial z} \right] u_j$$

在数学物理方法教材中, 狄利克雷边界条件也叫第一类边界条件, 而广义诺伊曼边界条件则称为第三类边界条件, 如果 $q = 0$ 则叫做第二类边界条件.

先介绍用 PDETOOL App 求解偏微分方程, 这样有助于对指令用法的学习. 指令 pdetool (或用 pdeModeler) 可以打开工具箱界面, 如图 13.1 所示.

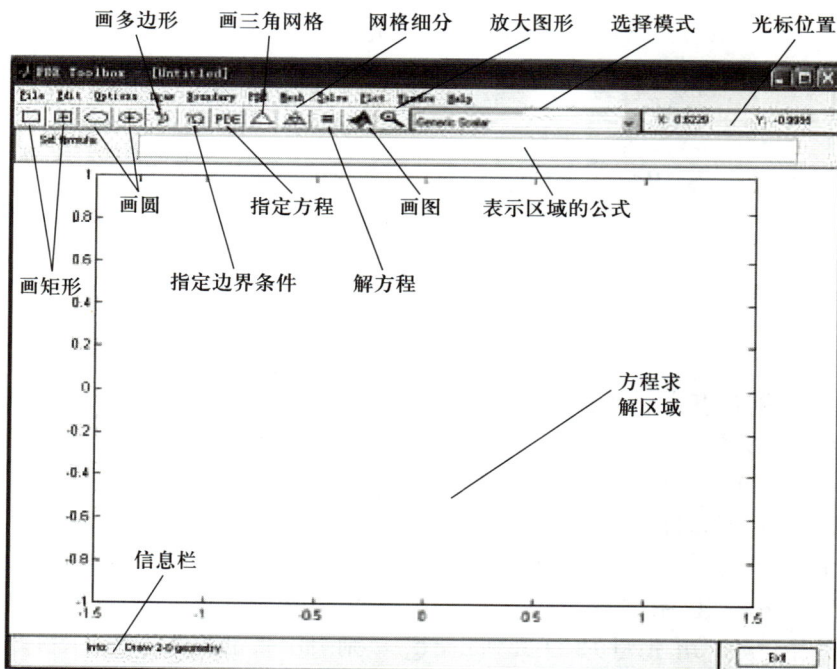

图 13.1   PDETOOL 工作界面

各个按钮的作用已经在图中标明.

解题的区域直接用画图来确定. 通过不同图形的加、减组合来形成需要的复杂图形. 加减的功能由作图时窗口中填写的公式来决定.

画矩形与画圆都有从中心开始画或从边上开始画两种功能. 画多边形必须使起点与终点重合才能形成封闭图形.

方程与边界条件的输入必须按照下面介绍的固定格式输入才行.

将区域分成三角形网格是因为 PDETOOL 采用的解法是有限元法, 将三角形细分可以提高解题的精度.

使用 PDETOOL 界面解偏微分方程只要学习界面上按钮的操作就行, 不需了解解题的过程, 也不必编程. 这种解法简单直观, 有利于展现解的物理图像.

13.1.2　解题步骤

方程求解可分为三步, 每步又包含几个模式 (Mode), 分述如下:

1. 设置定解问题

Draw Mode　　　　　画求解区域如矩形椭圆、多边形以及其组合.

Boundary Mode　　　定义边界条件.

PDE Mode　　　　　定义偏微分方程, 即给定方程的类型及其系数.

2. 解方程

Mesh Mode　　将区域分割为三角形网格.

Solve Mode　　设置初始条件并求解, 本征值问题可设搜索本征值范围.

3. 将结果可视化并输出

Plot Mode　　　　用彩图、高度图、矢量场图、曲面图、网线图、等值线图和

　　　　　　　　　箭头图表现解, 对抛物型方程和双曲型方程, 可以用动画.

以下几节将对三类方程的求解给出一些实例. 更多例子可以参看附录中的《数学物理方程的 MAT-LAB 解法与可视化》一书.

§13.2　PDETOOL 应用实例

13.2.1　泊松方程

在矩形区域 $0 < x < a$, $-b/2 < y < b/2$ 中求解 $\Delta u = -x^2 y$, u 在边界上的值为零.
定解问题是

$$\begin{cases} \Delta u = -x^2 y \\ u(x=0) = 0, \quad u(x=a) = 0 \\ u(y=-b/2) = 0, \quad u(y=b/2) = 0 \end{cases}$$

用偏微分方程工具箱求解这个问题.

(1) 在 Options/Axes Limits 下选择 x 轴范围为 $0 \sim 5$, y 轴范围为 $-2.5 \sim 2.5$.

(2) 画一个矩形, 矩形的顶点为 $(0, -2.5)$, $(5, -2.5)$, $(5, 2.5)$, $(0, 2.5)$. 有两种画法, 一种是选取不带 "+" 号的矩形图标, 按住鼠标右键, 在窗口中拖动, 是从顶点开始画矩形; 另一种是选取带 "+" 号的矩形图标, 按住鼠标左键, 在窗口中拖动, 是从中心开始画矩形. 画圆与椭圆的方法与此相似.

画好矩形以后, 双击图形内部可以打开对话框, 然后精细调节上下左右各边的坐标.

(3) 按照题意, 矩形的四个边界都是狄利克雷边界条件, 而且是齐次的边界条件, 可取 $h=1, r=0$. 方法是: 点击图标 "$\partial\Omega$", 打开边界设置模式, 将鼠标对准一条边界, 双击后打开对话框, 在其中设置边界条件. 如果按住 "Shift" 键, 连续点击多条边界, 则可以对多条边界设置相同的边界条件. 如果不设置边界条件, 则默认的边界条件是第一类边界条件 $u=0$.

(4) 点击图标 "PDE" 设置方程的类型, 这里方程的设置是 Elliptic 型, 也就是

$$c=1, a=0, f= - x.^2 .*y.$$

(5) 点击三角形图标划分网格, 再点击旁边的小三角形图标, 将初始化的网格作第二次细分以提高精度.

(6) 点击 "=" 图标, 方程的解以默认的设置输出. 如果点击 "Logo" 图标, 则可以打开对话框设置自己的选项. 这里作图的选项为 Color 和 Hight(3D_ plot), 同时在 colormap 中选择 hot, 所得的图形如图 13.2 所示.

以后的各题设置过程基本如此, 不再重复.

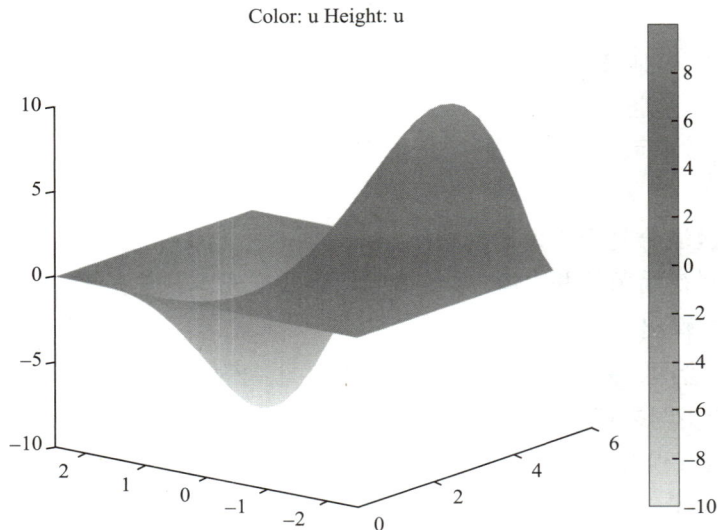

图 13.2　偏微分方程工具箱解得的结果

13.2.2　热传导方程

矩形板内部有一个椭圆孔, 孔的边界有热量流入. 矩形板的边界与内部初始温度为零, 求板面温度随时间的变化.

这个问题相当简单, 读者可自行列出定解方程, 由于对数据没有具体要求, 所以作图可以任选数值.

解题步骤:

1.画任意矩形, 内部画一个较小的椭圆.将两个区域设置为相减, 即为(R1-E1);

2.将椭圆边界条件设置为诺伊曼条件(g= -20, q=0);

3.将方程设为抛物型(c=1,f=0,a=0,d=1);

4.划分三次网格;

5.求解时间范围为(0: 0.05: 15), 初始温度设为零摄氏度;

6.输出设置选color, contour, animation.

动画演示是不断从椭圆边界向外扩展的等温线. 其中的一幅图如图 13.3 所示.

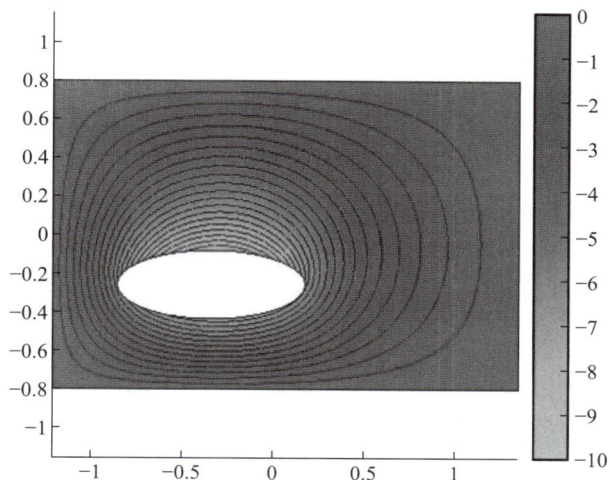

图 13.3　矩形板上的热传导

13.2.3　波动方程

用波动方程 $u_{tt} = u_{xx} + u_{yy}$ 来解椭圆膜的振动, 边界条件为四周固定, 初始条件为初始位移设为 sin(x).*y*0.1; 初始速度为零.

解题步骤:

1.画一个任意椭圆;

2.将椭圆边界条件设置为狄利克雷条件(h= 1，r=0);

3.将方程设为双曲型(c=1,f=0,a=0,d=1);

4.划分三次网格;

5.求解时间范围为(0: 0.05: 15); 初始位移设为**sin(x).*y*0.1** , 初始速度为零;

6.输出设置选**color, contour, animation**.

将看到椭圆内部产生不断变化的等高线. 扫描二维码可见动画演示, 振动过程中的几幅图像如图 13.4 所示.

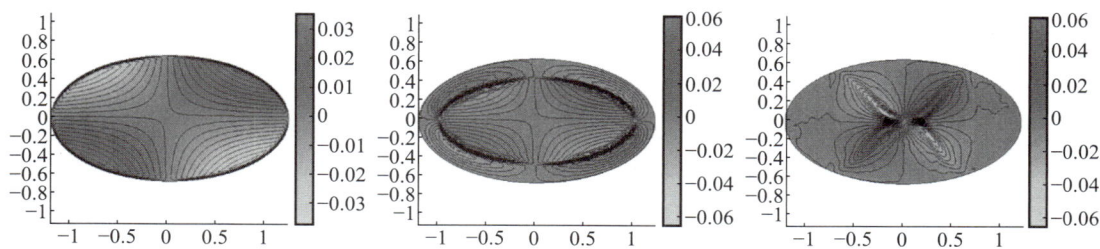

图 13.4　椭圆区域的振动

13.2.4　本征值问题

求任意六边形的本征模, 本征值方程是

$$u_{xx} + u_{yy} = \lambda u$$

解题步骤如下, 数据是任意设置的:

1.画一个任意椭圆;

2.将椭圆边界条件设置为狄利克雷条件(h= 1，r=0);

3.将方程设为双曲型(c=1,f=0,a=0,d=1);

4.划分三次网格;

5.求解时间范围为(0: 0.05: 15), 初始位移设为 sin(x).*y*0.1 , 初始速度为零;

6.输出设置选color, contour, animation.

将看到椭圆内部产生的不断变化的等高线. 图 13.5 所示图形是其中的几个本征模.

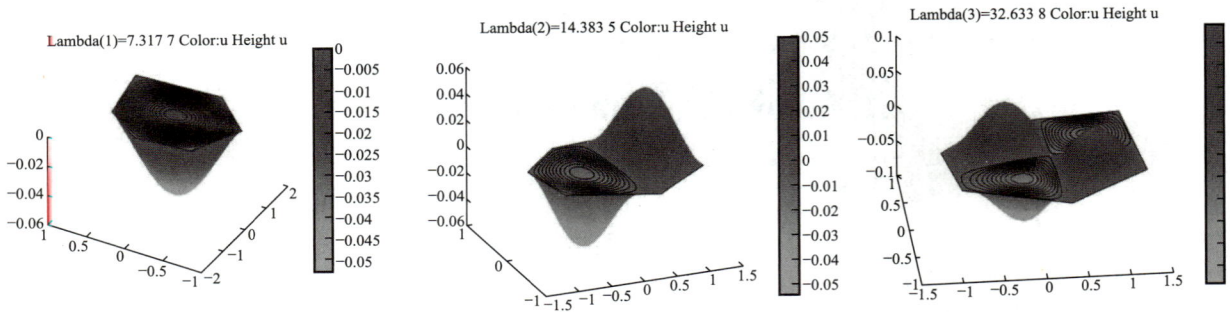

图 13.5　六边形区域的本征模

§13.3　PDETOOL 指令系统

在 PDETOOL 工具箱中, 还有一套比界面功能更完全的指令系统可以用来解偏微分方程. 在解偏微分方程时, 使用工具箱中的指令比使用界面更为方便. 求解步骤与使用 PDETOOL 工具箱基本相同. 能解的方程的类型也相同, 但是, 指令可解三维问题而且解三维问题和解二维问题一样方便. 这里只介绍解单个方程的方法, 求解方程组的方法请参看帮助文档.

13.3.1　方程和边界条件的形式

单个方程的形式必须是

$$m\frac{\partial^2 u}{\partial t^2} + d\frac{\partial u}{\partial t} - \nabla \cdot (c\nabla u) + au = f$$

而本征值方程的形式是

$$-\nabla \cdot (c\nabla u) + au = \lambda du \quad \text{或} \quad -\nabla \cdot (c\nabla u) + au = \lambda^2 mu$$

边界对于二维方程来说是边 (edge), 对于三维方程来说是面 (face), 边界条件的设置形式是

- 狄利克雷条件的形式为 $hu = r$, 默认值为 $r = 0, h = 1$.
- 诺伊曼条件的形式是 $\boldsymbol{n} \cdot (c\nabla u) + qu = g$, 默认值为 $q = 0, g = 0$.

13.3.2　指令解偏微分方程的步骤

由于解题涉及的步骤较繁琐, 建议先看后面 §13.4 节的实例, 大致看明白以后, 再对照实例学习这些步骤.

步骤一　建立一个偏微分方程模型对象 (model). 语句格式为

model=createpde;

它是用来储存被求解的偏微分方程的参数及属性的, 如方程数量、求解区域、方程系数、边界和初始条件、网格等.

步骤二　输入或者建立一个几何图形表示的区域 (geometry). 详情见下述例题:

语句格式如下:

importGeometry(model,'geometry.stl');

geometryFromEdges(model,g);

步骤三　画出几何图形区域并显示区域边界 (边或面) 的编号, 以便编写边界条件:

pdegplot(model,'EdgeLabels','on')

对于三维情况, 有时可能要旋转、放大或设置面的透明度才能看清边界.

步骤四　设置边界条件 (见例 13.2), 语句如下:

applyBoundaryCondition(model,'dirichlet','face',[2,3,5],'u',[0,0]);

applyBoundaryCondition(model,'neumann','edge',[1,4],'g',1,'q',eye(2));

步骤五　指定方程组系数 m、d、c、a 和 f. 语句如下:

specifyCoefficients(model,'m',0,'d',0,'c',c,'a',a,'f',f);

系数可以是数值也可能是函数, 并且要按照指定格式设置.

步骤六　设定初始条件, 语句为

setInitialConditions

给定初始条件或初始解, 设置方法见例 13.3.

步骤七　建立网格, 将区域划分为三角形或四面体网格, 语句如下:

generateMesh(model);

指令 generateMesh 创建三角形或四面体网格. 偏微分方程模型对象 (model) 将生成的网格存储在网格属性 FEMesh 中. 指令 pdemesh 画出已经划分的网格.

步骤八　解偏微分方程.

对于非本征值方程, 语句如下:

result = solvepde(model)

用于不含时方程;

result = solvepde(model,tlist)

用于含时方程.

对于本征值方程, 则使用:

result = solvepdeeig(model)

步骤九　解的可视化与插值

对偏微分方程求解及绘制梯度图、作动画和插值计算. 访问解及其在网格节点上的梯度, 或将它们插值到域中任意点. 解和梯度的可视化是通过创建带有或不带有网格显示的表面、轮廓和箭头图来实现的. 指令如下:

pdeplot 画出二维区域的解或表面网格

pdeplot3D 画出三维区域的解或表面网格

evaluateGradient 求出任意点上解的梯度

evaluateCGradient 求出解的通量

interpolateSolution 在任意点上对解进行插值

以下为以前使用而目前还保留的指令, 在此列出仅供必要时参考:

createPDEResults 创建解

evaluate 在选定的位置上插值

pdecont 画等值线的快捷指令

pdesurf 画表面图的快捷指令

一．定义求解区域

定义方法有 4 种：

1. 将画图软件画好的 2D 或 3D 几何图形文件（扩展名为 stl）用指令 importGeometry 导入。MATLAB 软件中带有多个 stl 文件可以直接使用，如'Torus.stl'，'Block.stl'，'Plate10x10x1.stl'，'Tetrahedron.stl'，'BracketWithHole.stl'，'BracketTwoHoles.stl'，'ForearmLink.stl'，'PlateHolePlanar.stl' 等．

2. 用 MATLAB 指令可以画简单图形．二维图形画法如下：

在 pdetool 界面窗口中直接画出 2D 图形及其组合的方法，前面已有介绍．这里仅介绍用指令画 2D 图形．基本的 2D 图形（矩形、圆形、椭圆和多边形）可用列向量表示，向量中各个元素含义如下：

[1,xc,yc,R]'	1表示是圆,后面依次给出圆的圆心坐标,半径.
[2,n,X,Y]'	2代表多边形,n是边数,后面先给出多边形各个顶点x坐标,然后是顶点y 坐标.
[3,4,x,y]'	3代表矩形,4是边的数目,后面先给出4个顶点x坐标,然后是4个顶点y坐标.
[4,xc,yc,a,b,phi]'	4代表椭圆,后面给出椭圆心坐标,长半轴a短半轴b及旋转角度.

下面的程序演 accx/ch13/ch13N1.mex 演示了如何由基本图形构成组合图形：

```
rect1 = [3, 4, -1, 1, 1, -1, 0, 0, -0.5, -0.5]';          %矩形的列向量
C1 = [1, 1, -0.25, 0.25, 0, 0, 0, 0, 0, 0]';              %圆的列向量
C2 = [1, -1, -0.25, 0.25, 0, 0, 0, 0, 0, 0]';             %圆的列向量
gd = [rect1, C1, C2];                                      %描述图形的矩阵
ns = char('rect1', 'C1', 'C2')';                          %给所画图形指定名称
sf = '(rect1 + C1) - C2';                                  %用公式组合图形
[dl,bt] = decsg(gd, sf, ns);                               %创建删除了内部边界的几何图形
figure
pdegplot(dl, 'EdgeLabels', 'on', 'FaceLabels', 'on')       %画图
xlim([-1.5,1.5])
axis equal
[dl2,bt2] = csgdel(dl,bt);                                 %再次删除内部边界
figure
pdegplot(dl2, 'EdgeLabels', 'on', 'FaceLabels', 'on')      %画图
xlim([-1.5,1.5])
axis equal
```

画出的两个图形如图 13.6 所示．几点说明：

- 通过对 C1、C2 补 0 使矩阵 gd 中列矢量等长．

- 输出量 dl——已经分解的图形矩阵．

- 输出量 bt——是将原始形状与最小区域关联的布尔表，是 1 和 0 的矩阵．

- 公式中使用以下的符号，其中加号 "+" 和星号 "*" 具有相同的分组优先级．减号 "-" 具有更高的分组优先级．

并	交	差	分组
+	*	-	( )

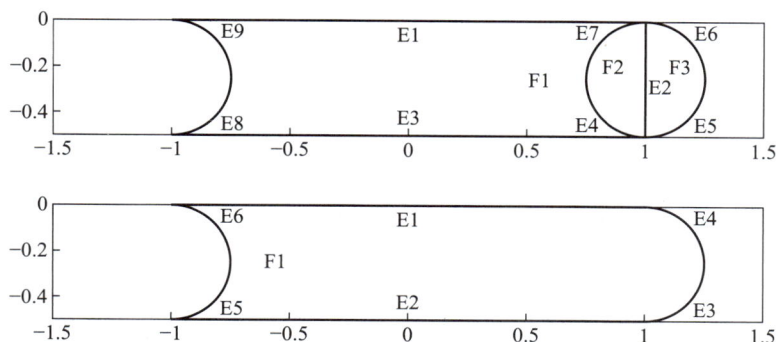

图 13.6　由基本图形构成组合图形

3. 使用指令 geometryFromEdges(model,dl2), 由分解的几何矩阵生成二维几何图形.

4. 三维图形画法如下:

- 三维图形中的立方体、圆柱体或球体可以用指令直接画, 再通过堆叠或嵌套可以创建稍复杂的图形, 例如:

  multicuboid　创建由几个立方体单元组成的几何图形
  multicylinder　创建由几个圆柱体单元组成的几何图形
  multisphere　创建由几个球形单元组成的几何图形

- 使用指令 geometryFromMesh 从三角形网格建立一个二维或三维的几何图形.

- 指令 extrude 将二维图形垂直拉伸为三维图形.

二. 定义边界条件

可以对每个边界分别指定不同的边界条件, 也可以对一个方程整体设置统一的边界条件. 边界条件的表达式要符合规定格式,

下面 Diriclet 条件的例子, 表示在边界或界面 $e1, e2, e3$ 上, 满足 $u = 2$。

applyBoundaryCondition(model,'dirichlet','Face',[e1,e2,e3],'u',2);

如果在边界上满足 $2u = 3$, 则表示如下

applyBoundaryCondition(model,'dirichlet','Face',[e1,e2,e3],'r',3,'h',2);

又如 Neumann 边界条件的例子。下例表示在边界 $e1, e2, e3$ 都满足 $q = 2, g = 3$。

applyBoundaryCondition(model,'neumann','Face',[e1,e2,e3],'q',2,'g',3);

三. 定义初始条件

对于含时问题, 初始条件是初始时刻的解 u, 如果 m 系数不为零, 则还有初始时间的导数. 对于非线性恒稳问题, 初始条件是非线性求解器初始迭代时解 u 的猜测或近似. 如果不指定恒稳问题的初始条件, 则 solvepde 使用零函数进行初始迭代.

对于常数的初始条件, 使用以下命令设置. 但是如果 $m = 0$, 则不需要设 ut0。

u0 = [15];
ut0 = [4];
setInitialConditions(model,u0,ut0);

对于函数形式的初始条件, 则要用函数文件或匿名函数先定义函数, 然后设置初始条件。如

```
u0 = @u0fun;
ut0 = @ut0fun;
setInitialConditions(model,u0,ut0)。
```

§13.4　求解二维的偏微分方程

首先用指令解在平面区域的偏微分方程, 包括泊松方程、波动方程、热传导方程和本征值方程 4 种. 为了简单, 四个方程求解的区域都相同, 都是从矩形中减去半个圆的面积. 边界条件尽量采用第一类边界条件, 如有不同, 则另外加以说明.

13.4.1　泊松方程

方程是

$$\triangle u = -1$$

方程中的系数可取 $m=0, d=0, c=1, a=0, f=1$. 所有边界取第一类边界条件. 程序如下, 并作了一张解的截图 (图 13.7):

```
model=createpde;                                          %建立模型
R1=[3,4,-1 1 1 -1 -1 -1 1 1]';          %定义矩形[3,4,x(1,2,3,4),y(1,2,3,4)]
C1=[1,0,1,0.7,0,0,0,0,0,0]';                        %定义圆[1,xc,yc,R]
ns=char('R1','C1')';                                        %命名
sf='R1-C1';                                                    %两者相减
gd=[R1,C1];
g=decsg(gd,sf,ns);
geometryFromEdges(model,g);                            %建立几何区域
pdegplot(model,'Edge','on');                          %图1边界编号
figure
generateMesh(model,'Hmax',0.25);                      %划分网格
pdeplot(model,'mesh','on')                              %网格图
%==============              %以上语句在下面三个程序共用, 为了节省篇幅不再重复列出

applyBoundaryCondition(model,'dirichlet',...
    Edge',1:model.Geometry.NumEdges,'u',0);          %第一类边条
specifyCoefficients(model,'m',0,'d',0,'c',1,'a',0,'f',1);    %方程系数
result=solvepde(model);                                  %解方程
u=result.NodalSolution;
figure
pdeplot(model,'XYData',u)                                %彩色图
figure
pdeplot(model,'xydata',u,'zdata',u,'mesh','on')        %三维网格图
figure
pdeplot(model,'ZData',result.NodalSolution)            %网格彩色图
```

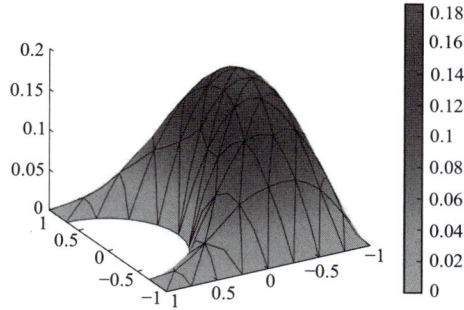

图 13.7   二维区域的泊松方程的解

13.4.2   热传导方程

定解问题是

$$\begin{cases} \dfrac{\partial}{\partial t}u - \triangle u + u = 0 \\ u_0 = 0.1x^2 + 0.2y^2 \end{cases}$$

相当于方程中的系数取 $d=1, c=1, a=1, f=0$, 初始温度为 u_0. 边界条件为

$$\frac{\partial u}{\partial n} + u = 10$$

由于求解区域相同, 所以在上题的程序中前 3 个步骤的语句都相同. 第 4 个步骤以后的语句 (即标记处以后的语句) 有区别, 结果以动画演示, 下面是其中几幅截图 (图 13.8).

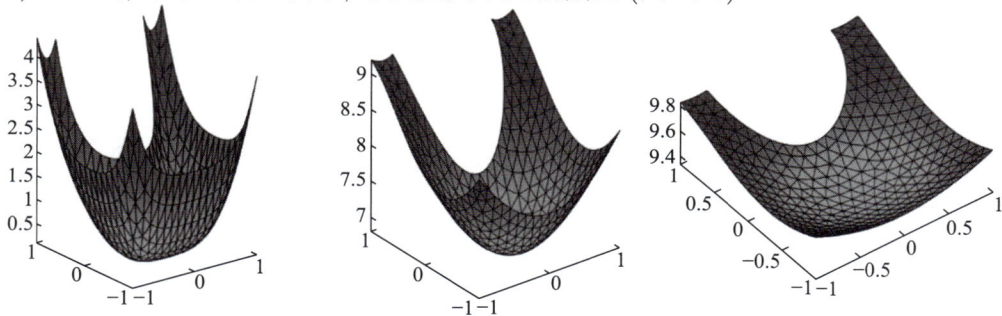

图 13.8   二维区域的热传导方程的解

```
%%%%%%%%%%%以上语句与程序1相同，此处不再列出

specifyCoefficients(model,'m',0,'d',1,'c',1,'a',0,'f',0);          %方程
u0=@(region,state)0.1*(region.x).^2+0.2*(region.y).^2;
setInitialConditions(model,u0);                                    %初条
applyBoundaryCondition(model,'neumann','Edge',1:7,'q',1,'g',10);   %边条
result=solvepde(model,0:0.1:1.5);                                  %解方程
u=result.NodalSolution;
for k=1:length(result.SolutionTimes)                              %动画
    pdeplot(model,'XYData',u(:,k),'ZData',u(:,k),'mesh','on')
    axis equal, drawnow, pause(0.1)
end
```

13.4.3   波动方程

定解问题是

$$\begin{cases} \dfrac{\partial^2}{\partial t^2}u - \triangle u = 0 \\[2mm] u|_\Gamma = 0 \\[2mm] u(t=0) = 0; \quad u_t(t=0) = 0.6\sin 2x \end{cases}$$

相当于方程中的系数为 $m=1, d=0, c=1, a=0, f=0$. 所有边界取第一类边界条件. 注意学习在设置初始条件时, 区域变量的表示方法.

    由于求解区域相同, 程序中相同部分已经省去. 为了展示效果使用了动画. 动画以视频形式呈现 (见二维码).

```
%%%%% 加上与第一个程序语句相同部分
specifyCoefficients(model,'m',1,'d',0,'c',1,'a',0,'f',0);          %方程
f1=@(region,state)0.6*sin(2*region.x);                            %初条1
f2=@(region,state)0;                                              %初条2
setInitialConditions(model,f2,f1);
applyBoundaryCondition(model,'dirichlet','Edge',...
                   1:model.Geometry.NumEdges,'u',0);             %边条
result=solvepde(model,0:0.01:2);                                  %求解
figure
umax = max(max(u));
umin = min(min(u));
for k=1:length(result.SolutionTimes)                              %动画
    pdeplot(model,'XYData',result.NodalSolution(:,k),...
        'ZData',result.NodalSolution(:,k),'mesh','on')
    axis equal
    axis([-1 1 -1 1 umin umax]);
    caxis([umin umax]);
    xlabel x, ylabel y, zlabel u
    M(k) = getframe;
end
v=VideoWriter('wave');
open(v)
writeVideo(v,M)
close(v)
```

13.4.4   本征值方程

    下面求解本征值问题, 本征值方程可以通过波动方程或热传导方程来设置, 两者设置的本征值方程有所不同. 这里借助热传导方程设置. 令 $d=1, c=1, a=0, f=0$, 则由热传导方程

$$d\frac{\partial}{\partial t}u - \nabla c\nabla u + au = f$$

对应的本征值方程是

$$-\nabla c\nabla u + au = \lambda du$$

相应的边界条件取为

$$u|_\Gamma = 0$$

由于求解区域相同, 相应的语句已经略去, 这里计算了 6 个本征值, 程序如下:

```
%%%%% 加上与第一个程序语句相同部分
specifyCoefficients(model,'m',0,'d',1,'c',1,'a',0,'f',0);        %方程
r = [0 100];                                                     %本征值范围
results = solvepdeeig(model,r);                                  %解方程
u = results.Eigenvectors;
for k=1:6                                                        %画出6个本征解的图形
    subplot(3,2,k)
    pdeplot(model,'XYData',u(:,k),'ZData',u(:,k)*10);
    legend(num2str(results.Eigenvalues(k)))
    axis equal
end
```

所得结果如图 13.9 所示.

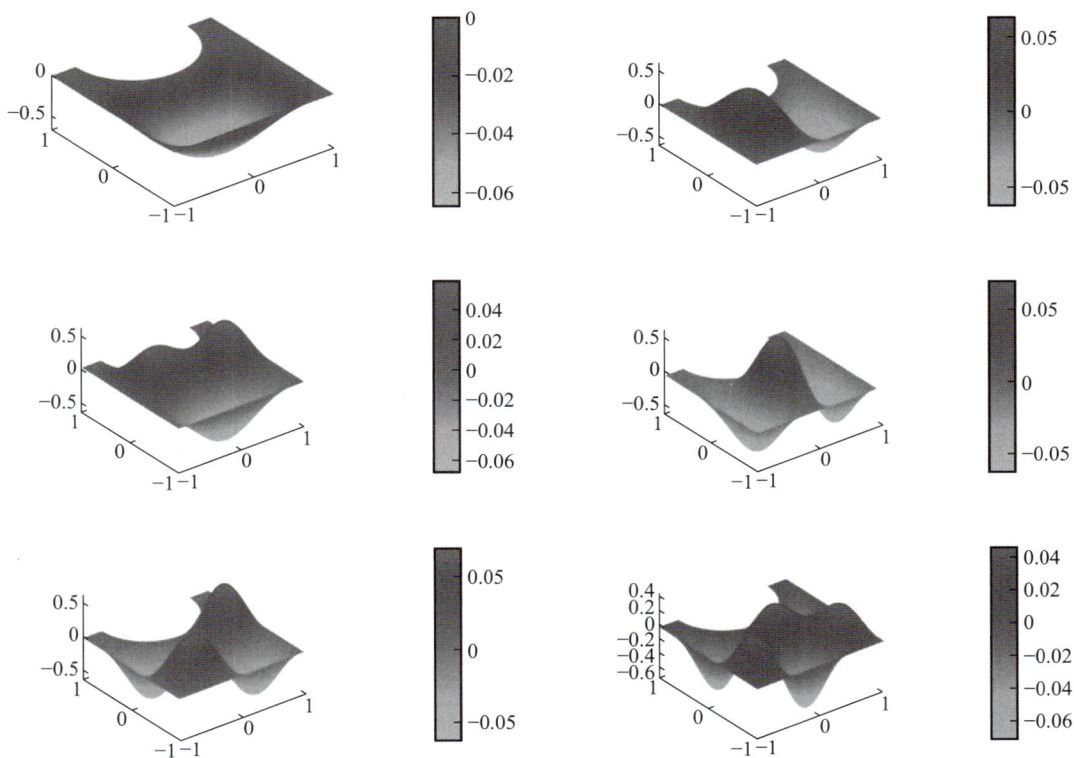

图 13.9　二维区域波动方程的解

13.4.5　圆域的波动方程

在圆域内解波动方程, 可以与 PDETOOL 的解法进行对比. 边界上取第二类齐次边界条件, 即

$$
\begin{cases}
u_{tt} = 5\Delta u \\[2mm]
\left. \dfrac{\partial u}{\partial n} \right|_{\Gamma} = 0 \\[2mm]
u|_{t=0} = 0.6\mathrm{e}^{-(x^2+y^2)} \\[2mm]
\left. \dfrac{\partial u}{\partial t} \right|_{t=0} = 0
\end{cases}
$$

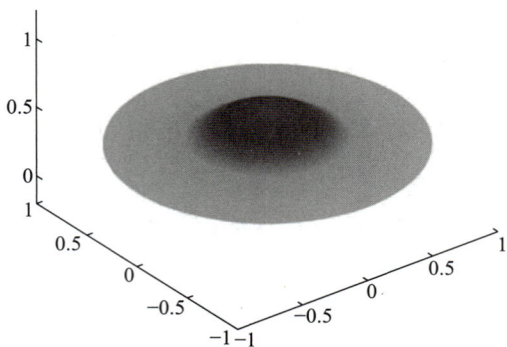

图 13.10　圆域的振动

程序如下:

```matlab
model=createpde;
C1=[1,0,0,1]';                                        %设置圆区域
dl=decsg(C1);
geometryFromEdges(model,dl);
pdegplot(model,'EdgeLabels','on')
specifyCoefficients(model,'m',1,'d',0,'c',5,'a',0,'f',0);      %波速5m/s
applyBoundaryCondition(model,'neumann','Edge',...
                1:model.Geometry.NumEdges,'q',0,'g',0);
generateMesh(model);
f1=@(position)0.6*exp(-(position.x.^2+position.y.^2));
f2=@(position)0;
setInitialConditions(model,f1,f2);
result=solvepde(model,0:0.01:1);
for k=1:length(result.SolutionTimes)
    pdeplot(model,'XYData',result.NodalSolution(:,k),...
                    'ZData',result.NodalSolution(:,k))
    axis equal
    axis([-1 1 -1 1 -0.2 1.2]);
    pause(0.1)
end
```

图形如图 13.10 所示.

§13.5　求解三维偏微分方程

下面以四面体作为三维问题的空间区域, 对泊松方程、波动方程、热传导方程和本征值方程这 4 种偏微分方程分别求解. 读者可以通过改变其中函数与参数查看解的变化. 四面体用了两种不同的画法, 一是直接调用 MATLAB 内部的 stl 文件, 二是给出四面体的顶点与面元, 由指令生成四面体.

13.5.1 泊松方程

方程和边界条件为

$$
\begin{cases}
\Delta u = 0.1\sin(x+y) \\
u|_{\Omega} = 1.2\sin(1.3z)
\end{cases}
$$

四面体通过调用 stl 文件来确定的. 本章程序包中的 ch13N3.m 和图形 (图 13.11) 如下, 旋转图形可以有不同效果:

```
model=createpde;                                              %建立模型
importGeometry(model,'Tetrahedron.stl');                      %读入四面体的STL文件
pdegplot(model,'facelabels','on','FaceAlpha',0.5);            %画出表面及其编号
generateMesh(model);
f=@(region,state)0.1*sin((region.x+region.y));
e=@(region,state)1.2*sin(1.3*(region.z));
specifyCoefficients(model,'m',0,'d',0,'c',1,'a',0,'f',f);
applyBoundaryCondition(model,'dirichlet','Face',1:model.Geometry.NumFaces,'u',e);
result=solvepde(model);
figure
pdeplot3D(model,'ColorMapData',result.NodalSolution);
```

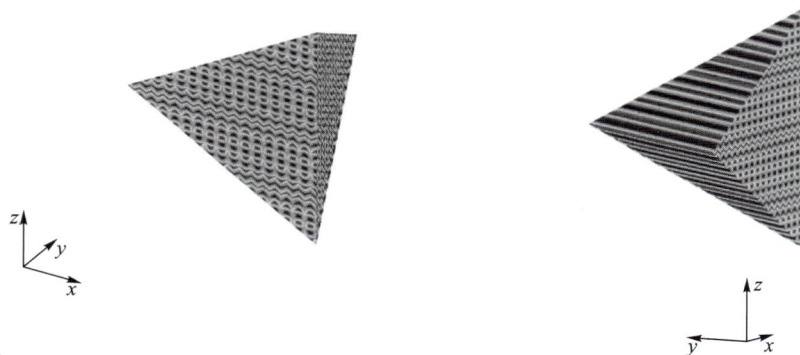

图 13.11 四面体中泊松方程的解

13.5.2 热传导方程

方程和初始条件为

$$
\begin{cases}
\dfrac{\partial u}{\partial t} - 80\Delta u = 0 \\
u(t=0) = 5
\end{cases}
$$

边界条件是其中面元 1 和面元 4 的法向导数为零, 面元 2 和面元 3 的函数值为

$$
u = 3\sin\left(\frac{x+y}{10}\right)
$$

程序以动画演示, 下面是初始图像和最后的图像 (图 13.12), 其中初始图像进行了旋转以突出效果:

```
model=createpde;                                                  %建立模型
importGeometry(model,'Tetrahedron.stl');               %读入四面体的STL文件
pdegplot(model,'facelabels','on','FaceAlpha',0.5);        %画出表面及其编号
generateMesh(model);
f=@(region,state)3*sin((region.x+region.y)./10);
specifyCoefficients(model,'m',0,'d',1,'c',80,'a',0,'f',0);
setInitialConditions(model,2);
applyBoundaryCondition(model,'dirichlet','Face',2:3,'u',f);
applyBoundaryCondition(model,'neumann','Face',[1,4],'q',0,'g',0);
result2=solvepde(model,0:0.01:0.3);
u2=result2.NodalSolution;
for j=1:31
    pdeplot3D(model,'ColorMapData',u2(:,j));
    drawnow
end
```

图 13.12　四面体中热传导方程的解

13.5.3　波动方程

方程初始条件和边界条件为

$$
\begin{cases}
\dfrac{\partial^2 u}{\partial t^2} - \Delta u = 0 \\[2mm]
u|_{t=0} = \exp(z/50); \quad \left.\dfrac{\partial u}{\partial t}\right|_{t=0} = \cos(y/10) \\[2mm]
\left.\dfrac{\partial u}{\partial n}\right|_{\Omega} = 0
\end{cases}
$$

四面体程序如下, 是以动画方式表现的, 其中几幅图形如图 13.13 所示:

```
nodes=[ 0,0,0; 0, 1, 0; 1,0,0; 0,0,1]' ;              %顶点坐标
elements =[1,2,3;1,3,4; 1,4,2 ; 2,4,3]';              %面元顶点
model = createpde();
geometryFromMesh(model,nodes,elements);
generateMesh(model);
specifyCoefficients(model,'m',1,'d',0,'c',1,'a',0,'f',0);
ut0=@(region,state)cos(region.y/10);
u0=@(region,state)exp(region.z/50);
```

```
setInitialConditions(model,u0,ut0);
applyBoundaryCondition(model,'neumann','Face',1:4,'q',0,'g',0);
result3=solvepde(model,0:0.1:50);
u3=result3.NodalSolution;
for j=1: 50
    pdeplot3D(model,'ColorMapData',u3(:,j));
    drawnow
end
```

13.5.4　本征方程

方程和边界条件为

$$\begin{cases} \Delta u = \lambda u \\ \left. \dfrac{\partial u}{\partial n}\right|_\Omega = 0 \end{cases}$$

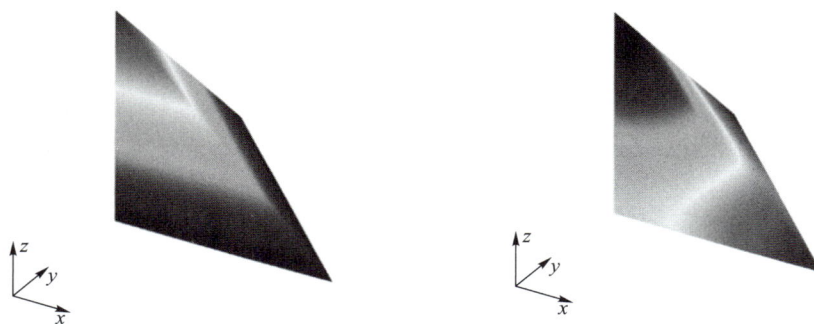

四面体振动

图 13.13　四面体中波动方程的解

　　程序和图形 (图 13.14) 如下, 图中画出了 4 个本征函数并标出了本征值. 注意图形画出以后要点击图形放大后才能看到书中图形.

```
nodes=[ 0,0,0; 0, 1, 0; 1,0,0; 0,0,1]';          %顶点坐标
elements =[1,2,3;1,3,4; 1,4,2 ; 2,4,3]';
model = createpde();
geometryFromMesh(model,nodes,elements);
generateMesh(model);
specifyCoefficients(model,'m',0,'d',1,'c',1,'a',0,'f',0);
applyBoundaryCondition(model,'neumann','Face',1:4,'q',0,'g',0);
result4=solvepdeeig(model,[0,260]);
mu=result4.Eigenvalues;
u4= result4.Eigenvectors;
for e=1:4
    subplot(2,2,e);
    pdeplot3D(model,'ColorMapData',u4(:,e));
    legend(num2str(mu(e)));
end
```

13.5.5　球内的热传导方程

求解球体内的热传导方程

$$\frac{\partial u}{\partial t} = \Delta u$$

边界条件是

$$\left[\frac{\partial u}{\partial n} + hu\right]\Big|_{\Omega} = \begin{cases} M\cos\theta, & \theta \in [0,\,\pi/2] \\ 0, & \theta \in (\pi/2,\,\pi] \end{cases}$$

初始条件是 $u|_{t=0} = 0$, 程序如下:

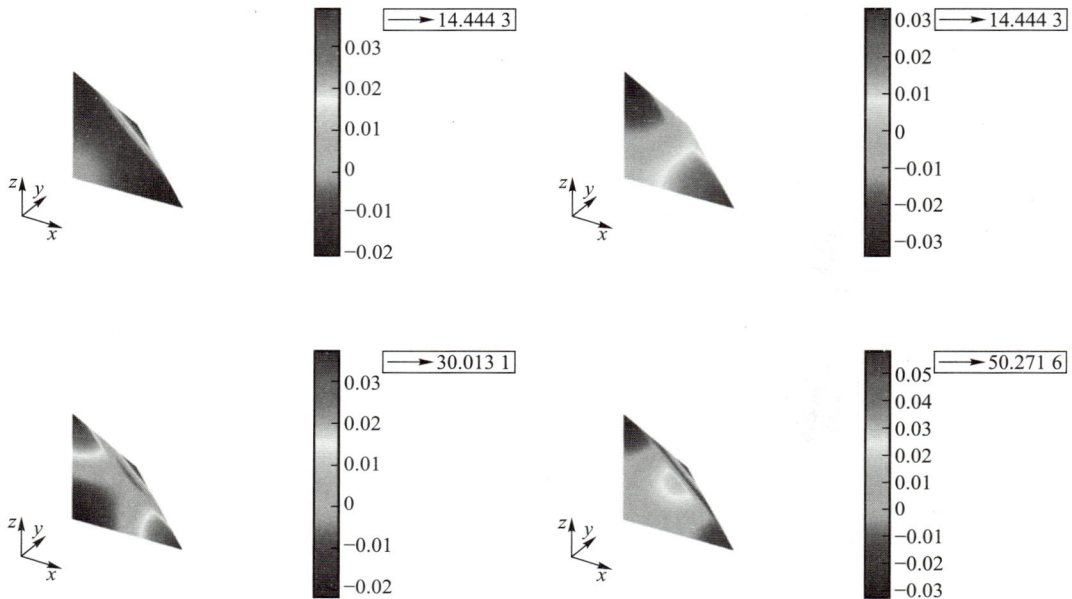

图 13.14　四面体中本征方程的解

```
r=1;                                                          %球半径
h=0.4;                                                        %散热
m=50;                                                         %热辐射
t=1; dt=0.01;
model=createpde;
model.Geometry=multisphere(r);
f=@(region,state) m*region.z/r.*(region.z>0);                 %边界条件
specifyCoefficients(model,'m',0,'d',1,'c',1,'a',0,'f',0);
applyBoundaryCondition(model,'neumann',...
        'Face',1:model.Geometry.NumFaces,'q',h,'g',f);
setInitialConditions(model,0);
generateMesh(model);
figure
result=solvepde(model,0:dt:t);
lim=max(result.NodalSolution(:,end));
```

```
for k=1:length(result.SolutionTimes)
    pdeplot3D(model,'ColorMapData',result.NodalSolution(:,k))
    caxis([0,lim])
    hold on
    pause(0.1)
end
```

可扫描二维码观看视频, 其中部分图形如图 13.15 所示.

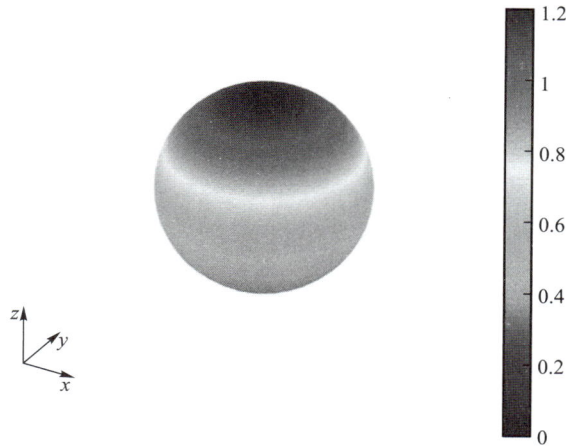

图 13.15 球内的热传导方程

13.5.6 导体球

导体球两端连接导线, 有恒定电流流过, 求球内电势与电场的分布.

对于恒定电流有 $\nabla \cdot \boldsymbol{j} = 0$, 而 $\boldsymbol{j} = \sigma \boldsymbol{E} = -\sigma \nabla \varphi$, 所以在金属球内有 $\nabla^2 \varphi = 0$. 导线的半径为 r, 导线的电流为 $\boldsymbol{I}$, 则有上下底及侧面的边界条件分别为

$$\left. \frac{\partial \varphi}{\partial r} \right|_{\Omega} = \begin{cases} \dfrac{1}{\sigma} \dfrac{\boldsymbol{I}}{\pi r^2} \\ 0 \\ \dfrac{1}{\sigma} \dfrac{\boldsymbol{I}}{\pi r^2} \end{cases}$$

程序中的 stl 文件是用 solidworks 软件画的. 形状好似球的两端各有一个短小的圆柱. 由于形状特殊, 问题很难求出解析解, 程序如下:

```
% import the solving obiect
model=createpde;                                                    %建立模型
importGeometry(model,'qiu.STL');                                    %读入球的STL文件
%figure( 'Position', [50 50 780 550],'Color','w')                   %设定图窗位置
subplot(2,2,1);hold on;title('Labelled Faces')
pdegplot(model,'facelabels','on','FaceAlpha',0.5);                  % 边界面编号
specifyCoefficients(model,'m',0,'d',0,'c',1,'a',0,'f',0);           %方程
applyBoundaryCondition(model,'neumann','Face',[1,2,4],'q',0,'g',0);
applyBoundaryCondition(model,'dirichlet','Face',3,'u',10);
applyBoundaryCondition(model,'dirichlet','Face',5,'u',-10);         %边条
```

```
generateMesh(model,'Hmax',5);
subplot(2,2,2);hold on;title('Meshed Geometry')
pdeplot3D(model,'Mesh' ,'on')                          %画出网格图


results = solvepde(model);                             %解方程
subplot(2,2,3);hold on;title('Electric Potential On the Surface')
pdeplot3D(model,'ColorMapData',results.NodalSolution)


                                                       % 画等值线与电场线

[X,Y,Z] = meshgrid(0:2:120, 0:2:120, 0:1:140);
U = interpolateSolution(results,X,Y,Z);                %在三维数据网格中插值
U = reshape(U,size(X));                                %重构数组
subplot(2,2,4);view(45,10);axis equal;axis off;hold on
title('Equipotential Lines and Electric Field Lines')
contourslice(X,Y,Z,U,[],[],7:10:107)                   %等值线切面
colormap jet;colorbar


[Ex,Ey,Ez]=gradient(U);                                %求梯度得电场
[sx,sy]=meshgrid(linspace(-2+50,2+50,5));
streamline(X,Y,Z,Ex,Ey,Ez,sx,sy,ones(length(sx)))     %画电场线
```

画出的电势与电场图形如图 13.16 所示.

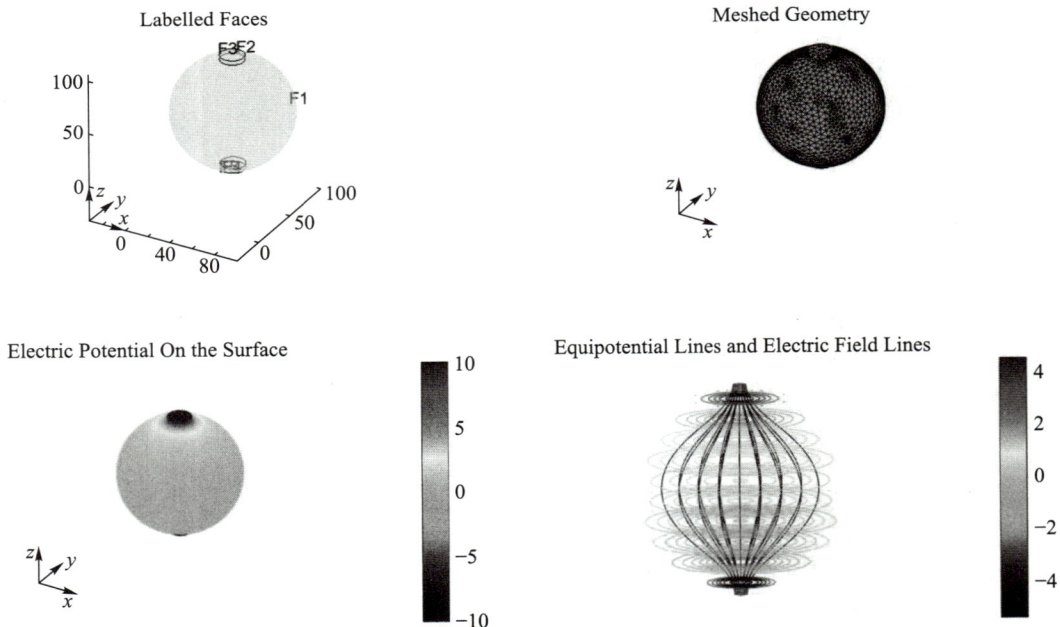

图 13.16　导体球的电势与电场

13.5.7　求三维静电透镜电势与电场

静电场电子透镜由两个同轴的圆筒 A_1 和 A_2 构成, 两者间隔为 2δ, 其剖面如图 13.17 所示, 图中黑块表示圆筒的壁. A_1、A_2 的电势分别为 $-Q$ 与 $+Q(Q > 0)$. 间隙处的电势可近似表示为 $Q\sin(\pi x/2\delta)$, x

取值为 $-\delta$ 到 δ. 求间隙处的电势与电场.

程序如下:

```
z=3; r=1; %z=2
model=createpde;                                              %建立模型
model.Geometry=multicylinder(r,z);
subplot(2,2,1);hold on;
pdegplot(model,'facelabels','on','FaceAlpha',0.5);           %画出表面及其编号

Q=1; delta=1.5;
f=@(region,state)Q*sin(0.5*pi*(region.z-delta));
applyBoundaryCondition(model,'dirichlet','Face',1,'u',-Q);
applyBoundaryCondition(model,'dirichlet','Face',2,'u',Q);
applyBoundaryCondition(model,'dirichlet','Face',3,'u',f);    %边界条件
generateMesh(model);
subplot(2,2,2);hold on;
pdeplot3D(model,'Mesh','on')                                 %画出网格图

specifyCoefficients(model,'m',0,'d',0,'c',1,'a',0,'f',0);    %方程系数
results = solvepde(model);                                   %解方程
subplot(2,2,3); hold on; title('Electric Potential On the Surface')
pdeplot3D(model,'ColorMapData',results.NodalSolution)

                                                             % 画等值线与电场线
                                                             %z取1,0:0.2:3
X,Y,Z] = meshgrid(-1:0.01:1,-1:0.01:1,0:0.2:3);
U = interpolateSolution(results,X,Y,Z);                      %在上述三维数据网格中插值
U = reshape(U,size(X));                                      %以X长度为基准重构数组
subplot(2,2,4);
view(-90,10); axis equal; axis off; hold on
contourslice(X,Y,Z,U,0,[],[],-1:0.1:1)                       %等值线切面(二维)

[Ex,Ey,Ez]=gradient(-U);                                     %求梯度得电场
[sx,sy,sz]=meshgrid(0, -0.9:0.2:0.9, 2.9);                   %二维
streamline(X,Y,Z,Ex,Ey,Ez,sx,sy,sz);                        %画电场线

figure                                                       %画图
contourslice(X,Y,Z,U,[],[],0.5:0.5:2.5)                      %等值线切面（三维）
[sx,sy,sz]=meshgrid(-0.9:0.6:0.9, -0.9:0.2:0.9, 2.9);        %三维
streamline(X,Y,Z,Ex,Ey,Ez,sx,sy,sz);                        %画电场线
view(-17,8)
```

静电透镜的二维图形如图 13.17 所示.

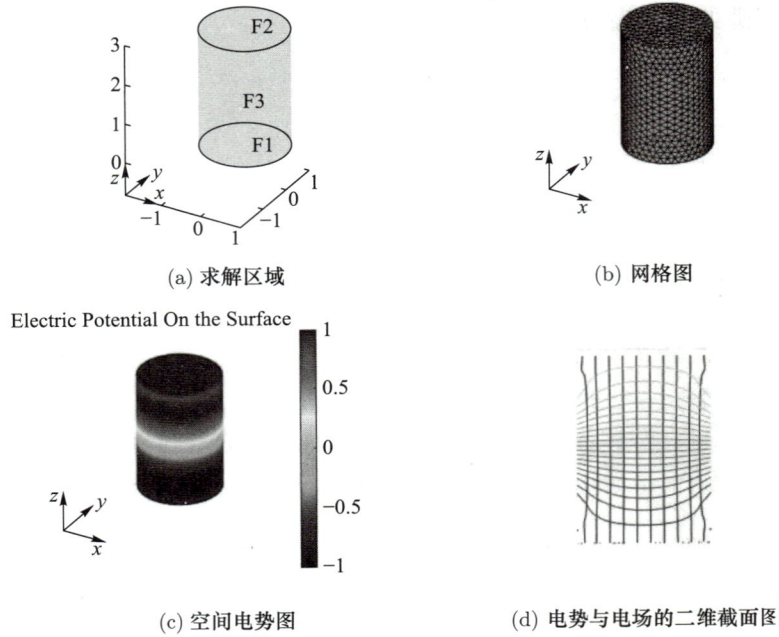

(a) 求解区域

(b) 网格图

Electric Potential On the Surface

(c) 空间电势图

(d) 电势与电场的二维截面图

图 13.17　静电透镜电势与电场

静电透镜的电势与电场三维图形如图 13.18 所示.

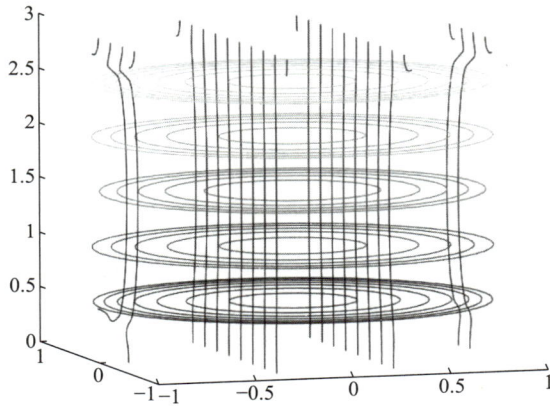

图 13.18　静电透镜的电势与电场的三维图

第十三章
程序包

第十四章 傅里叶变换法——PDE解法三

§14.1 快速傅里叶变换解周期性边界条件偏微分方程

14.1.1 周期性边界条件下的快速傅里叶变换

首先复习一下傅里叶变换. 傅里叶变换通常表示为

$$\hat{u}\left(k_x, k_y\right) = F[u(x,y)]$$

$$u(x,y) = F^{-1}\left[\hat{u}\left(k_x, k_y\right)\right]$$

对一个空间变量的函数进行傅里叶变换以后, 对空间变量的积分、微分运算可以转化成频谱空间的相应的乘除代数运算, 即

$$F\left[u'(x)\right] = \mathrm{i}k F[u(x)]$$

$$F\left[u^{(n)}(x)\right] = (\mathrm{i}k)^n F[u(x)]$$

傅里叶变换法就是利用这个特点来解偏微分方程的, 先对空间变量作傅里叶变换, 那么对空间变量的微分运算就变成乘除运算, 而偏微分方程就成为时间变量的常微分方程. 然后按照解常微分方程的方法求解, 比如使用指令 ode45 来求解.

在 MATLAB 中, 对于序列 $u_1, \cdots, u_j, \cdots, u_N$ 的离散傅里叶变换及逆变换定义为

$$\hat{u}_k = \sum_{j=1}^{N} u_j \mathrm{e}^{\frac{-2\pi(j-1)(k-1)\mathrm{i}}{N}}, \quad k = 1, \cdots, N$$

$$u_j = \frac{1}{N} \sum_{k=1}^{N} \hat{u}_k \mathrm{e}^{\frac{2\pi(j-1)(k-1)\mathrm{i}}{N}}, \quad j = 1, \cdots, N$$

上述定义式中的归一化系数可以有其他的选择, 但是它们的乘积必须是 $1/N$.

设空间坐标 x 取值为

$$x = -\frac{L}{2}, \quad -\frac{L}{2} + \frac{L}{N}, \cdots, \frac{L}{2} - \frac{2L}{N}, \quad \frac{L}{2} - \frac{L}{N}$$

其间隔是 L/N, 对应的函数值为 $u_1, \cdots, u_j, \cdots, u_N$. 这是指令 fft 的输入函数.

但是, 指令 fft 的输出函数值 $\hat{u}_1, \cdots, \hat{u}_j, \cdots, \hat{u}_N$ 所对应的频率并不是按照从小到大的顺序排列的, 而是零频与正频率在序列前半部分, 负频率在序列后半部分, 即

$$0, \frac{2\pi}{L}, \frac{4\pi}{L}, \cdots, \frac{(N-4)\pi}{L}, \frac{(N-2)\pi}{L}, -\frac{N\pi}{L}, -\frac{(N-2)\pi}{L}, \cdots, -\frac{4\pi}{L}, -\frac{2\pi}{L}$$

使用语句 ifft(i*k.*fft(u)) 来求一阶导数时. 其中 k 的取值要与上面变换后的频谱顺序一致, 也要正值在前面, 负值在后面. 而不是按照从小到大的顺序排列. 即 k 的取值是

$$\frac{2\pi}{L} * \left[0 : \frac{N}{2} - 1, -\frac{N}{2} : -1 \right]$$

可以用指令 fftshift 来调整 fft 输出, 使其按照从小到大的顺序排列. 即指令 fftshift(fft(u)) 的输出是

$$-\frac{N\pi}{L}, -\frac{(N-2)\pi}{L}, \cdots, -\frac{4\pi}{L}, -\frac{2\pi}{L}, 0, \frac{2\pi}{L}, \frac{4\pi}{L}, \cdots, \frac{(N-4)\pi}{L}, \frac{(N-2)\pi}{L}$$

用指令 ifftshift 可以恢复原来的顺序.

空域坐标与频域坐标的关系如表 14.1 所示, 不难发现, 空域上的两点间隔和频域区间长度成反比, 其乘积为 2π, 频域上的两点间隔和空域区间长度的关系亦如此.

表 14.1

	两点间隔	区间长度
空域坐标	L/N	L
时域坐标	$2\pi/L$	$2N\pi/L$

将 n 阶导数的快速傅里叶变换式写成

$$u(x) = F^{-1} \left\{ \frac{F\left[u^{(n)}(x) \right]}{(ik)^n} \right\}$$

若把 $u(x)$ 看成是对 $u^n(x)$ 做 n 次积分的结果. 上式就具有了求不定积分的意义. 当然, 这里暂时没有考虑积分常数的问题. 所以, 求 n 阶导数相当于在频域上乘以 $(ik)^n$, 相应地, 做 n 次积分就是在频域上除以 $(ik)^n$. 需要强调的是, 如此计算积分会出现一个问题, 那就是 k 为 0 时会导致上式出现无穷大. 在编写程序时有两种解决办法:

(1) 将 k 的 0 值修改为很小的数, 如: 10^{-6}.

(2) 在分母上加一个很小的数, 防止分母为 0, 即 $(ik)^n + \mathrm{eps}$. 其中, eps 是 MATLAB 中的浮点相对误差限, 它的值在 10^{16} 数量级. 这样, 就通过引入微小的误差避免了分母为 0 的问题.

14.1.2   快速傅里叶变换解周期性边界条件偏微分方程的步骤

1. 求解含 $\dfrac{\partial}{\partial t}$ 的偏微分方程

先讨论对 t 一阶求导的偏微分方程:

$$\frac{\partial u}{\partial t} = Lu + N(u)$$

其中, $u(x, t)$ 为 x、t 的函数, L 代表线性算符 (linear operator), $N(u)$ 为非线性项 (nonlinear terms). 已知初始条件为 $u(x, t_0)$.

对方程作关于 x 的一维傅里叶变换得到

$$\frac{\partial \hat{u}}{\partial t} = \alpha(k)\hat{u} + F[N(u)] \tag{14.1.1}$$

其中, $\hat{u}(kt)$ 代表 $u(x,t)$ 在 x 域上的傅里叶变换. 为了展现对线性算符 L 及非线性项 $N(u)$ 作傅里叶变换的细节, 这里以

$$L = a \cdot \frac{\partial^2}{\partial x^2} + b \cdot \frac{\partial}{\partial x} + c$$

$$N(u) = u^3 + u^3 \cdot \frac{\partial^2 u}{\partial x^2} + f(x) \cdot \frac{\partial u}{\partial x}$$

为例进行分析, a、b、c 分别为常数.

对线性部分, 有

$$F[Lu] = \left[a(\mathrm{i}k)^2 + b(\mathrm{i}k) + c\right]\hat{u}$$

则式 (14.1.1) 中的

$$\alpha(k) = a(\mathrm{i}k)^2 + b(\mathrm{i}k) + c = -ak^2 + \mathrm{i}bk + c$$

对非线性部分, 需要将 $u, \dfrac{\partial u}{\partial x}, \dfrac{\partial^2 u}{\partial x^2}$ 写为

$$F^{-1}[\hat{u}], \quad F^{-1}[\mathrm{i}k\hat{u}], \quad F^{-1}\left[(\mathrm{i}k)^2\hat{u}\right]$$

则有

$$F[N(u)] = F\left[u^3 + u^3 \cdot \frac{\partial^2 u}{\partial x^2} + f(x) \cdot \frac{\partial u}{\partial x}\right]$$

$$= F\left\{\left[F^{-1}(\hat{u})\right]^3 + \left[F^{-1}(\hat{u})\right]^3 \cdot F^{-1}[(\mathrm{i}k)^2\hat{u}] + f(x) \cdot F^{-1}(\mathrm{i}k\hat{u})\right\}$$

在上式中, 原来 $u(x,t)$ 对 x 的偏导数就都通过傅里叶变换及逆变换简化为 $\hat{u}(k,t)$ 和 k 的代数运算了, 然后再将 $\hat{u}$ 和 k 离散化, 偏微分方程就成了常微分方程组. 可以用指令 ode45 或相应的指令求解, 最后用指令 ifft 将频域上的计算结果 $\hat{u}(k,t)$ 变换回待求的 $u(x,t)$.

若方程是二维的, 即方程中包含 $u(x,y,t)$ 的 $\partial^n/\partial x^n$, $\partial^n/\partial y^n$, 则使用傅里叶谱方法时需要二次变换, 即先在 x 方向作变换, 然后再在 y 方向作变换. 每次变换的计算步骤基本相同. 实际编程时可以直接使用 MATLAB 二维傅里叶变换指令 fft2、ifft2 代替 fft、ifft 指令, 并利用 $\partial^n/\partial x^n \rightarrow (\mathrm{i}k_x)^n$, $\partial^n/\partial y^n \rightarrow (\mathrm{i}k_y)^n$ 和下述关系式进行转化:

$$u = F^{-1}[\hat{u}], \quad \frac{\partial^n u}{\partial x^n} = F^{-1}\left[(\mathrm{i}k_x)^n\,\hat{u}\right], \quad \frac{\partial^n u}{\partial y^n} = F^{-1}\left[(\mathrm{i}k_y)^n\,\hat{u}\right]$$

其中 k_x、k_y 为 x、y 方向的波数. 而式中 $F[\ ]$、$F^{-1}[\ ]$ 是代表二维傅里叶变换及逆变换, $\bar{u}$、$\hat{u}$ 代表先后对函数 u 作 x、y 方向上的傅里叶变换 (即二维傅里叶变换).

同样地, 对于三维的方程则需要作三次变换, 实际变换时使用的指令为 fft3,ifft3.

还要注意, 这里使用傅里叶变换法求解偏微分方程 (组), 隐含着周期性边界条件. 以序列 $u_1,\cdots$, $u_j,\cdots,u_N$ 为例, 在周期性边界条件下, 可以等效认为有 $u_{mN+j} = u_j$ 的关系 (m 为任意整数), 也就是说, 一端边界处的函数值将对另一端边界处的函数值产生影响. 周期性边界条件可以将具有时空周期性的物理问题简化为单元进行处理, 但对于一些特定的非周期性问题, 则需要修改其他条件 (计算区间的范围、参数、初始条件等) 来确保边界处的函数值恒为 0 或某一特定常数, 以排除相邻周期间的干扰, 得到正确结果.

2. 求解含 $\dfrac{\partial^2}{\partial t^2}$ 的偏微分方程

对于含有对 t 二阶求导的微分方程, 解法与上面类似. 其中对空间变量的傅里叶变换是完全一样的, 只是变换以后的方程是 t 的二阶常微分方程, 仍然可以用指令 ode45 求解. 下面有具体的例子介绍.

§14.2　快速傅里叶变换法应用实例

下面介绍一些快速傅里叶变换谱方法应用实例, 注意它们都是采用周期性边界条件.

14.2.1　泊松方程

如果方程与 t 无关, 则解法更简单, 例如求解二维泊松方程:

$$\frac{\partial^2 u(x,y)}{\partial x^2} + \frac{\partial^2 u(x,y)}{\partial y^2} = \rho(x,y)$$

$$(0 \leqslant x \leqslant J; \quad 0 \leqslant y \leqslant L)$$

在同期性边界条件下作二维快速傅里叶变换, 得到

$$-\left(k_x^2 + k_y^2\right) F(u) = F(\rho)$$

即

$$F(u) = \frac{F(\rho)}{-\left(k_x^2 + k_y^2\right)}$$

再作二维逆变换得到方程的解为

$$u = F^{-1}\left[F(u)\right] = F^{-1}\left[\frac{F(\rho)}{-\left(k_x^2 + k_y^2\right)}\right]$$

例如, 取 $\rho(x,y) = x - 4y$, 求解泊松方程. 程序与图形 (图 14.1) 如下:

```
L=40; N=256;
x=L/N*[-N/2:N/2-1]; y=x;
kx=(2*pi/L)*[0:N/2-1, -N/2:-1];
ky=kx;
[X, Y]=meshgrid(x,y);
[kX,kY]=meshgrid(kx,ky);
K2=kX.^2+kY.^2;
p=X-4*Y;          %源项
FP=fft2(p);
FU=-FP./(K2+eps);
u=ifft2(FU);
mesh(x,y,u);
```

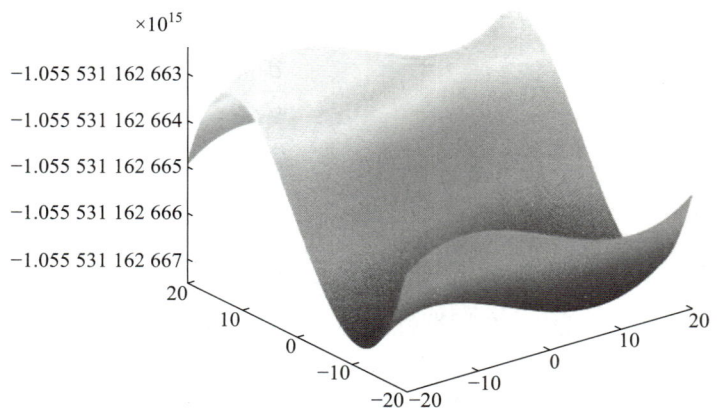

图 14.1　同期性边条的泊松方程的解

14.2.2　一维波动方程

无界弦的波动方程为

$$\frac{\partial^2 u}{\partial t^2} = a^2 \frac{\partial^2 u}{\partial x^2}$$

初始条件为

$$u|_{t=0} = 2\operatorname{sech} x, \quad \frac{\partial u}{\partial t}\bigg|_{t=0} = 0$$

令 $a = 1$, 并且用周期性边界条件来求解. 首先引入函数 v 将方程化成

$$\begin{cases} \dfrac{\partial u}{\partial t} = v \\[2mm] \dfrac{\partial v}{\partial t} = a^2 \dfrac{\partial^2 u}{\partial x^2} \end{cases}$$

对方程组作傅里叶变换得到

$$\begin{cases} \dfrac{\partial \hat{u}}{\partial t} = \hat{v} \\[2mm] \dfrac{\partial \hat{v}}{\partial t} = -a^2 k^2 \hat{u} \end{cases}$$

然后用指令 ode45 求解这个方程组. 注意初始条件也要作傅里叶变换才能使用. 实际程序如下:

```
function Ch14N2wave1D
L=80; N=256;
x=L/N*[-N/2:N/2-1];
k=(2*pi/L)*[0:N/2-1,-N/2:-1].';
u=2*sech(x); ut=fft(u);                        %初始条件的傅里叶变换
vt=zeros(1,N); uvt=[ut vt];
a=1; t=0:0.1:20;
[t,uvtsol]=ode45(@wave1D,t,uvt);               %求解
usol=ifft(uvtsol(:,1 :N),[],2);                %将数据作逆变换

figure                                         %画图
for n=1:length(t)
    plot(x,usol(n,:),'k','LineWidth',1.5),
     xlabel x, ylabel u
     axis([-40 40 0 2]), drawnow
end

function duvt=wave1D(t,uvt)
ut=uvt(1:N); vt=uvt(N+[1:N]);                  %变换后初始条件
duvt=[vt; -a^2*(k).^2.*ut];
end
end
```

下面是程序运行中的几幅图像 (图 14.2), 可以看到, 它与无界弦的达朗贝尔公式描述的结论是一致的.

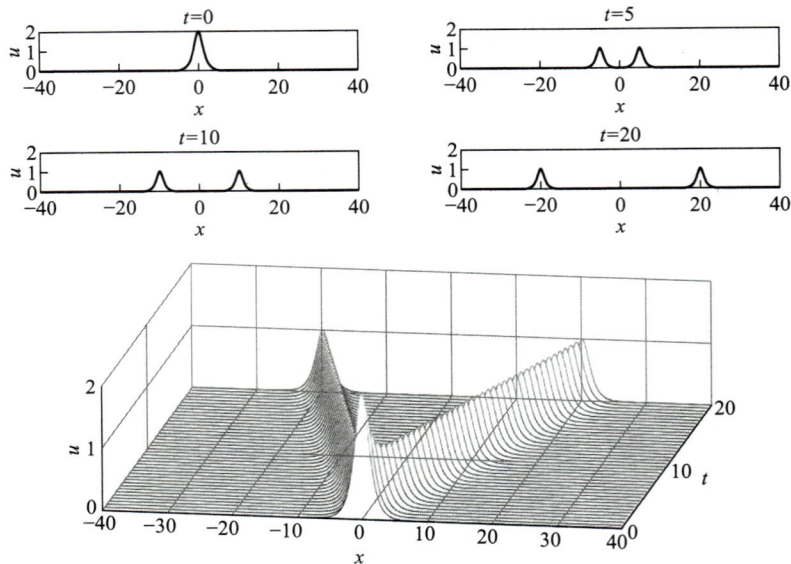

图 14.2   周期性边条的一维波动方程的解

14.2.3   二维波动方程

二维波动方程为

$$\frac{\partial^2 u}{\partial t^2} = a^2 \left(\frac{\partial^2}{\partial x^2} + \frac{\partial^2}{\partial y^2} \right) u$$

取 $a = 1$, 加上初始条件

$$u\big|_{t=0} = \mathrm{e}^{-20\left[(x-0.4)^2+(y+0.4)^2\right]} + \mathrm{e}^{-20\left[(x+0.4)^2+(y-0.4)^2\right]}, \qquad \frac{\partial u}{\partial t}\bigg|_{t=0} = 0$$

然后在周期性边界条件下求解.

引入函数 v 将方程写成方程组形式:

$$\begin{cases} \dfrac{\partial u}{\partial t} = v \\[2mm] \dfrac{\partial v}{\partial t} = a^2 \left(\dfrac{\partial^2}{\partial x^2} + \dfrac{\partial^2}{\partial y^2} \right) u \end{cases}$$

上列方程组经过傅里叶变换得到

$$\begin{cases} \dfrac{\partial \hat{u}}{\partial t} = \hat{v} \\[2mm] \dfrac{\partial \hat{v}}{\partial t} = -a^2 \left(k_x^2 + k_y^2 \right) \hat{u} \end{cases}$$

最后用指令 ode45 求解, 实际程序为

```
function Ch14N3wave2D
L=4; N=64; x=L/N*[-N/2:N/2-1]; y=x;
kx=(2*pi/L)*[0:N/2-1, -N/2:-1]; ky=kx;
```

```
[X, Y]=meshgrid(x,y);
[kX,kY]=meshgrid(kx,ky);
K2=kX.^2+kY.^2; K2=K2(:);
u=exp(-20*((X -0.4).^2+(Y+0.4).^2))+exp(-20*((X+0.4).^2+(Y-0.4).^2));
ut=fft2(u); vt=zeros(N);                          %初始条件的FFT变换
uvt=[ut(:); vt(:)];
a= 1; t=[0:0.01: 1];
[t,uvtsol]=ode45(@wave2D,t,uvt);                  %求解
figure                                            %画图
for n=1:length(t)
    mesh(x,y,ifft2(reshape(uvtsol(n,1:N^2),N,N))), view(10,45)
        title(['t=' num2str(t(n))]), axis([-L/2 L/2 -L/2 L/2 0 1])
    xlabel x, ylabel y, zlabel u, drawnow, pause(0.1)
end
function duvt=wave2D(t,uvt)
ut=uvt(1:N^2); vt=uvt(N^2+[1:N^2]);
duvt=[vt; -a^2*K2.*ut];
end
end
```

下面是程序运行中的几幅图像 (图 14.3).

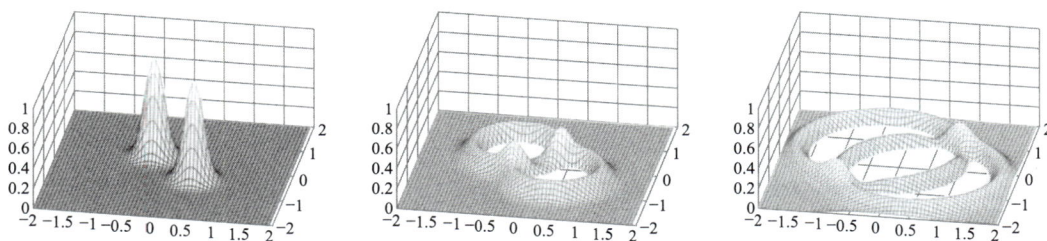

图 14.3 周期性边条的二维波动方程的解

14.2.4 三维波动方程

三维波动方程是

$$\frac{\partial^2 u}{\partial t^2} = a^2 \left(\frac{\partial^2}{\partial x^2} + \frac{\partial^2}{\partial y^2} + \frac{\partial^2}{\partial z^2} \right) u$$

取 $a = 1$, 加上初始条件

$$u\big|_{t=0} = \mathrm{e}^{-10\left[(x-0.3)^2+(y+0.3)^2\right]} + \mathrm{e}^{-10\left[(z+0.3)^2+(y-0.3)^2\right]}, \quad \frac{\partial u}{\partial t}\bigg|_{t=0} = 0$$

然后在周期性边界条件下求解.

引入函数 v 将方程写成方程组形式:

$$\begin{cases} \dfrac{\partial u}{\partial t} = v \\[3mm] \dfrac{\partial v}{\partial t} = a^2 \left(\dfrac{\partial^2}{\partial x^2} + \dfrac{\partial^2}{\partial y^2} + \dfrac{\partial^2}{\partial z^2} \right) u \end{cases}$$

上列方程组经过傅里叶变换得到 (用 $\tilde{u}$ 表示三维变换后的函数)

$$\begin{cases} \dfrac{\partial \tilde{u}}{\partial t} = \tilde{v} \\[3mm] \dfrac{\partial \tilde{v}}{\partial t} = -a^2 \left(k_x^2 + k_y^2 + k_z^2 \right) \tilde{u} \end{cases}$$

最后用指令 ode45 求解, 实际程序为

```
function Ch14N4wave3D
L=4; N=64; x=L/N*[-N/2:N/2-1]; y=x; z=x;
kx=(2*pi/L)*[0:N/2-1, -N/2:-1]; ky=kx; kz=kx;
[X,Y,Z]=meshgrid(x,y,z);
[kX,kY,kZ]=meshgrid(kx,ky,kz);
K2=kX.^2+kY.^2+kZ.^2; K2=K2(:);
u=exp(-10*((X-0.3).^2+(Y+0.3).^2))+exp(-10*((Z+0.3).^2+(Y-0.3).^2)); % ut=fftn(u
    ); vt=zeros(N,N,N);
    %初始条件的变换
uvt=[ut(:); vt(:)];
a=1; t=[0:0.01:4];
[t,uvtsol]=ode45(@wave3D,t,uvt);                                         %求解
for n=1:length(t)
    utsol=uvtsol(n,1:N^3);
    utsol=reshape(utsol,N,N,N);
    usol=ifftn(utsol);
    slice(usol,32,[ ],32);
    axis([1 64 1 64 1 64]); view(22,23)
    drawnow
end
function duvt=wave3D(t,uvt)
ut=uvt(1:N^3); vt=uvt(N^3+[1:N^3]);
duvt=[vt; -a^2*K2.*ut];
end
end
```

下面是程序运行中的两幅图像 (图 14.4). 为了表现三维空间的运动, 使用了剖面颜色图像. 可以看到, 与一维情形相似, 开始中心的黄色块分裂成向两旁运动的两个黄色块.

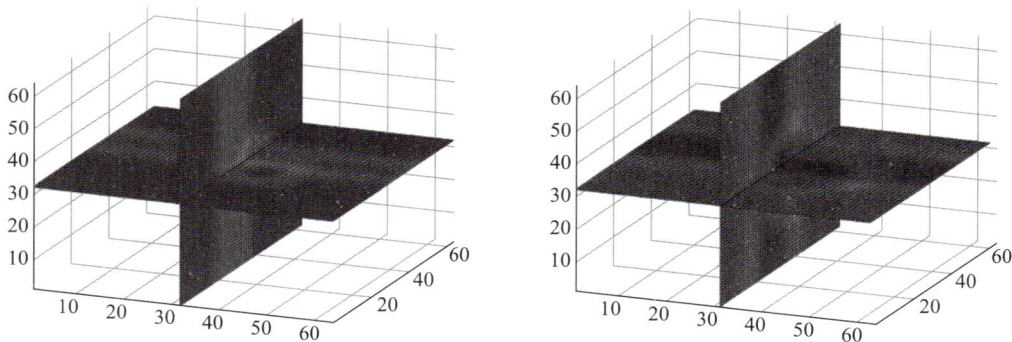

图 14.4 周期性边条的一维波动方程的解

14.2.5 一维非线性薛定谔方程

一维非线性薛定谔方程是

$$\frac{\partial u}{\partial t} = \frac{\mathrm{i}}{2}\frac{\partial^2 u}{\partial x^2} + \mathrm{i}|u|^2 u$$

其中 u 是复振幅, 对方程进行傅里叶变换得

$$\frac{\partial \hat{u}}{\partial t} = -\frac{\mathrm{i}k^2}{2}\hat{u} + \mathrm{i}F\left\{\left|F^{-1}\{\hat{u}\}\right|^2 F^{-1}\{\hat{u}\}\right\}$$

这个方程的初始条件是利用已知的解析解. 由逆散射方法可知, 当初始条件为 $\mu(x,0) = N\cdot\mathrm{sech}\ x$ 时, 如果 $N = 1, |u|$ 的形状在传播过程中保持不变, 如果 $N \geqslant 2, |u|$ 的形状则进行周期性的变化. N 称为孤子的阶数, $N = 1$ 对应的是基态孤子, $N \geqslant 2$ 对应的是高阶孤子. 这里取 $N = 2$ 的情况作为初始条件, 实际程序如下:

```
function Ch14N5NLS
L=20; N=256; x=L/N*(-N/2:N/2-1);
k=(2*pi/L)*[0:N/2-1,-N/2:-1].';
u=2*sech(x); ut=fft(u);                              %初始条件
t=0:0.1:5;
[t,utsol]=ode45(@NLSE,t,ut);                         %求解
usol=ifft(utsol,[],2);
size(usol)
figure                                              %画图
for n=1:length(t)
    plot(x,abs(usol(n,1:N)))
    axis([-10 10 0 5]),
    xlabel x, ylabel usol, drawnow, pause(0.1)
end
figure
subplot(1,2, 1)
waterfall(x,t,abs(usol))
axis([-10 10 0 5 0 4]),
xlabel x, ylabel t, zlabel lul
```

```
subplot(1,2,2)
waterfall(fftshift(k),t,abs(fftshift(utsol,2)))
axis([ -40 40 0 5 0 80]),
xlabel k,ylabel t,zlabel lfft(u)|
function dut=NLSE(~,ut)
u=ifft(ut);
dut=-(1i/2)*(k.^2).*ut+1i*fft((abs(u).^2).*u);
end
end
```

下面是程序运行中的几幅图像, 如图 14.5 所示.

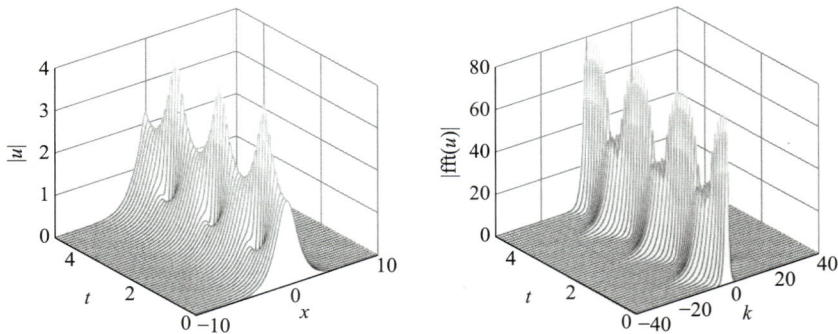

图 14.5　一维非线性薛定谔方程的解

14.2.6　一维 KdV 方程

1834 年, 英国科学家、造船工程师拉塞尔观察到一只运行的木船船头挤出一个水包来, 当船突然停下时, 这个水包竟保持着它的形状, 以大约 13 km/h 的速度往前传播. 1895 年, 由荷兰数学家科特韦格 (Korteweg) 和德弗里斯 (de Vries) 共同导出了在浅水沟表面上按照一个方向传播的波的运动方程, 也就是 KdV 方程 (Korteweg-de Vries equation), 它的形式可以写成

$$\frac{\partial u}{\partial t} = -\frac{\partial u}{\partial x} - 12u\frac{\partial u}{\partial x} - \frac{\partial^3 u}{\partial x^3}$$

上述方程的孤子解为 $\frac{a^2}{4} \cdot \mathrm{set}^2 h^2 \left\{ \frac{1}{2} \left[ax - (a + a^3) t + \delta \right] \right\}$, 其中 α、δ 为任意常数.

下面用傅里叶变换法求解 KdV 方程. 对方程做傅里叶变换, 得到

$$\frac{\partial \hat{u}}{\partial t} = -\mathrm{i}k\hat{u} - 12F\left\{ F^{-1}[\hat{u}] \cdot F^{-1}[\mathrm{i}k\hat{u}] \right\} - (\mathrm{i}k)^3\hat{u}$$

使用 $t = 0$ 时的孤子解作为初始条件, 令 $\alpha = 2, \delta = 0$, 则 $u(x,0) = \mathrm{sech}^2(x)$ 实际程序如下:

```
function Ch14N6KdV
L=20; N=128; x=L/N*(-N/2:N/2-1);
k=2*pi/L*[0:N/2-1 -N/2:-1].';
u=sech(x).^2; ut=fft(u);                    %初始条件
t=0:0.01:1;
```

```
[t,utsol]=ode45(@KdV,t,ut);
usol=ifft(utsol,[],2);
figure                                                %画图
for n=1:length(t)
    plot(x,abs(usol(n,:)))
    axis([-10 10 0 1.1])
end
figure
for n=1:length(t)
plot( fftshift(k),abs(fftshift( utsol(n,:),2)))
axis([-20 20 0 15])
end
function dut=KdV(~,ut)
u=ifft(ut);
dut=-(1i*k).*ut-12*fft(u.*ifft(1i*k.*ut))-(1i*k).^3.*ut;
end
end
```

程序运行是动画, 图 14.6 将它们合成两幅图像. 图 14.6 左侧部分为空域上的 $u(xt)$ 右侧部分为频域上的 $\hat{u}(kt)$. 由孤子的解析解可知, 孤子的形状保持不变, 并以 5 个空间单位/1 个时间单位的速度向 x 轴正方向移动, 相应地, 频域上的振幅始终不变, 这与图中的计算结果完全一致.

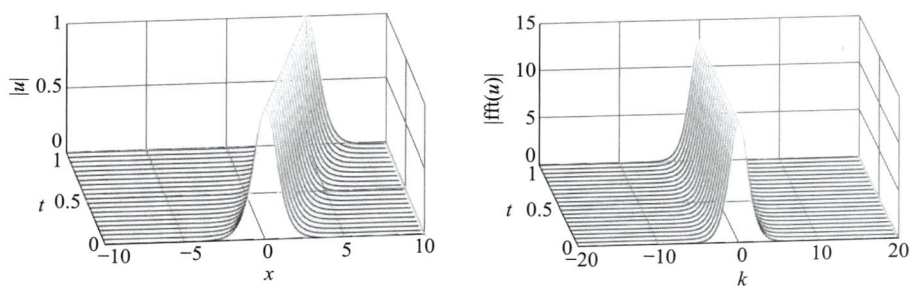

图 14.6　一维 KdV 方程的解

14.2.7　二维浅水方程组

二维浅水方程组与 §12.4 节中的方程是一样的, 这里用快速傅里叶变换法再解一次, 两种解法的结果是一致的. 浅水方程描述了具有自由表面、密度均匀、深度较浅的液体在重力作用下的流动过程, 可用于研究潮波和河流, 共具体形式如下:

$$\begin{cases} \dfrac{\partial \eta}{\partial t} = -\dfrac{\partial(\eta u)}{\partial x} - \dfrac{\partial(\eta v)}{\partial y} \\ \dfrac{\partial u}{\partial t} = -v\dfrac{\partial u}{\partial y} - u\dfrac{\partial u}{\partial x} - g\dfrac{\partial \eta}{\partial x} \\ \dfrac{\partial v}{\partial t} = -u\dfrac{\partial v}{\partial x} - v\dfrac{\partial v}{\partial y} - g\dfrac{\partial \eta}{\partial y} \end{cases}$$

其中, η 代表水深, t 为时间, x、y 是水平面上的坐标, u、v 是 x、y 方向上的流速, g 为重力加速度. 对方程组等号两边作 Oxy 平面上的二维傅里叶变换, 这里用 F 表示, 因为只有二维变换, 所以不会引起误解. 另外用 $\hat{\hat{u}}$ 表示二维傅里叶变换后的函数, 得到偏微分方程组如下:

$$
\begin{cases}
\dfrac{\partial \hat{\hat{\eta}}}{\partial t} = -\mathrm{i}k_x F\left\{ F^{-1}[\hat{\hat{\eta}}] F^{-1}[\hat{\hat{u}}] \right\} - \mathrm{i}k_y F\left\{ F^{-1}[\hat{\hat{\eta}}] F^{-1}[\hat{\hat{v}}] \right\} \\[2mm]
\dfrac{\partial \hat{\hat{u}}}{\partial t} = -F\left\{ F^{-1}[\hat{\hat{v}}] \cdot F^{-1}\left[\mathrm{i}k_y\hat{\hat{u}}\right] + F^{-1}[\hat{\hat{u}}] \cdot F^{-1}\left[\mathrm{i}k_x\hat{\hat{u}}\right] \right\} - \mathrm{i}gk\hat{\hat{\eta}} \\[2mm]
\dfrac{\partial \hat{\hat{v}}}{\partial t} = -F\left\{ F^{-1}[\hat{\hat{u}}] \cdot F^{-1}\left[\mathrm{i}k_x\hat{\hat{v}}\right] + F^{-1}[\hat{\hat{v}}] \cdot F^{-1}\left[\mathrm{i}k_y\hat{\hat{v}}\right] \right\} - \mathrm{i}gk_y\hat{\hat{\eta}}
\end{cases}
$$

取 $g=1$, 初始条件为

$$
\begin{cases}
h(x,y,0) = 0.1 \cdot \exp\left(-x^2/10 - y^2/10\right) + 0.1 \\[2mm]
u(x,y,0) = 0 \\[2mm]
v(x,y,0) = 0
\end{cases}
$$

求解程序为

```
function Ch14N7shallow
L=40; N=64; x=L/N*(-N/2:N/2-1); y=x;
kx=2*pi/L*[0:N/2-1 -N/2:-1]; ky=kx;
[X,Y]=meshgrid( x,y); [kX,kY]=meshgrid(kx,ky);
e=0.1 *exp(-X.^2/10-Y.^2/10)+0.1;                        %初始条件
et=fft2(e); ut=zeros(N^2, 1); vt=zeros(N^2, 1);
euvt=[et(:); ut; vt;];
t=0:25; g=1;
[~,euvtsol]=ode45(@shallow_water,t,euvt);
for n=1:25                                               %画图
    mesh(x,y,real(ifft2(reshape(euvtsol(n,1:N^2),N,N))));
    axis([-20 20 -20 20 0.1 0.2]),
    xlabel x, ylabel y, zlabel \eta, view(-80,45), drawnow
end
function deuvt=shallow_water(~,euvt)
et=euvt(1:N^2); ut=euvt(N^2+(1:N^2)); vt=euvt(2*N^2+(1:N^2));
et=reshape(et,N,N); ut=reshape(ut,N,N); vt=reshape(vt,N,N);
e=ifft2(et); u=ifft2(ut); v=ifft2(vt);
deuvt=[reshape(-1i*kX.*fft2(e.*u)-1i*kY.*fft2(e.*v),N^2,1);
reshape(-fft2(v.*ifft2(1i*kY.*ut)+u.*ifft2(1i*kX.*ut))-g*1i*kX.*et,N^2,1);
reshape(-fft2(u.*ifft2(1i*kX.*vt)+v.*ifft2(1i*kY.*vt))-g*1i*kY.*et,N^2,1)];
end
end
```

下面是程序运行中几幅图像, 如图 14.7 所示.

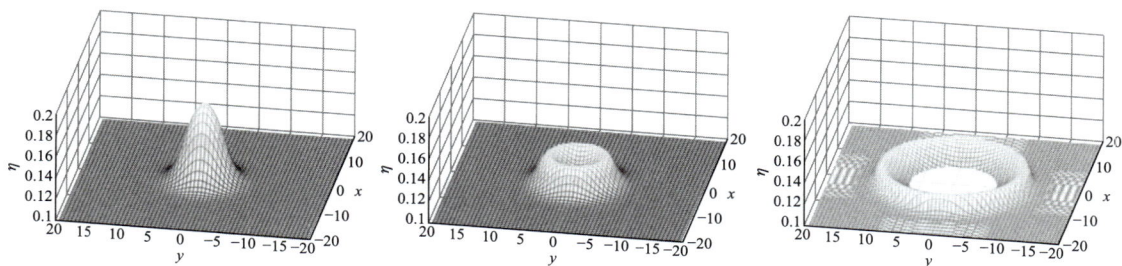

图 14.7 二维浅水波方程组的解

14.2.8 二维黏性伯格斯 (Burgers) 方程

伯格斯方程是流体力学中一个非常重要和基本的偏微分方程, 它广泛应用于空气动力学、湍流、交通流、热传导以及半导体模拟等领域. 二维黏性伯格斯方程的形式如下:

$$\frac{\partial u}{\partial t} = \nu \left(\frac{\partial^2}{\partial x^2} + \frac{\partial^2}{\partial y^2} \right) u - u \left(\frac{\partial}{\partial x} + \frac{\partial}{\partial y} \right) u$$

其中, u 表示速度, x、y 为空间坐标, t 为时间, ν 为黏度. 对上式做二维傅里叶变换, 得

$$\frac{\partial \hat{\hat{u}}}{\partial t} = -\nu \left(k_x^2 + k_y^2 \right) \hat{\hat{u}} - F \left\{ F^{-1}[\hat{u}] \cdot F^{-1} \left[\mathrm{i} \left(k_x + k_y \right) \hat{\hat{u}} \right] \right\}$$

取 $v = 0.01$, 初始条件为 $u(x, y, 0) = \mathrm{sech} \left(4x^2 + 4y^2 \right)$, 程序如下:

```
function Ch14N8burgers
L=4; N=64; x=L/N*(-N/2:N/2-1); y=x;
kx=2*pi/L*[0:N/2-1 -N/2:-1]; ky=kx;
[X,Y]=meshgrid(x,y);
[kX,kY]=meshgrid(kx,ky);
K2=kX.^2+kY.^2;
u=sech(4*X.^2+4*Y.^2); ut=fft2(u);                      %初始条件
v=0.01; t=0:0.05:1.2;
[t,utsol]=ode45(@burgers,t,ut(:));
figure
for n=1:length(t)
    mesh(x,y,real(ifft2(reshape(utsol(n,:),N,N))))
    axis([-2 2 -2 2 0 1]),xlabel x, ylabel y, zlabel u
    view(46,20), title(['t=' num2str(t(n))]); drawnow
end
function dut=burgers(~,ut)
ut=reshape(ut,N,N); u=ifft2(ut);
dut=reshape(-v*K2.*ut-fft2(u.*ifft2(1i*(kX+kY).*ut)),N^2,1);
end
end
```

程序运行的是动画, 下面是程序运行中几幅图像图 14.8.

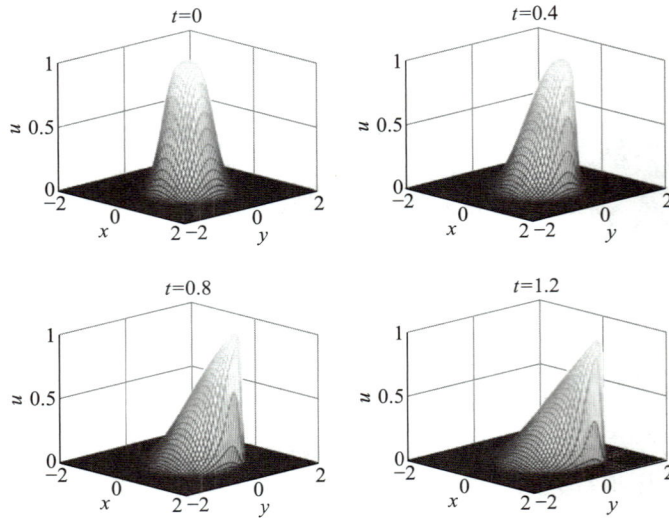

图 14.8　二维黏性伯格斯方程的解

14.2.9　二维施纳肯伯格 (Schnakenberg) 模型

斑图 (pattern) 是一类普遍存在于自然界、在时间或空间上具有某种规律的非均匀宏观结构. 反应扩散系统 (reaction-diffusion system) 是斑图理论中研究得最为广泛的系统, 它起源于化学反应系统, 但又不局限于此, 它还广泛应用于生物学、物理学、医学、金融学等领域. 施纳肯伯格模型是反应扩散系统中的一个有趣的模型, 其数学形式如下:

$$
\begin{cases}
\dfrac{\partial u}{\partial t} = \left(\dfrac{\partial^2}{\partial x^2} + \dfrac{\partial^2}{\partial y^2} \right) u + \gamma \left(a - u + u^2 v \right) \\[4mm]
\dfrac{\partial v}{\partial t} = d \left(\dfrac{\partial^2}{\partial x^2} + \dfrac{\partial^2}{\partial y^2} \right) v + \gamma \left(b - u^2 v \right)
\end{cases}
$$

其中, u、v 是两种化学反应物质的浓度, x、y 为空间坐标, t 为时间, a、b、d、γ 为常数. 对方程组作二维傅里叶变换, 可将其转化为常微分方程组:

$$
\begin{cases}
\dfrac{\partial \hat{\hat{u}}}{\partial t} = - \left(k_x^2 + k_y^2 \right) \hat{\hat{u}} + \gamma \cdot F \left\{ a - F^{-1}[\hat{\hat{u}}] + F^{-1}[\hat{\hat{u}}]^2 F^{-1}[\hat{\hat{v}}] \right\} \\[4mm]
\dfrac{\partial \hat{\hat{v}}}{\partial t} = -d \left(k_x^2 + k_y^2 \right) \hat{\hat{v}} + \gamma \cdot F \left\{ b - F^{-1}[\hat{\hat{u}}]^2 F^{-1}[\hat{\hat{v}}] \right\}
\end{cases}
$$

参数取值为:$\alpha = 0.1, b = 0.8, d = 26, \gamma = 100$. 为了得到靶型波, 将初始条件设置为: u 在 Oxy 平面原点处值为 1, 在其他地方的值为 0. v 在整个 Oxy 平面上值为 1. 程序如下:

```
function Ch14N9schnakenberg
L=16; N=64; kx=2*pi/L*[0:N/2-1 -N/2:-1]; ky=kx;
[kX,kY]=meshgrid(kx,ky);
K2=kX.^2+kY.^2;
u=zeros(N); u(N/2,N/2)=1; v=ones(N);                   %初始条件
ut=fft2(u); vt=fft2(v); uvt=[ut(:); vt(:)];
a=0.1; b=0.8; d=26; gamma=100; t=0:0.001:0.3;
```

```matlab
[t,uvtsol]=ode45(@schnakenberg,t,uvt);
figure
for n=1:length(t)
    gca=pcolor(ifft2(reshape(uvtsol(n,1:N^2),N,N))); axis off
        set(gca,'LineStyle','none'), shading interp
    title(['t=' num2str(t(n))]), axis('square'), colormap('gray')
    drawnow
end
function duvt=schnakenberg(~,uvt)
ut=uvt(1:N^2); vt=uvt(N^2+ 1:end);
ut=reshape( ut,N,N); vt=reshape( vt,N,N);
u=ifft2(ut); v=ifft2(vt);
duvt=[reshape(-K2.*ut+gamma*fft2(a-u+(u.^2).*v),N^2,1);
    reshape(-d*K2.*vt+gamma*fft2(b-(u.^2).*v),N^2,1)];
end
end
```

程序运行结果是动画, 下面是程序运行中的几幅图像, 如图 14.9 所示.

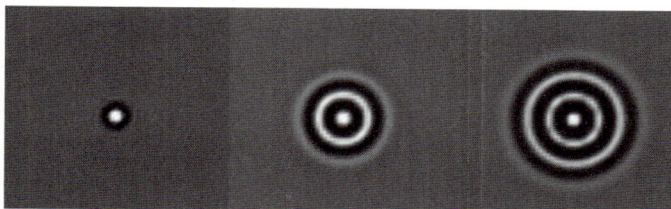

图 14.9　二维施纳肯伯格模型的解

14.2.10　金兹堡–朗道 (Ginzburg-Landau) 方程

金兹堡–朗道方程在超导理论、流体力学以及光学中有着重要的应用. 用于输出超短脉冲的锁模激光器就是由金兹堡–朗道方程描述的 (在光学中也称为主方程, 即 master equation), 这里讨论如下形式的金兹堡–朗道方程:

$$\frac{\partial u}{\partial z} = -\frac{i}{2}(\beta_2 + ig_0\tau)\frac{\partial^2 u}{\partial t^2} + i\gamma|u|^2 u + \frac{1}{2}\left(g_0 - \frac{\alpha_0}{1+|u|^2/P_0}\right)u$$

其中, u、t、z 分别代表光的复振幅、时间和光在激光器内传播的距离, i 为虚数单位. 其他参数取值为 $\beta_2 = -1, g_0 = l, \tau = 0.2, \gamma = l, \alpha_0 = 1.2, P_0 = 1$. 与此前所讨论的方程不同, 上述方程是复数偏微分方程, 但在利用 MATLAB 求解过程中, 它的处理与实数偏微分方程并无太大差异, 程序如下:

```matlab
function Ch14N10GLeq
L=20; N=128;
t=L/N*(-N/2:N/2-1); k=(2*pi/L)*[0:N/2-1,-N/2:-1].';
u=sech(t/2)*0.3+0.5*rand(1,N);
uz=fft(u);                                    %初始条件
beta2=-1; gamma=1; g0=1; tau=0.2;
```

```
alpha0=1.2; P0=1; z=0:30;
[z,usol]=ode45(@master,z,uz);
usol=ifft(usol(:,1 :N),[],2);
figure
waterfall(t,z,abs(usol)),
xlabel t, ylabel z, zlabel |u|
function du=master(~,uz)
u=ifft(uz) ;
du=1i/2*(beta2+1i*g0*tau)*(k.^2).*uz+...
    fft(1i*gamma*abs(u).^2.*u)+...
  1/2 *fft( (g0-alpha0./(1+abs(u).^2/P0)).*u);
end
end
```

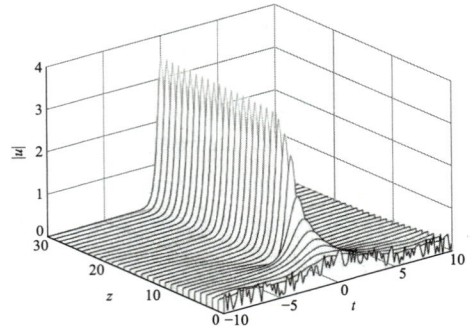

图 14.10   金兹堡–朗道方程的解

程序输出结果如图 14.10 所示. 尽管光的初始条件包含了很强的噪声, 但由于多种物理效应的共同作用, 光在锁模激光器内的传播过程中形成了稳定的脉冲, 这与锁模激光器的实际情况是一致的, 称作自启动.

图 14.10 是程序运行的图像.

14.2.11 耦合非线性薛定谔方程组

对于某些基于耦合效应和非线性效应制成的锁模激光器 (如使用波导阵列做锁模器件的激光器), 其理论模型就需要用耦合非线性薛定谔方程组 (coupled nonlinear Schrodinger equations) 来描述:

$$
\begin{cases}
\dfrac{\partial u_1}{\partial z} = \mathrm{i}k_{12}u_2 - \dfrac{\mathrm{i}}{2}(\beta_2+\mathrm{i}g\tau)\dfrac{\partial^2 u_1}{\partial t^2} + \mathrm{i}\gamma|u_1|^2 u_1 + \dfrac{1}{2}(g-\alpha_1) \\[3mm]
\dfrac{\partial u_2}{\partial z} = \mathrm{i}(k_{12}u_1 + k_{23}u_3) - \dfrac{\alpha_2}{2}u_2 \\[3mm]
\dfrac{\partial u_3}{\partial z} = \mathrm{i}k_{23}u_2 - \dfrac{\alpha_3}{2}u_3
\end{cases}
$$

其中, u_1、u_2、u_3 为 3 个波导内的光复振幅, t、z 为时间和光在波导内传播的距离, i 为虚数单位. 其他参数取值: $k_{12} = 0.3, k_{23} = 0.3, \beta_2 = 1, g = 0.3, \tau = 2, \gamma = l, \alpha_1 = 0.01, \alpha_2 = 0.1, \alpha_3 = 10$, 求解程序如下:

```
function Ch14N11NS_Scheq
L=100; N=128;
t=L/N*(-N/2:N/2-1); k=(2*pi/L)*[0:N/2-1, -N/2:-1].';
u1=0.3*sech(t/4)+0.6*rand(1,N);          %初始条件
u2=zeros(1,N); u3=zeros(1,N);
u1z=fft(u1); u2z=fft(u2); u3z=fft(u3);
uz=[u1z, u2z, u3z];
k12=0.3; k23=k12; beta2=1; gamma=1; g=0.3;
tau=2; a1=0.01; a2=0.1; a3=1; z=0:4:200;
[z, usol]=ode23(@CNLSE,z,uz);            %方程求解
u1=ifft(usol(:,1:N),[],2);
```

```
u2=ifft(usol(:,N+1:2*N),[],2);
u3=ifft(usol(:,2*N+1:3*N),[],2);
figure
subplot(1,3,1)
waterfall(t,z,abs(u1)), xlabel t, ylabel z, zlabel |u|
subplot(1,3,2)
waterfall(t,z,abs(u2)), xlabel t, ylabel z, zlabel |u|
subplot(1,3,3)
waterfall(t,z,abs(u3)), xlabel t, ylabel z, zlabel |u|

function du=CNLSE(~,uz)
u1=(uz(1:N)); u2=(uz(N+( 1:N))); u3=(uz(2 *N+(1:N)));
iu1=ifft(u1);
du=[1i*k12*u2+1i/2*(beta2+1i*g*tau)*k.^2.*u1+...
    1i*gamma*fft( abs(iu1).^2.*iu1 )+ 1/2*(g-a1).*u1 ;
1i*(k12*u1+k23*u3)-a2/2.*u2;
1i*k23.*u2-a3/2.*u3];
end
end
```

与上节的结果相似, 这种基于波导阵列制成的锁模激光器同样可以实现自启动锁模, 如图 14.11 所示, 3 个波导内的光均从噪声初始条件开始逐渐形成了稳定的脉冲.

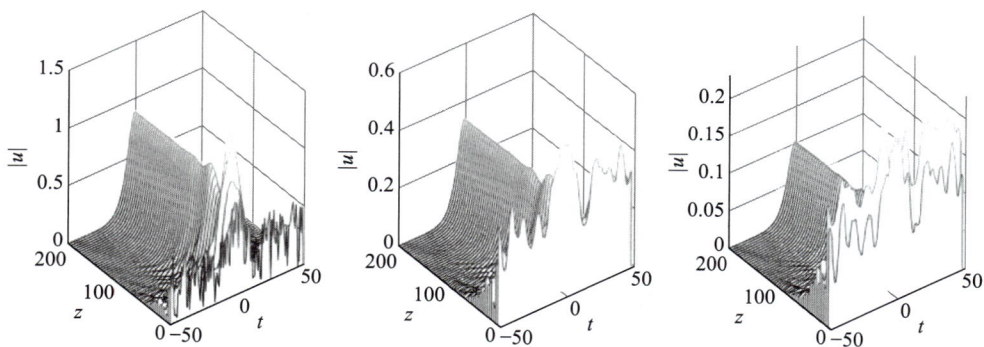

图 14.11　耦合非线性薛定谔方程组的解

14.2.12　二维平流–扩散方程 (N–S 方程)

二维平流–扩散方程 (advection-diffusion equation) 描述了大气的准二维运动, 它的形式如下:

$$\begin{cases} \dfrac{\partial \omega}{\partial t} = \nu \left(\dfrac{\partial^2}{\partial x^2} + \dfrac{\partial^2}{\partial y^2} \right) \omega + \dfrac{\partial \psi}{\partial y} \dfrac{\partial \omega}{\partial x} - \dfrac{\partial \psi}{\partial x} \dfrac{\partial \omega}{\partial y} \\ \left(\dfrac{\partial^2}{\partial x^2} + \dfrac{\partial^2}{\partial y^2} \right) \psi = \omega \end{cases}$$

其中, ψ、ω 分别为流函数 (stream function) 和涡量 (vorticity), x、y 为空间坐标, t 为时间, υ 为一常数. 上式中的第一式同时包含了平流部分 $\dfrac{\partial \psi}{\partial y} \dfrac{\partial \omega}{\partial x} - \dfrac{\partial \psi}{\partial x} \dfrac{\partial \omega}{\partial y}$, 以及扩散部分——$\nu \left(\dfrac{\partial^2}{\partial x^2} + \dfrac{\partial^2}{\partial y^2} \right) \omega$.

快速傅里叶变换以后可使用 ode45 函数计算.

流函数 ψ 可看作涡量 ω 的一个参量, 计算涡量 ω 的过程中需要先用方程组中的第二式求解流函数 ψ 这是一个对 ω 的积分运算, 由于产生了积分常数 c, 所以 ν 并不是唯一的, 即 $\psi = \psi_0 + c$. 但是注意到该式中的 ψ 都是以导数的形式存在, 所以积分常数 c 并不会影响 ω 的计算结果, 可不做考虑. 计算流函数 ψ 有两种方法:

(1) 直接对 $\left(\dfrac{\partial^2}{\partial x^2} + \dfrac{\partial^2}{\partial y^2} \right)$ 的矩阵形式求逆得到积分矩阵, 对 ω 进行积分:

$$\psi_{N^2 \times 1} = \left[D_N^{(2)} \otimes I_N + I_N \otimes D_N^{(2)} \right]^{-1} \omega_{N^2 \times 1}$$

(2) 利用第 11.4 节的方法, 对方程作二维傅里叶变换, 将积分运算转化为在频域上的除运算 (注意用技巧避免分母为 0):

$$\hat{\hat{\psi}} = -\frac{\hat{\hat{\omega}}}{k_x^2 + k_y^2}$$

因为方法 (1) 中存在对 N^2 阶方阵的求逆运算, 运算量较大, 所以这里采用方法 (2). 将它代入到方程组第一式的变换中去, 其中 F 表示二维傅里叶变换, 得

$$\frac{\partial \hat{\hat{\omega}}}{\partial t} = \nu \left(\frac{\partial^2}{\partial x^2} + \frac{\partial^2}{\partial y^2} \right) \hat{\hat{\omega}} + F \left[F^{-1} \left(\mathrm{i}k_y \frac{-\hat{\hat{\omega}}}{k_x^2 + k_y^2} \right) \cdot F^{-1} \left(\mathrm{i}k_x \hat{\hat{\omega}} \right) \right]$$

$$- F \left[F^{-1} \left(\mathrm{i}k_x \frac{-\hat{\hat{\omega}}}{k_x^2 + k_y^2} \right) \cdot F^{-1} \left(\mathrm{i}k_y \hat{\hat{\omega}} \right) \right]$$

使用周期性边界条件, 初始条件 $\omega(x, y, 0) = 1/\cosh(x^2 + y^2/20)$, 取 $\nu = 0.001$.

数值计算二维平流–扩散方程的代码如下:

```
function Ch14N12advection
L=20; N=128;
kx=2*pi/L*[0:N/2-1 -N/2:-1]; ky=kx;
[kX,kY]=meshgrid(kx,ky); K2=kX.^2+kY.^2;
x=L/N*(-N/2:N/2-1); y=x;                              %初始条件
[X,Y]=meshgrid( x,y);
w=sech((X+2).^2+Y.^2/20)+sech((X-2).^2+Y.^2/20);
wt=fft2(w); wt=wt(:); v=0.001; t=0:30;               %求解
[t,wtsol]=ode45(@plks,t,wt);
figure
for n=1:length(t)
    gca=pcolor(real(ifft2(reshape(wtsol(n,1 :N^2),N,N)))); axis off
    set(gca,'LineStyle','none'), shading interp
    title(['t=' num2str(t(n))]), axis('square'), pause(1)
end
function dwt=plks(~,wt)
wt=reshape(wt,N,N);
dwt=[reshape(-v*K2.*wt+fft2(ifft2(-1i*kY.*wt./(K2+eps)).*ifft2(1i*kX.*wt))...
```

```
-fft2(ifft2(-1i*kX.*wt./(K2+eps)).*ifft2(1i*kY.*wt)),N^2,1)];
end
end
```

程序输出结果如图 14.12 所示, 随着时间 t 的推移, 涡量 ω 的分布出现了逆时针的旋转. 如果将平流部分变号, 旋转方向将变为顺时针, 读者可自行尝试.

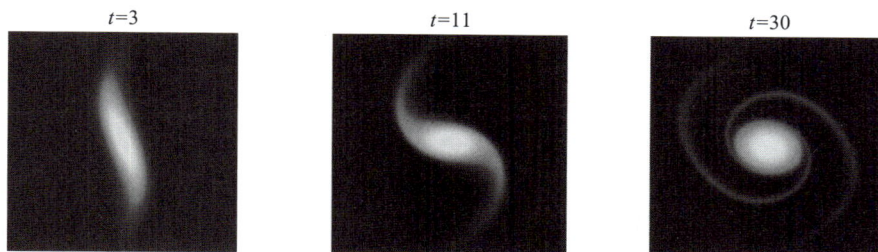

图 14.12 二维平流–扩散方程的解

§14.3 正 (余) 弦变换解非周期性边界条件下的偏微分方程

14.3.1 周期性边界条件下正弦变换与余弦变换

周期性边界条件偏微分方程可以用快速傅里叶变换来解, 非周期性边界条件的偏微分方程虽然不适合用快速傅里叶变换. 但是可以分别使用正弦变换或余弦变换来解第一类或第二类边界条件下的偏微分方程.

首先复习一下正弦变换与余弦变换. 一维正弦变换和逆变换为

$$y(k) = \sum_{n=1}^{N} x(n) \sin\left(\pi \frac{kn}{N+1}\right), \quad n = 1, 2, \cdots, N$$

$$x(n) = \frac{2}{N+1} \sum_{k=1}^{N} y(k) \sin\left(\pi \frac{kn}{N+1}\right), \quad k = 1, 2, \cdots, N$$

二维正弦变换是两次一维的变换, 它与逆变换为

$$B_{m,n} = \sum_{j=1}^{J} \sum_{l=1}^{L} A_{jl} \sin\left(\frac{\pi m j}{J+1}\right) \sin\left(\frac{\pi n l}{L+1}\right)$$

$(j = 1, 2, \cdots, J; l = 1, 2, \cdots, L)$

$$A_{jl} = \frac{4}{(J+1)(L+1)} \sum_{m=1}^{J} \sum_{n=1}^{L} B_{m,n} \sin\left(\frac{\pi m j}{J+1}\right) \sin\left(\frac{\pi n l}{L+1}\right)$$

$(m = 1, 2, \cdots, J; n = 1, 2, \cdots, L)$

一维余弦变换与逆变换为

$$y(k) = w(k) \sum_{n=1}^{N} x(n) \cos\left[\frac{\pi}{2N}(2n-1)(k-1)\right], \quad n = 1, 2, \cdots, N$$

$$x(n) = \sum_{k=1}^{N} w(k) y(k) \cos\left[\frac{\pi}{2N}(2n-1)(k-1)\right], \quad k = 1, 2, \cdots, N$$

$$w(k) = \begin{cases} \dfrac{1}{\sqrt{N}}, & k = 1 \\[2mm] \sqrt{\dfrac{2}{N}}, & 2 \leqslant k \leqslant N \end{cases}$$

二维余弦变换与逆变换为

$$B_{pq} = \alpha_p \alpha_q \sum_{m=0}^{M-1} \sum_{n=0}^{N-1} A_{m,n} \cos\left[\frac{\pi(2m+1)p}{2M}\right] \cos\left[\frac{\pi(2n+1)q}{2N}\right]$$

$$(0 \leqslant p \leqslant M-1, 0 \leqslant q \leqslant N-1)$$

$$A_{m,n} = \sum_{p=0}^{M-1} \sum_{q=0}^{N-1} \alpha_p \alpha_q B_{pq} \cos\left[\frac{\pi(2m+1)p}{2M}\right] \cos\left[\frac{\pi(2n+1)q}{2N}\right]$$

$$(0 \leqslant m \leqslant M-1, 0 \leqslant n \leqslant N-1)$$

$$\alpha_p = \begin{cases} \dfrac{1}{\sqrt{M}}, & p = 0 \\[2mm] \sqrt{\dfrac{2}{M}}, & 1 \leqslant p \leqslant M-1 \end{cases}$$

$$\alpha_q = \begin{cases} \dfrac{1}{\sqrt{N}}, & q = 0 \\[2mm] \sqrt{\dfrac{2}{N}}, & 1 \leqslant q \leqslant N-1 \end{cases}$$

在 MATLAB 中一维的正弦变换与逆变换的指令分别是 dst 与 idst, 一维余弦变换的指令是 dct 与 idct, 二维余弦变换的指令是 dct2 和 idct2. 由于没有二维正弦变换指令, 所以必须通过编程来实现. 下面用编程实现一维和二维正弦变换.

首先按照公式编写程序, 对向量与矩阵作正弦变换与逆变换, 并验证程序的正确性:

```
J=3; L=3;                                    %构造3x3的变换矩阵
ny=[1:L]; ky=ny;
wy=sin(pi*ky'*ny/(L+1));                      %编程公式的正变换矩阵
wwy=wy*wy/(L+1)*2                             %正变换与逆变换矩阵相乘得单位矩阵


                                             %验证向量的变换
A=[1,2,5];                                    %用作变换的行向量
B1=dst(A) %用指令作变换
C1=idst(B1)                                   %用指令作逆变换，得原向量
B2=wy*A'                                      %用编程公式作变换
C2=wy*B2/4*2                                  %用编程公式作逆变换，也得原向量
```

```
nx=[1:J]; kx=nx; wx=sin(pi*kx'*nx/(J+1));        %验证矩阵的变换
v=[0.8147 0.9134 0.2785;                          %再构造一个正弦变换矩阵
   0.9058 0.6324 0.5469;                          %用作变换的矩阵
   0.1270 0.0975 0.9575];
vxy=wx*v*wy;                                       %正变换
ivxy=wx*vxy*wy/(J+1)/(L+1)*4                       %逆变换得出原矩阵
```

14.3.2 DST 解齐次边界条件下的泊松方程

下面用正弦变换来解非周期性边界条件下的二维泊松方程. 二维泊松方程为

$$\frac{\partial^2 u(x,y)}{\partial x^2} + \frac{\partial^2 u(x,y)}{\partial y^2} = \rho(x,y)$$

$$(0 \leqslant x \leqslant J; \quad 0 \leqslant y \leqslant L)$$

首先将方程写成差分形式:

$$x_j = j\Delta, \quad j = 0,1,2,3,\cdots,J;$$

$$y_l = l\Delta, \quad l = 0,1,2,3,\cdots,L;$$

$$u_{j+1,l} + u_{j-1,l} + u_{j,l+1} + u_{j,l-1} - 4u_{j,l} = \Delta^2 \rho_{j,l}$$

对于函数 u 和 ρ 作离散正弦傅里叶变换得到 $\tilde{u}, \tilde{\rho}$, 即

$$u_{jl} = \frac{4}{(J+1)(L+1)} \sum_{m=1}^{J} \sum_{n=1}^{L} \tilde{u}_{m,n} \sin\left(\frac{\pi m j}{J+1}\right) \sin\left(\frac{\pi n l}{L+1}\right)$$

$$\rho_{jl} = \frac{4}{(J+1)(L+1)} \sum_{m=1}^{J} \sum_{n=1}^{L} \tilde{\rho}_{m,n} \sin\left(\frac{\pi m j}{J+1}\right) \sin\left(\frac{\pi n l}{L+1}\right)$$

$$(m = 1,2,\cdots,J; n = 1,2,\cdots,L)$$

将这两个式子代入上面的差分公式中得到

$$\tilde{u}_{m,n} = \frac{\tilde{\rho}_{m,n}\Delta^2}{2\left(\cos\frac{\pi m}{J} + \cos\frac{\pi n}{L} - 2\right)}$$

下面以矩形边界上的第一类边界条件 $u=0$ 作为例子来应用这种方法. 定解问题是

$$\begin{cases} \Delta u = x^2 y \\ u(x=0,y,t)=0; \quad u(x=a,y,t)=0 \\ u(x,y=0,t)=0; \quad u(x,y=b/2,t)=0 \end{cases}$$

解法步骤如下:
(1) 利用正弦变换计算方程右边的项 $\tilde{\rho}_{m,n}$;
(2) 利用下式计算解的像函数 $\tilde{u}_{m,n}$, 即

$$\tilde{u}_{m,n} = \frac{\tilde{\rho}_{m,n}\Delta^2}{2\left(\cos\frac{\pi m}{J} + \cos\frac{\pi n}{L} - 2\right)}$$

(3) 利用正弦逆变换求出解 u, 有

$$u_{j,l} = \frac{4}{JL} \sum_{m=1}^{J-1} \sum_{n=1}^{L-1} [\tilde{u}_{m,n} \sin(\pi mj/J) \sin(\pi nl/L)]$$

程序如下:

```
J=40; L=60; a=5; b=5;                        %非齐次方程齐次边条件
x=linspace(0,a,J+2);                         %边界点不参加变换所以多取2
y=linspace(-b/2,b/2,L+2);
d=a/J;                                        %这个就是公式中的Δ
[Y,X]=meshgrid(y,x);
v=X.^2.*Y;                                    %初始化(x,y)
v=v(2:end-1,2:end-1);                         %只对区域内的点变换
nx=[1:J]; kx=nx; wx=sin(pi*kx'*nx/(J+1));
ny=[1:L]; ky=ny; wy=sin(pi*ky'*ny/(L+1));    %两个变换矩阵

vxy=wx*v*wy;                                  %正变换
[M,N]=meshgrid(1:L,1:J); size(M)             %计算像函数
cosMN=2*(cos(pi*M/(J+1))+cos(pi*N/(L+1))-2);
vxy=d^2*vxy./cosMN;
ivxy=zeros(J+2,L+2);                          %预设解的矩阵及边界条件
ivxy(2:end-1,2:end-1)=wx*vxy*wy/L/J*4;       %逆变换求原函数
surfc(ivxy);                                 %画图
view(165,20)
```

齐次边界条件下的伯松方程的解和图 14.13 所示, 这个问题在本书 13.2.1 已经用 pdetool 解过, 对比可知, 两者是一致的.

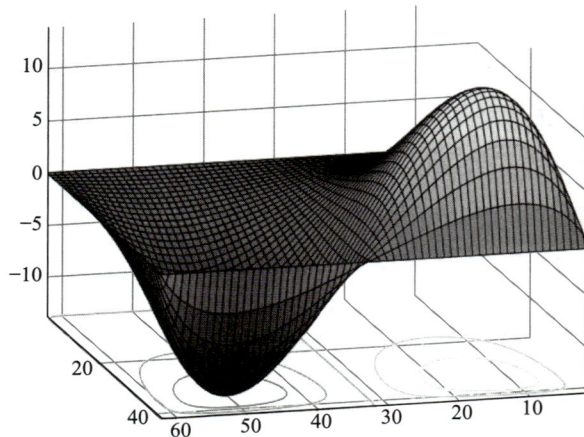

图 14.13　齐次边界条件下的泊松方程的解

14.3.3 DST 解非齐次边界条件下的拉普拉斯方程

如果有一个边界条件是非齐次的, 那么可以求出一个满足齐次方程和非齐次边界条件的特解 u^H, 选加到前面所解的方程类型上去. 这个解法与数学物理方法中的做法相同, 利用了方程的线性迭加性. 有几个边界条件是非齐次的, 就需要找几个特解.

假定在矩形区域 $0 \leqslant x \leqslant a, \quad 0 \leqslant y \leqslant b$ 解定解问题:

$$\begin{cases} u_{xx} + u_{yy} = 0 \\ u(0,y) = 0; \quad u(a,y) = f(y) \\ u(x,0) = 0; \quad u(x,b) = 0 \end{cases}$$

其解具有如下形式:

$$u^H = \sum_n A_n \sinh\left(\frac{n\pi x}{b}\right) \sin\left(\frac{n\pi y}{b}\right) \tag{14.3.1}$$

在 $x = a$ 的边界上, 有

$$f(a,y) = \sum_n A_n \sinh\left(\frac{n\pi a}{b}\right) \sin\left(\frac{n\pi y}{b}\right)$$

这个表达式可以看成是 $A_n \sinh\left(\frac{n\pi a}{b}\right)$ 的正弦变换, 因此作逆正弦变换可以求出 A_n:

$$A_n = \frac{1}{\sinh\left(\frac{n\pi a}{b}\right)} \sum_n f_n \sin\left(\frac{n\pi y}{b}\right) \tag{14.3.2}$$

将 A_n 代入表达式 (14.3.1) 即得到本定解问题的解.

下面运用这个方法解定解问题:

$$\begin{cases} u_{xx} + u_{yy} = 0 \\ u(0,y) = 0; \quad u(a,y) = \sin\dfrac{3\pi y}{b} \\ u(x,0) = 0; \quad u(x,b) = \sin\dfrac{3\pi x}{a}\cos\dfrac{\pi x}{a} \end{cases}$$

在计算中取 $a = 3, b = 2$, 利用公式 (14.3.1) 计算展开式系数, 利用公式 (14.3.2) 计算特解. 在计算中需要计算向量与矩阵的点乘这里使用了 MATLAB 的一个特殊的特性, 就是行向量与矩阵作点乘时, 会自动将行向量按行扩充成与矩阵同样大小, 使点乘运算得以进行. 所以下面 4 种运算的结果是

```
a=[1,  2;  3,  4];  b=[3,   1];
a.* b= 3      2                    a.*b'= 3      6
       9      4                           3      4

b.*a=  3      2                    b'.*a= 3      6
       9      4                           3      6
```

因为方程中有两个非齐次边界条件, 所以需要计算两个特解, 再将两个特解加起来得到最后的解. 程序如下:

```
                                                      %拉普拉斯方程非齐次边界条件
J=60; L=40; a=3; b=2;
d=2/J;                                                %这个就是公式中的Δ
x=linspace(0,a,J); y=linspace(0,b,L);
u=zeros(J,L);                                         %这里代表解
fj=(sin(3*pi*x/a).*cos(pi*x/a));                      %边界条件离散化：l=L的边界
fl=sin(3*pi*y/b);                                     %边界条件离散化：j=J的边界
u(:,L)=fj;                                            %初始化边界条件
u(J,:)=fl;                                            %初始化边界条件

jm=1:J; ln=1:L;
An1=(sin(pi*(jm'*jm)/J)*fj'./(sinh(pi*jm*L/J))')';    %用边界条件fl求系数
uH1= sinh(pi*(ln'*jm)/J).*An1*sin(pi*(jm'*jm)/J)*2/J; %求出特解1
An2 = (sin(pi*(ln'*ln)/L)*fl'./(sinh(pi*ln*J/L))')'   %用边界条件fj求系数
uH2 = sin(pi*(ln'*ln)/L).*An2*sinh(pi*(ln'*jm)/L)*2/L;%求出特解2

finalu=uH1+uH2;                                       %最终的解
finalu(1,:)=0;                                        %初始化另外一边齐次边界条件
finalu(:,1)=0;                                        %初始化另外一边齐次边界条件
surfc(finalu);                                        %画图
```

非齐次边界条件下的拉普拉斯方程的解如图 14.14 所示, 结果与前面 12.3.3 节的图形一致.

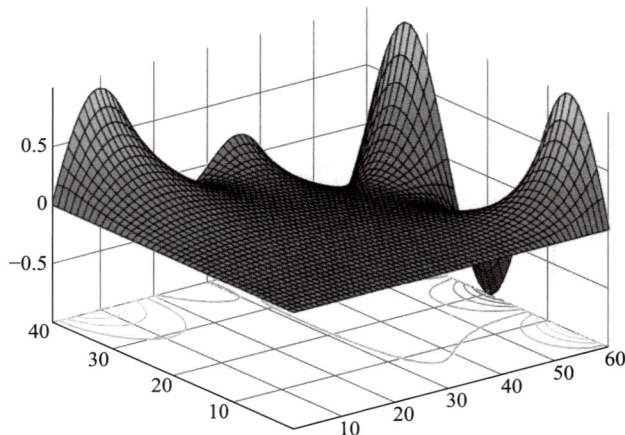

图 14.14　非齐次边界条件下的拉普拉斯方程的解

第十四章
程序包

第十五章　切比雪夫谱方法——PDE解法四

当我们用快速傅里叶变换解偏微分方程时, 是通过快速傅里叶变换将求导运算转化成代数运算. 切比雪夫谱方法与此有类似之处, 是用插值函数的求导代替原函数求导以简化计算提高效率. 但是, 快速傅里叶变换要求边界条件是周期性的. 如果要对非周期的光滑函数强制截断再作傅里叶展开, 则展开函数在边界处是不连续的, 而且可能会出现振荡, 这叫做吉布斯现象 (图 15.1). 而切比雪夫谱方法不需要周期性边界条件, 所以不会出现吉布斯现象.

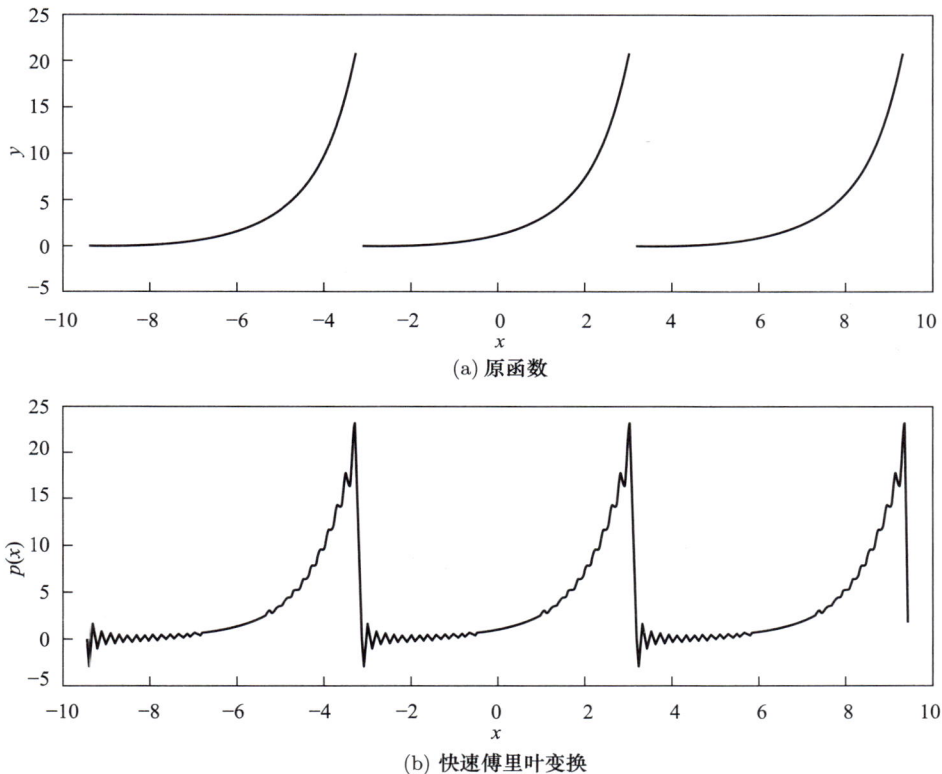

(a) 原函数

(b) 快速傅里叶变换

图 15.1

在拉格朗日插值多项式方法中, 我们通过数据点来求插值函数. 在切比雪夫谱方法中则进行反向操作, 即在原函数中选取数据点建立插值函数, 然后用对插值函数的求导来近似代替对原函数的求导, 这样可以把求导运算化成矩阵运算, 以简化计算并将偏微分方程转化为常微分方程.

切比雪夫谱方法使用的插值函数也是多项式. 如果要对一个连续函数进行插值, 首先要选取插值点. 最简单的做法是选取等间隔的点, 但是这样选取的点所建立的插值函数在边际上会产生振荡, 叫做龙格现象 (图 15.1). 为了避免龙格现象, 实际是使用切比雪夫点来插值的.

定义区间 $[-1,1]$ 内的切比雪夫点的位置为

$$x_j = \cos(j\pi/N), \quad j = 0, 1, \cdots, N$$

切比雪夫点实际上是上半个单位圆周上等间距的点在横轴上的投影, $N = 8$ 和 $N = 16$ 的情况如图 15.2 所示. 注意切比雪夫点是从右向左排序的, 即它的值是由大到小排列的.

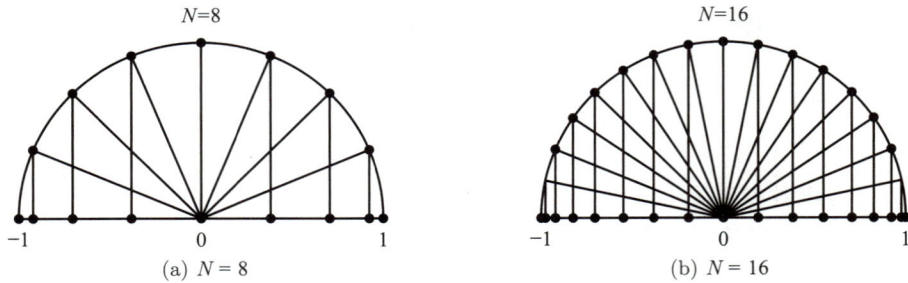

(a) $N = 8$　　　　　　　　　　　　　(b) $N = 16$

图 15.2　　切比雪夫点是上半个单位圆周上等间距的点在横轴上的投影

下面程序分别使用等间距点和切比雪夫点对函数 $y = 1/(1 + 25x^2)$ 进行代数多项式插值, 并将插值函数与原函数作了比较:

```
L=2;
for m=1:2
    N=16*m;
    for n=1:2
        if n==1
            x=L/N*[-N/2:N/2];
        else
            x=L/2*cos(pi*[0:N]/N);
        end
        y=1./(1 +25*x.^2); x2=- L/2:0.01 :L/2;
        y2=polyval(polyfit(x,y,N-1),x2);
        error=max(abs(y2- 1./( 1 +25*x2.^2)));
        subplot(2,2,n+2*(m-1))
        plot(x2,y2,'k',x,y,'.r','MarkerSize',15,'LineWidth',1.5)
        axis([-1.1 1.1 -0.1 1.1]), xlabel x, ylabel y
        title(['N=' num2str(N) ' ,Error_{max}=' num2str(error)])
    end
end
```

程序输出结果如图 15.3 所示, 在均匀点上建立的多项式插值函数在边界附近出现了振荡 (龙格现象), 而在切比雪夫点上建立的多项式插值函数则几乎没有这个问题. 随着 N 的增大, 前者的误差会越来越大, 而后者的误差约正比于 2^N.

上面的例子说明, 用切比雪夫点插值避免了龙格现象, 又由于用切比雪夫点作插值时并不需要周期性边界条件, 因此也能避免周期性条件在边界产生振荡的吉布斯现象, 所以这是一种在有限区间内对非周期函数插值的理想方法. 实际上, 为了消除龙格现象, 有很多非均匀划分区间的方法, 使用切比雪夫点划分的方法只是其中之一.

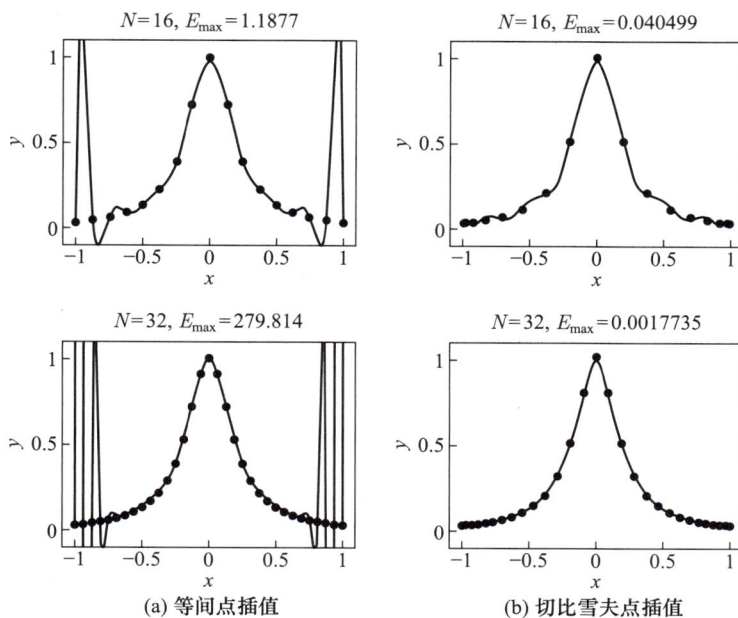

(a) 等间点插值 (b) 切比雪夫点插值

图 15.3

§15.1 切比雪夫求导矩阵

切比雪夫谱方法可以用于在有界、非周期的（nonperiodic）区间求解偏微分方程. 其思路是在区间的切比雪夫点进行多项式插值, 用插值函数来代替原函数计算导数, 将微分运算转化为矩阵运算.

首先用切比雪夫点构造切比雪夫求导矩阵来表示求导运算 ∂x.

已知区间 $[-1, 1]$ 内的变量 x 对应的切比雪夫点是 $x_j = \cos(j\pi/N), j = 0, 1, \cdots, N$, 共有 $N + 1$ 个点. 首先在这些点上构造一个插值多项式 p 作为原函数的替代, 它是唯一的而且是小于等于 N 阶的多项式, $p(x_j) = u_j$; 然后用多项式导数值 $p'(x_j)$ 作为原函数在 x_j 的导数值的近似. 这种运算是线性的, 其结果可以表示成

$$u' = D_N \cdot u$$

其中的 D_N 就是求导矩阵. 这里 N 是任意的正整数. 奇偶都可以.

下面用 $N = 1, 2$ 为例来说明这个矩阵等式.

当 $N = 1$ 时, 共有 2 个切比雪夫点, $x_0 = 1, x_1 = -1$, 用拉格朗日插值公式可得

$$p(x) = \frac{1}{2}(1 + x)u_0 + \frac{1}{2}(1 - x)u_1$$

求导得

$$p'(x) = \frac{1}{2}u_0 - \frac{1}{2}u_1$$

它表示 D_1 是 2×2 的矩阵, 形式如下:

$$D_1 = \begin{pmatrix} \frac{1}{2} & -\frac{1}{2} \\ \frac{1}{2} & -\frac{1}{2} \end{pmatrix}$$

即导数是

$$\begin{pmatrix} u_0' \\ u_1' \end{pmatrix} = \begin{pmatrix} \dfrac{1}{2} & -\dfrac{1}{2} \\ \dfrac{1}{2} & -\dfrac{1}{2} \end{pmatrix} \begin{pmatrix} u_0 \\ u_1 \end{pmatrix}$$

再看 $N = 2$ 的情形. 共有 3 个插值点, 分别为 $x_0 = 1, x_1 = 0, x_2 = -1$, 拉格朗日插值多项式为

$$p(x) = \frac{1}{2}x(1+x) + (1+x)(1-x) + \frac{1}{2}x(x-1)$$

导数是

$$p'(x) = \left(x + \frac{1}{2}\right)u_0 - 2xu_1 + \left(x - \frac{1}{2}\right)u_2$$

具体写出来就是

$$p'(1) = \frac{3}{2}u_0 - 2u_1 + \frac{1}{2}u_2$$

$$p'(0) = \frac{1}{2}u_0 - 0u_1 - \frac{1}{2}u_2$$

$$p'(-1) = -\frac{1}{2}u_0 + 2u_1 - \frac{3}{2}u_2$$

所以求导矩阵是

$$\boldsymbol{D}_2 = \begin{pmatrix} \dfrac{3}{2} & -2 & \dfrac{1}{2} \\ \dfrac{1}{2} & 0 & -\dfrac{1}{2} \\ -\dfrac{1}{2} & 2 & -\dfrac{3}{2} \end{pmatrix}$$

即导数是

$$\begin{pmatrix} u_0' \\ u_1' \\ u_2' \end{pmatrix} = \begin{pmatrix} \dfrac{3}{2} & -2 & \dfrac{1}{2} \\ \dfrac{1}{2} & 0 & -\dfrac{1}{2} \\ -\dfrac{1}{2} & 2 & -\dfrac{3}{2} \end{pmatrix} \begin{pmatrix} u_0 \\ u_1 \\ u_2 \end{pmatrix}$$

其中矩阵的中间一行包含了有限差分式中间三个点的系数, 而其他行则是两边的系数.

若继续如此计算更高阶的 $\boldsymbol{D}_N$, 将会找到其中的规律. 下面略过这个过程, 直接给出对于任意 N 的切比雪夫求导矩阵 $\boldsymbol{D}_N$ 中每个元素的表达式:

$$(\boldsymbol{D}_N)_{00} = \frac{2N^2 + 1}{6}$$

$$(\boldsymbol{D}_N)_{NN} = -\frac{2N^2 + 1}{6}, \qquad j = 1, 2, \cdots, N-1$$

$$(\boldsymbol{D}_N)_{jj} = -\frac{x_j}{2(1 - x_j^2)}, \qquad j = 1, 2, \cdots, N-1$$

$$(\boldsymbol{D}_N)_{ij} = \frac{c_i}{c_j} \frac{(-1)^{i+j}}{x_i - x_j} \qquad i \neq j, \quad i, j = 0, 1, \cdots, N \tag{15.1.1}$$

其中 $(\boldsymbol{D}_N)_{ij}$ 代表切比雪夫求导矩阵 $\boldsymbol{D}_N$ 中第 $i+1$ 行第 $j+1$ 列的元素, 且

$$c_i = \begin{cases} 2, & i = 0, N \\ 1, & i = 1, \cdots, N-1 \end{cases}$$

下式直观地给出了切比雪夫求导矩阵 $\boldsymbol{D_N}$ 的结构:

$$\boldsymbol{D}_N = \begin{pmatrix} \dfrac{2N^2+1}{6} & 2\dfrac{(-1)^j}{1-x_j} & \dfrac{1}{2}(-1)^N \\ -\dfrac{1}{2}\dfrac{(-1)^i}{1-x_i} & \begin{matrix} \ddots & & \dfrac{(-1)^{i+j}}{x_i-x_j} \\ & \dfrac{-x_j}{2\left(1-x_j^2\right)} & \\ \dfrac{(-1)^{i+j}}{x_i-x_j} & & \ddots \end{matrix} & \dfrac{1}{2}\dfrac{(-1)^{N+i}}{1+x_i} \\ -\dfrac{1}{2}(-1)^N & -2\dfrac{(-1)^{N+j}}{1+x_j} & -\dfrac{2N^2+1}{6} \end{pmatrix}$$

通过以上讨论, 可知切比雪夫求导矩阵 $\boldsymbol{D}_N$ 是一个与被求导函数无关的矩阵, 它的各个元素的值可以预先计算出来. 这就是切比雪夫谱方法的关键. 由于后面的程序将反复用到 $\boldsymbol{D}_N$ 和相应的切比雪夫点, 所以下面给出计算 $\boldsymbol{D}_N$ 的程序 cheb.m , 只需输入 N 的值就能返回 $\boldsymbol{D}_N$ 和相应的切比雪夫点, 以便其他程序调用, 程序如下:

```
function [D,x]=cheb(N)
if N==0, D=0; x=1; return, end
x=cos(pi*(0:N)/N)';
c=[2;ones(N-1,1);2].*(-1).^(0:N)';
X=repmat(x,1,N+1);
dX=X-X';
D=(c*(1./c)')./(dX+(eye(N+1)));
D=D-diag(sum(D'));
end
```

实际上, 程序 cheb.m 并不是严格按照 (15.1.1) 式来计算 $\boldsymbol{D}_N$ 的, 对角线上的元素是由对角线以外的元素来计算的, 即

$$(\boldsymbol{D}_N)_{ii} = -\sum_{j=0, j\neq i}^{N} (\boldsymbol{D}_N)_{ij} \tag{15.1.2}$$

这样就给出了存在舍入误差的情况下更具稳定性的 $\boldsymbol{D}_N$. 试想这个情形: 对于离散函数值 $u = (1, 1, \cdots, 1)^{\mathrm{T}}$, 它的插值函数为一常数 $p(x) = 1$, 所以 $p'(x) = 0$. 这就要求 $\boldsymbol{D}_N$ 与 $(1, 1, \cdots, 1)^{\mathrm{T}}$ 的乘积必须是 $(0, 0, \cdots, 0)^{\mathrm{T}}$, 于是就得到了 (15.1.2) 式. 注意到 $\boldsymbol{D}_N$ 是" 中心对称" 的, 即

$$\boldsymbol{D}_{ij} = -\boldsymbol{D}_{N-i, N-j}$$

现在用 $\boldsymbol{D}_N$ 计算一个光滑的非周期性函数 $u(x) = \mathrm{e}^x \sin 5x$ 的导数 $u'(x)$, 使用的 $N = 10, 20$. 图 15.4(a) 画出了曲线 $u - x$ 与切比雪夫点的位置, 图 15.4(b) 画出了用切比雪夫求导矩阵计算的 $u'(x)$ 的误差. 当 $N = 20$ 时, 精度可达到 9 位小数, 程序如下:

```
xx=-1:.01:1; exect=exp(xx).*(sin(5*xx)+5*cos(5*xx)); clf
N=[10 0 20];
for n=[1 3]
    [D,x]=cheb(N(n));
    u=exp(x).*sin(5*x); DU=D*u;
    subplot(2,2,n)
    plot(x,DU,'*',xx,exect), title(['u''(x), N=' int2str(N)])
        error=D*u-exp(x).*(sin(5*x)+5*cos(5*x));
    subplot(2,2,n+1)
    plot(x,error,'*',x,error), title(['error in u''(x), N=' int2str(N)])
end
```

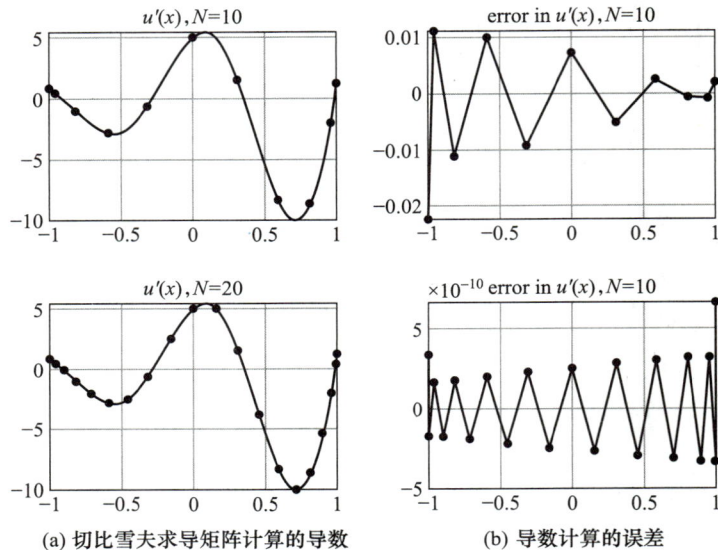

(a) 切比雪夫求导矩阵计算的导数   (b) 导数计算的误差

图 15.4

高阶导数的求导矩阵可以利用下述关系:

$$\frac{\partial}{\partial x} \to \boldsymbol{D}_N, \qquad \frac{\partial^2}{\partial x^2} \to \boldsymbol{D}_N{}^2, \qquad \frac{\partial^3}{\partial x^3} \to \boldsymbol{D}_N{}^3$$

因为 $\boldsymbol{D}_N$ 的表达式是在区间 $[-1,1]$ 上得到的, 所以, 在对其他区间上的函数求导前, 还需要对 $\boldsymbol{D}_N$ 进行缩放, 比如在区间 $[-L/2, L/2]$ 上应该写成:

$$\partial/\partial x \to (2/L)\boldsymbol{D}_N, \qquad \partial^n/\partial x^n \to [(2/L)\boldsymbol{D}_N]^n$$

注意, $\boldsymbol{D}_N$ 是 $(N+1) \times (N+1)$ 矩阵, $\boldsymbol{D}_N^n$ 还是 $(N+1) \times (N+1)$ 矩阵.

对于二维问题, 需要分别对二个维度作处理.

首先建立一个二维的各向独立的切比雪夫网格, 叫做张量积网格, 在 1 维时, 切比雪夫中部的点密度是等间隔网点的 $2/\pi$, 在 d 维的情况下, 就变成了 $(2/\pi)^d$ 倍, 所以大多数点都位于边界处. 有时这是一种浪费, 有专门处理这种浪费的技术已经开发出来. 有时, 边界层或其他的精细结构出现时, 特解也是很有用的.

先用切比雪夫点在 x, y 方向上划分区间 $[-1, 1]$, 即

$$\boldsymbol{x} = (x_0, x_1, \cdots, x_N)^{\mathrm{T}}, \quad \boldsymbol{y} = (y_0, y_1, \cdots, y_N)^{\mathrm{T}}$$

于是在 xy 平面上得到了 $(N+1)^2$ 个点. 这些点上的函数值可以表示成 $N+1$ 方阵或 $(N+1)^2$ 个元素的向量 $\boldsymbol{u}$, 即.

$$\boldsymbol{u}_{(N+1)\times(N+1)} = \begin{pmatrix} u_{00} & u_{01} & \cdots & u_{0N} \\ u_{10} & u_{11} & \cdots & u_{1N} \\ \vdots & \vdots & \vdots & \vdots \\ u_{N0} & u_{N1} & \cdots & u_{NN} \end{pmatrix}$$

$$\boldsymbol{u}_{(N+1)^2\times 1} = (u_{00}, u_{10}, \cdots, u_{N0}, u_{01}, u_{11}, \cdots, u_{N1}, \cdots, u_{NN})^{\mathrm{T}}$$

其中元素 u_{ij} 对应的坐标是 (x_j, y_i), 可以将 $\dfrac{\partial^n u}{\partial y^n}, \dfrac{\partial^n u}{\partial x^n}$ 写成矩阵形式:

$$\frac{\partial^n u}{\partial y^n} \to \boldsymbol{D_N}^n u_{(N+1)\times(N+1)}$$

$$\frac{\partial^n u}{\partial x^n} \to \left(\boldsymbol{D_N}^n \left(\boldsymbol{u}_{(N+1)\times(N+1)} \right)^{\mathrm{T}} \right)^{\mathrm{T}} = \boldsymbol{u}_{(N+1)\times(N+1)} (\boldsymbol{D_N}^n)^{\mathrm{T}}$$

或者写为

$$\frac{\partial^n u}{\partial y^n} \to (\boldsymbol{I}_{N+1} \otimes \boldsymbol{D_N}^n)\, \boldsymbol{u}_{(N+1)^2\times 1}$$

$$\frac{\partial^n u}{\partial x^n} \to (\boldsymbol{D_N}^n \otimes \boldsymbol{I}_{N+1})\, \boldsymbol{u}_{(N+1)^2\times 1}$$

符号 $\boldsymbol{A} \otimes \boldsymbol{B}$ 表示线性代数中两个矩阵的张量积, 也叫克罗内克 (Kronecker) 内积, 可以用指令 kron(A,B) 来实现. 如果 $\boldsymbol{A}, \boldsymbol{B}$ 的维度分别是 $p \times q$ 和 $r \times q$, 那么矩阵 $\boldsymbol{A} \otimes \boldsymbol{B}$ 的维度是 $pr \times qs$, 它具有 $p \times q$ 个块, 其中第 i, j 个块是 $a_{i,j}B$. 例如:

$$\begin{pmatrix} 1 & 2 \\ 3 & 4 \end{pmatrix} \otimes \begin{pmatrix} a & b \\ c & d \end{pmatrix} = \left(\begin{array}{cc|cc} a & b & 2a & 2b \\ c & d & 2c & 2d \\ \hline 3a & 3b & 4a & 4b \\ 3c & 3d & 4c & 4d \end{array} \right)$$

以 $N = 4$ 为例, 看看内积是如何计算的. 节点编号如图 15.5 所示.

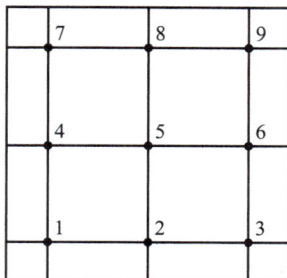

图 15.5　节点编号图

在节点上的对应值是 $u_1, u_2, \cdots, u_0$, 再把拉普拉斯算符表示成 x, y 方向独立的微分. 当 $N = 4$ 时, 一维的求导矩阵为 $\boldsymbol{D} = \mathrm{cheb}(4)$, 对于二维, 令 $\boldsymbol{D2} = \boldsymbol{D}^2$, 并取 $\boldsymbol{D2} = D2(2:4, 2:4)$, 得到 3×3 的矩阵如下:

$$\widetilde{\boldsymbol{D}}_3^2 = \begin{pmatrix} -14 & 6 & -2 \\ 4 & -6 & 4 \\ -2 & 6 & -14 \end{pmatrix}$$

用 $\boldsymbol{I}$ 表示单位矩阵, x 方向的二级导数用内积计算为

$$\boldsymbol{I} \otimes \tilde{\boldsymbol{D}}_N^2 = \begin{pmatrix} -14 & 6 & -2 & & & & & & \\ 4 & -6 & 4 & & & & & & \\ -2 & 6 & -14 & & & & & & \\ & & & -14 & 6 & -2 & & & \\ & & & 4 & -6 & 4 & & & \\ & & & -2 & 6 & -14 & & & \\ & & & & & & -14 & 6 & -2 \\ & & & & & & 4 & -6 & 4 \\ & & & & & & -2 & 6 & -14 \end{pmatrix}$$

y 方向的二级导数的内积计算为

$$\tilde{\boldsymbol{D}}_N^2 \otimes \boldsymbol{I} = \begin{pmatrix} -14 & & & 6 & & & -2 & & \\ & -14 & & & 6 & & & -2 & \\ & & -14 & & & 6 & & & -2 \\ 4 & & & -6 & & & 4 & & \\ & 4 & & & -6 & & & 4 & \\ & & 4 & & & -6 & & & 4 \\ -2 & & & 6 & & & -14 & & \\ & -2 & & & 6 & & & -14 & \\ & & -2 & & & 6 & & & -14 \end{pmatrix}$$

所以离散的拉普拉斯算符是

$$\boldsymbol{L}_N = \boldsymbol{I} \otimes \tilde{\boldsymbol{D}}_N^2 + \tilde{\boldsymbol{D}}_N^2 \otimes \boldsymbol{I}$$

这个矩阵虽然不是稠密的, 但是也不像有限差分法和有限元法的矩阵那样稀疏. 幸好, 由于谱方法的精度, 只要经过成百次的计算就可以得到满意的结果, 而不需要经过成千上万次的计算.

§15.2　狄利克雷边界条件 (第一类边界条件)

15.2.1　一维泊松方程

先讨论一个在齐次狄利克雷边界条件下的一维泊松问题, 其实它就是常微分方程的边值问题, 前面已经解过, 这里用一种新方法求解:

$$u_{xx} = f(x), \quad -1 < x < 1, \quad u(\pm 1) = 0$$

将横轴上的区间 [-1, 1] 离散化为向量 $\boldsymbol{x} = (x_0, x_1, \cdots, x_N)^{\mathrm{T}}$, 相应地, $u(x)$ 被离散化为向量 $u = (u_0, u_1, \cdots, u_N)^{\mathrm{T}}$. 则方程可以写为矩阵形式:

$$\boldsymbol{D}_N{}^2 \boldsymbol{u} = f(\boldsymbol{x}), \quad u_0 = u_N = 0 \tag{15.2.1}$$

上式代表了含有 $N+1$ 个方程的方程组, 其中未知数 $u_1, u_2, \cdots, u_{N-1}$ 有 $N-1$ 个, 比方程数少 2 个. 因此可以在原方程组中任选 $N-1$ 个方程, 就能求解这些未知数, 不妨删去矩阵 $\boldsymbol{D}_N{}^2$ 的首尾行. 这样得到 $n-1$ 个方程.

又因为 $u_1 = 0$, $u_N = 0$, 矩阵 $\boldsymbol{D}_N{}^2$ 的首尾列与其相乘的结果也是 0, 所以也可以删去矩阵 $\boldsymbol{D}_N{}^2$ 的首尾列和向量 $\boldsymbol{u}$ 的首尾元素.

可见, 将矩阵 $\boldsymbol{D}_N{}^2$ 的首尾行、首尾列删除后的 $N-1$ 阶方阵, 就是狄利克雷边界条件 $u(\pm 1) = 0$ 下的 2 阶切比雪夫求导矩阵, 如图 15.6 所示, 此矩阵将在后面反复用到.

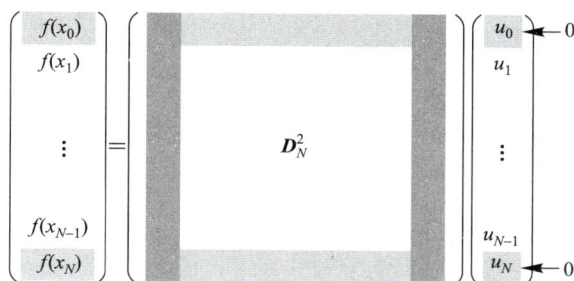

图 15.6　在狄利克雷边界条件 $u(\pm 1) = 0$ 下修改切比雪夫求导矩阵

如果这里用 "~" 表示删除矩阵首尾行和首尾列、删除矢量首尾元素的操作, 那么求解 (15.2.1) 式, 只需

$$\tilde{\boldsymbol{u}} = \left(\tilde{\boldsymbol{D}}_N^2\right)^{-1} f(\tilde{\boldsymbol{x}}) \tag{15.2.2}$$

注意, 必须先将 $\boldsymbol{D}_N$ 平方, 再删除其首尾行和首尾列, 这个顺序不能颠倒.

此外, 通过 (15.2.2) 式得到 $N-1$ 维向量 $\tilde{\boldsymbol{u}}$ 后, 一定要在其首尾补 0. 通过在切比雪夫求导矩阵上乘以缩放因子, 上述方法可以从区间 $[-1, 1]$ 推广到任意区间.

例 15.1: 下面解一个实际的例子:

$$u_{xx} = \mathrm{e}^{4x}, \quad -1 < x < 1, \quad u(\pm 1) = 0$$

其解析解为

$$u(x) = [\mathrm{e}^{4x} - x \sinh(4) - \cosh(4)]/16$$

程序和图形 (图 15.7) 如下:

```
N=16;
[D,x]=cheb(N); D2=D^2;
D2=D2(2:N,2:N);                                    %边界条件
f=exp(4*x(2:N));
u=D2\f; u=[0;u;0];
xx=-1:0.01:1;
uu=polyval(polyfit(x,u,N),xx);                     %内插点数据
plot(x,u,'.',xx,uu)
```

```
exact=(exp(4*xx)-sinh(4)*xx-cosh(4))/16;
title(['max err=' num2str(norm(uu-exact, inf))], 'fontsize', 12);
```

例 15.2: 如果泊松方程的狄利克雷边界条件更具一般性, 比如非齐次边界条件:

$$\ddot{u} = x^2 - x, \quad -2 < x < 2, \quad u(2) = 2, \quad u(-2) = -1 \tag{15.2.3}$$

那么, 有两种方法解决这一问题.

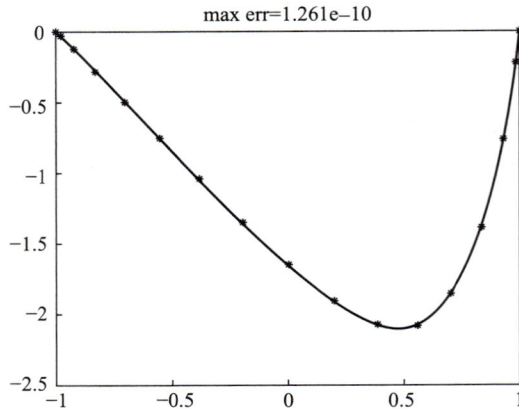

图 15.7　曲线是解析解, 点是数值解

方法 1: 先求出一个特解.

(15.2.3) 式的解可写为 $u(X) = u_0(X) + C_1 X + C_2$ 的形式, 其中 $u_0(X)$ 是满足同一个方程在齐次边界条件下的解. 选取合适的 C_l, C_2 使多项式 $C_1 X + C_2$ 满足 (15.2.3) 式的边界条件, 即

$$(c_1 x + c_2)|_{x=2} = 2, \quad (c_1 x + c_2)|_{x=-2} = -1$$

得到 $c_1 = 0.75, c_2 = 0.5$. 毫无疑问, $u_0(x) + 0.75x + 0.5$ 必是 (15.2.3) 式的解.

方法 2: 修改求导矩阵.

如图 15.8 所示, 将矩阵 $\boldsymbol{D}_N^2$ 的首尾行分别修改为 $(1\,0\,0\cdots 0)$ 和 $(0\cdots 0\,0\,1)$, 以使得向量 $\boldsymbol{u}$ 和向量 $f(\boldsymbol{x})$ 的首尾元素相等. 然后将向量 $f(\boldsymbol{x})$ 的首尾元素分别改为 u_0 和 u_N [函数 $u(x)$ 在边界的取值], 最后通过下式计算向量 $\boldsymbol{u}$:

$$\boldsymbol{u} = \left(\hat{\boldsymbol{D}}_N^2\right)^{-1} \hat{f}(\boldsymbol{x})$$

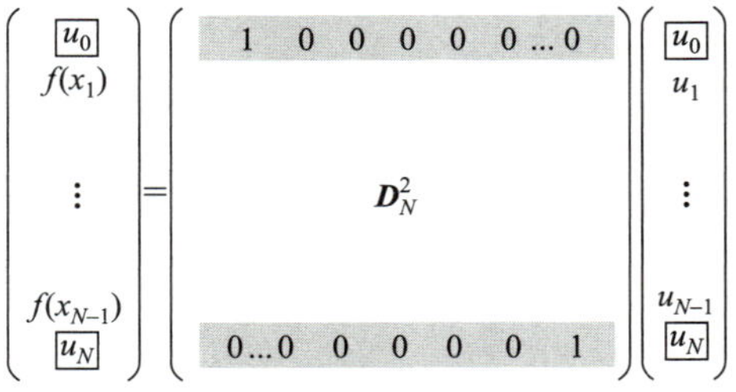

图 15.8　非齐次狄利克雷边界条件下修改切比雪夫求导矩阵

其中, 矩阵和向量上的 ˆ 代表对矩阵、向量进行上述修改. 在方法 2 中, 不但利用了 $N-1$ 个方程求解未知数 $u_1, u_2, \cdots, u_{n-1}$, 还额外加了两个方程 (对应于矩阵 $\boldsymbol{D}_N^2$ 的首尾行) , 以确保 $\boldsymbol{u}$ 的首尾元素必满足边界条件. 用方法 1 和方法 2 求解式 (15.2.3) 并与精确解 $u(x) = x^4/12 - x^3/6 + 17x/12 - 5/6$ 比较的程序如下:

```
L=4;N=10;
[D,x]=cheb(N);D=D/(L/2); x=L/2*x;
```
%方法 1
```
D2=D^2; D2=D2(2:N,2:N);
f=x(2:N).^2-x(2:N);
u1=D2\f; u1=[0;u1;0]; u1=u1+0.75*x+0.5;
```
%方法 2
```
D2=D^2; D2([1 N+1],:)=0;
D2(1,1)=1; D2(N+1,N+1)=1;
f=x(2:N).^2-x(2 :N); f=[2;f;-1]; u2=D2\f;
```
%误差
```
exact=x.^4/12-x.^3/6+17*x/12-5/6;
error1=abs(exact-u1); error2=abs(exact-u2);
subplot(2,1,1)
plot(x,u1,'or',x,u2,'+b',x,exact,'k','MarkerSize',10,'LineWidth',1.5)
title({['Error1_{max}=' num2str(max(error1))];['Error2_{max}=' num2str(max(error2
    ))]})
xlabel x,ylabel u, legend('方法1','方法2')
subplot(2,1,2)
plot(x,error1,'or',x,error2 ,'+b','MarkerSize',10 ,'LineWidth',1.5)
xlabel x, ylabel Error, legend('方法1','方法2')
```

程序输出结果如图 15.9 所示, 在 $N = 10$ 的情况下, 方法 1 的计算结果和方法 2 的计算结果均与解析解吻合较好, 误差分别在 10^{-15} 和 10^{-16} 数量级. 此外, 方法 1 在各处的误差要普遍高于方法 2 在各处的误差.

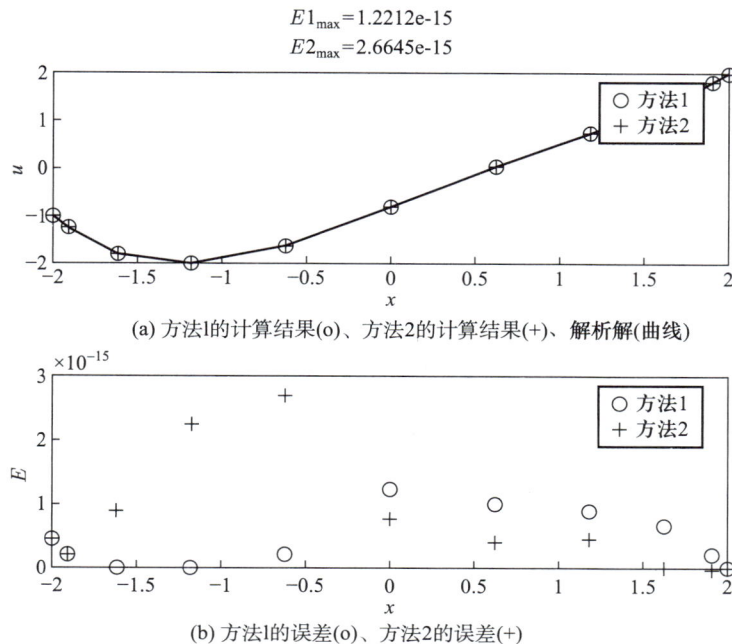

(a) 方法1的计算结果(o)、方法2的计算结果(+)、解析解(曲线)

(b) 方法1的误差(o)、方法2的误差(+)

图 15.9

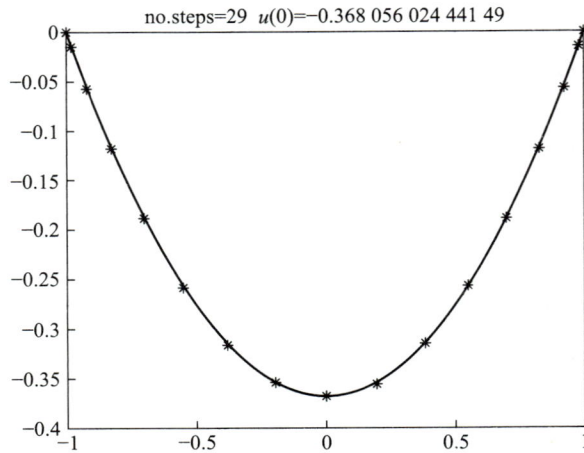

图 15.10   曲线是解析解, 点是数值解

例 15.3: 再看一个非线性方程:

$$u_{xx} = \mathrm{e}^u, \quad -1 < x < 1, \quad u(\pm 1) = 0$$

由于非线性, 就不能简单地用矩阵 $\tilde{\boldsymbol{D}}_N^2$ 作左除法, 但是可以通过迭代来解这个方程, 即

$$\tilde{\boldsymbol{D}}_N^2 \boldsymbol{u}_{\mathrm{new}} = \exp(\boldsymbol{u}_{\mathrm{old}})$$

这里, 行向量 $\exp(\boldsymbol{u})$ 的分量是 $[\exp(u)]_j = \mathrm{e}^{u_j}$. 下列程序应用这种迭代, 在第 29 步时得到了收敛的结果, 图 15.10 对比了解析解与数值解的结果.

程序如下:

```
N=16;
[D,x]=cheb(N); D2=D^2; D2=D2(2:N,2:N);                    %边界条件
u=zeros(N-1,1); change=1; it=0;
while change>1e-15
    unew=D2\exp(u);
    change=norm(unew-u,inf);
    u=unew; it=it+1;
end
u=[0;u;0];
xx=-1:0.01:1;
uu=polyval(polyfit(x,u,N),xx);                           %内插点数值
plot(x,u, '*', xx,uu )
title(sprintf('no.steps= %d    u(0)=%18.14f)',it,u(N/2+1)))
```

例 15.4: $\tilde{\boldsymbol{D}}_N^2$ 的第三个应用是解如下本征值问题:

$$u_{xx} = \lambda u, \quad -1 < x < 1, \quad u(\pm 1) = 0$$

问题的本征值和本征函数是

$$\lambda = -\pi^2 n^2/4, \quad n = 1, 2, \cdots$$

$$\sin[n\pi(x+1)/2]$$

下述程序用指令 eig 计算了 $N=30$ 时 $\tilde{D}_N^2$ 的本征值与本征函数. 输出结果 (图 15) 的数值与图形提示了大量的关于谱方法精度的信息. 由于程序中的 $N=36$, 所以求解的精度与此有关. 本征值 5, 10, 15 的精度能够有许多位数, 本征值 20 的精度也还好, 本征值 25 只有一位数的精度. 然而本征值 30 的精度误差增加了 3 倍. 关键的量是中部每个波长的点数和边缘处网格的粗糙程度. 如果每个波长中至少有两个点, 则解得的网格足够好. 每个波长少于 2 个点, 则波形解不出来, 而求得的本征向量对原来问题的解也相去甚远.

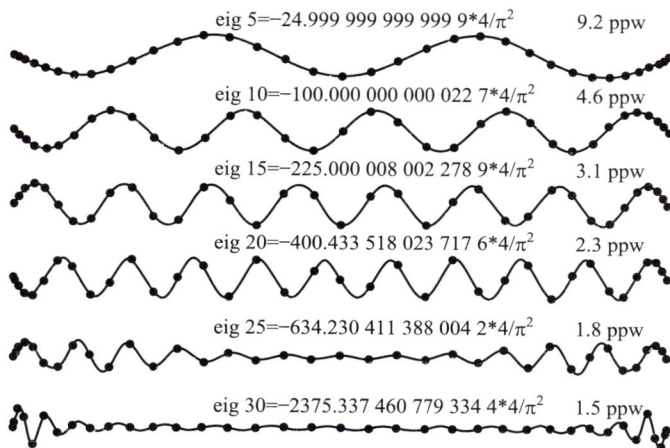

eig 5=−24.999 999 999 999 9*4/π²   9.2 ppw
eig 10=−100.000 000 000 022 7*4/π²   4.6 ppw
eig 15=−225.000 008 002 278 9*4/π²   3.1 ppw
eig 20=−400.433 518 023 717 6*4/π²   2.3 ppw
eig 25=−634.230 411 388 004 2*4/π²   1.8 ppw
eig 30=−2375.337 460 779 334 4*4/π²   1.5 ppw

图 15.11   点是数值解, 曲线是拟合的多项式函数

程序如下:

```
N=36; [D,x]=cheb(N); D2=D^2; D2=D2(2:N,2:N);
[V,Lam]=eig(D2);
lam=diag(Lam);                              %获取对角元素
[foo,ii]=sort(-lam);                        %对本征值排序并给出序号
lam=lam(ii); V=V(:,ii); clf
for j=5:5:30                                %画6个图
    u=[0;V(:,j);0];
    subplot(7,1,j/5)
    plot(x,u,'.','markersize',12), grid on
    xx=-1:0.01:1;
    uu=polyval(polyfit(x,u,N),xx);          %多项式拟合
    line(xx,uu,'linewidth',0.7), axis off
    text(-0.4,0.5,sprintf('eig %d=%20.13f*4/pi^2', j,lam(j)*4/pi^2))
    text(0.7,0.5, sprintf('%4.1f  ppw', 4*N/(pi*j)))
end
line(xx,uu,'linewidth',1)
```

15.2.2 二维泊松方程

从上一节的处理中可以看到一个规则, 对边界条件的处理是通过修改求导矩阵与解向量来实现的. 同样, 对于含有边界条件的二维泊松方程 (15.2.4) 式, 也需要根据边界条件对求导矩阵和解向量进行

相应修改. 例如要解

$$\begin{cases} \left(\dfrac{\partial^2}{\partial x^2} + \dfrac{\partial^2}{\partial y^2} \right) u = f(x,y), \quad -1 < x,y < 1 \\[3mm] u|_{|x|=1} = u|_{|y|=1} = 0 \end{cases} \tag{15.2.4}$$

考虑到函数 u 在边界上的取值为 0, 所以将图 5.6 的思路推广到二维平面上来. 用 $N-1$ 阶方阵或 $(N-1)^2$ 维向量 $\tilde{u}$ 表示除边界外所有位置的函数值, 即

$$\tilde{u}_{(N-1)\times(N-1)} = \begin{pmatrix} u_{11} & u_{12} & \cdots & u_{1(N-1)} \\ u_{21} & u_{22} & \cdots & u_{2(N-1)} \\ \vdots & \vdots & \vdots & \vdots \\ u_{(N-1)1} & u_{(N-1)2} & \cdots & u_{(N-1)(N-1)} \end{pmatrix} \tag{15.2.5}$$

$$\tilde{u}_{(N-1)^2 \times 1} = \left(u_{11}, u_{21}, \cdots, u_{(N-1)1}, u_{12}, u_{22}, \cdots, u_{(N-1)2}, \cdots, u_{(N-1)(N-1)} \right)^{\mathrm{T}}$$

那么在边界条件 $u|_{|x|=1} = u|_{|y|=1} = 0$ 下有

$$\frac{\partial^2 u}{\partial y^2} \rightarrow \left(I_{N-1} \otimes \tilde{D}_N^2 \right) \tilde{u}_{(N-1)^2 \times 1} \tag{15.2.6}$$

$$\frac{\partial^2 u}{\partial x^2} \rightarrow \left(\tilde{D}_N^2 \otimes I_{N-1} \right) \tilde{u}_{(N-1)^2 \times 1} \tag{15.2.7}$$

则拉普拉斯算符可写为

$$\Delta = \frac{\partial^2}{\partial x^2} + \frac{\partial^2}{\partial y^2} \rightarrow \tilde{L} = \tilde{D}_N^2 \otimes I_{N-1} + I_{N-1} \otimes \tilde{D}_N^2 \tag{15.2.8}$$

求解式 (15.2.4), 只需

$$\tilde{u}_{(N-1)^2 \times 1} = \tilde{L}^{-1} \tilde{f}_{(N-1)^2 \times 1} \tag{15.2.9}$$

其中, 向量 f 为 $f(x,y)$ 在各个离散点的取值, 上面的 ~ 代表对其进行删除所有边界值的操作, D^2 上面的 ~ 代表对其进行删除首尾行、首尾列的操作. 在这些过程中, $(N+1)^2$ 维向量变为 $(N-1)^2$ 维向量, $N+1$ 阶方阵变为 $N-1$ 阶方阵. 当然, 通过 (15.2.9) 式得到 $\tilde{u}$ 之后, 还需要在边界对应的位置上补 0.

(图 5.12) 分别显示了在不考虑边界条件情况下

$$\frac{\partial^n u}{\partial y^n} \rightarrow \left(I_{N+1} \otimes D_N^n \right) u_{(N+1)^2 \times 1}$$

$$\frac{\partial^n u}{\partial x^n} \rightarrow \left(D_N^n \otimes I_{N+1} \right) u_{(N+1)^2 \times 1}$$

和函数在边界取值为 0 的情况下 [(15.2.6) 式和 (15.2.7) 式], $\dfrac{\partial^2}{\partial x^2}$、$\dfrac{\partial^2}{\partial y^2}$ 和 $\dfrac{\partial^2}{\partial x^2} + \dfrac{\partial^2}{\partial y^2}$ 的矩阵形式, 每个点表示一个非零元素. $N=5$ 时, 上三图均为 6^2 阶方阵, 下三图均为 4^2 阶方阵. 与有限差分法所构造的二维求导矩阵相比, 二维切比雪夫求导矩阵要更稠密. 此外, 较之前者, 后者的精度更高, 所以只需较小的 N 就可以计算出令人满意的结果, 大大地减小了运算量. 程序如下:

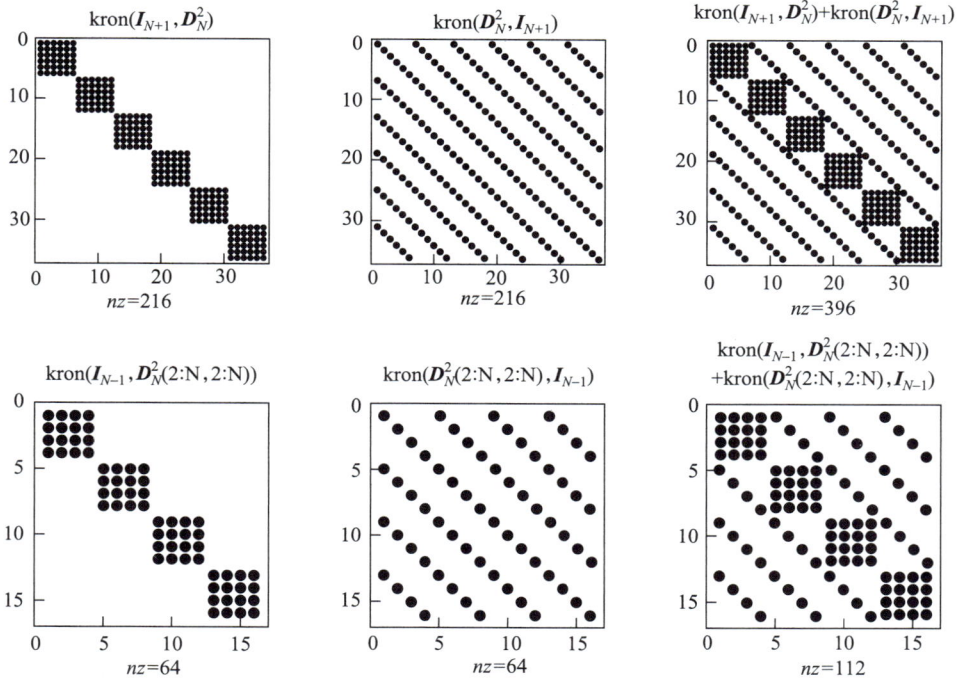

图 15.12 不考虑边界条件 (上三图) 和函数在边界上取值为 0(下三图) 时,

$$\frac{\partial^2}{\partial x^2}、\frac{\partial^2}{\partial y^2} 和 \frac{\partial^2}{\partial x^2} + \frac{\partial^2}{\partial y^2} 的矩阵形式, N = 5$$

```
L=2; N=5;
[D,x]=cheb(N); D=D/(L/-2); D2=D^2;        %构造切比雪夫求导矩阵
I=eye(N+ 1); LA=kron(I,D2)+kron(D2,I);
subplot(2,3, 1), spy(kron(I,D2),'k' ,8)
title('kron(I_{N+1},D^2_N)')
subplot(2,3,2), spy(kron(D2,I),'k',8)
title('kron(D^2_N,I_{N+1})')
subplot(2,3,3), spy(LA,'k',8)
title('kron(I_{N+1},D^2_N)+kron(D^2_N,I_ {N+ 1})')
D2=D2(2:N,2:N);
I=eye(N-1); LA=kron(I,D2)+kron(D2,I);
subplot(2,3,4), spy(kron(I,D2),'k',10)
title('kron(I_{N-1},D^2_N(2:N,2:N))')
subplot(2,3 ,5), spy(kron(D2,I),'k',10)
title('kron(D^2_N(2 :N,2:N),I_{N-l})')
subplot(2,3,6), spy(LA,'k',10)
title({['kron(I_{N-1},D^2_N(2:N,2 :N))'];['+kron(D^2_N(2:N,2:N),I_{N-1})']})
```

例 15.5: 再解一个具体的二维的泊松方程:

$$u_{xx} + u_{yy} = 10\sin[8x(y-1)], \quad -1 < x,y < 1 \tag{15.2.10}$$

在所有边界上有 $u = 0$.

方程右边的选择是为了让图形更好看.

下列程序取 $N = 24$ 数值解泊松方程 (15.2.10) 式, 程序画出了两张图 (图 15.13). 图 15.13(a) 表示 529×529 的矩阵 L_{24} 中的 $23\,805$ 个非零项的位置, 图 15.13(b) 画出了解的图形, 并给出了点 $x = y = 2^{-1/2}$ 的函数值 $u(x, y)$. 这个点的方便之处在于, 不论 N 为多少, 它都是除以 4.

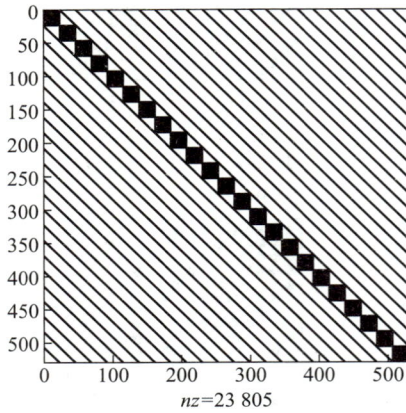

(a) 图表示529×529的矩阵 L_{24} 中的23 805 个非零项的位置

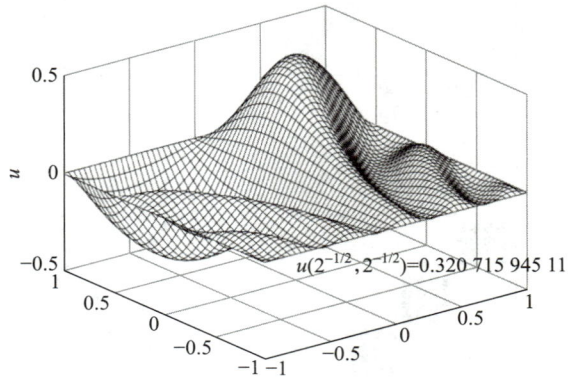

(b) 画出了解的图形, 并给出了 $x = y = 2^{-1/2}$ 的函数值 $u(x, y)$

图 15.13

```
%Poisson eq. on [-1,1]x[-1,1] with u=0 on boundary
%Set up grids and tensor product Laplacian and solve for u:
N=24; [D,x]=cheb(N); y=x;
[xx,yy]=meshgrid(x(2:N),y(2:N));
xx=xx(:); yy=yy(:); %stretch 2D grids to 1D vectors
f=10*sin(8*xx.*(yy-1));
D2=D^2; D2=D2(2:N,2:N); I=eye(N-1);
L=kron(I,D2)+kron(D2,I); %Laplacian
figure(1), clf, spy(L), drawnow
tic, u=L\f; toc %solve problem and watch the clock
% Reshape long 1D results onto 2D grid:
uu=zeros(N+1,N+1); uu(2:N,2:N)=reshape(u,N-1,N-1);
[xx,yy]=meshgrid(x,y);
value=uu(N/4+1,N/4+1);
% Interpolate to finer grid and plot:
[xxx,yyy]=meshgrid(-1:.04:1,-1:.04:1);
uuu=interp2(xx,yy,uu,xxx,yyy,'spline');
figure(2), clf, mesh(xxx,yyy,uuu), colormap([0 0 0])
xlabel x, ylabel y, zlabel u
text(.4,-.3,-.3,sprintf('u(2^{-1/2},2^{-1/2}) = %14.11f',value))
```

例 15.6: 泊松方程的变形是亥姆霍兹方程.

$$u_{xx} + u_{yy} + k^2 u = f(x, y), \quad -1 < x, y < 1$$

在所有边界上有 $u = 0$, 在下面的问题中 $k = 9$, 即

$$f(x,y) = \exp(-10[(y-1)^2 + (x - \frac{1}{2})^2])$$

图 15.14(a) 用网格图表示解, 图 15.14(b) 则用了等值线图表示. 显然, 由于力函数 $f(x,y)$ 的影响, 当 $k = 9$ 时, 在 x 方向有三个半波长, 在 y 方向有 5 个半波长. 这很容易解释, 这种波都是齐次的本征函数. 亥姆霍兹本征问题 $f(x,y)$ 的本征值为 $k = \frac{1}{2}\sqrt{3^2 + 5^2} \approx 9.1592$, 求解时选择了 $k = 9$, 得到了与其近似共振的模式 $(3,5)$. 程序如下:

```
% Set up spectral grid and tensor product Helmholtz operator:
N=24; [D,x]=cheb(N); y=x;
[xx,yy]=meshgrid(x(2:N),y(2:N));
xx=xx(:); yy=yy(:);
f=exp(-10*((yy-1).^2+(xx-.5).^2));
D2=D^2; D2=D2(2:N,2:N); I=eye(N-1);
k=9; L=kron(I,D2)+kron(D2,I)+k^2*eye((N-1)^2);
      % Solve for u, reshape to 2D grid, and plot:
u=L\f; uu=zeros(N+1,N+1); uu(2:N,2:N)=reshape(u,N-1,N-1);
[xx,yy]=meshgrid(x,y);
[xxx,yyy]=meshgrid(-1:.0333:1,-1:.0333:1);
uuu=interp2(xx,yy,uu,xxx,yyy,'spline');
figure, mesh(xxx,yyy,uuu)
xlabel x, ylabel y, zlabel u
text(.2,1,.022,sprintf('u(0,0) = %13.11f',uu(N/2+1,N/2+1)))
figure, contour(xxx,yyy,uuu)
colormap([0 0 0]), axis square
```

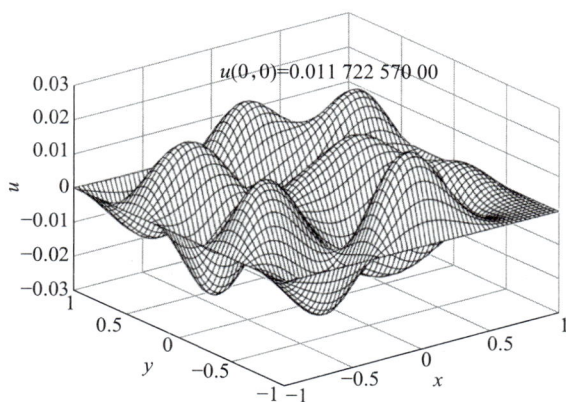

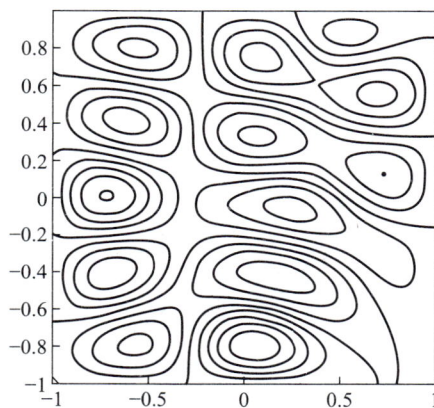

(a) 用网格图表示解   (b) 用等值线图表示解

图 15.14

例 15.7: 再来考虑具有更复杂边界条件的二维泊松方程, 如 (15.2.11) 式所示:

$$u|_{|x|=1} = u|_{|y|=1} = 0$$

$$
\begin{cases}
u|_{x=1,|y|\leqslant 1/2} = 1/2 - |y| \\
u|_{y=1} = \text{sinc}(4x)/2 \\
u|_{x=-1} = u|_{y=-1} = u|_{x=1,|y|>1/2} = 0
\end{cases}
\tag{15.2.11}
$$

针对这种更具一般性的二维边界条件, 可将图 5.8 所示的思路推广到二维空间中, 先写出不含边界条件的拉普拉斯算符的矩阵形式:

$$
\Delta = \frac{\partial^2}{\partial x^2} + \frac{\partial^2}{\partial y^2} \rightarrow \tilde{\boldsymbol{L}} = \tilde{\boldsymbol{D}}^2{}_N \otimes \boldsymbol{I}_{N+1} + \boldsymbol{I}_{N+1} \otimes \tilde{\boldsymbol{D}}^2{}_N
$$

然后对矩阵 $\boldsymbol{L}$ 进行修改, 程序如下:

```
L=2; N=5; [D,x]=cheb(N); D=D/(L/2); D2=D^2;      %构造拉普拉斯算符矩阵
I=eye(N+ 1); LA=kron(I,D2)+kron(D2,I);
x=L/2*x; y=x; [x,y]=meshgrid(x,y);
X=x(:); Y=y(:);
subplot(2,3, 1), spy(LA,'k',8);
title('kron(I_{N+l},D^2_N)+kron(D^2_N,I_{N+1})')
bound=find(abs(X)==L/2|abs(Y)==L/2);             %修改拉普拉斯算符矩阵
LA(bound,:)=0;
subplot(2,3,2), spy(LA,'k',8);
title('L(bound,:)=0')
LA(bound,bound)=eye(4*N);
subplot(2,3,3), spy(LA,'k',8)
title('L(bound,bound)=eye(4*N)')
```

其中, 语句 "bound=find(abs(X)==L/2 | abs(Y)==L/2)" 表示: 找到矩阵 $\boldsymbol{L}$ 中所有对应于边界的行的序号, 之后将这些行的所有元素替换为 0 , 这里是把这些行中第 i 个元素设置为 1, i 是该行的序号. 程序输出的结果显示了这一过程, 如图 15.15 所示.

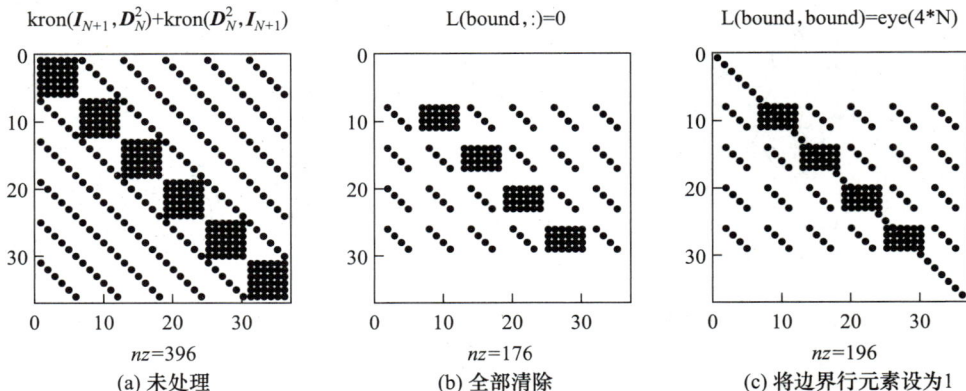

图 15.15　边界元素的处理过程

$\hat{\boldsymbol{L}}$ 表示修改后的拉普拉斯算符矩阵. 对于 (15.2.12) 式, 容易知道: 在边界处, 矢量 $\boldsymbol{f}$ 的元素和矢

量 $\boldsymbol{u}$ 的元素相等; 在其他位置, 矢量 $\boldsymbol{f}$ 的元素等于 $\dfrac{\partial^2 u}{\partial x^2} + \dfrac{\partial^2 u}{\partial y^2}$ 在该处的值.

$$\boldsymbol{f}_{(N+1)^2 \times 1} = \hat{\boldsymbol{L}} \boldsymbol{u}_{(N+1)^2 \times 1} \tag{15.2.12}$$

求解方程 (15.2.12), 只需

$$\boldsymbol{u}_{(N+1)^2 \times 1} = \hat{\boldsymbol{L}}^{-1} \hat{\boldsymbol{f}}_{(N+1)^2 \times 1}$$

其中, $\hat{\boldsymbol{f}}$ 表示: 在边界处, $\boldsymbol{f}$ 的取值与 $\boldsymbol{u}(x,y)$ 的边界条件一样, 而在其他位置的取值为 $f(x,y) = 6(x+1)(y+0.1)^3$. 具体程序如下: 程序中函数 sinc 是符号函数, 所以用原始定义来引用.

```
L=2; N=40; [D,x]=cheb(N); D=D/(L/2); D2=D^2;        %构造拉普拉斯算符矩阵
I=eye(N+ 1); LA=kron(I,D2)+kron(D2,I);
x=L/2*x; y=x; [x,y]=meshgrid(x,y); X=x(:); Y=y(:);
bound=find(abs(X)==L/2|abs(Y)==L/2);
LA(bound,:)=0; LA(bound,bound)=eye(4*N);            %修改拉普拉斯算符矩阵
f=6*(X+1).*(Y+0.1).^3;                              %给f加入边界条件
f(bound)=(Y(bound)==L/2).*sin(pi*4*X(bound))./(pi*4*X(bound))/2+...
        (X(bound)==L/2).*max(0,(0.5-abs(Y(bound)))));
u=reshape(LA\f,N + 1 ,N+ 1 );                       %求解
x2=-L/2:0.04:L/2; y2=x2;
u2=interp2(x,y,u,x2,y2','spline');                  %插值
mesh(x2,y2,u2)                                      %画图
view(-60,30), axis([-1 1 -1 1 -0.25 0.5])
xlabel x, ylabel y, zlabel u
```

程序结果如图 15.16 所示.

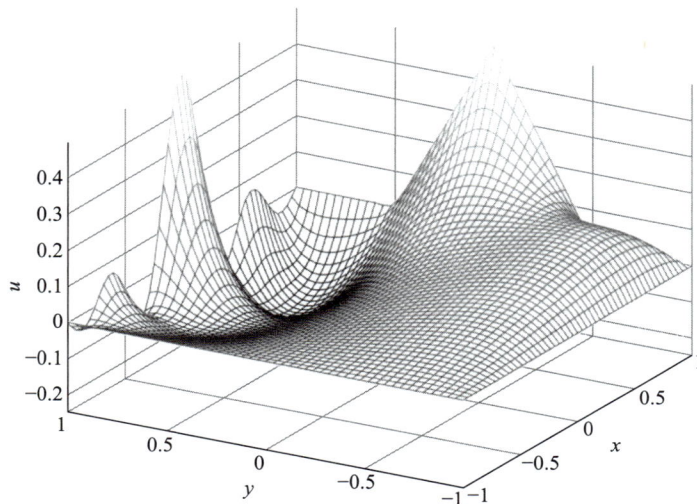

图 15.16　复杂条件下二维泊松方程的解

15.2.3 一维抛物型方程: Allen-Cahn 方程

例 15.8: Allen-Cahn 方程的形式为

$$
\begin{cases}
\dfrac{\partial u}{\partial t} = \varepsilon \dfrac{\partial^2 u}{\partial x^2} + u - u^3, & -1 < x < 1 \\[2mm]
u|_{x=\pm 1} = \pm 1 \\[2mm]
u|_{t=0} = 0.53x - 0.47\sin(1.5\pi x)
\end{cases}
\tag{15.2.13}
$$

离散化 x 和 $u(x,t)$ 之后, (15.2.13) 式中的 $\dfrac{\partial^2}{\partial x^2}$ 可用矩阵 $\hat{\boldsymbol{D}}_N^2$ 计算, $\dfrac{\partial}{\partial t}$ 可用指令 ode45 计算. 但需要把边界条件转化为指令 ode45 能直接处理的形式, 所以将上式写为

$$
\begin{cases}
\dfrac{\partial u}{\partial t} = \varepsilon \dfrac{\partial^2 u}{\partial x^2} + u - u^3, & -1 < x < 1 \\[2mm]
\dfrac{\partial u}{\partial t}\bigg|_{x=\pm 1} = 0 \\[2mm]
u|_{t=0} = 0.53x - 0.47\sin(1.5\pi x)
\end{cases}
\tag{15.2.14}
$$

容易知道, $u(\pm 1, 0) = \pm 1$ 及 $\dfrac{\partial u}{\partial t}\bigg|_{x=\pm 1} = 0$ 等价于 $u(\pm 1, t) = \pm 1$, 所以 (15.2.13) 式和 (15.2.14) 式是等价的. $u(\pm 1, 0) = \pm 1$ 是隐含在初始条件里的. 取 $\varepsilon = 0.01$, 程序如下:

```
function Ch15N2 %alleneq
L=2; N=20;
[D,x]=cheb(N); D=D/(L/2); x=L/2*x; D2=D^2;     %构造切比雪夫求导矩阵
u=0.53 *x-0.47*sin(1.5*pi*x);                   %初始条件
t=[0:2:100]; epsilon=0.01;
[t,usol]=ode45(@allen_cahn,t,u);               %求解
subplot('position',[0.15 0.58 0.7 0.4])        %画图
mesh(x,t,usol), view(-60,55)
xlabel x, ylabel t, zlabel u
axis([-1 1 0 100 -1 round(max(usol(:)))])
subplot('position',[0.15 0.08 0.7 0.4])
X=L/2:-0.02: -L/2;
u=interp2(x,t,usol,X,t,'spline');
mesh(X,t,u), view(-60,55)
xlabel x, ylabel t, zlabel u
axis([-1 1 0 100 -1 round(max(u(:)))])
function du=allen_cahn( t, u)
du=epsilon*D2*u+u-u.^3;
du([1 end])=0;
end
end
```

程序输出结果如图 15.17 所示, 由于计算范围中部的网格比边缘的稀疏, 而且切比雪夫求导矩阵的计算精度高, 无需较大 N 值, 所以曲面在 u 变化快的地方就不够光滑 [图 15.17(a)]. 用指令 interp2 插值得到的密集、均匀网格上的结果更准确、美观 [图 15.17(b)].

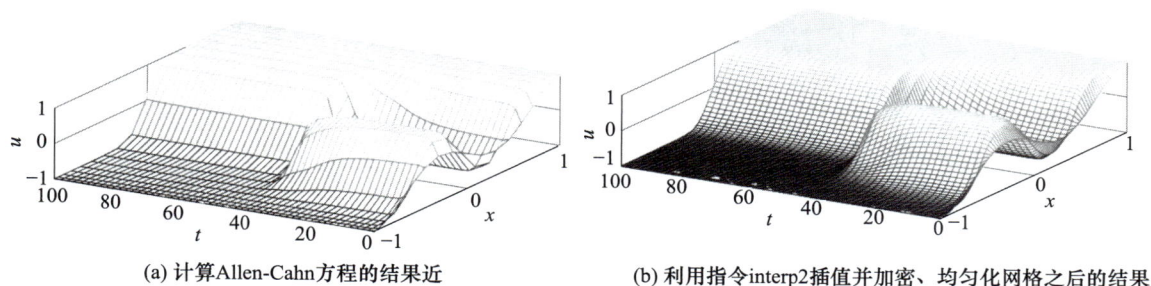

(a) 计算Allen-Cahn方程的结果近　　　(b) 利用指令interp2插值并加密、均匀化网格之后的结果

图 15.17

例 15.9: 若 Allen-Cahn 方程的边界条件包含时间 t , 比如:

$$\begin{cases} \dfrac{\partial u}{\partial t} = \varepsilon\dfrac{\partial^2 u}{\partial x^2} + u - u^3, & -1 < x < 1 \\[2mm] \dfrac{\partial u}{\partial t}\Big|_{x=1} = 1 + \sin^2(0.2t) \\[2mm] \dfrac{\partial u}{\partial t}\Big|_{x=-1} = -1 \\[2mm] u|_{t=0} = 0.53x - 0.47\sin(1.5\pi x) \end{cases}$$

类似地, 可将其写为函数 ode45 能直接求解的等价形式:

$$\begin{cases} \dfrac{\partial u}{\partial t} = \varepsilon\dfrac{\partial^2 u}{\partial x^2} + u - u^3, & -1 < x < 1 \\[2mm] \dfrac{\partial u}{\partial t}\Big|_{x=1} = 1 + \sin^2(0.2t) \\[2mm] \dfrac{\partial u}{\partial t}\Big|_{x=-1} = 0 \\[2mm] u|_{t=0} = 0.53x - 0.47\sin(1.5\pi x) \end{cases} \tag{15.2.15}$$

只需对前面例 15.8 的程序中的 "allen cahn.m" 子函数文件稍加改动就能实现 (15.2.15) 式的求解, 改动的部分如下:

```
function du=allen_cahn2(t,u)
du=epsilon*D2*u+u-u.^3;
du(1)=sin(2*t/5)/5;
du(end)=0;
```

程序输出结果如图 15.18 所示.

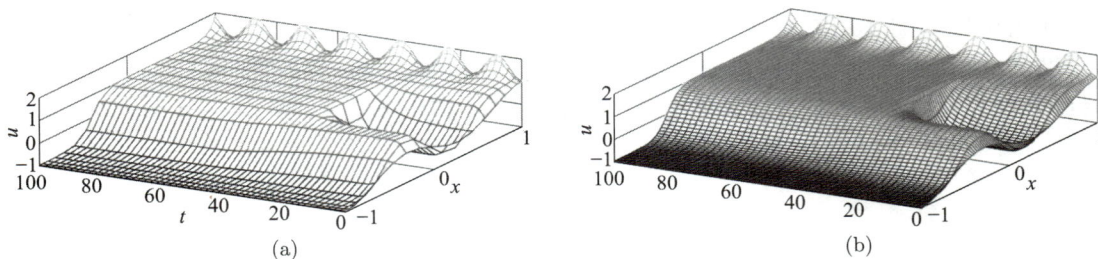

图 15.18

15.2.4　二维热传导方程

例 15.10: 考虑如下二维热传导方程:

$$\begin{cases} \dfrac{\partial u}{\partial t} = \left(\dfrac{\partial^2}{\partial x^2} + \dfrac{\partial^2}{\partial y^2} \right) u, & -2 < x, y < 2 \\[2mm] u|_{|x|=2} = u|_{|y|=2} = 0 \\[2mm] u|_{t=0} = 1 - \sqrt{x^2 + y^2}, & x^2 + y^2 \leqslant 1 \\[2mm] u|_{t=0} = 0, & x^2 + y^2 > 1 \end{cases} \qquad (15.2.16)$$

用方阵 $\tilde{\boldsymbol{u}}_{(N-1)\times(N-1)}$ 表示除边界以外位置的离散化函数值 [定义见 (15.2.15) 式], 则有

$$\frac{\partial^2 u}{\partial y^2} \to \tilde{\boldsymbol{D}}_N^2 \tilde{\boldsymbol{u}}_{(N-1)\times(N-1)} \qquad (15.2.17)$$

$$\frac{\partial^2}{\partial x^2} \to \left(\tilde{\boldsymbol{D}}_N^2 \left(\tilde{u}_{(N-1)\times(N-1)} \right)^{\mathrm{T}} \right)^{\mathrm{T}} = \tilde{\boldsymbol{u}}_{(N-1)\times(N-1)} \left(\tilde{\boldsymbol{D}}_N^2 \right)^{\mathrm{T}} \qquad (15.2.18)$$

为了避免出现 $(N-1)^2$ 阶的大型方阵, 所以此处不用 (15.2.8) 式的形式表示拉普拉斯算符. 只有在迫不得已的情况下才可以使用 (15.2.8) 式, 如: 特征值问题、拉普拉斯算符的逆运算等. 根据 (15.2.17) 式、(15.2.18) 式处理二维热传导方程等号右边的两项, 用指令 ode45 计算左边的 $\partial/\partial t$. 程序如下:

```
function Ch15N4 %heateq
L=4; N=40; [D,x]=cheb(N); D=D/(L/2); D2=D^2;          %构造切比雪夫求导矩阵
D2=D2(2:N,2:N); x=L/2*x; y=x; [X,Y]=meshgrid(x(2:N),y(2:N));   %建网格
u=max(0,1-sqrt(X.^2+Y.^2));                           %初始条件
t=[0 0.02 0.1 0.5]; [t,usol]=ode45(@heat,t,u(:));    %求解
for n=1:4                                             %画图
    subplot(2,2,n)
    u=zeros(N+1);
    u(2:N ,2 :N)=reshape( usol(n,: ),N-1 ,N-1);
    surfl(x,y,u), shading interp
    axis([-2 2 -2 2 0 1]), xlabel x, ylabel y, zlabel u
    title(['t=' num2str(t(n))]);
end
function du=heat(t,u)
```

```
u=reshape(u,N-1,N-1);
du=reshape(D2 *u+u *D2',(N-1)^2, 1);
end
end
```

计算结果如图 15.19 所示.

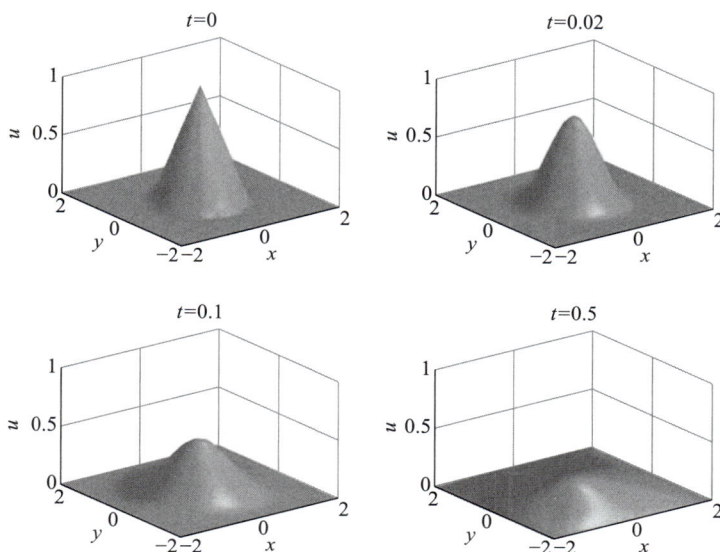

图 15.19

例 15.11: 下面分析更复杂边界条件下的二维热传导方程:

$$
\begin{cases}
\dfrac{\partial u}{\partial t} = \left(\dfrac{\partial^2}{\partial x^2} + \dfrac{\partial^2}{\partial y^2} \right) u, \quad -1 < x, y < 1 \\[2mm]
u|_{x=1} = 1 - |y| \\[2mm]
u|_{x=-1} = u|_{|y|=1} = 0 \\[2mm]
u|_{t=0} = 1 - \sqrt{(x-1)^2 + y^2}, \quad (x-1)^2 + y^2 \leqslant 1 \\[2mm]
u|_{t=0} = 0, \quad (x-1)^2 + y^2 > 1
\end{cases}
$$

将上式改写成等价的形式. 注意, 边界条件的处理放在拉普拉斯算符中, 一般通过修改算符形式来完成. 如果是含时问题, 也可以表示在初始条件中, 注意边界条件一定要满足初始条件.

$$
\begin{cases}
\dfrac{\partial u}{\partial t} = \left(\dfrac{\partial^2}{\partial x^2} + \dfrac{\partial^2}{\partial y^2} \right) u, \quad -1 < x, y < 1 \\[2mm]
\left. \dfrac{\partial u}{\partial t} \right|_{|x|=1} = \left. \dfrac{\partial u}{\partial t} \right|_{|y|=1} = 0 \\[2mm]
u|_{t=0} = 1 - \sqrt{(x-1)^2 + y^2}, \quad (x-1)^2 + y^2 \leqslant 1 \\[2mm]
u|_{t=0} = 0, \quad (x-1)^2 + y^2 > 1
\end{cases}
$$

这种形式可用指令 ode45 求解, 程序与图形 (图 15.20) 如下:

```
function Ch15N5 %heateq2
L=2; N=20; [D,x]=cheb(N); D=D/(L/2); D2=D^2; x=L/2*x; y=x;    %求导矩阵
[X, Y]=meshgrid( x,y);
u=max(0,1-sqrt((X-1).^2+Y.^2));                               %初始条件
t=[0 0.001 0.02 0.5];
[t,usol]=ode45(@heat2,t,u(:));                                %求解
for n=1:4                                                     %画图
    subplot(2,2,n)
    surfl(x,y,reshape(usol(n,:),N+1,N+ 1))
    axis([-1 1 -1 1 -0.1 1]), shading interp
    xlabel x, ylabel y, zlabel u
    title(['t=' num2str( t( n))]);
end
function du=heat2(t,u)
u=reshape(u,N+1,N+1);
du=D2*u+u*D2';
du([1 N+1],:)=0; du(:,[1 N+1])=0; du=du(:);
end
end
```

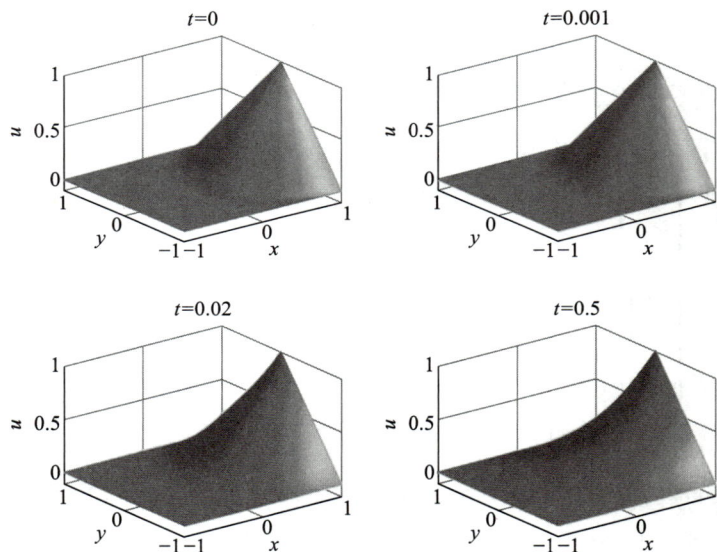

图 15.20 复杂边界条件下的二维热传导方程的解

§15.3 诺伊曼边界条件 (第二类边界条件)

15.3.1 一维泊松方程

在第二类边界条件下求解一维泊松方程 (是常微分方程)

$$u'' = f(x), \quad -1 < x < 1, \quad u'(1) = u(-1) = 0 \tag{15.3.1}$$

将 x 和 u 分别离散化为 $N+1$ 维向量:

$$x = (x_0 = 1, x_1, \cdots, x_N = -1)^{\mathrm{T}}$$

$$u = (u_0, u_1, \cdots, u_N)^{\mathrm{T}}$$

对于左边界的狄利克雷边界条件, 可按照上一节方法处理, 即用图 5.6 所示的方法修改矩阵 $\boldsymbol{D}_N^2$. 对于右边界的诺伊曼边界条件, 可将矩阵 $\boldsymbol{D}_N^2$ 的第一行替换成 $\boldsymbol{D}_N$ 的第一行, 如图 15.21 所示. 修改后的矩阵 $\boldsymbol{D}_N^2$ 与向量 $\boldsymbol{u}$ 相乘所得向量的第一个元素将是 $u'(x_0)$.

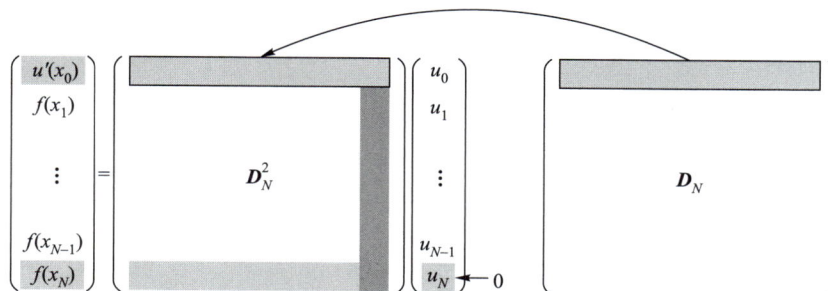

图 15.21　在第一类边界条件 $u(-1) = 0$ 和第二类边界条件

$u'(1) = 0$ 下修改切比雪夫求导矩阵

用 $\bar{\boldsymbol{D}}^2{}_N$ 代表经过上述修改的切比雪夫求导矩阵, 用 $\bar{\boldsymbol{f}}$ 表示删去向量 $f = (f(x_0), f(x_1), \cdots, f(x_N))^{\mathrm{T}}$ 的最后一个元素 $f(x_N)$(狄利克雷边界条件), 并将其第一个元素替换为函数在右边界处的导数值 $u'(x_0 = 1) = 0$ (诺伊曼边界条件). 求解 (15.3.1) 式, 只需

$$\bar{\boldsymbol{u}}_{N \times 1} = \left(\bar{\boldsymbol{D}}^2{}_N\right)^{-1} \bar{\boldsymbol{f}}_{N \times 1}$$

方程求解后要在 $\bar{\boldsymbol{u}}_{N \times 1}$ 的末尾补 0. 在切比雪夫求导矩阵上乘以缩放因子可将上述方法推广至任意区间.

例 15.12: 求解第二类边界条件下的一维泊松方程:

$$u'' = e^x, \quad -2 < x < 2, \quad u'(2) = u(-2) = 0$$

其精确解为: $u = e^x - e^2 x - e^{-2} - 2e^2$, 将数值解与精确解比较的程序和图 15.22 如下:

```
L=4; N=17; [D,x]=cheb(N); D=D/(L/2); x=L/2*x;        %构造切比雪夫求导矩阵
D2=D^2; D2(1,:)=D(1,:);                               %矩阵第一行是第二类边界条件
D2=D2(1:N,1:N);                                       %去掉最后一行一列,得到NxN矩阵
f=exp(x(1:N)); f(1)=0; u=D2\f; u=[u;0];              %求解
exact=exp(x)-exp(2)*x-exp(-2)-2*exp(2);             %解析解
error=abs(exact-u);                                  %计算误差
subplot(2,1,1)                                       %画图
plot(x,exact,'k' ,x, u,' .r', 'MarkerSize', 16,'LineWidth', 1.5)
title(['E or_{max}=' num2str(max(error))]), xlabel x, ylabel u
subplot(2,1,2)
plot(x,error,' .r' ,'MarkerSize', 16), xlabel x, ylabel Error
```

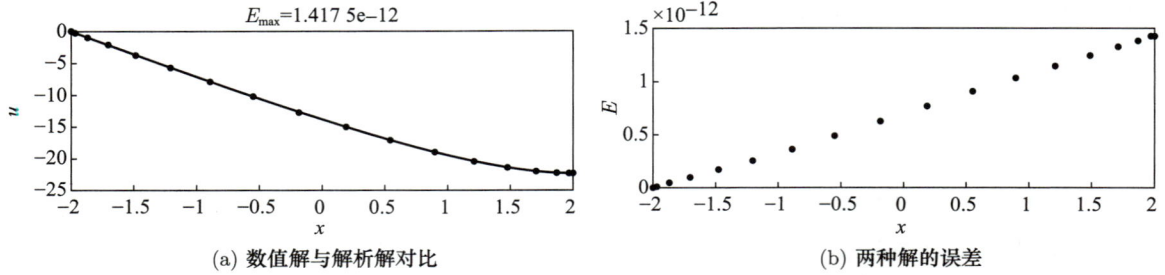

(a) 数值解与解析解对比   (b) 两种解的误差

图 15.22

15.3.2 二维泊松方程

求解如下方程:

$$
\begin{cases}
\left(\dfrac{\partial^2}{\partial x^2} + \dfrac{\partial^2}{\partial y^2}\right) u = -\cos\left[(x+3)^2(y)\right], \quad -2 < x, y < 2 \\[3mm]
\left.\dfrac{\partial u}{\partial x}\right|_{x=2} = \left.\dfrac{\partial u}{\partial y}\right|_{y=2} = u|_{y=-2} = 0 \\[3mm]
u|_{x=-2} = \dfrac{\cos(\pi y)}{5}
\end{cases}
\tag{15.3.2}
$$

令 $\boldsymbol{u}_{(N+1)^2 \times 1} = (u_{00}, u_{10}, \cdots, u_{N0}, u_{01}, u_{11}, \cdots, u_{N1}, \cdots, u_{NN})^{\mathrm{T}}$.

针对在 $x = -2$ 边界和 $y = -2$ 边界处的狄利克雷边界条件, 可用图 5.12 所示的方法修改拉普拉斯算符矩阵 $\boldsymbol{L}$[(15.3.3) 式] 中对应于这两个边界的行, 即

$$
\frac{\partial^2}{\partial x^2} + \frac{\partial^2}{\partial y^2} \to \boldsymbol{L} = \boldsymbol{D^2}_N \otimes \boldsymbol{I}_{N+1} + \boldsymbol{I}_{N+1} \otimes \boldsymbol{D^2}_N
\tag{15.3.3}
$$

针对在 $x = 2$ 边界和 $y = 2$ 边界处的诺伊曼边界条件, 需要将上一节处理一维的方法推广到二维空间. 先将 $\dfrac{\partial}{\partial x}$、$\dfrac{\partial}{\partial y}$ 写为矩阵形式 $\boldsymbol{H}_x$、$\boldsymbol{H}_y$, 即

$$
\frac{\partial}{\partial x} \to \boldsymbol{H}_x = \boldsymbol{D}_N \otimes \boldsymbol{I}_{N+1}
$$

$$
\frac{\partial}{\partial y} \to \boldsymbol{H}_y = \boldsymbol{I}_{N+1} \otimes \boldsymbol{D}_N
$$

并把 $\boldsymbol{H}_x$ 中对应于 $x = 2$ 边界的行覆盖到拉普拉斯算符矩阵 $\boldsymbol{L}$ 中相应的位置, 类似地, 把 $\boldsymbol{H}_y$ 中对应于 $y = 2$ 边界的行覆盖到拉普拉斯算符矩阵 $\boldsymbol{L}$ 中相应的位置. 用 $\bar{\boldsymbol{L}}$ 表示修改后的拉普拉斯算符矩阵, 则方程成为

$$
\boldsymbol{f}_{(N+1)^2 \times 1} = \bar{\boldsymbol{L}} \boldsymbol{u}_{(N+1)^2 \times 1}
$$

可知向量 $\boldsymbol{f}$ 中对应于 $x = -2$ 边界和 $y = -2$ 边界的元素, 与向量 $\boldsymbol{u}$ 相应位置的元素相等, 向量 $\boldsymbol{f}$ 中对应于 $x = 2$ 边界和 $y = 2$ 边界的元素, 分别与向量 $\boldsymbol{H}_x \boldsymbol{u}$ 和 $\boldsymbol{H}_y \boldsymbol{u}$ 在该位置的元素相等. 这样, 求解方程 (15.3.2) 只需

$$
\boldsymbol{u}_{(N+1)^2 \times 1} = \bar{\boldsymbol{L}}^{-1} \bar{\boldsymbol{f}}_{(N+1)^2 \times 1}
$$

其中, 向量 $\boldsymbol{f}$ 为离散化的 $f(x, y) = -\sin[(x+2)^2(y+1)]$, 它上面的 “ ¯ ” 代表对其做如下修改: 对应于 $x = -2$ 边界和 $y = -2$ 边界的元素分别取 $\sin(\pi y)/10$ 和 0 (狄利克雷边界条件), 对应于 $x = 2$ 边界和 $y = 2$ 边界的元素取 0 (诺伊曼边界条件). 实际程序如下:

```
L=4; N=50; [D,x]=cheb(N); x=L/2*x; y=x;                %构造拉普拉斯算符矩阵
[X,Y]=meshgrid(x,y);
X=X(:); Y=Y(:); D=D/(L/2); D2=D^2;
I=eye(N+ 1); LA=kron(I,D2)+kron(D2,I);                              %二阶导数
                                                        %修改拉普拉斯算符矩阵
Hx=kron(D,I); Hy=kron(I,D);                                        %一阶导数
bound1 =find(X==-L/2 |Y==-L/2) ;                          %找出矩阵下边左边元素
bound2=find(X==L/2|Y==L/2);                               %找出矩阵上边右边元素
LA(bound1,:)=0;                                          %对应第一类边界条件
LA(bound1,bound1)=eye(2*N+1);                                %与上句同功能
LA(bound2,:)=repmat(X(bound2)==L/2, 1 ,(N+ 1)^2).*Hx(bound2,:)...
            +repmat(Y (bound2)==L/2, 1,(N+ 1)^2).*Hy(bound2,:);
            %将第二类边条的边界元素写成行向量,乘以一阶导数矩阵,对XY分别计算
f=-cos((X+3).^2.*(Y)); %非齐次项
f([bound1 ;bound2])=0;                                    %先取所有边界为零
f(bound1)=(X(bound1)==-L/2).*cos(pi*Y(bound1))/5;           %再设定左边界条件
u=LA\f;                                                          %求解
u=reshape(u,N+1,N+1);                                      %写成方矩阵
x2=-L/2:0.05:L/2; y2=x2;
u2=interp2(x,y,u,x2,y2','spline');
mesh(x2,y2,u2), view( -25,45)                                    %画图
xlabel x, ylabel y, zlabel u
axis([-2 2 -2 2 -0.5 0.6])
```

第二类边界条件下的泊松方程的解如图 15.23 所示.

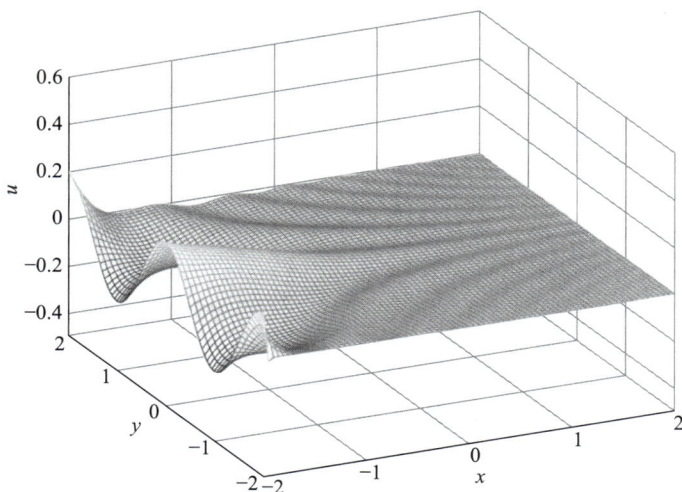

图 15.23 第二类边界条件下的泊松方程的解

15.3.3 一维热传导方程

设函数 $u(x)$ 在切比雪夫点 $\boldsymbol{x} = (x_0, x_1, \cdots, x_N)^{\mathrm{T}}$ 处的取值为向量 $\boldsymbol{u} = (u_0, u_1, \cdots, u_N)^{\mathrm{T}}$. 如果诺伊曼边界条件仅约束了右边界 $u'(1)$ 的值, 而在左边界 $x = -1$ 处为其他边界条件, 如狄利克雷边界条

件. 将右边界条件写成矩阵形式, 有

$$u'(1) = ((\boldsymbol{D}_N)_{00}, (\boldsymbol{D}_N)_{01}, \cdots, (\boldsymbol{D}_N)_{0N}) \begin{pmatrix} u_0 \\ u_1 \\ \vdots \\ u_N \end{pmatrix}$$

$$= (\boldsymbol{D}_N)_{00} \cdot u_0 + ((\boldsymbol{D}_N)_{01}, (\boldsymbol{D}_N)_{02}, \cdots, (\boldsymbol{D}_N)_{0N}) \begin{pmatrix} u_1 \\ u_2 \\ \vdots \\ u_N \end{pmatrix}$$

已知 $u'(1) = 0$, 得

$$u_0 = -\frac{1}{(\boldsymbol{D}_N)_{00}} ((\boldsymbol{D}_N)_{01}, (\boldsymbol{D}_N)_{02}, \cdots, (\boldsymbol{D}_N)_{0N}) \begin{pmatrix} u_1 \\ u_{12} \\ \vdots \\ u_N \end{pmatrix} \tag{15.3.4}$$

类似地, 如果诺伊曼边界条件同时约束了 $u'(\pm1)$ 的值, 有

$$\begin{pmatrix} u'(1) \\ u'(-1) \end{pmatrix} = \begin{pmatrix} (\boldsymbol{D}_N)_{00}, (\boldsymbol{D}_N)_{01}, \cdots, (\boldsymbol{D}_N)_{0N} \\ (\boldsymbol{D}_N)_{N0}, (\boldsymbol{D}_N)_{N1}, \cdots, (\boldsymbol{D}_N)_{NN} \end{pmatrix} \begin{pmatrix} u_0 \\ u_1 \\ \vdots \\ u_N \end{pmatrix}$$

$$= \begin{pmatrix} (\boldsymbol{D}_N)_{00}, (\boldsymbol{D}_N)_{01} \\ (\boldsymbol{D}_N)_{N0}, (\boldsymbol{D}_N)_{N1} \end{pmatrix} \begin{pmatrix} u_0 \\ u_N \end{pmatrix} + \begin{pmatrix} (\boldsymbol{D}_N)_{01}, (\boldsymbol{D}_N)_{02}, \cdots, (\boldsymbol{D}_N)_{0N} \\ (\boldsymbol{D}_N)_{N1}, (\boldsymbol{D}_N)_{N2}, \cdots, (\boldsymbol{D}_N)_{NN} \end{pmatrix} \begin{pmatrix} u_1 \\ u_2 \\ \vdots \\ u_N \end{pmatrix} \tag{15.3.5a}$$

在 $u'(\pm1) = 0$ 条件下, 得

$$\begin{pmatrix} u_0 \\ u_N \end{pmatrix} = -\begin{pmatrix} (\boldsymbol{D}_N)_{00}, (\boldsymbol{D}_N)_{01} \\ (\boldsymbol{D}_N)_{N0}, (\boldsymbol{D}_N)_{N1} \end{pmatrix}^{-1} \begin{pmatrix} (\boldsymbol{D}_N)_{01}, (\boldsymbol{D}_N)_{02}, \cdots, (\boldsymbol{D}_N)_{0N} \\ (\boldsymbol{D}_N)_{N1}, (\boldsymbol{D}_N)_{N2}, \cdots, (\boldsymbol{D}_N)_{NN} \end{pmatrix} \begin{pmatrix} u_1 \\ u_2 \\ \vdots \\ u_N \end{pmatrix} \tag{15.3.5b}$$

其中, $u_0 = u(1), u_N = u(-1)$. (15.3.4) 式和 (15.3.5b) 式的意义在于: 将边界条件 $u'(1) = 0$ 或 $u'(\pm1) = 0$ 转化为对 $u(l)$ 或 $u(\pm1)$ 的约束条件, 这样就可以直接处理单边界或双边界上的诺伊曼边界条件了. 以一维热传导方程为例:

$$\begin{cases} \dfrac{\partial u}{\partial t} = \dfrac{\partial^2 u}{\partial x^2}, & -1 < x < 1 \\ \dfrac{\partial u}{\partial x}\bigg|_{x=\pm1} = 0 \\ u|_{t=0} = 1 + \cos(\pi x) \end{cases}$$

容易知道, 边界条件可等价写为

$$\left.\frac{\partial u}{\partial x}\right|_{x=\pm 1}=0 \Leftrightarrow \begin{cases} \left.\dfrac{\partial}{\partial t}\left(\dfrac{\partial u}{\partial x}\right)\right|_{x=\pm 1}=0 \\[4mm] \left.\dfrac{\partial u}{\partial x}\right|_{x=\pm 1,t=0}=0 \end{cases}$$

u 在边界处的二阶混合偏导数 $\left.\partial(\partial u/\partial t)/\partial t\right|_{x=\pm 1}$ 显然是连续的, 且由物理意义可知 $\left.\partial u/\partial t\right|_{x=\pm 1}$ 也是连续的, 所以 u 的二阶混合偏导数的求导次序可以在边界处交换:

$$\left.\frac{\partial}{\partial t}\left(\frac{\partial u}{\partial x}\right)\right|_{x=\pm 1}=\left.\frac{\partial}{\partial x}\left(\frac{\partial u}{\partial t}\right)\right|_{x=\pm 1}=0$$

$$\begin{cases} \dfrac{\partial u}{\partial t}=\dfrac{\partial^2 u}{\partial x^2}, \quad -1<x<1 \\[4mm] \left.\dfrac{\partial}{\partial x}\left(\dfrac{\partial u}{\partial t}\right)\right|_{x=\pm 1}=0 \\[4mm] u|_{t=0}=1+\cos(\pi x) \end{cases}$$

上式中 $\dfrac{\partial}{\partial t}$ 用指令 ode45 计算, $\dfrac{\partial^2 u}{\partial x^2}$ 用 $\boldsymbol{D}_N^2$ 计算, 根据 (15.3.5) 式处理诺伊曼边界条件, 处理时将 $\dfrac{\partial u}{\partial t}$ 看成 u. 程序如下, 程序是演示动画, 下面把它做成三维图形 (图 15.24). 注意对于第二类边界条件, 在图形上边界的温度是变化的.

```
function Ch15N8                                    %heat1D
L=2; N=30; [D,x]=cheb(N); D=D/(L/2);               %构造切比雪夫求导矩阵
D2=D^2; x=L/2*x;
u=1+cos(pi*x);                                     %初始条件
BC=-D([1 N+1],[1 N+1])\D([1 N+1],2:N);             %诺依曼边界条件
t=0:0.01 :0.2;
[t,usol]=ode45(@heat1D,t,u);
for n=1:20
    plot(x,usol(n,:))
    axis([-1 1 0 2])
    pause(0.3)
end
function du=heat1D(t,u)
du=D2*u;
du([1 N+1])=BC*du(2:N);
end
end
```

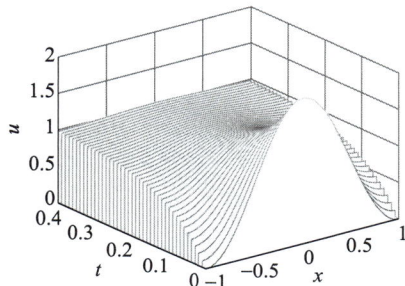

图 15.24　第二类边界条件下的一维热传
导方程的解

15.3.4　二维波动方程

二维波动方程如下:

$$\begin{cases} \dfrac{\partial^2 u}{\partial t^2} = \left(\dfrac{\partial^2}{\partial x^2} + \dfrac{\partial^2}{\partial x^2} \right) u, & -5 < x < 5, \quad -1 < y < 1 \\[3mm] \dfrac{\partial u}{\partial y}\bigg|_{|y|=1} = 0, \qquad u|_{x=-5} = u|_{x=5} \\[3mm] u|_{t=0} = \mathrm{e}^{-10[x^2+y^2]}, \qquad \dfrac{\partial u}{\partial t}\bigg|_{t=0} = -\dfrac{\partial u}{\partial y}\bigg|_{t=0} \end{cases}$$

可认为上式描述了水的波动过程, $u(x,y,t)$ 是水面高度的分布, x、y 是空间坐标, t 是时间. 在 $|x| = 5$ 边界处采用了周期性边界条件, 这代表从 $x = 5$ 边界流出的水将从 $x = -5$ 边界流入, 反之亦然. 在 $|Y| = 1$ 边界处采用了诺伊曼边界条件, $\dfrac{\partial u}{\partial x}\bigg|_{|y|=1} = 0$ 代表水不能从 $|Y| = 1$ 处流入或流出. 在求解时, 用快速傅里叶变换处理周期性边界条件, 用切比雪夫谱方法处理诺伊曼边界条件. 从中可以学习同时用两种方法处理不同的边界条件.

由初始条件可知 $\dfrac{\partial u}{\partial y}\bigg|_{|y|=1,\,t=0} \approx 0$, 因此可将边界条件 $\dfrac{\partial u}{\partial y}\bigg|_{|y|=1} = 0$ 等价地写为 $\dfrac{\partial}{\partial t}\left(\dfrac{\partial u}{\partial y} \right)\bigg|_{|y|=1} = 0$. 又由它的连续性, 所以可交换求导顺序, 等价写为 $\dfrac{\partial}{\partial y}\left(\dfrac{\partial u}{\partial t} \right)\bigg|_{|y|=1} = 0$. 因此方程可写为

$$\begin{cases} \dfrac{\partial u}{\partial t} = v \\[3mm] \dfrac{\partial v}{\partial t} = \left(\dfrac{\partial^2}{\partial x^2} + \dfrac{\partial^2}{\partial x^2} \right) u, & -5 < x < 5, \quad -1 < y < 1 \\[3mm] \dfrac{\partial v}{\partial y}\bigg|_{|y|=1} = 0, \qquad u|_{x=-3} = u|_{x=3} \\[3mm] u|_{t=0} = \mathrm{e}^{-10(x^2+y^2)}, \qquad v|_{t=0} = -\dfrac{\partial u}{\partial y}\bigg|_{t=0} \end{cases}$$

由于 $|x|=5$ 处存在周期性边界条件, 所以可使用快速傅里叶变换计算 x 方向上的导数. 为了简化程序, 在程序中先把位置矩阵变成列向量作计算. 对于 $|y| = 1$ 边界处的诺伊曼边界条件, 这里使用切比雪夫求导矩阵计算 y 方向上的导数, 并根据 (15.3.3) 式处理 $\dfrac{\partial v}{\partial y}\bigg|_{|y|=1} = 0$.

对方程中的 $\dfrac{\partial^2}{\partial t^2}$, 使用二阶导数的差分公式计算. 程序如下, 程序演示的是动画, 图 15.25 只是其中的一幅画面.

```
function Ch15N9 %waveeq2D
Lx=10; Nx=128;                                              %x方向用FFT
x=Lx/Nx*[-Nx/2:Nx/2-1];
k=(2*pi/Lx)*[0:Nx/2-1, -Nx/2:-1];

Ly=2; Ny=20; [Dy,y]=cheb(Ny);                              %y方向用cheb
Dy=Dy/(Ly/2); D2y=Dy^2;
y=Ly/2*y;
```

```
BCy=-Dy([1 Ny+1],[1 Ny+1])\Dy([1 Ny+1],2:Ny);              %诺依曼边界条件
dt=6/Ny^2;
[xx,yy]=meshgrid(x,y);
vvold=exp(-10*(xx.^2+ yy.^2));                              %初始条件
vv=20*dt*vvold.*yy+vvold;
for n=0:5:4000                                              %画图
    t=n*dt;
    [xxx,yyy]=meshgrid(-5:1/16:5,-1:1/16:1);
    vvv = interp2(xx,yy,vv,xxx,yyy,'spline');
    mesh(xxx,yyy,vvv), axis([-5 5 -1 1 -0.5 1])
    colormap([0 0 0]), title(['t = ' num2str(t)]),
    view(-12,18),drawnow
    kk=[k,k,k,k,k,k,k,k,k,k,k,k,k,k,k,k,k,k,k,k,k];
    UX=ifft(-(kk').^2.*fft(vv(:)))';
    uxx=reshape(UX,Ny+1,Nx);                                %x方向二阶导数
    uyy=D2y*vv;                                             %y方向二阶导数
    vvnew=2*vv-vvold+dt^2*(uxx+uyy);                        %蛙跳公式计算下一时刻函数
    vvnew([1 Ny+ 1],:)=BCy*vv(2:Ny,:);                      %y边界条件
    vvold=vv; vv=vvnew;                                     %作循环
end
```

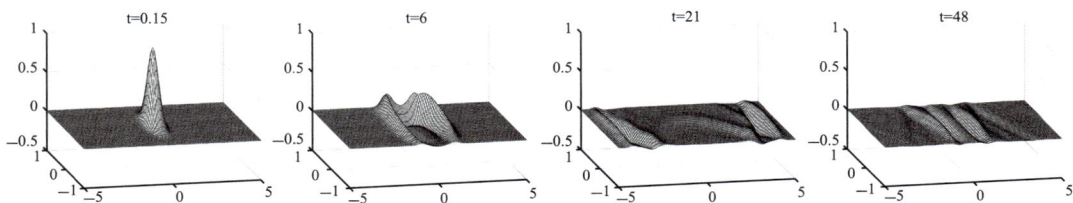

图 15.25   混合边界条件下二维波动方程的解

§15.4   洛平边界条件 (第三类边界条件)

15.4.1   一维泊松方程

一维泊松方程的定解问题是

$$u'' = f(x), \quad -1 < x < 1, \quad u(\pm 1) + hu'(\pm 1) = g(\pm 1) \tag{15.4.1}$$

先将 x 和 u 分别离散化为 $N+1$ 维向量. 针对 (15.4.1) 式两端边界的洛平边界条件, 需要综合图 15.8 及图 15.21 所示的方法修改矩阵 $\boldsymbol{D}_N^2$, 如图 15.26 所示: 取出矩阵 $h\boldsymbol{D}_N$ 的首 (尾) 行, 在其首 (尾) 的零元素上加 1, 然后替换到矩阵 $\boldsymbol{D}_N^2$ 的首 (尾) 行处. 这样修改后的矩阵 $\boldsymbol{D}_N^2$ 与向量 $\boldsymbol{u}$ 相乘所得向量的首尾元素将是 $u_0 + hu'(x_0)$ 和 $u_N + hu'(x_N)$.

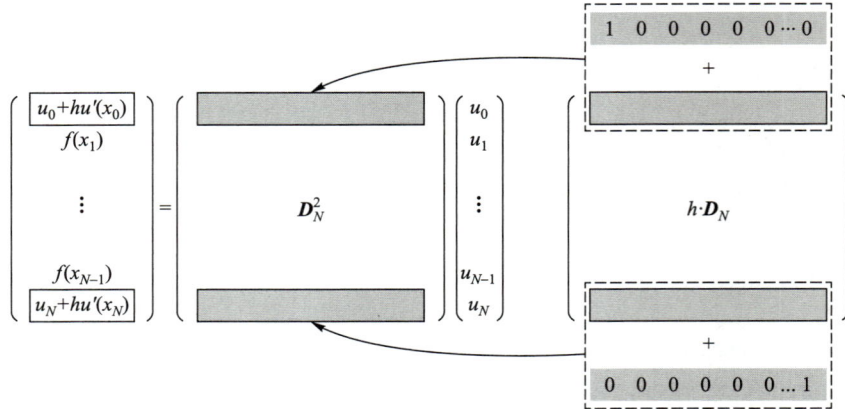

图 15.26　在洛平边界条件下修改切比雪夫求导矩阵

方程 (15.4.1) 的解为

$$u_{N \times 1} = \left(\bar{\bar{D}}^2{}_N \right)^{-1} \bar{\bar{f}}_{N \times 1} \qquad (15.4.2)$$

其中 $\bar{\bar{D}}$ 和 $\bar{\bar{f}}$ 表示经过上述修改后的矩阵与向量. 在切比雪夫求导矩阵上乘以缩放因子就可以将上述方法应用于任意区间. 下面用 (15.4.2) 式解一个具体的例子:

$$u'' = e^x, \quad -2 < x < 2, \quad (u + 2u')|_{|x|=2} = 1$$

程序中将数值解与解析解作了对比 (图 15.27), 程序如下:

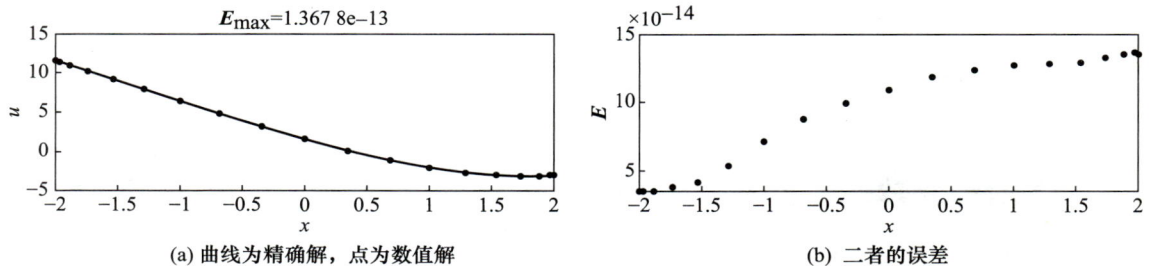

(a) 曲线为精确解, 点为数值解　　　　　(b) 二者的误差

图 15.27　数值解与解析解的对比

```
L=4; N=18; h=2;                                          %构造切比雪夫求导矩阵并修改
[D,x]=cheb(N); D=D/(L/2); x=L/2*x;
D2=D^2; I=eye(N+ 1); D2([1 N+1],:)=h*D([1 N+1],:)+I([1 N+1],:);
f=exp(x(1:N+1)); f([1 N+1])=1; u=D2\f;                    %求解
exact=exp(x)+3/4*(exp(-2)-exp(2))*x+1-3*exp(-2);          %精确解
error=abs(exact-u);                                      %计算误差
subplot(2,1,1)                                           %画图
plot(x,exact,'k',x,u,'.r','MarkerSize',16,'LineWidth',1.5)
title(['Error_{max}=' num2str(max(error))]), xlabel x, ylabel u
subplot(2,1,2)
plot(x,error, '.r' ,'MarkerSize', 16)
xlabel x, ylabel Error
```

15.4.2 二维泊松方程

二维泊松方程的定解问题如下

$$\begin{cases} \left(\dfrac{\partial^2}{\partial x^2} + \dfrac{\partial^2}{\partial y^2}\right)u = \cos[(x+4)(y-2)], \quad -2 < x,y < 2 \\ \left(u + \dfrac{1}{10}\dfrac{\partial u}{\partial x}\right)\bigg|_{|x|=2} = \left(u + d\dfrac{1}{10}\dfrac{\partial u}{\partial y}\right)\bigg|_{|y|=2} = 1 \end{cases} \tag{15.4.3}$$

将函数 $u(x,y)$ 离散化为 $(N+1)^2$ 维向量:

$$\boldsymbol{u}_{(N+1)^2\times1} = (u_{00}, u_{10}, \cdots, u_{N0}, \cdots, u_{01}, u_{11}, \cdots, u_{N1}, \cdots, u_{NN})^{\mathrm{T}}$$

洛平边界条件的矩阵形式 $\boldsymbol{R}_x$ 和 $\boldsymbol{R}_y$ 如下, 其中 $\boldsymbol{I}_N$ 为 N 阶单位矩阵:

$$u + h\frac{\partial u}{\partial x} \to \boldsymbol{R}_x\boldsymbol{u}_{(N+1)^2\times1} = \left[\boldsymbol{I}_{(N+1)^2} + h(\boldsymbol{D}_N \otimes \boldsymbol{I}_{N+1})\right]\boldsymbol{u}_{(N+1)^2\times1}$$

$$u + h\frac{\partial u}{\partial y} \to \boldsymbol{R}_y\boldsymbol{u}_{(N+1)^2\times1} = \left[\boldsymbol{I}_{(N+1)^2} + h(\boldsymbol{I}_{N+1} \otimes \boldsymbol{D}_N)\right]\boldsymbol{u}_{(N+1)^2\times1}$$

在此需要把上一小节中一维的方法推广到二维情况. 即: 将矩阵 $\boldsymbol{R}_x$ 和 $\boldsymbol{R}_y$ 中分别对应于边界 $|x| = 2$ 和边界 $|y| = 2$ 的行替换到下面拉普拉斯算符矩阵 [(15.4.4) 式] 中相应的位置:

$$\Delta = \frac{\partial^2}{\partial x^2} + \frac{\partial^2}{\partial y^2} \to \boldsymbol{L} = \boldsymbol{D}^2{}_N \otimes \boldsymbol{I}_{N+1} + \boldsymbol{I}_{N+1} \otimes \boldsymbol{D}^2{}_N \tag{15.4.4}$$

方程 (15.4.3) 的解为

$$\boldsymbol{u}_{(N+1)^2\times1} = \bar{\bar{\boldsymbol{L}}}^{-1}\bar{\bar{\boldsymbol{f}}}_{(N+1)^2\times1}$$

其中 $\bar{\bar{\boldsymbol{L}}}$ 和 $\bar{\bar{\boldsymbol{f}}}$ 表示经过上述修改后的矩阵与向量, 程序如下, 画出图形我图 15.28.

```
L=4;N=40; h=0.1; [D,x]=cheb(N); x=L/2*x; y=x;          %构造拉普拉斯算符矩阵
[X, Y]=meshgrid( x,y);
X=X(:); Y=Y(:); D=D/(L/2); D2=D^2;
I=eye(N+1); LA=kron(I,D2)+kron(D2,I);                   %二阶求导矩阵
Hx=kron(D,I); Hy=kron(I,D);                             %一阶求导矩阵
bound1=find(X==L/2|X==-L/2);                            %以下修改拉普拉斯算符矩阵
bound2=find(Y==L/2|Y==-L/2);
I=eye((N+ 1 )^2);
LA(bound1,: )=I(bound1,:)+h*Hx(bound1,:);              %置换洛平边界条件语句
LA(bound2,: )=I(bound2,: )+h*Hy(bound2,:);            %置换洛平边界条件语句
f=cos((X+4).*(Y-2));                                    %非齐次项
f([bound1 ;bound2])=1;                                  %置换洛平边界条件语句
u=LA\f; u=reshape(u,N+1,N+1);                           %求解
x2=-L/2:0.05:L/2; y2=x2;
u2=interp2(x,y,u,x2,y2','spline');
mesh(x2,y2,u2), view( -72,45)                           %画图
xlabel x, ylabel y, zlabel u
```

```
                                              %边界误差（与洛平条件比较，不是与u比较）
Ex=u(:)+h*Hx*u(:)-1; max(abs(Ex(bound1)))
Ey=u(:)+h*Hy*u(:)-1; max(abs(Ey(bound2)))
```

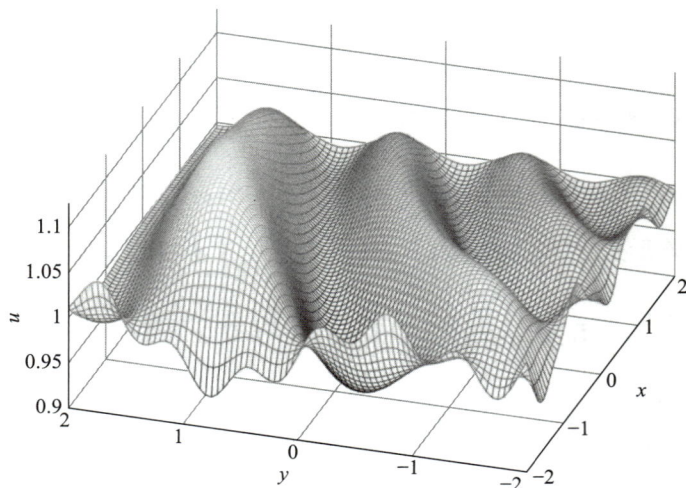

图 15.28　洛平条件下二维泊松方程的解

15.4.3　一维热传导方程

在分析一维热传导方程的解法前, 先把洛平边界条件写为矩阵形式. 这里以洛平边界条件 $(u \pm hu')|_{x\pm 1} = 0$ 为例, 其中的正号对应右边界, 负号对应左边界. 那么可将其写为

$$\begin{pmatrix} u(1) \\ u(-1) \end{pmatrix} + h \begin{pmatrix} 1 & 0 \\ 0 & -1 \end{pmatrix} \begin{pmatrix} u'(1) \\ u'(-1) \end{pmatrix} = \begin{pmatrix} 0 \\ 0 \end{pmatrix} \tag{15.4.5}$$

设函数 $u(x)$ 在切比雪夫点 $x = (x_0, x_1, \cdots, x_N)^{\mathrm{T}}$ 处的取值为向量 $u = (u_0, u_1, \cdots, u_N)^{\mathrm{T}}$, 则有

$$\begin{pmatrix} u(1) \\ u(-1) \end{pmatrix} = \begin{pmatrix} 1 & 0 \\ 0 & 1 \end{pmatrix} \begin{pmatrix} u_0 \\ u_N \end{pmatrix} \tag{15.4.6}$$

将 (15.4.6) 式和 (15.3.5a) 式代入 (15.4.5) 式, 整理可得 $(u_0, u_N)^{\mathrm{T}}$ 与 $(u_1, u_2, \cdots, u_{N-1})^{\mathrm{T}}$ 的关系:

$$\begin{pmatrix} u_0 \\ u_N \end{pmatrix} = \frac{-h \begin{pmatrix} 1 & 0 \\ 0 & -1 \end{pmatrix} \begin{pmatrix} (D_N)_{01} & (D_N)_{02} & \cdots & (D_N)_{0(N-1)} \\ (D_N)_{N1} & (D_N)_{N2} & \cdots & (D_N)_{N(N-1)} \end{pmatrix}}{\left(\begin{pmatrix} 1 & 0 \\ 0 & 1 \end{pmatrix} + h \begin{pmatrix} 1 & 0 \\ 0 & -1 \end{pmatrix} \begin{pmatrix} (D_N)_{00} & (D_N)_{0N} \\ (D_N)_{N0} & (D_N)_{NN} \end{pmatrix} \right)} \begin{pmatrix} u_1 \\ u_2 \\ \vdots \\ u_{N-1} \end{pmatrix} \tag{15.4.7}$$

至此, 洛平边界条件 $u \pm hu'|_{x=\pm 1} = 0$ 被转化成了对 u_0 和 u_N 的约束条件 (15.4.7) 式. 该式可用程序容易地计算. 处理 $u \pm hu'|_{x=\pm 1} \neq 0$ 的情况与之类似, 不再赘述.

下面讨论一维热传导方程:

$$\begin{cases} \dfrac{\partial u}{\partial t} = \dfrac{\partial^2 u}{\partial x^2}, & -1 < x < 1 \\[2mm] u \pm h\dfrac{\partial u}{\partial x}\bigg|_{x=\pm 1} = 0 \\[2mm] u|_{t=0} = 1 + \cos(\pi x) \end{cases}$$

交换边界条件的求导顺序之后将边界条件写为

$$\left(u + h\dfrac{\partial u}{\partial t}\right)\bigg|_{x=\pm 1} = 0 \Leftrightarrow \begin{cases} \left[\dfrac{\partial u}{\partial t} \pm h\dfrac{\partial}{\partial x}\left(\dfrac{\partial u}{\partial t}\right)\right]\bigg|_{x=\pm 1} = 0 \\[3mm] \left(u + h\dfrac{\partial u}{\partial t}\right)\bigg|_{t=0, x=\pm 1} = 0 \end{cases}$$

定解问题转化为

$$\begin{cases} \dfrac{\partial u}{\partial t} = \dfrac{\partial^2 u}{\partial x^2}, & -1 < x < 1 \\[2mm] \left[\dfrac{\partial u}{\partial t} \pm h\dfrac{\partial}{\partial x}\left(d\dfrac{\partial u}{\partial t}\right)\right]\bigg|_{x=\pm 1} = 0 \\[2mm] u|_{t=0} = 1 + \cos(\pi x) \end{cases}$$

接下来就可以利用函数 ode45 计算上式, 根据式 (15.4.7) 处理其中的边界条件 (处理时需要将 $\dfrac{\partial u}{\partial t}$ 看作 u). 取 $h = 0.1$, 图 15.29 中将动画做成三维图形, 动画程序如下:

```
function Ch15N12 %F3heat1D
L=2; N=20; h=0.1; [D,x]=cheb(N); D=D/(L/2);           %构造切比雪夫求导矩阵
D2=D^2; x=L/2*x;
u=1+cos(pi*x);                                         %初始条件
A=h*[1 0; 0 -1];
BC=-(A*D([1 N+1],[1 N+1])+[1 0; 0 1])\(A*D([1 N+1],2:N));  %洛平边界条件
t=0:0.03:1;
[t,usol]=ode45(@heat1D,t,u);                           %求解
for n=1:30
    plot(x,usol(n,:)), axis([-1 1 0 2]), pause(0.2)
end
E=usol+h*(D*usol')'; max(abs(E(:,1)))
function du=heat1D(t,u)
    du=D2*u; du([1 N+1])=BC*du(2:N);
end
end
```

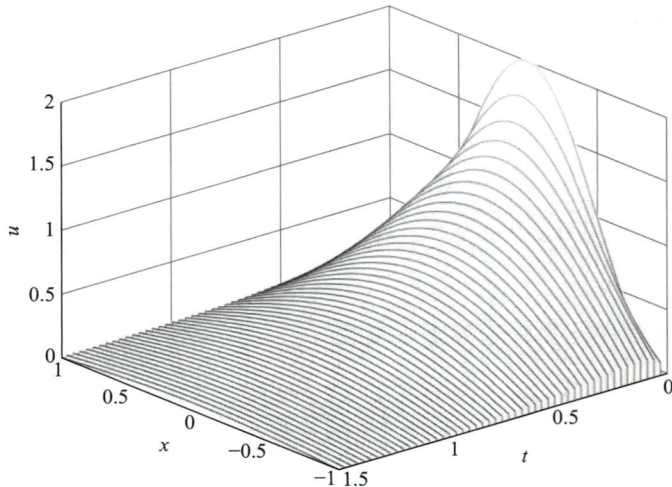

图 15.29　一维热传导方程的解

15.4.4　二维热传导方程

若边界条件分别是洛平边界条件 $(u+hu')|_{x=1}=0$　$(h\neq 0)$ 和诺伊曼边界条件 $hu'|_{x=-1}=0$, 则

$$\begin{pmatrix} u(1) \\ 0 \end{pmatrix} + h \begin{pmatrix} u'(1) \\ u'(-1) \end{pmatrix} = \begin{pmatrix} 0 \\ 0 \end{pmatrix}$$

仿照上一节 (15.4.8) 式的推导, 解在边界点的值可表示为

$$\begin{pmatrix} u_0 \\ u_N \end{pmatrix} = \frac{-h \begin{pmatrix} (D_N)_{01} & (D_N)_{02} & \cdots & (D_N)_{0(N-1)} \\ (D_N)_{N1} & (D_N)_{N2} & \cdots & (D_N)_{N(N-1)} \end{pmatrix}}{\left(\begin{pmatrix} 1 & 0 \\ 0 & 0 \end{pmatrix} + h \begin{pmatrix} (D_N)_{00} & (D_N)_{0N} \\ (D_N)_{N0} & (D_N)_{NN} \end{pmatrix} \right)} \begin{pmatrix} u_1 \\ u_2 \\ \vdots \\ u_{N-1} \end{pmatrix} \tag{15.4.8}$$

这样就把边界条件 $(u+hu')|_{x=1}=0$ 和 $u'|_{x=-1}=0$ 转化为对 u_0 和 u_N 的约束条件, 后面将用到这一关系.

下面解一个二维热传导例子:

$$\begin{cases} \dfrac{\partial u}{\partial t} = \left(\dfrac{\partial^2}{\partial x^2} + \dfrac{\partial^2}{\partial y^2} \right), & -1 < x,y < 1 \\ u + h\dfrac{\partial u}{\partial x}\Big|_{x=1} = 0, \quad \dfrac{\partial u}{\partial x}\Big|_{x=-1} = \dfrac{\partial u}{\partial y}\Big|_{|y|=1} = 0 \\ u|_{t=0} = [1+\cos(\pi x)][1+\cos(\pi x)] \end{cases}$$

上式等价于

$$\begin{cases} \dfrac{\partial u}{\partial t} = \left(\dfrac{\partial^2}{\partial x^2} + \dfrac{\partial^2}{\partial y^2} \right), & -1 < x,y < 1 \\ \left[\dfrac{\partial u}{\partial t} + h\dfrac{\partial}{\partial x}\left(\dfrac{\partial u}{\partial t} \right) \right]\Big|_{x=1} = 0, \quad \dfrac{\partial}{\partial x}\left(\dfrac{\partial u}{\partial t} \right)\Big|_{x=-1} = \dfrac{\partial}{\partial y}\left(\dfrac{\partial u}{\partial t} \right)\Big|_{|y|=1} = 0 \\ u|_{t=0} = [1+\cos(\pi x)][1+\cos(\pi x)] \end{cases}$$

根据 (15.4.7) 式处理边界 $x = \pm 1$ 处的洛平边界条件和诺伊曼边界条件, 根据 (15.3.5b) 式处理边界 $y = \pm 1$ 处的诺伊曼边界条件 (处理时需要将 $\dfrac{\partial u}{\partial t}$ 看作 u. 取 $h = 0.1$, 图 15.30 是动画中几幅图形, 动画程序如下:

```matlab
function Ch15N13 %F3heat2D
L=2; N=20; h=0.1; [D,x]=cheb(N); D=D/(L/2);        %构造切比雪夫求导矩阵
D2=D^2; x=L/2*x; y=x;
[X, Y]=meshgrid(x,y);
u=(1+cos(pi*X)).*(1+cos(pi*Y));                      %初始条件
BCx=-(h*D([1 N+1],[1 N+1])+[1 0;0 0])\(h*D([1 N+1],2:N));   %边界条件
BCy=-D([1 N+1],[1 N+1])\D([1 N+1],2:N);
t=0:0.01:0.4;
[t,usol]=ode45(@heat2D,t, u(:));                     %求解
for n=1:40
    u=reshape(usol(n,:),N+1,N+1);
    surfl(x,y,u), shading interp
    axis([-1 1 -1 1 0 4]), view(15,15)
    xlabel x, ylabel y, zlabel u,
    title(['t=' num2str(t(n))]), pause(0.2)
    E=h*u*D'+u; max(abs(E(:,1)));                    %误差
end
function du=heat2D(t,u)
u=reshape(u,N+1,N+1);
du=D2*u+u*D2';
du([1 N+1],:)=BCy*du(2:N,:);
du(:,[1 N+1])=du(:,2:N)*BCx';
du=du(:);
end
end
```

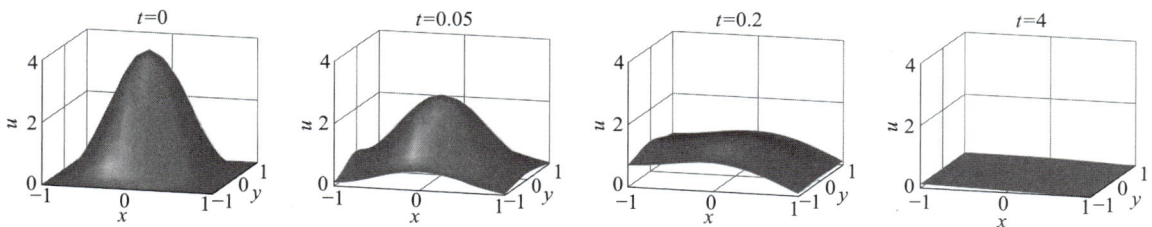

图 15.30   第二、第三类边界条件下的二维热传导方程的解的演化图像

§15.5　利用切比雪夫谱方法求解复杂偏微分方程 (组)

15.5.1　广义特征值问题

标准特征值问题形式如下:

$$Au = \lambda u \tag{15.5.1}$$

广义特征值问题的形式为

$$Au = \lambda Bu \tag{15.5.2}$$

其中, A、B 为已知方阵, u 为未知非零向量, λ 为未知常数. 使上式成立的 λ 称为特征值, 相应的向量 u 称为特征向量. 若方阵 B 可逆, 广义特征值问题可化为 (15.5.1) 式的形式, 即

$$B^{-1}Au = \lambda u$$

但这么做既不简单也不实用, 况且方阵 B 也未必是可逆的. 求解广义特征值问题通常选用 QZ 法 (QZ method) , 在 Matlab 中的调用形式为指令 eig(A, B). 以下面的特征值问题为例:

$$u'' = \lambda x u, \quad -2 < x < 2, \quad u(\pm 2) = 0 \tag{15.5.3}$$

用 $N+1$ 维向量 $u_{(N+1)^2 \times l}$ 代表函数 $u(X)$ 在区间 [-2, 2] 上的切比雪夫点 $X = (X_0, X_l, \cdots, X_N)^{\mathrm{T}}$ 处的取值, 删去其首尾元素得到 $N-1$ 维向量, 则 (15.5.3) 式的矩阵形式为

$$\tilde{D}^2_N \tilde{u}_{(N-1) \times 1} = \lambda \cdot \mathrm{diag}(x_1, \cdots, x_{N-1}) \tilde{u}_{(N-1) \times 1}$$

实际程序和图形 (图 15.31) 如下:

```
L=4; N=40; [D,x]=cheb(N); D=D/(L/2);          %构造切比雪夫求导矩阵
D2=D^2; D2=D2(2:N,2:N); x=L/2*x;
[V,E]=eig(D2,diag(x(2:N)));                    %求解
E=diag(E);
i=find(E>0); E=E(i); V=V(:,i);
[eigenvalues,i]=sort(E);
V=V(:,i); x2=-2:0.01:2;
for n=1:9                                      %画图
subplot(3,3,n)
plot(x2,polyval(polyfit(x,[0;V(:,n);0],20+n),x2),'k','LineWidth',1.5)
title(num2str( eigenvalues(n)))
axis([-2 2 -1.1 1.1]), xlabel x, ylabel u
end
```

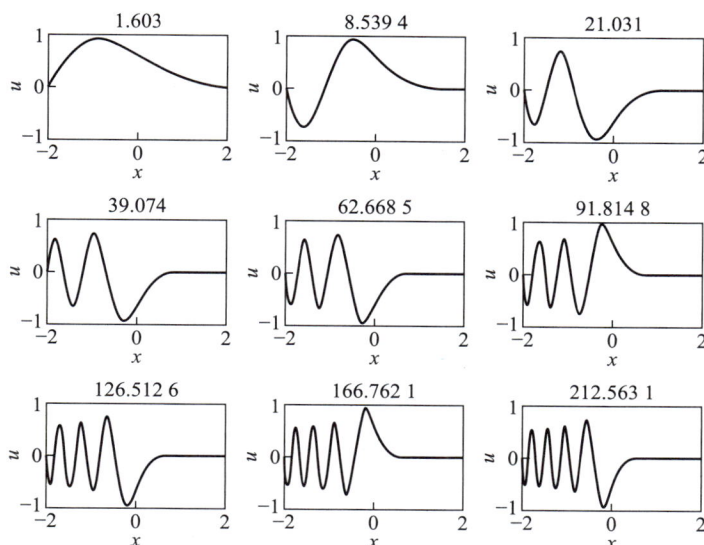

图 15.31　广义特征值问题的解

15.5.2　二维 Barkley 模型

在前面的例题中, 求解含时问题都是用指令 ode45, 其优点是, 在保证误差符合要求的前提下尽可能快地求解问题. 但需要将 u 的边界条件转化为针对加上 $\partial u/\partial t$ 的边界条件, 这往往要求 u 的二阶混合偏导数 $\partial u^2/\partial t\partial x$ 可以交换求导顺序. 实际上, 为避免这一不便, 还可以使用欧拉法处理导数 $\partial u/\partial t$, 但同时带来了如下问题: 运算量大, 精度低, 代码略繁, 需要人为选取合适的步长. 变步长的 4~5 阶方程求解用龙格库塔法和欧拉法各有利弊, 选取哪种方法应根据问题具体情况、计算机配置和个人喜好来决定.

下面以数值计算反应–扩散系统中的螺旋波为例讲解如何用欧拉法解决含时问题. 螺旋波是系统远离平衡态时, 由于系统自组织形成的一类特殊斑图. 在 B-Z 反应、正在聚集的黏性霉菌、铂金表面的一氧化碳氧化以及心脏中均能观测到螺旋波的存在. 描述螺旋波的 Barkley 模型为

$$\begin{cases} \dfrac{\partial u}{\partial t} = d\left(\dfrac{\partial^2}{\partial x^2} + \dfrac{\partial^2}{\partial y^2}\right)u + \dfrac{u(1-u)}{\varepsilon}\left(u - \dfrac{b+v}{a}\right) \\ \dfrac{\partial v}{\partial t} = u - v \end{cases}$$

其中, u 和 v 是 2 种能够相互转化的化学物质的浓度, t 为时间, x、y 为空间坐标, d 为扩散系数, a、b、E 为系统参数.

根据欧拉法, 对时间求导改用差分公式:

$$\frac{\partial u}{\partial t} \to \frac{u(t+\Delta t) - u(t)}{\Delta t}$$

$$\frac{\partial v}{\partial t} \to \frac{v(t+\Delta t) - v(t)}{\Delta t}$$

利用切比雪夫求导矩阵处理方程中的扩散项:

$$\frac{\partial^2}{\partial x^2} \to \boldsymbol{D}^2{}_N \boldsymbol{u}_{(N+1)\times(N+1)}$$

$$\frac{\partial^2}{\partial y^2} \rightarrow \left(\boldsymbol{D}^2{}_N\left(\boldsymbol{u}_{(N+1)\times(N+1)}\right)^{\mathrm{T}}\right)^{\mathrm{T}} = \boldsymbol{u}_{(N+1)\times(N+1)}\left(\boldsymbol{D}^2{}_N\right)^{\mathrm{T}}$$

选取计算区域为: $-60 < x, y < 60$. 由于化学物质在边界处没有进出, 所以边界条件为

$$\left.\frac{\partial u}{\partial n}\right|_{\partial\Omega} = \left.\frac{\partial v}{\partial n}\right|_{\partial\Omega} = 0$$

可根据 (15.3.5b) 式处理该诺伊曼边界条件. 参数取值为: $a = 0.5$, $b = 0.01$, $d = 1.6$, $\varepsilon = 0.02$. 为产生螺旋波, 需要将两种化学物质浓度 u、v 的初始状态设置为在空间上具有 3 个不同值 0 、0.5 、1 的浓度梯度的状态, 图 15.32 所示为其中的几幅画面, 动画程序如下:

Barkley
方程的解

```
L=120; N=90; [D,x]=cheb(N); D=D/(L/2); D2=D^2;        %构造切比雪夫求导矩阵
x=L/2*x; y=x;
BCx=-(D([1 N+1],2:N)')/(D([1 N+1],[1 N+1])');         %边界条件
BCy=-D([1 N+1],[1 N+1])\D([1 N+1],2:N);
u_old=zeros(N+1,N+1); v_old=u_old;                    %初始条件
u_old(N/2,1:N/2)=0.5; v_old(N/2,1:N/2)=0.5;
u_old(N/2-1,1:N/2)=1; v_old(N/2+1,1:N/2)=1;
usol(:,:,1)=u_old; vsol(:,:,1)=v_old;
dt=0.002; epsilon=0.02; a=0.5; b=0.01; d=1.6;
for n=1:3                                             %求解
   for m=1:2500
       u=u_old+dt*(d*(u_old*(D2')+D2*u_old)+...
          1/epsilon*u_old.*(1 -u_old).*(u_old-(b+v_old)/a));
       v=v_old+dt*(u_old-v_old);
       u([1 N+1],:)=BCy*u(2:N,:); u(:,[1 N+1])=u(:,2:N)*BCx;
       v([1 N+1],:)=BCy*v(2:N,:); v(:,[1 N+1])=v(:,2:N)*BCx;
       u_old=u; v_old=v;
   end
   usol(:,:,n+1)=u; vsol(:,:,n+1)=v;
end
for n=1:4                                             %画图
   subplot(2,2,n)
   gca=pcolor(x,y,usol(:,:,n));
   set(gca,'LineStyle','none'), axis off
    shading interp, axis square
end
```

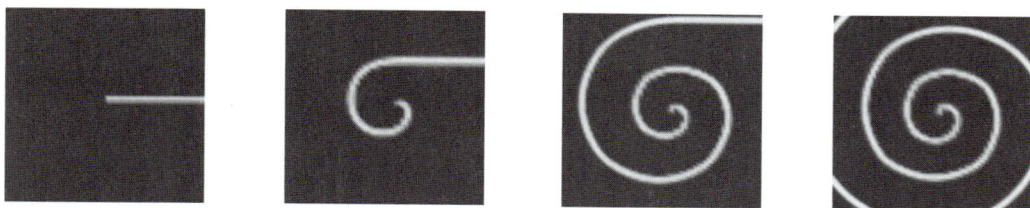

图 15.32 二维 Barkley 方程的解

15.5.3 二维平流–扩散方程

§14.2.12 小节用快速傅里叶变换在周期性边界条件下求解了二维平流–扩散方程, 本节将在狄利克雷边界条件下求解该方程, 有兴趣的读者可以比较它们之间的差异.

$$
\begin{cases}
\dfrac{\partial \omega}{\partial t} = v\omega + \dfrac{\partial \psi}{\partial y}\dfrac{\partial \omega}{\partial x} - \dfrac{\partial \psi}{\partial x}\dfrac{\partial \omega}{\partial y} \\[2mm]
\left(\dfrac{\partial^2}{\partial x^2} + \dfrac{\partial^2}{\partial y^2}\right)\psi = \omega
\end{cases}
\tag{15.5.4}
$$

以上两式为二维平流–扩散方程, 其中, ψ、ω 分别是流函数和涡量, v 为常数. 计算区域 Ω 为: $-10 < x, y < 10$, 边界条件为 $\psi|_{\partial\Omega} = \omega|_{\partial\Omega} = 0$. 用切比雪夫点在计算区域 Ω 内将函数 ψ、ω 离散化为 $N+1$ 阶方阵. (15.5.4) 式的第一式等号左边的 $\dfrac{\partial \omega}{\partial t}$ 可用函数 ode45 计算, 等号右边可表示为矩阵形式 (符号 $\tilde{\ }$ 代表删除首尾行、首尾列的操作):

$$
\begin{aligned}
&v\left[\tilde{\boldsymbol{\omega}}_{(N+1)\times(N+1)}\left(\tilde{\boldsymbol{D}}^2{}_N\right)^{\mathrm{T}} + \tilde{\boldsymbol{D}}^2{}_N\,\tilde{\boldsymbol{\omega}}_{(N+1)\times(N+1)}\right] + \\
&\tilde{\boldsymbol{D}}_N\tilde{\boldsymbol{\psi}}_{(N-1)\times(N-1)} \cdot \tilde{\boldsymbol{\omega}}_{(N-1)\times(N-1)}\left(\tilde{\boldsymbol{D}}_N\right)^{\mathrm{T}} - \\
&\tilde{\boldsymbol{\psi}}_{(N-1)\times(N-1)}\left(\tilde{\boldsymbol{D}}_N\right)^{\mathrm{T}} \cdot \tilde{\boldsymbol{D}}_N\tilde{\boldsymbol{\omega}}_{(N-1)\times(N-1)}
\end{aligned}
$$

将函数 ψ、ω 的离散形式由方阵写为向量, 并根据 (15.2.8) 式所示的拉普拉斯算符矩阵形式, (15.5.4) 式的第二式可表示为

$$
\tilde{\boldsymbol{\psi}}_{(N-1)^2\times 1} = \left(\tilde{\boldsymbol{D}}^2{}_N \otimes \boldsymbol{I}_{N-1} + \boldsymbol{I}_{N-1} \otimes \tilde{\boldsymbol{D}}^2{}_N\right)^{-1}\tilde{\boldsymbol{\omega}}_{(N-1)^2\times 1}
$$

取 $v = 0.001$, 初始条件为

$$
\omega(x, y, 0) = \mathrm{sech}\left[(x+2)^2 + y^2/20\right] + \mathrm{sech}\left[(x-2)^2 + y^2/20\right]
$$

卡门涡街
与湍流

求解 (15.5.4) 式的动画程序如下, 图 15.33 是其中的几幅画面.

```
function Ch15N16 %F3adveceq
L=20; N=60;
[D,x]=cheb(N); x=L/2*x; y=x;                          %构造拉普拉斯算符矩阵并求逆
[X,Y]=meshgrid(x(2:N),y(2:N));
D=D/(L/2); D2=D^2; D=D(2:N,2:N); D2=D2(2:N,2:N);
I=eye(N-1); LA=kron(I,D2)+kron(D2,I); LA_inv=inv(LA);
```

```
w=sech((X+2).^2+Y.^2/20)+sech((X-2).^2+ Y.^2/20);          %初始条件
v=0.001; t=0:5:15;
[t,wsol]=ode113(@advection_diffusion,t,w(: ));             %求解
x2=-L/2:0.2:L/2; y2=x2;
for n=1:4                                                  %画图
subplot(2,2,n)
w=zeros(N+1); w(2:N,2:N)=reshape(wsol(n,:),N-1,N-1);
w=interp2(x,y,w,x2,y2','spline');
gca=pcolor(w); set(gca,'LineStyle','none'), shading interp
title(['t=' num2str(t(n))]), axis('square'), axis off
end

function dw=advection_diffusion(t,w)
psi=reshape(LA_inv*w,N-1,N-1);
w=reshape(w,N-1,N-1);
dw=reshape(v*(D2*w+w*D2')-(psi*D').*(D*w)+(D*psi).*(w*D'),(N-1)^2,1);
end
end
```

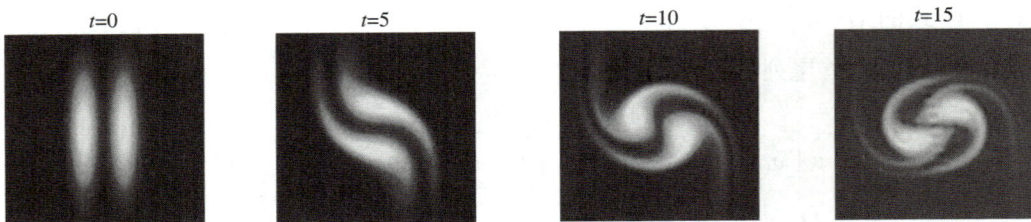

图 15.33　二维平流–扩散方程的解

第十五章
程序包

第十六章　用快速傅里叶变换实现切比雪夫谱方法——PDE解法五

在本章中，将看到如何用快速傅里叶变换实现切比雪夫谱方法. 这可以加速某些计算. 同样重要的是这种技术背后的数学思想的等价性.

§16.1　切比雪夫多项式

在复平面的单位圆上，存在以下等式：

$$z = \mathrm{e}^{\mathrm{i}\theta}, \qquad |z| = 1 \qquad (\theta \in \mathbf{R})$$

$$x = \mathrm{Re}\, z = \frac{1}{2}\left(z + z^{-1}\right) = \cos\theta \qquad (x \in [-1, 1]) \tag{16.1.1}$$

切比雪夫级数变量 x 的取值范围是 $[-1, 1]$，傅里叶级数的变量 θ 的取值范围是全体实数 ($\theta \in \mathbf{R}$). 两者可以通过在复平面的单位圆周上的变量 z 联系起来.

图 16.1 所示为量 x、z、θ 的相互关系

n 阶切比雪夫多项式（Chebyshev polynomials）定义的复数形式如下：

$$T_n(x) = \mathrm{Re}\, z^n = \frac{1}{2}\left(z^n + z^{-n}\right) = \cos n\theta$$

通过简单计算可以将 $T(x)$ 写成 x 的多项式. 下面列出 $n = 0, 1, 2, 3$ 时的情形：

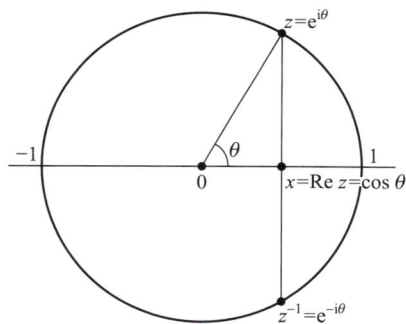

图 16.1　x、z、θ 相互关系

$$\mathrm{Re}\, z^0 = 1 \Rightarrow T_0(x) = 1$$

$$\mathrm{Re}\, z^1 = \frac{1}{2}\left(z + z^{-1}\right) \Rightarrow T_1(x) = x$$

$$\mathrm{Re}\, z^2 = \frac{1}{2}\left(z^2 + z^{-2}\right) = \frac{1}{2}\left(z + z^{-1}\right)^2 - 1 \Rightarrow T_2(x) = 2x^2 - 1$$

$$\mathrm{Re}\, z^3 = \frac{1}{2}\left(z^3 + z^{-3}\right) = \frac{1}{2}\left(z + z^{-1}\right)^3 - \frac{3}{2}\left(z + z^{-1}\right)^2 \Rightarrow T_3(x) = 4x^3 - 3x$$

一般而言，有

$$T_{n+1}(x) = \frac{1}{2}\left(z^{n+1} + z^{-n-1}\right) = \frac{1}{2}\left(z^n + z^{-n}\right)\left(z + z^{-1}\right) - \frac{1}{2}\left(z^{n-1} + z^{1-n}\right)$$

它相当于递推关系

$$T_{n+1}(x) = 2x T_n(x) - T_{n-1}(x)$$

用归纳法可以推导出，对于每一个 $n \geqslant 0$，$T(x)$ 都是精确的 n 阶多项式，其最高幂次项的系数为 2^{n-1}.

切比雪夫多项式可以看成是从侧面看过去的绕在圆柱上的正弦波. 图 16.2 所示为其几何图形.

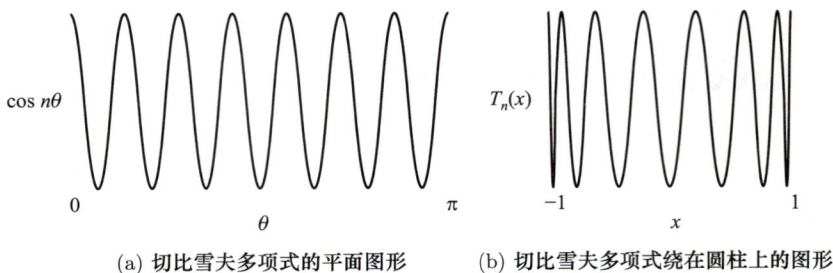

(a) 切比雪夫多项式的平面图形   (b) 切比雪夫多项式绕在圆柱上的图形

图 16.2

由于 T_n 是精确的 n 阶多项式, 所以每一个 N 阶多项式 $p(x)$ 都可以唯一地展开为切比雪夫多项式的组合, 即

$$p(x) = \sum_{n=0}^{N} a_n T_n(x), \qquad x \in [-1, 1] \tag{16.1.2}$$

与此相对应的是一个用 z 和 z^{-1} 表示的洛朗多项式 p(z), 它是自相反的. 即 z^n 和 z^{-n} 具有相同的系数:

$$\mathrm{p}(z) = \frac{1}{2} \sum_{n=0}^{N} a_n \left(z^n + z^{-n} \right), \qquad |x| = 1 \tag{16.1.3}$$

与此相对应的是一个 N 阶的以 2π 为周期的三角函数多项式 $P(\theta)$, 它是偶对称的, 即 $P(\theta) = P(-\theta)$, 有

$$P(\theta) = \frac{1}{2} \sum_{n=0}^{N} a_n \cos n\theta, \qquad \theta \in \mathbf{R} \tag{16.1.4}$$

(16.1.2) 式、(16.1.3) 式、(16.1.4) 式是等价的, 即

$$p(x) = \mathrm{p}(z) = P(\theta)$$

其中变量 x、z、θ 的关系由 (16.1.1) 式决定. 注意我们使用小写斜体、小写正体和大写斜体三种不同的字体来区分 x、z、θ 的领域.

再推广一步, 如果在区域 $x \in [-1, 1]$ 上有一个任意函数 $f(x)$, 即使它不是多项式 $p(x)$, 也可以类似地构造一个定义在单位圆上的自相反函数 f(z), 和定义在 $\mathbf{R}$ 上的周期函数 $F(\theta)$, 它们也存在以下关系:

$$\mathrm{f}(z) = f\left(\frac{z + z^{-1}}{2} \right), \quad F(\theta) = f(\cos \theta)$$

这里相当于对函数的变量作了替换以后得到的新函数. 同样这三个函数也是等价的, 但是变量值域不同.

在它们的导数之间存在以下关系:

$$f'(x) = \frac{\mathrm{d}F(\cos \theta)}{\mathrm{d}\theta} \frac{\mathrm{d}\theta}{\mathrm{d}(\cos \theta)} = \frac{F'(\cos \theta)}{\sqrt{1 - x^2}} \tag{16.1.5}$$

从谱方法的角度来看, 相当于以 (16.1.2) 式—(16.1.4) 式作为 f、f、F 的内插函数, 内插点如下:

$$\theta_j = j\pi/N,$$

$$z_j = e^{i\theta_j},$$

$$x_j = \cos\theta_j = \text{Re } z_j$$

其中 $0 \leqslant j \leqslant N$，以下几条是等价的：

(1) $P(\theta)$ 对 $F(\theta)$（偶函数并以 2π 为周期）作内插，插值点取等间隔的 θ_j；

(2) p(z) 对 f(z)(自相反函数) 作内插，插值点取单位圆上的根 z_j；

(3) $p(x)$ 对任意函数 $f(x)$ 作内插，插值点取切比雪夫点 x_j.

§16.2 用快速傅里叶变换计算切比雪夫谱微分

下面我们介绍切比雪夫谱微分的快速傅里叶变换算法. 关键点在于，若 q 是 f 的多项式内插函数，其变量 x 是按切比雪夫点取值的，Q 是 F 的三角函数内插函数，变量 θ 是按等间隔取值的，两者借助复数 z 建立了等值关系，则 q 的微分可以借助 Q 来计算，得到结果后再变换回到变量 x. 这样处理的好处是：虽然 q 不能用快速傅里叶变换计算，但 Q 在傅里叶空间是可微分的，可以用快速傅里叶变换计算. 实际的计算程序 jccx/ch16/chebfft.m 如下，我们对其中的计算原理作一介绍.

```
% CHEBFFT Chebyshev differentiation via FFT. Simple, not optimal.
function w=chebfft(v)
N=length(v)-1; if N==0, w=0; return, end
x=cos((0:N)'*pi/N);
ii=0:N-1;
v=v(:); V=[v; flipud(v(2:N))];                          %变换x -> theta
U=real(fft(V));                              %如果V为实数，则不用指令real
W=real(ifft(1i*[ii 0 1-N:-1]'.*U));
w=zeros(N+1,1);
w(2:N)=-W(2:N)./sqrt(1-x(2:N).^2);                      %逆变换theta -> x
w(1)=sum(ii'.^2.*U(ii+1))/N+0.5*N*U(N+1);
w(N+1)=sum((-1).^(ii+1)'.*ii'.^2.*U(ii+1))/N+0.5*(-1)^(N+1)*N*U(N+1);
```

(1) 程序中输入要变换的函数 $v(x)$，其中 $x = \cos[(0:N)'*\pi/N]$，即切比雪夫点 $x_0 = 1, \cdots, x_N = -1$ 上的函数值为 $v_0(x_0), \cdots, v_N(x_N)$，它们对应的 θ 值是在 $[0, \pi]$ 范围中，为了作快速傅里叶变换，θ 的变化应该在 $[0, 2\pi]$ 范围. 所以将 v 扩展为长度为 $2N$ 的矢量 $V(\theta)$，其中 $V_{2N-j+1} = v_j, j = 1, 2, \cdots, N-1$. 注意 V 已经是偶函数. 偶函数其实可以使用余弦变换，如果使用快速傅里叶变换，则取变换后的实部也行.

(2) 利用快速傅里叶变换计算

$$\hat{V}_k = \frac{\pi}{N} \sum_{j=1}^{2N} e^{-ik\theta_j} V_j, \quad k = -N+1, \cdots, N$$

(3) 为了计算它的导数逆快速傅里叶变换，定义 $\hat{W}_k = ik\hat{v}_k$，除了 $\hat{W}_N = 0$.

(4) 通过逆快速傅里叶变换，计算等间隔网点上三角函数的内插逼近式的导数，即

$$W_j(\theta_j) = \frac{1}{2\pi} \sum_{k=-N+1}^{N} e^{ik\theta_j} \hat{W}_k, \quad j = 1, \cdots, 2N$$

(5) 利用 (16.1.5) 式，把三角函数式的导数转换为代数多项式插值函数的导数，即

$$w_j(x_j) = -\frac{W_j(\theta_j)}{\sqrt{1 - x_j{}^2}}, \quad j = 1, \cdots, N - 1$$

而在边界点上要使用专门的公式计算, 它是通过洛必达法则得到的, 即

$$w_0 = \frac{1}{2\pi} \sum_{n=0}^{N} {}' n^2 \hat{v}_n, \quad w_n = \frac{1}{2\pi} \sum_{n=0}^{N} {}' (-1)^{n+1} n^2 \hat{v}_n$$

还可以直接得出高阶导数的计算方法. 在傅里叶空间计算导数的步骤是：计算 ν 阶导数只要乘以 $(\mathrm{i}k)^\nu$, 如果 ν 为偶数, 则取 $\hat{W}_N = 0$. 其次, 在等间隔的网格上和切比雪夫网格上进行转换, 以便在计算导数时可以找到适当的因子. 例如二阶导数关系是

$$q''(x) = \frac{-x}{(1 - x^2)^{3/2}} Q'(\theta) + \frac{1}{1 - x^2} Q''(\theta)$$

如果 $W_j, W_j^{(2)}$ 分别是等间隔网格上的一阶和二阶导数, 那么在切比雪夫网格上的二阶导数就是

$$w_j^{(2)} = \frac{-x_j}{\left(1 - x_j^2\right)^{3/2}} W_j + \frac{1}{1 - x_j^2} W_j^{(2)}, \quad 1 \leqslant j \leqslant N - 1$$

这里也同样需要考察 $j = 0, N$ 的特殊公式, 实际计算时只要重复使用程序 chebfft.m 就可以了.

注意, 当复数快速傅里叶变换应用于实周期函数的求导时, 系数中的因子 2 会丢失. 在我们刚才讲述的方法中, 情况更差, V 不仅通常是实数, 而且总是偶函数. 这两个因素加在一起, 意味着 V 不仅是实函数, 也是偶函数. 现在有 4 个因子有问题, 使用这种技巧的正确方法是采用离散的余弦变换（DCT）来代替快速傅里叶变换, 由于余弦变换没有包括在 MATLAB 中, 但是, 它包含在信号处理工具箱中. 在上面的程序 chebfft 中, 使用的是一般的快速傅里叶变换, 并且收入了丢失的系数.

下面的程序 18 调用程序 chebfft, 借助快速傅里叶变换来计算 $f(x) = \mathrm{e}^x \sin 5x$ 的切比雪夫导数（分别取 $N = 10, 20$）. 这个结果由图 16.3 给出. 当 $N = 20$ 时, 精度已经达到 10^{-10} 量级, 程序如下：

```
xx=-1:.01:1; ff=exp(xx).*sin(5*xx); NN=[10,20,20];
for k=[1 3]
    N=NN(k);
    x=cos(pi*(0:N)'/N); f=exp(x).*sin(5*x);
    subplot(2,2,k)
    plot(x,f,'.','markersize',14), grid on
    line(xx,ff,'linewidth',.8)
    title(['f(x), N=' int2str(N)])
    error=chebfft(f)-exp(x).*(sin(5*x)+5*cos(5*x));
    subplot(2,2,k+1)
    plot(x,error,'.','markersize',14), grid on
    line(x,error,'linewidth',.8)
    title(['error in f''(x), N=' int2str(N)])
end
```

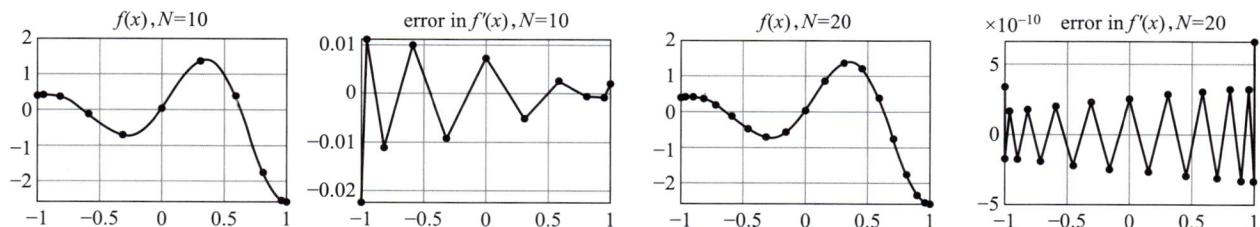

图 16.3 用快速傅里叶变换来计算切比雪夫导数

§16.3 应用

本节用这种方法解偏微分方程. 从两个例子可以看到, 切比雪夫谱导数也可以通过快速傅里叶变换来实现. 要点是将区间 $[-1, 1]$ 中切比雪夫点转换为单位圆上等间隔的点. 理想的情况下, 对实数可以使用实数的余弦变换. 但是一般来说, 使用快速傅里叶变换也只会降低一点效率而已.

16.3.1 一维波动方程

一维波动方程为

$$u_{tt} = u_{xx}, \quad -1 < x < 1, \quad t > 0, \quad u(\pm 1) = 0$$

为了得到方程的数值解, 对 t 使用了蛙跳公式, 对 x 使用了切比雪夫谱方法求导公式. 求解还需要两个初始时刻的 u、u_t. 在差分公式中, 是需要 u 在 $t = 0, t = -\Delta t$ 时的值, 即前一步时间步长的值. 我们的选择是 $t = -\Delta t$ 时为一个向左运动的高斯波包. 下面的程序对此作了计算, 结果可与前面程序作对比. 这个程序运行得相当慢, 因为为了保持数值计算的稳定性, 时间步长非常小, 为 $\Delta t = 0.0013$, 程序如下:

```
N=80; x=cos(pi*(0:N)/N); dt=8/N^2;
v=exp(-200*x.^2); vold=exp(-200*(x-dt).^2);
for i = 1:3200,                                        %总作图数目
    w=chebfft(chebfft(v))'; w(1)=0; w(N+1)=0;          %二阶导数
    vnew=2*v-vold+dt^2*w; vold=v; v=vnew;
    plot(x,v), drawnow
end
```

程序以动画演示, 图 16.4 所示为将其做成三维图形.

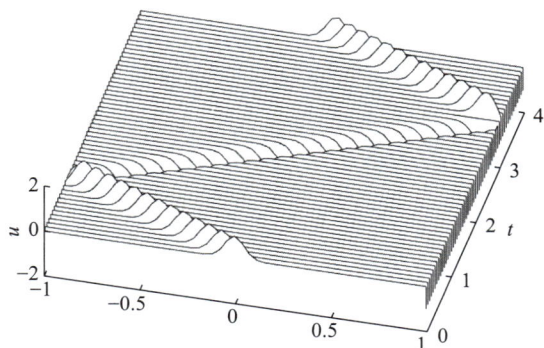

图 16.4 一维波动方程的解

16.3.2　二维波动方程

二维波动方程为

$$u_{tt} = u_{xx} + u_{yy}, \quad -1 < x, y < 1, \quad t > 0, \quad u = 0 \text{ 在边界上}$$

方程的初始条件是 $u(x, y, 0) = e^{-40(x-0.4)^2+y^2}$, $u_t(x, y, 0) = 0$.

解决这个问题的离散化时，对 t 使用的是蛙跳公式，对 x、y 使用的是在张量积网格上的切比雪夫谱方法. 程序以动画演示，图 16.5 所示是其中的几幅画面. 程序如下:

```
N=24; x=cos(pi*(0:N)/N); y=x';                          %切比雪夫点
dt = 6/N^2;
[xx,yy]=meshgrid(x,y);                                  %切比雪夫网格
vv=exp(-40*((xx-0.4).^2+yy.^2));                        %原初始条件
vvold=vv;
[ay,ax]=meshgrid([0.56 0.06],[0.1 0.55]);
for n=0:150
    t=n*dt;
    [xxx,yyy]=meshgrid(-1:1/16:1,-1:1/16:1);
    vvv=interp2(xx,yy,vv,xxx,yyy,'spline');
    mesh(xxx,yyy,vvv), axis([-1 1 -1 1 -0.3 1])
    colormap([0 0 0]), title(['t = ' num2str(t)]),
    pause(0.02)
    uxx=zeros(N+1,N+1);
    uyy=zeros(N+1,N+1);                                 %预设矩阵，也包括了边界条件
    M=1:N+1;
    for i=1:N+1                                         %对每行的x计算二阶导数
        v=vv(i,:);
        UX=(chebfft(chebfft(v)))';
        uxx(i,M)=UX(1,1:N+1);
        uxx(i,1)=0; uxx(i,N+1)=0;
    end
    for j=1:N+1                                         %对每列的y计算二阶导数
        v=vv(:,j);
        UY=chebfft(chebfft(v));
        uyy(M,j)=UY(1:N+1,1); uyy(1,j)=0; uyy(N+1,j)=0;
    end
    vvnew=2*vv-vvold+dt^2*(uxx+uyy);                    %蛙跳公式
    vvold=vv; vv=vvnew;
end
```

以上程序的输出也使用了比计算数据点更多的内插点以得到更好的图形（图 16.5），内插使用了指令 imterp2.

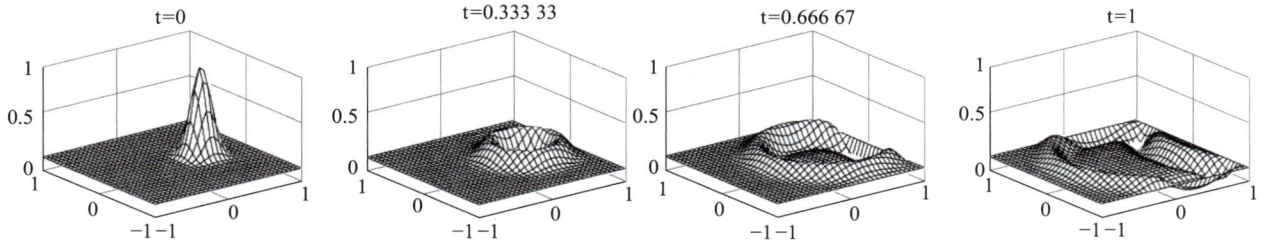

图 16.5 二维波动方程的解

第十六章
程序包

第十七章 蒙特卡洛方法——PDE解法六

利用蒙特卡洛方法中的随机行走方法也可以解偏微分方程, 为此先介绍一下相关的基础知识.

§17.1 马尔可夫链与其转移概率矩阵

17.1.1 马尔可夫过程与马尔可夫链

在物理学中有很多现象具有如下特点: 系统在演化过程中, 由系统在时刻 t_0 所处的状态就可以决定系统在时刻 $t > t_0$ 所处的状态, 而无需知道系统在时刻 t_0 以前所处状态. 如解常微分方程的初值问题就属于这类确定性现象.

在随机现象中也有相同的规律, 即虽然物理过程遵循的是统计规律, 但是只要知道系统在时刻 t_0 所处的状态, 则系统在时刻 $t > t_0$ 所处的状态就可以确定, 而这与系统在时刻 t_0 之前所处的状态无关. 例如布朗运动就属于这类现象.

通俗地说, 就是只要知道过程的 "现在", 就可以研究其 "将来", 而不必去了解其 "过去", 这种过程就叫做马尔可夫过程. 这种性质叫做马尔可夫性. 马尔可夫过程又可以分为三类:

- 时间状态都是离散的, 称为马尔可夫链;
- 时间连续, 状态离散的, 称为连续时间马尔可夫链;
- 时间状态都是连续的, 称为马尔可夫过程.

假设用 t 表示时间, x_t 表示状态, **马尔可夫链**可定义如下:

若在随机过程 $\{X_t, t \in T\}$ 中, 对任意 $t \in T$ 和 $x_1, \cdots, x_{n+1} \in \Omega$, 条件概率满足

$$P\{X_{n+1} = x_{n+1} | X_1 = x_1, X_2 = x_2, \cdots, X_n = x_n\}$$

$$= P\{X_{n+1} = x_{n+1} | X_n = x_n\}$$

则称 $\{X_t, t \in T\}$ 为马尔可夫链, 简称马氏链. 若 $t_1, t_2, \cdots, t_{n-2}$ 表示过去, t_{n-1} 表示现在, t_n 表示将来, 马尔可夫链表明, 在已知现在状态的条件下, 将来所处的状态与过去的状态无关, 即所谓 "遗忘性". 或者说, 不管系统原来处于哪个状态, 当系统到达状态 $X_n = x_n$ 以后, 系统演化到状态 $X_{n+1} = x_{n+1}$ 的概率都相同.

在日常生活就存在马尔可夫链一些简单的例子.

例 17.1: 假设甲、乙两人以抛硬币的方式进行游戏, 每次抛同一枚硬币, 若出现正面, 则甲赢, 若出现反面, 则乙赢, 记 $X(n)$ 为第 n 局之后甲赢的总次数, 则 $\{X(n), n \geqslant 0\}$ 是马尔可夫链.

例 17.2: 简单传染病模型. 设 n 个人中有部分人感染了某种传染病, 假设

(1) 当一个病人接触了一个健康者时, 健康者被感染的概率为 P;

(2) 所有的接触都是两人之间的接触;

(3) 任意两人之间的接触都是等可能性的, 且在一个单位时间内只有一次接触发生.

记 $X(n)$ 为时刻 n 患病的人数, 则 $\{X(n), n \geqslant 0\}$ 就是马尔可夫链.

其他马尔可夫链模型还有: 一个随时间变化的热力学系统; 改变一个物种的 DNA 序列; 蛋白质分子一步步折叠的序列; 一天天的股价波动等.

17.1.2　马尔可夫链的转移概率矩阵

我们称条件概率 $p_{ij}(n) = P\{X_{n+1} = j | X_n = i\}$ 为马尔可夫链 $\{X_n, n \in T\}$ 在时刻 n 的**一步转移概率**，简称转移概率，其中 $i, j \in \Omega$.

若对任意的 $i, j \in \Omega$，马尔可夫链 $\{X_n, n \in T\}$ 的转移概率 $p_{i,j}(n)$ 与 n 无关，则称马尔可夫链是**齐次的**，并记 $p_{i,j}(n)$ 为 $p_{i,j}$.

齐次马尔可夫链具有平稳转移概率，也就是这种转移概率与时间无关，只与转移的状态有关. 在状态空间 $\Omega = \{1, 2, 3, \cdots\}$ 中，所有一步转移概率构成一步转移矩阵 $\boldsymbol{P}_{n \times n}$，即

$$\boldsymbol{P}_{n \times n} = \begin{bmatrix} p_{11} & p_{12} & \cdots & p_{1n} \\ p_{21} & p_{22} & \cdots & p_{2n} \\ \vdots & \vdots & \ddots & \vdots \\ p_{n1} & p_{n2} & \cdots & p_{nn} \end{bmatrix}$$

矩阵的第一行表示从状态 1 到其他各状态的转移概率，同样，第二行表示状态 2 到其他各状态的转移概率，其余依次类推. 而对角元素则是各个状态自转移概率.

在转移矩阵中所有元素都应大于或等于 0，且每行元素之和等于 1，即有：

- 有 $p_{ij} \geqslant 0, \quad \forall i, j$；即状态之间的转移概率应该大于或等于 0.

- 有 $\sum\limits_{i=1}^{n} p_{ij} = 1$；即所有状态的分布概率总和为 1.

图 17.1 为一个有 4 个状态的马尔可夫链的转移情况，其相应的转移矩阵为

$$\boldsymbol{P} = \begin{bmatrix} p_{11} & p_{12} & 0 & p_{14} \\ p_{21} & 0 & p_{23} & 0 \\ p_{31} & 0 & 0 & p_{34} \\ 0 & 0 & p_{43} & p_{44} \end{bmatrix}$$

图 17.1　一个 4 状态马尔可夫链的图形表示

如果从状态 x_1 出发，它可能转移的状态有 x_1、x_2、x_4. 转移的概率则是 p_{11}、p_{12}、p_{14}，即转移矩阵中的第一行的元素，我们采用以下步骤判断实际发生的转移：

设 r 是 $[0, 1]$ 之间均匀分布的随机数，看 r 落在 $[0, p_{11}], (p_{11}, p_{11} + p_{12}]$ 或 $(p_{11} + p_{12}, 1]$ 的哪个区间里？则下一步状态就转移到相对应的状态 x_1、x_2 或 x_4.

依次类推不断地进行转移，则产生了该马尔可夫链的一条状态演化路径.

很显然，状态的演化是随机的！我们以行向量 $\boldsymbol{P}_t = (p_1, p_2, p_3, p_4)$ 表示经过 t 步转移后状态的概率分布，这个行向量叫做**概率向量**. 概率向量 $\boldsymbol{P}_0 = (1, 0, 0, 0)$ 就是初始状态处于 x_1 的概率分布.

根据概率公式，我们可以得到概率分布的转移关系式：

$$p_{t+1} = p_t \boldsymbol{P} = p_{t-1} \boldsymbol{P}^2 = \cdots = p_0 \boldsymbol{P}^{t+1}$$

可见马尔可夫链的状态演化完全可以由其转移概率决定. 马尔可夫链由初始状态经过 $t+1$ 步转移后的概率转移矩阵等于一步转移概率矩阵自乘 $t+1$ 次.

17.1.3　股市的马尔可夫链模型

根据金融市场有效性的假设，股价的下一次变化只取决于当前的状态，具有马尔可夫性，所以股价的变化可以用马尔可夫链来描述.

众所周知，明天的股价相对于今天来说，有"涨""持平"或"跌"三种可能的状态，分别以数字 1、2、3 表示之，假设其状态转移的变化规律是：

（1）如果股价今天是涨，那么明天再上涨的概率是 30%，再持平的概率是 20%，而下跌的概率是 50%；

（2）如果股价今天是持平，那么明天上涨的概率是 40%，再持平的概率是 20%，而下跌的概率是 40%；

（3）如果股价今天是下跌，那么明天会上涨的概率是 40%，持平的概率是 30%，而再下跌的概率是 30%.

图 17.2 表示了上述马尔可夫链，其中节点表示三个状态：上涨 (up)，持平 (same) 和下跌 (down)，箭头和数值表示状态转移的方向与概率. 对应的转移矩阵为

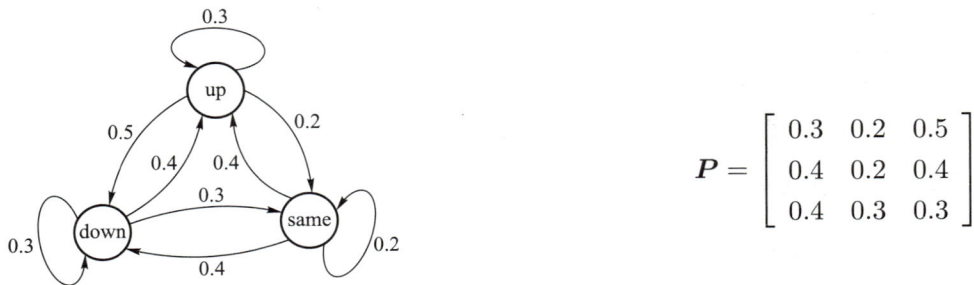

图 17.2　股价的马尔可夫链的图形表示

$$\boldsymbol{P} = \begin{bmatrix} 0.3 & 0.2 & 0.5 \\ 0.4 & 0.2 & 0.4 \\ 0.4 & 0.3 & 0.3 \end{bmatrix}$$

下面用它描述一次涨跌过程. 首先随机选定一个初始状态，假定是上涨. 那么用转移矩阵的第一行 $(p_{11} = 0.3, p_{12} = 0.2, p_{13} = 0.5)$ 生成描述转移概率的随机变量 x. 然后用从 0 到 1 均匀分布的随机数 r 来产生下面的随机数.

$$x = \begin{cases} 1, & 0 \leqslant r \leqslant p_{11} \\ 2, & p_{11} < r \leqslant p_{11} + p_{12} \\ 3, & p_{11} + p_{12} < r \leqslant 1 \end{cases}$$

对于其他的初始状态，如状态 2，转移概率分布为 $p_{21} = 0.4, p_{22} = 0.2, p_{23} = 0.4$，类似地也可以生成随机数. 事实上，可以定义关于转移概率的**累积分布矩阵**：

$$\boldsymbol{C} = \begin{bmatrix} 0.3 & 0.5 & 1 \\ 0.4 & 0.6 & 1 \\ 0.4 & 0.7 & 1 \end{bmatrix}$$

其中元素 $c_{ij} = \sum\limits_{k=1}^{j} p_{jk}$ 是累积概率. 如果选择初始状态 $x_0 = 1$ 为例，程序运行结果以各状态的出现频率的直方图形显示（图 17.3），程序如下：

输入"初始状态"数为 3，当迭代次数达到足够多时，程序运行结果显示存在不变分布，即所谓"稳定分布". 程序给出的不变概率分布是 $p = (0.364\,15, 0.239\,50, 0.396\,35)$.

```
n=2500000; t0=2000000;
state=ones(1,n); r=rand(1,n);
P=[0.3,0.2,0.5;
   0.4,0.2,0.4;
   0.4,0.3,0.3];
C=cumsum(P,2);
i0=input('初始状态='), i=i0;
for t=1:n
    j=state(t);
    while r(t)>C(i,j)
        j=j+1;
    end
    state(t)=j; i=j;
end
h=hist(state(t0+1:n),[1,2,3]);
p=h/(n-t0); bar(p)
```

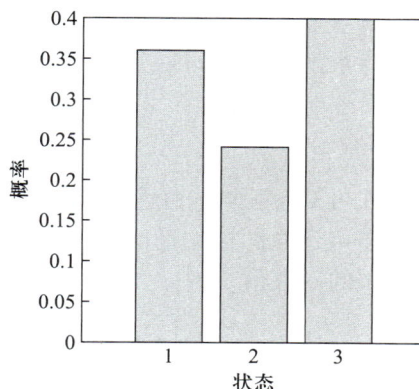

图 17.3 股价的马尔可夫链的直方图

模拟结果是，今后股价出现上涨的比例约为 36%，而出现下跌的比例却要高于上涨的概率，约为 40%.

例子中有两个问题值得注意：1. 如何获得转移概率？2. 为什么要假设该马尔可夫链是齐次的，即转移概率不随时间而变化？

17.1.4 马尔可夫链的不变分布

上例出现的不变分布是经过长时间迭代后呈现的一种不变性. 也就是说，这是一个稳定的极限分布.

一般来说，马尔可夫链存在迭代关系 $p_{t+1} = p_t P$，对 t 取极限，假设概率向量 p_t 的极限存在并设它为 π，则有 $\pi P = \pi$，这个 π 就称为**不变分布**.

这里介绍一下教科书中的 Perron-Frobenius 定理：如果概率转移矩阵 P 具有 $p_{ij} > \delta > 0 \ \forall i,j$，则

- P 存在有 1 的特征值，且对应的左边特征向量严格为正，它还是唯一的.
- 如果某些特征向量被归一化，则进一步有 $\lim_{n\to 0} P^n = Lw$.
- 特别地，对于任意概率向量 α 有 $\lim_{n\to 0} \alpha P^n = w$ 其中 w 是归一的，这里 L 是分量均为 1 的列向量，左特征向量 w 是行向量.

根据定理，有两种方法求不变分布：一种是从任意概率向量出发迭代计算；另一种是直接求转移概率矩阵的特征值为 1 的左特征向量并将其归一化.

推荐使用第一种方法，因为这是一个迭代过程的极限. 可以借助 MATLAB 软件来计算，人们不需要判断转移矩阵是否满足那些存在不变分布的条件. 在上例中迭代求得的结果是 $\pi = (0.363\,6, 0.239\,7, 0.396\,7)$.

§17.2 应用：解偏微分方程

17.2.1 解题算法

下面介绍用蒙特卡罗方法中的马尔可夫链来解偏微分方程. 首先解释为什么可用蒙特卡罗方法解偏微分方程. 以拉普拉斯方程为例：

$$\begin{cases} \Delta u = 0 \\ u\big|_{\partial\Omega} = f(x,y) \end{cases}$$

其中 u 是待求的物理量函数, $\partial\Omega$ 是求解区域的边界, $f(x,y)$ 是边界函数.

将求解区域均匀划分成矩形网格, 按照差分法, 方程可写成差分形式:

$$u_{i,j} = \frac{1}{4}\left(u_{i+1,j} + u_{i-1,j} + u_{i,j-1} + u_{i,j+1}\right) \tag{17.2.1}$$

由上式可知, 区域内任意一点 S 的 u 的值都近似等于与它临近 4 个点的 u 的取值的平均值, 对其他的内点可建立同样的近似方程, 通过消元法可以得到内点 S 与所有边界点 Q 的关系, 从而得到内点 $S(i,j)$ 的函数值 $u(S)$, 即

$$u(S) = \sum_b f(Q_b) w(Q_b)$$

其中边界点 Q_b 上的值为 $f(Q_b)$, 权重系数为 $\omega(Q_b)$. 这个式子可以看成每个内点的值都是由边界点通过一定的概率组合而成. 换言之, 如果用随机概率模型来模拟上述过程, 可以取 N 个粒子点, 从内点 S 出发, 各自独立以相等的概率沿着网格随机游动, 在网格交汇处粒子游动的方向可由随机数 R 来确定, 最后到达边界点的粒子数应该符合上述概率分布, 只要统计到达边界点的粒子数 p_b, 就可以计算出概率 $\omega(Q_b)$ 从而求出 S 点的值, 即

$$u(S) = \sum_b \frac{p_b}{N} f(Q_b)\big|_{N\to\infty} \tag{17.2.2}$$

在模拟随机过程中是不断地产生随机数使粒子沿网格游动的, 到边界即止. 这种方法的精确度依赖于投点数的多少, N 越大, 函数值越准确. 而根据大数定理, N 趋于无穷时, 可以用数学期望值来直接预测粒子游动的终点, 这样就可以省去随机游动和大量投点的过程, 借助马尔可夫链的转移概率矩阵可以实现这种做法.

17.2.2 非齐次边界条件下的拉普拉斯方程

下面应用这种方法来解三道以前用差分方法做过的例题.

例 17.3: 解定解问题

$$\begin{cases} u_{xx} + u_{yy} = 0 \\ u(0,y) = 0, u(3,y) = \sin\dfrac{3\pi y}{2} \\ u(x,0) = 0, u(x,2) = \sin\dfrac{3\pi x}{3}\sin\dfrac{\pi x}{3} \end{cases}$$

这种方法的核心是通过转移矩阵来计算概率分布, 解题思路与编程步骤如下:

(1) 将求解区域划分成网格, 其大小为 $y_m \times x_m$, 设置初始的函数值 psi: 其中边界值按题意设置, 其余待求格点的值设为 0.

(2) 计算位于 (i,j) 的粒子的一步转移矩阵 $\boldsymbol{P}$.

由差分公式 (17.2.1) 可知, 在网格中位于 (i,j) 的粒子以相同的概率 $1/4$ 向周围的 4 个点 $(i+1,j),(i-1,j),(i,j+1),(i,j-1)$ 即四个状态转移. 对于游走到边界的粒子, 将不再游走, 视为以后的每次游走, 游走到原来的点的概率为 1, 即 $P(i,i)=1$. 此外, 矩阵中的其余元素为 0. 将网格矩阵元素排列成行向量, 可将二维的游走化为一维的游走, 其状态数为 $u_m = y_m \times x_m$. 由此计算出一次转移矩阵 $\boldsymbol{P}$, 其大小为 $u_m \times u_m$. n 次游走后的转移矩阵为

$$\boldsymbol{P}_n = \boldsymbol{P}_0 * \boldsymbol{P}^n$$

(3) 在每个网格点依次投放粒子，在第 k 个网格投放粒子的初始状态矩阵为

$$\boldsymbol{P}_0(j) = \left\{ \begin{array}{l} 1, j = k \\ 0, j \neq k \end{array} \right. \quad j = 1, 2, 3, \cdots, um$$

将其乘以 $\boldsymbol{P}_n$ 得到 n 次游走以后的概率分布矩阵 $\boldsymbol{P}_t$.

(4) 按照 (17.2.2) 式，边界上每个点的函数值乘上粒子到达该点的概率再求和，就可以得到编号为 k 的网格点的函数值的期望值. 由于 psi 除了边值以外，其余各点都是 0，所以可以用 $\boldsymbol{P}_t * psi$ 直接计算.

运行的结果 (图 17.4) 与页的图形相同. 为了保证精度，粒子游动次数不能太少，否则图形差别较大. 考虑到有 600 个边界点，可以取游走次数为 6 000. 实际运行的结果表明，4 000、6 000 次的游走次数所求得区域的各点的函数值误差. 实际程序如下：

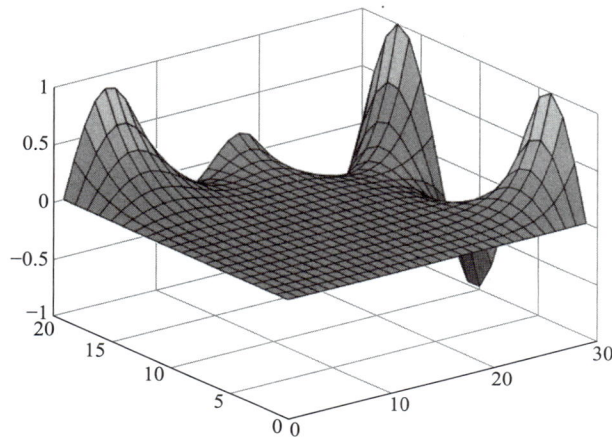

图 17.4　蒙特卡洛方法解非齐次边界条件下的拉普拉斯方程

```
x=linspace(0,3,30); y=linspace(0,2,20);         %列数与行数
u(20,30)=0;                                      %预设函数矩阵
u(20,:)=sin(pi*x).*cos(pi/3*x);                  %上边界值
u(:,30)=sin(3*pi*y/2);                           %右边界值
surf(u)                                          %初始状态图
psi=u(:);                                        %初始状态行向量

xm=30; ym=20; um=xm*ym;
p=zeros(um,um);                                  %预设转移矩阵大小
for i=1:um
    if mod(i,ym)~=0&mod(i,ym)~=1&i>ym+1&i<um-ym  %除去上下左右边界点
        p(i,i-ym)=1/4;                           %向4个方向行走的概率
        p(i,i+ym)=1/4;
        p(i,i-1)=1/4;
        p(i,i+1)=1/4;
    else
        p(i,i)=1;                                %到达边界点后保持不动
```

```
        end
    end
pn=p^n;                                              %n次游走后的转移矩阵
n=5000;                                              %每个格点投放的粒子数
psiend(um,1)=0;                                      %存放每个点游动后的函数值
for k=1:um                                           %每次在所有格点投放一个粒子
    p0=zeros(1,um);                                  %预设初始概率
    p0(k)=1;                                         %投放一个粒子
    pt=p0*pn;                                        %到达每一个边界点的概率
    psiend(k)=pt*psi;                                %位置K的终值
end
figure
a=reshape(psiend,[ym,xm]);                           %重排成矩阵
surf(a)
```

例 17.4：定解问题

$$\begin{cases} u_{xx} + u_{yy} = 0 \\ u(0,y) = 0, \quad u(100,y) = 10 \\ u(x,0) = 0, \quad u(x,100) = 0 \end{cases}$$

对于齐次边界条件下的拉普拉斯方程,只需在边界条件的设定中改变设定值就可以,结果如图 17.5 所示,程序如下:

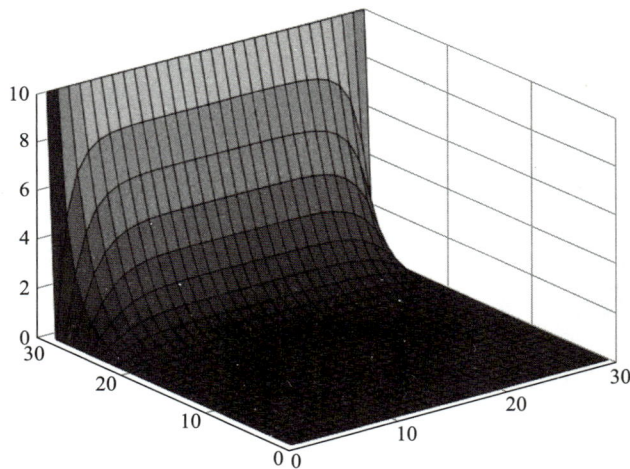

图 17.5　蒙特卡洛方法解齐次边界条件拉普拉斯方程

```
u=zeros(30,30); u(30,:)=10; xm-30; ym=30; um=xm*ym;
psi=u(:);                                            %用来存放每个标记点的初始函数值
p=zeros(um,um);                                      %预设一步转换矩阵
for i=1:um
    if mod(i,ym)~=0&&mod(i,ym)~=1&& i>ym+1 && i<um-ym    %除去4个边界点
        p(i,i-ym)=1/4;                                %向左的概率
        p(i,i+ym)=1/4;                                %向右的概率
```

```
        p(i,i-1)=1/4;                          %向下的概率
        p(i,i+1)=1/4;                          %向上的概率
      else
        p(i,i)=1;                              %在边界点保持不动
      end
  end
  n=3000;                                      %投放粒子数
  psiend(um,1)=0;                    %存放每个点游动后的函数值
  pn=p^n;
  for k=1:um
      p0=zeros(1,um);                          %预设初始状态
      p0(k)=1;
      pt=p0*pn;                          %到达每一个标记点的概率
      psiend(k)=pt*psi;
  end
  a=reshape(psiend,[ym,xm]);
  surf(a)
```

17.2.3 一维热传导方程

对于一维热传导方程，如果将空间变量与时间变量组合在一个矩阵内，也可以使用这种方法，例如下面的定解问题.

例 17.5：一维热传导方程为

$$\begin{cases} u_t = a^2 u_{xx} \\ u(0,t) = 0, u(l,t) = 0 \quad \psi(x) = \begin{cases} 1(10 \leqslant x \leqslant 11) \\ 0(x < 10, x > 11) \end{cases} \\ u(x, t = 0) = \psi(x) \end{cases}$$

求解方程的差分公式为

$$u_{i,j} = (1 - 2r)u_{i,j-1} + r(u_{i+1,j-1} + u_{i-1,j-1})$$

所以，按照求解拉普拉斯方程的思路来解抛物型方程，只需要改变初始边界条件及转移矩阵. 对于边界内标号为 i 的粒子转移矩阵如下：

$$\begin{cases} p_{i,i-1} = 1 - 2 * r \\ p_{i,i-1-ym} = r \\ p_{i,i-1+ym} = r \end{cases}$$

解出的结果也与差分法的结果相同（如图 17.6 所示）程序如下：

```
u=zeros(50,20); u(1,10:11)=1; psi=u(:);
xm=20; ym=50; um=xm*ym;                %xm代表弦长，ym代表时长
r=0.1; p=zeros(um,um);                      %预设转移矩阵
for i=1:um
```

```
if mod(i,ym)~=0&&mod(i,ym)~=1&&i>ym+1&&i<um-ym       %除去边界
    p(i,i-1)=1-2*r;                                   %转移概率
    p(i,i-1-ym)=r;
    p(i,i-1+ym)=r;
else
    p(i,i)=1;                                         %到达边界点后不动
    end
end
n=5000;                                               %游走次数
psiend(um,1)=0;                                       %存放每个点游走后的函数值
pn=p^n;
for k=1:um
    p0=zeros(1,um);                                   %预设初始状态
    p0(k)=1;
    pt=p0*pn;                                         %到达每一个标记点的概率
    psiend(k)=pt*psi;
end
    a=reshape(psiend,[ym,xm]);
surf(a)                                               %画图
```

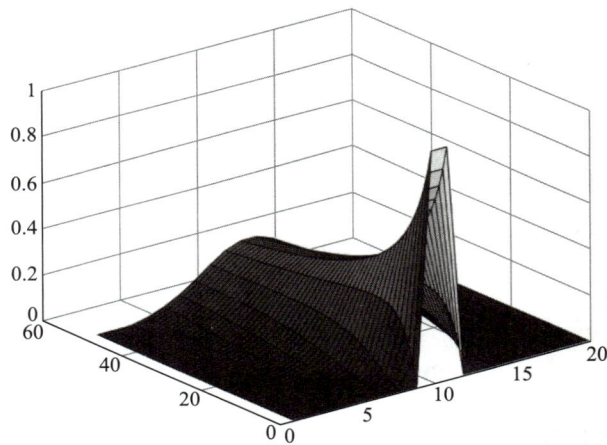

图 17.6　蒙特卡洛方法解一维热传导方程

第十七章
程序包

第十八章　积 分 方 程

通常把积分号下含有未知函数的方程称为积分方程. 例如, 含有一个未知函数的积分方程的一般形式为

$$\alpha(x)\phi(x) = \lambda \int_a^b K(x,s)F[\phi(s)]\mathrm{d}s + f(x), \quad a \leqslant x \leqslant b \tag{18.0.1}$$

其中, $\alpha(x)$、$K(x,s)$、$f(x)$ 为已知函数, a、b 为常数, $\phi(x)$ 是未知函数, $F[\phi(s)]$ 是 $\phi(s)$ 的已知泛函, $K(x,s)$ 称为积分方程的核, $f(x)$ 称为自由项, λ 是参数.

如果自变量的个数多于一个, 则称其为多维积分方程. 例如, 包含二元未知函数 $\phi(x,y)$ 的方程:

$$\phi(x,y) = \int_G K(x,y,\xi,\eta)\phi(\xi,\eta)\mathrm{d}\xi\mathrm{d}\eta + f(x)$$

这就是一个二维积分方程. 其中, G 为平面上的一个区域. 上述方程在复平面区域 G 上, 可简写为

$$\phi(P) = \int_G K(P,Q)\phi(Q)\mathrm{d}Q + f(P)$$

其中, $P \in G, Q \in G$, 虽然在许多实际问题中, 如飞机模型设计中, 需要求解多维积分方程, 但由于求解单变量的积分方程的技术原则上可以推广应用于多维方程, 因而人们一般主要详细讨论单变量一维积分方程. 本书只讨论一维积分方程. 其方法可以推广应用于多维方程.

一般情况下, 积分方程可以分为线性、非线性.

若 (18.0.1) 式中的 $F[\phi(s)]$ 是 $\phi(s)$ 的线性泛函, 则 (18.0.1) 式被称为线性积分方程, 其一般形式为

$$a(x)\phi(x) = \lambda \int_a^b K(x,s)\phi(s)\mathrm{d}s + f(x) \tag{18.0.2}$$

反之则称 (18.0.1) 式为非线性积分方程.

其实, 线性积分方程就是在积分号下出现的未知函数仅为一次幂的方程.

§18.1　线性积分方程的分类

线性积分方程按照积分限可分为 Fredholm 积分方程和 Volterra 积分方程. Fredholm 积分方程中的积分限为常数, 而 Volterra 积分方程中的积分为变上限积分. 如果未知函数仅出现在积分号内, 不出现在积分号外, 就称其为第一类积分方程. 如果未知函数不仅出现在积分号内, 还出现在积分号外, 就称为第二类积分方程.

第一类 Fredholm 积分方程:

$$\lambda \int_a^b K(x,t)\phi(t)\mathrm{d}t + f(t) = 0$$

第二类 Fredholm 积分方程:

$$\phi(x) = \lambda \int_a^b K(x,t)\phi(t)\mathrm{d}t + f(t)$$

第一类 Volterra 积分方程:

$$\lambda \int_a^x K(x,t)\phi(t)\mathrm{d}t + f(t) = 0$$

第二类 Volterra 积分方程:

$$\phi(x) = \lambda \int_a^x K(x,t)\phi(t)\mathrm{d}t + f(t)$$

§18.2 用迭代法解第一类 Fredholm 积分方程

求解线性积分方程的中心思想是，把积分方程转化成多元方程组进行求解. 然后用迭代法、左除法或者指令来求解.

先用迭代法解第一类 Fredholm 积分方程，即

$$\lambda \int_a^b K(x,t)\phi(t)\mathrm{d}t + f(t) = 0$$

取任意的可积函数 $\phi_0(x)$ 作为零次近似，则迭代过程为

$$\phi_{n+1}(x) - \phi_n(x) = \lambda \int_a^b K(x,t)\phi(t)\mathrm{d}t + f(t)$$

多次迭代后，$\phi_n(x)$ 会收敛于 $\phi(x)$.

例如，用迭代法求解

$$\int_0^1 \mathrm{e}^{xt}\phi(x)\mathrm{d}t - \frac{\mathrm{e}^{x+1}-1}{x+1} = 0$$

这个方程的解析解为 $\phi(x) = \mathrm{e}^x$，取 $\lambda = 1$，程序 jccx/ch18/ch18N1.mex 与图形（图 18.1）如下:

```
N=100;
x=linspace(0,1,N)'; t=linspace(0,1,N);
k=@(x,t) exp(x.*t);
f=@(x)(exp(x+1)-1)./(x+1);
phinew=ones(N,1); phiold=zeros(N,1);
d=phinew-phiold;
while d'*d>1e-11*N
  phiold=phinew;
  phinew=phiold+f(x)-...
  trapz(t,k(x,t).*phiold',2);
  d=phinew-phiold;
end
plot(x(1:10:100),phinew(1:10:100),'*',x,exp(x))
```

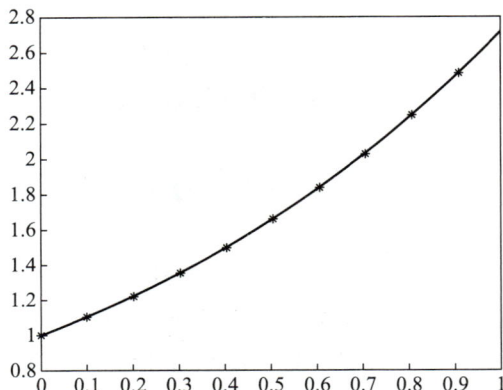

图 18.1 用迭代法解第一类 Fredholm 积分方程

§18.3 第二类 Fredholm 积分方程的数值解法

18.3.1 迭代法

方程为

$$\phi(x) = \lambda \int_a^b K(x,t)\phi(t)\mathrm{d}t + f(t)$$

取任意的可积函数 $\phi_0(x)$ 作为零次近似, 则迭代过程为

$$\phi_{n+1}(x) = \lambda \int_a^b K(x,t)\phi_n(t)\mathrm{d}t + f(t)$$

例如, 解方程

$$\phi(x) = \lambda \int_a^b xt^2\phi(t)\mathrm{d}t + 1$$

该方程的解析解为 $\phi(x) = 1 + \dfrac{4}{9}x$, 取 $\lambda = 1$, 程序与图形 (图 18.2) 如下:

```
N=100;
f=@(x) ones(size(x));
k=@(x,t) x.*t.^2;
x=linspace(0,1,N)';
t=linspace(0,1,N); dt=t(2)-t(1);
phinew=f(x); phiold=zeros(N,1);
d=phinew-phiold;
while d'*d>N*1e-7
  phiold=phinew;
  phinew=f(x)+...
  trapz(t,k(x,t).*phiold',2);
  d=phinew-phiold;
end
plot(x(1:10:100),phinew(1:10:100),'*',x,1+x*4/9)
```

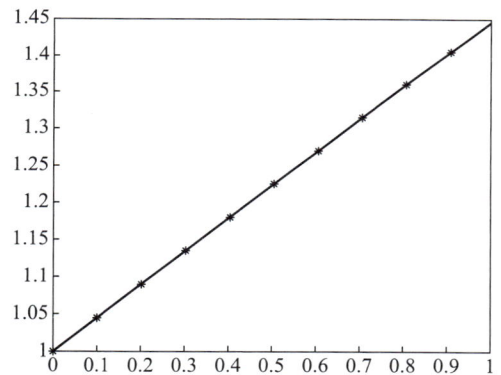

图 18.2 用迭代法解第二类 Fredholm 积分方程

18.3.2 左除法

首先将积分方程离散化, 定义积分算子如下:

$$K\phi(x) = \int_a^b K(x,t)\phi(t)\mathrm{d}t$$

则第二类 Fredholm 积分方程可写作

$$\phi = \lambda K\phi + f$$

即

$$(1 - \lambda K)\phi = f$$

$$\phi = (1 - \lambda K)\backslash f$$

将函数和算子进行离散化，即

$$\phi = \begin{pmatrix} \phi(x_1) \\ \vdots \\ \phi(x_i) \\ \vdots \phi(x_N) \end{pmatrix}, \quad f = \begin{pmatrix} f(x_1) \\ \vdots \\ f(x_i) \\ \vdots \\ f(x_N) \end{pmatrix}$$

积分算子可以改写成求和形式，即

$$K_i\phi = \int_a^b K(x_i,t)\phi(t)\mathrm{d}t = \sum_{j=1}^N w_j K(x_i,t_j)\phi(t_j)\Delta t$$

其中 w_j 是积分的权重，不同的权重对应于不同的数值积分算法，如矩形公式、梯形公式和辛普森公式. 下面的计算采用了梯形公式，将这个求和改写成矩阵的形式：

$$K_i\phi = (w_1 K(x_i,t_1)\Delta t, \cdots, w_i K(x_i,t_i)\Delta t, \cdots, w_N K(x_i,t_N)\Delta t) \begin{pmatrix} \phi(t_1) \\ \vdots \\ \phi(t_i) \\ \vdots \\ \phi(t_N) \end{pmatrix}$$

整个积分算子就是

$$K\phi = \begin{pmatrix} w_1 K(x_1,t_1)\Delta t & \cdots & w_N K(x_1,t_N)\Delta t \\ \vdots & \ddots & \vdots \\ w_1 K(x_N,t_1)\Delta t & \cdots & w_N K(x_N,t_N)\Delta t \end{pmatrix} \begin{pmatrix} \phi(t_1) \\ \vdots \\ \phi(t_N) \end{pmatrix}$$

线性积分方程的离散化相当于把积分方程转化成了多元一次方程组，如此便可以方便快捷地通过矩阵运算求出方程的解.

下面求解积分方程

$$\phi(x) = \int_0^1 (x+t)\phi(t)\mathrm{d}t + x$$

该方程的解析解为 $\phi(x) = -6x - 4$，取 $\lambda = 1$，程序与图形（图 18.3）如下：

```
N=100;
x=linspace(0,1,N)';
t=linspace(0,1,N);
dt=t(2)-t(1);
w=ones(1,N);w([1 end])=1/2;
w=w*dt;
k=@(x,t)x+t;
f=@(x)x;
K=eye(N)-k(x,t).*w;
phi=K\f(x);
plot(x(1:10:100),phi(1:10:100),'*',x,-6*x-4)
legend('Numerical','Analytical')
```

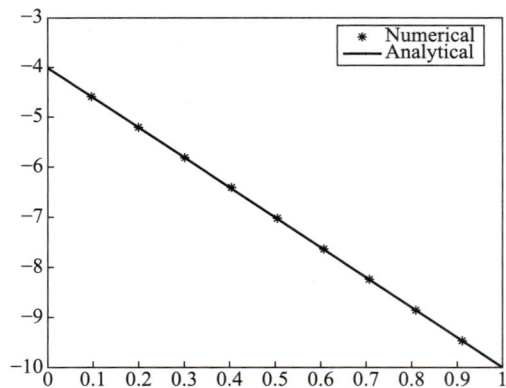

图 18.3　用左除法解第二类 Fredholm 积分方程

18.3.3 指令求解法

在将方程离散化之后，我们也可以用指令 fsolve 直接求解方程. 这种方法的好处在于，即使方程不是线性的，我们也可以进行求解.

下面求解

$$\phi(x) = \int_0^\pi \sin(x+t)\phi(t)\mathrm{d}t + 1$$

该方程的解析解为

$$\phi(x) = 1 + \frac{8}{4-\pi^2}\cos x + \frac{4\pi}{4-\pi^2}\sin x$$

注意 x、t 是同一个变量的两种表示，所以取值相同. 在方程中，ϕ 相当于方程组中的变量. 程序及图形（图 18.4）如下：

```
global N x
N=100;x=linspace(0,pi,N)';
phi=ones(N,1);
phi=fsolve(@equation,phi);
plot(x,phi,x,1+8/(4-pi^2)*cos(x)+...
    pi*4/(4-pi^2)*sin(x))
legend('Numerical','Analytical')
function val=equation(phi)
 global N x
 f=@(x) ones(size(x));
 k=@(x,t) sin(x+t);
 x=linspace(0,pi,N)';
 t=linspace(0,pi,N);
 val=phi-f(x)-trapz(t,k(x,t).*phi',2)
end
```

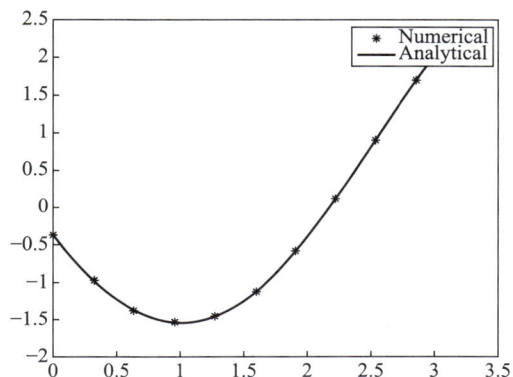

图 18.4　用指令求解法解第二类 Fredholm 方程

§18.4　第一类 Volterra 积分方程的数值解法

第一类 Volterra 积分方程如下：

$$\lambda \int_a^x K(x,t)\phi(t)\mathrm{d}t + f(x) = 0$$

18.4.1　左除法

同样可以将 Volterra 积分方程改写成算子的形式，定义积分算子为

$$K\phi = \int_a^x K(x,t)\phi(t)\mathrm{d}t$$

则第一类 Volterra 积分方程可写作

$$\lambda K\phi + f = 0$$

故有

$$\phi = \lambda K \backslash f$$

在离散化 Volterra 积分算子时，有一点值得注意：由于 Volterra 积分算子是变上限积分，因此离散化之后的算子应该是一个左下三角矩阵. MATLAB 指令 tril 可以直接获得左下三角矩阵，即

$$K_i\phi = \int_a^{x_i} K(x_i,t)\phi(t)\mathrm{d}t = \sum_{j=1}^{i} w_j K(x_i,t_j)\phi(t_j)\Delta t$$

$$K\phi = \begin{pmatrix} w_1 K(x_1,t_1) & \cdots & 0 \\ \vdots & \ddots & \vdots \\ w_1 K(x_N,t_1) & \cdots & w_1 K(x_N,t_N) \end{pmatrix} \begin{pmatrix} \phi(x_1) \\ \vdots \\ \phi(x_N) \end{pmatrix}$$

下面求解

$$\int_0^x \cos(x-t)\phi(t)\mathrm{d}t - \sin x = 0$$

该方程的解析解为 $\phi(x) = 1$，取 $\lambda = 1$，程序与图形（图 18.5）如下：

```
N=100;
x=linspace(0,1,N)';
t=linspace(0,1,N);
w=ones(1,N);
w([1 end])=1/2;
dt=t(2)-t(1);
k=@(x,t)cos(x-t);
f=@(x)sin(x);
K=tril(k(x,t)).*w*dt;
phi=K\f(x);
plot(x,phi,x,ones(size(x)))
legend('Numerical','Analytical')
```

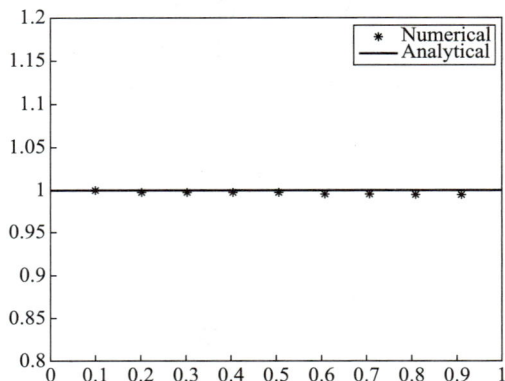

图 18.5　用左除法解第一类 Volterra 积分方程

在边界处由于离散化导致了一些误差，但在非边界点的解仍是比较精确的.

18.4.2　转化法

对于某些第一类 Volterra 积分方程，我们可以将其转化为第二类 Volterra 积分方程然后求解，如

$$\lambda \int_a^x K(x,t)\phi(t)\mathrm{d}t + f(x) = 0$$

两边同时求导，利用不定积分及复合函数的求导公式，得

$$\lambda K(x,x)\phi(x) + \lambda \int_a^x \frac{\partial K(x,t)}{\partial x}\phi(t)\mathrm{d}t + f'(x) = 0$$

即

$$K(x,x)\phi(x) = -\int_a^x \frac{\partial K(x,t)}{\partial x}\phi(t)\mathrm{d}t - \frac{1}{\lambda}f'(x)$$

当 $K(x,x) \neq 0$ 时，该方程就是第三类 Volterra 积分方程. 特别地，当 $K(x,x)$ 是常函数时，该方程就是第二类 Volterra 积分方程. 关于第二类 Volterra 积分方程的求解见下文，在这里我们直接给出一个转化法的例子.

下面我们求解

$$\int_0^x \mathrm{e}^{x-t}\phi(t)\mathrm{d}t - \sin x = 0$$

程序和图形（图 18.6）如下：

```
N=100;
x=linspace(0,1,N+1)';
t=linspace(0,1,N);
w=ones(1,N); w([1 end])=1/2;
dt=t(2)-t(1); dx=x(2)-x(1);
k=@(x,t) exp(x-t);
f=@(x) sin(x);
K=diag(diag(k(x,x')));
K=K(1:N,1:N)+...
    tril(diff(k(x,t),1,1)/dx).*w*dt;
F=diff(f(x))/dx;  phi=K\F;
plot(x,phi,x,cos(x)-sin(x))
legend('Numerical','Analytical')
```

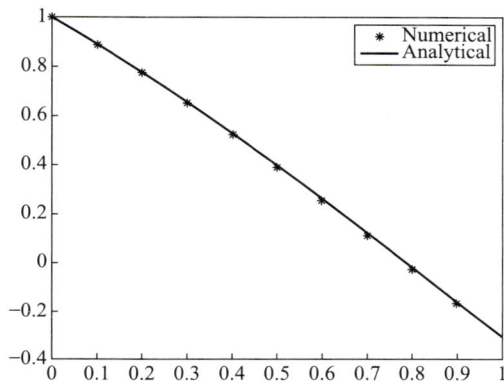

图 18.6 转化法解第一类 Volterra 积分方程

§18.5 第二类 Volterra 积分方程的数值解法

第二类 Volterra 积分方程为

$$\phi(x) = \lambda \int_a^x K(x,t)\phi(t)\mathrm{d}t + f(x)$$

18.5.1 迭代法

类似于第二类 Fredholm 积分方程的迭代法，给定任意的可积函数 $\phi_0(x)$ 作为零级近似，迭代过程为

$$\phi_{n+1}(x) = \lambda \int_a^x K(x,t)\phi_n(t)\mathrm{d}t + f(x)$$

举例如下：

$$\phi(x) = \int_0^x (x-t)\phi(t)\mathrm{d}t + x + 1$$

程序与图形（图 18.7）如下：

```matlab
N=100; x=linspace(0,pi,N)';
t=linspace(0,pi,N);
w=ones(1,N); w([1 end])=1/2;
dt=t(2)-t(1);
k=@(x,t) x-t;
f=@(x) 1+x;
phinew=ones(N,1); phiold=zeros(N,1);
d=phinew-phiold;
while d'*d>1e-7*N
  phiold=phinew;
  phinew=f(x)+tril(k(x,t))*phiold*dt;
  d=phinew-phiold;
end
plot(x,phinew,x,exp(x))
legend('Numerical','Analytical')
```

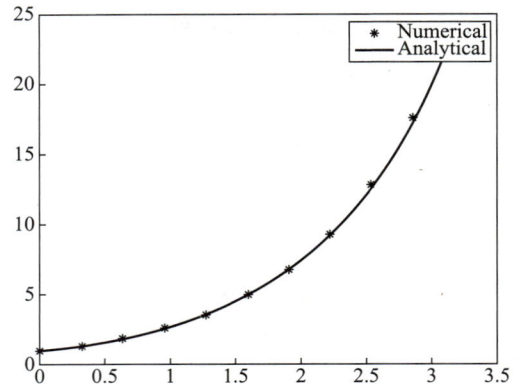

图 18.7　用迭代法解第二类 Volterra 积分方程

18.5.2　左除法

类似第二类 Fredholm 积分方程的左除法，在此不再赘述. 同样要注意算子是左下三角矩阵. 下面我们求解

$$\phi(x) = -\int_0^x (x-t)\phi(t)\mathrm{d}t + x$$

程序与图形（图 18.8）如下：

```matlab
N=100;
x=linspace(0,pi,N)';
t=linspace(0,pi,N);
dt=t(2)-t(1);
w=ones(1,N);
w([1 end])=1/2;
k=@(x,t) -x+t; f=@(x) x;
K=eye(N)-tril(k(x,t)).*w*dt;
phi=K\f(x);
plot(x,phi,x,sin(x))
legend('Numerical','Analytical')
```

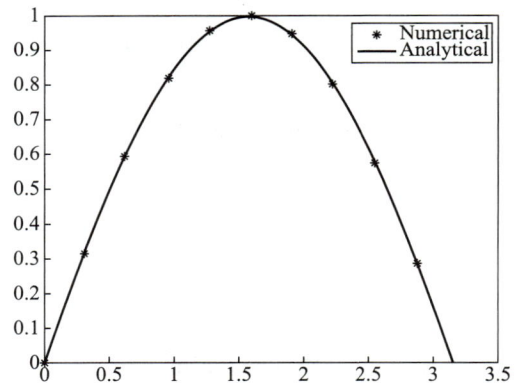

图 18.8　用左除法解第二类 Volterra 积分方程

18.5.3　直接求解法

我们下面求解

$$\phi(x) = -\int_0^x \sinh(x-t)\phi(t)\mathrm{d}t + \cosh x$$

该方程的解析解为 $\phi(x) = 1$，程序与图形（图 18.9）如下：

```
global N  x
N=100; x=linspace(0,1,N)';
phi=zeros(N,1);
phi=fsolve(@equation,phi);
plot(x,phi,x,ones(size(x)));
legend('Numerical','Analytical')
function val=equation(phi)
  global N  x
  t=linspace(0,1,N);
  dt=t(2)-t(1);
  w=ones(1,N); w([1 end])=1/2;
  k=@(x,t) sinh(x-t);
  f=@(x) cosh(x);
  val=phi-f(x)+tril(k(x,t)).*w*dt*phi;
end
```

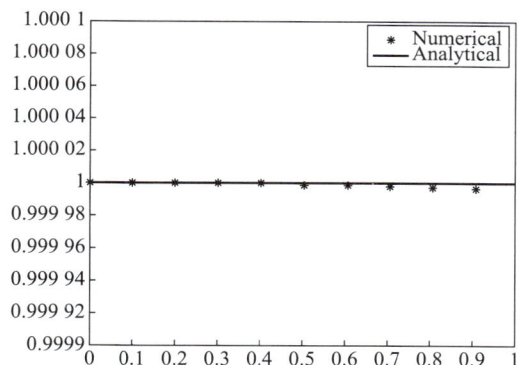

图 18.9　用指令直接求解第二类 Volterra 积分方程

线性积分方程数值解法的总结：

通过上面的求解，我们不难发现，第二类积分方程要比第一类积分方程更好求解，求解的手段也更加丰富．第一类积分方程更多的是运用一些特殊的方法，如迭代法、转化法等进行求解．而第二类积分方程通用的左除法和直接求解法运用在第一类积分方程上时，则很容易出错（矩阵接近奇异值等）．第二类积分方程中所采用的迭代法只适用于某些特殊的方程，不具备一般性；而直接求解法和左除法是通用解法，适用范围很广．其中，直接求解法更强大，不仅能解线性积分方程，非线性积分方程也可以解；左除法虽然只适用于解线性积分方程，但是求解速度更快．两种方法各有其优缺点．

§18.6　非线性积分方程的数值解法

18.6.1　直接求解法

求解线性积分方程的直接求解法启发我们，非线性积分方程同样可以用直接求解法求解．下面，我们求解非线性 Fredholm 积分方程：

$$\phi(x) = -\int_0^1 xt\phi^2(t)\mathrm{d}t - \frac{5}{12}x + 1$$

该方程的解析解为 $\phi(x) = 1 + x/3$，程序与图形（图 18.10）如下：

```
global N  x
N=100;x=linspace(0,1,N)';
phi=zeros(N,1);
phi=fsolve(@equation,phi);
plot(x,phi,x,1+1/3*x)
function val=equation(phi)
  global N  x
  f=@(x) -5/12*x+1;
  k=@(x,t) x.*t;
  t=linspace(0,1,N);
  val=phi-f(x)-trapz(t,k(x,t)
end
```

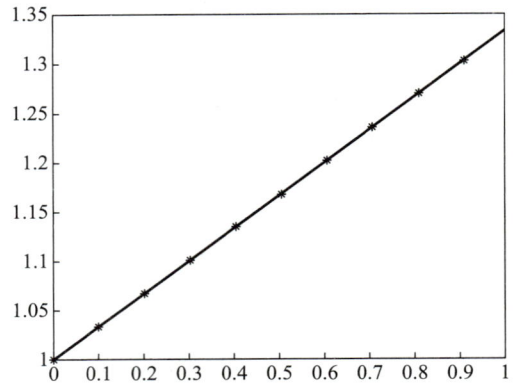
图 18.10

18.6.2　迭代法

对于某些非线性 Fredholm 积分方程和非线性 Volterra 积分方程，可以采用迭代法求解. 我们以非线性 Volterra 积分方程为例：

$$\phi(x) = \int_0^x H[x,t,\phi(t)]\mathrm{d}t - f(x)$$

任取一可积函数 $\phi_0(x)$ 作为零级近似，采用迭代公式

$$\phi_{n+1}(x) = \int_0^x H[x,t,\phi_n(t)]\mathrm{d}t - f(x)$$

下面我们求解

$$\phi(x) = \int_0^x \frac{1+\phi^2(t)}{1+t^2}\mathrm{d}t$$

该方程的解析解为 $\phi(x) = x$，程序与图形（图 18.11）如下：

```
x=linspace(0,1,N)';
t=linspace(0,1,N);
f=@(x) zeros(size(x));
h=@(x,t,phi)(1+phi.^2)./(1+t.^2)
phinew=zeros(size(x));
d=1;
while d'*d>1e-5*N
phiold=phinew;
phinew=f(x)+...
  cumtrapz(t,h(x,t,phiold'),2)';
d=phinew-phiold;
end
plot(x,phinew,x,x)
legend('Numerical','Analytical')
```

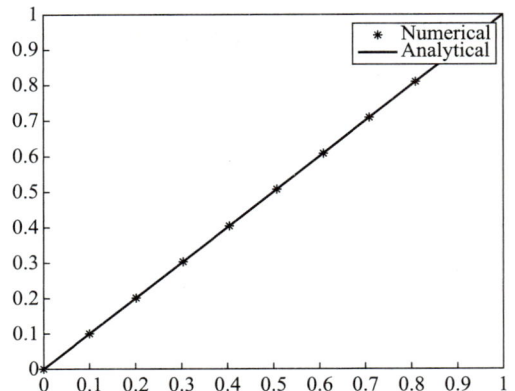
图 18.11　迭代法解非线性 Volterra 积分方程

§18.7 积分方程和微分–积分方程的物理应用

数学物理方程主要分为常微分方程、偏微分方程、积分方程和微分–积分方程等. 常微分方程和偏微分方程在物理学中的应用最为广泛. 积分方程以及微分–积分方程在物理学中主要应用在粒子输运和记忆性材料的传热等问题中. 下面讨论几个普通物理学中将会遇到的积分方程和微分–积分方程的例子.

18.7.1 阻尼振动

阻尼振动满足方程 $ma + 2\beta v + kx = f(t)$, 其中, $v = \dot{x}\, a = \dot{v} = \ddot{x}$.

这是一个微分方程, 本书前面已经解过. 现在把它改写成积分方程来求解. 令

$$\begin{cases} v = \displaystyle\int_0^t a(\xi)\mathrm{d}\xi \\[2mm] x = \displaystyle\int_0^t v(\xi)\mathrm{d}\xi + x_0 = \int_0^t \int_0^\xi a(\eta)\mathrm{d}\eta\mathrm{d}\xi \end{cases}$$

就有

$$a(t) = -\frac{2\beta}{m}\int_0^t a(\xi)\mathrm{d}\xi - \frac{k}{m}\int_0^t\int_0^\xi a(\eta)\mathrm{d}\eta\mathrm{d}\xi + f(t) - \frac{2\beta}{m}v_0 - \frac{k}{m}v_0 t - \frac{k}{m}x_0$$

这是第二类 Volterra 积分方程. 设 S 是积分算子, 下面用左除法求解. 有

$$ma + 2\beta Sa + kS^2 a = f(t) - 2\beta v_0 - kv_0 t - kx_0$$

$$a = \frac{m + 2\beta S + kS^2}{f(t) - 2\beta v_0 - kv_0 t - kx_0}$$

程序与图形（图 18.12）如下，程序用符号计算求解微分方程，用数值方法求解了积分方程，在图形上对两种结果作了对比，可以看到两者符合得很好. 如果取不同的初值，可以用积分方程计算过阻尼、共振、欠阻尼、临界阻尼等现象，读者不妨自己动手计算一下.

```
x0=2; v0=2; b=1; k=4;
m=1; w=2; T=10;
f=@(t) sin(w*t);
%analytical
syms x(t) v(t) a(t)
eqn=m*diff(x,t,2)==f(t)...
    -k*x-2*b*diff(x,t);
v(t)=diff(x,t);
a(t)=diff(v,t);
cond=[x(0)==x0,v(0)==v0];
x(t)=dsolve(eqn,cond);
v(t)=diff(x,t);
a(t)=diff(v,t);
fplot(x(t),[0,T]);hold on
fplot(v(t),[0,T]);
fplot(a(t),[0,T]);
```

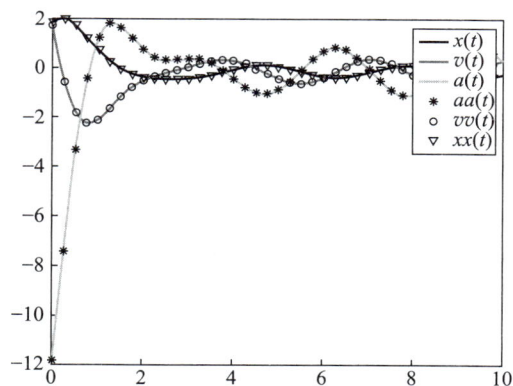

图 18.12 阻尼振动方程的解

```
%numerical
N=1000; x0=x0*ones(N,1); v0=v0*ones(N,1);
t=linspace(0,T,N)'; dt=t(2)-t(1);
S=tril(ones(N)-diag(ones(1,N))/2); S(:,1)=1/2;S(1)=1; S=S*dt;
aa=(m*eye(N)+2*b*S+k*S^2)\(f(t)-k*x0-2*b*v0-k*v0.*t);
vv=v0+S*aa; xx=x0+S*vv; n=1:25:1000;
plot(t(n),aa(n),'*',t(n),vv(n),'o',t(n),xx(n),'v')
legend('x(t)','v(t)','a(t)','aa(t)','vv(t)','xx(t)')
```

18.7.2 　 *RLC* 电路

RLC 电路满足基尔霍夫方程 $L\dfrac{dI}{dt}+RI+\dfrac{1}{C}\displaystyle\int_0^\tau I(\tau)d\tau=U(t)$. 这是一个微分–积分方程. 设 L 是积分算子, D 是微分算子, 采用左除法求解. 有

$$LDI+RI+\frac{1}{C}SI=U(t)$$

$$I=\left(LD+R+\frac{1}{C}S\right)\backslash U(t)$$

作为对比, 先将方程求导一次, 化成微分方程用符号计算求解. 然后对微分–积分方程求解. 计算时 $U(t)=U_0*\cos(W*t+\text{theta})$. 程序与图形 （图 18.13） 如下:

```
L=1;  R=1; C=1/4; U0=1; W=1; theta=0;
syms y(t)
eqn=L*diff(y,t,2)+R*diff(y,t,1)+...
    1/C*y==U0*cos(W*t+theta);
Dy=diff(y,t);
cond=[y(0)==0, Dy(0)==U0/R];
sol(t)=dsolve(eqn,cond);
si(t)=diff(sol(t),t);
fplot(si(t),[0,5]);   hold on
N=1000;
t=linspace(0,5,N)';
dt=t(2)-t(1);
tau=linspace(0,5,N);
dtau=tau(2)-tau(1);
D=(diag(ones(1,N-1),1)-...
diag(ones(1,N-1),-1));
D(1)=-1;D(end)=1;
w1=ones(N,1)/2;w1([1 end])=1;
D=D.*w1/dt; I=eye(N);
S=tril(ones(N)-diag(ones(1,N)/2));
S(:,1)=1/2; S=S*dtau;
u=U0*cos(W*t+theta);
```

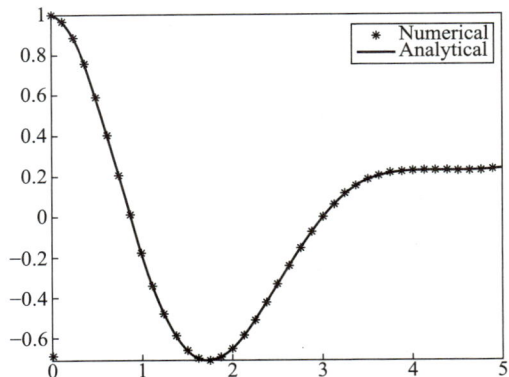

图 18.13 　 求解 *RLC* 电路的方程

```
i=(L*D+R*I+1/C*S)\u;
n=1:25:1000; plot(t(n),i(n),'b*')
legend('Analytical','Numerical')
```

§18.8 Fredholm 积分方程组

积分方程组的分类与积分方程的分类一样，也是按照积分限分为 Fredholm 型和 Volterra 型. 求解时是将方程组改写成矩阵形式，再用左除法求解.

18.8.1 理论推导

第二类 Fredholm 积分方程组可以写成如下形式：

$$\phi_i(x) - \lambda \sum_{j=1}^{l} \int_a^b K_{ij}(x,s)\phi_j(s)\mathrm{d}s = f_i(x) \qquad (1 \leqslant i \leqslant l) \tag{18.8.1}$$

方程组中共有 l 个方程，每个方程都具有相同的形式.

本节只介绍第二类 Fredholm 积分方程组的解法，因为第一类 Fredholm 积分方程组的形式为

$$\lambda \sum_{j=1}^{l} \int_a^b K_{ij}(x,s)\phi_j(s)\mathrm{d}s + f_i(x) = 0$$

用相同方法可以推导出，其求解的矩阵形式只是去掉 (18.8.1) 式中的第一项.

将自变量 x 在积分区间 $[a,b]$ 取 M 个值，于是将每个函数离散化如下：

$$\phi_i = \begin{pmatrix} \phi_i(x_1) \\ \vdots \\ \phi_i(x_m) \\ \vdots \\ \phi_i(x_M) \end{pmatrix}, \quad f_i = \begin{pmatrix} f_i(x_1) \\ \vdots \\ f_i(x_m) \\ \vdots \\ f_i(x_M) \end{pmatrix}, \quad 1 \leqslant i \leqslant l \tag{18.8.2}$$

定义积分算符

$$\hat{K}_{ij}\phi_j = \int_a^b K_{ij}(x,s)\phi_j(s)\mathrm{d}s \tag{18.8.3}$$

算符 $\hat{K}_{ij}$ 作用于 ϕ_i 是求积分，下面用求和代替积分，并且使变量 x_m、s_n 的取点数相同，以保证算符是方矩阵的形式. 即

$$\hat{K}_{ij}(x_m)\phi_i = \int_a^b K(x_m,s)\phi_i(s)\mathrm{d}s = \sum_{n=1}^{M} w_n K(x_m,s_n)\phi_i(s_n)\Delta s \tag{18.8.4}$$

其中 w_n 是积分的权重，不同的权重对应于不同的数值积分算法，如矩形公式、梯形公式和辛普森公式.

将 (18.8.4) 式写成行向量与列向量相乘的形式：

$$\hat{K}_{ij}(x_m)\phi_i = (w_1 K(x_m, s_1) \cdots w_i K(x_m, s_n) \cdots w_M K(x_m, s_M))\Delta s \begin{pmatrix} \phi_i(s_1) \\ \vdots \\ \phi_i(s_m) \\ \vdots \\ \phi_i(s_M) \end{pmatrix} \tag{18.8.5}$$

将变量 x_m、s_m 的取值都写出来，即

$$\hat{K}_{ij}\phi_i = \Delta s \begin{pmatrix} w_1 K_{ij}(x_1, s_1) & \cdots & w_M K_{ij}(x_1, s_M) \\ \vdots & \ddots & \vdots \\ w_1 K_{ij}(x_M, s_1) & \cdots & w_M K_{ij}(x_M, s_M) \end{pmatrix} \begin{pmatrix} \phi_i(x_1) \\ \vdots \\ \phi_i(x_M) \end{pmatrix} \tag{18.8.6}$$

可见 $\hat{K}_{ij}$ 是个 $M \times M$ 的矩阵，而 $\hat{K}_{ij}\phi_i$ 则有 M 项，

于是，积分方程组 (18.8.1) 式中的每个方程都可以写成

$$\phi_i(x) - \lambda[\hat{K}_{i1}\phi_1(x) + \hat{K}_{i2}\phi_2(x) + \hat{K}_{i3}\phi_3(x)\cdots + \hat{K}_{il}\phi_l(x)] = f_i(x) \tag{18.8.7}$$

其中共有 $M \times l$ 项，利用 $l \times l$ 的单位矩阵 $\boldsymbol{I}$ 将整个方程组写为矩阵形式如下，上述方程相当于矩阵方程中的一行：

$$I \begin{pmatrix} \phi_1 \\ \phi_2 \\ \vdots \\ \phi_l \end{pmatrix} - \lambda \begin{pmatrix} \hat{K}_{11} & \hat{K}_{12} & \ldots & \hat{K}_{1l} \\ \hat{K}_{21} & \hat{K}_{22} & \ldots & \hat{K}_{2l} \\ \vdots & \vdots & \ddots & \vdots \\ \hat{K}_{l1} & \hat{K}_{l2} & \ldots & \hat{K}_{ll} \end{pmatrix} \begin{pmatrix} \phi_1 \\ \phi_2 \\ \vdots \\ \phi_l \end{pmatrix} = \begin{pmatrix} f_1 \\ f_2 \\ \vdots \\ f_l \end{pmatrix} \tag{18.8.8}$$

至此，我们得出了最重要的结果，就是将整个方程组写成一个矩阵方程，因此可以用矩阵左除法来求方程组的解，即有

$$\boldsymbol{\Phi} = G \backslash F$$

$$\boldsymbol{\Phi} = \begin{pmatrix} \phi_1 \\ \phi_2 \\ \vdots \\ \phi_l \end{pmatrix}, \qquad \boldsymbol{F} = \begin{pmatrix} f_1 \\ f_2 \\ \vdots \\ f_l \end{pmatrix}$$

$$\boldsymbol{G} = \boldsymbol{I} - \lambda \begin{pmatrix} \hat{K}_{11} & \hat{K}_{12} & \ldots & \hat{K}_{1l} \\ \hat{K}_{21} & \hat{K}_{22} & \ldots & \hat{K}_{2l} \\ \vdots & \vdots & \ddots & \vdots \\ \hat{K}_{l1} & \hat{K}_{l2} & \ldots & \hat{K}_{ll} \end{pmatrix}$$

注意，矩阵元素 $\hat{K}_{ij}$ 是一个 $M \times M$ 的方矩阵，所以共有 $M \times l$ 个方程，而每个方程又有 $M \times l$ 项。其中每 M 行对应同一个 $\hat{K}_{ij}$，也就是对应方程组 (18.8.1) 式中的同一个方程。最后求解所得的是一个有 $M \times l$ 个元素的列向量。将它 l 等分才可以得到积分方程组的解即 l 个解，函数 $\phi_1, \phi_2, \cdots, \phi_l$。

不难发现，这样的算法只能得到 $\phi_i(x)$ 在积分区间 $[a, b]$ 的解。改变 $[a, b]$ 的值可以得到不同区间的解。

18.8.2 实例一

为了对上述的方法进行验证, 我们构造了一个线性的方程组进行求解:

$$\begin{cases} \phi_1(x) - \displaystyle\int_0^1 \phi_2(x)(2s+3x)\mathrm{d}s = -7x - \dfrac{2}{3} \\[3mm] \phi_2(x) - \displaystyle\int_0^1 \phi_2(x)(-2s+x)\mathrm{d}s = \dfrac{16}{3} \end{cases} \tag{18.8.9}$$

该方程的解析解为 $\phi_1(x) = 2x + 3$, $\phi_2(x) = 4x + 1$. 实际程序和图形 (图 18.14) 如下, 在图形中, 数值解和解析解符合得很好, 可见该方法可行.

```
M=1000; a=0; b=1;                                   %离散化的自变量
s=linspace(a,b,M); ds=(b-a)/M; x=s';                %计算权重w,首尾两项为1/2
w=ones(M,M); w(:,1)=1/2; w(:,M)=1/2;                %复制成2M*2M矩阵
w=[w, w; w, w]; w=w*ds;                             %设置方程的K,第一行只有第2项
k12=@(x,s)2*s+3.*x;                                 %第二行只有第1项
k21=@(x,s)-2*s+x;                                   %已知函数1和2
f1=@(x)-7*x-2/3; f2=@(x)(16/3)*ones(size(x));       %矩阵方程右边的列矢量
F=[f1(x)',f2(x)']';
K=eye(2*M)-[zeros(M,M),k12(x,s);k21(x,s),zeros(M,M)].*w;
phi=K\F;                                            %用左除法求解
figure                                              %画phi1数值解和解析解
plot(x',phi(1:M),x(1:50:M)',(2*x(1:50:M)+3)','*')
xlabel('x'), ylabel('\phi_1'), legend('Numerical','Analytical')
figure                                              %画phi2数值解和解析解
plot(x',phi(M+1:2*M),x(1:50:M)',(4*x(1:50:M)+1)','*')
xlabel('x'), ylabel('\phi_2'), legend('Numerical','Analytical')
```

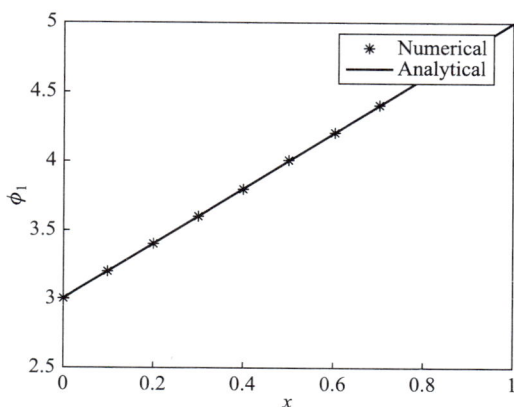

(a) 方程1的解

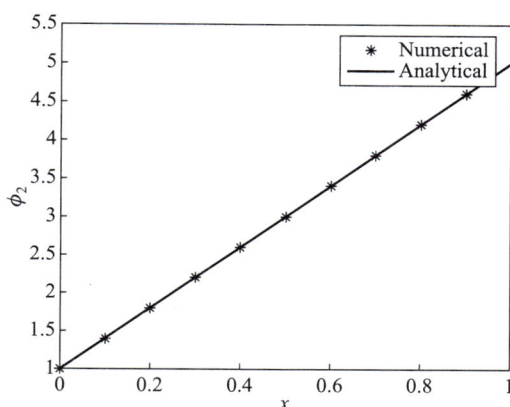

(b) 方程2的解

图 18.14 Fredholm 积分方程组的解

§18.9   Volterra 积分方程组

18.9.1   理论推导

将第二类 Fredholm 积分方程组的积分上限改成待解函数的自变量，就得到第二类 Volterra 积分方程组. 它的一般形式为

$$\phi_i(x) - \lambda \sum_{j=1}^{l} \int_a^x K_{ij}(x,s)\phi_j(s)\mathrm{d}s = f_i(x), \quad i = 1, 2, \cdots, l \tag{18.9.1}$$

说明一下，第一类 Volterra 积分方程组矩阵解的一般形式为

$$\lambda \sum_{j=1}^{l} \int_a^x K_{ij}(x,s)\phi_j(s)\mathrm{d}s + f_i(x) = 0$$

其矩阵形式只是将第二类 Volterra 积分方程组矩阵形式 (18.8.8) 式去掉对角元中的单位矩阵即可. 用类似解 Fredholm 积分方程组的方法可以得到下列矩阵方程：

$$\begin{pmatrix} I - \lambda \hat{K}_{11} & -\lambda \hat{K}_{12} & \dots & -\lambda \hat{K}_{1l} \\ -\lambda \hat{K}_{21} & I - \lambda \hat{K}_{22} & \dots & -\lambda \hat{K}_{2l} \\ \vdots & \vdots & \ddots & \vdots \\ -\lambda \hat{K}_{l1} & -\lambda \hat{K}_{l2} & \dots & I - \lambda \hat{K}_{ll} \end{pmatrix} \begin{pmatrix} \phi_1 \\ \phi_2 \\ \vdots \\ \phi_l \end{pmatrix} = \begin{pmatrix} f_1 \\ f_2 \\ \vdots \\ f_l \end{pmatrix} \tag{18.9.2}$$

这里算符 $\hat{K}_{ij}$ 的定义发生了变化，因为积分上限是自变量 x，将算符离散化的时候，积分要换成求和，而求和的范围则是从 x_1 到 x_i. 因此，上式中算符 $\hat{K}_{ij}$ 为下三角矩阵，由下式定义：

$$\hat{K}_{ij} = \Delta s \begin{pmatrix} w_1 K_{ij}(x_1, s_1) & 0 & 0 & \dots & 0 \\ w_1 K_{ij}(x_2, s_1) & w_2 K_{ij}(x_2, s_2) & 0 & \dots & 0 \\ \vdots & \vdots & \vdots & \ddots & \vdots \\ w_1 K_{ij}(x_M, s_1) & w_2 K_{ij}(x_M, s_2) & w_3 K_{ij}(x_M, s_3) & \dots & w_M K_{ij}(x_M, s_M) \end{pmatrix} \tag{18.9.3}$$

18.9.2   实例二

运用上述结果求解方程：

$$\begin{cases} \phi_1(x) - \displaystyle\int_1^x \phi_1(s)\frac{1}{x}\mathrm{d}s - \int_1^x \phi_2(s)\frac{1}{x^2}\mathrm{d}s = \dfrac{x^3 + 3x + 2}{6x^2} \\ \phi_2(x) - \displaystyle\int_1^x 2\phi_1(s)\mathrm{d}s - \int_1^x 3\phi_2(s)\mathrm{d}s = 2 - x^3 \end{cases} \tag{18.9.4}$$

该方程的解析解为 $\phi_1(x) = x$，$\phi_2(x) = x^2$. 实际程序和图形（图 18.15）如下，在图形中，数值解和解析解符合得很好，可见该方法可行.

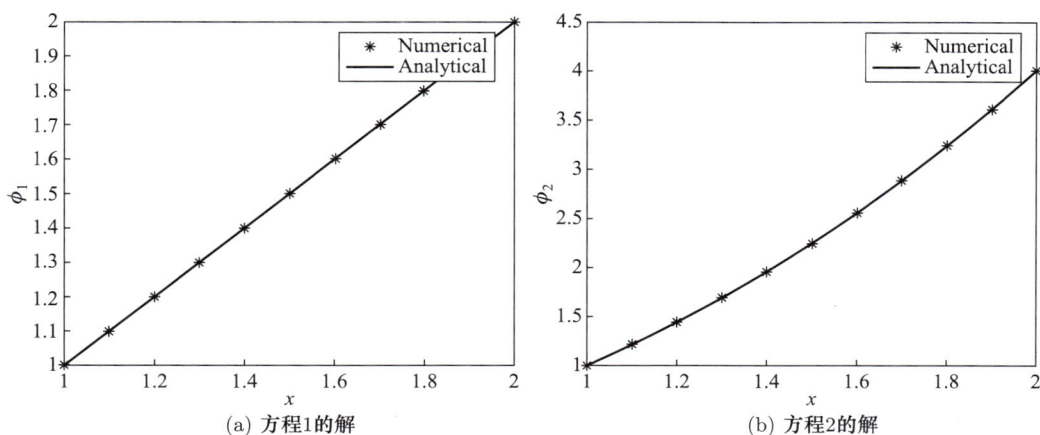

(a) 方程1的解   (b) 方程2的解

图 18.15   Volterra 积分方程组的解

```
M=1001; a=1;b=2; x=linspace(a,b,M)'; s=linspace(a,b,M);        %离散化自变量
ds=(b-a)/M;                                            %根据公式计算积分权重w
w=SPT(M,2,2,2);                               %SPT是一个函数文件,用于生成积分系数矩阵
w=w*ds;                                            %设置方程并利用左除法求解
k11=@(x,s)(x.^(-1))*ones(size(s));
k12=@(x,s)(x.^(-2))*ones(size(s));
f1=@(x)((x.^3)+(3*x)+2)./(6*(x.^2));
f2=@(x)2-x.^3;
F=[f1(x)',f2(x)']';
K=eye(2*M)-[k11(x,s),k12(x,s);2*ones(M,M),3*ones(M,M)].*w;
phi=K\F;
figure                                               %画phi1数值解和解析解
plot(x',phi(1:M),x(1:100:M)',x(1:100:M)','*')
xlabel('x'), ylabel('\phi_1'), legend('Numerical','Analytical')
figure                                               %画phi2数值解和解析解
plot(x',phi(M+1:2*M),x(1:100:M)',(x(1:100:M).^2)','*')
xlabel('x'), ylabel('\phi_2'), legend('Numerical','Analytical')


        %下面的函数SPT生成积分权重矩阵,M是离散化函数的节点数,n是未知函数的数量,
                 %m=1表示不变上限的积分方程组,m=2表示变上限的积分方程组
                  %l=1表示梯形积分公式,l=2表示辛普森积分公式
function [W]=SPT(M,n,m,l)
if m==1
    if l==1
        W=ones(M,M); W([1,M])=1/2; W=repmat(W,n);
    elseif l==2
        W(2:2:M-2)=2; W(3:2:M-1)=4; W([1,M])=1;
        W=repmat(W,M,1); W=repmat(W,n,n)/3;
    end
elseif m==2
```

```
    if l==1
        W=ones(M,M); W(:,1)=1/2; W=W-(1/2)*eye(M); W=repmat(W,n,n);
    elseif l==2
        W(2:2:M-2)=2; W(3:2:M-1)=4; W([1,M])=1;
        W=tril(repmat(W,M,1)); W=repmat(W,n,n)/3;
    end
end
end
```

其中, 函数 STP 的代码如下:

函数 SPT 用于设置两种积分公式的积分权重矩阵, 主程序可以直接调用, 所以主程序只需设置系数矩阵和已知函数即可.

第十八章
程序包

第十九章　蒙特卡洛方法

蒙特卡洛方法 (MC) 又称为随机取样法，统计模拟法，是利用随机数的统计规律来进行计算和模拟的方法. 它可用于数值计算，也可用于数值仿真.

§19.1　蒙特卡洛方法的发展过程

第一个与蒙特卡洛方法有关的实验是 1977 年蒲丰（Comte de Buffon）做的投针实验. 在平面上画一组间距为 d 的平行线，向平面随意投掷长度为 $l(l < d)$ 的细针，测量针与平行线相交的概率. 经过大量的实验并进行了数学推算，他证明概率 p 是

$$p = \frac{2l}{\pi d}$$

后来拉普拉斯提出，如果用实验测出概率，可以用这个方法来估算 π 的值，这成了蒙特卡洛方法的雏形.

后来，概率论与随机行走理论在蒙特卡洛方法上的应用取得了巨大进展. 例如柯伦特等人证明了某种随机行走与解某类偏微分方程的等效性. 1930 年费米进行了一些数值实验，现在称为蒙特卡洛计算，在研究当时新发现的中子的行为时，他通过抽样计算中子与浓缩物质相互作用的可能性. 这导致了对这个现象的物理意义的实质性的解释，并建立了中子扩散与输运的理论.

第二次世界大战期间，在纽曼、费米、乌拉姆和米特罗波利斯等人的带动下，加之现代计算机的出现，使蒙特卡洛方法有了快速的发展. 在 20 世纪 40 年代后期与 20 世纪 50 年代早期，人们对蒙特卡洛方法表现出了极大的兴趣. 描述这种方法以及如何将其应用于统计物理、输运、经济模型等领域的论文大量发表. 不幸的是，当时的计算机除了进行一些示范性的工作，在很多领域还不符合实际应用的需求. 后来，计算机的计算能力越来越强，人们开展了规模越来越大的计算并从失败中不断改进.

同时，理论的发展与实际可用的、有效的误差修正理论，意味着蒙特卡洛方法应用已经超出了纯粹依赖计算机的计算速度与存储能力的发展路径. 两个最有影响的进展是输运方程在方法上的改进，尤其是可靠的"重要抽样法"与米特罗波利斯算法的发明. 最终的结果突破了 20 世纪 40 年代的先驱者们的最乐观估计.

19.1.1　圆周率的计算

为了理解蒙特卡洛方法的思想，我们用蒙特卡洛方法来计算圆周率. 如图 19.1 所示，单位圆的面积是 π，它在第一象限的面积为 $\pi/4$，因此有积分式

$$\pi = 4 \int_0^1 \mathrm{d}x_1 \int_0^1 \mathrm{d}x_2 \cdot \theta(1 - x_1^2 - x_2^2)$$

其中 θ 是单位阶跃函数，即

$$\theta(x) = \begin{cases} 1 & (x > 0) \\ 0 & (x < 0) \end{cases}$$

计算时, 在第一象限内的正方形 $0 \leqslant x \leqslant 1$, $0 \leqslant y \leqslant 1$ 内生成二维的等概率分布的随机数 (x, y), 统计所有满足 $x^2 + y^2 < 1$ 的点数, 计算它们与正方形内的总点数之比, 即为所求.

用蒙特卡洛方法计算这个二维积分的指令是

```
p=4/1000000*length(find(sum(rand(2,1000000).^2)<1))
```

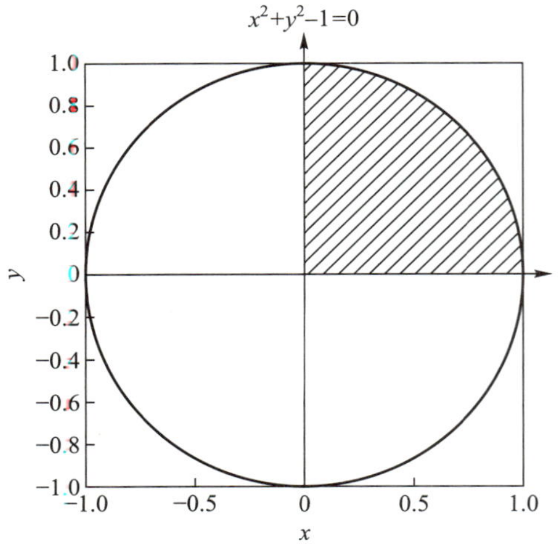

图 19.1   用单位圆面积计算 π

这里取 $N = 10^6$.

几次计算的结果如下: 3.143 2, 3.145 3, 3.140 3, 3.141 4, 3.143. 其平均值是 3.142 6. 可见在小数点后第三位数已经有较大的偏差.

用蒙特卡洛方法求解问题大致可以分为两步:

(1) 为物理问题建立一个关于随机变量 X 的模型, 问题的解是变量 X 出现的概率或 X 的数学期望值.

(2) 用计算机进行数值模拟实验, 也就是对模型进行随机抽样, 产生随机变量 X 的值, 求出 X 的概率或平均值作为问题的近似解.

例如上面在求 π 值时, 建立的模型就是计算二维积分, 使用的随机变量就是点的坐标, 点在圆周线内出现的概率就对应要计算的 π 值.

19.1.2   蒲丰投针实验

再看蒲丰投针实验, 实验过程就是向画有平行线的纸上随机地抛撒大量的牙签, 然后统计与平行线相交的牙签数目, 就可以计算出近似的 π 值. 下面推导一下它的计算方法.

如图 19.2 所示, 设牙签长度和平行线的间距相等, 且 $l = 1$, 若牙签中心到最近的平行线的距离为线段 pq, 记为 $x(x \leqslant 1/2)$, 若牙签与平行线的夹角为 θ, 则牙签与平行线相交的条件是 $x \leqslant 0.5 \sin \theta$. 在图中牙签 L_1 的中心到平行线的距离正好等于 $x = 0.5 \sin \theta$, 所有与 L_1 平行且中心都在线段 pq 上的牙签都会在 L_1 以下 (比如 L_2), 它们都会与平行线相交, 在 L_1 以上的牙签比如 L_3 都不会与平行线相交. 因此中心在线段 pq 上的牙签与平行线相交的概率为 pq/pr, 换言之, 在 0 到 0.5 之间, 牙签与平行线相交的概率是 $0.5 \sin \theta$.

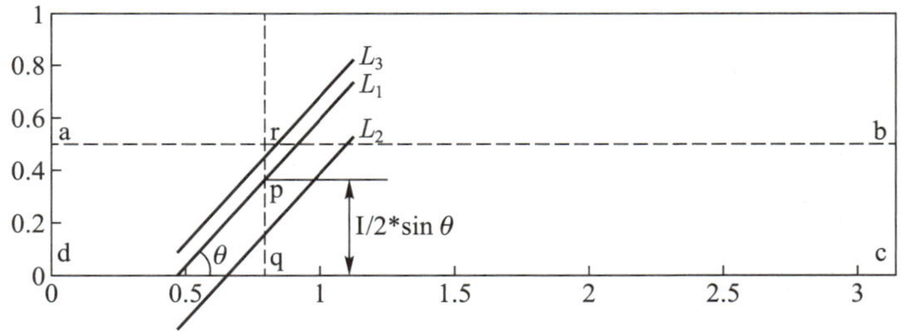

投针求 π

图 19.2   蒲丰投针实验

对于随机抛撒的牙签, 当夹角从 0° 变到 180° 时, 其中心会均匀落在矩形 $abcd$ 内 (图 19.3).

注意这个矩形不是在平行线所在平面上画的一个实际的矩形, 而是为了计算概率所画的示意图形. 从这个图形中可以看出, 牙签与平行线相交的概率是曲线下的面积 (图 13.3 中的阴影区域) 与矩形面积的比值, 即

$$\frac{\int_0^\pi \frac{1}{2} \cdot \sin\theta}{\frac{1}{2} \cdot \pi} = \frac{2}{\pi}$$

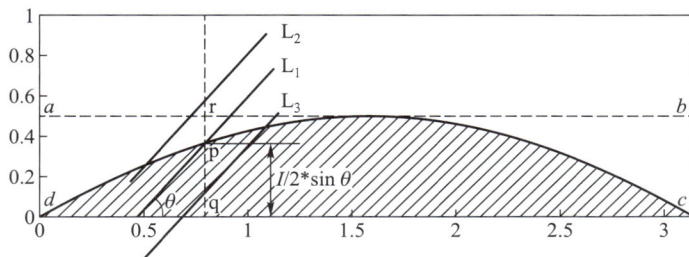

图 19.3 针与平行线相交的概率计算

假如相交的牙签数为 n，总数为 N，则有

$$\pi = \frac{2N}{n}$$

这也就是前面介绍的结果.

使用蒙特卡洛方法，有两点要注意，第一是要生成所需要的具有特定分布的随机数，在这两个例子中使用的都是二维的等概率分布的随机数；第二是误差估计，例如上面计算的 π 值，在小数后第三位数就会出现误差，可见其精度有限. 由于这是一种按概率分布抽样后求统计平均的方法，误差的存在是必然的，但不意味这种方法没有价值，在没有其他方法可用或其他方法很难应用的情况下，蒙特卡洛方法仍然可以得到具有几位有效数字的定量结果.

§19.2 随机变量、概率密度函数与概率分布函数

在蒙特卡洛方法中常用到以下的概念.

1. 随机变量

随机变量的特点是，变量的每次取值无法事先预知，但它的取值分布是已知的，即知道它取某一个值的概率是多少. 随机变量有不连续的，也有连续的，如在人口普查中，不同年龄的人数，只能是整数，所以是不连续的. 但是人的身高可能有各种值，所以是连续的.

对于连续分布的随机变量 x，如果它在 $[a,b]$ 间取值的概率为

$$p(a \leqslant x \leqslant b) = \int_a^b f(x)\mathrm{d}x$$

则 $f(x)$ 是随机变量 x 的概率密度函数.

概率分布函数定义为概率密度函数从负无穷开始的不定积分，即

$$F(x) = \int_{-\infty}^x f(\xi)\mathrm{d}\xi$$

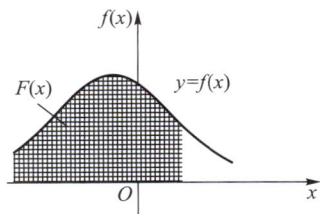

图 19.4 概率密度函数 $f(x)$ 与概率分布函数 $F(x)$ 的几何意义

概率密度函数与概率分布函数的几何意义如图 19.4 所示.

若 $f(x)$ 是归一化概率密度函数，则该函数在 ξ 的全部变化范围内积分为 1. 利用概率分布函数来确定随机变量 ξ 在 $[a,b]$ 间取值的概率为

$$p(a \leqslant \xi \leqslant b) = F(b) - F(a)$$

生成 $[0,1]$ 间的等概率随机数的指令是 rand，它可以生成一维的随机数，也可以生成多维的随机数. 对于一维的随机数可以用指令 hist 生成的直方图（统计每个等间隔的小区间的随机数数目）来检验它所生成的数是否为等概率分布. 操作指令如下：

```
>>A=rand(1,10000); hist(A)
```

2. 数学期望值

函数 $g(x)$ 的数学期望值定义为它的平均值：

$$E\{g\} = \int g(x)\mathrm{d}F(x) = \int g(x)f(x)\mathrm{d}x$$

这里 $F(x)$ 是 x 的分布函数，如果 x 是在 $[a,b]$ 区间均匀分布的随机变量，即 $\mathrm{d}F = \mathrm{d}x/(b-a)$，则这时的期望值为

$$E\{g\} = \frac{1}{b-a}\int_a^b g(x)\mathrm{d}x$$

随机变量 ξ 的数学期望值就是其平均值，定义为

$$E\{\xi\} = \int \xi \mathrm{d}F(\xi) = \int \xi f(\xi)\mathrm{d}\xi$$

函数或变量的方差定义为

$$D\{f(x)\} = E\{(f(x)-E\{f(x)\})^2\} = \int [f(x)-E\{f(x)\}]^2 \mathrm{d}f$$

标准误差是方差的平方根 $\sqrt{D\{f\}}$，记为 $\sigma(f)$. 所以方差就是 σ^2.

3. 正态分布

若随机变量 x 的概率密度函数是

$$f(x) = \frac{1}{\sigma\sqrt{2\pi}}\mathrm{e}^{-\frac{(x-\mu)^2}{2\sigma^2}} \qquad (-\infty < x < \infty)$$

其中 μ 是任意常数，σ 是大于零的常数. 则称 x 是服从参数为 μ 和 σ^2 的正态分布，记作 $x \sim N(\mu,\sigma^2)$. 其图形如图 19.5 所示. 可以证明

$$\frac{1}{\sigma\sqrt{2\pi}}\int_{-\infty}^{+\infty}\mathrm{e}^{-\frac{(x-\mu)^2}{2\sigma^2}}\mathrm{d}x = 1$$

实际上，μ 是随机变量的数学期望值（平均值），σ 是随机变量的标准偏差.

它的分布函数是

$$F(x) = \frac{1}{\sigma\sqrt{2\pi}}\int_{-\infty}^x \mathrm{e}^{-\frac{(\xi-\mu)^2}{2\sigma^2}}\mathrm{d}\xi$$

图 19.5　正态分布曲线

当 $\mu = 0$，$\sigma = 1$ 时，称为标准正态分布，记为 $N(0,1)$. 任何一个一般的正态分布 $N(\mu,\sigma^2)$ 都可以通过线性变换转化为标准正态分布. 即，若 $X \sim N(\mu,\sigma^2)$，则有 $Y = \dfrac{X-\mu}{\sigma} \sim N(0,1)$. 注意有 $F(-x) = 1 - F(x)$.

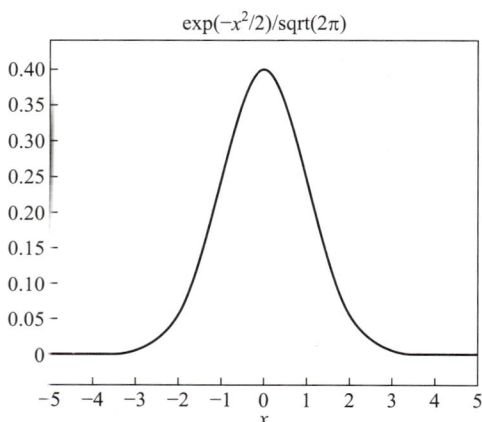

指令 normpdf(x, μ, σ) 和 normcdf(x, μ, σ) 分别计算正态分布的密度函数与分布函数. 由于

$$P(|X \leqslant 1|) = 2F(1) - 1 = 0.682\ 6$$

$$P(|X \leqslant 2|) = 2F(2) - 1 = 0.954\ 4$$

$$P(|X \leqslant 3|) = 2F(3) - 1 = 0.997\ 4$$

所以 X 的取值几乎全部集中在 $[-3, 3]$ 区间, 这叫做 3σ 原则, 也叫做三倍标准差原则.

§19.3 蒙特卡洛方法的基本定理

概率论中的大数定理和中心极限定理是蒙特卡洛方法的依据. 大数法则表明, 抽样样本数越多, 则其平均值就会越接近数学期望值. 而中心极限定理表明, 抽样次数越多, 其平均值的分布就越接近正态分布.

大数定理依据的客观事实是, 在大量随机试验中, 事件发生的频率分布在测量值的算术平均值附近, 且具有稳定性. 如大量抛掷硬币时正面出现的频率、生产过程中的废品率、字母使用频率、子弹的命中率等.

19.3.1 大数定理

大数定理可叙述为: 设随机变量 x_1, x_2, $\cdots$, x_k, $\cdots$ 相互独立, 且具有相同的数学期望值和方差, 即

$$E(x_k) = \mu, \quad D(x_k) = \sigma^2 \quad (k = 1, 2, \cdots)$$

则序列

$$\bar{x} = \frac{1}{n} \sum_{k=1}^{n} x_k$$

依概率收敛于 μ.

依概率收敛比高等数学中普通意义上的收敛弱些, 它具有某种不确定性. 它表示在 n 充分大时, 事件发生的概率很大, 接近于 1, 但并不意味事件一定会发生. 更严格的表述如下.

大数定理: 设随机变量 x_1, x_2, $\cdots$, x_k, $\cdots$ 相互独立且有相同的数学期望值与方差:

$$E(x_k) = \mu, \quad D(x_k) = \sigma^2 \quad (k = 1, 2, \cdots)$$

作前 n 个随机变量的算术平均值 $\bar{x} = \dfrac{1}{n} \sum\limits_{k=1}^{n} x_k$, 则对任意的 $\varepsilon > 0$, 有

$$\lim_{n \to \infty} P\{|\bar{x} - \mu| < \varepsilon\} = \lim_{n \to \infty} P\left\{ \left| \frac{1}{n} \sum_{k=1}^{n} x_k - \mu \right| < \varepsilon \right\} = 1$$

定理表明随机变量 x_1, x_2, $\cdots$, x_n, $\cdots$ 的算术平均接近它的数学期望值.

大数定理表明, 抽取的样本越多, 其平均值就会越接近期望值. 由于不可能有无穷多个样本, 所以有必要根据选取样本数来估算结果的收敛程度, 判断出它的误差水平. 也就是需要知道 $\dfrac{1}{n} \sum\limits_{k=1}^{n} x_k$ 的极限分布, 而中心极限定理就可用来解决这个问题.

19.3.2　中心极限定理

人们在实际中发现，生产与科学实验中很多随机变量的概率分布都可以近似地用正态分布来描述. 例如，在生产条件不变的情况下，产品的抗压强度、口径、长度等指标；同一种生物体的身长、体重等指标；同类种子的重量；子弹的弹着点分布；某个地区的年降水量；以及理想气体分子的速度分量等.

这表明，如果一个随机现象是由大量的、相互独立的随机因素综合影响所形成，而其中每一个因素在总的影响中所起的作用又是微小的. 则此类随机变量一般都服从或近似服从正态分布.

人们熟知的伽尔顿板实验就是典型例证，小球下落时的初速度与位置具有随机性，下落时会碰到哪个钉子，会弹跳到哪个方向都有随机性，下落时会碰到几个钉子也具有随机性. 所有这些相互独立的随机因素的综合影响共同决定了小球最终到达的位置，而其中的任一个因素都只能在一段短暂的时间内发挥作用. 所以大量小球落点的分布就形成了正态分布. 这就是中心极限定理所描述的现象.

中心极限定理：设随机变量 x_1，x_2，$\cdots$，x_k，$\cdots$ 相互独立且有相同的数学期望值与方差：

$$E(x_k) = \mu, \quad D(x_k) = \sigma^2 \quad (k = 1, 2, \cdots)$$

则随机变量

$$\bar{x} = \frac{1}{n} \sum_{k=1}^{n} x_k$$

在 n 趋于无限大时，服从参数为 μ 和 σ^2 的正态分布 $N(\mu, \sigma^2)$.

将该定理应用于抽样调查，就有这样一个结论：如果抽样对象的数学期望值 μ 和方差 σ^2 是完全确定的，无论抽样对象原来服从什么分布（比如说，原来可能是服从泊松分布），每次从中抽取 n 个样本时，只要 n 足够大，那么在足够多次的抽样后，样本平均数的分布就趋于数学期望为 μ、方差为 σ^2 的正态分布了.

由此看来，在奥林匹克运动会的射击比赛中，有时候夺冠呼声最高的选手竟会在关键的一枪上打出极低的靶环数甚至出现脱靶. 这种看似不可思议的现象其实就是中心极限定理的一个简单例证，因为再优秀的射击运动员也不能保证枪枪命中靶心，他们的弹着点肯定是一个正态分布，只是方差不同而已.

19.3.3　大数定理与中心极限定理的数值模拟

下面用数值模拟来验证大数定理与中心极限定理.

（1）先验证指令 rand 生成的一维随机数列是等概率分布的. 方法是生成任意个（比如 10 000 个）随机数组成的数列 R，作出它的统计直方图（图 19.6），可见这是等概率分布，就是它原来的分布. 再计算其平均值，为 0.499 6，如果进行多次计算可以看到其平均值是围绕 0.5 作波动.

（2）分别生成 10、100、1 000、10 000 个随机数，对它们分别作平均，各重复 1 000 次，分别作出它们的统计直方图. 得到图 19.7（a）、（b）、（c）、（d）. 从图形可以看出，取样数越多，正态分布曲线图形的分布范围就越窄. 这正是中心极限定理所描述的现象.

（3）再对这 4 种数列计算平均值，且对各个平均值计算其均方差. 下面是一次计算结果，平均值分别为 0.497 5、0.500 6、0.499 4、0.499 9；趋势是越来越接近 0.5. 而均方差则为 0.090 2、0.028 3、0.009 0、0.002 8，也是越来越小. 这正是大数定理所描述的现象.

```
R=rand(1,1000);        %生成等概率分布的随机数
histogram(R);              %概率分布的直方图
mean(R)                      %平均值
for k=1:4
    subplot(2,2,k)
    pro=mean(rand(10^k,1000));
    histfit(pro)  %带正态密度曲线的直方图
    axis([0.3 0.7 0 100])
    mpro=mean(pro)          %平均值(大数定理)
    oo=std(pro)    %标准偏差(中心极限定理)
end
```

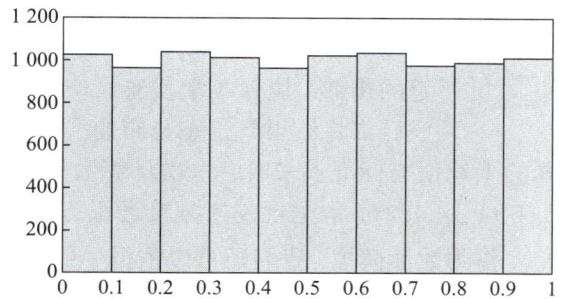

图 19.6 均匀分布的一维随机数

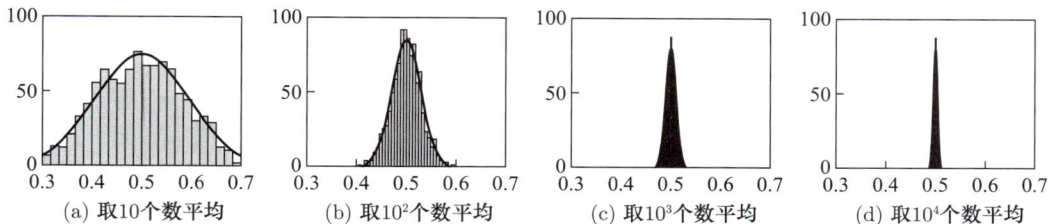

图 19.7 大数定理与中心极限定理的数值模拟

19.3.4 伽顿板实验的数值模拟

如前所述, 伽尔顿板实验 (见二维码中视频) 是随机现象服从统计规律的一个很好的例证. 这里我们通过数值模拟的方法来检查一下这个结论的符合程度.

伽顿板实验

下面是模拟实验的程序与图形 (图 19.8):

```
for k=1:4
    subplot(1,4,k)
    X=sum(sign(0.5-rand(20,10^(k+1))));               %模拟实验
    h=histogram(X,'Normalization', 'probability')     %画直方图
    hold on
    [mu, sigma]=normfit(X);          %提取正态分布的期望值与方差
    yy=h.BinLimits;                          %提取直方图的范围
    y=linspace(min(yy),max(yy),100);
    g=2*normpdf(y,mu ,sigma);            %拟合几率分布函数
    plot(y,g,'linewidth',2)              %画几率分布函数曲线
end
```

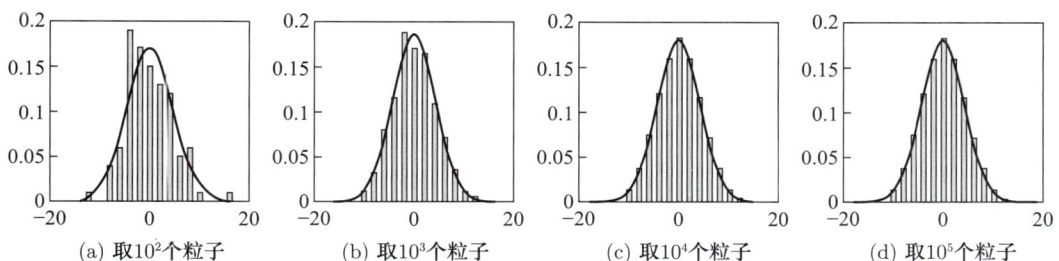

图 19.8 伽尔顿板实验的数值模拟之一

　　数值实验是这样设计的，小球下落时碰到钉子后，向左或向右下落的概率各为 1/2. 程序中产生随机数与 0.5 比较，小于 0.5 则取 +1，表示向右一步，大于 0.5 取 −1，表示向左一步. 假定有 20 排钉子，也就是碰撞 20 次，统计最后的值，得到这个小球下落到底时行走的步数. 共有 4 次实验，产生的小球数分别是 100、1 000、10 000、100 000. 每次实验完成后都将结果与正态分布曲线作比较，可以看到直方图越来越接近正态分布曲线. 从每次计算的平均值与标准差来看，一次计算数据分别是 −0.2、0.068、−0.032 8、0.002 2 和 4.836 7、4.704 8、4.500 4、4.462 6. 也呈现越来越接近正态分布的趋势.

　　作为数值模拟，我们还可以根据牛顿运动定律计算每个小球在重力作用下下落时与钉子碰撞后的轨迹 然后统计落点的分布，结果表明，这种分布也是服从正态分布的. 程序在二维码中，读者可以自己运行. 下面是取 1 000 个小球运行后的轨迹图与落点分布图（图 19.9）.

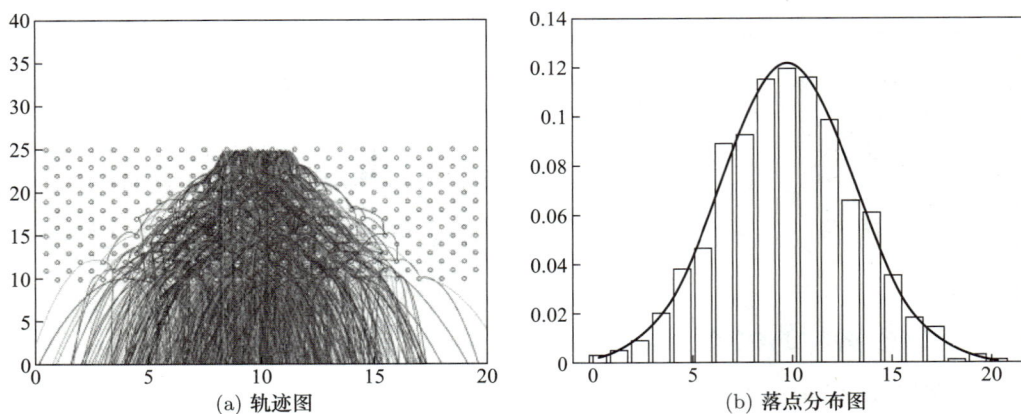

(a) 轨迹图　　　　　　　　　(b) 落点分布图

图 19.9　　伽尔顿板实验的数值模拟之二

19.3.5　置信度与置信水平

　　中心极限定理还可以表述为：设随机变量 x_1，x_2，$\cdots$，x_n，$\cdots$ 相互独立且有相同的数学期望值与方差：

$$E(x_k) = \mu, \quad D(x_k) = \sigma^2 \quad (k = 1, 2, \cdots)$$

则对于任意实数 λ，当 $n \to \infty$ 时有

$$\lim_{n \to \infty} P\left(\frac{\dfrac{1}{n}\displaystyle\sum_{k=1}^{n} x_k - \mu}{\dfrac{\sigma}{\sqrt{n}}} < \lambda \right) = \frac{1}{\sqrt{2\pi}} \int_{-\infty}^{\lambda} \mathrm{e}^{-\frac{t^2}{2}} \mathrm{d}t$$

可改写为

$$\lim_{n \to \infty} P\left(-\lambda < \frac{\dfrac{1}{n}\displaystyle\sum_{k=1}^{n} x_k - \mu}{\dfrac{\sigma}{\sqrt{n}}} < \lambda \right)$$

$$= \lim_{n \to \infty} P\left(\frac{\frac{1}{n}\sum_{k=1}^{n} x_k - \mu}{\frac{\sigma}{\sqrt{n}}} < \lambda \right) - \lim_{n \to \infty} P\left(\frac{\frac{1}{n}\sum_{k=1}^{n} x_k - \mu}{\frac{\sigma}{\sqrt{n}}} < -\lambda \right)$$

$$= \frac{1}{\sqrt{2\pi}} \int_{-\infty}^{\lambda} \mathrm{e}^{-\frac{t^2}{2}} \mathrm{d}t - \frac{1}{\sqrt{2\pi}} \int_{-\infty}^{-\lambda} \mathrm{e}^{-\frac{t^2}{2}} \mathrm{d}t$$

$$= \frac{2}{\sqrt{2\pi}} \int_{0}^{\lambda} \mathrm{e}^{-\frac{t^2}{2}} \mathrm{d}t$$

于是有

$$\lim_{n \to \infty} P\left(\left| \frac{1}{n}\sum_{k=1}^{n} x_k - \mu \right| < \frac{\lambda\sigma}{\sqrt{n}} \right) = \frac{2}{\sqrt{2\pi}} \int_{0}^{\lambda} \mathrm{e}^{-\frac{t^2}{2}} \mathrm{d}t$$

若记

$$\frac{2}{\sqrt{2\pi}} \int_{0}^{\lambda} \mathrm{e}^{-\frac{t^2}{2}} \mathrm{d}t = 1 - \alpha \tag{19.3.1}$$

则表示, 当 n 很大时, 不等式

$$\left| \frac{1}{n}\sum_{k=1}^{n} x_k - \mu \right| < \frac{\lambda\sigma}{\sqrt{n}} \tag{19.3.2}$$

成立的概率为 $1 - \alpha$, 通常称 $1 - \alpha$ 为置信度或置信水平, α 为显著性水平即出错的概率. 根据 (19.3.1) 式, 可以利用 MATLAB 中计算误差函数的指令 erf 得到

$$\alpha = 1 - \mathrm{erf}\left(\frac{\lambda}{\sqrt{2}} \right)$$

例如, 对于 $\lambda = 0.674\,5, 1.960\,0, 2.326\,3, 2.575\,8$ 分别算得 $\alpha = 0.5, 0.05, 0.02, 0.01$. 特别称 $\alpha = 0.5$ 时的误差 $0.674\,5\sigma/\sqrt{n}$ 为概率误差. (19.3.2) 式表示, $\frac{1}{n}\sum_{k=1}^{n} x_k$ 收敛到 μ 速度的阶为 $O\left(\frac{1}{\sqrt{N}} \right)$.

记 $X = \frac{1}{n}\sum_{k=1}^{n} x_k$, 以 $E(X)$ 表示 X 的平均值, 考虑其相对误差

$$\frac{X - E(X)}{E(X)} \leqslant \frac{\lambda\sigma}{\sqrt{n}E(X)} = \varepsilon_n$$

此时, $E(X)$、σ 均为未知量, 作为近似, 以 $\sqrt{\frac{1}{n}\sum_{k=1}^{n}(x_k - X)^2}$ 替代 σ, 以 X 替代 $E(X)$, 得

$$\varepsilon_n = \frac{\lambda\sqrt{\frac{1}{n}\sum_{k=1}^{n}(x_k - X)^2}}{X\sqrt{n}}$$

所以给定 α 以后, 误差 ε_n 由 σ 和 $\sqrt{n}$ 决定. 要减小 ε_n, 就要增大 n 或减小 σ. 对于固定的 σ, 高精度要提一位数字 (即 10 倍), 就要增加 100 倍的工作量. 因此, 单纯增大 N 不是最有效的办法. 而将 σ 减小一半, 则误差也会减小一半, 这相当于 n 增大 4 倍的效益. 因此, 降低 σ 的各种技巧引起

了人们极大的兴趣. 常见的技巧有 "重要抽样" "系统抽样" "相关" "对偶变数" "半解析方法" "统计估计" "分裂与俄罗斯轮盘赌" 等. 不过也要注意, 这种降低方差的技巧, 往往会使观察一个子样的时间增加. 因此, 在固定的时间内, 会使观察的样本的数目减小. 所以, 一种方法的优劣, 不能光看方差降低了多少, 而要由方差和观察一个样本的费用 C (使用计算机的时间) 来衡量, 这就是蒙特卡洛方法中引用效率 $\eta = \sigma^2 \cdot C$ 的原因.

§19.4　随机数与随机数抽样

要运用蒙特卡洛方法, 首先要解决随机数的产生与随机数抽样方法的问题. 也就是不仅要产生随机数, 还要让这种随机数满足需要的随机数分布函数.

真正的随机数除统计规律外无任何其他规律可循, 例如, 单位时间内放射源释放的粒子数目. 而计算机上使用的随机数实际是伪随机数, 是按照某种算法产生的类似于随机的数. 这种数存在某种算法规律, 也有一定周期性, 但是如果它的周期足够长, 且在使用中不会出现, 那么它也是实用的.

已经有众多的用计算产生伪随机数的方法, 通常是产生在 $[0, 1]$ 之间等概率分布的随机数, 例如 MATLAB 指令 rand 就是产生 $[0, 1]$ 之间的一维或高维均匀分布的随机数. 下面简单介绍一下生成等概率分布随机数的几个方法.

19.4.1　生成随机数的方法

1. 线性同余法 (乘加同余法)

递推公式是

$$X_{k+1} = (\lambda X_k + C) \bmod M$$

$$r_{k+1} = \frac{X_{k+1}}{M}$$

这里 M、λ、C 都是整数, M 是模, λ 是乘子, C 增量, X_0 是随机数列的种子, r_{k+1} 为求得的随机数. 由于 X_{k+1} 是 $\lambda X_k + C$ 除以 M 所得的余数, 所以小于 M. 因此 r_{K+1} 肯定分布在 $[0, 1]$ 之间. 这个随机数列最多只能有 M 个不同的数, 就是说, 序列 r_k 的周期 T 小于 M. 周期 T 的长短, 以及在一个周期内序列 r_k 的随机性的好坏, 同参数 M、λ、C 的选取有关. 例如, 可以选取

$$\lambda = 1\ 103\ 515\ 245, \quad C = 12\ 345, \quad M = 2^{32}$$

目前, 线性同余法仍然是计算机常用的算法.

2. 组合发生器

用一个随机数列来 "扰乱" 另一个随机数列会使随机数列的周期变长, 随机性也增强. 在对随机数要求较高的情况下可以考虑采用这种方法.

3. 混沌法

Logestic 模型中的迭代关系为 $x_{k+1} = a x_k (1 - x_k)$, 当 $3.569\ 9 < a < 4$ 时迭代值会进入混沌状态, 理论上可以将其看成是真正的随机数, 但不是均匀分布. 再作一变换, 得到均匀分布的随机数:

$$y(x) = \frac{2}{\pi} \arcsin \sqrt{x}$$

经检验, 其独立性很好, 由于计算位数有限, 它仍有周期性. 如果与组合发生器结合则效果更好.

任何一种产生随机数的方法都要经过检验, 检验内容有均匀性检验即检查它在 $[0,1]$ 之间是否均匀分布, 以及独立性检验即检查随机数的相关性.

19.4.2 随机数据的抽样

抽样是指生成具有某种特定的密度分布函数的随机数，它通常是不均匀分布的，例如高斯分布、指数分布、二项式分布等. MATLAB 用指令可以生成 20 种不同的概率分布函数，如表 19.1 所示. 前面用过的指令 rand 就是生成区间 [0，1] 之间等概率的随机数.

表 19.1　用 MATLAB 指令抽样

分布类型名	指令名	分布类型名	指令名
β 分布	betarnd	二项式分布	binornd
χ^2 分布	chi2rnd	指数分布	exprnd
F 分布	frnd	γ 分布	gamrnd
几何分布	geornd	超几何分布	hygernd
对数正态分布	lognrnd	负二项分布	nbinrnd
非中心 F 分布	ncfrnd	非中心 t 分布	nctrnd
非中心 χ^2 分布	ncx2rnd	正态分布	normrnd
泊松分布	poissrnd	瑞利分布	raylrnd
学生 t 分布	trnd	离散均匀分布	unidrnd
连续均匀分布	unifrnd	威布尔分布	weibrnd

1. 抽样变换法

如果需要使用表中没有的分布函数，我们还有多种方法生成特殊的抽样函数. 下面逐一进行介绍. 例如抽样变换法，利用在区间 [0，1] 之间均匀分布的随机数 r_k 来生成具有各种分布函数的随机数. 举例如下：

例 19.1：密度分布函数为连续分布的随机数

设要生成连续随机变量的分布函数为 $F(x)$，归一化的密度函数为 $f(x)$，按定义有

$$F(x) = \int_{-\infty}^{x} f(t)\mathrm{d}t$$

这里 $F(x)$ 是在 [0，1] 区间的随机数. 若 r_i 为 [0，1] 区间均匀分布的随机数，令

$$F(x) = r_i$$

得到

$$x_i = F^{-1}(r_i)$$

则 x_i 就是具有密度函数 $f(x)$ 的随机数. 式中 F^{-1} 表示反函数.

例 19.2：求在 $[a，b]$ 区间具有均匀分布的密度函数的随机数.

在 $[a，b]$ 区间均匀分布的概率密度函数为

$$f(x) = \begin{cases} 0 & (x < a, x > b) \\ \dfrac{1}{b-a} & (a \leqslant x \leqslant b) \end{cases}$$

分布函数为

$$F(x) = \frac{x-a}{b-a}$$

依据 (19.4.1) 式，如果 r_i 是 [0，1] 之间均匀分布的随机数，令

$$\frac{x-a}{b-a} = r_i$$

得到

$$x_i = (b-a)r_i + a$$

可见，如果想得到 $[0, 2\pi]$ 之间均匀分布的随机数 φ_i，则

$$\varphi = 2\pi r_i$$

这意味着事件的发生在平面上是各向同性的.

例 **19.3**：求具有指数分布密度函数的随机数.

指数分布的概率密度函数为

$$f(x) = \lambda e^{-\lambda x}$$

相应的分布函数是

$$F(x) = 1 - e^{-\lambda x}$$

同样令

$$1 - e^{-\lambda x} = r_i$$

得

$$x_i = -\frac{1}{\lambda} \ln(1 - r_i)$$

由于 $1 - r_i$ 与 r_i 具有相同的分布，上式改写为

$$x_i = -\frac{1}{\lambda} \ln r_i$$

2. 舍取法

上面的方法要计算反函数，如果反函数很难计算，则这个方法就不好用. 下面的方法叫做舍取法，也叫做"拒绝–接受法". 它不需要计算反函数，也能产生符合要求的随机数.

如图 19.10 所示，如果要产生在 0 和 1 之间按 $f(x)$ 分布的 x，设 $f(x)$ 的极大值为 M，可以画一个矩形，宽为 1、高为 M，曲线 $f(x)$ 将包含在这个矩形内. 在矩形内产生均匀的投点，如果这个点在 $f(x)$ 曲线之下，则这个点就保留，反之就舍去. 具体的做法是，产生 $[0, 1]$ 间的均匀分布的两个随机数 t'、t''，若它们形成的投点坐标是 $P(r', r'')$，则

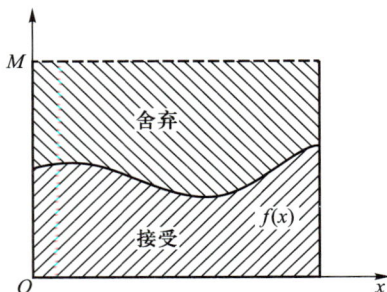

图 19.10　舍取法示意图

$$r' = t', \quad r'' = Mt''$$

如果 $r'' < f(r')$，则这个点在曲线 $f(x)$ 之下，随机变量的取值为 $\eta = r'$，否则就舍弃它，重新选点. 可以证明这样产生的随机数符合要求. 在蒲丰实验中就使用了这种方法.

19.4.3　氢原子电子云

例 **19.4**：氢原子电子云的模拟. 这是应用舍取法一个例子.

这里选用的氢原子的电子波函数是 $(n=5, l=5, m=5)$

$$\psi_{nlm} = R_{nl} Y_{lm}$$

其中玻尔半径 $a_0 = 5.29 \times 10^{-2}$ nm，有

$$R_{nl}(r) = N_{nl} e^{-\frac{r}{na_0}} \left(\frac{2r}{na_0}\right)^l L_{n+l}^{2l+1}\left(\frac{2r}{na_0}\right)$$

$$\mathrm{N}_{nl} = -\left\{\left(\frac{2}{na_0}\right)^3 \frac{(n-l-1)!}{2n[(n+l)!]^3}\right\}^{1/2}$$

$$\mathrm{Y}_{im}(\theta,\varphi) = (-1)^m \mathrm{N}_{lm}\mathrm{P}_l^{|m|}(\cos\theta)\mathrm{e}^{\mathrm{i}\,m\,\varphi}$$

$$\mathrm{N}_{lm} = \left[\frac{(l-|m|)!(2l+1)}{(l+|m|)!4\pi}\right]^{1/2}$$

分布概率密度函数为

$$D = |\psi_{nlm}|^2 r^2 \sin\theta \mathrm{d}r\mathrm{d}\theta\mathrm{d}\varphi$$

在程序中拉盖尔函数用 MATLAB 计算超几何函数的指令来计算, 用点的密度来模拟电子的概率分布密度. 电子轨道半径范围大约取 0~40 a, 模拟时先产生一个随机电子轨道半径 $r_1 = 20\mathrm{rand}(1)$, 计算出其对应的径向概率密度. 再产生一个随机的概率判据 r_2, 然后进行判断和舍取. 同样对角度概率密度函数重复同样的步骤. 每一组 r、θ 分别给出一个点, 多余的值则丢弃不用. 画成概率点密度图如图 19.11 所示.

4 个小图中 (a) 图是三维的概率点密度图; (b) 图是它剖面图. (c) 图、(d) 图分别是 (a) 图在 xy 平面与 xz 平面的投影. 旋转 (a) 图可以得到 (c) 图与 (d) 图. 程序如下:

```
n=5; l=3; m=1; a=1;                              %输入量子数且玻尔半径取为1
N=25000*n;                                       %取样点数

rs=20*n*rand(1,N); xi=2*rs/(n*a);               %以下计算径向波函数
syms x r
Xnl=(exp(-x/2).*x.^l.*hypergeom(-n+l+1,2*l+2,x)).^2.*r.^2;
Xnl=matlabFunction(Xnl); Xnl=Xnl(rs,xi);
M=max(Xnl); rs2=M*rand(1,N); r=rs(rs2<Xnl); nr=length(r);

ts=pi*rand(1,nr)                                 %以下计算角向波函数
Ylm=legendre(l,cos(ts)); Ylm=Ylm(abs(m)+1,:); Ylm2=Ylm.*Ylm.*sin(ts);
My = max(Ylm2); ts2 = My*rand(1,nr); t = ts(ts2<Ylm2);
nn = length(t); phi = 2*pi*rand(1,nn);

figure                                                              %画图
[X,Y,Z] = sph2cart(phi,t-pi/2,r(1:nn));              %球坐标转换直角坐标
subplot(2,2,1);hold on;view(3)                                %三维立体图
plot3(X,Y,Z,'.r','MarkerSize',1), title('3D view'), axis equal
[X1,Y1] = pol2cart(phi,r(1:nn));
subplot(2,2,2);hold on                                            %剖面图
title('xy plane section'), plot(X1,Y1,'.r','MarkerSize',1), axis equal
subplot(2,2,3);hold on                                        %xy投影图
title('xy plane projection'), plot(X,Y,'.r','MarkerSize',1), axis equal
subplot(2,2,4);hold on                                        %xz投影图
title('xz plane projection'),plot(X,Z,'.r','MarkerSize',1), axis equal
```

下面程序用其他方法画出电子云概率密度图, 采用相同的量子数来进行对比:

```
n=5; l=3; m=1; m=abs(m);                                    %-m取绝对值计算
a0=0.529; R0=7*n;
[X,Y,Z]=meshgrid(-R0:0.30:R0);
T=Z./sqrt(X.^2+Y.^2+Z.^2);                                  %cos(theta)


syms r rho x y z a                                          %用来计算波函数表达式
rho=2*r/n/a;
Rnl=exp(-rho/2).*rho.^l.*hypergeom(-n+l+1,2*l+2,rho);
Nnl=2*sqrt(factorial(n+l)/factorial(n-l-1))...
            /[a^(3/2)*n^2*factorial(2*l+1)];
Rnl=Rnl*Nnl;                                                %归一化的径向波函数表达式（r为变量）
Wnl1=Rnl.^2.*r.^2*a;                                        %径向几率密度


Wnlr=matlabFunction(Wnl1);                                  %这三句画径向几率图
r0=eps:0.1:R0; Wnlr= Wnlr(a0,r0);
figure, plot(r0/a0,Wnlr)                                    %横坐标以a0为单位


Wnl2=subs(Wnl1,{r},{sqrt(x^2+y^2+z^2)});                    %径向波函数
Wnl3=matlabFunction(Wnl2);
Wnl4=Wnl3(0.529,X,Y,Z);


t=0:0.1:2*pi;
if l==0&m==0
    Ylmt=1; Ylm=1; figure, sphere(20)                      %画角向几率图
else
    Ylmt=legendre(l,cos(t));
    Ylmt=squeeze(Ylmt(m+1,:,:,:));
    Wlmt=Ylmt.^2*(factorial(l-m)*(2*l-1)/factorial(l+m)/4/pi);   %角向几率
    figure, polar(t-pi/2,Wlmt)                             %画角向几率图
    Ylm=legendre(l,T);
    Ylm=squeeze(Ylm(m+1,:,:,:));                           %后面用它画空间几率
end
Wlm=Ylm.^2*(factorial(l-m)*(2*l-1)/factorial(l+m)/4/pi);
W=Wnl4.*Wlm; W=W/max(W(:));                                 %归一化波函数
figure,
contourslice(X,Y,Z,W,0,[],0,10), view(-31,42)              %画切面等值线
figure,
slice(X,Y,Z,W,0,[],0), view(-47,16), shading interp;       %画切片图
v=fix(length(W)/2); W(1:v, 1:v, v:end)=NaN;                %作剖面
figure,
isosurface(X,Y,Z,W,0.1), view(-39,16)                      %画值为0.1的空间等几率面
```

程序中画出的图形（图 19.12）有：径向概率图、角向概率图、切面等概率线图、剖面色图、等概

率面图. 旋转图形可以对比它们的相似性.

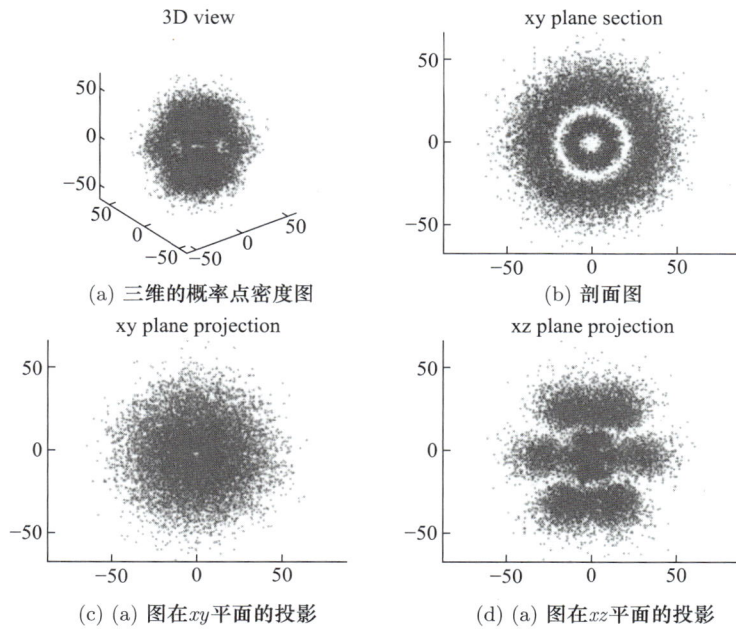

(a) 三维的概率点密度图   (b) 剖面图

(c) (a) 图在xy平面的投影   (d) (a) 图在xz平面的投影

图 19.11

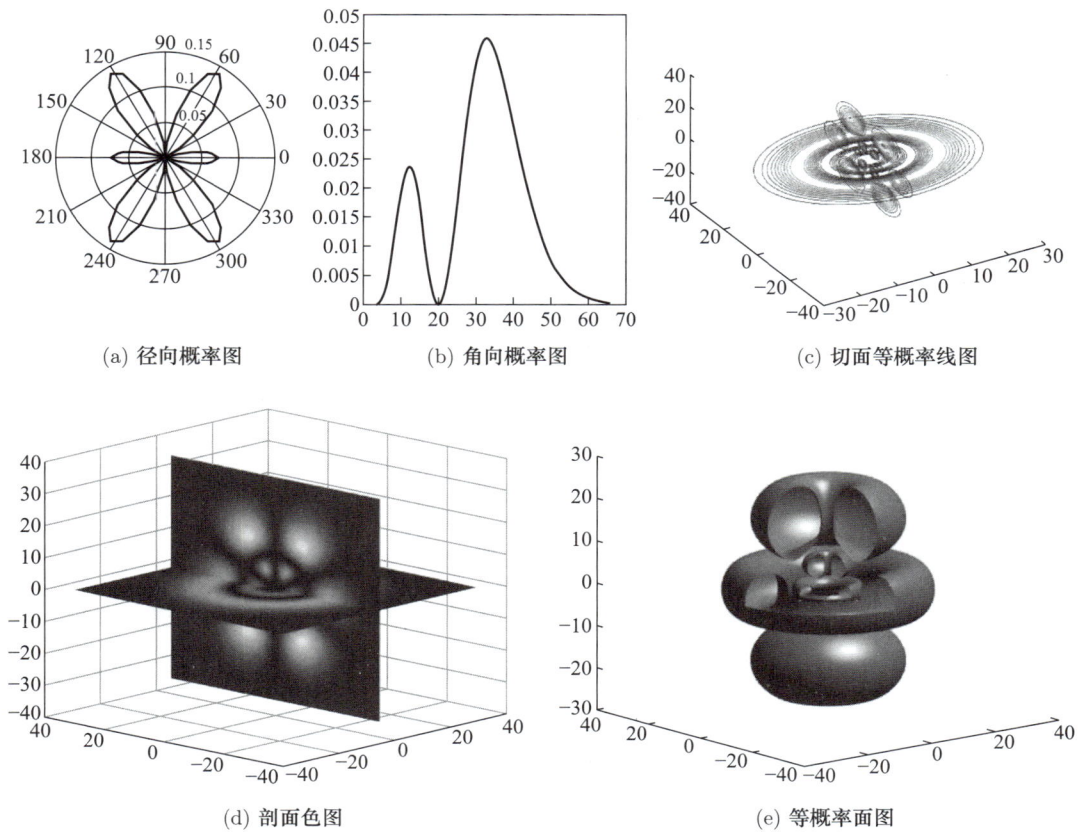

(a) 径向概率图   (b) 角向概率图   (c) 切面等概率线图

(d) 剖面色图   (e) 等概率面图

图 19.12   说明

§19.5　蒙特卡洛抽样法：Metropolis-Hastings 算法

19.5.1　Metropolis-Hastings 算法

马尔可夫链的蒙特卡洛抽样法 (MCMC) 的产生可追溯到 1953 年 Metropolis 等人在研究原子和分子的随机性运动问题时所引入的随机模拟方法. 该方法被命名为"**Metropolis 算法**". 这个算法已经被列为影响到科学和工程技术发展的最伟大的十大算法之首.

蒙特卡洛抽样法的核心是 Metropolis 算法. 蒙特卡洛抽样法的基本思想是构造一个遍历的马尔可夫链，使得其不变分布成为人们需要的抽样分布. 由于可以非常灵活地选择简单的转称概率，所以构造该算法并不困难.

Metropolis 算法可以看作是"舍取法（数学教材中叫做"拒绝–接受法"）"的推广. 在舍取法中，我们使用建议密度函数（如取矩形）和一个接受准则（概率数 r）(参看节???) 两种函数来建立与目标密度函数 $[f(x)]$ 一致的概率分布. 在 Metropolis 算法中我们则需要三种函数来建立与目标密度函数 $f(x)$ 一致的马尔可夫链. 这三种函数是：

（1）建议密度函数 $g(x)$，由问题性质所确定，它是全空间 Ω 上的离散概率密度函数，我们要根据 $g(x)$ 在全空间 Ω 上产生马尔可夫链，使其稳定分布恰好是目标概率密度函数 $f(x)$ 的分布.

（2）在 0 到 1 之间均匀分布的随机数 r.

（3）用于与 r 比较的概率函数 $h(x,y)$.

在当前状态 x_t 下，通过以下三步产生下一个状态：

（1）从建议的密度函数 $g(\cdot|x_t)$ 产生一个随机数 y 作为建议的下一个状态.

（2）生成 0 到 1 之间均匀分布的随机数 r，并建立一个概率函数 $h(x,y)$.

（3）将 $h(x,y)$ 与 r 比较，如果 $r < h(x,y)$, 则接受该建议的随机数，即 $x_{t+1} = y$，否则放弃 y 而采用原来的状态 $x_{t+1} = x_t$.

依次重复这个过程将产生一个随机数列，它就是我们需要的马尔可夫链.

建立概率函数 $h(x,y)$ 的方法是 Metropolis 算法的关键，它与函数 g 有关. 按照 **Metropolis-Hastings 算法**, $h(x,y)$ 定义为

$$h(x,y) = \min\left\{1, \frac{f(y)g(x|y)}{f(x)g(y|x)}\right\}$$

如果 g 有对称性，即满足对称性条件 $g(y|x) = g(x|y)$ 时，上式可化为

$$h(x,y) = \min\left\{1, \frac{f(y)}{f(x)}\right\}$$

这就是说，如果建议的下一个状态 y 比当前状态 x 的概率更大，即 $f(y) \geqslant f(x)$，则接受的概率为 1，也就是肯定要接受它. 否则，接受的概率为 $\frac{f(y)}{f(x)} < 1$. 这里需要指出，蒙特卡洛抽样法只需要知道 f 的相对值，即只要给出一个正比于 f 的函数即可. 这种方便也是蒙特卡洛抽样法的优势之一. 因为有些应用问题难以将 f 归一化.

此时算法被称为**对称 Metropolis-Hastings 算法**. 这种对称性条件在大多数情况下可以自然满足，有时可以使用更弱的条件 $g(y|x) > 0 \Leftrightarrow g(x|y) > 0$，即要求状态转移是可逆的.

显然，马尔可夫链产生的过程做到了下一个随机数仅依赖当前的随机数而与以前的随机数无关. 根据 $h(x,y)$ 定义还知道，接受概率不但取决于下一步状态 y 而且还与当前状态 x 有关. 这也是与舍取法的不同之处.

虽然这个 Metropolis-Haxtings 算法看起来很简单，但它却非常有用．连同所有改进的算法在一起，它们已经在许多学科领域里有着重要的应用．

最后需要指出，Metropolis-Hastings 算法能够直接推广到可数多状态和连续空间上去，下面的例子将展示这种算法的具体运用方法．

19.5.2　应用：掷双骰子游戏

模拟掷双骰子游戏，它的状态空间为 $\Omega = \{2, 3, \cdots, 12\}$．表 19.2 所示是尚未归一的目标概率密度函数 f.

表 19.2　掷双骰子的未归一的目标概率密度

x	2	3	4	5	6	7	8	9	10	11	12
$f(x)$	1	2	3	4	5	6	5	4	3	2	1

有两种方法处理这个例子．

1. 极小邻域法

每个状态的邻域是由与它最近邻的状态组成，即邻域只有一个或者两个，具体来说，对于每个状态 x，定义"建议密度函数"为

$$g(y|x) = \begin{cases} 1/2, & y = \max\{x-1, 2\} \\ 1/2, & y = \max\{x+1, 12\} \\ 0, & \text{其他} \end{cases}$$

例如，$x = 3, y = \max\{x-1, 2\} = 2$ 得到 $g(2|3) = 1/2$．对于不能包括在上式中的 4 种情形，我们规定 $g(3|2) = g(2|2) = 1/2, g(11|12) = g(12|12)$．这样就保证了对称性条件，将所有状态间的转移概率列出来得到"建议密度矩阵"，它是 11 阶方阵，即

$$G = \begin{bmatrix} 1/2 & 1/2 & 0 & \cdots & 0 & 0 & 0 \\ 1/2 & 0 & 1/2 & \cdots & 0 & 0 & 0 \\ 0 & 1/2 & 0 & \cdots & 0 & 0 & 0 \\ \vdots & \vdots & \vdots & \ddots & \vdots & \vdots & \vdots \\ 0 & 0 & 0 & \cdots & 0 & 1/2 & 0 \\ 0 & 0 & 0 & \cdots & 1/2 & 0 & 1/2 \\ 0 & 0 & 0 & \cdots & 0 & 1/2 & 1/2 \end{bmatrix}$$

第一行表示，如果当前状态为 $x = 2$，则建议的下一个状态只有 2 或 3，且两个状态等概率，即第一行表示 $g(\cdot|2)$．同理，可知其他行的意义，这样的建议密度矩阵是对称的．而且这样的状态转移方式也是能够遍历的．因为只要有足够多的迭代次数，它会在各状态之间不断地游走．只有这样，蒙特卡洛抽样法才能生成正确的数据．提供了一个满足目标密度函数要求的不变分布．

程序与模拟结果的图形（图 19.13）如下，蒙特卡洛抽样法的模拟结果几乎精确地再现了目标概率的分布，程序如下：

```
f=[0,1,2,3,4,5,6,5,4,3,2,1];
d=zeros(1,20000); x=5;
for i=1:20000
    r=rand;
    if x==2 %产生建议状态y
        if r<0.5, y=3;
        else, y=2; end
    elseif x==12
        if r<0.5, y=11;
        else, y=12; end
    else
        if r<0.5, y=x-1;
        else, y=x+1; end
    end
    h= min(1,f(y)/f(x));
    r=rand;
    if r<h, x=y; end
    d(i)=x;
    end
hist(d,11)
```

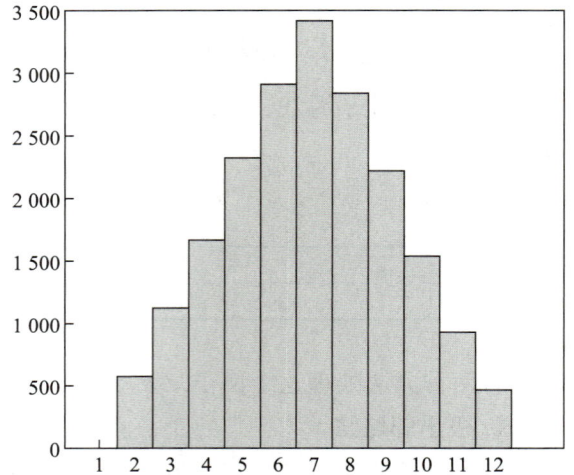

图 19.13　掷双骰子的蒙特卡洛抽样法模拟结果

2. 极大邻域法

极大邻域法是对于所有的 x, 定义其邻域为 $N_x = \Omega$, 即对任意状态 x, 任何其他状态都可能会被建议. 如果以等概率取所有可能状态, 建议密度矩阵如下:

$$
\boldsymbol{G} = \begin{bmatrix}
1/11 & 1/11 & \cdots & 1/11 & 1/11 \\
1/11 & 1/11 & \cdots & 1/11 & 1/11 \\
\vdots & \vdots & \vdots & \vdots & \vdots \\
1/11 & 1/11 & \cdots & 1/11 & 1/11 \\
1/11 & 1/11 & \cdots & 1/11 & 1/11
\end{bmatrix}
$$

这种邻域方式的建议密度函数 $g(\cdot|x)$ 是常量函数, 它满足对称性条件. 注意, 这种邻域选择方法将产生独立地抽样序列. 模拟的结果同前面是一样的, 这体现了蒙特卡洛抽样法的灵活性. 程序如下, 图形（图 19.14）与上例相似:

```
f=[0,1,2,3,4,5,6,5,4,3,2,1];
d=zeros(1,20000); x=5;
for i=1:20000
    u=rand;
    if u<1/11, y=2;
    elseif u<2/11, y=3;
    elseif u<3/11, y=4;
    elseif u<4/11, y=5;
    elseif u<5/11, y=6;
```

```
    elseif u<6/11, y=7;
    elseif u<7/11, y=8;
    elseif u<8/11, y=9;
    elseif u<9/11, y=10;
    elseif u<10/11, y=11;
    else, y=12;
    end
    h=min(1,f(y)/f(x));
    u=rand;
    if u<h, x=y; end
    d(i)=x;
end
histogram(d,1:1:12)
```

19.5.3 应用：伽玛函数分布的蒙特卡洛模拟

下面将蒙特卡洛抽样法应用于连续分布的抽样. 考虑密度函数 $f(x) = 0.5x^2\mathrm{e}^{-x}$ 的伽马分布. 马尔可夫链是连续的状态空间 $\Omega = [0, +\infty)$，目标密度函数有定义域的限制，即建议密度函数不能产生 $y < 0$ 的状态. 但同时要求建议密度函数是对称的，即满足 $g(x|y) = g(y|x)$.

定义建议密度函数：对于所有的 x，取半径为 1 中心在 x 的均匀分布，但在任何状态下不能为 0. 如果 $y < 0$，则令 $y = x$ 避免了不对称性.

程序与图形（图 19.14）如下：

```
f=@(x)(0.5*x*x*exp(-x));
d=zeros(1,40000); x=2;
for i=1:40000
    y=unifrnd(x-1,x+1);
    if y<0, y=x; end
    h=min(1,f(y)/f(x));
    u=rand;
    if u< h, x=y; end
    d(i)=x;
end
histogram(d(20001:40000),0:0.2:20)
```

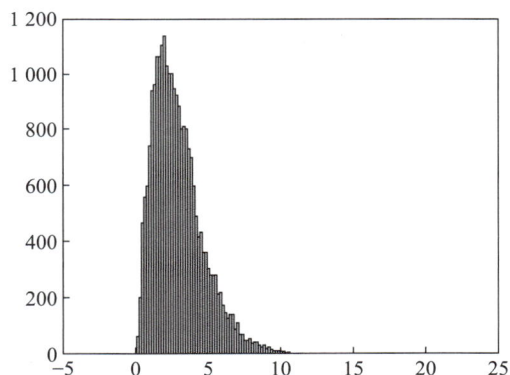

图 19.14 蒙特卡洛抽样法模拟伽玛函数的概率密度分布

19.5.4 Metropolis 算法的有效性和遍历性

1. Metropolis 算法的有效性

Metropolis 算法生成的不变分布是不是正比于目标函数的马尔可夫链呢？我们对离散的有限状态空间情形的对称 Metropolis 算法给予证明.

记 $m_t(x)$ 为经过 t 步行走之后处在 x 状态的行走者的数目. 那么第 $t+1$ 步，从 x 状态到 y 状态的行走者数目与反方向的行走者的数目之差为

$$\delta_{xy} = m_t(x)P(x \to y) - m_t(y)P(y \to x)$$

$$= m_t(y)P(y \to x)\left[\frac{m_t(x)}{m_t(y)} - \frac{P(y \to x)}{P(x \to y)}\right]$$

式中 $P(x \to y)$ 是在 x 状态处的行走者行走到 y 状态的概率.

如果足够大的迭代次数 t 能够使得 Metropolis 算法生成的马尔可夫链达到稳定的分布. 则行走者处在各状态的数目分布 $m_t(x)$ 应满足动态平衡性: $\delta_{xy} = 0$. 记达到平衡时在 x 状态处的行走者的数目为 $m_e(x)$, 于是有

$$\frac{m_e(x)}{m_e(y)} = \frac{m_t(x)}{m_t(y)} = \frac{P(y \to x)}{P(x \to y)}$$

下面再证明 $m_e(x) \propto f(x)$.

在 Metropolis 算法中, 由 x 到 y 的转移概率为

$$P(x \to y) = g(y|x)h(x,y)$$

根据对称性条件, 有 $g(y|x) = g(x|y)$, 那么

$$\frac{m_e(x)}{m_e(y)} = \frac{P(y \to x)}{P(x \to y)} = \frac{h(x,y)}{h(y,x)}$$

由 Metropolis 算法的判断准则:

（1）如果 $f(x) > f(y)$, 则 $h(y,x) = 1$, 这时由 x 转移到 y 且被接受的概率为

$$\frac{m_e(x)}{m_y(y)} = \frac{1}{h(x,y)} = \frac{f(x)}{f(y)}$$

（2）如果 $f(y) \geqslant f(x)$, 则 $h(x,y) = 1$, 这时由 x 转移到 y 且被接受的概率为

$$\frac{m_e(x)}{m_y(y)} = \frac{h(y,x)}{1} = \frac{f(x)}{f(y)}$$

这就证明了 $m_e(x) \propto f(x)$.

上面的动态平衡式可以将 $m_e(x)$ 换成 f, 则该式就是所谓的细致平衡关系:

$$f(x)P(x \to y) = f(y)P(y \to x)$$

我们可以直接验证上面设计的对称 Metropolis 算法, 使得这种细致平衡关系成立. 由对称性, 这只需要验证 $f(x)h(x,y) = f(y)h(y,x)$.

重复上面证明过程中的步骤（1）、（2）即得所证.

最后, 我们需要证明 Metropolis 算法产生的马尔可夫链能够达到稳定分布. 从而随着迭代次数的增加它们逐渐趋向于目标密度函数 f. 这只要说明该算法所隐含的转移是不可约的和非周期性的即可. 显然, 由建议密度函数 g 的构造可知转移是遍历的, 故是不可约的. 因为 f 的存在, 则至少有一个最大点 $y*$ 使得对所有的 x 有 $f(y*) \geqslant f(x)$, 则在迭代过程中, 至少会有一个状态转移到 $y*$ 处并有可能留在那里. 所以这样的链不能成为周期性的. 至此, 我们完成了 Metropolis 算法的证明.

2. 蒙特卡洛抽样法的遍历性定理

由于这种马尔可夫链并不是任意的, 具有前面所述的不可约性和非周期性条件, 这样的马尔可夫链将有下面的遍历性定理.

若 $\{x_1, x_2, \cdots, x_N\}$ 是一个在有限状态空间上的不可约且非周期的马尔可夫链，其平稳分布为 π，设 $\xi : \Omega \to \mathbf{R}$ 为任意映射，则

$$\lim_{N \to 0} \frac{1}{N} \sum_{i=1}^{N} \xi(x_i) = E_\pi(\xi)$$

其中 E_π 指相对于分布 π 的期望.

§19.6　计算多维定积分

1. 投点法

本节开头计算 π 的方法也可以用来计算高维积分. 因为它实际计算的就是圆周线下的面积，也就是计算一维定积分. 下面详细说明这种方法.

假设要计算一维定积分

$$s = \int_a^b f(x)\mathrm{d}x$$

如图 19.15 所示，在积分区间内，函数的最大值为 h. 在高为 h、宽为 $b-a$ 的矩形内均匀投点 M 个，落在曲线 $f(x)$ 下的点数为 N，则曲线下的面积与矩形的面积 S 比等于 N/M，即计算公式为

$$S = h(b-c), \quad s = S\frac{N}{M}$$

用蒙特卡洛方法计算时，首先要生成 M 个二维的、等概率分布的随机数组 p_i、q_i，它们满足

$$a < p_i < b, \quad 0 < q_i < h$$

统计满足条件 $q_i < f(p_i)$ 的投点的数目，代入上面计算公式即得.

以此类推，计算二重积分就是计算空间面积 σ，需要构造一个更大的空间面积 Σ，它能包围所计算的空间面积，而且便于计算面积. 生成在 Σ 上面的三维投点有 M 个，其中落在 σ 上的有 N 个，则有

$$\sigma = \Sigma \frac{N}{M}$$

如果要计算三重积分（空间体积 v），以被积函数在积分区间的最大值为边构造一个立方体，其体积假设为 V，生成 V 内均匀分布的三维随机数组作为投点，体积内的投点数 N 与立方体内的总投点数 M 之比就是所求的体积，即

$$v = V\frac{N}{M}$$

例 19.4：如图 19.16 所示，半径为 $0.5\,\mathrm{m}$ 的球体上有一个半径为 $0.3\,\mathrm{m}$ 的柱体空洞，计算球体剩余部分的体积.

作一个边长为 $1\,\mathrm{m}$ 的正方体，令球心与正方体的中心重合，则球体被体积为 $1\,\mathrm{m}^3$ 的正方体所包围. 以球心为坐标原点，建立坐标轴. 如图 19.16 所示，根据对称性，只需计算第一象限的体积再乘以 8 就得到整个体积. 首先生成 M 个三维均匀分布的随机数组 p_i、q_i、r_i，取值范围都是 $[0, 0.5]$. 判断投点是否在体积内的判据是

$$p_i^2 + q_i^2 + t_i^2 < 0.5^2, \quad p_i^2 + q_i^2 > 0.3^2$$

求出落在体积内投点的数目 N，程序中用关系运算符来完成这个任务，满足条件时为真，即值为 1，不满足条件时为假，即值为 0. 就可以计算在第一象限的体积为 $0.5^3 N/M$，再将它乘以 8 得到 8 个象限的总体积为 N/M.

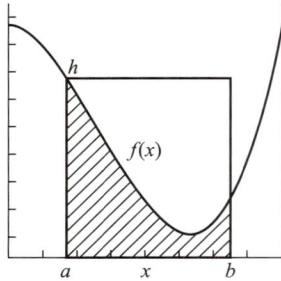

图 19.15　投点法计算定积分

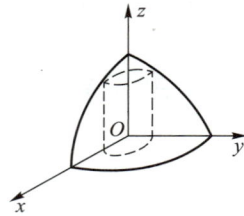

图 19.16　带柱体空洞的球体

程序 jccx/ch19/ch19N1.mex 如下：

```
M=1000000;
A=0.5.*rand(3,M);
a1=sqrt(sum(A.*A))<0.5;        %找出落在球内的点的位置
A(1,:)=A(1,:).*a1;            %去掉代表球外的点
A(2,:)=A(2,:).*a1;
a2=sqrt(A(1,:).^2+A(2,:).^2)>0.3;   %找出落在柱体外的点
sum(a2)/M                     %计算体积
sum(a1)/M                     %球的体积
4/3*pi*0.5^3                  %与球体积公式对比
```

2. 平均值法

以前计算定积分的公式形式为

$$\int_0^1 f(x)\mathrm{d}x \approx \sum_{i=1}^N w_i f(x_i)$$

例如对矩形积分公式有

$$w_i = 1/N$$

如果在 [0，1] 之间等概率的取 N 个点，计算 $f(x)$ 在这些点的平均值，则公式的形式为

$$\int_0^1 f(x)\mathrm{d}x \approx \frac{1}{N}\sum_{i=1}^N f(x_i)$$

这相当于认为 x 是一个均匀分布的随机数，然后用样本平均来代替期望值. 这个公式与矩形积分的差别在于，现在的 x_i 是随机选取的，而不是特定的等间隔的点. 这就是蒙特卡洛方法的积分公式，它包括两种基本运算，以某种概率随机地选取样点，再用平均值代替积分值.

如果把 $f_i \equiv f(x_i)$ 看成一个随机变量，并且 N 是足够大的数，这个积分公式的方差为

$$\sigma^2 \approx \frac{1}{N}\sigma_f^2 = \frac{1}{N}\left\{\frac{1}{N}\sum_{i=1}^N f_i^2 - \left[\frac{1}{N}\sum_{i=1}^N f_i\right]^2\right\}$$

其中 σ_f^2 是 f 的方差, 即 f 在积分区间上偏离其平均值的程度的量度.

以此类推, 二重积分和三重积分的蒙特卡洛方法的公式是

$$I = \frac{1}{N} \sum_{i=1}^{N} f(x_i, y_i)$$

$$I = \frac{1}{N} \sum_{i=1}^{N} f(x_i, y_i, z_i)$$

对于形式为 $I = \int \mathrm{d}\boldsymbol{x} f(\boldsymbol{x})$ 的 d 维积分 ($\boldsymbol{x}$ 是一个 d 维向量), 积分公式就是

$$I \approx \frac{1}{N} \sum_{i=1}^{N} f(\boldsymbol{x}_i)$$

其中随机点的各个分量 $\boldsymbol{x}_i$ 都是独立的随机变量.

作为练习, 下面的程序对积分

$$I = \int_0^1 \frac{\mathrm{d}x}{1 + x^2} = \frac{\pi}{4} = 0.785\ 4$$

进行了计算, 输入的不同的 N 值可得到相应的积分值和对积分精度的估计, 程序 jccx/ch19/ch19N1.mex 如下:

```
N=10000;
x=rand(N,1);
F=1./(1+x.^2);
PI=4*sum(F)/N
SIGMA=sqrt(sum(F.^2)-PI^2)/N                    %求均方差
```

例如, 在一次运算中所得值为 $\pi = 3.135\ 3$, sigma $= 0.008\ 0$, 对不同的 N 值运行这个程序. 算出的结果同精确值只差标准偏差的几倍 (通常不到一倍), 并且随着 N 增大求积变得更精确.

3. 辅助函数法

在平均值法中, 被积函数 f 在积分区间内变化越平缓, 积分精度越高. 最好的情况是 f 为常数, 这时函数在任一点的值都是它的平均值. 最差的情况是, f 除了在 x 的某个值附近有一个很窄的峰之外其余都是零, 如果还是以等概率在区间 [0,1] 选取 x_i, 那么除少数几个之外, 绝大多数 x_i 都将位于 f 的尖峰之外, 而只有这少数几个的 f_i 才不是零, 这将导致对 I 的一个很差的估值.

为了提高精度, 引入辅助函数 $w(x)$, 这是正的规一化的函数 $w(x)$, 即

$$\int_0^1 w(x)\mathrm{d}x = 1$$

将积分写成

$$I = \int_0^1 \mathrm{d}x w(x) \frac{f(x)}{w(x)}$$

定义

$$y(x) = \int_0^x \mathrm{d}x' w(x')$$

因而

$$\frac{dy}{dx} = w(x), \quad y(x=0) = 0, \quad y(x=1) = 1$$

那么积分就变为

$$I = \int_0^1 dy \frac{f(x(y))}{w(x(y))}$$

如果 w 的行为和 f 近似相同，就会使上式中被积函数 f/w 变化平缓，从而减小了蒙特卡洛估值的方差. 这时蒙特卡洛抽样法的积分公式成为

$$I \approx \frac{1}{N} \sum_{i=1}^N \frac{f(x(y_i))}{w(x(y_i))}$$

上面变量变换的意义在于，与点在 y 内均匀分布相对应的是点在 x 的分布 (概率密度) 是 $dy/dx = w(x)$. 而这又意味着点集中在最"重要"的 x 值附近 (所以这个方法也叫重要抽样法)，此处 w 值大 (因而 f 也有希望大). 对于那些 w 和 f 值小的"不重要的" x 值，只需花费很少的精力去计算相应的被积函数值.

现在用变量替换重新计算上面例题中的积分 I. 取权函数为

$$w(x) = \frac{1}{3}(4 - 2x)$$

这个函数是正的归一化的，在积分区间上是单调下降 (f 也是). 此外，由于在 $x = 0$ 和 $x = 1$ 两个端点上都有 $f/w = 3/4$，w 对 f 的行为近似得很好. 根据 (19.6.1) 式，新的积分变量是

$$y = \frac{1}{3}x(4 - x)$$

从它可以反推出

$$x = 2 - (4 - 3y)^{1/2}$$

程序如下

```
N=10000;
Y=rand(N,1);
X=2-sqrt(4-3*Y);
W=(4-2*X)/3;                              %权函数
FF=1./(1+X.^2)./W;                        %反函数
PI2=4*sum(FF)/N
SIGMA2=sqrt(sum(FF.^2)-PI2^2)/N           %求均方差
```

运行这个程序一次，所得值为 $\pi = 3.140\ 9$，$\sigma = 0.007\ 8$. 处理的结果有了改进.

§19.7　隔板盒中的热力学的平衡态

如图 19.17 所示，密闭的盒子中间用隔板分为两半，隔板上有一小洞，开始时分子都在左边，经过足够长的时间，在达到平衡状态以后，两边的分子数将趋于相等.

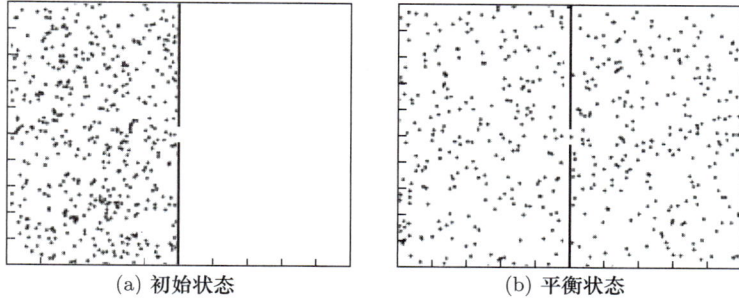

(a) 初始状态　　　　　　　　(b) 平衡状态

图 19.17　有隔板的盒子

　　下面模拟此过程. 用一个数组表示全部分子的编号, 在左边时, 其值为 1, 在右边时其值为 -1, 每次在所有的分子中随机地取一个分子穿过隔板, 也就是说, 如果被选中的分子在左边, 那它将穿过隔板进入右边, 反之亦然. 同时随时统计左边的分子数, 经过足够多的次数, 将得到其分子数接近于总数的一半. 程序如下, 所得图形为图 19.18:

```
n=2000;                          %总的分子数
B=ones(1,n);                     %起初所有分子在左边, 其值为1
for j=1:10000                    %经过10000次的随机选择
    k=ceil(rand(1)*n);          %每次是第n个分子穿过隔板
    B(k)=-B(k);                 %穿过隔板后改变符号
    cc=length(find(B==1));      %统计左边的分子数
    c(j)=cc;
end
subplot(2,1,1)
plot(c)
subplot(2,1,2)
x=0:10000;
y=n*0.5*(1+exp(-2*x./n));       %用解析式计算右边分子数
plot(x,y)
```

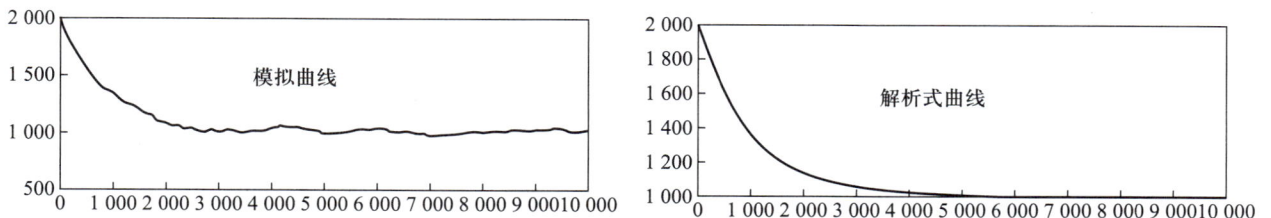

图 19.18　平衡状态下隔板两边的分子数

　　这个问题可以作解析分析. 开始时, 左边有 N 个分子, 右边没有分子, 经过一段时间后, 有 X 个分子穿过了隔板, 这里包括从左边到右边的, 也有从右边到左边的. 这时, 右边有了 n 个分子. 下一次一个分子穿过隔板的概率对于右边的分子来说是 $p_r = n/N$, 对左边的分子来说, 是 $p_l = 1 - p_r$. 因此以后每当一个分子穿过隔板, 右边的分子数的变化为

$$\Delta n = p_l - p_r = 1 - \frac{2n}{N}$$

每一次发生的状态变化记为 ΔX，则有

$$\Delta X = X(t_{i+1}) - X(t_i) = 1$$

于是 (19.7.1) 式形式上可写为

$$\Delta n = (1 - \frac{2n}{N})\Delta X$$

把 n、X 看成连续变量，得

$$\frac{\mathrm{d}n}{1 - 2n/N} = \mathrm{d}X$$

积分后得

$$-\frac{N}{2}\ln(N - 2n) = X + C$$

利用初始条件 $X = 0$，$n = 0$，可得

$$C = -\frac{N\ln N}{2}$$

将 C 代入上式，整理得

$$p_{\mathrm{r}} = \frac{n}{N} = \frac{1}{2}(1 - \mathrm{e}^{-2x/N})$$

$$p_{\mathrm{l}} = 1 - p_{\mathrm{r}} = \frac{1}{2}(1 + \mathrm{e}^{-2x/N})$$

在上面程序中也画出了这个解析式 p_{r} 所表示的右边的分子数. 可以看到，图 19.18 中两个图形是一致的

§19.8　三维麦克斯韦速率分布律

本节用蒙特卡洛抽样法模拟三维的麦克斯韦速率分布. 计算可分为两步，一是计算分子达到平衡状态时的速度；二是统计所有分子的速度与速率分布规律.

第一步计算中使用蒙特卡洛抽样法. 具体算法是：假定密闭空间中有一定数目具有任意速度的分子，每次取样都随机取两个分子发生碰撞，假定粒子在碰撞后在质心系的速度矢量在全空间的方向是等概率的，据此算出碰撞后粒子的速度.

第二步统计粒子的速度与速率的分布规律并与理论曲线进行对比. 这可以用指令 hostogram 与 normfit 来完成. 得出的规律是，分子速度的各个分量的分布呈现高斯曲线形状，而速率分布则服从麦克斯韦速率分布律. 两个指令的用法如下：

```
histogram(X)                         %画直方图
[MUHAT,SIGMAHAT]=normfit (X)     %对具有正态分布的数据X估计其参数
                                 % （期望值MUHAT，标准差 SIGMAHAT）
```

在第一步计算中会用到以下计算公式. 设两个分子完全相同，碰撞前后在实验室坐标系中速度分别为 $\boldsymbol{v}_1$、$\boldsymbol{v}_2$、$\boldsymbol{w}_1$、$\boldsymbol{w}_2$. 而碰撞前后在质心坐标系中速度分别为 $\boldsymbol{v}_1'$、$\boldsymbol{v}_2'$、$\boldsymbol{w}_1'$、$\boldsymbol{w}_2'$. 其质心的速度为

$$\boldsymbol{v} = (\boldsymbol{v}_1 + \boldsymbol{v}_2)/2$$

根据能量守恒定律与动量守恒定律，有下列关系存在：

$$\boldsymbol{w}_1 = \boldsymbol{v}_1 - \boldsymbol{v} = (\boldsymbol{v}_1 - \boldsymbol{v}_2)/2$$

$$w_2 = v_2 - v = (v_2 - v_1)/2 = -w_1$$
$$w_2' = -w_1'$$
$$v_1' = v + w_1'$$
$$v_2' = v + w_2' = v - w_1'$$

由此可知质心速度 v 可由 v_1、v_2 求出，粒子碰撞后在实验室坐标系中的速度则由 v、w_1' 求出. 当使用蒙特卡洛抽样法时，一个重要的假定是 w_1' 在空间各个方向是等概率分布的. 因此我们可以随机地选取一个 w_1' 来作计算. 再注意到在质心系中，碰撞粒子速度只改变方向，不改变大小，这样就可以求出两个粒子碰撞后的速度. 具体的计算过程见程序.

程序与图形（图 19.19）如下：

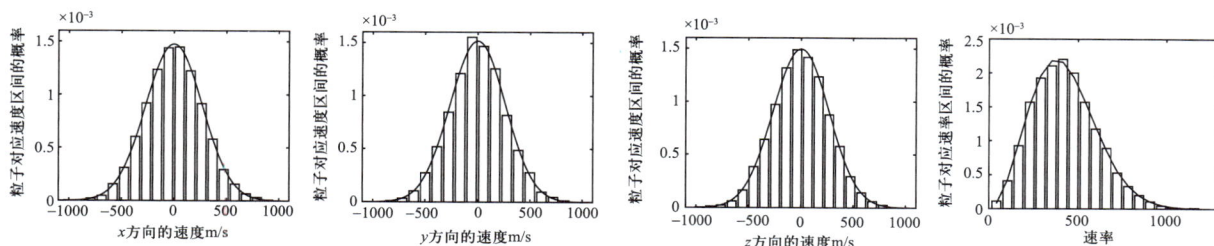

图 19.19 分子在三个方向的速度分布与空间速率分布

```
N=10000;                                    %分子总数
VL=2000*(rand(1,N)-0.5);                     %速度随机分布在-1000到1000
Vo(1,:)=VL; Vo(2,:)=0; Vo(3,:)=0;            %初始速度分布,只有X分量不为零

r1=2*rand(3,10*N)-1;                         %在xyz3个方向产生-1到+1的等几率数
R=find(sum(r1.*r1)<=1);                      %挑选出在半径为1的球体内的几率数
s=r1(:,R);                                   %空间等几率分布的矢量s作为碰撞后粒子在质心系的速度矢量

for j=1:length(R)
    k=ceil(N*rand(1,2));                     %产生两个随机数并取整作为选取粒子的编号
    vk1=Vo(:,k(1)); vk2=Vo(:,k(2));          %随机抽取两个粒子
    Vc=(vk1+vk2)/2;                          %质心速度（矢量分量相加）
    vk1cnew=(vk1-vk2)/2;                     %碰撞前粒子1挂心系的速度
    fangxiang=s(:,j);                        %随机选取在质心系中碰撞后的速度矢量s
    k1=fangxiang/norm(fangxiang);            %s与质心系三个坐标轴的夹角的余弦
    vk1cnew1=norm(vk1cnew)*k1;               %粒子1速度在s三个分量上的投影
    Vo(:,k(1))=vk1cnew1+Vc;                  %碰撞后粒子1的实验室坐标系中的速度
    Vo(:,k(2))=-vk1cnew1+Vc;                 %碰撞后粒子2的实验室坐标系中的速度
end
V2=sum(Vo.*Vo);                             %碰撞粒子速度的平方
V=sqrt(V2);                                 %碰撞粒子速率

                                            %与理论曲线对比
Vx=Vo(1,:); Vy=Vo(2,:); Vz=Vo(3,:);        %3个速度分量
```

```
figure
subplot(2,2,1)
histogram(Vx,'Normalization','pdf'); hold on          %对Vx画直方图
[mu1 ,sigma1]=normfit(Vx);                             %拟合高斯曲线参数
y=-1000:10:1000;                                       %速度取值范围
f1=exp(-(y-mu1).^2./(2*sigma1^2))./(sigma1*sqrt(2*pi)); %高斯函数
plot(y,f1,'LineWidth',2)
xlabel('x方向的速度m/s')
ylabel('粒子对应速度区间的概率')
subplot(2,2,2)
histogram(Vy,'Normalization','pdf'); hold on          %对Vx画直方图
[mu2 ,sigma2]=normfit(Vy);                             %拟合高斯曲线参数
f2 = exp(-(y-mu2).^2./(2*sigma2^2))./(sigma2*sqrt(2*pi)); %高斯函数
plot(y,f2,'LineWidth',2)
xlabel('y方向的速度m/s')
ylabel('粒子对应速度区间的概率')
subplot(2,2,3)
histogram(Vz,'Normalization','pdf'); hold on          %对Vx画归一化直方图
[mu3 ,sigma3]=normfit(Vz);                             %拟合高斯曲线参数
f3 = exp(-(y-mu3).^2./(2*sigma3^2))./(sigma3*sqrt(2*pi)); %高斯函数
plot(y,f3,'LineWidth',2)
xlabel('z方向的速度m/s')
ylabel('粒子对应速度区间的概率')
subplot(2,2,4)
histogram(V,'Normalization','pdf'); hold on           %对Vx画归一化直方图
NA=6.02e23;                                            %阿伏伽德罗常数
m=29e-3/NA;                                            %分子质量
kB=1.38e-23;                                           %玻尔兹曼常量
avVL=mean((VL).^2);                                    %初始平均速度
T0=avVL*m/3/kB ;                                       %计算初始温度
m2kt=m/2/kB/T0;
f=4*pi*(m2kt/pi)^1.5.*V2.*exp(-m2kt.*V2);              %麦克斯韦速率分布
plot(V,f,'.r');
xlabel('V(m/s)'),ylabel('速率分布')
```

为了对比，我们也用力学方法模拟了几种平衡状态的速率分布以验证麦克斯韦速率分布律.

§19.9 链式反应的模拟

本节用蒙特卡洛方法模拟铀核的链式反应.

一个 ^{235}U 吸收一个中子产生裂变后会放出两个中子，这两个中子如果被两个 ^{235}U 吸收并发生裂变，就会放出四个中子，如果这个过程能够持续下去，经过 30 次核反应，发生裂变的核可达到 $2^{30} \approx 10^9$ 个，即达到约 10 亿个. 这时会释放出大量的能量甚至发生爆炸，这就是链式反应.

使这个过程能够维持的条件与很多因素有关, 其中的一个条件就是铀块的体积要达到一定的大小, 才能保证中子在飞出铀核之前有机会被另一个 ^{235}U 吸收. 具体说就是: 假定初始有自发裂变产生的 N_0 个中子, 这些中子经过一次裂变反应后, 最终又产生了 N 个中子, 定义增殖系数为

$$k = \frac{N}{N_0}$$

$k > 1$ 是维持链式反应的必要条件, 当 $k < 1$ 时, 链式反应不能维持, 这称为熄火过程, $k = 1$ 时铀块的体积就是临界体积 V.

对应的临界质量为

$$M = V\rho$$

ρ 是质量密度, 计算时可以取为 1.

作为一个简化模型, 取铀块形状为 $a \times a \times b$ 的长方体, 如图 19.20 所示, 裂变最初从长方体内任意一点 (x_0, y_0, z_0) 开始, 有

$$0 \leqslant x_0 \leqslant 1, \quad 0 \leqslant y_0 \leqslant 1, \quad 0 \leqslant z_0 \leqslant 1,$$

裂变放出的两个中子的飞行方向是各向同性的, 即按立体角均匀分布. 立体角表示为

$$\sin\theta \mathrm{d}\theta \mathrm{d}\phi = \mathrm{d}\phi \mathrm{d}\cos\theta$$

立体角均匀分布, 就是要求 ϕ 在 $0 \sim 2\pi$ 之间是均匀的, $\cos\theta$ 在 $-1 \sim +1$ 之间均匀分布, 因为 $0 \leqslant \theta \leqslant \pi$. 注意, 这里不是 θ 角均匀分布而是 $\cos\theta$ 均匀分布. 如果按 θ 均匀分布, 则从立体角的分布看, 在 $\theta = \pi/2$ 附近有较大的分布.

放出的两个中子能否与核碰撞并被吸收, 取决于它在铀块内经过的距离. 描述碰撞 (吸收) 用平均自由程的概念, 它表示裂变中子与核碰撞时所行走的平均路程. 假定在平均自由程内中子与核碰撞的概率相等, 例如平均自由程为 $1\,\mathrm{cm}$, 中子飞行的距离是 $0.3\,\mathrm{cm}$, 则碰撞发生的概率为 30%. 一个中子在铀块内飞行的距离可以用 $0 \sim 1$ 之间的随机数 d 来表示, 那么中子最终的位置是

$$x = x_0 + d\sin\theta\cos\phi$$

$$y = y_0 + d\sin\theta\sin\phi$$

$$z = z_0 + d\cos\theta$$

图 19.20　链式反应的模拟

如果 x_1、y_1、z_1 还在铀块内, 意味着这个中子会引起一次新的裂变; 反之, 则表明这个中子飞出了铀块, 没有引起新的裂变. 假定自发裂变产生了 N_0 个中子, 计算出全部 N_0 个随机点的裂变情况, 求出总碰撞数 N, 就可以得到增殖系数 $k = N/N_0$.

程序计算的步骤如下:

(1) 输入最初的随机点数 N_0, 铀块的质量 M, 铀块的边长比 $s = a/b$. 这里有

$$M = V = a^2 b = \frac{a^3}{s} = \frac{b^3}{s^2}$$

$$a = (Ms)^{1/3}, \quad b = (Ms^{-2})^{1/3}$$

(2) 产生 9 个随机数 r_1, r_2, $\cdots$, r_9.

(3) 最初的核裂变的位置 $x_0 = ar_1$, $y_0 = ar_2$, $z_0 = br_3$.

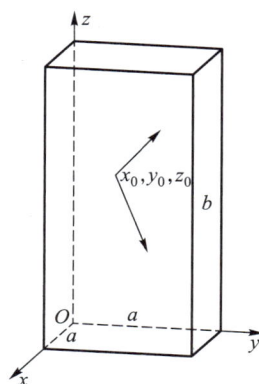

(4) 裂变放出的两个中子的飞行方向与距离:

$$\phi_1 = 2\pi r_4, \quad \cos\theta_1 = 2r_5 - 1, \quad d_1 = r_6$$

$$\phi_2 = 2\pi r_7, \quad \cos\theta_2 = 2r_8 - 1, \quad d_2 = r_9$$

(5) 两个中子最终到达的位置是

$$x_1 = x_0 + d_1 \sin\theta_1 \cos\phi_1$$

$$y_1 = y_0 + d_1 \sin\theta_1 \sin\phi_1$$

$$z_1 = z_0 + d_1 \cos\theta_1$$

$$x_2 = x_0 + d_2 \sin\theta_2 \cos\phi_2$$

$$y_2 = y_0 + d_2 \sin\theta_2 \sin\phi_2$$

$$z_2 = z_0 + d_2 \cos\theta_2$$

(6) 检查发生新的核裂变的可能性, 并计算新的中子数 N.

如果 $0 \leqslant (x_1, y_1, z_1) \leqslant 1$, 则 N 增加 1;

如果 $0 \leqslant (x_2, y_2, z_2) \leqslant 1$, 则 N 也增加 1.

(7) 对 N_0 个最初的中子都作上述计算, 再计算 $k = N/N_0$, 若 $k = 1$, 此时的 M 就是临界质量, 若 $k \neq 1$, 则调整 M、s 的值重新计算.

参考程序如下, 程序中的 M、S、N_0 值是从键盘输入的:

```
M=input('M=')
S=input('S=')
N0=input('N0=')
R=rand(9,N0); N=0; a=(M*S)^(1/3); b=(M/S^2)^(1/3);
for k=1:N0
    x0=a*R(1,k) ; y0=a*R(2,k); z0=b*R(3,k);
    phi1=2*pi*R(4,k); cthi1=2*R(5,k)-1; d1=R(6,k);
    phi2=2*pi*R(7,k); cthi2=2*R(8,k)-1; d2=R(9,k);
    sthi1=sqrt(1-cthi1^2); sthi2=sqrt(1-cthi2^2);
    x1=x0+d1*sthi1*cos(phi1); y1=y0+d1*sthi1*sin(phi1); z1=z0+d1*cthi1;
    x2=x0+d2*sthi2*cos(phi2); y2=y0+d2*sthi2*sin(phi2); z2=z0+d2*cthi2;
    if ((0<= x1)&(x1<=1)&(0<= y1)&(y1<=1)&(0<= z1)&(z1<=1))|...
       ((0<= x2)&(x2<=1)&(0<= y2)&(y2<=1)&(0<= z2)&(z2<=1))
        N=N+1;
    end
end
f=N/N0
```

§19.10　蒙特卡洛抽样法应用: 二维伊辛 (Ising) 模型

在凝聚态物理的好几个领域中以及在场论中, 都要提出这样的模型, 在这些模型中, 自由度分布在一个格子上并且只有邻近的自由度才相互作用. 这些模型中最简单的一个是伊辛模型, 它可以用来粗糙地描述一种磁性材料或一种二元合金. 在本例题中, 我们将使用蒙特卡洛方法来计算这个模型的热力学性质.

用磁学的语言来说, 伊辛模型是由一组自旋自由度组成的, 这些自旋自由度彼此相互作用并和一个外磁场作用. 这些自旋自由度可以代表固体中原子的磁矩. 我们将具体考虑二维空间中的一个模型, 其中自旋变量位于一个 $N_x \times N_y$ 方形格子的结点上. 因此自旋变量可以加标号标记为 S_{ij}, 其中 i、j 是两个空间方向的指标, 也可以标记为 S_α, 其中 α 是一个总的格点指标. 这些自旋变量只有两个取值, 或者"向上"($S_\alpha = +1$) 或者"向下"($S_\alpha = -1$). 这模仿了自旋 1/2 的情况, 不过要注意我们取自旋为经典自由度, 不把量子力学描述所特有的角动量对易规则加于它们.（若这样做则对应于海森伯模型.）

系统量哈密顿量按常规写为

$$H = -J \sum_{\langle \alpha\beta \rangle} S_\alpha S_\beta - B \sum_\alpha S_\alpha \qquad (19.10.1)$$

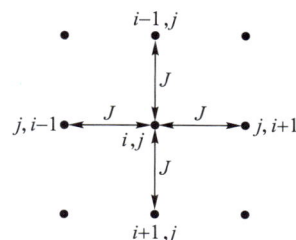

图 19.21 二维伊辛模型示意图

其中记号 $< \alpha\beta >$ 表示对由最近的邻居组成的自旋对偶求和, 对偶的两个成员相互作用的强度为 J（见图 19.21）. 于是, 结点 ij 上的自旋同 $i \pm 1, j$ 和 $i, j \pm 1$ 上的自旋相互作用.（我们假定格子上有周期性边界条件, 因此, 比方说, $i = N_x$ 的各个自旋的下邻就是 $i = 1$ 的各个自旋的下邻, $j = 1$ 的各个自旋的左邻就是 $j = N_y$ 的各个自旋的左邻; 因此格子的拓扑性质和一个环面相同.）若 J 为正, 则当一自旋与其邻居方向相同时能量较低 (铁磁性); 而若 J 为负, 则一自旋将倾向于与其邻居反向排列（反铁磁性）. 含有 B 的项代表自旋同外磁场的相互作用, 它倾向于把所有的自旋排在同一指向.

我们用它来描述这个系统的热力学量. 这时, 以温度为单位来量度耦合能 J 和 B 是方便的, 因此加热这个系统就相当于减弱这些耦合. 给出全部 $N_x \times N_y \equiv N_s$ 个自旋变量的值就规定了系统的位形, 2^{N_s} 个自旋位形中任何一个位形 S 在正则系综中的权重是

$$w(\mathsf{S}) = \frac{\mathrm{e}^{-H(\mathsf{S})}}{Z} \qquad (19.10.2)$$

其中配分函数 Z 为

$$Z(J, B) = \sum_{\mathsf{S}} \mathrm{e}^{-H(\mathsf{S})} \qquad (19.10.3)$$

我们要研究的热力学量是磁化强度

$$M = \frac{\partial \log Z}{\partial B} = \sum_{\mathsf{S}} w(\mathsf{S}) \left(\sum_\alpha S_\alpha \right) \qquad (19.10.4a)$$

磁化率

$$\chi = \frac{\partial M}{\partial B} = \sum_{\mathsf{S}} w(\mathsf{S}) (\sum_\alpha S_\alpha)^2 - M^2 \qquad (19.10.4b)$$

能量

$$E = \sum_{\mathsf{S}} w(\mathsf{S}) H(\mathsf{S}) \qquad (19.10.4c)$$

和定场比热容

$$C_B = \sum_{\mathsf{S}} w(\mathsf{S}) H^2(\mathsf{S}) - E^2 \qquad (19.10.4d)$$

在无穷大格子 $(N_{x,y} \to \infty)$ 的极限下，能够求出伊辛模型的精确解；这个解原来是由昂萨格求出的，$B = 0$ 时的表达式最简单. 在这一极限情况下，能量由下式给出；

$$E = -N_\mathsf{S} J (\coth 2J) \left[1 + \frac{2}{\pi} \kappa' K_1(\kappa) \right] \tag{19.10.5a}$$

比热容为

$$C_B = N_\mathsf{S} \frac{2}{\pi} (J \coth 2J)^2 \left\{ 2K_1(\kappa) - 2E_1(\kappa) - (1 - \kappa') \left[\frac{2}{\pi} + \kappa' K_1(\kappa) \right] \right\} \tag{19.10.5b}$$

而磁化强度则在 $J > J_c$ 时为

$$M = \pm N_\mathsf{S} \frac{(1 + Z^2)^{1/4}(1 - 6Z^2 + Z^4)^{1/8}}{(1 - Z^2)^{1/2}} \tag{19.10.5c}$$

在 $J < J_c$ 时为零. 在以上各个表示式中，有

$$\kappa = 2 \frac{\sinh 2J}{\cosh^2 2J} \leqslant 1, \quad \kappa' = 2 \tanh^2 2J - 1$$

上述公式中的第一类和第二类完全的椭圆积分为

$$K_1(\kappa) \equiv \int_0^{\pi/2} \frac{\mathrm{d}\varphi}{(1 - \kappa^2 \sin^2 \varphi)^{1/2}}, \quad E_1(\kappa) \equiv \int_0^{\pi/2} \mathrm{d}\varphi (1 - \kappa^2 \sin^2 \varphi)^{1/2}$$

$z = \mathrm{e}^{-2J}$ 及 $J_c = 0.440\,686\,8$ 为 J 的临界值，这时的 $\kappa = 1$，K_1 在这里有一个对数奇点. 于是，在这一耦合强度下所有的热力学函数都出现奇异性，强烈暗示在此处发生相变. 这可由磁化强度的行为证实，它在临界耦合以下 (或临界温度以上) 之值为零，而在这一耦合强度以上则可以取两个大小相等而符号相反的值中的任一个.

在找不到精确解时，还可以求数值解，而且数值解容易推广到更复杂的哈密顿量的情形.

数值解的困难在于，(19.10.4) 的 4 个式子中的求和所包括的项数非常大，直接求和是不可能的. (即使一个并不大的 16×16 格子，也有 2^{256} 个不同的位形.) 因此，蒙特卡洛方法就是最有效的方法，也就是我们可以用 Metropolis 抽样法产生概率为 $w(\mathsf{S})$ 的自旋位形 S，然后在这些位形上对所需要的可观察量求平均.

为了落实 Metropolis 算法，似乎可以用随机改变一切自旋的方法来取从 $\boldsymbol{S}$ 到 S_t 的试探步. 然而这会产生一个同 S 很不相同的位形，因而有很高的概率遭到拒绝. 因此，更好的做法是取较小的步长. 所以我们考虑一种极简单的情形，即新的试探位形同前一种位形的差别仅仅在于有一个自旋发生了反转. 实际做法是：对格子进行系统的扫描，每次只让一个自旋 $S_\alpha \equiv S_{i,j}$ 发生反转. 然后比较这两种位形. 新的试探位形是否被接受依赖于权函数的比值：

$$r = \frac{w(\mathsf{S}_t)}{w(\mathsf{S})} = \mathrm{e}^{-H(\mathsf{S}_t) + H(\mathsf{S})} \tag{19.10.6}$$

具体地说，如果 $r > 1$ 或者 $r < 1$ 但大于一个在 0 和 1 之间均匀分布的随机数，那么自旋 S_α 反转；否则它就不反转. 从 (19.10.1) 式很显然可知，只有包含 $S_{i,j}$ 的项才会对 r 有贡献，可以求得

$$r = \mathrm{e}^{-2S_\alpha(Jf + B)}, \quad f = S_{i+1,j} + S_{i-1,j} + S_{i,j+1} + S_{i,j-1} \tag{19.10.7}$$

其中 f 是要反转的自旋的 4 个邻居自旋之和. 因为 f 只能取 5 个不同的值 $(0, \pm 2, \pm 4)$，r 就只能取 10 个不同的值 (S_α 有两个可能的值)；这些值可以在正式计算开始之前算好并存在一个表中，这样就不必重复计算指数式了. 注意，若用的是包含几个自旋反转的位形，那么 r 的计算要复杂得多.

它用一个随机的初始自旋位形来启动 Metropolis 随机行走，在每次相继地扫描之后显示格子. 程序中允许有热化扫描 (不计算可观察量)；这些热化扫描允许随机行走在对可观察量进行累加之前"安定"下来. 随着计算的进行，不断显示每个自旋的平均能量、磁化强度、磁化率和比热，以及试探步被接受的比率.

这个程序有一个特点需要进一步解释. 这是一个用来监测各次扫描之间可观察量的关联的简单方法 (这种相关是 Metropolis 算法中固有的). 每次扫描计算一遍基本的可观察量 (能量和磁化强度). 然后把这些值编成"组"，每组有 SIZE（程序中是 5）个成员. 对每一组算出能量和磁化强度的平均值和标准偏差. 随着有更多的组生成，把各组的平均值组合成一个总平均. 计算这个总平均的不确定度有两种方法，一种方法是把小组平均当成独立测量结果并应用 (19.10.3) 式，另一种方法是对各组的标准偏差的平方进行平均. 如果抽样间隔足够大，这两种估值将会一致. 但是如果抽样间隔太小并且相继的测量中存在重大的关联，那么每一组内的值的分布范围将会很窄，对不确定度的第二种估值将比第一种估值小很多. 因此，可以把对每个自旋的能量和磁化强度的总平均的不确定度的这两种估值都显示出来（程序里没有这样做）. 注意，这种方法对于比热容和磁化率是不容易落实的，因为这些量本身就是能量和磁化强度的涨落 [(19.10.4b, d) 式]，因此只显示用第一种方法计算的这些量的总平均中的不确定度.

格点在水平和垂直方向各选 20，耦合强度 $J = 0.3$，外磁场的磁感应强度 $B = 0$. 热化扫描为 20 次，数据分成 25 个小组，每组 5 个样本，每个样本的抽样间隔为 5. 下面是某一次运行的结果. 图 (19.22) 中显示的是初始的自旋分布状态，经过热化扫描以后的自旋分布状态，以及 (图 19.23) 每组的能量 E、磁化强度 M、磁化率 χ 和比热 C_B 及其误差，程序如下：

```
function ch19N4                             %二维伊辛模型的蒙特卡洛模拟
nx=20; ny=20;                               %格点数目nx ,ny
S=sign(0.5-rand(ny,nx));           %初始位形S,格点值随机取正负1,翻转时改变符号
JJ=0.3; B=0;                              %JJ自旋耦合强度, B外磁场
R(1:5,2)=(exp(-2*(JJ*(-4:2:4)'+B)))  ;        %是否翻转的备查表,f有5个值
R(1:5,1)=1./R(1:5,2);              %R有10个值，sij=-1取R(:,1),sij=1取R(:,2)

im=[ny,1:ny-1];                 %这4个数列是swep函数中表示ij点上下左右的坐标
jm=[nx,1:nx-1];
ip=[2:ny,1];
jp=[2:nx,1];                                %通过改变次序实现周期边条

for sweep=1:20, S=swep(S);end              %预扫描10次使初始位形稳定
    kk=0;                  %扫描25组,每组五个样本,计算其能量, 磁化强度,磁化率和比热
    for igroup=1:25                                   %25组扫描
        k=0;
        for sweep=1:5*5              %每扫描5次作一个抽样,5个样本合成一组作平均
            S=swep(S);
            if mod(sweep,5)==0  每五次扫描抽取一个样本,计算能量及磁化强度
                ss=S.*(S([ny,1:ny-1],:)+S(:,[nx,1:nx-1]));        %S*S项
                sumss=sum(ss(:));                        %S*S项求和
                mag=sum(S(:));
                ener=(-JJ*sumss-B*mag);
```

```
                k=k+1;
                Mgroup(k)=mag;                                    %一组样本的磁化强度
                M2group(k)=mag.^2;
                Egroup(k)=ener;                                   %一组样本的能量
                E2group(k)=ener.^2;
            end
        end
        colormap(autumn);
        subplot(5,5,igroup)
        pcolor(S)                                                 %第igroup次的位形图S
        Mzu(igroup)=mean(Mgroup) ;                                %记录第igroup次的磁化强度
        Ezu(igroup)=mean(Egroup);                                 %记录第igroup次的能量组成
        M2zu(igroup)=mean(M2group); E2zu(igroup)=mean(E2group);
        CHIzu(igroup)=M2zu(igroup)-(Mzu(igroup)).^2;
        CBzu(igroup)=E2zu(igroup)-(Ezu(igroup)).^2;

        kk=kk+1;
        M(kk)=mean(Mzu);                                          %记录前igroup次的磁化强度
        E(kk)=mean(Ezu);                                          %记录前igroup次的能量
        M2(kk)=mean(M2zu); E2(kk)=mean(E2zu);
        CHI(kk)= M2(kk)-M(kk).^2;                                 %记录前igroup次的磁化率
        CB(kk)= E2(kk)-E(kk).^2;                                  %记录第igroup次的比热

        sigM(kk)=sqrt(moment(M,2));                               %记录前igroup次的磁化强度误差
        sigE(kk)=sqrt(moment(E,2));                               %记录前igroup次的能量误差
        sigCHI(kk)=sqrt(moment(CHI,2));                           %记录前igroup次的磁化率误差
        sigCB(kk)=sqrt(moment(CB,2));                             %记录前igroup次的比热误差
    end
figure
subplot(2,2,1); errorbar(1:25,E,sigE)                            %画能量及误差曲线
subplot(2,2,2); errorbar(1:25,M,sigM)                            %画磁化强度及误差曲线
subplot(2,2,3); errorbar(1:25,CHI,sigCHI)                        %画磁化率及误差曲线
subplot(2,2,4); errorbar(1:25,CB,sigCB)                          %画比热及误差曲线

function s=swep(s)                                               %蒙特卡洛抽样
rn=rand(ny,nx);                                                  %用来比较的随机阵列,和区域一样大
for i=1:ny
    for j=1:nx
        f=s(ip(i),j)+s(im(i),j)+s(i,jp(j))+s(i,jm(j));           %点ij的4个邻点
        if rn(i,j)<R(3+f/2,(3+s(i,j))/2)                         %翻转条件
            s(i,j)=-s(i,j);                                      %发生翻转
        end
```

```
            end
        end
    end
end
```

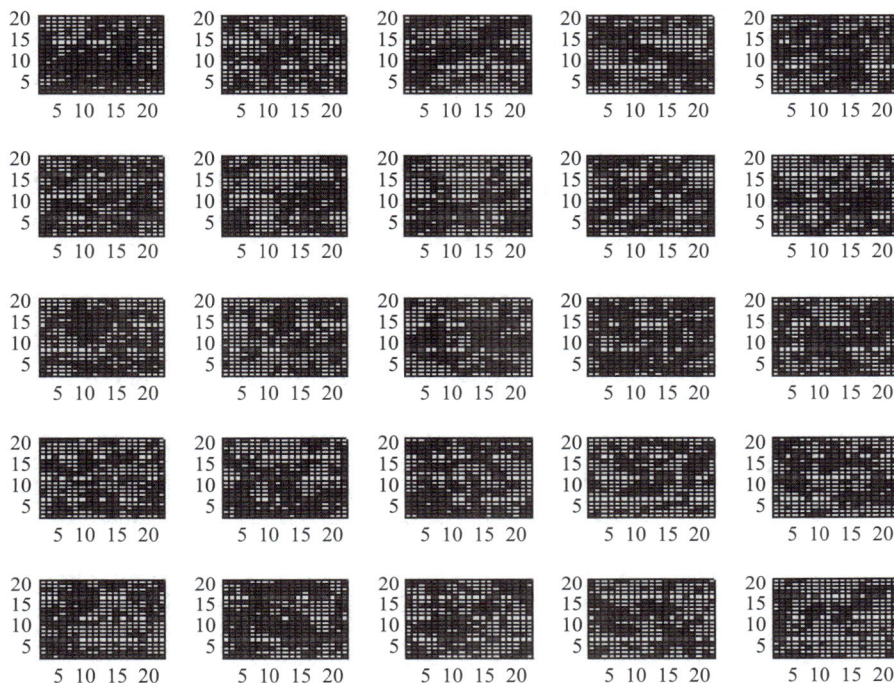

图 19.22　　自旋位形分布图

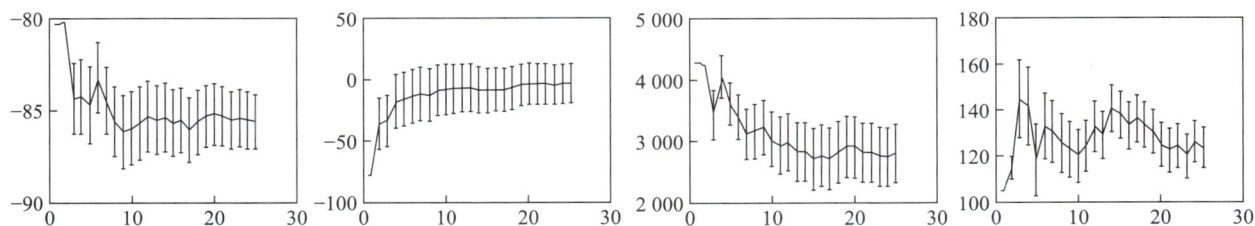

图 19.23　　计算所得的能量，磁化强度、磁化率和比热容

§19.11　迭代函数系统 (IFS)

随机数在分形学上也有很多用处. 本节与下节介绍用随机数作图的方法, 也就是所谓的迭代函数系统 (IFS).

迭代函数系统是美国佐治亚理工学院的 Barnsley 教授首创的. 与 L 系统一样, 它也是模拟生物形态最成功的系统之一. 它的理论与方法已经成为分形自然景观模拟及分形图像压缩的理论基础.

迭代函数系统的算法是确定性算法和随机性算法相结合的方法. "确定性"是指迭代的规则是具有确定性的, 它们由一组变换规则 (如 R_1, R_2, R_3, $\cdots$) 构成; "随机性"指迭代过程是不确定的, 每一次迭代究竟用哪一个规则, 即选 R_i 中的哪一个, 不是预先定好的, 而是随机决定的. 也就是说, 随机地从 R_i 中选一个迭代规则迭代一次, 再从 R_i 中选一个再迭代一次, 直到最终生成需要的图形.

下面画分形三角形的例子就是迭代函数系统作图的一个例子，三条迭代规则都是：用三角形内部的一点 Z_n 与三角形的某个顶点之间的中点作为 Z_{n+1} 画出新点，而三个概率数都是 1/3.

19.11.1　分形三角形

取平面上不共线的三个点 A、B、C 和三个概率数 $P_A = 1/3$，$P_B = 1/3$，$P_C = 1/3$. 然后在以 A、B、C 三点作为三角形的三个顶点，在三角形内部任取一点 Z 按照以下式子进行迭代：

$$Z_{n+1} = \begin{cases} \dfrac{Z_n + A}{2}, & \text{以概率} P_A \\[2mm] \dfrac{Z_n + B}{2}, & \text{以概率} P_B \\[2mm] \dfrac{Z_n + C}{2}, & \text{以概率} P_C \end{cases}$$

按照这个要求，编出如下程序：

```
N=10000;                            %投点数
ABC=[-1, sqrt(2)*i, 1];             %三个初始点坐标
Z=i;                                %起点
v=rand(N,1);                        %生成0到1之间等概率分布的数
for kk=2:N                          %计算下一次投点位置
    if v(kk)<1/3
        Z(kk)=0.5*Z(kk-1)+0.5*ABC(1);
    elseif v(kk)<2/3
        Z(kk)=0.5*Z(kk-1)+0.5*ABC(2);
    else
        Z(kk)=0.5*Z(kk-1)+0.5*ABC(3);
    end
end
plot(Z,'.','MarkerSize',4)          %画图
```

当迭代次数分别为 500、1 000、5 000 次时，得到的图形如图 19.24 所示. 如果改变顶点的值（比如将 B 点值改为 0.5），就会画出不同的三角形.

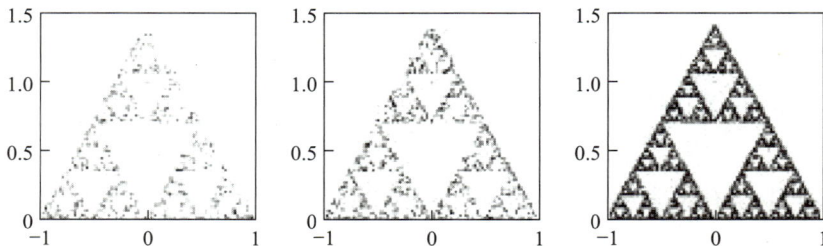

图 19.24　用迭代函数系统画出的 Siepinski 三角形

可以看到，随着迭代次数的增加，会显现出一越来越清楚的图像，它正是前面所画分形三角形图形. 改变顶点的位置，就可以画出新的分形图.

改变三个顶点的位置，就可以画出不同的三角形. 例如，将上面的顶点改为 1+sqrt(2)*i，画出的三角形如下（图 19.25）.

19.11.2 羊齿叶图案

对于平面上的点，一条迭代规则将一个旧点替换为一个新点，可用下式表示

$$\begin{cases} x' = ax + by + e \\ y' = cx + dy + f \end{cases}$$

也可以用矩阵形式表示：

$$\begin{pmatrix} x' \\ y' \end{pmatrix} = \begin{pmatrix} a & b \\ c & d \end{pmatrix} \begin{pmatrix} x \\ y \end{pmatrix} + \begin{pmatrix} e \\ f \end{pmatrix}$$

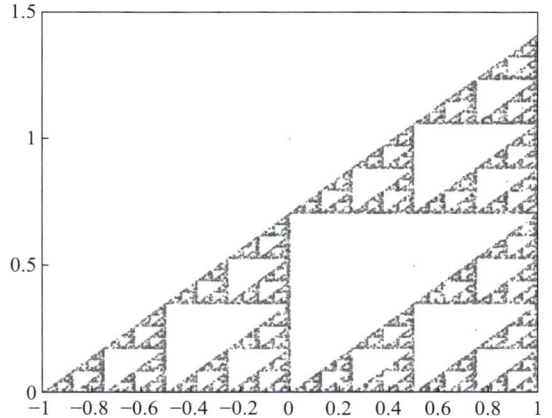

图 19.25　概率三角形图形

迭代规则的多少取决于问题的复杂程度，少则 2 条，多的可以有 16 条，每条规则使用的概率不同. 下面介绍羊齿叶的一种画法.

羊齿叶是一种植物的叶子，称为 Barnsley's Fern. 共有 4 条迭代规则如下，其中的百分比代表概率：

$$\begin{pmatrix} x \\ y \end{pmatrix}_{n+1} = \begin{cases} \begin{pmatrix} 0.5 \\ 0.27y_n \end{pmatrix} & 2\% \\ \begin{pmatrix} -0.139x_n + 0.263y_n + 0.57 \\ 0.246x_n + 0.224y_n - 0.036 \end{pmatrix} & 15\% \\ \begin{pmatrix} 0.17x_n - 0.215y_n + 0.408 \\ 0.222x_n + 0.176y_n + 0.089\,3 \end{pmatrix} & 13\% \\ \begin{pmatrix} 0.781x_n + 0.034y_n + 0.107\,5 \\ -0.032x_n + 0.739y_n + 0.27 \end{pmatrix} & 70\% \end{cases}$$

如果用 r 表示 0 到 1 之间的等概率随机数，则上式可以表示成

图 19.26　羊齿叶图案

$$\begin{pmatrix} x_{n+1} \\ y_{n+1} \end{pmatrix} = \begin{cases} \begin{pmatrix} 0.5 \\ 0.27y_n \end{pmatrix} & r < 0.02 \\ \begin{pmatrix} -0.139x_n + 0.263y_n + 0.57 \\ 0.246x_n + 0.224y_n - 0.036 \end{pmatrix} & 0.02 \leqslant r \leqslant 0.17 \\ \begin{pmatrix} 0.17x_n - 0.215y_n + 0.408 \\ 0.222x_n + 0.176y_n + 0.089\,3 \end{pmatrix} & 0.17 < r \leqslant 0.3 \\ \begin{pmatrix} 0.781x_n + 0.034y_n + 0.107\,5 \\ -0.032x_n + 0.739y_n + 0.27 \end{pmatrix} & 0.3 < r < 1 \end{cases}$$

图形如图 19.26 所示，程序如下：

```
N=10000; v=rand(N,1);
x=0; y=0;
for kk=2:N
    vv=v(kk);
    if vv<=.02
```

```
        x(kk)=0.5;
        y(kk)=0.27*y(kk-1);
    elseif vv<=.17
        x(kk)=-.139*x(kk-1)+0.263*y(kk-1)+0.57;
        y(kk)=.246*x(kk-1)+0.224*y(kk-1)-0.036;
    elseif vv<=.3
        x(kk)=.17*x(kk-1)-.215*y(kk-1)+.408;
        y(kk)=.222*x(kk-1)+.176*y(kk-1)+.0893;
    else
        x(kk)=.781*x(kk-1)+.034*y(kk-1)+.1075;
        y(kk)=-.032*x(kk-1)+.739*y(kk-1)+.27;
    end
end
plot(x(1:N),y(1:N),'.','markersize',4)
```

这个程序若改写成矩阵形式，运算速度会有提高：

```
N=10000; v=rand(N,1);                                    %投点数
a=[0.5; 0]; b=[0.57; -0.036];
c=[0.408; 0.0893]; d=[0.1075; 0.27];                     %4个固定点
A=[ 0, 0; 0, 0.27];                                      %4个变换矩阵
B=[-0.139, 0.263; 0.246, 0.224];
C=[ 0.17, -0.215; 0.222, 0.176];
D=[ 0.781, 0.034; -0.032, 0.739];
u=[0; 0];                                                %出发点
for k=2:N
    vv=v(k);
    if vv<=.02, u(:,k)=A*u(:,k-1)+a;                     %法则一
    elseif vv<=.17, u(:,k)=B*u(:,k-1)+b;                 %法则二
    elseif vv<=.3, u(:,k)=C*u(:,k-1)+c;                  %法则三
    else, u(:,k)=D*u(:,k-1)+d;                           %法则四
    end
end
plot(u(1,:), u(2,:),'.','markersize',4)
```

19.11.3   随风摇曳的羊齿叶

下面的程序表现了在风中摇曳的羊齿叶，动画可点击二维码查看，也可自行运行程序观看. 将投点数由 600 增加到 1000，可以看到更清楚的图形，但程序运行的时间会增加很多，程序如下：

摆动的
羊齿叶

```
N=10000;                                                 %迭代次数
M=moviein(40);                                           %建立动画矩阵
sos1=linspace(0.04,0.2,20);                              %设置造成动画效果的参数
sos2=linspace(0.2,0.04,20);
```

```
sos=[sos1,sos2];
r=rand(N,1);                                    %生成随机数，确定每一步迭代的规则
for j=1:40
    z=zeros(2,N);                               %事先建立矩阵用于存储新点的坐标
    clf;                                        %清除上一次的图形
    A1 = [0.83,sos(j);-sos(j),0.85];b1 = [0;1.6];        %仿射系数
    A2 = [0.20,-0.25;0.22,0.23];b2 = [0;1.5];
    A3 = [-0.15,0.28;0.25,0.26];b3 = [0;0.4];
    A4 = [0,0;0,0.16];
    p = [0.84 0.92 0.99 1];                     %概率矢量
    for kk=2:N                  %第一个点就为(0,0)，所以这里从第二个点开始循环
        if r(kk) < p(1)                         %四组迭代规则
            z(:,kk)= A1*z(:,kk-1)+b1;
        elseif r(kk) < p(2)
            z(:,kk)= A2*z(:,kk-1) + b2;
        elseif r(kk) < p(3)
            z(:,kk)= A3*z(:,kk-1) + b3;
        else
            z(:,kk)= A4*z(:,kk-1);
        end
    end                                         %矩阵存储了所有点的坐标
    plot(z(1,1:N),z(2,1:N),'g.','markersize',1);         %同时画所有的点
    axis([-5 8 0 12]);                          %设置坐标范围
    M(:,j)=getframe;                            %将当次图形存储到动画矩阵中
end
movie(M,3,15)                                   %播放动画
```

19.11.4 雪花图形

雪花的程序与图形（图 19.27）如下：

```
x=[0;0]; plot(x(1),x(2),'.');
hold on, axis equal, axis([0  1 0  1])
A1=[0.255 0;0 0.255];        b1=[0.3726;  0.6417];
A2=[0.255 0;0 0.255];        b2=[0.1146;  0.2232];
A3=[0.255 0;0 0.255];        b3=[0.6306;  0.2232];
A4=[0.37 -0.642;0.642 0.37]; b4=[0.6356; -0.0061];
p=[0.25 0.35 0.45 1]; k=1;
for k=1:5000
    r=rand;
    if r<p(1)
        x=A1*x+b1; plot(x(1),x(2),'.');
    elseif r<p(2)
        x=A2*x+b2; plot(x(1),x(2),'.');
```

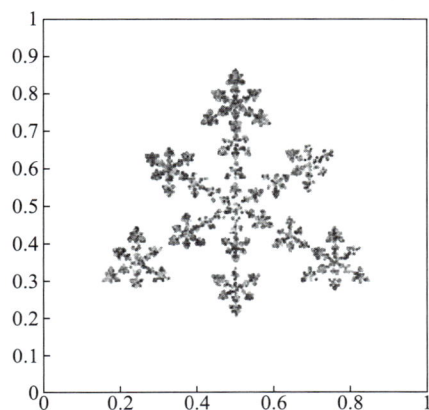

图 19.27　概率雪花图形

```
elseif r < p(3)
    x=A3*x+b3; plot(x(1),x(2),'.');
else
    x=A4*x+b4; plot(x(1),x(2),'.');
end
    k=k+1;
end
```

19.11.5 概率树

这是一幅类似铅笔画一样的树形图. 迭代规则有 6 条, 其中的百分比表示概率. 程序非常简单, 不再作解释. 所得图形为图 19.28.

$$
\begin{pmatrix} x_{n+1} \\ y_{n+1} \end{pmatrix} = \begin{cases} \begin{pmatrix} 0.05x_n \\ 0.6y_n \end{pmatrix} & 10\% \\[2ex] \begin{pmatrix} 0.05x_n \\ -0.5y_n + 1.0 \end{pmatrix} & 10\% \\[2ex] \begin{pmatrix} 0.46x_n - 0.15y_n \\ 0.39x_n + 0.38y_n + 0.6 \end{pmatrix} & 20\% \\[2ex] \begin{pmatrix} 0.47x_n - 0.15y_n \\ 0.17x_n + 0.42y_n + 1.1 \end{pmatrix} & 20\% \\[2ex] \begin{pmatrix} 0.43x_n + 0.28y_n \\ -0.25x_n + 0.45y_n + 1.0 \end{pmatrix} & 20\% \\[2ex] \begin{pmatrix} 0.42x_n + 0.26y_n \\ -0.35x_n + 0.31y_n + 0.37 \end{pmatrix} & 20\% \end{cases}
$$

图 19.28   概率树

```
N=50000;
v=rand(N,1);
x=0.5;
y=0;
for kk=2:N
    vv=v(kk);
    if vv<0.1,
        x(kk)=0.05*x(kk-1);
        y(kk)=0.6*y(kk-1);
    elseif vv<0.2,
        x(kk)=0.05*x(kk-1);
        y(kk)=-0.5*y(kk-1)+1;
    elseif vv<0.4,
        x(kk)=0.46*x(kk-1)-0.15*y(kk-1); y(kk)=0.39*x(kk-1)+0.38*y(kk-1)+0.6;
```

```
elseif vv<0.6,
    x(kk)=0.47*x(kk-1)-0.15*y(kk-1); y(kk)=0.17*x(kk-1)+0.42*y(kk-1)+1.1;
elseif vv<0.8,
    x(kk)=0.43*x(kk-1)+0.28*y(kk-1); y(kk)=-0.25*x(kk-1)+0.45*y(kk-1)+1;
else,
    x(kk)=0.42*x(kk-1)+0.26*y(kk-1); y(kk)=-0.35*x(kk-1)+0.31*y(kk-1)+0.7;
    end
end
plot(x(1:N),y(1:N),'.','MarkerSize',4)
```

19.11.6　分形树

在分形一章中, 用几种方法介绍了分形树的画法, 现在用迭代函数系统方法画它 (图 19.29). 图形放大以后可以看出它是由点组成的 (图 19.30), 程序如下:

```
N=50000; Z=3i; v=rand(N,1);
for kk=2:N
    if v(kk)<1/5, Z(kk)=(Z(kk-1)/3)*exp(pi*i/6)+i;        %左边分叉
    elseif v(kk)<2/5, Z(kk)=(Z(kk-1)/3)*exp(-pi*i/6)+2i;   %右边分叉
    elseif v(kk)<3/5, Z(kk)=Z(kk-1)/3;                      %只缩小, 不平移
    elseif v(kk)<4/5, Z(kk)=Z(kk-1)/3+i;                    缩小后向上平移单位长度
    else Z(kk)=Z(kk-1)/3+2i;                                缩小后向上平移两个单位长度
    end
end
plot(Z, '.' ,'MarkerSize',2),hold on, axis equal
```

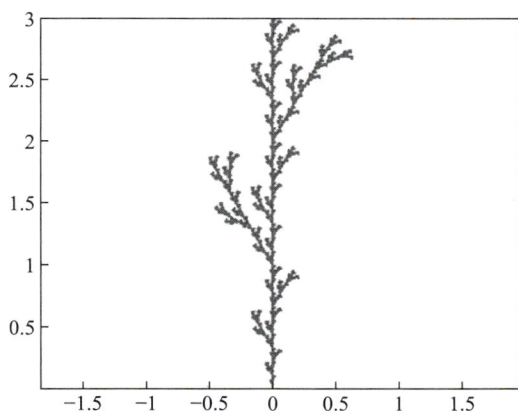

图 19.29　概率分形树的图形

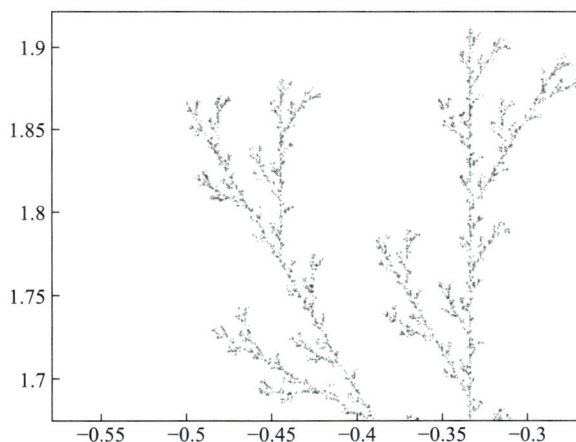

图 19.30　局部放大的概率分形树图形

19.11.7　分形金字塔

分形金字塔程序编程思路与分形三角形相似, 改变程序中 A、B、C、D 的值可得到形状不同的金字塔. 程序如下:

```
x(1,1:3)=[0.2,0.1,0.5]; N=20000; R=rand(1,N);          %出发点与投点数
```

```
A=[0,0,0]; B=[1,0,0]; C=[0.5,0.5*sqrt(3),0];          %四个顶点
D=[0.5, sqrt(3)/6, sqrt(6)/3];
for k=1:N
    r=R(k);                                           %用随机数决定仿射变换
    if r<0.25, x(k+1,:)=0.5*A+0.5*x(k,:);
    elseif r<0.50, x(k+1,:)=0.5*B+0.5*x(k,:);
    elseif r<0.75, x(k+1,:)=0.5*C+0.5*x(k,:);
    else x(k+1,:)=0.5*D+0.5*x(k,:);
    end
    k=k+1;
end
plot3(x(:,1),x(:,2),x(:,3),'.'), view(61,8)
```

图 19.31 所示为分形金字塔.

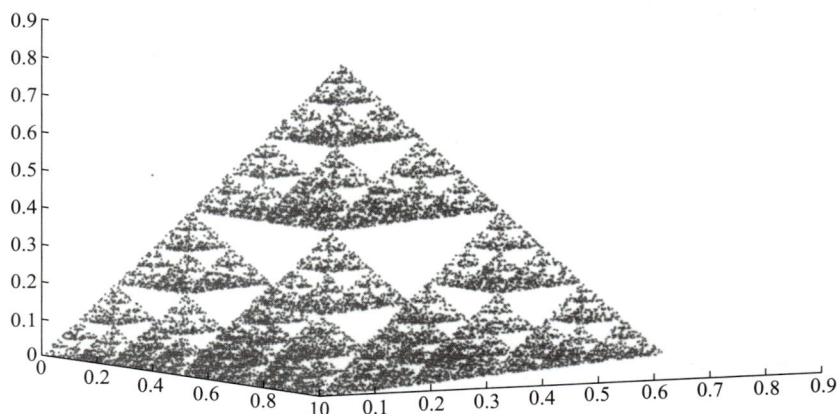

图 19.31　　分形金字塔

19.11.8　斯宾尔斯基长方体

斯宾尔斯基长方体这种分形图形若用以前的画法就比较复杂, 而用迭代函数系统画法则非常简单, 程序如下, 长方体分形, 一定要旋转才能看到分形效果.

```
N=500000; x=0.5; y=1; z=1;
v=rand(N,1); L=20;
x1=[1,1,1,1,1,1,1,1,2,2,2,2,3,3,3,3,3,3,3,3];         %设置平移的20个位置
y1=[1,2,3,1,3,1,2,3,1,3,1,3,1,2,3,1,3,1,2,3];
z1=[1,1,1,2,2,3,3,3,1,1,3,3,1,1,1,2,2,3,3,3];
for k=2:N
    for kk=1:L                                        %循环用来避免程序冗长
        if v(k)>=(kk-1)/L&&v(k)<kk/L
            x(k)=x(k-1)/3+x1(kk);
            y(k)=y(k-1)/3+y1(kk);
            z(k)=z(k-1)/3+z1(kk);
        end
```

```
        end
    end
plot3(x,y,z,'.','MarkerSize',1)
```

程序画出的图形（图 19.32），旋转以后可以看到分形结构如下（图 19.33）.

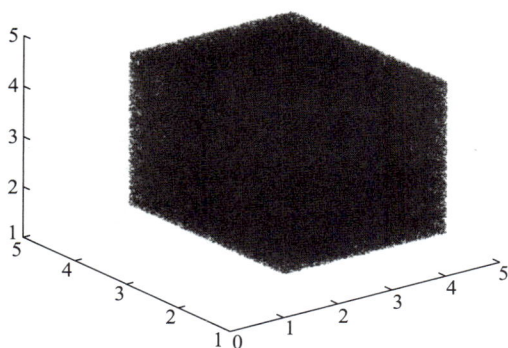

图 19.32   概率立方体图形

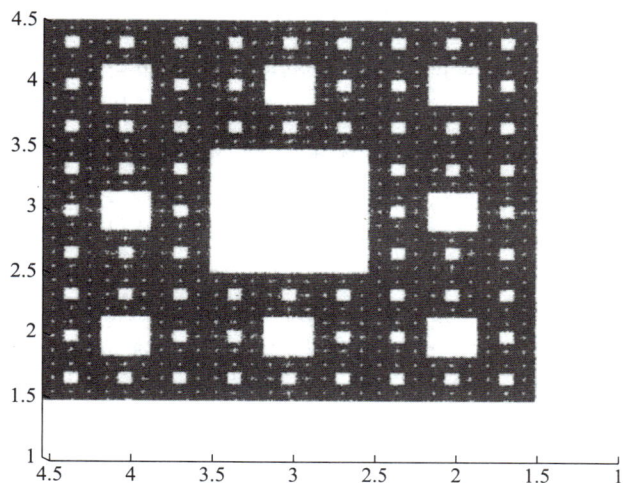

图 19.33   旋转后的概率立方体图形

19.11.9   Julia 集

下面的程序画出了 Julia 集的图形（图 19.34），它与图 7.26 是一致的. 改变程序中的 c 值，可以画出不同的图形. 计算时将迭代公式 $z_{k+1} = z_k^2 + c_0$ 写成递推关系 $z = \sqrt{z-c}$，只要开始时 $|z-c| > 1$，则开方以后的数值会越来越小，但是始终会大于 1. 也就是后面形成数列自动限制在一开始时 $|z-c|$ 的圆内，这正好满足了迭代公式取阈值的要求. 在复数开方时，等概率的选择正根与负根. 实际程序与图形如下：

```
n=10^6; c=0.11-i*0.66;
z=1+i; B=zeros(1,n); k=1;
for J=1:n, w=z-c;
    if rand(1)<0.50;
        z=-sqrt(w);
    else
        z=sqrt(w);
    end
    B(k)=w; k=k+1;
end
plot(B,'.','markersize',0.1)
```

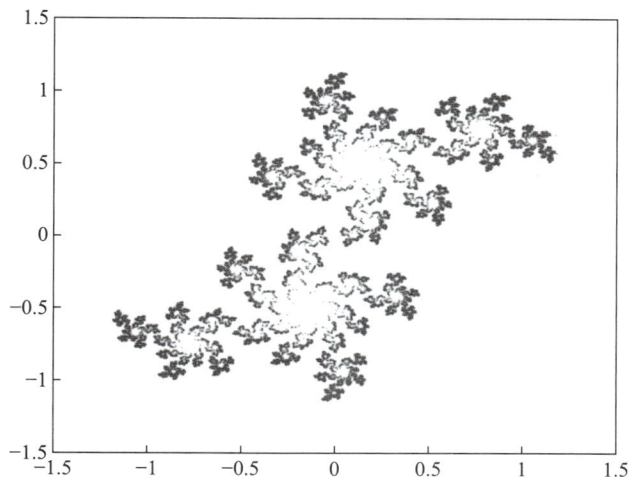

图 19.34   Julia 集图形

§19.12　沉积模型与生长模型

本节介绍的分形生长模型都是用计算机模拟固体表面的薄膜生长，程序虽然简单，但问题很有特点.

19.12.1　抛射沉积模型

粒子经过沉积形成薄膜是一种普遍的现象. 由于粒子是受热后从热灯丝蒸发出来，这个过程存在着随机性. 但是由沉积形成的薄膜通常却会呈现很规整的结构. 下面用计算机来模拟薄膜的生长过程.

模拟是一维的，粒子下落后聚集在长度为 L 的线段上. 为了简单，假定这是 200 个粒子集合而成的线段. 所有的粒子都来源于相同的高度，为了模拟它们有不同的速度，假定它们离线段左边的距离是随机的.

模拟是由 0 到 L 的均匀的随机集合组成，粒子降落后在降落点聚集成一列. 实际上，各列高度可能不同，它阻止粒子形成一条均匀的横线，粒子也可能四处跳动，直到落在一个洞里. 为此假定，如果粒子所落在的列的高度比它旁边的两列都高的话，它就会增加这列的高度. 如果粒子落在一个洞里，或者旁边存在一个洞，那么它就会填在这个洞里. 为了提高计算模拟的速度，设定这个洞会填到与相邻的列的最大高度一样.

模拟的步骤如下：

(1) 选择随机变量 r；

(2) 用向量 h_r 代表 r 处的列的高度；

(3) 按下式选择粒子将落下的位置：

$$h_r = \begin{cases} h_r + 1 & (h_r \geqslant h_{r-1}, h_r > h_{r+1}) \\ \max(h_{r-1}, h_{r+1}) & (h_r < h_{r-1}, h_r < h_{r+1}) \end{cases}$$

程序如下：

```
h=zeros(1,200);                                    %各列的初始高度
plot(h,'b.'), axis([1 200 0 250]); hold on;        %画出初始高度,准备动画
Q=round(rand(1,20000)*197)+2;                       %建立随机数
for m=1:20000
    n=Q(m);
    if h(n)>=h(n-1)&h(n)>=h(n+1)                     %判断粒子落点
        h(n)=h(n)+1;
    else
        h(n)=max(h(n-1),h(n+1));
    end
    plot(n,h(n),'b.'), pause(0.01);
end
```

程序用动画模拟薄膜生长，图 19.35 所示是一次模拟的最后图形，可以看到，在整条线段上散布着几个空的区域，这正是薄膜生长过程的统计特征. 这个模拟表现出膜的平均高度是随时间线性增加而且表面存在分形现象的.

19.12.2 森林和薄膜的关联生长

我们都有这种经验，在自然界中，如果一棵植物的旁边有另一棵植物，则它成活的机会就会增加. 这种现象在薄膜生成的过程中也存在. 这就是森林和薄膜关联生长. 我们把这个因素加入到上述程序中去，也就是认为新沉积下的粒子会吸引另一个粒子，如图 19.36 所示.

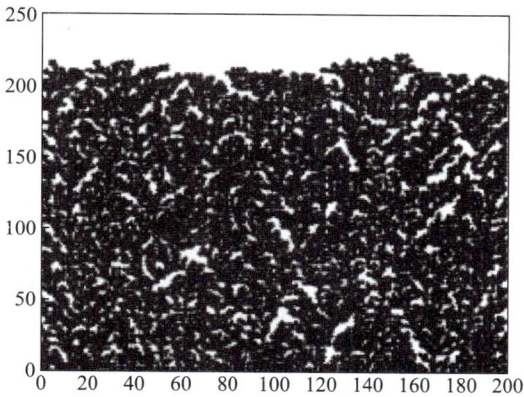

图 19.35　薄膜生长的模拟

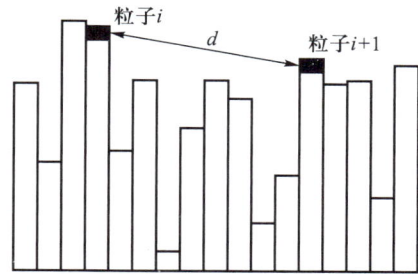

图 19.36　森林和薄膜的关联生长

我们假定沉积的概率 p 依赖于新增加的粒子到刚才落下的粒子之间的距离 d:

$$p = cd^n$$

这里的 η 是参数，而 c 是决定概率大小的常数. 我们取 $\eta = -2$，这意味着粒子之间的吸引是反平方的（距离越远吸引越弱）.

如上例一样，用在 $[0, L]$ 中等概率的数来决定粒子会落在哪一列，这个规则继续有效. 但现在还要根据上式使用第二个随机数来决定粒子是否会落下. 也就是说，如果算出的概率是 0.6，而 $r < 0.6$，则粒子被接受（落下），如果 $r > 0.6$，粒子将被拒绝.

程序如下：

```
h=zeros(1,200); m=101;                                    %m为启动值
Q=round(rand(1,100000)*197)+2;
plot(h,'b.'), axis([0 200 0 120]); hold on;
for k=1:100000
    n=Q(k);                                               %任取一个几率数
    d=(m-n)^2+(h(m)-h(n))^2;                              %粒子间距
    if d>0, p=14/d;                                       %粒子相互吸引的几率
        if rand(1)<p                                      %判断粒子是否落下
            if h(n)>=h(n-1)&h(n)>=h(n+1)                  %还要满足原来抛射模型规则
                h(n)=h(n)+1;
            else, h(n)=max(h(n-1),h(n+1));
            end
            m=n; plot(n,h(n),'b.'), pause(0.01)
        end
    end
end
```

模拟结果以动画表现，图 19.37 所示是一次模拟的图形.

19.12.3　扩散限制聚集模型（DLA）

扩散限制聚集模型（DLA）成功地解释了团簇的周长与质量的关系. 我们从 2 维的格子出发，其中心包含一个种子粒子. 围绕种子粒子画个圆，以相同的角概率在圆周上放上另一个粒子. 然后释放这个粒子并让它随机行走，但只能在垂直或水平方向行走一个格子. 这是一种模拟扩散过程的布朗运动. 为使模拟更真实，我们让每一步的步长随高斯随机分布. 一旦它行走到某一点时，发现在一个格子的距离之内存在另一个粒子，那么它们会黏在一起，中止行走. 如果粒子走出了它被释放的圈子之外，它就永远地消失了. 这个过程根据需要可以一直重复下去. 一个典型的团簇生长如图 19.38 所示.

分形生长
实验

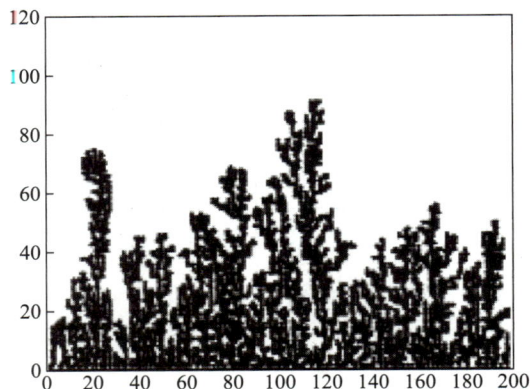

图 19.37　模拟的森林关联生长

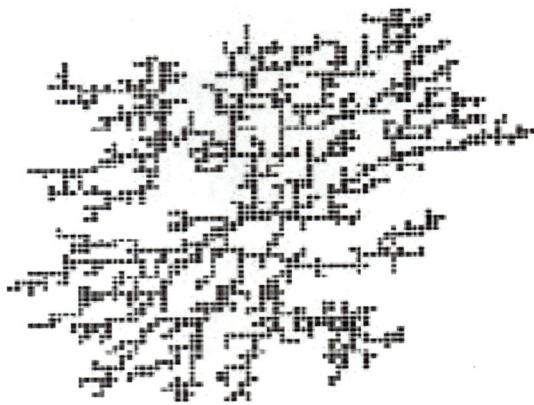

图 19.38　用扩散限制聚集模型模拟团簇生长

编写程序的步骤如下：

(1) 定义一个 400×400 的格点组成的网格 grid(400，400)，各格点的初始值取为零. 在网格中央放置一个种子，即让 grid(200，200)=1.

(2) 想象一个半径为 180 格，圆心在 (200，200) 处的圆，这就是我们用以释放粒子的圆. 产生一个在 0 到 2π 均匀分布的角概率数，用以确定新粒子在圆周上的位置. 将这个位置换成用直角坐标 x、y 表示.

(3) 产生一个等概率数 $0 < r_{xy} < 1$，如 $r_{xy} < 0.5$，则粒子水平移动，如 $r_{xy} > 0.5$，则粒子垂直移动.

(4) 用指令 randn 产生一个在 $(-\infty, +\infty)$ 区间的高斯随机数分布，这是步长分布的范围，同时它的符号指示方向的正负.

(5) 现在我们能确定粒子总的距离和方向. 每次粒子将跳动一格，直到全部距离被覆盖. 每次跳跃之前，核查一下最近的相邻的格点是否被占据. 如果被占，则粒子停在现在的位置，而且行走结束；如果没有被占，粒子将跳动一格；继续这个过程直到整个距离被覆盖，或粒子被黏住，或者粒子离开了这个圆.

一旦随机行走结束，再释放另一个粒子，重新开始一个新的过程.

程序如下：

```
u(1:400,1:400)=0;                                    %行走范围
u(200,200)=1;                                        %种子粒子，有粒子标记为1
n=1;                                                 %启动值
while n<=1000
    flag=0;                                          %每个位置的标记值
```

```
the=2*pi*rand;
[X1,Y1]=pol2cart(the,180);                              %新粒子在圆周位置 ,圆周半径=180
X=round(X1)+200;                                               %圆心在（200，200）处
Y=round(Y1)+200;                                                    %粒子出发点
s=1e4*randn;                                                %高斯分布随机数决定步数
if s>0, step=1; else, step=-1; end                             %粒子行走方向
dist=abs(s);                                                   %粒子行走最大距离
while (dist>0.9)&(flag==0)&(X>1)&(X<400)&(Y>1)&(Y<400)
                                               %粒子向前走的条件是遇到粒子则停止行走
    if u(X+1,Y)==1|u(X-1,Y)==1|u(X,Y+1)==1|u(X,Y-1)==1
        flag=1;                                            %停止行走并作出标记
        x(n+1)=X; y(n+1)=Y; u(X,Y)=1;                      %新生粒子位置记为1
        n=n+1;                                           %开始下一个粒子记数
    elseif rand>0.5,                                %否则粒子继续行走，用rand决定方向
        X=X+step;                                            %在X方向走一步
    else, Y=Y+step;                                         %否则在Y方向走一步
    end
    dist=dist-1.0;                                        %将粒子行走步数减少一步
    end
end
plot(x,y,'.'), axis([150 250 150 250])
```

图 19.38 所示是一次模拟的图形.

第三部分

应用篇——习题课资料

熟能生巧，必须通过大量的编程实践，才能形成扎实的编程能力. 为此，本篇尽力介绍更多例题，更多样的方法，更灵活的技巧，以便更有效地提升学生编程的能力. 这些例题是编者多年实践的精华，对应用计算物理从事实际研究的人有借鉴和示范的作用，还可能避免他们走一些弯路.

第二十章 常微分方程例题补充

§20.1 双球系统的振动转动

质量均为 m 的两个小球由轻弹簧连接，弹簧静止长度为 l_0. 将弹簧拉长至 l, 保持质心不动，使两小球以角速度 ω 绕质心转动. 讨论两小球的运动. 这个模型可以作为双原子分子中两个核的振动–转动运动的力学模型，它是分子振动–转动光谱的起源.

设松开固定小球的瞬间，弹簧沿 x 轴方向，两小球的质量为 m, 弹簧原长为 l_0, 弹簧劲度系数为 k. 由分析可知，该系统的自由度为 2, 故选取小球 1 相对自身平衡位置的距离 x_1, 弹簧与 x 轴夹角 θ 为广义坐标. 则小球 2 相对自身平衡位置的距离为 $-x_1$, 两小球的平动动能为

$$T_{\mathrm{t}} = 2 \times \frac{1}{2} m \dot{x}_1^2 = m \dot{x}_1^2$$

转动动能为

$$T_{\mathrm{r}} = 2 \times \frac{1}{2} I \omega^2 = I \omega^2 = m \left(\frac{l_0}{2} + x_1 \right)^2 \dot{\theta}^2$$

故系统动能为

$$T = T_{\mathrm{t}} + T_{\mathrm{r}} = m \dot{x}_1^2 + m \left(\frac{l_0}{2} + x_1 \right)^2 \dot{\theta}^2$$

系统的势能为

$$V = \frac{1}{2} k (2 x_1)^2 = 2 k x_1^2$$

系统的拉格朗日量为

$$L = T - V = m \dot{x}_1^2 + m \left(\frac{l_0}{2} + x_1 \right)^2 \dot{\theta}^2 - 2 k x_1^2$$

故有

$$\frac{\partial L}{\partial \dot{x}_1} = 2 m \dot{x}_1, \quad \frac{\partial L}{\partial x_1} = 2 m \left(\frac{l_0}{2} + x_1 \right) \dot{\theta}^2 - 4 k x_1$$

$$\frac{\partial L}{\partial \dot{\theta}} = 2 m \left(\frac{l_0}{2} + x_1 \right)^2 \dot{\theta}, \quad \frac{\partial L}{\partial \theta} = 0$$

将它们代入拉格朗日方程

$$\frac{\mathrm{d}}{\mathrm{d}t} \left(\frac{\partial L}{\partial \dot{q}_i} \right) - \frac{\partial}{\partial q_i} L = 0, \qquad i = 1, 2$$

中，并略去足标 1, 得小球运动方程为

$$\ddot{x} = \left(\frac{l_0}{2} + x \right) \dot{\theta}^2 - 2 \frac{k}{m} x$$

$$\ddot{\theta} = -\frac{2\dot{x}\dot{\theta}}{\left(\dfrac{l_0}{2} + x\right)}$$

实际程序与图形（图 20.1）如下：

```
function zdzdxq
n=20; k=10; L0=10;                                                %参数
w0=0.1; x0=1;                    %初始角速度和距平衡位置的距离，没有画出圆周轨道
tmax=50; h=0.05; w=[];                                            %步数及步长
[t,u]=ode45(@F,[0:h:tmax],[x0 0 0 w0]);                           %解初值问题

subplot(2,2,1)                                               %画弹簧长度-时间曲线
L=L0+2*u(:,1);                                               %各时刻弹簧伸长总长度
plot(t,L,'linewidth',1.5), title('弹簧长度-时间图像');
xlabel('t'); ylabel('l'); axis([0 tmax 8 12.5])
subplot(2,2,2)                                                %画角度-时间曲线
theta=u(:,3)-floor(u(:,3)/2/pi)*2*pi;                     %将角度限定在(0,2*pi)之内
plot(t,theta,'linewidth',1.5), title('角度-时间图像');
xlabel('t'); ylabel('\theta'); axis([0 tmax 0 2*pi+0.1])
subplot(2,2,3)                                               %画角速度-时间曲线
plot(t,u(:,4),'linewidth',1.5), title('角速度-时间图像');
xlabel('t'); ylabel('\omega'); axis([0 tmax 0 0.3])
subplot(2,2,4)                                                   %两小球运动模拟
x1=(L0/2+u(:,1)).*cos(u(:,3)); y1=(L0/2+u(:,1)).*sin(u(:,3));    %右小球
x2=(-L0/2-u(:,1)).*cos(u(:,3)); y2=(-L0/2-u(:,1)).*sin(u(:,3));  %左小球

xx=linspace(x1(1),x1(1)-L(1),50);                            %两小球间初始距离
yy=0.35*sin(20*pi*(xx-xx(1))/L(1))+y1(1);                    %弹簧各点的初始位置
xx1=(xx-xx(1)).*cos(u(1,3))-(yy-yy(1)).*sin(u(1,3))+xx(1);   %坐标旋转
yy1=(xx-xx(1)).*sin(u(1,3))+(yy-yy(1)).*cos(u(1,3))+yy(1);
hold on
h1=plot(x1(1),y1(1),'Color','r','Marker','.','MarkerSize',45);   %小球句柄
h2=plot(x2(1),y2(2),'Color','g','Marker','.','MarkerSize',45);
h3=plot(xx1,yy1,'Color','b','LineWidth',2);                      %弹簧句柄
h4=animatedline('color','r');
title('双振子随时间变化');
axis equal, axis([-6 6 -6 6]), axis off
for i=1:length(x1)                                               %动画
    xx=linspace(x1(i),x1(i)-L(i),50);
    yy=0.35*sin(20*pi*(xx-xx(1))/L(i))+y1(i);
    xx1=(xx-xx(1)).*cos(u(i,3))-(yy-yy(1)).*sin(u(i,3))+xx(1);
    yy1=(xx-xx(1)).*sin(u(i,3))+(yy-yy(1)).*cos(u(i,3))+yy(1);
    set(h1,'XData',x1(i));set(h1,'YData',y1(i));
    set(h2,'XData',x2(i));set(h2,'YData',y2(i));
```

```
        set(h3,'XData',xx1);set(h3,'YData',yy1);
        addpoints(h4,x1(i),y1(i));
        drawnow;                                    %画弹簧及两小球的运动
    end

    function udot=F(t,u)
    udot=[u(2);                                     %球1坐标的导数
        u(4)^2*(2*u(1)+L0)/2-2*k*u(1)/m;
        u(4);                                       %弹簧与x 轴夹角的导数
        -4* u(4)*u(2)/(2*u(1)+L0)];
    end
end
```

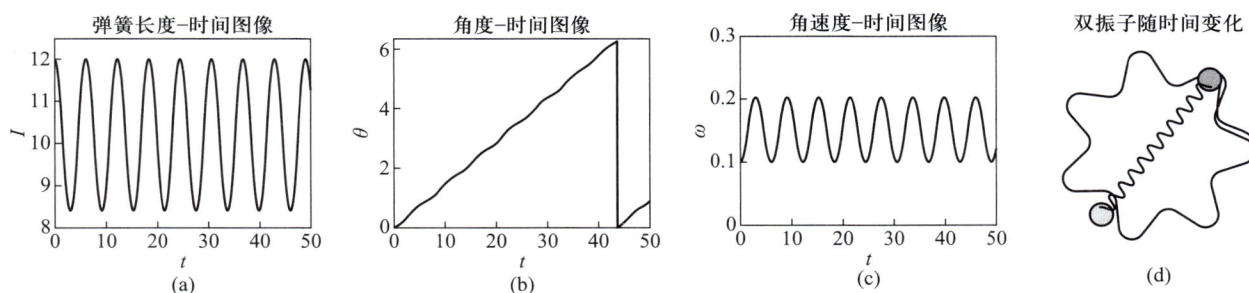

图 20.1

§20.2　小球与弹簧的碰撞

如图 20.2 所示, 地面上有垂直放置的一弹簧, 弹簧上端固定有一个木块. 有一个小球从空中自由下落, 与木块发生弹性碰撞. 设小球及木块均只沿垂直方向运动, 运动中木块保持与地面平行, 研究小球与木块的运动. 设小球质量为 m_1, 木块质量为 m_2. 弹簧劲度系数为 k. 要求画出小球与木块的位移曲线并模拟两物体的运动状况.

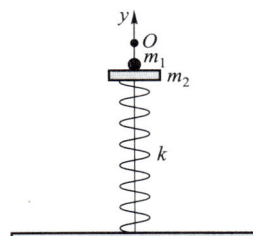

图 20.2　弹簧板上跳动的小球

计算时, 小球与弹簧发生碰撞的时刻由指令 events 来判断, 此时小球离地面的高度与弹簧的高度相等, 由于碰撞过程十分短暂, 可以忽略碰撞过程中二者高度的变化, 认为二者遵循动量守恒定律、机械能守恒定律. 在其他的时间, 小球与弹簧的运动微分方程遵循牛顿运动定律. 程序如下:

```
function xqythk
h0=50; k=60; m1=20; m2=50;                          %参数设置
tstart=0; tfinal=1000;                              %起止时间
y0=[h0;0;0;0]; tout=tstart; yout=y0.';
options=odeset('Events',@events);                   %开启事件判断功能
for i=1:25
    [t,y,event]=ode45(@xqythkfun,[tstart:0.03:tfinal],y0,options);
    tout=[tout;t(2:end)];                           %将每次得到的数据依次存在同一矩阵
    yout=[yout;y(2:end,:)];
    y0(1)=y(end,1); y0(2)=y(end,2);                 %下一次弹跳的初位移
```

```
    v10=y(end,3); v20=y(end,4);                    %以下求下一次弹跳的初速度
    y0(3)=(-m2*v10+2*m2*v20+m1*v10)/(m2+m1);
    y0(4)=(2*m1*v10+m2*v20-v20*m1)/(m2+m1);
    tstart=t(end)
end

figure, ylabel('高度');, xlabel('时间');, hold on
plot(tout,yout(:,1),tout,yout(:,2));                    %画弹跳的位移图形
legend('小球','弹簧块');
figure,  axis([-1 1 -50 h0+10]),  axis off,  hold on    %实物模拟图
yt1=-45:0.3:0; xt1=0.06*sin(yt1);             %下面的三句是用正弦函数画弹簧
tanhuang=line(xt1,yt1,'color','k','linewidth',2);
qiu=line(0,yout(1,1)+4,'color','k','marker','.','markersize',50);
tank=line([-0.1,0.1],[yout(1,2),yout(1,2)],...
          'color',[0.3 0.1 0.5],'linewidth',8);
ground=line([-0.5,.5],[-50,-50],'color',[0.6 0.1 0.2],'linewidth',20);
for i=1:length(tout)                                    %动画
    yt=-45:0.3:yout(i,2);                       %画实时弹簧所需要的数据
    xt=0.06*sin((yt-yout(i,2))*(-45)./(-45-yout(i,2)));
    set(tanhuang,'xdata',xt,'ydata',yt);
     set(qiu,'ydata',yout(i,1)+4);
     set(tank,'ydata',[yout(i,2),yout(i,2)]);
     drawnow;
end

function ydot=xqythkfun(t,y)                        %计算微分方程的子函数
k=100;m1=30;m2=50;
ydot=[y(3);                          %y(1)是小球的高度,y(3)是小球的速度
    y(4);                         %y(2)是弹簧块的高度,y(4)是弹簧块的速度
    -9.8;
    -9.8-(k/m2)*y(2)]
end
function [value,isterminal,direction]=events(t,y)        %事件判断子函数
value=y(1)-y(2); isterminal=1; direction=-1;
end
end
```

§20.3　Magnus 效应——香蕉球

　　足球比赛中的香蕉球 (如图 20.3 所示，运动轨迹像弯曲的香蕉) 往往出人意料，其实它就是旋转的足球在空气中的运动轨迹，可以用下述方程来描述

$$m\frac{\mathrm{d}^2\boldsymbol{r}}{\mathrm{d}t^2} = -m\boldsymbol{g} - D_L\frac{\boldsymbol{v}}{v} + M_L\frac{\boldsymbol{\omega}}{\omega}\times\frac{\boldsymbol{v}}{v}$$

上式右边的第一项是重力的作用，第二项是空气中产生的阻力，第三项是 Magnus 力. 方程中 $\boldsymbol{r}$、$\boldsymbol{v}$ 和 $\boldsymbol{\omega}$ 分别是足球的位置、速度和转速. 当球有一定转速时，运动的轨迹会发生偏转.

图 20.3　足球比赛中的香蕉球

系数 $D_l(v)$ 和 M_l 通常由理想流体理论给出，即

$$D_l = C_d\frac{1}{2}\frac{\pi d^2}{4}\rho v^2 \qquad M_l = C_m\frac{1}{2}\frac{\pi d^2}{4}\rho v^2$$

其中空气密度 $\rho = 1.29\,\mathrm{kg\cdot m^{-3}}$，$C_D$ 和 C_M 是由实验测得的参数，它们与速度 v、球的转速及球的材料有关. 下面的表达式来自于实验（参考文献 2）：

$$C_D = 0.508 + \left[\frac{1}{22.053 + 4.196\left[\frac{v}{\omega}\right]^{5/2}}\right]^{2/5}$$

$$C_M = \frac{1}{2.022 + 0.981\left(\frac{v}{\omega}\right)}$$

假定足球的初始位置为 $\boldsymbol{r} = [0,0,0]\mathrm{m}$，初始速度为 $\boldsymbol{v} = [0,\ \ 15\cos(\pi/6),\ \ 15\sin(\pi/6)]\mathrm{m\cdot s^{-1}}$，每秒转数为 $\boldsymbol{\omega} = [0,0,5]$. 足球质量为 $m = 5$ kg，直径为 $d = 0.22\,\mathrm{m}$. 球在空中运行的时间大约为 $1.4\,\mathrm{s}$. 计算它的轨迹并画图.

球的旋转设置了三种情况，转速矢量向上、向下和无旋转，编成程序如下：

```
omega=[0 0 5];                                          %初始角速度
vz=15*sin(pi/6); vy=15*cos(pi/6);
r0=[0;0;0]; v0=[0;vy;vz];                               %初始位置与速度

[t1,p1]=ode45(@(t,rv)magnus(t,rv,omega),[0:0.01:1.4],[r0; v0]);
```

```matlab
[t2,p2]=ode45(@(t,rv)magnus(t,rv,[0 0 eps ]),[0:0.01:1.4],[r0; v0]);
[t3,p3]=ode45(@(t,rv)magnus(t,rv,-omega),[0:0.01:1.4],[r0; v0]);


figure
patch([0,0,0,0,0],[0,17,17,0,0],[0,0,4,4,0],'r')          %画垂直平面
alpha(0.6), view(11,27), hold on
xlabel('x'),ylabel('y'),zlabel('z')
x1=p1(:,1);y1=p1(:,2);z1=p1(:,3);                          %运动的球轨迹
x2=p2(:,1);y2=p2(:,2);z2=p2(:,3);
x3=p3(:,1);y3=p3(:,2);z3=p3(:,3);
dot1=plot3(x1(1),y1(1),z1(1),'bo');                        %画球
dot2=plot3(x2(1),y2(1),z2(1),'go');
dot3=plot3(x3(1),y3(1),z3(1),'ko');
c1=animatedline; c1.Color='b';                            %画轨迹
c2=animatedline; c2.Color='b';
c3=animatedline; c3.Color='b';
legend('无旋转','正向旋转','反向旋转')
for k 1:140
    axis([-6 6 0 20 -1 3])
    dot1.XData=x1(k); dot2.XData=x2(k); dot3.XData=x3(k);
    dot1.YData=y1(k); dot2.YData=y2(k); dot3.YData=y3(k);
    dot1.ZData=z1(k); dot2.ZData=z2(k); dot3.ZData=z3(k);
    addpoints(c1,x1(k+1),y1(k+1),z1(k+1));
    addpoints(c2,x2(k+1),y2(k+1),z2(k+1));
    addpoints(c3,x3(k+1),y3(k+1),z3(k+1));
    drawnow;
end


function drv=magnus(t,rv,omega)
d =0.22; m=0.5; rho=1.29;                                 %球的直径与质量,空气密度1.29
vx=rv(4); vy=rv(5); vz=rv(6);
v=sqrt([vx,vy,vz]*[vx,vy,vz]');
o=sqrt(omega*omega');
a=pi*d^2*rho*v/8;                                         %DL与ML中共同项/v
CD=0.508+1/(22.053+4.196*(v/o)^(5/2))^(2/5);
CM=1/(2.002+0.981*(v/o));
    drv=[ vx; vy; vz;
         -CD*a*vx+CM*a*(omega(2)*vz-omega(3)*vy);
         -CD*a*vy+CM*a*(omega(3)*vx-omega(1)*vz);
      -9.8-CD*a*vz+CM*a*(omega(1)*vy-omega(2)*vx)];
end
```

§20.4 沿最速降线运动的小球

由最速降线的性质可知（图 20.5）：

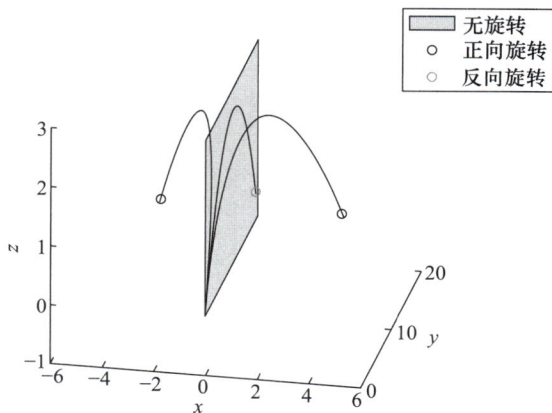

图 20.4　旋转足球在空气中的运动轨迹

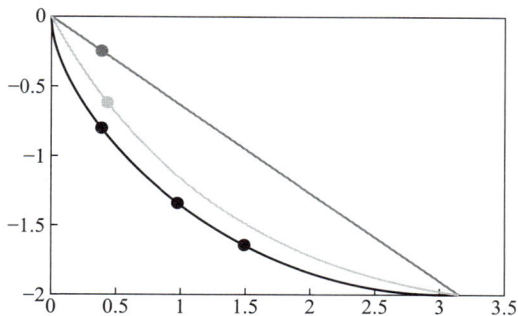

图 20.5　沿不同轨迹下落的小球

1. 小球从相同的高度处沿直线、圆弧和最速降线下落，则沿最速降线下落的小球最先落地.

2. 从最速降线上不同点下落的球同时落地.

求解相应的常微分方程，并模拟相应的结果.

这是二维运动，受轨道约束，只需要一个广义坐标即可，下面用三种方法建立运动方程（拉格朗日方程，自然坐标下的牛顿力学，动能定理），最后将运动方程统一用直角坐标 y 表示.

说明一下，如果选角度 θ 作为广义坐标时，会出现摆线的微分运动方程计算不出结果的问题. 因为无法通过初始条件 $\theta = 0$ 计算下一个点，只能令初始值有个微小偏差才能得到结果. 为了解决这个问题，只能将坐标选成 y，因为小球受重力作用，在下降过程中加速度始终不为零，并且选 y 作广义坐标可以统一地写积分的终止条件，因而在推导三个方程时都选 y 坐标描述微分方程，

选 θ 为广义坐标，写出三条曲线的参数方程，三条曲线的起点在 $(0,0)$，终点在 $(\pi, -2)$.

直线：

$$\begin{cases} x = \pi\theta \\ y = -2\theta \end{cases}, \quad \theta \in [0,1]$$

圆弧：圆心在 x_0, y_0，半径为 R，在程序中会给出计算值：

$$\begin{cases} x = x_0 + R\cos\theta \\ y = y_0 + R\sin\theta \end{cases}$$

$$\theta \in \left[-\arccos\left(-\frac{x_0}{R}\right), -\arccos\left(-\frac{x_0 - \pi}{R}\right) \right]$$

摆线：

$$\begin{cases} x = r(\theta - \sin\theta) \\ y = r(\cos\theta - 1) \end{cases}, \quad \theta \in [0, \pi]$$

1. 分析力学的拉格朗日方程

曲线上小球的动能表示为

$$T = \frac{1}{2}m\left(\frac{\mathrm{d}x}{\mathrm{d}t}\right)^2 + \left(\frac{\mathrm{d}y}{\mathrm{d}t}\right)^2 = \frac{1}{2}m\left(\frac{\mathrm{d}\theta}{\mathrm{d}t}\right)^2 \cdot \left[\left(\frac{\mathrm{d}x}{\mathrm{d}\theta}\right)^2 + \left(\frac{\mathrm{d}y}{\mathrm{d}\theta}\right)^2\right]$$

势能表示为

$$V = mg \cdot y(\theta)$$

下面分别写出三种情况的拉格朗日量：

直线：

$$L_1 = \frac{1}{2}m(\pi^2 + 4)\left(\frac{\mathrm{d}\theta}{\mathrm{d}t}\right)^2 + 2mg\theta$$

圆弧：

$$L_2 = \frac{1}{2}mR^2\left(\frac{\mathrm{d}\theta}{\mathrm{d}t}\right)^2 - mg(y_0 + R\sin\theta)$$

摆线：

$$L_3 = mr^2\left(\frac{\mathrm{d}\theta}{\mathrm{d}t}\right)^2(1 - \cos\theta) - mgr(\cos\theta - 1)$$

得到运动微分方程：

直线：

$$(\pi^2 + 4)\frac{\mathrm{d}^2\theta}{\mathrm{d}t^2} = 2g$$

圆弧：

$$R\frac{\mathrm{d}^2\theta}{\mathrm{d}t^2} = -g\cos\theta$$

摆线：

$$2(1 - \cos\theta)r\frac{\mathrm{d}^2\theta}{\mathrm{d}t^2} = -\left(\frac{\mathrm{d}\theta}{\mathrm{d}t}\right)^2 r\sin\theta + g\sin\theta$$

2. 牛顿力学（自然坐标）

利用参数方程可写出弧长微元：

$$\mathrm{d}s = \sqrt{(\mathrm{d}x)^2 + (\mathrm{d}y)^2} = \mathrm{d}\theta\sqrt{\left(\frac{\mathrm{d}x}{\mathrm{d}\theta}\right)^2 + \left(\frac{\mathrm{d}y}{\mathrm{d}\theta}\right)^2}$$

可以得到直线：$\mathrm{d}s = \sqrt{\pi^2 + 4}\mathrm{d}\theta$

圆弧：$\mathrm{d}s = R\mathrm{d}\theta$

摆线：$\mathrm{d}s = 2r\sin\dfrac{\theta}{2}\mathrm{d}\theta$

从弧线的起点积分，得到弧长.

直线：$s = \sqrt{\pi^2 + 4}\theta$

圆弧：$s = R(\theta - \theta_0), \quad \theta_0 = -\arccos\left(-\dfrac{x_0}{R}\right)$

摆线：$s = 4r\left(1 - \cos\dfrac{\theta}{2}\right)$

根据牛顿第二定律：

$$m\frac{\mathrm{d}^2 s}{\mathrm{d}t^2} = -mg\frac{\mathrm{d}y}{\mathrm{d}s}$$

可以写出微分方程直线

$$\sqrt{(\pi^2 + 4)}\frac{\mathrm{d}^2\theta}{\mathrm{d}t^2} = \frac{2g}{\sqrt{(\pi^2 + 4)}}$$

圆弧：$R\dfrac{\mathrm{d}^2\theta}{\mathrm{d}t^2} = -g\cos\theta$

摆线：$2r\dfrac{\mathrm{d}^2\theta}{\mathrm{d}t^2}\sin\dfrac{\theta}{2} + r\left(\dfrac{\mathrm{d}\theta}{\mathrm{d}t}\right)^2\cos\dfrac{\theta}{2} = -g\dfrac{-\sin\theta}{2\sin\dfrac{\theta}{2}}$

这和拉格朗日方程是一样的.

3. 动能定理

重力做功等于小球动能的增加，即 $-mgy = -\dfrac{1}{2}mv^2$，其中：

$$y = y(\theta), \quad v^2 = \left(\frac{\mathrm{d}x}{\mathrm{d}t}\right)^2 + \left(\frac{\mathrm{d}y}{\mathrm{d}t}\right)^2 = \left(\frac{\mathrm{d}\theta}{\mathrm{d}t}\right)^2\left[\left(\frac{\mathrm{d}x}{\mathrm{d}\theta}\right)^2 + \left(\frac{\mathrm{d}y}{\mathrm{d}\theta}\right)^2\right]$$

将参数方程代入，得到

直线：$2g\theta = \dfrac{1}{2}(\pi^2 + 4)\left(\dfrac{\mathrm{d}\theta}{\mathrm{d}t}\right)^2$

圆弧：$-g(y_0 + R\sin\theta) = \dfrac{1}{2}R^2\left(\dfrac{\mathrm{d}\theta}{\mathrm{d}t}\right)^2$

摆线：$-mgr(\cos\theta - 1) = mr^2\left(\dfrac{\mathrm{d}\theta}{\mathrm{d}t}\right)^2(1 - \cos\theta)$

上面 3 个式子对时间求导的话就回到了拉格朗日方程.

4. 将广义坐标改成 y

利用参数方程中 y 和 θ 的关系，可以把 θ 的微分方程改成 y 的微分方程.

直线：$\dfrac{\mathrm{d}^2 y}{\mathrm{d}t^2} = -4\dfrac{g}{\pi^2 + 4}$

圆弧：$\dfrac{\mathrm{d}^2 y}{\mathrm{d}t^2} = -g\left[1 - \dfrac{(y - y_0)^2}{R^2}\right] - \dfrac{\left(\dfrac{\mathrm{d}y}{\mathrm{d}t}\right)^2(y - y_0)}{R^2 - (y - y_0)^2}$

摆线：$\dfrac{\mathrm{d}^2 y}{\mathrm{d}t^2} = -g\left(r + \dfrac{y}{2}\right) + \dfrac{\left(\dfrac{\mathrm{d}y}{\mathrm{d}t}\right)^2}{4r + 2y}$

三个小球的初始条件统一为初位移与初速度都为零，即

$$y(t=0) = 0; \quad \left.\frac{\mathrm{d}y}{\mathrm{d}t}\right|_{t=0} = 0$$

摆线上小球会最先到达底端. 摆线上不同位置同时出发的小球会同时到达底端.

程序如下：

```
figure, axis([0 pi -2 0]), title('最速降线','FontSize',15), hold on
plot([0,pi],[0,-2],'b','linewidth',2)                    %画通过两点的线段
x1=(x-sin(x)); y1=(cos(x)-1);                            %用最速降线方程画摆线
plot(x1,y1,'k','linewidth',2);                           %画出过题目给定两点的摆线
s2x = x1(35); s2y = y1(35);                              %预设摆线上另外两个出发点
s3x = x1(55); s3y = y1(55);


syms x y;                                                %用符号运算求圆周坐标x,y来画圆弧
R=5;                                                     %两点不能确定一个圆,补一个圆半径
center=solve(x^2+y^2==R^2,(x-pi)^2+(y+2)^2==R^2,x,y);    %解出圆心坐标
xc=double(center.x(2)); yc=double(center.y(2));          %取双精度数值
x=linspace(0,pi,100);                                    %x的值由题目给定
y=yc-sqrt(R^2-(x-xc).^2);                                %用圆的直角坐标方程求Y
plot(x,y,'r','linewidth',2);                             %画圆弧


g=9.8;                                                   %写出3个常微分方程
fline=@(t,y)[y(2); -4*g/(pi^2+4)];
fcir=@(t,y)[y(2);
                 -g*(R^2-(y(1)-yc)^2)/R^2-y(2)^2*(y(1)-yc)/(R^2-(y(1)-yc)^2)];
fcyc=@(t,y)[y(2);-g*(1+y(1)/2)+y(2)^2/(4+2*y(1))];
f=@(varargin) varargin{:};b                              %events函数设置截断条件
bc=@(~,y)f(y(1)+2,1,0);
op=odeset('events',bc);


tspan = 0:0.01:10;                                       %求解时设置时间间隔以便比较
[~,dline]=ode45(fline,tspan,[0;0],op);
[~,dcir]=ode45(fcir,tspan,[0;0],op);
[~,dcyc]=ode45(fcyc,tspan,[0;0],op);
[~,dcyc2]=ode45(fcyc,tspan,[s2y;0],op);
[~,dcyc3]=ode45(fcyc,tspan,[s3y;0],op);


N=length(dline);                                         %计算小球运动中的位置
yline=dline(:,1); xline=pi*dline(:,1)/(-2);             %全部都由y求x
ycir=dcir(:,1); xcir=xc-R*sqrt(1-((dcir(:,1))-yc).^2./R^2);
ycyc=dcyc(:,1); xcyc=acos(1+dcyc(:,1))-sin(acos(1+dcyc(:,1)));
ycyc=dcyc(:,1); xcyc=acos(1+dcyc(:,1))-sin(acos(1+dcyc(:,1)));
ycyc2=dcyc2(:,1); xcyc2=acos(1+dcyc2(:,1))-sin(acos(1+dcyc2(:,1)));
ycyc3=dcyc3(:,1); xcyc3=acos(1+dcyc3(:,1))-sin(acos(1+dcyc3(:,1)));


for k=1:3                                                %画五个小球句柄,摆线的后二个球出发点不是原点
    q{1,k} = plot(0,0,'.', 'MarkerSize',35);
end
```

```
q{1,4} = plot(xcyc2(1),ycyc2(1),'.', 'MarkerSize',35);
q{1,5} = plot(xcyc3(1),ycyc3(1),'.','MarkerSize',35);
legend('直线','圆弧','摆线')

for k=1:length(dline)                          %五个小球的运动
    set(q{1,1},'XData',xline(k),'YData',yline(k));
    if k<=length(dcir)
        set(q{1,2},'XData',xcir(k),'YData',ycir(k));
    end
    if k<=length(dcyc)
        set(q{1,3},'XData',xcyc(k),'YData',ycyc(k));
    end
    if k<=length(dcyc2)
        set(q{1,4},'XData',xcyc2(k),'YData',ycyc2(k));
    end
    if k<=length(dcyc3)
        set(q{1,5},'XData',xcyc3(k),'YData',ycyc3(k));
    end
    pause(0.1)
end
```

§20.5　刚体绕瞬心的转动方程

在《大学物理》期刊的创刊号（1982 年第一期）上，两位学生以"方言"为笔名发表了一篇论文，提出正确的刚体绕瞬时转动中心（简称瞬心）的转动方程应该是

$$\frac{\mathrm{d}}{\mathrm{d}t}(I_{\mathrm{s}}\dot{\boldsymbol{\theta}}) = \sum_i \boldsymbol{r}_i \times \boldsymbol{F}_i - \frac{\mathrm{d}\boldsymbol{R}}{\mathrm{d}t} \times \boldsymbol{p} \tag{20.5.1}$$

式中 $\boldsymbol{p} = \sum m_i \boldsymbol{v}_i$，$I_{\mathrm{s}}$ 是刚体对瞬心的转动惯量，$\boldsymbol{R}$ 为瞬心的位矢，$\boldsymbol{r}_i \times \boldsymbol{F}_i$ 为所有外力对瞬时轴的力矩.

而此前在某些中外力学教材中介绍的公式是

$$\frac{\mathrm{d}}{\mathrm{d}t}(I_{\mathrm{s}}\dot{\boldsymbol{\theta}}) = \sum_i \boldsymbol{r}_i \times \boldsymbol{F}_i \tag{20.5.2}$$

与方言给出的 (20.5.1) 式相比，(20.5.2) 式缺少了第二项，因而是错误的. 此后《大学物理》收到 32 篇稿件约 10 万字对此进行了热烈讨论，《大学物理》发表了其中的一部分，这些文章提出了多种论证方法并对公式的意义作了深入的分析，确认了新公式 (20.5.1) 是正确的，讨论有力地推动了力学的教学研究工作. 在庆祝《大学物理》创刊二十年的《大学物理》优秀论文评选中，方言的文章获得了特等奖.

虽然这个公式的正确性已经不容置疑，但是如何去展现公式所描述的运动图像仍然很有趣. 在实验验证难以实现的情况下，计算机模拟自然就成了一个最佳的选择. 计算机模拟的基本做法是，数值求解系统的运动微分方程，利用所得的结果计算两个公式中的各个物理量，再代入公式加以对比.

(20.5.1) 式中的第二项如果为零，则两个公式没有区别，但是在实际的运动过程中，(20.5.1) 式中的 $\dfrac{\mathrm{d}\boldsymbol{R}}{\mathrm{d}t}\times\boldsymbol{p}$ 项可能有 4 种情况：$\dfrac{\mathrm{d}\boldsymbol{R}}{\mathrm{d}t}$ 为零；$\dfrac{\mathrm{d}\boldsymbol{R}}{\mathrm{d}t}\times\boldsymbol{p}$ 为零；$\dfrac{\mathrm{d}\boldsymbol{R}}{\mathrm{d}t}\times\boldsymbol{p}$ 不为零；$\dfrac{\mathrm{d}\boldsymbol{R}}{\mathrm{d}t}\times\boldsymbol{p}$ 在一段时间为零，在另一段时间不为零. 最后一种情况最为有趣，似乎很难遇到，下面就是这种例子.

长为 $2l$、质量为 m 的木杆斜靠在光滑的墙壁与地面之间，在重力作用下做下滑运动. 如图 20.6 所示建立坐标系. 木杆的运动要分成不离开墙壁和离开了墙壁两个阶段来讨论.

第一阶段，杆沿墙壁下滑但没有离开墙壁，杆受的力有 3 个：重力 $m\boldsymbol{g}$，地面的支撑力 $\boldsymbol{N}$, 墙面推力 $\boldsymbol{T}$. 运动微分方程如下：

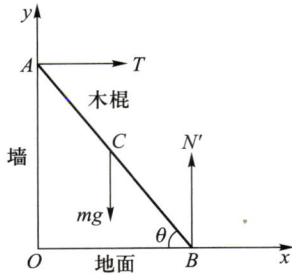

图 20.6　沿墙壁下滑
的木杆

$$\begin{cases} \ddot{x}_{\mathrm{c}} = l\dot{\theta}^2 \cos\theta - \dfrac{3}{4}g\sin\theta\cos\theta \\[2mm] \ddot{y}_{\mathrm{c}} = -l\dot{\theta}^2\sin\theta - \dfrac{3}{4}g\cos^2\theta \\[2mm] \ddot{\theta} = -\dfrac{3g}{4l}\cos\theta \end{cases}$$

杆的瞬心是过木杆两端且与两端的速度方向（沿墙面与地面）垂直的直线的交点，显然 $\dfrac{\mathrm{d}\boldsymbol{R}}{\mathrm{d}t}\neq\boldsymbol{0}$；但是通过计算得到 $\dfrac{\mathrm{d}\boldsymbol{R}}{\mathrm{d}t}\times\boldsymbol{p}=\boldsymbol{0}$.

第二阶段，杆离开了墙壁继续运动，杆受的力变成 2 个，重力 $m\boldsymbol{g}$ 和地面支撑力 $\boldsymbol{N}$，杆的运动微分方程为

$$\begin{cases} \ddot{x}_{\mathrm{c}} = 0 \\[2mm] \ddot{y}_{\mathrm{c}} = \dfrac{l\dot{\theta}^2\sin\theta\cos^2\theta - g\cos^2\theta}{\dfrac{l}{3}+\cos^2\theta} - l\dot{\theta}^2\sin\theta \\[4mm] \ddot{\theta} = \dfrac{l\dot{\theta}^2\sin\theta\cos\theta - g\cos\theta}{\dfrac{l}{3}+l\cos^2\theta} \end{cases}$$

此时可算得 $\dfrac{\mathrm{d}\boldsymbol{R}}{\mathrm{d}t}\neq\boldsymbol{0}$，且有 $\dfrac{\mathrm{d}\boldsymbol{R}}{\mathrm{d}t}\times\boldsymbol{p}\neq\boldsymbol{0}$.

数值计算的步骤如下，取 $m=5$, $l=8$, $\theta_0=2\pi/3$.

第一阶段的初始条件取为

$$\begin{cases} x_{\mathrm{c}}(0) = -l\cos\dfrac{2\pi}{3}, & \dot{x}_{\mathrm{c}}(0)=0 \\[3mm] y_{\mathrm{c}}(0) = l\sin\dfrac{2\pi}{3}, & \dot{y}_{\mathrm{c}}(0)=0 \\[3mm] \theta(0) = \dfrac{2\pi}{3}, & \dot{\theta}(0)=0 \end{cases}$$

求解第一阶段的运动时，用指令 events 中止计算，中止的条件是 $\boldsymbol{T}=\boldsymbol{0}$，即 $\ddot{x}=0$, 得到

$$l\dot{\theta}^2\cos\theta - \dfrac{3}{4}g\sin\theta\cos\theta = 0$$

在计算结束时输出中止时的数据作为第二阶段的初始条件.

求解第二阶段的运动时也用指令 events 中止计算，中止的条件是 $y_{\mathrm{c}}=0$.

求解过程中可以得到质心坐标 x_c、y_c，质心速度分量 $\dot{x}_c$、$\dot{y}_c$，转角及角速度 θ，$\dot{\theta}$. 由此计算出瞬心坐标：

$$x_s = x_c - \frac{\dot{y}_c}{\dot{\theta}}, \quad y_s = y_c + \frac{\dot{x}_c}{\dot{\theta}}$$

根据平行轴定理，求得刚体绕瞬心的转动惯量为

$$I_s = I_c + mr_{sc}^2 = I_c + m[(x_s - x_c)^2 + (y_s - y_c)^2]$$

将这些数据画成图形，包括木杆下落的运动模拟、质心运动轨迹、瞬心运动轨迹、瞬心位矢随时间的变化，并将有关的数据分别代入 (20.5.1) 式与过去教材中的旧公式 (20.5.2)，将两个公式等号两边的计算结果画在一张图内进行对比. 可以看到，(20.5.1) 式能够全面地描述系统的运动，而旧公式只能在某些特例下反映系统的运动，所以它是片面的. 这个例子表明，计算机模拟能够弥补理论与实验的欠缺，直观地展现各种抽象的运动规律，深化学生对公式和概念的理解.

下面是两个阶段运动的程序与图像，两个阶段的时间前后相连的，读者可以将两个图合并在一个图像中观察. 这只需在画完第一个图后，运行指令 hold on，再画第二个图即可.

木杆运动第一阶段的图像为图 20.7 所示，程序如后面所列. 运行以后输出的 TE 是停止运算的时间，它将作为第二阶段画图的时间坐标的起点，输出的 y_end 是结束运算时的函数值，它将作为第二阶段的初始条件.

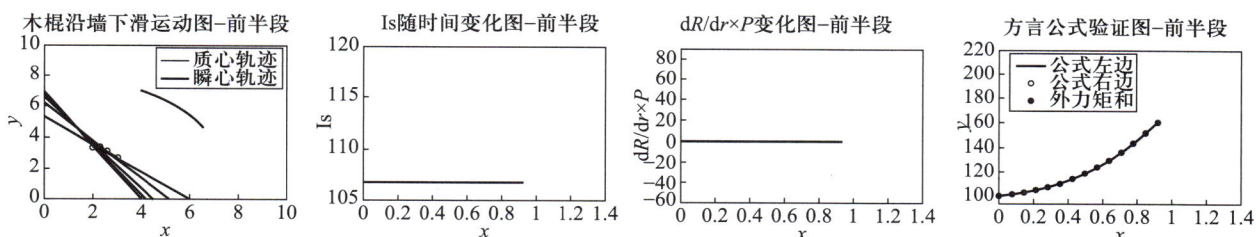

图 20.7　木杆运动的第一阶段

程序如下：

```
function mga                                    %木杆运动第一阶段
M=5; w=0.00; l=4; g=9.81;                       %质量M,初速度w,杆长度l,重力加速度g
Ic=M*l^2/3;                                      %对质心的转动惯量
tspan=[0:0.001:2];
y0=[l*cos(pi/3),0,l*sin(pi/3),0,(2*pi/3),0];     %初始条件
options=odeset('Events',@events);               %开启事件判断功能
[T,Y,TE]=ode45( @fy4,tspan,y0,options);

N=length(T)-1; t=T(2:N);                         %方程解中的时间变量
xc=Y(2:N,1) ; v_xc=Y(2:N,2);                     %质心坐标与速度
yc=Y(2:N,3); v_yc=Y(2:N,4);
fy=Y(2:N,5); v_fy=Y(2:N,6);                      %转角与速度
xs=xc-v_yc./v_fy; ys=yc+v_xc./v_fy;              %瞬心坐标

subplot(2,2,1)                                   %画质心轨迹和瞬心轨迹
```

```
plot(xc,yc,'r-',xs,ys,'k-');
axis([-0,10,0,10]); xlabel('x'); ylabel('y');
title('木棍沿墙下滑运动图-前半段');
legend('质心轨迹','瞬心轨迹',1); hold on
for k=2:200:N;                                              %木棍的位置
    x_a=xc(k)+l*cos(fy(k)); x_b=xc(k)-l*cos(fy(k));
    y_a=yc(k)+l*sin(fy(k)); y_b=0;
    plot([x_a,x_b],[y_a ,0],xc(k),yc(k),'o');
end
dxs=gradient(xs,dt); dys=gradient(ys,dt);                  %求瞬心随时间的变化率
p=1:200:N ;
quiver(xs(p),ys(p),dxs(p),dys(p));                         %取部分数据作瞬心变化率的矢量图

subplot(2,2,2);
Is=Ic+M*((xs-xc).^2+(ys-yc).^2);                           %转动惯量
plot(t,Is); axis([0,1.4,105,120]);
xlabel('t'); ylabel('Is'); title('Is随时间变化图-前半段');

subplot(2,2,3);
px=M.*v_xc; py=M.*v_yc;
dd=(dxs.*py-dys.*px);                                      %dR/dt×P项
plot(t,dd); axis([0,1.4,-60,90]);
xlabel('t'); ylabel('dR/dt \times P');
title('dR/dt \times P变化图-前半段');

subplot(2,2,4);
axis([0,1.4,90,220]); hold on;
title('方言公式验证图-前半段'); xlabel('t'); ylabel('y');
V=1:70:N; tt=t(V);                                         %取部分数据画图
dfr=M*g.*(xs-xc); dfr=dfr(V);                              %外力矩和(右边第一项)
left=dfr-dd(V);                                            %方言公式的等号右边
dfl=gradient(Is.*v_fy,dt);
right=dfl(V);                                              %方言公式的等号左边
plot(tt,left,tt,right,'O',tt,dfr,'*')
legend('公式左边','公式右边','外力矩和',2);

TE                                                         %输出木棍脱离墙的时间
y_end=Y(end,:)                                             %输出终点数据

function f=fy4(t,y);
l=4; g=9.81;
f=[y(2);
```

```
        -3*g*cos(y(5))*sin(y(5))/4+l*cos(y(5))*y(6)^2;
        y(4);
        -3*g*cos(y(5))^2/4-l*sin(y(5))*y(6)^2;
        y(6);
         -3*g*cos(y(5))/(4*l)];


function [value,isterminal,direction]=events(T,Y)
l=4; g=9.81;
value=l*Y(6).^2-3/4*g*sin(Y(5));
isterminal=1; direction=0;
```

木杆运动第二阶段的图像如图 20.8 所示，程序如下. 两个程序的主要差别在于所解的方程不同. 这个程序的初始条件是由第一个程序计算结束时输出的.

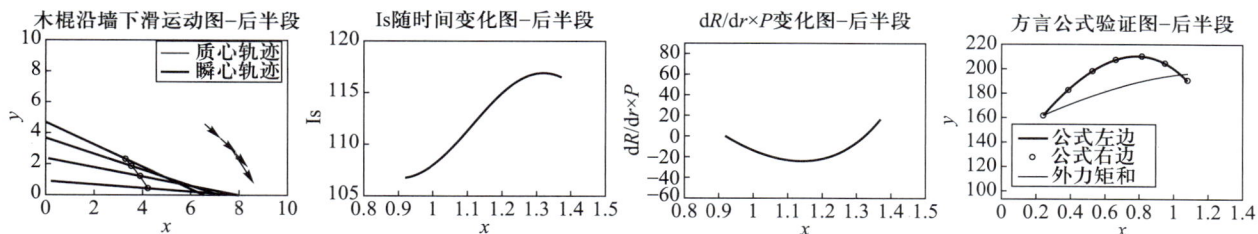

图 20.8　木杆运动的第二阶段

```
function mgb                                        %木杆运动的第二阶段
M=5; w=0.00; l=4; g=9.81;          %质量M,初速度w,杆长度l,重力加速度g
Ic=M*l^2/3;                                          %对质心的转动惯量
dt=0.001; tspan=[0:dt:2];
y0=[3.2660,2.3799,2.3094,-3.3656,2.5261,1.0305];
options=odeset('Events',@events);                    %开启事件判断功能
[T,Y,TE]=ode45(@fy5,tspan,y0,options);                       %解方程

N=length(T)-1; t=T(2:N);                         %解方程中的时间变量
xc=Y(2:N, 1); v_xc=Y(2:N, 2);
yc=Y(2:N, 3); v_yc=Y(2:N, 4);                        %质心坐标与速度
fy=Y(2:N, 5); v_fy=Y(2:N, 6);                        %转角与速度
xs=xc-v_yc./v_fy; ys=yc+v_xc./v_fy;                      %瞬心坐标

subplot(2,2,1)
plot(xc,yc,'r-',xs,ys,'k-');              %质心轨迹和瞬心轨迹
axis([-0,10,0,10]); xlabel('x'); ylabel('y'); hold on
title('木棍沿墙下滑运动图-后半段'); legend('质心轨迹','瞬心轨迹',1);
for k=2:130:N;                                         %木棍的位置
    x_a=xc(k)+l*cos(fy(k)); x_b xc(k)-l*cos(fy(k));
    y_a=yc(k)+l*sin(fy(k)); y_b=0;
```

```matlab
    plot([x_a,x_b],[y_a,0],xc(k),yc(k),'o');
end
dxs=gradient(xs,dt); dys=gradient(ys,dt);          %求瞬心随时间的变化率
p=1:130:N;
quiver(xs(p),ys(p),dxs(p),dys(p));                 %取部分数据作瞬心变化率的矢量图

subplot(2,2,2);
Is=Ic+M*((xs-xc).^2+(ys-yc).^2);                   %转动惯量
plot(t+0.9193,Is); axis([0,1.4,105,120]);
xlabel('t'); ylabel('Is'); title('Is随时间变化图-后半段');

subplot(2,2,3);
px=M.*v_xc; py=M.*v_yc;
dd=(dxs.*py-dys.*px);                               %dR/dt×P 项
plot(t+0.9193,dd);
axis([0,1.4,-60,90]); xlabel('t'); ylabel('dR/dt \times P');
title('dR/dt \times P变化图-后半段');

subplot(2,2,4);
axis([0,1.4 ,90,220]); hold on;
xlabel('t'); ylabel('y'); title('方言公式验证图-后半段');
V=1:70:N; tt=t(V)+0.9193;                           %取部分数据画图
dfr=M*g.*(xs-xc);
dfr=dfr(V);                                         %外力矩和(右边第一项)
left=dfr-dd(V);                                     %方言公式的等号右边
dfl=gradient(Is.*v_fy,dt);
right=dfl(V);                                       %方言公式的等号左边
plot(tt,left,tt,right,'O',tt,dfr)
legend('公式左边','公式右边','外力矩和',3);

function f=fy5(t,y);
g=9.81; l=4;
f=[y(2); 0; y(4);
  (l*sin(y(5))*cos(y(5))^2*y(6)^2-...
        cos(y(5))^2*g)/(1/3+cos(y(5))^2)-l*sin(y(5))*y(6)^2;
  y(6);
  (l*sin(y(5))*cos(y(5))*y(6)^2-cos(y(5))*g)/(1/3*l+l*cos(y(5))^2)];

function [value,isterminal,direction]=events(T,Y)
value=Y(3); isterminal=1; direction=-1;
```

如果在第一个程序的每个子图的语句中分别加上"hold on",并且在运行第一个程序后不要关闭图形窗口,接着运行第二个程序,就可以画出一个完整的木杆下落的图形及公式中各个量随时间变化

的图形.

§20.6 圆锥陀螺运动

MATLAB 的可视化功能十分强大, 充分开发这种功能, 对科研和教学都十分有益. 本节研究拉格朗日–泊松情况下的圆锥陀螺运动, 即圆锥陀螺在重力场中的运动. 陀螺的运动十分复杂, 微分方程组的形式也很复杂, 虽然在教科书中都会介绍这个问题, 理论上也是可以求出解析解, 但是在教材中几乎都不介绍它求解的过程, 因为实在太复杂. 但是数值求解却并不困难. 更有趣的是, 如果做成模拟系统运动的动画, 不仅可以直观地表现陀螺的自转、章动和进动, 还可以定量地观察初始条件对陀螺运动的影响.

这里主要是学习如何用动画演示圆锥陀螺在重力场中的自转、章动和进动. 改变程序中的初始条件, 可以表现陀螺的不同运动形态, 实现了对物理系统模拟的效果.

程序中有些技巧很值得注意, 如使用坐标变换函数来画动画, 用指令 cylinder 画圆锥以表现陀螺的形状.

首先建立描述陀螺的模型. 如图 20.9 所示, 设匀质圆锥陀螺的顶点为固定点 O, 高为 h, 陀螺底面半径为 R, 密度为 ρ, 则其质量为 $m = \frac{\pi}{3}\rho h R^2$, 质心在动力对称轴上, 距固定点 O 的距离为 $l = \frac{3}{4}h$. 以陀螺的固定点 O 为原点建立静止坐标系 $O\xi\eta\zeta$, 以 O 点为原点, 选取陀螺的对称轴为 Oz 轴, 取节线为 Ox 轴, 建立与陀螺半固连的主轴坐标系 $Oxyz$, 该坐标系只随陀螺进动和章动, 不随陀螺自转.

陀螺的拉格朗日量为 $L = T - V$, 动能和势能分别为

$$T = \frac{1}{2}\left(I_x\omega_x^2 + I_y\omega_y^2 + I_z\omega_z^2\right)$$

$$V = mgl\cos\theta$$

角速度的投影为

$$\begin{cases} \omega_x = \dfrac{\mathrm{d}\theta}{\mathrm{d}t} \\[2mm] \omega_y = \dfrac{\mathrm{d}\varphi}{\mathrm{d}t}\sin\theta \\[2mm] \omega_z = \dfrac{\mathrm{d}\varphi}{\mathrm{d}t}\cos\theta + \dfrac{\mathrm{d}\psi}{\mathrm{d}t} \end{cases}$$

式中 θ、φ、ψ 分别为陀螺的章动角、进动角和自转角. 由此得

$$L = \frac{1}{2}\left[I_x\left(\frac{\mathrm{d}\theta}{\mathrm{d}t}\right)^2 + I_y\left(\frac{\mathrm{d}\varphi}{\mathrm{d}t}\sin\theta\right)^2 + I_z\left(\frac{\mathrm{d}\varphi}{\mathrm{d}t}\cos\theta + \frac{\mathrm{d}\psi}{\mathrm{d}t}\right)^2\right] - mgl\cos\theta$$

其中

$$I_x = I_y = \rho\int_0^h \mathrm{d}z \int_0^{2\pi} \mathrm{d}\theta \int_0^{\frac{zR}{h}} (z^2 + r^2\sin^2\theta)r\mathrm{d}r = \rho\frac{\pi}{5}h^3R^2 + \rho\frac{\pi}{20}hR^4$$

$$I_z = \rho\int_0^h \mathrm{d}z \int_0^{2\pi} \mathrm{d}\theta \int_0^{\frac{zR}{h}} r^3\mathrm{d}r = \rho\frac{\pi}{10}hR^4$$

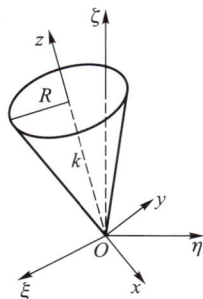

图 20.9 圆锥陀螺的运动模型

运动微分方程为

$$
\begin{cases}
\dfrac{\mathrm{d}^2\theta}{\mathrm{d}t^2} = (1-a)\left(\dfrac{\mathrm{d}\varphi}{\mathrm{d}t}\right)^2 \sin\theta\cos\theta - a\dfrac{\mathrm{d}\varphi}{\mathrm{d}t}\dfrac{\mathrm{d}\psi}{\mathrm{d}t}\sin\theta + bg\sin\theta \\[2mm]
\dfrac{\mathrm{d}^2\varphi}{\mathrm{d}t^2} = (a-2)\dfrac{\mathrm{d}\theta}{\mathrm{d}t}\dfrac{\mathrm{d}\varphi}{\mathrm{d}t}\cot\theta + \dfrac{a}{\sin\theta}\dfrac{\mathrm{d}\theta}{\mathrm{d}t}\dfrac{\mathrm{d}\psi}{\mathrm{d}t} \\[2mm]
\dfrac{\mathrm{d}^2\psi}{\mathrm{d}t^2} = \dfrac{\mathrm{d}\theta}{\mathrm{d}t}\dfrac{\mathrm{d}\varphi}{\mathrm{d}t}[\sin\theta - (a-2)\cot\theta\cos\theta] - a\dfrac{\mathrm{d}\theta}{\mathrm{d}t}\dfrac{\mathrm{d}\psi}{\mathrm{d}t}\cot\theta
\end{cases}
$$

其中

$$
a = \frac{I_z}{I_x} = \frac{2}{4h^2/R^2 + 1}, \qquad b = \frac{ml}{I_x} = \frac{5\rho h}{4h^2 + R^2}
$$

令 $y_1 = \theta$, $y_2 = \dfrac{\mathrm{d}\theta}{\mathrm{d}t}$, $y_3 = \varphi$, $y_4 = \dfrac{\mathrm{d}\varphi}{\mathrm{d}t}$, $y_5 = \psi$, $y_6 = \dfrac{\mathrm{d}\psi}{\mathrm{d}t}$, 得

$$
\begin{cases}
\dfrac{\mathrm{d}y_1}{\mathrm{d}t} = y_2 \\[2mm]
\dfrac{\mathrm{d}y_2}{\mathrm{d}t} = (1-a)(y_4)^2\sin y_1\cos y_1 - ay_4y_6\sin y_1 + bg\sin y_1 \\[2mm]
\dfrac{\mathrm{d}y_3}{\mathrm{d}t} = y_4 \\[2mm]
\dfrac{\mathrm{d}y_4}{\mathrm{d}t} = (a-2)y_2y_4\cot y_1 + \dfrac{a}{\sin y_1}y_2y_6 \\[2mm]
\dfrac{\mathrm{d}y_5}{\mathrm{d}t} = y_6 \\[2mm]
\dfrac{\mathrm{d}y_6}{\mathrm{d}t} = y_2y_4[\sin y_1 - (a-2)\cot y_1\cos y_1] - ay_2y_6\cot y_1
\end{cases}
$$

这个微分方程的解法很简单，主要的问题是如何做出动画. 由欧拉角的知识可知，如果以陀螺的顶点为原点建立一个静止坐标系，再以陀螺的顶点为原点建立一个与陀螺固连的动坐标系，则陀螺表面上一点的坐标 x_0，y_0，z_0 在动坐标系中是一个常数，而这点在静止坐标系中的坐标 x，y，z 则可以通过欧拉角表示的坐标变换来得到，从几何关系可以得出，这个坐标变换关系为

$$
\begin{cases}
x = x_0(\cos\psi\cos\varphi - \sin\psi\cos\theta\sin\varphi) \\
\qquad + y_0(-\sin\psi\cos\varphi - \cos\psi\cos\theta\sin\varphi) + z_0\sin\theta\sin\varphi \\[2mm]
y = x_0(\cos\psi\cos\varphi + \sin\psi\cos\theta\cos\varphi) \\
\qquad + y_0(-\sin\psi\sin\varphi + \cos\psi\cos\theta\cos\varphi) + z_0(-\sin\theta\cos\varphi) \\[2mm]
z = x_0\sin\psi\sin\theta + y_0\cos\psi\sin\theta + z_0\cos\theta
\end{cases}
$$

若将从微分方程中解得的欧拉角随时间变化的规律 $\theta = \theta(t)$，$\varphi = \varphi(t)$，$\psi = \psi(t)$ 代入，就得出此点相对静止坐标系的运动规律. 在主程序中，按照这个公式建立了一个子函数来计算运动中陀螺表面上各点在静止坐标系中的坐标.

下面给出参考程序. 主程序的文件名是 "tlyd.m". 其中包含两个子函数文件，一个是用来对陀螺的坐标进行变换，文件名为 "zbbh"，另一个是用来建立陀螺的运动微分方程，文件名为 "tlydfun". 在主函数文件与子函数文件 tlydfun 之间用指令 global 来传递共用的变量 a、b、g. 程序还给出了章动角、进动角和自转角的位移、速度和加速度随时间演变的图形.

程序如下：

```
function tlyd
R=1; h=2; p=1; g=9.8;                                              %陀螺参数
a=2/(4*(h/R)^2+1); b=5*p*h/(4*h^2+R^2);
thi=pi/6; phi=0; psi=0;                                            %初始条件
[t,u]=ode45(@tlydfun,[0 :0.02:10],[thi phi psi 0 0 75]);
axis([-1 1 -1 1 0 1]), grid on
title('%拉格朗日-泊松情况下的圆锥陀螺运动'); hold on;
[x0,y0,z0]=cylinder(0:.05:.5,60);                                 %陀螺侧面的数据网格
Q=linspace(0,2*pi,60);                                            %以下4句是陀螺上表面数据
cx0=0.5*cos(Q); cy0=0.5*sin(Q); cz0=ones(1,60);
[x,y,z]=zbbh(x0,y0,z0,thi,phi,psi);                              %求陀螺新位置的数据
[cx,cy,cz]=zbbh(cx0,cy0,cz0,thi,phi,psi);
                                                                 %求陀螺盖新位置的数据
xm0=0; ym0=0; zm0=1.2;                                            %中轴线数据
[xm,ym,zm]=zbbh(xm0,ym0,zm0,thi,phi,psi);                        %中轴线
h3=plot3([0,xm],[0,ym],[0,zm],'r','linewidth',5);
h1=surf(x,y,z);                                                  %画初始位置的陀螺
h2=fill3(cx,cy,cz,'m');                                          %给陀螺加盖
h4=plot3(cx(1),cy(1),cz(1),'b.','markersize',20);
pause(0.5);
for i=1:length(u);
    [x,y,z]=zbbh(x0,y0,z0,u(i,1),u(i,2),u(i,3));                %求陀螺新位置的数据
    [cx,cy,cz]=zbbh(cx0,cy0,cz0,u(i,1),u(i,2),u(i,3));          %陀螺新位置数据
    cn=[xm,ym,zm];
    [xm,ym,zm]=zbbh(xm0,ym0,zm0,u(i,1),u(i,2),u(i,3));         %中轴线
    set(h1,'xdata',x,'ydata',y,'zdata',z);                      %画新位置的陀螺
    set(h2,'xdata',cx,'ydata',cy,'zdata',cz);
    set(h3,'xdata',[0,xm],'ydata',[0,ym],'zdata',[0,zm]);
    set(h4,'xdata',cx(1),'ydata',cy(1),'zdata',cz(1));
    plot3([cn(1),xm],[cn(2),ym],[cn(3),zm]); drawnow;          %留下中轴轨迹
  end
                                                                 %计算加速度
u(:,7)=u(:,5).^2.*sin(u(:,1)).*cos(u(:,1)).*(1-a)-...
       a.*u(:,5).*u(:,6).*sin(u(:,1)) + b.*g.*sin(u(:,1));
u(:,8)=u(:,4).*u(:,5).*cot(u(:,1)).*(a-2)+...
       a.*u(:,4).*u(:,6)./sin(u(:,1));
u(:,9)=u(:,4).*u(:,5).*(sin(u(:,1))-cot(u(:,1)).* ...
       cos(u(:,1)).*(a-2)-a.*u(:,4).*u(:,6).*cot(u(:,1));
text_s={'                                 %章动角-t','进动角-t','自转角-t', ...
        '%章动角速度-t','进动角速度-t','自转角速度-t', ...
        '%章动角加速度-t','进动角加速度-t','自转角加速度-t'};
figure('Units','normalized','Position',[0.05 0.10 0.90 0.80],...
```

```
                   'Tag','curve','NumberTitle','off', 'Name','        %欧勒角特性曲线');
     for i=1:3
        for j=1:3
           axes('Position',[0.05+0.32*(j-1) 0.04+0.32*(3-i)...
               0.27 0.24],'XGrid','on','YGrid','on');
           uicontrol('Units','normalized','Position',[0.11+0.32*(j-1)...
           0.28+0.32*(3-i) 0.15 0.04],'Style','text','BackgroundColor',...
           [0.8 0.8 0.8],'String',text_s{(i-1)*3+j},'FontSize',12);
           plot(t,u(:,(i-1)*3+j));
        end
     end


     function [x,y,z]=zbbh(x0,y0,z0,thi,phi,psi)                  %坐标变换函数
     [ph,r]=cart2pol(x0,y0); ph=ph+psi-phi; [x,y]=pol2cart(ph,r);
     [th,r]=cart2pol(y,z0); th=th+thi; [y,z]=pol2cart(th,r);
     [ph,r]=cart2pol(x,y); ph=ph+phi; [x,y]=pol2cart(ph,r);


     function y=tlydfun(t,u)                                      %运动微分方程
     g=9.8; R=1; h=2; p=1;
     y=[u(4); u(5); u(6);
        u(5)^2*sin(u(1))*cos(u(1))*(1-(R/h)^2/2) - ...
           (R/h)^2/2*u(5)*u(6)*sin(u(1)) + 5*p*g*sin(u(1))/4/h;
        u(4)*u(5)*cot(u(1))*((R/h)^2/2-2) + (R/h)^2/2*u(4)*u(6)/sin(u(1));
        u(4)*u(5)*(sin(u(1))-cot(u(1))*cos(u(1))*((R/h)^2/2-2))...
           -(R/h)^2/2*u(4)*u(6)*cot(u(1))];
```

运行程序所得图形如图 20.10、图 20.11 所示.

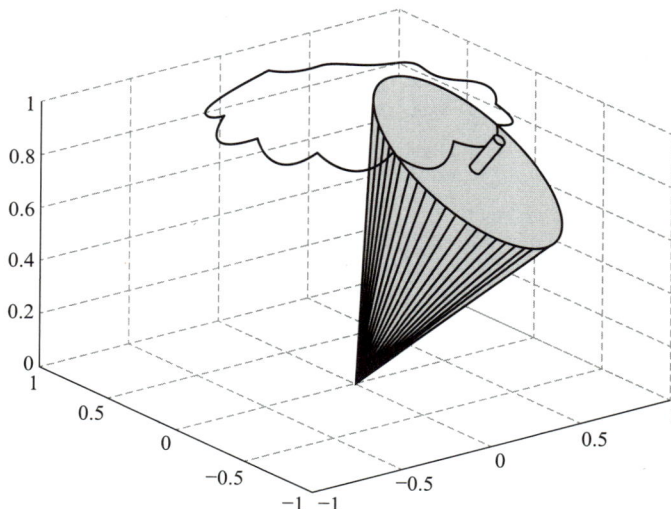

拉格朗日-泊松情况下的圆锥陀螺运动

图 20.10 陀螺运动的动画模拟

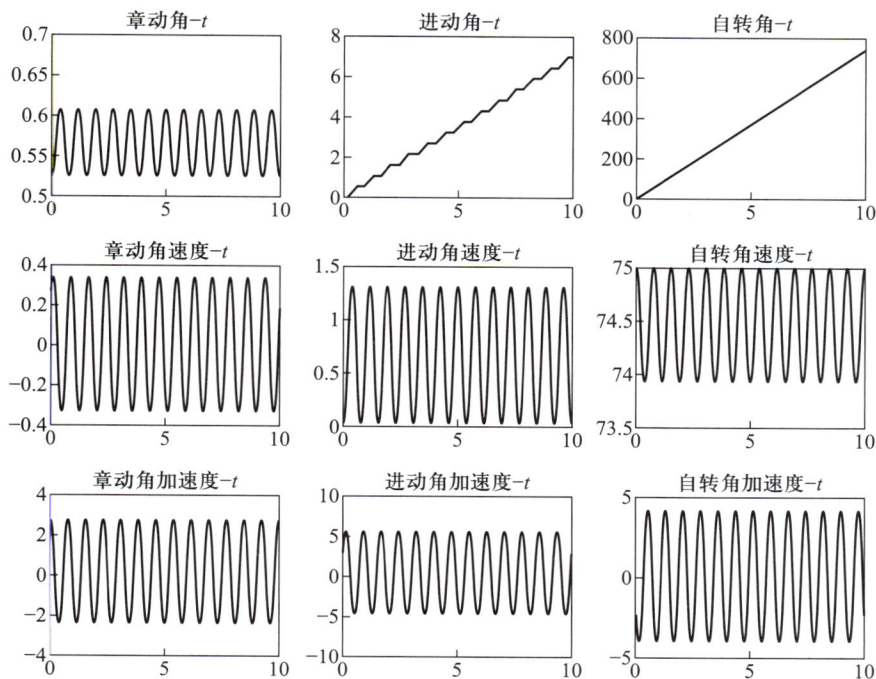

图 20.11 陀螺运动中章动角、进动角和自转角的变化

常微分方程在理论物理的教学中有大量的应用，在《理论力学计算机模拟》和《数学物理方程的 MATLAB 解法与可视化》这两本书中有丰富的实例，有兴趣的读者可以参考.

§20.7 电流环的磁场

环形电流的磁场是普通物理中的一个实验，但是它的计算涉及偏微分方程的解，在某些数学物理方法的教材中有相应的解法，本节介绍用计算机根据毕奥-萨伐尔定律，通过数值积分来求出环形电流的空间磁场分布. 由于后面两节都要用到这个结果，所以在这里专门介绍一下.

如图 20.12(a) 所示，在 B 点的电流密度是 λ，圆环电流元在 A 点产生的磁场为

$$\mathrm{d}\boldsymbol{B} = \frac{\mu_0}{4\pi}\frac{\lambda}{R^3}\mathrm{d}\boldsymbol{l} \times \boldsymbol{R}$$

$$\mathrm{d}\boldsymbol{l} = -\rho\sin\varphi\mathrm{d}\varphi\boldsymbol{i} + \rho\cos\varphi\mathrm{d}\varphi\boldsymbol{j}$$

$$\boldsymbol{R} = (x - \rho\cos\varphi)\boldsymbol{i} + (y - \rho\sin\varphi)\boldsymbol{j} + z\boldsymbol{k}$$

代入得

$$\mathrm{d}\boldsymbol{B} = \frac{\lambda\mu_0}{4\pi R^3}[z\rho\cos\varphi\mathrm{d}\varphi\boldsymbol{i} + z\rho\sin\varphi\mathrm{d}\varphi\boldsymbol{j} + (\rho^2 - y\rho\sin\varphi - x\rho\cos\varphi)\mathrm{d}\varphi\boldsymbol{k}]$$

利用上式，可以编出下面的程序，程序中省略了常数. 程序中使用的指令 streamline 的作图精度与所选的步长有关，在语句中是用最后两个参数控制的，一个表示步长，另一个表示步数. 适当选择这两个参数的值，才能保证所画的场线闭合，否则可能由于计算精度不够而产生误差积累并导致场线不闭合. 另外这个指令是沿着场强增加的方向去画电场线，所以电场线的起点应该选在场强较小的地方，否则画出的图形不美观. 画出的图形如图 20.12(b) 所示.

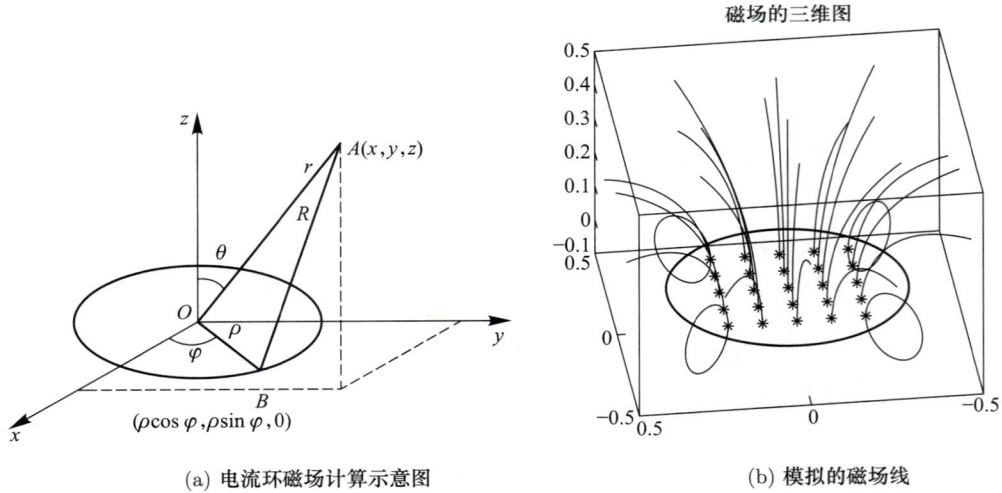

(a) 电流环磁场计算示意图   (b) 模拟的磁场线

图 20.12

程序如下：

```
x=-0.5:0.04:0.5; y=x; z=x; the=0:pi/40:2*pi; a=0.35;          %三维图形的数据网格
[X,Y,Z,T]=ndgrid(x,y,z,the);
r2=X.^2+Y.^2+Z.^2;
R3=(r2+a^2-2*a*(Y.*cos(T)+X.*sin(T))).^(3/2);
                        %受积分指令的积分顺序影响，XY在数据网格中的位置是交换的
dbx=a*Z.*cos(T)./R3; Bx=pi/40*trapz(dbx,4);                   %梯形积分计算磁场
dby=a*Z.*sin(T)./R3; By=pi/40*trapz(dby,4);
dbz=a*(a-Y.*cos(T)-X.*sin(T))./R3; Bz=pi/40*trapz(dbz,4);


v=-0.2:0.1:0.2; [Vx,Vy,Vz]=meshgrid(v,v,0);
plot3(Vx(:),Vy(:),Vz(:),'r*')                                %画流线起点
[XX,YY,ZZ]=meshgrid(x,y,z);                                  %三维数据网格用来作图
streamline(XX,YY,ZZ,Bx,By,Bz,Vx,Vy,Vz,[0.01,2000]);         %场线
axis([-0.5 0.5 -0.5 0.5 -0.5 0.5]); hold on; box on;
title('磁场的三维图','fontsize',15);
t=0:pi/100:2*pi;
plot(a*exp(i*t),'r-','LineWidth',3);                         %画圆环
```

可将下段程序合并到上一个程序中，下面一段程序是画磁感应强度 $\boldsymbol{B}$ 的各个分量，由于 $\boldsymbol{B}_x$、$\boldsymbol{B}_y$ 的图像很相似，所以只画了磁感应强度 $\boldsymbol{B}_x$、$\boldsymbol{B}_z$ 的三个分量沿三个坐标轴变化的图像，如图 20.13 所示，程序如下：

```
figure
subplot(2,3,1)                                              %磁场Bx的三个分量的图像
    Bxx1=shiftdim(Bx(:,26,26),1); plot(Bxx1)
subplot(2,3,2)
    Bxy1=shiftdim(Bx(26,:,26),2); plot(Bxy1)
subplot(2,3,3)
```

```
    Bxz1=shiftdim(Bx(26,26,:)); plot(Bxz1)
subplot(2,3,4)                                %磁场Bz的三个分量的图像
    Bzx1=shiftdim(Bz(:,26,26),1); plot(Bzx1)
subplot(2,3,5)
    Bzy1=shiftdim(Bz(26,:,26),2); plot(Bzy1)
subplot(2,3,6)
    Bzz1=shiftdim(Bz(26,26,:)); plot(Bzz1)
```

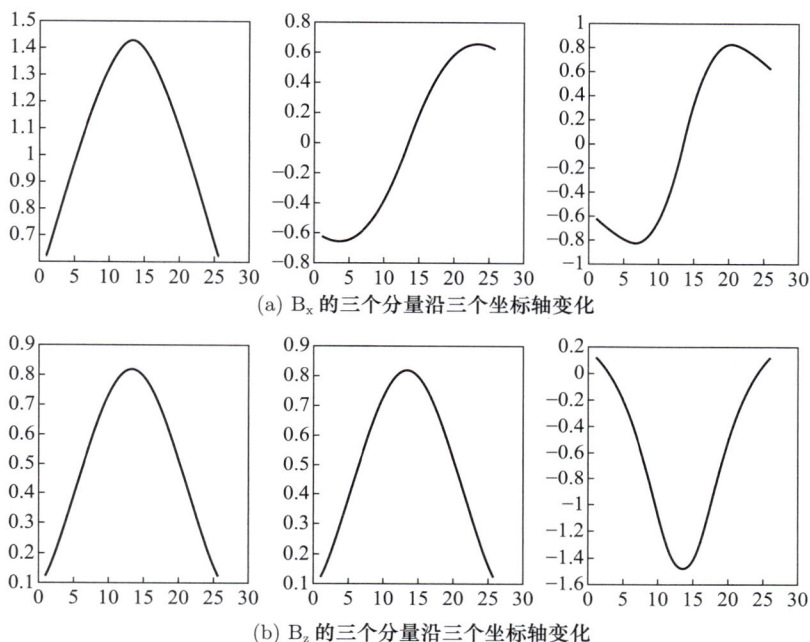

(a) B_x 的三个分量沿三个坐标轴变化

(b) B_z 的三个分量沿三个坐标轴变化

图 20.13

§20.8 磁阱中带电粒子的运动

利用电场或磁场可以将离子（即带电原子或分子）俘获和囚禁在一定范围内，这种装置叫做离子陷阱 (Ion Trap)，是一种在离子光谱学中很常用的设备.

下面模拟一下两个同向或反向的电流环所形成的电磁场对离子的约束运动，即

$$\mathrm{d}\boldsymbol{b} = \frac{\mu_0 \lambda}{4\pi} \frac{1}{R^3} \mathrm{d}\boldsymbol{l} \times \boldsymbol{R}$$

λ 是电流密度，$\boldsymbol{R}$ 是场点距离源点的位矢，认为两个电流圆环距原点的距离为 h，由于有上下两个圆环的源点 [参见图 20.12（a）]，所以有

$$R_1{}^3 = [(x - \rho \cos \varphi) + (y - \rho \sin \varphi) + (z + h)]^{3/2}$$

$$R_2{}^3 = [(x - \rho \cos \varphi) + (y - \rho \sin \varphi) + (z - h)]^{3/2}$$

则电流环上微元在空间产生的磁感应强度为（相差一个因子 $\frac{\mu_0 \lambda}{4\pi}$）

$$bx = \frac{\rho(z+h) \cos \varphi}{R_1{}^3} + \frac{\rho(z-h) \cos \varphi}{R_2{}^3}$$

$$by = \frac{\rho(z+h)\sin\varphi}{R_1{}^3} + \frac{\rho(z-h)\sin\varphi}{R_2{}^3}$$

$$bz = \frac{\rho^2 - \rho x\cos\varphi - \rho y\sin\varphi}{R_1{}^3} + \frac{\rho^2 - \rho x\cos\varphi - \rho y\sin\varphi}{R_2{}^3}$$

对于三个分量分别积分，则可得出整个空间磁场的分布，即

$$B_i = \int_0^{2\pi} b_i \mathrm{d}\varphi, \quad i = x, y, z$$

带电荷量为 q、质量为 m 的粒子在磁场中的受力为

$$\boldsymbol{F} = q\boldsymbol{v} \times \boldsymbol{B}$$

相应的运动方程为

$$\boldsymbol{a} = \frac{q}{m}\boldsymbol{v} \times \boldsymbol{B}$$

根据以上分析，编出程序如下；在程序中将因子 $\frac{q}{m}$，$\frac{\mu_0\lambda}{4\pi}$ 合并为因子 $k=5$，这是一个任意值，并不代表实验值.

```
r=5; h=10;                                         %环半径r,环到原点距离h
k=5;                                               %Q/M,mu*i/4/pi.等因子的综合值
R1=@(x,y,z,phi)((x-r.*cos(phi)).^2+(y-r.*sin(phi)).^2+(z+h).^2).^(3/2);
R2=@(x,y,z,phi)((x-r.*cos(phi)).^2+(y-r.*sin(phi)).^2+(z-h).^2).^(3/2);
bx=@(x,y,z)@(phi)(((z+h).*r.*cos(phi))./R1(x,y,z,phi)+...
                ((z-h).*r.*cos(phi))./R2(x,y,z,phi));
by=@(x,y,z)@(phi)(((z+h).*r.*sin(phi))./R1(x,y,z,phi)+...
                ((z-h).*r.*sin(phi))./R2(x,y,z,phi));
bz=@(x,y,z)@(phi)((r.*(r-x.*cos(phi)-y.*sin(phi)))./R1(x,y,z,phi)+...
                (r.*(r-x.*cos(phi)-y.*sin(phi)))./R2(x,y,z,phi));
BX=@(x,y,z)integral(bx(x,y,z), 0, 2*pi);           %磁场的各个分量
BY=@(x,y,z)integral(by(x,y,z), 0, 2*pi);
BZ=@(x,y,z)integral(bz(x,y,z), 0, 2*pi);
Fx=@(x,y,z,vx,vy,vz)(k*(vy.*BZ(x,y,z)-vz.*BY(x,y,z)));   %粒子所受磁场力
Fy=@(x,y,z,vx,vy,vz)(k*(vz.*BX(x,y,z)-vx.*BZ(x,y,z)));
Fz=@(x,y,z,vx,vy,vz)(k*(vx.*BY(x,y,z)-vy.*BX(x,y,z)));
odef=@(t,r)[r(4); r(5); r(6);                      %运动方程
           Fx(r(1),r(2),r(3),r(4),r(5),r(6));
           Fy(r(1),r(2),r(3),r(4),r(5),r(6));
           Fz(r(1),r(2),r(3),r(4),r(5),r(6))];
[t,R]=ode45(odef,[0:500],[0.2,0.1,0,-0.2,0.15,-0.1]);   %解方程
the=linspace(0,2*pi,100);                          %画两个环
a=r*cos(the); b=r*sin(the); c=h*ones(1,100);
plot3(a,b,c), hold on, plot3(a,b,-c)
comet3(R(:,1),R(:,2),R(:,3))                        %画粒子轨迹
```

这个程序利用匿名函数建立空间任意一点的磁场表达式，这种做法在计算离子运动方程时可以直接调用. 这里主要考虑了磁场的作用，而假定电场对离子的影响较小，程序运动的结果表明在恰当的条件下，离子的运动被束缚在一个小的空间区域内. 程序画出图形如图 20.14 所示.

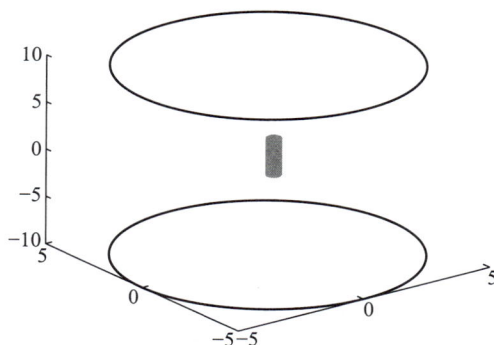

图 20.14　磁阱中带电粒子的运动轨迹

§20.9　彭宁阱（Penning trap）

彭宁阱装置的示意图和其电场线的分布图分别如图 20.15 所示.

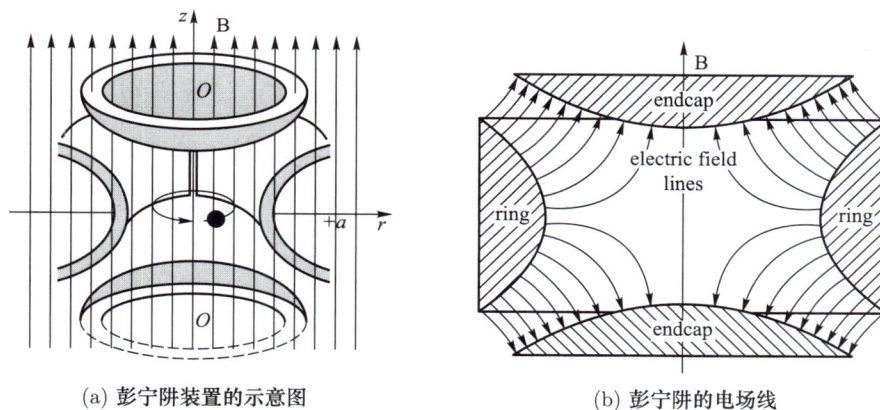

(a) 彭宁阱装置的示意图　　　(b) 彭宁阱的电场线

图 20.15

离子被束缚的原理如下，对于正离子，受到上下两个带正电的盖帽的斥力，其将被限制在 z 方向有限的范围内；而由于受到环的负电荷的吸引，正电荷会朝环运动，在 z 方向的静磁场作用下，又会产生横向的运动，使正离子不仅不可能到达圆环，还会拐弯并慢慢减速，最后形成某种螺旋运动. 所以在适当的速度与位置条件下，正离子被限制在离子阱内运动.

为了模拟这个装置，我们将空间电场简化为一个均匀带负电的圆环和在过环心垂直环面的 z 轴上对称分布的两个正的点电荷所形成的电场之和，其中正电荷的等电势面与盖帽的相似.

以圆环心为原点，以圆环面为水平面建立 x、y 轴，z 轴向上. 圆环半径为 a，环上负电荷的电荷线密度为 Q_0. 两个正电荷所带电荷量各为 Q_0，位置在 $(0,0,d),(0,0,-d)$. 则空间任一点 (x,y,z) 到两个点电荷的距离为

$$r_1 = \sqrt{x^2+y^2+(z-d)^2}, \quad r_2 = \sqrt{x^2+y^2+(z+d)^2}$$

点电荷在空间一点的电场的三个分量为 E_{1x}, E_{1y}, E_{1z}，记 $k = 1/4\pi\varepsilon_0$，则有

$$E_{1x} = \frac{kQx}{r_1{}^3} + \frac{kQx}{r_2{}^3}$$

$$E_{1y} = \frac{kQy}{r_1{}^3} + \frac{kQy}{r_2{}^3}$$

$$E_{1z} = \frac{kQ(z+d)}{r_1{}^3} + \frac{kQ(z-d)}{r_2{}^3}$$

环在空间中一点的电场的三个分量为 e_x, e_y, e_z，即

$$e_x = \int_0^{2\pi} \frac{kQ_0 a(x - a\cos\theta)}{\left[(x - a\cos\theta)^2 + (y - a\sin\theta)^2 + z^2\right]^{3/2}} \, \mathrm{d}\theta$$

$$e_y = \int_0^{2\pi} \frac{kQ_0 a(y - a\sin\theta)}{\left[(x - a\cos\theta)^2 + (y - a\sin\theta)^2 + z^2\right]^{3/2}} \, \mathrm{d}\theta$$

$$e_z = \int_0^{2\pi} \frac{kQ_0 az}{\left[(x - a\cos\theta)^2 + (y - a\sin\theta)^2 + z^2\right]^{3/2}} \, \mathrm{d}\theta$$

带电圆环的电场的计算与 §20.7 节一样，总电场 $\boldsymbol{E}$ 为两种电场之和，它的三个分量是

$$E_x = E_{1x} + e_x, \quad E_y = E_{1y} + e_y, \quad E_z = E_{1z} + e_z$$

外磁场沿 x 轴向上，大小为 B_0. 则对于一个坐标为 (x, y, z) 且所带电荷量为 q、质量为 m 的离子，其运动方程为

$$m\frac{\mathrm{d}^2\boldsymbol{r}}{\mathrm{d}t^2} = q\boldsymbol{E} + qv \times \boldsymbol{B}$$

写成分量形式为

$$m\frac{\mathrm{d}^2x}{\mathrm{d}t^2} = qE_x + q\frac{\mathrm{d}y}{\mathrm{d}t} \times B_0$$

$$m\frac{\mathrm{d}^2y}{\mathrm{d}t^2} = qE_y + q\frac{\mathrm{d}y}{\mathrm{d}t} \times B_0$$

$$m\frac{\mathrm{d}^2z}{\mathrm{d}t^2} = qE_z$$

程序中得到的电场是离散的数据，使用内插指令 inter3 将它转化为连续函数来计算离子的运动轨迹. 从电场线看，这种模拟与实际的电场分布是相似的. 而运动轨迹也确实集中在中部区域. 实际程序如下，画出的图像是图 20.16：

```
q=4; Q=1; Q0=-1;                                        %运动电荷q,点电荷Q,环电荷密度Q0
B=3; m=1; k=1;                                          %磁场B,点电荷质量m,常数k代表 1/4*pi*epsilon
figure;                                                 %画带电圆环和两极的电荷
r=2.5; d=2.5;                                            %环半径r,点电荷位置d
theta=0:pi/20:2*pi;
x=r*cos(theta); y=r*sin(theta); z=zeros(length(theta));
plot3(x,y,z,'linewidth',2.5,'color','r');hold on;       %画圆环
```

```
plot3(0,0,[d,-d],'.b','Markersize',50); view(162,14)          %画点电荷

x=-2.8:0.15:2.8; y=x; z=x; [X,Y,Z,T]=ndgrid(x,y,z,theta);    %计算环电场
r0=sqrt((X-r*cos(T)).^2+Z.^2+(Y-r*sin(T)).^2);
dv=Q0./r0; v=trapz(dv,4)*pi/20;                              %环的电势
[ex,ey,ez]=gradient(-v,0.1);                                 %环的电场
[XX,YY,ZZ]=meshgrid(x,y,z);                                  %三维数据网格
r1=(sqrt(XX.^2+YY.^2+(ZZ-d).^2)).^3;
r2=(sqrt(XX.^2+YY.^2+(ZZ+d).^2)).^3;
Ex=Q*(XX./r1+XX./r2); Ey=Q*(YY./r1+YY./r2)                   %点电荷的电场
EX=Ex+ex; EY=Ey+ey; EZ=ez;                                   %总电场三个分量
streamslice(XX,YY,ZZ,EX,EY,EZ,0,[],[])                       %画电场线截面图
pause(3), view(90,0), pause(0.5)

EX=@(xx,yy,zz)interp3(XX,YY,ZZ,EX,xx,yy,zz,"spline");        %总电场插值函数
EY=@(xx,yy,zz)interp3(XX,YY,ZZ,EY,xx,yy,zz,"spline");
EZ=@(xx,yy,zz)interp3(XX,YY,ZZ,EZ,xx,yy,zz,"spline");

mo=@(t,u)[u(4);u(5);u(6);...                                 %离子运动微分方程组
        q*(EX(u(1),u(2),u(3))+B*u(5));...
        q*(EY(u(1),u(2),u(3))-B*u(4));...
        q*EZ(u(1),u(2),u(3))];
[t,u1]=ode45(mo,[0,15],[0,0,0,1,0,-1]);                      %初位置(0,0,0)初速度(1,0-1)

figure; r=2.5; d=2.5;                                        %再画一次圆环和电荷
theta=0:pi/20:2*pi;
x=r*cos(theta); y=r*sin(theta); z=zeros(length(theta));
plot3(x,y,z,'linewidth',2.5,'color','r'); hold on;
plot3(0,0,[d,-d],'.b','Markersize',50);, view(-18,17)
comet3(u1(:,1),u1(:,2),u1(:,3))                             %画轨迹
```

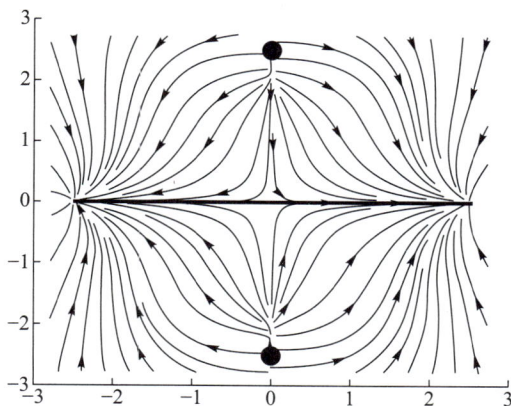

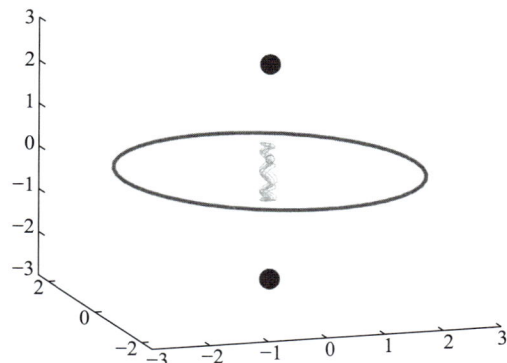

(a) 模拟的电场线   (b) 模拟的离子运动轨迹

图 20.16

§20.10　一阶朗之万方程的数值解

朗之万方法被广泛地用来研究宏观系统中的涨落. 涨落也被称作噪声, 被当做随机项引入到运动方程之中.

朗之万方程是一个在数学、物理和化学等领域中经常用到的随机微分方程. 对它的数值求解不同于常微分方程, 因为该方程出现了一个满足一定分布的随机力, 通常是高斯分布, 故也称为高斯白噪声或高斯色噪声.

所以, 模拟朗之万方程, 就是在迭代中的每一步, 由计算机产生一个随机数来模拟随机力冲量, 进而给出 t 时刻粒子的坐标和速度. 通过模拟大量相同初始分布的粒子, 在同一时刻对所有粒子的轨道进行统计, 就可以给出系统的分布密度函数并计算相关量的平均.

这里只讨论最近邻相互作用的一维线性耦合振子链模型, 这种模型常用来描述大量物理、化学和生物等现象. 这里我们研究的是在一端固定、一端自由边界条件下的简谐振子链的动力学行为. 每个振子坐标所满足的朗之万方程写作:

$$\begin{cases} \dfrac{\mathrm{d}x_1}{\mathrm{d}t} = \omega^2 x_2 - \omega^2 x_1 + \varepsilon_1 \\[2mm] \dfrac{\mathrm{d}x_i}{\mathrm{d}t} = \omega^2 x_{i+1} + \omega^2 x_{i-1} - 2\omega^2 x_i + \varepsilon_i \end{cases}$$

这里的 x_i、ε_i, 　 $i = 1, 2, \cdots$ 都是时间 t 函数.

当只有一个振子时, 运动方程为

$$\frac{\mathrm{d}x}{\mathrm{d}t} = -\omega^2 + \varepsilon(x)$$

用蒙特卡洛方法模拟求解朗之万方程的步骤为:

（1）将方程无量纲化, 使方程中的系数不要出现过大或过小的情况, 以免人为引起刚度问题;

（2）在每一步由计算机产生一个随机数模拟随机力冲量, 进而算出经历 $n\Delta t$ 后粒子随时间变化的新坐标, 即为一条轨道. 然后再重新从粒子的初始分布抽出坐标 $x(0)$, 重复以上过程, 给出另一条轨道;

（3）在同一时刻 t, 对所有轨道的某种物理量（这里为位移）求平均或计算分布.

首先计算一个振子的方程, 在方程的函数中用指令 rand(1) 表示随机力, 计算它的位置与方差的变化. 程序与图形（图 20.17）如下:

从图像看出, 位置分布符合正态分布假设, 而且经过长时间后振子的方均坐标逐渐趋于稳定.

再计算 10 个振子的情形, 运动微分方程为

$$\begin{cases} \dfrac{\mathrm{d}x_1}{\mathrm{d}t} = \omega^2 x_2 - \omega^2 x_1 + \varepsilon_1 \\[2mm] \dfrac{\mathrm{d}x_i}{\mathrm{d}t} = \omega^2 x_{i+1} + \omega^2 x_{i-1} - 2\omega^2 x_i + \varepsilon_i \\[2mm] \dfrac{\mathrm{d}x_{10}}{\mathrm{d}t} = \omega^2 x_9 - 2x_{10} + \varepsilon_{10} \end{cases}$$

```
L=2000;
M=zeros(1,L); N=zeros(101,L);
for i=1:L
    fun=@(t,y)-y+rand(1);
    [T,Y]=ode45(fun,(0:0.1:10),0.5);
    M(i)=Y(end);
    N(:,i)=Y(:);
end
subplot(2,1,1)
histfit(M,30);
H=jbtest(M,0.01);

subplot(2,1,2)
N=var(N,0,2);
plot(N)
```

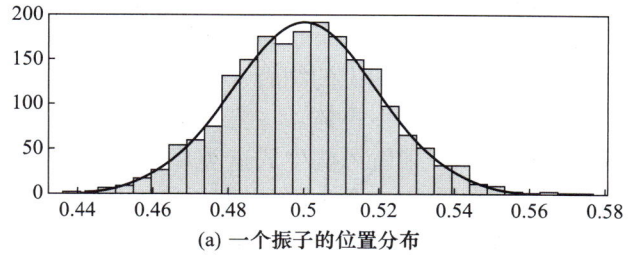

(a) 一个振子的位置分布

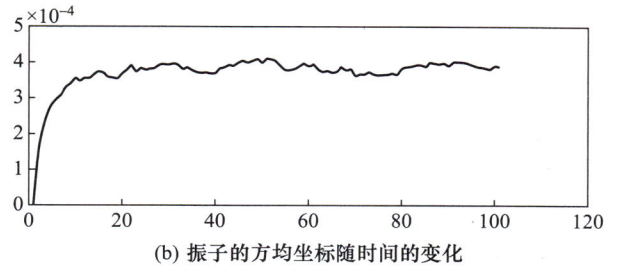

(b) 振子的方均坐标随时间的变化

图 20.17

程序与图形（图 20.18）如下：

```
function ercifang
M=zeros(1,1000);
for i=1:1000
    x0=0.5*ones(10,1);
    [~,x]=ode23(@fun,(0:0.1:10),x0);
    M(:,i)=x(end,6);
end
histfit(M,30)
jbtest(M);
end
function ydot=fun(~,x)
k=10;
ydot(1,1)=k*x(2)-k*x(1)+rand(1);
ydot(10,1)=k*x(9)-k*2*x(10)+rand(1);
ydot(2:9,1)=k*x(1:8)+k*x(3:10)-...
    k*2*x(2:9)+rand(1);
end
```

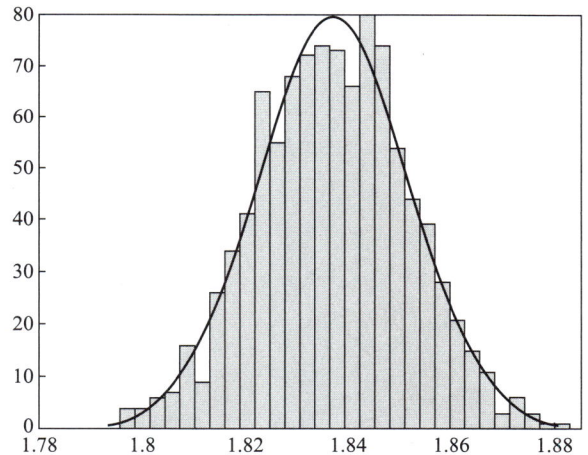

图 20.18　10 个振子的位置分布

§20.11　白矮星的结构

白矮星是恒星演化最后阶段所生成的三种产物（白矮星、中子星和黑洞）之一. 印度裔科学家钱德拉塞卡凭借对白矮星的质量与半径关系曲线等的研究工作获得 1983 诺贝尔物理学奖. 李政道也在博士学位论文中讨论过白矮星问题. 有关的科普知识介绍可以参看秦克诚教授的专著《方寸格致——〈邮票上的物理学史〉增订版》（高等教育出版社 2014 年出版）.

这个例题是计算物理的一个优秀案例. 通过认真学习这个案例，可以充分体会计算物理的魅力，从而明白计算物理不仅仅是物理，更不会只有计算. 这个例题要解的只是两个耦合的一阶常微分方程. 但是方程的建立，需要深厚的物理学知识，将方程无量纲化，以及方程初始条件的设置，又充分体现了计算技巧与物理知识的结合. 下面来具体讨论这个问题.

　　白矮星是一类冷星体，主要由原子核和与它们联系的电子组成. 核子在结合成原子核进而构成元素的核反应过程中就可能生成这类星体. 白矮星常常是由最稳定的原子核 ^{56}Fe 组成，但是，如果核合成过程过早结束，也会生成原子核 ^{6}C 占优势的白矮星. 白矮星的结构是由引力和电子的简并斥力之间的相互作用决定的，引力使星体压缩，而电子间的斥力则抵抗压缩. 本节通过解这一过程的平衡方程来讨论白矮星的质量与其半径之间的关系.

20.11.1　平衡方程

　　假定白矮星是球对称的且无自转，磁场的作用也可忽略不计. 为了维持星体的形状不变，星体必处于力学平衡状态之下，即星体的每一小块物质所受的万有引力 F 都要等于所受的压力 P（即电子斥力，它只是半径 r 的函数）.

　　作用在半径 r 处的、单位体积的物质上的引力为

$$F_{\mathrm{g}} = -\frac{Gm}{r^2}\rho \tag{20.11.1}$$

其中 G 是引力常量. $\rho(r)$ 是质量密度、$m(r)$ 是半径 r 之内的星体质量：

$$m(r) = 4\pi \int_0^r \rho(r')r'^2\mathrm{d}r' \tag{20.11.2}$$

而由于压力变化产生的作用在单位体积物质上的力为 $-\mathrm{d}P/\mathrm{d}r$. 因此有

$$\frac{\mathrm{d}P}{\mathrm{d}r} = -\frac{Gm(r)}{r^2}\rho(r) \tag{20.11.3}$$

利用恒等式

$$\frac{\mathrm{d}P}{\mathrm{d}r} = \left[\frac{\mathrm{d}\rho}{\mathrm{d}r}\right]\left[\frac{\mathrm{d}P}{\mathrm{d}\rho}\right]$$

(20.11.3) 式可以写为

$$\frac{\mathrm{d}\rho}{\mathrm{d}r} = -\left[\frac{\mathrm{d}P}{\mathrm{d}\rho}\right]^{-1}\frac{Gm}{r^2}\rho \tag{20.11.4}$$

对 (20.11.2) 式微分，可得质量和密度之间的微分关系为

$$\frac{\mathrm{d}m}{\mathrm{d}r} = 4\pi r^2\rho(r) \tag{20.11.5}$$

(20.11.4) 式和 (20.11.5) 式是两个耦合的一阶微分方程, 对于给定的物态方程（物态方程是物质的一种内禀性质，它给出在给定密度下为维持此密度所需的压力 $P(\rho)$），可由它们决定星体的结构. 在 $r = 0$ 处，显然有 $\rho = \rho_{\mathrm{c}}$（中心密度）和 $m = 0$. 沿 r 向外积分就给出密度剖面. 而星体的半径 R 则由密度为零的点决定. 可以认为密度是随着离中心的距离加大而减小的. 于是星体的总质量为 $M = m(R)$. 由于 R 和 M 都依赖于 ρ_{c}，改变这个参量就能研究不同质量的星体.

20.11.2　物态方程

　　现在来求上面的耦合方程组中需要的物态方程. 假定物质是由大原子核及其电子组成. 很重的原子核贡献了几乎全部质量，但是对压力几乎没有贡献，因为它们简直没有什么运动. 与此相反，全部

压力都是由运动电子产生的，而对质量基本上没有贡献. 这里研究的是远远高于通常物质密度的高密度状态，这时，电子不再束缚在单个原子核上，而是在物质中自由运动. 于是一个良好的模型是绝对零度下的自由费米电子气体, 它应当用相对论运动学进行处理.

对于给定质量密度的物质, 电子数密度为

$$n = Y_e \frac{\rho}{m_\mathrm{p}} \tag{20.11.6}$$

其中 m_p 是质子质量（忽略中子质量和质子质量之间的微小差别）. 而 Y_e 是每个核子所拥有的电子数. 若原子核是 $^{56}\mathrm{Fe}$, 则

$$Y_e = \frac{26}{56} = 0.464$$

如果原子核是 $^{12}\mathrm{C}$, 则 $Y_e = 1/2$.

考虑一个大体积 V 内的自由费米气体, 其中有 N 个电子, 都处在能量最低的平面波状态, 其动量 $p < p_\mathrm{f}$, p_f 是费米动量. 由于每个平面波是二重自旋简并的, 所以有

$$N = 2V \int_0^{p_\mathrm{f}} \frac{\mathrm{d}^3 p}{(2\pi)^3} \tag{20.11.7}$$

由此得出

$$p_\mathrm{f} = (3\pi^2 n)^{1/3} \tag{20.11.8}$$

其中 $n = N/V$, 取 $\hbar = c = 1$. 这些电子的总能量密度为

$$\frac{E}{V} = 2 \int_0^{p_\mathrm{f}} \frac{\mathrm{d}^3 p}{(2\pi)^3} (p^2 + m_\mathrm{e}^2)^{1/2} \tag{20.11.9}$$

它可以积出

$$\frac{E}{V} = n_0 m_\mathrm{e} x^3 \varepsilon(x) \tag{20.11.10a}$$

$$\varepsilon(x) = \frac{3}{8x^3} \{ x(1+2x^2)(1+x^2)^{1/2} - \log[x + (1+x^2)^{1/2}] \} \tag{20.11.10b}$$

其中

$$x \equiv \frac{p_\mathrm{f}}{m_\mathrm{e}} = \left(\frac{n}{n_0} \right)^{1/3}, \quad n_0 = \frac{m_\mathrm{e}^3}{3\pi^2} \tag{20.11.10c}$$

变量 x 通过 n_0 表示了电子数密度, 而

$$n_0 = 5.89 \times 10^{29} \ \mathrm{cm}^{-3}$$

是费米动量等于电子质量 m_e 时的电子数密度.

压力与 N 固定时能量随体积的变化, 是通过热力学关系相联系的, 即

$$P = -\frac{\partial E}{\partial V} = -\frac{E}{V} - \frac{\partial E}{\partial x} \frac{\partial x}{\partial V} \tag{20.11.11}$$

用 (20.11.10c) 式和 $n = N/V$ 求得

$$\frac{\partial x}{\partial V} = -\frac{x}{3V}$$

微分式 (20.11.10a,b) 得到

$$P = \frac{1}{3} n_0 m_{\mathrm{e}} x^4 \varepsilon' \tag{20.11.12}$$

其中 $\varepsilon' = \mathrm{d}\varepsilon/\mathrm{d}x$.

现在再计算 $\mathrm{d}P/\mathrm{d}\rho$. 由于 P 通过 x 来表示最方便, 所以还要把 x 与 ρ 联系起来. 利用 (20.11.10c) 式和 (20.11.6) 式可做到这一点.

$$x = \left(\frac{n}{n_0} \right)^{1/3} = \left(\frac{\rho}{\rho_0} \right)^{1/3} \tag{20.11.13a}$$

$$\rho_0 = \frac{m_{\mathrm{p}} n_0}{Y_e} = 9.79 \times 10^5 Y_e^{-1} \, \mathrm{gm} \cdot \mathrm{cm}^{-3} \tag{20.11.13b}$$

因此, ρ_0 是电子密度为 n_0 的物质的质量密度. 对压力求微分并利用 (20.11.12) 式和 (20.11.13a) 式, 在经过一些代数运算之后得到

$$\frac{\mathrm{d}P}{\mathrm{d}\rho} = \frac{\mathrm{d}P}{\mathrm{d}x} \frac{\mathrm{d}x}{\mathrm{d}\rho} = Y_e \frac{m_e}{m_{\mathrm{p}}} \gamma(x) \tag{20.11.14}$$

$$\gamma(x) = \frac{1}{9x^2} \frac{\mathrm{d}}{\mathrm{d}x} (x^4 \varepsilon') = \frac{x^2}{3(1+x^2)^{1/2}}$$

20.11.3　方程的无量纲化

把描写一个物理系统的方程化为无量纲的形式, 对物理研究和数值计算都会带来方便, 可以避免在计算中与很大或很小的数打交道. 在此引入量纲为 1 的半径、密度和质量变量:

$$r = R_0 \bar{r}, \quad \rho = \rho_0 \bar{\rho}, \quad m = M_0 \bar{m} \tag{20.11.15}$$

其中的半径和质量标尺 R_0 和 M_0 要根据使用方便来确定. 把它们代入 (20.11.4) 式和 (20.11.5) 式, 并利用 (20.11.14) 式, 经过合并同类项, 就得到

$$\frac{\mathrm{d}\bar{m}}{\mathrm{d}\bar{r}} = \left[\frac{4\pi R_0^3 \rho_0}{M_0} \right] \bar{r}^2 \bar{\rho} \tag{20.11.16a}$$

$$\frac{\mathrm{d}\bar{\rho}}{\mathrm{d}\bar{r}} = - \left[\frac{G M_0}{R_0 Y_e (m_e/m_{\mathrm{p}})} \right] \frac{\bar{m} \, \bar{\rho}}{\gamma \bar{r}^2} \tag{20.11.16b}$$

选择 M_0 和 R_0, 使得上面两个方程方括号中的系数为 1, 就求得

$$R_0 = \left[\frac{Y_e (m_{\mathrm{e}}/m_{\mathrm{p}}) c^2}{4\pi G \rho_0} \right]^{1/2} = 7.72 \times 10^8 Y_e \, \mathrm{cm} \tag{20.11.17a}$$

$$M_0 = 4\pi R_0^3 \rho_0 = 5.67 \times 10^{33} Y_e^2 \, \mathrm{gm} \tag{20.11.17b}$$

而量纲为 1 的微分方程则是

$$\frac{\mathrm{d}\bar{\rho}}{\mathrm{d}\bar{r}} = - \frac{\bar{m} \, \bar{\rho}}{\gamma \bar{r}^2} \tag{20.11.18a}$$

$$\frac{\mathrm{d}\bar{m}}{\mathrm{d}\bar{r}} = \bar{r}^2 \bar{\rho} \tag{20.11.18b}$$

再回忆 γ 由 (20.11.14) 式给出, 其中 $x = \bar{\rho}^{\frac{1}{3}}$, 这些方程就完善了.

用作标尺的量 (20.11.13b) 式和 (20.11.17) 式表示星体的结构和不同的 Y_e 联系起来，从而减小计算工作量. 一旦知道了某一个 $\bar{\rho}_c = \rho_c/\rho_0$ 值上的 $Y_e = 1$ 的解，那么对任何别的 Y_e 值，只要把密度标尺乘以 Y_e，把半径标尺乘以 Y_e^2 就可以得到.

太阳的半径和质量是

$$R_\odot = 6.95 \times 10^{10} \text{ cm}, \quad M_\odot = 1.98 \times 10^{33} \text{ g}$$

而太阳中心的密度则约为 150 g·cm^{-3}. 由此对标尺 (20.11.14) 式可得到一些印象，并预期白矮星的质量可与太阳的质量进行比较，但它们的半径则小得多，因而它们的密度将高得多.

所以正确的计算结果应该是，随着白矮星中心密度的增大，它的质量将趋于一个极限值——线德拉塞卡质量 M_{ch}，而星体将变得很小. 为了理解这个现象并得到对 M_{ch} 的估值，可以从朗道于 1932 年提出的一个论据出发：星体的总质量由引力能量 ($W < 0$) 和物质的内能 ($U > 0$) 组成. 假定一个总质量给定的星体的密度剖面是常量. 这个假定对理解上述现象很有帮助. 这样，星体的半径简单地同总质量的常数密度相联系. 对这种密度剖面计算 U 和 W，假定密度足够高，使得针对电子可以在相对论极限下处理. 证明两种能量都以 $1/R$ 为标尺，并且当总质量超过某一临界值时，W 相对于 U 将处于压倒性优势. 于是能量上将有利于星体塌缩（其半径收缩到零）. 用这种方法估计 M_{ch} 的值，并且把它同你的数值计算结果进行比较.

20.11.4 解方程

用 MATLAB 编写的程序 ch4c 如下所示. 首先，程序中的参数 R0, M0, RHO0, rhocent 分别由公式 (20.11.17a,b)，(20.11.13b)，(20.11.15) 决定. 解方程的步长 dr 是由经验决定的，起始点的半径 r_{start} 选在离星体中心约 dr/10 处，把这个范围内的质量密度视为 ρ_0，就可以由方程组近似地求出密度和质量的初始值. 计算过程如下：

将 (20.11.18b) 式积分得到

$$\int_0^{r_{\text{start}}} \mathrm{d}\bar{m} = \int_0^{r_{\text{start}}} \bar{r}^2 \bar{\rho} \mathrm{d}\bar{r}$$

$$\bar{m}_{\text{start}} - 0 = \frac{1}{3}\bar{r}^3 \rho_{\text{cent}}$$

积分 4.38（a）得到

$$\int_{\rho_{\text{cent}}}^{\rho_{\text{star}}} \mathrm{d}\bar{\rho} = -\int_0^{r_{\text{start}}} \frac{\bar{m}\bar{\rho}}{\gamma \bar{r}^2} \mathrm{d}\bar{r}$$

将利用上面的 $\bar{m}_{\text{start}}$ 得到

$$\rho_{\text{star}} - \rho_{\text{cent}} = -\frac{\rho_{\text{cent}}}{\gamma} \int_0^{r_{\text{start}}} \frac{\mathrm{d}\bar{r}}{\bar{r}^2} \frac{1}{3}\bar{r}^3 \rho_{\text{cent}} = -\frac{1}{6}\frac{\rho_{\text{cent}}^2}{\gamma}\bar{r}_{\text{start}}^2$$

$$\rho_{\text{star}} = \rho_{\text{cent}}\left(1 - -\frac{1}{6\gamma}\rho_{\text{cent}}\bar{r}_{\text{start}}^2\right)$$

将这样计算的值作为初始值代入程序中作计算用的 ρ_{start}、m_{start}. 积分中止的条件是 $\rho < 10^3$，它决定了积分的步数. 程序中使用的积分步数适用于计算中心密度 $10^8 < \rho_c < 10^{15}$ 的白矮星. 对每个输入的中心密度值，都可计算对应的星体的密度和质量，积分进行到密度达到 10^3 g·cm^{-3} 时即行停止. 程序如下：

```
function ch20N10
YE=1; rho1=1e9; R0=7.72*10e+8*YE; M0=5.67*10e+33*YE^2;        %parameters
```

```
RHO0=979000/YE; rhocent=rho1/RHO0;                        %initial conditions
dr=(3*0.001/rhocent)^(1/3)/3; rstart=dr/10;
mstart=rstart^3*rhocent/3;
gamma=rhocent^(2/3)/3/sqrt(1+rhocent^(2/3));
rhostart=rhocent*(1-rhocent*rstart^2/6/gamma);
[rp,y]=ode45(@ch4cfun,[rstart 111*dr],[mstart,rhostart]);

subplot(1,2,1), loglog(rp*R0,y(:,1)*M0,'r-')
subplot(1,2,2), loglog(rp*R0,y(:,2)*RHO0,'r-')

function yy=ch4cfun(rp,y)
yy=[rp^2*y(2); -y(1)*y(2)/rp^2/y(2)^(2/3)*3*sqrt(1+y(2)^(2/3))];
end
end
```

对中心密度为 10^8 的白矮星, 计算出的质量和密度随半径变化的规律分别画在图 20.19(a) 和 (b) 中. 结果表明, 星体的密度从中心向外逐渐减小, 趋于零处即是星体的边界, 而星体的质量随 r 增大而增大, 最后达到一个极限.

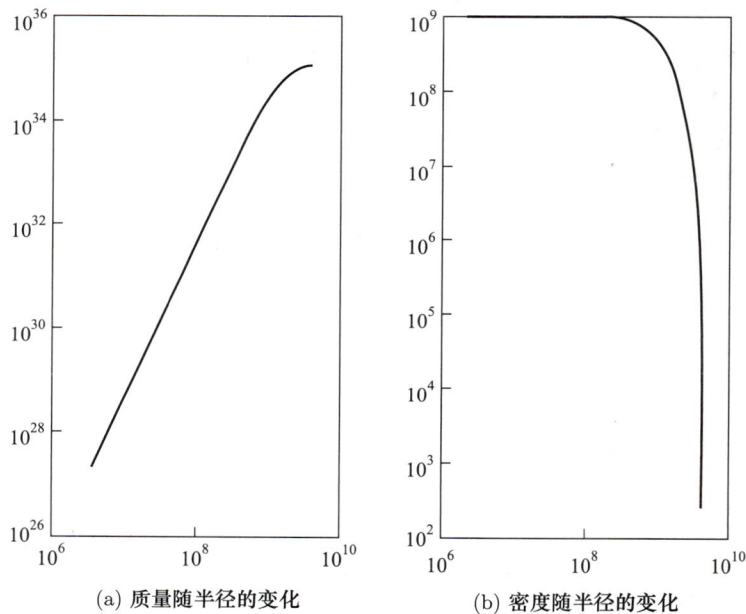

(a) 质量随半径的变化   (b) 密度随半径的变化

图 20.19

第二十章
程序包

第二十一章 原子能级结构及其他特殊边值问题解法

§21.1 氢原子的能级与波函数

本节采用拟合点打靶法求解氢原子的能级与波函数, 解法与前面用过的方法相同, 主要的区别是如何确定两个边界 (原点处与无穷远处) 的启动值, 即这两处的函数值与导数值.

在球坐标中描述氢原子电子波函数的定态薛定谔方程是

$$\frac{1}{r^2}\frac{\partial}{\partial r}\left(r^2\frac{\partial \Psi}{\partial r}\right) + \frac{1}{r^2\sin\theta}\frac{\partial}{\partial \theta}\left(\sin\frac{\partial \Psi}{\partial \theta}\right) + \frac{1}{r^2\sin^2\theta}\frac{\partial \Psi}{\partial \theta} + \frac{2m}{\hbar^2}\left(E + \frac{e^2}{4\pi\varepsilon_0 r}\right)\Psi = 0$$

分离变量并进行无量纲化以后, 得到的径向方程是

$$\frac{1}{r^2}\frac{\mathrm{d}}{\mathrm{d}r}\left(r^2\frac{\mathrm{d}R}{\mathrm{d}r}\right) + \left[\varepsilon + \frac{2}{r} + \frac{l(l+1)}{r^2}\right]R = 0$$

定义有效势能为

$$V_{\mathrm{eff}} = -\left[\frac{2}{r} - \frac{l(l+1)}{r^2}\right]$$

做变量替换 $P = rR$, 径向概率 r^2R^2 变为 P^2, 方程变为

$$\frac{\mathrm{d}^2 P}{\mathrm{d}r^2} + \left[\varepsilon + \frac{2}{r} - \frac{l(l+1)}{r^2}\right]P = 0$$

利用这方程计算氢原子中电子的能级和对应的波函数. 首先讨论如何设置边界条件. 在左边界当 r 趋于零时, 上述方程中 ε 相比有效势能可以忽略, 即

$$\frac{\mathrm{d}^2 P}{\mathrm{d}r^2} + \left[\frac{2}{r} - \frac{l(l+1)}{r^2}\right]\mathrm{P} = 0$$

可采用正则奇点临域上的级数解法得到级数解 [由于 $P(0) = 0$, 舍弃 $s_2 = -l$ 的级数解], 令

$$P(r) = r^{l+1}\sum_{k=0}^{\infty}a_k r^k$$

代入方程得到系数递推式:

$$a_k = \frac{-2}{k(2l+k+l)}a_{k-1}$$

令

$$a_0 = 1, \quad A(L+1, k+1) = a_k, \quad P(L+1, k) = (-2)/k(2l+k+1)$$

由下式可推出级数解的系数:

$$A(L+1, k+1) = P(L+1, k) * A(L+1, k)$$

再求级数解导数的系数:

$$D(L+1, :) = (L+1 : N+L+1) .* A(L+1, :)$$

取计算中的步长 h 为初始点. 则初始左边界条件为

$$p_0 = h^{l+1} \sum_{k=0}^{\infty} a_k h^k$$

$$\mathrm{d}p_0 = h^l \sum_{k=0}^{\infty} (k+l+1) a_k h^k$$

根据已经求出的系数, 在 MATLAB 中用指令 polyval 得到初始值.

在右边界, 当 $r \to \infty$ 时, 与方程中有效势能相比 ε 可以忽略, 即方程成为

$$\frac{\mathrm{d}^2 P}{\mathrm{d}r^2} + \varepsilon P = 0$$

其解为 $P = \exp(\pm\sqrt{-\varepsilon}r)$, 考虑到 $r \to \infty$ 时 P 趋于零, 取初始右边界条件为

$$P_{\mathrm{rf}} = \exp(-\sqrt{-\varepsilon}r_{\mathrm{rf}})$$

$$\mathrm{d}P_{\mathrm{rf}} = -\sqrt{-\varepsilon} \exp(-\sqrt{-\varepsilon}r_{\mathrm{rf}})$$

取 rf $= 5 * $ rturn 为无穷远点, 其中 rturn 为左右两边积分对接的拟合点, 是 $E = V_{\mathrm{eff}}(r)$ 的点, 即方程 $v_{\mathrm{eff}}(r) - E = 0$ 的解.

最后在不同能级的计算中采用了不同的步长 $h = $ rturn$/1\,000 * (L+1)$, L 是角量子数. 这是因为不同能级计算波函数的范围宽度不同, 改变步长能提高精度与效率.

确定了这些值以后就可以编程计算了. 为了对比计算的结果, 下面列出归一化后的能级测量值, 已知氢原子的前 5 个能级以电子伏为单位的值是

-13.6, -3.4, -1.51, - 0.85, -0.54,

用基态能量作归一化处理得到的值是

1, 0.25, 0.111, 0.0625, 0.0397,

下面程序的计算结果是

	l=0	l=1	l=2	l=3	l=4
n=1	-0.9999	0	0	0	0
n=2	-0.2500	-0.2499	0	0	0
n=3	-0.1111	-0.1111	-0.1111	0	0
n=4	-0.0625	-0.0625	-0.0625	-0.0625	0
n=5	-0.0400	-0.0400	-0.0400	-0.0400	-0.0400

得到的相应的波函数图形如图 21.1 所示.

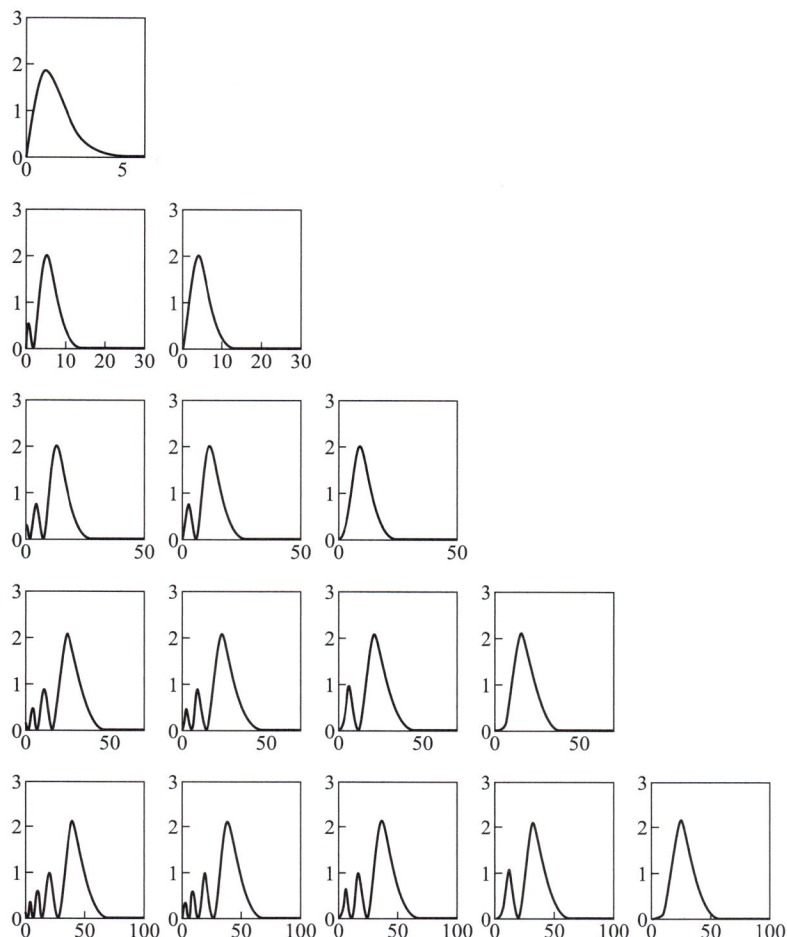

图 21.1　计算模拟的氢原子径向波函数图像从上至下各行依次为 $n = 1, 2, 3, 4, 5$

实际程序如下:

```
%求五个级数解的系数 ，L取 0：4，级数解取50项
A=ones(5,51);                                   %设置级数解的系数矩阵，默认A1=1
D=A; eLN=zeros(5,5);                            %级数解的导数的系数矩阵D,能级的矩阵eLN
for L=0:4                                        %计算L=0,1,2,3,4级数解的系数
    for jk=1:10                                 %解数解最多取10项
        A(L+1,jk+1)=-2/jk/(2*L+jk+1)*A(L+1,jk); %系数递推关系
        D(L+1,jk+1)=(L+1+jk)*A(L+1,jk);         %一阶导数系数
    end
end
tol=1e-8;                                        %设置计算精度,试探解
Veff=@(r,L)-2/r+L*(L+1)/r.^2;                    %设置无量纲化的势能函数
odefunP=@(e,L)@(r,psi)[psi(2);(Veff(r,L)-e)*psi(1)]; %建立微分方程
Eold=[-1.1,-0.26,-0.12,-0.068,-0.042];           %能级试探值
r0=1e-9;                                          %右边起始点
Xmax=[6,30,50,70,100];                            %作图的坐标范围
for n=1:5                                         %主量子数
```

```
figure
for L=0:n-1                                                    %角量子数
    dpsi0=0.1;                                                 %设置割线法的启动值
    e1=Eold(n);                                                %能级搜索启动值
    de=2*tol;                                                  %误差
    while abs(de)>tol
        rturn=(-1-sqrt(1+L*(L+1)*e1))/e1;                      %找出拟合点
        h=rturn/1000*(L+1);                                    %计算的步长逐渐减小
        rf=5*rturn;                      % 取5倍转折点代表无穷远,设置无穷远处边界值
        e12=-sqrt(abs(e1));
        Pinf=exp(e12*rf);                                      %无穷远处的函数值
        dPinf=e12*exp(e12*rf);                                 %无穷远处的导数值
            %用级数解求零点处边界值, 取h作为起点
        P0=polyval(A(L+1,:),h)*h^(L+1);                        %边值点函数的值
        dP0=polyval(D(L+1,:),h)*h^L;                           %边值点一阶导数值
            %打靶法求解方程
        [r1,u1]=ode45(odefunP(e1,L),r0:h:rturn,[P0,1000*dP0]);
        [r2,u2]=ode45(odefunP(e1,L),rf:-h:rturn,[Pinf,-1000*dPinf]);
        u1=u1/u1(end,1);
        u2=u2/u2(end,1);
        dpsi=u1(end,2)-u2(end,2);
        de=-dpsi*de/(dpsi-dpsi0);
        dpsi0=dpsi; eold=e1; e1=e1+de;
    end
    subplot(2,3,1+L),
    plot([0;r1],[0;u1(:,1)].^2,'b',r2,u2(:,1).^2,'r')
    axis([0 Xmax(n) 0 3])
    eLN(n,L+1)=eold;
end
end
```

在程序中, 由于原来的导数值太小, 所以放大了 1 000 倍, 结果提高了精度.

§21.2　边值问题的差分解法

多电子原子的波函数和能级是比较复杂的边值问题. 在计算中要用到 Numerov 算法和格林函数法. 所以下面先介绍这两个内容. 先讨论二阶常微分方程的边值问题的和本征值问题的差分解法. 二阶常微分方程

$$y'' = f(x, y, y'), \quad a \leqslant x \leqslant b \tag{21.2.1}$$

的边值问题有以下三类边值条件:

第一类边值条件: $y(a) = \alpha$, $y(b) = \beta$.

第二类边值条件: $y'(a) = \alpha$, $y'(b) = \beta$.

第三类边值条件: $y'(a) - \alpha_0 y(a) = \alpha_1$, $y'(b) + \beta_0 y(b) = \beta_1$.

微分方程 (21.2.1) 附加上第一、第二、第三类边值条件, 分别称为第一、第二、第三类边值问题. 求解边值问题的方法有差分法、打靶法和松弛法等. 打靶法和松弛法已经在前面介绍过, 这里介绍差分法.

21.2.1 差分公式

差分方法是解常微分方程边值问题的一种基本数值方法, 它是以差商代替导数, 从而把微分方程离散化为一个差分方程组, 即由若干个差分方程组成的方程组, 然后以此方程组的解作为微分方程边值问题的近似解.

下面先考虑第一类边值问题:

$$\begin{cases} y'' - f(x, y, y') = 0, & a \leqslant x \leqslant b \\ y(a) = \alpha, \quad y(b) = \beta \end{cases} \tag{21.2.2}$$

取等距点 $x_n = a + nh$, $h = (b-a)/N$, $n = 0, 1, \cdots, N$. 设 $y(x)$ 是微分方程的解, 把 $y(x_{n+1})$ 和 $y(x_{n-1})$ 在 x_n 点按泰勒公式展开:

$$y(x_{n+1}) = y(x_n) + hy'(x_n) + \frac{1}{2}h^2 y''(x_n) + \frac{1}{3!}h^3 y'''(x_n) + \frac{1}{4!}h^4 y^{(4)}(x_n) + \frac{1}{5!}h^5 y^{(5)}(x_n) + O(h^6) \tag{21.2.3}$$

$$y(x_{n-1}) = y(x_n) - hy'(x_n) + \frac{1}{2}h^2 y''(x_n) - \frac{1}{3!}h^3 y'''(x_n) + \frac{1}{4!}h^4 y^{(4)}(x_n) - \frac{1}{5!}h^5 y^{(5)}(x_n) + O(h^6) \tag{21.2.4}$$

由此得到

$$y''(x_n) = \frac{y(x_{n+1}) - 2y(x_n) + y(x_{n-1})}{h^2} - \frac{1}{12}h^2 y^{(4)}(x_n) + O(h^4) \tag{21.2.5}$$

令

$$y''(x_n) \approx \frac{y(x_{n+1}) - 2y(x_n) + y(x_{n-1})}{h^2}$$

再取

$$y'(x_n) \approx \frac{y(x_{n+1}) - y(x_{n-1})}{2h}$$

分别代入 (21.2.2) 式, 得到近似式

$$y_{n+1} - 2y_n + y_{n-1} - h^2 f\left(x_n, y_n, \frac{y_{n+1} - y_{n-1}}{2h}\right) = 0 \tag{21.2.6}$$

其中 $y_n = y(x_n)$, $n = 1, 2, \cdots, N-1$, $y_0 = \alpha, y_N = \beta$. 这是一个有 $N-1$ 个未知数 $y_1, y_2, \cdots, y_{N-1}$ 的 $N-1$ 个方程组成的方程组, 解这个方程组就得到 $y(x)$ 在 $x_0, x_1, \cdots, x_{N-1}, x_N$ 的近似解.

当然对于一般的 $f(x, y, y')$, 求解方程组 (21.2.6) 是很困难的, 因为它是一个非线性方程组. 但是对于一些特殊情况, Numerov 算法还是非常有效的.

相似的方法可以用于第二、第三类边值问题的离散化. 由于在第三类边界条件中的 α_0、β_0 均取零值时, 即为第二类边界条件. 所以这里只讨论第三类边界条件的离散化. 在 a、b 两点分别以差商代替相应的微商, 即

$$y'(a) \approx \frac{y(x_1) - y(a)}{h}$$

$$y'(b) \approx \frac{y(b) - y(x_{N-1})}{h}$$

将它们代入第三类边界条件, 并注意有 $y_0 = y(a)$, $y_N = y(b)$, 得到离散化的边界条件:

$$\frac{y_1 - y_0}{h} - \alpha_0 y(a) = \alpha_1$$

$$\frac{y_N - y_{N-1}}{h} - \beta_0 y(b) = \beta_1$$

整理成

$$-(1 + \alpha_0 h)y_0 + y_1 = \alpha_1 h \tag{21.2.7}$$

$$-y_{N-1} + (1 + h\beta_0)y_N = \beta_1 h \tag{21.2.8}$$

将 (21.2.7) 式、(21.2.8) 式与前面的方程组 (21.2.6) 式联立, 得到 $N+1$ 个方程组成的方程组, 在 $N+1$ 个变量中, 新增加的两个是 y_0、y_N, 解这个方程组即能得到问题的解.

21.2.2　Numerov 算法

Numerov 算法或叫 Cowling 算法, 是解如下形式的二阶常微分方程的简单和高效的算法:

$$y'' + k^2(x)\, y = S(x) \tag{21.2.9}$$

物理学中许多重要的微分方程都具有这种形式.

利用三点差分公式 (21.2.5)

$$\frac{y_{n+1} - 2y_n + y_{n-1}}{h^2} = y_n'' + \frac{h^2}{12} y_n^{(4)} + O(h^4)$$

来逼近方程中的二阶导数, 由微分方程可以求出 $y_n^{(4)}$ 为

$$y_n^{(4)} = \frac{\mathrm{d}^2}{\mathrm{d}x^2}(-k^2 y + S)\Big|_{x=x_n} = -\frac{(k^2 y)_{n+1} - 2(k^2 y)_n + (k^2 y)_{n-1}}{h^2} + \frac{S_{n+1} - 2S_n + S_{n-1}}{h^2} + O(h^2) \tag{21.2.10}$$

对方程 (21.2.9) 式应用差分公式 (21.2.5) 和 (21.2.10), 经过整理就得到下列方程

$$\left(1 + \frac{h^2}{12} k_{n+1}^2\right) y_{n+1} - 2\left(1 - \frac{5h^2}{12} k_n^2\right) y_n + \left(1 + \frac{h^2}{12} k_{n-1}^2\right) y_{n-1} = \frac{h^2}{12}(S_{n+1} + 10 S_n + S_{n-1}) + O(h^6)$$

$$\tag{21.2.11}$$

对 y_{n+1} 或 y_{n-1} 解这个线性方程, 就得到一个对 x 向前或向后积分的递推关系, 其局部误差为 $O(h^6)$, 它的精度比四阶荣格–库塔法还要高一阶. 而且它的效率也很高, 因为每一步只需要计算 k^2 和 S 在格点上的值.

21.2.3　格林函数法

当齐次方程的两个解具有非常不同的行为时, 必须采取一些额外的预防措施. 例如, 在描述由一个阶数为 $l > 0$ 的多极电荷分布产生的电势时, 方程形式为

$$\left[\frac{\mathrm{d}^2}{\mathrm{d}r^2} - \frac{l(l+1)}{r^2}\right]\varphi = -4\pi r\rho \tag{21.2.12}$$

它与前面讲过的直接修正法求解的方程不同 (参看第 10 章 10.8.1 节), 对应的齐次方程的两个解为

$$\varphi \sim r^{l+1}, \quad \varphi \sim r^{-l}$$

对于大的 r, 第一个解要比第二个解大得多; 因此, 用前面直接修正的方法 (即我们在通过向外积分求出的特解中减去这个占优势的通解的倍数) 来保证正确的渐近行为, 常常带有大的舍入误差. 向内积分也不能令人满意, 这时物理上无意义的解 r^{-l} 在小的 r 值上容易占支配地位.

产生一个精确解的一种可能的办法是把上面两个方法联合起来, 用向内积分来得到大于某一中间半径 r_{m} 时的电势, 用向外积分求 $r < r_{\mathrm{m}}$ 时的电势. 只要 r_{m} 的选择使得两个齐次解中没有一个占压倒性优势, 那么分别从这两种方法求得的外部和内部的电势在 r_{m} 将会接合, 并且二者合起来描述了整个解, 当然, 如果内部电势和外部电势不太接合, 那么可以把齐次解的一个倍数加到前者之上作修正以补足我们对 $\varphi'(r = 0)$ 的信息的欠缺.

有时两个齐次解的行为差异如此之大, 以至于不可能找到一个 r_{m} 值, 它允许给出内部和外部电势的令人满意的积分. 这种情况可以用齐次方程的格林函数法来求解. 为了说明这个方法, 让我们考虑方程 (21.2.9) 及边界条件 $\varphi(x = 0) = \varphi(x = \infty) = 0$. 由于这个问题是线性的, 我们可以把解写成

$$\varphi(x) = \int_0^\infty G(x, x')\, S(x')\mathrm{d}x' \tag{21.2.13}$$

其中 G 是格林函数, 它满足

$$\left[\frac{\mathrm{d}^2}{\mathrm{d}x^2} + k^2(x)\right] G(x, x') = \delta(x - x') \tag{21.2.14}$$

显然在 $x \neq x'$ 处 G 满足齐次方程. 但是, G 的导数在 $x = x'$ 处不连续, 这可以从对 (21.2.14) 式由 $x = x' - \varepsilon$ 到 $x = x' + \varepsilon$ 求积分看出, ε 是一个无穷小量:

$$\frac{\mathrm{d}G}{\mathrm{d}x}\mid_{x=x'+\varepsilon} - \frac{\mathrm{d}G}{\mathrm{d}x}\mid_{x=x'-\varepsilon} = 1 \tag{21.2.15}$$

问题当然在于求 G. 这可以通过考虑齐次问题的两个解 $\varphi_<$ 和 $\varphi_>$ 而得出, 这两个解分别满足 $x = 0$ 和 $x = \infty$ 处的边界条件, 并且进行了归一化, 使得它们的朗斯基 (Wronsky) 行列式

$$W = \frac{\mathrm{d}\varphi_>}{\mathrm{d}x}\varphi_< - \frac{\mathrm{d}\varphi_<}{\mathrm{d}x}\varphi_> \tag{21.2.16}$$

等于 1(很容易用齐次方程证明 W 与 x 无关). 于是格林函数由下式给出:

$$G(x, x') = \varphi_<(x_<)\varphi_>(x_>) \tag{21.2.17}$$

这是一个分成两段的函数, 式中 $x_<$ 和 $x_>$ 分别是 x 和 x' 中的较小者和较大者, 当变量为 $x_<$ 时函数值由函数 $\varphi_<$ 决定, 而当变量值为 $x_>$ 时, 函数值由函数 $\varphi_>$ 决定.

显然, G 的这个表示式满足齐次方程和不连续条件 (5.23). 从 (5.21) 式我们就得到显式解

$$\varphi(x) = \varphi_>(x) \int_0^x \varphi_<(x')S(x')\mathrm{d}x' + \varphi_<(x) \int_x^\infty \varphi_>(x')S(x')\mathrm{d}x' \tag{21.2.18}$$

这个表示式可以通过数值积分, 它不发生任何稳定性问题, 我们已经看到, 这些稳定性问题是同非齐次方程的直接积分相联系的.

在任意 k^2 的情形, 齐次解 $\varphi_<$ 和 $\varphi_>$ 可以分别通过初值问题的向外积分和向内积分用数值方法求出, 然后进行归一化以满足 (21.2.16) 式. 但是, 对于简单形式的 $k^2(x)$, 它们是解析上已知的. 例如, 对于 (21.2.12) 式所定义的问题, 容易证明

$$\varphi_<(r) = r^{l+1}, \quad \varphi_>(r) = -\frac{1}{2l+1}r^{-l}$$

是可能的一组齐次解, 它们满足适当的边界条件和 (21.2.16) 式.

§21.3　多电子原子的能级与波函数

自洽场近似 (Hartree-Fock 近似) 可以描述多电子原子或离子的许多性质. 在这种近似中, 每个电子由一个单独的单粒子波函数描述 (而不是由一个总的多粒子波函数描述), 这个单粒子波函数是一个与薛定谔方程相似的方程的解. 出现在这个方程中的电势是由所有其他电子的平均运动产生的, 因此与它们的单粒子波函数有关. 结果是一组非线性本征值方程, 它们可以用本章引进的方程来解. 在本节中, 我们将解自洽场方程组, 以决定轻原子系统 (即周期表中从氢到氖的元素的原子和离子) 的基态结构. 算出的总能量可以直接同实验值进行比较. 下面给出简短的推导, 要深刻理解这个理论, 读者还应该参看相关的文献.

21.3.1　自洽场近似

N 个电子环绕位于原点、电荷为 Z 的原子核运动, 其哈密顿量为

$$H = \sum_{i=1}^{N} \frac{p_i^2}{2m} - \sum_{i=1}^{N} \frac{Ze^2}{r_i} + \frac{1}{2} \sum_{i \neq j=1}^{N} \frac{e^2}{r_{ij}} \tag{21.3.1}$$

这里 r_i 是各个电子的位置, m 和 $-e$ 是电子的质量和电荷, $r_{ij} \equiv r_i - r_j$ 是第 i 个电子和第 j 个电子之间的距离. (21.3.1) 式中的三项和式分别代表电子动能、电子与原子核的引力势能和电子间的斥力势能. 我们略去了一些小得多的项, 例如, 同自旋–轨道相互作用相联系的项、超精细相互作用项、原子核的反冲运动、相对论修正等, 这同自洽场近似的精度水平是相适合的.

电子的自旋态可以由它的自旋在某个固定的轴上的投影 $\sigma_i = \pm 1/2$ 来表示, 第 i 个电子的全部坐标 (空间坐标和自旋) 可表示为 $\boldsymbol{x}_i \equiv (\boldsymbol{r}_i, \boldsymbol{\sigma}_i)$.

按照 Rayleigh–Ritz 变分原理, 哈密顿量的基态本征函数 $\Psi(x_1, x_2, \cdot, x_N)$ 是 H 的期望值, 即

$$E = <\Psi|H|\Psi> \tag{21.3.2}$$

取最小值的波函数, Ψ 服从泡利原理并且归一化:

$$\int |\Psi|^2 \mathrm{d}^N x = 1 \tag{21.3.3}$$

这里记号 $\mathrm{d}^N x$ 表示对 N 个电子的一切空间坐标积分及一切自旋坐标求和. 显然, 能量 E 的最小值就是基态能量, 因此对任何归一化的和反对称的试验波函数计算 (21.3.2) 式就提供了基态能量的一个上界.

反对称的试验波函数可以写成行列式形式:

$$\Psi(x_1, x_2, \cdots, x_N) = (N!)^{-1/2} \det \Psi_\alpha(x_j) \tag{21.3.4}$$

这里, $\Psi_\alpha(x)$ 是一组 N 个正交的单粒子波函数, 即只是单个电子的坐标的函数. 这个行列式是 α 和 x_i 分别取它们的 N 个可能值所构成的矩阵的行列式, 而因子 $(N!)^{-1/2}$ 保证了 Ψ 按照 (21.3.3) 式归一化. 这个波函数的物理解释是, 每个电子在所有其他电子的平均作用下都独立地在一个轨函数 Ψ_α 中运动. 结果表明它是一个原子的真正波函数的一个良好的近似, 因为电子之间的平滑的库仑相互作用把它们的运动的许多细节都平均掉了.

行列式的性质保证了 Ψ 具有反对称性, 因为交换任何两个电子都相当于交换行列式的两个列, 所以行列式改变符号; 并且也是根据 (21.3.3) 式归一化的, 如果单粒子波函数是正交的话:

$$\int \psi_\alpha^*(x) \Psi_{\alpha'}(x) \mathrm{d}x = \delta_{\alpha\alpha'} \tag{21.3.5}$$

由于哈密顿量 (21.3.1) 式不包括电子自旋变数, 自旋同空间自由度没有耦合. 因此每个单粒子波函数可写成空间变数和自旋函数的乘积:

$$\Psi_\alpha(x) = \chi_\alpha(\boldsymbol{r})|\sigma_\alpha> \tag{21.3.6}$$

其中 $\sigma_\alpha = \pm 1/2$ 是轨函数 α 的自旋投影, 于是正交性约束条件 (21.3.5) 式就成为

$$\delta_{\sigma_\alpha \sigma'_\alpha} \int \chi_\alpha^*(r) \chi_\alpha(r) \mathrm{d}^3 x = \delta_{\alpha\alpha'} \tag{21.3.7}$$

用 (21.3.5) 式—(21.3.7) 式确定的波函数可以计算出能量 (21.3.2) 式. 在进行一些代数运算后, 得

$$E = \sum_{\chi=1}^N <\alpha|\frac{p^2}{2m}|\alpha> + \int \left[-\frac{Ze^2}{r} + \frac{1}{2}\Phi(\boldsymbol{r}) \right] \rho(\boldsymbol{r}) \mathrm{d}^3 r - \frac{1}{2} \sum_{\alpha,\alpha'=1}^N \delta_{\sigma_\alpha \sigma_{\alpha'}} \left\langle \alpha\alpha' \left| \frac{e^2}{r_{ij}} \right| \alpha'\alpha \right\rangle \tag{21.3.8}$$

在这个表示式中, 单粒子的动能矩阵元是

$$\left\langle \alpha \left| \frac{p^2}{2m} \right| \alpha \right\rangle = -\frac{\hbar^2}{2m} \int \chi_\alpha^*(\boldsymbol{r}) \nabla^2 \chi_\alpha(\boldsymbol{r}) \mathrm{d}^3 r \tag{21.3.9}$$

电子密度是单粒子密度的和:

$$\rho(\boldsymbol{r}) = \sum_{\alpha=1}^N |\chi_\alpha(\boldsymbol{r})|^2 \tag{21.3.10}$$

由各个电子产生的静电势是

$$\Phi(\boldsymbol{r}) = e^2 \int \frac{1}{|\boldsymbol{r} - \boldsymbol{r'}|} \rho(\boldsymbol{r'}) \mathrm{d}^3 r' \tag{21.3.11}$$

因此

$$\nabla^2 \Phi = -4\pi e^2 \rho(\boldsymbol{r}) \tag{21.3.12}$$

并且电子间排斥作用的交换矩阵元为

$$\left\langle \alpha\alpha' \left| \frac{e^2}{r_{ij}} \right| \alpha'\alpha \right\rangle = e^2 \int \chi_\alpha^*(\boldsymbol{r}) \chi_{\alpha'}^*(\boldsymbol{r'}) \frac{1}{|\boldsymbol{r} - \boldsymbol{r'}|} \chi_{\alpha'}(\boldsymbol{r}) \chi_\alpha(\boldsymbol{r'}) \mathrm{d}^3 r \mathrm{d}^3 r' \tag{21.3.13}$$

(21.3.9) 式中各项的解释是: 动能是各个单粒子轨函数的动能之和, 而电子和原子核的吸引以及电子之间的直接推斥则等同于以密度 $\rho(\boldsymbol{r})$ 分布在空间的总电荷的效果. (21.3.9) 式中的最后一项是交换能. 它来自试验波函数 (21.3.4) 式的反对称性. 它对具有相同自旋投影的所有轨函数对求和; 具有不同自旋投影的轨函数对是 "可以分辨的", 因此对这一项没有贡献.

归纳起来, 自洽场方法的算法就是, 变分波函数依赖于一组 "参量": 单粒子波函数在空间中每一点的值. 在保持约束条件 (21.3.8) 式的情况下变化这些参量以使能量最小, 导致一组欧拉–拉格朗日方程 (Hartree-Fock 方程). 它们确定出 "最佳的" 行列式的波函数, 并且给出了总能量的一个最佳界定. 因为这些方程在细节上比较复杂, 我们首先考虑二电子问题, 然后再转向三个或更多个电子的情形.

21.3.2　二电子问题

对于两个无相互作用的电子, 它们环绕原子核运动的基态是 $1S^2$ 组态; 即两个电子在同一个真实的、球对称的空间态上, 但是有相反的自旋投影. 因此, 对于相互作用的系统, 我们也取实现同一组态的试验波函数; 对应的两个单粒子波函数是

$$\psi(x) = \frac{1}{(4\pi)^{1/2} r} R(r) \left| \pm \frac{1}{2} \right\rangle \tag{21.3.14}$$

因此多体波函数 (21.3.4) 式是

$$\Phi = \frac{1}{\sqrt{2}} \frac{1}{4\pi r_1 r_2} R(r_1)R(r_2) \left[\left| \frac{1}{2} \right\rangle \left| -\frac{1}{2} \right\rangle - \left| -\frac{1}{2} \right\rangle \left| \frac{1}{2} \right\rangle \right] \tag{21.3.15}$$

归一化条件 (21.3.5) 式变为

$$\int_0^\infty R^2(r)\mathrm{d}r = 1 \tag{21.3.16}$$

而能量 (21.3.9) 式变成

$$E = 2 \times \frac{\hbar^2}{2m} \int_0^\infty \left[\frac{\mathrm{d}R}{\mathrm{d}r} \right]^2 + \int_0^\infty \left[-\frac{Ze^2}{r} + \frac{1}{4}\Phi(r) \right] \rho(r)4\pi r^2 \mathrm{d}r \tag{21.3.17}$$

(21.3.11) 式化为

$$\rho(r) = 2 \times \frac{1}{4\pi r^2} R^2(r) \quad \int_0^\infty \rho(r)4\pi r^2 \mathrm{d}r = 2 \tag{21.3.18}$$

并且 (21.3.12) 式变为

$$\frac{1}{r^2} \frac{\mathrm{d}}{\mathrm{d}r} \left[r^2 \frac{\mathrm{d}\Phi}{\mathrm{d}r} \right] = -4\pi e^2 \rho \tag{21.3.19}$$

注意交换能是吸引能, 其大小是电子间直接推斥能量的一半 [因而使 (21.3.17) 式最后一项的系数为 1/4]; 各个式子中的因子 2 来自对自旋的两个投影求和.

对二电子系统的通常的变分处理是取 R 为类氢 1s 轨函数, 但带有一个参数——有效电荷 Z^*, 即

$$R(r) = 2 \left[\frac{Z^*}{a} \right]^{1/2} \frac{Z^*r}{a} \mathrm{e}^{-Z^*r/a} \tag{21.3.20}$$

其中 a 是玻尔半径. 然后把能量 (21.3.17) 式作为 Z^* 的函数对 Z^* 求极小, 以求得波函数和能量的一个近似. 这一过程在许多教科书中有详细讨论, 结果为

$$Z^* = Z - \frac{5}{16}, \quad E = -\frac{e^2}{a^2} \left[Z^2 - \frac{5}{8}Z + \frac{25}{256} \right] \tag{21.3.21}$$

在求上述极小的过程中, 有趣的是注意到: 动能是按 Z^{*2} 标度的, 而全部势能项都按 Z^* 标度, 因此在最优的 Z^* 值上, 动能是势能的-1/2. 这是关于 Hartree-Fock 近似的更普遍的维里定理的一种特殊情形 (见下面第 1 步).

二电子问题的完整 Hattree-Fock 近似基本上也是沿用这种变分方法, 但是考虑的是最普遍的一类归一化的单粒子波函数. 即我们把 (21.3.17) 式中的 E 看成是 R 的一个泛函, 并且要求它相对单粒子波函数的一切可能的保持范数不变的变化是稳定的. 如果用拉格朗日乘子法来加上归一化约束条件 (21.3.16) 式, 那么对于任意的变分 $\delta R(r)$ 我们要求

$$\delta \left(E - 2\varepsilon \int_0^\infty R^2 \mathrm{d}r \right) = 0 \tag{21.3.22}$$

其中 ε 是一个要在变分后决定的乘子, 以使得解归一化. 应用变分法的标准技巧导致

$$\int_0^\infty \delta R(r) \left[-4\frac{\hbar}{2m}\frac{\mathrm{d}^2}{\mathrm{d}r^2} - 4\frac{Ze^2}{r} + 2\Phi(r) - 4\varepsilon \right] R(r)\mathrm{d}r = 0 \tag{21.3.23}$$

如果 R 是和薛定谔方程相像的方程

$$\left[-\frac{\hbar^2}{2m}\frac{\mathrm{d}^2}{\mathrm{d}r^2}-\frac{Ze^2}{r}+\frac{1}{2}\varPhi(r)-\varepsilon\right]R(r)=0 \tag{21.3.24}$$

的解, 则 (21.3.23) 式就被满足. 选取 ε ("单粒子能量") 为出现在 (21.3.24) 式中的单粒子哈密顿量的一个本征值, 保证了 R 可以归一化. 方程 (21.3.19) 和方程 (21.3.24) 式是两个耦合的一维的非线性微分方程, 它们构成对原来的六维的薛定谔方程的 Hartree-Fock 近似. 注意, $\varPhi$ 只有一半出现在 (21.3.24) 式中, 因为每个电子只同别的电子相互作用而不 "同自己" 作用; 为了得到这个正确结果, 在能量 (21.3.24) 式中加入交换项是必需的.

21.3.3 多电子系统

球对称假设是二电子问题中的一个极大的简化, 因为它允许我们把单粒子波函数的本征值和关于电势的泊松方程从三维偏微分方程化简为常微分方程. 对于二电子问题, 球对称解具有最低的能量在道理上是讲得通的, 而且实际上也是对的, 但是, 对于大多数多电子系统, 却不能保证电荷密度和电势一定有球对称性. 原则上, 应当考虑非球对称的解, 并且这种 "变形的" 波函数实际上是描述某些原子核的结构的最佳波函数.

为了理解问题所在, 让我们假定电势 $\varPhi$ 是球对称的. 在这样一个电势中的单粒子薛定谔方程的解是组织成 "壳层" 的, 每个壳层由一个轨道角动量 l 的和一个径向量子数 n 表征. 在每一壳层内, 与不同的 σ_α 值和不同的 m 值 (m 是轨道角动量的投影) 相联系的全部 $2(2l+1)$ 个轨函数是简并的. 轨函数的形式为

$$\chi_\alpha(\boldsymbol{r})=\frac{1}{r}R_{nl}(r)\mathrm{Y}_{lm}, \quad \int_0^\infty R_{nl}^2(r)\mathrm{d}r=1 \tag{21.3.25}$$

但是, 我们必须决定采用这些轨函数中的哪一些来建造 Hartree-Fock 行列式. 除非电子的数目刚好填满一个给定壳层的全部 $2(2l+1)$ 个支壳层, (5.30) 式给出的电荷密度就不会是球对称的. 而这又将导致一个非对称的电势和一个困难得多的单粒子本征值方程; 因此普遍的问题本质上是三维的.

对严格的 Hartree-Fock 方法的一种小修正 (填充近似或中心场近似), 有助于产生出这样 "开壳层" 系统的一个球对称近似. 它的基本思想是把价电子均匀地分布在最后占据的壳层上. 例如, 在对中性碳原子的讨论中, 将会有 2 个电子在 1s 壳层上, 2 个电子在 2s 壳层上, 2 个电子分布在 2p 壳层的 6 个轨函数上. 于是我们引进每个壳层中的电子数目 N_{nl} 可以取 0 和 $2(2l+1)$ 之间的整数值, 并且利用波函数, 把密度 (21.3.10) 式写成

$$\rho(r)=\frac{1}{4\pi r^2}\sum_{nl}N_{nl}R_{nl}^2(r), \quad \int_0^\infty \rho(r)4\pi r^2\mathrm{d}r=\sum_{nl}N_{nl}=N \tag{21.3.26}$$

其中用了恒等式

$$\sum_{m=-l}^{l}|\mathrm{Y}_{lm}|^2=\frac{2l+1}{4\pi}$$

同样, 能量泛函 (21.3.9) 式也可以推广到开壳层情形, 它是

$$E=\sum_{nl}N_{nl}\frac{\hbar^2}{2m}\int_0^\infty\left[\left(\frac{\mathrm{d}R_{nl}}{\mathrm{d}r}\right)^2+\frac{l(l+1)}{r^2}R_{nl}^2\right]\mathrm{d}r+\int_0^\infty\left[-\frac{Ze^2}{r}+\frac{1}{2}\varPhi(r)\right]\rho(r)4\pi r^2\mathrm{d}r+E_{\mathrm{ex}} \tag{21.3.27}$$

其中的交换能是

$$E_{\mathrm{ex}}=-\frac{1}{4}\sum_{nln'l'}N_{nl}N_{n'l'}\sum_{\lambda=|l-l'|}^{l+l'}\begin{bmatrix}l & l' & \lambda \\ 0 & 0 & 0\end{bmatrix}^2 I_{nl,n'l'}^\lambda \tag{21.3.28}$$

在这个表示式中, I 是积分

$$I_{nl,n'l'}^{\lambda} = e^2 \int_0^{\infty} \mathrm{d}r \int_0^{\infty} \mathrm{d}r' R_{nl}(r) R_{n'l'}(r') \frac{r_<^{\lambda}}{r_>^{\lambda+1}} R_{n'l'}(r) R_{nl}(r') \tag{21.3.29}$$

其中 $r_<$ 和 $r_>$ 分别是 r 和 r' 中的较小者和较大者, $3-j$ 符号当 $l+l'+\lambda$ 为奇数时为零, 否则其值为

$$\begin{bmatrix} l & l' & \lambda \\ 0 & 0 & 0 \end{bmatrix}^2 = \frac{(-l+l'+\lambda)!(l-l'+\lambda)!(l+l'-\lambda)!}{(l+l'+\lambda+1)!} \left[\frac{p!}{(p-l)!(p-l')!(p-\lambda)!} \right]^2$$

其中 $p = (l+l'+\lambda)/2$, 在推导这些表示式时, 我们利用了库仑相互作用的多极分解和标准的角动量代数方法.

确定最佳径向波函数的 Hartree-Fock 方程现在可由变分法推出, 像在二电子的情形中一样, 引进拉格朗日乘子以保持每一个径向波函数归一化, 经过一些代数运算后, 得到

$$\left[-\frac{\hbar^2}{2m}\frac{\mathrm{d}^2}{\mathrm{d}r^2} + \frac{l(l+1)\hbar^2}{2mr^2} - \frac{Ze^2}{r} + \Phi(r) - \varepsilon_{nl} \right] R_{nl}(r) = -F_{nl}(r) \tag{21.3.30}$$

其中

$$F_{nl}(r) = -\frac{e^2}{2} \sum_{n'l'} N_{n'l'} R_{n'l'}(r) \sum_{\lambda=|l-l'|}^{l+l'} \begin{bmatrix} l & l' & \lambda \\ 0 & 0 & 0 \end{bmatrix}^2 J_{nl,n'l'}^{\lambda} \tag{21.3.31}$$

$$J_{nl,n'l'}^{\lambda} = \frac{1}{r^{\lambda+1}} \int_0^r R_{n'l'}(r') R_{nl}(r') r'^{\lambda} \mathrm{d}r' + r^{\lambda} \int_r^{\infty} \frac{R_{n'l'}(r') R_{nl}(r')}{r'^{\lambda+1}} \mathrm{d}r' \tag{21.3.32}$$

可以看出, 本征值方程 (21.3.30) 同二电子问题的方程 (21.3.24) 相似, 不同的是交换能引入了体现在 F 中的非局部项 (Fock 电势) 并且把关于每个径向波函数的本征值方程耦合在一起. 容易证明, 对于一个 $l=0$ 的单个轨函数, 这两个方程式是等价的. 注意, (21.3.28) 式和 (21.3.31) 式意味着交换能也可以写成

$$E_{\mathrm{ex}} = \frac{1}{2} \sum_{nl} N_{nl} \int_0^{\infty} R_{nl}(r) F_{nl}(r) \mathrm{d}r \tag{21.3.33}$$

并且, 通过将 (21.3.30) 式乘以 R_{nl} 并积分, 可以把单粒子本征值表示成

$$\varepsilon_{nl} = \frac{\hbar^2}{2m} \int_0^{\infty} \left[\left(\frac{\mathrm{d}R_{nl}}{\mathrm{d}r}\right)^2 + \frac{l(l+1)}{r^2} R_{nl}^2 \right] \mathrm{d}r + \int_0^{\infty} \left[-\frac{Ze^2}{r} + \Phi(r) \right] R_{nl}^2(r) \mathrm{d}r + \int_0^{\infty} R_{nl}(r) F_{nl}(r) \mathrm{d}r \tag{21.3.34}$$

21.3.4　解方程

为了数值求解 Hartree-Fock 方程, 需要选取一种单位制, 为了便于同实验值比较, 我们用埃 (Å) 作为单位来量度所有的长度, 用电子伏为单位来量度一切能量. 如果我们引入常量

$$\frac{\hbar^2}{m} = 7.635\,9 \text{ eV} \cdot \text{Å}, \quad e^2 = 14.409 \text{ eV} \cdot \text{Å} \tag{21.3.35}$$

那么半径和常数的正确值是

$$a = \frac{\hbar^2}{me^2} = 0.529\,9 \text{ Å}, \quad \text{Ry} = \frac{e^2}{2a} = 13.595 \text{ eV} \tag{21.3.36}$$

对于一个有许多个电子的大原子, 求 Hartree-Fock 方程的精确解是一项相当艰巨的任务. 但是如果只考虑至多有 10 个电子的系统的基态 (需要三个壳层 1s、2s 和 2p), 那么数值工作可以在一台计算机上进行. 一个有几百个点的格子, 其径向步长小于 0.01 Å, 格子向外延伸约 3 Å, 这对大多数情况应当是足够了.

作为参考解法, 下面提供了一个计算中性碳原子的实际程序. 程序中有 6 个子程序, 分别计算初始波函数的归一化, 计算 Fock 项, 计算电势, 计算各种能量, 计算单电子波函数, 计算 3J 系数. 在主程序要多次调用这些函数, 直到计算出单电子的波函数. 计算结果是画出各个壳层的电子径向概率图以及各种能量值. 程序中已经给定中性碳原子的总电荷数 Z, 1s、2s、2p 壳层的电子数 N_{1s}, N_{2s}, N_{2p} 及计算的总步数 NR, 取 $z = 6, N_{1s} = 2, N_{2s} = 2, N_{2p} = 2, NR = 300$. 改变这些参数可以计算其他的原子模型.

程序中采用的初始波函数是类氢轨道波函数, 1s 态由 (21.3.20) 式给出, 2s 态和 2p 态分别为

$$R_{2s}(r) = 2\left(\frac{z^*}{2a}\right)^{1/2}\left[1 - \frac{Z^*r}{2a}\right]\frac{Z^*r}{2a}e^{-Z^*r/2a}$$

$$R_{2p}(r) = \left(\frac{2z^*}{3a}\right)^{1/2}\left(\frac{Z^*r}{2a}\right)^2 e^{-Z^*r/2a}$$

程序的计算思路如下:
- "猜" 一个初始波函数, 例如, 带有适当的 Z^* 值的类氢轨道波函数 (21.3.20) 式.
- 解方程 (21.3.19), 求初始波函数产生的电势, 并从 (21.3.17) 式计算系统的总能量.
- 通过解方程 (21.3.24) 并按 (21.3.16) 式归一化, 求一个新的波函数及其本征值.
- 计算新的电势和新的总能量. 然后回 3 到并重复 3 和 4, 直到总能量收敛到需要的容许误差之内.

在每一轮迭代中, 都输出了本征值、总能量以及对 (21.3.17) 式中的能量的三项分别的贡献; 并画出波函数. 注意总能量应当随着迭代的进行而减小, 并且会较快地收敛到一个极小值. 对能量的单项贡献则要比较长的时间才能稳定下来, 这同以下事实是一致的: 只有总能量才在变分极小上是稳定的, 而不是单独哪一项分量; 在迭代中应当得到同一个解. 改变格点间隔值和边界半径, 在这些变化下结果应该是稳定的.

对中心电荷 $Z = 1 - 9$, 不妨用这个程序求解 Hartree-Fock 方程, 把所得到的总能量同表 21.1 中 $N = 2$ 的一栏中给出的实验值比较 (这些结合能是总能量的绝对值, 它们是由文献所给出的实测的各种原子和离子的电离电势得到的). 在表中, 第一行为总的电子数, 第一列为总的核电荷数.

表 21.1　小原子系统的结合能 (单位: eV)

Z	2	3	4	5	6	7	8
1	14.43						
2	78.88						
3	198.04	203.43					
4	371.51	389.71	399.03				
5	599.43	637.35	662.49	670.79			
6	881.83	946.30	994.17	1 018.55	1 029.81		
7	1 218.76	1 316.62	1 394.07	1 441.19	1 471.09	1 485.62	
8	1 610.23	1 743.31	1 862.19	1 939.58	1 994.47	2 029.58	2 043.19
9	2 054.80	2 239.93	2 397.05	2 511.27	2 598.41	2 661.05	2 696.03

为了方便理解, 画出了流程图 (图 21.2) 如下.

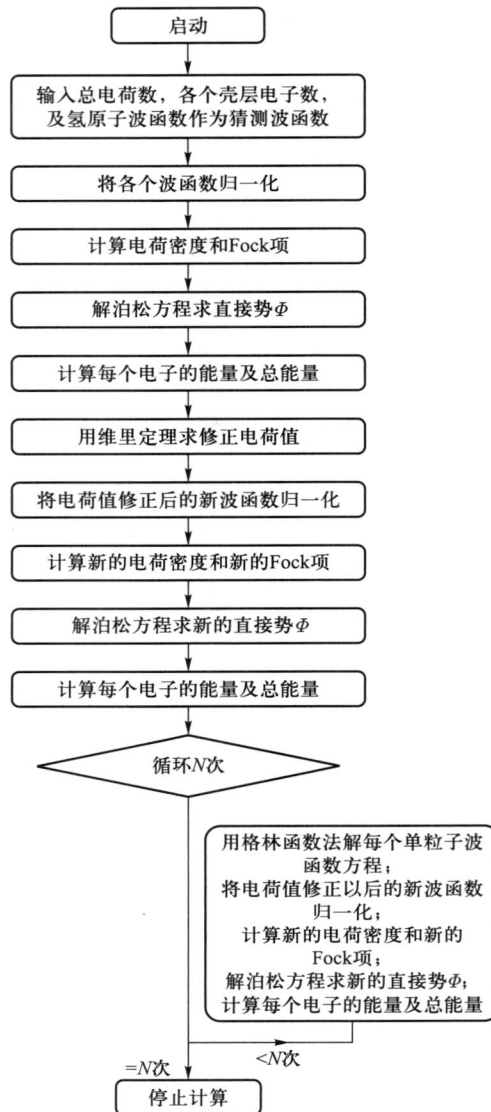

图 21.2   计算流程图

程序运行所得的各电子壳层的概率分布图如图 21.3 所示.

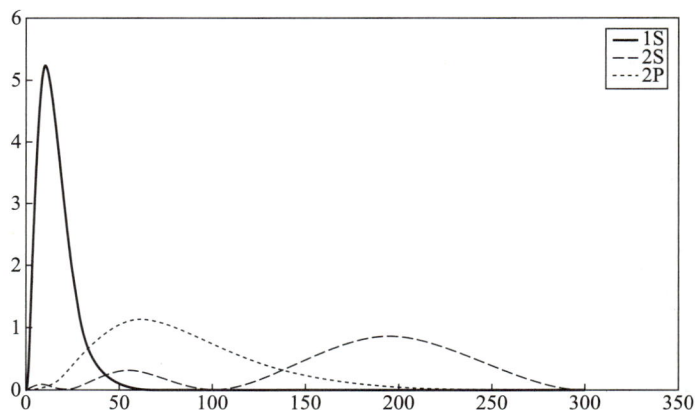

图 21.3   电子径向概率分布

得到的 1s, 2s, 2p 电子的能量以及总势能、总动能、总能量分别是 (以 eV 为单位)

$$-0.237\,503\,623\,328\,686; \qquad 0.007\,898\,312\,740\,016; \qquad -0.009\,364\,809\,849\,220$$

$$-1.750\,713\,172\,010\,820; \qquad 0.886\,748\,683\,948\,902; \qquad -0.863\,964\,488\,061\,917$$

程序如下:

```
function HFatom
z=6; N1s=2; N2s=2; N2p=2;                          %总电子数z,1s,2s,2p壳层电子数
NR=300; DR=0.01; Rmax=NR*DR; r=0:DR:Rmax;          %总步数,步长
ze2=z*14.409;                                      %常数e2=14.409
L=[0 0 1]; LL1=[0 0 2];                             %l(l+1)角量子数L;LL1
Nnl=[N1s N2s N2p];                                 %Rnl=[R1s,R2s,R2p]
TT=sum(Nnl>0);                                     %有电子的壳层数,这里为3
zstar=z;                                           %z*
p=P0(zstar);                                       %初始波函数的归一
figure, plot(p.^2), legend('1S','2S','2P')         %画初始波函数
Fock=ff(p);                                        %计算Fock项
rho=Nnl*(p.^2)'; phi=QQ(rho);                      %计算位势phi
[~,vtot,ktot,~]=EE(p,phi,Fock);                    %计算能量
zstar=-z*vtot/2/ktot;                              %根据维旦定理修改电荷
p=P0(zstar);                                       %重新归一化初始波函数
figure, plot(p.^2)                                 %画初始电子几率图
Fock=ff(p);                                        %重新计算Fock项
rho=(rho+Nnl*(p.^2)')./2;                          %重新新旧电子密度混合
phi=QQ(rho);                                       %重新计算位势phi
[Estate,~,~,~]=EE(p,phi,Fock);                     %重新计算能量
for ii=1:10                                        %变分法计算电子波函数,计算10次
    for state=1:TT                                 %对每个壳层分别计算
        E=Estate(state);                           %先代入电子的能量
        ppp=WF(E,phi,Fock,state);                  %计算电子的波函数
        p(:,state)=ppp';
        if state==2                                %电子波函数的正交归一化
           SUM=0;
           for k=2:NR+1, SUM=SUM+p(k,1)*p(k,2); end
           SUM=SUM*DR;
           for k=2:NR+1, p(k,2)=p(k,2)-SUM*p(k,1); end
        end
        p(:,1)=p(:,1)./sqrt(sum(p(:,1).^2*DR));    %波函数1s归一化
        p(:,2)=p(:,2)./sqrt(sum(p(:,2).^2*DR));    %波函数2s归一化
        p(:,3)=p(:,3)./sqrt(sum(p(:,3).^2*DR));    %波函数2p归一化
    end
figure, plot(p.^2), legend('1S','2S','2P')         %作图
Fock=ff(p);                                        %计算Fock项
```

```
rho=(rho+Nnl*(p.^2)')./2;                              %新旧密度混合
phi=QQ(rho);                                           %计算位势phi
[Estate,vtot,ktot,ETOT]=EE(p,phi,Fock)                %计算能量
end


%----------------以上主函数,以下是子函数----------------------
function p=P0(zstar)                                   %计算波函数归一化
ABOHR=0.5299;                                          %玻尔半径
rstar=zstar/ABOHR.*r; %z*r/a
erstar2=exp(-rstar./2);                                %波函数参数
      %题目中给出试探波函数1s,2s,2p再根据维里定理修正
p1s=rstar.*erstar2.^2; p(:,1)=p1s./sqrt(sum(p1s.^2)*DR);
p2s=(2-rstar).*rstar.*erstar2; p(:,2)=p2s./sqrt(sum(p2s.^2)*DR);
p2p=rstar.^2.*erstar2; p(:,3)=p2p./sqrt(sum(p2p.^2)*DR);
end


function Fock=ff(p)                                    %计算Fnl(r),是位置与态的函数
for state1=1:TT
    sum2=0;
    for state2=1:TT
        L1=L(state1); L2=L(state2); sum1=0;
        for Lam=abs(L1-L2):2:L1+L2                     %lamda
            JJJ=J3(L1,L2,Lam);                         %3J系数
            RLAM=r(2:NR+1)'.^Lam;                      %r^lamde
            RLAM1=r(2:NR+1)'.^(Lam+1);                 %r^(lamda+1)
            p1p2=p(2:NR+1,state1).*p(2:NR+1,state2);
            J1=DR*cumtrapz(p1p2.*RLAM)./RLAM1;         %积分1
            J2=flipud(DR*cumtrapz(flipud(p1p2./RLAM1))).*RLAM;  %积分2
            sum1=sum1+(JJJ*(J1+J2));                   %后面求和部分
        end
    end
    sum2=sum2+Nnl(state2)*p(2:NR+1,state2).*sum1;
    Fock(2:NR+1,state1)=-14.409/2*sum2;
end
end


function phi=QQ(rho)                                   %计算位势
con=DR^2/12;
s=[0,-14.409*rho(2:NR+1)./r(2:NR+1)];
phi(1)=0; phi(2)=sum(rho(2:NR+1)./(2:NR+1))*14.409*DR;
for j=2:NR                                             %Numerov公式
    phi(j+1)=2*phi(j)-phi(j-1)+con*(s(j+1)+10*s(j)+s(j-1));
```

```
end
m=(phi(NR+1)-phi(NR-9))/(10*DR);                              %线性修正项
phi(2:NR+1)=phi(2:NR+1)./r(2:NR+1)-m;                         %修正后的势
end


function [Estate,vtot,ktot,ETOT]=EE(p,phi,Fock)              %计算能量
p2=p.^2;
for state=1:TT %p=[R1s,R2s,R2p]                              %计算单粒子能量及总能量
    fken=(diff(p(:,state))).^2/DR^2;                         %动能1计算能量不是2阶导数
    fvcent=LL1(state)*[0;p2(2:NR+1,state)./r(2:NR+1)'.^2];            %动能2
    fven=-[0;p2(2:NR+1,state)./r(2:NR+1)'];                  %电子-核吸引能
    fvee=p2(:,state).*phi';                                  %电子能
    fvex=p(:,state).*Fock(:,state);               %Eex公式(21.3.33),因子1/2在后面

    ken(state)=7.6359/2*sum(fken)*DR;                        %做积分h^2/2m
    vcen(state)=7.6359/2*sum(fvcent)*DR;
    ven(state)=ze2*sum(fven)*DR;
    vee(state)=sum(fvee)*DR;
    vex(state)=sum(fvex)*DR;
    Estate(state)=(ken(state)+vcen(state)+...
                  ven(state)+vee(state)+vex(state));
end
ktot=(ken+vcen)*Nnl';                                        %总动能
ventot=ven*Nnl';                              %电子-核吸引能 Nnl=[2,2,2]
veetot=vee*Nnl';                                             %电子-电子斥能
vextot=vex*Nnl';                                             %电子交换能
veetot=veetot/2;                                            %因子1/2
vextot=vextot/2;
vtot=ventot+veetot+vextot;                                   %势能=总能-动能
ETOT=ktot+ventot+veetot+vextot;                              %总能
totvke=[Estate,vtot,ktot,ETOT];          %显示总势能,总动能,总能,各个电子能量
end


function pp=WF(E,phi,Fock,state)                            %计算电子波函数
LL=LL1(state)*7.6359/2;
k2=[0,DRHBM*(E-phi(2:NR+1)+ze2./r(2:NR+1)-LL./r(2:NR+1).^2)];
pout(1)=0;pout(2)=1e-10;
for jp=3:NR+1                                   %Numerov公式从里向外计算
    pout(jp)=(pout(jp-1)*(2-10*k2(jp-1))-...
             pout(jp-2)*(1+k2(jp-2)))/(1+k2(jp));
end
k2=[DRHBM*(E-phi(2:NR+1)+ze2./r(2:NR+1)-LL./r(2:NR+1).^2),0];
```

```
pin(NR+1)=0;  pin(NR)=1e-10;                        %Numerov公式从外向里计算
for jp=NR-1:-1:1
     pin(jp)=(pin(jp+1)*(2-10*k2(jp+1))-...
            pin(jp+2)*(1+k2(jp+2)))/(1+k2(jp));
end
NR2=NR/2;                                            %计算Wronsky行列式
wron=(pin(NR2+1)-pin(NR2-1))/2/DR*pout(NR2)...
    -(pout(NR2+1)-pout(NR2-1))/2/DR*pin(NR2);
poutfock=-pout.*Fock(:,state)';
pinfock=-pin.*Fock(:,state)';
for m=2:NR+1                                         %计算波函数
   pp(m)=pin(m)*trapz(poutfock(1:m))/wron*DR...
        +pout(m)*trapz(pinfock(m:NR+1))/wron*DR;
end
pp(1)=0;  pp(end)=0;                                 %波函数两端为0
end


function JJJ2=J3(L1,L2,Lam)                          %计算3j系数
w1=prod(1:-L1+L2+Lam)*prod(1:L1-L2+Lam)*...
   prod(1:L1+L2-Lam)/prod(1:L1+L2+Lam+1);
k=(L1+L2+Lam)/2;
w2=prod(1:k)/prod(1:k-L1)/prod(1:k-L2)/prod(1:k-Lam);
JJJ2=w1*w2^2;
end
end
```

§21.4   指令 bvp4c 解边值问题和本征值问题

边值问题形式为

y =f(x,y)
g(y(a),y(b))=0.   %边界条件

本征值问题形式为

y =f(x,y,p)   % p为本征值
g(y(a),y(b),p)=0

与初始值问题不同, 边界值问题的解可以是: 无解、有限个解、无限多个解. 指令 bvp4c 和指令 bvp5c 用于解边值问题 (BVP) 和本征值问题. 两者用法相似, 语法为

```
sol = bvp4c(odefun,bcfun,solinit)
sol = bvp4c(odefun,bcfun,solinit,options)
odefun                                               %求解的方程
bcfun                                                %边界条件
```

```
solinit                                              %猜测的初始函数
options                                               %选项设置
```

先用指令 bvp4c 解一个简单边值问题.

$$\begin{cases} y''(x) + y(x) = 0 \\ y(0) = 0 \\ y(\pi/2) = 2 \end{cases}$$

编出下面的程序并画出图 21.4:

```
xmesh=linspace(0,pi/2,5);      建5点网格
solinit=bvpinit(xmesh,@guess)  %猜测解
sol=bvp4c(@bvpfcn,@bcfcn,solinit);
plot(sol.x,sol.y,'-o')
function dydx = bvpfcn(x,y)    %微分方程
    dydx = [y(2); -y(1)];
    end
function res=bcfcn(ya,yb)       %边界条件
    res=[ya(1)                  %a端y(0)=0
         yb(1)-2];              %b端y(\pi/2)=2
end
function g=guess(x)            %猜测的y和y'
    g=[sin(x); cos(x)];
end
```

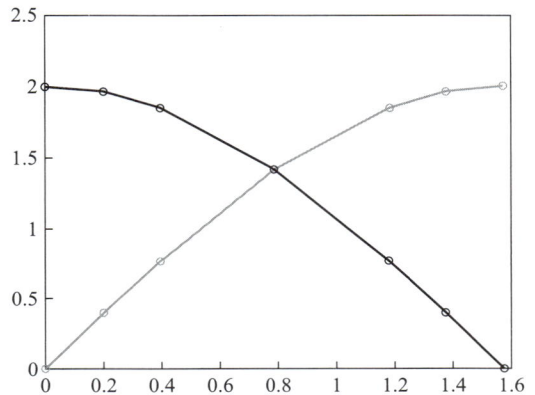

图 21.4 简单边值问题的解 $y(x)$、$y'(x)$

程序说明如下, 首先要注意边界条件的特定写法. 其次, 使用指令 bvpinit 猜测一个初始解. 由于该方程将 y'' 与 y 联系起来, 不妨猜测该解涉及三角函数. 在积分区间设置了五个点的网格, 其中包括两个边界点.

从这个例子可以看到, 在解边值问题之前需要猜测一个初始解来启动计算. 猜测解的准确与否对求解能否成功至关重要. MATLAB 使用指令 bvpinit 生成猜测的初始解的结构数组. 指令 bvp4c 和指令 bvp5c 接受此结构数组作为第三个输入参数.

为解创建良好的初始猜测值更像是一门艺术, 而不是一门科学. 不过, 仍有一些常规指导原则, 包括:

(1) 确保初始猜测值满足边界条件, 因为解也需要满足这些边界条件. 如果问题包含未知参数, 则参数的初始猜测值也应该满足边界条件.

(2) 尝试将关于实际问题或预期解的信息尽可能多地纳入初始猜测值. 例如, 如果解应该振荡或者有一定数量的符号变化, 则初始猜测值也应该如此.

(3) 考虑网格点的位置 (解的初始猜测值的 x 坐标). 边值问题指令 bvp 会在求解过程中调整这些点, 因此不需要指定太多网格点. 最佳做法是在解会快速变化的位置附近指定几个网格点.

(4) 如果在较小区间内有一个已知的、更简单的解, 则将它用作较大区间内的初始猜测值. 通常, 可以将一个问题作为一系列相对简单的问题来求解, 这种做法称为延拓. 使用延拓时, 可以使用一个问题的解作为求解下一个问题的初始猜测值, 从而将一系列简单问题连接起来.

对于本征值问题, 方程、边界条件和猜测初始解都要包括本征值参数, 即

```
dydx = odefun(x,y,parameters)
res = bcfun(ya,yb,parameters)
solinit = bvpinit(x,v,parameters)
```

1. 奇异边值问题　指令 bvp4c 和指令 bvp5c 可求解下列具有奇异点的边值问题与本征值问题:

$$\begin{cases} y' = \dfrac{1}{x}\boldsymbol{S}y + f(x,y) \\ 0 = g[y(0), y(b)] \end{cases}$$

$$\begin{cases} y' = \dfrac{1}{x}\boldsymbol{S}y + f(x,y,p) \\ 0 = g[y(0), y(b), p] \end{cases}$$

奇异点必须在 $[0,b]$ 区间内, 且 $b > 0$. 使用指令 bvpset 将常量矩阵 $\boldsymbol{S}$ 作为 "SingularTerm" 选项的值传递给 bvp4c. $x = 0$ 时的边界条件必须与平滑解 $\boldsymbol{S}y(0) = 0$ 的必要条件一致. 解的初始估计值也应该满足此条件.

在求解奇异边值问题时, 表示方程的函数 odefun(x,y) 只返回方程中 $f(x,y)$ 项的值. 涉及 $\boldsymbol{S}$ 的项由指令 bvp4c 使用 "SingularTerm" 选项单独处理.

2. 指令 bvp4c 与指令 bvp5c 的比较　指令 bvp4c 和指令 bvp5c 求解边值问题时可以互换使用. 它们的主要区别在于指令 bvp4c 采用四阶公式, 而指令 bvp5c 采用五阶公式. 另外两个指令控制误差的方法有所不同. 如果 $\boldsymbol{S}(x)$ 近似于解 $y(x)$, 则指令 bvp4c 控制残差 $|\boldsymbol{S}_c(x)f[x,\boldsymbol{S}(x)]|$. 这种方法间接控制真误差 $|y(x)–\boldsymbol{S}(x)|$. 使用指令 bvp5c 直接控制真误差.

下面是指令 bvp4c 应用的几个例子.

21.4.1　有两个解的边值问题

边值问题可能有多重解, 初始猜测的一个目的就是指定我们想要的解. 下面的二阶常微分方程有两个不同的解:

$$\begin{cases} y'' + \mathrm{e}^y = 0 \\ y(0) = y(1) = 0 \end{cases}$$

程序如下, 所画图形为图 21.5:

```
xmesh=linspace(0,1,5);            %x的网格
solinit=bvpinit(xmesh,[0.1 0]);%初始条件1
sol1=bvp4c(@bvpfun,@bcfun,solinit);  %解1
solinit=bvpinit(xmesh,[3 0]);  %初始条件2
sol2=bvp4c(@bvpfun,@bcfun,solinit);   解2
```

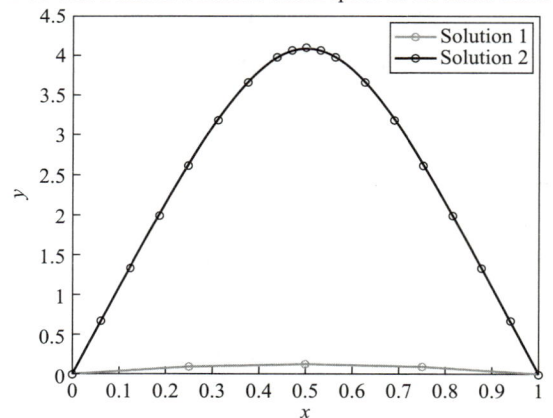

图 21.5　有两个不同解的边值问题

```
plot(sol1.x,sol1.y(1,:),'-o',sol2.x,sol2.y(1,:),'-o')          %两个解的图形
title('BVP with Different Solutions That Depend on the Initial Guess')
xlabel('x'), ylabel('y'), legend('Solution 1','Solution 2')
function dydx = bvpfun(x,y)                    % equation being solved
dydx = [y(2); -exp(y(1))];
end
```

```
function res = bcfun(ya,yb)                        % boundary conditions
res = [ya(1); yb(1)];
end
```

21.4.2 马蒂厄方程的本征值

马蒂厄 (Mathieu) 方程为

$$\begin{cases} y'' + (\lambda - 2q\cos 2x)y = 0 \\ y'(0) = 0, \quad y'(\pi) = 0 \end{cases}$$

其中 $q = 5$.

这是个本征值方程, 所求的是第 4 个本征值对应
的本征函数, 但上述条件求得的函数会差一个常数因子,
所以增加一个条件 $y(0) = 1$ 来得到一个特定的函数. 因
此问题在区间 $[0,\pi]$ 内有三个边界条件.

还要对两个解分量 $y_1 = y(x)$ 与 $y_2 = y'(x)$ 以及未
知参数 λ 提供初始估计值. 对于此问题, 我们选择 $y = \cos 4x$ 是因为它和它的导数满足边界条件并且有正确的
定性行为 (正确的符号改变次数), 因此有助于提供较好
的初始估计值. 使用区间为 $[0,\pi]$ 的 10 点网格、初始估
计值函数以及 λ 的估计值 15 调用指令 bvpinit.

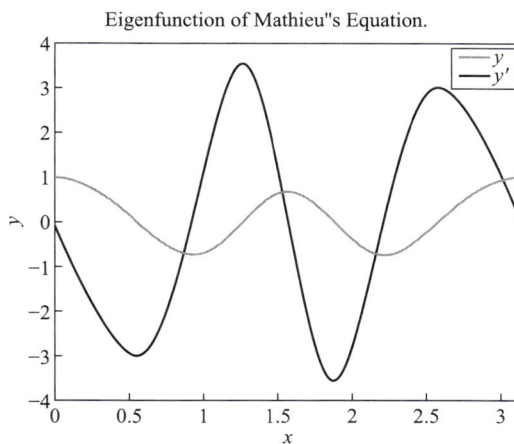

图 21.6 马蒂厄方程的本征函数及导数

用指令 bvp4c 所得到的网格数据作图并不能产生一条光滑的曲线. 为了得到光滑的曲线, 可以用
指令 deval 来计算所增加的点上的数据. 最后对两个解分量进行绘图. 图 21.6 显示了与第四个特征值
$\lambda_4 = 17.097$ 相对应的特征函数及其导数. 程序如下:

```
lambda=15;                                          %猜测的本征值
solinit=bvpinit(linspace(0,pi,10),@mat4init,lambda);  %猜测初始条件
sol=bvp4c(@mat4ode,@mat4bc,solinit);
fprintf('Fourth eigenvalue is approximately %7.3f.\n',...
        sol.parameters)                            %打印本征值
xint=linspace(0,pi);                               %增加网格点
Sxint=deval(sol,xint);                             %增加数据
plot(xint,Sxint),axis([0 pi -4 4])
title('Eigenfunction of Mathieu''s Equation.')
xlabel('x'), ylabel('y'), legend('y','y''')
function dydx=mat4ode(x,y,lambda)                   %微分方程
  q=5;
  dydx=[y(2); -(lambda-2*q*cos(2*x))*y(1)];
end
function res=mat4bc(ya,yb,lambda)                   %边界条件
  res=[ya(2); yb(2); ya(1)-1];
end
function yinit=mat4init(x)                          %初始条件
  yinit=[cos(4*x); -4*sin(4*x)];
end
```

21.4.3　艾登方程

艾登 (Emden) 方程来自于一个气体球的模型, 这是一个有奇异项的方程. 由于对称性而简化成如下方程:

$$y'' + \frac{2}{x}y' + y^5 = 0 \ (0 \leqslant x \leqslant 1)$$

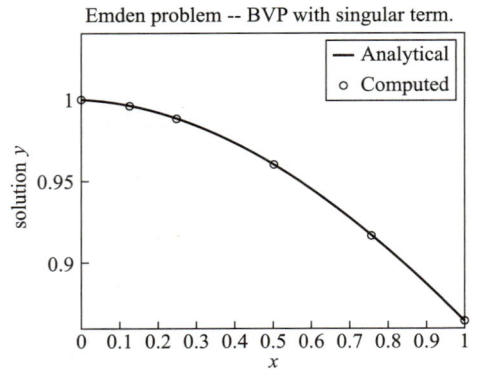

图 21.7　艾登方程图形

$x = 0$ 是系数 $2/x$ 的奇点, 但是, 对称性意味 $y'(0) = 0$, 因此, 根据这个边界条件, 当 $x \to 0$ 时, $(2/x)y'(x)$ 是有定义的. 而另一端的边界条件是 $y(1) = \sqrt{3/4}$, 所以这个边值问题有解析解如下:

$$y(x) = \left[\sqrt{\frac{1+x^2}{3}}\right]^{-1}$$

指令 bvp4c 能解形式为

$$y' = \frac{\boldsymbol{S}}{x}y + f(x,y)$$

的具有奇异性的问题. 矩阵 $\boldsymbol{S}$ 必须是常数, 并且 $x = 0$ 的边界条件必须与必要条件 $\boldsymbol{S}y(0) = 0$ 自洽. $\boldsymbol{S}$ 是作为 odeset 中的属性 "SingularTerm" 的值传递给指令 bvp4c 的. 在其他方面, 这个问题的解法与没有 $(\boldsymbol{S}/x)y$ 的方程一样.

求解时, 定义 $y(1) = y, y(2) = y'$, 将方程写成一阶方程组, 而 $\boldsymbol{S} =$[0 0; 0 −2]. 即

$$\begin{pmatrix} y'(1) \\ y'(2) \end{pmatrix} = \frac{1}{x}\begin{pmatrix} 0 & 0 \\ 0 & -2 \end{pmatrix}\begin{pmatrix} y(1) \\ y(2) \end{pmatrix} + \begin{pmatrix} y(2) \\ y^5(1) \end{pmatrix}$$

由于 $x = 0$ 的边界条件为 $y(2) = 0$, 所以有

$$\boldsymbol{S}y(0) = \begin{pmatrix} 0 \\ -2y(2) \end{pmatrix} = \begin{pmatrix} 0 \\ 0 \end{pmatrix}$$

在程序中, 指令 guess 是一个满足边界条件的猜测常数, 它表示猜测的解是

$$y(1) = \sqrt{3}/2, \quad y(2) = 0$$

最后在对计算结果画图 21.7 时, 与这个问题的解析解 truy 作了对比. 程序如下:

```
function emdenbvp
S=[0  0;  0 -2];
options=bvpset('SingularTerm',S);
guess=[sqrt(3)/2; 0];
solinit=bvpinit(linspace(0,1,5),guess);
sol=bvp4c(@emdenode,@emdenbc,solinit,options);
x=linspace(0,1);
truy=1./sqrt(1+(x.^2)/3);
figure; plot(x,truy,sol.x,sol.y(1,:),'ro');
  title('Emden problem -- BVP with singular term.')
```

```
    legend('Analytical','Computed'); xlabel('x'); ylabel('solution y');
end
function dydx=emdenode(x,y)
  dydx=[y(2); -y(1)^5];
end
function res = emdenbc(ya,yb)
 res=[ya(2); yb(1)-sqrt(3)/2];
end
end
```

21.4.4 Falkner-Skan 边值问题

Falkner-Skan 边值问题是求解在薄板上的具有黏性的、不可压缩的层流. 方程是

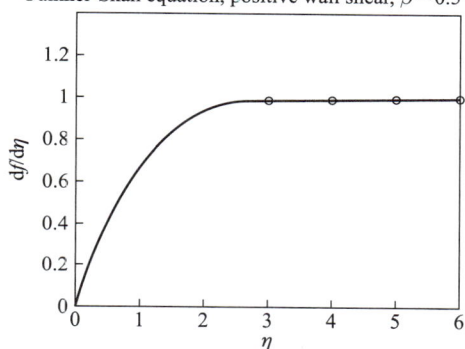

图 21.8　Falkner-Skan 边值问题

$$\begin{cases} f''' + ff'' + \beta[1-(f')^2] = 0 \\ f(0)=0, \quad f'(0)=0 \\ f'(\infty)=1 \end{cases}$$

其中 $\beta = 0.5$. 本例说明如何使用延拓将边值问题的解逐渐扩展到更大区间.

这个问题的求解区域是 $0 \leqslant x < \infty$. 在无限区间上无法求解边值问题, 在非常大的有限区间上求解边值问题也不切实际. 在这种情况下, 此示例转而求解位于较小区间 [0,a] 上的一系列问题, 从而验证解具有与 $a \to \infty$ 一致的行为. 这种做法称为延拓, 它是将一个问题分解成多个更简单的问题, 将每个小问题所反馈的解作为下一个小问题的初始估计值.

代替无穷远边界点的第一个猜测值是 3, 具有五个点的粗网格以及满足边界条件的常量估计值便可在区间 [0,3] 上进行收敛. 在随后的迭代中边界值从 3 增加到其最大值 6, 每个先前迭代给出的解充当下一次迭代的初始估计值. 作为对比, 还给出了原始文献中结果 $f''(0) = 0.92768$. 程序如下, 图 21.8 是解对应的图形:

```
function fsbvp
infinity=3; maxinfinity=6;
solinit=bvpinit(linspace(0,infinity,5),[0 0 1]);
sol=bvp4c(@fsode,@fsbc,solinit);
eta=sol.x; f=sol.y;
fprintf('\n');
fprintf('Cebeci  Keller report that f''''(0) = 0.92768.\n')
fprintf('Value computed using infinity = %g is%7.5f.\n',infinity,f(3,1))
figure
plot(eta,f(2,:),eta(end),f(2,end),'o'); axis([0 maxinfinity 0 1.4]);
title('Falkner-Skan equation, positive wall shear,\beta = 0.5.')
xlabel('\eta'), ylabel('df/d\eta'), hold on, drawnow
for Bnew=infinity+1:maxinfinity
    solinit=bvpinit(sol,[0 Bnew]); %Extend the solution to Bnew
```

```
    sol=bvp4c(@fsode,@fsbc,solinit);
    eta=sol.x; f=sol.y;
    fprintf('Value computed using infinity = %g is %7.5f.\n',Bnew,f(3,1))
    plot(eta,f(2,:),eta(end),f(2,end),'o'); drawnow
end
hold off
function dfdeta=fsode(eta,f)
  dfdeta=[f(2); f(3); -f(1)*f(3)-0.5*(1-f(2)^2)];
end
function res=fsbc(f0,finf)
res=[f0(1); f0(2); finf(2)-1];
end
end
```

21.4.5　在 $x = 0$ 处有突变的问题

本例说明如何使用延拓求解难以进行数值求解的边界值问题, 延拓实际上是将问题分解成一系列更简单的问题. 所解的方程是

$$\begin{cases} ey'' + xy' = -e\pi^2 \cos \pi x - \pi x \sin \pi x \\ y(-1) = -2, \quad y(1) = 0 \end{cases}$$

方程中 $-1 \leqslant x \leqslant 1$, 　$0 < e \ll 1$, e 是各个子函数共用的一个参数, 指令 bvp4c 要把它的值传递给所有的函数, 如 shockODE、shockBC、shockJac 和 shockBCJac.

当 $e = 10^{-4}$ 时, 方程的解会在 $x = 0$ 附近快速转变, 因此难以进行数值求解. 此示例使用延拓对 e 的几个值进行迭代处理, 直到 $e = 10^{-4}$. 每个中间解都用作下一个问题的初始估计值. 本例表明, 在数值解上很困难的问题却可以借助于连续性来成功地解决. 在这个问题中, 解析的偏导数很容易求出, 可以用它来帮助解题.

选项 Vectorized 提示算法指令, 微分方程是矢量化的, 也即 shockODE([x1 x2 ...], [y1 y2 ...], e), 返回的是 [shockODE(x1,y1,e) shockODE(x2,y2,e) ...]. 这种编程会提高程序的效率.

在此问题中, 常微分方程函数和边界条件的解析雅可比矩阵可以很轻松地计算出来. 提供雅可比矩阵使得求解器效率更高, 因为求解器不再需要通过有限差分来逼近它们.

对于常微分方程函数, 雅可比矩阵为

$$\boldsymbol{J}_{\mathrm{ODE}} = \frac{\partial f}{\partial y} = \begin{bmatrix} \dfrac{\partial f_1}{\partial y_1} & \dfrac{\partial f_1}{\partial y_2} \\ \dfrac{\partial f_2}{\partial y_1} & \dfrac{\partial f_2}{\partial y_2} \end{bmatrix} = \begin{bmatrix} 0 & 1 \\ 0 & -\dfrac{x}{e} \end{bmatrix}$$

同样, 对于边界条件, 雅可比矩阵为

$$\boldsymbol{J}_{y(a)} = \begin{bmatrix} 1 & 0 \\ 0 & 0 \end{bmatrix}, \quad \boldsymbol{J}_{y(b)} = \begin{bmatrix} 0 & 0 \\ 1 & 0 \end{bmatrix}$$

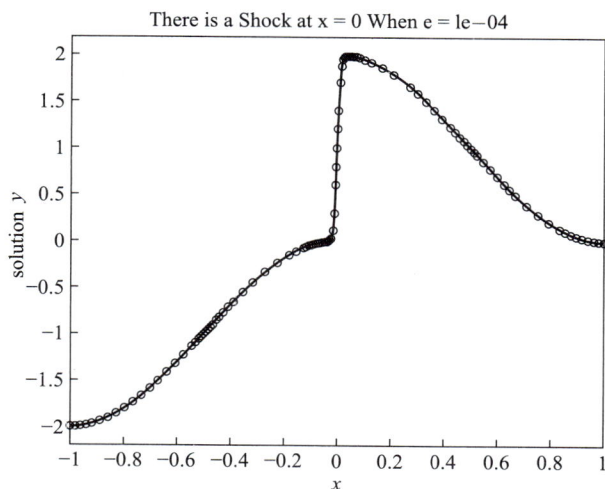

图 21.9 在 $x = 0$ 处有突变的问题的解

如果直接使用 $e = 10^{-4}$ 求解方程, 则求解器会由于问题在转变点 $x = 0$ 附近处的不良条件而难以求解. 在这种情况下, 为了获得 $e = 10, e = 10^{-4}$ 的解, 此示例使用了延拓, 即对 10^{-2}、10^{-3}、10^{-4} 求解一系列问题. 在每次迭代中求解器的输出充当下一次迭代中解的估计值 (这就是为什么指令 bvpinit 的初始估计值的变量是 sol, 求解器的输出也命名为 sol).

由于雅可比矩阵的值取决于 e 的值, 因此需要设置循环中的选项, 为雅可比矩阵指定 shockjac 和 shockbcjac 函数. 此外, 还要启用向量化, 因为编写的 shockode 用于处理值向量.

程序如下, 图 21.9 是解的图形:

```
sol=bvpinit([-1 -0.5 0 0.5 1],[1 0]); e=0.1;
for i=2:4
    e=e/10;
    options=bvpset('FJacobian',@(x,y) shockjac(x,y,e),...
            'BCJacobian',@shockbcjac,'Vectorized','on');
    sol=bvp4c(@(x,y) shockode(x,y,e),@shockbc, sol, options);
end
plot(sol.x,sol.y(1,:),'-o'); axis([-1 1 -2.2 2.2]);
title(['There Is a Shock at x = 0 When e =' sprintf('%.e',e) '.']);
xlabel('x'); ylabel('solution y');
function dydx=shockode(x,y,e)  % equation to solve
    pix=pi*x;
    dydx=[y(2,:); -x/e.*y(2,:)-pi^2*cos(pix)-pix/e.*sin(pix)];
end
function res=shockbc(ya,yb)% boundary conditions
    res = [ya(1)+2; yb(1)];
end
function jac=shockjac(x,y,e)  % jacobian of shockode
    jac = [0 1; 0 -x/e];
end
function [dBCdya,dBCdyb]=shockbcjac(ya,yb)  % jacobian of shockbc
    dBCdya=[1 0; 0 0];
    dBCdyb=[0 0; 1 0];
end
```

21.4.6 求解具有多区域边界条件的边值问题

本例求解多点边值问题, 要求解能满足积分区间内的条件.

对于 $[0, \lambda]$ 中的 x , 考虑以下方程:

$$v' = \frac{C-1}{n}$$

$$C' = \frac{vC - \min(x,1)}{\eta}$$

其中 $\lambda > 0$ 和 $\eta = \dfrac{\lambda^2}{n \cdot k^2}$,且参数 n、k 的值为已知.

$C'(x)$ 的方程中的项 $\min(x,1)$ 在 $x=1$ 处不平滑,因此该问题不能直接求解. 这时可以将问题分成两部分:一部分在区间 [0,1] 内,另一部分在区间 $[1, \lambda]$ 内. 这两个区域之间的联系是在 $x=1$ 处的解必须为连续的. 解还必须满足边界条件:

$$v(0) = 0, \quad C(\lambda) = 1$$

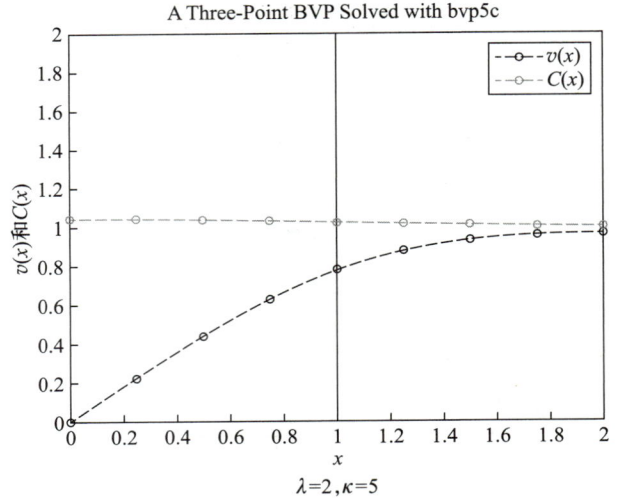

图 21.10　多点边值问题的解

两个区域的方程分别是

$$\begin{cases} v' = \dfrac{C-1}{n} \\ C' = \dfrac{vC - x}{\eta} \end{cases} \quad (0 \leqslant x \leqslant 1)$$

$$\begin{cases} v' = \dfrac{C-1}{n} \\ C' = \dfrac{vC - 1}{\eta} \end{cases} \quad (0 \leqslant x \leqslant \lambda)$$

这两个区域的交界点是 $x=1$. 两个区域的解在交界点必须相等,以确保解的连续性. 在方程的编码中,用参数 region 来区别方程的求解区域.

在边界条件编码中,除了原来的两个边界条件之外,还要考虑 $x=1$ 作为内部边界形成的左右两个区域的边界条件,即有四个边界条件. 原来的边界条件中是:$v(0) = 0, C(\lambda) - 1 = 0$. 内部交界点 $x=1$ 处的左边解和右边解具备连续性是两者相等 $v_{\mathrm{L}}(1) - v_{\mathrm{R}}(1) = 0, C_{\mathrm{L}}(1) - C_{\mathrm{R}}(1) = 0$.

对于多点边值问题,边界条件函数 YL 和 YR 的参数会是矩阵. 具体来说,第 J 列 YL(:,J) 是第 J 个区域左边界的解. YR(:,J) 则是第 J 个区域右边界的解.

在此问题中,$y(0)$ 通过 YL(:,1) 来逼近,而 $y(\lambda)$ 通过 YR(:,end) 来逼近. 解在 $x=1$ 处的连续性要求 YR(:,1) = YL(:,2).

对于多点边值问题初始估计值,边界条件自动应用于积分区间的开始处和结束处. 但是,必须在 xmesh 中为其他交界点分别指定双重项. 满足边界条件的简单估计值是常量估计值 $y = [1; 1]$.

解方程时,要定义常量参数的值,并将其放入向量 $\boldsymbol{p}$ 中. 使用语法 @(x,y,r) f(x,y,r,p) 向 bvp5c 提供函数,以提供参数向量.

计算 k 的几个值的解,其中使用每个解作为下一个解的初始估计值. 对于 k 的每个值,计算渗透性 $Os = \dfrac{1}{v(\lambda)}$ 的值. 对于循环的每次迭代,将计算值与近似解析解进行比较,程序如下:

```
xc=1; xmesh=[0 0.25 0.5 0.75 xc xc 1.25 1.5 1.75 2]; yinit=[1; 1];
sol=bvpinit(xmesh,yinit); lambda=2; n=5e-2;
for kappa=2:5
    eta=lambda^2/(n*kappa^2); p=[n kappa lambda eta];
```

```
    sol=bvp5c(@(x,y,r)f(x,y,r,p),@bc,sol);
    K2=lambda*sinh(kappa/lambda)/(kappa*cosh(kappa));
    approx=1/(1-K2); computed=1/sol.y(1,end);
    fprintf(' %2i %10.3f %10.3f \n',kappa,computed,approx);
end
plot(sol.x,sol.y(1,:),'--o',sol.x,sol.y(2,:),'--o')
line([1 1],[0 2],'Color','k')
legend('v(x)','C(x)'), title('A Three-Point BVP Solved with bvp5c')
xlabel({'x', '\lambda = 2, \kappa = 5'}), ylabel('v(x) and C(x)')

function dydx=f(x,y,region,p)                        % equations being solved
  n=p(1); eta=p(4);
  dydx=zeros(2,1); dydx(1)=(y(2)-1)/n;
  switch region
    case 1, dydx(2)=(y(1)*y(2)-x)/eta;               % x in [0 1]
    case 2, dydx(2)=(y(1)*y(2)-1)/eta;               % x in [1 lambda]
  end
end
function res=bc(YL,YR)                               % boundary conditions
  res=[YL(1,1)                                       % v(0)=0
      YR(1,1)-YL(1,2)                    % Continuity of v(x) at x=1
      YR(2,1)-YL(2,2)                    % Continuity of C(x) at x=1
      YR(2,end)-1];                              % C(lambda)=1
end
```

第二十一章程序包

第二十二章　偏微分方程例题补充

§22.1　指令 pdepe 解偏微分方程

指令 pdepe 解一维的抛物线和椭圆偏微分方程. 如果是解方程组, 则方程组中至少有一个抛物型方程. 换句话说, 方程组中至少有一个方程必须包含时间导数. pdepe 还可求解某些二维和三维问题, 例如柱坐标问题, 这些问题由于角对称而简化为一维问题.

指令 pdepe 的基本用法为

```
sol = pdepe(m,pdefun,icfun,bcfun,xmesh,tspan)
```

其中 pdefun 为求解的方程, 其规定形式为

$$c\left(x,t,u,\frac{\partial u}{\partial x}\right)\frac{\partial u}{\partial t} = x^{-m}\frac{\partial}{\partial x}\left[x^m f\left(x,t,u,\frac{\partial u}{\partial x}\right)\right] + s\left(x,t,u,\frac{\partial u}{\partial x}\right)$$

当 $m=0$ (平板), $m=1$ (柱状), $m=2$ (球面) 时, 指令 bcfun 为边界条件函数. 其形式为

$$p(x,t,u) + q(x,t)f\left(x,t,u,\frac{\partial u}{\partial x}\right) = 0$$

指令 icfun 为初始值函数, 指令 tspan 指定时间间隔, 指令 xmesh 指定空间坐标网格. 另外指令 pdepe 也可以调用事件函数 (events).

下面是应用指令 pdepe 的几个例子.

22.1.1　解单个的偏微分方程

定解问题是

$$\begin{cases} \pi^2\dfrac{\partial u}{\partial t} = \dfrac{\partial^2 u}{\partial x^2} \\ u(x,0) = \sin(\pi x) \\ u(0,t) = 0 \\ \pi e^{-t} + \dfrac{\partial u}{\partial x}(1,t) = 0 \end{cases}$$

对比标准格式, 各项系数是 $m=0$, $c\left(x,t,u,\dfrac{\partial u}{\partial x}\right) = \pi^2$, $f\left(x,t,u,\dfrac{\partial u}{\partial x}\right) = \dfrac{\partial u}{\partial x}$, $s\left(x,t,u,\dfrac{\partial u}{\partial x}\right) = 0$.

求解器所需的边界条件的标准形式是

$$p(x,t,u) + q(x,t)f\left(x,t,u,\frac{\partial u}{\partial x}\right) = 0$$

所以边界条件的系数是:

当 $x=0$, $p(0,t,u) = u$, $q(0,t) = 0$;

当 $x=1$, $p(1,t,u) = \pi e^{-t}$, $q(1,t) = 1$.

程序与图形 (图 22.1) 如下:

```
x=linspace(0,1,20); t=linspace(0,2,5); m=0;
sol=pdepe(m,@pdex1pde,@pdex1ic,@pdex1bc,x,t); u=sol(:,:,1);
surf(x,t,u)
title('Numerical solution computed with 20 mesh points')
xlabel('Distance x'), ylabel('Time t')
figure, surf(x,t,exp(-t)'*sin(pi*x))
title('True solution plotted with 20 mesh points')
xlabel('Distance x'), ylabel('Time t')
figure, plot(x,u(end,:),'o',x,exp(-t(end))*sin(pi*x))
title('Solution at t = 2')
legend('Numerical, 20 mesh points','Analytical','Location','South')
xlabel('Distance x'), ylabel('u(x,2)')
function [c,f,s]=pdex1pde(x,t,u,dudx)      % Equation to solve
  c=pi^2; f=dudx; s=0;
end
function u0=pdex1ic(x)                       % Initial conditions
  u0=sin(pi*x);
end
function [pl,ql,pr,qr]=pdex1bc(xl,ul,xr,ur,t)   % Boundary conditions
pl=ul; ql=0; pr=pi*exp(-t); qr=1;
end
```

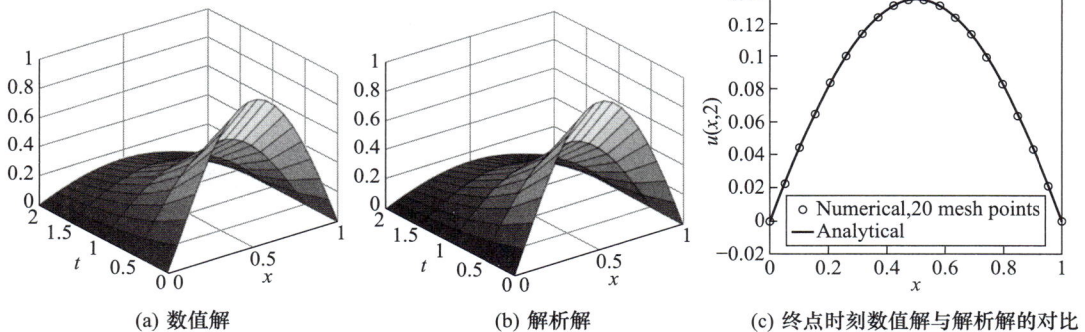

(a) 数值解 (b) 解析解 (c) 终点时刻数值解与解析解的对比

图 22.1

22.1.2 解偏微分方程组

解下面的偏微分方程组:

$$\begin{cases} \dfrac{\partial u_1}{\partial t} = 0.024\dfrac{\partial^2 u_1}{\partial x^2} - F(u_1 - u_2) \\[2mm] \dfrac{\partial u_2}{\partial t} = 0.170\dfrac{\partial^2 u_2}{\partial x^2} + F(u_1 - u_2) \end{cases}$$

$$F(y) = \exp(5.73y) - \exp(-11.46y)$$

$$u_1(x,0) = 1, \qquad u_2(x,0) = 0$$

$$\frac{\partial u_1}{\partial t}(0,t)=0, \quad u_2(0,t)=0$$

$$u_1(1,t)=1, \quad \frac{\partial u_2}{\partial t}(1,t)=0$$

将它们写成矩阵形式:

$$\begin{bmatrix}1\\1\end{bmatrix}.*\frac{\partial}{\partial t}\begin{bmatrix}u_1\\u_2\end{bmatrix}=\frac{\partial}{\partial x}\begin{bmatrix}0.024(\partial u_1/\partial x)\\0.170(\partial u_2/\partial x)\end{bmatrix}+\begin{bmatrix}-F(u_1-u_2)\\F(u_1-u_2)\end{bmatrix}$$

$$\begin{bmatrix}0\\u_2\end{bmatrix}+\begin{bmatrix}1\\0\end{bmatrix}.*\begin{bmatrix}0.024(\partial u_1/\partial x)\\0.170(\partial u_2/\partial x)\end{bmatrix}=\begin{bmatrix}0\\0\end{bmatrix}$$

$$\begin{bmatrix}u_1-1\\0\end{bmatrix}+\begin{bmatrix}0\\1\end{bmatrix}.*\begin{bmatrix}0.024(\partial u_1/\partial x)\\0.170(\partial u_2/\partial x)\end{bmatrix}=\begin{bmatrix}0\\0\end{bmatrix}$$

程序如下, 画的图形为图 22.2.

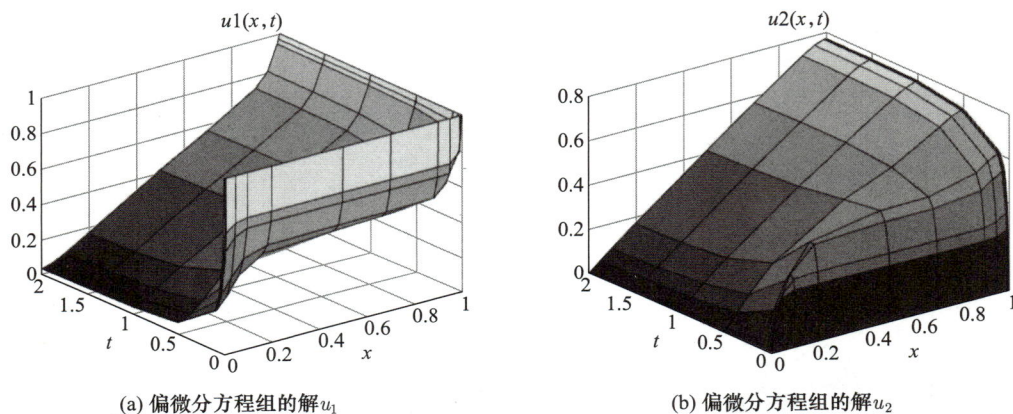

(a) 偏微分方程组的解u_1　　(b) 偏微分方程组的解u_2

图 22.2

```
function ch21N2pdepe
m=0; t=[0 0.005 0.01 0.05 0.1 0.5 1 1.5 2];
x=[0 0.005 0.01 0.05 0.1 0.2 0.5 0.7 0.9 0.95 0.99 0.995 1];
sol=pdepe(m,@pdex4pde,@pdex4ic,@pdex4bc,x,t);
u1=sol(:,:,1); u2=sol(:,:,2);
figure, surf(x,t,u1)
title('u1(x,t)'), xlabel('Distance x'), ylabel('Time t')
figure, surf(x,t,u2)
title('u2(x,t)'), xlabel('Distance x'), ylabel('Time t')
function [c,f,s]=pdex4pde(x,t,u,DuDx)
  c=[1; 1]; f=[0.024; 0.17].* DuDx; y=u(1)-u(2);
  F=exp(5.73*y)-exp(-11.47*y); s=[-F; F];
end
function u0=pdex4ic(x);
```

```
    u0=[1; 0];
end
function [pl,ql,pr,qr]=pdex4bc(xl,ul,xr,ur,t)
    pl=[0; ul(2)]; ql=[1; 0]; pr=[ur(1)-1; 0]; qr=[0; 1];
end
end
```

22.1.3　解具有不连续性的偏微分方程

下面求解涉及物质界面的偏微分方程. 物质界面使得问题在 $x = 0.5$ 处具有不连续点, 初始条件在右边界 $x = 1$ 处具有不连续点. 方程为

$$\begin{cases} \dfrac{\partial u}{\partial t} = x^{-2}\dfrac{\partial}{\partial x}\left(x^2\,5\dfrac{\partial u}{\partial x}\right) - 1\,000\mathrm{e}^u & (0 \leqslant x \leqslant 0.5) \\[3mm] \dfrac{\partial u}{\partial t} = x^{-2}\dfrac{\partial}{\partial x}\left(x^2\,\dfrac{\partial u}{\partial x}\right) - \mathrm{e}^u & (0.5 \leqslant x \leqslant 1) \end{cases}$$

初始条件为

$$\begin{cases} u(x,0) = 0 & (0 \leqslant x < 1) \\ u(1,0) = 1 & (x = 1) \end{cases}$$

边界条件为

$$\begin{cases} \dfrac{\partial u}{\partial x} = 0 & (x = 0) \\ u(1,t) = 1 & (x = 1) \end{cases}$$

标准形式的各项系数为

$$m = 2, \quad c = 1$$

$$\begin{cases} f\left(x,t,u,\dfrac{\partial u}{\partial x}\right) = 5\dfrac{\partial u}{\partial x} & (0 \leqslant x \leqslant 0.5) \\[3mm] f\left(x,t,u,\dfrac{\partial u}{\partial x}\right) = \dfrac{\partial u}{\partial x} & (0.5 \leqslant x \leqslant 1) \end{cases}$$

$$\begin{cases} s\left(x,t,u,\dfrac{\partial u}{\partial x}\right) = -1\,000\mathrm{e}^u & (0 \leqslant x \leqslant 0.5) \\[3mm] s\left(x,t,u,\dfrac{\partial u}{\partial x}\right) = -\mathrm{e}^u & (0.5 \leqslant x \leqslant 1) \end{cases}$$

程序与图形 (图 22.3) 如下:

```
x=[0 0.1 0.2 0.3 0.4 0.45 0.475 0.5 0.525 0.55...
    0.6 0.7 0.8 0.9 0.95 0.975 0.99 1];
t=[0 0.001 0.005 0.01 0.05 0.1 0.5 1]; m=2;
sol=pdepe(m,@pdex2pde,@pdex2ic,@pdex2bc,x,t); u=sol(:,:,1);
surf(x,t,u), title('Numerical solution with nonuniform mesh')
xlabel('Distance x'), ylabel('Time t'), zlabel('Solution u')
figure, plot(x,u,x,u,'*')
line([0.5 0.5],[-3 1],'Color','k')
```

```
xlabel('Distance x'), ylabel('Solution u')
title('Solution profiles at several times')
function [c,f,s]=pdex2pde(x,t,u,dudx)              % Equation to solve
  c=1;
  if x<=0.5, f=5*dudx; s=-1000*exp(u);
  else, f=dudx; s=-exp(u);
  end
end
function u0=pdex2ic(x)                              %Initial conditions
  u0=x>=1;
end
function [pl,ql,pr,qr]=pdex2bc(xl,ul,xr,ur,t)      % Boundary conditions
  pl=0; ql=0; pr=ur-1; qr=0;
end
```

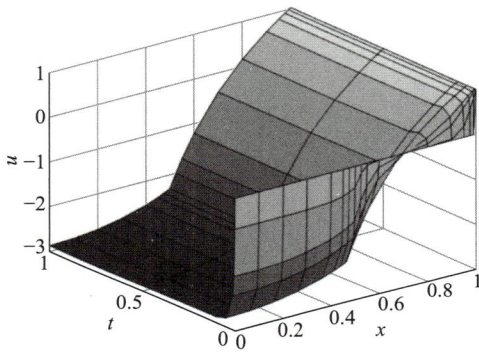

(a) 具有不连续性的偏微分方程的解$u(x,t)$ (b) 不同时刻u随x的变化

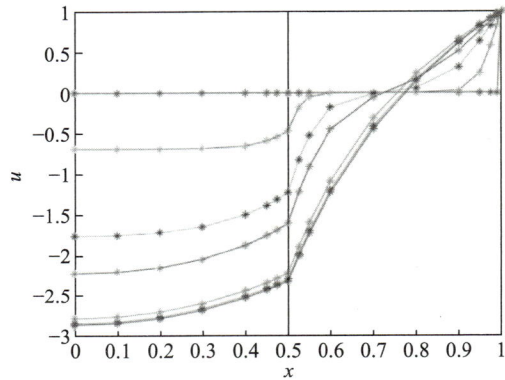

图 22.3

22.1.4   解偏微分方程并计算偏导数

此示例说明如何求解一个晶体管偏微分方程, 并使用结果获得偏导数, 这是求解更大型问题的一部分.

方程为

$$\frac{\partial u}{\partial t} = D\frac{\partial^2 u}{\partial x^2} - \frac{D\eta}{L}\frac{\partial u}{\partial x}, \quad (0 \leqslant x \leqslant L, t \leqslant 0)$$

此方程出现在晶体管理论中, $u(x,t)$ 是描述 PNP 晶体管基极中过剩电荷载流子 (或空穴) 浓度的函数. D 和 η 是物理常量. 初始条件包括常量 K, 由下式给出:

$$u(x,0) = \frac{KL}{D}\left[\frac{1-\mathrm{e}^{-\eta(1-x/L)}}{\eta}\right]$$

边界条件为

$$u(0,t) = u(L,t) = 0$$

对于固定 x, 方程 $u(x,t)$ 的解将过剩电荷的坍塌描述为 $t \to \infty$. 这种坍塌产生一种电流, 称为发射极放电电流, 它还有另一个常量 I_p, 有

$$I(t) = \left[\frac{I_p D}{K} \frac{\partial}{\partial x} u(x,t) \right]_{x=0} \quad (t > 0)$$

由于偏微分方程对 $u(x,t)$ 有闭型级数解, 可以通过解析方式和数值方式计算发射极放电电流, 并对结果进行比较.

计算中要用到的物理常量定义为结构数组 C 如下:

C.L = 1, C.D = 0.1, C.eta = 10, C.K = 1, C.Ip = 1

程序如下:

```matlab
C.L=1; C.D=0.1; C.eta=10; C.K=1; C.Ip=1;                    %物理常量
x=linspace(0,C.L,50); t=linspace(0,1,50); m=0;
eqn=@(x,t,u,dudx) transistorPDE(x,t,u,dudx,C);
ic=@(x)transistorIC(x,C);
sol=pdepe(m,eqn,ic,@transistorBC,x,t);
figure, u=sol(:,:,1); surf(x,t,u)
title('Numerical Solution (50 mesh points)')
xlabel('Distance x'), ylabel('Time t'), zlabel('Solution u(x,t)')
figure, plot(x,u), xlabel('Distance x'), ylabel('Solution u(x,t)')
title('Solution profiles at several times')
nt=length(t); I=zeros(1,nt); seriesI=zeros(1,nt); iok=2:nt;
for j=iok                         % At time t(j), compute du/dx at x = 0
   [~,I(j)]=pdeval(m,x,u(j,:),0);
   seriesI(j)=serex3(t(j),C);
end


    % Numeric solution has form I(t) = (I_p*D/K)*du(0,t)/dx
I=(C.Ip*C.D/C.K)*I;
figure, plot(t(iok),I(iok),'o',t(iok),seriesI(iok))
legend('From PDEPE + PDEVAL','From series')
title('Emitter discharge current I(t)'), xlabel('Time t')
function [c,f,s]=transistorPDE(x,t,u,dudx,C)               % Equation to solve
  D=C.D; eta=C.eta; L=C.L; c=1; f=D*dudx; s=-(D*eta/L)*dudx;
end
function u0=transistorIC(x,C)                              % Initial condition
   K=C.K; L=C.L; D=C.D; eta=C.eta;
   u0=(K*L/D)*(1-exp(-eta*(1-x/L)))/eta;
end
function [pl,ql,pr,qr]=transistorBC(xl,ul,xr,ur,t)        % Boundary conditions
   pl=ul; ql=0; pr=ur; qr=0;
end
function It=serex3(t,C) % Approximate I(t) by series expansion
```

```
    Ip=C.Ip; eta=C.eta; D=C.D; L=C.L; It=0;
    for n=1:40                                          % Use 40 terms
        m=(n*pi)^2+0.25*eta^2;
        It=It+((n*pi)^2/m)*exp(-(D/L^2)*m*t);
    end
    It=2*Ip*((1-exp(-eta))/eta)*It;
end
```

图形如图 22.4 所示, (a) 图是数值解, (b) 图是不同时间解的曲线, (c) 图是发射的电流变化.

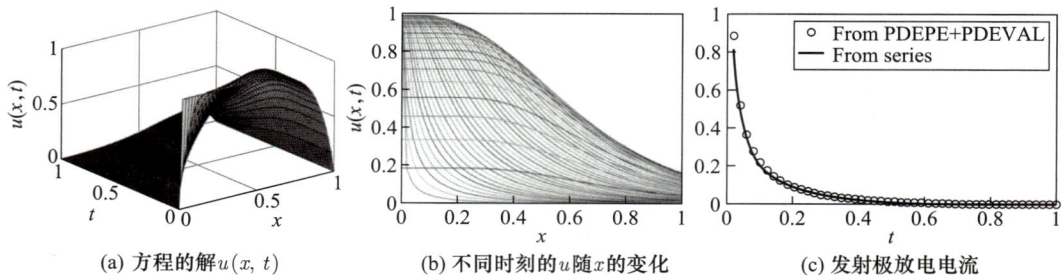

(a) 方程的解 $u(x,t)$　　(b) 不同时刻的 u 随 x 的变化　　(c) 发射极放电电流

图 22.4

22.1.5　用阶跃函数的初始条件求解偏微分方程组

此示例说明如何求解初始条件中使用阶跃函数的偏微分方程组. 方程组是

$$\begin{cases} \dfrac{\partial n}{\partial t} = \left(d\dfrac{\partial^2 n}{\partial x^2} - a\,n\dfrac{\partial^2 c}{\partial x^2}\right) + S\,r\,n\,(N-n) \\ \dfrac{\partial c}{\partial t} = \dfrac{\partial^2 c}{\partial x^2} + S\left(\dfrac{n}{n+1} - c\right) \end{cases} \quad (0 \leqslant x \leqslant 1), (t \geqslant 0)$$

方程中含有常量参数 d、a、S、r 和 N. 这些方程源于描述肿瘤相关血管生成的初始步骤的数学模型 [1]. $n(x,t)$ 表示内皮细胞的细胞密度, $c(x,t)$ 表示因为肿瘤而释放的蛋白质的浓度.

当出现以下情况时, 此问题实现常数稳态, 即

$$\begin{bmatrix} n_0 \\ c_0 \end{bmatrix} = \begin{bmatrix} 1 \\ 0.5 \end{bmatrix}$$

然而, 稳定性分析预测方程组会演化出非齐次解. 因此, 需要使用阶跃函数作为初始条件, 以扰动稳态和促进方程组演化.

边界条件是

$$\frac{\partial}{\partial x}n\,(0,t) = \frac{\partial}{\partial x}n\,(1,t) = 0$$

$$\frac{\partial}{\partial x}c\,(0,t) = \frac{\partial}{\partial x}c\,(1,t) = 0$$

方程编码之前, 按照 pdepe 求解方程的形式的要求

$$c\left(x,t,u,\frac{\partial u}{\partial x}\right)\frac{\partial u}{\partial t} = x^{-m}\frac{\partial}{\partial x}\left[x^m f\left(x,t,u,\frac{\partial u}{\partial x}\right)\right] + s\left(x,t,u,\frac{\partial u}{\partial x}\right)$$

方程组可以重写为

$$
\begin{bmatrix} 1 & 0 \\ 0 & 1 \end{bmatrix} \frac{\partial}{\partial t} \begin{bmatrix} n \\ c \end{bmatrix} = \frac{\partial}{\partial x} \begin{bmatrix} d\dfrac{\partial n}{\partial x} - a\,n\dfrac{\partial c}{\partial x} \\ \dfrac{\partial c}{\partial x} \end{bmatrix} + \begin{bmatrix} S\,r\,n\,(N-n) \\ S\left(\dfrac{n}{n+1} - c\right) \end{bmatrix}
$$

则方程中系数的值为

$$m = 0$$
$$c\left(x,t,u,\frac{\partial u}{\partial x}\right) = \begin{bmatrix} 1 \\ 1 \end{bmatrix}$$

仅对角线值, 有

$$
f\left(x,t,u,\frac{\partial u}{\partial x}\right) = \begin{bmatrix} d\dfrac{\partial n}{\partial x} - a\,n\dfrac{\partial c}{\partial x} \\ \dfrac{\partial c}{\partial x} \end{bmatrix}
$$
$$
s\left(x,t,u,\frac{\partial u}{\partial x}\right) = \begin{bmatrix} S\,r\,n\,(N-n) \\ S\left(\dfrac{n}{n+1} - c\right) \end{bmatrix}
$$

接下来, 编写一个返回初始条件的函数. 为 x 的任何值提供 $n(x,t_0)$ 和 $c(x,t_0)$ 的值.
当出现以下情况时, 此问题实现常数稳态, 即

$$
\begin{bmatrix} n_0 \\ c_0 \end{bmatrix} = \begin{bmatrix} 1 \\ 0.5 \end{bmatrix}
$$

然而, 稳定性分析预测方程组会演化出非齐次解. 因此, 需要使用阶跃函数作为初始条件, 以扰动稳态和促进方程组演化:

$$
u(x,0) = \begin{bmatrix} n_0 \\ c_0 \end{bmatrix}
$$
$$
u(x,0) = \begin{cases} 1.05u_1, & 0.3 \leqslant x \leqslant 0.6 \\ 1.0005u_2, & 0.3 \leqslant x \leqslant 0.6 \end{cases}
$$

现在, 编写计算以下边界条件的函数:

$$
\frac{\partial}{\partial x}n(0,t) = \frac{\partial}{\partial x}n(1,t) = 0
$$
$$
\frac{\partial}{\partial x}c(0,t) = \frac{\partial}{\partial x}c(1,t) = 0
$$

边界条件的标准形式是

$$
p(x,t,u) + q(x,t)f\left(x,t,u,\frac{\partial u}{\partial x}\right) = 0
$$

对于 $x = 0$, 边界条件方程为

$$
\begin{bmatrix} 0 \\ 0 \end{bmatrix} p(x,t,u) + \begin{bmatrix} 1 \\ 1 \end{bmatrix} \cdot \begin{bmatrix} d\dfrac{\partial n}{\partial x} - a\,n\dfrac{\partial c}{\partial x} \\ \dfrac{\partial c}{\partial x} \end{bmatrix} = 0
$$

因此系数为

$$p_{\mathrm{L}}\left(x,t,u\right)=\left[\begin{array}{c}0\\0\end{array}\right],\quad q_{\mathrm{L}}\left(x,t\right)=\left[\begin{array}{c}1\\1\end{array}\right]$$

对于 $x=1$, 边界条件是相同的, 因此

$$p_{\mathrm{R}}\left(x,t,u\right)=\left[\begin{array}{c}0\\0\end{array}\right],\quad q_{\mathrm{R}}\left(x,t\right)=\left[\begin{array}{c}1\\1\end{array}\right]$$

程序如下:

```
x=linspace(0,1,50); t=linspace(0,200,10); m=0;
sol=pdepe(m,@angiopde,@angioic,@angiobc,x,t);
n=sol(:,:,1); c=sol(:,:,2);
figure, surf(x,t,c), title('c(x,t): Concentration of Fibronectin')
xlabel('Distance x'), ylabel('Time t')
figure, surf(x,t,n), title('n(x,t): Density of Endothelial Cells')
xlabel('Distance x'), ylabel('Time t')
figure, plot(x,n(end,:)), title('Final distribution of n(x,t_f)')
figure, plot(x,c(end,:)), title('Final distribution of c(x,t_f)')
function [c,f,s]=angiopde(x,t,u,dudx)               % Equation to solve
  d=1e-3; a=3.8; S=3; r=0.88; N=1; c=[1; 1];
  f=[d*dudx(1)-a*u(1)*dudx(2); dudx(2)];
  s=[S*r*u(1)*(N - u(1)); S*(u(1)/(u(1) + 1) - u(2))];
end
function u0=angioic(x)                               % Initial Conditions
  u0=[1; 0.5];
  if x>=0.3&&x<=0.6, u0(1)=1.05*u0(1); u0(2)=1.0005*u0(2); end
end
function [pl,ql,pr,qr]=angiobc(xl,ul,xr,ur,t)        % Boundary Conditions
  pl=[0; 0]; ql=[1; 1]; pr=pl; qr=ql;
end
```

图形如图 22.5 所示.

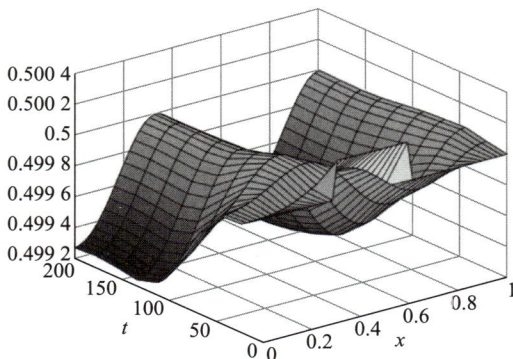

(a) 方程组的解 $c(x, t)$　　　　　　(b) 方程组的解 $n(x, t)$

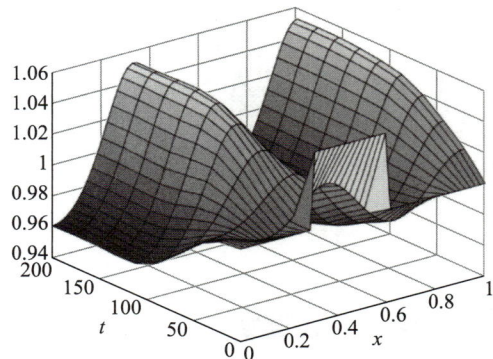

图 22.5

终点时刻的对比如图 22.6 所示.

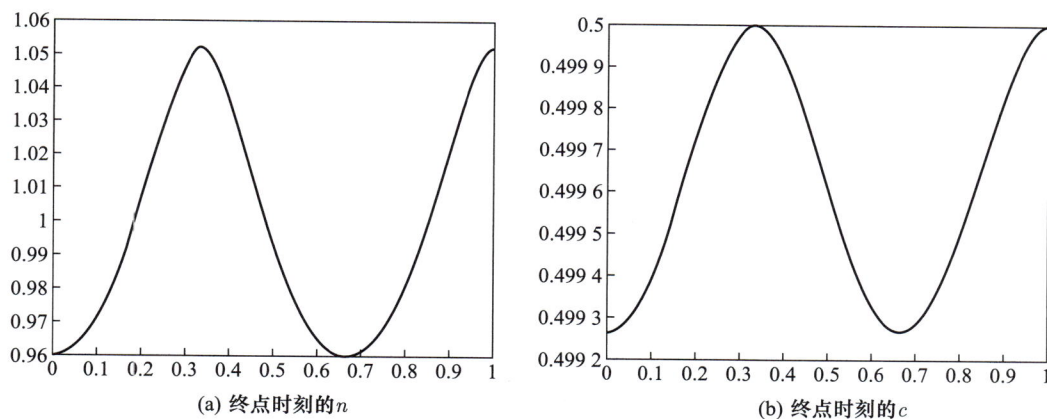

(a) 终点时刻的 n (b) 终点时刻的 c

图 22.6

22.1.6 求解柱坐标下的热方程

方程是

$$\frac{\partial u}{\partial t} = \frac{1}{x}\frac{\partial}{\partial x}\left(x\frac{\partial u}{\partial x}\right), \quad (t \geqslant 0, \ 0 \leqslant x \leqslant 1)$$

初始条件根据贝塞尔函数 $J_0(x)$ 及其第一个零点 $n = 2.404\,825\,557\,695\,773$ 定义为 $u(x,0) = \mathrm{J}_0(nx)$. 由于此问题采用柱坐标 $(m=1)$, 指令 pdepe 会自动在 $x=0$ 处强制应用对称条件. 右边界条件为

$$u(1,t) = \mathrm{J}_0(n)\,\mathrm{e}^{-n^2 t}$$

初始条件和边界条件已选定为与问题的解析解一致, 即

$$u(x,t) = \mathrm{J}_0(nx)\,\mathrm{e}^{-n^2 t}$$

标准格式下的各项系数为

$$m = 1, \quad c = 1, \quad f = \frac{\partial u}{\partial x}, \quad s = 0$$

程序与图形 (图 22.7) 如下:

```
x=linspace(0,1,25); t=linspace(0,1,25); m=1;
sol=pdepe(m,@heatcyl,@heatic,@heatbc,x,t);
figure, u=sol(:,:,1); surf(x,t,u)
xlabel('x'), ylabel('t'), zlabel('u(x,t)')
view([150 25])
figure, plot(t,sol(:,1)), xlabel('Time'); ylabel('Temperature u(0,t)')
title('Temperature change at center of disc')
function [c,f,s]=heatcyl(x,t,u,dudx)
  c=1; f=dudx; s=0;
end
function u0 = heatic(x)
```

```
    n=2.404825557695773; u0=besselj(0,n*x);
end
function [pl,ql,pr,qr]=heatbc(xl,ul,xr,ur,t)
    n=2.404825557695773;
    pl=0; ql=0;                                       %ignored by solver since m=1
    pr=ur-besselj(0,n)*exp(-n^2*t); qr=0;
end
```

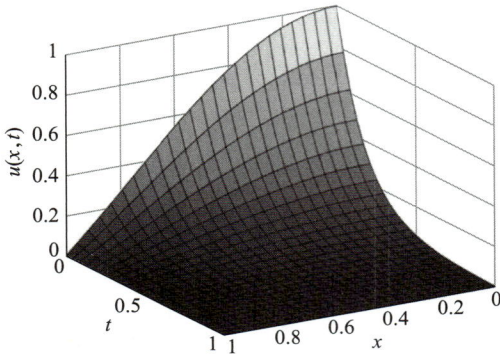

(a) 热传导方程的解 $u(x,t)$　　　　　　(b) 圆柱心处温度随时间的变化

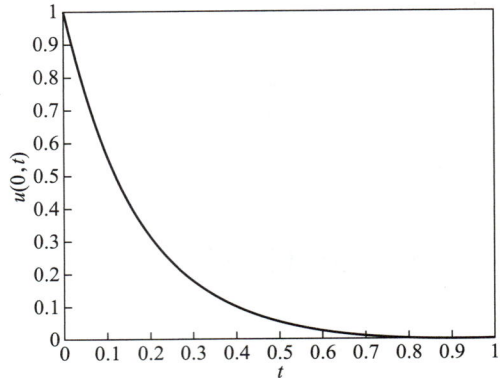

图 22.7

22.1.7　解振荡偏微分方程并记录事件

求解偏微分方程, 并使用事件函数 (events) 记录振荡解中的过零点. 方程是

$$\frac{1}{x}\frac{\partial u}{\partial t} = \frac{\partial}{\partial x}\left(\frac{1}{t}u\right), \quad t \geqslant 0, \quad 0 \leqslant x \leqslant 1$$

初始条件为 $u(x,0.1) = 1$. 边界条件为 $u(0,t) = 1$, $u(1,t) = \cos(\pi t)$, 标准格式下各项系数为 $m = 0, c = 1/x, f = u/t, s = 0$.

边界条件的函数为

$$u(0,t) - 1 + 0 \cdot f\left(x,t,u,\frac{\partial u}{\partial x}\right) = 0$$

$$u(1,t) - \cos(\pi t) + 0 \cdot f\left(x,t,u,\frac{\partial u}{\partial x}\right) = 0$$

程序与图形 (图 22.8) 如下, (b) 图显示了事件函数记录的积分中解过零点的时刻.

```
x=linspace(0,1,50); t=linspace(0.1,pi,50); m=0;
options=odeset('Events',@pdevents);
[sol,tsol,sole,te,ie]=pdepe(m,@oscpde,@oscic,@oscbc,x,t,options);
figure, u=sol(:,:,1); surf(x,t,u), view(49,39)
figure, view([39 30]), xlabel('x'), ylabel('t'), zlabel('u(x,t)')
hold on, plot3(x(ie)',te,sole(x==x(ie)'),'r*')
surf(x,t,zeros(size(u)),'EdgeColor','flat'), surf(x,t,u), hold off
```

```
function [c,f,s]=oscpde(x,t,u,dudx)
  c=1/x; f=u/t; s=0;
end
function u0=oscic(x)
  u0=1;
end
function [pl,ql,pr,qr]=oscbc(xl,ul,xr,ur,t)
  pl=ul-1; ql=0; pr=ur-cos(pi*t); qr=0;
end
function [value, isterminal, direction]=pdevents(m,t,xmesh,umesh)
  value=umesh;
  isterminal=zeros(size(umesh)); direction=zeros(size(umesh));
end
```

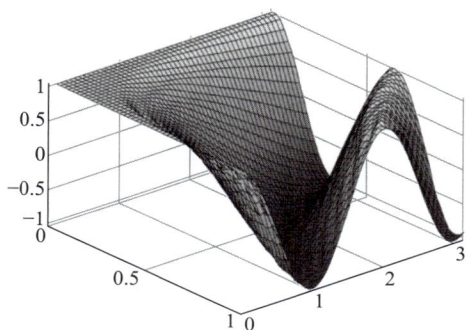

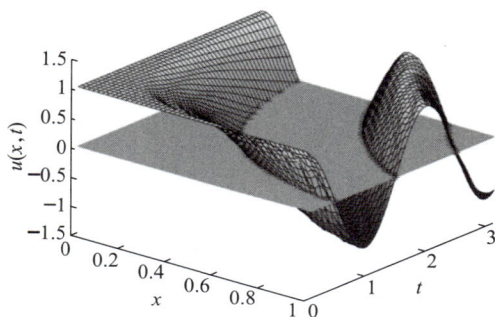

(a) 方程的解$u(x,t)$　　　　　(b) 解$u(x,t)$过零点的图像

图 22.8

§22.2　弦的旋转

弦的一端固定, 另一端在垂直平面内绕圆旋转. 推导弦的运动方程, 写出定解问题, 并编程求解弦的运动.

取弦的平衡位置为 x 轴, 令端点坐标为 $x=0$ 与 $x=l$. 显然, 弦的位移是一个矢量, 设坐标为 x 的弦上点在 t 时刻的位移为

$$\boldsymbol{w}(x,t)=[u(x,t),v(x,t),0]$$

在弦上隔离出一段线元 $\mathrm{d}x$, 进行受力分析. 显然, 线元在两个端点 x 和 $x+\mathrm{d}x$ 处受到张力的作用. 张力也是一个矢量, 分别为

$$\boldsymbol{T}|_x=k_1\left(-\frac{\partial u}{\partial x}\Big|_x,-\frac{\partial v}{\partial x}\Big|_x,-1\right)$$

$$\boldsymbol{T}|_{x+\mathrm{d}x}=k_2\left(-\frac{\partial u}{\partial x}\Big|_{x+\mathrm{d}x},-\frac{\partial v}{\partial x}\Big|_{x+\mathrm{d}x},1\right)$$

其中 k_1、k_2 分别是两个端点 x 和 $x+\mathrm{d}z$ 处张力的绝对值. 根据牛顿第二定律, 有

$$\rho \mathrm{d}x \frac{\partial^2 \boldsymbol{w}}{\partial t^2} = \boldsymbol{T}|_{x+\mathrm{d}x} - \boldsymbol{T}|_x$$

写成分量的形式为

$$\rho \mathrm{d}x \left(\frac{\partial^2 u}{\partial t^2}, \frac{\partial^2 v}{\partial t^2}, 0 \right) = \left(k_2 \frac{\partial u}{\partial x}\bigg|_{x+\mathrm{d}x} - k_1 \frac{\partial u}{\partial x}\bigg|_x, \, k_2 \frac{\partial v}{\partial x}\bigg|_{x+\mathrm{d}x} - k_1 \frac{\partial v}{\partial x}\bigg|_x, \, k_2 - k_1 \right)$$

显然要有

$$k_1 = k_2 = T$$

令 $T/\rho = a^2$, 得

$$\frac{\partial^2 \boldsymbol{w}}{\partial t^2} - a^2 \frac{\partial^2 \boldsymbol{w}}{\partial x^2} = 0$$

    这个偏微分方程的函数值是向量. 由于弦是一维的, 所以方程中用于描述空间的变量只有一个 x; 但是弦上每一个线元都是在二维平面内振动的, 所以向量值函数 $\boldsymbol{w}$ 有两个有效的分量 $[u(x,t), v(x,t)]$.

    注意到在本题中, 方程中的向量的两个分量彼此独立, 且两个分量的边界条件仅仅相差 $\pi/2$ 的相位, 所以只需要解两个一维弦振动即可.

    已经介绍过一维波动方程的显式差分公式是

$$u_{i,j+1} = 2u_{i,j} - u_{i,j-1} + c(u_{i+1,j} - 2u_{i,j} + u_{i-1,j})$$

分别对 u、v 分量使用这个公式即可, 其中 $c = a^2 \dfrac{(\Delta t)^2}{(\Delta x)^2}$.

边界条件可以写成

$$u(x,t)|_{x=0} = 0, \qquad u(x,t)|_{x=l} = \sin(\omega t)$$

$$v(x,t)|_{x=0} = 0, \qquad v(x,t)|_{x=l} = \cos(\omega t)$$

旋转弦

以下程序是以动画演示弦的转动, 效果见视频材料 (请扫描页边二维码).

```
t=linspace(0,1,1000); dt=t(2); x=linspace(0,1,1000); dx=x(2);
c=1*dt^2/dx^2; u1=zeros(1,1000); u2=zeros(1,1000); u3=zeros(1,1000);
u2(2:999)=u1(2:999)+c/2*(u1(3:1000)-2*u1(2:999)+u1(1:998));
v1=zeros(1,1000); v2=zeros(1,1000); v3=zeros(1,1000); v3(1000)=4;
v2(2:999)=v1(2:999)+c/2*(v1(3:1000)-2*v1(2:999)+v1(1:998));
for k=1:2000
    u3(2:999)=2*u2(2:999)-u1(2:999)+c*(u2(3:1000)-2*u2(2:999)+u2(1:998));
    u3(1000)=4*sin(50*(k+1)*dt);
    u1=u2; u2=u3;
    v3(2:999)=2*v2(2:999)-v1(2:999)+c*(v2(3:1000)-2*v2(2:999)+v2(1:998));
    v3(1000)=4*cos(50*(k+1)*dt);
    v1=v2; v2=v3;
    plot3(x,u3,v3), axis([0 1 -20 20 -20 20]), drawnow
end
```

§22.3 化学反应中的自组织现象——布鲁塞尔振子

物理学几个分支中近来的工作表明, 非线性方程的解可以表现种种丰富多样的现象. 比如 "斑图", 这种现象就是空间和 (或) 时间中稳定的、特别的图样会自发地从无结构的初始条件涌现出来, 在本课题中, 我们将用数值方法研究化学反应的一个模型, 所谓 "布鲁塞尔振子", 它的解展示出同实际化学系统中观察到的引人注目的现象非常相似的行为.

普里高津和勒菲弗在 1968 年发表分析了一个具有空间自组织必需条件的、起化学反应的模型系统. 1973 年, 弗吉尼亚工艺大学的泰森 (John Tyson) 给这个模型命名为 "布鲁塞尔振子", 因为它诞生在比利时首都. 此后, 勒菲弗和尼古力斯证明了布鲁塞尔振子可以在某些化学物质的浓度上, 显示出持续不断的、规则性的振荡.

22.3.1 模型的描述

我们考虑一连串化学反应, 反应物 A 和 B 通过中间产物 X 和 Y 转换为最终产物 D 和 E:

$$A \to X \tag{22.3.1a}$$

$$B + X \to Y + D \tag{22.3.1b}$$

$$2X + Y \to 3X \tag{22.3.1c}$$

$$X \to E \tag{22.3.1d}$$

我们假定 A 和 B 的浓度是固定的, 并且在空间是均匀的, 而 D 和 E 则在下述意义上是 "死" 的, 即它们在化学上是不活泼的或者不断从反应体积中排出. 我们还假定, 过程 (22.3.1a)—(22.3.1d) 是充分放能的, 这使得逆反应微乎其微, 可以忽略不计. 在这些条件下, 我们可以写出下面的方程描述 X 和 Y 的浓度的演化:

$$\frac{\partial X}{\partial t} = k_a A - k_b B X + k_c X^2 Y - k_d X + D_X \nabla^2 X \tag{22.3.2a}$$

$$\frac{\partial Y}{\partial t} = k_b B X - k_c X^2 Y + D_Y \nabla^2 Y \tag{22.3.2b}$$

其中 $k_a - k_d$ 分别是 (22.3.1a)—(22.3.1d) 式诸反应的速率常数, D_X 和 D_Y 是 X 和 Y 的扩散常数.

把非线性扩散方程 (22.3.2) 化为无量纲形式将会带来方便. 如果我们的时间以 k_d^{-1} 为单位, 空间以反应体积的特征大小 l 为单位, X 和 Y 以 $(k_d/K_c)^{1/2}$ 为单位, A 以 $(k_d^3/k_a^2 k_c)^{1/2}$ 为单位, B 以 k_d/K_b 为单位, D_X、D_Y 以 $K_d l^2$ 为单位, 那么 (22.3.2) 两个方程就变为

$$\frac{\partial X}{\partial t} = A - (B + 1)X + X^2 Y + D_X \nabla^2 X \tag{22.3.3a}$$

$$\frac{\partial Y}{\partial t} = BX - X^2 Y + D_Y \nabla^2 Y \tag{22.3.3b}$$

从这种标度方式清楚看出, 常数 A 和 B 可以为 1 的数量级, 不过 D_X 和 D_Y 可能小得多, 与 l 值有关.

假定 X 和 Y 与空间和时间无关, 可以求得这些方程的一个平庸解. 令所有的微商项 (即 $\frac{\partial}{\partial t}$, ∇^2 项) 为零, 得到一组代数方程, 求解这个方程组就给出平衡点. 在一些代数运算之后, 我们求出平衡发生在

$$X = X_0 = A, \ Y = Y_0 = B/A$$

为了完全确定这个模型, 还必须给出空间边界条件. 在种种可能的选择中, 有两种在物理上是特别重要的. 它们是第二类 (即 "无通量") 边界条件和第一类 (即 "固定") 边界条件, 前者要求在反应体积的界面上 X 和 Y 的法向微商为零 (如果化学反应在一个闭合容器中发生, 情况就是这样). 后者要求在反应体积的界面上 X 和 Y 取平衡值.

22.3.2　模型的数值解

实际求解的是带无通量边界条件的二维布鲁塞尔振子的非线性反应——扩散方程. 按照解析分析得出的稳定性条件, 选择 A 和 B 的浓度分别为 2 和 5, 扩散常数 $D_X = D_Y = 0.001$, 网格大小 $N_X = N_Y = 20$, 时间步长为 0.07. 初始条件对应于对均匀平衡态的逐点随机的扰动 (后者可以借助随机函数产生), 初始涨落为 0.1, 每进行一步反应, X 和 Y 的浓度便用动态的伪彩色图表示, 图 22.9 为反应开始时的 X 和 Y 的浓度以及反应最后的 X 和 Y 的浓度. 图形显示, A、B 两种物质的浓度分布是振荡的, 而且强弱相反, 与视频实验演示的结果相符合. 实际的程序如下:

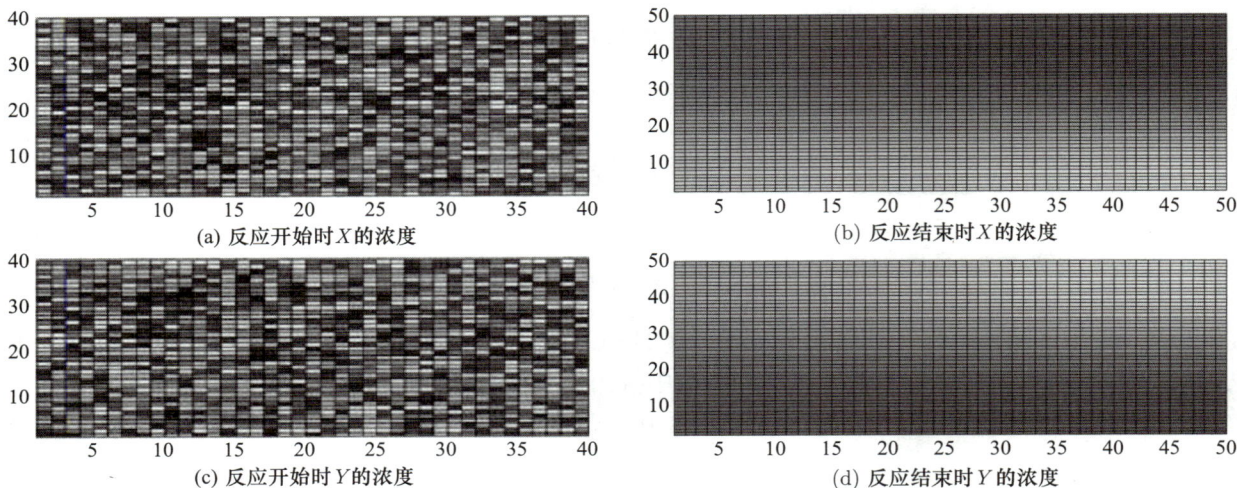

(a) 反应开始时 X 的浓度　　(b) 反应结束时 X 的浓度
(c) 反应开始时 Y 的浓度　　(d) 反应结束时 Y 的浓度

图 22.9

```
a=2; b=5; d1=0.001; d2=0.001; dt=0.01; fluct=0.1; nx=50; ny=50;
X=a*(1-fluct+fluct*rand(nx,ny));                         %X反应物的初始浓度
Y=b/a*(1-fluct+fluct*rand(nx,ny));                       %Y反应物的初始浓度
subplot(2,1,1); pcolor(X)
subplot(2,1,2); pcolor(Y)
pause(1)
for k=1:3000
    X=X+dt*a-dt*(b+1)*X+dt*X.*X.*Y+dt*d1*4*del2(X,0.01,0.01);
    Y=Y+dt*b*X-dt*X.*X.*Y+dt*d2*4*del2(Y,0.01,0.01);
    X([1,end],:)=X([2,39],:); X(:,[1,end])=X(:,[2,39]);
    Y([1,end],:)=Y([2,39],:); Y(:,[1,end])=Y(:,[2,39]);
    if mod(k,100)==0                                     %每50次显示一次
        subplot(2,1,1); pcolor(X); colormap(autumn)
        subplot(2,1,2); pcolor(Y); colormap(autumn)
        pause(0.05)
    end
end
```

§22.4　斑图动力学的 Duffet-Boissonade 方程

斑图是在空间或时间上具有某种规律性的非均匀宏观结构. 自然界的斑图可分为两类: 一类是在热力学平衡态条件下的斑图, 如无机化学中的晶体结构、有机聚合物中自组织形成的斑图, 它的形成机理可以用平衡态热力学和统计物理原理来解释; 另一类是在偏离热力学平衡态的条件下产生的斑图, 如天上的条状云、水面上的波浪、动物身体表面的花纹等, 它们不能用平衡态热力学原理来解释, 但可以从动力学角度来进行研究. 斑图动力学就是研究这类斑图产生的原因及规律的学科.

下面讨论一个简单的反应扩散模型即 Duffet-Boissonade 方程组, 这是 V.Duffet 和 J.J.Boissonade 在 1992 年发表在 Chamical Physics 上的论文 "常规的与非常规的图灵斑图" [5] 中首次建立的一个量纲为 1 的方程.

$$
\begin{cases}
\dfrac{\partial u(x,t)}{\partial t} = u - \alpha v + \gamma uv - u^2 + \nabla^2 u \\[2mm]
\dfrac{\partial v(x,t)}{\partial t} = u - \beta v + d\nabla^2 v
\end{cases}
$$

在方程中 u, v 分别代表活化子与阻滞子的浓度, 其中 $\alpha, \beta, \gamma > 0$ 代表阻滞子与活化子的扩散系数比. 方程描述了在扩散过程中两种相反的作用子 "活化子" 与 "阻滞子" 的传播效应, 活化子催化反应, 阻滞子阻碍反应, 两者的空间传播速度不同, 互相影响, 造成空间各个区域的活化子与阻滞子分布不同, 影响到形态子的浓度在空间的分布不同, 于是形成了相对稳定的斑图.

程序在二维区域作计算, 计算时假定在区域的边界上存在无通量边界条件, 即函数在边界上法向导数为零, 所以在水平方向的边界上最接近边界的两行数值相等, 而在垂直方向也是最外面的两行数值相等. 表示物质没有流出与流入. 初始条件则是在区域存在一个小的微扰, 微扰分为两种, 即中心线形微扰与全区域的随机扰动. 微扰的传播形成图灵斑图. 在将偏微分方程离散化时, 方程的函数用矩阵表示, 对时间变量的一阶偏微分取向前差分公式, 对空间变量的二阶差分取中心差分公式 [3]. 计算中的参数图灵分岔的条件取值, 计算参数取值为 $\alpha = 1.12, \beta = 1.1, \gamma = 0.01, d = 1.4$, 读者可以通过改变参数观察图形 (图 22.10) 的变化.

程序如下:

```
s=80; t=1500; alpha=1.12; beta=1.1; gama=1e-2; d=1.5;
x=0:s; y=0:s; dt=1e-1; r=0.5e-1;                              %r=dt/dx^2
u=zeros(s+1,s+1,t); v=zeros(s+1,s+1,t);                      %预设矩阵
u(2:s,2:s,1)=0.0001*rand(s-1,s-1);                      %生成长条纹的初始扰动条件
v(2:s,2:s,1)=0.0001*rand(s-1,s-1);
%u(2:10:s,2:10:s,1)=0.0001;v(2:10:s,2:10:s,1)=0.0001;         %点状在t<1500
%u(2:s,s/2,1)=0.0001;v(2:s,s/2,1)=0.0001;                     %可生成竖条纹
%u(s/2,s/2,1)=0.0001;v(s/2,s/2,1)=0.0001;                     %可生成六边形

for k=1:t                                                    %求解及作图
  u(2:s,2:s,k+1)=u(2:s,2:s,k)+dt*(u(2:s,2:s,k)-alpha*v(2:s,2:s,k)+...
      gama*u(2:s,2:s,k).*v(2:s,2:s,k)-(u(2:s,2:s,k)).^3)+...
      r*(u(3:s+1,2:s,k)-2*u(2:s,2:s,k)+u(1:s-1,2:s,k))+....
      r*(u(2:s,3:s+1,k)-2*u(2:s,2:s,k)+u(2:s,1:s-1,k));
  v(2:s,2:s,k+1)=v(2:s,2:s,k)+dt*u(2:s,2:s,k)-dt*beta*v(2:s,2:s,k)+...
```

```
        d*r*(v(3:s+1,2:s,k)-2*v(2:s,2:s,k)+v(1:s-1,2:s,k))+...
        d*r*(v(2:s,3:s+1,k)-2*v(2:s,2:s,k)+v(2:s,1:s-1,k));
%u的边界条件
u(1,2:s,k+1)=0.25*(2*u(2,2:s,k+1)+u(1,1:s-1,k+1)+u(1,3:s+1,k+1));
u(s+1,2:s,k+1)=0.25*(2*u(s,2:s,k+1)+u(s+1,1:s-1,k+1)+u(s+1,3:s+1,k+1));
u(2:s,1,k+1)=0.25*(2*u(2:s,2,k+1)+u(1:s-1,1,k+1)+u(3:s+1,1,k+1));
u(2:s,s+1,k+1)=0.25*(2*u(2:s,s,k+1)+u(1:s-1,s+1,k+1)+u(3:s+1,s+1,k+1));
%v的边界条件
v(1,2:s,k+1)=0.25*(2*v(2,2:s,k+1)+v(1,1:s-1,k+1)+v(1,3:s+1,k+1));
v(s+1,2:s,k+1)=0.25*(2*v(s,2:s,k+1)+v(s+1,1:s-1,k+1)+v(s+1,3:s+1,k+1));
v(2:s,1,k+1)=0.25*(2*v(2:s,2,k+1)+v(1:s-1,1,k+1)+v(3:s+1,1,k+1));
v(2:s,s+1,k+1)=0.25*(2*v(2:s,s,k+1)+v(1:s-1,s+1,k+1)+v(3:s+1,s+1,k+1));
end
surf(x,y,v(:,:,k)); axis([0 s 0 s min(v(:)) max(v(:))]);
xlabel('x');ylabel('y');zlabel('v'); view([0 90])
```

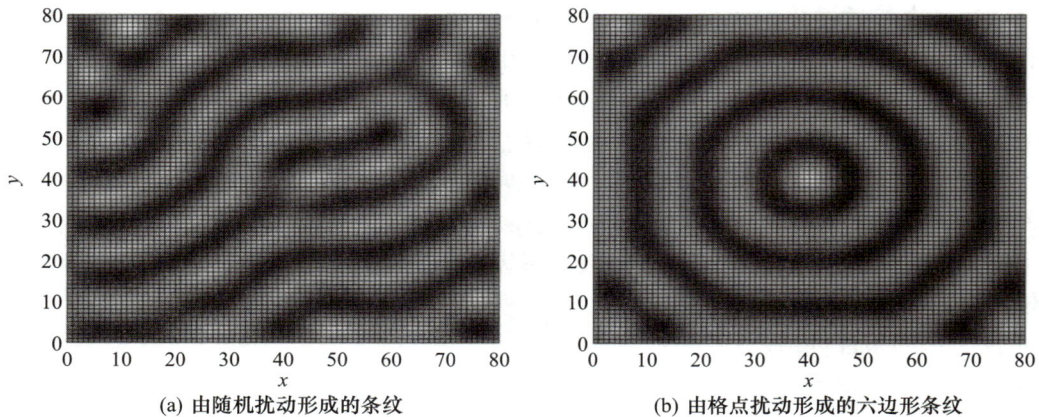

(a) 由随机扰动形成的条纹　　(b) 由格点扰动形成的六边形条纹

图 22.10

§22.5 B-Z(Belousov-Zhabotinsky) 化学振荡反应

B-Z 反应是化学振荡中最经典的一个体系. 早在 1951 年, 苏联科学家 B.P. Belousov 在研究羟酸循环时发现了它, 但却被当时科学工作者拒绝承认, 1961 年, 一个叫 Zhabotinsky 的研究生对该反应体系作了进一步的研究与提炼, 取得了更明显的效果. 随着非线性理论的突破, 该反应体系才逐渐被人们所接受. 为了纪念该反应的发现者, 人们把它称为 Belousov-Zhabotinsky 反应, 简称为 B-Z 反应.

螺旋波是系统远离平衡态时, 由于系统自组织形成的一类特殊斑图. 在 B-Z 反应中 (如在 "Ce" 催化下丙二酸被溴酸氧化的复杂过程)、在正在聚集的黏性霉菌中、在铂金表面的一氧化碳氧化过程中以及在心脏中均能观测到螺旋波的存在. 描述螺旋波的 Barkley 模型为

$$\begin{cases} \dfrac{\partial u}{\partial t} = d\left(\dfrac{\partial^2}{\partial x^2} + \dfrac{\partial^2}{\partial y^2}\right)u + \dfrac{u(1-u)}{\varepsilon}\left(u - \dfrac{b+v}{a}\right) \\ \dfrac{\partial v}{\partial t} = u - v \end{cases}$$

B-Z反应

其中, u 和 v 是 2 种能够相互转化的化学物质的浓度, t 为时间, x、y 为空间坐标, d 为扩散系数, a、b、E 为系统参数.

数值模拟得到了一维行波、靶波、单螺旋波、双螺旋波、双臂螺旋波、两个靶波的竞争、靶波和螺旋波的竞争、靶波切断形成双螺旋波等结果.

程序与图形 (图 22.11) 如下, 后面还会用谱分析重做这个例子.

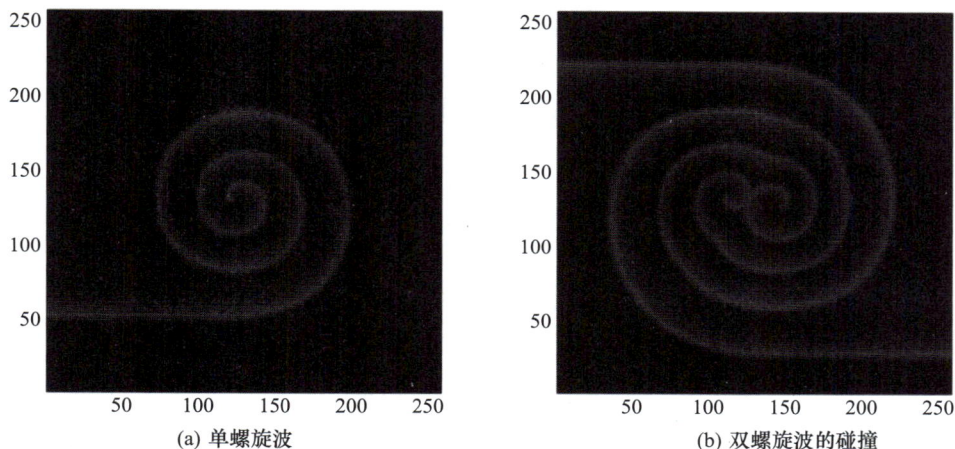

(a) 单螺旋波   (b) 双螺旋波的碰撞

图 22.11

```
a=0.5; b=0.01; d=1.6; e=0.02 ;                              %扩散系数
dt=0.02;                                                    %时间步长
h=100/256;                              %空间步长dx=dy,格点设置为100×100
s=256; t=600; u=zeros(s+1,s+1,t); v=zeros(s+1,s+1,t);       %预设矩阵
%%%%%%%%%%%%%%%%%
u(121:123,126:128,1)=0.5; u(124:126,126:128,1)=0.7;        %生成环波初条
v(124:126,126:128,1)=-0.7; v(127:129,126:128,1)=-0.5;      %初始波的浓度
%%%%%%%%%%%%%%%%%
% u(121:123,2:128,1)=-0.5; u(124:126,2:128,1)=0.7;         %反向螺旋波初条
% v(124:126,2:128,1)=0.7; v(127:129,2:128,1)=-0.5;
%%%%%%%%%%%%%%%%%
%u(121:123,2:128,1)=0.9; u(124:126,2:128,1)=0.7;          %以下正向螺旋波初条
%v(124:126,2:128,1)=0.7; v(127:129,2:128,1)=0.9;
%%%%%%%%%%%%%%%%%
% u(121:123,2:128,1)=-0.5; u(124:126,2:128,1)=0.7;         %双向螺旋波混合初条
% v(124:126,2:128,1)=0.7; v(127:129,2:128,1)=-0.5;
% u(121:122,128:257,1)=0.9; u(123:124,128:257,1)=0.7;
% v(124:125,128:257,1)=0.7; v(126:127,128:257,1)=0.9;

[X,Y]=meshgrid(1:s+1,1:s+1);                                %画图空间网格
r=dt*d*0.25/h/h;
for k=1:t-1                                                 %求解及作图
    u(2:s,2:s,k+1)=u(2:s,2:s,k)+...                         %解u,v方程
```

```
        dt./e.*u(2:s,2:s,k).*(1-u(2:s,2:s,k)).*...
        (u(2:s,2:s,k)-(v(2:s,2:s,k)+b)./a)+...
        r*(u(3:s+1,2:s,k)-2*u(2:s,2:s,k)+u(1:s-1,2:s,k))+...
        r*(u(2:s,3:s+1,k)-2*u(2:s,2:s,k)+u(2:s,1:s-1,k));
    v(2:s,2:s,k+1)=v(2:s,2:s,k)+dt.*(u(2:s,2:s,k)-v(2:s,2:s,k));
    u(1,2:s,k+1)=u(2,2:s,k+1); u(s+1,2:s,k+1)=u(s,2:s,k+1);       %边界条件
    u(2:s,1,k+1)=u(2:s,2,k+1); u(2:s,s+1,k+1)=u(2:s,s,k+1);
    v(1,2:s,k+1)=v(2,2:s,k+1); v(s+1,2:s,k+1)=v(s+1,1:s-1,k+1);
    v(2:s,1,k+1)=v(2:s,2,k+1); v(2:s,s+1,k+1)=v(2:s,s,k+1);
  surf(X,Y,v(:,:,k)); axis equal, view([0 90]), pause(0.01)
  end
```

§22.6　二维定态流体力学

本节介绍流体力学中的几个基本概念及一个常用的方程——Navier-Stokes 方程, 并用它解一个简单的例子. 流体流动的描述是可以在计算机上处理的内容最为丰富和最具有挑战性的问题之一. 流体力学方程的非线性和它们所描述的现象 (例如湍流) 的复杂性, 使得流体力学有时更像是一门艺术而不是一门科学. 需要几本书的讨论才能充分地介绍这一领域.

为简单起见, 只讨论二维流体的流动. 比如黏性不可压缩流体经过一个边长为 W 正方形物体. 通过这个模拟可以帮助理解卡门涡街现象.

22.6.1　方程及其离散化

描述流在空间的运动时, 至少有两个场是重要的, 那就是空间每一点上的流体元的密度 ρ 和速度 V. 这些量通过流体力学的两个基本方程相互联系:

$$\frac{\partial \rho}{\partial t} + \nabla \cdot \rho V = 0 \tag{22.6.1a}$$

$$\frac{\partial V}{\partial t} = -(V \cdot \nabla)V - \frac{1}{\rho}\nabla P + \nu \nabla^2 V \tag{22.6.1b}$$

其中第一个方程 (连续性方程) 表示质量守恒, 即空间一点的密度只能由于物质的纯流入或流出而变化. 第二个方程表示动量守恒, 即速度的变化是对流项 $(V \cdot \nabla)V$、压强的空间变化 ∇P 和黏性力 $\nu \nabla^2 V$ 作用的结果, 其中 ν 是黏性率, 在我们的讨论中假设为常量. 一般地说, 压强是通过一个 "物态方程" 由密度和温度给出的, 当温度也在逐点变化时, 还需要一个附加的代表能量守恒的方程. 我们将假定在整个液体中温度为常量.

此外, 还假定流体是不可压缩的, 因此密度是常量 (对水来说这在许多条件下是一个良好的近似). 这时方程变为

$$\nabla \cdot V = 0 \tag{22.6.2a}$$

$$\frac{\partial V}{\partial t} + (V \cdot \nabla)V = -\frac{1}{\rho}\nabla P + \nu \nabla^2 V \tag{22.6.2b}$$

设速度场的 x 分量为 u 而 y 分量为 v, 则有

$$\frac{\partial u}{\partial x} + \frac{\partial v}{\partial y} = 0 \tag{22.6.3a}$$

$$\frac{\partial u}{\partial t} + u\frac{\partial u}{\partial x} + v\frac{\partial u}{\partial y} = -\frac{1}{\rho}\frac{\partial P}{\partial x} + \nu\nabla^2 u \tag{22.6.3b}$$

$$\frac{\partial v}{\partial t} + u\frac{\partial v}{\partial x} + v\frac{\partial v}{\partial y} = -\frac{1}{\rho}\frac{\partial P}{\partial y} + \nu\nabla^2 v \tag{22.6.3c}$$

其中

$$\nabla^2 = \frac{\partial^2}{\partial x^2} + \frac{\partial^2}{\partial y^2}$$

方程组 (22.6.3) 包括三个关于 u、v 和 P 场的标量方程, 虽然可以直接解这些方程, 但是对于二维问题, 更方便的做法是把速度场换成两个等价的标量场: 流函数 $\psi(x,y)$ 和涡量 $\varsigma(x,y)$. 前一个量的引入是为了满足连续性方程 (22.6.3a). 它这样定义:

$$u = \frac{\partial \psi}{\partial y}, \quad v = -\frac{\partial \psi}{\partial x} \tag{22.6.4}$$

容易验证, 这样定义的任何函数 ψ 都满足连续性方程 (22.6.3a), 并且对于一切满足连续性条件 (22.6.2a) 式的流动都存在这样一个 ψ. 还可以看出, $(\boldsymbol{V}\cdot\nabla)\psi = 0$, 因此 $\boldsymbol{V}$ 和 ψ 为常数的等值线 (流线) 相切.

涡量的定义为

$$\varsigma = \frac{\partial u}{\partial y} - \frac{\partial v}{\partial x} \tag{22.6.5}$$

可以看出, 它是速度场的旋取负号, 从 (22.6.4) 式的定义可知, ς 和流函数 ψ 通过下式联系:

$$\nabla^2 \psi = \varsigma \tag{22.6.6}$$

关于 ς 的方程可以如下导出: (22.6.3b) 式对 y 微分, (22.6.3c) 式对 x 微分, 两式相减, 并引用连续性方程 (22.6.3a) 和定义式 (22.6.4), 经过一些代数运算后, 就得到

$$\frac{\partial \varsigma}{\partial t} = \nu\nabla^2\varsigma + \left[\frac{\partial \psi}{\partial y}\frac{\partial \varsigma}{\partial x} - \frac{\partial \psi}{\partial x}\frac{\partial \varsigma}{\partial y}\right] \tag{22.6.7}$$

最后, 关于压强的方程可以这样导出: (7.34b) 式对 x 微分, (7.34c) 式对 y 微分, 两者再相加, 把一切速度场都用流函数表示, 重新集项后, 可求得

$$\nabla^2 P = 2\rho\left[\frac{\partial^2 \psi}{\partial x^2}\frac{\partial^2 \psi}{\partial y^2} - \left(\frac{\partial^2 \psi}{\partial x\partial y}\right)^2\right] \tag{22.6.8}$$

这组方程与原有的流体力学方程组 (22.6.3) 等价. 它的方便之处在于: 如果只要求速度场, 那么只需要联立解两个方程 (22.6.6) 和 (22.6.7) 就够了, 因为它们都不包含压强. 如果还要求压强, 那么可求出 ψ 和 ς 之后对 P 解方程 (22.6.8) 得出. 方程 (22.6.6)—(22.6.8) 通常叫做 Navier-Stokes (N-S) 方程. 这是定态的 N-S 方程. 在 14.2.12 节和 12.4 节已经解出周期性边界条件和第一类边界条件的 N-S 方程.

22.6.2 定态的 N-S(Navier-Stokes) 方程

如果令各项函数对时间的偏导数为零, 则 (22.6.6)—(22.6.8) 诸方程成为一组非线性椭圆型方程,

为了用数值方法求解方程, 先建立一个均匀格矩为 h 的二维网格, 如图 22.12. 它在 x 和 y 方向上分别有 N_x 和 N_y 个点, 并用指标 i 和 j 量度这些坐标. 注意, 由于矩形的中心线是一根对称轴, 我们

只需讨论上半平面 ($y > 0$). 另外, 为了方便, 使平板的边缘落在格点上. 平板相对于网格上下游边缘的位置是任意的, 不过比较好的做法是, 把板往前放得足够远, 使得在平板后面得以发展出尾流, 但是不要太靠近上游边缘, 因为它的边界条件会错误地影响流动的图样. 另一个会带来方便的做法是, 一切长度都以 h 为单位量度, 一切速度都以流体注入的速度 V_0 为单位量度, 这样来对方程标度. 这时, 流函数以 V_0h 为单位量度, 涡量以 V_0/h 为单位量度, 而压力则由 ρV_0^2 来方便地标度.

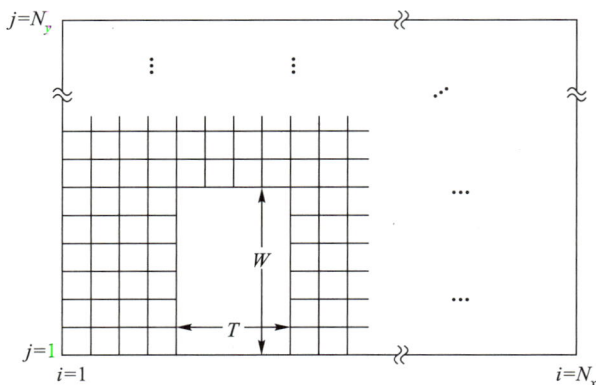

图 22.12   计算程序中所用的网格示意图

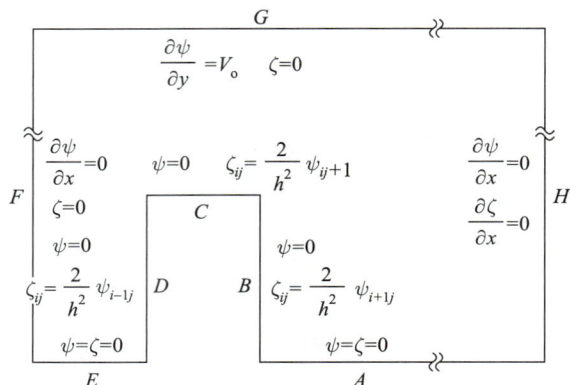

图 22.13   加在流函数和涡量上的边界条件

以 δ^2 代表 ∇^2 计算二阶差分, 以 δ_i, δ_j 代表一阶差分计算

$$(\delta_i \psi)_{ij} \equiv \psi_{i+1,j} - \psi_{i-1,j}$$

$$(\delta_j \psi)_{ij} \equiv \psi_{i,j+1} - \psi_{i,j-1}$$

则由 (22.6.6) 式、(22.6.7) 式得到

$$(\delta_i^2 \psi)_{ij} + (\delta_j^2 \psi)_{ij} = \varsigma_{ij} \tag{22.6.9}$$

$$(\delta_i^2 \varsigma)_{ij} + (\delta_j^2 \varsigma)_{ij} = \frac{R}{4} \left[(\delta_j \psi)_{ij} (\delta_j \varsigma)_{ij} - (\delta_i \psi)_{ij} (\delta_i \varsigma)_{ij} \right] \tag{22.6.10}$$

格子的雷诺数, $R = V_0 h/\nu$, 是黏性力强度的一个量纲为 1 的量度, 等价地, 也是入射流速度的一个量纲为 1 的量度. 它同物理雷诺数 Re 的关系是, 把格矩换成矩形宽度, 就得到 $\mathrm{Re} = 2WV_0/\nu$.

最后, 压强的方程 (22.6.8) 的差分形式为

$$\left[(\delta_i^2 P)_{ij} + (\delta_j^2 P)_{ij} \right] = 2 \left[(\delta_i^2 \psi)_{ij} (\delta_j \psi)_{ij} - \frac{1}{16} (\delta_i \delta_j \psi)_{ij}^2 \right] \tag{22.6.11}$$

22.6.3   边界条件

为了求解, 需要加上边界条件, 用图图 22.13 的符号将这些边界分为三组:

- 中心线边界 (A 和 E);
- 和其余的流体接触的边界 (F、G 和 H);
- 平板本身的边界 (B、C 和 D).

下面依次讨论每一组边界上的 ψ 和 ς, 然后讨论压强 P 的边界条件. 在讨论中, 都使用未经标度的物理量, 这便可以利用在自由流动的流体中 (即没有障碍物的情形) 的解为 $u = V_0, v = 0$ 的条件, 相应的有 $\psi = V_0 y$ 及 $\varsigma = 0$.

中心线界面 A 和 E 上的边界条件由对称性决定, 速度的 y 分量 v 在此处必须为零, 因此在 x 方向 ψ 的微商为零. 由此可得 A 和 E 均是流线. 此外, 由于 B、C 和 D 上的法向速度 (从而也是 ψ 的

切向微商) 为零, 因此整个界面 ABCDE 是一条流线, 我们可以任意地令其上的 $\psi = 0$. 注意, 这些速度只同 ψ 的微商有关; 因此, 在流函数上加上一个与空间无关的常数后, 物理描述是不变的, 在这条流线上对 ψ 值的选择就定下了这个常数. 根据对称性还可以推出 A 和 E 上涡度为零.

上游界面 F 上的边界条件也很简单. 这个界面同平滑流动的注入流体相接触, 因此像在上游很远的地方那样, 规定

$$v = -\frac{\partial \psi}{\partial x} = 0, \quad \varsigma = 0, \qquad \text{在 F 上}$$

看来是合理的, 相仿的, 如果网格足够大, 我们可以预期上边界 G 是在自由流动中, 因此规定

$$u = \frac{\partial \psi}{\partial y} = \boldsymbol{V}_0, \quad \varsigma = 0, \qquad \text{在 G 上}$$

是一个适宜的选择. 下游边界 H 上的情况远没有这样明确. 当它离平板足够远时, 应当有多种选择都是言之成理的. 但是, 接近平板边界的边界条件会影响所求的解的形状. 一个方便的选择是认为格点边界以外的一切都不改变, 所以有

$$\frac{\partial \psi}{\partial x} = \frac{\partial \varsigma}{\partial x} = 0, \qquad \text{在 H 上}$$

在平板的边界 (B、C 和 D) 上, 一种正确的边界条件是流体的法向速度为零. 在要求表面是流线时我们已经使用过这个条件. 然而, 适用于黏性流体的其他的边界条件是切向速度为零. 令 ψ 的法向导数为零可以实现这一点, 但它会使关于 ψ 的椭圆型问题超定. 因此, 我们用加于涡度上的 "无滑移" 边界条件来代替. 考虑平板的上表面 C 上的一点 i、j. 我们可以把网格中该点的邻近点 i、$j+1$ 上的流函数值写成对 y 展开的泰勒级数:

$$\psi_{i,j+1} = \psi_{i,j} + h\frac{\partial \psi}{\partial y}\Big|_{ij} + \frac{h^2}{2}\frac{\partial^2 \psi}{\partial y^2}\Big|_{ij} + \cdots \tag{22.6.12}$$

由于在壁上有

$$\frac{\partial \psi}{\partial y} = u = 0$$

并因为 $\partial v/\partial x = 0$ 而得到

$$\frac{\partial^2 \psi}{\partial y^2} = \frac{\partial u}{\partial y} = \varsigma$$

(22.6.12) 式可化为

$$\varsigma_{ij} = 2\frac{\psi_{i,j+1} - \psi_{ij}}{h^2}, \qquad \text{在 C 上} \tag{22.6.13a}$$

它给出关于 ς 的一个边界条件, 这是这个边界条件的普遍形式, 记住前面我们曾规定在平板边界上同样的论据可应用于界面和得出

$$\varsigma_{ij} = 2\frac{\psi_{i+1,j} - \psi_{ij}}{h^2}, \qquad \text{在 B 上} \tag{22.6.13b}$$

$$\varsigma_{ij} = 2\frac{\psi_{i-1,j} - \psi_{ij}}{h^2}, \qquad \text{在 D 上} \tag{22.6.13c}$$

注意, 在界面 B 和 C 以及 D 和 C 相交的拐角上还有不明确之处, 因为这里的涡度可以用横向或纵向两种方法计算 ψ 的差分. 在实际工作中, 解决这个问题有几种方法: 用一种方法计算并验证另一种方

法也给出相近的值 (在计算精度要求下的一种检验); 将两种方法计算的结果取平均; 或者在计算松弛解的左右两点时用横向差分值, 而在计算松弛解的上下两点时用纵向差分值.

在所有的界面上关于压力的边界条件都属于诺伊曼型, 可从方程组 (22.6.3) 推出. 我们把它们用 ψ 和 ς 表示的有限差分的显式形式留作一个习题. 注意, 由对称性可知在中心线 A 和 E 上 $\partial P/\partial y = 0$.

根据对称性, 很容易把上述边界条件推广到包含整个矩形块的情形, 下边的程序计算的实际是这种情形, 这样的图形更美观更对称.

```
figure                                               %cb都是全矩形块的拉氏方程,结果合理
NX=100; NY=41;                                                        %计算区域
ID=16; IU=26; JL=15; JR=25;                              %柱体大小10*10,柱体坐标
RE=2; RE4=RE/4;                                                    %物理雷诺数RE
WP=0.5; WX=0.5; WP1=1-WP; WX1=1-WX;                             %两种松弛系数
XSI=zeros(41,100);                                        %涡量矩阵, A, E, G边XSI=0
P=(-20:20)'*ones(1,100);                               %流函数初值与部分边条, A, E边P=0
P(16:26,15:25)=0;                                      %D, C,B边及矩形内的P=0
V0=2;
for k=1:70                                                              %循环次数
   TEMP=P([1:14,26:39],2:99)+P([3:16,28:41],2:99)+P([2:15,27:40],1:98)...
       +P([2:15,27:40],3:100)-XSI([2:15,27:40],2:99);  %上下二块拉氏算符
     P([2:15,27:40],2:99)=WP/4*TEMP+WP1*P([2:15,27:40],2:99);          %松弛法

   TEMP=P(15:25,[2:14,26:99])+P(17:27,[2:14,26:99])+P(16:26,[1:13,25:98])...
             +P(16:26,[3:15,27:100])-XSI(16:26,[2:14,26:99]);        %中间二块
   P(16:26,[2:14,26:99])=WP/4*TEMP+WP1*P(16:26,[2:14,26:99]);        %松弛法
   P(2:40,[1,100])=P(2:40,[2,99]);                          %边条 计算J=1,100
   P(41,1:100)=P(40,1:100)+1+V0;                       %画线要求, 上面比下面多1
   P(1,1:100)=P(2,1:100)-1-V0;                         %画线要求, 下面比上面少1

   XSI(16:26,[15,25])=2*P(16:26,[14,26]);                    %矩形左右边边条
   XSI([16,26],15:25)=2*P([15,27],15:25);              %上下边,其余边为0开始已设

   TEMP=XSI([1:14,26:39],2:99)+XSI([3:16,28:41],2:99)...          %上下二块
       +XSI([2:15,27:40],1:98)+XSI([2:15,27:40],3:100)...
       -RE4*(P([1:14,26:39],2:99)-P([3:16,28:41],2:99)).*...
       (XSI([2:15,27:40],1:98)-XSI([2:15,27:40],3:100))...
       +RE4*(P([2:15,27:40],1:98)-P([2:15,27:40],3:100)).*...
       (XSI([1:14,26:39],2:99)-XSI([3:16,28:41],2:99));
   XSI([2:15,27:40],2:99)=WX/4*TEMP+WX1*XSI([2:15,27:40],2:99);

   TEMP=XSI(15:25,[2:14,26:99])+XSI(17:27,[2:14,26:99])+...       %左右二块
       XSI(16:26,[1:13,25:98])+XSI(16:26,[3:15,27:100])...
       -RE4*(P(15:25,[2:14,26:99])-P(17:27,[2:14,26:99])).*...
       (XSI(16:26,[1:13,25:98])-XSI(16:26,[3:15,27:100]))...
```

```
      +RE4*(P(16:26,[1:13,25:98])-P(16:26,[3:15,27:100])).*...
      (XSI(15:25,[2:14,26:99])-XSI(17:27,[2:14,26:99]));
   XSI(16:26,[2:14,26:99])=WX/4*TEMP+WX1*XSI(16:26,[2:14,26:99]);    %松弛法
   XSI(1:41,100)=XSI(1:41,99);                          %边条,法向导数为0

   subplot(2,1,1);contour(P,30)
   subplot(2,1,2);contour(XSI,30)
   pause(0.01)
end
```

图形 (图 22.14) 显示, 在一定的时间范围内, 矩形障碍物后面会形成对称的涡旋.

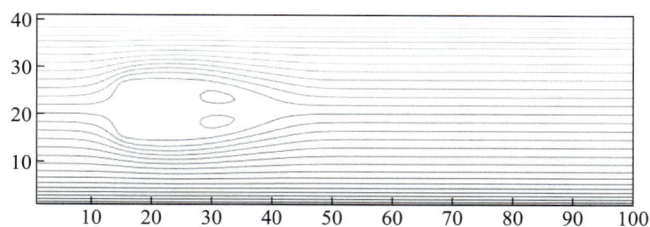

(a) 流函数的图像

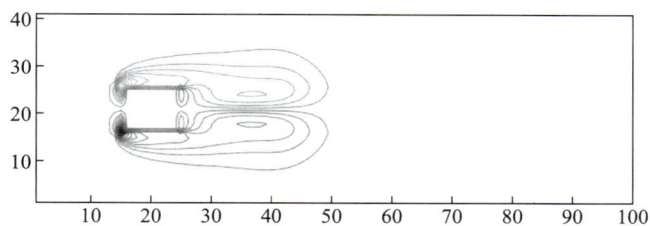

(b) 涡度的图像

图 22.14

§22.7　量子围栏

　　1993 年 5 月, 人类第一次通过实验看到了电子的波函数. 实验是美国 IBM 的 M. F. Crommie 等人, 在 4 K 的温度下用电子束将铁原子蒸发到清洁的 Cu 表面, 然后用扫描隧穿显微镜 (STM) 操纵这些铁原子, 将它们排成一个由 48 个原子组成的圆圈. 圆圈的平均半径为 7.13 nm, 相邻铁原子之间的平均距离 0.95 nm, 形成一个 "量子围栏". 则入射的表面态电子波与从铁原子散射的电子波之间的干涉会形成驻波, 用 STM 的针尖在金属表面上做二维扫描, 所得的图像可以反映出表面态的电子波函数的形状. 下面的照片图 22.15a 就是电子围栏内电子密度波的驻波图像.

　　下面用一个简单模型来解释这个实验. 把量子围栏看作是一个无限深的圆筒状势阱, 围栏内势能为零而围栏外的势能为无穷大, 则表面态电子波被约束在其中而圆筒外的电子波为零. 那么可用下面的定态薛定谔方程求其驻波解:

$$-\frac{\hbar^2}{2m}\Delta\psi = E\psi$$

其中 m、E 分别是电子质量和电子能量. 选择柱坐标系并考虑到在无限深圆筒势阱内的波函数与 z 无关, 则圆筒势阱内电子波函数满足的方程是

(a) 电子围栏内电子密度波的驻波照片　　　　　(b) 模拟的电子围栏内电子密度波

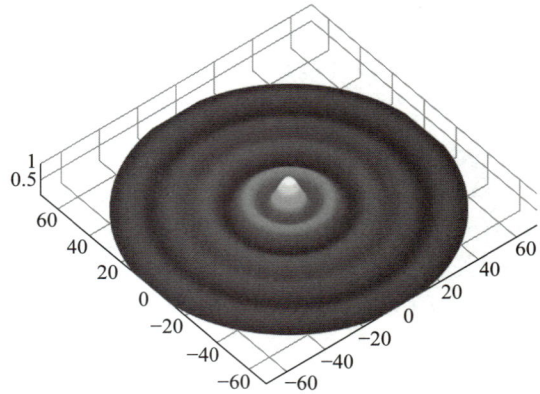

图 22.15

$$\frac{1}{r}\frac{\partial}{\partial r}\left(r\frac{\partial \psi}{\partial r}\right) + \frac{1}{r^2}\frac{\partial^2 \psi}{\partial \varphi^2} = -\frac{2mE}{\hbar^2}\psi$$

方程的解为

$$\psi(r,\varphi) = \Phi(\varphi)R(r)$$

$$\Phi(\varphi) = \frac{1}{\sqrt{2}}\exp(\pm \mathrm{i}\,l\,\varphi) \quad (l = 0, 1, 2, \cdots, n)$$

$$R(r) = \frac{\sqrt{2}\,\mathrm{J}_l\left(\dfrac{x_n^{(l)}}{R_0}r\right)}{R_0\,\mathrm{J}_{l+1}\left(x_n^{(l)}\right)}$$

其中 $x_n^{(l)}$ 是贝塞尔函数 $\mathrm{J}_l(x)$ 的第 n 个零点. R_0 是围栏半径, 有

$$x_n^{(l)} = kR_0, \quad k = \sqrt{\frac{2mE}{\hbar^2}}$$

对应的本征能量为

$$E = \frac{\hbar^2 k^2}{2m} = \frac{\hbar^2}{2m}\left(\frac{x_n^{(l)}}{R_0}\right)^2$$

电子波函数的概率密度为

$$|\psi(r,\varphi)|^2 = |\Phi(\varphi)|^2 |R(r)|^2 = \frac{1}{2\pi}|R(r)|^2$$

由于本实验是在低温 (4 K) 下进行的, 所以金属表面局域电子态密度的变化主要决定于处在费米能级 E_{f} 附近的表面态电子. 经实验测定, 只有处在 $|5,0>,|4,2>,|2,7>$ 三个量子状态的表面电子的本征能量接近于 E_{f}, 然后将求出的 $|\mathrm{J}_0(k_{5,0}r)|^2$, $|\mathrm{J}_2(k_{4,2}r)|^2$, $|\mathrm{J}_7(k_{2,7}r)|^2$ 直接进行迭加, 就可模拟出量子围栏内的表面态电子概率密度的径向分布图 (图 22.15b).

计算过程是:

1. 先求出三个所需要的零点, 为此, 画出三个贝塞尔函数, 可以看到所求的零点都在 15 以内. 用指令 fzero 求三个贝塞尔函数在 15 附近的零点, 得

$l=0$ 时, 第 5 个零点值为 $x=14.9309$;

$l=2$ 时, 第 4 个零点值为 $x=14.7960$;

$l=7$ 时, 第 2 个零点值为 $x=14.8213$.

取 $R_0 = 7.13$ nm, 求得相应的 $k_{n,l}$ 值为

$$k_{5,0} = 0.2094, \quad k_{4,2} = 0.2075, \quad k_{2.7} = 0.2079$$

2. 由 kx 约等于 15 可以估算出 x 取值范围在 $0 \sim 72$. 将这些值代入到各个本征函数中去, 即可得表面态电子概率密度径向分布图, 若与实验值对比可发现相似度很高. 程序与图像 (图 22.16) 如下:

```
figure                                        %画函数图像并求所需要的零点
r=0:0.1:15;
plot(r,besselj(0,r),r,besselj(2,r),r,besselj(7,r))
a1=fzero(@(x)besselj(0,x),15);
a2=fzero(@(x)besselj(2,x),15);
a3=fzero(@(x)besselj(7,x),15);


figure                                        %画二维图形
r=0:0.05:71;
plot(r,0.5/pi*(besselj(0,0.2094*r).^2+besselj(2,0.2075*r).^2...
    +besselj(7,0.2079*r).^2))


figure                                        %画立体图形
r=-71:0.05:71;
[X,Y]=meshgrid(r); [Q,R]=cart2pol(X,Y); R(find(R>72))=NaN;
phi=0.5/pi*(besselj(0,0.2094*R).^2+besselj(2,0.2075*R).^2...
    +besselj(7,0.2079*R).^2);
meshc(X,Y,phi)
```

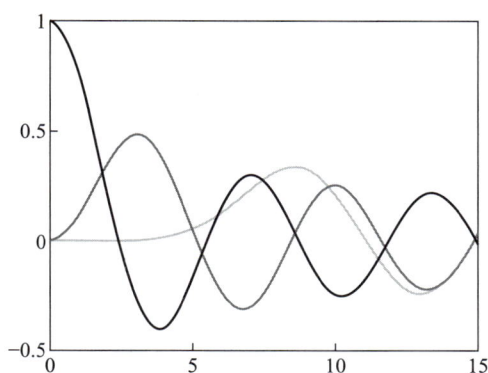

(a) 三个本征函数的曲线   (b) 本征函数组合的电子概率密度

图 22.16

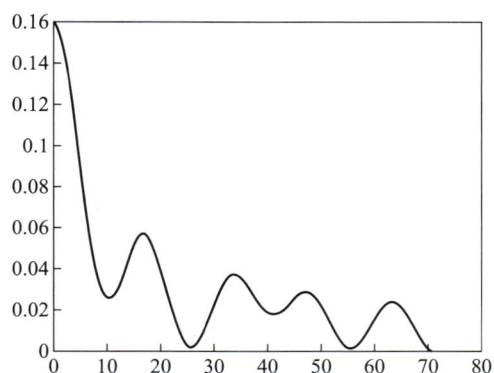

第二十二章
程序包

第二十三章 三维分形及其他

分形图的其他画法体现了编程技巧的多样性, 在实际工作中往往需要多种技巧, 画分形图就是一个很好的练习机会.

§23.1 分形图的其他画法

23.1.1 递归调用法

下面用递归法画分形三角形的图形. 递归调用就是程序调用自己. 这个程序思路独特, 结构简单, 易于理解, 但计算速度较慢. 在此仅作为一种方法加以介绍.

编程的思路是, 在一个大的三角形中, 连接三条边的中点得到一个小三角形, 将大的三角形填成绿色, 将小三角形填成白色就完成一次分割. 依次操作, 可以得到需要的图形. 为了说明这个思想, 将下面程序中的第二个 fill 换成 plot, 也就是不把小三角形填成白色, 那么就会在绿色的三角形内画出一个白边的小三角形, 如图 23.1 所示.

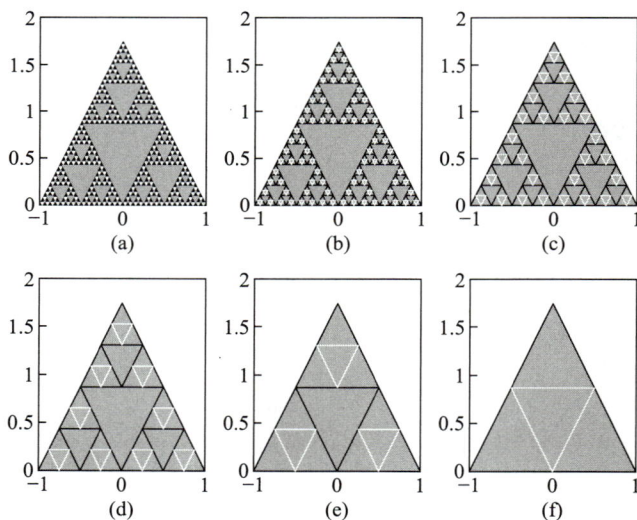

图 23.1 递归法所画的图形

调用程序时在指令窗口输入最大的三角形三个顶点和迭代次数. 画 6 个图形程序如下, 调用程序的参数是 N1=7; A1=-1; A2=sqrt(3)*i; A3=1; 调用的语句是 sjx(A1,A2,A3,N1).

```
function sjx(A1,A2,A3,N1)                      %函数文件的固定格式
triangle1=[A1,A2,A3,A1];                       %原始的大三角形
B1=(A1+A2)/2; B2=(A1+A3)/2; B3=(A2+A3)/2;      %三角形的3个中点
triangle2=[B1,B2,B3,B1];                       %由3个中点连接的三角形
N2=N1-1;                                        %完成了一次迭代
```

```
if N2>0;                                                    %继续新的迭代
    %递归调用后每次迭代变成3个新迭代
    sjx(A1,B1,B2,N2); sjx(B1,A2,B3,N2); sjx(B2,B3,A3,N2);
    subplot(2,3,N2), hold on
    fill([real(triangle1)],[imag(triangle1)],'g');          %大三角形填绿色
    fill([real(triangle2)],[imag(triangle2)],'w')           %中间小三角填白色
end
```

23.1.2 图形复制法

用指令 patch 替代指令 fill 画图, 只要指定多边形顶点即可, 于是得到下面程序:.

```
xy=[0,0; 1,0; 0.5, 0.866 ]; fac=[1,2,3];
for k=1:4
    subplot(2,2,k)
    xy2=xy/2; fac2=fac;                                     %顶点坐标和顶点顺序
    xy3=xy2; xy3(:,1)=xy3(:,1)+0.5;
    fac3=fac2+(3^k);                                        %向右移动后的顶点坐标与顺序
    xy4=xy2; xy4(:,1)=xy4(:,1)+0.25; xy4(:,2)=xy4(:,2)+0.433;
    fac4=fac3+3^k;                                          %向上向右移动后的顶点坐标与顺序
    xy=[xy2;xy3;xy4];                                       %总的顶点坐标
    fac=[fac2;fac3;fac4];                                   %总的顶点顺序
    patch('vertices',xy, 'faces',fac,'facecolor','g')       %填图
end
```

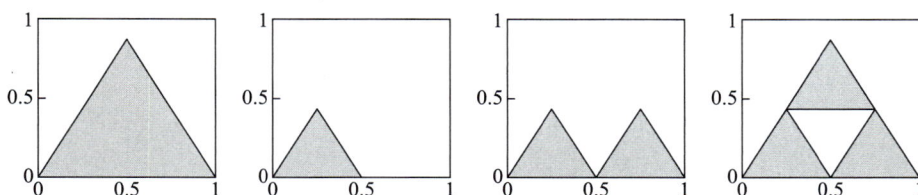

图 23.2 图形复制法画图

§23.2 立体分形图

23.2.1 相似移动法画分形四面体

利用第一章中画四面体的程序, 再利用相似移动的方法, 可以画立体四面体分形图如图 23.3 所示, 程序如下:

```
A=[0,0,0]; B=[1,0,0]; C=[1/2,sqrt(3)*0.5,0];
D=[1/2,sqrt(3)/6,sqrt(6)/3];                                %4个顶点坐标
    %四个面的各个顶点的x,y,z坐标
X=[A(1),A(1),A(1),B(1); B(1),B(1),C(1),C(1); C(1),D(1),D(1),D(1)];
Y=[A(2),A(2),A(2),B(2); B(2),B(2),C(2),C(2); C(2),D(2),D(2),D(2)];
```

```
Z=[A(3),A(3),A(3),B(3); B(3),B(3),C(3),C(3); C(3),D(3),D(3),D(3)];
subplot(2,2,1), fill3(X,Y,Z,'y')                      %三矩阵各取第一列得一个平面
light('Position',[1 2 0],'Style','infinite'), view(73,8)
for k=1:3
    X=(X)/2; Y=(Y)/2; Z=(Z)/2;                        %压缩图形
    X=[X, X+ 0.25, X+ 0.5, X+0.25];                   %移动图形
    Y=[Y, Y+sqrt(3)/4, Y, Y+sqrt(3)/12];
    Z=[Z, Z, Z , Z+sqrt(6)/6];
    subplot(2,2,k+1); fill3(X,Y,Z,'y')                %画图
    light('Position',[1 2 0],'Style','infinite'), view(73,8)
end
```

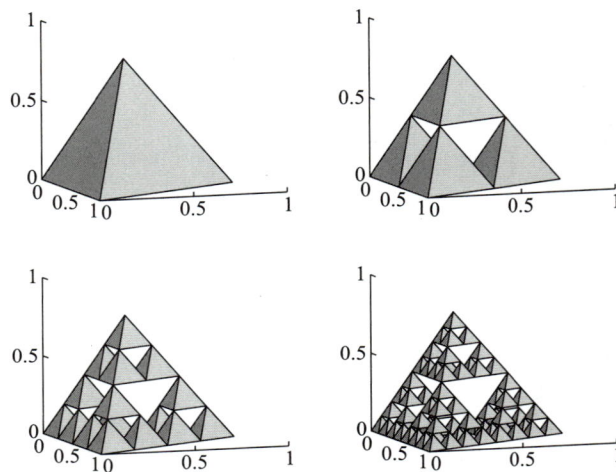

图 23.3 相似移动法画的分形四面体

如果使用 MATLAB 画四面体网格的指令 tetramesh, 则程序更为简单. 先看一个四面体的画法:

```
x=[0 1 1/2 1/2]; y=[0 0 sqrt(3)/2 sqrt(3)/6]; z=[0 0 0 sqrt(6)/3];
tetramesh((1:4),[x;y;z]',0); axis equal
```

在指令 tetramesh 中的几个参数的含义依次是: 顶点的次序, 顶点的坐标, 颜色. 画分形四面体的程序如下:

```
x=[0 1 1/2 1/2]; y=[0 0 sqrt(3)/2 sqrt(3)/6]; z=[0 0 0 sqrt(6)/3];
n=4;
for k=1:4
    x=[x/2 x/2+1/2 x/2+1/4 x/2+1/4];
    y=[y/2 y/2 y/2+sqrt(3)/4 y/2+sqrt(3)/12];
    z=[z/2 z/2 z/2 z/2+sqrt(6)/6];
end
tetramesh(reshape(1:4^(n+1),4,[])',[x;y;z]',ones(1,4^n));
axis equal, view(58,13)
```

23.2.2 图形复制法画分形四面体

上节程序 6 的方法也可以推广到画立体分形四面体, 程序如下:

```
xyz=[  0,              0,            0;
       1,              0,            0;
     0.5,     sqrt(3)/2,             0;
     0.5,     sqrt(3)/6,   sqrt(6)/3];
fac=[1,2,3; 2,3,4; 1,3,4; 1,2,4];
subplot(2,2,1), patch('vertices',xyz,'faces',fac,'facecolor','y')
light('Position',[0,-2,1]), view(73,8)
for k=1:3
    subplot(2,2,k+1)
    xyz2=xyz/2;
    xyz3=xyz2;   xyz3(:,1)=xyz3(:,1)+0.5;
    xyz4=xyz2;   xyz4(:,1)=xyz4(:,1)+0.25;  xyz4(:,2)=xyz4(:,2)+sqrt(3)/4;
    xyz5=xyz2;   xyz5(:,1)=xyz5(:,1)+0.25;  xyz5(:,2)=xyz5(:,2)+sqrt(3)/12;
                 xyz5(:,3)=xyz5(:,3)+sqrt(6)/6;
    fac2=fac;   fac3=fac2+4^k;   fac4=fac3+4^k;   fac5=fac4+4^k;
    xyz=[xyz2;   xyz3;   xyz4; xyz5];
    fac=[fac2;   fac3;    fac4;   fac5];
    patch('vertices',xyz, 'faces',fac,'facecolor','y')
    light('Position',[0,-2,1])
    view(73,8)
end
```

利用磁钢珠可以构造实际的 3 维分形四面体. 例如二维码中视频所示.

分形金字塔
实验

23.2.3 相似移动法画分形立方体

仿照分形四面体的画法, 可以画出分形立方体, 程序与图形 (图 23.4) 如下:

```
A=[0,0,0]; B=[1,0,0]; C=[1,1,0]; D=[0,1,0];
E=[0,0,1]; F=[1,0,1]; G=[1,1,1]; H=[0,1,1];
x=[A(1),B(1),C(1),D(1),A(1),E(1);
   B(1),C(1),D(1),H(1),B(1),F(1);
   F(1),G(1),H(1),E(1),C(1),G(1);
   E(1),F(1),G(1),A(1),D(1),H(1)];
y=[A(2),B(2),C(2),D(2),A(2),E(2);
   B(2),C(2),D(2),H(2),B(2),F(2);
   F(2),G(2),H(2),E(2),C(2),G(2);
   E(2),F(2),G(2),A(2),D(2),H(2)];
z=[A(3),B(3),C(3),D(3),A(3),E(3);
   B(3),C(3),D(3),H(3),B(3),F(3);
   F(3),G(3),H(3),E(3),C(3),G(3);
   E(3),F(3),G(3),A(3),D(3),H(3)];
```

```
%x,y,z 的每列构成正方体一个面上的四个点，六列绘出六个面
subplot(2,2,1), fill3(x,y,z,'g')
view(109,43), light('Position',[1,2,0])              %光照与视角
for k=2:4
    x1=x/3;y1=y/3;z1=z/3;                            %将原来正方体压缩
    x=[x1,x1+0,x1+0,x1+1/3,x1+2*1/3,x1+2*1/3,x1+1/3,x1+2*1/3, ...
        x1+0,x1+2*1/3,x1+0,x1+2*1/3, x1+0,x1+0,x1+0,x1+1/3,...
        x1+2*1/3,x1+2*1/3,x1+1/3,x1+2*1/3];
    y=[y1,y1+0,y1+0,y1+0,y1+0,y1+0,y1+0,y1+0, y1+1/3,y1+1/3,...
        y1+1/3,y1+1/3, y1+2*1/3,y1+2*1/3,y1+2*1/3,y1+2*1/3,...
        y1+2*1/3,y1+2*1/3,y1+2*1/3,y1+2*1/3];
    z=[z1,z1+1/3,z1+2*1/3,z1+0,z1+0,z1+1/3,z1+2*1/3,z1+2*1/3,...
        z1+0,z1+0,z1+2*1/3,z1+2*1/3, z1,z1+1/3,z1+2*1/3,...
        z1+0,z1+0,z1+1/3,z1+2*1/3,z1+2*1/3];
    %将压缩后的正方体移到20个不同位置
    subplot(2,2,k), fill3(x,y,z,'g')
    view(109,43), light('Position',[1,2,0])
end
```

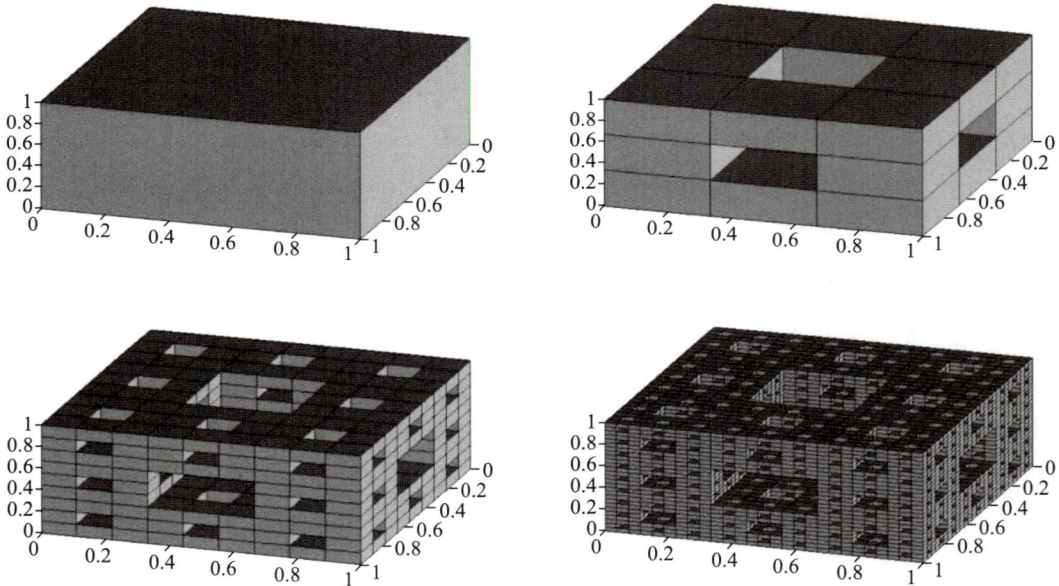

图 23.4　相似移动法画的分形立方体

§23.3　L 系统画三维植物分形图

在二维空间的 L 系统中，点的轨迹有两种，一种是沿着原来的方向前进或后退，另一种是改变方向以后再前进或后退. 在平面上改变方向只有两种即左转和右转，如果用坐标系描述，可以说，在 xy 平面的转向相当于绕 z 轴的旋转.

把 L 系统推广到三维空间, 点的轨迹也是这两种, 不同之处在于空间转动的方向有 6 个. 也就是分别绕 x、y、z 轴的旋转 (图 23.5).

为了描述这 6 个转动方向, 用 $\boldsymbol{H}$、$\boldsymbol{U}$、$\boldsymbol{L}$ 分别代表三个单位列向量 $(1, 0, 0)'$、$(0, 1, 0)'$、$(0, 0, 1)'$, 表示向前、向上、向左三个方向 (对应着 x、y、z 轴的方向), 这些向量两两正交. 用这三个单位向量建立一个三阶单位矩阵如下:

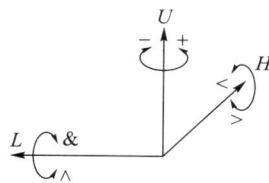

图 23.5　三维 L 系统在空间的转动方向的规定

$$\boldsymbol{HLU} = \begin{pmatrix} 1 & 0 & 0 \\ 0 & 1 & 0 \\ 0 & 0 & 1 \end{pmatrix}$$

再用转动矩阵描述这三个向量的转动. 转动方向的变化有三种, 分别是绕 x、y、z 轴旋转 θ 角. 它们是通过三个旋转矩阵 R_H、R_L、R_U 来实现的, 其形式如下:

$$\boldsymbol{R}_H(\theta) = \begin{bmatrix} 1 & 0 & 0 \\ 0 & \cos\theta & -\sin\theta \\ 0 & \sin\theta & \cos\theta \end{bmatrix}$$

$$\boldsymbol{R}_L(\theta) = \begin{bmatrix} \cos\theta & 0 & -\sin\theta \\ 0 & 1 & 0 \\ \sin\theta & 0 & \cos\theta \end{bmatrix}$$

$$\boldsymbol{R}_U(\theta) = \begin{bmatrix} \cos\theta & \sin\theta & 0 \\ -\sin\theta & \cos\theta & 0 \\ 0 & 0 & 1 \end{bmatrix}$$

那么就有 $\boldsymbol{HLU} * \boldsymbol{R}_H$ 代表绕 x 轴的旋转, $\boldsymbol{HLU} * \boldsymbol{R}_L$ 代表绕 y 轴的旋转, $\boldsymbol{HLU} * \boldsymbol{R}_U$ 代表绕 z 轴的旋转. 下面程序显示了一条平行于 z 轴的线段绕 x 轴的旋转:

```
a=pi/6; z=[0,0,0];
HLU=[1,0,0; 0,1,0; 0,0,1];
zHLU=[z;HLU];
RH=[1,     0,      0;
    0,cos(a),-sin(a);
    0,sin(a), cos(a)];
Z=[z;z+0.5*HLU(3,:)];
subplot(1,2,1)  %画原来的直线
  plot3(Z(:,1),Z(:,2),Z(:,3));
  xlabel('x'),   ylabel('y')
HLU=HLU*RH;
Z=[z;z+0.5*HLU(3,:)];
subplot(1,2,2)  %画转动的直线
plot3(Z(:,1),Z(:,2),Z(:,3));
xlabel('x'), ylabel('y')
```

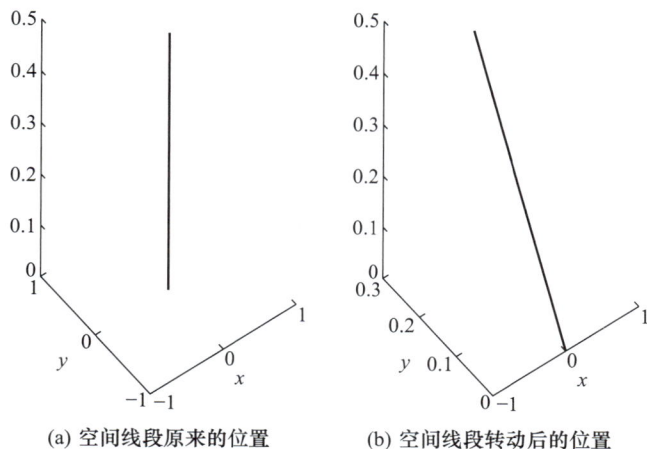

(a) 空间线段原来的位置　(b) 空间线段转动后的位置

图 23.6

对比两个图形可发现, 原来与 z 轴平行的线段, 已经绕 x 轴旋转了.

三维 L 系统的符号主要多了转向的标识, 其他与二维系统的相似, 列举如下:

```
+(x)     绕z轴逆时针转x角
-(x)     绕z轴顺时针转x角
&(x)     绕y轴逆时针转x角
^(x)     绕y轴顺时针转x角
<(x)     绕x轴逆时针转x角
>(x)     绕x轴顺时针转x角
X        向前移动一个单位但不画线
F        向前移动一个单位并且画线
[        存储当前的位置及角度信息
]        返回到左方括号"["储存的画图状态
```

下面将前面的二维分形图画成三维分形图, 可以对比前面的程序来学习.

23.3.1　分形树

从生成元来看, 只是将二维分形图中的转动方向改成了三维转动, 并增加了两个转动方向. 旋转三维图形可以发现它与二维图形的相似性. 程序与图形 (图 23.7) 如下:

```
S='F'; a=pi/6; z=[0,0,0];
p='F[&F][^F][+F]F[<F][>F][-F]F';
HLU=[1,0,0;  0,1,0; 0,0,1];
zHLU=[z;HLU];
RH=[1,0,0;  0,cos(a),-sin(a);  0,sin(a),cos(a)];
RL=[cos(a),0,-sin(a);  0,1,0;  sin(a),0,cos(a)];
RU=[cos(a),sin(a),0;  -sin(a),cos(a),0;  0,0,1];
for k=2:4, S=strrep(S,'F',p); n=(1/3)^(k-1); end
figure; view(-23,24); hold on
for k=1:length(S)
    switch S(k)
        case'F', Z=[z;z+n*HLU(3,:)];
        plot3(Z(:,1),Z(:,2),Z(:,3),'g');
        z=z+n*HLU(3,:);

        case'+', HLU=HLU*RU;
        case'-', HLU=HLU*RU';
        case'^', HLU=HLU*RL;
        case'&', HLU=HLU*RL';
        case'<', HLU=HLU*RH;
        case'>', HLU=HLU*RH';
        case'[', zHLU=[zHLU,[z;HLU]];
        case']', z=zHLU(1,end-2:end);
                 HLU=zHLU(2:4,end-2:end);
                    zHLU(:,end-2:end)=[];

        otherwise
    end
end
```

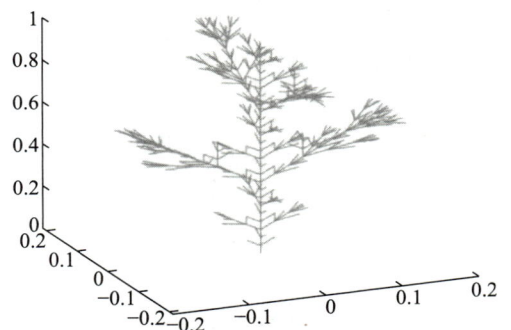

图 23.7　三维分形树

23.3.2   生长的分形树

程序及图形 (图 23.8) 如下:

```
S='F';   a=pi/6;   z=[0,0,0];
p='X[&F][<F][^F][>F][+F][-F]F';
HLU=[1,0,0; 0,1,0; 0,0,1];   zHLU=[z; HLU];
RH=[1,0,0; 0,cos(a),-sin(a); 0,sin(a),cos(a)];
RL=[cos(a),0,-sin(a); 0,1,0; sin(a),0,cos(a)];
RU=[cos(a),sin(a),0; -sin(a),cos(a),0; 0,0,1];
for k=2:5, S=strrep(S,'F',p); n=(1/3)^(k-1); end
figure;   view(3);   hold on
for k=1:length(S)
    switch S(k)
        case'X'
          Z=[z; z+n*HLU(3,:)];
          plot3(Z(:,1),Z(:,2),Z(:,3),'k');
          z=z+n*HLU(3,:);
        case'F'
          Z=[z; z+n*HLU(3,:)];
          plot3(Z(:,1),Z(:,2),Z(:,3),'g');
          z=z+n*HLU(3,:);

        case'+',   HLU=HLU*RU;
        case'-',   HLU=HLU*RU';
        case'^',   HLU=HLU*RL;
        case'&',   HLU=HLU*RL';
        case'<',   HLU=HLU*RH;
        case'>',   HLU=HLU*RH';
        case'[',   zHLU=[zHLU,[z;HLU]];
        case'}',   z=zHLU(1,end-2:end);
                HLU=zHLU(2:4,end-2:end);
                   zHLU(:,end-2:end)=[];
        otherwise
    end
end
```

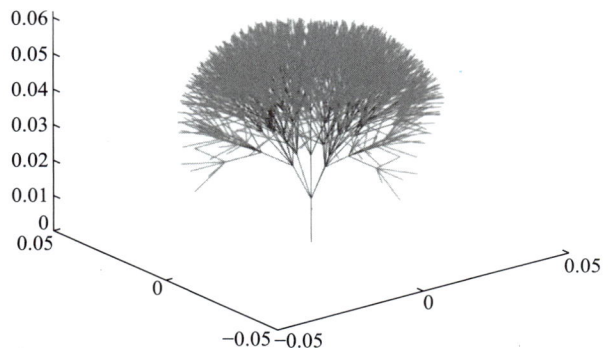

图 23.8   生长的三维分形树

23.3.3   具有随机因子的分形树

具有随机因子的分形树更接近自然界的生长形态. 这里设计了两种生长规律随机生长, 程序和图形 (图 23.9) 如下:

```
S='F';a=pi/5; z=[0,0,0];
p1='X[&F]X[<F]X[^F]X[>F]F'; p2='X[&F]X[<F]X[^F]X[>F]';
HLU=[1,0,0; 0,1,0; 0,0,1]; zHLU=[z;HLU];
RH=[1,0,0; 0,cos(a),-sin(a); 0,sin(a),cos(a)];
```

```
RL=[cos(a),0,-sin(a); 0,1,0; sin(a),0,cos(a)];
RU=[cos(a),sin(a),0; -sin(a),cos(a),0; 0,0,1];
for k=2:6
    r=rand(1);                                        %产生随机数
    if r<0.6, S=strrep(S,'F',p1); n=(2/3)^(k-1);      %规律p1
    else, S=strrep(S,'F',p2); n=(2/3)^(k-1);          %规律p2
    end
end
figure; view(3); hold on
for k=1:length(S)
    switch S(k)
        case'F'
            Z=[z;z+n*HLU(3,:)];
            plot3(Z(:,1),Z(:,2),Z(:,3),'g');
            z=z+n*HLU(3,:);
        case'X'
            Z=[z;z+n*HLU(3,:)];
            plot3(Z(:,1),Z(:,2),Z(:,3),'k');
            z=z+n*HLU(3,:);
        case'+',  HLU=HLU*RU;
        case'-',  HLU=HLU*RU';
        case'^',  HLU=HLU*RL;
        case'&',  HLU=HLU*RL';
        case'<',  HLU=HLU*RH;
        case'>',  HLU=HLU*RH';
        case'[',  zHLU=[zHLU,[z;HLU]];
        case']',  z=zHLU(1,end-2:end);
                  HLU=zHLU(2:4,end-2:end);
                  zHLU(:,end-2:end)=[];
        otherwise
    end
end
```

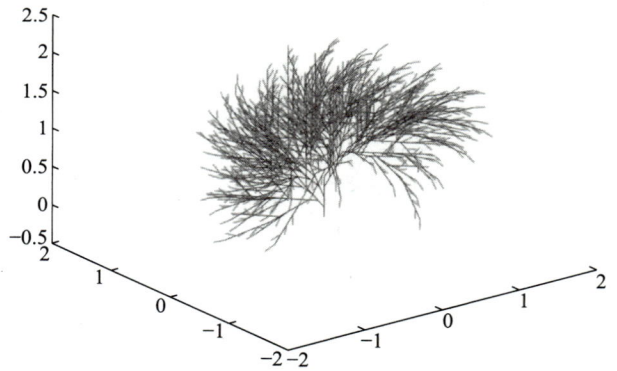

图 23.9　随机生长的分形树

23.3.4　带有两组偏转角的分形树

在绘图时设置两组不同的转角, 来模拟树木生长时为了更大叶片面积接受阳光的情况. 这种分形树类似松树的结构, 可见自然界存在许多自相似性的分形结构. 程序与图形 (图 23.10) 如下:

```
p='XX[&X&F^F][<X<F>F][^X^F&F][>X>F<F][&+X&F^F][<+X<F>F][^+X^F&F][>+X>F<F]';
S='XF'; a=pi/7; b=pi/4; z=[0,0,0];
HLU=[1,0,0;  0,1,0;  0,0,1]; zHLU=[z;HLU];
RH=[1,0,0;  0,cos(a),-sin(a);  0,sin(a),cos(a)];
RL=[cos(a),0,-sin(a);  0,1,0;  sin(a),0,cos(a)];
RU=[cos(b),sin(b),0;  -sin(b),cos(b),0;  0,0,1];
```

```
for k=2:4, S=strrep(S,'F',p); n=(2/3)^(k-1); end
figure;  view(3); hold on
for k=1:length(S)
    switch S(k)
        case'F'
            Z=[z;z+n*HLU(3,:)];
            plot3(Z(:,1),Z(:,2),Z(:,3),'g');
            z=z+n*HLU(3,:);
        case'X'
            Z=[z;z+n*HLU(3,:)];
            plot3(Z(:,1),Z(:,2),Z(:,3),'k');
            z=z+n*HLU(3,:);
        case'+',   HLU=HLU*RU;
        case'-',   HLU=HLU*RU';
        case'^',   HLU=HLU*RL;
        case'&',   HLU=HLU*RL';
        case'<',   HLU=HLU*RH;
        case'>',   HLU=HLU*RH';
        case'[',   zHLU=[zHLU,[z;HLU]];
        case']',   z=zHLU(1,end-2:end);
                   HLU=zHLU(2:4,end-2:end);
                   zHLU(:,end-2:end)=[];
        otherwise
    end
end
```

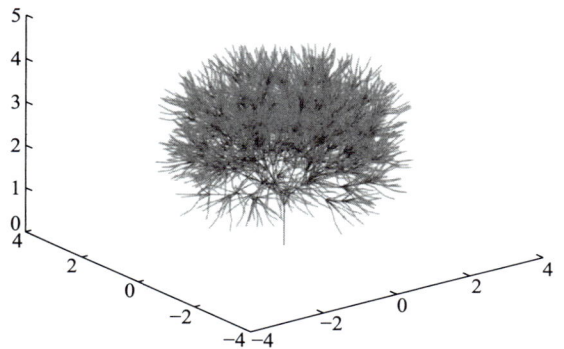

图 23.10　具有随机因子的三维分形树

23.3.5　柳树

通过让生成元向一侧不断迭代的方式, 我们得到了柳树的分形结构. 程序和图形 (图 23.11) 如下:

```
p='XX<[&X&F^F]&[<X<F>F][^F][>F]F';
S='F'; a=pi/18; z=[0,0,0];
HLU=[1,0,0;  0,1,0;   0,0,1];zHLU=[z;HLU];
RH=[1,0,0;  0,cos(a),-sin(a);  0,sin(a),cos(a)];
RL=[cos(a),0,-sin(a);  0,1,0;  sin(a),0,cos(a)];
RU=[cos(a),sin(a),0;   -sin(a),cos(a),0; 0,0,1];
for k=2:5, S=strrep(S,'F',p); n=(2/3)^(k-1); end
figure;  view(-37.5,10);  hold on
for k=1:length(S)
    switch S(k)
        case'F'
            Z=[z;z+n*HLU(3,:)];
            plot3(Z(:,1),Z(:,2),Z(:,3),'g');
            z=z+n*HLU(3,:);
```

```
  case'X'
    Z=[z;z+n*HLU(3,:)];
    plot3(Z(:,1),Z(:,2),Z(:,3),'k');
    z=z+n*HLU(3,:);


  case'+',   HLU=HLU*RU;
  case'-',   HLU=HLU*RU';
  case'^',   HLU=HLU*RL;
  case'&',   HLU=HLU*RL';
  case'<',   HLU=HLU*RH;
  case'>',   HLU=HLU*RH';
  case'[',   zHLU=[zHLU,[z;HLU]];
  case']',   z=zHLU(1,end-2:end);
             HLU=zHLU(2:4,end-2:end);
                zHLU(:,end-2:end)=[];
    otherwise
  end
 end
```

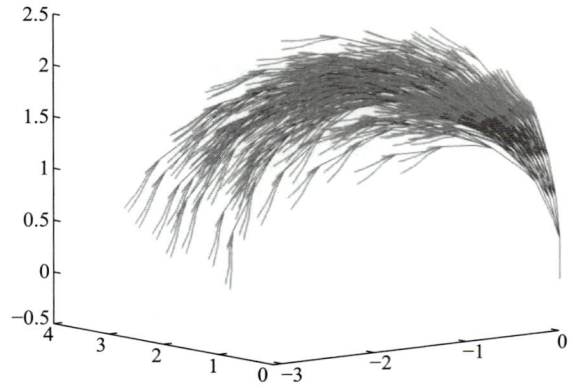

图 23.11　三维的分形柳树

23.3.6　藤蔓

路边的草丛与上面的分形树不同, 前面几种植物的步进方向都是 U, 也就是上方, 这个的步进方向是 H, 也就是前方, 进而模拟出藤蔓向四面八方生长的效果. 程序和图形 (图 23.12) 如下:

```
S='[+F][++F][+++F][++++F][-F][--F][---F][----F]F';
p='F[&X][^X][<F][>F]X[<F][>F][&X][^X]'; a=2*pi/9;
z=[0,0,0]; HLU=[1,0,0; 0,1,0; 0,0,1]; zHLU=[z;HLU];
RH=[1,0,0;  0,cos(a),-sin(a);  0,sin(a),cos(a)];
RL=[cos(a),0,-sin(a);  0,1,0;  sin(a),0,cos(a)];
RU=[cos(a),sin(a),0;  -sin(a),cos(a),0;  0,0,1];
for k=2:4, S=strrep(S,'F',p); n=(2/3)^(k-1); end
figure;  axis equal;  view(3);   hold on
for k=1:length(S)
  switch S(k)
    case'F'
      Z=[z;z+n*HLU(1,:)];
      plot3(Z(:,1),Z(:,2),Z(:,3),'g');
      z=z+n*HLU(1,:);
    case'X'
      Z=[z;z+n*HLU(1,:)];
      plot3(Z(:,1),Z(:,2),Z(:,3),'k');
      z=z+n*HLU(1,:);
    case'+',   HLU=HLU*RU;
    case'-',   HLU=HLU*RU';
```

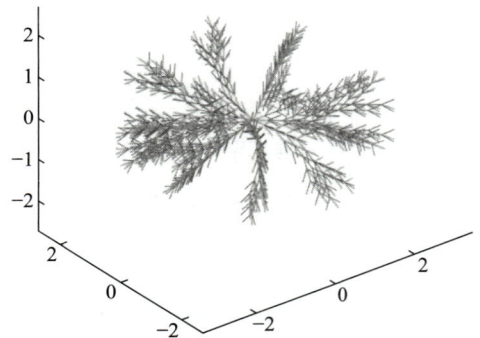

图 23.12　在地面上生长的藤蔓

```
        case'^',   HLU=HLU*RL;
        case'&',   HLU=HLU*RL';
        case'<',   HLU=HLU*RH;
        case'>',   HLU=HLU*RH';
        case'[',   zHLU=[zHLU,[z;HLU]];
        case']',   z=zHLU(1,end-2:end);
               HLU=zHLU(2:4,end-2:end);
                 zHLU(:,end-2:end)=[];
        otherwise
    end
end
```

第二十三章
程序包

第二十四章 非线性物理——混沌

混沌现象的研究是非线性物理的重要内容, 数值计算则是非线性物理主要的研究工具之一, 其中大量涉及常微分方程的求解与研究. 所以, 适当地介绍一些这方面的内容, 能帮助读者更深入地理解如何借助常微分方程来研究物理现象. 对混沌感兴趣的读者可以参看下列文献:

1. Hao B L. Chaos II. World Scientific,Singapore,1990.

上文列出 2244 篇学术论文, 并收录了 Feigenbaum、Hénon、Lorenz 和 May 等人的原始论文.

2. Zhang Shu-yu. Bibliography on Chaos - Directions in Chaos Vol.5. World Scientific, Singapore, 1991

上文列出了超过 7000 篇参考文献.

本章通过单摆、倒摆、自激振荡及描述天气动力学的洛伦茨方程等物理模型来介绍非线性物理, 其中内容涉及:

(1) 不动点 (平衡点) 的分类;

(2) 吸引子类型及其频谱特征;

(3) 分岔的类型;

(4) 混沌运动的判别方法、分析方法及通向混沌的几条道路.

§24.1 Logistic 模型的周期分岔与混沌现象

首先看一个很著名的非线性物理中的问题. 为了描述自然界生物种群 (比如昆虫、人口等) 中个体数目的变化规律, 人们建立了多种数学模型. 最简单的是按指数增减的模型. 这个模型可以用下列公式表示:

$$P_n = P_{n-1} + rP_{n-1} = P_{n-1}(1+r) \qquad (n \geqslant 1)$$

这里, P_n 表示 n 时刻的数目, r 为常数. 它表示, n 时刻增加的个体数目正比于 $n-1$ 时刻的个体数目. 如果初始时刻的数目为 P_0, 则有

$$P_n = P_0(1+r)^n$$

显然, 当 $r > 0$, 种群中个体数目是成几何级数增加, 而如果 $r < 0$, 则数目是按几何级数减少, 直至消亡.

这个模型公式也可以改写为

$$(P_{n+1} - P_n)/P_n = r$$

如果考虑到种群中个体的数目并不是单调地增加或减少, 由于食物、疾病、灾害等原因可能产生一些反向的调节, 就可以增加一项来表示这种效应, 即

$$(P_{n+1} - P_n)/P_n = r - uP_n$$

为了简单, 不妨令 $r = u - 1$ 得

$$P_{n+1} = uP_n(1 - P_n)$$

这称为 Logistic 模型, 将它改写为

$$x_{n+1} = \mu(x_n - x_n^2) \qquad (0 < \mu < 4,\ 0 < x < 1)$$

下面研究这个模型反映出来的一些生物繁殖的规律.

24.1.1   数值迭代产生的混沌图像

给定相同初值 $z_0 = 0.6$, 取 $\mu = 2,\ 3.2,\ 3.5,\ 3.8$ 值, 进行迭代计算得到:

(1) $\mu = 2$, x 趋于 0.5. 结论: 没有分岔.

(2) $\mu = 3.2$, x 趋于 0.513 04, 0.799 46. 结论: 周期 2 分岔.

(3) $\mu = 3.45$, x 趋于 0.382 82, 0.500 88, 0.826 94, 0.875. 结论: 周期 4 分岔.

(4) $\mu = 3.6$, x 的取值没有明确的趋向. 结论: 趋于混沌.

对应的图形为图 24.1.

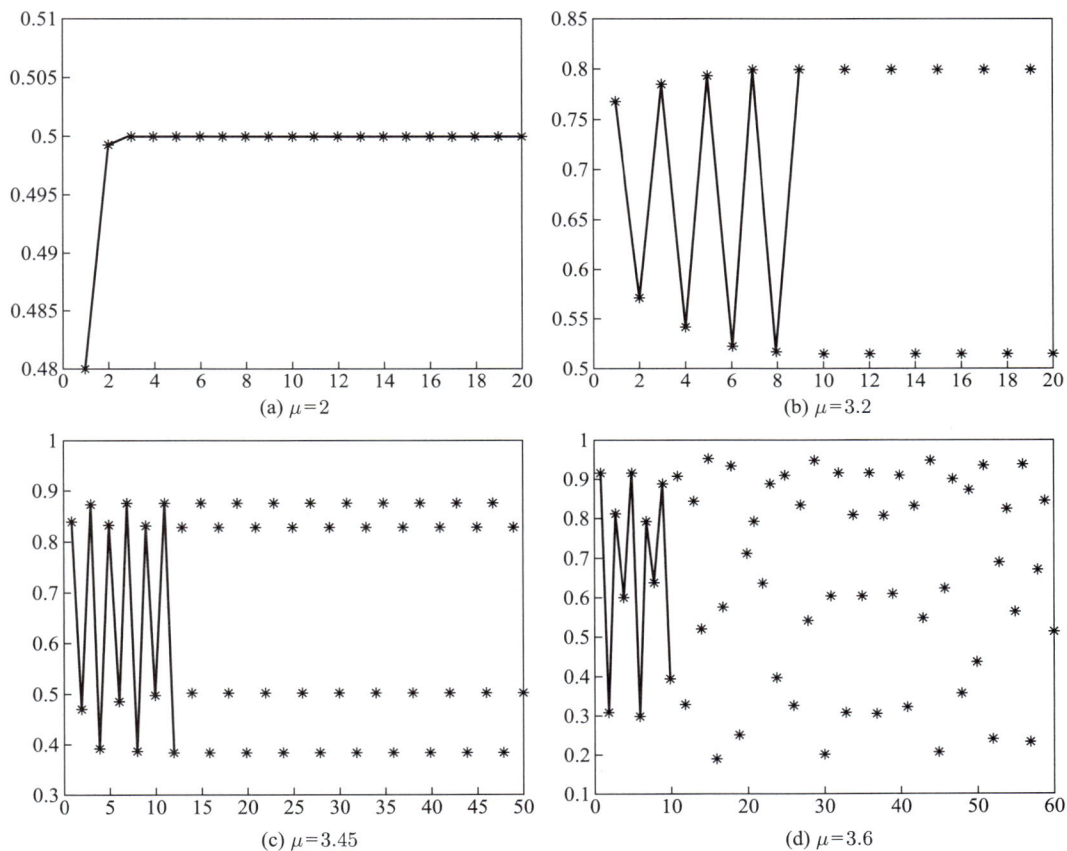

(a) μ=2

(b) μ=3.2

(c) μ=3.45

(d) μ=3.6

图 24.1

改变初始值 z_0, 所看到的结果相似.

24.1.2   费根鲍姆 (Feigenbaum) 图

为了研究 μ 值对分岔现象的影响, 可以取不同的初值对所有的 μ 进行计算. 方法是给定 x 的初值, 对不同的 μ 值循环计算新的 x, 共循环 250 次, 循环计算 150 次后开始画图. 计算所得的 x 值是矩阵, 行标对应循环次数, 列标对应 μ 值. 使用矢量化编程以后, 对所有的 μ 值同时计算一次新的 x 值, 得到矩阵 x 中的一列元素. 所得图形如图 24.2 所示, 叫费根鲍姆图.

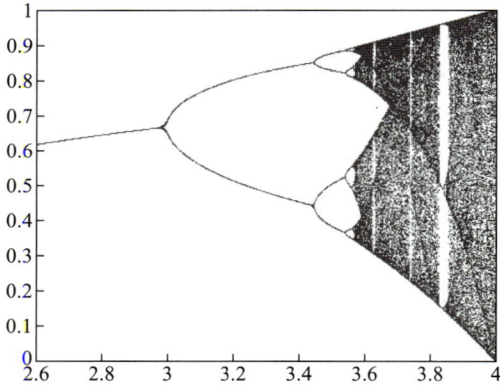

图 24.2　费根鲍姆图

在图形上反映的倍周期分岔现象是

$3.000 < \mu < 3.4495$，二周期循环；

$3.4496 < \mu < 3.5441$，四周期循环；

$3.5441 < \mu < 3.5644$，八周期循环；

$3.5644 < \mu < 3.5688$，十六周期循环；

......

如此一直分岔下去，直到进入混沌.

为了说明编程技巧，下面采用两种方法编程. 两个程序不同之处在于是否保留所有的 x 值. 在第二个程序中预先设置一个矩阵存放 x 的元素，可以节约扩充矩阵元素的时间. 查看这两个程序运行时间可以看出它们的区别，设置间断点以后运行程序，可以看到程序中各个语句的运行结果.

```
%  bug1.m
u=2.6:0.001:4; x=0.6;
for j=1:150,
    x=u.*(x-x.^2);
end
for i=1:100
    x=u.*(x-x.^2);
    plot(u,x,'r.')
    hold on;
end
```

```
%  bug2.m
u=2.6:0.001:4;
X=ones(250,1401);
X(1,:)=0.6*X(1,:);
for j=1:250
  X(j+1,:)=u.*(X(j,:)-X(j,:).^2);
end
plot(u,X(150:end,:),'r.')
```

程序 1 运行时间 0.28 s. 不保留旧的 X 值，而是直接用它画图. 能节约内存.

程序 2 运行时间 0.15 s，比程序 1 快. 程序 2 保留所有 X 值，每次计算的 X 值生成矩阵的一行元素，最后用矩阵 X 的后 150 行作图，程序可读性强. 使用较大内存.

点击编辑器窗口菜单中的"运行并计时"按钮可以查看程序各部分的运行时间，便于有针对性地改进程序.

24.1.3　混沌对初值的敏感性

混沌现象有个特点，就是初值的微小变化将引起结果的完全不同，它说明混沌现象的不可预测性. 图 24.3 的 $\mu = 3.8$ 是在混沌区域，z_0 取 0.6001 和 0.6002. 所得到迭代结果很快就有了明显的差别.

24.1.4　费根鲍姆 δ 常数

利用分岔点的 μ 值，计算相邻分岔点间距之比（表 24.1），所得的极限值叫费根鲍姆 δ 常数.

$$F_\delta = \lim_{n \to \infty} \frac{\mu_n - \mu_{n-1}}{\mu_{n+1} - \mu_n}$$

$$= 4.669\,201\,661\cdots$$

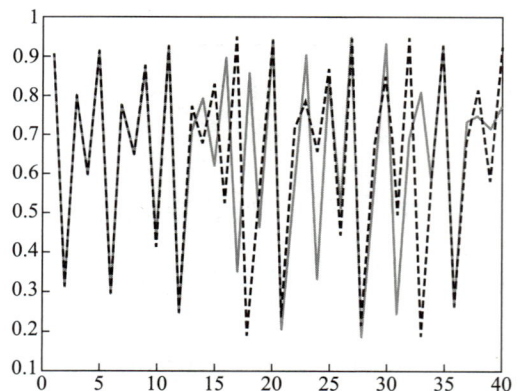

图 24.3　混沌对初值的敏感性

这是一个普适常数, 所有的系统通过倍周期分岔进入混沌时, 都会遵循这个规律.

表 24.1

分岔情况	分岔值 μ	间距比值
$1 \to 2$	3	
$2 \to 4$	3.449 487 743	4.751 466
$4 \to 8$	3.544 090 359	4.656 251
$8 \to 16$	3.564 407 266	4.668 242
$16 \to 32$	3.568 759 420	4.668 74
$32 \to 64$	3.569 691 610	4.669 1
$64 \to 128$	3.569 891 259	4.669
$128 \to 256$	3.569 934 019	4.669
$\vdots$	$\vdots$	$\vdots$
周期解 $\to$ 混沌	3.569 945 672	4.669 201 661

24.1.5　李雅普诺夫 (Lyapunov) 指数

对于一维映射 $x_{n+1} = f(x_n)$, 考虑从 x_0 及其相邻点 y_0 出发的两个迭代过程, 开始两点距离为 $|x_0 - y_0|$, 迭代一次两点距离为

$$|x_1 - y_1| = |f(x_0) - f(y_0)| \approx \left|\frac{\mathrm{d}f}{\mathrm{d}x}\right|_{x_0} |x_0 - y_0|$$

再作第二次迭代得

$$|x_2 - y_2| = |f(x_1) - f(y_1)| \approx \left|\frac{\mathrm{d}f}{\mathrm{d}x}\right|_{x_1} |x_1 - y_1| = \left|\frac{\mathrm{d}f}{\mathrm{d}x}\right|_{x_1} \left|\frac{\mathrm{d}f}{\mathrm{d}x}\right|_{x_0} |x_0 - y_0|$$

经过 N 次迭代得

$$|x_n - y_n| \approx \prod_{n=0}^{N-1} \left|\frac{\mathrm{d}f}{\mathrm{d}x}\right|_{x_n} |x_0 - y_0|$$

每次迭代的平均分离值为

$$\left(\prod_{n=0}^{N-1} \left|\frac{\mathrm{d}f}{\mathrm{d}x}\right|_{x_n}\right)^{1/n}$$

将上式取对数并令 $n \to \infty$ 得到李雅普诺夫指数为

$$\lambda = \lim_{N \to \infty} \frac{1}{N} \sum_{n=0}^{N-1} \ln \left|\frac{\mathrm{d}f}{\mathrm{d}x}\right|_{x_n}$$

利用李雅普诺夫指数 λ, 计算出的相空间内初始时刻的两点距离将随时间 (迭代次数) 作指数分离:

$$|x_n - y_n| = |x_0 - y_0| \mathrm{e}^{n\lambda}$$

在一维映射中, λ 只有一个值, 而在多维相空间情况下一般就有多个 λ_i, 而且沿相空间的不同方向, 其 λ_i $(i = 1, 2, \cdots)$ 值一般也不同.

下面画出一维映射 λ 随参数 μ 的变化图及其局部放大图. 图 24.4 中可以看到, 对于稳定的周期 n, 有 $\lambda < 0$, 对于倍周期分岔点, 有 $\lambda = 0$. 从 $\mu = 3.5699\cdots$ 开始产生混沌运动, 由于敏感的初始条件, 有 $\lambda > 0$. 所以 λ 由负变正表明运动向混沌转变.

作图程序如下:

```
x=0.5;  u=3:0.0001:4;  y=0;  N=300;
for j=1:N
    x=u.*(x-x.^2); df=log(abs(u-2*u.*x)); y=y+df;
end
plot(u,y/N)
```

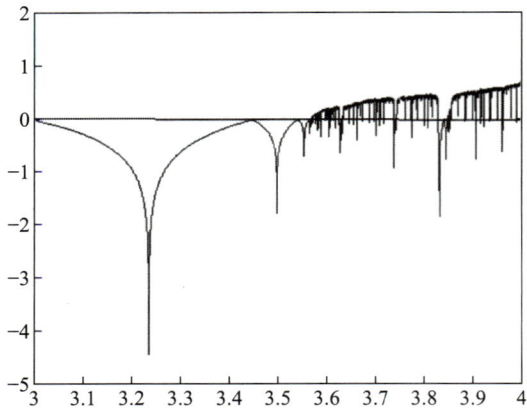

(a) 指数 λ 随参数 μ 的变化图   (b) 局部放大图

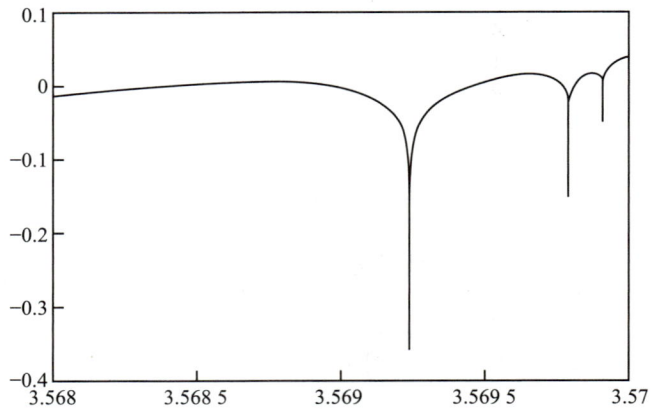

图 24.4

§24.2 单摆——从周期运动到混沌

24.2.1 单摆的动力学方程

如图 24.5 所示, 单摆摆长为 l, 小球的质量为 m, 相对于铅垂线的角位移为 θ, 所受阻力与速度成比例, 阻尼系数为 r, 受到圆频率为 ω_d 的外驱动力 F 的作用, 则运动方程为

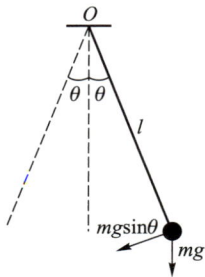

图 24.5 单摆的运动

$$ml\frac{\mathrm{d}^2\theta}{\mathrm{d}t^2} + rl\frac{\mathrm{d}\theta}{\mathrm{d}t} + mg\sin\theta = F\cos\omega_d t$$

公式两边除以 mg, 并引入 $\omega_0 = \sqrt{g/l}$, ω_0 是单摆在没有阻尼没有外力时作简谐振振动的频率, 也就是固有频率. 则方程为

$$\frac{\mathrm{d}^2\theta}{\mathrm{d}(\omega_0 t)^2} + \frac{r}{m\omega_0}\frac{\mathrm{d}\theta}{\mathrm{d}(\omega_0 t)} + \sin\theta = \frac{F}{mg}\cos\omega_d t$$

这时在公式中的量纲为 1 的数有 (以方括号表示量纲)

$$[\omega_0 t] = \mathrm{T}^{-1}\cdot\mathrm{T}, \qquad \left[\frac{r}{m\omega_0}\right] = \frac{\mathrm{MT}^{-1}}{\mathrm{MT}^{-1}}, \qquad \left[\frac{F}{mg}\right] = \frac{\mathrm{MLT}^{-2}}{\mathrm{MLT}^{-2}}, \qquad [\omega_d t] = \mathrm{T}^{-1}\cdot\mathrm{T}$$

注意 θ 是一个量纲为 1 的数. 如果令

$$\omega = \frac{\omega_d}{\omega_0}, \quad \tau = \omega_0 t, \quad \beta = \frac{r}{2m\omega_0}, \quad f = \frac{F}{mg}$$

公式无量纲化

得到无量纲化的运动方程是

$$\frac{\mathrm{d}^2\theta}{\mathrm{d}\tau^2} + 2\beta\frac{\mathrm{d}\theta}{\mathrm{d}\tau} + \sin\theta = f\cos\omega\tau$$

24.2.2 周期运动

无阻尼无驱动情况

此时有 $\beta = 0, f = 0$, 方程是

$$\frac{\mathrm{d}^2\theta}{\mathrm{d}t^2} + \sin\theta = 0$$

1. 单摆周期的解析解

方程两边乘以 $\mathrm{d}\theta$ 再积分, 并注意到单摆在最大摆角 θ_0 处的速度 $\mathrm{d}\theta/\mathrm{d}\tau = 0$, 得

$$\left(\frac{\mathrm{d}\theta}{\mathrm{d}\tau}\right)^2 = 2(\cos\theta - \cos\theta_0)$$

即

$$\frac{\mathrm{d}\theta}{\mathrm{d}\tau} = 2\sqrt{\sin^2\frac{\theta_0}{2} - \sin^2\frac{\theta}{2}}$$

分离变量两边再积分, 并设 $\tau = 0$ 时有 $\theta = 0$, 得单摆运动到 θ 角需要的时间为

$$\tau = \frac{1}{2}\int_0^\theta \frac{\mathrm{d}\theta}{\sqrt{\sin^2\frac{\theta_0}{2} - \sin^2\frac{\theta}{2}}}$$

引入 $k = \sin\frac{\theta_0}{2}$ 得

$$\tau = \frac{1}{2}\int_0^\theta \frac{\mathrm{d}\theta}{\sqrt{k^2 - \sin^2\frac{\theta}{2}}}$$

摆角从 0 到最大摆角 θ_0 所需要的时间为周期 T 的 1/4 即

$$T = 2\int_0^{\theta_0} \frac{\mathrm{d}\theta}{\sqrt{k^2 - \sin^2\frac{\theta}{2}}}$$

再作变量变换

$$\sin\frac{\theta}{2} = k\sin\varphi, \quad \frac{1}{2}\cos\frac{\theta}{2}\mathrm{d}\theta = k\cos\varphi\mathrm{d}\varphi$$

其范围为 $0 \leqslant \theta \leqslant \theta_0, 0 \leqslant \varphi \leqslant \pi/2$ 所以

$$\mathrm{d}\theta = \frac{2k\cos\varphi\mathrm{d}\varphi}{\sqrt{1 - k^2\sin^2\varphi}} = \frac{2\sqrt{k^2 - \sin^2\frac{\theta}{2}}}{\sqrt{1 - k^2\sin^2\varphi}}\mathrm{d}\varphi$$

最后得出的周期为

$$T = 4 \int_0^{\pi/2} \frac{\mathrm{d}\varphi}{\sqrt{1 - k^2 \sin^2 \varphi}} = 4K(k)$$

其中 $K(k)$ 是第一类椭圆函数. 不要忘记这是无量纲化以后的计算结果, 在国际单位制中的周期应该是

$$\frac{T}{\omega_0} = T\sqrt{\frac{l}{g}}$$

它的展开式是

$$T\sqrt{\frac{l}{g}} = 2\pi\sqrt{\frac{l}{g}} \left(1 + \frac{1}{2^2}\sin^2\frac{\theta_0}{2} + \frac{1}{2^2}\frac{3^2}{4^2}\sin^4\frac{\theta_0}{2} + \cdots \right)$$

如果最大摆角 $\varphi_0 < 5°$, 则可以只保留展开式的第一项, 这时单摆运动的周期基本与初始角度无关, 而由摆长 l 和重力加速度 g 决定. 在 MATLAB 中是用指令 ellipke 来计算椭圆函数的, 其用法是

```
[K,E] = ELLIPKE(M)
```

其中 M 就是这里的 k^2, K、E 分别是第一、第二类椭圆函数, 定义是

$$K(k^2) = \int_0^{\pi/2} (1 - k^2 \sin^2 \varphi)^{-1/2}\mathrm{d}\varphi$$

$$E(k^2) = \int_0^{\pi/2} (1 - k^2 \sin^2 \varphi)^{1/2}\mathrm{d}\varphi$$

这个公式可以计算任意最大摆角 φ_0 所对应的周期.

2. 单摆周期的数值解法

上面推导解析解时, 假定单摆的运动是周期运动, 这一点可以由数值解来验证. 用指令 ode45 解无外力、无阻尼的无量纲化方程. 就能得到单摆的数值解. 下面的程序以初位移分别为 $\pi/7$、$\pi/3$, 初速度为零求解方程并画出了两条位移曲线. 实线是小摆角, 虚线是大摆角. 在图 24.6 中可以看到, 它们都是周期运动, 初位移就是最大摆角, 摆角增大周期也增长, 程序如下:

```
function djdb
[t1,w1]=ode45(@f,[0,6*pi],[pi/7,0],[]);
[t2,w2]=ode45(@f,[0,6*pi],[pi/3,0],[]);
plot(t1,w1(:,1),'-',t2,w2(:,1),'k:' );
xlabel('t');
ylabel('\theta');
function ydot=f(t,y)
ydot=[y(2);   -sin(y(1))];
```

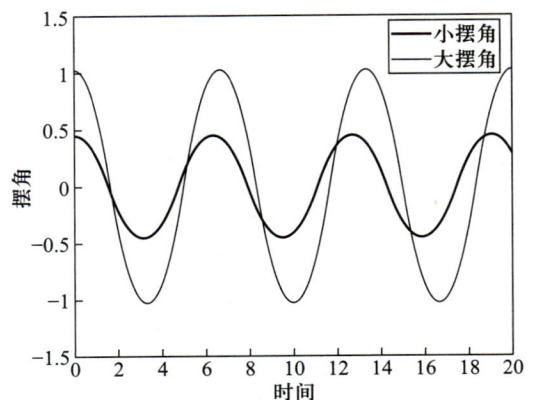

图 24.6　单摆不同周期的位移

下面的程序画出周期与摆角的对应关系, 其中用指令 events 来判断单摆从最大摆角 θ 到 $-\theta$ 的时刻, 此时 $\dot{\theta} = 0$, 所需要的时间正好是周期的 $1/2$. 最大摆角的取值从 0.02 到 $\pi - 0.02$, 共选取了 40 个点.

为了对比, 将前面得到的用椭圆函数表示的解析解的结果也同样画在图 24.7 内, 并用星号表示相应的数据点的值, 程序如下:

```
f=@(t,y)[y(2); -sin(y(1))];
theta=0.02:0.04:pi-0.02;  T=[];
ops=odeset('Events',@db);
for k=1:length(theta)      不同摆角的周期
[t,~]=ode45(f,[0,40],[theta(k),0],ops);
T=[T,2*t(end)];            %将周期存储在T
end
k2=sin(theta./2).^2;              %解析解
[K,~]=ellipke(k2);
plot(theta,T,theta, 4*K,'*')
title('\theta   vs.  T');
xlabel('\theta'); ylabel('T');
function [val,iste,direc]=db(~,y)
val=y(2);  iste=1;  direc=1;
end
```

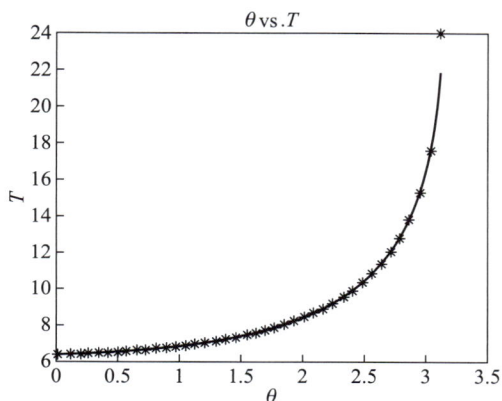

图 24.7　单摆的周期与摆角的关系

从图形可以看出, 当最大位移小于 10° 时, 周期曲线近似平行于水平轴, 简谐振动的周期也近似不变. 当最大位移大于 10° 小于 180° 时, 是周期运动. 当最大摆角接近 180° 时, 周期趋于无穷大, 实际上, $\theta = \pi$ 时就是一个不稳定平衡点.

3. 相图

我们已经研究了单摆的角位移 θ、角速度 $\dot{\theta}$ 与时间 t 的关系, 三者构成了一个三维空间, 而我们的研究只是在 $t \sim \theta$ 平面和 $t \sim \dot{\theta}$ 平面上进行的, 其实在 $\theta \sim \dot{\theta}$ 平面上研究单摆的运动也是一种重要的方法, 这就是相图研究法, 是法国数学家庞加莱 (Poincare) 于 19 世纪末提出来的. θ-$\dot{\theta}$ 平面叫做相平面. 相平面上的一个点表示了系统在某一时刻的状态 (摆角与角速度) 称为相点, 而相点的连续变化形成的轨迹叫相轨线, 它描述了系统的运动过程.

如果通过考查微分方程的系数及其本身的结构画出了相图中的相轨线, 然后通过研究系统的相轨线了解了系统的动力学特性, 那么不解微分方程也可能了解系统的运动情况. 通过相图分析系统的运动是一种几何分析方法, 所以也叫做几何动力学. 下面就用相图来重新研究单摆的运动.

将方程乘以 dθ 再作积分, 得

$$\frac{1}{2}\left(\frac{\mathrm{d}\theta}{\mathrm{d}t}\right)^2 - \cos\theta = C \tag{24.2.1}$$

对比能量守恒定律

$$\frac{1}{2}m(l\dot{\theta})^2 + mgl(1 - \cos\theta) = E$$

可知方程 (24.2.1) 的左边第一项对应单摆动能, 左边第二项对应势能 V(相差常数), 势能曲线是余弦函数 $V = -\cos\theta$, 右边积分常数 C 对应单摆总能. 这是一个关于 θ、$\dot{\theta}$ 的隐函数方程, 可以用它画出无阻尼、无驱动单摆的相图.

使用指令 ezplot 可以直接画隐函数, 即图 24.8 上半部分, 但要将隐函数方程写成等号右边为零的形式. 为了对比, 将势能曲线图 24.8 下半部分也画出来. 程序如下:

```
ezplot('0.5*y^2-cos(x)+0.8')
hold on
ezplot('0.5*y^2-cos(x)+0')
ezplot('0.5*y^2-cos(x)-0.6')
ezplot('0.5*y^2-cos(x)-1')
ezplot('0.5*y^2-cos(x)-1.4')
```

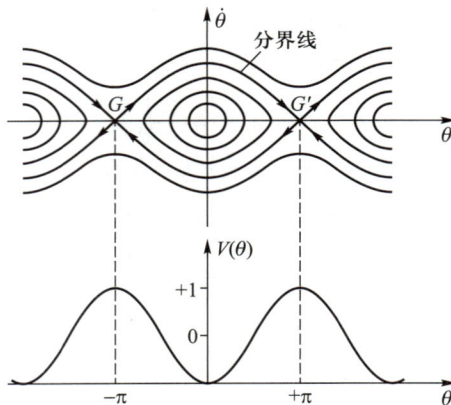

图 24.8　无阻尼、无驱动时单摆的相图

　　势能变化范围为 $-1 \leqslant V \leqslant 1$, 单摆的总能 E 可以在这个范围变化也可以大于势能的最大值 1. 作图时选择了 $E = 1$, $E < 1$, $E > 1$ 三种情况. 现在虽然没有解方程, 也可以通过相图来分析单摆的运动状态.

　　(1) $E < 1$

　　在相图上, 这些轨线都是闭合的轨道, 这反映单摆在作周期性的往返运动. 单摆的总能量越大, 轨道包围的面积越大, 反映出运动的周期越长, 这与前面的摆角相对周期所画的图形的结论是一致的. 能量小的时候轨道的形状近似于圆; 能量逐渐增加, 轨道变成椭圆; 能量再增加, 轨道形状发生畸变, 两头变尖了, 能量越大, 畸变越大.

　　(2) $E > 1$

　　在相图上, 轨线是上下都有的波浪线, 它不是闭合曲线而是逃逸的, 反映摆角是单向的增大或减小, 这表明单摆是在旋转, 旋转的方向取决于初速度的方向, 可以顺时针方向也可以逆时针方向. 单摆的总能量越大, 波浪线离 θ 轴越远.

　　(3) $E = 1$

　　在相图上, 轨线是闭合轨线与波浪轨线的分界线. 两种轨线是交叉的, 将相图划分成不同的区域. 在方程 (24.2.1) 中令 $E = 1$ 得到分界线方程

$$\dot{\theta} = \pm 2 \cos \frac{\theta}{2} \tag{24.2.2}$$

对它积分, 取初始条件为 $t = 0$, $\theta = 0$ 还能解出角位移

$$\theta = 4 \arctan \mathrm{e}^t - \pi \tag{24.2.3}$$

将 (24.2.3) 式代入 (24.2.2) 式, 有

$$\begin{aligned}
\dot{\theta} &= \pm 2 \cos(2 \arctan \mathrm{e}^t - \pi/2) \\
&= \pm 2 \sin(2 \arctan \mathrm{e}^t) \\
&= \pm \frac{2}{\cosh t}
\end{aligned} \tag{24.2.4}$$

推导时使用了三角函数公式

$$\sin 2\alpha = \frac{2 \tan \alpha}{1 + \tan^2 \alpha}$$

画出 (24.2.4) 式的图形 (图 24.9), 它对时间的关系与孤立子 (soliton) 的波函数一样.

　　相图横坐标 θ 是以 2π 为周期的, 摆角 $\pm\pi$ 是单摆的同一个倒立位置, 把相图上 G 点与 G' 点重叠在一起时, 就把相平面卷缩成一个柱面, 所有相轨线都将呈现在柱面上, 如图 24.10 所示. 周期性的摆动被限制在分界线内, 而旋转运动则绕着圆柱不断延伸.

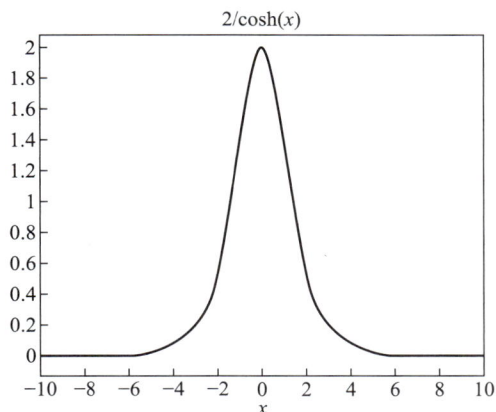

图 24.9 (24.2.4) 式对应的曲线

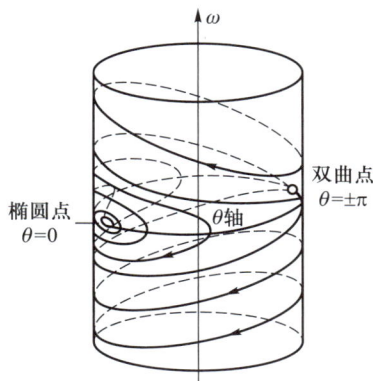

图 24.10 柱面上的相轨线

4. 有阻尼、无驱动情况

此时 $\beta \neq 0, f = 0$, 方程为

$$\frac{\mathrm{d}^2\theta}{\mathrm{d}t^2} + 2\beta\frac{\mathrm{d}\theta}{\mathrm{d}t} + \sin\theta = 0$$

有阻尼时, 由于能量被消耗, 单摆振动的振幅会逐渐变小, 其变化如图 24.11 所示; 有阻尼单摆运动的相图如图 24.12 所示. 能量耗散使相轨线径矢对数衰减, 轨线不能再保持为封闭的曲线如椭圆等. 无论从哪点出发, 经若干次旋转后趋向坐标原点, 原点称为吸引子, 它把相空间的点吸引过来.

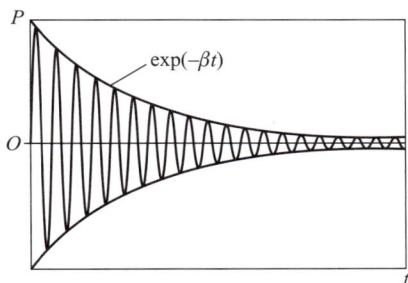

图 24.11 有阻尼、无驱动时单摆的运动

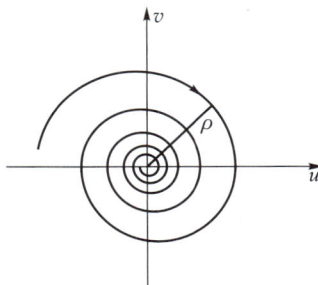

图 24.12 对应的相图

画出相应的势能曲线与相图 (图 24.13). 它表示, 如果单摆从倒立开始运动, 由于能量耗散回不到原有高度. 因此, 从点 G 出发的轨线到不了 G' 点, 分界线被破坏了. 而在原来分界线以内的所有中间区域的相点都会流向坐标原点.

5. 不动点分类

通常把与外界有能量和物质交换的、开放和远离平衡态的系统称为耗散系统, 反之则是保守系统. 所以有阻尼的单摆是一个耗散系统. 保守系统在相空间中的体积是守恒的, 它只会随时间改变形状而不会改变大小. 但耗散系统与此不同, 如果跟随相空间中一个小体积 ΔV 中所有点的演化轨迹时, ΔV 的体积会随着时间增大而缩小, 最后这些点的轨迹会聚到一个低维的空间集即所谓的吸引子. 初始条件不同, 耗散系统可以演化到不同的吸引子. 所有落到同一个吸引子上的出发点的集合称为吸引域. 保守系统由于相体积守恒而不具有吸引子的吸引域.

吸引子的维数一般要比原始相空间低, 这是由于耗散过程中, 消耗了大量小尺度的运动模式, 因而使得确定性系统长时间行为的有效自由度减少. 如果系统最终剩下一个周期运动, 则称该系统具有极限环吸引子. 二维以上的吸引子, 表现为相空间相应维数的环面. 只有耗散系统中的混沌才会产生奇异吸引子.

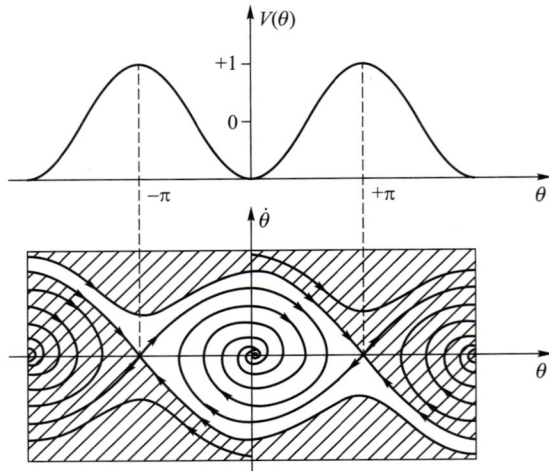

图 24.13 有阻尼、无驱动时单摆运动的势能对应的相图

如上所述, 画出相轨线可以大致了解系统的运动状况, 相图分析更重要的作用是可以分析解的稳定性以及稳定性发生变化的方式. 例如一维的运动方程

$$\ddot{x} + \gamma \dot{x} + cx = 0$$

可写成一阶的常微分方程组

$$\begin{cases} \dot{x} = y \\ \dot{y} = -\gamma \dot{x} - cx \end{cases} \tag{24.2.5}$$

两式相除得

$$\frac{\mathrm{d}y}{\mathrm{d}x} = \frac{-\gamma \dot{x} - cx}{y}$$

这是相轨线方程, 当 $\mathrm{d}y/\mathrm{d}x$ 为已知时, 可用它画相轨线. 当 $\dot{x} = 0, \dot{y} = 0$ 时, 相点的运动速度为零, 这样的点叫做不动点, 也叫做奇点, 它就是系统的平衡点. 下面研究不动点的分类及局域稳定性.

设 x_0、y_0 是方程组的一个解 (对不动点就是 $x_0 = 0, y_0 = 0$), 给它加上一个微扰 δx、δy, 再代入原方程组得

$$\begin{cases} \dfrac{\mathrm{d}}{\mathrm{d}t}(x_0 + \delta x) = y + \delta y \\ \dfrac{\mathrm{d}}{\mathrm{d}t}(y_0 + \delta y) = -\gamma(y + \delta y) - c(x_0 + \delta x) \end{cases} \tag{24.2.6}$$

写成矩阵形式

$$\frac{\mathrm{d}}{\mathrm{d}t}\begin{pmatrix} \delta x \\ \delta y \end{pmatrix} = \begin{pmatrix} 0 & 1 \\ -c & -\gamma \end{pmatrix} \begin{pmatrix} \delta x \\ \delta y \end{pmatrix} \tag{24.2.7}$$

按照雅可比矩阵 $\boldsymbol{J}$ 的定义, 对于方程组

$$\begin{cases} \dot{x}_1 = f_1(x_1, x_2) \\ \dot{x}_2 = f_2(x_1, x_2) \end{cases}$$

有

$$\boldsymbol{J} = \begin{pmatrix} \dfrac{\partial f_1}{\partial x_1} & \dfrac{\partial f_1}{\partial x_2} \\ \dfrac{\partial f_2}{\partial x_1} & \dfrac{\partial f_2}{\partial x_2} \end{pmatrix}$$

所以式 (24.2.7) 的系数矩阵就是方程组 (24.2.5) 的雅可比矩阵 $\boldsymbol{J}$, 即

$$\boldsymbol{J} = \begin{pmatrix} 0 & 1 \\ -c & -\gamma \end{pmatrix}$$

它的本征方程是

$$\begin{pmatrix} -\lambda & 1 \\ -c & -\gamma - \lambda \end{pmatrix} = 0$$

即

$$\lambda^2 + \gamma\lambda + c = 0$$

得本征值为

$$\lambda_{1,2} = \frac{-\gamma \pm \sqrt{\gamma^2 - 4c}}{2}$$

按照下式可以求出两个特征向量:

$$\begin{pmatrix} 0 & 1 \\ -c & -\gamma \end{pmatrix} \begin{pmatrix} \xi_1 \\ \xi_2 \end{pmatrix} = \lambda_{1,2} \begin{pmatrix} \xi_1 \\ \xi_2 \end{pmatrix}$$

令

$$\Lambda = \begin{pmatrix} \lambda_1 & 0 \\ 0 & \lambda_2 \end{pmatrix}$$

如果能找出两个线性无关的特征向量, 可以由它们组成变换矩阵 V, 使得

$$J = V\Lambda V^{-1}$$

引入线性变换

$$\begin{pmatrix} \delta x \\ \delta y \end{pmatrix} = V \begin{pmatrix} u_1 \\ u_2 \end{pmatrix} \tag{24.2.8}$$

将它们代入方程组 (24.2.7) 得

$$\frac{\mathrm{d}}{\mathrm{d}t} \begin{pmatrix} u_1 \\ u_2 \end{pmatrix} = \begin{pmatrix} \lambda_1 & 0 \\ 0 & \lambda_2 \end{pmatrix} \begin{pmatrix} u_1 \\ u_2 \end{pmatrix}$$

从中可解出 u_1、u_2 都是指数函数, 写成 $\exp(\lambda_1, t), \exp(\lambda_2, t)$, 再由 (24.2.4) 式知, 方程组 (24.2.3) 的解的一般形式是 u_1、u_2 的线性叠加:

$$\begin{pmatrix} \delta x \\ \delta y \end{pmatrix} = \begin{pmatrix} a_1 \exp(\lambda_1, t) + a_2 \exp(\lambda_2, t) \\ a_3 \exp(\lambda_1, t) + a_4 \exp(\lambda_2, t) \end{pmatrix}$$

指数函数的形式一般为 $\mathrm{e}^{\mu + \mathrm{i}\sigma}$, 即指数有实部与虚部, 可分以下几种情况:

如果 $\mu = 0$, 本征值是纯虚数, 运动是振荡型的;

如果 $\sigma = 0$, 本征值是实数, 运动将单调衰减或增大;

如果 $\mu \neq 0, \sigma \neq 0$ 则运动同时有增减和振荡两种.

$u = 0$ 对应的不动点叫做椭圆型不动点, 其余的叫做双曲型不动点. 按照局域的性质, 如图 24.14 所示, 不动点分类如下:

当 $\gamma^2 - 4c \geqslant 0$, λ_1、λ_2 是一对实数, 此时不动点分为:

(1) $\lambda_1 < 0, \lambda_2 < 0$, 解是随 t 单调衰减的, 轨线将流向不动点, 如图 24.14(a) 所示, 在不动点周围所有方向都是局域稳定的, 不动点为稳定结点;

(2) $\lambda_1 > 0, \lambda_2 > 0$, 解是随 t 单调增大的, 轨线从不动点流出, 如图 24.14(b) 所示, 所以, 在不动点周围所有方向都是局域不稳定的, 不动点为不稳定结点;;

(3) $\lambda_1 < 0, \lambda_2 > 0$ 或 $\lambda_1 > 0, \lambda_2 < 0$, 不动点附近有一个不稳定方向, 如图 24.14(c) 所示, 不动点为鞍点.

当 $\gamma^2 - 4c < 0$, λ_1、λ_2 是一对共轭复数, 特征值具有虚部意味着解有三角函数的部分, 这使得轨线发生旋转, 而特征值的实部 2γ 则会影响轨线运动的方向. 不动点是根据实部分类:

(1) $\gamma < 0$ 时不动点为稳定焦点, 轨线在旋转的同时也向不动点收缩, 如图 24.14(d) 所示;

(2) $\gamma > 0$ 时不动点为不稳定焦点, 轨线在旋转的同时还会从不动点向外逃逸, 如图 24.14(e) 所示;

(3) $\gamma = 0$ 时不动点为中心点, 轨线围绕不动点形成闭合曲线, 如图 24.14(f) 所示.

这些不动点在 γ-c 平面上的位置如图 24.15 所示.

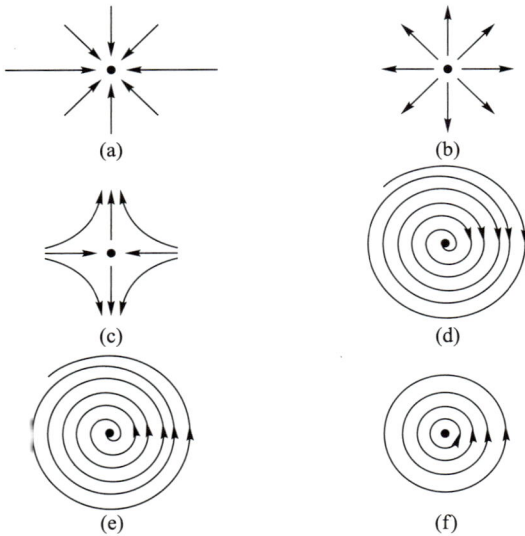

图 24.14 不动点的分类

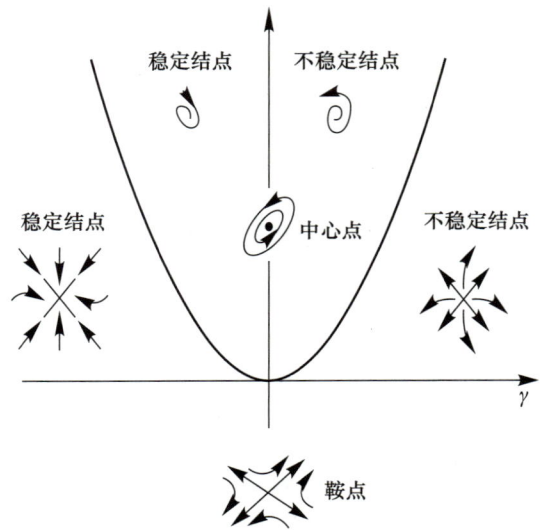

图 24.15 参数 γ-c 平面上不动点的位置

例如, 对于无阻尼、无驱动的单摆, 不动点有 3 个: $\theta = 0, -\pi, +\pi; \dot{\theta} = 0, 0, 0$, 雅可比矩阵是

$$\boldsymbol{J} = \begin{pmatrix} 0 & 1 \\ -\cos\theta & 0 \end{pmatrix}$$

它的本征方程和本征值是

$$\lambda^2 + \cos\theta = 0, \quad \lambda_{1,2} = \pm\sqrt{-\cos\theta}$$

可见, $\theta = 0, \dot{\theta} = 0$ 是中心点, 也是椭圆型不动点即相图中的 O 点. $\theta = -\pi, +\pi; \dot{\theta} = 0, 0$, 都是鞍点, 即相图中 G、G' 点, 也是双曲型不动点.

顺便介绍一下同宿轨道和异宿轨道. 鞍点的轨线可以流入也可以流出, 从一个鞍点到另一个鞍点的轨线称为异宿轨道, 如无阻尼、无驱动时相图中从 G 到 G' 的轨线. 它也是分界线 (也叫分型线), 是两种类型轨线分界. 从一个鞍点到自己本身的轨线就叫同宿轨道. 如将相图绕在圆筒上, G 和 G' 合为一点, 原来的异宿轨道就成了同宿轨道.

更一般的定义是, 同宿轨道 (homoclinic orbit) 是动力系统中当 $t \to \pm\infty$ 时趋向同一状态的一种轨道. 一般把 $t \to -\infty$ 和 $t \to +\infty$ 时的极限状态分别称为该轨道的 α 极限集和 ω 极限集. 如果 $t \to -\infty$ 和 $t \to +\infty$ 分别趋向各自不同的状态的轨道则叫做异宿轨道 (heteroclinic orbit).

对于有阻尼、无驱动的单摆, 不动点也有 3 个: $\theta = 0, -\pi, +\pi; \dot\theta = 0, 0, 0$, 雅可比矩阵是

$$J = \begin{pmatrix} 0 & 1 \\ -\cos\theta & -2\beta \end{pmatrix}$$

它的本征方程和本征值是

$$\lambda^2 + 2\beta\lambda + \cos\theta = 0, \quad \lambda_{1,2} = -\beta \pm \sqrt{\beta^2 - \cos\theta}$$

对于空气阻力有 $\beta > 0$, 若 $\beta < 1$, $\theta = 0, \dot\theta = 0$ 是稳定焦点, 若 $\beta \geqslant 1$, $\theta = 0, \dot\theta = 0$ 是稳定结点, 这时单摆是单调衰减的, 没有震荡. 而 $\theta = -\pi, +\pi; \dot\theta = 0, 0$ 还是鞍点.

下面再讨论三维的情形. 三维的自治系统 (指方程中不显含 t) 一般形式为

$$\begin{cases} \dot{x} = f_1(x, y, z) \\ \dot{y} = f_2(x, y, z) \\ \dot{z} = f_3(x, y, z) \end{cases}$$

平衡点是

$$f_1(x_0, y_0, z_0) = f_2(x_0, y_0, z_0) = f_3(x_0, y_0, z_0) = 0$$

若方程组的雅可比矩阵的三个本征值是 $\lambda_1, \lambda_2, \lambda_3$, 可仿照上面对二维自治系统的分析对它进行分类如下:

吸引子	所有本征值实部小于 0	指标为 0
鞍点	有 1 个本征值实部大于 0	指标为 1
鞍点	有 2 个本征值实部大于 0	指标为 2
排斥子	有 3 个本征值实部大于 0	指标为 3

在三维相空间中的平衡点的情况如图 24.16 所示. 图中的 I、R 分别为本征值的虚部与实部, 第一行到第四行指标依次为 0 的吸引子、1 的鞍点、2 的鞍点、3 的排斥子. 在后面讨论洛伦兹方程时会用到这里对三维情形的平衡点的分类.

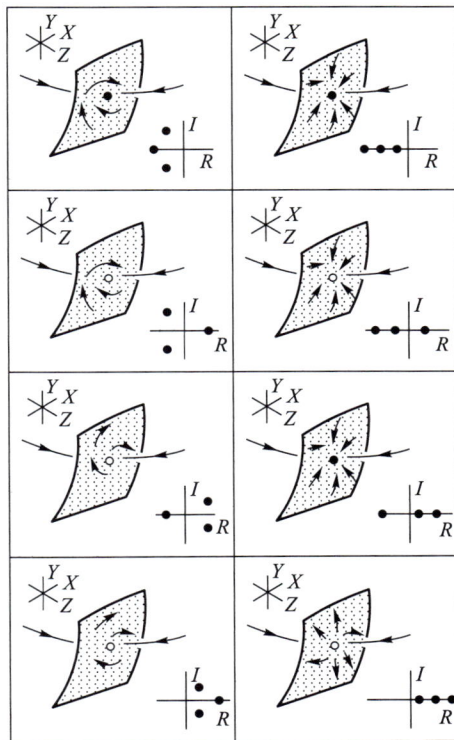

图 24.16　三维相空间中平衡点的分类

24.2.3　有阻尼、有驱动情况——耗散系的混沌

此时有 $\beta \neq 0, f \neq 0$ (下面的计算取 $\beta = 1/4, \omega = 2/3$), 方程是

$$\frac{\mathrm{d}^2\theta}{\mathrm{d}t^2} + 2\beta\frac{\mathrm{d}\theta}{\mathrm{d}t} + \sin\theta = f\cos\omega t$$

将它改写成一阶常微分方程组, 由于方程中显含 t, 所以称为非自治方程. 为了得到自治的方程组 (方程组中不显含 t), 引入 $\varphi = \omega t$, 得

$$\begin{cases} \dfrac{\mathrm{d}\theta}{\mathrm{d}t} = p \\[2mm] \dfrac{\mathrm{d}p}{\mathrm{d}t} = -2\beta\dfrac{\mathrm{d}\theta}{\mathrm{d}t} - \sin\theta + f\cos\varphi \\[2mm] \dfrac{\mathrm{d}\varphi}{\mathrm{d}t} = \omega \end{cases}$$

三个变量 θ、p、φ 组成 3 维相空间, 给定初始条件就可以通过下面的程序画出来, 如图 24.17 所示.

```
u=2/3; a=0.25; ZQ=3*pi; f=0.8;
dby=@(t,y)[y(2); -sin(y(1))-2*a*y(2)+f*cos(y(3)); u];
[T, Y]=ode45(dby, [0:ZQ/100:10*ZQ], [-0.8,2,u]);
plot3(Y(:,1),Y(:,2),Y(:,3)), view(-95,60)
```

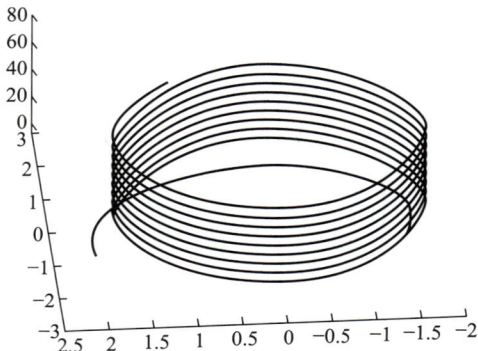

图 24.17   三维相图

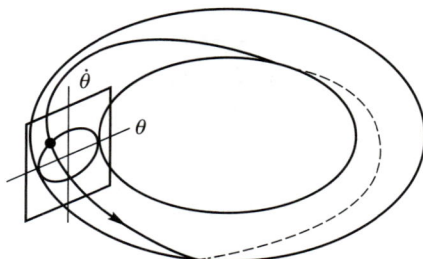

图 24.18   轮胎面上的相轨线

相角 φ 有周期性, 把 $2n\pi$ 和 $2(n+1)\pi$ 平面连接起来, 相空间形成一个轮胎面. 原来的圆形轨线成了在轮胎面上的环绕线 (图 24.18).

在轮胎面上作截面 (**庞加莱截面**), 轨线穿过它会留下一个点, 它对应 φ 取某个常相位值时, 在 θ、$\dot{\theta}$ 平面上的相点. 庞加莱截面对于观察多维相空间的轨线很有帮助. 下面利用它研究有阻尼、有驱动的单摆的运动.

1. 极限环吸引子

当驱动力较小时, 如 $f = 0.8$, 从不同的初始条件出发, 经过长时间运动最终都落到同一个椭圆上, 称为极限环.

图 24.19(a) 的初始条件是 $\theta = -2, \mathrm{d}\theta/\mathrm{d}t = 2$, 轨线由外向内旋转到极限环.

图 24.19(b) 的初始条件是 $\theta = -0.1, \mathrm{d}\theta/\mathrm{d}t = 0.2$, 轨线由内向外旋转到极限环.

图 24.19(c)(d) 是对应的庞加莱截面图.

2. 对称性破缺

当 $f = 1.03$, 从不同的初条件出发, 得到不同的蛋形的吸引子, 它们左右反射对称, 原来的左右对称性被破坏, 如图 24.20 所示.

图 24.20(a) 的初始条件是 $\theta = -0.1, \mathrm{d}\theta/\mathrm{d}t = 2$, 在庞加莱截面 [图 24.20(c)] 仍然是一个点.

图 24.20(b) 的初始条件是 $\theta = -0.8, \mathrm{d}\theta/\mathrm{d}t = 2$, 在庞加莱截面 [图 24.20(d)] 仍然是一个点.

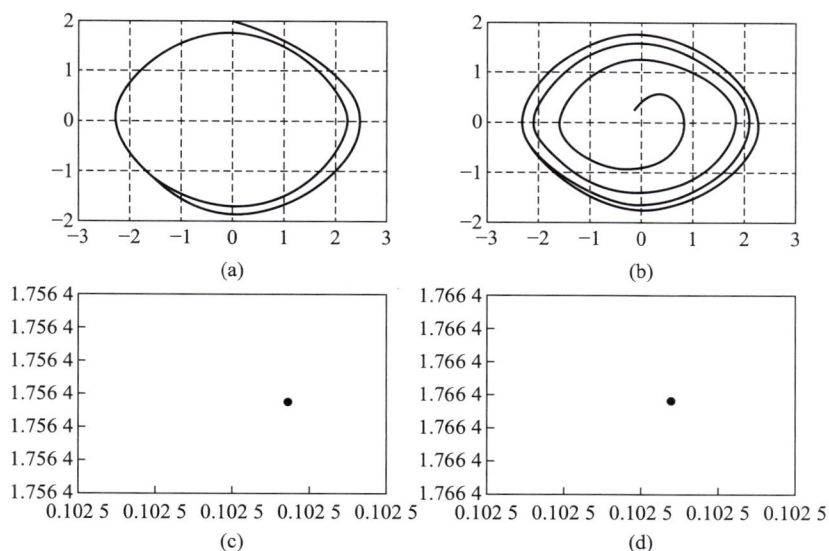

图 24.19 极限环吸引子

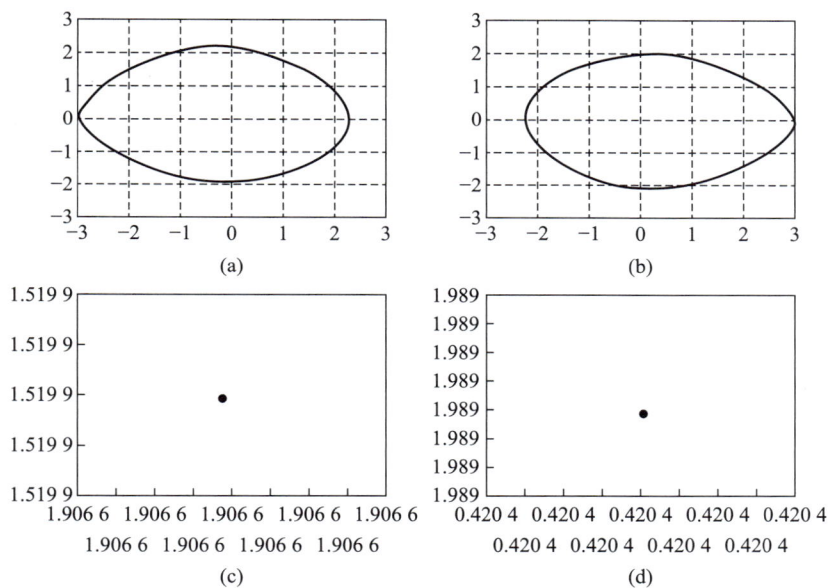

图 24.20 对称性破缺

3. 倍周期分岔与混沌

继续增加驱动力 f, 单摆的周期运动 [图 24.21(a)] 发生了分岔, 出现了周期 2 [图 24.21(b)], 周期 4 [图 24.21(c)] 的运动, 最后趋于混沌 [图 24.21(d)]. 计算中取 $\theta = -0.8, \mathrm{d}\theta/\mathrm{d}t = 2$. 周期 1 取 $f = 1.058\,4$, 周期 2 分岔的 $f = 1.072\,6$, 周期 4 分岔的 $f = 1.088\,29$, 出现混沌取 $f = 1.095$.

图 24.22(a) 是相位对于 f 画图, 图 24.22(b) 是速度对于 f 画图. 这两个图形都出现了通过倍周期分岔走向混沌的现象.

下面是相应的作图程序:

```
u=2/3; a=0.5; ZQ=3*pi; f=1.0584;
dby=@(t,y)[y(2); -sin(y(1))-a*y(2)+f*cos(u*t)];
[T, Y]=ode45(dby,[0:ZQ/100:30*ZQ],[-0.8,2]);
```

```
subplot(2,1,1), plot(Y(2500:end,1),Y(2500:end,2))
subplot(2,1,2), xx=[];  yy=[];
for j=2500:100:3000,  xx=[xx,Y(j,1)]; yy=[yy,Y(j,2)]; end
plot(xx,yy,'.r')
```

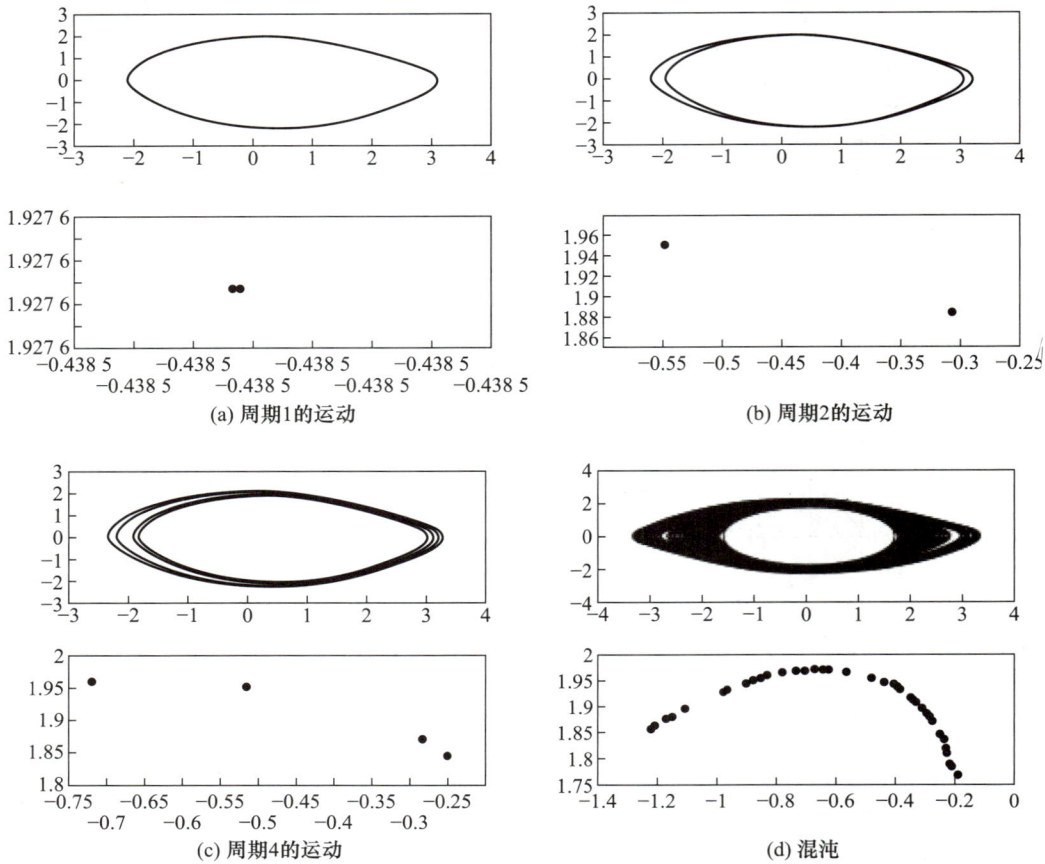

(a) 周期1的运动

(b) 周期2的运动

(c) 周期4的运动

(d) 混沌

图 24.21

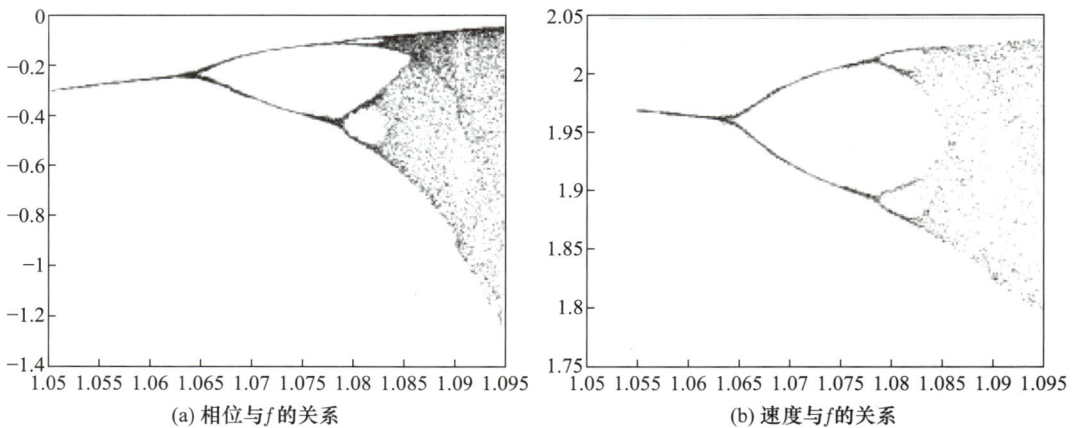

(a) 相位与 f 的关系

(b) 速度与 f 的关系

图 24.22

下面程序画出了周期分岔的相图：

```
u=2/3;  a=0.5;  ZQ=3*pi;  ff=1.05:0.00005:1.095;  FF=[];  YY=[];
for k=1:length(ff),   f=ff(k);
    dby=@(t,y)[y(2);  -sin(y(1))- a*y(2)+f*cos(u*t)];
    [~, Y]=ode23(dby,0:ZQ/100:30*ZQ,[-0.8,2]);
    FF=[FF,f];   YY=[YY;Y(2501:100:end,2)'];
end
plot(FF,YY,'r.','markersize',1)
```

§24.3 倒摆与达芬方程

24.3.1 倒摆的运动方程

图 24.23 是倒摆受迫振动的实验装置图. 倒摆是一个倒立的摆, 其摆锤质量为 m, 轻质杆长为 l, 倒摆的底座以微小的幅度绕其中心作简谐运动 $\varphi = A\cos \Omega t$ (A、Ω 为已知常数), φ 角表示底座的垂线对竖直线的偏离, θ 表示杆对底座的垂线的偏离.

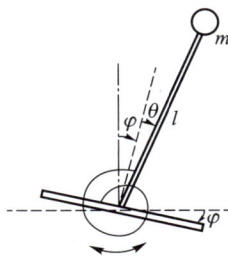

图 24.23　倒摆的运动模型

实际的实验如视频文件所示, 其中展示了三种运动, 分别是周期一运动、周期二运动和混沌运动.

假设 $\varphi \ll \theta$, 所以 θ 可近似表示杆对竖直线的偏离; 弹簧产生力矩为 $-c\theta$ (c 为常量); 空气阻力为 $-\beta l\left(\dfrac{\mathrm{d}\theta}{\mathrm{d}t} + \dfrac{\mathrm{d}\varphi}{\mathrm{d}t}\right) \approx -\beta l\dfrac{\mathrm{d}\theta}{\mathrm{d}t}$ (β 为阻尼系数). 改变运动阻尼, 可以演示运动状态从周期解通过周期分岔到混沌的变化, 同时进一步熟悉同宿轨道、周期解和混沌解等概念.

倒摆实验

先导出倒摆强迫振动的运动微分方程: 重力产生力矩为

$$mgl\sin(\theta+\varphi) \approx mgl\left(\theta - \frac{\theta^3}{6}\right) \tag{24.3.1}$$

根据质点的角动量定理, 倒摆的运动微分方程为

$$ml^2\left(\frac{\mathrm{d}^2\theta}{\mathrm{d}t^2} + \frac{\mathrm{d}^2\varphi}{\mathrm{d}t^2}\right) = -c\theta + mgl\sin(\theta+\varphi) - \beta l^2\left(\frac{\mathrm{d}\theta}{\mathrm{d}t} + \frac{\mathrm{d}\varphi}{\mathrm{d}t}\right) \tag{24.3.2}$$

由于 $\dfrac{\mathrm{d}\varphi}{\mathrm{d}t} \ll \dfrac{\mathrm{d}\theta}{\mathrm{d}t}$, $\dfrac{\mathrm{d}^2\varphi}{\mathrm{d}t^2} \ll \dfrac{\mathrm{d}^2\theta}{\mathrm{d}t^2}$, 所以上式可合理近似为

$$ml^2\frac{\mathrm{d}^2\theta}{\mathrm{d}t^2} + \beta l^2\frac{\mathrm{d}\theta}{\mathrm{d}t} + (c - mgl)\theta + \frac{1}{6}mgl\theta^3 = ml^2\Omega^2 A\cos \Omega t \tag{24.3.3}$$

我们仅在 $c < mgl$ 条件下进行研究.

为了对方程进行无量纲化, 将方程 (24.3.3) 进行简化, 并用大写的 T 表示时间, 于是得到

$$\frac{\mathrm{d}^2\theta}{\mathrm{d}T^2} + \frac{\beta}{m}\frac{\mathrm{d}\theta}{\mathrm{d}T} - \frac{mgl-c}{ml^2}\theta + \frac{g}{6l}\theta^3 = A\Omega^2\cos \Omega T \tag{24.3.4}$$

设

$$\Omega_0^2 = \frac{mgl-c}{ml^2}$$

Ω_0 具有角频率的量纲. 它的倒数给出问题中的一个时间尺度 T_0. 其次, 在无驱动力时系统具有 3 个平衡位置: $\theta = 0$ 为不稳定的平衡位置; 还有两个稳定平衡位置

$$\theta_0 = \pm\sqrt{6 - \frac{6c}{mgl}}$$

θ_0 的数值给出问题中角度的一个尺度 (在一个问题中时间的参考尺度, 空间的参考尺度往往不止一个). 现取 θ_0 作为角度的量度单位, 取 $T_0(= 1/\Omega_0)$ 作为时间的量度单位, 则量纲为 1 的角度变量、量纲为 1 的时间变量分别为

$$x = \frac{\theta}{\theta_0}, \quad t = \frac{T}{T_0}$$

对 (24.3.4) 式进行变量变换, 得

$$\frac{\mathrm{d}^2 x}{\mathrm{d}t^2} + \frac{\beta}{m\Omega_0}\frac{\mathrm{d}x}{\mathrm{d}t} - x + x^3 = \frac{A}{\theta_0}\left(\frac{\Omega}{\Omega_0}\right)^2 \cos\frac{\Omega}{\Omega_0}t$$

现分别引入量纲为 1 的阻尼系数、量纲为 1 的角频率和量纲为 1 的驱动力的振幅

$$\delta = \frac{\beta}{m\Omega_0}, \quad \omega = \frac{\Omega}{\Omega_0}, \quad f = \frac{A}{\theta_0}\left(\frac{\Omega}{\Omega_0}\right)^2$$

于是可得无量纲方程

$$\frac{\mathrm{d}^2 x}{\mathrm{d}t^2} + \delta\frac{\mathrm{d}x}{\mathrm{d}t} - x + x^3 = f\cos\ \omega t \qquad (24.3.5)$$

这就是著名的达芬 (Duffing) 方程.

设 $x = y_1$, $\mathrm{d}x/\mathrm{d}t = y_2$, 则方程 (24.3.5) 化为两个一阶方程

$$\left.\begin{array}{l} \dfrac{\mathrm{d}y_1}{\mathrm{d}t} = y_2 \\[2mm] \dfrac{\mathrm{d}y_2}{\mathrm{d}t} = -\delta y_2 + y_1 - y_1^3 + f\cos\ \omega t \end{array}\right\}$$

进行数值计算时可选取参数 $\delta = 0.26$, $f = 2$, $\omega = 2$.

24.3.2 倒摆的混沌运动

下面用波形图、相图、傅里叶频谱图和庞加莱截面图 (map 图) 研究系统的运动, 可以看出, 不同的方法得出的结论是统一的、相互印证的. 而动画模拟则能直观地给出一个图像.

1. 无阻尼、无驱动情形

这时方程成为 $\dfrac{\mathrm{d}^2 x}{\mathrm{d}t^2} - x + x^3 = 0$, 积分得

$$\frac{1}{2}\left(\frac{\mathrm{d}x}{\mathrm{d}t}\right)^2 + \frac{1}{2}\left(\frac{1}{2}x^4 - x^2\right) = E$$

所以势能是

$$V = \frac{1}{2}\left(\frac{1}{2}x^4 - x^2\right)$$

平衡点有: $x = 0$ (不稳定平衡点), $x = \pm 1$ (是稳定平衡点).

奇点有: 鞍点 (0,0); 中心型奇点 (1,0) 和 (-1,0).

在图 24.24 中, 根据能量分成三种运动.

(1) $-0.25 < E < 0$, 绕 $x = \pm 1$ 两个闭轨道, 代表在稳定平衡位置附近的周期振动. (图中 $E = -0.1, -0.2$).

(2) $E = 0$, 对应 ∞ 型轨道, 是同宿轨道, 同宿点 $(0,0)$.

(3) $E > 0$, 绕 $x = 0, \pm 1$ 三个平衡位置的闭轨道, 也是周期运动. 图中 $E = 0.2$.

画图指令与画出图形如下 (图 24.25):

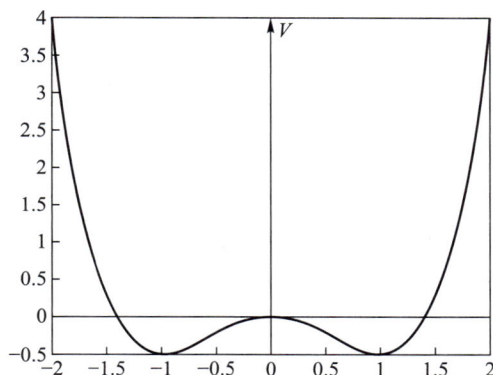

图 24.24 无阻尼、无驱动倒摆的势能曲线

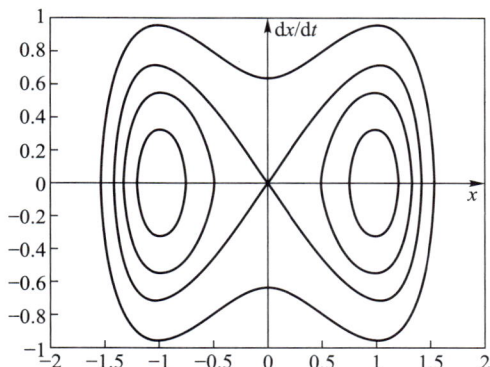

图 24.25 无阻尼、无驱动时的运动相图

```
>>  ezplot('y^2+x^4/2-x^2',[-1.6,1.6])
>>  hold on
>>  ezplot('y^2+x^4/2-x^2+0.2')
>>  ezplot('y^2+x^4/2-x^2+0.4')
>>  ezplot('y^2+x^4/2-x^2-0.4')
```

2. 有阻尼、无驱动情形

这时的方程化为

$$\frac{\mathrm{d}^2 x}{\mathrm{d}t^2} + k\frac{\mathrm{d}x}{\mathrm{d}t} - x + x^3 = 0$$

奇点: 原点是鞍点, 坐标 $x = \pm 1$ 处是两不动点, 是吸引子. 整个相平面被分隔成两个区域, 不同区的相点分别流向这两个不动点, 如图 24.26 所示.

3. 有阻尼、有驱动情形

这时的方程化为

$$\frac{\mathrm{d}^2 x}{\mathrm{d}t^2} + k\frac{\mathrm{d}x}{\mathrm{d}t} - x + x^3 = f\cos\omega t$$

阻尼消耗能量, 外部驱动补充能量, 系统的运动状态解有周期解或混沌解. 为了掌握运动的整体情况, 先画系统的终态解随阻尼系数 k 变化的分岔图如图 24.27. 参数取值为 $0.5 \leqslant k \leqslant 1.5, f = 1, \omega = 1$.

程序如下:

```
d0=0.5:0.002:1.5; r=1; w=1; axis([0.5 1.5  -1.5 1.5]), hold on
for j=1:length(d0), d=d0(j);
    dbfun=@(t,y)[y(2); -y(1)^3+y(1)-d*y(2)+r*cos(w*t)];
    [~,u]=ode45(dbfun, 0:2*pi/60:60*pi, [0.1,0.1]);
    plot(d,u(901:60:1800,2),'r.');
end
```

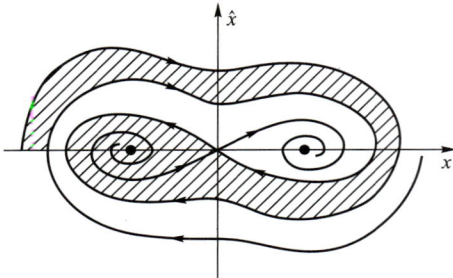

图 24.26   有阻尼、无驱动时的相图

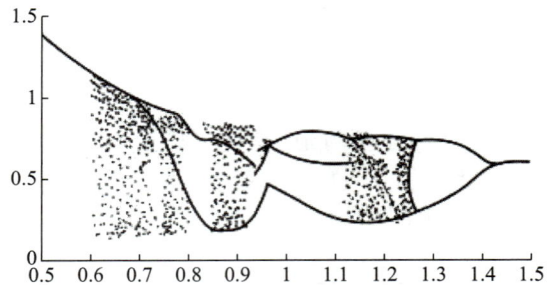

图 24.27   倒摆运动的分岔图

(1) 周期 1 的情形

图 24.28 画出角位移图、相图、庞加莱截面、傅里叶频谱图, 还有动画模拟图. 在图上, 周期 1 吸引子是一个点, 在频谱图是一个频率. $k=1.5$.

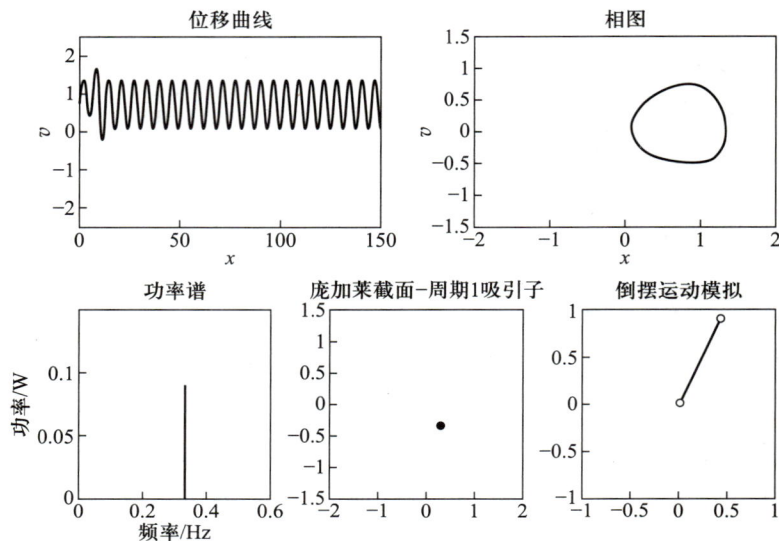

图 24.28   周期 1 的运动

(2) 周期 2 的情形

在图 24.29 中, 周期 2 吸引子是两个点, 在频谱图是两个频率. $k=1.35$.

(3) 混沌解

在图 24.30 上的奇怪吸引子, 它的频谱是连续的. $k=1.15$.

混沌状态下运动对初值十分敏感, 图 24.31 是 v_0 相差 0.001 时形成的两条分开的曲线.

程序如下:

```
x0=0.1;v0=0.1; d=0.78; r=1; w=1;                    %当v0有微小变化,解的变化情况
dbfun=@(t,y)[y(2); -y(1)^3+y(1)-d*y(2)+r*cos(w*t)];
[t,u]=ode45(dbfun,0:0.01:100,[x0,v0]);
[t1,u1]=ode45(dbfun,0:0.01:100,[x0,v0-0.001]);
figure, plot(t,u(:,1),'r',t1,u1(:,1),'g')
xlabel('时间'); ylabel('摆角');
title('混沌状态下初条件有微小差异会形成两条曲线');
```

```
d0=[1.5,1.35,1.15];
str{1}='%庞加莱截面—周期1吸引子';                          %d=1.5
str{2}='%庞加莱截面—周期2吸引子';                          %d=1.35
str{3}='%庞加莱截面—奇怪吸引子';                          %d=1.15
for j=1:3, d=d0(j);
    dbfun=@(t,y)[y(2); -y(1)^3+y(1)-d*y(2)+r*cos(w*t)];
    [t,u]=ode45(dbfun,0:2*pi/300:200*pi,[x0,v0]);
    figure
    subplot(2,2,1), xlabel('x');ylabel('t');                   %位移曲线
      plot(t,u(:,1)), title('位移曲线'); axis([0,150,-2.5,2.5]);
    subplot(2,2,2), title('相图'); xlabel('x'); ylabel('v');      %相图
      plot(u(20000:end,1),u(20000:end,2)), axis([-2 2 -1.5 1.5])
    subplot(2,3,4),title('功率谱');
      Y=fft(u(:,1)); Y(1)=[]; n=length(Y); m=fix(n/2);           %傅里叶分析
      power=abs(Y(1:m)).^2/n^2; freq=100*(1:n/2)./n;             %功率与频率
      plot(freq,power), axis([0 0.6 0 0.15])
      xlabel('频率/Hz'); ylabel('功率/w');
    subplot(2,3,5), axis([-2 2 -1.5 1.5]), title(str{j});         %庞加莱截面
      plot(u(2000:300:30000,1),u(2000:300:30000,2),'r.');
    subplot(2,3,6), axis([-1 1 -1 1]),title('倒摆运动模拟');hold on
      h=plot([0,sin(x0)],[0,cos(x0)],'o-');                      %运动模拟图
      for i=25000:30000
          set(h,'xData',[0,sin(u(i,1))],'yData',[0,cos(u(i,1))]); drawnow
      end
end
```

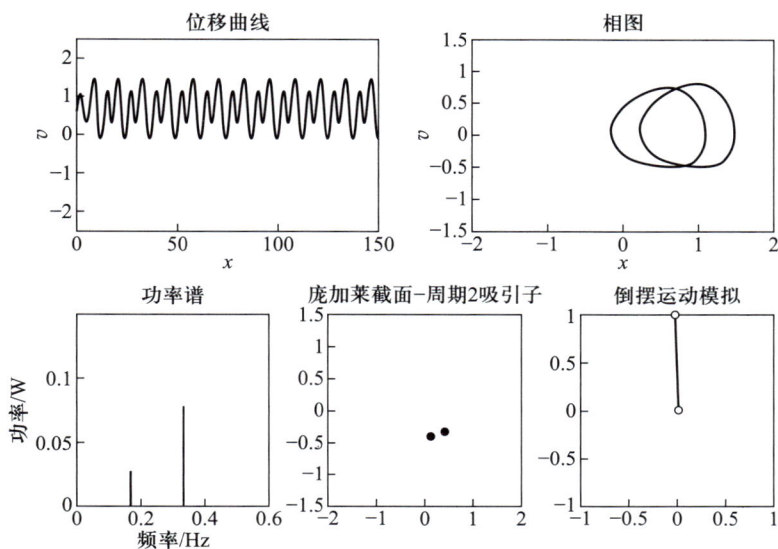

图 24.29　周期 2 的运动

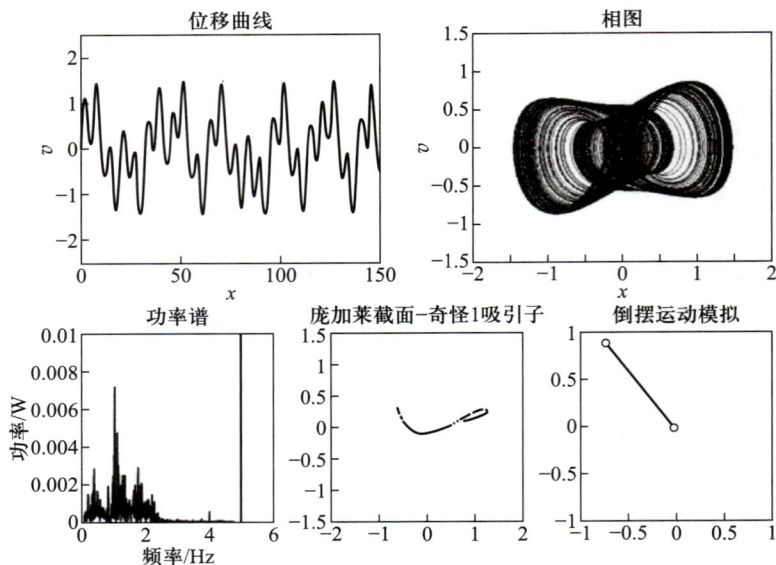

图 24.30 混沌运动

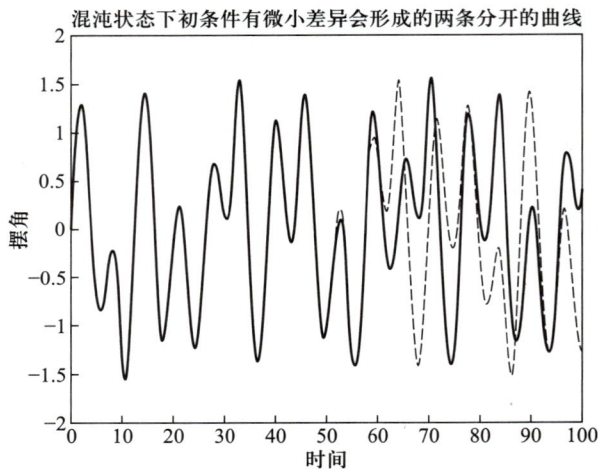

图 24.31 混沌运动对初值的敏感性

§24.4 自激振动——范德波尔方程

24.4.1 运动方程

下面研究范德波尔 (van der Pol) 方程

$$\frac{\mathrm{d}^2 x}{\mathrm{d}t^2} - \mu\left(x_0^2 - x^2\right)\frac{\mathrm{d}x}{\mathrm{d}t} + \omega_0^2 x = 0 \tag{24.4.1}$$

它所描述的是非线性有阻尼的自激振动系统, 其中 μ 是一个小的正的参量, x_0 是常数.

在范德波尔方程中, 增加外驱动力 $V\cos \omega t$ 项所得到的方程

$$\frac{\mathrm{d}^2 x}{\mathrm{d}t^2} - \mu\left(x_0^2 - x^2\right)\frac{\mathrm{d}x}{\mathrm{d}t} + \omega_0^2 x + V\cos \omega t = 0 \tag{24.4.2}$$

称受迫范德波尔方程, 其中外驱动力的振幅、角频率分别是 V 和 ω.

自激系统是一个非线性、有阻尼的振动系统, 在运动过程中伴随有能量损耗. 但系统存在一种机制, 使能量能够由非振动的能源通过系统本身的反馈调节, 及时适量地得到补充, 从而产生一个稳定的、不衰减的周期运动, 这样的振动称为自激振动. 受迫范德波尔方程的特点是非线性体现在速度项上 (一阶项), 而达芬方程的非线性体现在恢复力上 (零阶项), 它们都能产生非线性振荡.

对范德波尔方程, 可从机械振动角度理解, $-\mu\left(x_0^2 - x^2\right)$ 是阻尼系数, 它是变化的. 如果 $|x| > |x_0|$, 则阻尼系数为正, 系统将消耗能量; 但如果 $|x| < |x_0|$, 则发生负阻尼, 意味着不仅不消耗系统的能量, 反而给系统提供能量. 此系统能通过自动的反馈调节, 使得在一个振动过程中, 补充的能量正好等于消耗的能量, 从而系统作稳定的周期振动.

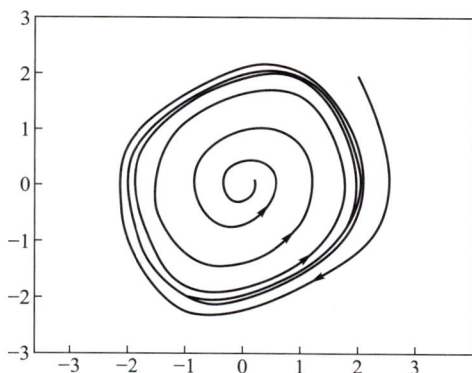

图 24.32   自激振动相图中的极限环

取方程中的 $x_0^2 = 1, \omega_0^2 = 1, \mu = 0.3$(这些值可适当调整). 给出任一初始条件, 通过计算机数值求解可以证明它的相轨道都将趋向于一条闭合曲线 (称为极限环),

极限环以外的相轨道向里盘旋, 而极限环以内的相轨道则向外盘旋, 都趋向极限环 (如图 24.32 所示), 说明不论初始情况如何, 系统最终都到达以极限环描述的周期性运动. 由于这段程序较简单, 我们没有专门编写. 事实上, 只要将下面编写的关于受迫范德波尔方程的程序中令 $V = 0$, $\mu = 0.3$ 再取不同的初始条件, 就能看到这个现象.

24.4.2   范德波尔方程通向混沌的道路

下面研究受迫范德波尔方程的行为. 我们同时采用时间历程图、相图和庞加莱映像图来研究系统在不同参数条件下的动力学行为, 可以看到存在不同的吸引子, 即周期 1 吸引子、周期 2 吸引子、不变环面吸引子和奇怪吸引子.

设 $y_1 = x$, $y_2 = \mathrm{d}x/\mathrm{d}t$, 则 (24.4.2) 式可化为

$$\begin{cases} \dfrac{\mathrm{d}y_1}{\mathrm{d}t} = y_2 \\[2mm] \dfrac{\mathrm{d}y_2}{\mathrm{d}t} = \mu\left(x_0^2 - y_1^2\right) y_2 - \omega_0^2 y_1 - V \cos \omega t \end{cases} \tag{24.4.3}$$

取 $x_0^2 = 1$, $\omega_0^2 = 1$, 作数值计算研究并画出位移图、相图、频谱图及庞加莱截面图.

(1) 在 $\mu = 0.85$, $V = 1$, $\omega = 0.44$ 条件下, 存在周期 1 吸引子, 它的周期等于外激励的周期, 代表主谐波运动. 虽然频谱图上显示有多个频率, 但庞加莱图表明, 轨线只是按主谐波运动. 为了能显示更多的频率, 没有画出振幅的最大值, 如图 24.33 所示.

为了对比, 画出驱动频率的位移图及频谱分析图 (图 24.34), 请注意计算中的 W 是圆频率, 而快速傅里叶变换分析所得的是频率, 它的值是 $w/2\pi$, 计算使用的是 $w = 0.44$, 所以在频谱图显示的是 0.07.

(2) 在 $\mu = 1.02$, $V = 1$, $\omega = 0.44$ 条件下, 存在周期 2 吸引子, 它的周期等于外激励的整数倍, 代表次谐波运动. 如图 24.35 所示.

(3) 在 $\mu = 0.66$, $V = 1$, $\omega = 0.44$ 条件下, 存在不变环面吸引子, 它代表拟周期运动. 此时输出的波形类似于一种调幅波, 系统有如处于 "差拍" 状态, 频谱分析表明, 准周期状态可以分解为一系列周期解, 在频谱分布上有一定规律, 如图 24.36 所示.

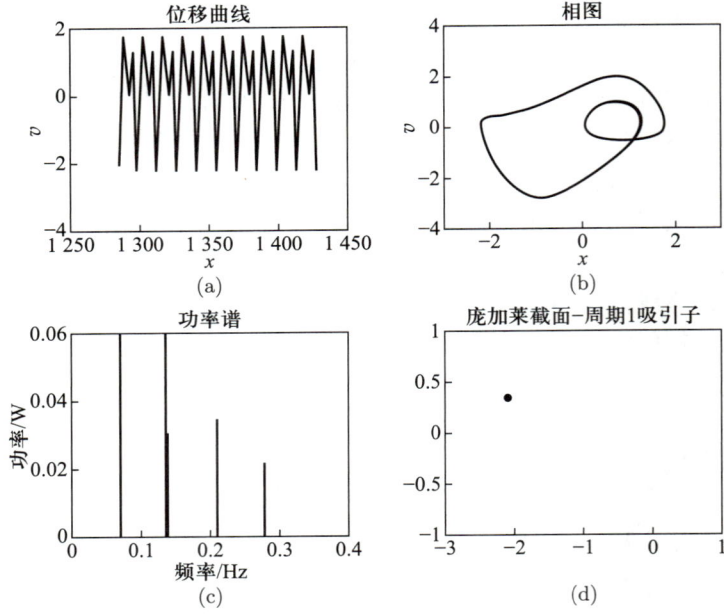

图 24.33　受迫范德波尔方程的振动的周期 1 吸引子

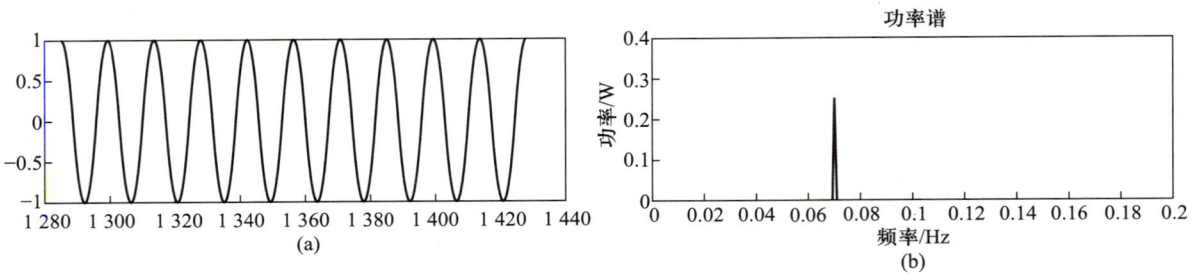

图 24.34　驱动频率的位移图及频谱分析图

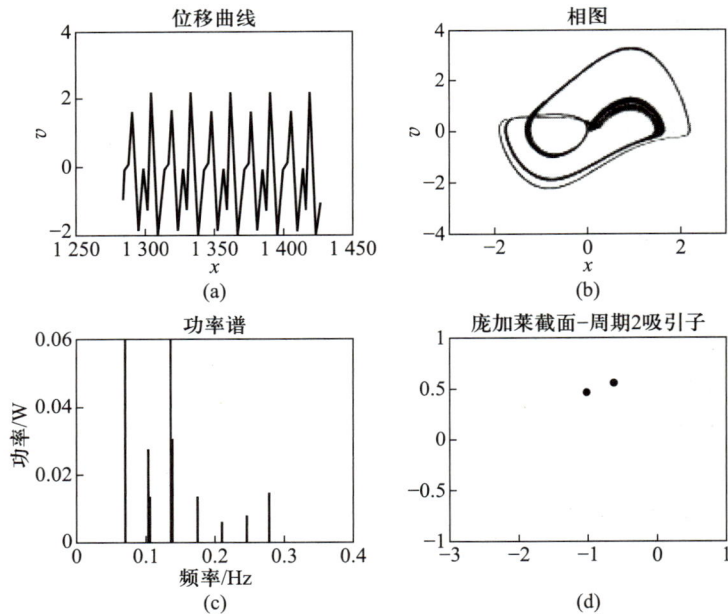

图 24.35　受迫范德波尔方程的振动的周期 2 吸引子

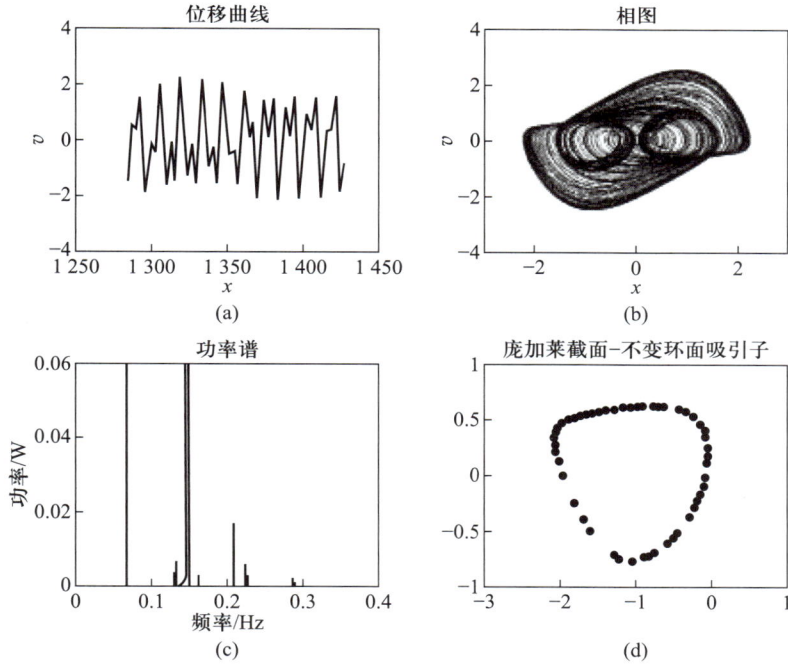

图 24.36 受迫范德波尔方程的振动的不变环面吸引子

(4) 在 $\mu = 1.08$, $V = 1$, $\omega = 0.44$ 条件下, 存在奇怪吸引子, 代表混沌运动. 如图 24.37 所示.

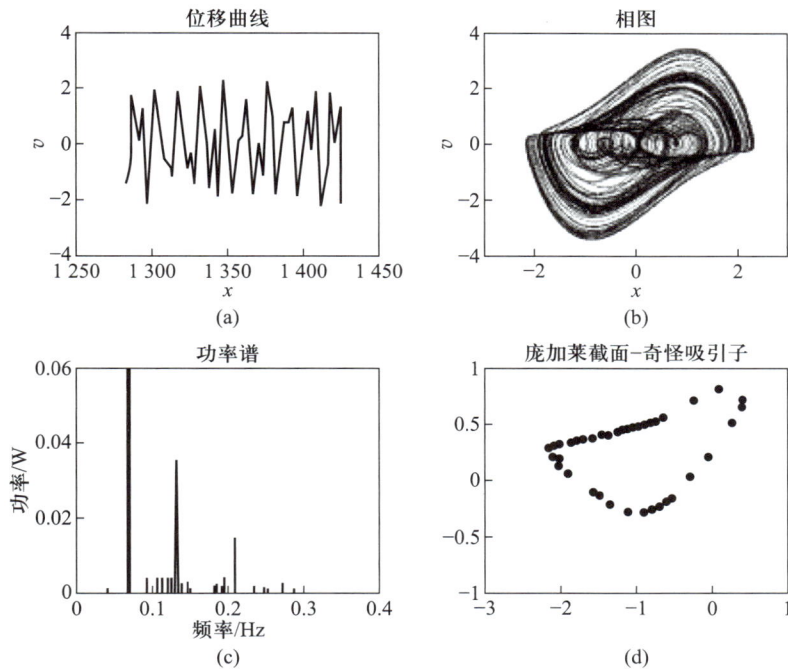

图 24.37 受迫范德波尔方程的振动的奇怪吸引子

(5) 保持 V 和 ω 为定值, 逐渐增大 μ, 将显示系统状态演化过程全貌的图, 如图 24.37 所示. 而前四种情况中, 看到的只是 μ 取 4 个值的片段情况. 图形显示, 当 μ 由 0.9 连续变化到 1.2 时, 系统运动状态逐渐由周期 1 过渡到周期 2(发生了周期倍分岔) 再过渡到混沌状态.

在程序中，这几种过程的计算是相同的，所以用 for 循环来完成前面四种计算，这就是程序 zjzd.m. 计算中在每个外激励周期内计算 1000 个相点，为了作出庞加莱映像，每隔 1000 个点保留一个点数据，所以程序运行的时间较长. 对第五种情况，由于计算量大，将它另外编写一个程序，这就是程序 zjzd1.m. 计算中在每个周期内计算 100 个相点，庞加莱映像是每隔 100 个点保留一个点数据，得到图 24.38.

将相图与庞加莱映像同时显示可以更清楚地看到两者的对应关系，在数值模拟中还发现，有两种不同的映像结构，它们对应的相图变化是不同的，程序如下：

图 24.38　μ 值连续变化所产生的受迫范德波尔方程的庞加莱映像

VPD方程的
分叉图与相图

```
u=[0.85, 1.03, 0.6, 1.0732]; w=0.44; T=2*pi/w; v=1; x0=1; w0=1;
str{1}='庞加莱截面—周期1吸引子';
str{2}='庞加莱截面—周期2吸引子';
str{3}='庞加莱截面—不变环面吸引子';
str{4}='庞加莱截面—奇怪吸引子';

for j=1:4
    figure, uu=u(j);
    vdpfun=@(t,y)[y(2); uu*(x0^2-y(1)^2)*y(2)-y(1)*w0^2-v*cos(w*t)];
    [t,y]=ode45(vdpfun,0:T/1000:100*T,[4,4]);
    subplot(2,2,1), plot(t(90000:end),y(90000:end,1));
        title('位移曲线'); xlabel('x');ylabel('v');
    subplot(2,2,2), plot(y(3000:end,1),y(3000:end,2));
        axis([-3 3 -4 4]), xlabel('x');ylabel('v'); title('相图');
    subplot(2,2,3),
        Y=fft(y(:,1)); Y(1)=[]; n=length(Y); m=fix(n/2);    %傅里叶分析
        power=abs(Y(1:m)).^2/n^2;                            %功率
        dt=t(2)-t(1); freq=1/dt*(1:n/2)./n;                 %正确计算频率
        plot(freq,power), title('功率谱');
        axis([0 0.4 0 0.06]),xlabel('频率/Hz'); ylabel('功率/w');
    subplot(2,2,4), axis([-3 1 -1 1]), title(str{j}); hold on
        for i=5000:1000:100000, plot(y(i,1),y(i,2),'r.'); end
end
```

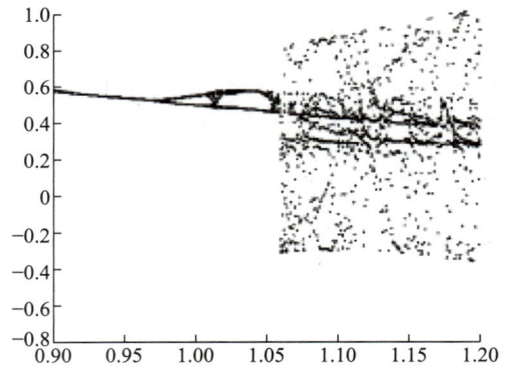

24.4.3　吸引子类型及其频谱

在范德波尔方程的研究中，出现了一种新的吸引子，拟周期吸引子. 在此对吸引子作些更详细的介绍.

前面说过，耗散系统存在吸引子，所谓吸引子是时间 $t \to \infty$ 时状态的归宿. 吸引子可分为两大类，一类是规则吸引子，它通常具有规则的几何形状，吸引子上的时间演化是规则的，如定常吸引子、周期

吸引子 (极限环)、拟周期吸引子 (二维或三维环面) 等; 另一类是不规则的吸引子, 如奇怪吸引子, 其几何特点是形状不规则, 具有分维结构. 奇怪吸引子往往对应着混沌运动. 简单介绍如下:

(1) 定常吸引子

具有这种吸引子的系统在相空间中其轨线趋于一个固定点, 不管系统从什么初始状态出发, 其长期演化的归宿是恒定不变的, 总是停在相空间中的一个固定点上. 如二维空间中稳定的结点和焦点, 这是最简单的一类吸引子. 它的功率谱上只有一个主要频率 (基频), 如单摆的有阻尼、无驱动的运动.

(2) 周期吸引子

是二维或三维相空间中的闭环, 或称极限环, 它描述的是稳定振荡, 例如: 钟摆的周期运动, 倒摆的周期 2、周期 4 等周期分岔的运动. 它是刻画周期行为的吸引子. 这种系统从某一初始状态出发, 经过一个短暂的过程后直接进入周期运动, 一旦系统进入周期运动, 在相空间中, 其轨道就固定在闭环上, 系统作周期运动, 其相空间的轨线就沿闭环周而复始, 永远循环. 它的功率谱是分立的, 它除了包含有基频 f_0 之外, 还含有高次谐波的频率 $2f_0, 3f_0, 4f_0, \cdots$ 及其分波的频率 $f_0/2, f_0/3, f_0/4, \cdots$, 如范德波尔方程中周期 1、周期 2 的振荡运动. 通常振幅较大的频率会表现得更明显一些.

(3) 环面吸引子, 或称拟周期吸引子

它描述复合振荡的拟周期行为, 它的轨道在三维相空间中的一个环面 (像轮胎面) 上绕行而且永不重复、永不相交. 如自激振动的范德波尔方程中, 存在着驱动频率 ω 与系统运动频率 $\dot{x}$. 将方程组 (24.4.3) 写成自治方程组形式:

$$\begin{cases} \dfrac{\mathrm{d}y_1}{\mathrm{d}t} = y_2 \\[2mm] \dfrac{\mathrm{d}y_2}{\mathrm{d}t} = \mu\left(x_0^2 - y_1^2\right)y_2 - \omega_0^2 y_1 - V\cos\,y_3 \\[2mm] \dfrac{\mathrm{d}y_3}{\mathrm{d}t} = \omega \end{cases} \qquad (24.4.4)$$

得到以 y_1, y_2, y_3 构成的三维相空间, 像分析单摆运动一样, 把具有周期性的 y_3 弯曲并将 $2n\pi$ 与 $2(n+1)\pi$ 面重合, 就形成二维轮胎面, 轨线将同时以 ω 与 y_2 (对应 $\dot{x}$) 两种频率在其上作环绕运动, ω 表示轨线绕垂直于轮胎面的中心轴的旋转频率, y_2 表示轨线在轮胎面上环绕的旋转频率, 二者之比 y_2/ω 称为旋转数或绕数.

若绕数为有理数 n/m, 则表明: ω 经过 n 次旋转而 $\dot{x}$ 经过 m 次旋转轨线将重合, 因此形成闭环. 庞加莱截面是以 y_3 为固定值截取的, 显示的则是 y_2 的旋转次数即 $\dot{x}$ 的频率, 这就是周期吸引子的情况.

若绕数为无理数, 即两种频率不可公度, 那么, 无论沿环面横绕 (沿轮胎面) 或竖绕 (绕中心轴) 多少圈, 轨线也不会闭合. 轨线将稠密地分布在环面上, 永远不重复已走的路. 这是一种非周期运动, 但又是由两个周期运动合成的, 所以叫做拟周期 (或准周期) 运动.

拟周期吸引子的频谱也是分立的, 它包含有各种频率, 但与周期吸引子的频谱不同之处在于, 这些频率之比是无理数. 如果系统的绕数 f_1/f_2 是无理数, 则系统的运动中除了有这两个频率之外, 由于非线性相互作用, 还会产生新的频率 $kf_1 + lf_2$, k、l 为任意整数. 所以它的谱线间的间隔的规律不同于周期吸引子谱线之间等间隔的分布. 如范德波尔方程的拟周期吸引子的频谱.

(4) 混沌吸引子

在 Logistic 模型、单摆、倒摆、范德波尔方程中我们都遇到混沌现象. 对混沌有各种定义, 但是还没有一个公认的普遍适用的数学定义. 在这里, 我们把有别于定常运动、周期运动、准周期 (拟周期) 运动之外的一种具有普遍意义的运动形式理解为混沌. 它对初值敏感同时又具有非周期性, 是确定论系统中局限于有限相空间的, 轨道高度不稳定的运动. 在一维和二维的自治系统是不可能出现混沌的, 只有三维或三维以上的系统才有混沌.

混沌吸引子是在耗散系统中出现的吸引子, 常叫奇怪吸引子. 一般说来, 它会具有下列特点:

- 稳定性

  奇怪吸引子是局限于有限区域内. 这是由于耗散运动最终要收缩到相空间的有限区域即吸引子上. 就大范围而言, 它表现为稳定的吸引子. 若以吸引域内任意一点为初值, 当受到干扰时, 根据吸引子的定义, 其动力系统的最终状态仍然会回到这个吸引子上, 并可得到几乎完全相同的奇怪吸引子.

- 低维性

  在相空间存在一条低维 (分维) 的轨道, 尽管它的自由度是有限的几个, 但却有复杂的空间结构. 轨道可以无穷地伸展, 压缩与折叠. 所以奇怪吸引子具有无穷嵌套的自相似结构.

- 非周期性

  轨道永不重复, 不会相交. 否则就成为周期吸引子.

- 对初值敏感

  相邻的轨道成指数状分离, 轨道有局部不稳定性, 进入奇怪吸引子区域的轨道稍有差异, 其后的发展就会截然不同.

注意混沌吸引子通常具有分形结构, 因此称为奇怪吸引子. 实际上混沌吸引子是一种动力学概念, 而奇怪吸引子则是一种几何上的概念. 由于混沌吸引子可以不具有分形结构, 而具有分形结构的吸引子未必就是混沌吸引子, 所以二者没有必然的联系. 但是研究表明, 混沌吸引子往往具有分形维数, 因而往往是奇怪吸引子, 所以常会把混沌吸引子叫做奇怪吸引子. 奇怪吸引子不是周期函数, 它的谱会具有连续的分布, 正如在范德波尔方程中所看到那样, 在某段频率区间频谱是连续的. 从这一点容易看出拟周期吸引子与混沌吸引子的区别, 而在相图上二者似乎难以区分.

不过这种谱也不同于随机白噪声的频谱. 白噪声是由大量独立的因素产生的, 其功率谱的振幅与频率无关, 所以各种频率的振幅高度大致相同, 是一种 "平谱". 而混沌运动由于不是周期运动, 所以会有连续谱. 但是它的运动极其复杂, 以倍周期分岔为例, 每次分岔都会导致一批新的分频与倍频产生, 所以混沌的频谱不是平谱, 即在噪声背景上出现一些宽峰.

这四种吸引子可以用李雅普诺夫指数来区分. 对三维的自治系统, 假定三个初始条件是 $\delta x(0)$, $\delta y(0), \delta z(0)$, 经过 t 时刻以后成为

$$\delta x(t) = \delta x(0) \mathrm{e}^{LE_1 \cdot t}$$

$$\delta y(t) = \delta y(0) \mathrm{e}^{LE_2 \cdot t} \tag{24.4.5}$$

$$\delta z(t) = \delta z(0) \mathrm{e}^{LE_3 \cdot t}$$

其中 LE_1, LE_2, LE_3 分别是三个方向的李雅普诺夫指数. 将上面三式相乘得相体积的空间变化率

$$\delta v(t) = \delta v(0) \mathrm{e}^{(LE_1 + LE_2 + LE_3)t}$$

两边取对数得

$$LE_1 + LE_2 + LE_3 = \frac{1}{t} \ln \frac{\delta v(t)}{\delta v(0)} \tag{24.4.6}$$

根据耗散定义, 在相空间的体积要缩小, 但 (24.4.5) 式表现的是局部的性质, (24.4.6) 式表现的是整体的平均性质.

如果记

$$\mathrm{div}\ \boldsymbol{u} = \frac{\partial \dot{\boldsymbol{x}}}{\partial \boldsymbol{x}} + \frac{\partial \dot{\boldsymbol{y}}}{\partial \boldsymbol{y}} + \frac{\partial \dot{\boldsymbol{z}}}{\partial \boldsymbol{z}}$$

则相空间相体积的时间变化率是

$$\frac{1}{V}\frac{\mathrm{d}V}{\mathrm{d}t} = \mathrm{div}\ \boldsymbol{u}$$

将它积分

$$\ln \frac{V(t)}{V(0)} = \int_0^t \mathrm{div}\ \boldsymbol{u}\mathrm{d}t$$

与 (24.4.6) 式比较得

$$LE_1 + LE_2 + LE_3 = \mathrm{div}\ \boldsymbol{u}$$

它也是雅可比矩阵的三个本征值 $\lambda_{1,2,3}$ 之和

$$\lambda_1 + \lambda_2 + \lambda_3 = \mathrm{div}\ \boldsymbol{V}$$

这里应该区分本征值 λ 与李雅普诺夫指数 LE, 对耗散系统而言, 本征值是反映平衡点附近 (即局部) 的轨道性质, 虽然要求 $\mathrm{div}\ \boldsymbol{V} < 0$, 但该平衡点不稳定时, 三个 λ 中, 有的可以变为实部为正, 这就是所谓局部不稳定的 "伸长", 而整体上讲, 耗散会使轨道收缩到有限范围内的吸引子上, 李雅普诺夫指数是长时间 t 内的平均结果. 它已经计入 λ 上所有各点的影响, 因而是耗散系统整体上 "折叠" 性质. λ 可是复数, 但 LE 肯定是实数.

在三维耗散系统中, 对平衡态吸引子而言, 它三个方向均要收缩, 因而满足 $LE_1 < 0, LE_2 < 0, LE_3 < 0$. 使 LE 按大小顺序排列, 有 $LE_1 \geqslant LE_2 \geqslant LE_3$, 表示为 $(-,-,-)$, 如图 24.39(a) 所示.

周期吸引子 (极限环) 在环所在的平面方向以及垂直该平面方向上都要收缩, 故 $LE_1 < 0, LE_2 < 0$, 而在极限环切线方向, 它既不增大也不收缩, 故 $LE_1 = 0$, 表示为 $(0,-,-)$, 如图 24.39(b) 所示.

对二维环面上的拟周期吸引子, 在环面上两个方向 (一个方向相当于自转, 另一个方向相当于公转) 上不增大也不收缩. 因此, $LE_1 = LE_2 = 0$, 只有在环面外, 所有轨道都要向环面上收缩, 即 $LE_3 < 0$, 表示为 $(0,0,-)$, 如图 24.39(c) 所示.

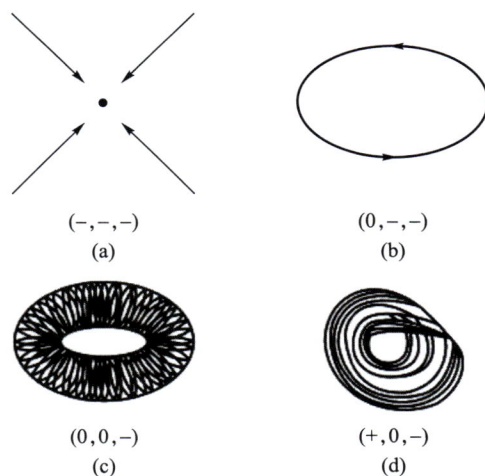

图 24.39　四种吸引子的李雅普诺夫特征指数

只有混沌吸引子, 沿轨道方向上 $LE_2 = 0$, 伸长方向 $LE_1 > 0$, 收缩方向 $LE_3 < 0$, 并且 $LE_1 + LE_2 + LE_3 < 0$, 表示为 $(+,0,-)$, 如图 24.39(d) 所示.

从上面讨论来看, 这 4 种吸引子中只有混沌吸引子有正的李雅普诺夫指数, 这是和其他 3 种吸引子的相区别的唯一标志.

同时也要看到, 耗散系统中若有源项造成平衡点不稳定, 如不稳定的结点和不稳定的焦点, 此时三个李雅普诺夫指数均为正, 它也没有折叠回来的可能, 这和混沌吸引子是有区别的.

24.4.4 分岔

动力学方程中一般会含有控制参数, 如单摆和倒摆方程的驱动力的振幅 f 和阻尼系数 β、k 等. 正如上面所分析的那样, 当这些控制参数发生改变时, 方程的解也发生了变化. 我们曾经画出单摆的频率随驱动力振幅变化的分岔图以及倒摆的频率随阻尼系数变化的分岔图来描述这些现象. 一般来说, 改变系统的控制参数 μ, 系统解的稳定性会发生改变, 当旧的解失稳时, 就会有新的稳定解代替其出现. 这种定性的结构变化称为分岔.

分岔原为微分方程理论中的名词, 原来的含义是一分为二, 后来被推广应用在动力学系统研究中, 用以描述当系统的控制参数发生改变所引起的相图的拓扑结构的变化. 分岔理论是研究非线性方程 (代数方程、微分方程、积分方程等) 解的定性行为的数学理论. 它包括分岔点的位置, 分岔解的方向与数目, 分岔解的稳定性, 分岔的类型, 分岔的过程与终态 (如奇怪吸引子) 等. 可见分岔理论除了涉及非线性稳定理论外, 还含有突变和混沌等新的内容. 另外, 从分岔过程来看, 失稳是发生分岔的物理前提. 分岔以后, 系统不同状态间便产生了不连续的过渡, 这就是突变, 然后经过不断地分岔, 最后系统所达到的终态就是混沌理论的研究对象. 可见, 分岔在许多非线性现象中还起着桥梁的纽带的作用, 从而使分岔与混沌理论为研究自然界的复杂现象提供了有效手段, 它们构成了非线性动力学近代理论的基本内容.

动力学方程的解的性质是用雅可比矩阵来描述的, 改变动力学方程的控制参数 μ, 会使雅可比矩阵的本征值 λ 发生变化而引起不动点失稳. 这种变化可以看成是全体本征值 $\lambda(\mu)$ 在复平面 $(\text{Re } \lambda, \text{Im } \lambda)$ 上的运动, 当控制参数达到某值 μ_0 时, 系统的稳定性发生了变化, 这就是分岔. 一般来讲, 本征值的实部都会变化, 引起 $\text{Re } [\lambda(\mu)] = 0$, 即在 $\text{Re } [\lambda(\mu)] = 0$ 的前后, 稳定性是不同的, 所以分岔点要满足条件

$$\frac{\mathrm{d}}{\mathrm{d}\mu}\text{Re}[\lambda(\mu)] \neq 0$$

常见的情形有:

1. 叉型分岔

典型的方程是

$$\dot{x} = \mu x - x^3 = f(x, \mu)$$

式中 x、μ 是实数. 当 $\dot{x} = 0$ 时, 求出不动点为下列情况:

当 $\mu < 0$, 有一个不动点 $x = 0$.

当 $\mu > 0$, 有三个不动点 $x = 0, \pm\sqrt{\mu}$.

不动点对应的雅可比矩阵为 $\mu - 3x^2$, 而雅可比矩阵的本征值也是它. 再用本征值来判断不动点的稳定性, 可知:

当 $x = 0$ 时, 本征值为 $\lambda = \mu$, 如果 $\mu < 0$, 则不动点 $x = 0$ 是稳定的, 如果 $\mu > 0$, 则 $x = 0$ 是不稳定的.

当 $x = \pm\sqrt{\mu}$ 时, 本征值为 $\lambda = -2\mu$, 由于 $\mu > 0$, 所以这两个不动点都是稳定的.

这些分析可以用图 24.40(a) 表示, 当 μ 由负变正时, 原来稳定的不动点 $x = 0$ 变得不稳定的, 然后又分岔成两个新的稳定的不动点 $x = \pm\sqrt{\mu}$. 这就是叉型分岔, 分岔点是 $\mu = 0, x = 0$. 在分岔点还满足条件

$$\begin{cases} \left.\dfrac{\partial f}{\partial x}\right|_{\substack{x=0 \\ \mu=0}} \Rightarrow \mu - 3x^2\big|_{x=0} = 0 \\[2mm] \left.\dfrac{\partial f}{\partial \mu}\right|_{\substack{x=0 \\ \mu=0}} \Rightarrow x\big|_{x=0} = 0 \end{cases}$$

如果典型方程变成

$$\dot{x} = \mu x + x^3$$

那么同样的分析知, 叉型分岔图为图 24.40(b). 它表示当 μ 由正变负时, 原来不稳定的不动点 $x = 0$ 变得稳定的, 然后又分岔成两个新的不稳定的不动点 $x = \pm\sqrt{-\mu}$. 在图 24.40 中是用实线表示稳定的平衡态, 用虚线表示不稳定的平衡态. 图 24.40(a) 也叫超临界分岔, 图 24.40(b) 叫亚临界分岔.

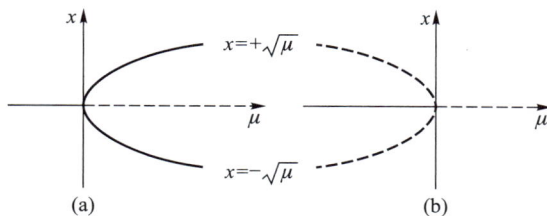

图 24.40　叉型分岔

2. 霍普夫分岔 (Hopf bifurcation)

典型方程为

$$\begin{cases} \dot{x} = -y + x[\mu - (x^2 + y^2)] \equiv f_1(x, y) \\ \dot{y} = x + y[\mu - (x^2 + y^2)] \equiv f_2(x, y) \end{cases}$$

引入 $x = r\cos\theta, y = r\sin\theta$ 将典型方程化成极坐标形式

$$\begin{cases} \dot{r} = \dfrac{x\dot{x} + y\dot{y}}{r} = r(\mu - r^2) \equiv f(r, \mu) \\ \dot{\theta} = \dfrac{x\dot{y} - \dot{x}y}{r^2} = 1 \end{cases}$$

这里的第二个方程表明轨线以固定的角速度 $\dot{\theta} = 1$ 旋转, 而第一个方程与叉型分岔的典型方程相同, 说明当 $\mu < 0$ 时不动点为 $r = 0$, $\mu > 0$ 时不动点为 $r = 0, \sqrt{\mu}$. 当 $\mu < 0$ 变到 $\mu > 0$, 不动点 $r = 0$ 由稳定变为不稳定, 而分岔出来的新解是轨线在环 $r = \sqrt{\mu}$ 上旋转, 角速度是 1, 这种解叫极限环. 这种失稳后出现极限环的分岔叫霍普夫分岔. 可用图 24.41(a) 来表示, 霍普夫分岔点是 $x = 0, y = 0, \mu = 0$. 它是超临界霍普夫分岔.

如果典型方程为

$$\begin{cases} \dot{x} = -y + x[\mu + (x^2 + y^2)] \equiv f_1(x, y) \\ \dot{y} = x + y[\mu + (x^2 + y^2)] \equiv f_2(x, y) \end{cases}$$

则可用图 24.41(b) 来表示其分岔的形式, 它是亚临界霍普夫分岔.

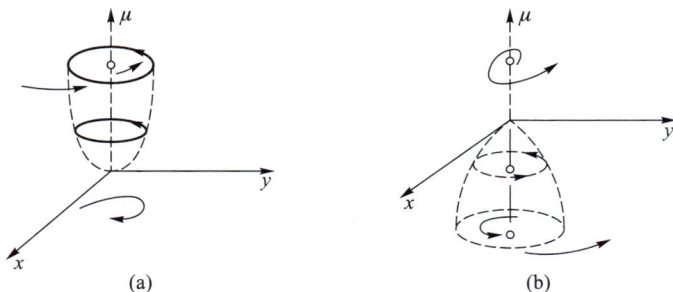

图 24.41　霍普夫分岔

3. 鞍-结分岔 (切分岔)

典型方程为

$$\begin{cases} \dot{x} = \mu + x^2 \\ \dot{y} = \pm y \end{cases}$$

令 $\dot{x} = 0, \dot{y} = 0$ 得不动点为 $x = \pm\sqrt{-\mu}, y = 0$, 考虑到 x 是实数, 故不动点要求 $\mu < 0$ 才能存在. 此时雅可比矩阵为

$$\boldsymbol{J} = \begin{pmatrix} 2x & 0 \\ 0 & \pm 1 \end{pmatrix}_{\substack{x=\pm\sqrt{-\mu} \\ y=0}} = \begin{pmatrix} \pm 2\sqrt{-\mu} & 0 \\ 0 & \pm 1 \end{pmatrix}$$

得到本征值为

$$\lambda_1 = \pm 2\sqrt{-\mu}, \quad \lambda_2 = \pm 1$$

当两个本征值同号时, 不动点是结点, 当两个本征值反号时, 不动点是鞍点. 当 μ 由负变到零时, 结点和鞍点合二为一, 成为一个点 $x = 0, y = 0$. 当 $\mu > 0$ 时, 不存在不动点. 这就叫鞍结点分岔. 分岔点 $x = 0, y = 0, \mu = 0$ 满足条件

$$\begin{vmatrix} \dfrac{\partial f_1}{\partial x} & \dfrac{\partial f_1}{\partial y} \\ \dfrac{\partial f_2}{\partial x} & \dfrac{\partial f_2}{\partial y} \end{vmatrix}_{\substack{x=0 \\ y=0 \\ \mu=0}} = \begin{vmatrix} 2x & 0 \\ 0 & \pm 1 \end{vmatrix}_{\substack{x=0 \\ y=0 \\ \mu=0}} = 0$$

$$\begin{vmatrix} \dfrac{\partial f_1}{\partial x} & \dfrac{\partial f_1}{\partial \alpha} \\ \dfrac{\partial f_2}{\partial x} & \dfrac{\partial f_2}{\partial \alpha} \end{vmatrix}_{\substack{x=0 \\ y=0 \\ \mu=0}} = \begin{vmatrix} 2x & 1 \\ 0 & 0 \end{vmatrix}_{\substack{x=0 \\ y=0 \\ \mu=0}} = 0$$

鞍结点分岔可用图 24.42 表示.

4. 跨临界分岔

典型方程为

$$\dot{x} = \mu x - x^2$$

其中 μ、x 为实数. 无论 $\mu < 0$ 或 $\mu > 0$, 都存在两个不动点 $x = 0, \mu$.

在不动点 $x = 0$, 本征值是 $\lambda = \mu$, 当 μ 由负变到正, 不动点 $x = 0$ 由稳定变成不稳定.

在不动点 $x = \mu$, 本征值是 $\lambda = -\mu$, 当 μ 由负变到正, 不动点 $x = \mu$ 由不稳定变成稳定.

可见解的稳定性只是通过分岔点发生了交换, 形态并没有变化. 这种分岔就叫跨临界分岔, 如图 24.43 所示.

从分岔观点来看一下前面的例子. 对无阻尼无驱动的达芬方程, 增加控制参数 μ 后成为

$$\ddot{x} = \mu x - x^3$$

写成方程组形式

$$\begin{cases} \dot{x} = y \\ \dot{y} = \mu x - x^3 \end{cases}$$

x、μ 是实数, 无论 μ 为何值, $x = 0, y = 0$ 都是不动点, 只有 $\mu > 0$ 时, $x = \pm\sqrt{\mu}, y = 0$ 才是不动点.

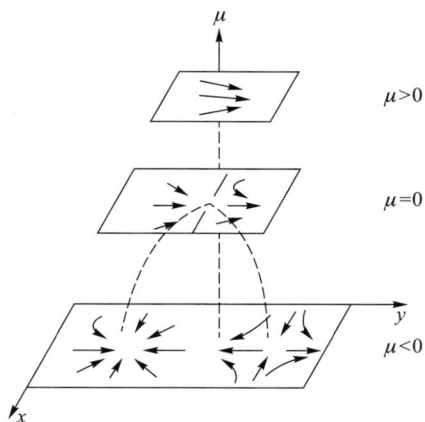

图 24.42 鞍–结分岔 (切分岔)

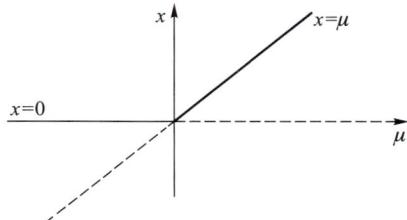

图 24.43 跨临界分岔

在不动点 $x = 0, y = 0$ 雅可比矩阵是

$$\boldsymbol{J} = \begin{pmatrix} 0 & 1 \\ \mu & 0 \end{pmatrix}_{\substack{x=0 \\ y=0}}$$

本征值是 $\lambda = \pm\sqrt{\mu}$, 当 μ 由负变到正, 不动点 $x = 0, y = 0$ 由稳定焦点变成不稳定结点. 分岔点是 $x = 0, y = 0, \mu = 0$.

在不动点 $x = \pm\sqrt{\mu}$ 雅可比矩阵是

$$\boldsymbol{J} = \begin{pmatrix} 0 & 1 \\ \mu - 3x^2 & 0 \end{pmatrix}_{\substack{x=\pm\sqrt{\mu} \\ y=0}} = \begin{pmatrix} 0 & 1 \\ -2\mu & 0 \end{pmatrix}$$

本征值是 $\lambda = \pm\sqrt{-2\mu}$, 由于 $\mu > 0$, 所以本征值是一对共轭虚数, 对应的两个不动点都是稳定焦点.

综上所述, 当 μ 为负, 只有一个不动点 $x = 0, y = 0$, 它是稳定焦点; $\mu = 0$, 这个不动点成为不稳定结点; 当 $\mu > 0$, 分岔出两个稳定焦点 $x = \pm\sqrt{\mu}$, 所以这是叉型分岔. 分岔点是 $x = 0, y = 0, \mu = 0$.

达芬方程的势能为 $V = 0.5x^4 + \mu x^2$, 画出 $\mu = -1, 0, 1$ 的势能曲线如图 24.44 所示, 可以看出, $x = 0$ 点从势能最低点变成一个极大值, 所以由一个稳定的平衡点变成不稳定平衡点, 而 $x = \pm\sqrt{\mu} = \pm 1$ 则在 $\mu > 0$ 时成为两个新势能极小值, 所以形成了两个新稳定平衡点. 这些分析与达芬方程一节中的分析是完全一致的.

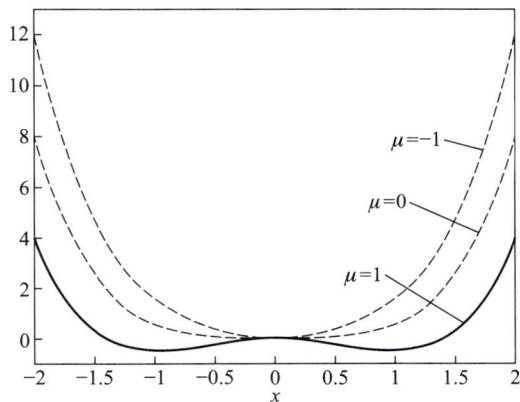

图 24.44 达芬方程的势能曲线

再看范德波尔方程, 写成带控制参数的形式如下:

$$\ddot{x} + \mu(x^2 - 1)\dot{x} + x = 0 \quad (|\mu| < 2)$$

令 $\dot{x} = y$, 写成方程组为

$$\begin{cases} \dot{x} = y \\ \dot{y} = -x + \mu y - \mu x^2 y \end{cases}$$

令 $\dot{x}=0,\dot{y}=0$ 得不动点为 $x=0,y=0$, 它的雅可比矩阵为

$$\boldsymbol{J}=\begin{pmatrix} 0 & 1 \\ -1 & \mu \end{pmatrix}$$

本征方程与本征值为

$$\lambda^2-\mu\lambda+1=0$$
$$\lambda=\frac{1}{2}(\mu\pm\sqrt{\mu^2-4})$$

由于 $|\mu|<2$, 因此有

当 $\mu<0$, λ 为共轭复根, 其实部为负, 所以 $x=0,y=0$ 为稳定焦点;

当 $\mu>0$, λ 为共轭复根, 其实部为正, 所以 $x=0,y=0$ 为不稳定焦点.

不动点在 $\mu=0$ 处也满足分岔点条件

$$\frac{\mathrm{d}}{\mathrm{d}\mu}\mathrm{Re}[\lambda(\mu)]=\frac{1}{2}\neq 0$$

所以不动点 $x=0,y=0$ 是一个霍普夫分岔点, 当 μ 由负变正时, 分岔出一个稳定的极限环. 这正是前面分析范德波尔方程时看到的现象.

§24.5　洛伦茨方程——奇怪吸引子

世界上对常微分方程研究最广泛的领域之一是洛伦茨吸引子, 它也是近代混沌学的经典问题, 是第一个实际观察的奇怪吸引子. 它最先是由美国 MIT 大学的数学家与气象学家洛伦茨 (Edward Lorenz) 在 1963 年提出的, 他的主要研究方向是用地球大气的液体流动模型作长期天气预报. 有一本极好的研究洛伦茨方程的专著, 就是 C.Sparrow 的《The Lorenz Equations,Chaos,and Strange Attractors》.

洛伦茨方程是由纳维–斯托克斯 (Navier-Stokes) 方程组化简而来. 纳维–斯托克斯方程组是牛顿运动定律在流体力学中一种表述方式, 其中含有速度, 温度, 密度等物理量, 它们都是时间与位置的函数, 在实际问题中, 它是很难用解析方法求解的, 所以它很适合用计算机作数值解. 一个特例是瑞利–贝纳尔 (Rayleigh-Bénard) 问题, 这是放置在一个容器中的液体, 顶层与底层有不同的温度. 当温差逐渐变大时, 稳定的对流现象会趋于混沌. 在近 50 年前洛伦茨研究这个问题时, 受计算机计算能力的限制, 他将纳维–斯托克斯方程大大简化, 成为如下形式:

$$\begin{cases} \dot{x}=-\sigma x+\sigma y \\ \dot{y}=rx-y-xz \\ \dot{z}=xy-bz \end{cases} \tag{24.5.1}$$

这就是著名的洛伦茨方程. 洛伦茨的工作结果最初在 1963 年发表, 论文题目为《Deterministic Nonperiodic Flow》, 发表在《Journal of the Atmospheric Sciences》杂志上, 这是实际观察到的第一个奇怪吸引子. 洛伦茨方程中 x 是对流的强度, y 是向上流动和向下流动的液体单位元之间的温度差, z 是垂直方向的温度梯度. 式中有三个参数, σ 是普兰特 (Prandtl) 数、r 是规范化瑞利 (Rayleigh) 数, b 是描述区域几何形状的参数. 三个参数可任取大于 0 的数值. 常用的组合是, $\sigma=10,b=8/3$, 而令 r 取不同数值. 如 $r=28$ 时就会出现混沌现象, 有奇异吸引子出现.

视频文件演示了一种电路上的洛伦茨–陈 (Lorenz—Chen) 方程的实验, 它与洛伦茨现象有相似的结构.

洛伦茨系统 (24.5.1) 式的相空间随时间的变化率为

$$\frac{1}{V}\frac{\mathrm{d}\boldsymbol{V}}{\mathrm{d}t} = \frac{\partial \dot{x}}{\partial x} + \frac{\partial \dot{y}}{\partial y} + \frac{\partial \dot{z}}{\partial z} = -(\sigma + b + 1)\ (\sigma > 0, b > 1) \tag{24.5.2}$$

可见洛伦茨系统为耗散系统, 对上式积分得

$$V(t) = V(0)\mathrm{e}^{-(\sigma+b+1)t}$$

可见, 系统的相体积元是以指数收缩, 这是耗散系统.

下面讨论系统的不动点与稳定性.

令 $\dot{x} = \dot{y} = \dot{z} = 0$, 得

$$\begin{cases} x = y \\ rx - y - xz = 0 \\ xy - bz = 0 \end{cases}$$

将其中的第一式代入后二式, 得

$$\begin{cases} x = y \\ x(r - 1 - z) = 0 \\ x^2 = bz \end{cases}$$

当 $x = 0$, 有 $y = 0, z = 0$; 当 $z = r - 1$, 有 $x = y = \pm\sqrt{b(r-1)}$ 归纳起来, 当 $0 < r < 1$ 时, 只有一个不动点 $O(x = 0, y = 0, z = 0)$; 当 $r > 1$ 时, 有三个不动点:

$$\begin{cases} O(x = 0, y = 0, z = 0) \\ C_1(x = y = \sqrt{b(r-1)}, z = r - 1) \\ C_2(x = y = -\sqrt{b(r-1)}, z = r - 1) \end{cases} \tag{24.5.3}$$

O 点的雅可比矩阵为

$$\begin{pmatrix} -\sigma & \sigma & 0 \\ r & -1 & 0 \\ 0 & 0 & -b \end{pmatrix}$$

相应的本征方程为

$$(b + \lambda)[\lambda^2 + (\sigma + 1)\lambda + \sigma(1 - r)] = 0$$

解出本征值为

$$\lambda_1 = -b$$

$$\lambda_{2,3} = \frac{1}{2}[-(\sigma + 1) \pm \sqrt{(\sigma + 1)^2 - 4\sigma(1 - r)}]$$

所以, 当 $0 < r < 1, \lambda_{1,2,3}$ 均为负实数, 故 O 点为稳定结点.

当 $r > 1, \lambda_1$ 仍为负实数, 但 $\lambda_{2,3}$ 为一正一负, 故 O 点为不稳定结点.

当 $r = 1$, 三个根之中必有一个为零, O 点处于临界状态, 也就是有一个根沿实轴穿过虚轴发生一次叉型分岔.

不动点 C_1 雅可比矩阵为

$$\begin{pmatrix} -\sigma & \sigma & 0 \\ 1 & -1 & -\sqrt{b(r-1)} \\ \sqrt{b(r-1)} & \sqrt{b(r-1)} & -b \end{pmatrix}$$

将上述矩阵中的根号取反号即得不动点 C_2 的雅可比矩阵. 它们的本征方程都是

$$\lambda^3 + (\sigma+b+1)\lambda^2 + (r+\sigma)b\lambda + 2b\lambda(r-1) = 0 \qquad (24.5.4)$$

按照实系数一元三次方程的解法 (见数学手册), 令 $\lambda = y - (\sigma+b+1)/3$ 将方程化成

$$y^3 + [b(\sigma+r) - (\sigma+b+1)^2/3]y + 2(\sigma+b+1)^3/27 - b(\sigma+r)(\sigma+b+1)/3 + 2\sigma b(r-1) = 0$$

对形式为 $y^3 + py + q = 0$ 的方程, 其判别式为 $\Delta = q^2/4 + p^3/27$:

  当 $\Delta > 0$ 时, 有一个实根和一对共轭复根;

  当 $\Delta = 0$ 时, 有三个实根, 一个是 $-2\sqrt[3]{q/2}$, 另两个相等, 都是 $\sqrt[3]{q/2}$;

  当 $\Delta < 0$ 时, 有三个不同的实根.

  由此可知 $\delta = 0$ 是分界, 将 $\sigma = 10, b = 8/3$ 代入得到

$$p = 8r/3 - 961/27, \quad q = 10\,402/729 + 1\,112r/27$$

$$\delta = -393\,440/243 + 487\,840/729r + 865\,904/2\,187r^2 + 512/729r^3$$

用指令 solve 解得 $\Delta = 0$ 的一个实根为 $r_0 = 1.345\,617\,179\,232\,956\,318\,036\,708\,773\,708$. 进一步还可求出 $\lambda_1 = -11.088\,0$, $\lambda_{2,3} = -1.289\,4$. 因而 $r = r_0$ 时, C_1、C_2 都是稳定结点. 当 $r < r_0$ 时, 有 $\Delta < 0$, 同时可求出三个实根 $\lambda_{1,2,3}$ 均为负实根, 所以 C_1、C_2 也是稳定结点. 对于 $r > r_0$, 可如下讨论, 这时的实根仍为负实数, 另外两个是实部为负的共轭复数, C_1、C_2 成为稳定焦点, 设共轭复根为

$$\beta = \beta_1 + \mathrm{i}\beta_2, \quad \bar{\beta} = \beta_1 - \mathrm{i}\beta_2$$

本征方程可写为

$$(\lambda - \alpha)(\lambda - \beta)(\lambda - \bar{\beta}) = 0$$

展开得

$$\lambda^3 - (2\beta_1 + \alpha)\lambda^2 + (|\beta|^2 + 2\beta_1\alpha)\lambda - |\beta|^2\alpha = 0$$

如果 r 继续增大到 r_c, 使得实部 $\beta_1 = 0$, 则共轭复根将穿过虚轴, 发生霍普夫分岔. 下面求分岔点对应的 r_c.

  将 $\beta_1 = 0$ 代入上式得

$$\lambda^3 - \alpha\lambda^2 + \beta_2^2\lambda - \beta_2^2\alpha = 0$$

上式表明, (λ^2 项的系数)$\times$ (λ 项的系数)= 常数项.

  与 (24.5.4) 式相比较, 则上式可表示为

$$(\sigma+b+1)(\sigma+r)b = 2\sigma b(r-1)$$

取 $\sigma = 10, b = 8/3$ 解出

$$r_c = 24.74$$

即为所求. 还可以证明在这点有 $\dfrac{\mathrm{d}\beta_1(r_\mathrm{c})}{\mathrm{d}r} > 0$, 即满足霍普夫分岔点条件.

归纳起来, 有以下几种情况:

(1) $0 \leqslant r < 1$, 平衡态 O 是稳定的结点. 图 24.45(a) 是 $r = 0.5$, 初值为 $[20, 20, 30]$ 的情况, 图中画出 $x-y-z$ 三维图形以及 $x-y, x-z, y-z$ 的二维图, 轨线在任何截面上最终都会落到 O 点. 一般情况可以用图 24.45(b) 来表示.

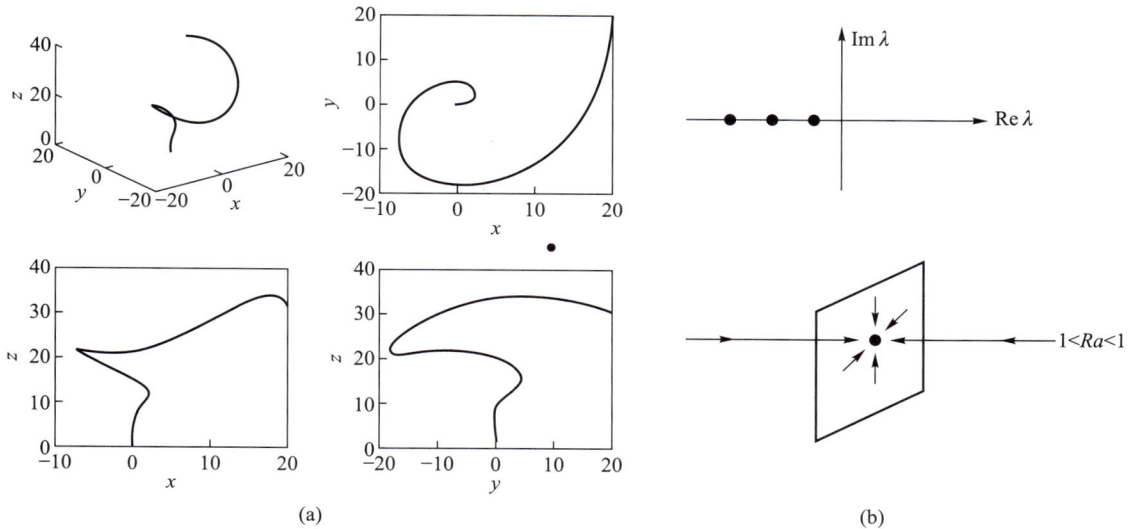

图 24.45

(2) $1 < r < r_0 = 1.346, O$ 点失稳变成鞍点, C_1、C_2 点是新生出来的稳定结点. 图 24.46(a) 是 $r = 1.1$, 初值为 $[0.21, 0.01, 0.01]$ 的情况, 轨线从 O 点附近流向鞍点 O 以后又流出, 最后落在稳定结点之一 $C_1(0.516\,69, 0.516\,37, 0.099\,984)$(该值是解方程所得). 轨线的起点用星号*标出. 一般的情况可用图 24.46(b) 表示.

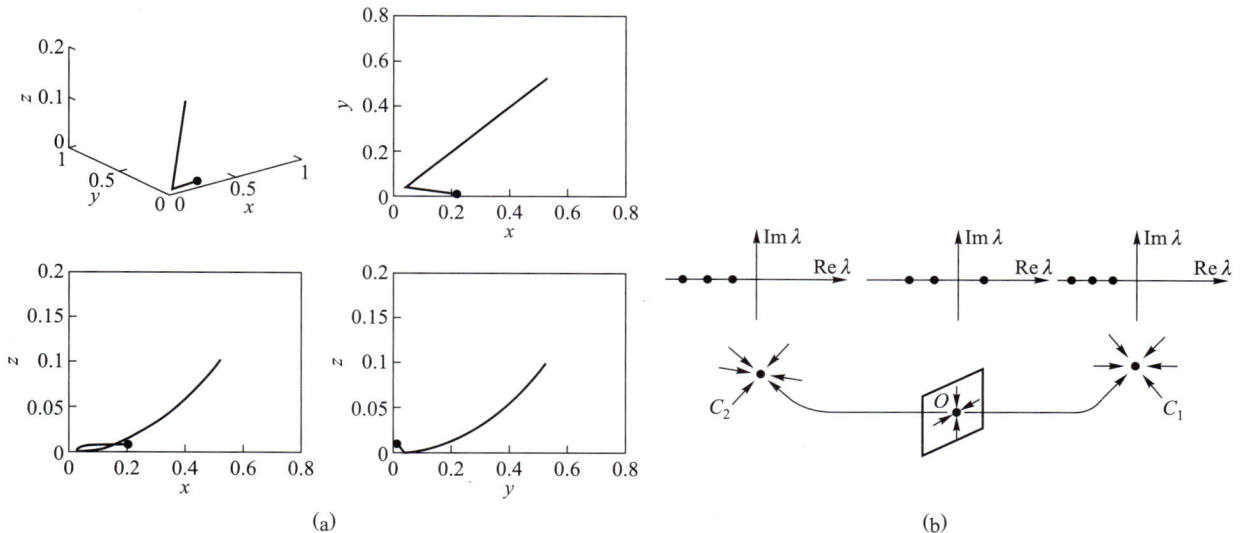

图 24.46

(3) $r_0 < r < 13.926\,56, O$ 点依然是鞍点, 但 C_1、C_2 点变成了稳定焦点. 图 24.47(a) 是 $r = 10$, 初值为 $[4.81, 1.21, 5.32]$ 的情况, 轨线开始稍微流向鞍点 O 以后即流出, 最后绕稳定焦点 $C_1(4.898\,7, 4.899,$

9.0001) 旋转并最后落在其上 (该值是解方程所得). 轨线的起点用星号*标出. 参数 13.926 56 不能由解析方法求出, 是由数值计算所得. 一般的情况可用图 24.47(b) 表示.

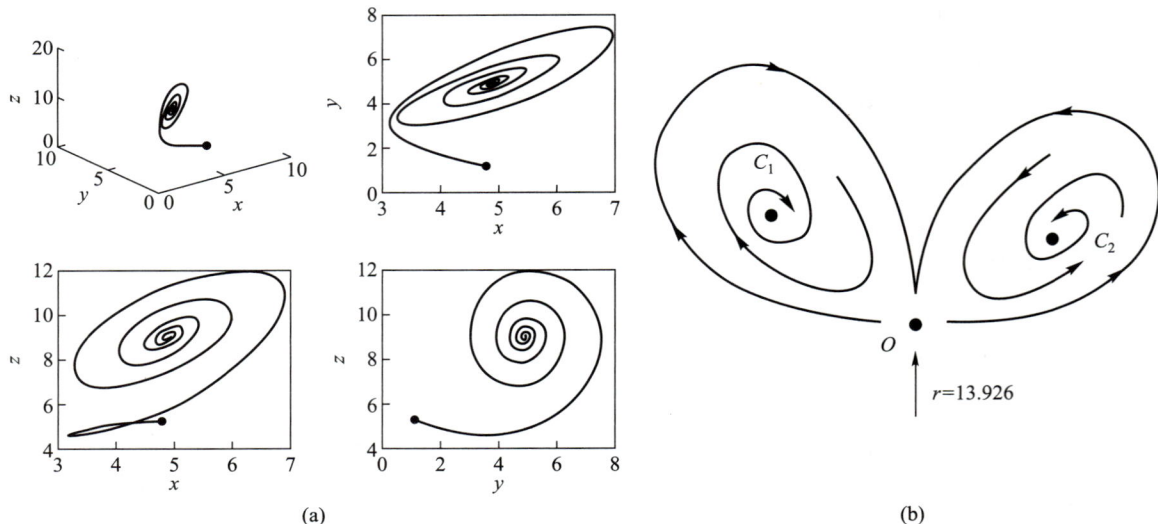

图 24.47

(4) $r = 13.926\,56$, 是 C_1、C_2 从稳定焦点变成不稳定极限环的分界值. 取初值为 [0.01,0.00,0.00], 轨线由原点出来绕 C_1 一周后回到原点附近再再出来绕 C_2 旋转, 直至落到 C_2 上, 如图 24.48(a) 所示. 将初值改为 [0.01,0.00,0.00], 则轨线运动与此相反, 先绕 C_2 一周, 再绕 C_1 旋转并落到 c_1. 图 24.48(b) 是一般情形的示意图.

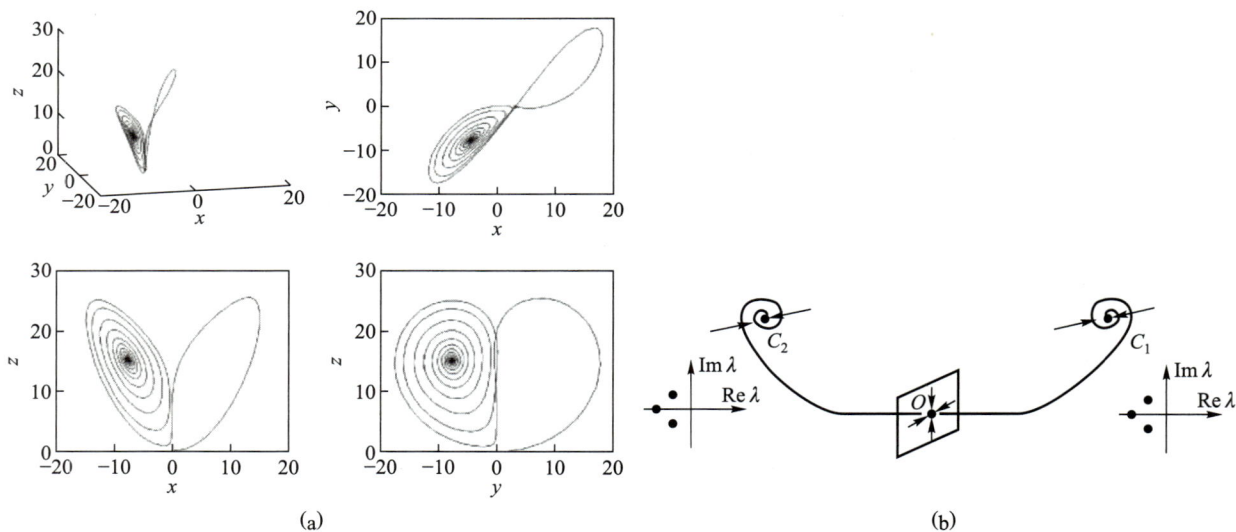

图 24.48

(5) $13.926\,56 < r < r_c = 24.74$, 这时 C_1、C_2 形成两个不稳定的极限环, 如图 24.49(a) 所示. 取 $r = 22.7$, 初值为 [-7.0,-7.1,3.30], 可以看到轨线从 C_2 点出发, 绕 C_1 旋转若干次, 但并不会落在 C_1 点, 然后又回到 C_2 附近旋转. 如果增加计算时间, 可以看到更多的圈数. 这里为了能看得更清楚, 只画了两圈, 如图 24.49(b) 所示.

(6) $r_c < r$ 时, C_1、C_2 成为了鞍-焦点, 系统出现了复杂的分岔序列. 在某些 r 范围出现了奇怪吸引子, 也就是混沌运动. 在某些 r 范围又会出现周期解, 如在 $145 \sim 148, 210 \sim 234, 1000$ 等值都会出

现极限环. 下面画出了部分图形, 其中的 $r = 28$ (图 24.50), $r = 146$ (图 24.51), $r = 225$ (图 24.52), $r = 1\,000$ (图 24.53), 初值都取 $[0.20, 0.1, \text{eps}]$).

　　混沌运动的形态表现为, 从 O 出来的轨线绕一个不动点比如 C_1 旋转, 然后又会回到 O 点, 又出来绕 C_2 旋转, 接着又回到 O 点. 周而复始, 永不停止. 每次绕 C_1、C_2 方式不同, 旋转的次数也有多有少, 无法预测. 这些轨线不会相交, 因为一旦相交, 就回到了曾经走过的某一点, 其后的运动就应该在周期环上循环.

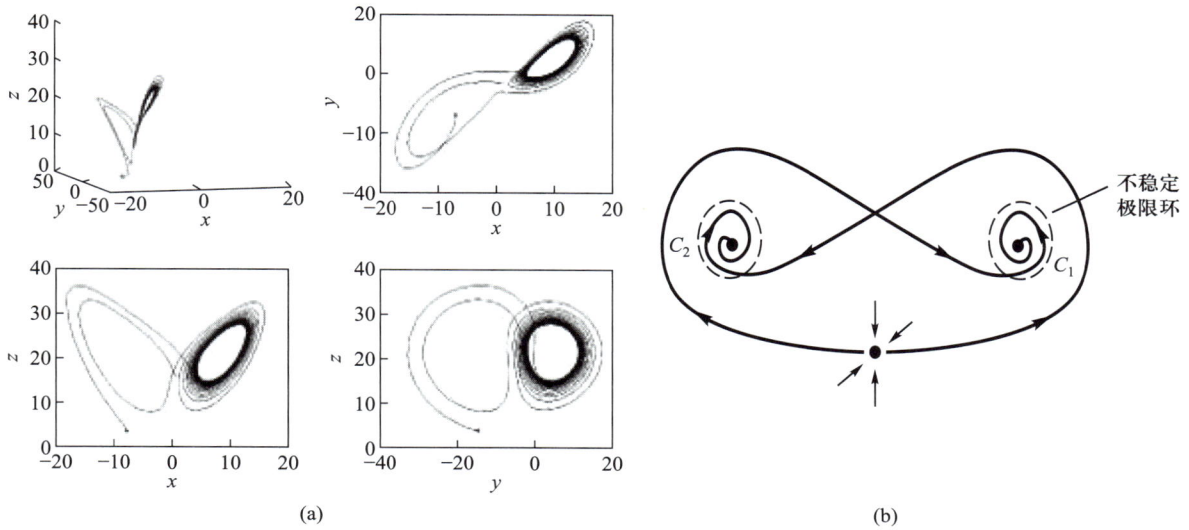

(a)   (b)

图 24.49

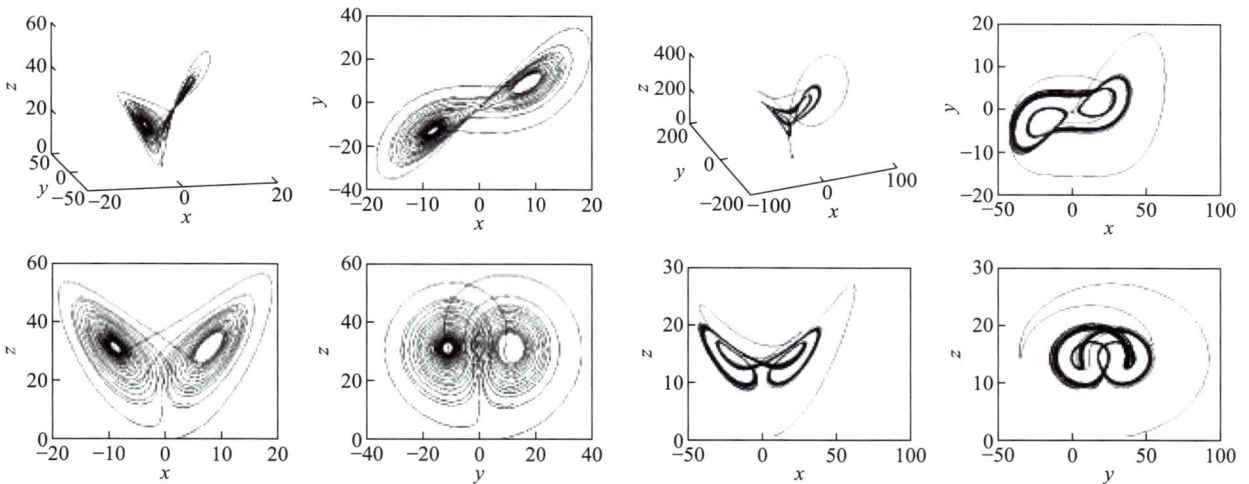

图 24.50 $r = 28$ 图 24.51 $r = 146$

　　下面是作图程序, 通过改变初值与 r 值, 就可以研究洛伦茨系统的性质.

```
[t,y]=ode45( @lorfun,[0,31],[0.20,0.1,eps]);
subplot(2,2,1),  plot3(y(:,1),y(:,2),y(:,3),y(1,1),y(1,2),y(1,3),'*')
  xlabel('x');  ylabel('y'); zlabel('z'),  view(3)
subplot(2,2,2),  plot(y(:,1),y(:,2),y(1,1),y(1,2),'*'),
  xlabel('x');  ylabel('y');
```

```
subplot(2,2,3),  plot(y(:,1),y(:,3),y(1,1),y(1,3),'*')
  xlabel('x');   ylabel('z');
subplot(2,2,4),  plot(y(:,2),y(:,3),y(1,2),y(1,3),'*')
  xlabel('y');   ylabel('z');
function ydot=lorfun(t,y)
r=1000;
ydot=[-10*y(1)+10*y(2);
      r*y(1)-y(1)*y(3)-y(2);
      y(1)*y(2)-8/3*y(3)];
end
```

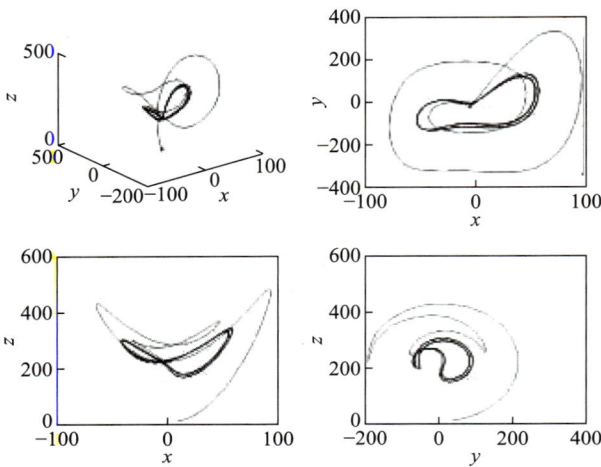

图 24.52　$r = 225$

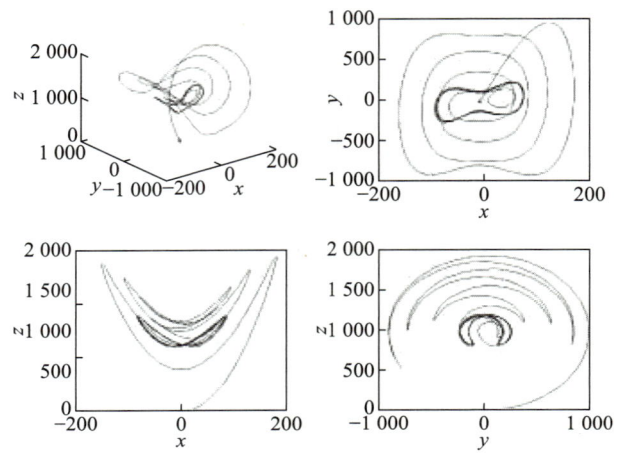

图 24.53　$r = 1\,000$

24.5.1　倍周期窗与费根鲍姆数

仔细地研究周期解出现的情形, 可以看到倍周期分岔现象. 例如, $r = 100.795$, 并选择初值为 [20, 11, 115], 这个值已经在极限环上, 得到的图形如图 24.54 所示.

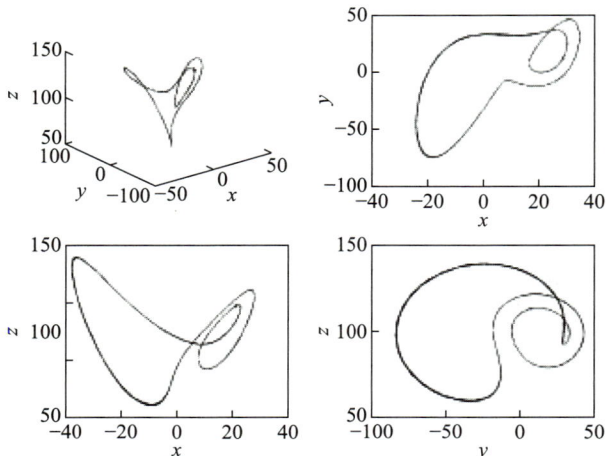

图 24.54　倍周期分岔现象

参数 r 值	周期解的类型
100.795	$x^2 y$
99.98	$(x^2 y)^2$
99.629	$(x^2 y)^4$
99.547	$(x^2 y)^8$
99.529	$(x^2 y)^{16}$
99.525 5	$(x^2 y)^{32}$

可以看到, 在一个周期之内, 轨线是在 $x > 0$ 的 "正半空间" 转了两圈, 然后进到 $x < 0$ 的 "负半空间" 转一圈. 按照文献上的命名规则, 这个解可以表示为 "$x^2 y$" 或者表示为 "$+ + -$". 当 $r \approx 99.98$ 时, 将出现周期加倍的类周期解 $x^2 y x^2 y = (x^2 y)^2$. 上表是一个周期分岔序列的结果. 对这个序列也可计算费根鲍姆数 δ, 用更精确的方法计算出来的值是 $\delta \approx 4.67$, 在误差范围内, 它是正确的.

24.5.2 由阵发通向混沌

前面介绍过由倍周期分岔通向混沌的例子. 洛伦茨系统具有另一种通向混沌的机制, 就是经过阵发达到混沌. 阵发原是湍流理论中用来描述流场中在层流的背景上湍流随机爆发的现象, 表现为层流、湍流相交而使相应空间域随机地交替. 在混沌理论中主要是借助于阵发这个概念来表示时间域中不规则行为和规则行为随机交替发生的现象. 也就是说, 当系统从有序向混沌转化时, 在非平衡、非线性的条件下, 当某些参数的变化达到临界值时, 系统的行为忽而周期, 忽而混沌, 在两者之间交替. 当有关参数继续变化时, 整个系统会由阵发混沌发展成混沌.

下面的图形演示了当初值为 $[1,0,0]$, $r = 24$, 24.3, 25 时, 三个变量 x, y, z 随 t 变化的情形. 图 24.55 保持了周期运动, 图 24.56 已经有阵发出现, 图 24.57 基本是混沌运动.

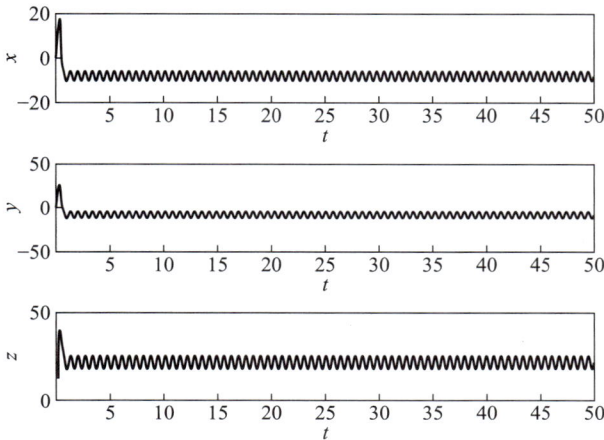

图 24.55   周期运动

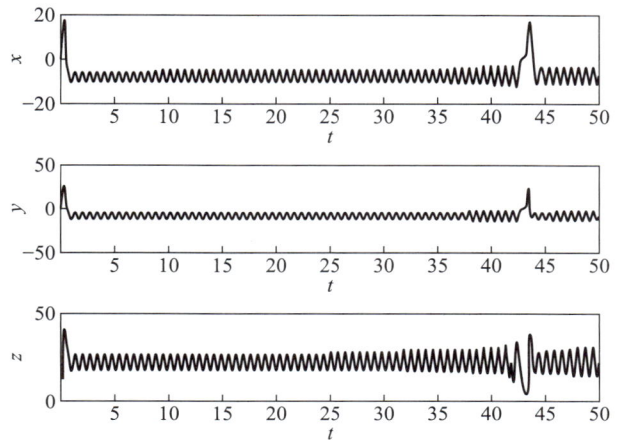

图 24.56   阵发运动

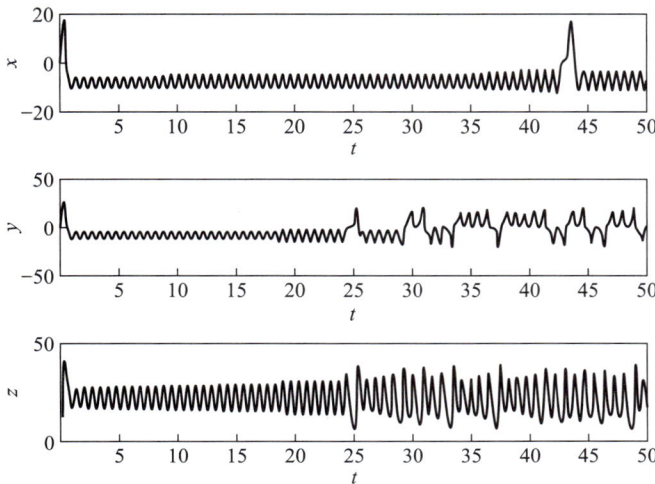

图 24.57   混沌运动

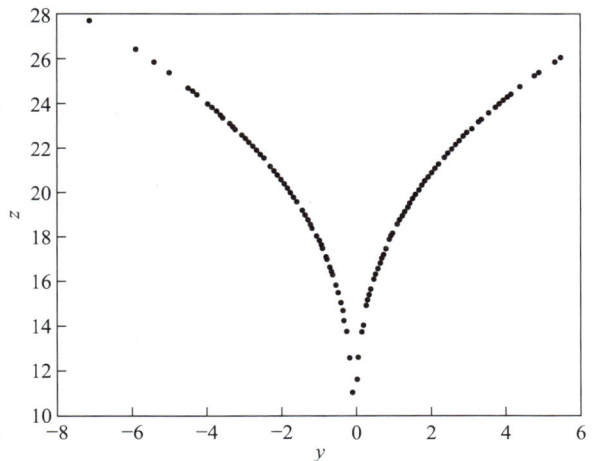

图 24.58   洛伦茨方程的庞加莱截面图

24.5.3 庞加莱截面图

庞加莱截面图是研究混沌问题的好方法, 但是洛伦茨系统与前面的几个例子有所不同, 这里没有周期性的变量如驱动力等, 所以不能用每个周期作一次庞加莱截面的方法. 通常对这类问题作截面的方法是选取 $x = 0$ (也可以选取 $y = 0$ 或者 $z = 0$), 记录下轨线穿过 $x = 0$ 平面的点, 所得图形即为庞加莱截面图. 图 24.58 是 $r = 25$, 初值为 $[1, 0, 0]$ 时, 在 $x = 0$ 平面上得到的庞加莱截面, 可以看到, 虽然这时系统已经处于混沌状态, 但是奇怪吸引子在截面上的形状却很有规律. 我们不能预见系统在下一时刻会准确出现在哪一点, 但能大致知道它会出现在什么范围.

```
opts=odeset('Events',@events);
[t,y,te,ye,ie]=ode45( @lorfun,[0,600],[1,0,0],opts);
plot(ye(:,2),ye(:,3),'.'),  xlabel('y');  ylabel('z')
function ydot=lorfun(t,y)
  r=25;
  ydot=[-10*y(1)+10*y(2);
        r*y(1)-y(1)*y(3)-y(2);
        y(1)*y(2)-8/3*y(3)];
end
function [value,isterminal,direction]=events(~,y)
  value=y(1);  isterminal=0;  direction=0;
end
```

洛伦茨系统来自于天气预报的模型, 它显示了许多混沌运动的性质. 真实的大气是比洛伦茨系统复杂得多的系统, 也会有更复杂的混沌运动. 即使建造一个能包括所有因素的复杂模型, 也可能由于初始条件的微小差别而导致长期预报的失败. 所以洛伦茨有一个报告题目是: "Predictability: Does the Flap of a Butterfly's Wings in Brazil Set Off a Tornado in Texas?" 如今常说的 "蝴蝶效应" 即来源于此.

§24.6 在埃农–海利斯势中二维运动的有序和混沌

本节讨论在平面势场中作二维运动的粒子的运动轨道, 探讨出现有序运动和混沌运动的条件.

为研究恒星穿过星系的轨道, 法国天文学家埃农 (M.Hénon) 和美国的研究生海利斯 (C.Helies) 提出了一个简化的模型. 假设星体是在平面势场中运动, 位势是 (图 24.59)

$$V(x,y) = \frac{1}{2}(x^2 + y^2) + x^2 y - \frac{1}{3}y^3 \tag{24.6.1}$$

式中第一项是弹性的二维谐振势, 后面两项则是三角对称型的扰动势. 这个势场的等势线, 如图 24.59(b) 所示. 显然, 这个势场给出的不是有心力, 质点在该势场中运动时不存在角动量积分守恒. 但是, 由于原点处的位势为零, 当坐标值增大时, 位势无限增大. 所以对于小于 $1/6$ 的能量值, 轨道会被限制在图中所示的等边三角形之内. 也就是说, 在这个区域内由于势函数的存在, 质点所受的力依旧是保守力, 机械能仍然可以守恒. 质点 (星体) 在这样的力场中如何运动? 除能量积分外, 是否还可能存在其他积分?

取质点的质量 $m = 1$, 则质点的运动微分方程为

$$\begin{cases} \ddot{x} = -\dfrac{\partial V}{\partial x} = -x(1+2y) \\ \ddot{y} = -\dfrac{\partial V}{\partial y} = y(y-1) - x^2 \end{cases}$$

粒子的运动方程很容易求解, 当总能量 E 不变时, 粒子在 4 维相空间的轨道实际上会被限制在 3 维的流形中, 我们通过数值计算画出三维相空间中的 x-y-p_y 图以及 y-p_y 在 $x=0$ 的截面图 (庞加莱图), 以此研究粒子运动的有序和混沌, 如图 24.60 所示.

(1) $E=1/12$ 时, 画出的图形为前三个, 很明显, 庞加莱面上的相点可分别连成明确的闭合曲线, 每一闭合曲线代表一个环面与 $x=0$ 面的交线. 这表明在这一能量状况下每一条相轨迹都缠绕在各自的不变环面上, 不变环面的存在, 意味着这时埃农–黑尔斯问题除具有能量第一积外, 还可能存在另外一个第一积分, 原则上它应当存在解析解, 虽然实际上也许难以求得.

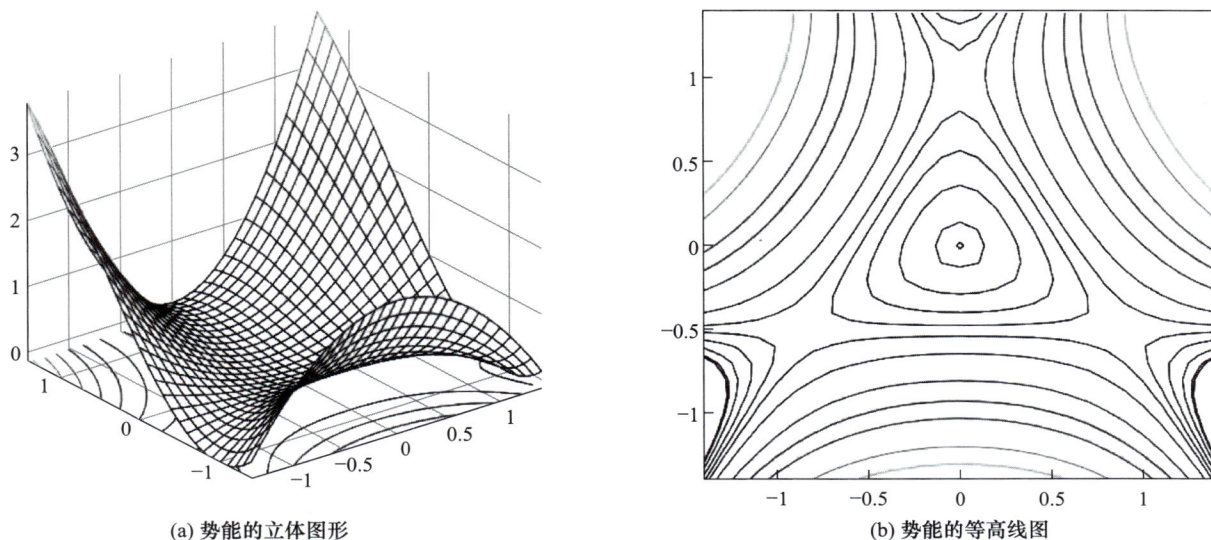

(a) 势能的立体图形　　　　　　　　　　　(b) 势能的等高线图

图 24.59

(2) $E=1/8$ 时, 画出的图形为随后的两个, 可以看到, 庞加莱面上闭合的轨道已经越来越小, 甚至很多相迹点已不能连成闭合线, 这表明那些在 $E=1/12$ 时还存在的相应环面已经破坏. 特别地, 我们注意到, 有一条椭圆状闭合线分裂成五个小岛形的闭合线. 对于那些环面已破坏的质点的运动来说, 除能量积分外, 不可能存在第二个第一积分了.

(3) $E=1/6$ 时, 画出的图形为最后一个. 这时情况变得更糟, 截面图的形状如随机撒的一些点子, 毫无规则, 这时对应的不变环面不复存在, 质点的运动进入了无序, 也即混沌状态.

实际的程序如下, 方程用指令 ode45 解方程, 注意不可用指令 ode23. 它的精度不够, 会造成运动轨道不闭合. 方程解出以后, 用指令 events 出判断 $x=0$ 所对应的 y、p_y 值, 并画出所要的截面图. 在调用程序时改变初始值对应不同的总能量, 会得到不同的结果.

```matlab
function ch4new                          %每行4个初值 u0=[x0,y0,px0,py0]
u0=[0.01, 0.005, 0.1, 0.15;
    0.3397, -0.04, 0.2421, 0.1370;
    0.2397, 0.25, 0.2421, 0.1370;
    0.25, -0.2, 0.35, 0.25;
    0.15, 0.1, 0.2, 0.5;
    0.0, 0.1627, 0.5225, 0.192];
options=odeset('Events',@events);
figure
for kk=1:6
```

```
        [~,u,~,ye,~]=ode45(@ch4fun,[0,1200],u0(kk,:),options);
        subplot(2,6,kk), plot(u(:,1),u(:,2));
        subplot(2,6,kk+6), plot(ye(:,2), ye(:,4),'b.');
    end
    function ydot=ch4fun(~,y)
    ydot=[y(3); y(4);
         -y(1)-2*y(1)*y(2);
         -y(2)-y(1).^2+y(2).^2];
    end
    function [value,isterminal,direction]=events(~,y)
    value=y(1); isterminal=0; direction=0;
    end
    end
```

画出的图形如图 24.60 所示.

把上面 $E = 1/12$ 几种图形合在一起成为图 24.61(a). 不难想象, 不同能量对应的粒子运动空间轨道实际上是在一些嵌套环面上, 如图 24.61(b) 中的截面所示. 受到扰动后, 这些环面将会被破坏.

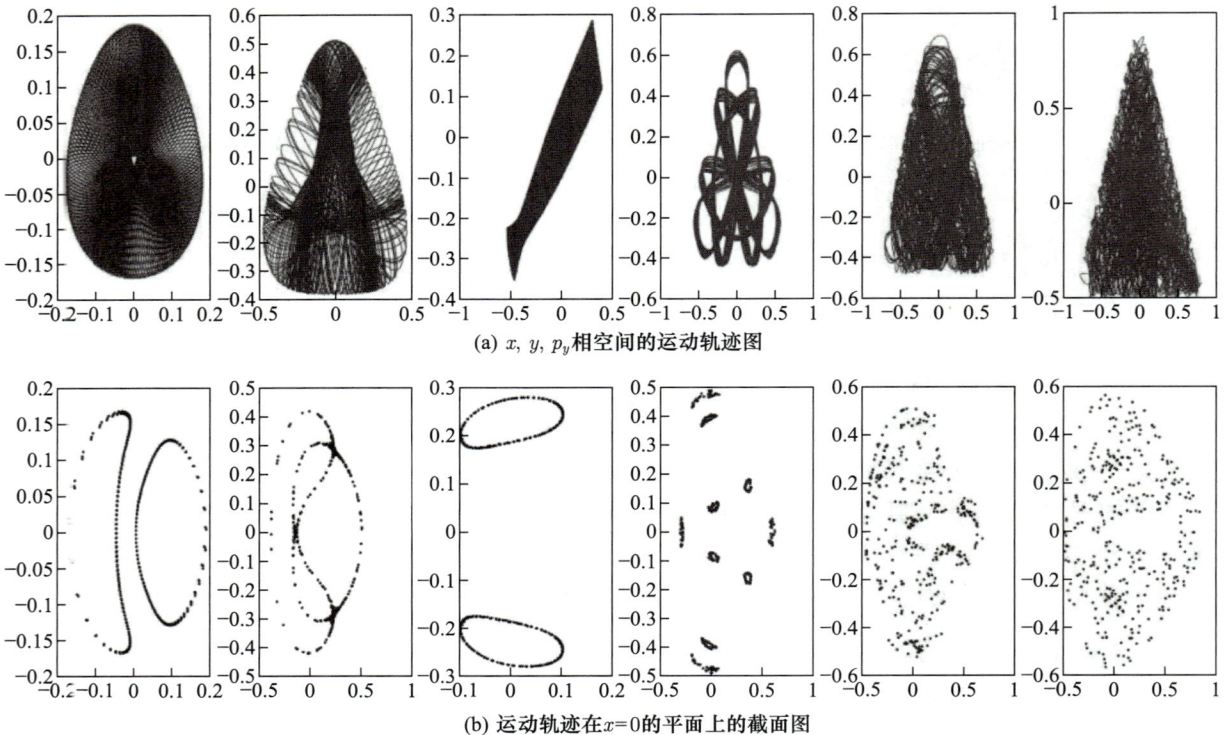

(a) x, y, p_y 相空间的运动轨迹图

(b) 运动轨迹在 $x=0$ 的平面上的截面图

图 24.60

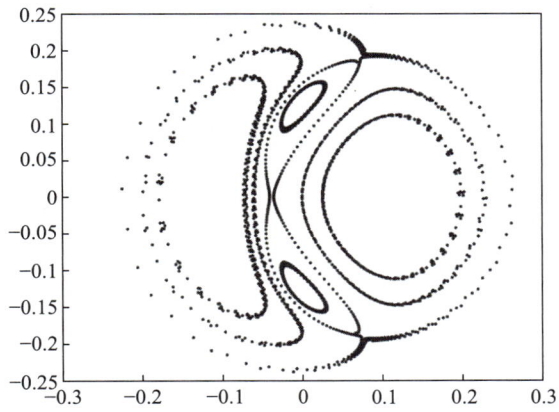

(a) 多种运动轨迹在$x=0$的平面上的截面图

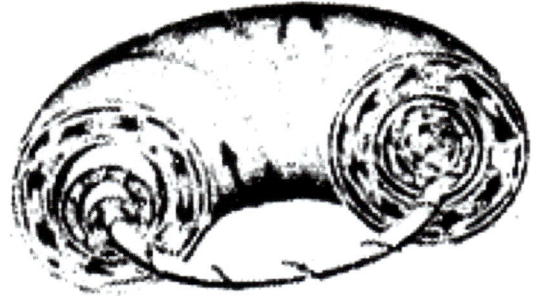

(b) 由截面图想像的受轻微扰动
的可积系统的嵌套环面，
注意椭圆轨迹夹在混沌区域

图 24.61

第二十四章程序包

郑重声明

高等教育出版社依法对本书享有专有出版权。任何未经许可的复制、销售行为均违反《中华人民共和国著作权法》，其行为人将承担相应的民事责任和行政责任；构成犯罪的，将被依法追究刑事责任。为了维护市场秩序，保护读者的合法权益，避免读者误用盗版书造成不良后果，我社将配合行政执法部门和司法机关对违法犯罪的单位和个人进行严厉打击。社会各界人士如发现上述侵权行为，希望及时举报，我社将奖励举报有功人员。

反盗版举报电话 (010)58581999 58582371

反盗版举报邮箱 dd@hep.com.cn

通信地址 北京市西城区德外大街 4 号 高等教育出版社法律事务部

邮政编码 100120

读者意见反馈

为收集对教材的意见建议，进一步完善教材编写并做好服务工作，读者可将对本教材的意见建议通过如下渠道反馈至我社。

咨询电话 400-810-0598

反馈邮箱 hepsci@pub.hep.cn

通信地址 北京市朝阳区惠新东街 4 号富盛大厦 1 座 高等教育出版社理科事业部

邮政编码 100029

防伪查询说明

用户购书后刮开封底防伪涂层，使用手机微信等软件扫描二维码，会跳转至防伪查询网页，获得所购图书详细信息。

防伪客服电话 (010)58582300